Controladores Lógicos Programáveis

P498c   Petruzella, Frank D.
　　　　Controladores lógicos programáveis / Frank D. Petruzella ; tradução: Romeu Abdo ; revisão técnica: Antonio Pertence Júnior. – 4. ed. – Porto Alegre : AMGH, 2014.
　　　　xvii, 398 p. : il. ; 28 cm.

　　　　ISBN 978-85-8055-282-9

　　　　1. Engenharia elétrica. 2. Controladores lógicos programáveis. I. Título.

CDU 621.313.1

Catalogação na publicação: Ana Paula M. Magnus – CRB 10/2052

Frank D. Petruzella
Niagara University

Controladores Lógicos Programáveis

4ª edição

Tradução
Romeu Abdo
Especialista em Automação Industrial

Revisão técnica
Antonio Pertence Júnior
Engenheiro Eletrônico e de Telecomunicações (IPUC/MG),
Mestre em Engenharia pela UFMG, Professor da Universidade FUMEC/MG,
Membro da SBMAG (Sociedade Brasileira de Eletromagnetismo)

AMGH Editora Ltda.
2014

Obra originalmente publicada sob o título
Programmable Logic Controllers, 4th Edition
ISBN 9780073510880 / 0073510882

Original edition copyright © 2011, The McGraw-Hill Global Education Holdings, LLC. New York, New York 10020. All rights reserved.

Gerente editorial: *Arysinha Jacques Affonso*

Colaboraram nesta edição:
Editora: *Viviane R. Nepomuceno*
Assistente editorial: *Caroline L. Silva*
Capa: *Maurício Pamplona*
Leitura final: *Cristiane Silva Trindade* e *Jean Xavier*
Editoração: *MKX Editorial*

Reservados todos os direitos de publicação, em língua portuguesa, à
AMGH Editora Ltda., uma parceria entre GRUPO A EDUCAÇÃO S.A. e McGRAW-HILL EDUCATION.
Av. Jerônimo de Ornelas, 670 – Santana
90040-340 – Porto Alegre – RS
Fone: (51) 3027-7000 Fax: (51) 3027-7070

É proibida a duplicação ou reprodução deste volume, no todo ou em parte, sob quaisquer formas ou por quaisquer meios (eletrônico, mecânico, gravação, fotocópia, distribuição na Web e outros), sem permissão expressa da Editora.

Unidade São Paulo
Av. Embaixador Macedo Soares, 10.735 – Pavilhão 5 – Cond. Espace Center
Vila Anastácio – 05095-035 – São Paulo – SP
Fone: (11) 3665-1100 Fax: (11) 3667-1333

SAC 0800 703-3444 – www.grupoa.com.br

IMPRESSO NO BRASIL
PRINTED IN BRAZIL
Impresso sob demanda na Meta Brasil a pedido de Grupo A Educação.

O autor

Frank D. Petruzella tem uma extensa experiência prática no campo de controle elétrico, com muitos anos de atuação como professor e autor de livros didáticos. Antes de se tornar educador em tempo integral, trabalhou como aprendiz e eletricista na área de instalação e manutenção elétrica. Ele é mestre em Ciências pela Niagara University e bacharel em Ciências pelo New York College-Buffalo e em Energia Elétrica e Eletrônica pelo Erie County Technical Institute.

Agradecimentos

Gostaria de agradecer aos seguintes revisores pelos seus comentários e suas sugestões:

Wesley Allen
Jefferson State Community College

Bo Barry
University of North Carolina–Charlotte

David Barth
Edison Community College

Michael Brumbach
York Technical College

Fred Cope
Northeast State Technical Community College

Warren Dejardin
Northeast Wisconsin Technical College

Montie Fleshman
New River Community College

Steven Flinn
Illinois Central College

Brent Garner
McNeese State University

John Haney
Snead State Community College

Thomas Heraly
Milwaukee Area Technical College

John Lukowski
Michigan Technical University

John Martini
University of Arkansas–Fort Smith

Steven McPherson
Sauk Valley Community College

Max Neal
Griffin Technical College

Ralph Neidert
NECA/IBEW Local 26 JATC

Chrys Panayiotou
Indian River State College

Don Pelster
Nashville State Technical Community College

Dale Petty
Washtenaw Community College

Sal Pisciotta
Florence-Darlington Technical College

Roy E. Pruett
Bluefield State College

Melvin Roberts
Camden County College

Farris Saifkani
Northeast Wisconsin Technical College

David Setser
Johnson County Community College

Richard Skelton
Jackson State Community College

Amy Stephenson
Pitt Community College

William Sutton
ITT Technical Institute

John Wellin
Rochester Institute of Technology

Por último, mas não menos importante, um agradecimento a Wade Wittmus, do Lakeshore Technical College, não somente por sua extensiva ajuda com a revisão, mas também por seu excelente trabalho com o material de apoio.

Frank D. Petruzella

Prefácio

Os controladores lógicos programáveis (CLPs) continuam a evoluir à medida que novas tecnologias vão sendo incorporadas a suas capacidades. O CLP começou como um substituto do sistema de controle a relés, mas foi gradualmente adicionando várias funções de manipulação matemática e lógica. Hoje os CLPs são as melhores opções de controladores para a grande maioria dos processos automatizados. Agora, eles ocupam menos espaço físico, incorporam CPUs mais rápidas, rede, Internet e várias tecnologias.

Esta quarta edição de *Controladores lógicos programáveis* continua a fornecer uma introdução a todos os aspectos de programação, instalação e procedimentos de manutenção de CLPs. Supõe-se que não seja necessário um conhecimento prévio de sistema ou programação de CLP. Conforme disse um dos revisores desta edição: "Acredito honestamente que alguém, mesmo com pouco ou nenhum conhecimento de CLP, poderia aprender, sozinho, com este livro, sobre os sistemas de CLPs."

A primeira fonte de informação sobre um CLP em particular é o manual do usuário que acompanha o CLP, que é fornecido pelo fabricante. Este texto não tem a intenção de substituir o material de referência do fornecedor, mas complementar, esclarecer e expandir suas informações. Com o grande número de tipos diferentes de CLPs no mercado não é prático cobrir as características de todos os fabricantes e modelos em um único texto. Com isso em mente, o texto trata os CLPs de um modo geral. Embora a finalidade do conteúdo seja a de levar a informação a ser aplicada nos diversos CLPs de diferentes fabricantes, este livro, em sua maior parte, usa o SLC 500, da Allen-Bradley, e o conjunto de instruções do controlador ControlLogix para os exemplos de programação. Os princípios básicos de CLP e os conceitos tratados no texto são comuns à maioria dos fabricantes e servem para aumentar o conhecimento adquirido pelo programa de treinamento oferecido pelos diferentes fornecedores.

O texto é escrito com um nível e formato assimilados pelos alunos que estão tendo uma experiência com CLPs pela primeira vez. Os comentários feitos pelos instrutores indicam que a informação está bem organizada e fácil de ser entendida.

Cada capítulo começa com uma breve introdução e seus objetivos de aprendizagem. Quando aplicável, o relé virtual equivalente da instrução programada é explicado primeiro, seguido da instrução apropriada do CLP. Os capítulos terminam com algumas questões de revisão e problemas. Os problemas variam de fácil a difícil, desafiando o aluno aos vários níveis de competência.

O que há de novo nesta edição:

Como funcionam os programas – Quando uma operação de um programa é chamada, utiliza-se uma lista de etiquetas ou marcadores para resumir sua execução. A lista é utilizada para substituir um longo parágrafo e é especialmente útil quando explica os diferentes passos na execução de um programa.

Representação de dispositivos de E/S – O reconhecimento dos dispositivos de entrada e de saída associados ao programa ajuda na compreensão do processo como um todo. Com isso, além de seus símbolos, fornecemos os desenhos e as fotos desses dispositivos.

Capítulo novo do ControlLogix – Algumas instruções têm mostrado que os alunos tendem a ficar confusos quando mudam do SLC 500 Logic para o Logix 5000, e vice-versa, na programação dentro do mesmo capítulo. Por essa razão, o ***Capítulo 15 é novo*** e é dedicado inteiramente à família de controladores ControlLogix, da Allen-Bradley, e o programa do RSLLogix 5000. Cada parte do novo Capítulo 15 é tratada como uma unidade de estudo separada e inclui:

- Memória e organização do projeto;
- Programação em nível de bits;
- Programação de temporizadores;
- Programação de contadores;
- Instruções de matemática, comparação e movimento;
- Programação de blocos de função.

As modificações dos capítulos nesta edição são as seguintes:

Capítulo 1

- Foram adicionados desenhos e fotos dos dispositivos reais de entrada e saída.
- Neste capítulo, cerca de 50% das figuras são novas e ilustram os principais conceitos.
- Grande parte das fotos atuais é dos principais fabricantes de CLP.
- Atualização das questões de revisão e dos problemas.

Capítulo 2

- Foram adicionados desenhos e fotos dos dispositivos reais de entrada e saída.
- Informação sobre a última seleção de componentes do equipamento do CLP.
- Interface homem-máquina adicionada com Pico controlador.
- Grande parte das fotos atuais é dos principais fabricantes de CLP.
- Atualização das questões de revisão e dos problemas.

Capítulo 3

- A melhoria no dimensionamento e no posicionamento dos desenhos torna as explicações dos diferentes números de sistemas mais fáceis de serem seguidas.

Capítulo 4

- A melhoria no dimensionamento e no posicionamento dos desenhos torna as explicações mais fáceis de serem seguidas.
- Foram adicionados desenhos e fotos reais dos dispositivos de entrada e de saída aos diagramas lógicos.

Capítulo 5

- Informações sobre a organização da memória do ControlLogix foram realocadas para o Capítulo 15.
- O processo de varredura (scan) do programa é explicado com mais detalhes.
- As instruções sobre os tipos de relés foram estendidas.
- As instruções sobre endereçamento foram examinadas com mais detalhes.
- Endereçamento ilustrado de micro CLP.
- Atualização das questões de revisão e dos problemas.

Capítulo 6

- Foram adicionados desenhos e fotos dos dispositivos reais de entrada e saída.
- Foram incluídos desenhos e fotos dos dispositivos reais de entrada e saída nos programas em lógica ladder.
- Ilustração de circuito de um micro CLP com entradas e saídas.
- Cobertura adicional de um circuito de controle de motor com equipamentos e seu CLP equivalente.
- Atualização das questões de revisão e dos problemas.

Capítulo 7

- Informações sobre os temporizadores do ControlLogix foram realocadas para o Capítulo 15.

- Foram incluídos desenhos e fotos dos dispositivos reais de entrada e saída nos programas em lógica ladder.
- Uso de etiquetas ou marcadores de lista para resumir a execução do programa.
- Grande parte das fotos atuais é dos principais fabricantes de CLP.
- Atualização das questões de revisão e dos problemas.

Capítulo 8

- Informações sobre os contadores do ControlLogix foram realocadas para o Capítulo 15.
- Foram incluídos desenhos e fotos dos dispositivos reais de entrada e saída nos programas em lógica ladder.
- Uso de etiquetas ou marcadores (tags) de lista para resumir a execução do programa.
- Grande parte das fotos atuais é dos principais fabricantes de CLP.
- Atualização das questões de revisão e dos problemas.

Capítulo 9

- Foram incluídos desenhos e fotos dos dispositivos reais de entrada e saída nos programas em lógica ladder.
- Cobertura com detalhes sobre como forçar uma entrada ou saída.
- Explicada a diferença entre um CLP de segurança e um CLP padrão.
- Uso de etiquetas ou marcadores de lista para resumir a execução do programa.
- Grande parte das fotos atuais é dos principais fabricantes de CLP.
- Atualização das questões de revisão e dos problemas.

Capítulo 10

- Foram incluídos desenhos e fotos dos dispositivos reais de entrada e saída nos programas em lógica ladder.
- Cobertura com mais detalhes sobre o controle analógico.
- Processo de controle PID explicado de modo simples.
- Uso de etiquetas ou marcadores de lista para resumir a execução do programa.
- Grande parte das fotos atuais é dos principais fabricantes de CLP.
- Atualização das questões de revisão e dos problemas.

Capítulo 11

- Foram incluídos desenhos e fotos dos dispositivos reais de entrada e saída nos programas em lógica ladder.

- A melhoria no dimensionamento e no posicionamento dos desenhos torna as explicações dos diferentes números de sistemas mais fáceis de serem seguidas.
- Uso de etiquetas ou marcadores de lista (tag) para resumir a execução do programa.
- Grande parte das fotos atuais é dos principais fabricantes de CLP.
- Atualização das questões de revisão e dos problemas.

Capítulo 12

- Foram incluídos desenhos e fotos dos dispositivos reais de entrada e saída nos programas de sequenciadores.
- A melhoria no dimensionamento e no posicionamento dos desenhos torna as explicações dos diferentes números de sistemas mais fáceis de serem seguidas.
- Uso de etiquetas ou marcadores de lista (tags) para resumir a execução do programa.
- Grande parte das fotos atuais é dos principais fabricantes de CLP.
- Atualização das questões de revisão e dos problemas.

Capítulo 13

- Foram incluídos desenhos e fotos dos dispositivos reais de entrada e saída.
- Questões de segurança examinadas com mais detalhes.
- Cobertura estendida sobre a prática das técnicas de manutenção.
- A melhoria no dimensionamento e no posicionamento dos desenhos torna as explicações dos diferentes números de sistemas mais fáceis de serem seguidas.
- Uso de etiquetas ou marcadores de lista (tags) para resumir a execução do programa.
- Grande parte das fotos atuais é dos principais fabricantes de CLP.
- Atualização das questões de revisão e dos problemas.

Capítulo 14

- Todas as informações pertinentes aos Capítulos 14 e 15 da terceira edição foram incorporadas a este capítulo.
- Comunicações em todos os níveis de redes industriais examinadas com muito mais detalhes.
- Foram adicionados fundamentos de controle de movimento com CLP.
- Uso de etiquetas ou marcadores de lista (tags) para resumir a execução do programa.
- Grande parte das fotos atuais é dos principais fabricantes de CLP.
- Atualização das questões de revisão e dos problemas.

Capítulo 15

- Capítulo completamente novo, com foco nos fundamentos da tecnologia do ControlLogix.
- Inclui a organização e memória de projetos, programação em nível de bits, temporizadores, contadores, instruções de matemática e programação de blocos de função.

Material de apoio (para o professor) disponível em www.grupoa.com.br

- **Manual de atividades para os controladores lógicos programáveis** (em inglês). Este manual contém:
  - **Testes** do tipo múltipla escolha e verdadeiro/falso, para cada capítulo.
  - **Programação genérica**. Exercícios preparados para oferecer ao aluno uma experiência real em programação. Esses exercícios foram preparados para serem usados com qualquer modelo de CLP.

- **Manual LogixPro PLC Lab para ser usado com Controladores lógicos programáveis** (em inglês). Este manual contém:
  - Programa de simulação **LogixPro** 500. O programa de simulação LogixPro converte um computador em um CLP e permite ao aluno escrever programas em lógica ladder e verificar seu funcionamento real.
  - Mais de **250 exercícios do LogixPro para exercícios de laboratório** com o objetivo de dar suporte ao material descrito neste texto.

- Todas as respostas das questões e problemas do **livro**.
- Respostas de todos os testes do **Manual de atividades**.
- Respostas de todos os exercícios de programação.
- **Apresentações em PowerPoint®** para cada capítulo.

Recursos didáticos

Com a nova edição de **Controladores Lógicos Programáveis** ficará fácil aprender sobre CLPs a partir do zero! Esta quarta edição inclui todas melhorias recentes em programação, instalação e processos de manutenção. Capítulos claramente desenvolvidos apresentam os objetivos a serem estudados, a explicação do conteúdo, com a ajuda de diagramas e ilustrações, e encerram com problemas de revisão que avaliam a assimilação do tema.

Objetivos do capítulo – Uma visão global, que permite aos estudantes e professores se fixarem em um mesmo ponto, para compreender melhor os conceitos e assimilar a informação.

Objetivos do capítulo

Após o estudo deste capítulo, você será capaz de:

2.1 Listar e descrever a função básica dos componentes físicos usados no sistema de CLP.
2.2 Descrever os circuitos básicos e as aplicações dos módulos de E/S analógicos e discretos, e interpretar as especificações típicas da CPU e de E/S.
2.3 Explicar o endereçamento do módulo de E/S.
2.4 Descrever as classes e os tipos de dispositivos de memória em geral.
2.5 Listar e descrever os diferentes tipos de periféricos e dispositivos de apoio disponíveis.

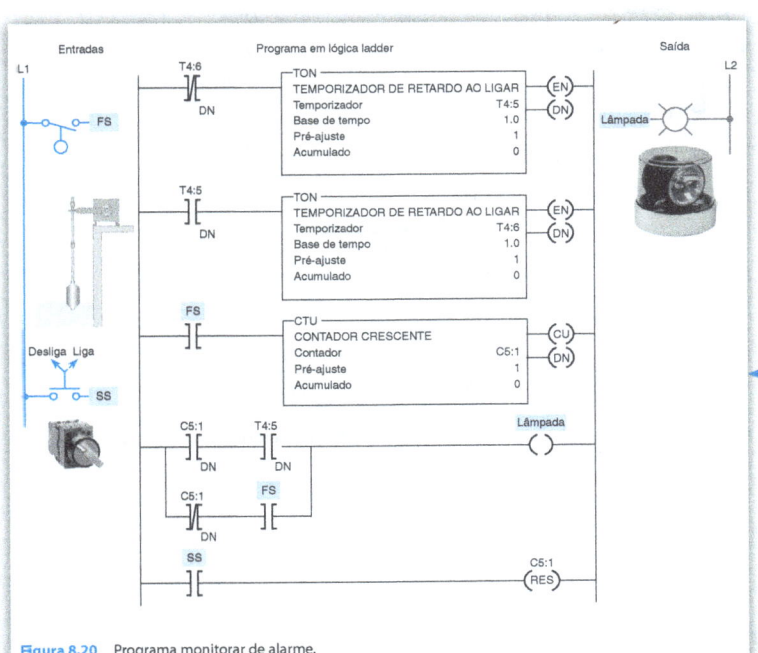

Figura 8.20 Programa monitorar de alarme.

O conteúdo do capítulo inclui detalhes ilustrativos e extensa ajuda visual, permitindo que o aluno o compreenda rapidamente e entenda as aplicações práticas. Foram incluídos desenhos e fotos de entrada e saída de dispositivos reais.

No Capítulo 14, os alunos podem não só ler sobre as IHM, mas também ver como elas se adaptam a todos os sistemas de CLP, com uma introdução prática do tema.

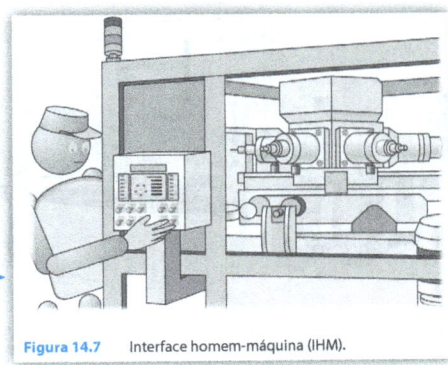

Figura 14.7 Interface homem-máquina (IHM).

Um tratamento adicional das redes de comunicação e controle utiliza gráficos claros para demonstrar como elas funcionam.

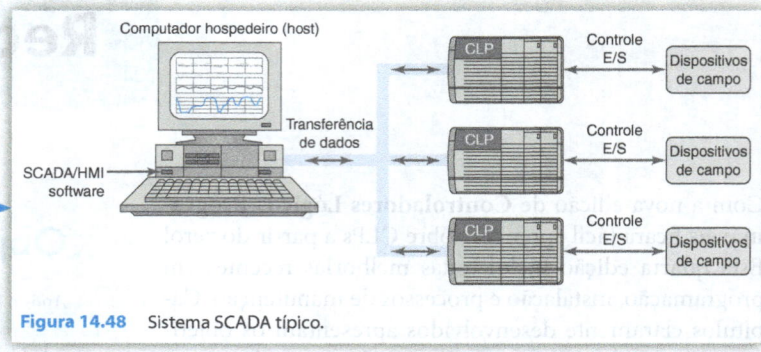

Figura 14.48 Sistema SCADA típico.

A varredura é normalmente um processo sequencial e contínuo da leitura dos estados das entradas, executando o controle lógico e atualizando as saídas. A Figura 5.8 mostra uma visão geral do fluxo de dados durante o processo de varredura. Para cada escada executada, o processador do CLP irá:

- Examinar o estado dos bits da tabela de imagem da entrada.
- Processar a lógica ladder na ordem para determinar a continuidade lógica.
- Atualizar os bits apropriados da tabela de imagem da saída, se necessário.
- Copiar os estados da tabela de imagem da saída para todos os terminais de saída. A energia é aplicada ao dispositivo se o bit da tabela de imagem da saída for estabelecido anteriormente como 1.
- Copiar os estados de todos os terminais de entrada para a tabela de imagem de entrada. Se uma entrada estiver ativa (isto é, se existir uma continuidade elétrica), o bit correspondente na tabela de imagem da entrada será estabelecido como 1.

Lista de Etiquetas ou Marcadores interrompe o processo para resumir prontamente a execução da tarefa.

Diagramas, como o usado para ilustrar a visão global da linguagem de programação com bloco de funções, ajudam o aluno a entender o seu funcionamento.

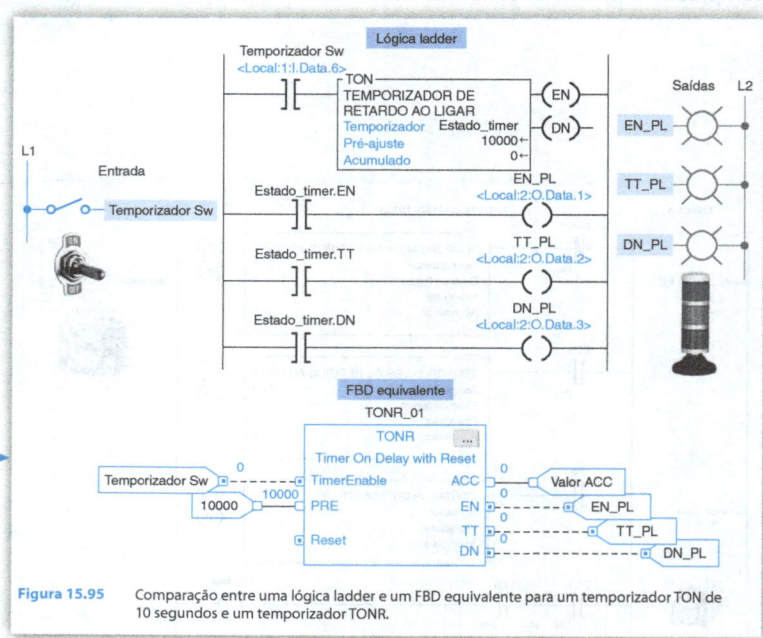

Figura 15.95 Comparação entre uma lógica ladder e um FBD equivalente para um temporizador TON de 10 segundos e um temporizador TONR.

Figura 15.1 Controladores programáveis de automação (PACs).
Fonte: Imagem usada com a permissão da Rockwell Automation, Inc.

Um capítulo inteiramente novo sobre o ControlLogix feito para o aluno se ambientar com a família completa de controladores e programas (software) do RSLogix 5000.

Revisões de final de capítulo estruturadas para reforçar os objetivos do capítulo.

QUESTÕES DE REVISÃO

1. Converta cada um dos seguintes números em binário para decimal:
   a. 10
   b. 100
   c. 111
   d. 1011
   e. 1100
   f. 10010
   g. 10101
   h. 11111
   i. 11001101
   j. 11100011

2. Converta cada um dos seguintes números em decimal para binário:
   a. 7
   b. 19
   c. 28
   d. 46
   e. 57
   f. 86
   g. 94
   h. 112
   i. 148
   j. 230

3. Converta cada um dos seguintes números em octal para decimal:
   a. 36
   b. 104
   c. 120
   d. 216
   e. 360
   f. 1516

4. Converta cada um dos seguintes números em octal para binário:
   a. 74
   b. 130
   c. 250
   d. 1510
   e. 2551
   f. 2634

13. Explique a diferença entre o complemento de 1 e o complemento de 2 de um número.
14. O que é o código Gray?
15. Por que são utilizados os bits de paridade?
16. Some os seguintes números binários:
    a. 110 + 111
    b. 101 + 011
    c. 1100 + 1011
17. Subtraia os seguintes números binários:
    a. 1101 − 101
    b. 1001 − 110
    c. 10111 − 10010
18. Multiplique os seguintes números binários:
    a. 110 × 110
    b. 010 × 101
    c. 101 × 11
19. Divida os seguintes números binários:
    a. 1010 ÷ 10
    b. 1100 ÷ 11
    c. 110110 ÷ 10

PROBLEMAS

1. As seguintes informações do CLP codificadas em binários devem ser programadas com o uso do código hexadecimal.

PROBLEMAS

1. Atribua cada um dos seguintes endereços para entrada e saída de sinais discretos com base no formato do SLC 500.
   a. A chave-limite conectada no parafuso do terminal 4, do módulo no slot 1 do chassi.
   b. A chave de pressão ou pressostato conectado no parafuso do terminal 2, do módulo no slot 3 do chassi.
   c. Botão de comando conectado no parafuso do terminal 0, do módulo no slot 6 do chassi.
   d. Sinaleiro luminoso conectado no parafuso do terminal 13, do módulo no slot 2 do chassi.
   e. Bobina do contator de partida de motor conectado no parafuso do terminal 6, do módulo no slot 4 do chassi.
   f. Solenoide conectado no parafuso do terminal 8, do módulo no slot 5 do chassi.
2. Redesenhe o programa mostrado na Figura 5.50, corrigido para resolver o problema de excesso de contatos.
3. Redesenhe o programa mostrado na Figura 5.51, corrigido para resolver o problema de excesso de contatos programados na vertical.
4. Redesenhe o programa mostrado na Figura 5.52, corrigido para resolver o problema de alguma lógica ignorada.
5. Redesenhe o programa mostrado na Figura 5.53, corrigido para resolver o problema de excesso de contatos em série (permitido apenas quatro).
6. Desenhe o programa equivalente em lógica ladder usado para implementar o circuito desenhado na Figura 5.54 usando os componentes:
   a. Uma chave-limite com um contato simples NA conectado no módulo de entrada discreto do CLP;
   b. Uma chave-limite com um contato simples NF conectado no módulo de entrada discreto do CLP.
7. Considerando que o circuito desenhado na Figura 5.55 seja implementado usando um programa de CLP, identifique:
   a. Todos os dispositivos de entrada do campo;
   b. Todos os dispositivos de saída do campo;
   c. Todos os dispositivos que podem ser programados usando instruções de relés internos.
8. Que instrução você escolheria para cada um dos seguintes dispositivos de entrada de campo, para obter uma tarefa desejada? Justifique sua resposta.
   a. Ligar uma lâmpada quando a esteira do motor girar invertida. O dispositivo de entrada de campo é um conjunto de contatos do relé de partida da esteira que fecha quando o motor está girando para a frente e abre quando o motor está girando no sentido inverso.
   b. Quando o botão de comando for acionado, ele opera o solenoide. O dispositivo de campo de entrada é um botão de comando normalmente aberto.
   c. Parar o motor quando o botão de comando for acionado. O dispositivo de campo de entrada é um botão de comando normalmente fechado.

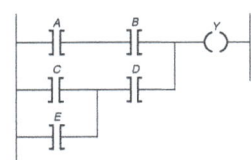

Figura 5.50   Programa para o Problema 2.

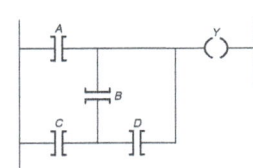

Figura 5.51   Programa para o Problema 3.

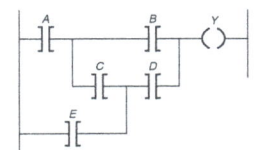

Figura 5.52   Programa para o Problema 4.

Figura 5.53   Programa para o Problema 5.

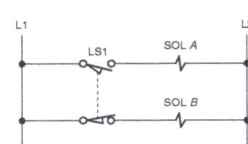

Figura 5.54   Programa para o Problema 6.

Exemplos de Problemas, quando feitos em casa, ajudam na aplicabilidade dos conceitos do capítulo.

Sumário

| Capítulo 1 | Visão geral dos controladores lógicos programáveis (CLPs) | 1 |

1.1 Controladores lógicos programáveis 1
1.2 Partes de um CLP 4
1.3 Princípios de funcionamento 7
1.4 Modificando a operação 11
1.5 CLPs *versus* computadores 11
1.6 CLP: classe e aplicação 12
Questões de revisão 14
Problemas 15

| Capítulo 2 | CLP – Componentes do equipamento | 16 |

2.1 A seção de E/S 16
2.2 Módulos de E/S de sinais discretos 21
2.3 Módulos de E/S de sinais analógicos 25
2.4 Módulos especiais de E/S 28
2.5 Especificações das E/S 30
  Especificações típicas do módulo de E/S de sinal discreto 31
  Especificações típicas do módulo de E/S de sinal analógico 32
2.6 Unidade de processamento central (CPU) 33
2.7 Projeto da memória 35
2.8 Tipos de memória 36
2.9 Dispositivo terminal de programação 37
2.10 Gravando e reavendo dados 38
2.11 Interfaces homem-máquina (IHMs) 38
Questões de revisão 39
Problemas 41

| Capítulo 3 | Sistema numérico e códigos | 42 |

3.1 Sistema decimal 42
3.2 Sistema binário 42
3.3 Números negativos 44
3.4 Sistema octal 45
3.5 Sistema hexadecimal 46
3.6 Sistema decimal codificado em binário (BCD) 47
3.7 Código Gray 48
3.8 Código ASCII 50
3.9 Bit de paridade 51
3.10 Aritmética binária 51
Questões de revisão 53
Problemas 53

| Capítulo 4 | Fundamentos de lógica | 55 |

4.1 Conceito de binário 55
4.2 Funções AND, OR e NOT 56
  Função AND 56
  Função OR 56
  Função NOT 57
  Função exclusive OR (XOR) 57
4.3 Álgebra booleana 58
4.4 Desenvolvimento de circuitos de portas lógicas a partir de expressões booleanas 60
4.5 Produção de equação booleana para um circuito lógico dado 61
4.6 Lógica instalada *versus* lógica programada 61
4.7 Programando com instruções lógicas em nível de palavra 64
Questões de revisão 66
Problemas 66

| Capítulo 5 | Programação básica do CLP | 68 |

5.1 Organização da memória do processador .. 68
  Arquivos de programa 69
  Arquivos de dados 69
5.2 Varredura (scan) do programa 73
5.3 Linguagem de programação do CLP 76
5.4 Instruções tipo relé 78
5.5 Endereçamento da instrução 81
5.6 Instruções de malhas 82
5.7 Instruções dos relés internos 84
5.8 Programando as funções verificador de fechado ou ligado e verificador de aberto ou desligado 85
5.9 Entrando com o diagrama ladder 86
5.10 Modos de funcionamento 89
Questões de revisão 90
Problemas 91

| Capítulo 6 | Fundamentos do desenvolvimento de diagramas e programas em lógica ladder para o CLP | 93 |

6.1 Controle a relés eletromagnéticos 93
6.2 Contatores 95
6.3 Chaves de partida direta para motores 97
6.4 Chaves operadas manualmente 98
6.5 Chaves operadas mecanicamente 99
6.6 Sensores 99
  Sensor de proximidade 100

Chave magnética reed 102
Sensores de luz 103
Sensores de ultrassom 104
Sensores de tensão mecânica e peso 105
Sensores de temperatura 106
Medição de vazão 106
Sensores de posição e de velocidade 106
6.7 Dispositivos de controle de saída 107
6.8 Circuito com selo 110
6.9 Relés com trava 111
6.10 Conversão de esquemas a relé em programas ladder para CLP 114
6.11 Editando um programa em lógica ladder diretamente de uma descrição narrativa 118
Questões de revisão 122
Problemas 122

Capítulo 7 Programação de temporizadores 125

7.1 Relés temporizadores mecânicos 125
7.2 Instruções do temporizador 128
7.3 Instrução do temporizador de retardo ao ligar 129
7.4 Instrução do temporizador de retardo ao desligar 134
7.5 Temporizador retentivo 138
7.6 Temporizadores em cascata 141
Questões de revisão 145
Problemas 145

Capítulo 8 Programação de contadores 150

8.1 Instruções do contador 150
8.2 Contador crescente 152
Instrução de um disparo (pulso) 157
8.3 Contador decrescente 160
8.4 Contadores em cascata 164
8.5 Aplicações do codificador-contador 166
8.6 Combinação de contadores e funções do temporizador 166
Questões de revisão 172
Problemas 172

Capítulo 9 Instruções do programa de controle 176

9.1 Instrução de relé mestre de controle de reset 176
9.2 Instrução de salto (jump) 179
9.3 Funções de sub-rotina 180
9.4 Instruções de entrada imediata e de saída imediata 184
9.5 Endereços de E/S forçados externamente 187
9.6 Circuito de segurança 190

9.7 Interrupção temporizada selecionável 193
9.8 Rotina de falha 194
9.9 Instrução de finalização temporária 195
9.10 Instrução de suspensão 195
Questões de revisão 195
Problemas 196

Capítulo 10 Instruções de manipulação de dados 199

10.1 Manipulação de dados 199
10.2 Operações de transferência de dados 200
10.3 Instruções para comparação de dados 208
10.4 Programa de manipulação de dados 212
10.5 Interfaces de E/S de dados numéricos 215
10.6 Controle em malha fechada 218
Questões de revisão 220
Problemas 221

Capítulo 11 Instruções de matemática 224

11.1 Instruções de matemática 224
11.2 Instrução de adição 225
11.3 Instrução de subtração 226
11.4 Instrução de multiplicação 227
11.5 Instrução de divisão 229
11.6 Outras instruções de matemática em nível de palavra 230
11.7 Operações com arquivos aritméticos 233
Questões de revisão 234
Problemas 235

Capítulo 12 Instruções de sequenciadores e registros de deslocamento 240

12.1 Sequenciadores mecânicos 240
12.2 Instruções de sequenciadores 242
12.3 Programas do sequenciador 246
12.4 Registro de deslocamento de bits 253
12.5 Operações com deslocamento de palavra 258
Questões de revisão 262
Problemas 263

Capítulo 13 Prática de instalação, edição e verificação de defeito 267

13.1 Painéis para o CLP 267
13.2 Ruídos elétricos 268
13.3 Entradas e saídas que apresentam fuga ... 271
13.4 Aterramento 271
13.5 Variações de tensão e surtos 272
13.6 Edição de programa e inicialização 274
13.7 Programação e monitoramento 274
13.8 Manutenção preventiva 277
13.9 Verificação de defeitos 277
Módulo do processador 278

  Mau funcionamento na entrada.................279
  Mau funcionamento na saída.....................279
  Programa em lógica ladder........................281
13.10 Software de programação do CLP.............284
Questões de revisão..287
Problemas...288

Capítulo 14   Controle de processo, sistemas de rede e SCADA   290

14.1 Tipos de processos..290
14.2 Estrutura dos sistemas de controle............293
14.3 Controle liga/desliga....................................295
14.4 Controle PID...296
14.5 Controle de movimento...............................301
14.6 Comunicações de dados...............................302
  Autopista para dados (data highway).........308
  Comunicação serial......................................308
  Rede de dispositivos (DeviceNet)................308
  ControlNet (rede de controle).....................311
  EtherNet/IP..311
  Modbus...312
  Fieldbus...312
  Profibus-DP...313
14.7 Controle de supervisório e aquisição de dados (SCADA).............................313
Questões de revisão..314
Problemas...315

Capítulo 15   Controladores ControlLogix   316

Parte 1   Memória e organização do projeto.....317
  Layout da memória 317
  Configuração....................................317
  Projeto..318
  Tarefas...319
  Programas..320
  Rotinas...320
  Etiquetas (tags)...............................321
  Estruturas..323
  Criando etiquetas............................324
  Monitorando e editando etiquetas...........325
  Matriz...325
Questões de revisão..327

Parte 2   Programação em nível de bits.............328
  Varredura do programa...........................328
  Criando uma lógica ladder......................329
  Endereçamento baseado em etiquetas (tags).....................330
  Adicionando lógica ladder em uma rotina principal....................330
  Instruções de relés internos.......................333
  Instruções de trava e destrava..................333
  Instrução de um disparo............................334
Questões de revisão..335
Problemas...336

Parte 3   Programação de temporizadores.........338
  Estrutura predefinida do temporizador ... 338
  Temporizador de retardo ao ligar (TON) 339
  Temporizador de retardo ao desligar (TOF)..............................342
  Temporizador de retenção ao ligar (RTO)..................................343
Questões de revisão..346
Problemas...346

Parte 4   Programação de contadores 347
  Contadores 347
  Contador crescente (CTU).........................349
  Contador decrescente (down) (CTD)........350
Questões de revisão..351
Problemas...351

Parte 5   Instruções de matemática, comparação e movimento 352
  Instruções de matemática...........................352
  Instruções de comparação..........................354
  Instruções mover..357
Questões de revisão..358
Problemas...359

Parte 6   Programação de blocos de função 360
  Diagrama de blocos de função (FBD)................................360
  Programação FBD......................................364
Questões de revisão..370
Problemas...370

Glossário   **371**

Índice   **385**

Visão geral dos controladores lógicos programáveis (CLPs)

Objetivos do capítulo

Após o estudo deste capítulo, você será capaz de:

1.1 Definir o que é um controlador lógico programável (CLP) e listar suas vantagens em relação ao sistema de relé.
1.2 Identificar as partes principais do CLP, descrevendo suas funções.
1.3 Esboçar a sequência básica de funcionamento do CLP.
1.4 Identificar as classificações gerais dos CLPs.

Este capítulo apresenta uma breve história sobre a evolução do controlador lógico programável (CLP). Aqui são discutidas as razões da troca do sistema de controle a relé para estes controladores; são mostradas as partes básicas de um CLP, seus diferentes tipos e suas aplicações, e como ele é utilizado para controlar um processo. É também dada uma introdução sobre a linguagem em lógica ladder, que foi desenvolvida para simplificar a tarefa de programação dos CLPs.

1.1 Controladores lógicos programáveis

Os controladores lógicos programáveis (CLPs) são hoje a tecnologia de controle de processos industriais mais amplamente utilizada. Um CLP é um tipo de computador industrial que pode ser programado para executar funções de controle (Figura 1.1); esses controladores reduziram muito a fiação associada aos circuitos de controle convencional a relé, além de apresentar outros benefícios, como a facilidade de programação e instalação, controle de alta velocidade, compatibilidade de rede, verificação de defeitos e conveniência de teste e alta confiabilidade.

O CLP é projetado para arranjos de múltiplas entradas e saídas, faixas de temperatura ampliadas, imunidade a ruído elétrico e resistência à vibração e impacto. Programas para controle e operação de equipamentos de processos de fabricação e mecanismo normalmente são armazenados em memória não volátil ou com bateria incorporada. Um CLP é um exemplo de um sistema em tempo real, considerando que a saída do sistema controlado por ele depende das condições da entrada.

Ele é basicamente um computador digital projetado para uso no controle de máquinas, mas diferentemente

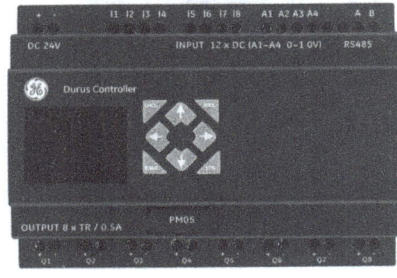
(a)

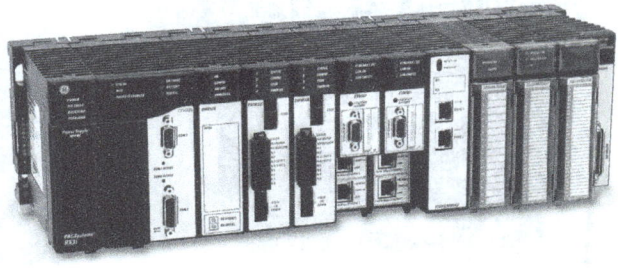
(b)

Figura 1.1 Controlador lógico programável.
Fonte: Cortesia da GE Intelligent Platforms.

de um computador pessoal, ele foi projetado para funcionar em um ambiente industrial e é equipado com interfaces especiais de entrada/saída e uma linguagem de programação de controle. A abreviação comum PC, usada na indústria para esses dispositivos, pode ser confusa porque ela é também a abreviação para "computador pessoal"; portanto, a maioria dos fabricantes denomina o controlador programável como CLP.

A princípio, o CLP era usado para substituir o relé lógico, mas, em decorrência de sua crescente gama de funções, ele é encontrado em muitas e mais complexas aplicações. Pelo fato de sua estrutura ser baseada nos mesmos princípios da arquitetura empregada em um computador, ele é capaz de executar não apenas tarefas de um relé, mas também outras aplicações, como temporização, contagem, cálculos, comparação e processamento de sinais analógicos.

Controladores programáveis oferecem várias vantagens em relação aos controles a relé convencionais. Os relés precisam ser instalados para executar uma função específica; quando o sistema requer uma modificação, os condutores do relé precisam ser substituídos ou modificados. Em casos extremos, como em uma indústria automotiva, o painel de controle deve ser substituído completamente, considerando que não é economicamente viável refazer a fiação do painel antigo no modelo trocado. Com o CLP, a maior parte desse trabalho com fiação foi eliminada (Figura 1.2); além disso, ele tem dimensões e custo reduzidos. Sistemas de controles modernos ainda incluem relés, porém são raramente utilizados para a lógica.

Além da redução de custos, os CLPs oferecem vários outros benefícios, como:

- *Maior confiabilidade*. Uma vez escrito e testado, o programa pode ser facilmente transferido para outros CLPs. Como toda a lógica está contida em sua memória, não há chance de cometer erro lógico na fiação (Figura 1.3). O programa elimina grande parte da fiação externa que normalmente seria necessária para o controle de um processo. A fiação, embora ainda seja necessária para conectar os dispositivos de campo, torna-se menos volumosa. Os CLPs oferecem ainda a confiabilidade associada aos componentes em estado sólido.

- *Mais flexibilidade*. É mais fácil criar e modificar um programa em um CLP do que ligar e religar os fios em um circuito. Com um CLP, as relações entre as entradas e as saídas são determinadas pelo usuário do programa, em vez do modo como eles são interconectados (Figura 1.4). Os fabricantes de equipamentos originais

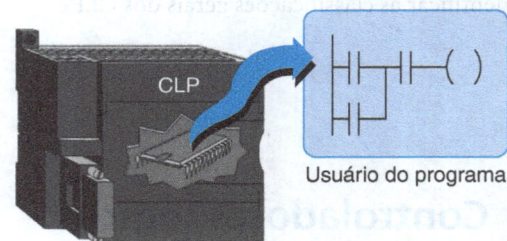

Figura 1.3 A lógica completa está contida na memória do CLP.

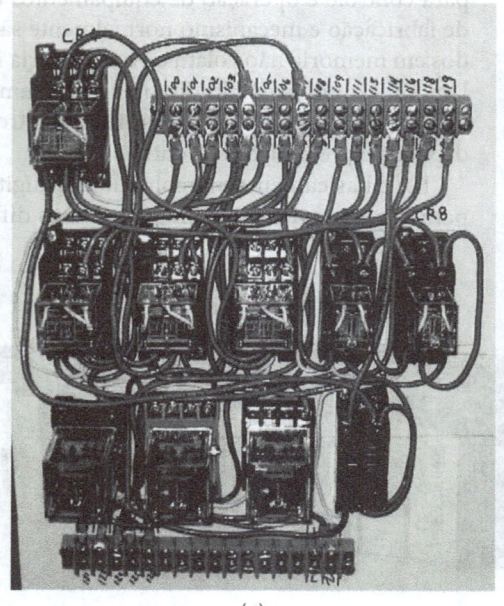
(a)

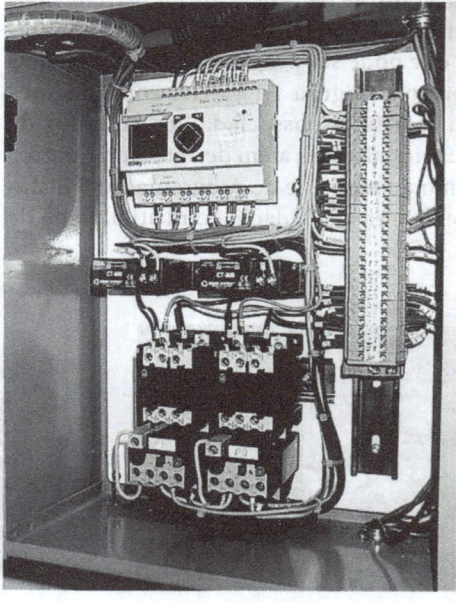
(b)

Figura 1.2 (a) Painel de controle baseado em relé; (b) painel de controle baseado em CLP.
Fonte: (a) Cortesia de Midi-Illini Technical Group Inc.; (b) cortesia de Ramco Electric Ltd.

podem atualizar o sistema simplesmente enviando um novo programa; usuários finais podem modificá-lo no campo, ou, se desejarem, podem providenciar segurança de acordo com as características do equipamento, como travas e senhas para o programa.

- *Menor custo.* Os CLPs foram projetados originalmente para substituir o controle lógico a relé, e a redução de custos tem sido tão significativa que este está se tornando obsoleto, exceto para aplicações de potência. De modo geral, se uma aplicação utiliza mais de meia dúzia de relés de controle, provavelmente será mais econômico instalar um CLP.

- *Capacidade de comunicações.* Um CLP pode comunicar-se com outros controladores ou com qualquer outro equipamento do computador para realizar funções como supervisão do controle, coleta de dados, dispositivos de monitoramento e parâmetros do processo, além de baixar e transferir programas (Figura 1.5).

Figura 1.5 Módulo de comunicação de CLP.
Fonte: Cortesia da Automation Direct.
www.automationdirect.com

- *Tempo de resposta rápido.* Os CLPs foram projetados para alta velocidade e aplicações em tempo real (Figura 1.6). O controlador programável opera em tempo real, o que significa que um evento que ocorre no campo resultará na execução de uma operação ou saída. Máquinas que processam milhares de itens por segundo e objetos que levam apenas uma fração de segundo próximo a um sensor requerem uma capacidade de resposta rápida do CLP.

- *Facilidade na verificação de defeitos.* Os CLPs possuem um diagnóstico residente e substituem funções que permitem ao usuário traçar e corrigir os problemas do programa e do equipamento facilmente. Para detectar e reparar problemas, os usuários podem visualizar o programa de controle em um monitor e observá-lo em tempo real à medida que ele está sendo executado (Figura 1.7).

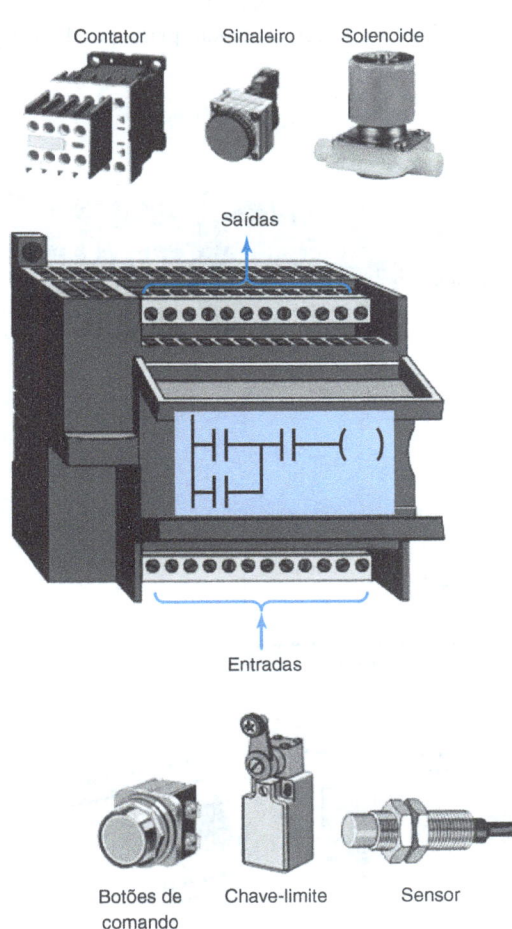

Figura 1.4 As relações entre as entradas e as saídas são determinadas pelo usuário do programa.

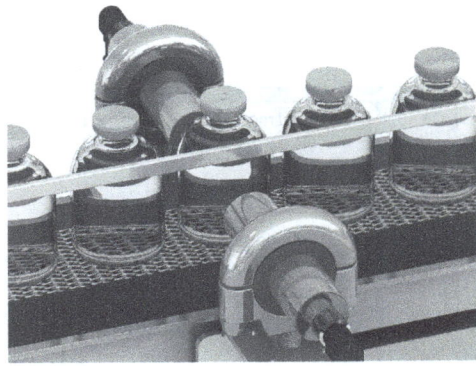

Figura 1.6 Contagem em alta velocidade.
Fonte: Cortesia da Banner Engineering Corp.

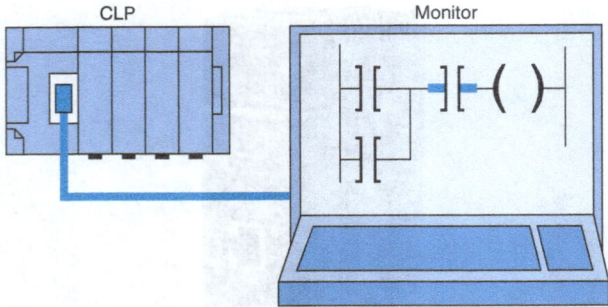

Figura 1.7 O programa de controle pode ser visto em um monitor em tempo real.

1.2 Partes de um CLP

Um CLP pode ser dividido em partes, como mostra a Figura 1.8. Temos a *unidade central de processamento (CPU)*, a seção de *entrada/saída E/S*, a *fonte de alimentação* e o *dispositivo de programação*. O termo *arquitetura* pode se referir ao equipamento, ao programa do CLP ou a uma combinação dos dois. Um projeto de arquitetura *aberta* permite que o sistema seja conectado facilmente aos dispositivos e programas de outros fabricantes, e utiliza componentes de prateleira que seguem padrões aprovados. Um sistema com arquitetura *fechada* é aquele cujo projeto é patenteado, tornando-o mais difícil de ser conectado a outros sistemas. A maioria dos sistemas de CLP é patenteada; logo, torna-se necessário verificar se o equipamento ou programa genérico que será utilizado é compatível com esse CLP específico. Além disso, embora os conceitos principais sejam os mesmos para todos os métodos de programação, é possível que existam algumas diferenças de endereçamento, alocação de memórias, reaquisição e manipulação de dados para modelos diferentes. Consequentemente, os programas não podem ser intercambiados entre os diferentes fabricantes de CLP.

Existem dois modos de incorporar as E/S (entradas e saídas) em um CLP: fixas e moduladas. A *E/S fixa* (Figura 1.9) é típica dos CLPs de menor porte e é incorporada no equipamento sem separação, sem unidades removíveis. O processador e a E/S são montados juntos, e os terminais de E/S terão um número fixo de conexões embutidas para as entradas e saídas. A vantagem principal desse tipo

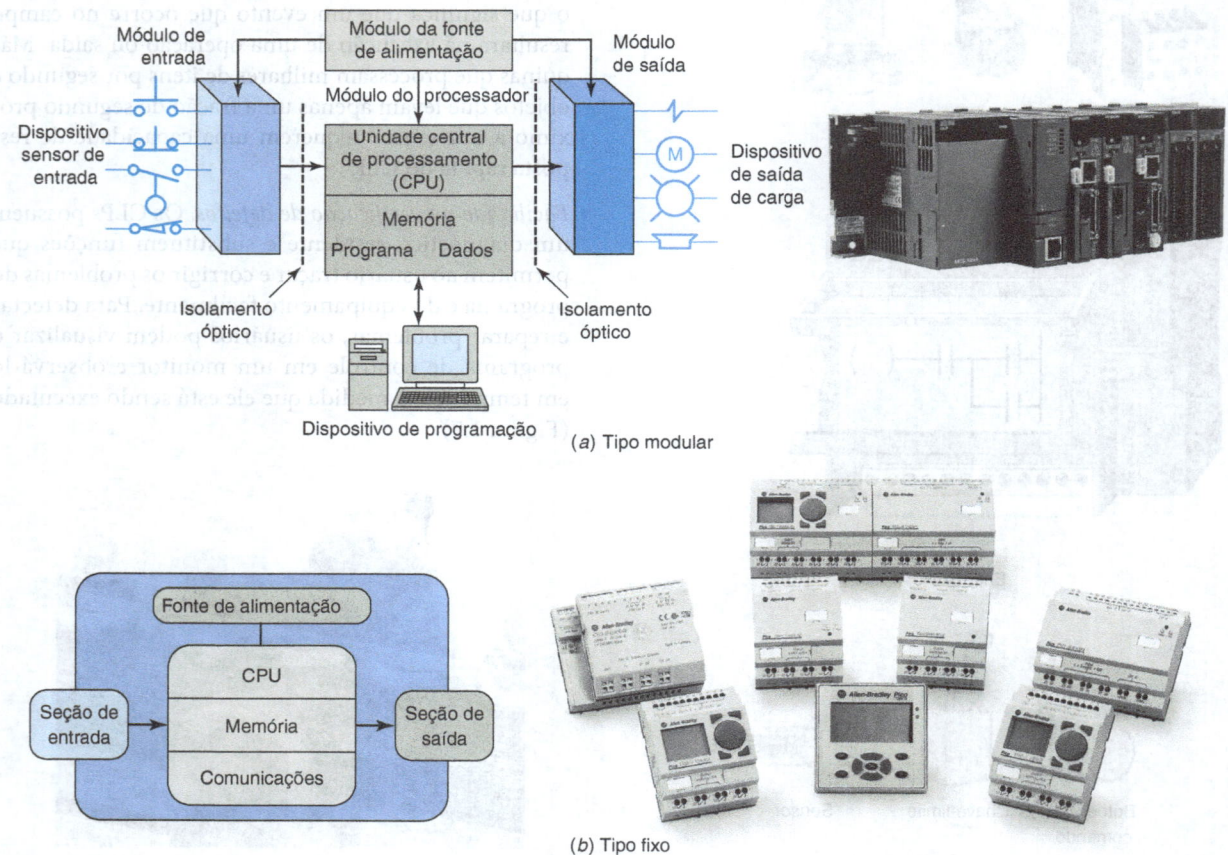

Figura 1.8 Partes de um controlador lógico programável.
Fonte: (a) Cortesia da Mitsubishi Automation; (b) imagem usada com permissão da Rockwell Automation, Inc.

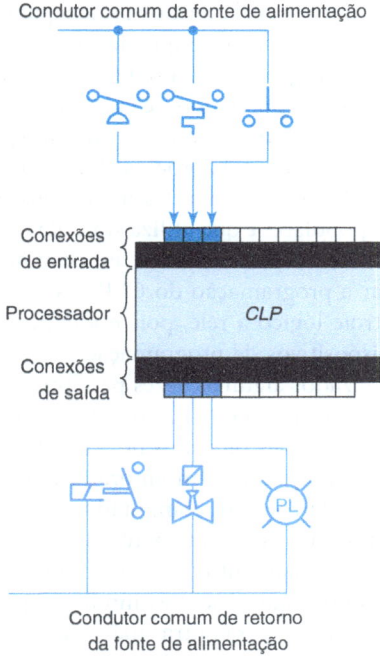

Figura 1.9 Configuração da E/S fixa.

O *processador* (CPU) é o "cérebro" de um CLP (Figura 1.12) e consiste, geralmente, em um microprocessador, para a implementação lógica e controle das comunicações entre os módulos, e requer uma memória para armazenar os resultados das operações lógicas executadas pelo microprocessador. As memórias EPROM ou EEPROM somadas à memória RAM também são necessárias para o programa.

A CPU controla todas as atividades e é projetada de modo que o usuário possa introduzir o programa desejado em lógica ladder. O programa do CLP é executado como parte de um processo repetitivo referido como varredura ou exploração (scan), (Figura 1.13), no qual a CPU faz uma leitura do estado (ligado ou desligado) das entradas e, depois de completada a execução do programa, executa o diagnóstico interno e as tarefas de comunicação. Em seguida, o estado das saídas é atualizado, e esse

de equipamento é o baixo custo. O número de pontos de E/S disponíveis varia e geralmente pode ser expandido, incorporando-se unidades de E/S fixas adicionais. Uma desvantagem da E/S fixa é a falta de flexibilidade, pois a quantidade e os tipos de entrada são ditados pela unidade. Além disso, para certos modelos, se uma parte da unidade apresentar um defeito, será necessária a substituição da unidade toda.

A *E/S modular* (Figura 1.10) é dividida por compartimentos cujos módulos podem ser plugados separadamente, o que aumenta de maneira significativa suas opções e a flexibilidade da unidade, sendo possível escolher os módulos do fabricante e misturá-los como desejar. O controle modular básico consiste em um rack (gabinete), uma fonte de alimentação, módulo de processador (CPU), módulos de entrada/saída (E/S) e uma interface de operação para programação e monitoração. Os módulos são plugados no rack e estabelecem uma conexão com uma série de contatos, localizada na parte de trás do rack, chamada de painel traseiro ou placa-mãe (backplane). O processador do CLP também é conectado na placa-mãe e pode se comunicar com todos os módulos do rack.

A *fonte de alimentação* fornece corrente contínua CC para os outros módulos que estão plugados no rack (Figura 1.11); para sistemas de CLP de maior porte, a alimentação normalmente não é fornecida para os dispositivos de campo, mas por uma fonte de corrente alternada (CA) ou de corrente contínua (CC); para alguns sistemas de micro CLP, a fonte de alimentação pode ser usada para alimentar os dispositivos de campo.

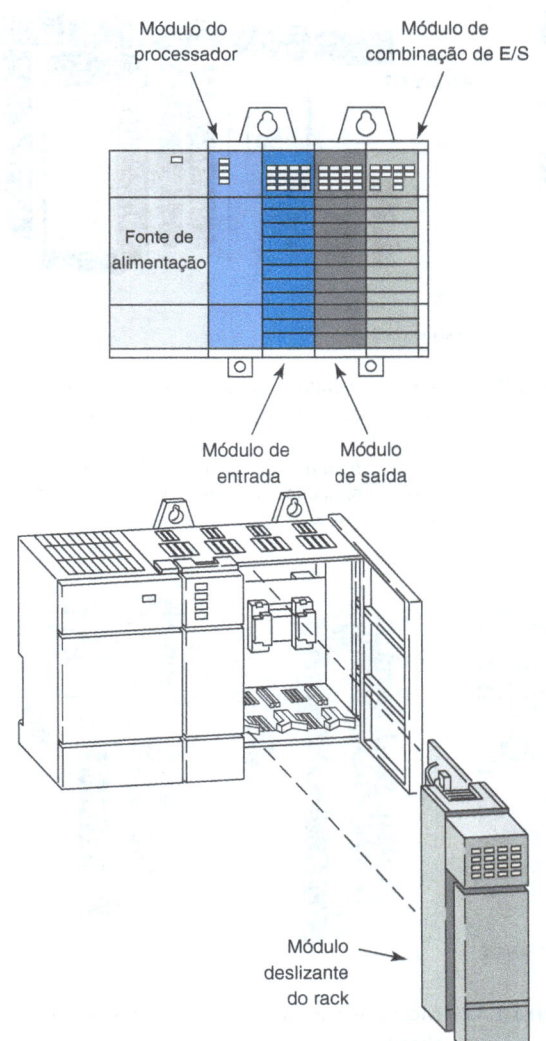

Figura 1.10 Configuração da E/S modular.

processo é repetido continuadamente enquanto o CLP estiver no modo de funcionamento (RUN).

O *sistema de E/S* forma a interface com a qual os dispositivos de campo são conectados ao controlador (Figura 1.14), e tem a finalidade de condicionar os vários sinais recebidos ou enviados para os dispositivos de campo externos. Dispositivos de entrada, como os botões de comando, chaves-limite e sensores são equipamentos para os terminais de entrada, enquanto os dispositivos de saída como os pequenos motores, motores de partida, válvulas solenoides e sinaleiros são equipamentos para os terminais de saída. Para isolar eletricamente os componentes internos dos terminais de entrada e de saída, os CLPs normalmente empregam um isolador óptico, os quais usam a luz para acoplar os circuitos. Os dispositivos externos, de entrada e saída, são chamados também de "campo" ou "mundo real", termos usados para distinguir dispositivos externos reais, e que devem ser conectados fisicamente ao programa interno do usuário, que imita a função de relés, temporizadores e contadores.

Um *dispositivo de programação* é utilizado para inserir o programa na memória do processador, com a utilização da lógica ladder a relé, uma das linguagens de programação mais populares e que utiliza símbolos gráficos que mostram os resultados desejados, especialmente criada para facilitar a programação do CLP aos familiarizados com o controle lógico a relé, pois é idêntico a esse circuito. Os dispositivos de programação portáteis (Figura 1.15) são utilizados algumas vezes para programar CLPs de pequeno porte, por terem baixo custo e pela facilidade de utilização. Uma vez plugados no CLP, eles podem ser utilizados para programar e monitorar, e tanto a unidade portátil compacta como os computadores portáteis (laptops) são utilizados frequentemente no chão de fábrica (próximo aos equipamentos e das máquinas), para verificar defeitos nos equipamentos, modificar programas e transferir programas para outras máquinas.

O computador pessoal (PC) é o dispositivo de programação mais utilizado. A maioria das marcas de CLPs possui programa disponível de modo que ele possa ser usado como dispositivo de programação que permite ao usuário criar, editar, documentar, armazenar e verificar defeitos nos programas em lógica ladder (Figura 1.16). O monitor do computador é capaz de mostrar mais lógica na tela que os tipos compactos, simplificando, assim, a interpretação do programa. O computador pessoal se comunica com o processador do CLP via link (elo ou vínculo) de comunicações de dados em série ou paralelo, ou EtherNet. Se a unidade de programação não for utilizada, ela deve ser desligada e removida, uma vez que isso não afeta o funcionamento do programa do usuário.

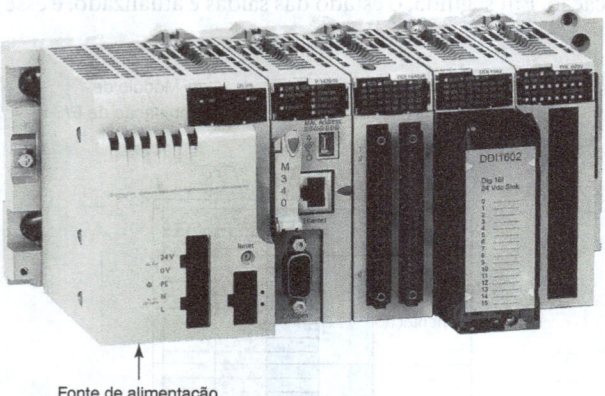

Figura 1.11 A fonte de alimentação fornece corrente contínua CC para outros módulos que são plugados no rack.
Fonte: Este material e os direitos de cópia associados são de propriedade da Schneider Electric e usados com sua permissão.

Figura 1.12 Módulos característicos de processadores do CLP.
Fonte: Imagem usada com permissão da Rockwell Automation, Inc.

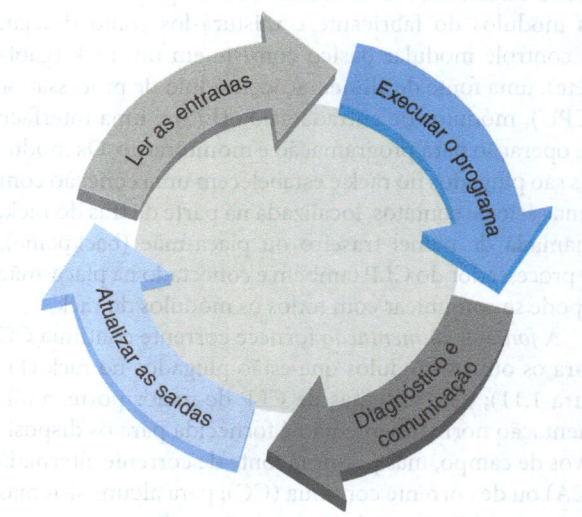

Figura 1.13 Ciclo de varredura para o CLP.

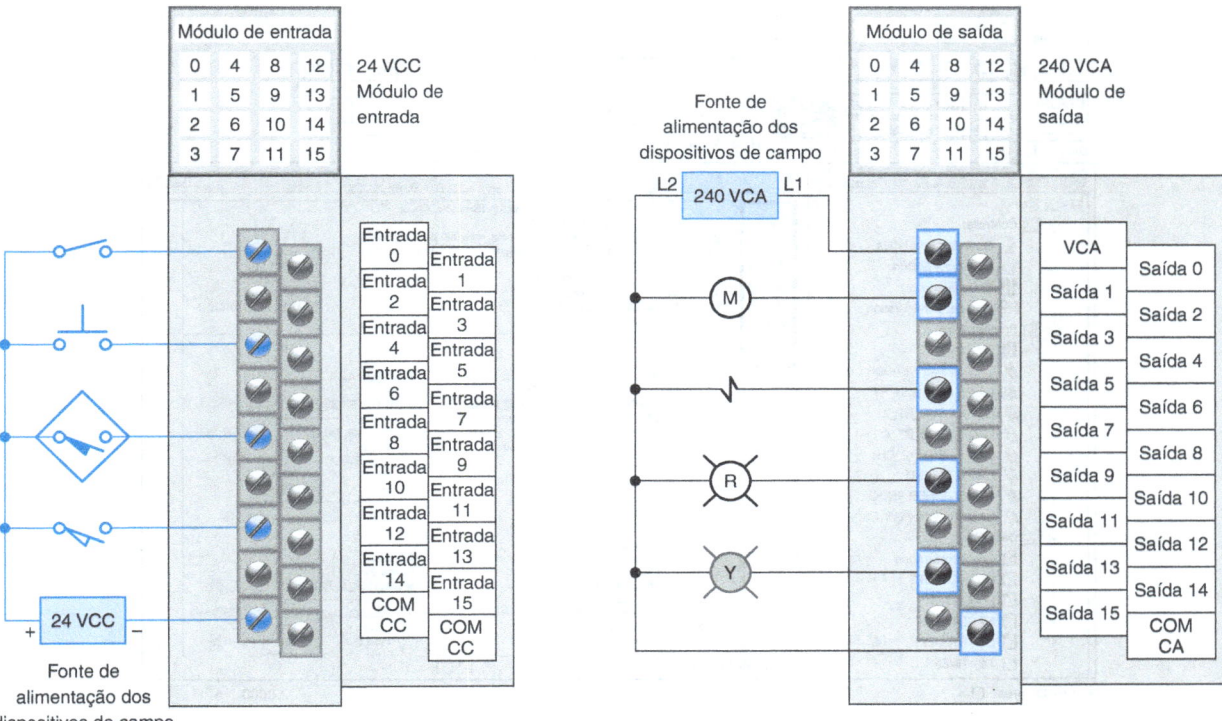

Figura 1.14 Sistema de conexões das entradas/saídas (E/S) do CLP.

O *programa* é uma série de instruções desenvolvidas pelo usuário que orienta o CLP a executar as ações, a *linguagem de programação* fornece as regras para combinar as instruções de modo que elas produzam as ações esperadas. A *lógica ladder para relé* (RRL) é uma linguagem-padrão de programação usada com os CLPs, e sua origem é baseada no controle de relé eletromecânico.

O programa com a linguagem da lógica ladder representa graficamente os degraus de contatos, as bobinas e os blocos de instrução. A RRL foi projetada originalmente para facilitar o uso e o entendimento para seus usuários e tem sido modificada para acompanhar a crescente demanda de necessidades da indústria de controle.

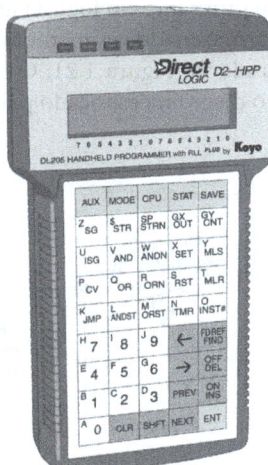

Figura 1.15 Dispositivo compacto de programação.
Fonte: Cortesia da Automation Direct.
www.automationdirect.com

1.3 Princípios de funcionamento

O funcionamento de um CLP pode ser entendido considerando-se o problema de controle de processo simples mostrado na Figura 1.17. Nela, um motor misturador é utilizado para agitar o líquido em um tanque quando a temperatura e a pressão atingirem o valor desejado (preset). Além disso, é providenciado um ponto de ajuste direto do motor, por meio de um botão de comando separado. O processo é monitorado por sensores de temperatura e pressão que fecham seus respectivos contatos quando as condições dos valores desejados são atingidas.

Esse problema de controle pode ser resolvido usando o método de relé para o controle do motor mostrado no diagrama ladder a relé na Figura 1.18. A bobina de partida do motor (M) é energizada quando as chaves de

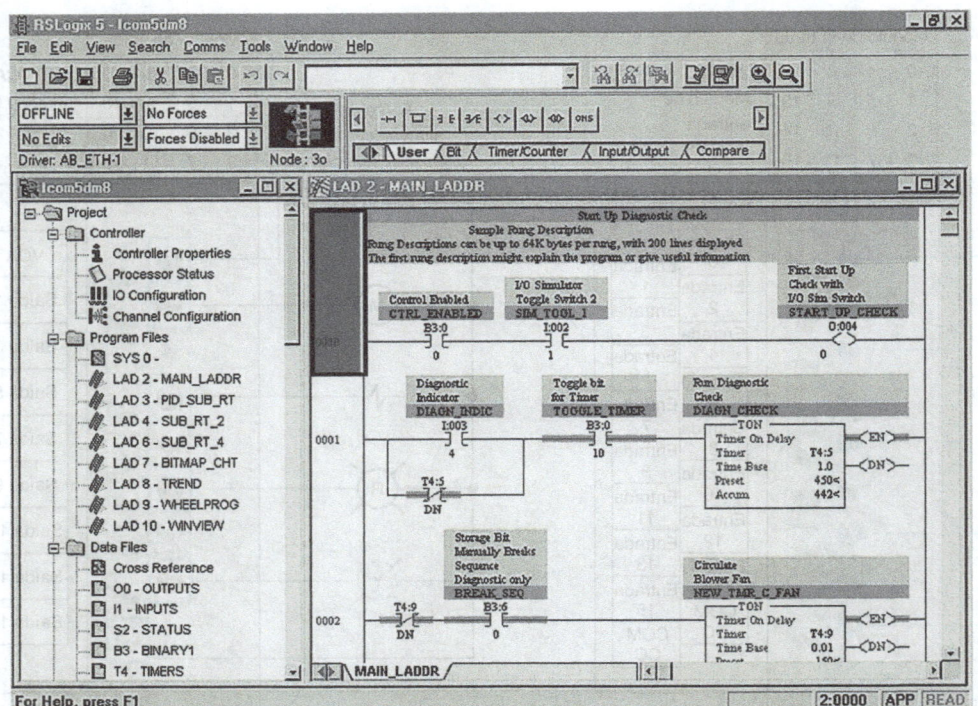

Figura 1.16 Programa típico para PC utilizado para criar um programa em lógica ladder.
Fonte: Imagem usada com permissão da Rockwell Automation, Inc.

temperatura e pressão são fechadas ou quando o botão de comando manual for pressionado.

Agora veremos como um controlador lógico programável pode ser utilizado para esta aplicação. Utilizaremos os mesmos dispositivos de campo (chave de temperatura, chave de pressão e botão de comando), os quais deverão ser conectados ao módulo de entrada apropriado segundo o esquema de endereçamento dado pelo fabricante. A Figura 1.19 mostra as conexões típicas dos condutores para uma alimentação de 120 V com o módulo de entrada.

O mesmo dispositivo de campo de saída (bobina de partida do motor) que será usado deverá ser conectado ao módulo de saída apropriado segundo o esquema de endereçamento dado pelo fabricante. A Figura 1.20 mostra as conexões típicas dos condutores para uma alimentação de 120 VCA com o módulo de saída.

Em seguida, o programa em lógica ladder do CLP seria elaborado e armazenado na memória da CPU; esse processo é mostrado na Figura 1.21. O formato utilizado é similar ao do diagrama esboçado para o circuito em

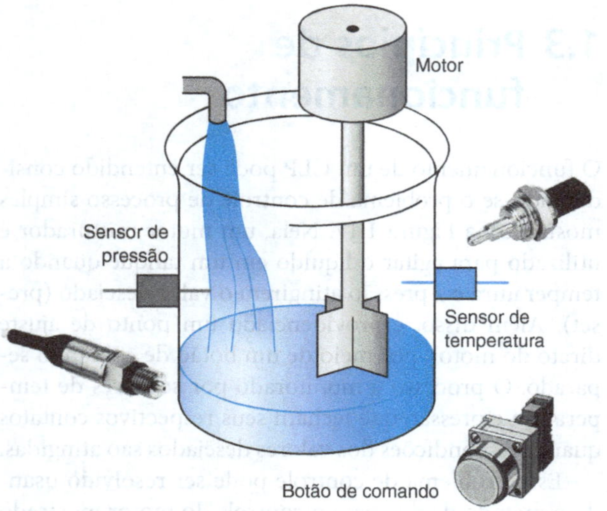

Figura 1.17 Problema de controle de processo do misturador.

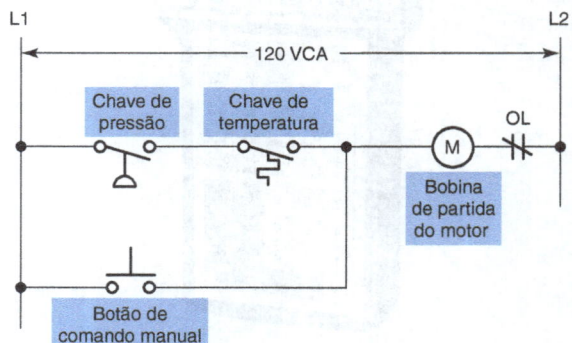

Figura 1.18 Diagrama ladder para o processo de controle a relé.

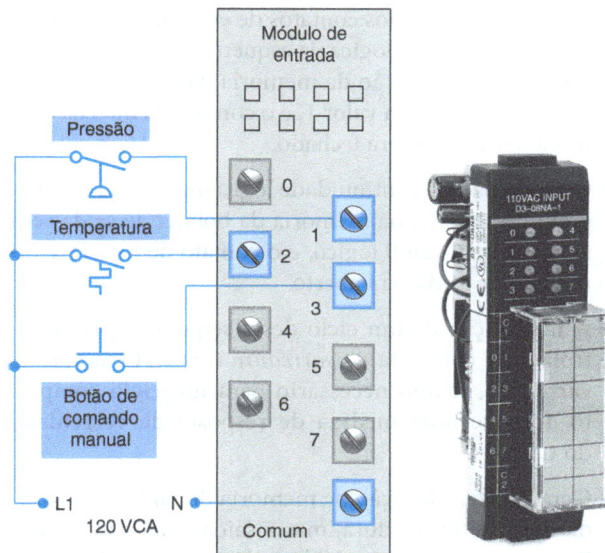

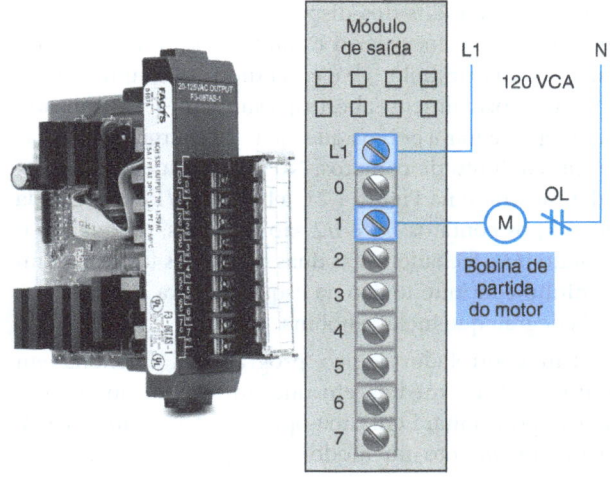

Figura 1.19 Conexões típicas para uma alimentação-padrão de 120 VCA configurada com o módulo de entrada.
Fonte: Cortesia da Automation Direct. www.automationdirect.com

Figura 1.20 Conexões típicas de um módulo de saída para uma alimentação-padrão em 127 VCA.
Fonte: Cortesia da Automation Direct. www.automationdirect.com

ladder a relé. Os símbolos individuais representam instruções, enquanto os números representam os endereços da posição da instrução. Para programar o controlador, é necessário inserir essas instruções uma por uma na memória do processador, utilizando o dispositivo de programação. A cada dispositivo de entrada e de saída é dado um endereço, que permite ao CLP saber onde ele está conectado fisicamente. Observe que o formato de endereço da E/S é diferente, dependendo do modelo do CLP e do fabricante. As instruções são armazenadas na parte de programas do usuário na memória do processador e, durante a varredura do programa, o controlador monitora as entradas, executa o programa de controle e muda as saídas adequadamente.

Para o programa funcionar, o controlador é colocado no modo de funcionamento (RUN) ou no modo de ciclo de operação, e, durante cada ciclo de operação, ele

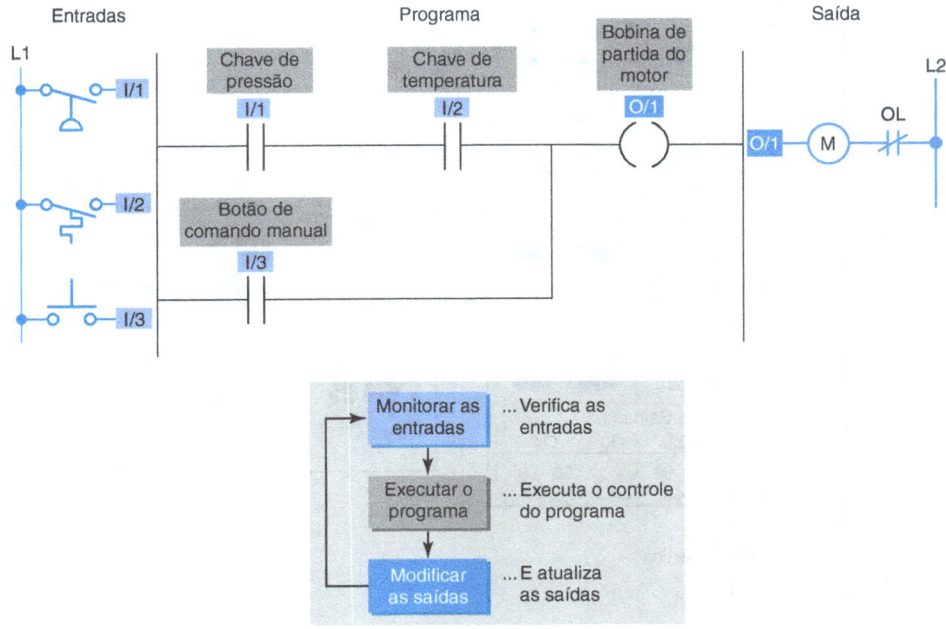

Figura 1.21 Programa em lógica ladder para controle do processo com o esquema de endereço típico.

examina os estados dos dispositivos de entrada, executa o programa do usuário e muda as saídas adequadamente. Cada símbolo ─| |─ é entendido como um jogo de contatos normalmente abertos; o símbolo ─( )─ é utilizado para representar a bobina que, quando energizada, fechará um conjunto de contatos. No programa em lógica ladder mostrado na Figura 1.21, a bobina O/1 é energizada quando os contatos I/1 e I/2 são fechados, ou quando o contato I/3 é fechado. Estas duas condições fornecem um caminho contínuo lógico da esquerda para a direita por cada degrau que inclui a bobina.

Um controlador lógico programável funciona em tempo real, na medida em que um evento que ocorre no campo resultará em uma operação ou em uma saída. O funcionamento no modo RUN para o esquema do controle de processo pode ser descrito pela seguinte sequência de eventos:

- Primeiro, as entradas, a chave de pressão, a chave de temperatura e o botão de comando são examinados e seus estados, gravados na memória do controlador.

- Um contato fechado é registrado na memória como um 1 lógico, e um contato aberto, como um 0 lógico.

- Em seguida, o diagrama ladder é executado, com cada contato apresentando um estado ABERTO ou FECHADO, segundo o qual é gravado com os estados 1 ou 0.

- Quando o estado dos contatos de entrada proporciona uma continuidade lógica da esquerda para a direita pelos degraus, a locação da memória da bobina de saída será dada como um valor 1, e o contato da interface do módulo de saída será fechado.

- Quando não há continuidade lógica no degrau do programa, a locação da memória da bobina de saída será ajustada para um 0 lógico, e o contato da interface do módulo de saída será aberto.

- A finalização de um ciclo desta sequência pelo controlador é chamada de *varredura* (scan). O tempo de varredura, tempo necessário para um ciclo completo, fornece uma medida de resposta de velocidade do CLP.

- Geralmente, a locação de memória de saída é atualizada durante a varredura, mas a saída atual não é atualizada até o final da varredura do programa durante a varredura da E/S.

A Figura 1.22 mostra a conexão típica necessária para implementar o esquema de controle do processo utilizando um controlador CLP fixo. Nesse exemplo, o controlador Pico da Allen-Bradley, equipado com 8 entradas e 4 saídas, é utilizado para controlar e monitorar o processo, e a instalação pode ser resumida da seguinte maneira:

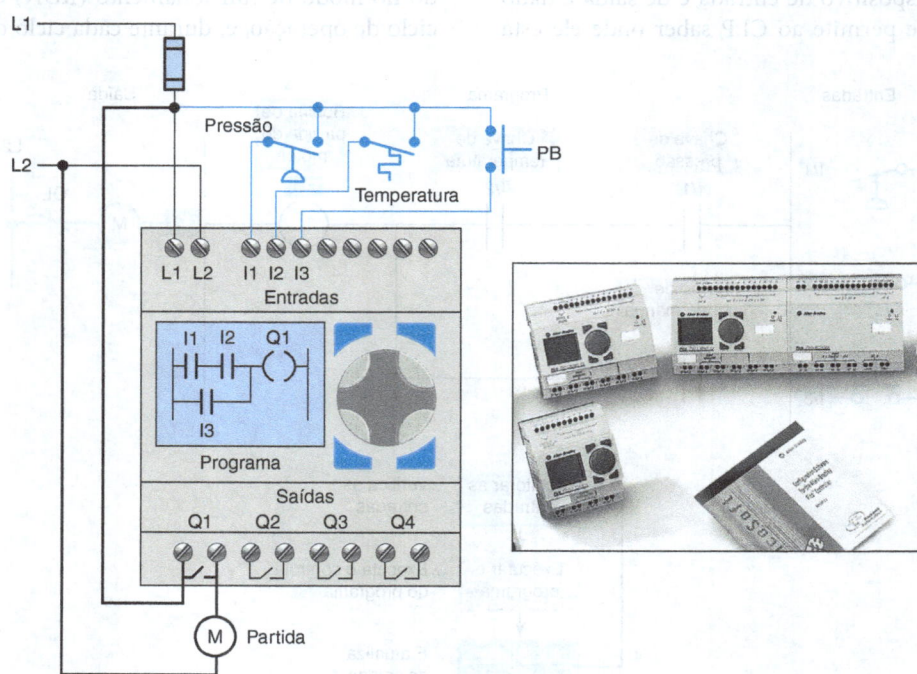

Figura 1.22 Instalação típica necessária para implementar o esquema de controle do processo utilizando um controlador fixo CLP.
Fonte: Imagem usada com permissão da Rockwell Automation, Inc.

- Linhas de energia com fusível, do tipo de tensão e nível especificados, são conectadas aos terminais L1 e L2 do controlador.
- Os dispositivos de campo, as chaves de pressão e de temperatura e o botão de comando são conectados entre L1 e os terminais de entrada do controlador I1, I2 e I3, respectivamente.
- A bobina de partida do motor é conectada diretamente em L2 e em série com os contatos do relé de saída Q1 e L1.
- O programa em lógica ladder é gravado utilizando o teclado e o display de LCD.
- A programação Pico também está disponível para permitir a criação ou o teste de um programa em um computador pessoal.

1.4 Modificando a operação

Uma das características importantes de um CLP é a facilidade de modificação do programa. Considere, por exemplo, que o circuito de controle do processo original para a operação de misturar deva ser modificado, como mostra o diagrama ladder a relé da Figura 1.23. Isso requer que seja permitido ao botão de comando manual operar o controle com qualquer pressão, mas apenas quando uma temperatura especificada pelo ajuste for atingida.

Se um sistema a relé fosse utilizado, seria necessário modificar a instalação do circuito mostrado na Figura 1.23 para se obter a modificação desejada. Contudo, se um sistema com CLP fosse utilizado, isso não seria necessário, pois as entradas e saídas ainda são as mesmas, sendo preciso apenas mudar o programa em lógica ladder, como mostra a Figura 1.24.

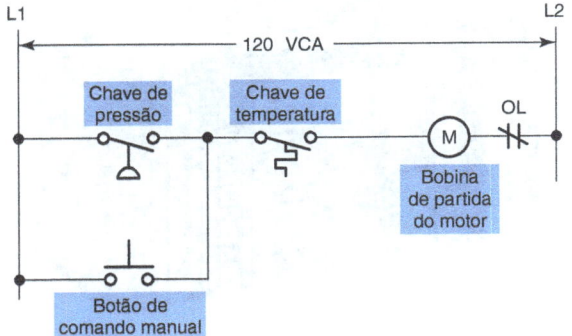

Figura 1.23 Diagrama ladder a relé do processo modificado.

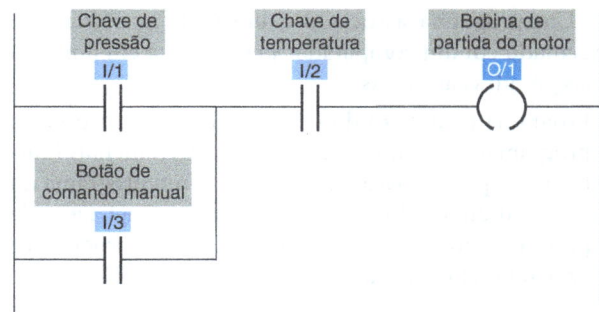

Figura 1.24 Programa em lógica ladder para o CLP do processo modificado.

1.5 CLPs *versus* computadores

A arquitetura de um CLP é basicamente a mesma de um computador pessoal, que pode funcionar como um controlador lógico programável se houver um meio de receber informação dos dispositivos, como botões de comando ou chaves; também são necessários um programa para processar as entradas e um meio de ligar e desligar os dispositivos da carga.

Entretanto, algumas características importantes são diferentes das de um computador pessoal. O CLP é projetado para operar em um ambiente industrial, com ampla faixa de temperatura ambiente e umidade, e um projeto de instalação industrial de um CLP bem elaborado, como o mostrado na Figura 1.25, normalmente não é afetado pelos ruídos elétricos inerentes a muitos locais na indústria.

Diferentemente de um PC, o CLP é programado em lógica ladder para relé ou em outras linguagens de aprendizado fácil; sua linguagem de programação é embutida na sua memória e não há um teclado permanente incorporado, acionador de CD ou monitor. Em vez disso, os CLPs vêm equipados com terminais para os dispositivos de campo de entrada e saída, bem como com portas de comunicação.

Os computadores são complexas máquinas de calcular capazes de executar vários programas ou tarefas simultaneamente e em diversas ordens. A maioria dos CLPs, no entanto, executa um programa simples, de modo ordenado e sequencial, da primeira à última instrução.

O sistema de controle do CLP foi projetado para ser instalado e mantido facilmente; a verificação de defeitos é simplificada pelo uso de indicadores de falhas, e as mensagens são mostradas em uma tela programada; além disso, os módulos de entrada/saída para a conexão dos dispositivos de campo são facilmente conectados e substituídos.

Um programa associado a um CLP, mas escrito e executado em um computador pessoal, está em uma das duas grandes categorias:

- Programa (software) do CLP, que permite ao usuário programar e documentar, oferece as ferramentas (ambiente de programação) para escrever um programa no CLP – usando a lógica ladder ou outra linguagem de programação – e documentar ou explicar o programa e os detalhes necessários.

- Programa (software) do CLP que permite ao usuário monitorar e controlar o processo também conhecido como *interface homem-máquina* (IHM). Ele permite ao usuário ver um processo – ou uma representação gráfica do processo – em um monitor, determinar como o sistema está funcionando, os valores de tendência e receber condições de alarme (Figura 1.26). Os CLPs podem ser integrados com as IHMs, mas o mesmo ambiente de programação não programa os dois dispositivos.

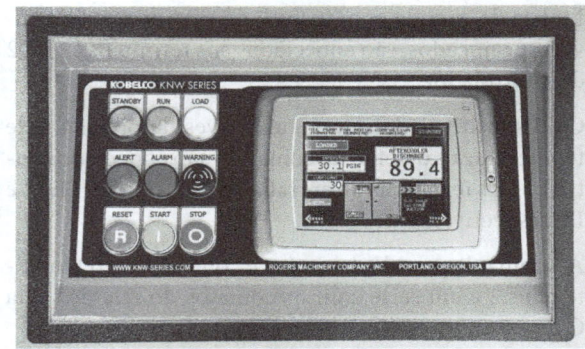

Figura 1.26 Monitor e interface de operação de um CLP.
Fonte: Cortesia Rogers Machinery Company, Inc.

Os atuais fabricantes de automação têm respondido à crescente necessidade dos sistemas de controle industrial aproveitando as vantagens de um estilo de controle do CLP com as do sistema baseado no PC. Esses dispositivos são chamados de controladores de automação programáveis (CAP) (Figura 1.27) e combinam a robustez do CLP com a funcionalidade do PC. Por meio dos CAPs, é possível projetar sistemas avançados incorporando capacidades de programação, como os controles avançados, comunicação, registros de dados e processamento de sinais, além de melhorar o desempenho do hardware em controle de processo.

1.6 CLP: classe e aplicação

O critério utilizado na classificação dos CLPs inclui funcionalidade, número de entradas e saídas, custo e tamanho físico (Figura 1.28). Desses fatores, a quantidade de *E/S* é considerada o mais importante. Geralmente, o tipo nano é o de menor tamanho, com menos de 15 pontos de E/S.

(a)

(b)

Figura 1.25 CLP instalado em um ambiente de indústria.
Fonte: (a) e (b) Cortesia da Automation IG.

Figura 1.27 Controlador de automação programável (PAC).
Fonte: Cortesia da Omron Industrial Automation.
www.ia.omron.com

Depois dele, vêm os tipos micro (15 a 128 pontos de E/S), os de porte médio (128 a 512 pontos de E/S), e os de grande porte (mais de 512 pontos de E/S).

Combinar o CLP com a aplicação é o fator chave no processo de seleção, e normalmente não é aconselhável comprar um sistema de CLP além do que dita a necessidade da aplicação. Porém, as condições futuras devem ser previstas para garantir que o sistema seja adequado para atender à aplicação atual e também aos requisitos futuros da aplicação.

Existem três tipos principais de aplicações: terminal único (single-ended), multitarefa e gerenciador de controle. A aplicação de um *terminal único* envolve um CLP controlando um processo (Figura 1.29). Ele deve ser uma unidade simples e não deve ser utilizado para se comunicar com outros computadores ou CLPs. A medida e a sofisticação do processo a ser controlado são fatores óbvios na determinação da seleção do CLP. As aplicações poderiam ditar um processador maior, mas essa categoria geralmente requer um CLP menor.

A aplicação de um *multitarefa* envolve um CLP controlando vários processos, e a capacidade adequada da E/S é um fator importante neste tipo de instalação.

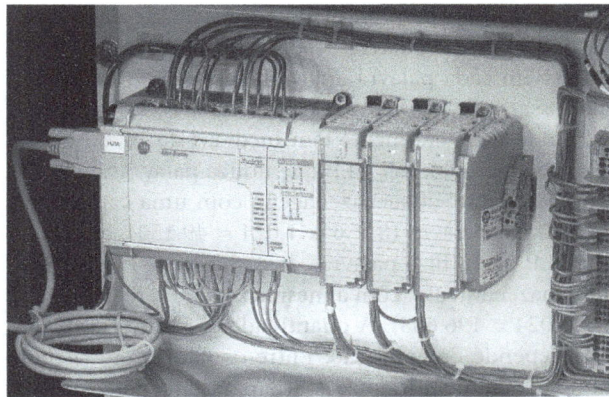

Figura 1.29 Aplicação de um CLP de terminal único.
Fonte: Cortesia da Rogers Machinery Company, Inc.

Além disso, se o CLP for um subsistema de um processo maior e deve comunicar-se com um CLP central ou computador, uma rede de comunicação de dados será também necessária.

A aplicação de um *gerenciador de controle* envolve um CLP controlando vários outros (Figura 1.30) e requer um CLP com processador capaz de se comunicar com outros CLPs e, possivelmente, com um computador. O gerenciador de controle supervisiona vários CLPs, baixando programas que determinam aos outros CLPs o que deve ser feito, e deve ser capaz de se conectar a todos os CLPs de modo que, de acordo com o endereçamento adequado, possa se comunicar com aquele que for necessário.

A *memória* é a parte de um CLP que armazena dados, instruções e programa de controle, e sua medida é expressa geralmente em valores K: 1 K, 6 K e 12 K, e assim sucessivamente. A medição com quilo, abreviado como K, normalmente representa mil unidades. Contudo, ao lidar com memória de computador ou CLP, 1 K significa 1.024, porque essa medição é baseada no sistema de números binários (2^{10} = 1.024). De acordo com o tipo de memória, 1 K pode significar 1.024 bits, 1.024 bytes ou 1.024 palavras.

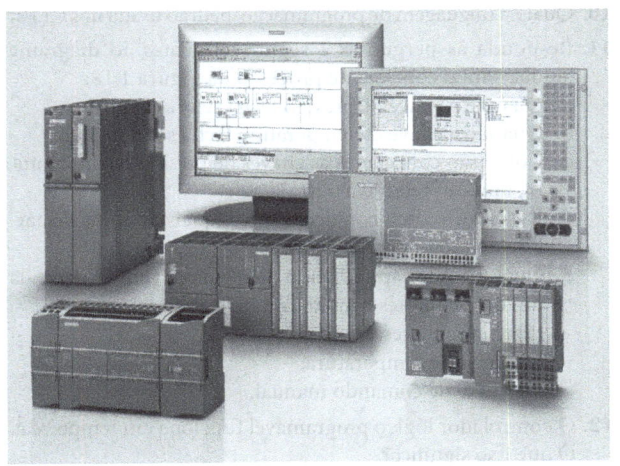

Figura 1.28 Variedade de tipos de controladores programáveis.
Fonte: Cortesia da Siemens.

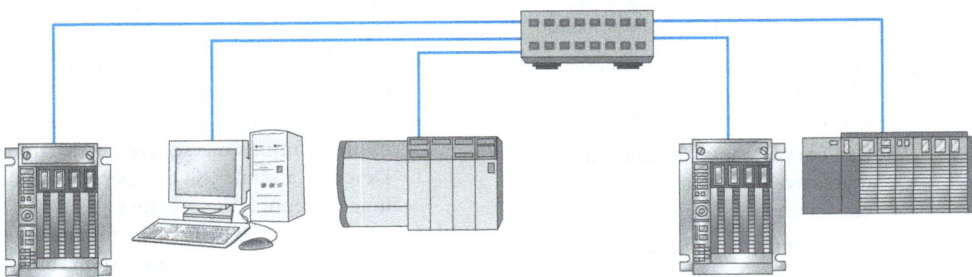

Figura 1.30 Aplicação do CLP gerenciador de controle.

Embora seja comum medir a capacidade da memória dos CLPs em palavras, é necessário saber o número de bits em cada palavra antes que a medida da memória possa ser comparada com precisão. Os computadores modernos geralmente têm medidas de 16, 32 ou 64 bits; por exemplo, um CLP que utiliza palavras de 8 bits tem 49.152 bits de armazenagem, com uma capacidade de 6 K por palavra (8 × 6 × 1.024 = 49.152), enquanto um CLP que utiliza palavras de 32 bits tem 196.608 bits de armazenamento, com a mesma memória de 6 K (32 × 6 × 1.024 = 196.608). A quantidade de memória requerida depende da aplicação. Entre os fatores que afetam a medida da memória necessária para uma determinada instalação de CLP, estão:

- o número de pontos de E/S utilizados;
- o tamanho do programa de controle;
- a necessidade de coleta de dados;
- a necessidade de funções de supervisão;
- a expansão futura.

O *conjunto de instruções* para um determinado CLP especifica os diferentes tipos de instruções suportadas. Em geral, isso varia de 15 instruções, para as unidades menores, até 100 instruções ou mais, para unidades de maior capacidade (ver Tabela 1.1).

Tabela 1.1 Instruções típicas de CLP.

Instrução	Operação
XIC (Verificador de ligado ou fechado)	Examina um bit para uma condição de ligado ou fechado
XIO (Verificador de desligado ou aberto)	Examina um bit para uma condição de desligado ou aberto
OTE (energização da saída)	Liga um bit (não retentivo)
OTL (travamento da saída)	Trava um bit (retentivo)
OTU (destravamento da saída)	Destrava um bit (retentivo)
TOF (temporizador de retardo ao desligar)	Liga ou desliga uma saída após seu degrau ter sido desligado por um intervalo de tempo determinado
TON (temporizador de retardo ao ligar)	Liga ou desliga uma saída após seu degrau ter sido ligado por um intervalo de tempo determinado
CTD (contador decrescente)	Usa um programa de contagem regressiva de um valor especificado
CTU (contador crescente)	Usa um programa de contagem progressiva até um valor especificado

QUESTÕES DE REVISÃO

1. O que é um controlador lógico programável (CLP)?
2. Identifique quatro tarefas que os CLPs podem realizar além da operação de chaveamento de relés.
3. Liste seis vantagens distintas que os CLPs oferecem em relação aos sistemas de controle a relé convencional.
4. Explique a diferença entre arquitetura aberta e patenteada do CLP.
5. Descreva dois modos em que a E/S é incorporada ao CLP.
6. Descreva como os módulos de E/S se conectam ao processador em um tipo de configuração modular.
7. Explique a função principal de cada um dos componentes principais de um CLP.
    a. Módulo do processador (CPU);
    b. Módulo de E/S;
    c. Dispositivo de programação;
    d. Módulo de fonte de alimentação.
8. Quais são os dois tipos de dispositivos de programação mais comuns?
9. Explique como os termos *programa* e *linguagem de programação* se aplicam no CLP.
10. Qual é a linguagem de programação-padrão usada nos CLPs?
11. Responda às perguntas a seguir referentes ao diagrama ladder para o controle de processo da Figura 1.18:
    a. Quando a chave de pressão fecha seus contatos?
    b. Quando a chave de temperatura fecha seus contatos?
    c. Como são conectadas as chaves de pressão e temperatura, uma em relação à outra?
    d. Descreva as duas condições sob as quais a bobina de partida do motor será energizada.
    e. Qual é o valor aproximado da queda de tensão em cada um dos seguintes contatos quando abertos?
        (1) chave de pressão;
        (2) chave de temperatura;
        (3) botão de comando manual.
12. O controlador lógico programável funciona em tempo real. O que isso significa?
13. Responda às perguntas a seguir referentes ao diagrama ladder para o controle de processo da Figura 1.21:
    a. O que representam os símbolos individuais?
    b. O que representam os números?
    c. Qual dispositivo de campo é identificado com o número I/2?
    d. Qual dispositivo de campo é identificado com o número O/1?
    e. Quais são as duas condições que proporcionam um caminho contínuo da esquerda para a direita pelo degrau?
    f. Descreva a sequência de operação do controlador para uma varredura do programa.
14. Compare o método pelo qual o funcionamento do controle de processo é alterado em um sistema baseado em relé com o método utilizado por um sistema baseado no CLP.

15. Compare o CLP e o PC com relação a:
    a. Diferenças físicas dos equipamentos;
    b. Ambiente de funcionamento;
    c. Método de programação;
    d. Execução do programa.
16. Quais são as duas categorias de software escritas e em funcionamento, em PCs que são utilizadas em conjunto com os CLPs?
17. O que é um controlador de automação programável (CAP)?
18. Liste quatro critérios pelos quais os CLPs são classificados.
19. Compare os tipos de aplicações do CLP: terminal único, multitarefa e gerenciador de controle.
20. Qual é a capacidade da memória, expressa em bits, para um CLP que utiliza palavras de 16 bits e tem uma capacidade de 8 K de palavra?
21. Liste cinco fatores que afetam a medida da memória necessária para uma determinada instalação de CLP.
22. A que se refere o conjunto de instruções para um determinado CLP?

PROBLEMAS

1. Dadas duas chaves com contato simples, escreva um programa para ligar uma saída quando as chaves A e B forem fechadas.
2. Dadas duas chaves com contato simples, escreva um programa para ligar uma saída quando a chave A ou a chave B for fechada.
3. Dados quatro botões de comando (A-B-C-D), normalmente abertos, escreva um programa para ligar uma lâmpada se os botões de comando A e B ou C e D forem fechados.
4. Escreva um programa para o diagrama ladder a relé mostrado na Figura 1.31.

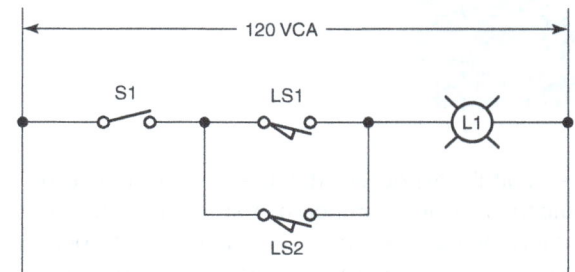

Figura 1.31 Circuito para o Problema 4.

5. Escreva um programa para o diagrama ladder a relé mostrado na Figura 1.32.

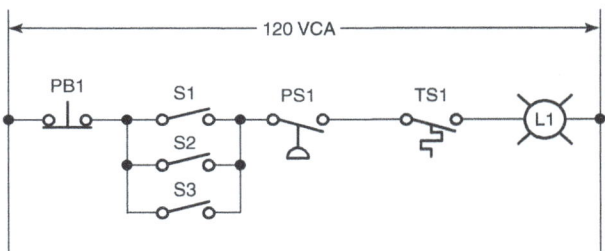

Figura 1.32 Circuito para o Problema 5.

2 CLP – Componentes do equipamento

Objetivos do capítulo

Após o estudo deste capítulo, você será capaz de:

2.1 Listar e descrever a função básica dos componentes físicos utilizados em sistemas de CLP.
2.2 Descrever os circuitos básicos e as aplicações dos módulos de E/S de sinais analógicos e discretos, bem como interpretar as especificações típicas da CPU e de E/S.
2.3 Explicar o endereçamento do módulo de E/S.
2.4 Descrever as classes e os tipos de dispositivos de memória em geral.
2.5 Listar e descrever os diferentes tipos de periféricos e dispositivos de apoio disponíveis.

Este capítulo expõe em detalhes os módulos e o equipamento que compõem o sistema do CLP, e suas ilustrações mostram as várias partes deste, bem como suas conexões em geral. Aqui serão discutidos os componentes físicos da memória e da CPU, além dos vários tipos de memória que existem; também será descrito o equipamento da seção de E/S, incluindo a diferença entre os tipos de módulos discretos e analógicos.

2.1 A seção de E/S

A seção de E/S de um CLP é o local em que os dispositivos de campo são conectados e onde é fornecida a interface entre eles e a CPU. As entradas e saídas são embutidas em um CLP fixo, enquanto o tipo modular usa módulos de E/S que são plugados no CLP.

A Figura 2.1 mostra um rack (gabinete) baseado na seção de E/S que é composto de módulos individuais de E/S. Os módulos da interface de entrada recebem sinais da máquina ou dos dispositivos do processo e os convertem em sinais que podem ser utilizados pelo controlador. Os módulos da interface de saída convertem os sinais do controlador em sinais externos utilizados para o controle da máquina ou para o processo. Um CLP típico comporta vários módulos de E/S, permitindo que ele seja adequado para uma determinada aplicação pela escolha apropriada dos módulos. Cada slot (compartimento) no rack é capaz de acomodar qualquer tipo de módulo de E/S.

O sistema de E/S fornece uma interface entre as conexões dos componentes no campo e a CPU. A interface de entrada permite que a *informação do estado* relativa ao processo seja comunicada à CPU e, portanto, permite que esta comunique os *sinais da operação* pela interface de saída para os dispositivos do processo sob seu controle.

Os controladores da Allen-Bradley fazem distinção entre um chassi do CLP e o rack, como mostra a Figura 2.2. A montagem do equipamento (hardware) que reside nos módulos de E/S, nos módulos do processador e na fonte de alimentação é conhecida como chassi, e este vem em diferentes tamanhos, de acordo com o número de slots que ele contém e, geralmente, pode ter 4, 8, 12 ou 16 slots.

Um *rack lógico* é uma unidade endereçável composta de 128 pontos de entrada e 128 pontos de saída, e que usa 8 palavras no arquivo da tabela de imagem da entrada e 8

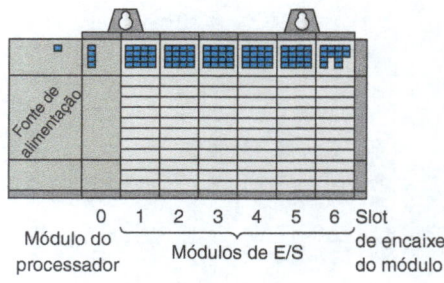

Figura 2.1 Rack baseado na seção de E/S.

palavras no arquivo da tabela de imagem da saída. Uma palavra no arquivo da tabela de imagem da entrada e a palavra correspondente nesse arquivo são chamadas de *grupo E/S*. Um rack pode conter no máximo 8 grupos de E/S (numerados de 0 a 7) de até 128 E/S de sinais discretos. É possível ter mais de um rack em um chassi e, também, mais de um chassi no rack.

Uma das vantagens de um sistema CLP é a capacidade de instalar módulos de E/S próximos dos dispositivos de campo, como mostra a Figura 2.3, com a finalidade de minimizar a quantidade de condutores necessária. O processador recebe sinais dos módulos de entrada remotos e envia esses sinais de volta para seus módulos de saída por meio do módulo de comunicação.

Um gabinete é chamado de remoto quando é posicionado distante do módulo do processador e, para se comunicar com o processador, utiliza uma rede especial de comunicação. Cada gabinete remoto requer um único número de estação para distinguir um do outro e é conectado (link) ao rack local por meio do *módulo de comunicação*; cabos conectam os módulos uns aos outros. Se for usado um cabo de fibra óptica entre a CPU e o rack de E/S, é possível operar os pontos de E/S com distâncias acima de 32 km sem queda de tensão. Esse tipo de cabo não capta ruídos na sua proximidade, causados pelas linhas de alta potência ou equipamentos encontrados normalmente em um ambiente industrial. O cabo coaxial permitirá que a E/S remota seja instalada com distância acima de 3,2 km, mas este é mais suscetível a esse tipo de ruído.

O sistema de memória do CLP armazena as informações relativas ao estado de todas as entradas e saídas, e as acompanha utilizando um sistema de *endereçamento*. Um endereço é uma indicação ou número que mostra onde está localizada uma determinada parte da informação na memória do CLP, de maneira semelhante ao endereço residencial de uma pessoa em sua cidade. Desse modo, se um CLP necessita levantar uma informação sobre um dispositivo de campo, ele tem a capacidade de buscá-la nos locais correspondentes do endereço. Exemplos de esquemas de endereçamento são os baseados em slot ou rack, versões que são utilizadas no PLC-5 da Allen-Bradley e nos controladores SLC 500, baseados em etiquetas ou marcações (tag-based) encontradas nos controladores ControlLogix da Allen-Bradley e no controle baseado em PCs utilizados no programa (soft) dos CLPs.

Em geral, o endereçamento baseado em slot/rack inclui os seguintes elementos:

Tipo. O tipo determina se uma entrada ou saída está sendo endereçada.

Slot (compartimento). O número do slot é a localização física do módulo de E/S, que pode ser uma combinação do número do rack com o número do slot, quando for utilizada uma expansão de racks.

Palavra e Bit. A palavra e o bit são utilizados para identificar em qual terminal a conexão no módulo de E/S está. Um módulo discreto geralmente usa apenas uma palavra, e cada conexão corresponde a um bit diferente, que forma a palavra.

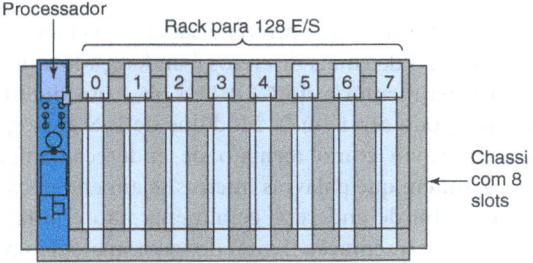

Figura 2.2 Chassi e rack do CLP da Allen-Bradley.

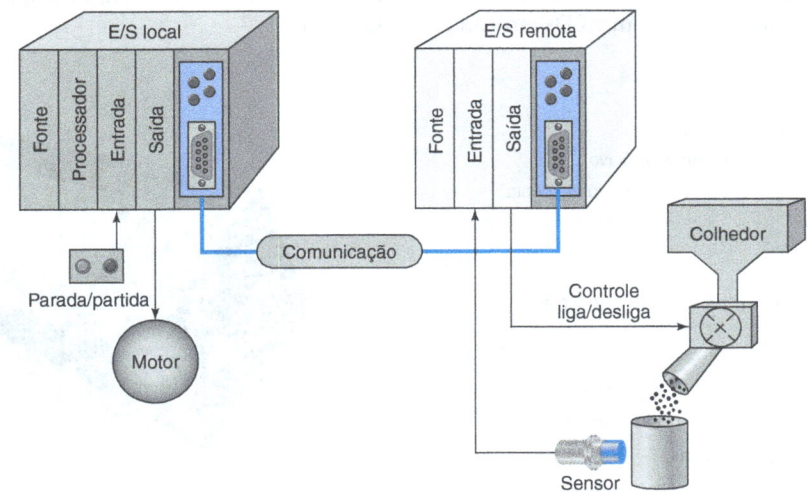

Figura 2.3 Rack com E/S remota.

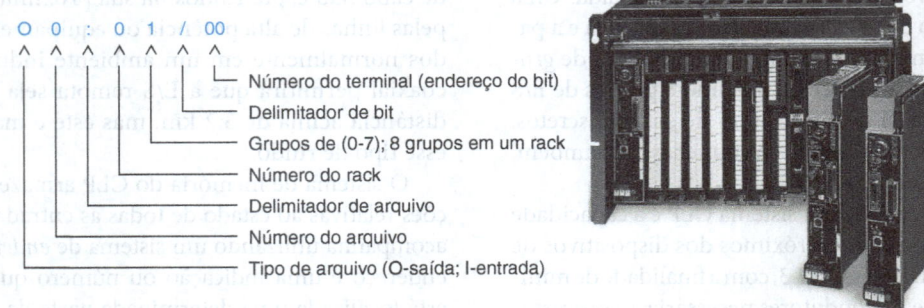

Figura 2.4 Formato de endereçamento baseado no rack/slot do PLC-5 da Allen-Bradley.
Fonte: Imagem usada com permissão da Rockwell Automation, Inc.

Com um sistema de endereçamento rack/slot, a localização de um módulo dentro do rack e o número do terminal de um módulo no qual um dispositivo de entrada ou de saída é conectado determinarão o endereço do dispositivo. A Figura 2.4 mostra o formato de endereçamento do controlador da Allen-Bradley PLC-5. Os exemplos a seguir são endereços típicos de entrada e saída:

I1:27/17	Entrada, arquivo 1, rack 2, grupo 7, bit 17
O0:34/07	Saída, arquivo 0, rack 3, grupo 4, bit 7
I1:0/0	Entrada, arquivo 1, rack 0, grupo 0, bit 0 (forma reduzida em branco = 0)
O0:1/1	Saída, arquivo 0, rack 0, grupo 1, bit 1 (forma reduzida em branco = 0)

A Figura 2.5 mostra o formato de endereçamento do controlador da Allen-Bradley SLC 500. O endereço é utilizado pelo processador para identificar onde o dispositivo está localizado, para ser monitorado ou controlado. Além disso, existem alguns meios de conectar os condutores nos terminais do módulo de E/S, os quais facilitam a desconexão e conexão dos condutores para a troca de módulos. São adicionadas também LEDs em cada módulo para indicar o estado de LIGADO ou DESLIGADO em cada circuito da E/S, e a maioria dos módulos de saída também possui indicadores de fusíveis queimados. Os exemplos a seguir são endereços típicos reais de entrada e saída do SLC 500:

O:4/15	Módulo de saída no slot 4, terminal 15
I:3/8	Módulo de entrada no slot 3, terminal 8
O:6.0	Módulo de saída, slot 6
I:5.0	Módulo de entrada, slot 5

Cada dispositivo de entrada e saída conectado a um módulo de E/S de sinais discretos é endereçado a um *bit* específico na memória do CLP. Um bit é um dígito binário que pode ser 1 ou 0. Módulos de E/S analógicos utilizam *palavra* como formato de endereçamento, as quais permitem que palavras inteiras sejam endereçadas. A parte do bit de endereço geralmente não é utilizada; contudo, a representação digital do valor analógico pode ser endereçada pelo programador, se necessário. A Figura 2.6 mostra o nível do bit e o nível da palavra do endereçamento da maneira como é aplicado no controlador SLC 500.

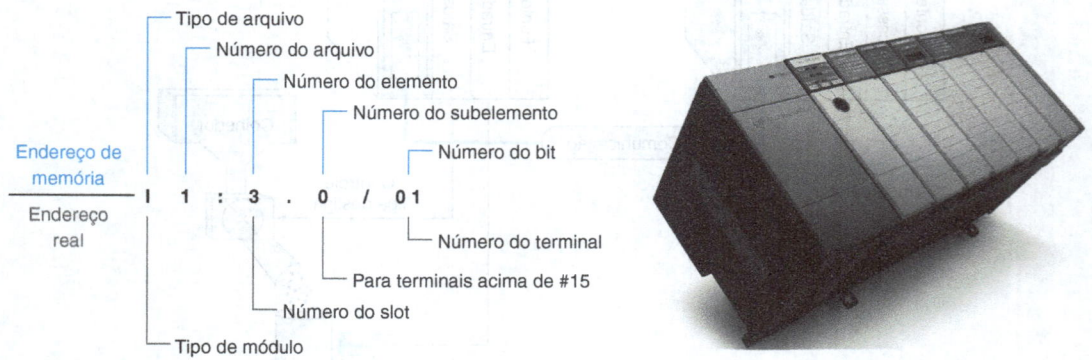

Figura 2.5 Formato de endereçamento baseado no rack/slot do SLC 500 da Allen-Bradley.
Fonte: Imagem usada com permissão da Rockwell Automation, Inc.

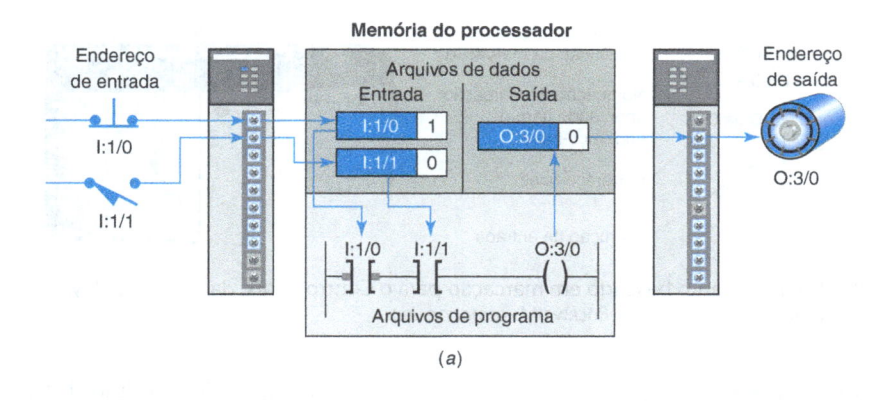

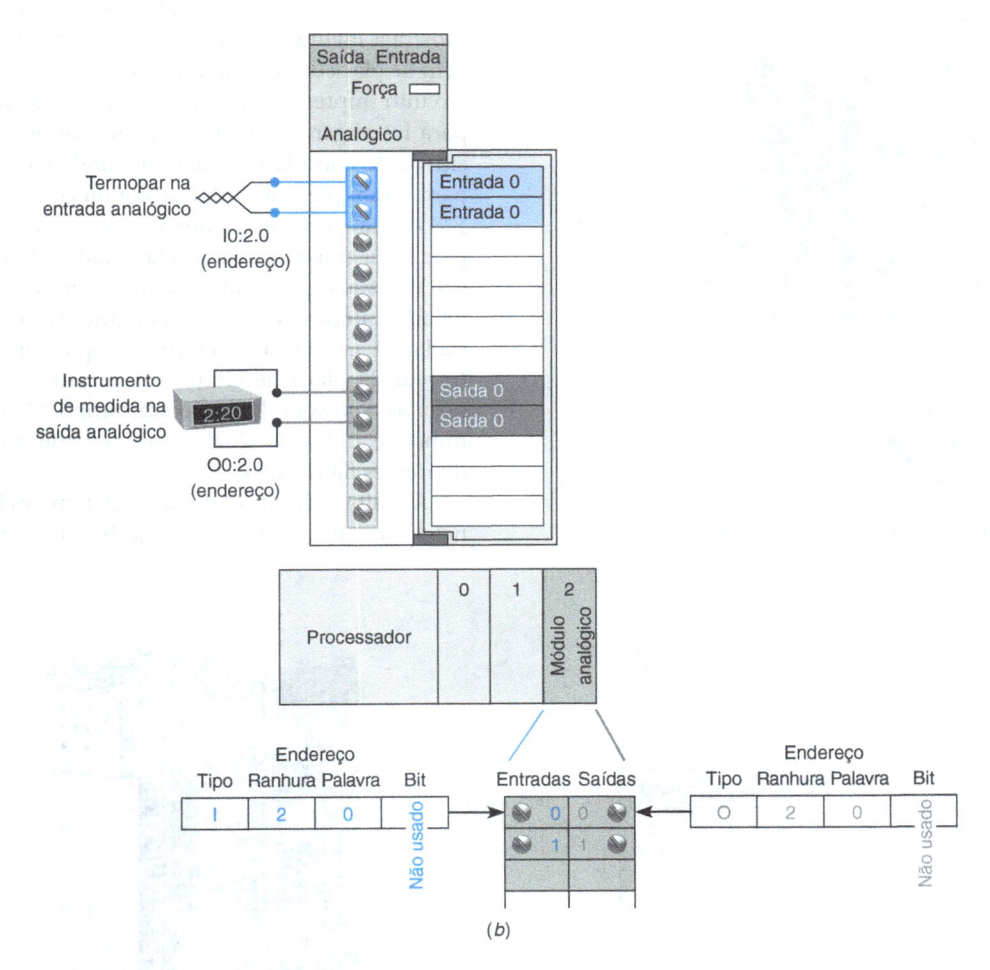

Figura 2.6 Endereçamento para o SLC 500; (a) endereço em nível de bit; (b) endereço em nível da palavra.

A Figura 2.7 mostra o formato de endereçamento baseado em etiqueta ou marcação (tag) para o ControlLogix da Allen-Bradley. Com os controladores Logix 5000, em vez de um formato numérico fixo, utiliza-se uma etiqueta ou marcação (nome alfanumérico) para endereçar dados (variáveis). Aos dispositivos de campo são atribuídos nomes que são referenciados quando a lógica do programa ladder do CLP for desenvolvida.

O controle baseado no PC funciona tanto neles quanto nos computadores com equipamento industrial. Conhecidos também como programas de CLPs, eles simulam as funções de um CLP em um PC, permitindo um sistema de arquitetura aberta para substituir as propriedades dos CLPs. Essa implementação utiliza uma placa de entrada/saída (Figura 2.8) em conjunto com o PC, como uma interface para os dispositivos de campo.

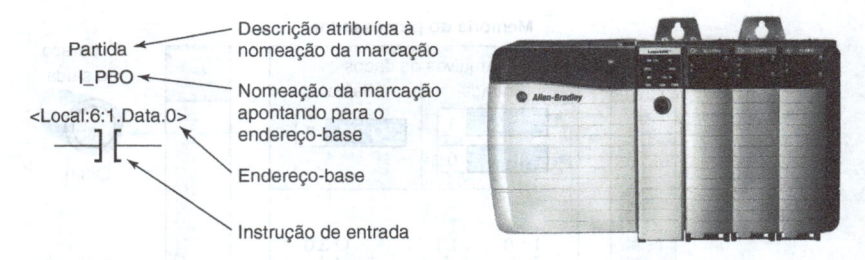

Figura 2.7 Formato de endereçamento baseado em marcação para o ControlLogix, da Allen-Bradley.
Fonte: Imagem usada com permissão de Rockwell Automation, Inc.

A combinação dos módulos E/S pode ter as conexões de entrada e de saída no mesmo módulo físico, como mostra a Figura 2.9. Um módulo é feito de uma montagem de placa de circuito impresso e terminais. A placa de circuito impresso contém o circuito eletrônico utilizado para interligar o circuito do processador com os dispositivos de entrada ou saída. Os módulos são projetados para serem plugados em um slot ou conector no rack de E/S ou diretamente no processador, e contêm terminais para cada conexão de entrada e saída, LEDs de sinalização do estado para cada entrada e conexões para a fonte de alimentação utilizada para alimentar as entradas e as saídas. A montagem do terminal, que é ligada na borda frontal da placa de circuito impresso, é utilizada para fazer as conexões da fiação em campo. O arranjo de terminais e LEDs de sinalização varia de acordo com os diferentes fabricantes.

A maioria dos módulos de CLP tem um bloco de bornes terminais (conhecido como borneira) para a fiação.

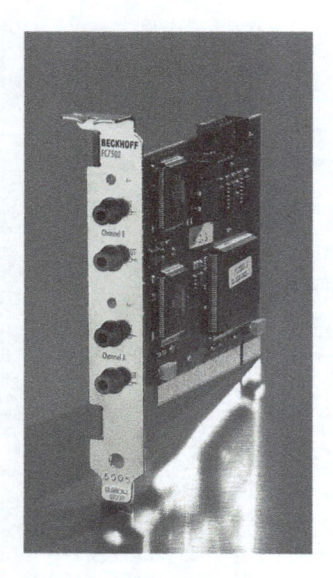

Figura 2.8 Cartão ou módulo de interface para o PC.
Fonte: Foto © Beckhoff Automation GmbH.

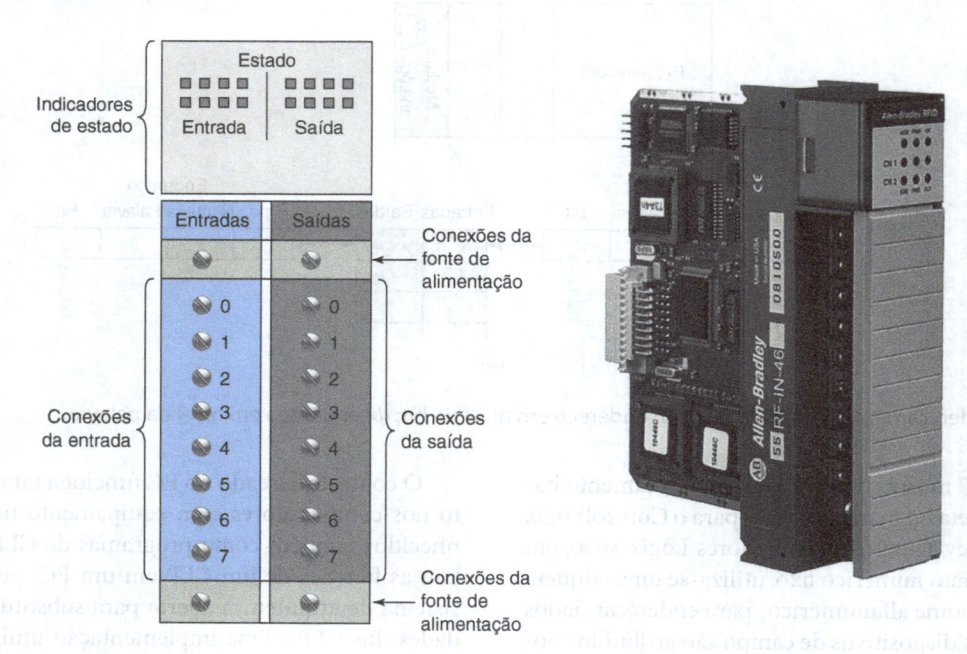

Figura 2.9 Combinação típica de módulo E/S.
Fonte: Imagem usada com a permissão da Rockwell Automation, Inc.

O bloco de terminal é plugado no módulo, como mostra a Figura 2.10, e, se este apresenta algum problema, é retirado por completo e substituído por outro. Exceto por especificação, nunca instale ou retire os módulos de E/S ou o bloco de terminais com CLP energizado, pois um módulo inserido no slot errado pode ser danificado por tensões inadequadas conectadas no barramento; por isso, muitas placas e módulos de E/S são travados ou polarizados. Em outras palavras, um módulo de saída não pode ser colocado no slot onde originalmente havia um módulo de entrada.

Os módulos de entrada e saída podem ser colocados em qualquer slot em um rack, mas são normalmente agrupados para facilitar suas conexões. Eles podem ter 8, 16, 32 ou 64 pontos por cartão (Figura 2.11), que se referem ao número de entrada ou de saída disponíveis. O módulo de E/S padrão tem oito entradas ou saídas, porém um módulo de *alta densidade* possibilita a instalação de até 64 entradas ou saídas, em apenas um slot, economizando espaço. A única desvantagem é que os módulos de saída de alta densidade não podem conduzir um valor maior de corrente em cada saída.

2.2 Módulos de E/S de sinais discretos

O tipo mais utilizado de módulo de interface de E/S é *discreto* (Figura 2.12), que conecta o dispositivo de entrada do campo de natureza LIGA/DESLIGA, como chaves seletoras, botões de comando e chaves-limite. Do mesmo modo, o controle da saída é limitado a dispositivos como lâmpadas, relés, solenoides e motores de partida que requerem um chaveamento simples de LIGA/DESLIGA. A classificação de E/S discreta envolve o *bit de orientação* das entradas e saídas, e, nesta, cada bit representa um elemento de informação completo em si mesmo, que fornece o estado de algum contato externo, ou informa a presença ou ausência de alimentação no circuito em processo.

Cada módulo de E/S de sinal discreto é alimentado por alguma fonte de tensão *fornecida no campo*. Considerando que essas tensões podem ser de diferentes tipos e valores, os módulos de E/S estão disponíveis com vários valores de tensão nominal CA e CC, como mostra a Tabela 2.1.

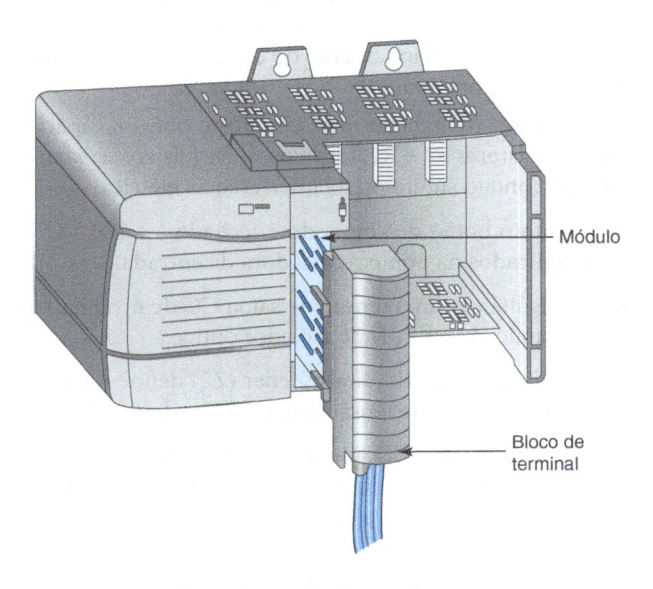

Figura 2.10 Bloco de terminal com plugue.

Figura 2.11 Módulos com 16, 32 e 64 pontos de E/S.
Fonte: Todas as fotos são de cortesia da Omron Industrial Automation. www.ia.omron.com

Sinaleiro luminoso   Sinaleiro em coluna   Relés   Contator com relé térmico

Saídas de sinais discretos

Entradas de sinais discretos

Botões de comando   Chave seletora   Chave-limite   Sensores de proximidade

Figura 2.12 Dispositivos de entrada e saída de sinais discretos.

Tabela 2.1 Valores nominais comuns para módulos de interface de E/S de sinais discretos.

Interfaces de entrada	Interfaces de saída
12 VCA/CC / 24 VCA/CC	12-48 VCA
48 VCA/CC	120 VCA
120 VCA/CC	230 VCA
230 VCA/CC	120 VCC
5 VCC (nível TTL)	230 VCC
	5 VCC (nível TTL)
	24 VCC

Os módulos recebem tensão e corrente para o correto funcionamento da placa-mãe (backplane) do rack, onde eles são encaixados, como mostra a Figura 2.13; e esta, por sua vez, recebe energia do módulo da fonte de alimentação do CLP e é utilizada para alimentar os circuitos eletrônicos das placas que existem nos módulos de E/S. As correntes relativamente altas requeridas pelas placas do módulo de saída são fornecidas normalmente pela fonte de alimentação do usuário, e os módulos da fonte de alimentação podem ter valores nominais de 3 A, 4 A, 12 A ou 16 A, dependendo do tipo e da quantidade de módulos usados.

A Figura 2.14 mostra o diagrama de blocos para uma entrada de corrente alternada típica (CA) *módulo de entrada de sinal discreto*. O circuito de entrada é composto por duas seções básicas: a de *alimentação* e a *lógica*. Um isolador óptico é utilizado para estabelecer um isolamento elétrico entre a fiação de campo e o circuito interno da placa-mãe do CLP; o LED de entrada liga ou desliga, indicando o estado do dispositivo de entrada; e os circuitos lógicos, por sua vez, processam o sinal digital para o processador. O circuito de controle interno do CLP funciona geralmente com 5 VCC ou menos.

A Figura 2.15 mostra um diagrama simplificado de uma entrada simples para o módulo de entrada de sinal discreto CA. O funcionamento do circuito pode ser resumido da seguinte maneira:

- O filtro de ruído da entrada, composto por um capacitor e resistores R1 e R2, retira os sinais falsos decorrentes de contato súbito ou da interferência elétrica.

- Quando o botão de comando é fechado, os 120 VCA são aplicados na ponte retificadora de entrada.

- Isso resulta em uma tensão de saída CC de nível baixo que é aplicada no LED do isolador óptico.

- A tensão nominal do diodo Zener (Z_D) define o limite mínimo do nível de tensão que pode ser detectado.

- Quando a luz do LED atinge o fototransistor, ele entra em condução e o estado do botão de comando é comunicado na lógica para o processador.

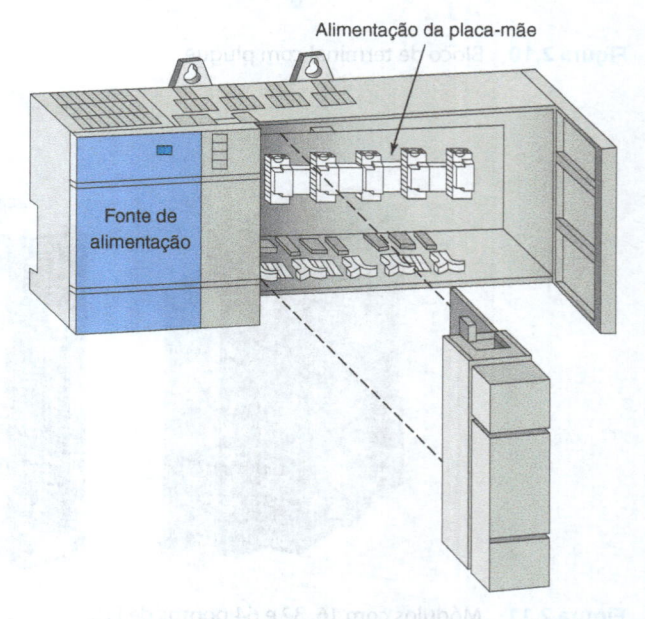

Figura 2.13 Os módulos recebem sua tensão e corrente da placa-mãe (backplane) do rack.

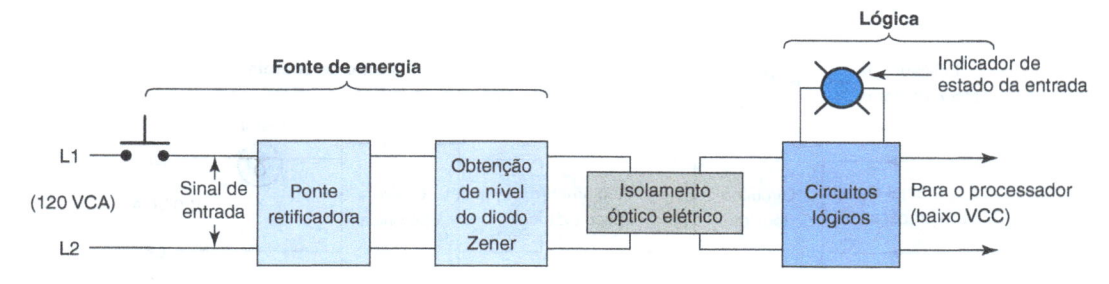

Figura 2.14 Diagrama de bloco do módulo de entrada CA discreto.

- O isolador óptico não só separa a alta tensão CA da entrada dos circuitos lógicos, como também evita danos ao processador que podem ser provocados pelos transitórios da linha de tensão. Além disso, esse isolamento também ajuda a reduzir os efeitos dos ruídos elétricos, comuns no ambiente industrial, os quais podem causar operações erradas do processador.

- Para o diagnóstico de falhas, um LED indicador do estado de entrada é ligado quando o botão de comando na entrada é fechado. Esse indicador pode ser conectado sobre os dois lados do isolador óptico.

- Um módulo de entrada tipo CA/CC é utilizado para entradas CA e CC, independente da polaridade.

- O módulo de entrada do CLP tem todas as entradas isoladas umas das outras, sem uma conexão de entrada comum ou grupos de entradas que compartilhem uma conexão comum.

Os módulos de entrada discretos executam quatro tarefas no sistema de controle do CLP, que são:

- Indica quando um sinal é recebido pelo dispositivo de campo.

- Converte o sinal de entrada para o nível de tensão correto para um determinado CLP.

- Isola o CLP das flutuações nos sinais de tensão ou corrente da entrada.

- Envia o sinal para o processador, indicando que sensor originou o sinal.

A Figura 2.16 mostra o diagrama de blocos para a saída de um módulo de saída discreto típico. Idêntica ao módulo de entrada, ela é composta de duas seções básicas: a de entrada de energia e a lógica, acoplada por um circuito isolado. A interface da saída pode ser entendida como uma chave eletrônica que liga e desliga o dispositivo da carga, e os circuitos lógicos determinam o estado da saída, cujo estado do sinal é indicado por um LED de saída.

A Figura 2.17 mostra um diagrama simplificado para uma saída simples de um módulo de saída CA. O funcionamento do circuito pode ser resumido da seguinte maneira:

- Como parte de seu funcionamento normal, os circuitos lógicos digitais do processador estabelecem o estado de saída de acordo com o programa.

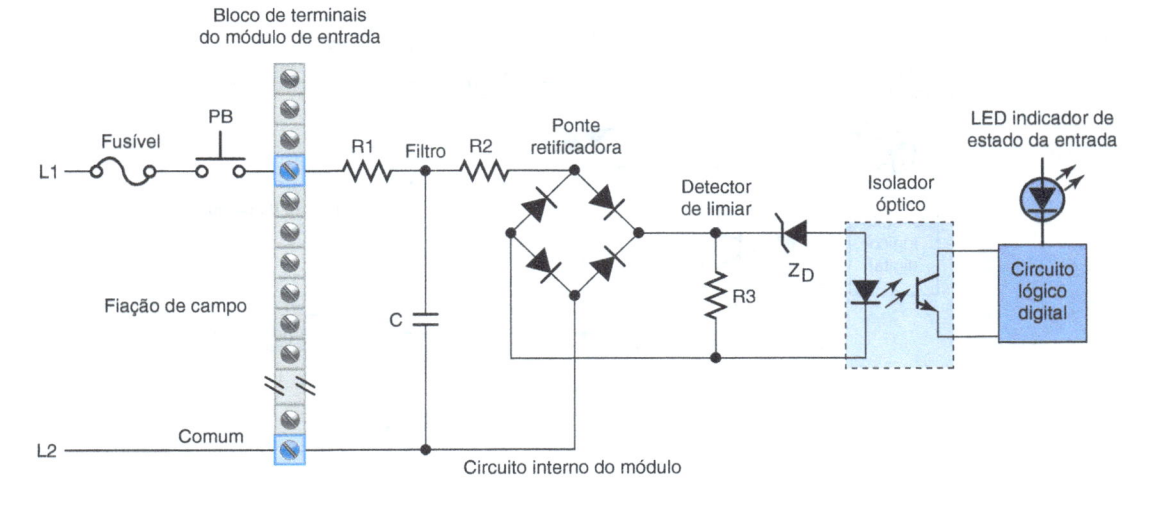

Figura 2.15 Diagrama simplificado para um módulo de entrada CA discreto simples.

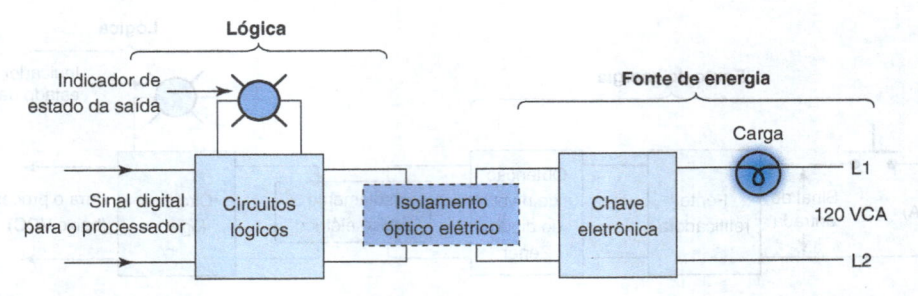

Figura 2.16 Diagrama de bloco do módulo de saída CA discreto.

- Quando o processador comunica que uma carga na saída é energizada, é aplicada uma tensão no LED do isolador óptico.
- O LED emite, então, a luz que leva o fototransistor a condução.
- Isso, por sua vez, dispara o triac, uma chave CA de semicondutor, conduzindo e permitindo que a corrente circule para a carga na saída.
- Como o triac conduz nos dois sentidos, a saída na carga é alternada.
- O triac, em vez de apresentar o estado de LIGADO e DESLIGADO, apresenta níveis de BAIXA ou ALTA resistência, e por ele ainda circula uma corrente de fuga de baixo valor, de alguns miliampères.
- Como nos circuitos de entrada, a interface de saída é provida geralmente de LEDs que indicam o estado de cada uma delas.
- Os fusíveis são normalmente necessários para o módulo de saída e fornecidos com uma base por circuito, permitindo, desse modo, que cada circuito seja protegido e opere separadamente. Alguns módulos fornecem também indicadores visuais para a condição do fusível.

- O triac não pode ser utilizado como chave para uma carga CC.
- Para o diagnóstico de falha, o LED indicador do estado da saída é ligado sempre que o CLP comandar a ligação de uma carga na saída.

As saídas CA individuais geralmente são limitadas pela capacidade do triac de 1 A a 2 A. A corrente nominal máxima na carga para um módulo também é especificada e não deve ser excedida, para que os circuitos do módulo de saída fiquem protegidos. Para controlar cargas de valores acima do nominal, como as de motores, conecta-se um relé padrão para o módulo de saída. Os contatos do relé podem então ser usados para controlar uma carga de valor maior de corrente ou a bobina de um contator de partida, como mostra a Figura 2.18. Quando um relé é utilizado deste modo, é chamado de relé *intermediário*.

Os módulos de saída discretos são utilizados para ligar ou desligar um dispositivo de campo e podem ser usados para controlar qualquer dispositivo de dois estados. Eles estão disponíveis nas versões CA e CC, com vários valores de tensão e corrente nominais, e também podem ser adquiridos com *transistor*, *triac* ou *relé* na saída, como mostra a Figura 2.19. As saídas com triac

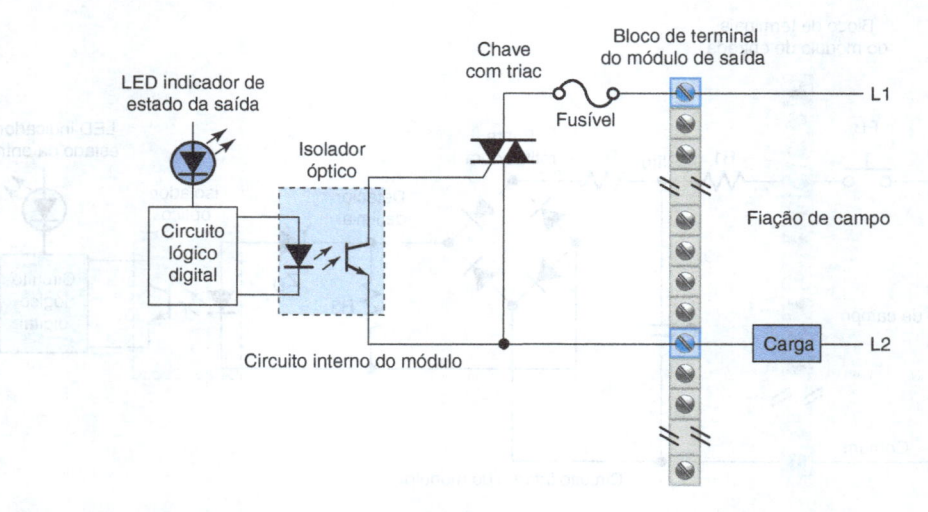

Figura 2.17 Diagrama simplificado de uma saída simples de um módulo de saída CA discreto.

só podem ser utilizadas para o controle de dispositivos CA, enquanto as saídas com transistor, só para o controle de dispositivos CC.

O módulo de saída discreto com contato do relé utiliza o eletromecanismo como elemento de chaveamento. Esses relés na saída podem ser utilizados com dispositivos CA ou CC, mas eles têm um tempo de chaveamento bem menor comparado com o das saídas de estado sólido. Os módulos da Allen-Bradley são identificados por cores, como mostra a tabela a seguir:

Cor	Tipo de E/S
Vermelho	Entradas/saídas CA
Azul	Entradas/saídas CC
Laranja	Saídas com relé
Verde	Módulos especiais
Preto	E/S por fios; bloco de terminais não removíveis

Determinados módulos de E/S especificam se ele foi projetado para servir de interface com dispositivos como fonte ou como dreno de corrente. Se o módulo é por fonte de corrente, então o dispositivo de entrada ou saída deve ser por dreno de corrente. E, de modo contrário, se o módulo é especificado sendo por dreno de corrente, então o dispositivo deve ser por fonte de corrente. Alguns módulos permitem ao usuário escolher o seu funcionamento, por dreno de corrente ou por fonte de corrente, possibilitando seu ajuste de acordo com a exigência do dispositivo de campo.

O circuito interno de alguns dispositivos de campo requer que ele seja usado por dreno de corrente ou por fonte de corrente. Geralmente, são empregados termos como *dreno (NPN)* e *fonte (PNP)*, para descrever o fluxo de sinal de corrente relacionado entre os dispositivos de campo de entrada e saída em um sistema de controle e sua fonte de alimentação. A Figura 2.20 mostra o fluxo de corrente relacionado entre as entradas por dreno e por fonte para um módulo de entrada CC.

A Figura 2.21 mostra o fluxo de corrente relacionado entre as saídas por dreno e fonte para um módulo de saída CC. Os circuitos de entrada e saída CC geralmente são conectados com os dispositivos de campo que têm, de alguma forma, um circuito interno com estado sólido que necessita de um sinal de tensão CC para funcionar. Os dispositivos de campo conectados no lado positivo (+) da fonte de alimentação de campo são classificados como dispositivos de campo por fonte. De modo idêntico, os dispositivos de campo conectados no lado negativo (−) da fonte de alimentação de campo são classificados como dispositivos de campo por dreno.

2.3 Módulos de E/S de sinais analógicos

Os CLPs antigos eram limitados a interfaces de entrada e saída, de sinais discretos ou digitais, que permitiam apenas a conexão de dispositivos liga/desliga, por isso eles realizavam um controle apenas parcial de muitas aplicações de processos. Hoje, contudo, está disponível uma

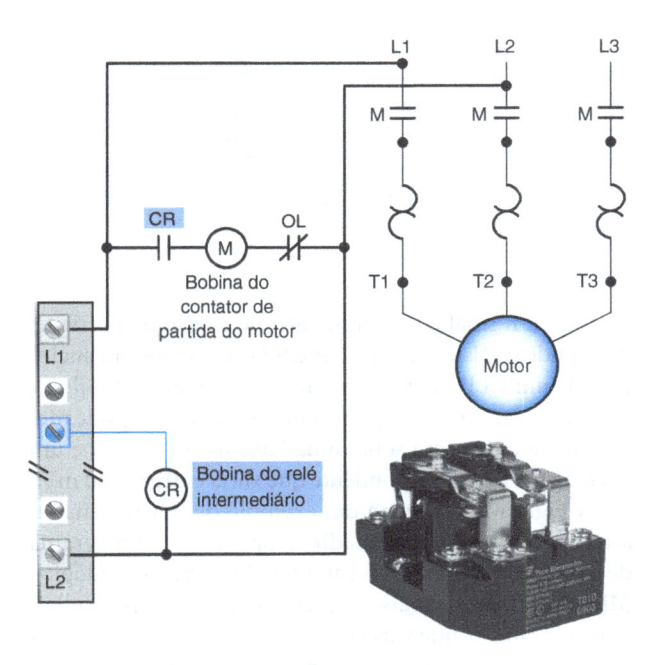

Figura 2.18 Conexão do relé intermediário.
Fonte: Cortesia da Tyco Electronics.
www.tycoelectronics.com

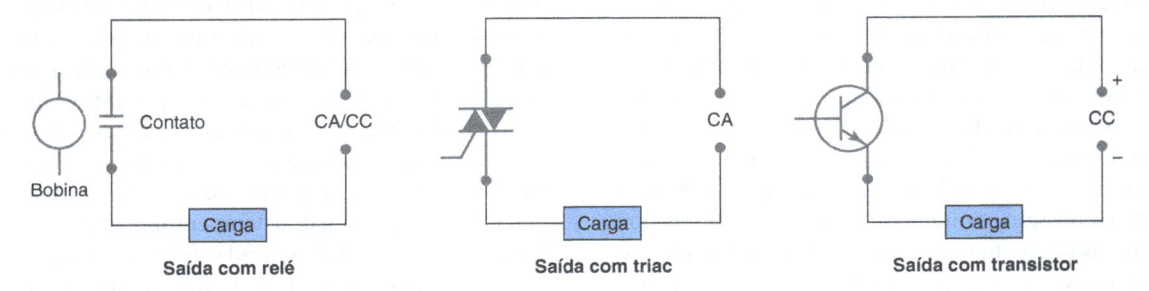

Figura 2.19 Componentes de um equipamento de CLP.

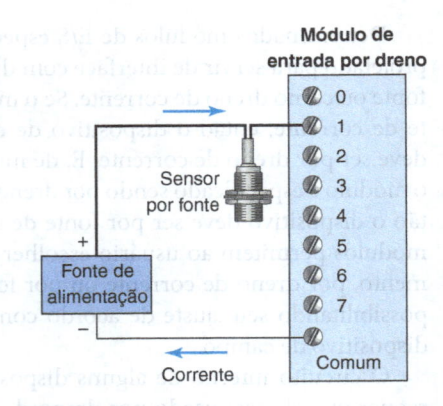

Figura 2.20 Entradas por fonte e por dreno.

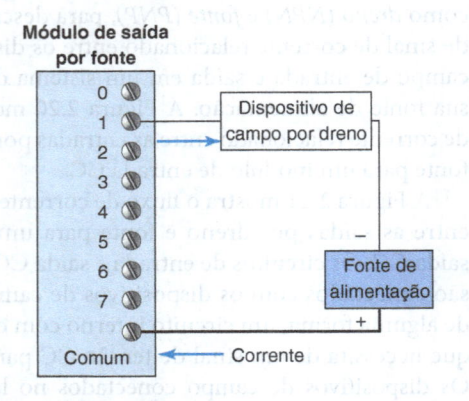

Figura 2.21 Saídas por fonte e por dreno.

completa gama de interfaces discretas e analógicas que permitem que os controladores sejam aplicados a praticamente todos os tipos de controles de processo.

Dispositivos de entradas ou saídas discretos são aqueles que têm apenas dois estados: liga e desliga, enquanto os dispositivos analógicos representam grandezas físicas que contêm um número infinito de valores. Entradas e saídas analógicas típicas variam de 0 a 20 mA ou 0 a 10 V. A Figura 2.22 mostra como os módulos de entrada e saída analógicos são utilizados na medição e no monitoramento do nível de fluido em um tanque. O módulo de interface de entrada analógico contém o circuito necessário para receber um sinal de tensão ou corrente analógica de um dispositivo de campo transmissor de nível. Essa entrada é convertida de um valor analógico para um valor digital para ser utilizado pelo processador. O circuito do módulo de saída analógica recebe um valor digital do processador e o converte novamente para um sinal analógico, que aciona o medidor de nível do tanque no campo.

Os módulos de saída analógicos normalmente têm múltiplos canais de entrada, que permitem que 4, 8 ou 16 dispositivos possam ser interconectados ao CLP. Os dois tipos básicos de módulo de entrada são sensíveis à *tensão* ou sensíveis à *corrente*. Os sensores analógicos medem uma grandeza física variável sobre uma faixa específica e geram um sinal correspondente, de tensão ou corrente. As grandezas físicas comuns medidas pelo módulo analógico de um CLP são temperatura, velocidade, nível, fluxo, peso, pressão e posição; por exemplo, um sensor pode medir uma temperatura sobre uma faixa de 0 a 500 °C e um sinal de tensão correspondente que varia entre 0 e 50 mV.

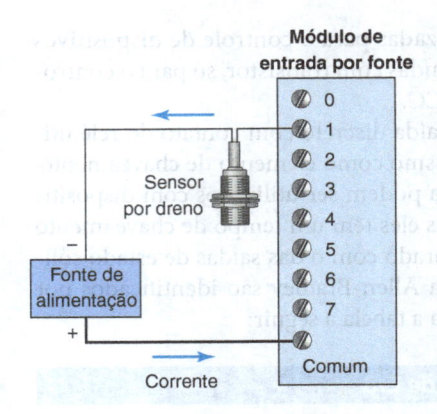

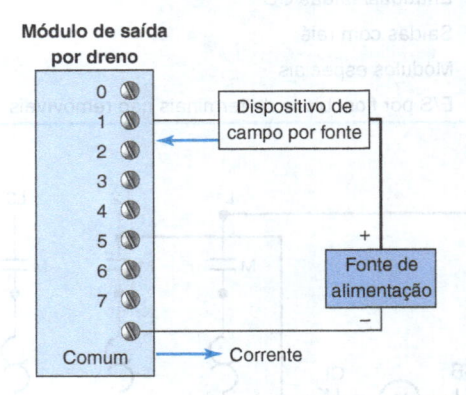

A Figura 2.23 mostra um exemplo de sensor sensível à tensão utilizado para medir temperatura. O diagrama de conexão se aplica ao módulo de entrada analógico MicroLogix de 4 canais com termopar da Allen-Bradley. Uma tensão CC que varia em uma faixa baixa de milivolt é produzida por um termopar e é amplificada e digitalizada por um módulo de entrada analógico, sendo depois enviada para o processador, que é comandado por uma instrução de programa. Em decorrência do baixo valor da tensão do sinal de entrada, um cabo de par trançado com cordoalha é ligado ao circuito para reduzir os sinais de ruídos elétricos indesejáveis que podem ser induzidos pelos condutores de outra fiação. Quando for utilizado um termopar não aterrado, a cordoalha deve ser conectada ao fio terra no final do módulo. Para obter leituras precisas de cada canal, a temperatura entre o cabo do termopar e o canal de entrada deve ser compensada, o que é feito por meio da integração de um termistor de compensação de junção fria (CJC) ao bloco de terminais.

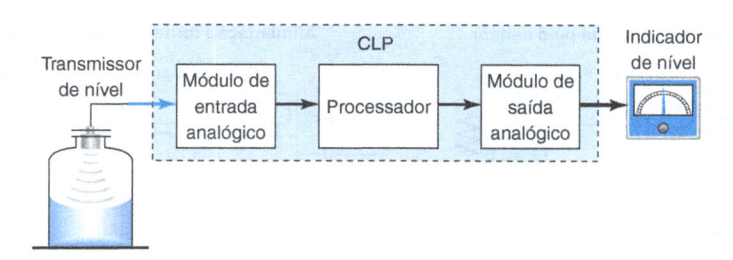

Figura 2.22 Entrada e saída analógica para um CLP.

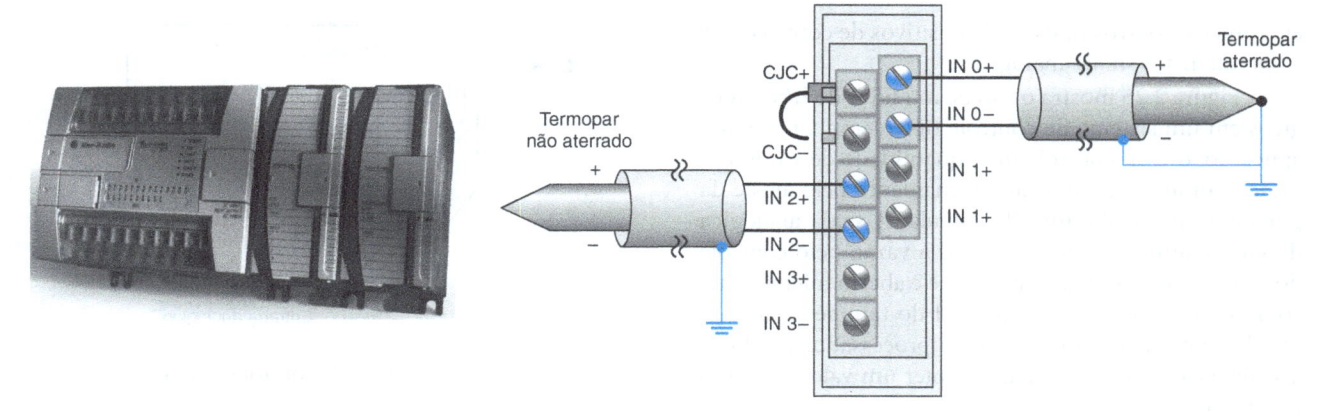

Figura 2.23 Módulo de entrada analógico de 4 canais MicroLogix com termopar.
Fonte: Imagem usada com permissão da Rockwell Automation, Inc.

A transição de um sinal analógico para valores digitais é obtida por meio de um conversor analógico-digital (A/D), o elemento principal do módulo de entrada analógico. A tensão analógica de entrada dos módulos pode ser de dois tipos: unipolar e bipolar. Os módulos *unipolares* podem receber um sinal de entrada que varia somente no sentido positivo; por exemplo, se o dispositivo de saída de campo for de 0 V a +10 V, então é possível utilizar os módulos unipolares. Os sinais bipolares oscilam entre um valor máximo negativo e um valor máximo positivo; por exemplo, se o dispositivo de saída de campo for de −10 V a +10 V, um módulo bipolar pode ser utilizado. A *resolução* de um canal de entrada analógico refere-se ao menor valor de variação no sinal de entrada que pode ser detectado e é baseado no número de bits utilizado na representação digital. Os módulos de entrada analógico precisam produzir uma faixa de valores digitais entre o valor máximo e o mínimo, para representar o sinal analógico sobre toda sua extensão. Especificações típicas são mostradas a seguir:

Na conexão de sensores que detectam entradas por tensão, é importante especificar o cabo com o menor comprimento possível, para minimizar a degradação do sinal e os efeitos da interferência dos ruídos eletromagnéticos induzidos ao longo dos condutores conectados. Os sinais de entrada por corrente, os quais não são tão sensíveis aos ruídos quanto os sinais por tensão, em geral não são limitados pela distância. Os módulos de entrada por corrente normalmente funcionam com dados analógicos na faixa de 4 mA a 20 mA, mas podem funcionar com sinais de −20 mA a +20 mA. A malha de alimentação pode ser fornecida pelo sensor ou pelo módulo de saída, como mostra a Figura 2.24, e o cabo com par trançado blindado com cordoalha normalmente é recomendado para conectar qualquer tipo de sinal de entrada analógico.

O *módulo de interface de saída analógico* recebe dados digitais do processador, os quais são convertidos em corrente ou tensão proporcionais para controlar um dispositivo de campo analógico. A transição de um sinal digital em valores analógicos é obtida por meio de um conversor digital-analógico (D/A), o elemento principal do módulo de saída analógico. Um sinal analógico de saída é aquele que muda continuamente e varia segundo o controle do programa do CLP. Os dispositivos comuns controlados por um módulo de saída analógico de um CLP são válvulas de controle, registradores gráficos, acionadores

Faixa de valores da entrada analógico			
	Bipolar	10 V	−10 para +10 V
		5 V	−5 para +5 V
	Unipolar	10 V	0 para +10 V
		5 V	0 para +5 V
Resolução			0,3 mV

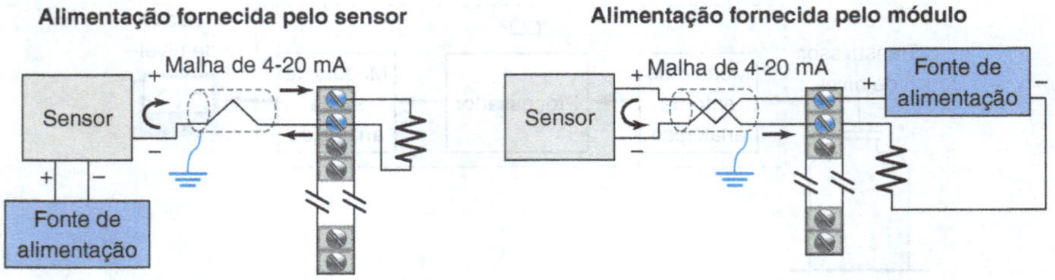

Figura 2.24 Alimentação fornecida pelo sensor e pelo módulo analógico.

eletrônicos e outros tipos de dispositivos de controle que respondem aos sinais analógicos.

A Figura 2.25 mostra o uso de módulos de E/S analógicos em um sistema de controle típico com CLP. Nessa aplicação, o CLP controla uma quantidade de vazão colocada em um tanque de armazenamento pelo ajuste da porcentagem de abertura da válvula. A saída analógica do CLP é utilizada para controlar a vazão pelo controle do valor de abertura da válvula que é aberta inicialmente com 100%. À medida que o nível do tanque se aproxima do ponto ajustado (preset), o processador modifica a saída e ajusta a válvula para manter um valor desejado (set-point).

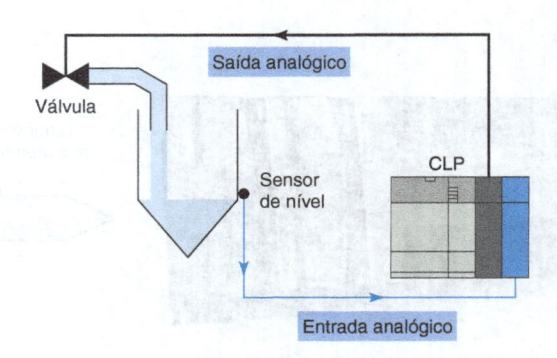

Figura 2.25 Sistema típico de controle de E/S analógicos.

2.4 Módulos especiais de E/S

Foram desenvolvidos vários tipos de módulos de E/S diferentes para atender às necessidades especiais. Entre eles, temos:

Módulo contador de alta velocidade

O módulo contador de alta velocidade é utilizado para prover uma interface para aplicações que exigem contagem rápida que ultrapassa a capacidade do programa ladder do CLP, além de ser utilizado para contar pulsos (Figura 2.26) dos sensores, codificadores (conhecidos como encoders) e chaves que funcionam em velocidade muito alta. Ele possui o circuito eletrônico necessário para a contagem independente do processador. Uma taxa de contagem rápida válida é da ordem de 0 a 100 kHz, o que significa que o módulo pode contar 100.000 pulsos por segundo.

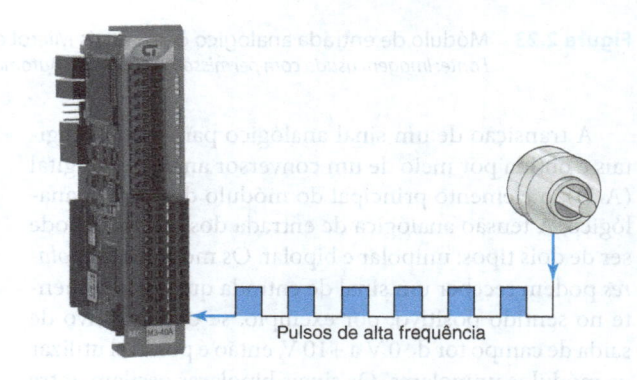

Figura 2.26 Módulo contador de alta velocidade.
Fonte: Cortesia da Control Technology Corporation.

Módulo thumbwheel (chave mecânica)

O módulo de contagem mecânica ajustada manualmente (thumbwheel) permite a utilização de chaves mecânicas (Figura 2.27) que mandam informação ao CLP, para ser utilizada no programa de controle.

Figura 2.27 Chave de contagem mecânica.
Fonte: Cortesia da Omron Industrial Automation.
www.ia.omron.com

Módulo TTL

O módulo TTL (Figura 2.28) permite a transmissão e recepção de sinais TTL (Lógica-Transistor-Transistor) e também possibilita que dispositivos que produzem sinais com nível TTL comuniquem-se com o processador do CLP.

Módulo contador decodificador (encoder)

Um módulo contador decodificador (encoder) permite ao usuário ler os sinais de um codificador (Figura 2.29) em uma base de tempo real e armazenar essa informação de modo que ela possa ser lida depois por um processador.

Módulo Basic ou ASCII

O módulo BASIC ou ASCII (Figura 2.30) funciona com programas escritos pelo usuário em BASIC ou C. Esses programas são independentes do processador do CLP e estabelecem uma interface fácil e rápida entre dispositivos externos e o processador do CLP. As aplicações básicas incluem interface para leitura do código de barras, robôs, impressoras e monitores (displays).

Módulos para motor de passo

O módulo para motor de passo produz um trem de pulsos para que esse motor gire, o que permite seu controle (Figura 2.31). Os comandos para o módulo são determinados pelo programa de controle no CLP.

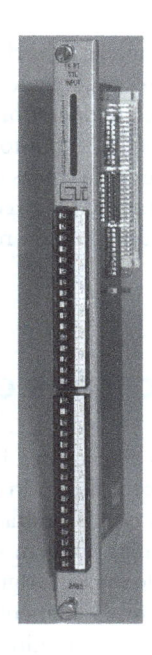

Figura 2.28 Módulo TTL.
Fonte: Cortesia da Control Technology, Inc.

Figura 2.30 Módulo BASIC.
Fonte: Imagem usada com a permissão da Rockwell Automation, Inc.

Figura 2.29 Codificador.
Fonte: Cortesia da Allied Motion Technologies, Inc.

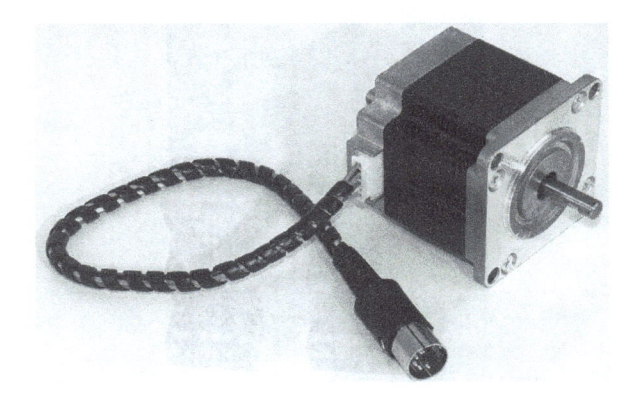

Figura 2.31 Motor de passo.
Fonte: Cortesia da Sherline Products.

Módulo de saída BCD

O módulo de saída BCD permite que um CLP opere dispositivos que exigem sinais no código BCD, como os mostradores (displays) de sete segmentos (Figura 2.32).

Alguns módulos especiais são referidos como *E/S inteligente* por possuírem seus próprios microprocessadores na placa, os quais funcionam em paralelo com o CLP. Entre eles temos:

Módulo PID

O módulo proporcional-integral-derivativo (PID) (Figura 2.33) é utilizado nas aplicações de controle de processo que incorporam algoritmos PID. Um algoritmo é um programa complexo baseado em cálculos matemáticos. Um módulo PID permite que o controle de processo aconteça fora da CPU, evitando que esta fique sobrecarregada com cálculos complexos, tendo em vista que sua função básica é proporcionar a ação do controle necessária para manter um processo variável, como temperatura, vazão, nível ou velocidade dentro dos limites especificados de um ajuste de um ponto desejado (set-point).

Figura 2.32 Mostrador de sete segmentos.
Fonte: Cortesia da Red Lion Controls.

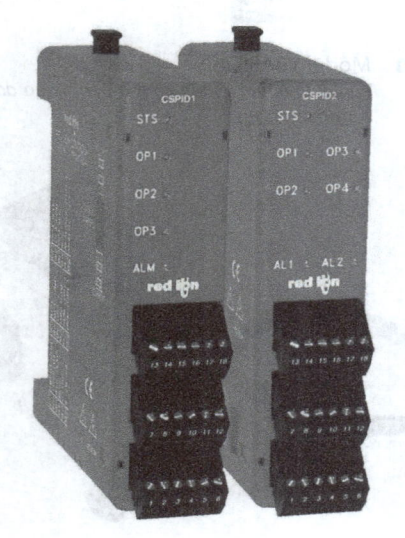

Figura 2.33 Módulo PID.
Fonte: Cortesia da Red Lion Controls.

Módulo de controle de movimento e posição

Os módulos de controle de movimento e posição são utilizados em aplicações que envolvem máquinas operacionais de precisão e embalagens de alta velocidade. Módulos inteligentes de controle de movimento e posição permitem ao CLP controlar servomotores e motores de passo, e requerem um acionador que comporte o circuito eletrônico de potência responsável por traduzir os sinais do módulo para CLP em sinais exigidos pelo motor (Figura 2.34).

Módulos de comunicação

Os módulos de comunicação serial (Figura 2.35) são utilizados para estabelecer conexões (normalmente com computadores, estações de operador, sistemas de controle de processo e outros CLPs) ponto a ponto com outros dispositivos inteligentes para trocas de dados; eles permitem ao usuário conectar o CLP à rede local de alta velocidade, que pode ser diferente da rede de comunicação que existe neste.

2.5 Especificações das E/S

As especificações dos fabricantes informam como um dispositivo de interface é utilizado corretamente e com segurança, e colocam certas limitações não apenas sobre o módulo de E/S, mas também sobre o equipamento de campo que ele pode operar. Alguns sistemas de CLP, mesmo ligados e em funcionamento, suportam a *troca on-line* (hot swappable) de módulos de E/S. A seguir, serão listadas algumas especificações típicas de fabricantes de E/S, com uma rápida descrição da especificação.

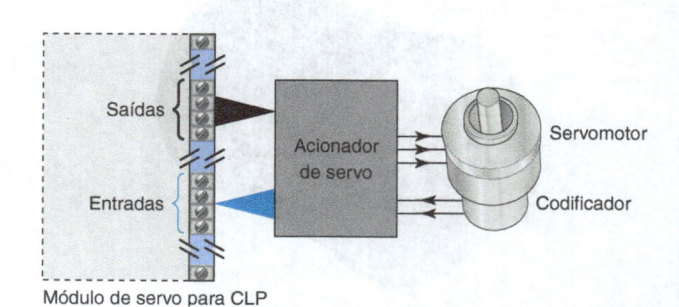

Figura 2.34 Módulo de servo para CLP.

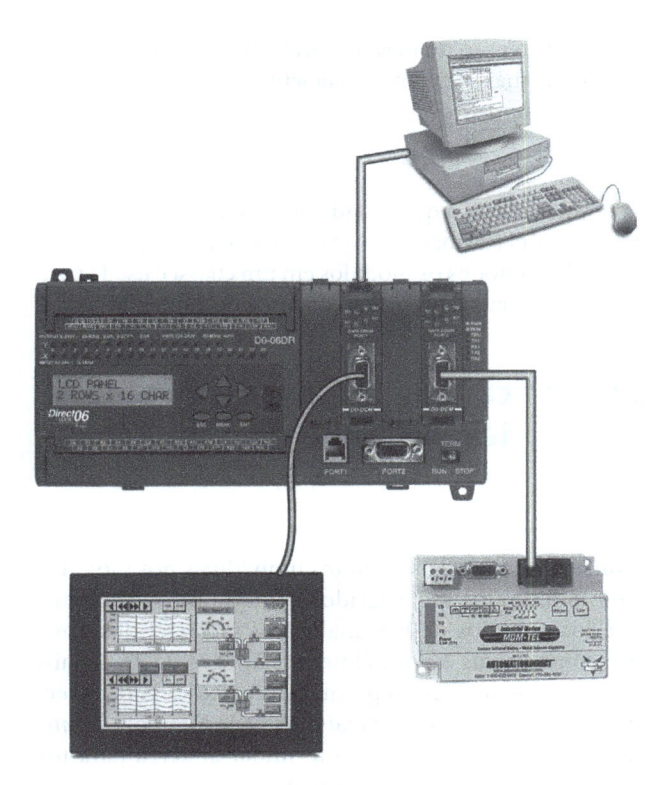

Figura 2.35 Módulo de comunicação em série ou serial.
Fonte: Cortesia da Automation Direct.
www.automationdirect.com

Especificações típicas do módulo de E/S de sinal discreto

Tensão de entrada nominal

A tensão nominal do módulo de entrada discreto especifica os valores que podem ser aplicados (por exemplo, 5 V, 24 V, 230 V) e o tipo (CA ou CC) pela fonte do usuário que o módulo foi projetado para funcionar. Os módulos de entrada em geral são projetados para funcionar corretamente, sem sofrer danos e com uma margem de mais ou menos 10% do valor da tensão nominal de entrada. Para os módulos de entrada CC, a tensão de entrada pode ser expressa também por uma faixa de valores de funcionamento (por exemplo, 24-60 volts) do módulo.

Tensões de entrada de limiar

Esta especificação do módulo de entrada discreto tem dois valores: uma tensão mínima de estado LIGADO, que é a tensão mínima pela qual a lógica 1 é reconhecida como absolutamente LIGADA; e a tensão máxima de estado DESLIGADO, que é a tensão máxima pela qual a lógica 0 é reconhecida como absolutamente DESLIGADA.

Corrente nominal por entrada

Este valor especifica a corrente de entrada mínima pela qual os dispositivos discretos de entrada devem ser capazes de acionar o funcionamento do circuito; e, em conjunto com a tensão de entrada, funciona como um limiar de proteção contra a detecção de ruídos ou correntes de fuga como um sinal válido.

Taxa de variação da temperatura ambiente

Este valor especifica a temperatura máxima do ar que envolve os módulos de E/S para sua melhor condição de funcionamento.

Atraso de liga/desliga da entrada

Conhecido também por *tempo de resposta*, este valor especifica o tempo máximo de duração necessário para que o circuito dos módulos de entrada reconheça que um dispositivo de campo foi LIGADO (atraso para LIGAR a entrada) ou DESLIGAR (atraso para DESLIGAR a entrada). Esse atraso é um resultado do circuito de filtro, fornecido como proteção contra os repiques dos contatos e da tensão, e o seu tempo está normalmente na faixa de 9 a 25 milissegundos.

Tensão de saída

Este valor especifica a quantidade (por exemplo, 5 V, 115 V, 230 V) e o tipo de tensão (CA ou CC) fornecidos pelo usuário, com os quais um módulo de saída discreto foi projetado para funcionar. O dispositivo de campo na saída na qual o módulo é conectado ao CLP deve combinar com essa especificação. Os módulos de saída são projetados para funcionar dentro de uma faixa de mais ou menos 10% da tensão nominal de saída.

Corrente de saída

Este valor especifica a corrente máxima que uma saída única e o módulo como um todo podem conduzir com segurança (na tensão nominal), e é uma função dos componentes do módulo e das características do dissipador de calor. Um dispositivo que drena mais corrente na saída que o valor nominal resulta em uma sobrecarga, causando a queima do fusível de saída; por exemplo, a especificação pode dar para cada saída uma corrente limite de 1 A. O valor total da corrente do módulo normalmente será menor que o total das individuais; ele pode ser de 6 A, pois cada um dos oito dispositivos em geral não drenam seu valor de 1 A ao mesmo tempo. Outros nomes para a corrente de saída são *corrente contínua máxima* e *corrente máxima da carga*.

Corrente de surto

É uma corrente súbita que um circuito de saída encontra quando energiza cargas indutivas, capacitivas ou com filamentos. Esse valor especifica a corrente de surto e sua duração máxima (por exemplo, de 20 A por 0,1 s), para a qual um circuito de saída pode exceder seu valor máximo contínuo de corrente.

Proteção contra curto-circuito

A proteção contra curto-circuito é fornecida aos módulos de saída CA e CC tanto por fusível como por outra limitação de corrente do circuito. Essa especificação indica se o projeto de um determinado módulo tem proteção individual para cada circuito ou se a proteção por fusível é fornecida para grupos de saídas (por exemplo, 4 ou 8).

Corrente de fuga

Este valor especifica a quantidade de corrente que continua a ser conduzida no circuito de saída mesmo depois de ele ter sido desligado. A corrente de fuga é uma característica apresentada pelos dispositivos de estado sólido de chaveamento, como transistores e triacs, e normalmente fica abaixo de 5 miliampères. O seu valor em geral não é capaz de provocar falsos disparos nos dispositivos de saída, mas precisa ser levado em consideração quando chavear dispositivos sensíveis a correntes muito baixas.

Isolamento elétrico

É importante lembrar que o circuito do módulo de E/S é isolado eletricamente para proteger seu circuito interno de baixo nível de tensão do CLP contra valores altos de tensão, que podem ser encontrados nas conexões dos dispositivos de campo. Essa especificação de isolamento elétrico, caracteristicamente da ordem de 1.500 a 2.500 volts, classifica a capacidade do módulo para sustentar tensões ou correntes excessivas em seus terminais de entrada ou de saída; entretanto, o lado da alimentação do circuito do módulo pode ser danificado.

Pontos por módulo

Esta especificação define o número de entradas ou saídas de campo que podem ser conectadas em um único módulo. Em geral, um módulo discreto pode ter 8, 16 ou 32 circuitos, porém controladores compactos podem ter apenas 2 ou 4 circuitos. Módulos com 32 ou 64 bits de entrada ou saída são referidos como módulos de *alta densidade*, e alguns deles fornecem mais de um terminal comum, o que permite ao usuário utilizar diferentes valores de tensão no mesmo cartão, bem como distribuir a corrente mais de maneira eficiente.

Corrente de dreno na placa-mãe

Este valor indica a quantidade de corrente que o módulo requer da placa-mãe. A soma da corrente da placa-mãe drenada por todos os módulos em um chassi é usada para escolher o chassi apropriado da fonte de alimentação.

Especificações típicas do módulo de E/S de sinal analógico

Canais por módulo

Considerando que os circuitos individuais nos módulos de E/S discretos são referidos como pontos, os circuitos dos módulos de E/S analógicos são referidos sempre como canais e normalmente têm 4, 8 ou 16 canais. Os módulos analógicos permitem conexões para os terminais únicos ou diferenciais. As conexões com *terminais únicos* usam um único terminal de terra para todos os canais ou grupos de canais e são mais suscetíveis a ruídos elétricos, enquanto as conexões *diferenciais* usam um terminal positivo e um negativo separados para cada canal. Se o módulo tiver normalmente 16 conexões com terminal único, ele em geral terá apenas 8 conexões diferenciais.

Faixa de tensão/corrente de entrada

Existem faixas de valores de tensão ou corrente pelas quais um módulo de entrada foi projetado para funcionar, as quais devem estar de acordo com a variação dos sinais de corrente ou de tensão gerados pelos sensores analógicos.

Faixa de tensão/corrente de saída

Esta especificação define as faixas de sinais de corrente ou tensão pelas quais um determinado módulo analógico de saída foi projetado para funcionar segundo um programa de controle. As faixas de saídas devem estar de acordo com a variação dos sinais de tensão ou corrente que serão necessários para acionar os dispositivos analógicos na saída.

Proteção de entrada

Os circuitos analógicos de entrada geralmente são protegidos contra conexões acidentais de tensão que excedem a faixa de tensão de entrada.

Resolução

A resolução de um módulo de E/S de sinal analógico especifica com que precisão um valor analógico pode ser representado digitalmente, determinando a menor unidade de medição de corrente ou tensão. Quanto maior a resolução (normalmente especificada em bit), maior a precisão do valor analógico representado.

Capacitância e impedância de entrada

Para E/S analógicas, estes valores devem coincidir com o dispositivo externo conectado ao módulo. Os valores normalmente são medidos em Megohm (MΩ) e picofarads (pF).

Rejeição em modo comum

O ruído geralmente é causado pela interferência eletromagnética, por frequência de rádio e por malhas de terra. A rejeição de ruído em modo comum, expressa normalmente em decibéis ou como uma razão, aplica-se apenas às entradas diferenciais e se refere à capacidade do módulo analógico de evitar ruído por interferência com a integridade do dado em um canal único e de canal para canal do módulo; já o ruído que atinge cabos em paralelo é rejeitado, porque a diferença é zero. Cabos de par trançado são utilizados para garantir que esse tipo de ruído seja igual nos dois cabos.

2.6 Unidade de processamento central (CPU)

A unidade de processamento central (CPU) é uma unidade única fixada nos CLPs, enquanto a do tipo modular de rack normalmente utiliza um módulo com plug (plug-in). A CPU, o controlador e o processador são termos usados por diferentes fabricantes para denotar o módulo que executa basicamente as mesmas funções. Os processadores variam em velocidade de processamento e em opções de memória, e um módulo processador pode ser dividido em duas seções: a da CPU, que executa o programa e toma as decisões necessárias para que o CLP funcione e se comunique com outros módulos, e a seção da memória, que armazena eletronicamente o programa do CLP com outras informações digitais recuperáveis (Figura 2.36).

A fonte de alimentação do CLP fornece a energia necessária (geralmente de 5 VCC) para o processador e para os módulos de E/S plugados na placa-mãe do rack (Figura 2.37) e está disponível na maioria das fontes de tensão encontradas. Ela converte 127 VCA ou 230 VCA em uma tensão CC requerida pela CPU, pela memória e pelo circuito eletrônico das E/S, e normalmente é projetada para manter o CLP em funcionamento caso ocorra uma perda momentânea de energia. O *tempo de manutenção* (*hold-up time*), que é o tempo decorrido que um CLP pode suportar a perda de energia, está na faixa de 10 milissegundos até 3 segundos.

A CPU tem um processador do tipo encontrado no computador pessoal; a diferença é que o programa utilizado com o microprocessador é projetado para facilitar o controle industrial, em vez de prover uma computação de propósito geral. Ela executa o sistema operacional, gerencia a memória, monitora as entradas, executa a lógica do usuário (programa ladder) e liga as saídas apropriadas, respectivamente.

A CPU de um sistema de CLP pode conter mais de um processador, o que melhora a velocidade de todas as operações, pois cada um deles tem sua própria memória e programas que operam de modo simultâneo e independente; nessas configurações, a varredura de cada processador é paralela e independente, reduzindo, assim,

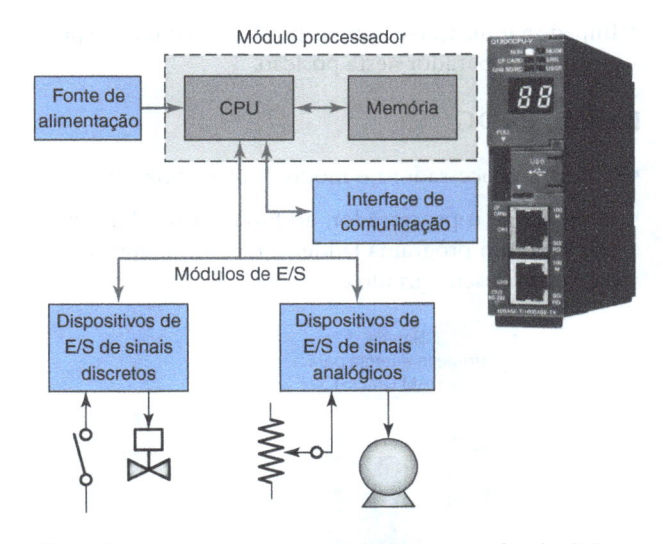

Figura 2.36 Seções de um módulo processador do CLP.
Fonte: Cortesia da Mitsubishi Automation.

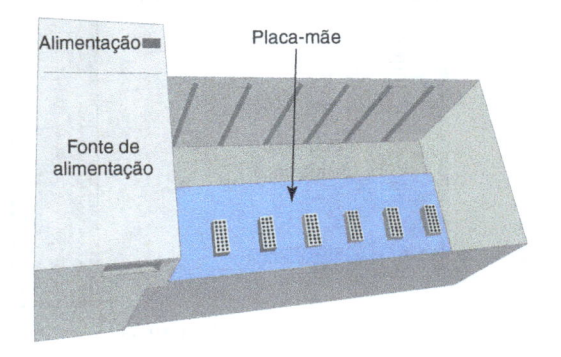

Figura 2.37 Fonte de alimentação do CLP.

o tempo de resposta total. Sistemas tolerantes às falhas do CLP suportam processadores duais para processos cruciais; eles permitem que o usuário configure o sistema com *redundância* (dois processadores), que transfere o controle para o segundo processador no evento de uma falha do primeiro.

Associada à unidade do processador, há uma quantidade de LEDs indicadores de estados para fornecer um sistema do diagnóstico de informação para o operador (Figura 2.38). Além disso, pode-se utilizar um sistema de microchaves, que permite a escolha de um dos três seguintes modos de funcionamento: LIGADO (RUN), PROG e REM.

Posição LIGADO (RUN)

- Coloca o processador no modo de funcionamento.
- Executa o programa ladder e energiza os dispositivos de saída.
- Impede a edição de um programa direto (on-line) nesta posição.
- Impede a utilização de um dispositivo de interface programador/operador nesta posição.

Posição PROG

- Coloca o processador no modo de programação.
- Impede que o processador, ao fazer a varredura ou a execução um programa ladder, e o controlador de saídas sejam desenergizados.
- Permite uma edição de programa.
- Impede o uso de um dispositivo de interface programador/operador para mudar o modo do processador.

Posição REM

- Coloca o processador no modo Remoto, seja no modo Execução REMota, Programa REMoto ou Test REMoto.
- Permite a mudança do modo do processador para um dispositivo de interface programador/operador nesta posição.
- Permite a edição de um programa direto (on-line).

No módulo processador, há também um conector que permite ao CLP conectar-se a um dispositivo de programação externo. As capacidades do processador do CLP de tomar decisões vão muito além de uma simples lógica de processamento. O processador executa outras funções, tais como temporização, contagem, travamento, comparação, controle de movimento e funções matemáticas complexas.

Os processadores do CLP têm mudado constantemente em virtude dos avanços na tecnologia do computador e da grande demanda de aplicações; atualmente, eles são mais rápidos e apresentam mais instruções, que são adicionadas à medida que novos modelos são lançados. Como os CLPs são baseados em microprocessadores, eles podem ser feitos para executar tarefas, como fazem os computadores; e, além de suas funções de controle,

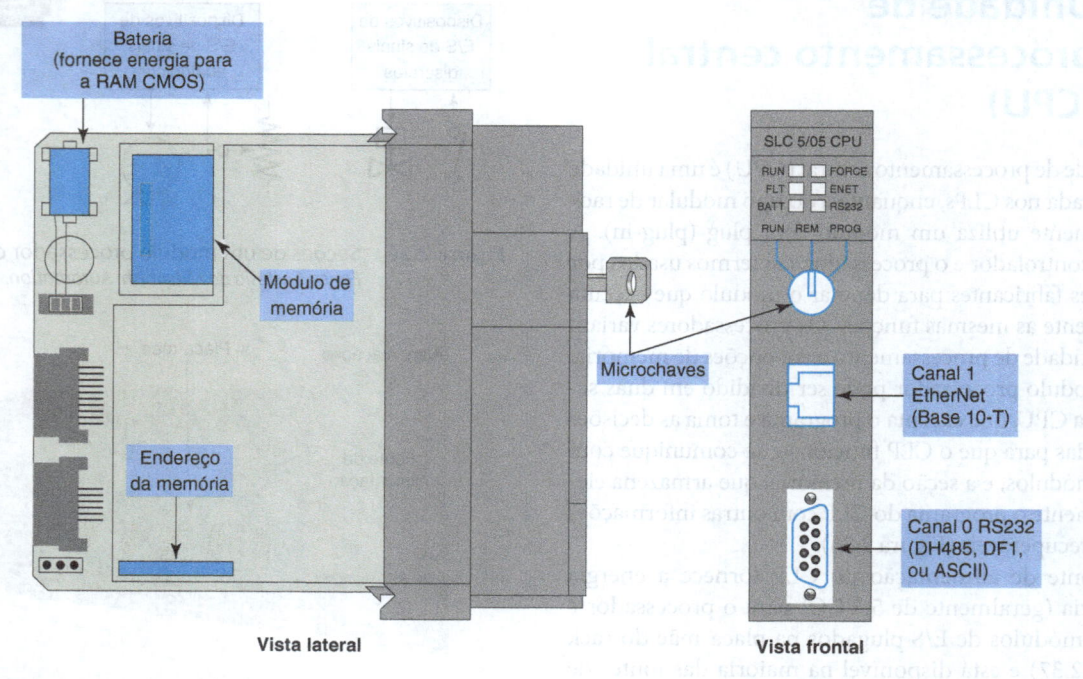

Figura 2.38 Módulo processador típico.

podem ser conectados em rede para supervisionar o controle e a aquisição de dados (SCADA).

A maioria dos componentes eletrônicos encontrados nos processadores e em outros tipos de módulos de CLP é sensível às tensões *eletrostáticas*, que podem alterar seu funcionamento ou danificá-los; por isso, torna-se necessário seguir algumas orientações no manuseio e trabalho com esses dispositivos e módulos:

- Antes de manusear esses componentes, toque uma superfície condutora, para descarregar a eletricidade estática.
- Coloque uma pulseira para fornecer um caminho de desvio para qualquer carga que possa ser acumulada durante o trabalho.
- Não toque no conector da placa-mãe ou nos pinos do conector do sistema de CLP (segure sempre a placa de circuitos impressos dos módulos pelas bordas, se possível).
- Não toque em outros componentes do módulo quando configurar ou substituir componentes internos.
- Quando os módulos não estiverem sendo utilizados, armazená-los em embalagens com solda antiestática.
- Se possível, utilize uma estação de solda antiestática.

2.7 Projeto da memória

A memória é o elemento que armazena informação, programas e dados em um CLP. A memória do usuário de um CLP inclui espaço para o programa do usuário, bem como as posições (locações) endereçáveis da memória do dado armazenado. Os dados são armazenados nas posições de memória por um processo chamado de *escrita* e são obtidos de volta pelo que chamamos de *leitura*.

A quantidade de memória necessária é determinada pela complexidade do programa; seus elementos individuais armazenam parte da informação, chamada de *bits* (de *binary digits*), e sua capacidade é especificada em incrementos de 1.000 ou "K" incrementos, nos quais 1 K é igual a 1.024 bytes de armazenagem da memória (1 byte é igual à 8 bits).

O programa é armazenado na memória por 1s ou 0s, que são caracteristicamente agrupados na forma de palavra de 16 bits. O tamanho da memória normalmente é expresso em milhares de palavras, que podem ser armazenadas no sistema; portanto, 2 K é uma memória de 2.000 palavras, e 64 K é uma memória de 64.000 palavras; ele varia desde os pequenos, como 1 K para sistemas menores, até 32 MB para sistemas maiores (Figura 2.39). A capacidade da memória é um pré-requisito importante para estabelecer se um determinado processador poderá funcionar com as exigências de uma aplicação específica.

A *posição* da memória refere-se ao endereço na memória da CPU onde uma palavra binária pode ser armazenada. Uma palavra consiste geralmente em 16 bits. Cada parte binária do dado é 1 bit, e 8 bits formam 1 byte (Figura 2.40). A *utilização* da memória refere-se ao número da posição da memória necessária para armazenar cada tipo de instrução, e uma regra para o seu posicionamento é uma bobina ou contato por posição. Um K de memória pode funcionar com um programa que contenha 1.000 bobinas ou contatos a serem nela armazenados.

A memória de CLP pode ser dividida em seções com funções específicas; as que são utilizadas para armazenar o estado das entradas são chamadas de arquivos ou tabelas de estado da entrada, e as que armazenam o estado das saídas são chamadas de arquivos ou tabelas de estado da saída (Figura 2.41). Esses termos referem-se simplesmente a uma posição onde o estado de um dispositivo de entrada ou saída está armazenado. Cada bit pode ser 1 ou 0, dependendo da condição da entrada – se está aberta ou fechada. Um contato fechado deveria ter um binário 1 em sua respectiva posição na tabela de entrada, enquanto um contato aberto deveria ter um 0 armazenado. Uma lâmpada ligada deveria ter um 1 armazenado em sua respectiva posição na tabela de saída, enquanto uma lâmpada desligada deveria ter um 0 armazenado. As tabelas de imagens de entrada e de saída são revisadas constantemente pela CPU; a cada instante, a posição da memória é examinada, e a tabela muda se o contato ou a bobina mudou de estado.

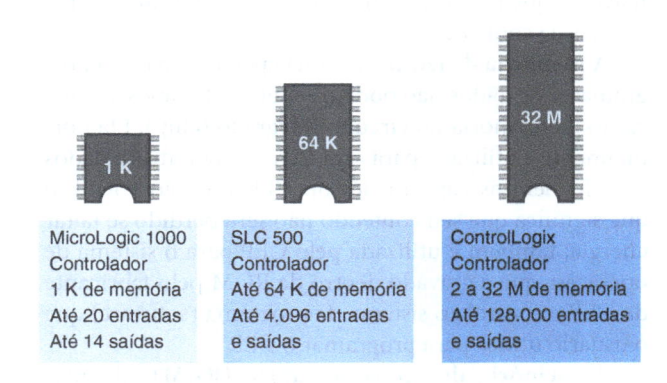

Figura 2.39 Memórias típicas de um CLP.

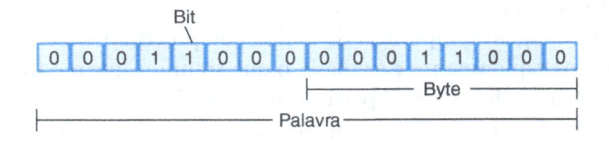

Figura 2.40 Bit, byte e palavra da memória.

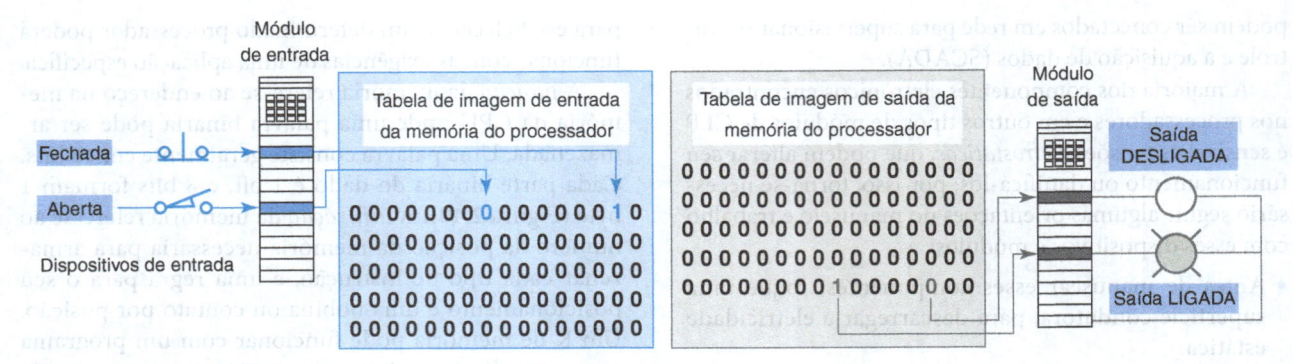

Figura 2.41 Tabelas de entrada e de saída.

Os CLPs, por questões de segurança, executam uma rotina de verificação para examinar se a memória do CLP está corrompida, o que ajuda a garantir que o CLP não será executado caso isso ocorra.

2.8 Tipos de memória

A memória pode ser situada em duas categorias: volátil, que perderá suas informações armazenadas se a energia total faltar ou for desligada, pode ser alterada facilmente e é adequada à maioria das aplicações quando há uma bateria para fornecer energia para a cópia de segurança (backup); e não volátil, que tem a capacidade de reter a informação quando a energia é desligada acidentalmente ou intencionalmente, permitindo que o CLP mantenha sua programação. Como o seu nome sugere, os controladores lógicos programáveis possuem memória programável, o que permite ao usuário editar e modificar programas de controle.

A **memória de leitura (ROM)** apenas armazena programas, e os dados não podem ser alterados após a fabricação da memória no circuito integrado (chip). Ela normalmente é utilizada para armazenar programas e dados que definem as capacidades do CLP, e é não volátil, o que significa que seu conteúdo não será perdido se faltar energia; também é utilizada pelo CLP para o sistema de operação, que é gravado dentro da ROM pelo fabricante de CLP e controla o sistema de programa (software) que o usuário utiliza para programar o CLP.

A **memória de acesso aleatório (RAM)**, algumas vezes referida como *memória de leitura-escrita (R/W)*, é projetada de modo que a informação possa ser escrita ou lida da memória. Ela é utilizada como uma área de armazenagem temporária de dados que precisam ser alterados rapidamente e é volátil, o que significa que o dado armazenado nela será perdido se faltar energia. Essa perda pode ser evitada se houver uma bateria para cópia de segurança (backup) (Figura 2.42). A maioria dos CLPs usa RAM-CMOS, uma tecnologia utilizada para memórias cujo circuito integrado (chip) drena pouca corrente e pode manter a memória com uma bateria de lítio por um longo tempo (em muitos casos, de 2 a 5 anos). Alguns processadores possuem um capacitor que fornece pelo menos 30 minutos de energia para a cópia de segurança (backup) quando a bateria for desconectada e a energia, desligada.

A **memória de leitura-escrita programável e que pode ser apagada (EPROM)** oferece um determinado nível de segurança contra mudanças não autorizadas ou indesejáveis em um programa. As EPROMs são projetadas de modo que o dado armazenado nela possa ser lido, mas não alterado facilmente sem um equipamento especial; por exemplo, as UV EPROMs são memória de leitura apenas programáveis e apagáveis por uma luz ultravioleta. A memória EPROM é utilizada para copiar (backup), armazenar ou transferir programas de CLP.

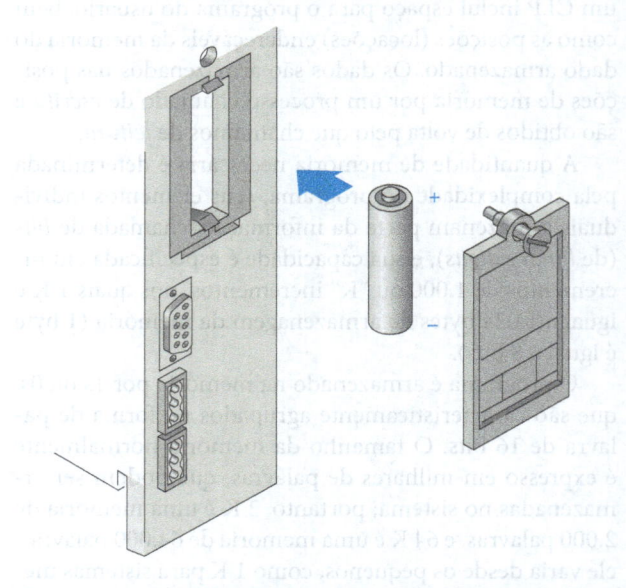

Figura 2.42 Bateria usada para copiar (backup) os dados da RAM do processador.

A **memória de leitura-escrita programável e que pode ser apagada eletronicamente (EEPROM)** é uma memória não volátil que oferece a mesma flexibilidade de programação da RAM. Ela pode ser sobrescrita eletricamente com luz ultravioleta e, pelo fato de ser uma memória não volátil, não requer uma bateria para cópias. A EEPROM proporciona um armazenamento permanente do programa e pode ser substituída facilmente por dispositivos de programação-padrão. Normalmente, um módulo de memória EEPROM é utilizado para armazenar, copiar ou transferir os programas do CLP (Figura 2.43).

As **flash EEPROMs** são similares às EEPROMs, visto que só podem ser utilizadas para armazenar cópias, e a sua principal diferença é que elas são extremamente rápidas para salvar e reaver arquivos; além disso, não é necessário retirá-las fisicamente do processador para serem reprogramadas; isso pode ser feito com o uso dos circuitos do próprio módulo do processador. A memória flash é algumas vezes instalada também no módulo do processador (Figura 2.44), onde copia (backup) automaticamente partes da RAM. Se ocorrer uma falha na energia enquanto um CLP com memória flash estiver funcionando, ele não perderá dados do funcionamento.

2.9 Dispositivo terminal de programação

Este dispositivo é necessário para programar, modificar e verificar defeitos no programa do CLP. Os fabricantes de CLP utilizam vários tipos de dispositivos de programação; o mais simples deles é o programador portátil (Figura 2.45), que tem um cabo de conexão que pode ser plugado na porta de programação do CLP. Determinados controladores utilizam um plugue no painel no lugar desse dispositivo.

Os programadores portáteis são compactos, de baixo custo e fáceis de serem utilizados; têm teclas multifuncionais, de entrada de instruções e edição, e teclas de navegação para movimentação pelo programa, além de um mostrador de cristal líquido (LCD) ou de diodos emissores de luz (LED). Geralmente existem teclas. O mostrador desses programadores tem uma capacidade limitada: algumas unidades só podem mostrar a última instrução que foi programada; enquanto outras unidades podem mostrar de dois a quatro degraus da lógica ladder. Também chamados de inteligentes, são projetados para funcionar com uma certa família de CLPs de um determinado fabricante.

O método mais popular de programação de CLP é o computador pessoal (PC) em conjunto com um programa (ambiente de programação) do fabricante (Figura 2.46). Capacidades características de um ambiente de programação incluem: edição de programa direta (on-line) e indireta (off-line), monitoração do programa direta (on-line), documentação do programa, diagnóstico de falhas no CLP e verificação de defeitos no sistema controlado. Relatórios gerados na cópia do programa podem ser impressos nas impressoras do computador. A maioria dos pacotes de programa não permite o desenvolvimento de programas de outros fabricantes de CLP, e, em alguns casos, um único fabricante tem uma família múltipla

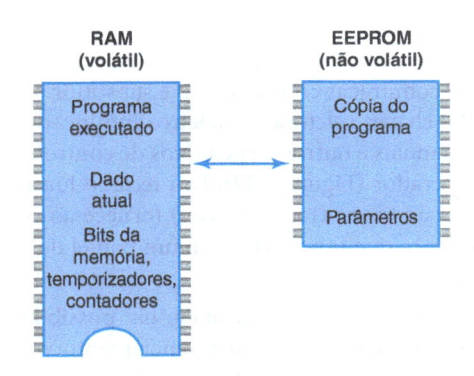

Figura 2.43 Módulo de memória EEPROM usado para armazenar, copiar ou transferir programas do CLP.

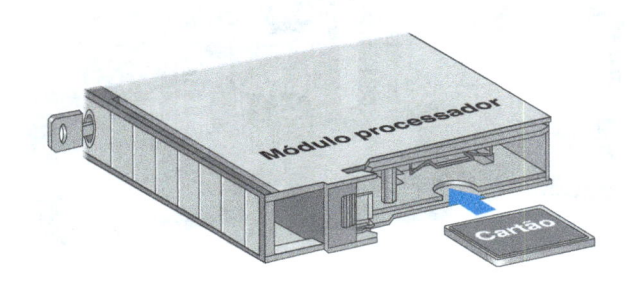

Figura 2.44 Cartão de memória flash instalado em um soquete do processador.

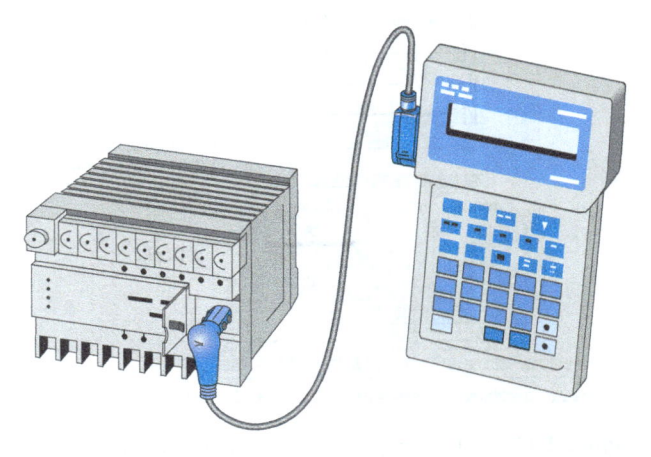

Figura 2.45 Terminal de programação portátil.

de CLP, e, cada uma requer seu próprio ambiente de programação.

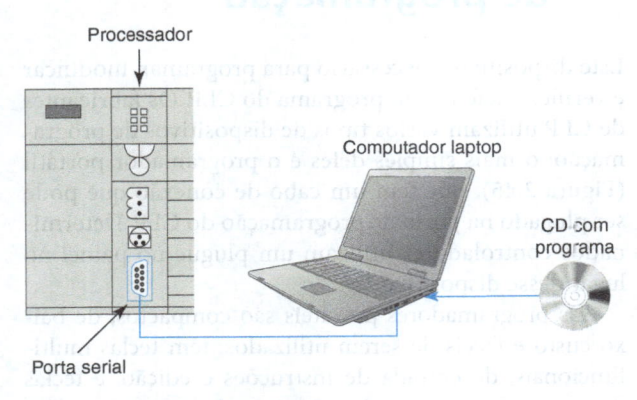

Figura 2.46 Computador pessoal usado como dispositivo de programação.

2.10 Gravando e reavendo dados

As impressoras são utilizadas para fornecer uma cópia impressa da memória do processador no formato de diagrama ladder. Os programas não podem ser mostrados em toda sua extensão em uma tela do mostrador, pois esta apresenta no máximo cinco degraus de cada vez. Um impresso pode mostrar um programa de qualquer comprimento, que pode ser analisado por completo.

O CLP só comporta um programa de cada vez em sua memória, e, para que este seja modificado, é necessário entrar com um novo diretamente de um teclado ou baixar um programa do disco rígido de um computador (Figura 2.47). Algumas CPUs suportam o uso de um cartucho de memória, que fornece o programa do usuário armazenado em uma EEPROM portátil (Figura 2.48); o cartucho também pode ser utilizado para copiar um programa de um CLP para outro tipo similar.

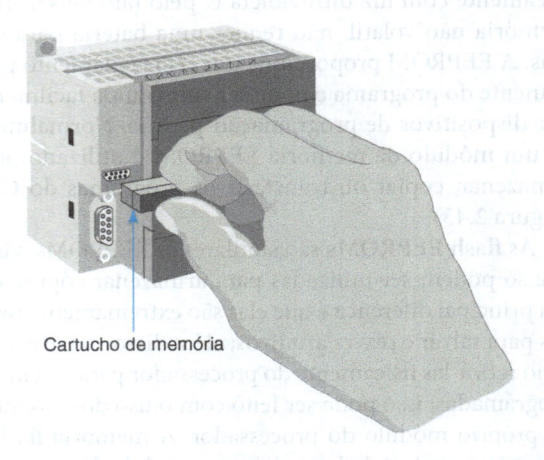

Figura 2.48 O cartucho de memória possibilita ao usuário um modo portátil de armazenar o programa.

2.11 Interfaces homem--máquina (IHMs)

Uma *interface homem-máquina (IHM)* pode ser conectada para comunicar com um CLP e substituir botões de comando, chaves seletoras, sinaleiros luminosos, chaves digitais manuais e outros dispositivos de controle no painel do operador (Figura 2.49). Um teclado luminescente sensível ao toque (touch-screen) fornece ao operador uma interface que funciona como um painel de controle tradicional do operador.

Essas interfaces homem-máquina possibilitam ao operador ao responsável pelo gerenciamento ver o funcionamento em tempo real. Por meio de um computador pessoal baseado no ajuste (set-up) do programa, é possível configurar as telas do mostrador para:

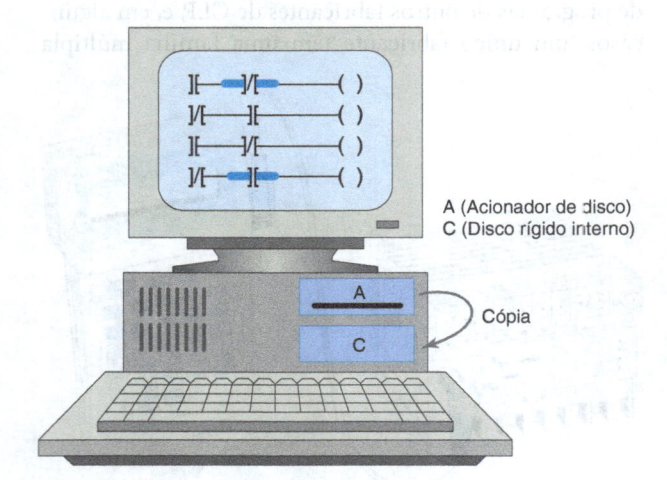

Figura 2.47 Copiando programas para um disco rígido do computador.

Figura 2.49 Interfaces homem-máquina (IHMs).
Fonte: Cortesia da Omron Industrial Automation.
www.ia.omron.com

- Substituir botões de comando e sinaleiros luminosos com ícones de aparência real. O operador da máquina precisa apenas tocar no mostrador do painel para ativar os botões de comando.

- Mostrar operações no formato gráfico para facilitar a visão.

- Permitir ao operador mudar o tempo e a contagem presentes pelo toque no teclado numérico, na tela sensível ao toque.

- Mostrar os alarmes, completando com o tempo da ocorrência e o local.

- Mostrar como as variáveis mudam com o tempo.

O controlador Pico GFX-70, da Allen-Bradley, mostrado na Figura 2.50, funciona como um controlador com recursos de uma IHM. Esse dispositivo consiste em três partes moduladas: uma IHM, processador ou fonte de alimentação e módulos da E/S.

O mostrador ou teclado pode ser utilizado como uma interface para o operador ou pode ser vinculado (link) para o controle das operações de realimentação em tempo real. Ele tem a capacidade de mostrar textos, dados e hora, bem como personalizar mensagens e gráficos em bitmap, permitindo o reconhecimento de mensagens de falhas, entrar com valores e iniciar ações. Os usuários podem criar o programa de controle e a funcionalidade da IHM com o uso de um computador pessoal, por meio da instalação do programa PicoSoft ou com os botões de controle incorporados no controlador.

Figura 2.50 Controlador Pico GFX-70, da Allen-Bradley.
Fonte: Com permissão da Rockwell Automation, Inc.

QUESTÕES DE REVISÃO

1. Qual é a função de um módulo de interface de entrada do CLP?
2. Qual é a função de um módulo de interface de saída do CLP?
3. Defina o termo *rack lógico*.
4. Com relação ao rack do CLP:
   a. O que é um rack remoto?
   b. Por que os racks remotos são usados?
5. Como o processador identifica a posição de uma entrada ou de uma saída de um determinado dispositivo?
6. Liste os três elementos básicos do endereço de um rack ou slot.
7. Compare o endereçamento em nível de bit e em nível de palavra.
8. De que modo o endereçamento por marcação ou etiqueta (tag) difere do endereçamento por rack ou slot?
9. Que tipo de interface o sistema de controle baseado em PC usa com os dispositivos de campo?
10. Que tipos de entradas e de saídas são conectadas nos módulos de E/S?
11. Além dos dispositivos de campo, que outras conexões são feitas para um módulo de CLP?
12. A maioria dos módulos de CLP usa blocos de terminais plugados (plug-in) para a fiação. Por quê?
13. Qual é a vantagem e a desvantagem do uso de módulos de alta densidade?
14. Com relação aos módulos de entrada discretos do CLP:
    a. Que tipos de dispositivos de campo de entrada são adequados para uso com eles?
    b. Liste três exemplos de dispositivos de entrada discretos.
15. Com relação aos módulos de saída discretos do CLP:
    a. Que tipos de dispositivos de campo de saída são adequados para uso com eles?
    b. Liste três exemplos de dispositivos de saída discretos.
16. Explique a função da placa-mãe (backplane) de um rack do CLP.
17. Qual é a função do circuito isolador óptico usado nos circuitos do módulo de E/S?
18. Dê os nomes de duas seções distintas de um módulo de E/S.
19. Liste quatro tarefas executadas por um módulo de entrada discreto.
20. Que elemento eletrônico pode ser usado como dispositivo de chaveamento para um módulo de interface de saída de 120 VCA?
21. Com relação à corrente nominal do módulo de saída discreto:
    a. Qual é a corrente máxima nominal para o módulo de saída de 120 VCA típico?
    b. Explique um método de tratar uma saída que requer uma corrente maior?

22. Que elemento eletrônico pode ser utilizado como dispositivo de chaveamento para um módulo de interface de saída CC?
23. Um módulo de saída discreto do tipo relé pode ser usado como chave tanto para cargas CA como para CC. Por quê?
24. Com relação aos módulos de E/S fornecendo e drenando:
    a. Qual é a relação da corrente usada para descrever os termos *fornecendo* e *drenando*.
    b. Se um módulo de E/S for especificado como do tipo drenando corrente, então a que tipo de dispositivo de campo (drenando ou fornecendo) ele é eletricamente compatível?
25. Compare os módulos de E/S discretos e analógicos em relação aos tipos de dispositivos de entrada ou de saída com os quais eles podem ser usados.
26. Explique a função do circuito conversor analógico-digital (A/D) usado nos módulos de entrada analógicos.
27. Explique a função do circuito conversor digital-analógico (D/A) usado nos módulos de saída analógicos.
28. Cite os nomes de duas classes de sensores em geral para os módulos de entrada analógico.
29. Liste cinco grandezas físicas comuns medidas pelo módulo de entrada analógico de um CLP.
30. Que tipo de cabo é usado para conectar um termopar em um módulo de entrada analógico sensível à tensão? Por quê?
31. Explique a diferença entre o módulo de entrada analógico unipolar e bipolar.
32. A resolução de um canal de entrada analógico é especificada como sendo de 0,3 mV. O que isso significa?
33. Em qual dos dois modos pode ser aplicada energia na malha do módulo de entrada sensível à corrente?
34. Liste três dispositivos de campo que são comumente controlados por um módulo de saída analógico de um CLP.
35. Descreva uma aplicação para cada um dos seguintes módulos de E/S especiais:
    a. Módulo contador de alta velocidade;
    b. Módulo de chave digital;
    c. Módulo TTL;
    d. Módulo contador de codificador (encoder);
    e. Módulo BASIC ou ASCII;
    f. Módulo motor de passo;
    g. Módulo de saída BCD.
36. Liste uma Aplicação para cada um dos seguintes módulos inteligentes de E/S:
    a. Módulo PID;
    b. Módulo de controle de posição e movimento;
    c. Módulo de comunicação.
37. Explique resumidamente cada uma das seguintes especificações dos módulos de E/S discretas:
    a. Tensão de entrada nominal;
    b. Tensões limiares de entrada;
    c. Corrente nominal por entrada;
    d. Faixa de temperatura ambiente;
    e. Atraso de LIGA/DESLIGA na entrada;
    f. Tensão da saída;
    g. Corrente de saída;
    h. Corrente de surto;
    i. Proteção contra curto-circuito;
    j. Corrente de fuga;
    k. Isolamento elétrico;
    l. Pontos por módulo;
    m. Corrente drenada pela placa-mãe (backplane).
38. Explique resumidamente cada uma das seguintes especificações dos módulos de E/S analógicas:
    a. Canais por módulo;
    b. Faixa(s) de corrente ou tensão de entrada;
    c. Faixa(s) de corrente ou tensão de saída;
    d. Proteção de entrada;
    e. Resolução;
    f. Impedância e capacitância de entrada;
    g. Rejeição em modo comum.
39. Compare a função das seções da CPU e da memória de um processador do CLP.
40. Com relação ao chassi da fonte de alimentação de um CLP:
    a. Que conversão de potência ocorre no circuito de uma fonte de alimentação?
    b. Explique o termo *tempo de manutenção* quando aplicado em fonte de alimentação.
41. Explique a finalidade de um processador redundante em um CLP.
42. Descreva três modos típicos de operação que podem ser selecionados pelas minichaves de um processador.
43. Descreva outras cinco funções, além do processamento lógico único, que os processadores são capazes de executar.
44. Descreva cinco procedimentos importantes a serem seguidos quando do manuseio de componentes do CLP sensíveis à eletricidade estática.
45. Defina cada um dos seguintes termos quando aplicados aos elementos da memória de um CLP:
    a. Escrita;
    b. Leitura;
    c. Bits;
    d. Posição;
    e. Utilização.
46. Com relação à tabela de imagem da E/S:
    a. Que informação é armazenada nas tabelas de entrada e saída de um CLP?
    b. Qual é o estado armazenado de uma chave fechada na entrada?
    c. Qual é o estado armazenado de uma chave aberta na entrada?
    d. Qual é o estado armazenado de uma saída ligada?
    e. Qual é o estado armazenado de uma saída desligada?
47. Por que os CLPs executam a verificação de rotina da memória?
48. Compare as características de armazenagem na memória dos elementos de memórias volátil e não volátil.
49. Que informação é armazenada normalmente em uma memória ROM de um CLP?
50. Que informação é armazenada normalmente em uma memória RAM de um CLP?
51. Que informação é armazenada normalmente em um módulo de memória EEPROM?

52. Quais são as vantagens de um processador que utiliza um cartão de memória flash?
53. Liste três funções de um dispositivo terminal de programação.
54. Cite uma vantagem e uma limitação quanto ao uso de dispositivos de programação portáteis.
55. O que é necessário para que um computador pessoal seja usado como um terminal de programação de CLP?
56. Cite quatro capacidades importantes de um ambiente de programação (software) de um CLP.
57. Quantos programas podem ser armazenados em um CLP em um determinado instante?
58. Faça um resumo de quatro funções que podem ser configuradas para serem executadas pelo mostrador de uma IHM.

PROBLEMAS

1. Um módulo de saída discreto de 120 VCA deve ser utilizado para controlar uma válvula solenoide de 230 VCC. Desenhe um diagrama que mostre como isto pode ser feito com o uso de um relé intermediário.
2. Considere um termopar, ligado em um módulo de entrada analógico, que gere uma tensão linear de 20 mV a 50 mV quando a temperatura muda de 750 °F até 1.250 °F. Que valor de tensão será gerado quando a temperatura do termopar atingir 1.000 °F?
3. Com relação às especificações do módulo de E/S:
    a. Se o tempo de atraso no LIGAR de um módulo de entrada de sinal discreto for especificado como sendo de 12 milissegundos, a que tempo corresponde se for dado em segundos?
    b. Se a corrente de fuga de saída de um módulo de saída de sinais discretos for especificado como sendo de 950 µA, como isso pode ser expresso em ampères?
    c. Se a faixa de temperatura para um módulo de E/S for especificada como sendo de 60 °C, como isso pode ser expresso em graus Fahrenheit?
4. Crie um código de cinco bits usando formato de endereçamento rack ou slot do SLC 500 para cada um dos seguintes componentes:
    a. Um botão de comando conectado no terminal 5, do grupo de módulo 2, posicionado no rack 1;
    b. Uma lâmpada conectada no terminal 3, do grupo de módulo 0, posicionado no rack 2.
5. Considere que o triac de um módulo de saída de sinal discreto CA tenha uma falha e fique no estado de curto-circuito. Como isto pode afetar o dispositivo conectado na sua saída?
6. Um computador pessoal deve ser usado para programar vários tipos diferentes de CLPs, de diferentes fabricantes. O que será necessário?

3 Sistema numérico e códigos

Alguns modelos e funções individuais do CLP utilizam sistemas de numeração diferentes do decimal, como binário, octal, hexadecimal, BCD, Gray e ASCII; por isso é necessário tanto o conhecimento deles como da base de cada um e da conversão de um para outro.

Objetivos do capítulo

Após o estudo deste capítulo, você será capaz de:

3.1 Definir os sistemas de numeração binária, octal e hexadecimal e converter um sistema ou código de numeração para outro.
3.2 Explicar os sistemas de códigos BCD, Gray e ASCII.
3.3 Definir os termos *bit, byte, palavra (word), bit menos significativo (LSB)* e *bit mais significativo (MSB)*, e como eles se aplicam nas posições binárias da memória.
3.4 Somar, subtrair, multiplicar e dividir números binários.

3.1 Sistema decimal

O conhecimento de diferentes sistemas de números e códigos digitais é muito útil quando se trabalha com CLPs ou com a maioria dos tipos de computadores digitais, pois as necessidades básicas desses dispositivos são a representação, o armazenamento e a operação com números. Em geral, os CLPs trabalham com números binários, de um modo ou de outro, que são utilizados para representar vários códigos ou quantidades.

O *sistema decimal*, que é o mais comum, tem uma base de 10. A raiz ou base de um sistema de números determina o total dos números ou dos diferentes símbolos ou dígitos utilizados por aquele sistema; por exemplo, no sistema decimal, apenas 10 números ou dígitos – isto é, os dígitos de 0 a 9 – são utilizados: o total de números de símbolos é o mesmo da base, e o símbolo de maior valor é 1 a menos que a base.

O valor de um número decimal depende dos dígitos que formam o número e o valor da posição de cada dígito. Um valor da posição (peso) é atribuído para cada posição que um dígito conteria da esquerda para a direita. No sistema decimal, a primeira posição, começando da posição mais à direita, é 0; a segunda é 1; a terceira é 2; e assim sucessivamente, até a última posição. O valor do peso de cada posição pode ser expresso como a base (10, nesse caso) elevada à potência da posição; então, para o sistema decimal, os pesos da posição são 1, 10, 100, 1.000, e assim por diante. A Figura 3.1 mostra como o valor de um número decimal pode ser calculado com a multiplicação de cada dígito pelo peso de sua posição e com a soma dos resultados.

3.2 Sistema binário

O *sistema binário* utiliza o número 2 como base, e os únicos dígitos permitidos são 0 e 1. Com circuitos digitais, é fácil distinguir entre dois níveis de tensão (isto é, +5 V e 0 V), que podem ser relacionados com os dígitos binários 1 e 0 (Figura 3.2). Portanto, este sistema pode ser facilmente aplicado para os CLPs e sistemas de computador.

Considerando que ele utiliza apenas dois dígitos, cada posição de um número binário pode passar por apenas duas trocas, e então um 1 é transportado para a posição imediatamente à esquerda. A Tabela 3.1 mostra uma comparação entre quatro sistemas de numeração comuns: decimal (base 10), octal (base 8), hexadecimal (base 16) e binário (base 2). É importante notar que todos os sistemas de numeração começam com *zero*.

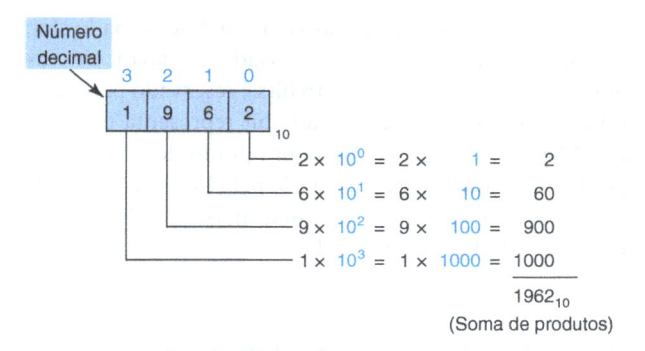

Figura 3.1 Valor dos pesos no sistema decimal.

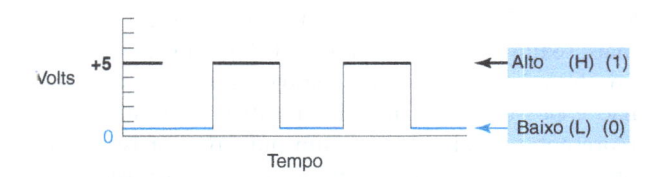

Figura 3.2 Forma de onda de um sinal digital.

Tabela 3.1 Comparações de sistemas de numeração.

Decimal	Octal	Hexadecimal	Binário
0	0	0	0
1	1	1	1
2	2	2	10
3	3	3	11
4	4	4	100
5	5	5	101
6	6	6	110
7	7	7	111
8	10	8	1000
9	11	9	1001
10	12	A	1010
11	13	B	1011
12	14	C	1100
13	15	D	1101
14	16	E	1110
15	17	F	1111
16	20	10	10000
17	21	11	10001
18	22	12	10010
19	23	13	10011
20	24	14	10100

O decimal equivalente de um número binário pode ser determinado de modo similar ao usado para um número decimal. Dessa vez, os valores dos pesos das posições são 1, 2, 4, 8, 16, 32, 64, e assim sucessivamente.

O valor do peso, em vez de 10 elevado à potência da posição, é 2 elevado à potência da posição. A Figura 3.3 mostra como o número binário 10101101 é convertido ao seu equivalente decimal, 173.

Cada dígito de um número binário é conhecido como um *bit*. Em um CLP, o elemento de memória do processador consiste em centenas ou milhares de posições ou registros, referidos como palavras. Cada *palavra* é capaz de armazenar dados na forma de dígitos binários, ou bits; e o número de bits que uma palavra pode armazenar depende do tipo de sistema usado no CLP (palavras de dezesseis bits e de 32 bits são mais comuns). Os bits também podem ser agrupados, dentro de uma palavra, em bytes. Um grupo de 8 bits é um byte, e um grupo de 2 ou mais bytes é uma palavra. A Figura 3.4 mostra uma palavra de 16 bits formada por 2 bytes. O bit menos significativo (LSB) é o dígito que representa o menor valor, e o bit mais significativo (MSB) é o dígito que representa o maior valor. Um bit dentro de uma palavra pode só pode ter dois estados: condição lógica 1 (ou LIGADO) ou condição lógica 0 (ou DESLIGADO).

A memória de CLP é organizada com o uso de bytes, palavras simples ou palavras duplas. Os CLPs antigos usam palavras de memória de 8 bits ou 16 bits, enquanto os sistemas novos, como o ControlLogix, plataforma da Allen-Bradley, usam palavras duplas de 32 bits. O tamanho da memória do controlador programável refere-se à

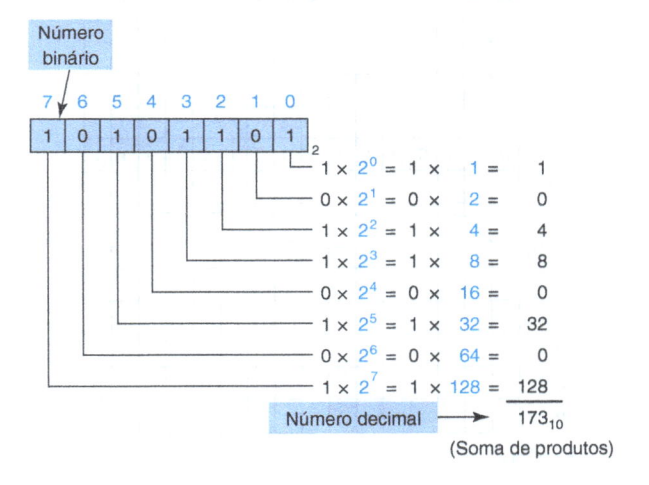

Figura 3.3 Conversão de um número binário em decimal.

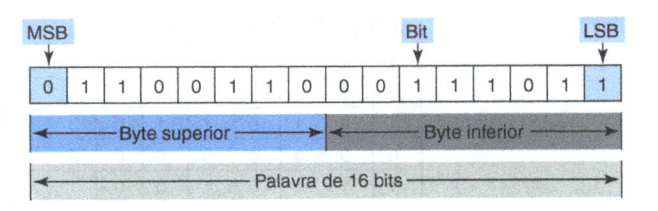

Figura 3.4 Uma palavra de 16 bits.

quantidade de memória do programa que pode ser armazenada pelo usuário. Se o seu tamanho for de 1 K de palavras (Figura 3.5), ela pode armazenar 1.024 palavras ou 16.384 (1.024 × 16) bits de informação, usando palavras de 16 bits, ou 32.768 (1.024 × 32) bits, usando palavras de 32 bits.

Para converter números decimais em equivalente binário, é necessário executar uma série de divisões por 2; e o número que resta de cada divisão é colocado no LSB do número binário, mesmo que seja 0. A Figura 3.6 mostra a conversão do número decimal 47 para binário.

Embora o sistema binário tenha apenas dois dígitos, ele pode ser utilizado para representar qualquer quantidade que seja representada pelo sistema decimal. Todos os CLPs trabalham internamente com o sistema binário, e o processador, por ser um dispositivo digital, entende apenas 0s e 1s, ou binário.

A memória do computador é, então, uma série de 1s e 0s binários. A Figura 3.7 mostra um arquivo de estado para o chassi modular do SCL 500, da Allen-Bradley, o qual é formado por um grupo único de bits, em palavras de 16 bits; entretanto, é necessário observar que, embora a tabela dessa figura mostre os arquivos do estado das palavras de saída endereçados sequencialmente, será criada uma palavra na tabela apenas se o processador encontrar um módulo de saída residindo em um determinado slot; se o slot estiver vazio, não será criada a palavra. Um arquivo de palavra de saída de 16 bits é reservado para cada ranhura ou slot no chassi. Cada bit representa o estado LIGADO ou DESLIGADO de um ponto de saída. Esses pontos são numerados de 0 a 15, pela linha superior, da direita para a esquerda. A coluna mais à direita lista os endereços do módulo de saída.

3.3 Números negativos

Se um número decimal é positivo, ele tem um sinal de mais; se um número é negativo, ele tem um sinal de menos. Nos sistemas binários, como os usados em um CLP, não é possível usar símbolos positivo e negativo para representar a polaridade de um número; por isso, a representação de números binários com valor positivo ou negativo é feita com um dígito extra, ou bit de sinal, no lado MSB do número. Na posição do bit de sinal, um 0 indica que o número é positivo, e um 1 indica um número negativo (Tabela 3.2).

Outro método de expressar um número negativo em um sistema digital é pelo uso do complemento do número binário, feito com a troca de todos os 0s por 1s, conhecida como forma complementar de 1 de um número binário; por exemplo, a forma complementar de 1 de 1001 é 0110.

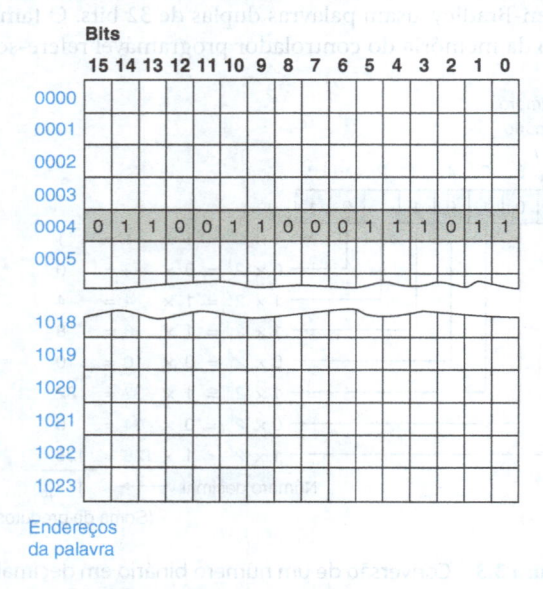

Figura 3.5 Memória de 1 K de palavra.

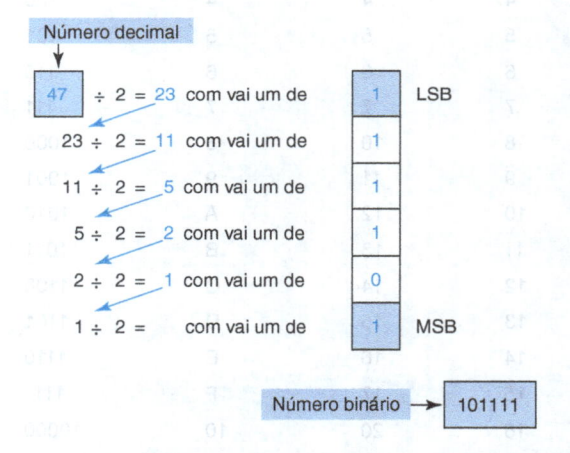

Figura 3.6 Conversão de um número decimal para binário.

15	14	13	12	11	10	9	8	7	6	5	4	3	2	1	0	Endereço
1	1	0	0	0	0	1	0	1	1	1	0	0	0	0	1	O:1
0	0	1	1	0	1	0	0	0	0	0	1	1	1	1	1	O:2
1	0	1	0	1	1	0	0	1	1	1	0	0	0	0	1	O:3
0	0	0	0	0	0	0	0	0	1	0	0	1	0	0	0	O:4
1	1	1	0	1	0	0	0	1	1	1	0	0	1	0	1	O:5

Figura 3.7 Arquivo estado de saída do SLC 500.

Tabela 3.2 Números binários sinalizados.

Magnitude / Sinal	Valor decimal
0111	+7
0110	+6
0101	+5
0100	+4
0011	+3
0010	+2
0001	+1
0000	0
1001	−1
1010	−2
1011	−3
1100	−4
1101	−5
1110	−6
1111	−7

(As linhas 0111 a 0000 são agrupadas como "O mesmo que números binários".)

O modo mais comum de expressar um número binário negativo é mostrá-lo como complementar de 2, que é um número binário resultante da adição de 1 ao complementar de 1 (Tabela 3.3). Um bit de sinal 0 significa um número positivo, enquanto um bit de sinal 1 significa um número negativo.

O CLP executa operações matemáticas facilmente com o uso do complemento de 2, e o bit de sinal correto é gerado pela formação desse complemento. O CLP sabe que o número recobrado da memória é um número negativo se o MSB for 1. Se um número negativo for inserido pelo teclado, o CLP armazena-o como complemento de 2. O resultado é o número original em binário verdadeiro, seguido pelo seu complemento de 1 e de 2, e, por fim, seu equivalente decimal.

3.4 Sistema octal

Para expressar um número no sistema binário, são necessários muito mais dígitos do que no sistema decimal. Dígitos binários em excesso são incômodos para a leitura e para a escrita; por isso, são usados outros sistemas de numeração relacionados.

O *sistema de numeração octal*, um sistema de base 8, é usado porque 8 bits de dados formam um byte de informação que pode ser endereçada. A Figura 3.8 mostra o endereçamento de módulos de E/S com o uso do sistema de numeração octal. Os dígitos estão na faixa de 0 a 7; portanto, os números 8 e 9 não são permitidos. Os processadores PLC-5 da Allen-Bradley, usam o endereçamento na base octal, enquanto o SLC 500 e os controladores Logix usam endereçamento na base decimal.

Octal é um meio conveniente de manipulação de números binários extensos. Como mostra a Tabela 3.4, um dígito octal pode ser usado para expressar três dígitos binários, e como em todos os sistemas de numeração, cada dígito em um número octal tem valor decimal ponderado de acordo com sua posição. A Figura 3.9 mostra como o número octal 462 é convertido para seu equivalente decimal, 306.

Octais são facilmente convertidos em equivalentes binários; por exemplo, o número octal 462 é convertido para seu equivalente binário pela montagem de grupos de 3 bits, como mostra a Figura 3.10. Observe a simplicidade desta notação: o octal 462 é muito mais fácil de ler e escrever que seu equivalente binário.

Tabela 3.3 Complementos de 1 e de 2. Representação de números positivos e negativos.

Decimal sinalizado	Complemento de 1	Complemento de 2
+7	0111	0111
+6	0110	0110
+5	0101	0101
+4	0100	0100
+3	0011	0011
+2	0010	0010
+1	0001	0001
0	0000	0000
−1	1110	1111
−2	1101	1110
−3	1100	1101
−4	1011	1100
−5	1010	1011
−6	1001	1010
−7	1000	1001

(As linhas de +7 a 0 do Complemento de 1 e de 2 são agrupadas como "O mesmo que números binários".)

Tabela 3.4 Binário e código octal relacionado.

Número binário	Número octal
000	0
001	1
010	2
011	3
100	4
101	5
110	6
111	7

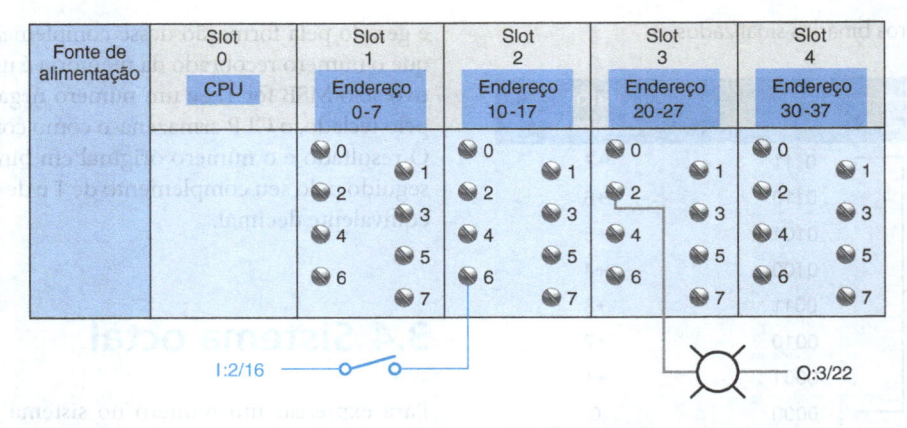

Figura 3.8 Endereçamento de módulos E/S com o uso do sistema de numeração octal.

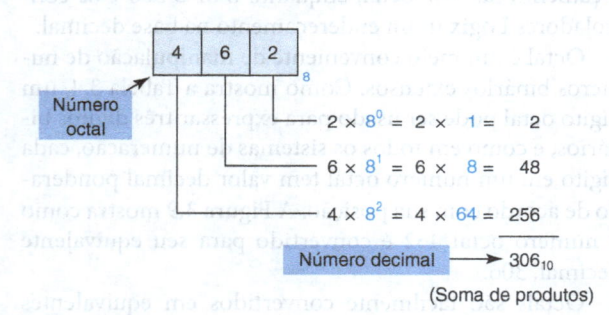

Figura 3.9 Conversão de um número octal em número decimal.

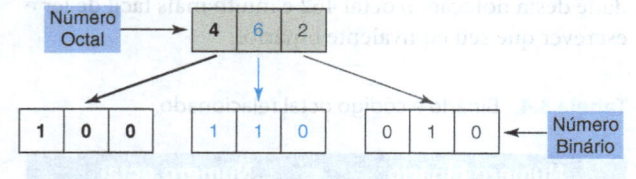

Figura 3.10 Conversão de um número octal em número binário.

3.5 Sistema hexadecimal

O sistema de numeração hexadecimal (hex) é usado nos controladores programáveis porque uma palavra de dados consiste em 16 bits, ou dois bytes de 8 bits. Ele é um sistema de base 16, com o uso de A a F, para representar os decimais de 10 a 15 (Tabela 3.5); e permite que o estado de um número extenso de bits seja representado em um espaço menor, como uma tela de computador, ou mostrar o dispositivo de programação do CLP.

Tabela 3.5 Sistema de numeração hexadecimal.

Hexadecimal	Binário	Decimal
0	0000	0
1	0001	1
2	0010	2
3	0011	3
4	0100	4
5	0101	5
6	0110	6
7	0111	7
8	1000	8
9	1001	9
A	1010	10
B	1011	11
C	1100	12
D	1101	13
E	1110	14
F	1111	15

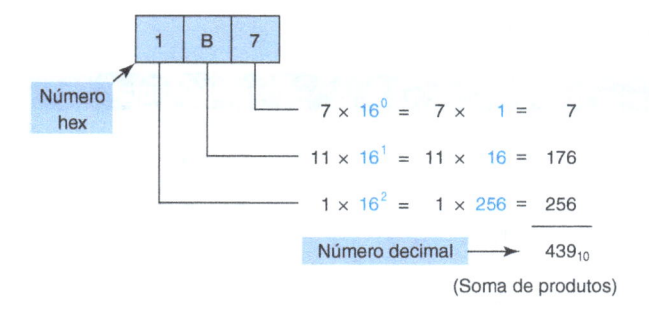

Figura 3.11 Conversão de números em hexadecimal para números decimais.

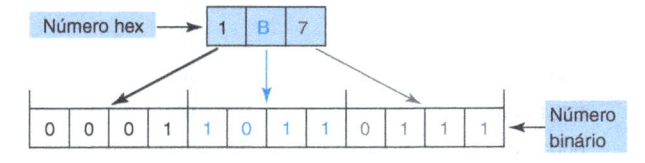

$7 \times 16^0 = 7 \times 1 = 7$
$11 \times 16^1 = 11 \times 16 = 176$
$1 \times 16^2 = 1 \times 256 = 256$
Número decimal → 439_{10}
(Soma de produtos)

Figura 3.12 Conversão de números em hexadecimal para números binários.

Número hex: 1 B 7
Número binário: 0 0 0 1 1 0 1 1 0 1 1 1

As técnicas usadas para conversão de hexadecimal em decimal, e vice-versa, são as mesmas usadas para binário e octal. Para converter um número em hexadecimal para seu equivalente decimal, os dígitos hexadecimais na coluna são multiplicados pela base 16 com o peso, dependendo do dígito significativo. A Figura 3.11 mostra como é feita a conversão para o número 1B7.

Os números em hexadecimal podem ser convertidos facilmente para números binários. A conversão é obtida escrevendo o equivalente binário com 4 bits do dígito hex para cada posição, como mostra a Figura 3.12.

3.6 Sistema decimal codificado em binário (BCD)

O sistema decimal codificado em binário (BCD) fornece um meio conveniente de trabalhar com números extensos que necessitam ser inseridos ou retirados da saída de um CLP; ou seja, fornece um meio de converter um código prontamente trabalhado pelos humanos (decimal) para um código prontamente trabalhado pelos equipamentos (binário). Como pode ser visto pelas informações dos vários sistemas de numeração, não há um modo fácil de ir do binário para o decimal e voltar. A Tabela 3.6 mostra exemplos de representações de valores numéricos em binário, BCD e hexadecimal.

O sistema BCD utiliza 4 bits para representar cada dígito decimal; esses bits são os equivalentes dos números de 0 a 9, sendo que este último é o maior número decimal que pode ser mostrado por qualquer um dos quatro dígitos.

A representação BCD de um número decimal é obtida pela substituição de cada dígito decimal por seu equivalente BCD (Figura 3.13). Para distinguir o sistema de numeração BCD do sistema binário, uma designação daquele é colocada à direita do dígito da unidade.

Uma chave digital manual (Figura 3.14) e o mostrador do LED são exemplos de dispositivos do CLP, de entrada e de saída, respectivamente, que utilizam o sistema

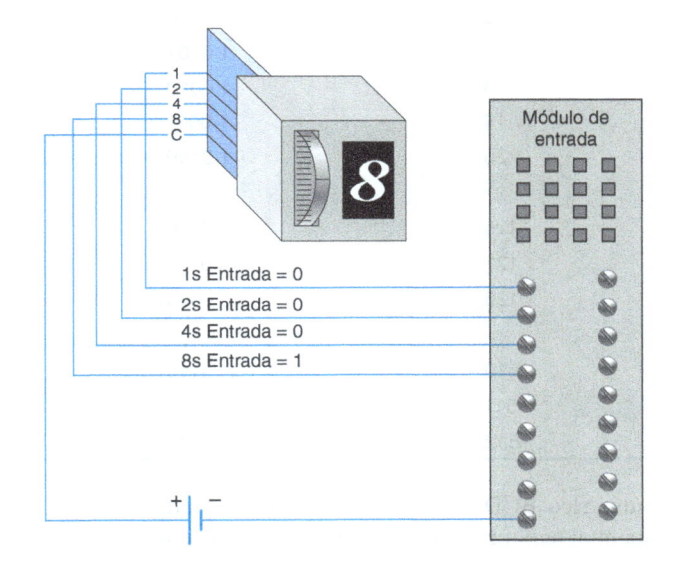

Figura 3.14 Chave digital manual BCD com interface para CLP.

1s Entrada = 0
2s Entrada = 0
4s Entrada = 0
8s Entrada = 1

Número decimal: 7 8 6 3
Número BCD: 0111 1000 0110 0011 BCD
4 bits usados para cada dígito decimal

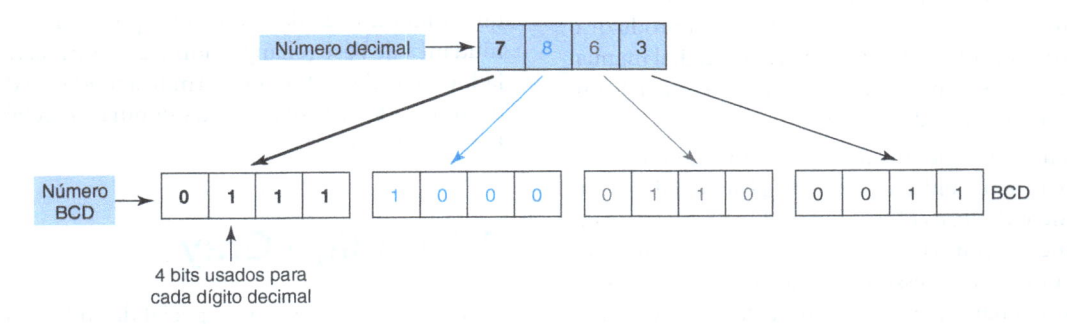

Figura 3.13 A representação BCD de um número decimal.

Tabela 3.6 Representação de valores numéricos em decimal, binário, BCD e hexadecimal.

Decimal	Binário	BCD	Hexadecimal
0	0	0000	0
1	1	0001	1
2	10	0010	2
3	11	0011	3
4	100	0100	4
5	101	0101	5
6	110	0110	6
7	111	0111	7
8	1000	1000	8
9	1001	1001	9
10	1010	0001 0000	A
11	1011	0001 0001	B
12	1100	0001 0010	C
13	1101	0001 0011	D
14	1110	0001 0100	E
15	1111	0001 0101	F
16	1 0000	0001 0110	10
17	1 0001	0001 0111	11
18	1 0010	0001 1000	12
19	1 0011	0001 1001	13
20	1 0100	0010 0000	14
126	111 1110	0001 0010 0110	7E
127	111 1111	0001 0010 0111	7F
128	1000 0000	0001 0010 1000	80
510	1 1111 1110	0101 0001 0000	1FE
511	1 1111 1111	0101 0001 0001	1FF
512	10 0000 0000	0101 0001 0010	200

numérico BCD; a placa de circuito adaptada na chave manual tem uma conexão para cada peso do bit.

Mais uma conexão comum pode ser verificada: o operador gira o disco com dígitos decimais de 0 a 9, e a chave oferece uma saída equivalente de 4 bits do dado BCD. Nesse exemplo, o número oito é discado para produzir o bit padrão de entrada de 1.000. Uma chave digital manual de 4 dígitos, semelhante à mostrada, pode controlar um total de 16(4 × 4) entradas no CLP.

As calculadoras científicas convertem números para trás e para a frente, entre decimal, binário, octal e hexadecimal. Além disso, os CLPs contêm funções de conversão de números, como mostra a Figura 3.15. A conversão BCD para binário é necessária para a entrada, enquanto a conversão de binário para BCD é necessária para a saída. A instrução do CLP *converter para decimal* converterá o padrão de bit binário no endereço de origem, N7:23, em padrão de bit BCD do mesmo valor decimal como endereço de destino, O:20; essa instrução é executada sempre que o padrão é digitalizado e a instrução é real.

Muitos CLPs permitem mudar o formato do dado que o monitor de dados mostra; por exemplo, a função mudança de base (change radix), encontrada nos controladores da Allen-Bradley, permite a mudança do formato do mostrador (display) do dado binário, octal, decimal, hexadecimal ou ASCII.

3.7 Código Gray

O código Gray é um tipo especial de código binário que não utiliza o peso na posição; ou seja, cada posição não

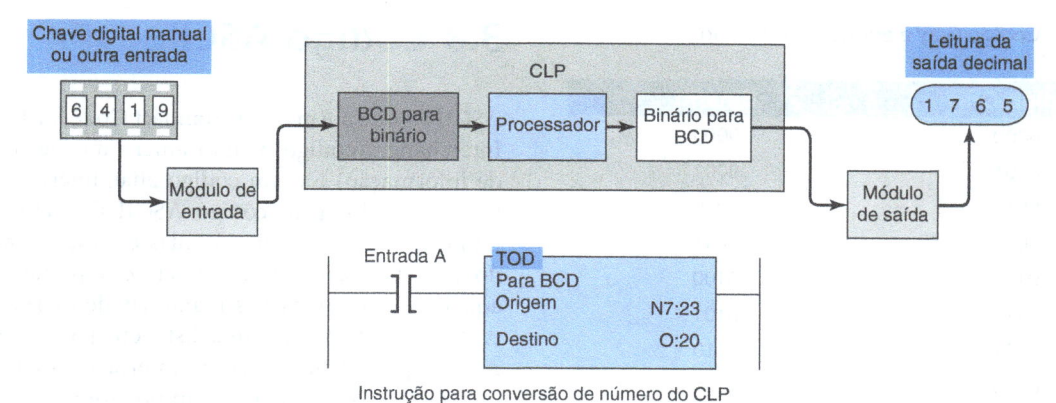

Figura 3.15 Conversão de número do CLP.

tem um peso definido, e é estabelecido de modo que, quando há progressão de um número para o próximo, apenas um bit muda. Isso pode ser confuso para circuitos de contagem, mas é ideal para circuitos de codificadores (encoders). Por exemplo, os codificadores absolutos são transdutores de posição que utilizam o código Gray para determinar a posição angular, controlando de modo preciso o movimento de robôs, máquinas operatrizes e servomecanismos. A Figura 3.16 mostra o disco de um codificador óptico que usa o código Gray de 4 bits para detectar mudanças de posição angular. Nesse exemplo, o disco do codificador está fixo ao eixo rotativo e o sinal digital do código Gray é utilizado na saída para determinar a posição do eixo. Uma matriz fixa de fotodiodos detecta a luz refletida de cada célula através da linha do codificador. Dependendo da quantidade de luz refletida, a tensão de saída de cada célula corresponderá ao binário 1 ou 0; portanto, é gerada uma palavra de 4 bits a cada passagem da linha do disco. A Tabela 3.7 mostra o código Gray e seu equivalente binário para comparação.

Em binário, até quatro dígitos podem mudar para uma "contagem" simples; por exemplo, a transição do binário 0111 para 1000 (decimal de 7 para 8) envolve uma mudança de todos os quatro dígitos, o que aumenta a possibilidade de erro em determinados circuitos digitais. Por essa razão, o código Gray é considerado como o código de minimização de erro. Pelo fato de que apenas um dígito muda de cada vez, a velocidade de transição para o código Gray é consideravelmente mais rápida do que códigos como BCD.

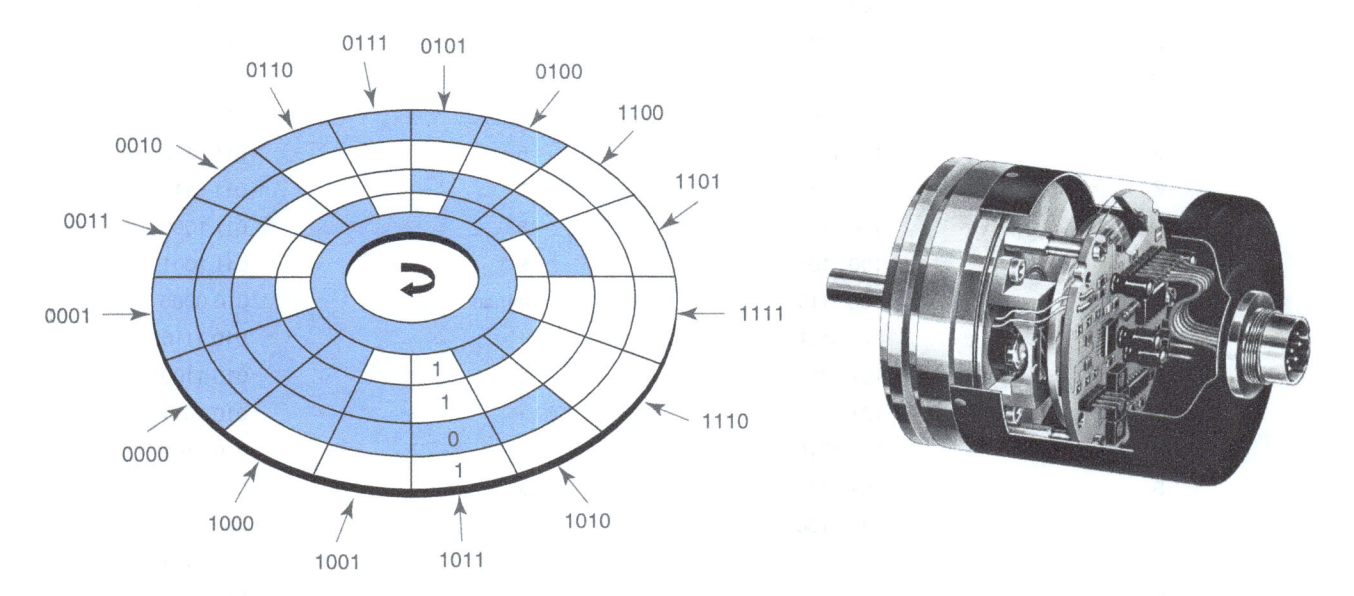

Figura 3.16 Disco óptico do codificador (encoder).
Fonte: Cortesia da Baumer Electric.

Tabela 3.7 Código Gray e equivalente binário.

Código Gray	Binário
0000	0000
0001	0001
0011	0010
0010	0011
0110	0100
0111	0101
0101	0110
0100	0111
1100	1000
1101	1001
1111	1010
1110	1011
1010	1100
1011	1101
1001	1110
1000	1111

3.8 Código ASCII

ASCII significa American Standart Code for Information Interchange (código-padrão americano de intercâmbio de informação) e é um código alfanumérico. Os caracteres acessados pelo código ASCII incluem 10 dígitos numéricos, 26 letras minúsculas e 26 letras maiúsculas do alfabeto, e cerca de 25 caracteres especiais, contando aqueles encontrados nas máquinas de escrever padrão. A Tabela 3.8 mostra uma listagem parcial do código ASCII, que é utilizado como interface da CPU do CLP com teclado alfanumérico e impressoras.

O teclado de um computador é convertido diretamente para ASCII, a fim de ser processado pelo computador. Cada vez que uma tecla é pressionada, é armazenada uma palavra de 7 ou 8 bits na memória do computador, para representar o alfanumérico, função ou dado de controle representado por ela. Os módulos de entrada ASCII convertem o código ASCII da entrada da informação de um dispositivo externo para uma

Tabela 3.8 Listagem parcial do código ASCII.

Caractere	7-Bit ASCII	Caractere	7-Bit ASCII
A	100 0001	X	101 1000
B	100 0010	Y	101 1001
C	100 0011	Z	101 1010
D	100 0100	0	011 0000
E	100 0101	1	011 0001
F	100 0110	2	011 0010
G	100 0111	3	011 0011
H	100 1000	4	011 0100
I	100 1001	5	011 0101
J	100 1010	6	011 0110
K	100 1011	7	011 0111
L	100 1100	8	011 1000
M	100 1101	9	011 1001
N	100 1110	em branco	010 0000
O	100 1111	.	010 1110
P	101 0000	,	010 1100
Q	101 0001	+	010 1011
R	101 0010	–	010 1101
S	101 0011	#	010 0011
T	101 0100	(	010 1000
U	101 0101	%	010 0101
V	101 0110	=	011 1101
W	101 0111		

informação alfanumérica que o CLP possa processar, e a interface de comunicação é feita por um protocolo RS-232 ou RS-422. Existem módulos disponíveis que transmitirão e receberão arquivos ASCII, e que podem ser utilizados para criar uma interface com o operador. O usuário escreve um programa na linguagem BASIC, que funciona em conjunto com a lógica ladder quando o programa está sendo executado.

3.9 Bit de paridade

Alguns sistemas de comunicação de CLP utilizam um dígito binário para verificar a precisão da transmissão do dado; por exemplo, quando os dados são transmitidos entre CLPs, um dos dígitos binários pode mudar acidentalmente de 1 para 0 por causa de um transitório ou um ruído ou devido a uma falha em uma parte da rede de transmissão. Um bit de paridade é utilizado para detectar erros que podem ocorrer enquanto uma palavra está se movendo.

A paridade é um sistema em que cada caractere transmitido tem um bit adicional, o que é conhecido como bit de paridade. O bit pode ser um binário 0 ou 1, dependendo do número de 1s ou 0s no próprio caractere. São utilizados normalmente dois tipos de paridade: a ímpar, que significa que o total de números binários 1 em um caractere, inclusive o bit de paridade, é ímpar; e a par, que significa que o número de binários 1 em um caractere, inclusive o bit de paridade, é par. A Tabela 3.9 mostra exemplos de paridades par e ímpar.

Tabela 3.9 Paridade par e ímpar.

Caractere	Bit de paridade par	Bit de paridade ímpar
0000	0	1
0001	1	0
0010	1	0
0011	0	1
0100	1	0
0101	0	1
0110	0	1
0111	1	0
1000	1	0
1001	0	1

3.10 Aritmética binária

Unidades de circuitos aritméticos formam uma parte da CPU. As operações de matemática são: soma, subtração, multiplicação e divisão.

A adição binária segue regras similares às da adição decimal, e há apenas quatro condições que podem ocorrer:

```
   0     1     0     1
  +0    +0    +1    +1
   0     1     1     0 vai 1
```

As três primeiras condições são fáceis, pois são como adição com decimais; mas a última condição é ligeiramente diferente. Em decimais, 1 + 1 = 2; em binários, o 2 é escrito como 10. Portanto, em binários, 1 + 1 = 0, com vai 1 para o próximo valor na posição mais significativa. Na soma de números binários extensos, os 1s resultantes são transportados para as colunas de maior ordem, como mostram os exemplos seguintes.

```
Decimal       Equivalente binário
    5               101
  + 2             +  10
    7               111

                    vai
                     1
   10              10 10
 +  3             + |11
   13              11|01

                 vai  vai
                  1   1
   26             1|1010
 + 12            + |1100
   38            1|0|0110
```

Nas funções aritméticas, as quantidades numéricas iniciais que devem ser combinadas pela subtração são o minuendo e o subtraendo. O resultado do processo de subtração é chamado de diferença, representado como:

```
    A (minuendo)
  – B (subtraendo)
    C (diferença)
```

Para a subtração de números binários extensos, subtraia coluna por coluna. Lembre-se de que, quando tomar emprestado de uma coluna adjacente, existirão agora dois dígitos, isto é, 1 emprestado de 0 dá 10.

> **Exemplo**
>
> Subtrair 1001 de 1101.
>
> $$\begin{array}{r} 1101 \\ -\ 1001 \\ \hline 0100 \end{array}$$
>
> Subtrair 0111 de 1011.
>
> $$\begin{array}{r} 1011 \\ -\ 0111 \\ \hline 0100 \end{array}$$

Números binários também podem ser negativos. O procedimento para esse cálculo é idêntico ao dos números decimais, porque o valor menor é subtraído de um valor maior, e um sinal negativo é colocado em frente ao resultado.

> **Exemplo**
>
> Subtrair 111 de 100.
>
> $$\begin{array}{r} 111 \\ -\ 100 \\ \hline -\ 011 \end{array}$$
>
> Subtrair 11011 de 10111.
>
> $$\begin{array}{r} 11011 \\ -\ 10111 \\ \hline -\ 00100 \end{array}$$

Existem outros métodos disponíveis para executar uma subtração:
Complementos de 1
Complementos de 2

O procedimento para subtração de números utilizando o complemento de 1 é o seguinte:
Passo 1 Mude o subtraendo pelo complemento de 1.
Passo 2 Some os dois números.
Passo 3 Retire o último "vai 1" e some-o ao número (vai 1 no final)

Decimal	Binário		
10	1010		1010
− 6	− 0110	Complemento de 1 →	+ 1001
4	100	Vai 1 no final	10011
			→ + 1
			100

Quando houver um "vai 1" no final do resultado, o resultado é positivo; quando não houver um "vai 1", então o resultado é negativo, e o sinal negativo deve ser colocado na sua frente.

> **Exemplo**
>
> Subtrair 11011 de 01101.
>
> $$\begin{array}{rl} & 01101 \\ +\ \varnothing & 00100 \\ \hline & 10001 \end{array}$$
>
> O complemento de 1
>
> Não existe "vai 1"; logo, tomamos o complemento de 1 e adicionamos o sinal negativo: − 01110

Para a subtração com o uso do complemento de 2, este é somado em vez de ser subtraído do número. No resultado, se o "vai 1" for 1, então ele é positivo; se o "vai 1" for 0, então ele é negativo e necessita de um sinal negativo.

> **Exemplo**
>
> Subtrair 101 de 111.
>
> $$\begin{array}{rl} & 111 \\ +\ \varnothing & 011 \\ \hline & 1010 \end{array}$$
>
> O complemento de 2
>
> O primeiro 1 indica que o resultado é positivo; logo, ele é desprezado: 010

Os números binários são multiplicados do mesmo modo que os números decimais, e nessa multiplicação existem apenas quatro condições que podem ocorrer:

$$0 \times 0 = 0$$
$$0 \times 1 = 0$$
$$1 \times 0 = 0$$
$$1 \times 1 = 1$$

Para multiplicar números com mais de um dígito, produtos parciais devem ser formados e somados juntos, como mostra o exemplo a seguir.

Decimal	Equivalente binário
6	101
× 6	× 110
30	000
	101
	101
	11110

O processo para dividir um número binário por outro é o mesmo para números binários e decimais, como mostra o exemplo a seguir.

```
   Decimal        Equivalente binário
      7                 111
   2)14             10)1110
                       10
                       ‾‾
                        11
                        10
                        ‾‾
                         10
                         10
                         ‾‾
                         00
```

A função básica de um comparador é a de comparar a magnitude relativa de duas quantidades. As instruções de comparação de dados no CLP são utilizadas para comparar dados armazenados em duas palavras (ou registros). Algumas vezes, os dispositivos precisam ser controlados quando são menores que, iguais a ou maiores que outros valores de dados, ou ajustados (set-point), quando utilizados em aplicações, como valores de temporizadores e contadores. As instruções básicas de comparação são as seguintes:

$A = B$ (A é igual a B)
$A > B$ (A é maior que B)
$A < B$ (A é menor que B)

QUESTÕES DE REVISÃO

1. Converta cada um dos seguintes números em binário para decimal:
   a. 10
   b. 100
   c. 111
   d. 1011
   e. 1100
   f. 10010
   g. 10101
   h. 11111
   i. 11001101
   j. 11100011

2. Converta cada um dos seguintes números em decimal para binário:
   a. 7
   b. 19
   c. 28
   d. 46
   e. 57
   f. 86
   g. 94
   h. 112
   i. 148
   j. 230

3. Converta cada um dos seguintes números em octal para decimal:
   a. 36
   b. 104
   c. 120
   d. 216
   e. 360
   f. 1516

4. Converta cada um dos seguintes números em octal para binário:
   a. 74
   b. 130
   c. 250
   d. 1510
   e. 2551
   f. 2634

5. Converta cada um dos seguintes números em hexadecimal para decimal:
   a. 5A
   b. C7
   c. 9B5
   d. 1A6

6. Converta cada um dos seguintes números em hexadecimal para binário:
   a. 4C
   b. E8
   c. 6D2
   d. 31B

7. Converta cada um dos seguintes números em decimal para BCD:
   a. 146
   b. 389
   c. 1678
   d. 2502

8. Qual é a característica principal do código Gray?

9. O que faz os números binários serem tão aplicados aos circuitos de computador?

10. Defina como os termos a seguir se aplicam nas posições de memória ou registros.
    a. Bit
    b. Byte
    c. Palavra
    d. LSB
    e. MSB

11. Descreva a base usada para cada um dos seguintes sistemas de números:
    a. Octal
    b. Decimal
    c. Binário
    d. Hexadecimal

12. Defina o termo *bit de sinal*.

13. Explique a diferença entre o complemento de 1 e o complemento de 2 de um número.

14. O que é o código Gray?

15. Por que são utilizados os bits de paridade?

16. Some os seguintes números binários:
    a. 110 + 111
    b. 101 + 011
    c. 1100 + 1011

17. Subtraia os seguintes números binários:
    a. 1101 − 101
    b. 1001 − 110
    c. 10111 − 10010

18. Multiplique os seguintes números binários:
    a. 110 × 110
    b. 010 × 101
    c. 101 × 11

19. Divida os seguintes números binários:
    a. 1010 ÷ 10
    b. 1100 ÷ 11
    c. 110110 ÷ 10

PROBLEMAS

1. As seguintes informações do CLP codificadas em binários devem ser programadas com o uso do código hexadecimal.

Converta cada parte da informação binária para o código apropriado em hexadecimal, para ser inserido pelo teclado do CLP.
a. 0001 1111
b. 0010 0101
c. 0100 1110
d. 0011 1001

2. O circuito codificador mostrado na Figura 3.17 é utilizado para converter os dígitos decimais do teclado para o código binário. Cite o estado da saída (ALTO/BAIXO) de A-B-C-D quando o número decimal:
a. 2 for pressionado;
b. 5 for pressionado;
c. 7 for pressionado;
d. 8 for pressionado.

3. Se os bits de uma palavra de 16 bits ou registros forem numerados de acordo com o sistema de numeração octal, começando com 00, que números consecutivos seriam utilizados para representar cada um dos bits?

4. Expressar o número decimal 18 em cada um dos seguintes códigos numéricos:
a. Binário;
b. Octal;
c. Hexadecimal;
d. BCD.

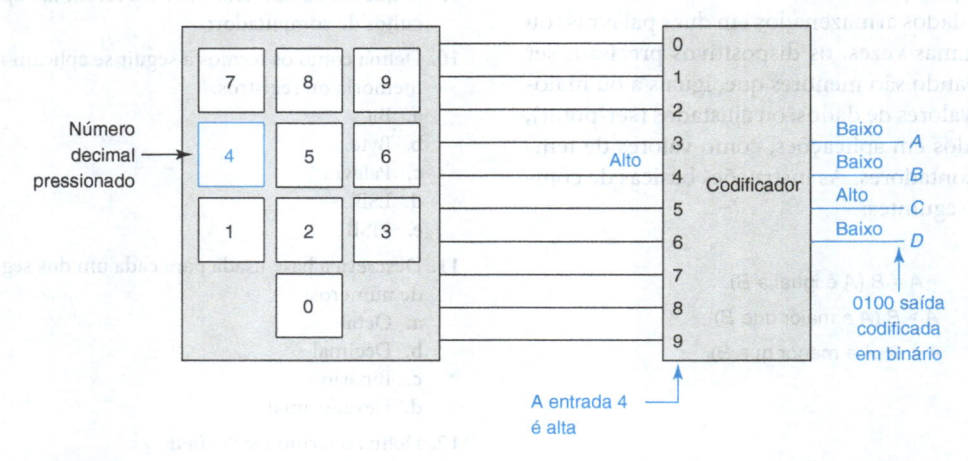

Figura 3.17 Diagrama para o Problema 2.

Fundamentos de lógica 4

Objetivos do capítulo

Após o estudo deste capítulo, você será capaz de:

4.1 Descrever o conceito binário e as funções das portas lógicas.
4.2 Desenhar os símbolos lógicos, tabelas-verdade e citar as equações booleanas para as funções AND, OR e NOT.
4.3 Montar circuitos de expressões booleanas e derivar equações booleanas para circuitos lógicos dados.
4.4 Converter esquemas de relés em ladder para programas lógicos ladder.
4.5 Desenvolver programas elementares com base nas funções de portas lógicas.
4.6 Programar instruções que executam operações lógicas.

Este capítulo dá uma visão geral de portas lógicas digitais e mostra como duplicar este tipo de controle no CLP. A álgebra booleana, um modo prático de escrever diagramas de portas lógicas digitais, é discutida brevemente. Alguns pequenos programadores portáteis têm teclas de lógica digital, como AND, OR e NOT, e são programadas usando expressões booleanas.

4.1 Conceito de binário

O CLP, como todo equipamento digital, funciona com base nos *princípios digitais*, termo que remete à ideia de que muitas coisas podem ser concebidas como tendo existência de apenas dois estados: 1 e 0, que podem representar ligado ou desligado, aberto ou fechado, verdadeiro ou falso, alto ou baixo, ou quaisquer outras condições. Eles são o segredo da velocidade e da precisão com as quais a informação binária pode ser processada, além de serem distintamente diferentes. Não há um estado intermediário; portanto, quando a informação é processada, a saída é sim ou não.

Uma *porta lógica* é um circuito com várias entradas, mas apenas uma saída é ativada por uma determinada combinação de condições das entradas. O conceito de dois estados binários, aplicado às portas lógicas, pode ser a base para uma tomada de decisão. O circuito de luz alta nos automóveis da Figura 4.1 é um exemplo de uma decisão lógica AND, em que a luz alta pode ser ligada apenas quando o interruptor de energia e a chave de luz alta forem fechadas.

O circuito de luz de teto do automóvel da Figura 4.2 é um exemplo de uma decisão lógica OR, na qual a luz de teto será ligada sempre que a chave da porta do passageiro OU a chave da porta do motorista for ativada.

A lógica é a capacidade de tomar decisões quando um ou mais fatores diferentes devem ser levados em consideração antes que uma ação aconteça, e essa é a base para o funcionamento do CLP, ou seja, ele é requisitado

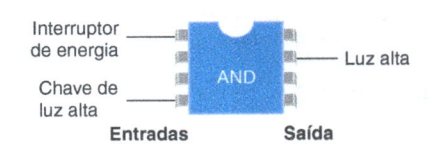

Figura 4.1 A lógica AND.

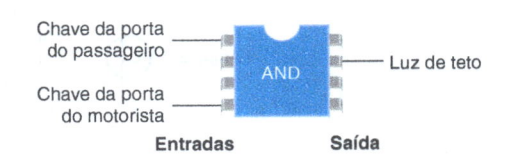

Figura 4.2 A lógica OR.

para um dispositivo funcionar quando certas condições forem cumpridas.

4.2 Funções AND, OR e NOT

As operações executadas pelo equipamento digital são baseadas em três funções lógicas: AND, OR e NOT. Cada função tem uma regra que determinará o resultado e um *símbolo* que representa a operação. Para os propósitos desta discussão, o resultado, ou a saída, é chamado de Y, os sinais de entradas são chamados de A, B, C, e assim sucessivamente. Além disso, o binário 1 representa a presença de um sinal de ocorrência de algum evento, e o binário 0 representa a ausência de sinal ou a não ocorrência do evento.

Função AND

A Figura 4.3 mostra o símbolo da porta AND, que é um dispositivo com duas entradas ou mais, e apenas uma saída, que será 1 somente se todas as entradas forem 1. A tabela-verdade AND na Figura 4.3 mostra a saída resultante para cada combinação possível da entrada.

Como as portas lógicas são circuitos integrados digitais (CIs), seus sinais de entradas e saída só podem ter dois estados digitais possíveis, isto é, lógica 0 ou lógica 1; portanto, o estado lógico da saída de uma porta lógica depende dos estados lógicos de cada uma de suas entradas. A Figura 4.4 mostra as quatro combinações possíveis de entradas para uma porta AND de 2 entradas. As regras básicas que se aplicam para a porta AND são:

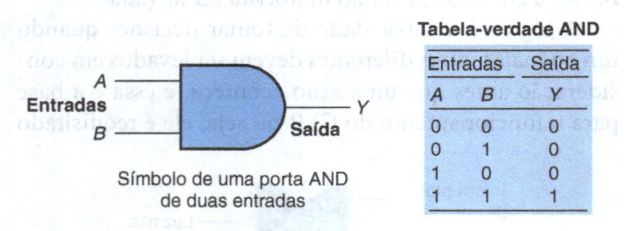

Figura 4.3 Porta AND.

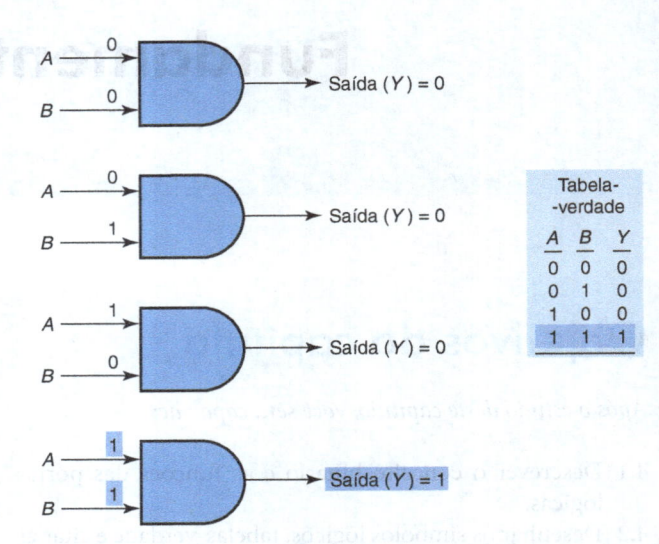

Figura 4.4 Estados dos sinais digitais da porta lógica AND.

- Se todas as entradas forem 1, a saída será 1.
- Se qualquer entrada for 0, a saída será 0.

Ela funciona de modo similar aos dispositivos de controle conectados em *série*, como mostra a Figura 4.5. A luz acenderá quando as duas chaves, A e B, forem fechadas.

Função OR

A Figura 4.6 mostra o símbolo de uma porta lógica OR, que pode ter qualquer número de entradas, mas apenas uma saída; ela será 1 se uma ou mais entradas forem 1. A tabela-verdade na figura mencionada também mostra a saída resultante Y para cada combinação de entrada possível.

A Figura 4.7 mostra as quatro combinações possíveis de entradas para uma porta OR de 2 entradas. As regras básicas que se aplicam para a porta OR são:

- Se uma ou mais entradas forem 1, a saída será 1.
- Se todas as entradas forem 0, a saída será 0.

Ela funciona de modo similar aos dispositivos conectados em *paralelo*, como mostra a Figura 4.8. A lâmpada será acesa se a chave A ou B for fechada ou se ambas forem fechadas.

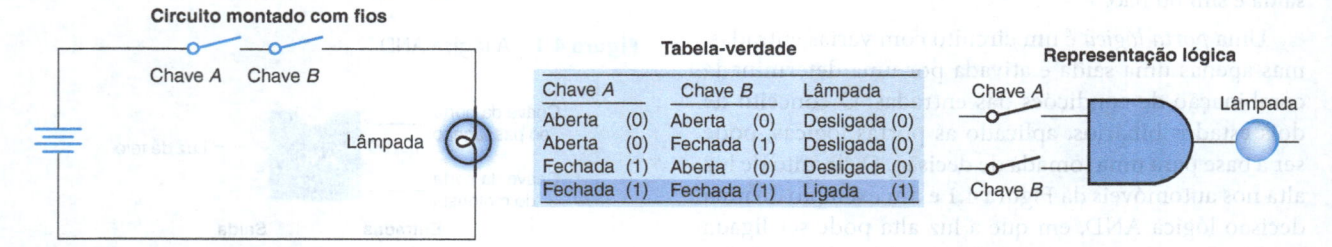

Figura 4.5 A porta lógica AND funciona de modo similar aos dispositivos de controle conectados em série.

Capítulo 4 Fundamentos de lógica

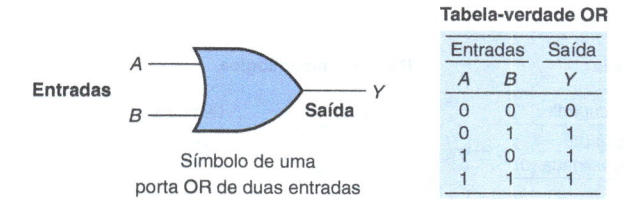

Figura 4.6 Porta OR.

Símbolo de uma porta OR de duas entradas

Tabela-verdade OR

Entradas		Saída
A	B	Y
0	0	0
0	1	1
1	0	1
1	1	1

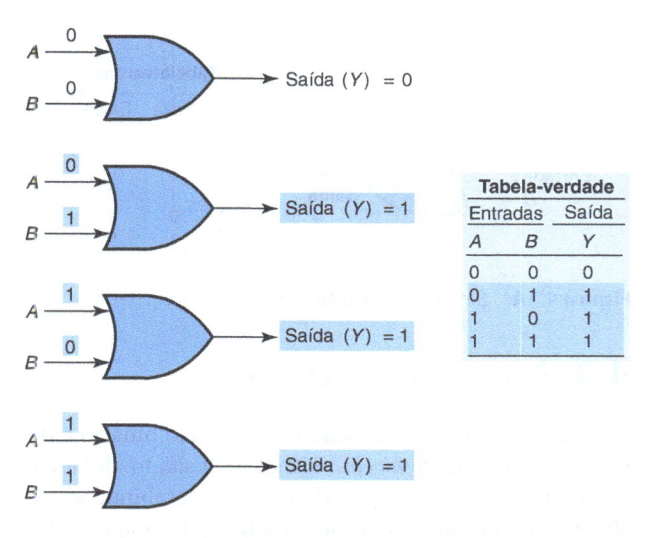

Figura 4.7 Estados dos sinais digitais da porta lógica OR.

Tabela-verdade

Entradas		Saída
A	B	Y
0	0	0
0	1	1
1	0	1
1	1	1

Função NOT

A Figura 4.9 mostra o símbolo da função NOT, que, diferentemente das funções AND e OR, só pode ter *apenas uma entrada*. A saída NOT será 1 se a entrada for 0, e será 0 se a entrada for 1. O resultado da operação NOT é sempre o inverso da entrada, por isso essa função é chamada de *inversor*; ela é representada por uma barra acima da letra, indicando uma saída invertida. O pequeno círculo na saída do inversor é denominado *indicador de estado*, denotando a ocorrência de uma inversão da função lógica.

A função lógica NOT pode ser executada por um contato simples, usado normalmente fechado, em vez de um contato normalmente aberto. A Figura 4.10 mostra um exemplo de função NOT idealizada por um botão de comando normalmente fechado em série com uma lâmpada. Quando o botão de comando de entrada *não* for acionado, a lâmpada na saída é LIGADA; quando o botão de comando de entrada for acionado, a lâmpada na saída é DESLIGADA.

A Figura 4.11 mostra a função NOT conectada à entrada de uma porta AND para um circuito indicador de pressão baixa. Essa função é quase sempre utilizada em conjunto com a porta AND ou OR. Se a energia for ligada (1) e a chave de pressão não estiver fechada (0), a lâmpada de aquecimento será (1).

O símbolo NOT colocado na saída de uma porta AND deve inverter o resultado normal na saída, e essa porta com uma saída invertida é chamada de porta *NAND* (Figura 4.12), que é frequentemente usada em matrizes de circuitos integrados lógicos e pode ser utilizada nos controladores programáveis para resolver lógicas complexas.

A mesma regra sobre inversão de resultado normal na saída se aplica se um símbolo NOT for colocado na saída da porta OR. A saída normal é invertida e a função referida como uma porta *NOR* (Figura 4.13).

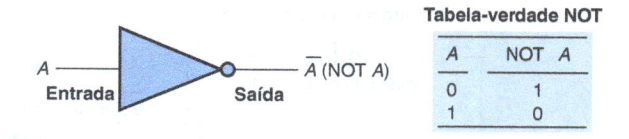

Figura 4.9 Função NOT.

Tabela-verdade NOT

A	NOT A
0	1
1	0

Função exclusive OR (XOR)

Uma combinação de portas quase sempre utilizada é a função exclusive OR (XOR) (Figura 4.14). A saída desse circuito é ALTA apenas quando uma entrada ou outra é ALTA, mas não as duas. A porta exclusive OR é geralmente utilizada para *comparação* de dois números binários.

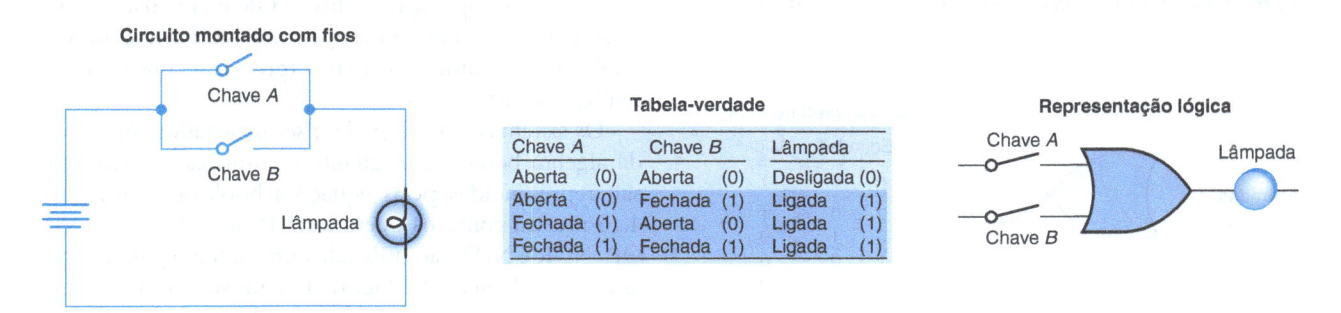

Figura 4.8 A porta lógica OR funciona de modo similar aos dispositivos de controle conectados em paralelo.

Tabela-verdade

Chave A	Chave B	Lâmpada
Aberta (0)	Aberta (0)	Desligada (0)
Aberta (0)	Fechada (1)	Ligada (1)
Fechada (1)	Aberta (0)	Ligada (1)
Fechada (1)	Fechada (1)	Ligada (1)

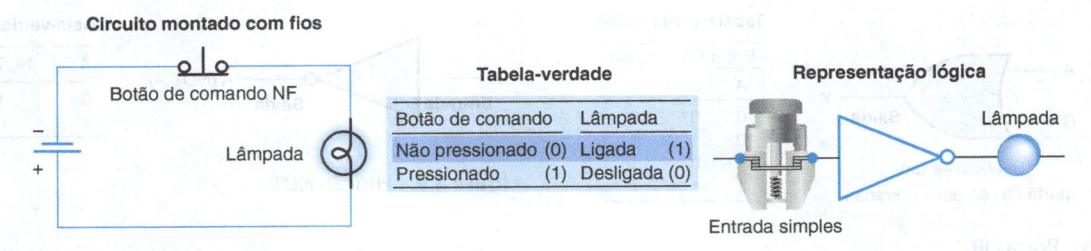

Figura 4.10 A função NOT montada usando um botão de comando normalmente fechado.

Tabela-verdade

Chave de pressão	Energia	Indicador de pressão
0	1	1
1	1	0

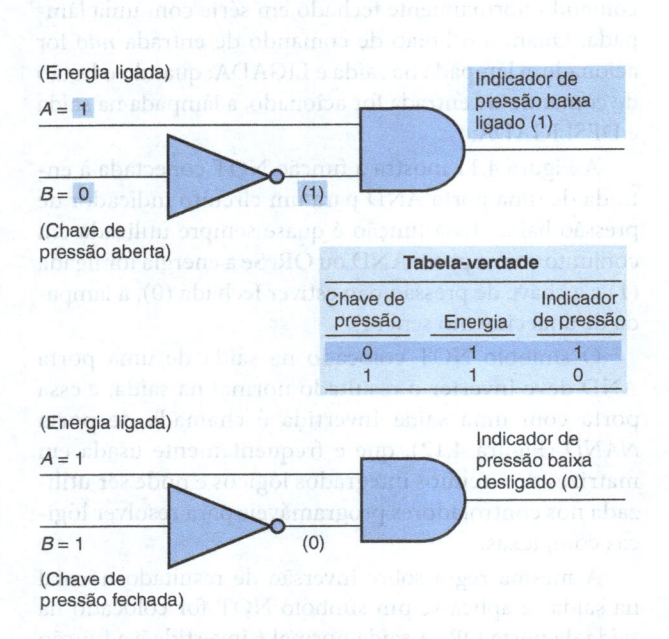

Figura 4.11 A função NOT é quase sempre usada em conjunto com uma porta AND.

Tabela-verdade NAND

Entradas		Saída
A	B	Y
0	0	1
0	1	1
1	0	1
1	1	0

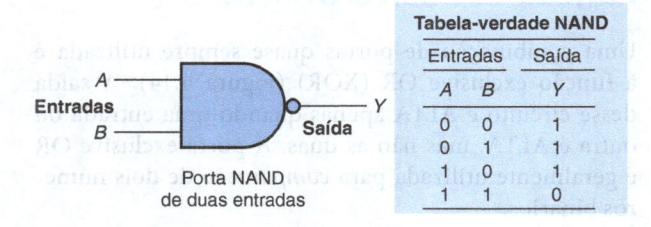

Figura 4.12 Símbolo da porta NAND e tabela-verdade.

Tabela-verdade NOR

Entradas		Saída
A	B	Y
0	0	1
0	1	0
1	0	0
1	1	0

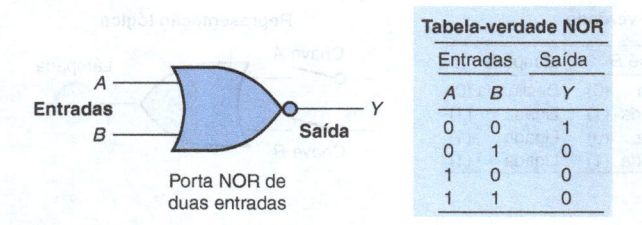

Figura 4.13 Símbolo da porta NOR e tabela-verdade.

Tabela-verdade

Entradas		Saída
A	B	Y
0	0	0
0	1	1
1	0	1
1	1	0

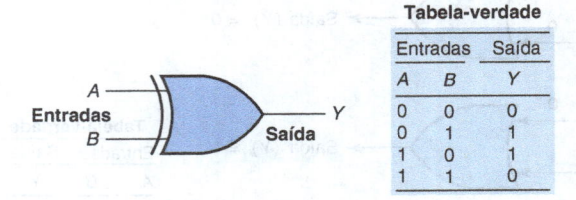

Figura 4.14 Símbolo da porta XOR e tabela-verdade.

4.3 Álgebra booleana

O estudo matemático do sistema numérico binário e da lógica é chamado de *álgebra booleana*, e sua finalidade é fornecer um modo simples de escrever combinações de afirmações lógicas complexas. Existem várias aplicações em que a álgebra booleana pode ser utilizada para resolver problemas de programação de CLP.

A Tabela 4.1 mostra uma lista de instruções booleanas típicas (conhecida também como lista de afirmações). As instruções são baseadas nos operadores booleanos básicos AND, OR e NOT, e, embora sejam programadas em um formato de lista similar ao da linguagem BASIC e de outras linguagens, implementam a mesma lógica da ladder a relé.

A Figura 4.15 mostra um resumo dos operadores básicos da álgebra booleana e como eles se relacionam com as funções básicas AND, OR e NOT. As entradas são representadas pelas letras maiúsculas A, B, C, D, e assim sucessivamente, enquanto a saída é representada por uma letra maiúscula Y; o sinal de multiplicação (×) ou (·) representa a operação AND; o sinal de soma (+) representa a operação OR; o círculo com o sinal de soma ⊕ representa a operação exclusive OR; e uma barra sobre a letra A ($\overline{A}$) representa a operação NOT. As equações booleanas são utilizadas para expressar a função matemática da porta lógica.

Os sistemas digitais podem ser projetados com o uso da álgebra booleana, enquanto as funções dos circuitos são representadas pelas equações booleanas. A Figura 4.16 mostra como os operadores lógicos AND, NAND, OR, NOR e NOT são utilizados unicamente para formar afirmações lógicas, e a Figura 4.17 mostra como os operadores básicos são usados em combinação para formar equações booleanas.

Tabela 4.1 Instruções booleanas típicas ou lista de afirmações.

Instruções booleanas ou funções	Símbolo gráfico
(STR) Memoriza – (LD) Carrega na memória Inicia uma linha nova ou um ramo adicional com contato normalmente aberto.	 —┤├—
(STR NOT) Memoriza – (LD NOT) Carrega na memória Inicia uma linha nova ou um ramo adicional com contato normalmente fechado.	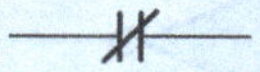 —┤/├—
(OR) Ou Lógica OR: adiciona à próxima linha um contato normalmente aberto em paralelo com outro contato.	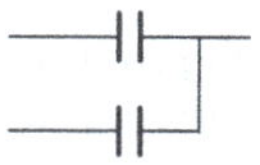 (contato em paralelo)
(OR NOT) Ou Negado Lógica OR: adiciona à próxima linha um contato normalmente fechado em paralelo com outro contato.	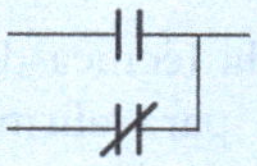 (contato fechado em paralelo)
(AND) E Lógica AND: adiciona à próxima linha um contato normalmente aberto em série com outro contato.	 —┤├—┤├—
(AND NOT) E Negado Lógica AND: adiciona à próxima linha um contato normalmente fechado em série com outro contato.	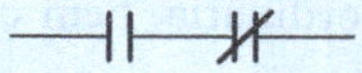 —┤├—┤/├—
(AND STR) Memoriza uma AND – (AND LD) Carrega uma AND na memória Lógica AND: dois ramos de uma linha em série.	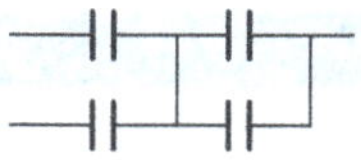 (dois ramos em série)
(OR STR) Memoriza uma OR – (OR LD) Carrega uma OR na memória Lógica AND: dois ramos de uma linha em paralelo.	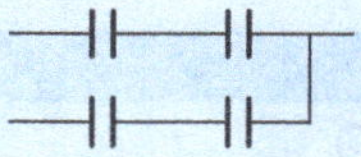 (dois ramos em paralelo)
(OUT) Saída Reflete o estado da linha (ligada/desligada) e produz o estado discreto (LIGADO/DESLIGADO) para o ponto do registro-imagem especificado ou posição da memória.	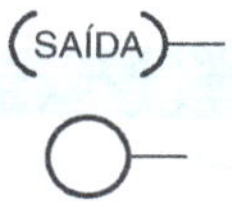 —(SAÍDA)— —◯—
(OR OUT) Saídas ou Reflete o estado da linha e produz o estado discreto (LIGADO/DESLIGADO) para o registro-imagem. Instruções múltiplas de OR OUT podem ser usadas no programa referenciando o mesmo ponto discreto.	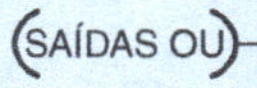 —(SAÍDAS OU)—
(OUT NOT) Saída negada Reflete o estado da linha e DESLIGA para uma condição de execução (LIGA); LIGA a saída para uma condição DESLIGA.	 —⌀—

Símbolo lógico	Afirmação lógica	Equação booleana	Notações booleanas
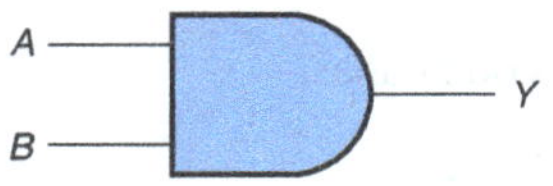 AND (A, B → Y)	Y é 1 se A e B forem 1	$Y = A \cdot B$ ou $Y = AB$	Significado do símbolo $\cdot$ e
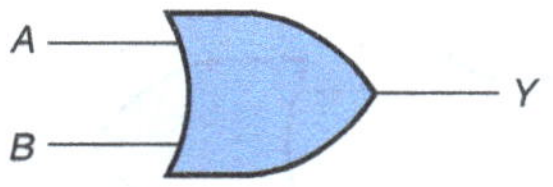 OR (A, B → Y)	Y é 1 se A ou B forem 1	$Y = A + B$	$+$ ou $-$ não
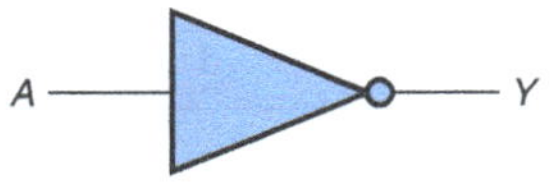 NOT (A → Y)	Y é 1 se A for 0 Y é 0 se A for 1	$Y = \overline{A}$	$\circ$ inverso $=$ é igual à

Figura 4.15 A álgebra booleana é relacionada com as funções AND, OR e NOT.

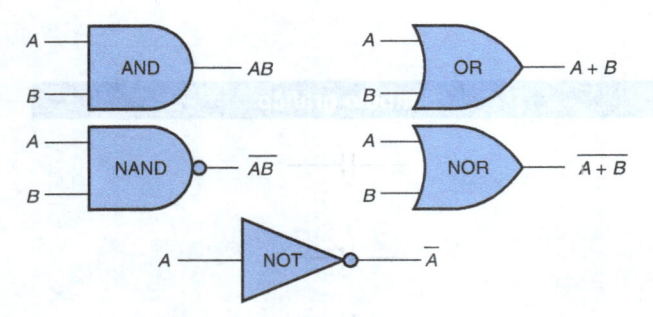

Figura 4.16 Operadores lógicos usados simplesmente para formar uma lógica.

Uma compreensão da técnica de escrever equações booleanas simplificadas para afirmações lógicas complexas é uma ferramenta útil na criação programas de controles no CLP. Algumas leis da álgebra booleana são diferentes das leis da álgebra ordinária. Estas três leis básicas mostram uma comparação próxima entre a álgebra booleana e a álgebra ordinária, bem como uma grande diferença entre as duas:

Lei comutativa
$A + B = B + A$
$A \cdot B = B \cdot A$
Lei associativa
$(A + B) + C = A + (B + C)$
$(A \cdot B) \cdot C = A \cdot (B \cdot C)$
Lei distributiva
$A \cdot (B + C) = (A \cdot B) + (A \cdot C)$
$A + (B \cdot C) = (A + B) \cdot (A + C)$
Esta lei só é verdadeira na álgebra booleana.

4.4 Desenvolvimento de circuitos de portas lógicas a partir de expressões booleanas

Quanto mais complexos se tornam os circuitos de portas lógicas, maior a necessidade de expressá-los na forma booleana. A Figura 4.18 mostra um circuito lógico desenvolvido a partir da expressão booleana $Y = AB + C$. O procedimento é o seguinte:

Expressão booleana: $Y = AB + C$
Portas necessárias (por inspeção):
  1 Porta AND com entradas A e B;
  1 Porta OR com entrada C e a saída da porta AND anterior.

A Figura 4.19 mostra um circuito de porta lógica desenvolvido da expressão booleana $Y = A(BC + D)$. O procedimento é o seguinte:

Expressão booleana: $Y = A(BC + D)$
Portas necessárias (por inspeção):
  1 Porta AND com entradas B e C;
  1 Porta OR com entrada B, C e D;
  1 porta AND com entradas A e a saída da porta OR.

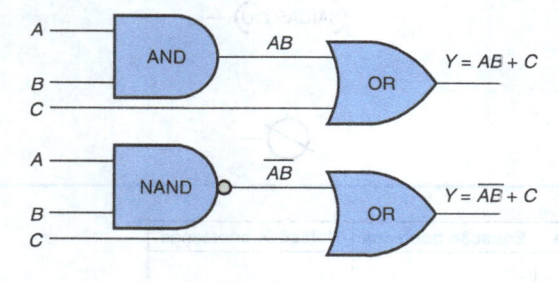

Figura 4.17 Operadores lógicos usados na combinação para formar equações booleanas.

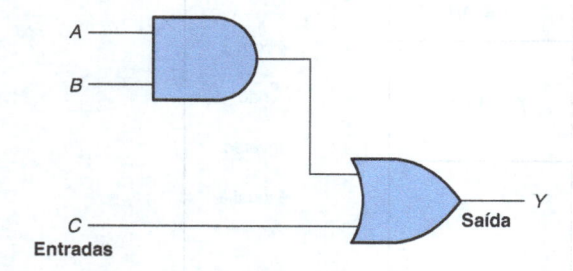

Figura 4.18 Circuito da porta lógica desenvolvido da expressão booleana $Y = AB + C$.

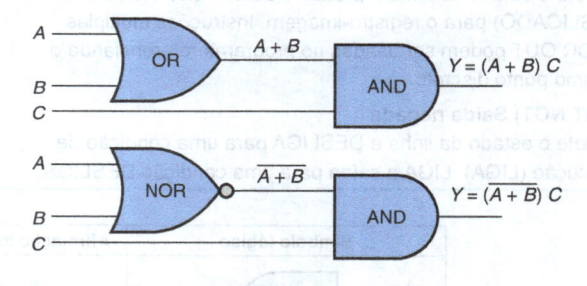

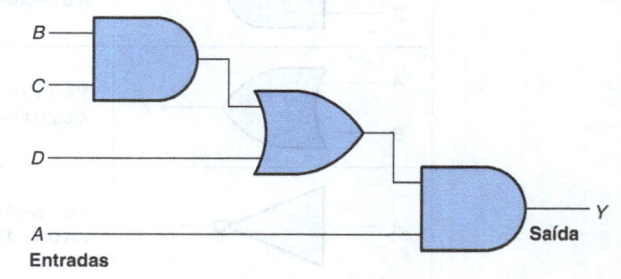

Figura 4.19 Circuito da porta lógica desenvolvido da expressão booleana $Y = A(BC + D)$.

4.5 Produção de equação booleana para um circuito lógico dado

Uma porta lógica simples é muito direta em seu funcionamento; contudo, pelo agrupamento dessas nas combinações, torna-se mais difícil determinar quais combinações das entradas produzirão a saída. A equação booleana para o circuito da porta lógica da Figura 4.20 é determinada da seguinte maneira:

- A saída da porta OR é $A + B$.
- A saída do inversor é $\overline{D}$.
- Com base na combinação das entradas aplicadas na porta AND, a equação booleana para o circuito é $Y = C\overline{D}(A + B)$.

A equação booleana para o circuito lógico da Figura 4.21 é determinada da seguinte maneira:

- A saída da porta AND 1 é $\overline{A}B$.
- A saída da porta AND 2 é $A\overline{B}$.
- Com base na combinação das entradas aplicadas na porta OR, a equação booleana para o circuito é $Y = \overline{A}B + A\overline{B}$.

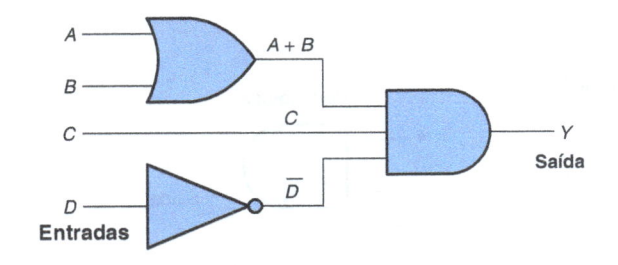

Figura 4.20 Determinação da equação booleana para um circuito lógico.

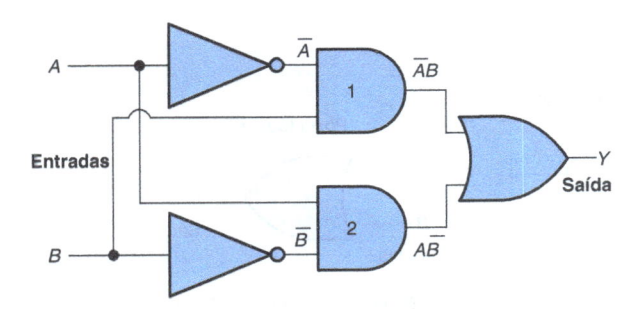

Figura 4.21 Determinação da equação booleana para um circuito lógico.

4.6 Lógica instalada *versus* lógica programada

O termo *lógica instalada* refere-se às funções de controle lógico determinadas pelo modo como os dispositivos são conectados eletricamente. Essa lógica pode ser implementada com o uso do relés e do diagrama ladder para relé, pois este é usado universalmente e entendido na indústria. A Figura 4.22 mostra um diagrama ladder para relé típico de uma estação de controle de partida ou parada de um motor com sinaleiros luminosos. O esquema de controle é desenhado entre duas linhas de alimentação na vertical. Todos os componentes são colocados entre essas duas linhas, chamadas de trilhos ou pernas, conectados às duas linhas de energia, semelhantes aos degraus de uma escada – por isso o nome de esquema ladder para relés.

A lógica instalada é difícil de ser modificada, o que pode ser feito apenas pela alteração do modo como os dispositivos são conectados eletricamente. Entretanto, o controle programável é fundamentado nas funções lógicas básicas, que são programáveis e alteradas facilmente. Estas funções (AND, OR e NOT) são usadas tanto individualmente como em combinação para formar instruções que determinarão se um dispositivo deve ser ligado ou desligado. A forma pela qual essas instruções são implementadas para transmitir os comandos para o CLP é chamada de *linguagem*, e a mais comum é a *lógica ladder*. A Figura 4.23 mostra um *programa em lógica ladder* do circuito para ligar ou desligar um motor, cujas instruções são equivalentes aos contatos normalmente aberto (NA) e normalmente fechado (NF), e às bobinas dos relés.

O simbolismo para contatos do CLP é um modo simples de expressar o controle lógico em termos de símbolos, que são basicamente os mesmos utilizados na representação do circuito de controle a relé. Um degrau é o simbolismo de um contato necessário para controlar uma saída, e alguns CLPs permitem que um degrau tenha

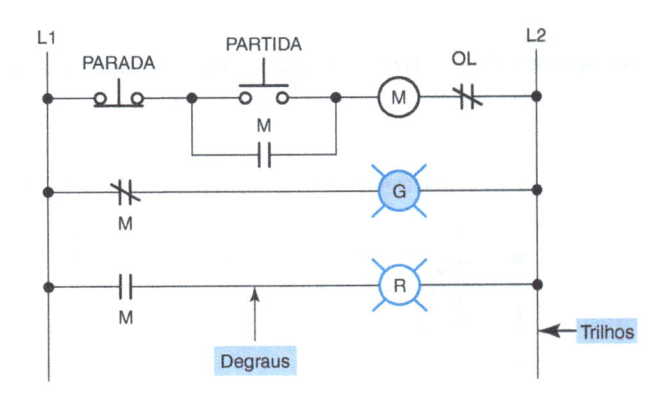

Figura 4.22 Diagrama ladder a relé para partida ou parada de motor.

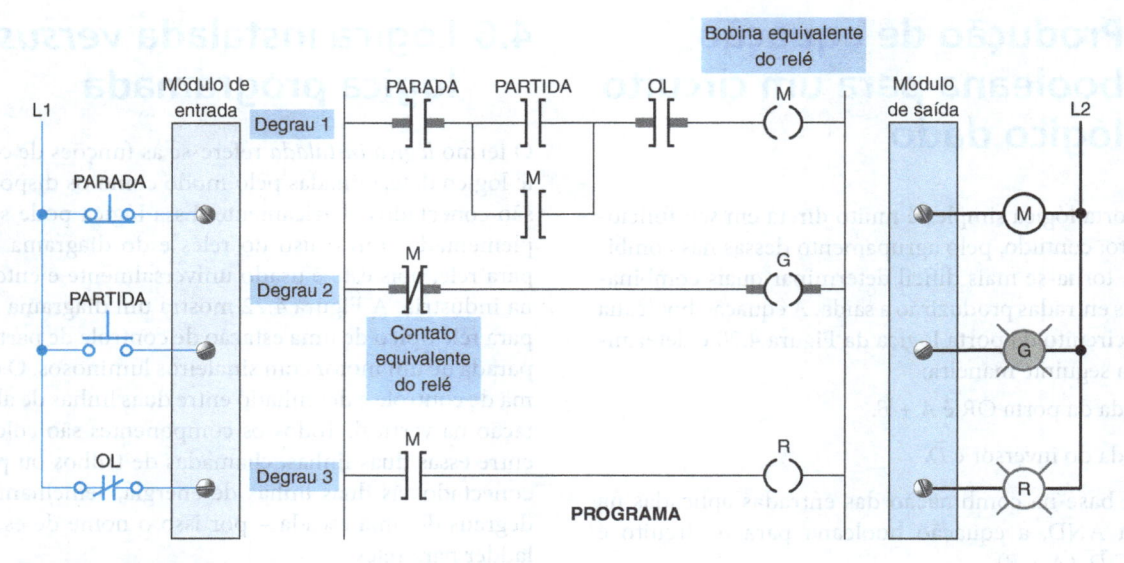

Figura 4.23 Programa em lógica ladder para ligar ou desligar um motor.

múltiplas saídas, enquanto outros só admitem uma saída por degrau. Então, um programa em lógica ladder completo consiste em vários degraus, cada um controlando uma saída. Em uma lógica programada, todos os contatos mecânicos da chave são representados por um símbolo de contato virtual (fictício) e todas as bobinas eletromagnéticas são representadas por símbolos virtuais de bobina.

Pelo fato de o CLP utilizar diagramas lógicos em ladder, a conversão de uma lógica a relé qualquer para a lógica programada fica simplificada. Cada degrau é uma combinação de condições de entradas (símbolos) conectadas da esquerda para a direita, com os símbolos que representam a saída no final à direita. Esses símbolos são conectados em série, em paralelo, ou uma combinação das duas para obter a lógica desejada. Os seguintes grupos de exemplos mostram a relação entre o diagrama lógico ladder a relé, o programa em lógica ladder e o circuito equivalente com porta lógica.

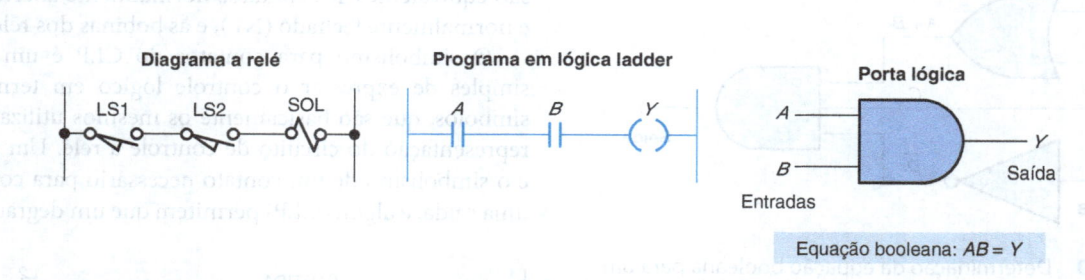

Exemplo 4.1 Chaves-limite conectadas em série e usadas para controlar uma válvula solenoide.

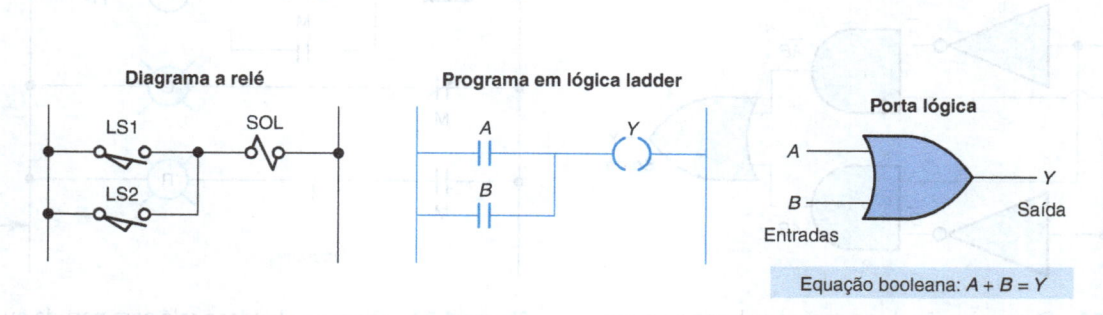

Exemplo 4.2 Chaves-limite conectadas em paralelo e usadas para controlar uma válvula solenoide.

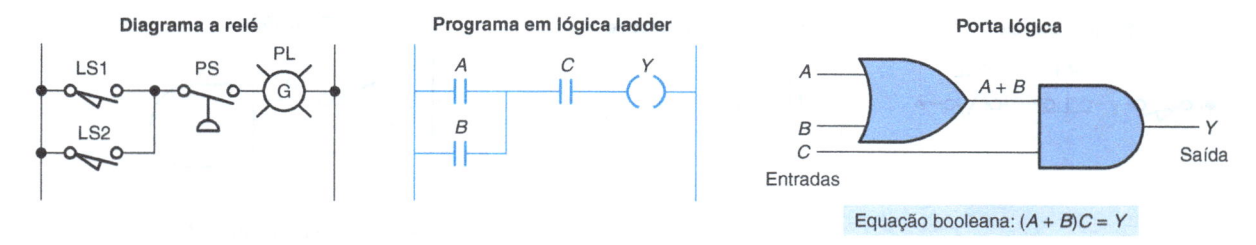

Exemplo 4.3 Chaves-limite conectadas em paralelo entre si e em série com um pressostato (chave de pressão).

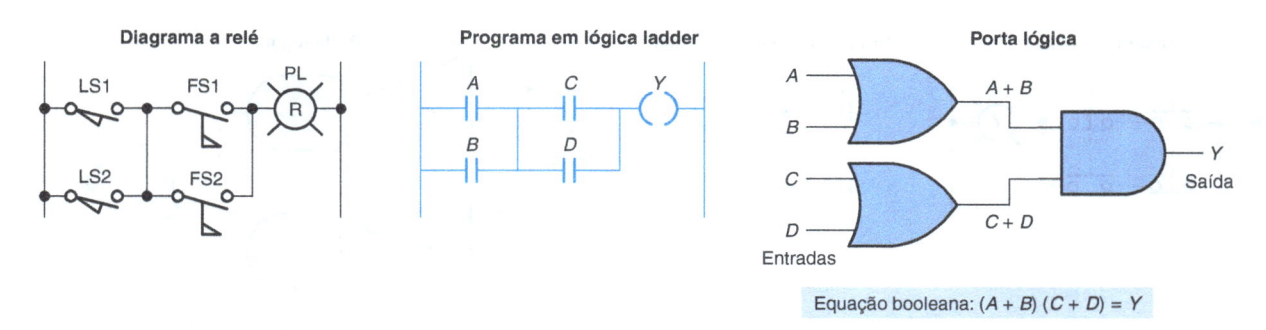

Exemplo 4.4 Chaves-limite conectadas em paralelo e em série com dois conjuntos de chaves de fluxo (que são conectadas em paralelo entre si), e usadas para controlar um sinaleiro.

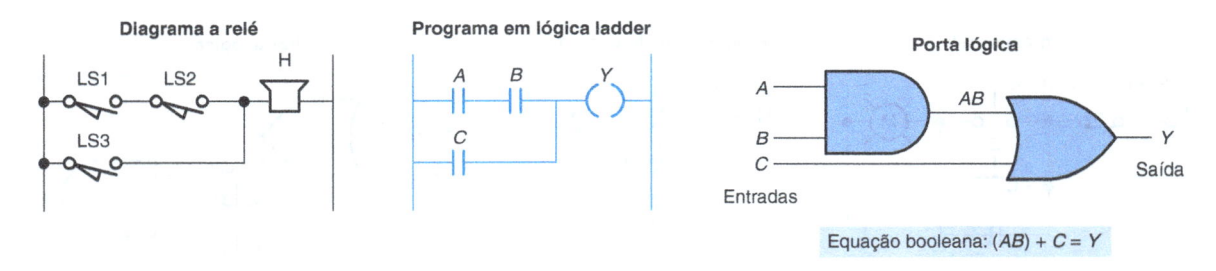

Exemplo 4.5 Duas chaves-limite conectadas em série entre si e em paralelo com uma terceira chave-limite, e usadas para controlar uma sirene de alarme.

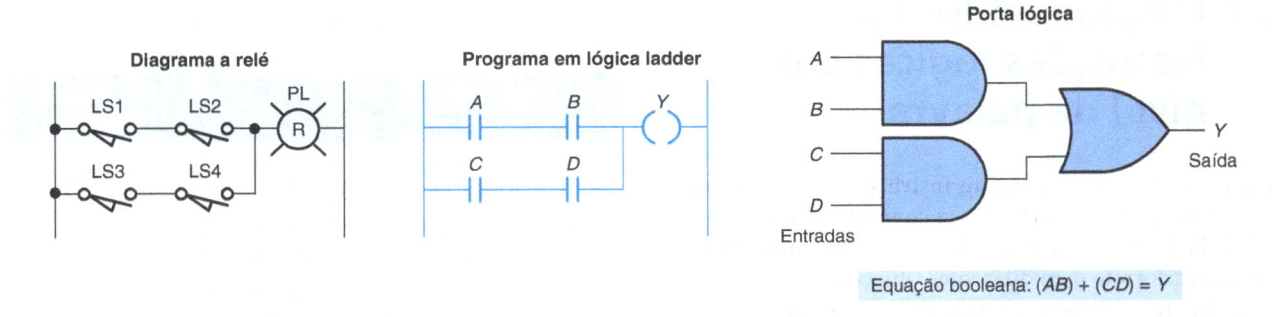

Exemplo 4.6 Duas chaves-limite conectadas em série, entre si, e em paralelo com outras duas chaves-limite (que estão conectadas em série entre si), e usadas para controlar um sinaleiro luminoso.

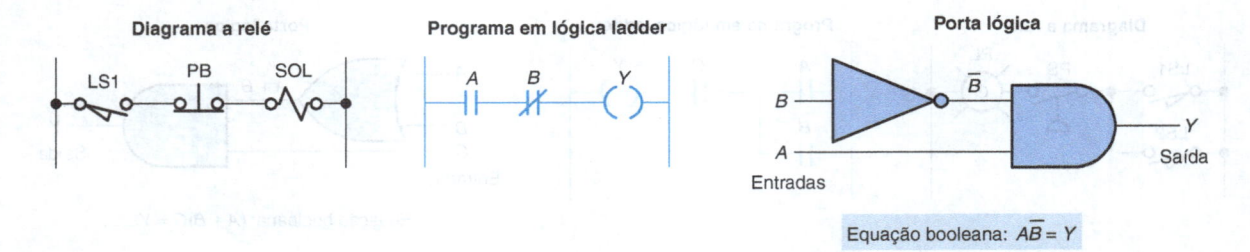

Exemplo 4.7 Uma chave-limite conectada em série com um botão de comando normalmente fechado, utilizado para controlar uma válvula solenoide. Este circuito é programado de modo que o solenoide na saída seja ligado quando a chave-limite for fechada e o botão de comando *não for pressionado*.

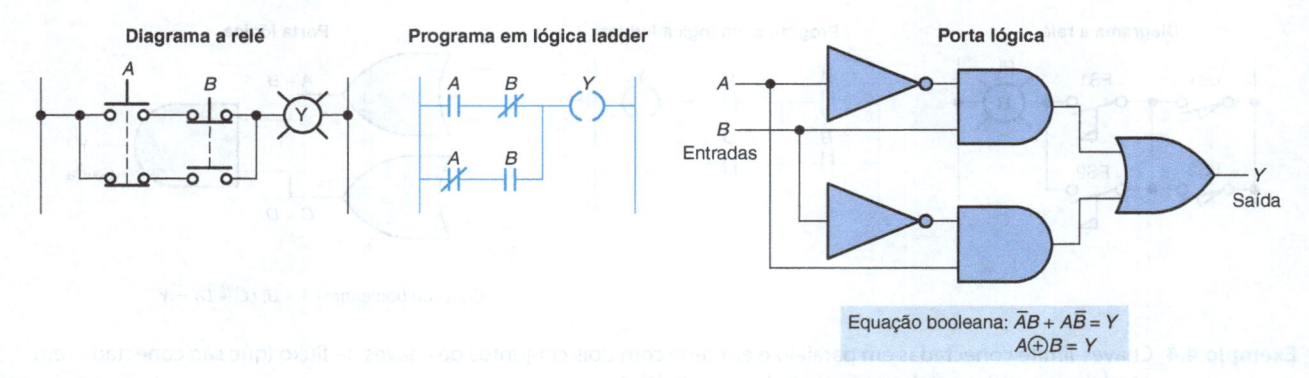

Equação booleana: $A\bar{B} = Y$

Exemplo 4.8 Circuito exclusive OR. A lâmpada na saída deste circuito é LIGADA quando o botão de comando A ou B for pressionado, mas não os dois. Este circuito pode ser programado com o uso apenas dos contatos normalmente abertos do botão de comando como entrada para o programa.

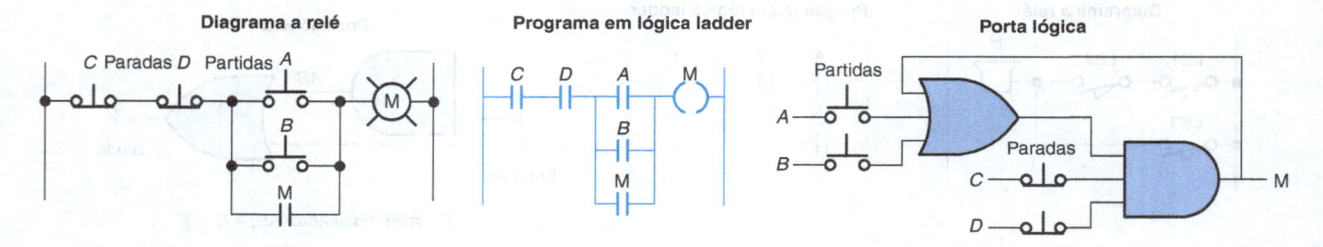

Equação booleana: $\bar{A}B + A\bar{B} = Y$
$A \oplus B = Y$

Exemplo 4.9 Um circuito de controle de motor com dois botões de comando liga ou desliga. Quando um dos botões de partida for pressionado, o motor funciona. Pelo uso de um contato de selo, ele continua funcionando quando o botão de partida for liberado. Quando um dos botões desliga for pressionado, o motor para.

4.7 Programando com instruções lógicas em nível de palavra

A maioria dos CLPs vem com instruções lógicas em nível de palavra como parte de seu conjunto de instruções. A Tabela 4.2 mostra como selecionar a instrução lógica de palavra correta para diferentes situações.

A Figura 4.24 mostra o funcionamento da instrução AND para executar a operação AND em nível de palavra, com o uso de bits nos dois endereços de origens.

Tabela 4.2 Selecionando as instruções lógicas.

Se você quer...	...use esta instrução
Saber quando os bits correspondentes, em duas palavras diferentes, são ambos ON	AND
Saber quando um ou ambos os bits correspondentes, em duas palavras diferentes, são ON	OR
Saber quando um ou outro bit dos bits correspondentes em duas palavras diferentes é ON	XOR
Inverter o estado dos bits em uma palavra	NOT

As instruções orientam o processador a executar uma operação AND em B3:5 e B3:7, para armazenar o resultado no destino B3:10, quando o dispositivo de entrada A for verdadeiro. Os bits de destino são resultados da operação lógica AND.

A Figura 4.25 mostra o funcionamento da instrução OR em nível de palavra, cujos dados na origem A da instrução OR são executados bit a bit com os dados da instrução OR na origem B, e o resultado é armazenado no endereço de destino. O endereço da origem A é B3:1, o endereço da origem B é B3:2 e o endereço de destino B3:20. A instrução pode ser programada condicionalmente, com instrução(ões) de entrada anterior a ela, ou incondicionalmente, como mostrado, sem instruções de entradas anteriores a ela.

A Figura 4.26 mostra o funcionamento da instrução XOR em nível de palavra. Nesse exemplo, os dados da entrada I:1.0 são comparados, bit a bit, com os dados da entrada I:3.0. Qualquer incompatibilidade energiza o bit correspondente na palavra O:4.0. Como pode ser observado, existe um 1 em cada posição de bit no destino correspondente às posições de bit onde as origens A e B são diferentes, e um 0 no destino onde as origens A e B são iguais. A XOR é sempre usada nos diagnósticos, nos quais uma entrada real no campo, como chaves de cames rotativas, são comparadas com seus estados desejáveis.

A Figura 4.27 mostra o funcionamento da instrução NOT em nível de palavra, a qual inverte os bits da palavra de origem para a palavra de destino. O padrão de bit (bit pattern) em B3:10 é o resultado da instrução quando verdadeira e é o inverso do padrão de bit em B3:9.

Para os CLPs de 32 bits, como os controladores Logix da Allen-Bradley, a origem e o destino podem ser um SINT (um byte inteiro), INT (dois bytes inteiros), DINT (quatro bytes inteiros) ou valor REAL (quatro bytes ponto decimal flutuante).

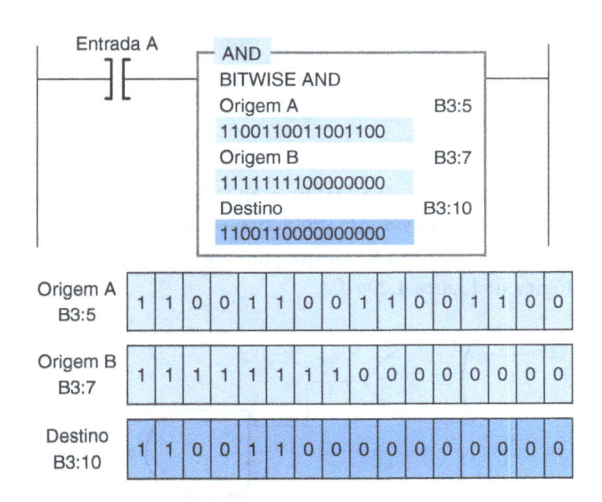

Figura 4.24 Instrução AND em nível de palavra.

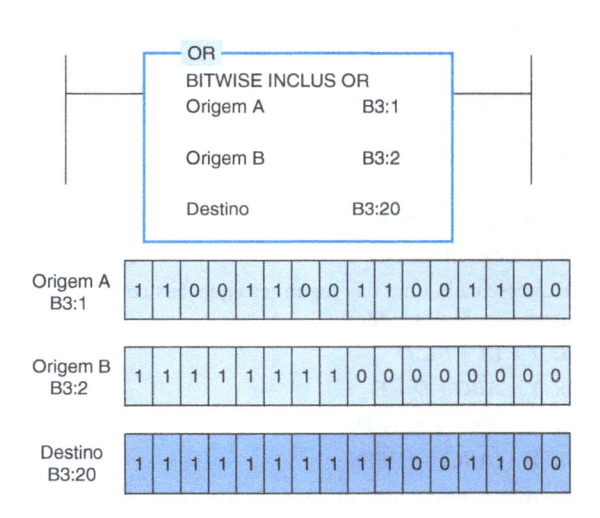

Figura 4.25 Instrução OR em nível de palavra.

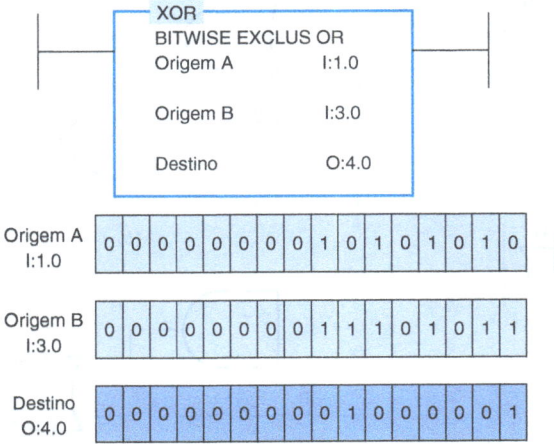

Figura 4.26 Instrução XOR em nível de palavra.
Fonte: Imagem usada com a permissão da Rockwell Automation, Inc.

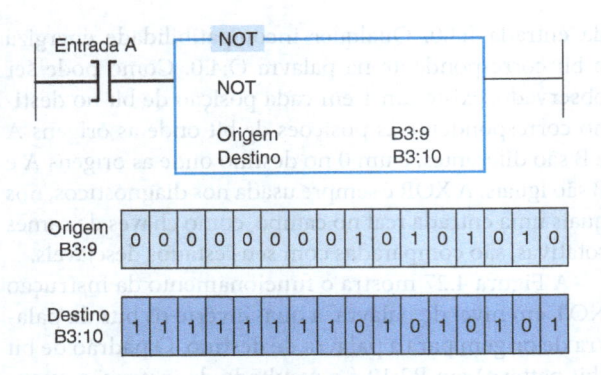

Figura 4.27 Instrução NOT em nível de palavra.

QUESTÕES DE REVISÃO

1. Explique o princípio binário.
2. O que é uma porta lógica?
3. Desenhe o símbolo lógico, mostre a tabela-verdade e a equação booleana para cada um dos seguintes exercícios:
    a. Porta AND de duas entradas;
    b. Função NOT;
    c. Porta OR de três entradas;
    d. Função XOR.
4. Expresse cada uma das seguintes equações como um programa em lógica ladder:
    a. $Y = (A + B)CD$
    b. $Y = A\overline{B}C + \overline{D} + E$
    c. $Y = [(\overline{A} + \overline{B})C] + DE$
    d. $Y = (\overline{ABC}) + (D\overline{E}F)$
5. Escreva o programa em lógica ladder, desenhe o circuito lógico e mostre a equação booleana para os dois diagramas ladder a relé da Figura 4.28.
6. Desenvolva um circuito com porta lógica para cada uma das seguintes expressões booleanas usando portas AND, OR e NOT:
    a. $Y = ABC + D$
    b. $Y = AB + CD$
    c. $Y = (A + B)(\overline{C} + D)$
    d. $Y = \overline{A}(B + CD)$
    e. $Y = \overline{AB} + C$
    f. $Y = (ABC + D)(E\overline{F})$
7. Que instrução lógica você usaria quando quer:
    a. Saber quando um ou ambos os bits em duas palavras diferentes são 1;
    b. Inverter o estado dos bits em uma palavra;
    c. Saber quando os bits em duas palavras são ambos 1;
    d. Saber quando um dos bits correspondentes, e não ambos, em duas palavras diferentes, é 1.

PROBLEMAS

1. Necessita-se que um sinaleiro luminoso acenda quando todos os seguintes requisitos do circuito forem satisfeitos:
    - Todos os quatro pressostatos (chaves de pressão) estiverem fechados.
    - Pelo menos duas das três chaves-limite do circuito devem estar fechadas.
    - A chave de reiniciar (reset) não deve ser fechada.

    Utilizando portas AND, OR e NOT, projete um circuito lógico para resolver este problema hipotético.

2. Escreva a equação booleana para cada circuito de porta lógica da Figura 4.29a-f.

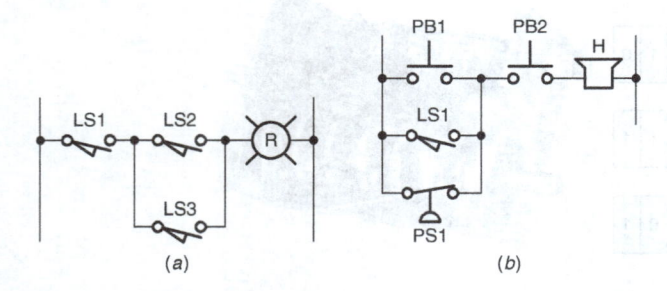

Figura 4.28 Diagramas ladder a relé para a Questão 5.

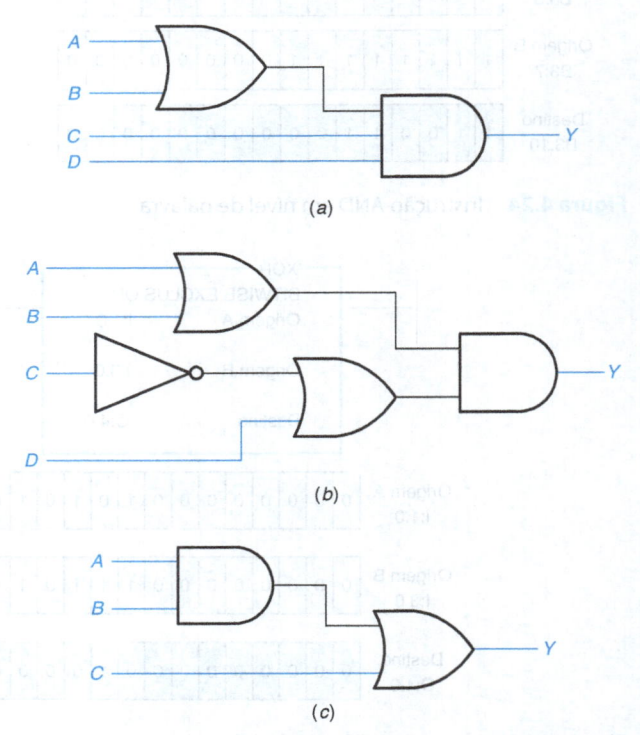

Figura 4.29 Circuitos de portas lógicas para o Problema 2.

3. O circuito lógico da Figura 4.30 é usado para ativar um alarme quando sua saída lógica Y for ALTA ou 1. Desenhe a tabela-verdade mostrando a saída resultante para todas as 16 condições de entradas possíveis.

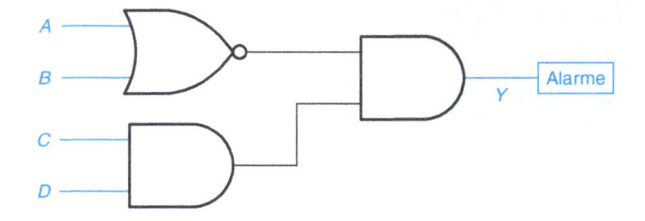

Figura 4.30 Circuito lógico para o Problema 3.

4. Qual dado será armazenado no endereço de destino da Figura 4.31 para cada uma das operações lógicas?
   a. Operação AND;
   b. Operação OR;
   c. Operação XOR.

5. Escreva a expressão booleana e desenhe o diagrama da porta lógica e o diagrama típico em lógica ladder para CLP para um sistema de controle em que um ventilador só funciona quando todas as seguintes condições forem satisfeitas:
   - A entrada A for DESLIGADA;
   - A entrada B for LIGADA ou a entrada C for LIGADA, ou as duas, B e C, forem LIGADAS;
   - As entradas D e E forem LIGADAS;
   - Uma ou mais entradas F, G ou H forem LIGADAS.

| Origem A | 0 | 0 | 0 | 0 | 0 | 0 | 0 | 0 | 1 | 0 | 1 | 0 | 1 | 0 | 1 | 0 |

| Origem B | 0 | 0 | 0 | 0 | 0 | 0 | 0 | 0 | 1 | 1 | 1 | 0 | 1 | 0 | 1 | 1 |

| Destino | | | | | | | | | | | | | | | | | |

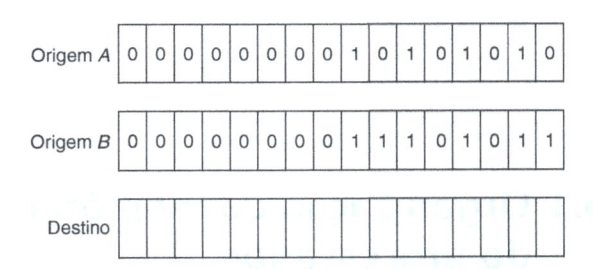

Figura 4.31 Dados para o Problema 4.

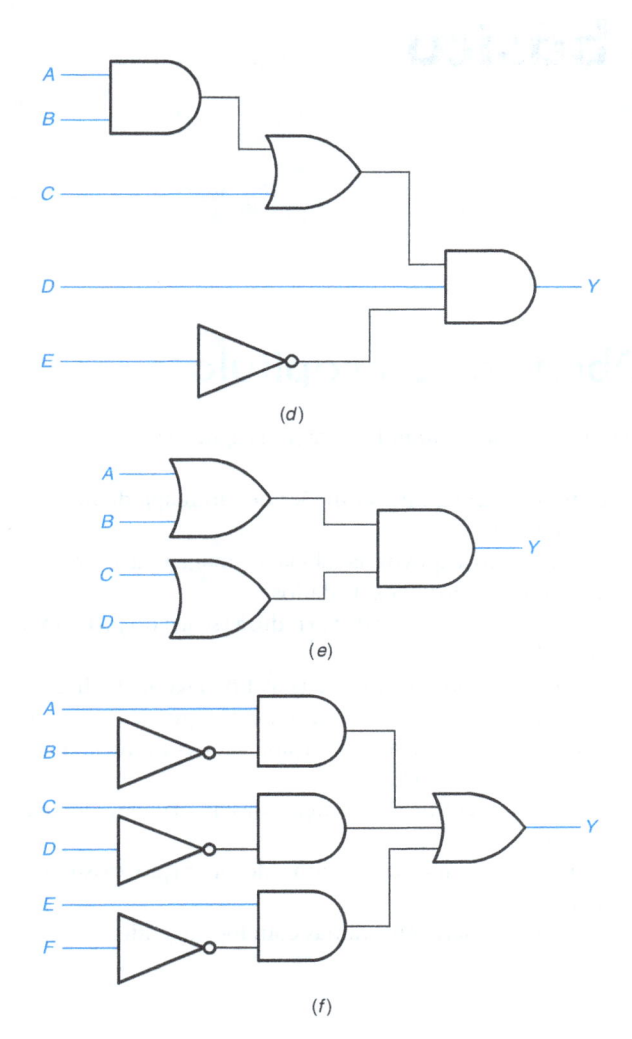

Figura 4.29 (*Continuação*)

5 Programação básica do CLP

Objetivos do capítulo

Após o estudo deste capítulo, você será capaz de:

5.1 Definir e identificar as funções de um mapa de memória do CLP.
5.2 Descrever os arquivos da tabela de imagem da entrada e da saída, e os arquivos de dados.
5.3 Descrever a sequência de varredura (scan) do programa do CLP.
5.4 Entender como são utilizadas as linguagens de diagrama ladder, linguagem booleana e a linguagem de programação por mapa de função, para comunicar uma informação com o CLP.
5.5 Definir e identificar a função das instruções de relé interno.
5.6 Identificar os modos comuns de operação existentes nos CLPs.
5.7 Escrever e inserir programas com lógica ladder.

Nos CLPs, cada terminal dos módulos de entrada e saída é identificado por um endereço único, e o símbolo interno para uma entrada qualquer é de um contato. De modo similar, na maioria dos casos o símbolo interno para todas as saídas é de uma bobina. Este capítulo mostra como tais funções de contato ou bobina são utilizadas para programar um CLP para funcionamento do circuito. Ele trata apenas do conjunto de instruções básicas que executam as funções similares às do relé; além de discorrer mais a respeito do ciclo de varredura (scan) do programa e o tempo de varredura (scan) de um CLP.

5.1 Organização da memória do processador

Embora os conceitos fundamentais de programação de CLP sejam comuns a todos os fabricantes, as diferenças na organização da memória, o endereçamento de E/S e o conjunto de instruções demonstram que os programas do CLP nunca são perfeitamente intercambiáveis entre os diferentes fabricantes. Mesmo dentro de uma linha de produtos do mesmo fabricante, modelos diferentes podem não ser diretamente compatíveis.

O mapa da memória ou a estrutura do processador de um CLP consiste em várias áreas, algumas delas com regras diferentes. Os CLPs da Allen-Bradley possuem duas estruturas de memória diferentes, identificadas pelos termos sistemas *base-rack* (rack-based), cuja organização será tratada neste capítulo, e sistemas *base-etiqueta* (tag-base), que serão tratados em capítulo posterior.

A organização da memória leva em consideração a forma como um CLP divide a memória disponível em seções diferentes, e o seu espaço pode ser dividido em duas amplas categorias: *arquivos de programa* e *arquivos de dados*. Seções individuais, suas ordens e o comprimento de seções variam e podem ser fixos ou variáveis, dependendo do modelo do fabricante.

Os arquivos de programa ocupam a maior parte da memória total de um dado sistema de CLP, e esta contém a lógica ladder que controla o funcionamento da máquina e que consiste em instruções que são programadas em um formato desta lógica. Muitas instruções requerem o uso de palavra de memória.

Os arquivos de dados armazenam a informação necessária para executar o programa do usuário, incluindo informações como os estados dos dispositivos de entrada e saída, valores dos temporizadores e contadores, dados armazenados, entre outros. O conteúdo da tabela de dados pode ser dividido em duas categorias: dados de estados e números e códigos. O estado LIGA/DES-LIGA é o tipo de informação representada por 1s e 0s, armazenado em uma posição de um único bit. Informações de número e código são representadas por grupos de bits armazenados em posições de um único byte ou palavra.

As organizações da memória com base-rack dos controladores do PLC-5 e SLC 500 (Figura 5.1), da Allen-Bradley, são muito parecidas. Os conteúdos de cada arquivo são como segue.

Arquivos de programa

Os arquivos de programa são as áreas da memória do processador onde a programação em lógica ladder é armazenada. Eles podem incluir:

- **Funções do sistema (arquivo 0)** – É sempre incluído e contém informação de vários sistemas relacionados, além de informação programada pelo usuário, como o tipo de processador, configuração da E/S, nome do arquivo do processador e senha (password).
- **Reservado (arquivo 1)** – É reservado pelo processador e não pode ser acessado pelo usuário.
- **Programa ladder principal (arquivo 2)** – É sempre incluído e contém as instruções programadas pelo usuário que definem como o controlador vai funcionar.
- **Sub-rotina do programa ladder (arquivos de 3 até 255)** – Esses arquivos são criados pelo usuário e são ativados de acordo com as instruções de sub-rotina presentes no arquivo principal do programa ladder.

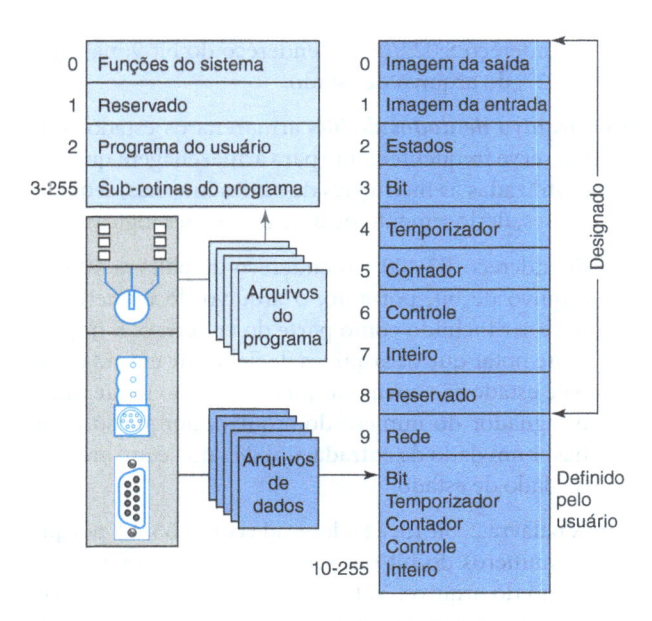

Figura 5.1 Organização do arquivo de programa e de dados para o controlador SLC 500.

Arquivos de dados

A porção do arquivo de dados da memória do processador armazena os estados da entrada e saída, bem como o estado do processador e de vários bits e dados numéricos. Todas essas informações são acessadas por meio do programa em lógica ladder. Eles são organizados pelo tipo de dados que contêm e podem ter:

- **Saída (arquivo 0)** – Armazena o estado dos terminais de saída para o controlador.
- **Entrada (arquivo 1)** – Armazena o estado dos terminais de entrada para o controlador.
- **Estado (arquivo 2)** – Armazena a informação de operação do controlador e é útil para verificação de defeitos no controlador e no programa de operação.
- **Bit (arquivo 3)** – É utilizado para armazenar a lógica dos relés internos.
- **Temporizador (arquivo 4)** – Armazena os valores acumulados do temporizador, os valores pré-ajustados e estados dos bits.
- **Contador (arquivo 5)** – Armazena a contagem acumulada, os valores pré-ajustados e os bits de estado.
- **Controle (arquivo 6)** – Armazena a posição e a extensão do ponteiro e o estado do bit para instruções específicas, como registrador de deslocamento e sequenciadores.
- **Inteiro (arquivo 7)** – É utilizado para armazenar valores numéricos ou informação de bit.
- **Reservado (arquivo 8)** – Não é acessível ao usuário.
- **Comunicações de redes (arquivo 9)** – É utilizado para comunicações de redes, se forem instaladas, ou como arquivos de 10 a 255.
- **Definido pelo usuário (arquivos de 10 a 255)** – São definidos pelo usuário como bit, temporizador, contador, controle e/ou armazenagem de dados inteiros.

O formato de endereçamento de E/S para a família de CLPs SLC é mostrado na Figura 5.2 e consiste em três partes:
Parte 1: I para entrada (E) e dois-pontos para separar o tipo de módulo do slot; O para saída (S), e dois-pontos para separar o tipo de módulo do slot.
Parte 2: O para o número do slot e a barra para separar o slot do número do terminal de conexão.
Parte 3: Número do terminal de conexão.

Existem cerca de 1.000 arquivos de programa para um controlador PLC-5 da Allen-Bradley, os quais podem ser estabelecidos (set-up) de dois modos diferentes: (1) programação em lógica ladder padrão, com o programa

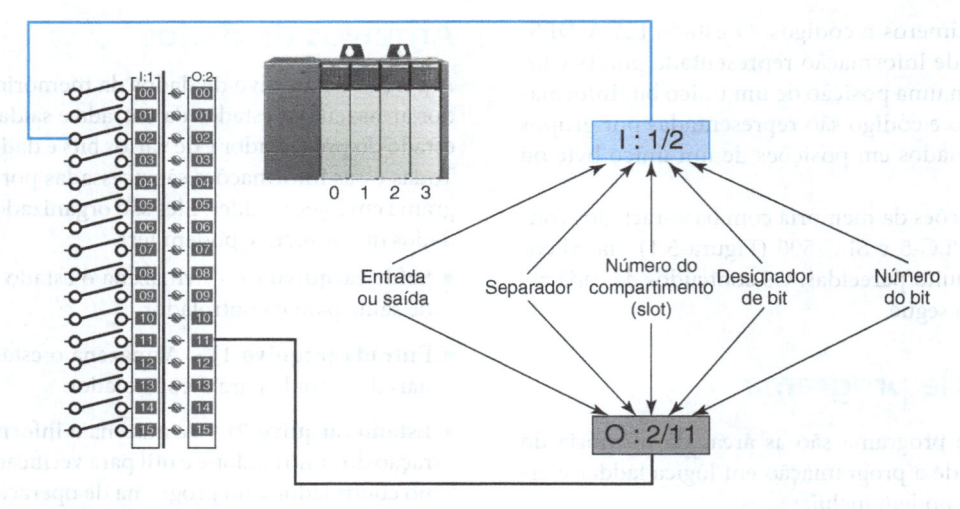

Figura 5.2 Formato de endereçamento para a família de CLPs SLC.
Fonte: Imagem usada com a permissão da Rockwell Automation, Inc.

principal no arquivo de programa 2 e arquivos de programa 3 até 999 atribuídos, segundo a necessidade, para sub-rotinas; ou (2) em gráficos de funções sequenciais, em que são atribuídos passos para os arquivos de 2 até 999 ou transições, de acordo com a necessidade. Com o processador estabelecido para a lógica ladder padrão, o programa principal será sempre no arquivo de programa 2, e os arquivos de programa de 3 até 999 serão sub-rotinas. Em ambos os casos, o processador só pode armazenar e executar um programa de cada vez.

A Figura 5.3 mostra uma organização do arquivo de dados típica para um controlador PLC-5, da Allen-Bradley. Cada arquivo de dados é composto de numerosos *elementos*, que podem ter extensão de uma, duas ou três palavras. A extensão dos temporizadores, contadores e elementos de controle é de três palavras; a extensão dos elementos de ponto flutuante é de duas palavras; já a extensão de todos os outros elementos é de uma palavra, e esta consiste em 16 bits ou dígitos binários. O processador opera com dois tipos de dados diferentes: número inteiro e ponto flutuante. Todos os tipos de dados, exceto os arquivos de ponto flutuante, são tratados como números inteiros ou completos; todos os endereços de elemento numerados e bit nos arquivos de dados de saída e de entrada são numerados pelo sistema octal, enquanto os endereços de elemento e bit nos arquivos de outros dados são numerados pelo sistema decimal.

O PLC-5 e SLC 500 armazenam todos os dados em uma tabela de dados global e são baseados nas operações de 16 bits, os quais podem ser acessados pela especificação do endereço do dado desejado. Os formatos de endereçamentos típicos para o controlador PLC-5 são como segue:

- Os endereços nos arquivos de dados de saída e dados de entrada são locações potenciais para os módulos de entrada ou de saída montados no chassi de E/S:
  - O endereço O:012/15 é o arquivo da tabela de imagem da saída, rack 1, grupo módulo 2, bit 15.
  - O endereço I:013/17 é o arquivo da tabela de imagem da entrada, rack 1, grupo módulo 3, bit 17.
- O *arquivo status de dados* contém informação sobre o estado do processador:
  - O endereço S:015 é o endereço da palavra 15, do arquivo de estado.
  - O endereço S:027/09 é o endereço do bit 9, na palavra 27, do arquivo de estado.
- O *arquivo de dados de bits* armazena os estados dos bits e serve frequentemente para armazenagem quando são utilizadas as instruções de saídas internas, sequenciadores, deslocamento de bit e instruções lógicas:
  - O endereço B3:400 é o endereço da palavra 400 do arquivo de bit, portanto, o arquivo de número (3) deve ser incluído como parte do endereço. É importante notar que os arquivos de dados de entrada, saída e estado são apenas arquivos que não requerem o designador do número do arquivo, porque só pode haver um dado de entrada, um de saída e um arquivo de dado de estado.
  - A palavra 2, bit 15, é endereçada como B3/47, porque os números do bit são sempre medidos a partir do início do arquivo. Vale lembrar que aqui os bits são numerados em decimal, e não em octal, como a palavra que representa o rack e o slot.

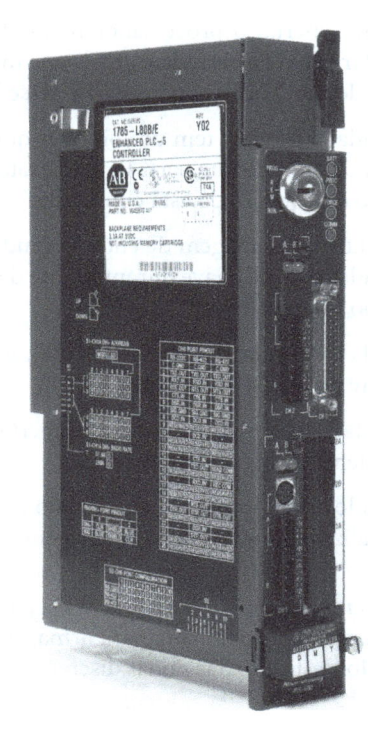

Faixa de endereços		Extensão nos elementos
O:000 – O:037	Arquivo imagem da saída	32
I:000 – I:037	Arquivo imagem da entrada	32
S:000 – S:031	Estado do processador	32
B3:000 – B3:999	Arquivo de bit	1-1000
T4:000 – T4:999	Arquivo do temporizador	1-1000
C5:000 – C5:999	Arquivo do contador	1-1000
R6:000 – R6:999	Arquivo de controle	1-1000
N7:000 – N7:999	Arquivo do número inteiro	1-1000
F8:000 – F8:999	Arquivo do ponto flutuante	1-1000
	Arquivos a serem atribuídos para os arquivos de números = 9-999	1-1000 por arquivo

Figura 5.3 Organização da memória de arquivos de dados para o controlador PLC-5, da Allen-Bradley.
Fonte: Imagem usada com a permissão da Rockwell Automation, Inc.

- O *arquivo do temporizador* armazena o estado e os dados do temporizador. Um elemento temporizador consiste em três palavras: a de controle, a de pré-ajuste (preset) e a acumulada; o endereçamento da palavra de controle no temporizador é o número a ele atribuído; os temporizadores no arquivo 4 são numerados começando com T4:0 e funcionam até T4:999; os endereços para as três palavras do temporizador T4:0 são:

Palavra de controle:	T4:0
Palavra de pré-ajuste:	T4:0.PRE
Palavra acumulada:	T4:0.ACC

O endereço de bit de habilitação (enable) na palavra de controle é T:4:0/EN; o endereço do bit de cronometragem do temporizador é T:4:0/TT; e o endereço do bit de finalização é T:4:0/DN.

- O *arquivo do contador* armazena o estado e os dados do contador. Um elemento contador consiste em três palavras: a de controle, a de pré-ajuste (preset) e a acumulada; o endereçamento da palavra de controle do contador é o número atribuído ao contador; os contadores no arquivo 5 são numerados começando com C5:0 e funcionam até C5:999; os endereços para as três palavras no contador C5:0 são:

Palavra de controle:	C5:0
Palavra de pré-ajuste:	C5:0.PRE
Palavra acumulada:	C5:0.ACC

O endereço do bit de habilitação (enable) para contagem crescente na palavra de controle é C5:0/CU; o endereço do bit de habilitação para contagem decrescente é C5:0/CD; o endereço do bit de finalização é C:5:0/DN; o endereço de excedente é C5:0/OV; e o endereço de falta é C5:0/UN.

- O *arquivo de controle* armazena o estado e o dado do elemento controle, e é utilizado para controlar várias instruções de controle. O elemento controle consiste em três palavras: a de controle, a de extensão e a de posição; o endereçamento da palavra de controle para ele é o número atribuído ao controle; os elementos do controle no arquivo de controle 6 são numerados, começando com R6:0, e funcionam por R6:999; o endereçamento para as três palavras do elemento controle R6:0 são:

Palavra de controle:	R6:0
Palavra de extensão:	R6:0.LEN
Palavra de posição:	R6:0.POS

Existem numerosos bits de controle na palavra de controle, e sua função depende da instrução na qual o elemento de controle é utilizado.

- O *arquivo inteiro* armazena os valores inteiros dos dados, em uma faixa de −32.768 até 32.767, e esses valores são mostrados na forma decimal. O elemento inteiro é um elemento de palavra simples (16 bits). Podem ser armazenados até 1.000 elementos inteiros endereçados de N7:000 até N7:999.
    - O endereço N7:100 é o endereço da palavra 100 do arquivo inteiro.
    - O endereçamento do bit é decimal, vai de 0 até 15; por exemplo, o bit 12 na palavra 15 é endereçado como N7:015/12.

- O elemento *arquivo ponto flutuante* pode armazenar valores na faixa de ±1,1754944 e−38 até 3,4028237 e+38. O elemento ponto flutuante é de duas palavras (32 bits), e podem ser armazenados até 1.000 elementos endereçados de F8:000 até F8:999. Não podem ser endereçadas palavras individuais ou bits nos arquivos pontos flutuantes.

- Os arquivos de dados podem ser atribuídos de 9 até 999, para diferentes tipos de dados, de acordo com a necessidade. Quando atribuído a um determinado tipo, um arquivo é então reservado para aquele tipo e não pode ser usado por nenhum outro. Não podem ser criados arquivos de entrada, saída ou estado.

O arquivo bit, o arquivo inteiro ou o arquivo ponto flutuante podem ser utilizados para armazenar estados ou dados, e a escolha de um deles depende do que se pretende fazer com o dado. Para tratar com estados, em vez de dados, é preferível o arquivo bit; já com o uso de números extensos ou números muito pequenos e quando há necessidade de um ponto decimal, é melhor utilizar o arquivo ponto flutuante. O tipo de dado com ponto flutuante pode ter restrição, contudo, pelo fato de não haver uma correspondência com os dispositivos externos ou com as instruções internas, assim como nos contadores e temporizadores, que utilizam apenas palavras de 16 bits. Nesse caso, pode ser necessário utilizar o tipo de arquivo inteiro.

O *arquivo tabela de imagem de entrada* é a parte da memória do programa posicionada para armazenar os estados liga/desliga das entradas discretas conectadas. A Figura 5.4 mostra a conexão de uma chave aberta e uma chave fechada para o arquivo tabela de imagem de entrada pelo módulo de entrada. Essa operação pode ser resumida do seguinte modo:

- Para a chave fechada, o processador detecta uma tensão no terminal de entrada e grava essa informação armazenando um 1 binário na posição desse bit.

- Para a chave aberta, o processador não detecta uma tensão no terminal de entrada e grava essa informação armazenando um 0 binário na posição desse bit.

- Cada entrada conectada tem um bit no arquivo tabela de imagem da entrada que corresponde exatamente ao terminal no qual a entrada está conectada.

- O arquivo tabela de imagem de entrada muda para refletir o estado atual da chave durante a fase de varredura da E/S no funcionamento.

- Se a entrada estiver ligada (chave fechada), seu bit correspondente na tabela é ajustado para 1.

- Se a entrada estiver desligada (chave aberta), seu bit correspondente é limpo, ou levado a 0.

- O processador lê continuamente o estado atual da entrada e atualiza o arquivo tabela de imagem da entrada.

O *arquivo tabela de imagem da saída* é a parte da memória do programa posicionada para armazenar o estado atual ligado/desligado das saídas discretas conectadas.

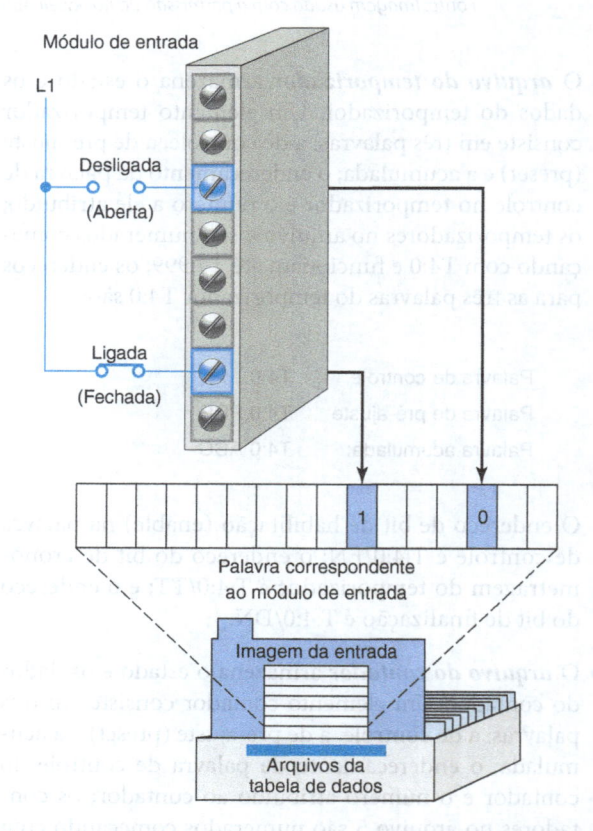

Figura 5.4 Conexão de uma chave aberta e uma fechada para o arquivo tabela de imagem de entrada pelo módulo de entrada.

A Figura 5.5 mostra uma conexão típica de dois sinaleiros para o arquivo tabela de imagem da saída pelo módulo de saída, operação que pode ser resumida da seguinte maneira:

- O estado de cada sinaleiro (LIGADO/DESLIGADO) é controlado pelo programa do usuário e indicado pela presença de 1 (LIGADO) e 0 (DESLIGADO).
- Cada saída conectada tem um bit no arquivo tabela de imagem da saída que corresponde exatamente ao terminal onde a saída está conectada.
- Se o programa chama por uma saída específica que está LIGADA, seu bit correspondente na tabela é estabelecido como 1.
- Se o programa chama por uma saída que está LIGADA, seu bit correspondente na tabela é estabelecido como 0.
- O processador ativa ou desativa continuamente o estado da saída de acordo com o arquivo do estado da tabela de saída.

Os micros CLPs têm caracteristicamente um número fixo de entradas e de saídas. A Figura 5.6 mostra o controlador MicroLogix, da Allen-Bradley, da família dos controladores MicroLogix 1000. O controlador tem 20 entradas discretas, com endereços predefinidos de I/0 até I/19, e 12 saídas discretas, com endereços predefinidos de O1 até O/11. Algumas unidades contêm também entradas e saídas analógicas embutidas em sua base pelos módulos adicionais.

5.2 Varredura (scan) do programa

Quando um CLP executa um programa, ele deve saber – em tempo real – quando um processo que está controlando um dispositivo externo está mudando. Durante cada ciclo de operação, o processador lê todas as entradas, toma esses valores e energiza ou desenergiza as saídas de acordo com o programa do usuário, processo conhecido como *ciclo de varredura do programa*. A Figura 5.7 ilustra um ciclo de operação de um CLP simples, que consiste em *varredura de entrada, varredura do programa, varredura de saída* e outras tarefas. Pelo fato de uma entrada poder mudar a qualquer momento, ele repete esse ciclo constantemente enquanto o CLP estiver no modo de funcionamento (RUN).

O tempo necessário para completar um ciclo de varredura é chamado de *tempo de ciclo de varredura* e indica a rapidez de reação do controlador às mudanças nas entradas; ele pode variar de 1 a 20 milissegundos. Se o controlador reagir a um sinal que muda de estado duas vezes durante um tempo de varredura, é possível que o CLP não detecte essa mudança; por exemplo, se a CPU levar 8 ms para varrer um programa e um contato na entrada for aberto e fechado a cada 4 ms, o programa pode não responder à mudança de estado do contato. Ela detectará uma mudança se esta ocorrer durante a atualização do arquivo tabela de imagem da entrada, mas não responderá a todas as mudanças. O tempo de varredura é uma função dos seguintes elementos:

- da velocidade do módulo do processador;
- da extensão do programa ladder;
- do tipo de instrução executada;
- das condições reais de verdadeiro/falso da lógica ladder.

O tempo de varredura real é calculado cada vez que a instrução END é executada e armazenado na memória do CLP. O dado do tempo de varredura pode ser monitorado via programação do CLP e inclui o máximo e o último tempos de varredura.

A varredura é normalmente um processo sequencial e contínuo da leitura dos estados das entradas, executando

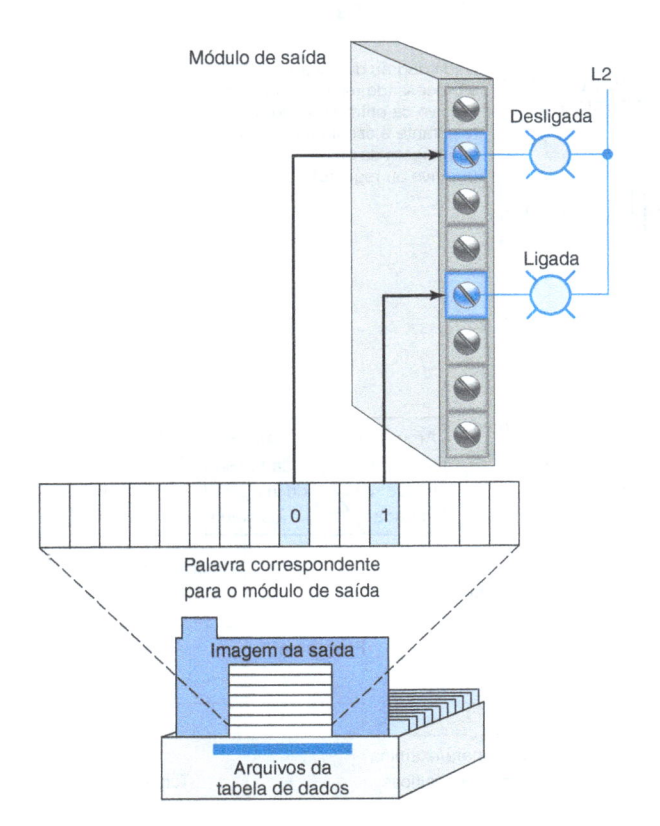

Figura 5.5 Conexões dos dois sinaleiros para o arquivo tabela de imagem da saída pelo módulo de saída.

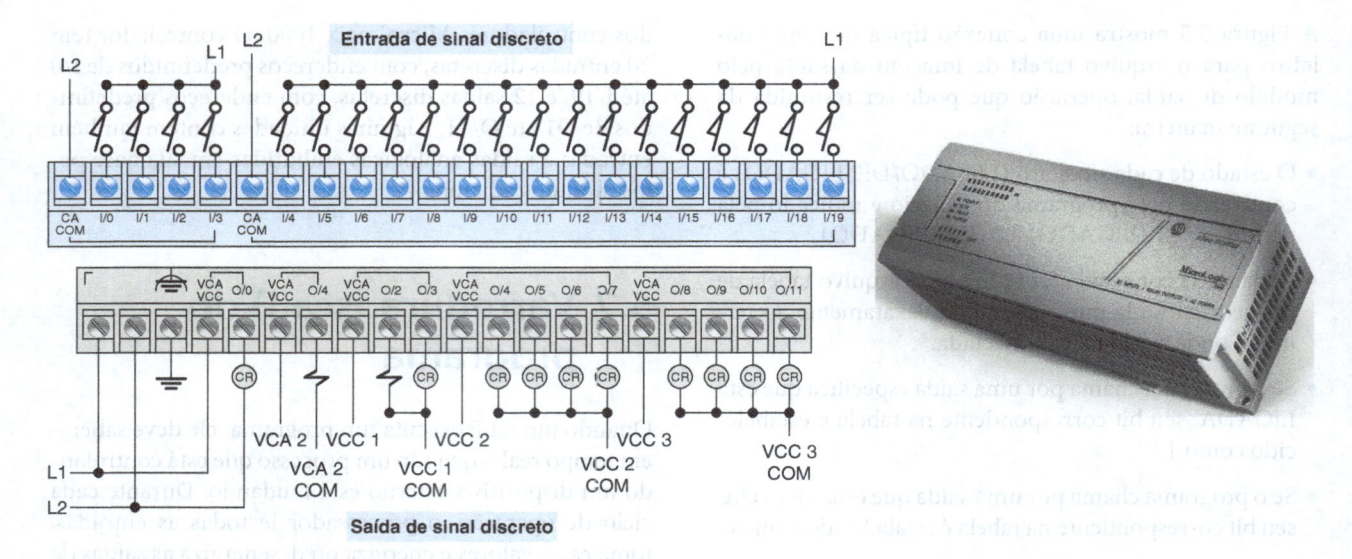

Figura 5.6 Micro CLP típico com endereços predefinidos.
Fonte: Imagem usada com a permissão da Rockwell Automation, Inc.

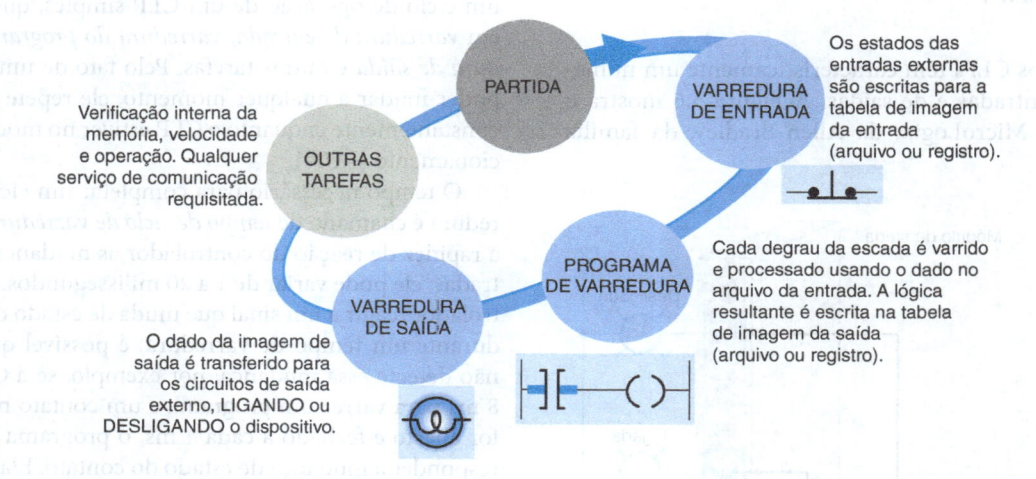

Figura 5.7 Ciclo de varredura do programa do CLP.

o controle lógico e atualizando as saídas. A Figura 5.8 mostra uma visão geral do fluxo de dados durante o processo de varredura. Para cada escada executada, o processador do CLP irá:

- Examinar o estado dos bits da tabela de imagem da entrada.
- Processar a lógica ladder na ordem para determinar a continuidade lógica.
- Atualizar os bits apropriados da tabela de imagem da saída, se necessário.
- Copiar os estados da tabela de imagem da saída para todos os terminais de saída. A energia é aplicada ao dispositivo se o bit da tabela de imagem da saída for estabelecido anteriormente como 1.

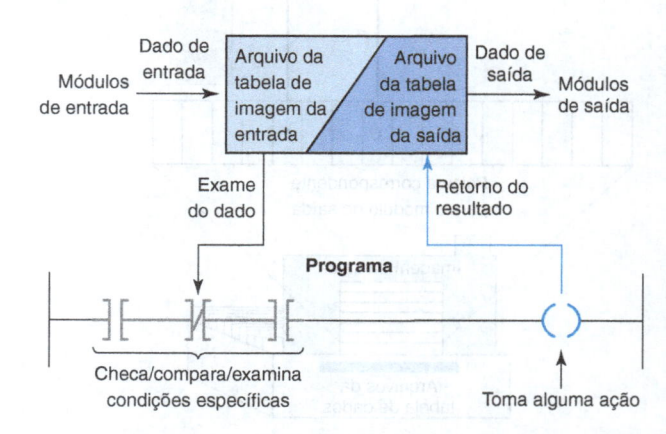

Figura 5.8 Visão geral do processo de varredura durante o fluxo de dados.

- Copiar os estados de todos os terminais de entrada para a tabela de imagem de entrada. Se uma entrada estiver ativa (isto é, se existir uma continuidade elétrica), o bit correspondente na tabela de imagem da entrada será estabelecido como 1.

A Figura 5.9 mostra o processo de varredura aplicado a um único degrau do programa. A operação do processo de varredura pode ser resumida da seguinte maneira:

- Se o dispositivo de entrada conectado no endereço I:3/6 estiver fechado, o circuito do módulo de entrada detecta uma *continuidade elétrica*, e uma condição 1 (LIGADO) é estabelecida no bit da tabela de imagem da entrada I:3/6.
- Durante a varredura do programa, o processador verifica se a condição do bit I:3/6 é 1, condição (LIGADO).
- Nesse caso, em virtude de a entrada I:3/6 ser 1, dizemos que o degrau é VERDADEIRO ou que possui uma *continuidade lógica*.
- O processador então estabelece o bit da tabela de imagem da saída O:4/7 para 1.
- O processador liga a saída O:4/7 durante a próxima varredura da E/S, e o dispositivo de saída (sinaleiro) ligado neste terminal é energizado.
- Esse processo é repetido enquanto o processador estiver no modo de funcionamento (RUN).
- Se o dispositivo de entrada se abre, perde a continuidade elétrica, e um 0 é estabelecido na tabela de imagem da entrada. Como resultado, dizemos que o degrau é FALSO, por causa da perda da continuidade lógica.
- O processador estabelece então o bit O:4/7 da tabela de imagem da saída como 0, causando o desligamento do dispositivo.

O programa ladder processa as entradas no início da varredura e as saídas no final, como mostra a Figura 5.10.

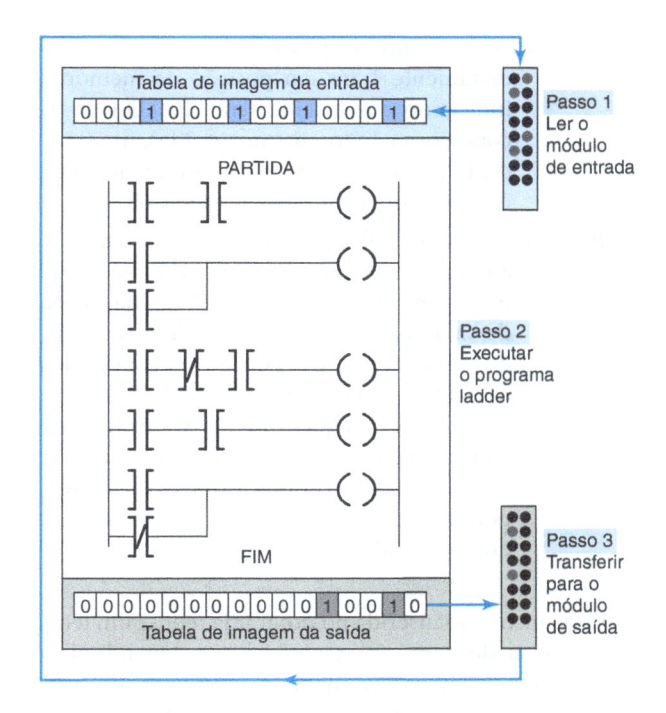

Figura 5.10 Processo de varredura aplicado a um programa com vários degraus.

Para cada degrau executado, o processador do CLP irá:

Passo 1 Atualizar a tabela de imagem da entrada, verificando a tensão nos terminais de entradas. Com base na ausência ou na presença de uma tensão, um 0 ou 1 é armazenado na posição do bit da memória designado para um determinado terminal de entrada.

Passo 2 Executar a lógica ladder para determinar a continuidade lógica. O processador varre o programa e executa a continuidade lógica de cada degrau, remetendo para cada tabela de imagem da entrada para verificar se as condições das entradas são encontradas. Se as condições que controlam uma saída são

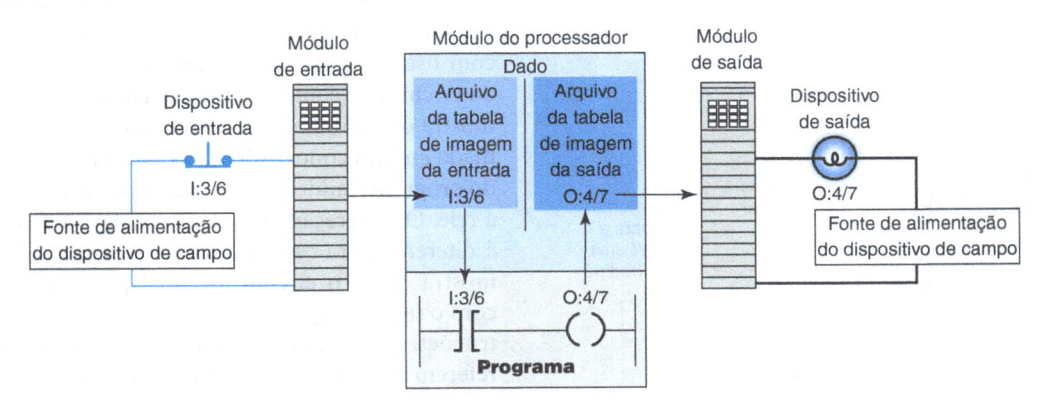

Figura 5.9 Processo de varredura aplicado a um único degrau do programa.

encontradas, o processador escreve imediatamente 1 na sua posição de memória, indicando que a saída será LIGADA; se as condições não forem encontradas, um 0 indicando que o dispositivo será DESLIGADO é escrito na sua posição de memória.

Passo 3 O passo final do processo de varredura é atualizar os estados dos dispositivos de saída pela transferência dos resultados da tabela de saída para o módulo de saída, chaveando, desse modo, os dispositivos conectados na saída LIGADO (1) DESLIGADO (0). Se o estado de qualquer um dos dispositivos de entrada mudar quando o processador estiver no passo 2 ou 3, a condição da saída não responderá à mudança até a próxima varredura do processador.

Cada instrução inserida no programa requer um tempo determinado para ser executada, que depende dela mesma; por exemplo, leva menos tempo para um processador ler o estado de um contato de entrada do que para ler um valor acumulado no temporizador ou contador. O tempo gasto para varrer o programa do usuário é dependente também da frequência do relógio (clock) do sistema do microprocessador. Quanto maior a frequência do relógio, mais rápida é a taxa de varredura.

Existem dois padrões básicos de varredura que os diferentes fabricantes de CLP utilizam para realizar essa função (Figura 5.11). Os CLPs da Allen-Bradley utilizam a varredura *horizontal* pelo método do degrau, no qual o processador examina as instruções de entradas e de saídas a partir do primeiro comando, na parte superior esquerda, horizontalmente, degrau por degrau. Os CLPs Modicon usam a varredura *vertical* pelo método de coluna, no qual o processador examina as instruções de entrada e de saída a partir da entrada do comando em cima, à esquerda, no diagrama ladder, verticalmente, coluna por coluna e página por página. As páginas são executadas em sequência. Os dois métodos são adequados, contudo, um equívoco no modo como o CLP varre o programa pode causar erros na programação.

5.3 Linguagem de programação do CLP

O termo *linguagem de programação* do CLP refere-se ao método pelo qual o usuário comunica a informação ao CLP. O padrão IEC 61131 (Figura 5.12) foi estabelecido para padronizar as linguagens múltiplas associadas com a programação de CLP pela definição das cinco seguintes linguagens-padrão:

- **Diagrama Ladder (LD)** – Uma representação gráfica de um processo com degraus lógicos similar aos esquemas com lógica a relé que são substituídos pelos CLPs.

- **Diagrama de Blocos de Função (FBD)** – Uma representação gráfica de fluxo de processo que utiliza interconexão de blocos simples e complexos.

- **Mapa de Função Sequencial (SFC)** – Uma representação gráfica de passos, ações e transições interconectadas.

- **Lista de Instruções (IL)** – Uma linguagem baseada em texto, de baixo nível, que utiliza instruções mnemônicas.

- **Texto Estruturado (ST)** – Uma linguagem baseada em texto, de alto nível, como BASIC, C ou PASCAL, desenvolvida especificamente para aplicações de controle industrial.

A linguagem em diagrama ladder é a linguagem mais utilizada para CLP e é projetada para imitar a lógica a relé. O diagrama ladder é popular para aqueles que preferem definir as ações de controle em termos de contatos dos relés e de bobinas, além de outras funções, como bloco de instruções; a Figura 5.13 mostra uma comparação entre uma programação ladder e uma programação com lista de instruções; a Figura 5.13*a* mostra a fiação do circuito de controle original, enquanto a Figura 5.13*b* mostra o diagrama equivalente em lógica ladder programada em um controlador. É possível notar a semelhança do programa ladder com o diagrama da fiação do circuito a relé. O endereçamento das entradas/saídas geralmente é diferente para cada fabricante de CLP. A Figura 5.13*c* mostra como o circuito original pode ser programado com o uso da linguagem de programação de lista de instruções, que consiste em uma série de instruções que se referem às funções das portas lógicas AND, OR e NOT.

O diagrama de programação por bloco funcional usa instruções que são programadas como blocos ligados

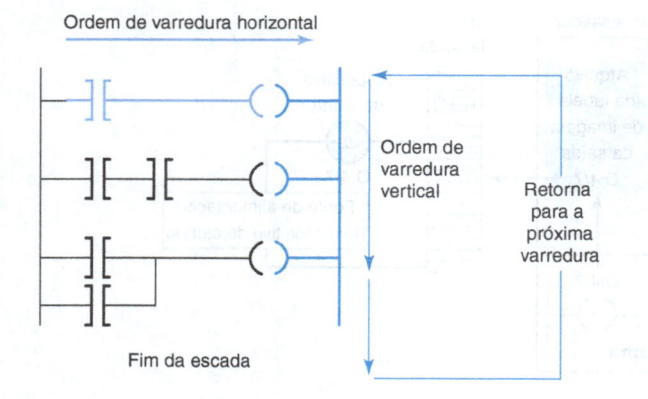

Figura 5.11 A varredura pode ser vertical ou horizontal.

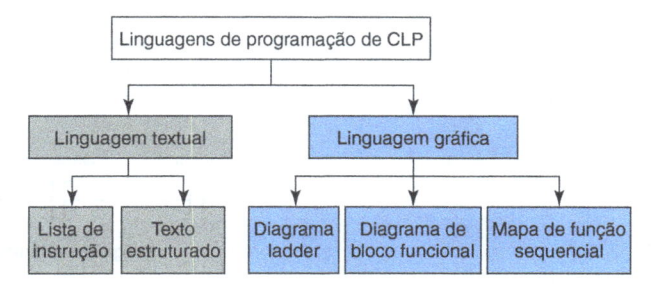

Figura 5.12 Padrão IEC 61131 de linguagens associadas com a programação de CLP.

(a) Fiação ou cabeamento do circuito de controle a relé
(b) Programa equivalente em diagrama ladder
(c) Programa equivalente em lista de instrução (IL)

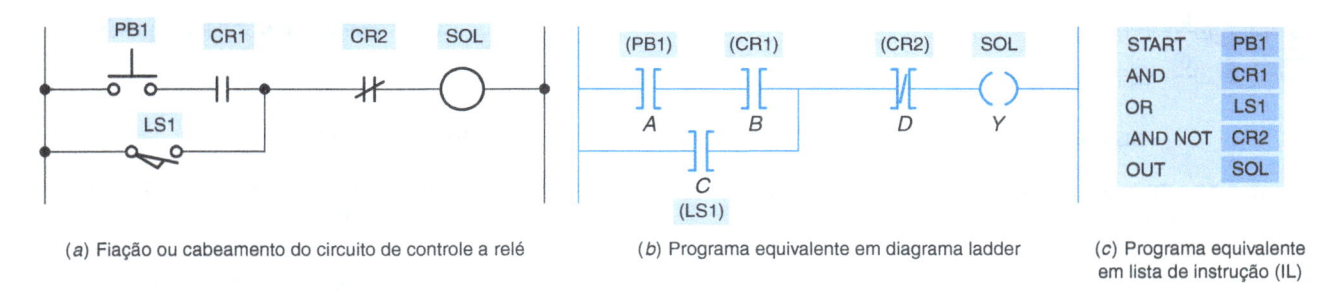

Figura 5.13 Comparação entre a programação de diagrama ladder e lista de instruções.

entre si com quadros para obter certas funções. Entre os tipos comuns de blocos de funções, podemos citar lógica, temporizadores e contadores. Os diagramas de blocos funcionais são similares ao layout dos diagramas de blocos elétricos ou eletrônicos utilizados para simplificar sistemas complexos, mostrando a funcionalidade dos blocos, e o conceito primário por trás deles é o fluxo de dados. Os blocos de função são ligados entre si para completar um circuito que satisfaz às necessidades do controle. Os dados circulam pela malha da entrada, passam pelos blocos de função ou de instruções e seguem para a saída.

O uso desses blocos para a programação dos controladores lógicos programáveis (CLPs) é um ganho de maior aceitação, pois, em vez de uma representação de um contato clássico e uma bobina do diagrama ladder ou uma programação com lógica ladder a relé, eles apresentam uma imagem gráfica para o programador com algoritmos fundamentais já definidos, e este simplesmente completa a informação necessária dentro do bloco para completar a fase do programa. A Figura 5.14 mostra os diagramas de blocos equivalentes dos contatos da lógica ladder.

A Figura 5.15 mostra como a programação com diagrama ladder e diagrama com blocos de função pode ser utilizada para produzir a mesma saída lógica. Para essa aplicação, o objetivo é ligar um sinaleiro luminoso PL1 sempre que a chave sensor 1 e a chave sensor 2 estiverem fechadas. A lógica ladder consiste em um degrau único entre as duas linhas de alimentação, e esse degrau contém duas instruções dos sensores de entradas programadas em série com uma instrução de saída para o

sinaleiro. A solução por blocos de função consiste em um bloco de função de uma lógica *And booleana* com duas etiquetas de referências para os sensores e uma única etiqueta de referência de saída para o sinaleiro. É importante observar que não existem as duas linhas de alimentação no diagrama de blocos de função.

A linguagem de programação por mapa de função sequencial é parecida com o mapa de fluxo de seu processo. A programação SFC é projetada para acomodar a programação de processos mais avançados e pode ser dividida em passos, com operações múltiplas acontecendo em ramos paralelos (Figura 5.16).

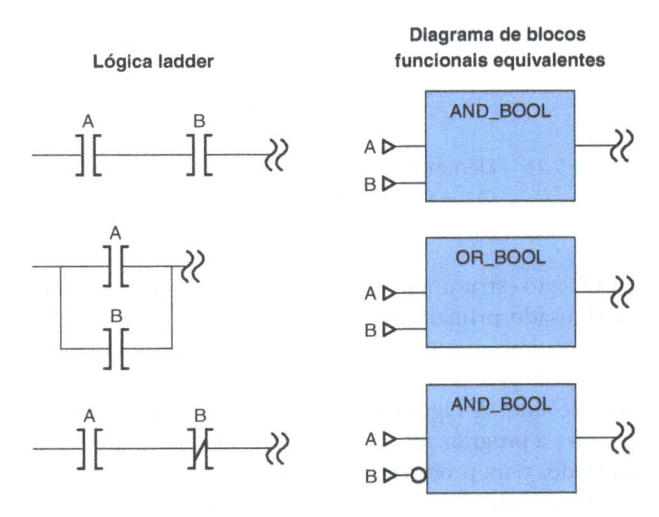

Figura 5.14 Diagrama de blocos funcionais equivalentes para os contatos da lógica ladder.

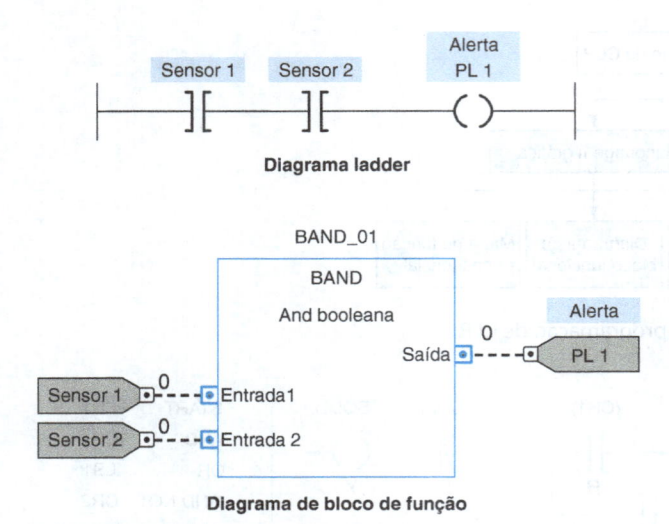

Figura 5.15 Diagrama ladder para CLP e diagrama de blocos funcionais equivalentes.

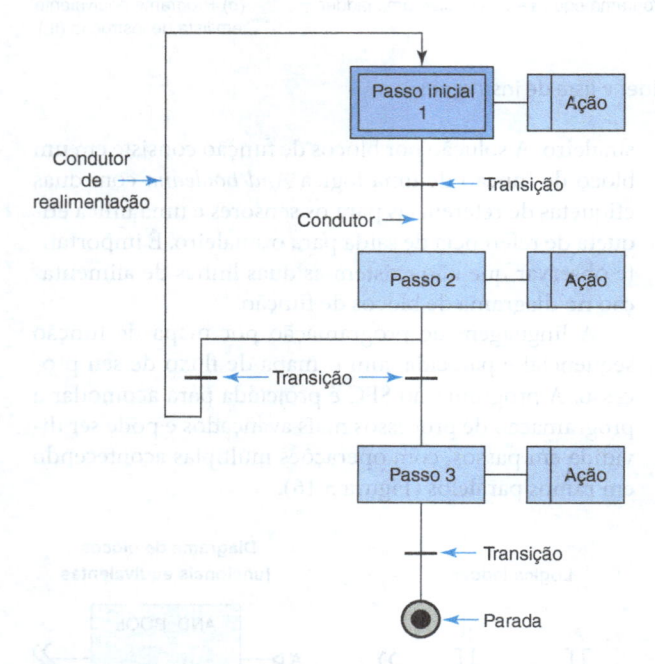

Figura 5.16 Elementos fundamentais de um programa em mapa de função sequencial.

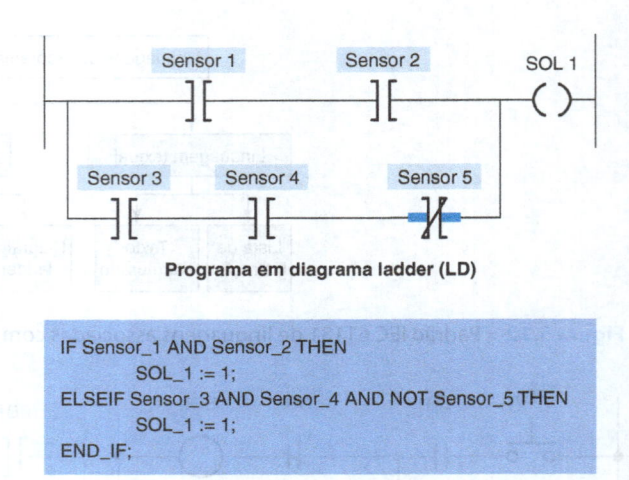

Figura 5.17 Programa para CLP em ladder e texto estruturado equivalente.

- As chaves sensor 1 e sensor 2 estiverem fechadas.
- As chaves sensor 3 e sensor 4 estiverem fechadas e a chave sensor 5 estiver aberta.

5.4 Instruções tipo relé

A linguagem em diagrama ladder é basicamente um conjunto *simbólico* de instruções utilizado para gerar o programa do controlador, e esses símbolos são arranjados para obter a lógica de controle desejada que está para ser inserida na memória do CLP. Pelo fato de o conjunto de instruções ser composto de símbolos de contatos, a linguagem em diagrama ladder também é referida como *simbologia de contatos*.

As representações de contatos e bobinas são os símbolos básicos do conjunto de instruções do diagrama ladder. Os três símbolos fundamentais utilizados para traduzir a lógica de controle a relé para a lógica simbólica de contato são: verificador de fechado (XIC), verificador de aberto (XIO) e energização da saída (OTE). Cada uma dessas instruções refere-se a um único bit da memória do CLP, que está especificado pelo endereço da instrução.

A Figura 5.18 mostra o símbolo para a instrução verificador de *fechado ou ligado* (XIC). Essa instrução, também chamada de *Examine-On* (ligado), parece e opera como um contato aberto do relé. Associado a cada instrução XIC existe um bit na memória ligado com o estado de um dispositivo de entrada ou uma condição lógica interna no degrau. Essa instrução orienta o processador do CLP a examinar se o contato está *fechado*, e ele faz isso verificando a posição do bit de memória, especificado pelo endereço da seguinte maneira:

O texto estruturado é uma linguagem de texto de alto nível, usado primariamente para implementar procedimentos complexos que não podem ser expressos em uma linguagem gráfica; ele utiliza declarações para definir o que executar. A Figura 5.17 mostra como o texto estruturado e a programação com diagrama ladder podem ser utilizados para produzir a mesma saída lógica, aplicação que tem o objetivo de energizar um solenoide (SOL) 1 sempre que existir uma das duas seguintes condições do circuito:

- O bit da memória é estabelecido em 1 ou 0, dependendo do estado do dispositivo (físico) de entrada ou pelo endereço do relé interno da (lógica) associado àquele bit.

- Um 1 corresponde a um estado verdadeiro ou a uma condição *on* (ligado).

- Um 0 corresponde a um estado falso ou a uma condição *off* (desligado).

- Quando a instrução Examine-On é associada a uma entrada física, a instrução será estabelecida em 1 quando uma entrada física estiver presente (tensão aplicada no terminal de entrada) e 0 quando não existir entrada física presente (ou seja, quando não houver tensão aplicada no terminal de entrada).

- Quando a instrução Examine-On é associada pelo endereço a um relé interno, o estado do bit é dependente do estado lógico do bit interno com o mesmo endereço da instrução.

- Se o bit da instrução na memória for 1 (verdadeiro), ela permitirá a continuidade no degrau através dele, como um contato fechado de relé.

- Se o bit da instrução na memória for 0 (falso), ela não permitirá a continuidade no degrau através dele e assumirá o estado normalmente aberto do mesmo modo que um contato aberto de um relé.

A Figura 5.19 mostra o símbolo para a instrução Verificador de *aberto ou desligado* (XIO), também chamada de instrução *Examine-Off* (desligado), parece e opera como um contato de relé normalmente aberto. Associado a cada instrução XIO, existe um bit na memória ligado com o estado de um dispositivo de entrada ou uma condição lógica interna no degrau. Essa instrução orienta o processador do CLP a examinar se o contato está *aberto*, e ele faz isso verificando a posição do bit de memória, especificado pelo endereço da seguinte maneira:

- Como com qualquer outro bit na memória estabelecido em 1 ou 0, dependendo do estado do dispositivo (físico) de entrada ou do endereço de um relé interno (lógico) associado àquele bit.

- Um 1 corresponde a um estado verdadeiro ou a uma condição *on* (ligado).

- Um 0 corresponde a um estado falso ou a uma condição *off* (desligado).

- Quando a instrução Examine-Off é utilizada para examinar uma entrada física, a instrução será interpretada como falsa quando houver uma entrada física (tensão) presente (o bit é 1) e como verdadeira quando não houver uma entrada física presente (o bit é 0).

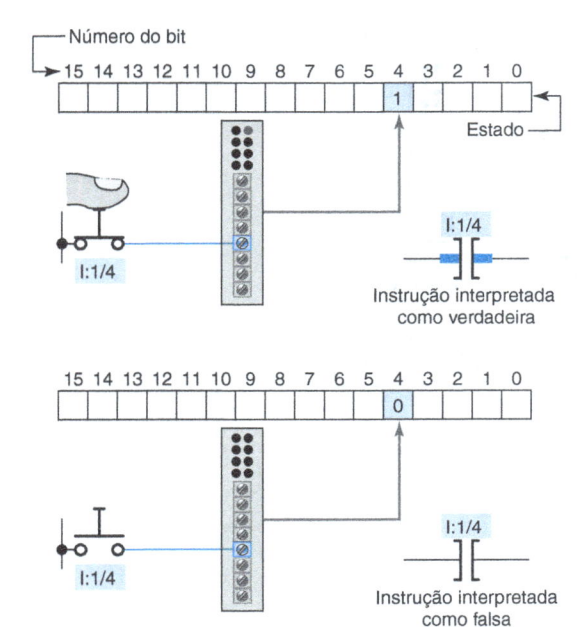

Figura 5.18 Instrução verificador de fechado (XIC).

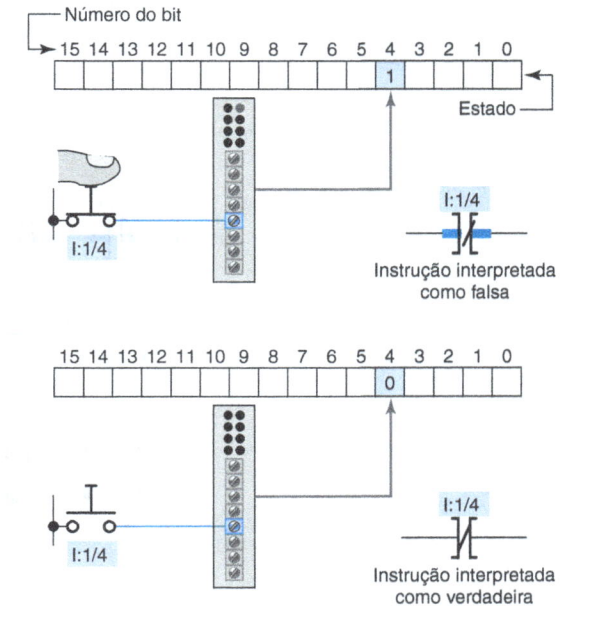

Figura 5.19 Instrução verificador de aberto (XIO).

- Se a instrução Examine-Off for associada pelo endereço a um relé interno, o estado do bit será dependente do estado lógico do bit interno com o mesmo endereço da instrução.

- Como a instrução Examine-On, o estado da instrução (verdadeiro ou falso) determina se a instrução permitirá uma continuidade no degrau por ele mesmo, como um contato fechado de relé.

- O bit na memória segue sempre o estado (verdadeiro = 1, ou falso = 0) do endereço de entrada ou o endereço interno atribuído a ele; contudo, a interpretação desse bit é determinada pela instrução utilizada para examiná-la.

- A instrução Examine-On interpreta sempre o estado 1 como verdadeiro e o estado 0 como falso, enquanto a instrução Examine-Off interpreta um estado 1 como falso e o estado 0 como verdadeiro.

A Figura 5.20 mostra o símbolo para a instrução de *energização de saída (OTE)*, que parece e funciona como uma bobina de relé e é associada a um bit de memória. Ela orienta o CLP a energizar (ligar) ou desenergizar (desligar) a saída. O processador torna essa instrução verdadeira (análoga a energizar a bobina) quando existir um caminho lógico verdadeiro para as instruções XIC e XIO no degrau. O funcionamento da instrução de energização de saída pode ser resumido como segue:

- O bit de estado da instrução endereçada para energização de saída é estabelecido como 1 para energizar e 0 para desenergizar a saída.

- Se um caminho lógico verdadeiro for estabelecido com a instrução de entrada no degrau, a instrução OTE é energizada e o dispositivo conectado na saída é energizado.

- Se um caminho lógico verdadeiro não for estabelecido ou as instruções do degrau forem falsas, a instrução OTE é desenergizada e o dispositivo conectado na saída é desligado.

Programadores iniciantes costumam raciocinar em termos de circuitos de controle a relé e tendem a utilizar o mesmo tipo de contato (NF ou NA) no programa em lógica ladder que corresponde ao tipo de chave de campo conectada na entrada de sinal discreto; porém, esse não é o melhor modo de entender o conceito. Uma melhor abordagem é separar a ação do dispositivo de campo da ação do CLP, como mostra a Figura 5.21. Um sinal presente estabelece o bit (NA) como verdadeiro (1), enquanto uma ausência de sinal estabelece o bit (NA) como falso (0). O inverso é verdadeiro para o bit (NF): um sinal

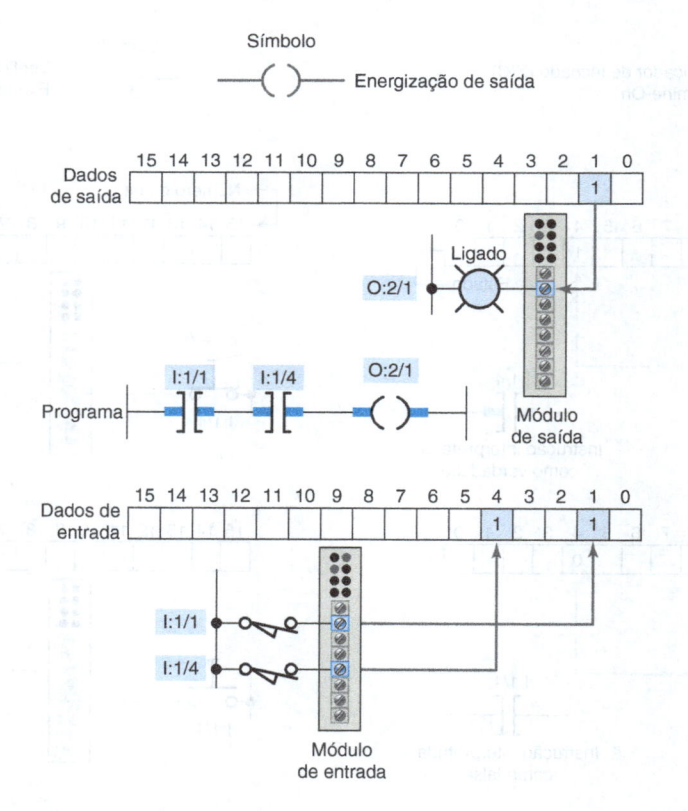

Figura 5.20 Instrução de energização de saída (OTE).

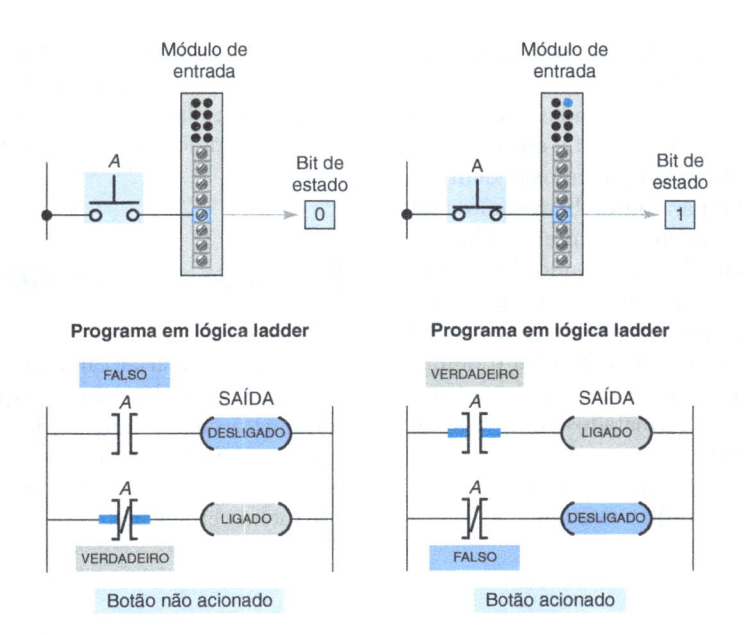

Figura 5.21 Separação da ação do dispositivo de campo e do bit do CLP.

presente estabelece o bit (NF) como falso (1); e uma ausência de sinal estabelece o bit (NA) como verdadeiro (0).

A função principal do programa em lógica ladder é controlar a saída com base nas condições de entrada, como mostra a Figura 5.22. Esse controle é obtido pelo uso do que for referido nos degraus do diagrama ladder. Em geral, um degrau consiste em um conjunto de instruções, representadas pelos contatos das instruções, e uma instrução de saída no final do degrau, representada pelo símbolo de bobina. Cada símbolo de contato ou de bobina é referenciado com um endereço que identifica o que está sendo executado e o que está sendo controlado. A mesma instrução de contato pode ser utilizada no decorrer do programa sempre que uma condição precisar ser executada. Os números dos relés lógicos do ladder e as instruções de entrada e saída são limitados apenas pela capacidade da memória. A maioria dos CLPs permite mais de uma saída por degrau.

Para uma saída ser ativada ou energizada, deve existir pelo menos um caminho lógico verdadeiro da esquerda para a direita, como mostra a Figura 5.23. Um caminho fechado completo é referido como uma continuidade lógica, e, quando ela existe em pelo menos um caminho, a condição do degrau e a instrução de energização de saída são chamadas verdadeiras, mas serão falsas se não houver uma continuidade lógica no caminho estabelecido. Durante o funcionamento do controlador, o processador executa a lógica do degrau e muda o estado das saídas de acordo com a continuidade lógica dos degraus.

5.5 Endereçamento da instrução

Para completar a entrada de uma instrução do tipo relé, é necessário especificar um endereço para cada instrução. Ele indica o que está conectado na entrada do CLP

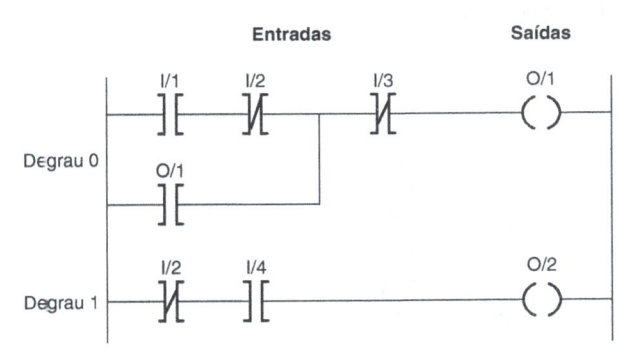

Figura 5.22 Degraus do diagrama lógico ladder.

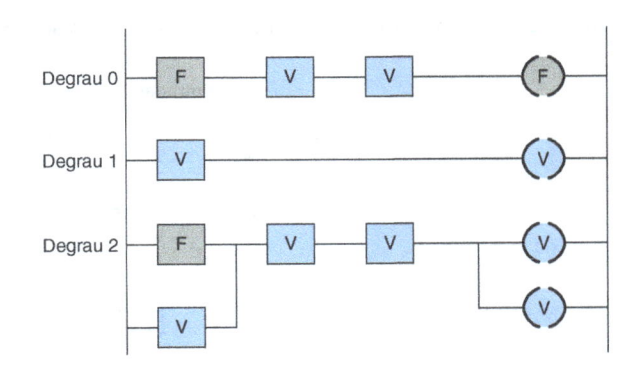

Figura 5.23 Continuidade lógica.

e para qual dispositivo, e qual saída do CLP será acionada para qual dispositivo na saída.

O endereçamento de entradas e saídas reais, bem como internas, depende do modelo de CLP que está sendo utilizado. Os formatos de endereçamentos podem variar de uma família de CLP para outra, bem como para diferentes fabricantes. Eles podem ser representados em decimal, octal ou hexadecimal, dependendo do sistema numérico utilizado pelo CLP; também identificam a função de uma instrução e a ligam a um determinado bit na parte da tabela de dados da memória; contêm o número do slot do módulo onde os dispositivos de entrada ou saída estão conectados; e são formatados como tipo de arquivo, número do slot e bit.

A Figura 5.24 mostra o formato de endereçamento para o controlador SLC 500 da Allen-Bradley.

A designação de um endereço E/S pode ser incluída no diagrama de conexão das E/S, como mostra a Figura 5.25. As entradas e saídas são representadas normalmente por quadrados e losangos, respectivamente.

5.6 Instruções de malhas

São usadas para criar caminhos paralelos das instruções para a condição de entrada, o que permite mais de uma combinação das condições de entrada (lógica OR) para estabelecer uma continuidade lógica em um degrau (Figura 5.26), e este será verdadeiro se as duas instruções, A e B, forem verdadeiras.

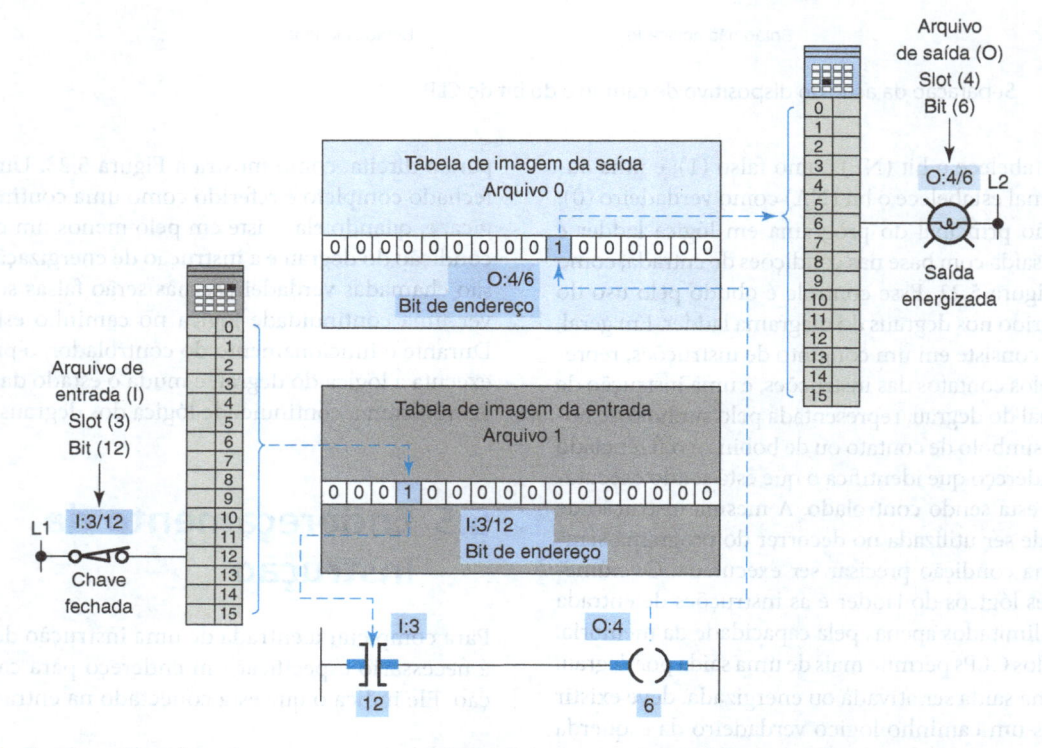

Figura 5.24 Formato de endereçamento para o controlador SLC 500, da Allen-Bradley.

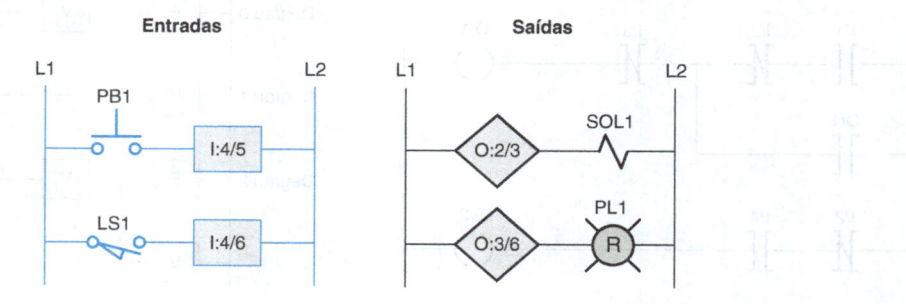

Figura 5.25 Diagrama de conexão das E/S.

A ramificação na entrada formada por malhas paralelas pode ser utilizada no seu programa de aplicação para permitir mais de uma combinação nas condições de entrada. Se pelo menos uma dessas malhas paralelas forma um caminho lógico, a lógica do degrau será verdadeira e a saída será energizada; se nenhuma dessas malhas completarem um caminho lógico, a continuidade do degrau não será estabelecida e a saída não será energizada. No exemplo mostrado na Figura 5.27, as entradas A e B ou C fornecem uma continuidade lógica e energizam a saída D.

Na maioria dos modelos de CLP, as malhas podem ser estabelecidas tanto na parte da entrada como na parte da saída do degrau. Com as malhas na saída, é possível programar saídas em paralelo em um degrau para permitir um caminho lógico verdadeiro que controle saídas múltiplas, como mostra a Figura 5.28. Quando existe um caminho lógico verdadeiro no degrau, todas as saídas em paralelo se tornam verdadeiras. No exemplo mostrado, A ou B fornecem um caminho lógico verdadeiro para todas as três instruções de saída: C, D e E.

As instruções lógicas adicionais na entrada (condições) podem ser programadas nas malhas de saída para melhorar o controle condicional das saídas. Quando existe um caminho lógico verdadeiro, incluindo condições extras de entrada na malha de uma saída, aquela malha torna-se verdadeira. No exemplo mostrado na Figura 5.29, A e D ou B e D fornecem um caminho lógico para E.

As malhas na entrada e na saída podem ser *colecionadas* (Figura 5.30) para evitar instruções redundantes e para acelerar o tempo de varredura do processador, e esta coleção de malhas começa ou termina dentro de outra malha.

Em alguns modelos de CLP, a programação de um circuito de malhas dentro de um circuito ou de uma *coleção* de malhas não é feita diretamente; contudo, é possível programar uma condição de malha equivalência lógica. A Figura 5.31 mostra o exemplo de um circuito que contém uma coleção de contatos D. Para obter a lógica necessária, esse circuito deveria ser programado como mostra a Figura 5.32. A duplicação do contato C elimina a coleção de contatos D, e a coleção de malhas pode ser convertida em malhas não colecionadas pela repetição das instruções para fazer equivalentes paralelos.

Alguns fabricantes de CLP não limitam virtualmente a permissão dos elementos série, malhas paralelas ou saídas, mas outros podem limitar o número de instruções de contatos em série incluídos em um degrau de um diagrama ladder, assim como podem limitar o número de malhas paralelas. Além disso, existe uma limitação condicional com alguns CLPs: somente

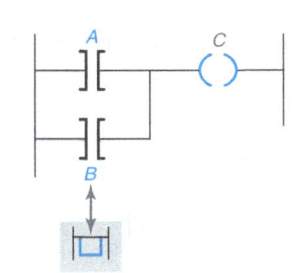

Figura 5.26 Instrução típica de malha.

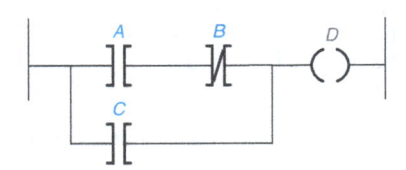

Figura 5.27 Malhas paralelas na entrada.

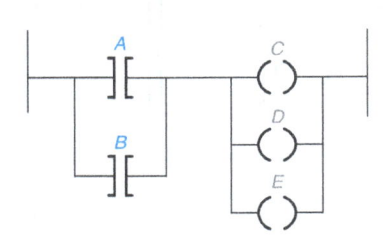

Figura 5.28 Malhas paralelas na saída.

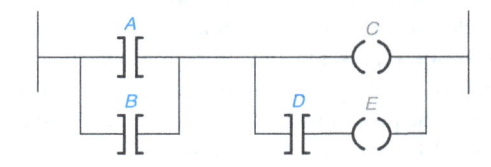

Figura 5.29 Condições com malhas paralelas na saída.

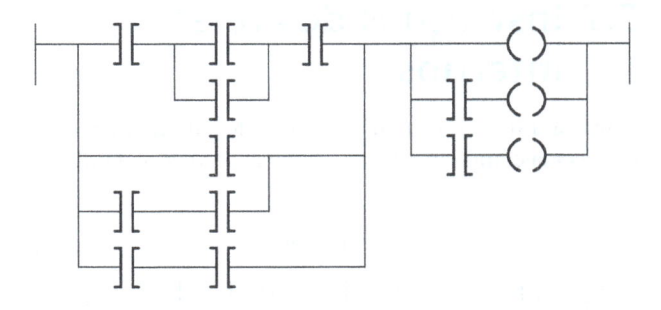

Figura 5.30 Coleção de malhas na entrada e na saída.

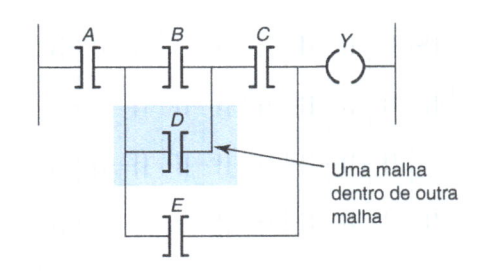

Figura 5.31 Programa de coleção de contatos.

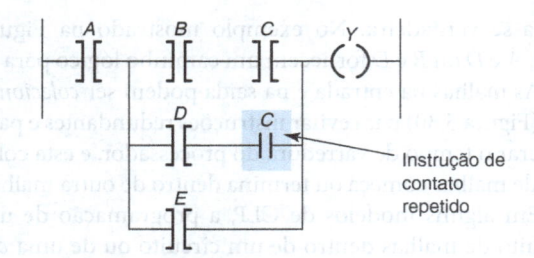

Figura 5.32 Programa necessário para eliminar uma coleção de contatos.

uma saída por degrau, que deve ser posicionada no final do degrau. A única limitação no número de degraus é a capacidade da memória. A Figura 5.33 mostra o diagrama de uma matriz de limitação para um CLP típico. O máximo possível são sete linhas paralelas e 10 contatos em séries por degrau.

Outra limitação para a programação de malhas de circuitos é que um CLP não permite a programação de contatos na vertical, como mostra o contato *C* do programa do usuário, na Figura 5.34. Para obter a lógica necessária, o circuito poderia ser programado como mostra a Figura 5.35.

O processador examina a lógica ladder do degrau quanto à continuidade lógica da esquerda para a direita *apenas*; ele nunca permite um fluxo da direita para a esquerda, o que representa um problema para os circuitos dos usuários de programas semelhantes ao mostrado na Figura 5.36. Se programada desse modo, a combinação de contatos *FDBC* será ignorada, como mostra a Figura 5.37.

5.7 Instruções dos relés internos

A maioria dos CLPs tem uma área alocada na memória conhecida como *bits de armazenamento interno*, também chamados de *saídas internas*, *bobinas internas*, *relés de controle interno* ou simplesmente *bits internos*. Saídas internas são sinais liga/desliga gerados pela lógica programada e, diferentemente de uma saída de sinal discreto, não controlam diretamente um dispositivo de saída no campo. Ela funciona como qualquer saída que é controlada pela lógica do programa; contudo, é utilizada estritamente para finalidades internas.

A vantagem do uso das saídas internas é que existem varias situações em que uma instrução de saída é requisitada em um programa, mas não é necessária uma conexão física com o dispositivo de campo. Se não há saída física conectada a um bit de endereço, este pode ser utilizado como ponto de armazenamento interno. Os bits de armazenamento interno ou pontos podem ser programados pelo usuário para executar funções de um relé sem ocupar uma saída física. Desse modo, as saídas internas

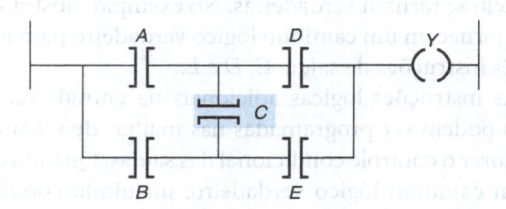

Equação booleana: $Y = (AD) + (BCD) + (BE) + (ACE)$

Figura 5.34 Programa com contato vertical.

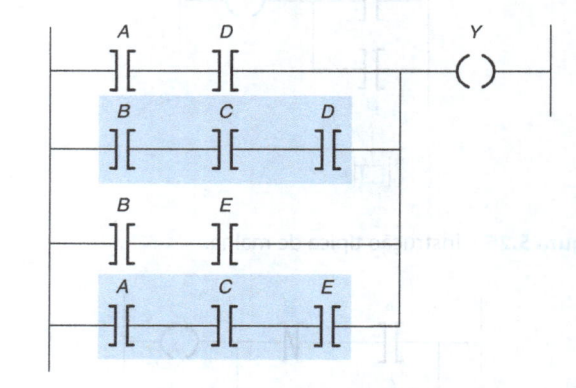

Figura 5.35 Reprogramado para eliminar contatos verticais.

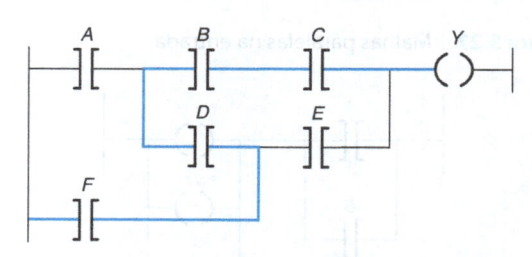

Equação booleana: $Y = (ABC) + (ADE) + (FE) + (FDBC)$

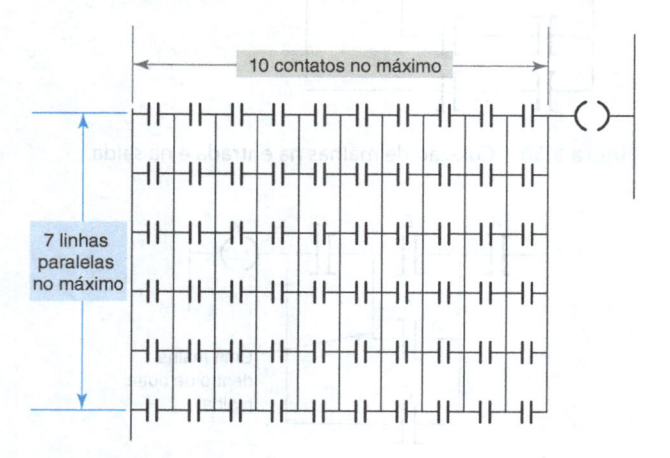

Figura 5.33 Diagrama da matriz de limitação do CLP.

Figura 5.36 Circuito original.

podem minimizar, na prática, a necessidade de pontos de saída do módulo.

Saídas internas são single-bit (bits únicos) armazenados na memória e são tratadas como tal. Os controladores do modelo SLC 500 utilizam arquivo de bit B3 para armazenagem e endereçamento dos bits de saída interna. O endereçamento para o bit B3:1/3, mostrado na Figura 5.38, consiste no número do arquivo seguido pela palavra e pelos números do bit.

Um relé de controle interno pode ser utilizado quando um programa necessita de mais contatos em série do que os permitidos no degrau. A Figura 5.39 mostra um circuito que permite apenas 7 contatos em série quando, na realidade, há a necessidade de 12 para a lógica programada. Para resolver esse problema, os contatos são divididos em dois degraus. O degrau 1 contém sete dos contatos requeridos e é programado para a bobina do relé de controle interno B3:1/3. O endereço do primeiro contato programado no degrau 2 é B3:1/3, seguido pelos cinco contatos e a saída de sinal discreto. Quando a lógica que controla a saída interna for verdadeira, o bit referenciado

Figura 5.39 Relé de controle interno programado.

B3:1/3 é ligado ou estabelecido como 1. A vantagem de um bit de armazenamento interno nesse modo é que não há a necessidade de espaço físico na saída.

5.8 Programando as funções verificador de fechado ou ligado e verificador de aberto ou desligado

A Figura 5.40 mostra um programa simples que utiliza a instrução verificador de fechado (XIC): o diagrama de um circuito e um programa que fornece o mesmo resultado. Note que *os dois botões de comando NA e NF estão representados pelo símbolo do verificador fechado*; isso porque o estado normal de uma entrada (NA ou NF) não importa para o controlador, mas sim se o contato precisa

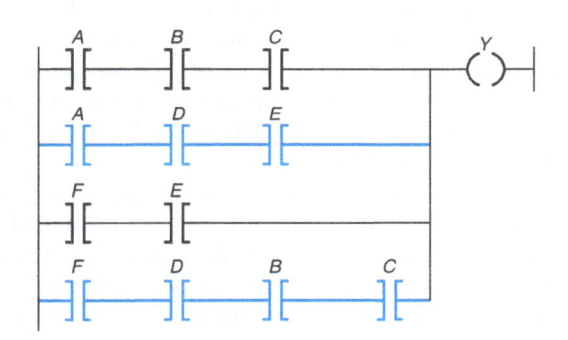

Figura 5.37 Circuito reprogramado.

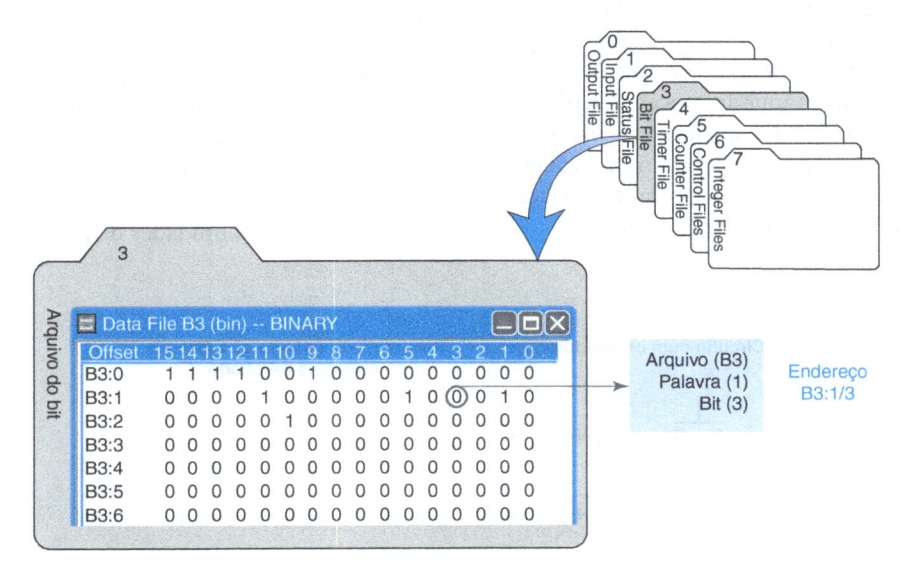

Figura 5.38 Os controladores SLC 500 usam arquivo de bit B3 para o bit de endereçamento interno.

Figura 5.40 Programa simples que usa a instrução verificador de fechado (XIC).

ser fechado para energizar a saída; então a instrução verificador de fechado é utilizada. Como é preciso que os dois botões de comando estejam fechados para energizar o sinaleiro luminoso, a instrução verificador de fechado é utilizada para os dois.

A Figura 5.41 mostra um programa simples que utiliza a instrução verificador de aberto (XIO): o diagrama do circuito e o programa do usuário. No diagrama do circuito, quando o botão de comando está *aberto*, a bobina do relé CR é desenergizada e seu contato NA fecha para ligar o sinaleiro luminoso; quando o botão de comando está *fechado*, a bobina do relé CR é energizada, e seu contato NF abre para desligar o sinaleiro luminoso. Esse botão é representado no programa do usuário por uma instrução verificador de aberto, porque o degrau deve ser verdadeiro quando o botão de comando externo está aberto e falso quando o botão de comando está fechado; e esta representação satisfaz essas necessidades. A ação mecânica dos botões de comando NA ou NF não é uma consideração, e é importante lembrar que o programa do usuário não é um circuito elétrico, mas um circuito *lógico*, e é a continuidade lógica que interessa no estabelecimento de uma saída.

A Figura 5.42 mostra um programa simples que utiliza as duas instruções, XIC e XIO; ela resume o estado ligado/desligado da saída conforme determinado pela mudança nos estados das entradas no degrau. Os estados lógicos (0 ou 1) indicam se uma instrução é verdadeira ou falsa e são a base do funcionamento do controlador. O aspecto de tempo está relacionado com as repetidas varreduras do programa, em que a tabela de entrada é atualizada com os estados dos bits mais atuais.

5.9 Entrando com o diagrama ladder

Atualmente, a maioria dos pacotes de programação de CLP funciona no ambiente Windows; por exemplo, os pacotes de programas da RSLogix, da Allen-Bradley, são utilizados para o desenvolvimento de programas em lógica ladder. Esse ambiente de programação, em várias versões, pode ser utilizado para programar o PLC-5, SLC 500, ControlLogix e a família de processadores MicroLogix, e tem como característica adicional o fato de os programas serem compatíveis com programas que foram criados previamente com os os pacotes de programação baseados em DOS. É possível importar projetos que foram desenvolvidos com os produtos DOS ou exportar para eles a partir do RSLogix.

A inserção do diagrama ladder, ou programação real, é geralmente realizada com um teclado de computador ou com um dispositivo compacto de programação (hand held). Em decorrência da variação dos equipamentos (hardware) e das técnicas de programação de acordo com cada fabricante, é preciso recorrer ao manual de programação do CLP específico para determinar como inserir as instruções.

Uma forma de introduzir um programa (programar) é utilizando um teclado hand held. Os teclados geralmente possuem os símbolos de relés e teclas de funções especiais juntamente com teclas numéricas para o endereçamento; alguns possuem também teclas alfanuméricas (letras e números) para outras funções especiais de programação. Nas unidades de programação compactas,

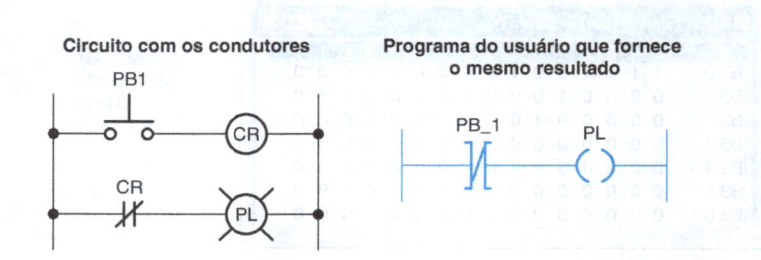

Figura 5.41 Programa simples que usa a instrução verificador de aberto (XIO).

Capítulo 5 Programação básica do CLP

Se o bit de dado na tabela for	O estado da instrução for		
	XIC VERIFICADOR DE FECHADO ─┤ ├─	XIO VERIFICADOR DE ABERTO ─┤/├─	OTE ENERGIZAÇÃO DA SAÍDA ─( )─
0 lógico	Falso	Verdadeiro	Falso
1 lógico	Verdadeiro	Falso	Verdadeiro

Instrução de entrada   Instrução de saída
XIC   XIO   OTE
─┤ ├──┤/├─────────────────────( )─

Tempo	Resultado da instrução		
	XIC	XIO	OTE
t_1 (inicial)	Falso	Verdadeiro	Falso
t_2	Verdadeiro	Verdadeiro	Vai verdadeiro
t_3	Verdadeiro	Falso	Vai falso
t_4	Falso	Falso	Permanece falso

Estado do bit de entrada		
XIC	XIO	OTE
0	0	0
1	0	1
1	1	0
0	1	0

Figura 5.42 Programa simples usando as duas instruções, XIC e XIO.

o teclado é pequeno e as teclas são de funções múltiplas, que funcionam do mesmo modo que as teclas de segunda função, como nas calculadoras.

Hoje, um computador pessoal é mais utilizado como programador. Ele é adaptado para um modelo particular de CLP pelo uso do programa (software) aplicável ao controlador programável.

A Figura 5.43 mostra a tela principal do RSLogix SLC 500. Telas diferentes, barras de ferramentas e caixas de diálogos são usadas para navegar pelo ambiente Windows, e é importante que se entenda a finalidade delas para um uso mais efetivo do programa. Esta informação está disponível no manual de referência do programa, para uma determinada família de CLP.

A Figura 5.44 mostra uma barra de ferramentas de instrução típica com instrução de bit selecionada. Para posicionar uma instrução no degrau, basta clicar no seu ícone sobre a barra de ferramentas e arrastar a instrução diretamente para fora dela, posicionando-a no degrau do diagrama ladder; os pontos de soltura são mostrados nesse diagrama para facilitar o procedimento. Além disso, as instruções também podem ser arrastadas para outros degraus no projeto, com o uso de diferentes métodos. É possível inserir um endereço teclando-o manualmente ou arrastando o endereço dos arquivos de dados ou outras instruções.

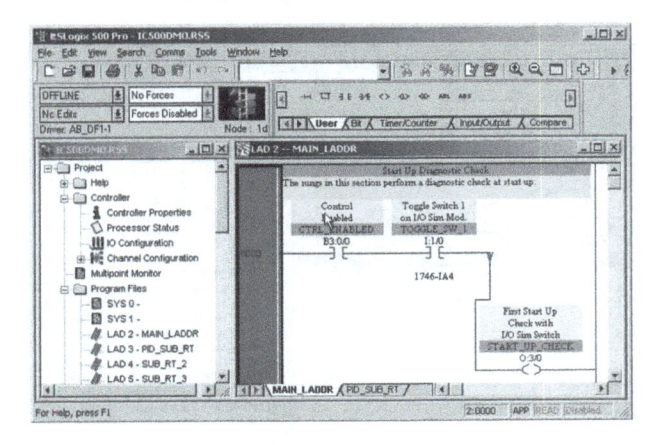

Figura 5.43 Janela principal do RSLogix SLC 500.
Fonte: Imagem usada com a permissão da Rockwell Automation, Inc.

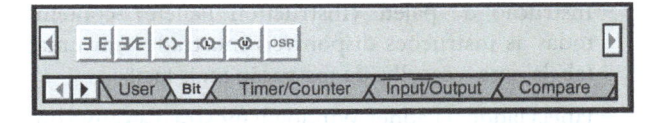

Figura 5.44 Barra de instrução típica com instrução de bit selecionada.

A seguir, são descritas algumas informações importantes sobre Windows com o uso do software RSLogix 500.

- **(Main Window) Janela principal** – Abre cada vez que um projeto novo é criado ou quando abrir um projeto já existente. Algumas características associadas a essa janela inclui:

  - Barra de título (Window Title Bar): está localizada na faixa superior da janela e mostra o nome do programa, bem como o do arquivo aberto.

  - Barra de menu (Menu Bar): está localizada abaixo da barra de título e contém palavras-chaves associadas a menus que são abertos pelo clique na palavra-chave.

  - Barra de ferramentas do Windows (Windows Toolbar): os botões dessa barra executam os comandos-padrão do Windows quando se clica neles.

  - Barra de ferramentas do estado do programa ou processador (Program/Process Status Toolbar): contém quatro listas suspensas que identificam o modo atual de funcionamento do processador, o estado atual da edição diretamente da linha (on-line) e se existem instruções de forçamento habilitadas.

  - Janela de projeto (Project Window): mostra as pastas do arquivo listadas na árvore de projetos.

  - Árvore de projeto (Project Tree): é uma representação visual de todas as pastas e seus arquivos associados contidos no projeto corrente; e, por ela, é possível: abrir, criar, copiar, ocultar ou mostrar, apagar e renomear arquivos e modificar parâmetros neles.

  - Janela de resultado (Result Window): mostra os resultados de uma operação de busca ou de verificação, a qual é utilizada para verificar erros no diagrama ladder.

  - Aba ativa (Activ tab): identifica qual programa está ativo atualmente.

  - Barra de estado (Status Bar): contém informações relevantes do arquivo atual.

  - Barra de divisão (Split Bar): é utilizada para dividir a janela ladder, para mostrar dois arquivos de programas diferentes ou grupos de degraus do ladder.

  - Barra de instruções tabuladas (Tabbed Instruction Toolbar): mostra o conjunto de instruções como um grupo de categorias tabuladas.

  - Instrução de palete (Instruction Pallete): contém todas as instruções disponíveis mostradas em uma tabela para a escolha da instrução mais fácil.

  - Janela ladder (Ladder Window): mostra o arquivo do programa ladder aberto atualmente e é utilizada para desenvolver e editar arquivos de programas ladder.

- **Selecionar o tipo de processador (Select Processor Type)** – A programação (software) precisa saber qual processador está sendo utilizado em conjunto com o programa do usuário. A tela da escolha do tipo de processador (Figura 5.45) contém uma lista de diferentes processadores que o software RSLogix pode programar. É necessário apenas rolar a lista para baixo até encontrar o processador que está sendo utilizado e o selecionar.

- **Configuração da E/S (I/O Configuration)** – A tela de configuração da E/S (Figura 5.46) permite clicar ou arrastar e soltar um módulo de uma lista, com tudo incluído para atribuí-lo a um slot na sua configuração.

- **Arquivos de dados (Data Files)** – A tela de arquivo de dados contém dados que são utilizados em conjunto com as instruções do programa ladder e inclui os arquivos de entrada e saída, bem como temporizador, contador, integrador e arquivos de bit. A Figura 5.47

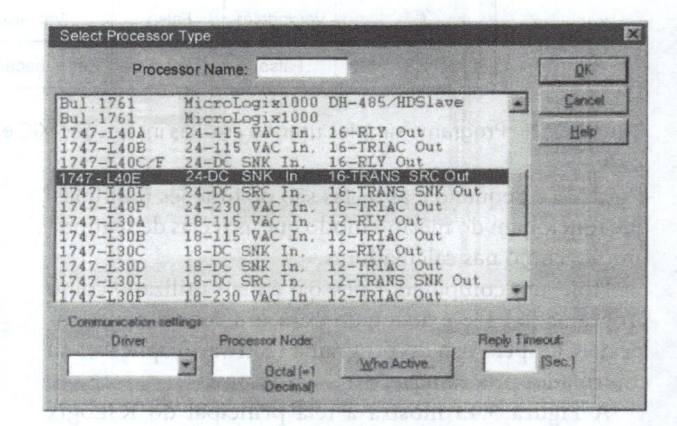

Figura 5.45 Tela de seleção do tipo de processador.

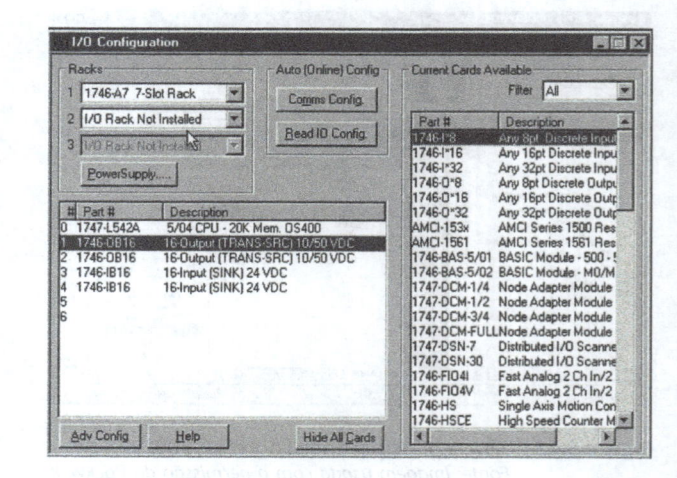

Figura 5.46 Tela para configuração da E/S.

mostra um exemplo do arquivo de bit B3, que é utilizado para relés internos. Note que todos os endereços desse arquivo começam com B3.

A lógica ladder para relés é uma linguagem de programação projetada para representar aproximadamente a aparência de um sistema a relé com fiação, o que oferece vantagens consideráveis para o controle do CLP: ela não só é razoavelmente intuitiva, especialmente para os usuários com experiência com relé, mas também é particularmente efetiva em um modo direto (on-line) quando o CLP está executando um controle. A operação da lógica é evidente pelo realce do degrau das várias instruções na tela, que identificam o estado lógico do contato em tempo real (Figura 5.48) e qual degrau tem uma continuidade lógica.

Para a maioria dos sistemas de CLP, cada contato verificador de fechado e verificador de aberto, cada saída e cada malha de instrução Inicia/Termina requer uma palavra da memória do usuário. É possível recorrer às propriedades do controlador SLC 500 para ver o número das palavras de instrução utilizada; o número à esquerda é o programa que está sendo desenvolvido.

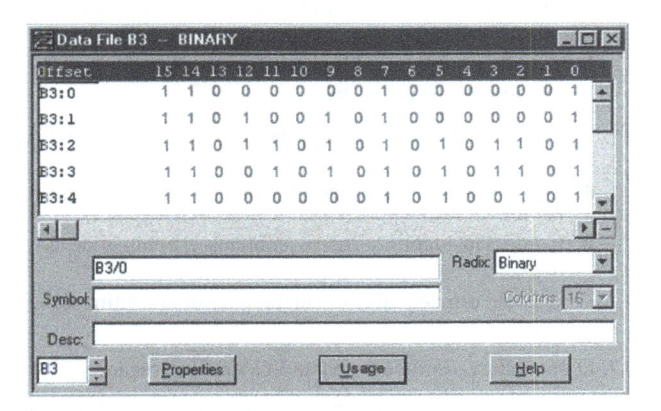

Figura 5.47 Tela do arquivo de bit B3.

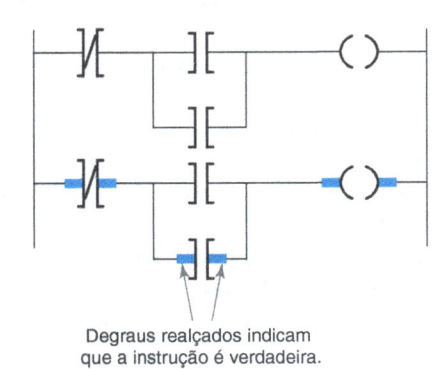

Figura 5.48 Monitorando o programa em lógica ladder.

5.10 Modos de funcionamento

Um processador tem basicamente dois modos de funcionamento: o *modo de programação* e algumas variações do *modo de execução* (*run*). O número de diferentes modos de funcionamento e o método de acessá-los varia com o fabricante. A Figura 5.49 mostra uma chave típica de três posições utilizada para selecionar os diferentes modos de funcionamento do processador.

Alguns modos comuns de funcionamento são explicados nos parágrafos a seguir.

Modo de programação: é utilizado para inserir um programa novo, editar ou atualizar um programa existente, recobrar e baixar arquivos, documentar (imprimir) programas, ou mudar algum arquivo de configuração do software no programa. Quando o CLP é ligado nesse modo de programação, todas as saídas do CLP são forçadas a desligar independentemente de seus estados lógicos nos degraus, e a sequência de varredura da E/S é interrompida.

Modo de execução (Run): é utilizado para fazer o programa do usuário funcionar. Os dispositivos de entrada são monitorados e os de saída, energizados adequadamente. Após a inserção de todas as instruções em um programa novo ou todas as mudanças feitas para um programa existente, o processador permanece nesse modo.

Modo de teste: é utilizado para operar ou monitorar o programa do usuário sem que nenhuma saída seja energizada. O processador ainda lê as entradas, executa o programa ladder e atualiza os arquivos da tabela de estados da saída, mas sem energizar o circuito de saída. Esse modo é sempre utilizado após o desenvolvimento ou a edição de um programa para testar a execução deste antes de permitir que o CLP opere as saídas efetivamente. Entre suas variações, podemos

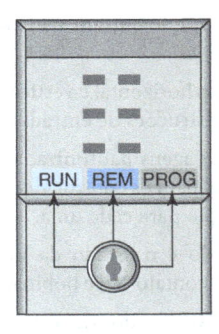

Figura 5.49 Chave de três posições usada para selecionar diferentes modos de funcionamento do processador.

citar o *modo de teste em passo único*, o que direciona o processador para executar um único degrau escolhido ou um grupo de degraus; o *modo de teste com varredura única*, que executa uma única varredura ou ciclo no funcionamento do processador; e o *modo de teste com varredura contínua*, que direciona o processador para executar continuamente o programa para testar ou verificar defeitos.

Modo remoto: alguns processadores possuem chaves com três posições para mudar o seu modo de funcionamento. Na posição *executar* (run), todas as lógicas são resolvidas e a E/S, habilitada; na posição de programação, todas as lógicas resolvidas param, e as E/S são desabilitadas. A posição remota permite que o CLP seja alterado remotamente entre os modos de programação e execução por um computador pessoal conectado no processador do CLP. Ele também pode ser benéfico quando o controlador estiver em um local de difícil acesso.

QUESTÕES DE REVISÃO

1. Em que consiste um mapa da memória típico de um CLP?
2. Compare a função dos arquivos de dados e de programas do CLP.
3. De que modo os arquivos de dados são organizados?
4. Liste oito tipos diferentes de arquivo de dados usados por um controlador SLC 500.
5. a. Que informação é armazenada no arquivo tabela de imagem da entrada?
   b. De que forma esta informação é armazenada?
6. a. Que informação é armazenada no arquivo tabela de imagem da saída?
   b. De que forma esta informação é armazenada?
7. Faça um esboço da sequência de eventos envolvidos no ciclo de varredura de um CLP.
8. Liste quatro fatores que entram na extensão do tempo de varredura.
9. Compare os modos horizontal e vertical padrão de varredura, e examine as instruções de entrada e de saída.
10. Liste as cinco linguagens padronizadas para CLP pelo Padrão Internacional para os controladores programáveis e dê uma breve descrição para cada uma.
11. Desenhe o símbolo e o estado da instrução equivalente para: contato NA, contato NF e bobina.
12. Sobre a instrução verificador de fechado, responda às perguntas a seguir.
    a. Qual é o outro nome comum para essa instrução?
    b. O que esta instrução orienta o processador a examinar?
    c. Sob que condição o bit de estado 0 é associado a essa instrução?
    d. Sob que condição o bit de estado 1 é associado a essa instrução?
    e. Sob que condição esta instrução é logicamente verdadeira?
    f. Que estado essa instrução assume quando é falsa?
13. Sobre a instrução verificador de aberto, responda às perguntas a seguir.
    a. Qual é o outro nome comum para esta instrução?
    b. O que esta instrução orienta o processador a examinar?
    c. Sob que condição o bit de estado 0 é associado a esta instrução?
    d. Sob que condição o bit de estado 1 é associado a esta instrução?
    e. Sob que condição esta instrução é logicamente verdadeira?
    f. Que estado esta instrução assume quando é falsa?
14. Sobre a instrução energização da saída, responda às perguntas a seguir.
    a. A que parte do relé eletromagnético esta instrução se refere, e como age?
    b. O que esta instrução orienta o processador a fazer?
    c. Sob que condição o bit de estado 0 é associado a esta instrução?
    d. Sob que condição o bit de estado 1 é associado a esta instrução?
15. Um botão de comando normalmente fechado está conectado a uma entrada de sinal discreto de um CLP. Isso significa que ele deve ser representado por um contato normalmente fechado no programa em lógica ladder. Explique se essa informação procede e por quê.
16. Sobre o degrau de uma lógica ladder, responda às perguntas a seguir.
    a. Descreva a composição básica de um degrau da lógica ladder.
    b. Como são identificados os contatos e bobinas de um degrau?
    c. Quando um degrau é considerado ter uma continuidade lógica.
17. O que indica o endereço atribuído a uma instrução?
18. Quando são usadas as instruções de malha de entrada como parte do programa em lógica ladder?
19. Identifique duas limitações na matriz que podem ser aplicadas em certos CLPs.
20. De que modo uma saída interna difere de uma saída de sinal discreto?
21. Uma chave-limite normalmente aberta deve ser programada para controlar um solenoide. O que determina a instrução de contato que deve ser usada, verificador de fechado ou verificador de aberto?
22. Explique a finalidade do software de programação baseada em Windows, como o RSLogix.
23. Descreva brevemente cada um dos modos de operação:
    a. Programa;
    b. Teste;
    c. Execute (run).

PROBLEMAS

1. Atribua cada um dos seguintes endereços para entrada e saída de sinais discretos com base no formato do SLC 500.
   a. A chave-limite conectada no parafuso do terminal 4, do módulo no slot 1 do chassi.
   b. A chave de pressão ou pressostato conectado no parafuso do terminal 2, do módulo no slot 3 do chassi.
   c. Botão de comando conectado no parafuso do terminal 0, do módulo no slot 6 do chassi.
   d. Sinaleiro luminoso conectado no parafuso do terminal 13, do módulo no slot 2 do chassi.
   e. Bobina do contator de partida de motor conectado no parafuso do terminal 6, do módulo no slot 4 do chassi.
   f. Solenoide conectado no parafuso do terminal 8, do módulo no slot 5 do chassi.
2. Redesenhe o programa mostrado na Figura 5.50, corrigido para resolver o problema de excesso de contatos.
3. Redesenhe o programa mostrado na Figura 5.51, corrigido para resolver o problema de excesso de contatos programados na vertical.
4. Redesenhe o programa mostrado na Figura 5.52, corrigido para resolver o problema de alguma lógica ignorada.
5. Redesenhe o programa mostrado na Figura 5.53, corrigido para resolver o problema de excesso de contatos em série (permitido apenas quatro).
6. Desenhe o programa equivalente em lógica ladder usado para implementar o circuito desenhado na Figura 5.54 usando os componentes:
   a. Uma chave-limite com um contato simples NA conectado no módulo de entrada discreto do CLP;
   b. Uma chave-limite com um contato simples NF conectado no módulo de entrada discreto do CLP.
7. Considerando que o circuito desenhado na Figura 5.55 seja implementado usando um programa de CLP, identifique:
   a. Todos os dispositivos de entrada do campo;
   b. Todos os dispositivos de saída do campo;
   c. Todos os dispositivos que podem ser programados usando instruções de relés internos.
8. Que instrução você escolheria para cada um dos seguintes dispositivos de entrada de campo, para obter uma tarefa desejada? Justifique sua resposta.
   a. Ligar uma lâmpada quando a esteira do motor girar invertida. O dispositivo de entrada de campo é um conjunto de contatos do relé de partida da esteira que fecha quando o motor está girando para a frente e abre quando o motor está girando no sentido inverso.
   b. Quando o botão de comando for acionado, ele opera o solenoide. O dispositivo de campo de entrada é um botão de comando normalmente aberto.
   c. Parar o motor quando o botão de comando for acionado. O dispositivo de campo de entrada é um botão de comando normalmente fechado.

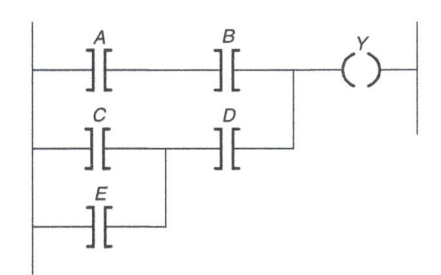

Figura 5.50 Programa para o Problema 2.

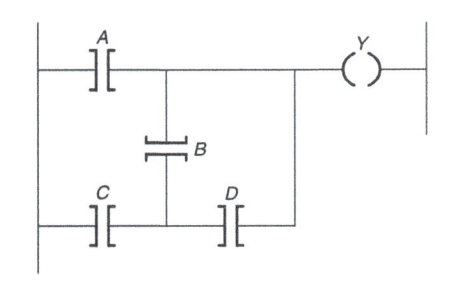

Figura 5.51 Programa para o Problema 3.

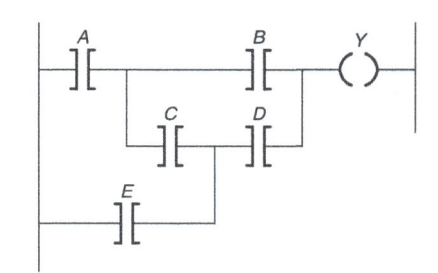

Figura 5.52 Programa para o Problema 4.

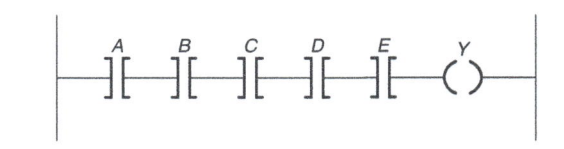

Figura 5.53 Programa para o Problema 5.

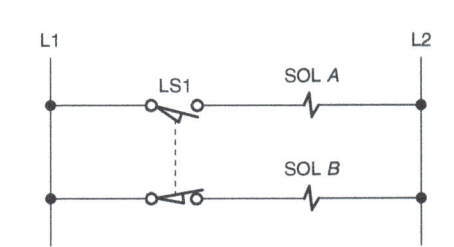

Figura 5.54 Programa para o Problema 6.

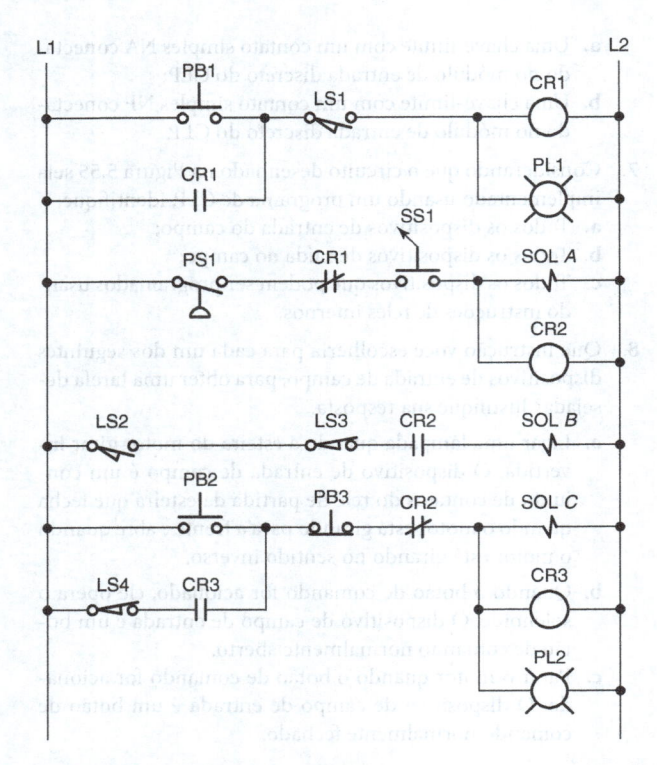

Figura 5.55 Circuito para o Problema 7.

d. Quando a chave-limite é fechada, desencadeia uma instrução LIGA. O dispositivo de campo de entrada é uma chave-limite que armazena um 1 no bit na tabela-verdade quando fechada.

9. Escreva o programa na lógica ladder necessário para implementar cada uma das seguintes condições (considere que as entradas *A*, *B* e *C* sejam chaves de alavanca normalmente abertas):

   a. Quando a entrada *A* for fechada, LIGA e mantém LIGADA a saída *X* e *Y* até que *A* seja aberta;
   b. Quando a entrada *A* for fechada e a entrada *B* ou *C* for aberta, LIGA a saída *Y* até que *A* seja aberta; caso contrário, deve ser DESLIGADA;
   c. Quando a entrada *A* for fechada ou aberta, LIGA a saída *Y*;
   d. Quando a entrada *A* for fechada, LIGA a saída *X* e DESLIGA a saída *Y*.

Fundamentos do desenvolvimento de diagramas e programas em lógica ladder para o CLP

6

Objetivos do capítulo

Após o estudo deste capítulo, você será capaz de:

6.1 Identificar as funções do controle eletromagnético com relés, contatores e partidas de motores.
6.2 Identificar as chaves comumente encontradas nas instalações de CLP.
6.3 Explicar o funcionamento dos sensores comumente encontrados nas instalações de CLP.
6.4 Explicar o funcionamento dos dispositivos de controle comumente encontrados nas instalações de CLP.
6.5 Descrever o funcionamento dos relés eletromagnéticos com trava e a instrução de trava e destrava programada no CLP.
6.6 Comparar o processo de controle sequencial e combinacional.
6.7 Converter o diagrama ladder fundamental a relé para programas na lógica ladder.
6.8 Programar o CLP diretamente a partir de uma descrição narrativa.

Para facilitar o entendimento, torna-se necessária a comparação dos programas na lógica ladder com os esquemas a relé. Este capítulo dá exemplos de como os esquemas tradicionais a relé são convertidos em programas com a lógica ladder. Aqui, é possível saber mais sobre uma grande variedade de dispositivos de campo comumente usados em conexão com os módulos de E/S.

6.1 Controle a relés eletromagnéticos

A finalidade original dos CLPs foi a de substituir os relés eletromagnéticos por um sistema de chaveamento em estado sólido que poderia ser programado. Embora o CLP tenha substituído a maior parte do controle lógico a relé, os relés eletromagnéticos ainda são utilizados como dispositivo auxiliar para chavear os dispositivos E/S de campo. O controlador programável é projetado para substituir os relés, fisicamente pequenos, de controle que tomam a decisão lógica, mas não são projetados para funcionar com correntes ou tensões elevadas (Figura 6.1). Além disso, um entendimento do funcionamento e terminologia do relé eletromagnético é importante para converter corretamente os diagramas esquemáticos para programas na lógica ladder.

Um relé elétrico é uma chave magnética, que normalmente tem apenas uma bobina, mas pode ter qualquer quantidade de contatos diferentes. A Figura 6.2 mostra o funcionamento típico de um relé de controle. Sem

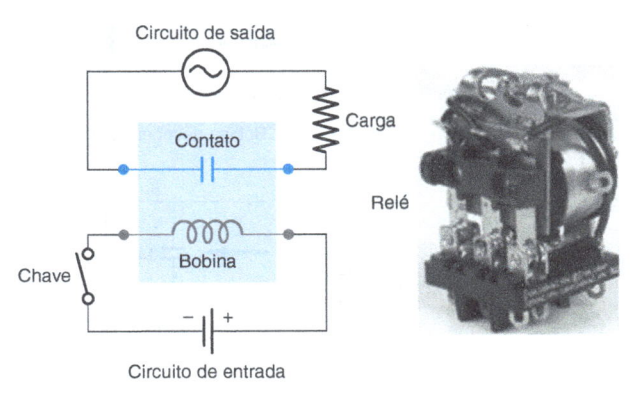

Figura 6.1 Relé de controle eletromagnético.

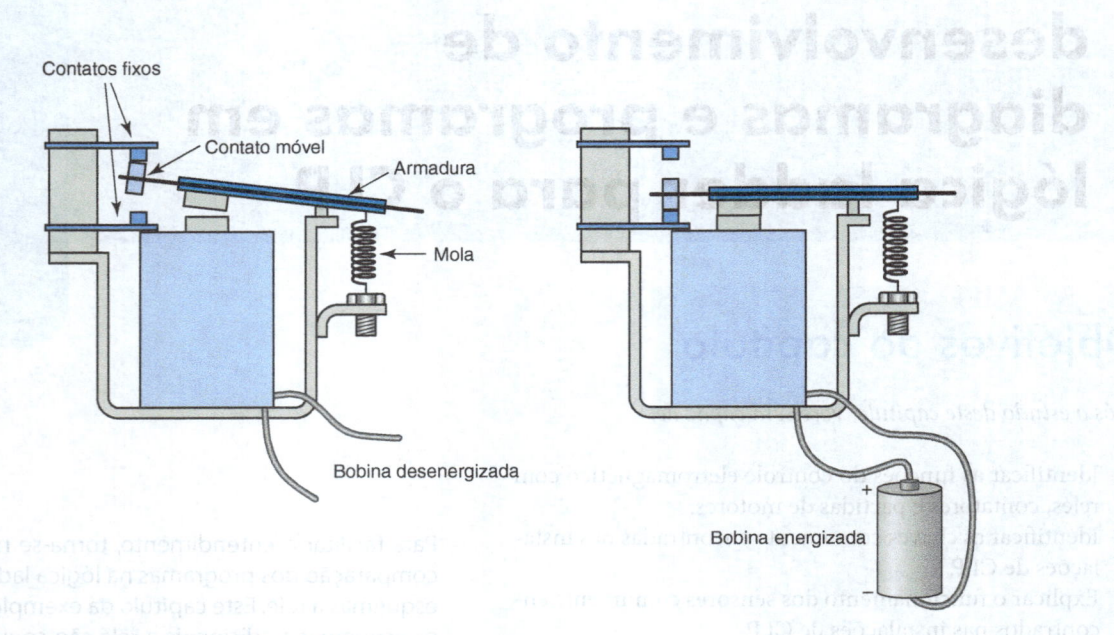

Figura 6.2 Funcionamento do relé.

corrente circulando na bobina (desenergizada), a armadura se mantém afastada do núcleo da bobina por uma mola de tensão; mas energizada, ela produz um campo eletromagnético, que, por sua vez, causa o movimento físico da armadura, o qual faz os pontos de contato do relé abrir ou fechar. A bobina e os contatos são isolados um do outro; portanto, em condições normais, não existirá um circuito elétrico entre eles.

A Figura 6.3 mostra o símbolo utilizado para representar um relé de controle. Os contatos são representados por um par de linhas paralelas e são identificados com a bobina por meio de letras; a letra M indica frequentemente as bobinas dos contatores para comando de motor, enquanto a letra CR é usada para os relés de controle. Os *contatos normalmente abertos* (NA) são definidos como aqueles que estão abertos quando não há corrente circulando na bobina, mas que se *fecham* imediatamente após a bobina conduzir uma corrente ou ser energizada. Os *contatos normalmente fechados* (NF) estão *fechados* quando a bobina está desenergizada e abrem quando a bobina é energizada. Cada contato é desenhado geralmente em estado normal (com a bobina desenergizada).

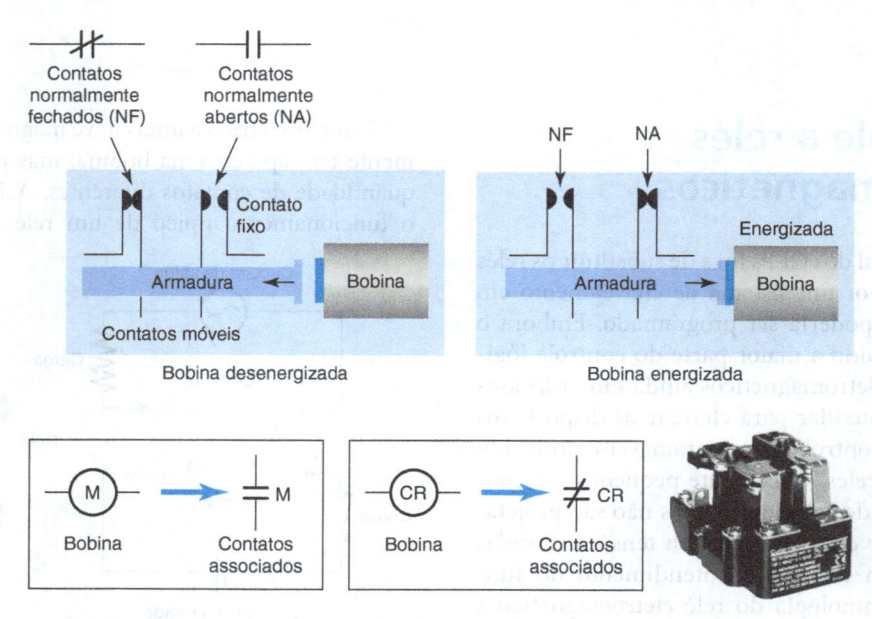

Figura 6.3 Relé com contatos normalmente abertos e normalmente fechados.
Fonte: Cortesia da Eaton Corporation. www.eaton.com

A Figura 6.4 mostra um relé de controle típico utilizado para controlar dois sinaleiros luminosos. O funcionamento do circuito pode ser resumido da seguinte maneira:

- Com a chave aberta, a bobina CR está desenergizada.
- O circuito do sinaleiro verde (indicado na figura por G, do inglês green) está completo por meio do contato normalmente fechado e será ligado.
- Ao mesmo tempo, o circuito do sinaleiro vermelho (indicado na figura por R, do inglês red) está aberto pelo contato normalmente aberto e será desligado.
- Com a chave fechada, a bobina está energizada.
- O contato normalmente aberto fecha para chavear, ligando o sinaleiro vermelho.
- Ao mesmo tempo, o contato normalmente fechado abre para chavear, desligando o sinaleiro verde.

As bobinas e os contatos do relé de controle têm valores nominais separados. Aquelas são relacionadas com o tipo de corrente para seu funcionamento (CC ou CA) e tensão normal de funcionamento, e os contatos são relacionados em termos do valor máximo de corrente que são capazes de conduzir e do nível e tipo de tensão (CC ou CA), e geralmente não são projetados para conduzir correntes ou tensões elevadas, mas para valores nominais entre 5 e 10 ampères, com valor nominal de tensão, na maioria das vezes, para 120 VCA.

6.2 Contatores

Um contator é um tipo especial de relé projetado para funcionar com cargas de potência elevada que estão além da capacidade dos relés de controle. Entre essas cargas podemos citar lâmpadas, aquecedores, transformadores, capacitores e motores elétricos para os quais é fornecida uma proteção contra sobrecarga separadamente ou não requerida. A Figura 6.5 mostra um contator magnético tripolar. Diferentemente dos relés, os contatores são projetados para ligar e desligar circuitos de potência sem serem danificados.

Os controladores programáveis normalmente têm uma capacidade de saída suficiente para operar a bobina do contator, mas não suficiente para operar cargas elevadas diretamente. A Figura 6.6 mostra a aplicação de um CLP utilizado em conjunto com um contator para ligar e desligar uma bomba. O módulo de saída está conectado em série com a bobina para formar um circuito de chaveamento de baixa corrente; os contatos do contator estão conectados em série com o motor da bomba para formar um circuito de chaveamento de corrente elevada.

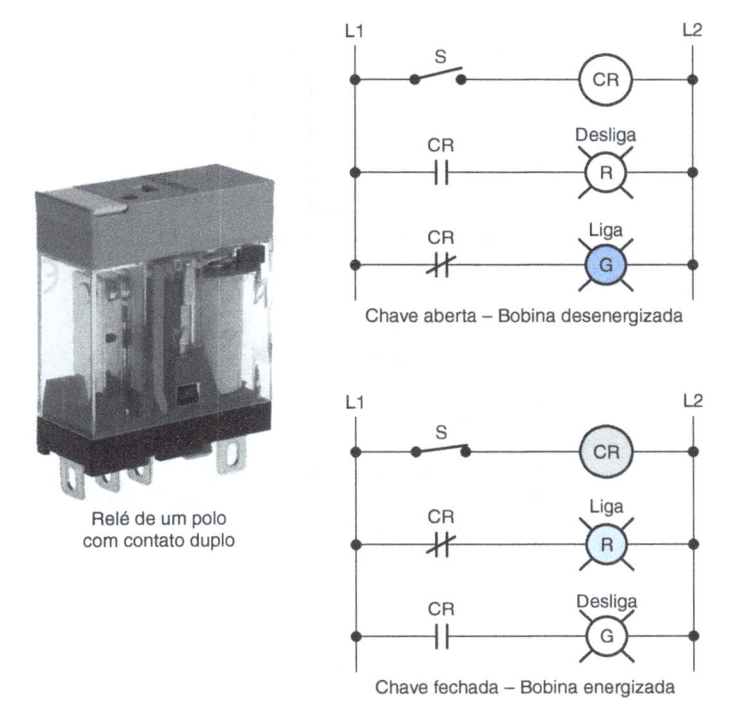

Figura 6.4 Relé de controle usado para controlar dois sinaleiros.
Fonte: Cortesia da Digi-Key Corporation. www.digikey.com

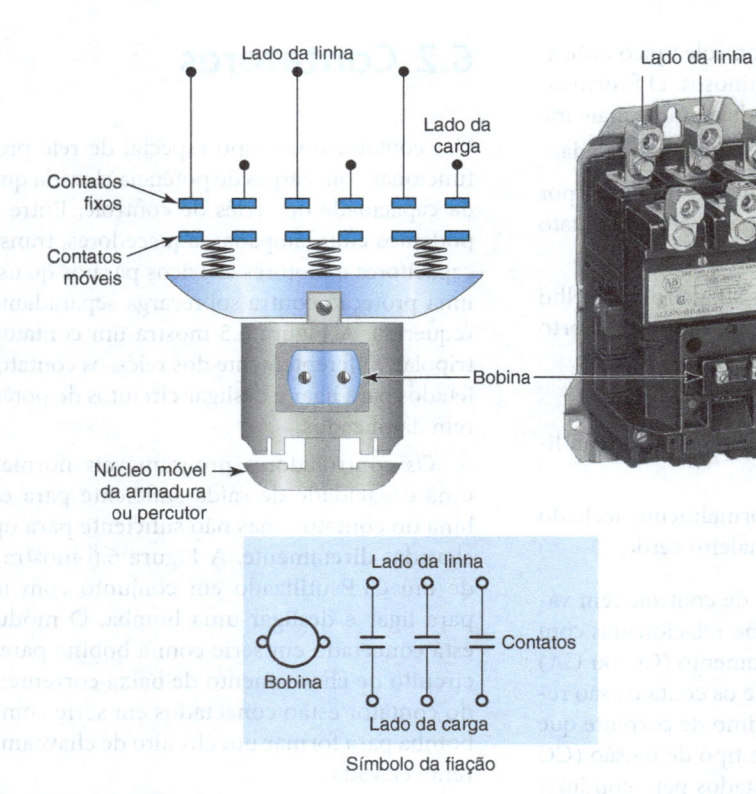

Figura 6.5 Contator magnético tripolar.
Fonte: Imagem usada com a permissão da Rockwell Automation, Inc.

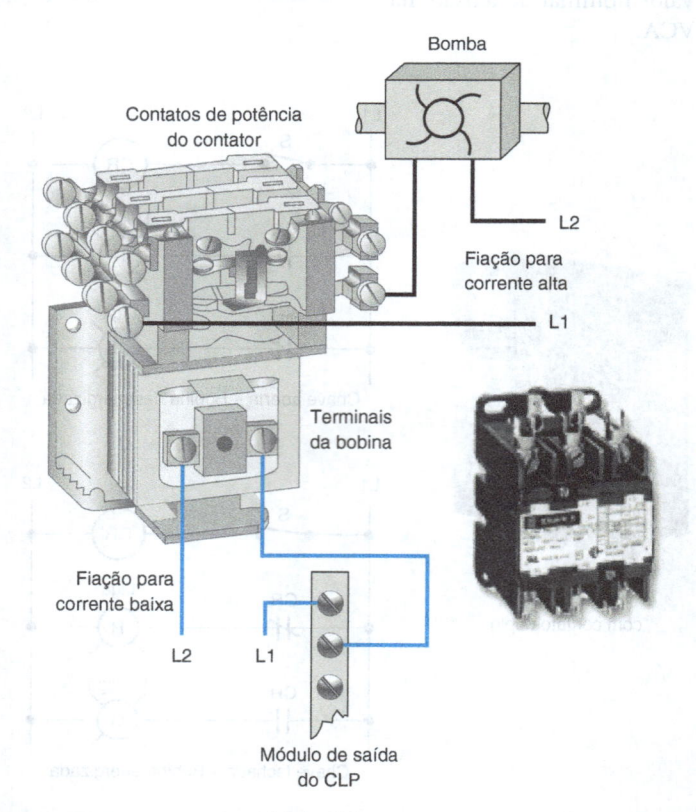

Figura 6.6 Contator usado em conjunto com uma saída do CLP.
Fonte: Este material e direitos autorais associados são propriedade da Schneider Electric e usados com sua permissão.

6.3 Chaves de partida direta para motores

Uma *chave de partida direta para motores* é projetada para fornecer potência a estes. A partida do motor é feita por um contator e um *relé de sobrecarga* acoplado fisicamente e eletricamente, como mostra a Figura 6.7. As funções do relé de sobrecarga podem ser resumidas da seguinte maneira:

- São projetados para atender às necessidades especiais de proteção do circuito de controle do motor.
- Suportam a sobrecarga temporária que ocorre na partida do motor.
- Disparam e desconectam a energia do motor se uma condição de sobrecarga persistir.
- Podem ser rearmados após a correção da condição de sobrecarga.

A Figura 6.8 mostra o diagrama para uma chave de partida direta tripolar. O funcionamento do circuito pode ser resumido da seguinte maneira:

- Quando o botão de PARTIDA for pressionado, a bobina M é energizada, fechando todos os contatos de M normalmente abertos.

- Os contatos M, em série com o motor fecham para completar o caminho da corrente para o motor. Eles são partes do circuito de *força* e devem ser projetados para suportar totalmente a corrente do motor.

- O contato auxiliar M, em paralelo com o botão de partida, fecha para selar o circuito da bobina quando o botão de PARTIDA for liberado. Ele é parte do circuito de *controle* e, como tal, é requerido apenas para conduzir corrente suficiente para energizar a bobina.

- Um relé de sobrecarga (OL) é fornecido para proteger o motor contra correntes excessivas. O contato normalmente fechado do relé de sobrecarga abre automaticamente quando uma corrente de sobrecarga for detectada ao energizar a bobina M e desliga o motor.

As chaves de partida para motores são encontradas no mercado com tamanhos e valores nominais variados, segundo o padrão National Electric Manufacturers Association (NEMA). Quando um CLP precisa controlar um motor de potência, deve trabalhar em conjunto com uma chave de partida direta, como mostra a Figura 6.9. Os requerimentos de potência para a bobina da chave de partida direta devem estar de acordo com o valor nominal do módulo de saída do CLP. Note que a lógica de controle é determinada e executada pelo programa dentro do CLP, e não pelo arranjo da instalação dos dispositivos de controle da entrada.

Figura 6.7 Chave de partida direta é um contator acoplado com um relé de sobrecarga.
Fonte: Imagem usada com permissão da Rockwell Automation, Inc.

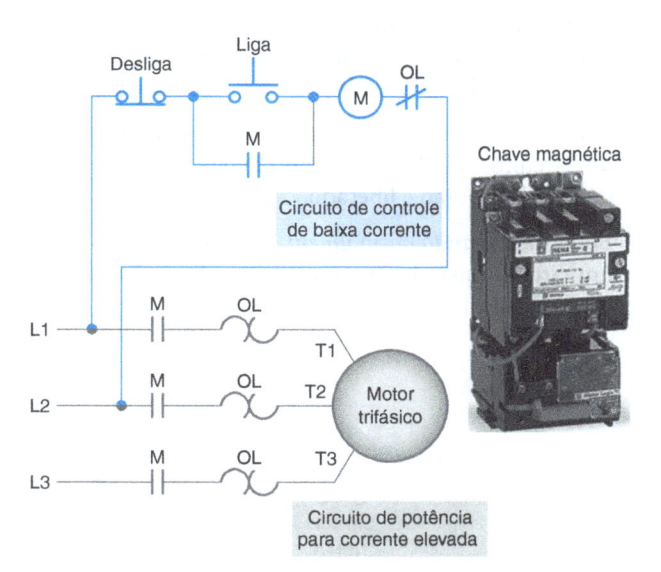

Figura 6.8 Chave magnética de partida direta trifásica.
Fonte: Este material e direitos autorais associados são de propriedade da Schneider Electric e usados com sua permissão.

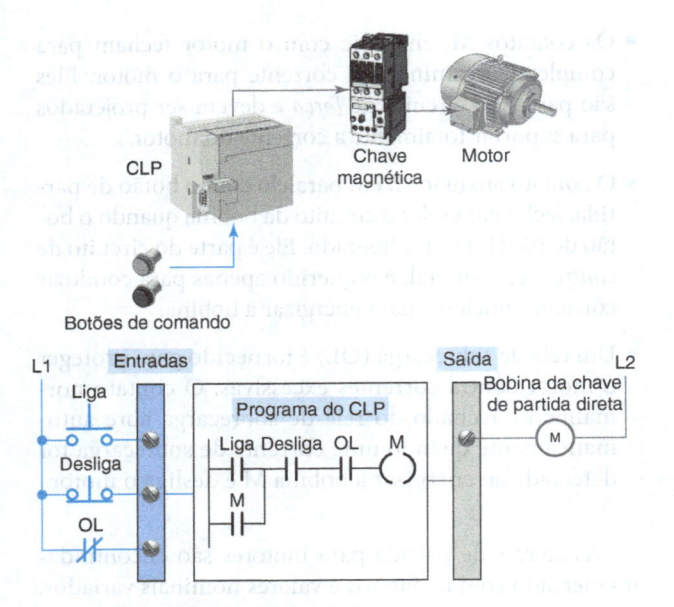

Figura 6.9 Controle com CLP para um motor.

6.4 Chaves operadas manualmente

As *chaves operadas manualmente* são acionadas pelas mãos e incluem as chaves de alavanca, chaves de botões de comando, chaves-faca e chaves seletoras.

As *chaves de botões de comando* (Figura 6.10) são as formas mais comuns de controle manual. Um botão de comando funciona abrindo e fechando os contatos quando são pressionados. A seguir, são descritos alguns tipos de chaves com botões:

- *Botão de comando normalmente aberto (NA)*, que fecha um circuito quando pressionado e volta à posição aberta quando o botão é liberado.
- *Botão de comando normalmente fechado (NF)*, que abre um circuito quando pressionado e volta à posição fechada quando o botão é liberado.
- *Botão de comando com contato normalmente fechado conjugado com normalmente aberto*, em que a seção superior é um contato NF, e a seção inferior é um contato NA. Quando o botão é pressionado, a seção superior abre primeiro o contato NF antes de a seção inferior do botão fechar seu contato.

A *chave seletora* é outro tipo comum de chave operada manualmente, e sua diferença principal de um botão de comando está no operador do mecanismo. Ela é acionada por um giro no operador ou acionador, no sentido horário ou anti-horário, em vez de ser pressionado, para abrir e fechar os contatos do bloco de contatos acoplado. As chaves seletoras podem ter duas ou mais posições de seleção (ver, na Figura 6.11, uma chave seletora de três posições), com ambas mantendo a posição do contato ou mola de retorno para estabelecer uma operação de contato momentâneo.

As chaves encapsuladas com duas linhas (DIP) são chaves pequenas projetadas para serem montadas nos módulos das placas de circuito impresso (Figura 6.12). Os pinos ou terminais nos botões da chave DIP são de mesmo tamanho e espaçamento (passe) do encapsulamento dos circuitos integrados (CI). As chaves DIP individuais podem ser de alavanca, curvadas para balanço ou do tipo deslizante. As chaves DIP utilizam ajustes binários (liga/desliga) para acertar os parâmetros para um módulo em particular; por exemplo, a faixa de tensão de entrada de um determinado módulo pode ser selecionada por meio de chaves DIP localizadas na parte de trás do módulo.

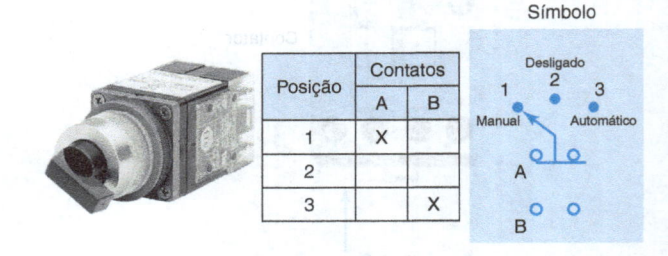

Figura 6.11 Chave seletora de três posições.
Fonte: Imagem usada com a permissão da Rockwell Automation, Inc.

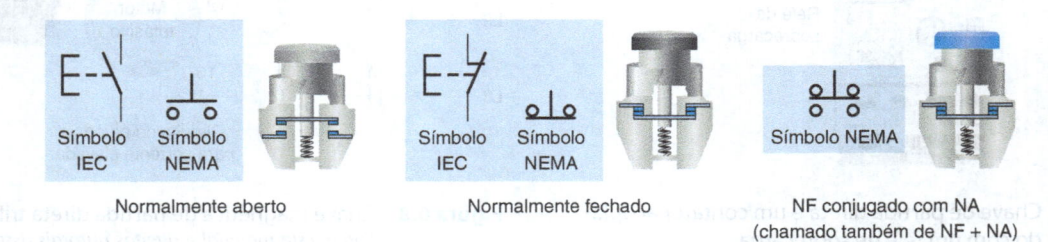

Figura 6.10 Tipos de chaves com botões comumente utilizados.

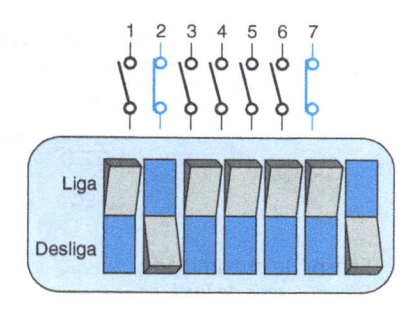

Figura 6.12 Chave DIP.

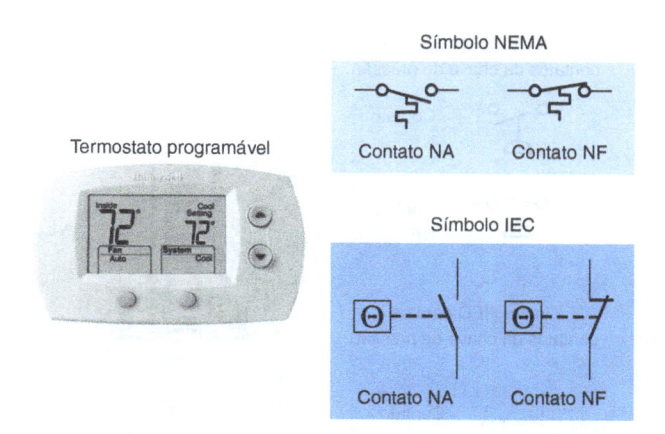

Figura 6.14 Chave de temperatura.

6.5 Chaves operadas mecanicamente

Uma *chave operada mecanicamente* é controlada automaticamente por fatores como pressão, posição ou temperatura. A *chave de fim de curso*, ou *chave-limite* (Figura 6.13), é um dispositivo muito comum no controle industrial, projetada para funcionar apenas quando um determinado limite for alcançado, e geralmente é acionada pelo contato com um objeto como um excêntrico (cames). Esses dispositivos têm a função de um operador humano e são sempre utilizados nos circuitos de controle dos processos da máquina para estabelecer uma partida, parada ou inversão de um motor.

A *chave de temperatura*, ou *termostato* (Figura 6.14), é utilizada para detectar variações na temperatura e, embora existam muitos tipos disponíveis, elas são acionadas por uma variação específica na temperatura ambiente; abrem ou fecham quando determinada temperatura é atingida. Entre as aplicações industriais para esses dispositivos podemos citar a manutenção de uma desejada faixa de temperatura do ar, gases, líquidos ou sólidos.

As *chaves de pressão* (Figura 6.15) são utilizadas para controlar a pressão de líquidos e gases, e, embora existam vários tipos diferentes, são todas projetadas para acionar (abrir ou fechar) seus contatos quando uma pressão especificada for atingida. Elas podem ser operadas pneumaticamente (ar comprimido) ou hidraulicamente (líquido). Geralmente, foles ou diafragmas pressionam uma microchave, causando a abertura ou o fechamento desta.

As *chaves de nível* são utilizadas para detectar os níveis de líquidos em reservatórios e fornecer um controle automático para motores que transferem líquidos de depósitos ou tanques, além de serem utilizadas para abrir ou fechar as válvulas solenoides nas tubulações para controle de fluidos. A chave-boia mostrada na Figura 6.16 é um tipo de chave de nível que tem um peso que a mantém na vertical, virada para baixo, de modo que, com o aumento do líquido, a chave flutua e fica na horizontal, fechando seus contatos internos.

6.6 Sensores

Os *sensores* são utilizados na detecção e quase sempre na medição de algumas grandezas. Eles convertem as variações mecânica, magnética, térmica, óptica e química em tensões e correntes; são classificados pela grandeza que podem medir e são importantes no controle de processo moderno de fabricação.

Figura 6.13 Chave-limite operada mecanicamente.
Fonte: Cortesia da Eaton Corporation.

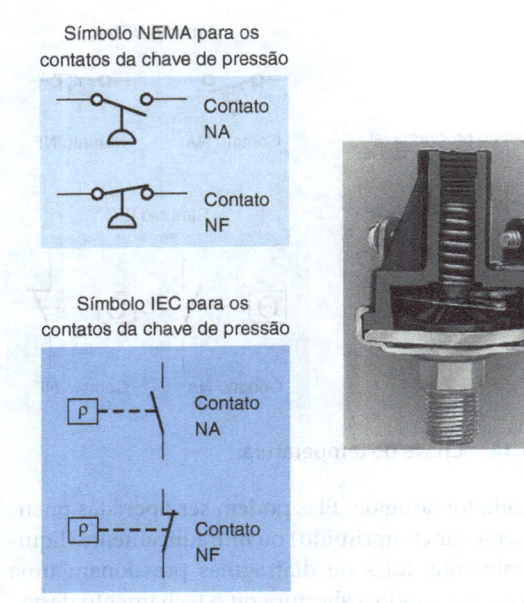

Figura 6.15 Chave de pressão.
Fonte: Cortesia da Honeywell.
www.Honeywell.com

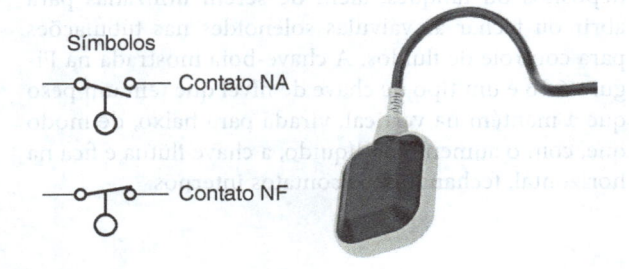

Figura 6.16 Chave de nível do tipo boia.
Fonte: Cortesia da Dwyer Instruments.

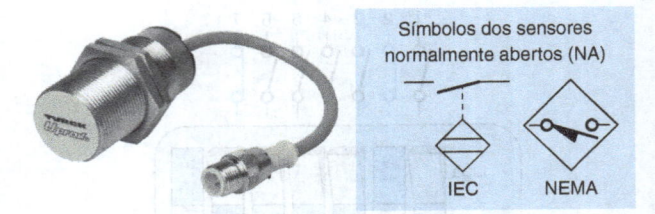

Figura 6.17 Sensor de proximidade.
Fonte: Cortesia da Turck Inc.
www.turck.com

Sensor de proximidade

Os sensores de proximidade (Figura 6.17) são dispositivos pilotos que detectam a presença de objetos, geralmente chamados de alvo, *sem que haja um contato físico*. Os dispositivos de estado sólido são blindados para proteger contra vibrações excessivas, líquidos, químicas e agentes corrosivos encontrados nos ambientes industriais. Os sensores de proximidade são utilizados quando:

- O objeto que está sendo detectado é muito pequeno, leve ou macio para operar uma chave mecânica.
- São requeridas respostas rápidas, alta taxa de chaveamento, como nas contagens ou aplicações de controle de ejeções.
- O objeto a ser detectado não é metálico, como vidro, plástico e papelões.
- Os ambientes hostis exigirem uma blindagem, melhorando o funcionamento mecânico das chaves.
- São necessárias durabilidade e repetibilidade no funcionamento.
- É requerido um sistema de controle eletrônico rápido e livre de sinais de ruídos.

Eles operam por diferentes princípios, dependendo do tipo de matéria que será detectado. Quando uma aplicação necessita detectar alvos metálicos sem contato, é empregado um *sensor de proximidade tipo indutivo*, que é utilizado para detectar metais ferrosos (contendo ferro) e não ferrosos, como cobre, alumínio e latão ou bronze.

Esses sensores funcionam pelo princípio da indutância elétrica, em que uma corrente flutuante induz uma força eletromotriz (fem) no alvo do objeto. A Figura 6.18 mostra o diagrama de blocos para um sensor de proximidade indutivo, e seu funcionamento pode ser resumido da seguinte maneira:

- O circuito oscilador gera um campo eletromagnético de alta frequência que irradia a partir da ponta do sensor.
- Quando um objeto de metal entra no campo, são induzidas correntes de fuga na superfície do objeto.

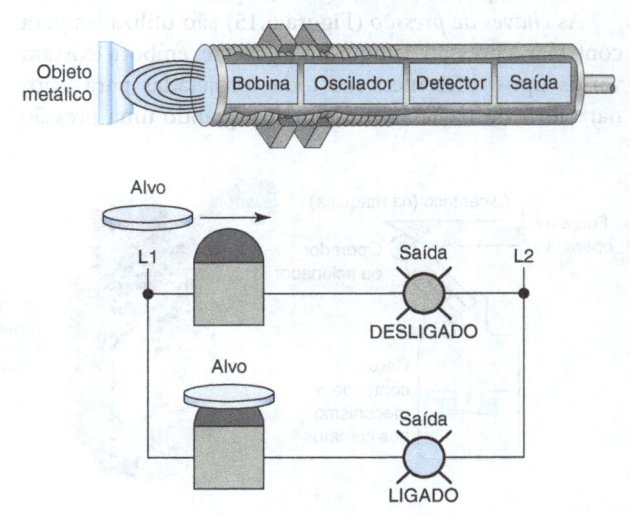

Figura 6.18 Sensor de proximidade indutivo.

- A corrente de fuga no objeto absorve parte da energia radiada do sensor, resultando em uma perda de energia e uma variação da força do oscilador.

- O circuito de detecção do sensor monitora a força de oscilação e dispara uma saída de estado sólido em um nível específico.

- Quando o objeto de metal deixa a área sensível, o oscilador retorna ao seu valor inicial.

A maioria das aplicações funciona com 24 VCC ou 120 VCA. O método de conexão de um sensor de proximidade varia com o tipo de sensor e sua aplicação. A Figura 6.19 mostra a conexão de um sensor CC com três fios, que tem os terminais ou cabos de linha positivo e negativo conectados diretamente nele. Quando o sensor é acionado, o circuito conecta o cabo de sinal para o lado positivo da linha se o funcionamento for normalmente aberto; se o funcionamento for normalmente fechado, o circuito desconecta o sinal do cabo do lado positivo da linha.

A Figura 6.20 mostra a conexão típica de um sensor de proximidade com dois terminais conectados em série com a carga. Eles são fabricados para uma tensão de alimentação CA ou CC. No estado desligado, deve circular uma corrente, chamada de corrente de fuga, suficiente pelo circuito para manter o sensor ativo; ela pode variar de 1 a 2 mA. Quando a chave for acionada, o sensor conduzirá a corrente normal do circuito de carga.

A Figura 6.21 mostra a faixa de sensibilidade do sensor de proximidade. A histerese é a distância entre o ponto de ajuste, quando o alvo se aproxima da face sensora, e o ponto de liberação, quando o alvo se afasta da face sensora. O objeto deve estar mais próximo para ligar o sensor do que para desligá-lo, e se o alvo está se movendo na direção do sensor, ele terá de mover para um ponto mais próximo. Uma vez ligado o sensor, ele assim permanece até que o alvo se afaste do ponto de liberação. A histerese é necessária para manter os sensores de proximidade livres do repique (chamado também de chattering, um fenômeno que ocorre quando uma chave liga e desliga seu contato rapidamente e repetidamente) quando sujeito a um choque mecânico e vibrações, movimentos lentos próximos do alvo ou distúrbios, como ruído elétrico e desvio na temperatura. A maioria dos sensores de proximidade vem equipada com um LED indicador para verificar a ação de comutação ou chaveamento na saída.

Como resultado da comutação na saída, circula uma pequena corrente de fuga no sensor mesmo quando ela está desligada. De modo similar, quando o sensor está ligado, há uma pequena queda de tensão nos seus terminais de saída. O sensor de proximidade deve ser alimentado continuamente, para que funcione de modo correto. A Figura 6.22 mostra o uso de um resistor de dreno conectado, que permite que haja uma corrente suficiente

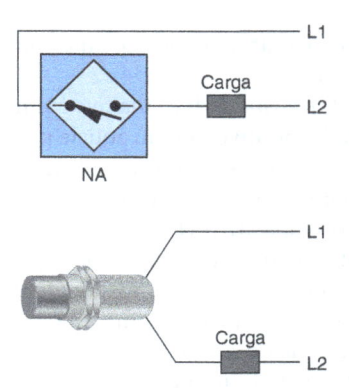

Figura 6.20 Conexão típica de um sensor CC com dois cabos.

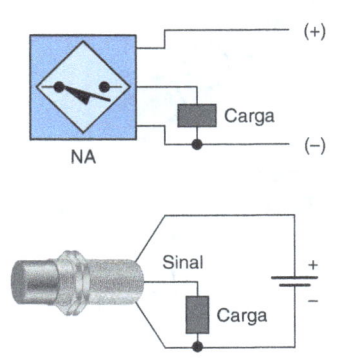

Figura 6.19 Conexão típica de um sensor CC com três cabos.

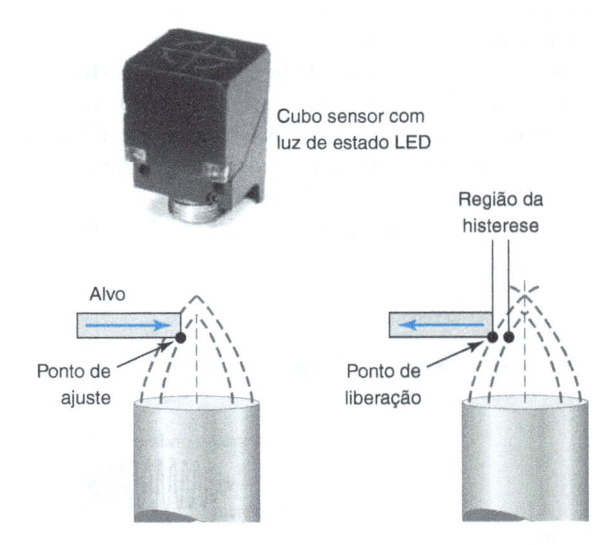

Figura 6.21 Faixa de sensibilidade do sensor de proximidade.
Fonte: Cortesia da Eaton Corporation.
www.eaton.com

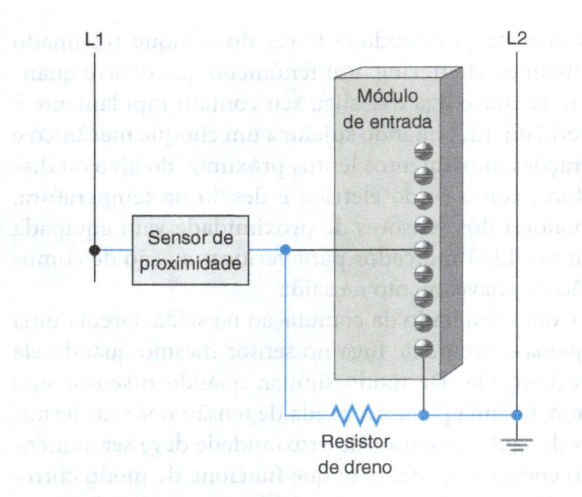

Figura 6.22 Resistor de dreno conectado para alimentar o sensor de proximidade continuamente.

para o sensor operar, mas não o suficiente para ligar a entrada do CLP.

O *sensor de proximidade capacitivo* é similar ao sensor de proximidade indutivo, porém aquele produz um campo eletrostático, em vez de um campo eletromagnético, e é acionado por materiais condutores e isolantes.

Um sensor capacitivo (Figura 6.23) contém um oscilador de alta frequência ao longo da superfície sensora formada por dois eletrodos de metal. Quando o alvo se aproxima dessa superfície, ele entra no campo eletrostático dos eletrodos e altera a capacitância do oscilador. Como resultado, o circuito oscilador começa a oscilar e muda o estado da saída do sensor quando este atinge determinada amplitude. Quando o alvo se afasta do sensor, a amplitude de oscilação diminui, comutando o sensor de volta ao seu estado original.

Os sensores de proximidade capacitivos podem detectar objetos de metal, bem como materiais não metálicos, como papel, vidro, líquidos e tecidos, e geralmente têm uma curta faixa de sensibilidade, cerca de 2,5 cm, independentemente do tipo de material que será detectado; quanto maior a constante dielétrica do alvo, mais fácil

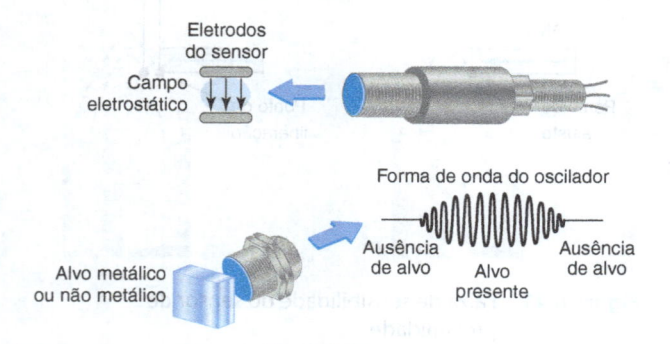

Figura 6.23 Sensor de proximidade capacitivo.

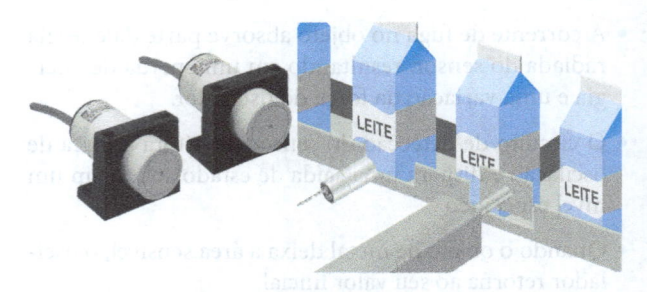

Figura 6.24 Sensor de proximidade capacitivo para detecção de líquidos.
Fonte: Cortesia da Omron Industrial Automation.
www.ia.omron.com

se torna para o sensor capacitivo o detectar, o que possibilita a detecção de materiais dentro de embalagens não metálicas, como mostra a Figura 6.24. Nesse exemplo, o líquido tem uma constante dielétrica muito maior que o papelão da embalagem, possibilitando ao sensor detectá-lo por meio desta. Nesse processo, as embalagens vazias são desviadas automaticamente pelo batedor.

As chaves de proximidade indutivas podem ser acionadas apenas por um metal e são insensíveis a umidade, poeira, sujeira e semelhantes. As chaves de proximidade capacitivas, contudo, podem ser acionadas por qualquer sujeira no ambiente onde estão instaladas. Para aplicações gerais, elas não são realmente uma alternativa, mas um suplemento para as chaves de proximidade indutivas, nos locais em que não existe um metal disponível para o acionamento, como nas máquinas de marcenaria ou carpintaria, para determinação de nível de líquido ou pó com precisão.

Chave magnética reed

Uma *chave magnética reed* é composta de dois contatos de lâminas finas encapsulados por um bulbo de vidro hermeticamente selado preenchido com gás, como mostra a Figura 6.25. Quando um campo magnético é gerado

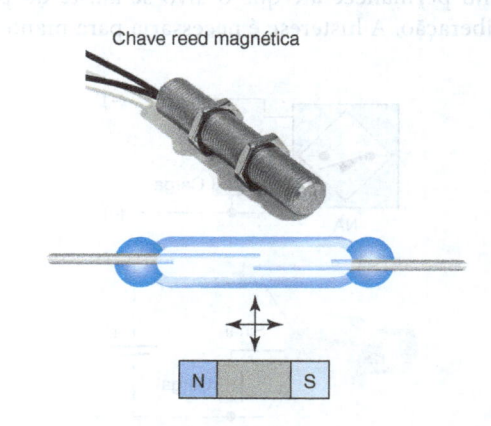

Figura 6.25 Chave reed magnética.
Fonte: Cortesia Reed Switch Developments Corp., usada com autorização.

paralelo à chave reed, o bulbo se torna um portador da vazão do circuito magnético. A sobreposição das pontas das lâminas se tornam polos magnéticos que se atraem, e se a força magnética entre estes for suficiente para vencer a força de restauração dos contatos, eles serão atraídos, acionando a chave reed. Pelo fato de os contatos serem selados, eles são imunes a pó, umidade e fumaça; logo, sua expectativa de vida útil é alta.

Sensores de luz

A *célula fotovoltaica* e a *fotocondutiva* (Figura 6.26) são dois exemplos de sensores de luz. A primeira, também chamada de *solar*, reage à luz para converter sua energia diretamente em energia elétrica; a segunda, também chamada de *fotorresistiva*, reage à luz pela variação da resistência da célula.

Um *sensor fotoelétrico* é um dispositivo de controle que funciona pela detecção de um feixe de luz visível ou invisível e responde a uma variação na intensidade da luz recebida. Ele é composto de dois componentes básicos: um transmissor (fonte de luz) e um receptor (sensor), como mostra a Figura 6.27, que podem ser encapsulados juntos ou em unidades separadas.

O funcionamento básico desse sensor pode ser resumido da seguinte maneira:

- O transmissor contém uma fonte de luz, normalmente um LED junto com um oscilador.
- O oscilador modula ou liga e desliga o LED em uma determinada taxa de período.
- O transmissor envia esse pulso de luz modulado para o receptor, que o decodifica e comuta o dispositivo de saída, o qual está interconectado com a carga.

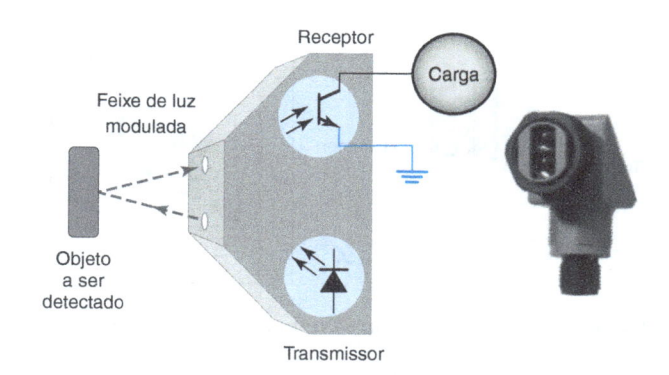

Figura 6.27 Sensor fotoelétrico.
Fonte: Cortesia da SICK, Inc.
www.sick.com

- O receptor é sintonizado com a modulação da frequência de oscilação do seu emissor e apenas amplificará o sinal de luz que pulsa na frequência especificada.
- A maioria dos sensores permite o ajuste da quantidade de luz capaz de mudar os seus estados de saída.
- O tempo de resposta está relacionado à frequência do pulso de luz e pode se tornar importante quando uma aplicação precisar detectar objetos muito pequenos, objetos que se movem em uma taxa maior de velocidade ou ambos.

A técnica de exploração ou varredura ou varredura se refere ao método utilizado por sensores fotoelétricos para detectar um objeto. A técnica de exploração ou varredura por *feixe*, chamada também de exploração ou varredura direta, coloca o transmissor e o receptor em uma linha direta um com o outro, como mostra a Figura 6.28. Pelo fato de o feixe de luz viajar em um sentido apenas, a exploração ou varredura por feixe de luz proporciona

(a) Célula solar fotovoltaica

(b) Célula fotocondutiva

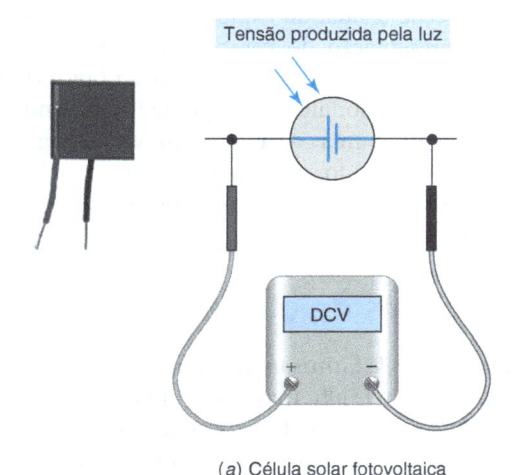

Figura 6.26 Células fotovoltaica e fotocondutiva.

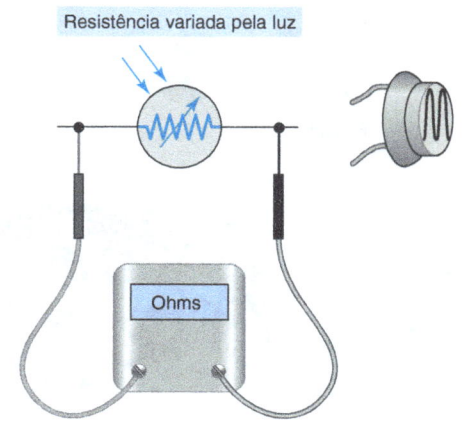

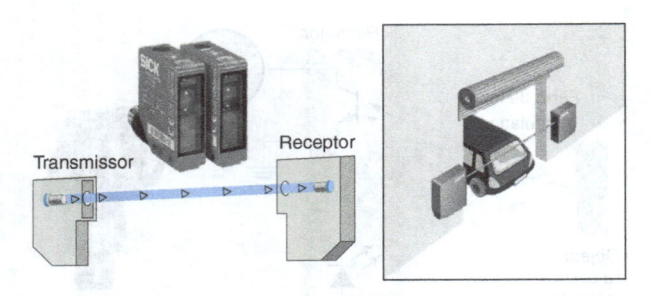

Figura 6.28 Exploração ou varredura por feixe.
Fonte: Cortesia SICK, Inc.
www.sick.com

uma sensibilidade de longo alcance. Geralmente, um dispositivo de abertura de porta de garagem tem um sensor fotoelétrico por feixe próximo ao solo, em toda a largura da porta, que detecta se não há algo no caminho da porta quando ela estiver se fechando.

Em uma exploração ou varredura *retrorreflexiva*, o transmissor e o receptor estão alojados no mesmo encapsulamento, o que requer o uso de um refletor ou uma fita refletora montada sobre o sensor para refletir a luz de volta para o receptor. Essa exploração é projetada para ser acionada quando um objeto interrompe o feixe de luz, normalmente mantido entre o transmissor e o receptor, como mostra a Figura 6.29. Diferentemente da aplicação por feixe, os sensores retrorreflexivos são utilizados para aplicações de médio alcance.

As fibras ópticas não são consideradas uma técnica de exploração ou varredura, mas sim outro método de aplicação para transmissão de luz. Os *sensores de fibra óptica* utilizam um cabo flexível contendo fibras finas que conduzem a luz do emissor até o receptor, como mostra a Figura 6.30. Os sistemas de sensor de fibra óptica são completamente imunes a todas as formas de interferências elétricas e o fato de uma fibra óptica não conter nenhuma parte móvel e transportar apenas a luz elimina a possibilidade

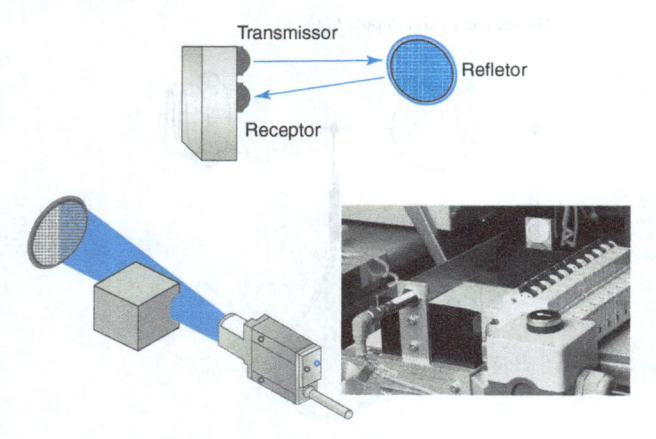

Figura 6.29 Exploração ou varredura retrorreflexiva.
Fonte: Cortesia ifm efector.
www.ifm.com/us

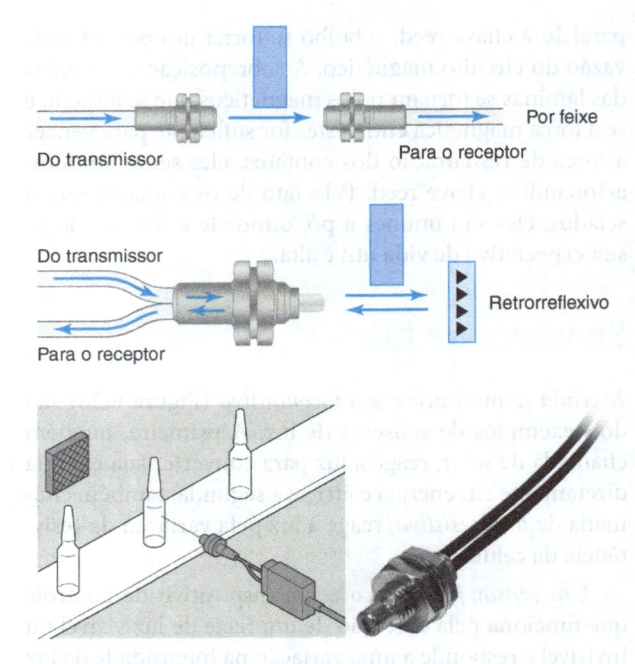

Figura 6.30 Sensores de fibra óptica.
Fonte: Cortesia da Omron Industrial Automation.
www.ia.omron.com

de ocorrência de faíscas, tornando seu uso seguro mesmo em ambientes mais hostis, como refinarias que produzem gases, em caixas de grãos, mineração, fabricação de produtos farmacêuticos e processamento químico.

A tecnologia de *código de barras* é amplamente utilizada na indústria para coletar dados de modo rápido e preciso. Os *exploradores de código de barras* são os olhos do sistema de coleta de dados, e uma fonte de luz dentro do explorador ilumina o símbolo do código de barras, que absorve a luz, e os espaços a refletem; um fotodetector coleta esta luz na forma de um padrão de sinal eletrônico, representando o símbolo impresso; e o decodificador recebe o sinal do explorador e converte estes dados na representação do caractere do código do símbolo. A Figura 6.31 mostra uma aplicação típica do CLP que envolve um módulo de código de barras lendo o código de barras em uma caixa que se move ao longo da esteira. O CLP é utilizado, então, para desviar as caixas das linhas de produtos apropriados de acordo com os dados lidos do código de barras.

Sensores de ultrassom

Um *sensor de ultrassom* funciona enviando sons em forma de onda de alta frequência em direção ao alvo e medindo o tempo que decorre até que os pulsos retornem. O tempo que leva para esse eco retornar ao sensor é diretamente proporcional à distância ou à altura do objeto, pois o som tem uma velocidade constante.

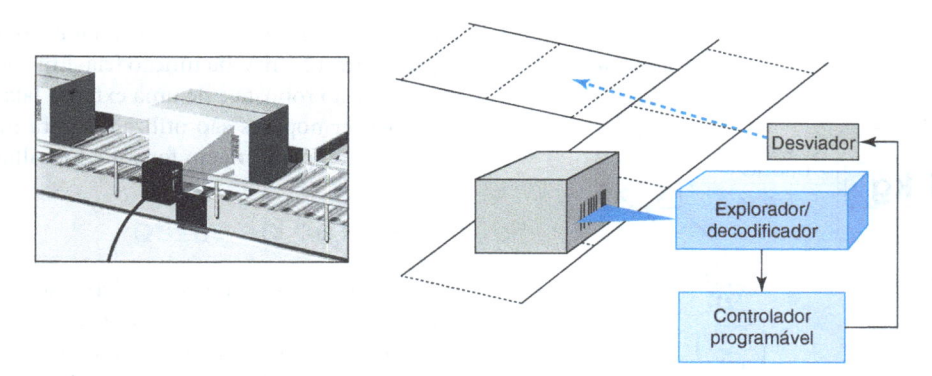

Figura 6.31 Aplicação de código de barras para o CLP.
Fonte: Cortesia Keyence Canada, Inc.

A Figura 6.32 mostra uma aplicação prática em que o retorno do sinal do eco é eletronicamente convertido em uma saída de 4 a 20 mA, que fornece uma taxa de vazão monitorada para dispositivos de controle externo. O funcionamento desse processo pode ser resumido da seguinte maneira:

- Os valores de 4 a 20 mA representam o alcance da medição do sensor.
- O valor de 4 mA é geralmente colocado próximo da parte de baixo do tanque vazio, ou à maior distância medida pelo sensor.
- O valor de 20 mA geralmente é colocado próximo do topo do tanque cheio, ou à menor distância medida pelo sensor.
- O sensor ultrassônico gerará um sinal de 4 mA quando o tanque estiver vazio, e um sinal de 20 mA quando o tanque estiver cheio.
- Os sensores ultrassônicos podem detectar objetos sólidos, fluidos, grãos e têxteis. Além disso, permitem a detecção de objetos diferentes, independentemente da corrente e da transparência, e, portanto, são ideais para o monitoramento de objetos transparentes.

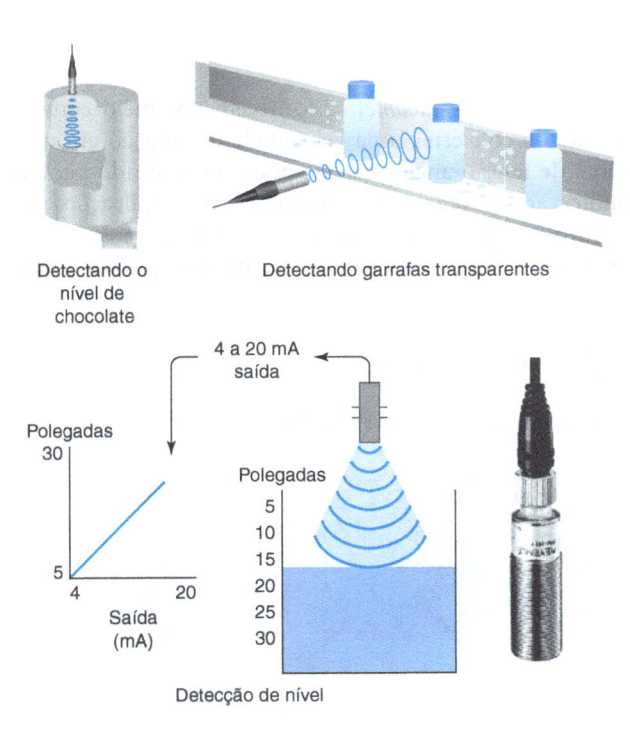

Figura 6.32 Sensor ultrassônico.
Fonte: Cortesia da Keyence Canada, Inc.

Sensores de tensão mecânica e peso

Um *sensor de tensão mecânica* (strain gauge) converte um sinal de tensão mecânica em um sinal elétrico. Ele se baseia no princípio de que a resistência de um condutor varia com seu comprimento e com a área da seção transversal. A força aplicada no sensor causa sua deformação, que distorce também as suas medidas físicas, variando sua *resistência*. Tal variação na resistência é parte de um circuito em ponte que detecta pequenas variações na resistência do sensor. As *células de carga do sensor* são feitas geralmente de aço e *strain gauges* sensíveis. Como são carregadas, o metal alonga ou comprime ligeiramente, movimento que é detectado e traduzido pelo strain gauge em um sinal de tensão variável. Existem muitas células de carga disponíveis, com várias formas e medidas, e suas faixas de medições e sensibilidades vão desde gramas até milhões de quilogramas. Strain gauges que baseiam-se em célula de carga são extensivamente utilizados em aplicações de pesagem similar à mostrada na Figura 6.33.

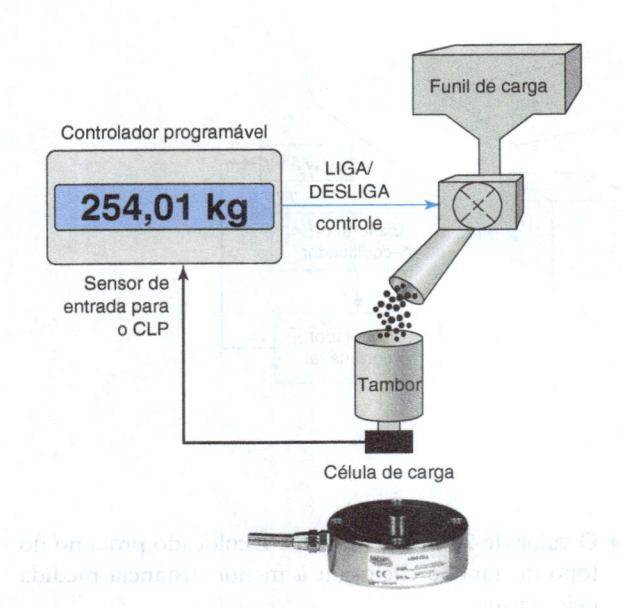

Figura 6.33 Célula de carga do sensor de tensão mecânica (strain gauge).
Fonte: Cortesia da RDP Group.

Sensores de temperatura

O termopar é o sensor de temperatura mais utilizado e funciona com base no princípio de que, quando dois metais diferentes são soldados (junção), é gerada uma tensão CC previsível, que está relacionada com a diferença de temperatura entre a junção quente e a junção fria (Figura 6.34). A junção de aquecimento (junção de medição) é a ponta de um termopar que é exposta ao processo em que se deseja medir a temperatura. A junção fria (junção de referência) é a ponta do termopar que é mantida a uma temperatura constante para fornecer o ponto de referência; por exemplo, um termopar tipo K, quando aquecido a uma temperatura de 300 °C na junção de aquecimento, produzirá 12,2 mV na função fria. Em decorrência de sua construção robusta e de uma extensa faixa de temperaturas, os termopares são utilizados para monitorar e controlar a temperatura em fornos e fornalhas.

Medição de vazão

Muitos processos industriais dependem da medição precisa da vazão de fluido. Embora existam várias formas de medição de vazão de fluido, a abordagem usual é conversão da energia cinética que o fluido tem em algumas outras formas de medidas.

Os medidores de vazão tipo *turbina* são meios comuns de medição e controle de produtos líquidos em operações industriais, químicas e de petróleo. Eles, como os moinhos de vento, utilizam sua velocidade angular (velocidade de rotação) para indicar a velocidade da vazão. A Figura 6.35 mostra o funcionamento de um fluxímetro de turbina, cuja construção básica consiste em um rotor com turbina de paletas instalado em um tubo de vazão, que é girado sob seu eixo na proporção da taxa de vazão do líquido através do tubo. Um sensor de captação magnético é posicionado o mais próximo possível do rotor, que é girado pela vazão do tubo, gerando pulsos na bobina de captação. A frequência dos pulsos é então transmitida para a leitura eletrônica e mostrada em litros por minuto.

Sensores de posição e de velocidade

Os *geradores de tacômetros* fornecem um meio conveniente de converter uma velocidade de rotação em um sinal de tensão analógica que pode ser utilizado para a indicação da rotação de um motor e para aplicações de controles. Um gerador tacômetro é um pequeno gerador de CA ou CC que gera uma tensão de saída proporcional

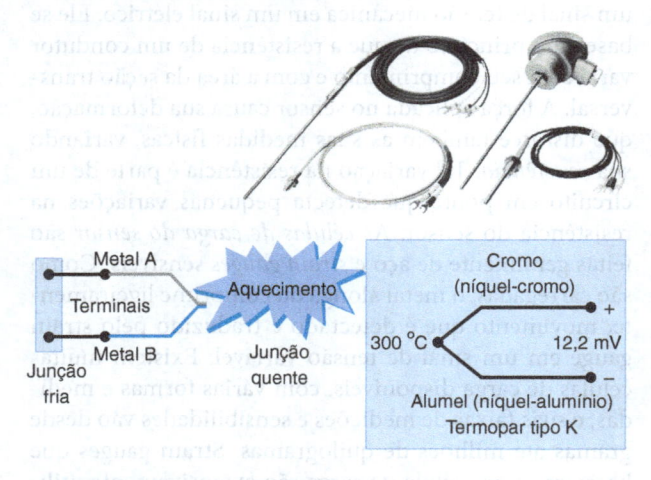

Figura 6.34 Sensor de temperatura termopar.
Fonte: Cortesia da Omron Industrial Automation.
www.ia.omron.com

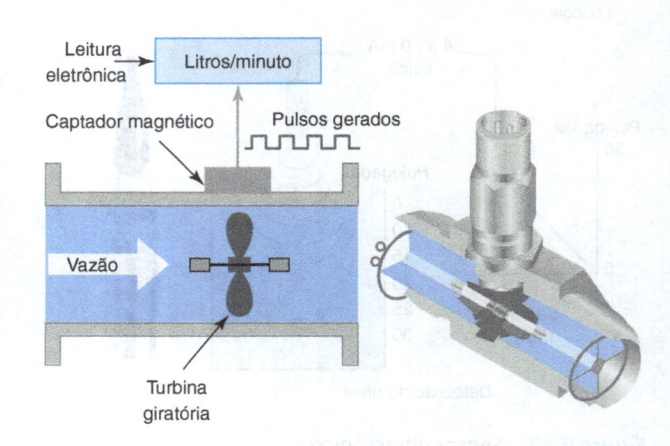

Figura 6.35 Fluxímetro tipo turbina.

à sua rotação, cuja fase, ou polaridades, depende do sentido de rotação do rotor. O gerador de tacômetro CC geralmente possui um campo magnético de excitação permanente; já o campo no gerador de tacômetro CA é excitado por uma fonte CA constante. Nesse caso, o rotor do tacômetro é mecanicamente acoplado, direta ou indiretamente, à carga.

A Figura 6.36 mostra as aplicações no controle de rotação do motor em que o gerador do tacômetro é utilizado para fornecer a realimentação de tensão para o controlador do motor, que é proporcional à rotação deste. O controle do motor e o gerador do tacômetro podem ficar juntos ou separados.

Um *codificador* ou *encoder* é empregado para converter um movimento linear ou angular (rotação) em um sinal digital binário e é utilizado em aplicações nas quais as posições precisam ser determinadas com precisão.

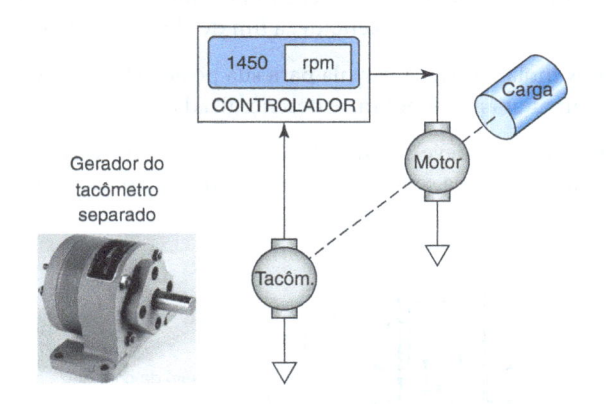

Figura 6.36 Gerador do tacômetro de realimentação.
Fonte: Cortesia da ATC Digitec.

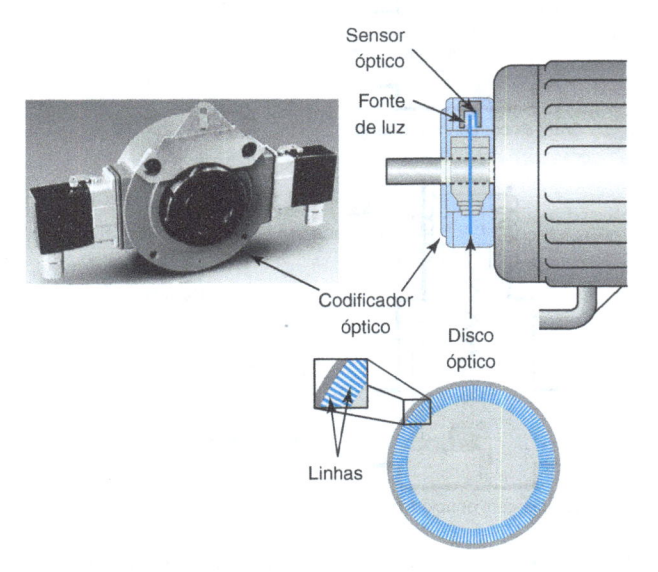

Figura 6.37 Codificador (encoder) óptico.
Fonte: Cortesia Avtron.
www.avtron.com

O codificador óptico mostrado na Figura 6.37 utiliza uma fonte de luz radiante sobre um disco óptico, com linhas ou slots que interrompem o feixe de luz para um sensor óptico. Um circuito eletrônico conta as interrupções dos feixes de luz e gera os pulsos de saída do encoder digital.

6.7 Dispositivos de controle de saída

Uma variedade de dispositivos de controle de saída pode ser operada pela saída de um CLP para controle de processos industriais tradicionais. Esses dispositivos incluem sinaleiros, relés de controle, chaves de partida direta de motores, alarmes, aquecedores, solenoides, válvulas solenoides, pequenos motores e sirenes (sinaleiros sonoros). Símbolos eletrônicos similares são utilizados para representá-las tanto nos esquemas a relé como nos diagramas de conexões das saídas do CLP. A Figura 6.38 mostra os símbolos elétricos comuns utilizados para vários dispositivos de saída, mas embora esses símbolos geralmente sejam aceitos, existem algumas diferenças entre os fabricantes.

Um *acionador*, no sentido elétrico, é qualquer dispositivo que converte um sinal elétrico em um sinal mecânico de movimento. Um solenoide eletromecânico é um acionador que utiliza a energia elétrica para causar magneticamente uma ação mecânica de controle e consiste em uma bobina, um quadro (núcleo fixo) e um percursor (ou núcleo móvel). A Figura 6.39 mostra a construção básica e o funcionamento de um solenoide, que pode ser resumido da seguinte maneira:

- A bobina e o quadro formam a parte fixa.

- Quando a bobina é energizada, produz um campo magnético que atrai o núcleo móvel, puxando-o para dentro do quadro e, assim, criando um movimento mecânico.

- Quando a bobina é desenergizada, o núcleo móvel volta à sua posição normal por meio de gravidade ou pela força de uma mola montada dentro do solenoide.

- O quadro e o núcleo móvel de um solenoide que funciona em CA são construídos com um núcleo laminado em vez de um núcleo maciço de ferro, para limitar as correntes de fuga induzidas pelo campo magnético.

As válvulas solenoides são dispositivos eletromecânicos que trabalham pela passagem de uma corrente elétrica por meio de um solenoide, alterando, desse modo, o estado da válvula; além disso, também são uma combinação de um operador de bobinas solenoide e válvula, que controla a vazão de líquidos, gases, vapor ou outro produto. Normalmente existe um elemento mecânico, geralmente uma mola, que mantém a válvula em sua posição normal de fábrica. Quando energizada eletricamente, abre, fecha ou direciona a vazão do produto.

A Figura 6.40 mostra a construção e o princípio de funcionamento de uma válvula solenoide típica de fluido e seu funcionamento pode ser resumido da seguinte maneira:

- O corpo da válvula contém um orifício em que um disco ou um obturador é posicionado para restringir ou permitir a vazão.

- A vazão através do orifício é restringida ou permitida, dependendo do estado da bobina do solenoide, se energizada ou desenergizada.

- Quando a bobina está energizada, o núcleo é arrastado para a bobina do solenoide, a fim de abrir a válvula.

- A mola retorna a válvula para sua posição fechada original quando a bobina é desenergizada.

- A válvula deve ser instalada no sentido da vazão, de acordo com a seta fundida ao lado do corpo da válvula.

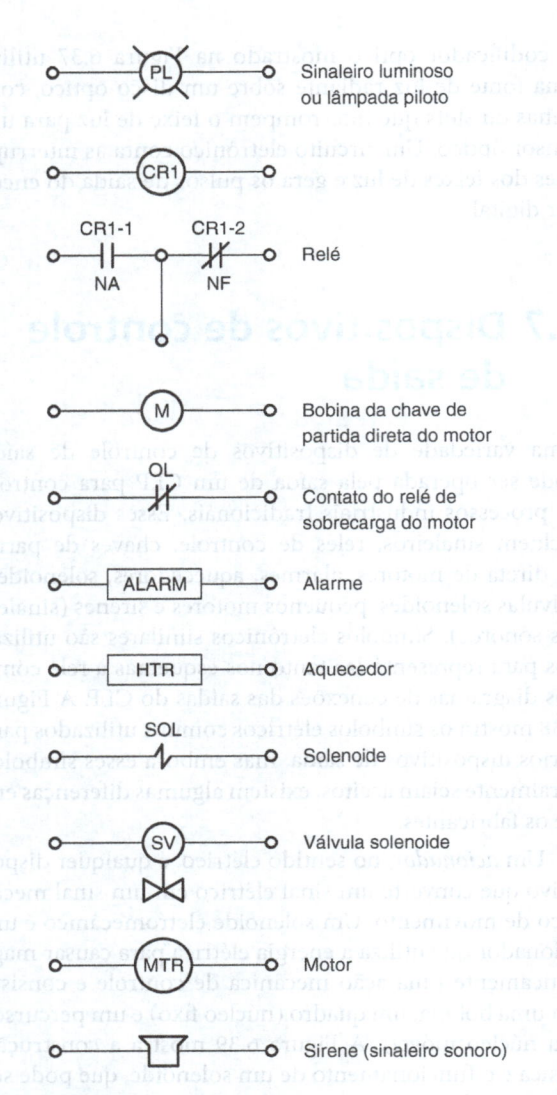

Figura 6.38 Símbolos dos dispositivos de controle da saída.

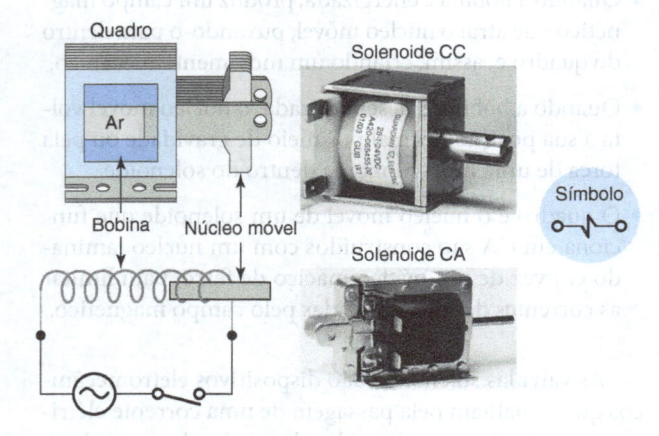

Figura 6.39 Construção e funcionamento de um solenoide.
Fonte: Cortesia Guardian Electric.
www.guardian-electric.com

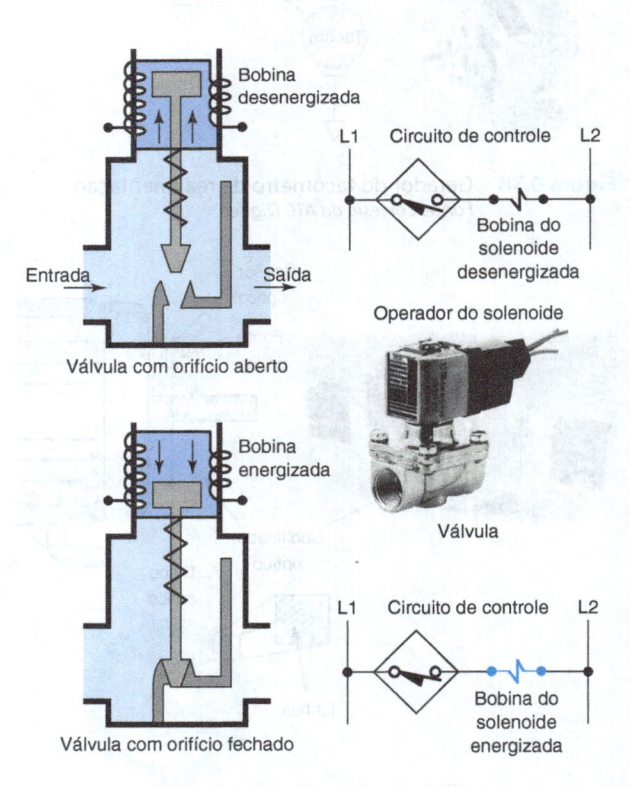

Figura 6.40 Construção e funcionamento da válvula solenoide.
Fonte: Cortesia da ASCO Valve Inc.
www.ascovalve.com

Os *motores de passos* funcionam de modo diferente dos motores normais, que giram continuamente quando é aplicada uma tensão em seus terminais. O eixo de um motor de passo gira em incrementos discretos quando são aplicados pulsos de comando elétrico em uma sequência própria. Cada volta é dividida em números de passos, e um pulso de tensão para cada passo deve ser enviado para o motor. A quantidade de giros é diretamente proporcional ao número de pulsos, e a velocidade do giro é relativa à frequência desses pulsos. Um motor de 1 grau por passo requer 360 pulsos para dar uma volta – os graus por passo são conhecidos como *resolução*. Quando parado, o eixo do motor de passos se mantém inerte em sua posição. Em geral, esses sistemas são utilizados em sistemas de controles de "malha aberta", nos quais o controlador "diz" ao motor qual quantidade de passos girar e com qual velocidade, mas não tem conhecimento da posição do eixo do motor.

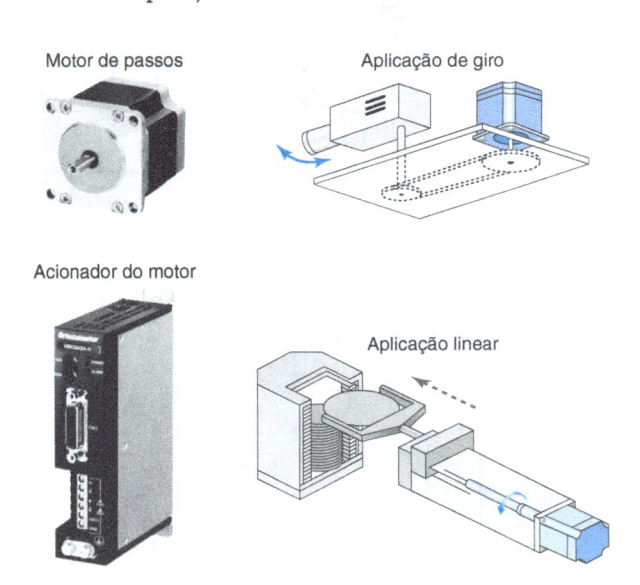

O movimento criado por cada pulso é preciso e repetido, razão pela qual os motores de passos são tão eficientes em aplicações para posicionamento de carga. A conversão de rotação em movimento linear em um acionador linear é obtida pela rosca de uma porca com um parafuso de guia. Geralmente, os motores de passos produzem menos de 1 hp e são, portanto, muito utilizados em aplicações de controle de baixa potência. A Figura 6.41 mostra uma unidade de motor de passos/acionamento junto com aplicações típicas de giro e linear.

Todos os *servomotores* funcionam no modo de malha fechada, enquanto a maioria dos motores de passos funciona no modo de malha aberta. A Figura 6.42 mostra os esquemas de controles em malha fechada e em malha aberta. A *malha aberta* é um controle sem realimentação; por exemplo, quando um controlador informa ao motor de passos quantos passos deve girar e com que velocidade, mas não verifica em que posição o eixo está. O controle em *malha fechada* compara a realimentação da velocidade ou da posição com a velocidade ou posição comandada e gera um comando modificado para diminuir o erro, que é a diferença entre a velocidade ou posição requerida e a velocidade ou posição atual.

A Figura 6.43 mostra um sistema de servomotor em malha fechada. O controlador do motor dirige o funcionamento do servomotor com o envio de sinais de comando para a velocidade e posição para o amplificador, o qual aciona o servomotor. Um dispositivo de realimentação como um codificador (encoder) para a posição e um tacômetro para a velocidade são incorporados dentro do servomotor ou montados remotamente, muitas vezes sobre a mesma carga. Isso proporciona a informação da realimentação da velocidade e da posição que o controlador compara com seu perfil de movimento programado e usa para alterar sua posição e velocidade.

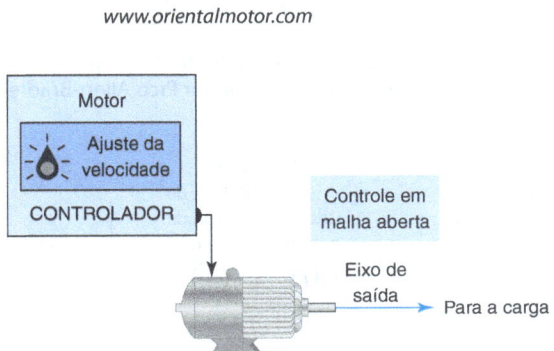

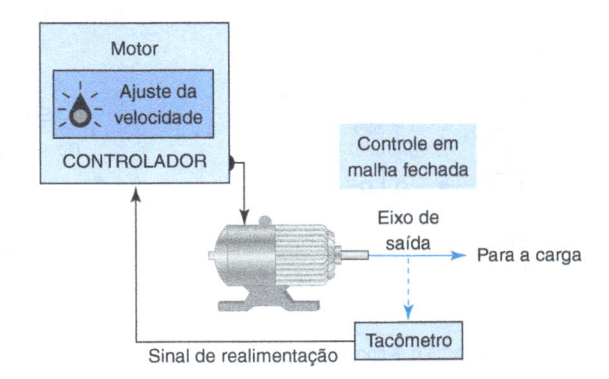

Figura 6.41 Unidade de acionamento/motor de passos.
Fonte: Cortesia da Oriental Motor.
www.orientalmotor.com

Figura 6.42 Sistemas de controle de motor em malha aberta e em malha fechada.

de *desliga*, com um contato normalmente fechado, em série, com um botão *liga* normalmente aberto. O contato auxiliar de selo de partida é conectado em paralelo com um botão *liga* para manter a bobina do contator da chave de partida direta quando o botão for liberado. Quando esse circuito é programado no CLP, os dois botões de liga e desliga são examinados pela condição de fechado, pois ambos podem estar fechados para dar a partida no motor, para que ele funcione.

A Figura 6.45 mostra um diagrama da fiação do CLP implementado com um circuito com selo utilizando o Controlador Pico da Allen-Bradley, o qual é programado com o uso da lógica ladder. Cada elemento da programação pode ser inserido diretamente pelo teclado do Controlador Pico, o qual permite a utilização de um

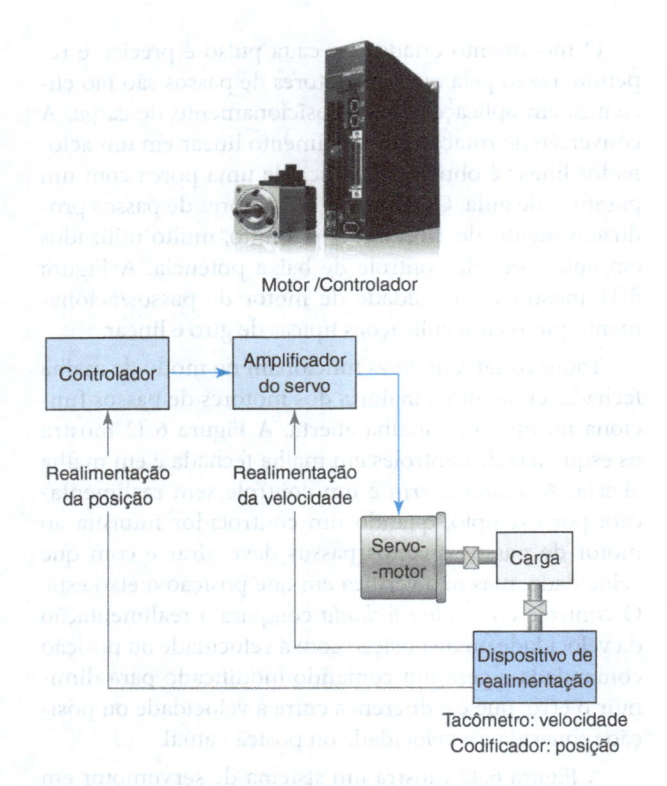

Figura 6.43 Sistema de servomotor em malha fechada.
*Fonte: Cortesia da Omron Industrial Automation.
www.ia.com*

6.8 Circuito com selo

O circuito com *selo* é muito comum tanto em lógica a relé como em lógica de CLP. Essencialmente, o selo no circuito é um método que objetiva manter uma corrente circulando após uma chave ter sido pressionada e, em seguida, liberá-la. Nesse tipo de circuito, o selo é um contato geralmente em paralelo com o dispositivo que é pressionado momentaneamente.

A Figura 6.44 mostra o circuito de liga/desliga o motor, um exemplo típico de circuito com selo. O circuito com os componentes consiste em um botão de comando

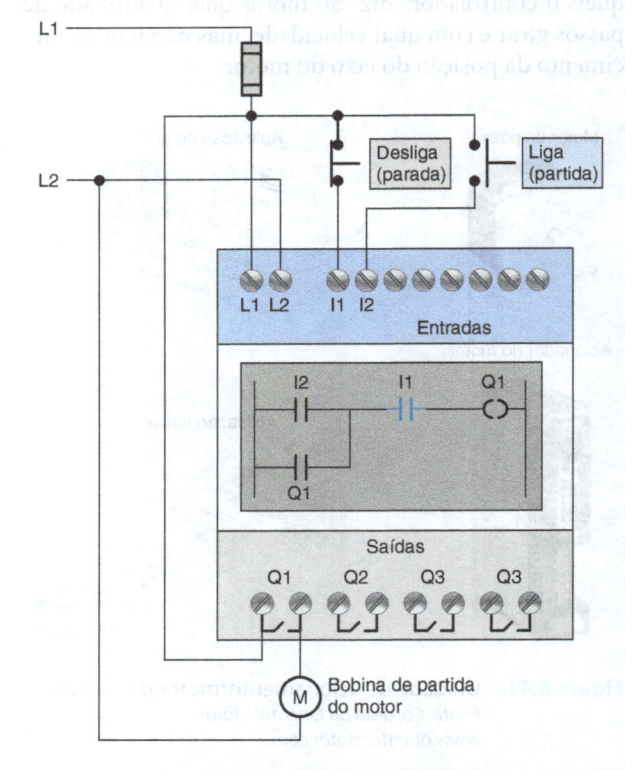

Figura 6.45 Circuito com selo para motor implementado usando um Controlador Pico Allen-Bradley.

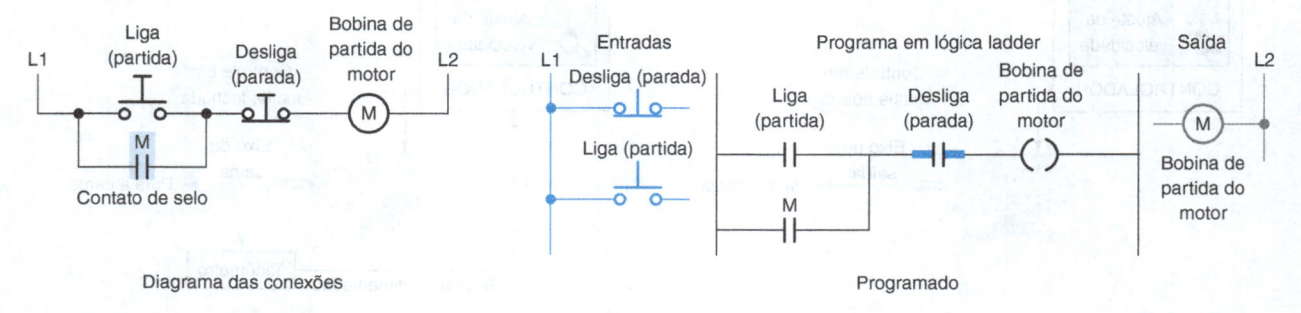

Figura 6.44 Diagrama das conexões e programa do circuito de selo.

computador pessoal para programar o circuito com o uso do ambiente de programação PicoSoft.

6.9 Relés com trava

Os relés eletromagnéticos com trava são projetados para manter o relé fechado após a retirada da alimentação da bobina. Eles são utilizados nos locais em que é necessário que os contatos permaneçam abertos ou fechados mesmo se a bobina for desligada momentaneamente. A Figura 6.46 mostra um relé com trava que usa duas bobinas. A bobina de *trava* é energizada momentaneamente para travar e manter o relé na posição travada; já a bobina de *destrava* ou *libera* é momentaneamente energizada para retirar a trava mecânica e retornar o relé à posição destravada.

A Figura 6.47 mostra o diagrama das conexões do circuito de controle para um relé eletromagnético com trava. Seu funcionamento pode ser resumido da seguinte maneira:

- O contato está mostrado com o relé na posição destravada.
- Nesse estado, o circuito do sinaleiro luminoso está aberto e, portanto, está desligado.
- Quando o botão for LIGADO, será acionado momentaneamente; a bobina de trava será energizada para levar o relé a sua posição de trava.
- Os contatos fecham, completando o circuito para o sinaleiro, e então a lâmpada é ligada.
- O relé *não* precisa ficar energizado continuamente para manter os contatos fechados e a lâmpada ligada.
- O único modo de desligar a lâmpada é acionando o botão DESLIGA, que energizará a bobina de destrava e retornará os contatos ao seu estado aberto sem trava.
- No caso de perda de energia, o relé permanecerá em seu estado original, travado ou destravado, até que a energia seja restaurada.

A função desses relés pode ser programada em um CLP para que trabalhem como seu substituto nos circuitos reais. O conjunto de instruções para o SLC 500 inclui um conjunto instruções de saída que duplicam a operação da trava mecânica. A Figura 6.48 mostra uma descrição da trava de saída (OTL) e uma instrução de saída para a destrava (OTU). Essas instruções diferem da instrução OTE e devem ser utilizadas juntas; as saídas de trava e destrava devem ter o mesmo endereço. A instrução OTL (trava) pode mudar apenas um bit *liga*, e a

Figura 6.46 Relé de trava mecânico com duas bobinas.
Fonte: Cortesia da Relay Service Company.

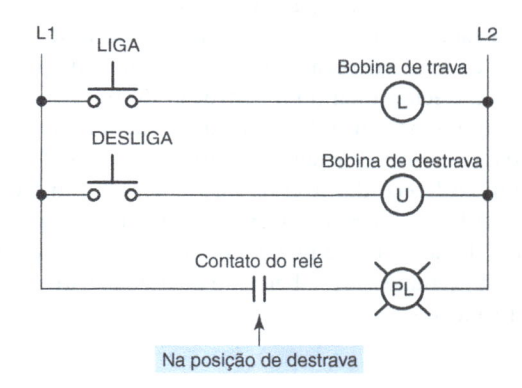

Figura 6.47 Diagrama de conexões do circuito de controle para um relé eletromagnético com trava.

Comando	Nome	Símbolo	Descrição
OTL	Travamento da saída	—(L)—	OTL estabelece o bit em "1" quando o degrau se torna verdadeiro e retém seu estado quando o degrau perde a continuidade ou ocorre um ciclo de energia.
OTU	Destravamento da saída	—(U)—	OTU restabelece o bit para "0" quando o degrau se torna verdadeiro e retém.

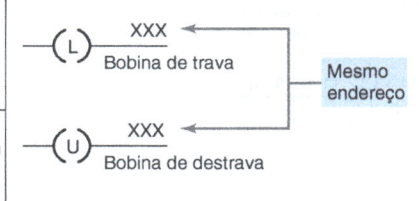

Figura 6.48 Instrução da saída com trava e sem trava.

instrução OTU (destrava) pode mudar apenas um bit *desliga*.

A Figura 6.49 mostra a operação da instrução de saída da bobina de trava e a de destrava em um programa ladder. A operação do programa pode ser resumida da seguinte maneira:

- As bobinas de trava L e de destrava U têm o mesmo endereço (O:2/5).

- Quando o botão de comando *liga* (I:1/0) for acionado momentaneamente, o degrau de trava se tornará verdadeiro e o bit de estado de trava (O:2/5) será estabelecido como 1; então a lâmpada na saída será ligada.

- O bit de estado *permanecerá estabelecido em 1* quando o botão de comando for liberado e a continuidade lógica do degrau de trava não existir.

- Quando o botão de comando *desliga* (I:1/1) for momentaneamente acionado, o degrau de destrava se tornará verdadeiro e o bit de estado (O:2/5) retornará a 0; então a lâmpada será desligada.

- O bit de estado *permanecerá em 0* quando o botão de comando for liberado e a continuidade lógica do degrau de destrava não existir.

A saída de *trava* é uma instrução de saída com um endereço de nível de bits. Quando a instrução for verdadeira, ele estabelecerá um bit no arquivo imagem de saída. Trata-se de uma instrução retentiva, porque o bit permanece estabelecido quando a instrução de trava torna-se falsa. Em muitas aplicações, ela é utilizada com uma instrução de *destrava*, que também é uma instrução de saída com um endereço de nível de bits. Quando a instrução for verdadeira, ela restabelecerá um bit no arquivo de imagem de saída. Ela também é uma instrução retentiva, pois o bit permanece restabelecido quando a instrução de trava torna-se falsa.

A Figura 6.50 mostra o processo usado no controle de nível de água em uma caixa-d'água que liga e desliga uma bomba de descarga. Os modos de operações devem ser programados como segue:

Posição desligada – A bomba-d'água *desliga* se estiver funcionando e não liga se estiver desligada.
Modo manual – A bomba funciona se o nível de água na caixa estiver acima do nível mínimo.
Modo automático – Se o nível de água da caixa *atingir o nível máximo*, a bomba *funciona* de modo que possibilite a retirada da água da caixa, baixando o seu nível.
– Quando o nível de água *atingir o nível mínimo*, a bomba desliga.
Estado dos sinaleiros luminosos – Bomba-d'água funcionando (sinaleiro verde – G).
– Estado do nível mínimo (sinaleiro vermelho – R);
– Estado do nível máximo (sinaleiro amarelo – Y).

A Figura 6.51 mostra um programa que pode ser utilizado para implementar o controle do nível de água na caixa. As instruções de trava e de destrava são partes dele, e sua operação pode ser resumida como segue:

- Um bit de armazenagem interna é usado para trava e endereço em vez de endereços discretos de saída. Os dois têm o mesmo endereço.

- A instrução verificador de ligado no degrau 1, endereçada para a chave liga/desliga, evita que o motor da

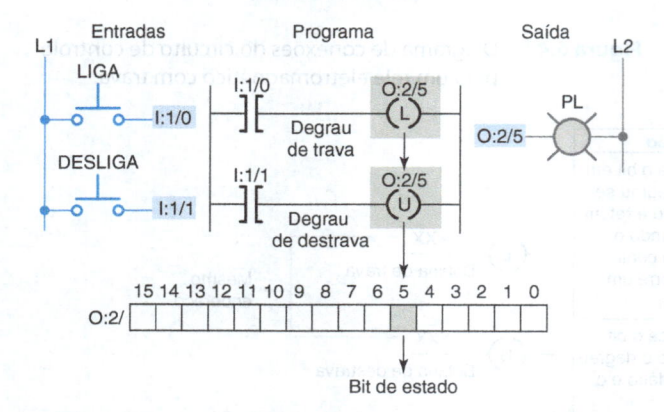

Figura 6.49 Operação da saída de trava e da saída de destrava.

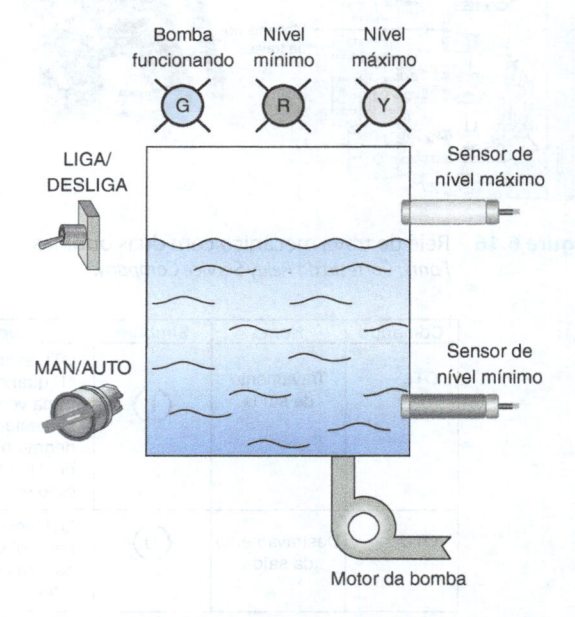

Figura 6.50 Processo usado para o controle de nível de água em uma caixa-d'água.

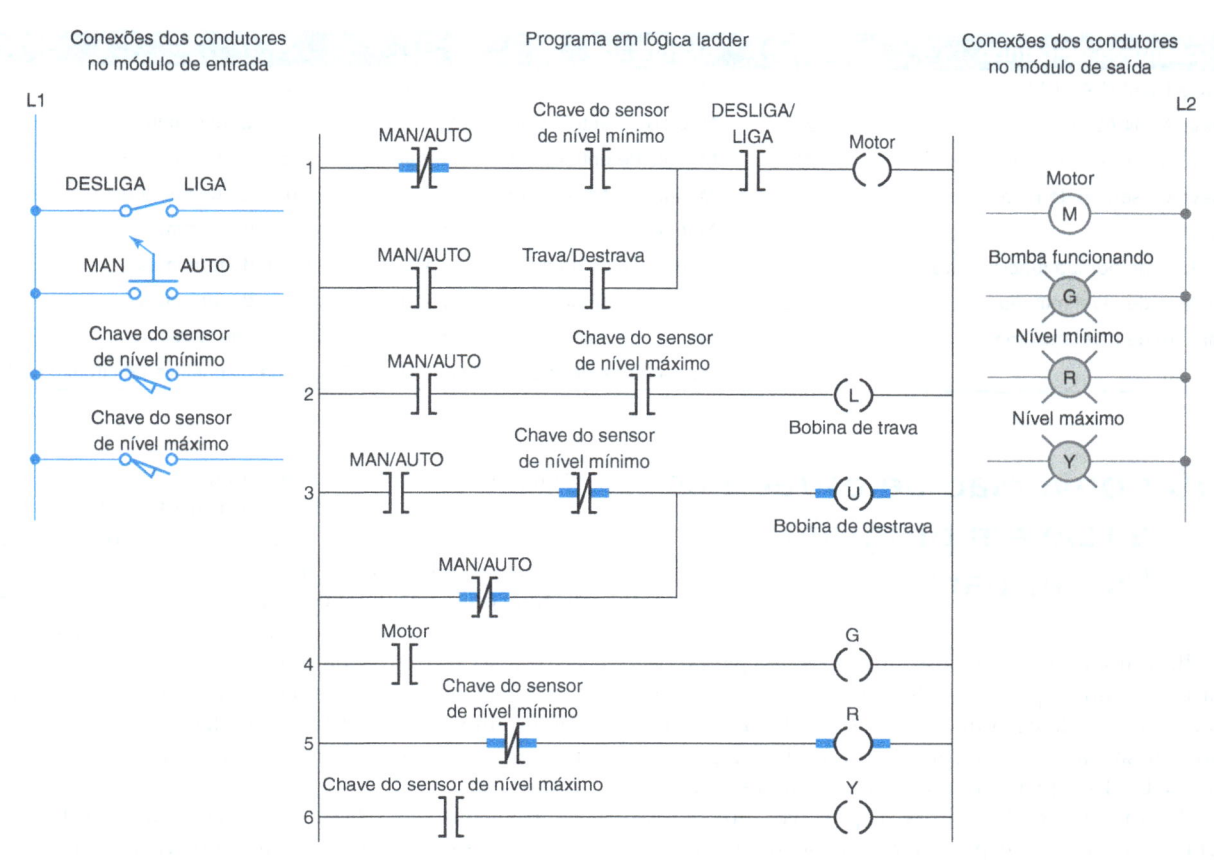

Figura 6.51 Programa usado para implementar o controle de nível de água na caixa (tanque).

bomba não funcione em qualquer condição quando o estado for desligado (aberto).

- No modo MAN, a instrução verificador de ligado no degrau 1, endereçada para o sensor de nível mínimo, permite que o motor da bomba funcione apenas quando a chave de nível mínimo estiver fechada.

- No modo AUTO, sempre que a chave do sensor de nível máximo for momentaneamente fechada, a instrução verificador de ligado no degrau 1, endereçada para ela, energizará a bobina de trava. A bomba começará a funcionar e permanecerá em funcionamento até que a bobina de destrava seja energizada pela instrução verificador de desligado no degrau 3, endereçada para a chave do sensor de nível mínimo.

- O estado do sinaleiro de bomba em funcionamento é controlado pela instrução verificador de ligado no degrau 4, endereçada para a saída do motor.

- O estado do sinaleiro de nível mínimo é controlado pela instrução verificador de desligado no degrau 5, endereçada para a chave do sensor de nível mínimo.

- O estado do sinaleiro de nível máximo é controlado pela instrução verificador de ligado no degrau 6, endereçada para a chave do sensor de nível mínimo.

A Figura 6.52 mostra o diagrama de conexões de um módulo típico de E/S e o formato de endereçamento para o programa de controle do nível de água implementado com o uso do controlador modular SLC 500, da Allen-Bradley. A fonte de alimentação do chassi é relativamente de baixa potência e é usada para alimentar com tensão CC todos os dispositivos montados fisicamente na placa-mãe do rack do CLP. Nessa aplicação, uma fonte de alimentação para o campo de 24 VCC é utilizada para os dispositivos de entrada, e uma alimentação de 127 VCA é utilizada para os dispositivos de saída de campo, o que permite um controle com tensão baixa de sinal de 24 V para controlar os dispositivos de saída de 220 V. Os controladores SLC 500 utilizam um rack ou slot com base no sistema de endereçamento em que a localização dos módulos de E/S no rack estabelece o endereço do CLP. Os endereços para os dispositivos de campo desta aplicação são como segue:

Dispositivos de campo	Endereço	Significado
Chave DESLIGA/LIGA	I:2/0	Módulo de entrada no slot 2 e parafuso 0 do bloco de terminais
Chave MAN/AUTO	I:2/4	Módulo de entrada no slot 2 e parafuso 4 do bloco de terminais
Chave do sensor de nível mínimo	I:2/8	Módulo de entrada no slot 2 e parafuso 8 do bloco de terminais
Chave do sensor de nível máximo	I:2/12	Módulo de entrada no slot 2 e parafuso 12 do bloco de terminais
Motor	O:3/1	Módulo de saída no slot 3 e parafuso 1 do bloco de terminais
Sinaleiro de bomba funcionando	O:3/5	Módulo de saída no slot 3 e parafuso 5 do bloco de terminais
Sinaleiro de nível mínimo	O:3/9	Módulo de saída no slot 3 e parafuso 9 do bloco de terminais
Sinaleiro de nível máximo	O:3/13	Módulo de saída no slot 3 e parafuso 13 do bloco de terminais
	B3:0/0	Instrução de bit interno retentivo que não aciona dispositivo no circuito real

6.10 Conversão de esquemas a relé em programas ladder para CLP

O melhor modo de desenvolver um programa para CLP a partir de um esquema a relé é entender primeiro o funcionamento de cada degrau da lógica ladder a relé; depois disso, um degrau equivalente pode ser gerado para o CLP. Esse processo requer acesso ao esquema a relé, documentação dos vários dispositivos utilizados na entrada e na saída, e, possivelmente, de um diagrama de vazão do processo de funcionamento.

A maioria dos controles de processo requer várias realizações de operações para produzir a saída desejada; por exemplo, fabricação, maquinário, montagem, embalagem, acabamento ou transporte de produtos requer uma coordenação precisa das tarefas.

Um controle de processo *sequencial* (Figura 6.53) é necessário para execução de processos que demandam certas operações em uma ordem específica. Nas operações de envasamento e de fechamento (batoque), as tarefas são: (1) envasar garrafas e (2) prensar a tampa (batoque), tarefas que devem ser executadas na ordem adequada, já que não é possível envasar após a prensagem da tampa; portanto, esse processo requer um controle sequencial.

Controles *combinacionais* requerem que certas operações sejam executadas sem levar em consideração a sua ordem. A Figura 6.54 mostra outra parte do mesmo processo de envasamento de garrafas. Aqui, as tarefas são: (1) colar etiquetas 1 na garrafa e (2) colar etiquetas 2 na garrafa, parte da operação em que a ordem não é importante. Porém, muitos processos industriais que não são inerentemente de natureza sequencial são executados de modo sequencial para uma maior eficiência na ordem das operações.

O controle *automático* envolve a manutenção de um conjunto de pontos desejados em uma saída, por exemplo, de um determinado conjunto de pontos de temperatura em uma fornalha, como mostra a Figura 6.55. Se ocorrer um desvio do valor pré-ajustado (set-point), um erro é determinado pela comparação da saída com o valor pré-ajustado, e esse erro é utilizado para fazer a correção. Isto requer uma realimentação da saída para a entrada do controle de processo.

A conversão de um processo sequencial simples pode ser examinada com relação ao diagrama de vazão do processo mostrado na Figura 6.56. A tarefa sequencial é como segue:

1. Pressionado o botão de comando de partida;
2. O motor da esteira rolante começa a funcionar;
3. A embalagem movimenta para a posição da chave-limite e para automaticamente.

Estão incluídas outras características auxiliares:

- Um botão de comando que pode parar a esteira, por qualquer razão, antes que a embalagem alcance a posição da chave-limite.
- Um sinaleiro vermelho para indicar que a esteira está parada.
- Um sinaleiro verde para indicar que a esteira está funcionando.

A Figura 6.57 mostra um esquema de relés para o processo sequencial. O funcionamento deste circuito pode ser resumido da seguinte maneira:

- Acionado o botão de comando de partida, o CR é energizado se o botão de parada e a chave-limite não forem acionados.
- O contato CR-1 fecha, mantendo (selo) o CR ligado quando o botão de comando for liberado.
- O contato CR-2 abre, comutando o sinaleiro vermelho de ligado para desligado.
- O contato CR-3 fecha, comutando o sinaleiro verde de desligado para ligado.

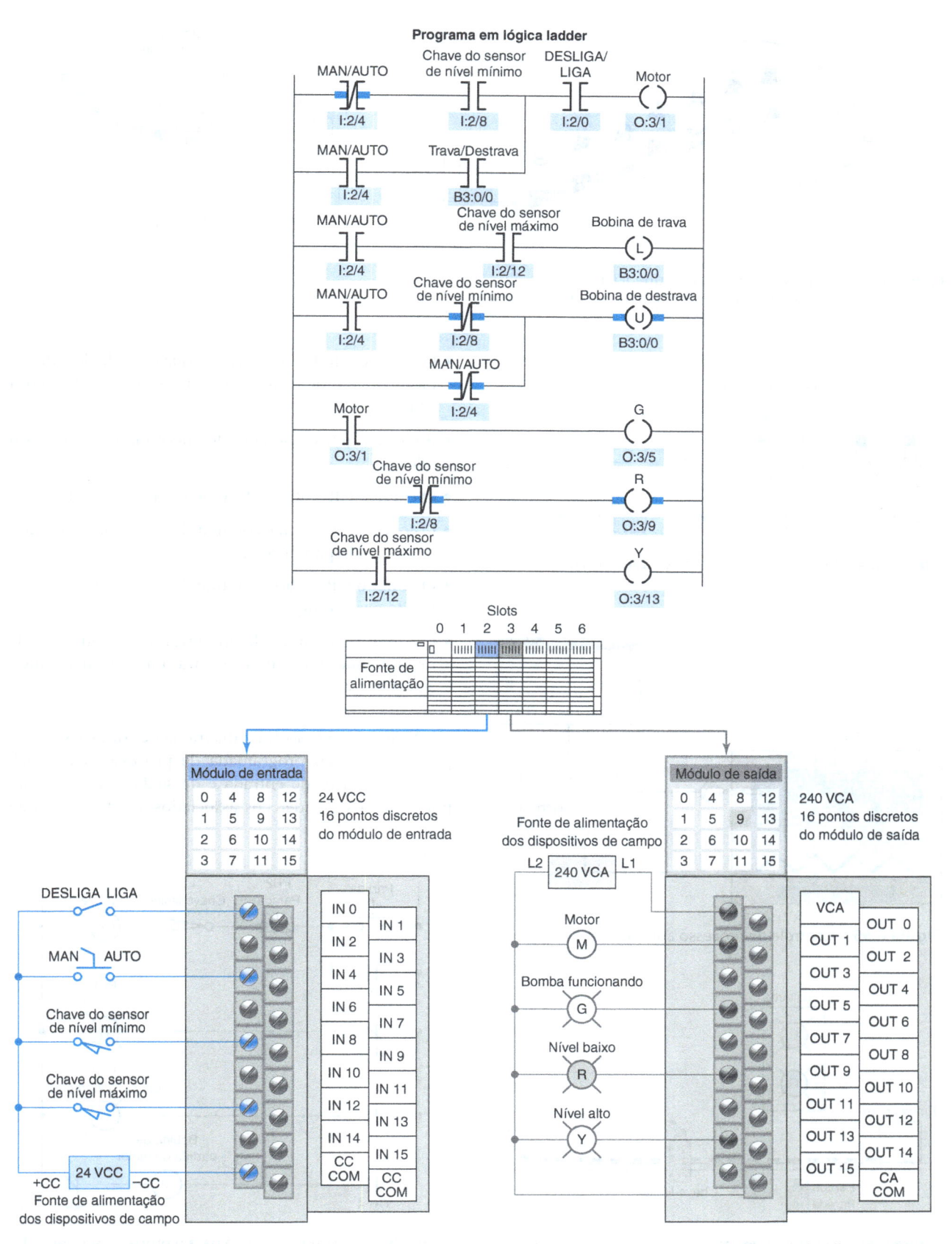

Capítulo 6 Fundamentos do desenvolvimento de diagramas e programas em lógica ladder para o CLP 115

Figura 6.52 Programa de controle de nível implementado com o uso de um controlador modular SLC 500, da Allen-Bradley.

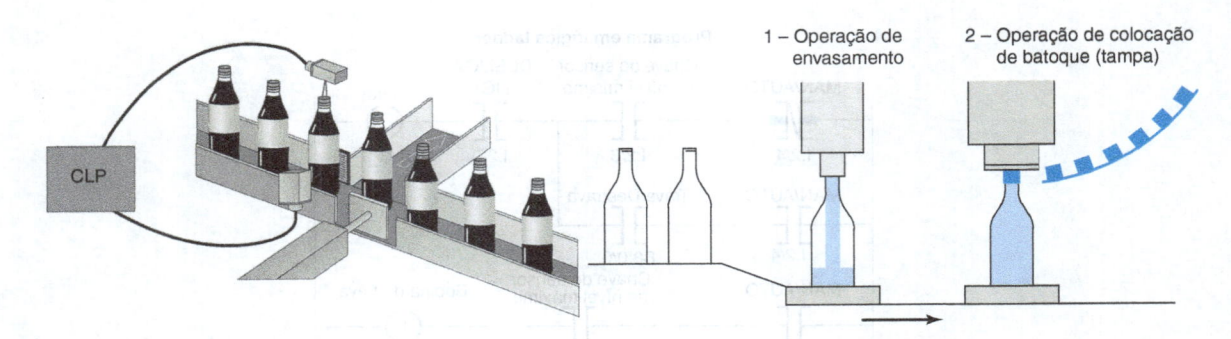

Figura 6.53 Controle de processo sequencial.
Fonte: Cortesia da Omron Industrial Automation.
www.ia.omron.com

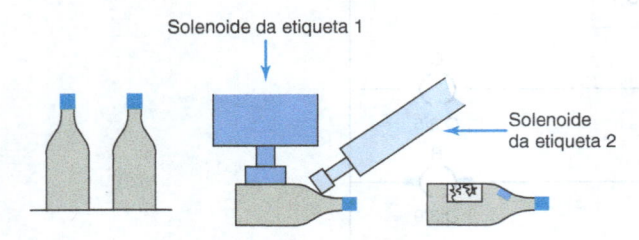

Figura 6.54 Controle de processo combinacional.

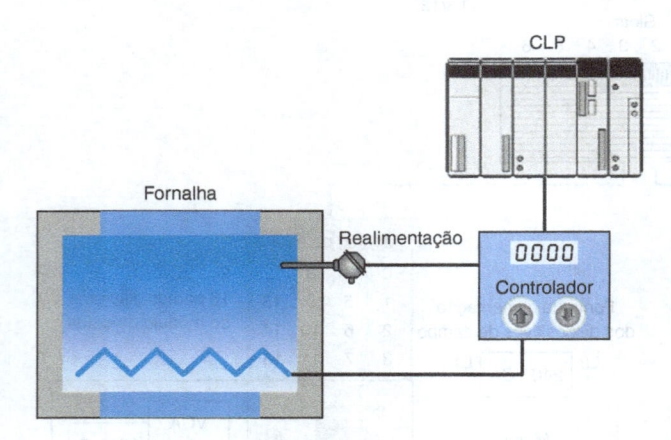

Figura 6.55 Controle de processo automático.

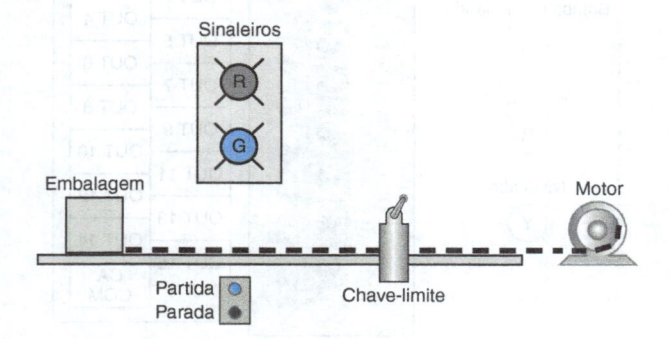

Figura 6.56 Diagrama de vazão do processo sequencial.

- O contato CR-4 fecha para energizar o relé de alimentação do motor e move a embalagem em direção à chave-limite.
- A chave-limite é acionada, desenergizando a bobina do relé CR.
- O contato CR-1 abre, retirando o selo no circuito.
- O contato CR-2 fecha, comutando o sinaleiro vermelho de desligado para ligado.
- O contato CR-3 abre, comutando o sinaleiro verde de ligado para desligado.
- O contato CR-4 abre, desenergizando a bobina do relé de alimentação do motor e para o motor, finalizando a sequência.

A Figura 6.58 mostra o diagrama de conexões da E/S para uma versão programada de processo sequencial. Cada dispositivo de entrada e de saída é representado por símbolos e endereços associados, e estes indicarão

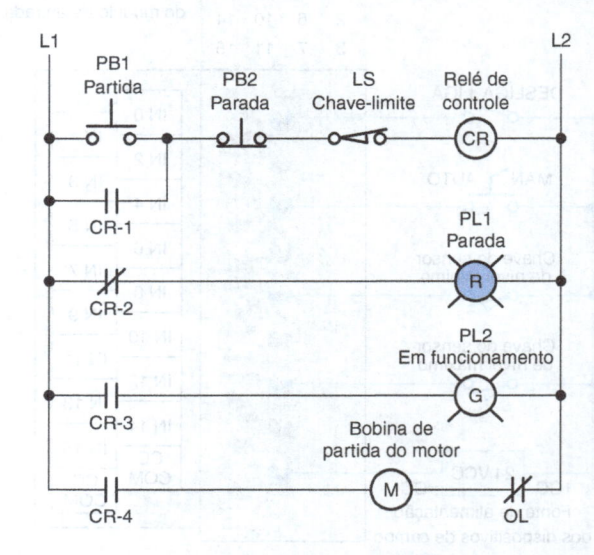

Figura 6.57 Esquema de relé para o processo sequencial.

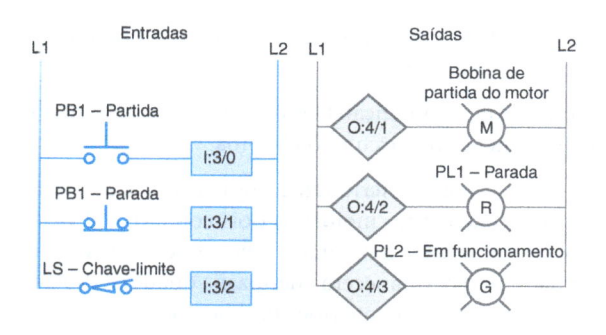

Figura 6.58 Diagrama de conexões da E/S.

que entrada está conectada em que dispositivo, e em que saída o CLP acionará o dispositivo de saída. O código do endereço, é claro, dependerá do modelo de CLP usado. Esse exemplo utiliza o endereçamento do SLC 500 para o processo. Note que o relé de controle eletromagnético CR *não* é necessário, porque sua função está sendo substituída por um relé de controle interno do CLP.

O esquema do circuito a relé para o processo sequencial pode ser convertido para o programa em lógica ladder para o CLP, como mostra a Figura 6.59. É importante entender, na conversão de um diagrama de um processo para um programa, a operação de cada degrau. Os botões de comando PB1 e PB2, bem como a chave-limite LS, são todos programados com o uso da instrução verificador de fechado (–] [–), para produzir a lógica de controle desejada; além disso, o relé interno B3:1/0 é utilizado para substituir o relé de controle CR. Todos os contatos do relé interno são programados com o uso de instruções de contatos do CLP que correspondem ao estado da bobina desenergizada. O relé interno implementado no programa (software) requer um endereço de contatos que possa ser examinado para uma condição de LIGA ou DESLIGA quantas vezes for necessário.

Existe mais de um método para designar o programa em lógica ladder para um determinado controle de processo. Em alguns casos, um arranjo pode ser mais eficiente em termos da quantidade de memória utilizada e do tempo necessário para explorar o programa. A Figura 6.60 mostra um exemplo de um arranjo de uma série de instruções de um degrau programado para um tempo ótimo de exploração ou varredura. As séries de instruções são programadas a partir da maior probabilidade de serem *falsas* (extrema esquerda) para a menor probabilidade de serem *falsas* (extrema direita). Uma vez que o processador vê uma instrução de entrada falsa em série, ele interrompe a verificação do degrau em uma condição de falso e estabelece uma saída falsa.

A Figura 6.61 mostra um exemplo de um arranjo de instruções em paralelo de um degrau programado para um tempo ótimo do tempo de exploração ou varredura.

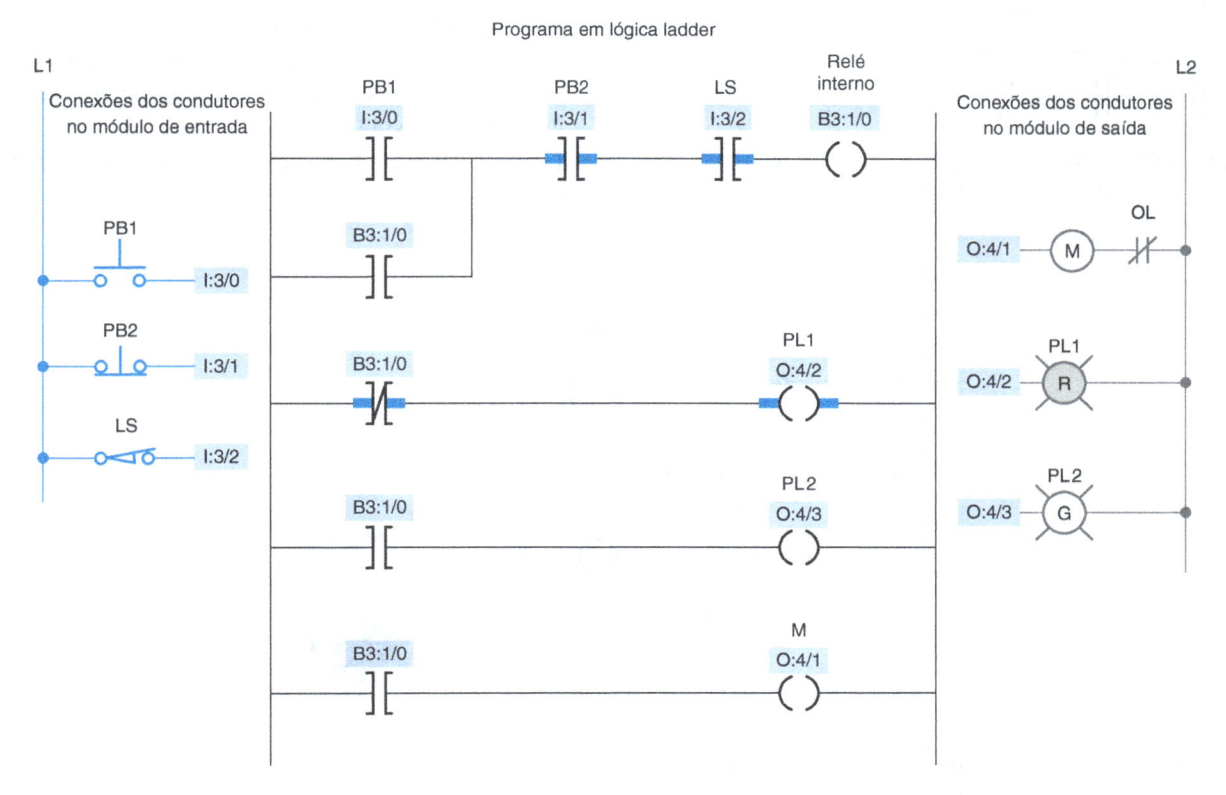

Figura 6.59 Processo sequencial para o CLP do programa em lógica ladder.

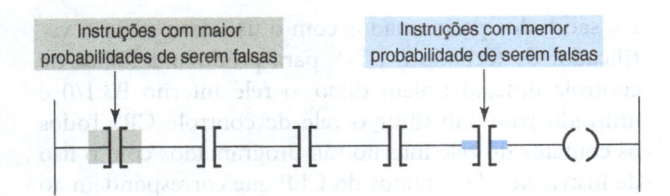

Figura 6.60 Série de instruções programadas para um tempo ótimo de varredura.

O trajeto paralelo, que na maioria das vezes é *verdadeiro*, é posicionado no degrau acima. O processo procurará por outro, a não ser que a parte de cima seja *falsa*.

A Figura 6.62 mostra um circuito de controle intermitente (jog) que incorpora um relé de controle intermitente. O funcionamento do circuito pode ser resumido da seguinte maneira:

- Pressionar o botão de comando de partida completa o circuito para a bobina CR, fechando os contatos CR-1 e CR-2.

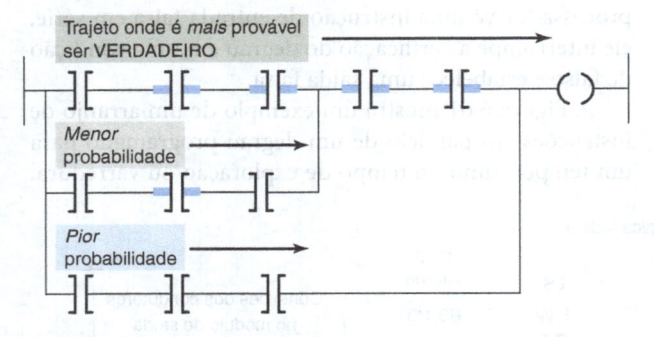

Figura 6.61 Instruções programadas em paralelo para uma exploração ou varredura ótima.

- O contato CR1 completa o circuito para a bobina M, que dá a partida no motor.
- O contato de manutenção (selo) fecha, e isso sustenta o funcionamento do circuito da bobina M.
- Pressionar o botão intermitente (jog) energiza a bobina M, dando partida no motor; os dois contatos CR permanecem abertos, e a bobina CR fica desenergizada. A bobina M não permanecerá energizada quando o botão de comando intermitente (jog) for liberado.

A Figura 6.63 mostra um programa equivalente para CLP do circuito intermitente (jog) a relé. Observe que a função do relé de controle é realizada agora com o uso de uma instrução interna do CLP (B3:1/0).

6.11 Editando um programa em lógica ladder diretamente de uma descrição narrativa

Na maioria dos casos, é possível preparar um programa em lógica ladder diretamente a partir de uma descrição narrativa de um controle de processo. Alguns passos no planejamento de um programa são da seguinte maneira:

- Defina o processo a ser controlado.
- Desenhe um esboço do processo, incluindo todos os sensores e controles manuais necessários para executar a sequência de controle.
- Liste a sequência de passos operacionais em detalhes tanto quanto possível.

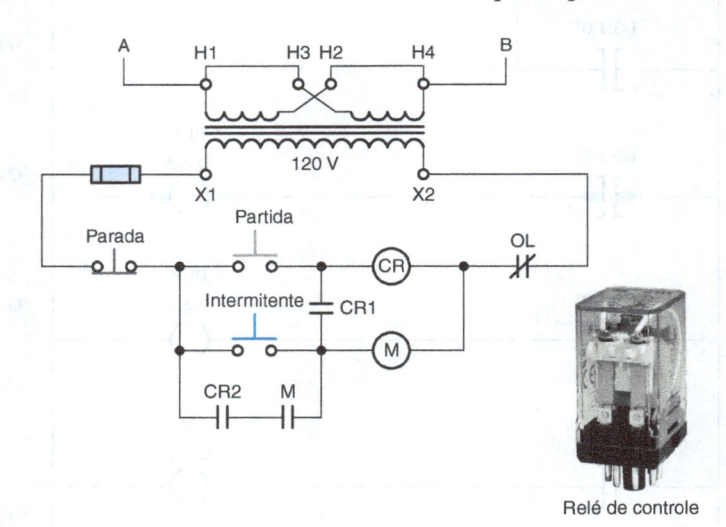

Figura 6.62 Circuito intermitente (jog) com controle a relé.
Fonte: Cortesia da IDEC Corporation.
www.idec.com/usa, RR Relay

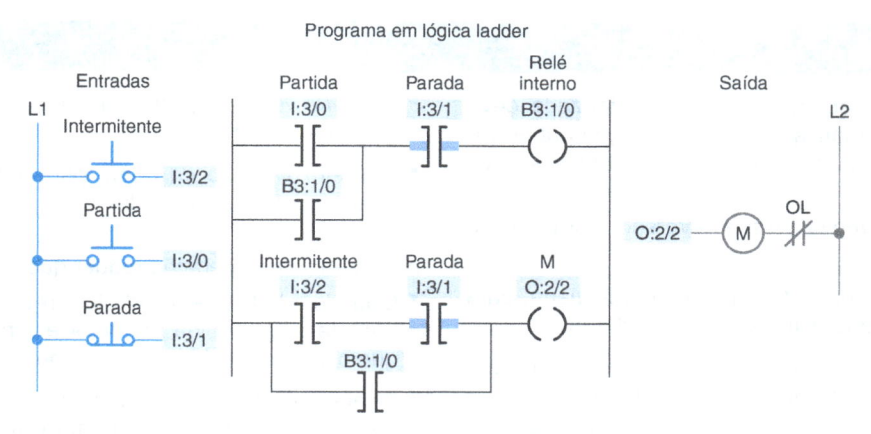

Capítulo 6 Fundamentos do desenvolvimento de diagramas e programas em lógica ladder para o CLP

Figura 6.63 Programa equivalente para o CLP do circuito intermitente a relé.

- Escreva o programa em lógica ladder que servirá de base para o programa.
- Considere diferentes situações em que a sequência do processo possa se desviar e faça os ajustes necessários.
- Considere a segurança dos operadores quanto ao funcionamento e faça os ajustes necessários.

A seguir, exemplos mostram alguns programas em lógica ladder derivados de descrições narrativas de controle de processo.

Exemplo 6.1

A Figura 6.64 mostra o esboço de um processo para a execução de furos que requer uma prensa de furar que só entra em funcionamento se a peça estiver no local e se o operador estiver com as mãos em cada uma das chaves de partida. Essa precaução garantirá que as mãos do operador não estarão na peça a ser furada.

A sequência de operação requer que as chaves 1 e 2 e o sensor da peça estejam acionados para que o motor da furadeira entre em funcionamento. A Figura 6.65 mostra o programa em lógica ladder necessário para o processo implementado com o uso de um controlador SLC 500.

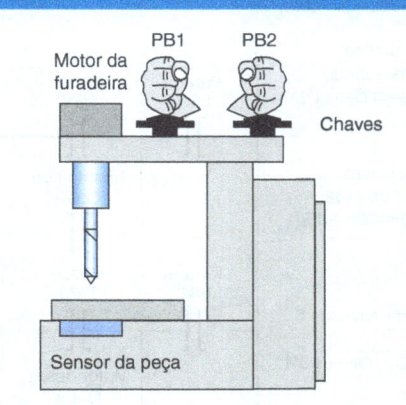

Figura 6.64 Esboço do processo de execução de furos.

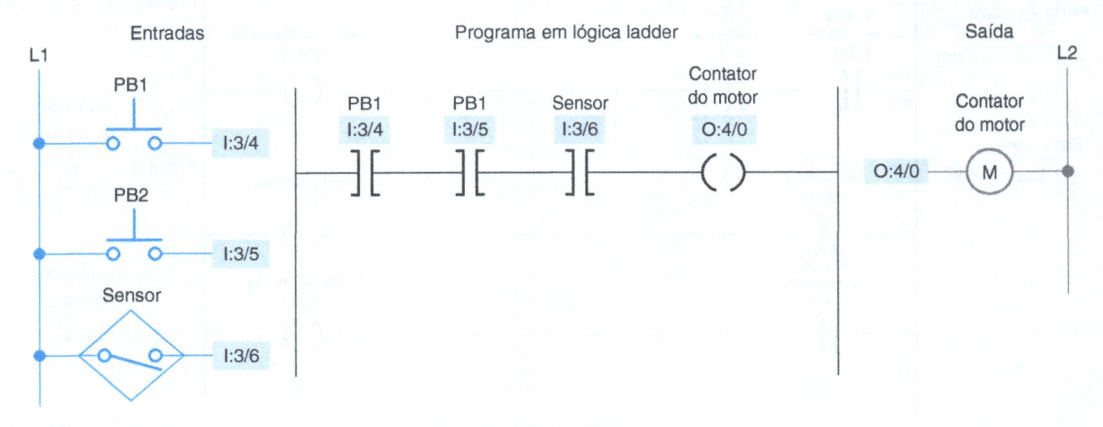

Figura 6.65 Programa para o CLP do processo de execução de furos.

Exemplo 6.2

Uma porta de garagem basculante motorizada deve ser operada automaticamente nas posições aberta e fechada. Os dispositivos de campo incluídos são os seguintes:

- *Contatores do motor* para a reversão, para subir e descer a porta.
- *Chave-limite de descida* normalmente fechada, para detectar se a porta está totalmente fechada.
- *Chave-limite de subida* normalmente fechada, para detectar se a porta está totalmente aberta.
- *Botão de subida da porta* normalmente aberto, para subir a porta.
- *Botão de descida da porta* normalmente aberto, para descer a porta.
- *Botão de parada da porta* normalmente fechado, para parar a porta.
- *Sinaleiro vermelho da porta*, para indicar se a porta está parcialmente aberta.
- *Sinaleiro verde da porta*, para indicar se a porta está totalmente aberta.
- *Sinaleiro amarelo da porta*, para indicar se a porta está parcialmente fechada.

A sequência de operação requer que:

- Quando o botão de subida for pressionado, energize o contator de subida do motor e a porta levante até que o limite de subida seja acionado.
- Quando o botão de descida for pressionado, energize o contator de descida do motor e a porta desça até que o limite de descida seja acionado.
- Quando o botão de parada for pressionado, o motor pare; o motor deve parar antes que ele inverta seu sentido.

A Figura 6.66 mostra o programa em lógica ladder necessário para o funcionamento implementado com o uso de um controlador SLC 500.

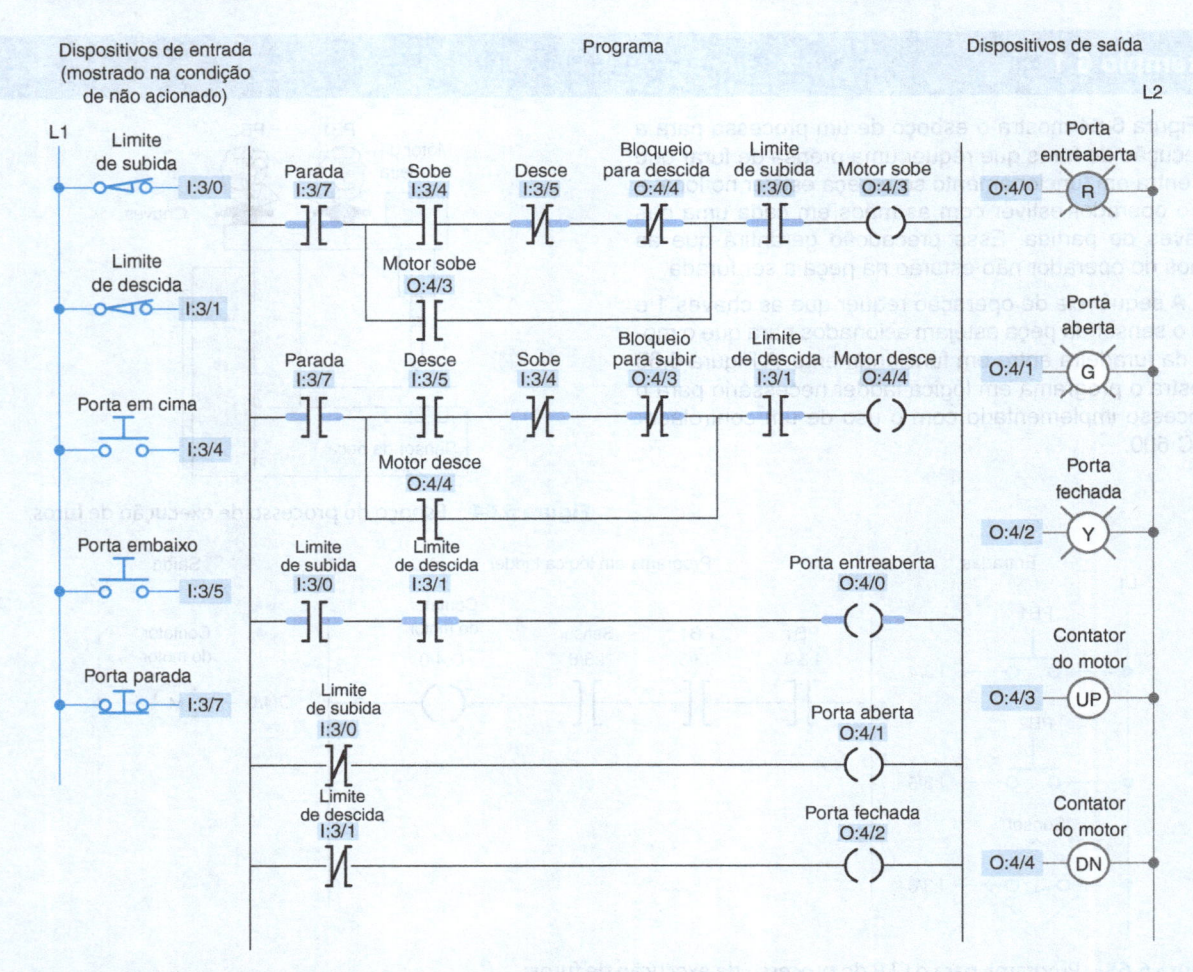

Figura 6.66 Programa para CLP para a porta de garagem levadiça motorizada.

Exemplo 6.3

A Figura 6.67 mostra o esboço de uma operação de carregamento contínuo, processo que requer que caixas em movimento em uma esteira transportadora sejam posicionadas automaticamente e carregadas.

A sequência de operação para o carregamento contínuo é da seguinte maneira:

- Dar a partida na esteira quando o botão de partida for momentaneamente pressionado.
- Parar a esteira quando o botão de parada for momentaneamente pressionado.
- Energizar o sinaleiro de estado da esteira quando o processo estiver funcionando.
- Energizar o sinaleiro de estado de espera quando o processo estiver parado.
- Parar a esteira quando a borda direita da caixa for detectada pelo fotossensor.
- Quando a caixa estiver na posição e a esteira parada, abrir a válvula solenoide e permitir o carregamento da caixa. O carregamento deve parar quando o sensor de nível passar a ser verdadeiro.
- Energizar o sinaleiro de carga completa quando a caixa estiver cheia. O sinaleiro de carga completa deve permanecer energizado até que a caixa se mova, saindo do alcance do fotossensor.

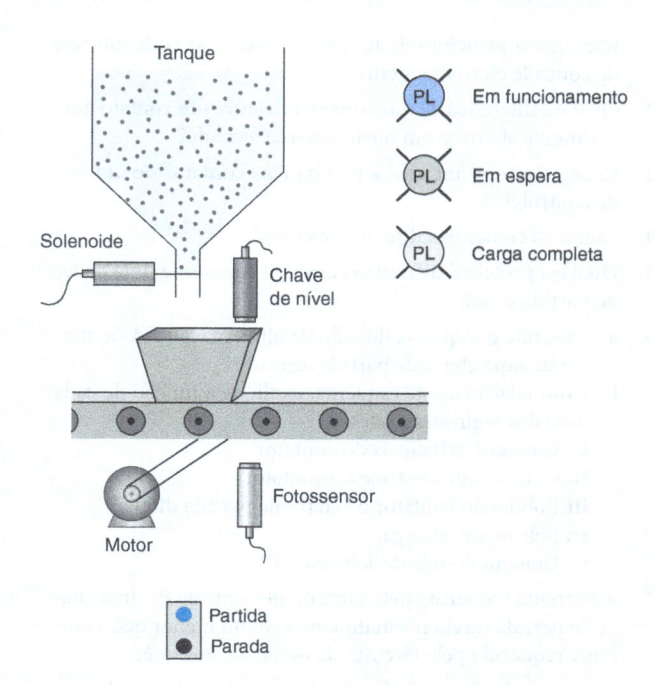

Figura 6.67 Esboço da operação de carregamento contínuo.

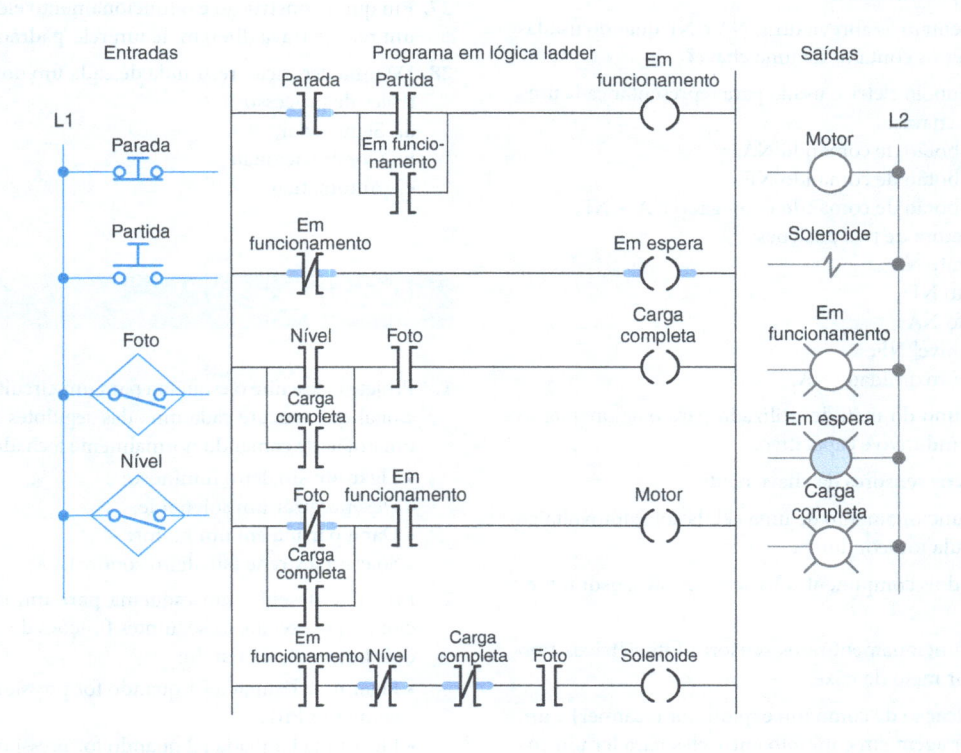

Figura 6.68 Programa para CLP da operação de carregamento contínuo.

QUESTÕES DE REVISÃO

1. Explique o princípio de funcionamento básico de um relé de controle eletromagnético.
2. Qual é a diferença de funcionamento entre um contato normalmente aberto e um normalmente fechado?
3. Como são especificados a bobina e os contatos de um relé de controle?
4. Como os contatores diferem dos relés?
5. Qual é a principal diferença entre um contator e uma chave de partida direta?
6. a. Desenhe o esquema do lado da alimentação CA do motor de uma chave de partida direta;
   b. Com relação a este esquema, explique a função de cada uma das seguintes partes:
      i. Contatos principais do contator;
      ii. Contatos de controle do contator;
      iii. Bobina do contator da chave de partida direta;
      iv. Relé de sobrecarga;
      v. Contato do relé de sobrecarga.
7. A corrente requerida pelo circuito de controle de uma chave de partida direta normalmente é muito menor que a corrente requerida pelo circuito de potência. Por quê?
8. Compare o método de funcionamento de cada um dos seguintes tipos de chaves:
   a. Chave operada manualmente;
   b. Chave operada mecanicamente;
   c. Chave de proximidade.
9. O que representam as abreviaturas NA e NF quando usadas para descrever os contatos de uma chave?
10. Desenhe o símbolo elétrico usado para representar cada uma das seguintes chaves:
    a. Chave de botão de comando NA;
    b. Chave de botão de comando NF;
    c. Chave de botão de comando conjugado NA + NF;
    d. Chave seletora de três posições;
    e. Chave-limite NA;
    f. Termostato NF;
    g. Pressostato NA;
    h. Chave de nível NF;
    i. Chave de proximidade NA.
11. Faça um resumo do método utilizado para o acionamento dos sensores indutivo e capacitivo.
12. Como atuam os sensores da chave reed?
13. Compare o funcionamento de uma célula solar fotovoltaica com uma célula fotocondutiva.
14. Quais são os dois componentes básicos de um sensor fotoelétrico?
15. Compare o funcionamento dos sensores fotoelétricos tipo reflexivo e por meio de feixe.
16. Dê uma explicação de como um explorador (scanner) e um decodificador agem em conjunto entre eles para ler um código de barras.
17. Como funciona um sensor de ultrassom?
18. Explique o princípio de funcionamento de um strain gauge.
19. Explique o princípio de funcionamento de um termopar.
20. Qual é a comparação mais comum com relação à medição da vazão de fluidos?
21. Explique como um tacômetro é utilizado para medir a velocidade de rotação.
22. Como funciona um codificador (encoder) óptico?
23. Desenhe o símbolo elétrico usado para representar cada um dos seguintes dispositivos de controle:
    a. Sinaleiro luminoso;
    b. Relé;
    c. Bobina de uma chave de partida direta;
    d. Contato do relé de sobrecarga;
    e. Alarme;
    f. Aquecedor;
    g. Solenoide;
    h. Válvula solenoide;
    i. Motor;
    j. Sirene (sinaleiro sonoro).
24. Explique o funcionamento de cada um dos seguintes acionadores:
    a. Solenoide;
    b. Válvula solenoide;
    c. Motor de passos.
25. Compare o funcionamento de um controle em malha aberta com um em malha fechada.
26. O que é um circuito de selo?
27. Em que a construção e o funcionamento eletromecânico de um relé de trava diferem de um relé-padrão?
28. Dê uma descrição resumida de cada um dos seguintes controles de processo:
    a. Sequencial;
    b. Combinacional;
    c. Automático.

PROBLEMAS

1. Projete e desenhe o esquema para um circuito a relé convencional que execute cada uma das seguintes funções quando um botão de comando normalmente fechado é pressionado:
   - Ligar um sinaleiro luminoso;
   - Desenergizar um solenoide;
   - Dar a partida em um motor;
   - Soar uma sirene (sinaleiro sonoro).
2. Projete e desenhe um esquema para um circuito convencional que execute as seguintes funções de circuito, usando dois botões de comando:
   - Ligar uma lâmpada L1 quando for pressionado o botão de comando PB1;
   - Ligar uma lâmpada L2 quando for pressionado o botão de comando PB2;

- Bloquear eletricamente os botões de comando de modo que L1 e L2 não possam ser ligados ao mesmo tempo.

3. Estude o programa em lógica ladder na Figura 6.69 e responda às seguintes questões:
   a. Em que condição o degrau de trava 1 será verdadeiro?
   b. Em que condições o degrau de trava 2 será verdadeiro?
   c. Em que condição o degrau 3 será verdadeiro?
   d. Quando PL1 estiver ligada, o relé está em que estado, de trava ou de destrava?
   e. Quando PL2 estiver ligada, o relé está em que estado, de trava ou de destrava?
   f. Se a energia CA for desligada e depois religada ao circuito, que sinaleiro será ligado automaticamente quando a energia for restaurada?
   g. Considere que o relé está no seu estado de trava e que as três entradas são falsas. Que modificação deve ocorrer para o relé comutar seu estado de trava?
   h. Se as instruções verificador de fechado nos endereços I/1, I/2 e I/3 forem verdadeiras, em que estado, de trava ou de destrava, o relé permanecerá?

4. Projete um programa para CLP e prepare um diagrama das conexões típicas de E/S e um programa em lógica ladder para executar corretamente o circuito de controle da Figura 6.70. Considere que:
   - O botão de comando de parada usado é do tipo NA;
   - O botão de comando de funcionamento usado é do tipo NA;
   - O botão de comando de funcionamento intermitente (jog) usado é do tipo contatos conjugados NA e NF;
   - O contato do relé de sobrecarga é conectado.

5. Projete um programa para CLP e prepare um diagrama das conexões típicas de E/S e um programa em lógica ladder para executar corretamente o circuito de controle da Figura 6.71. Considere que:
   - O botão de comando PB1 usado é do tipo NA;
   - O botão de comando PB2 usado é do tipo NF;
   - O pressostato (chave de pressão) PS1 usado é do tipo NA;
   - A chave-limite LS1 usada é do tipo de contatos conjugados NF.

6. Projete um programa para CLP e prepare um diagrama das conexões típicas de E/S e um programa em lógica ladder para executar corretamente o circuito de controle da Figura 6.72. Considere que:
   - O botão de comando PB1 usado é do tipo NF;
   - Cada um dos botões PB2 e PB3 são conectados com o uso de contatos conjugados NA;
   - O contato do relé de sobrecarga é conectado.

7. Projete um programa para CLP e prepare um diagrama das conexões típicas de E/S e um programa em lógica ladder com as seguintes especificações para comando de motor:
   - Partida e parada de um motor por qualquer um dos três postos de comando de partida/parada.
   - Cada posto de comando de partida/parada possui um botão NA e um botão NF.
   - Use um contato de relé de sobrecarga (OL).

8. Projete um programa para CLP e prepare um diagrama das conexões típicas de E/S e um programa em lógica ladder para as seguintes especificações do controle do motor.
   - Três chaves de partida direta devem ser conectadas de modo que cada chave seja operada pelo seu próprio botão de comando liga/desliga;

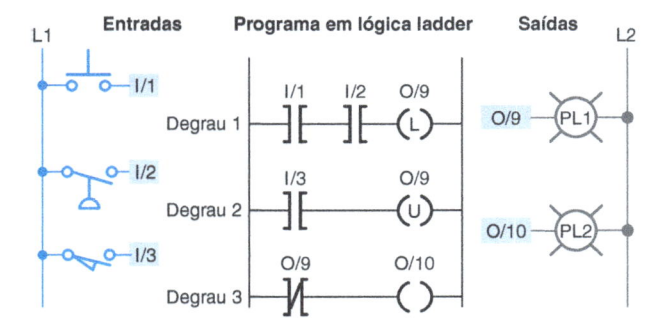

Figura 6.69 Programa em lógica ladder para o Problema 3.

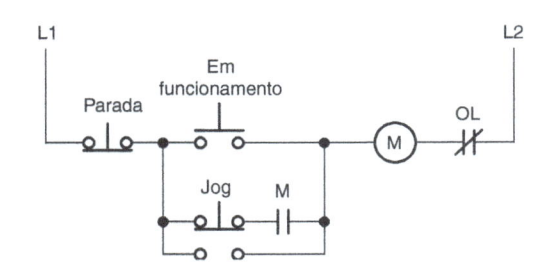

Figura 6.70 Circuito de controle para o Problema 4.

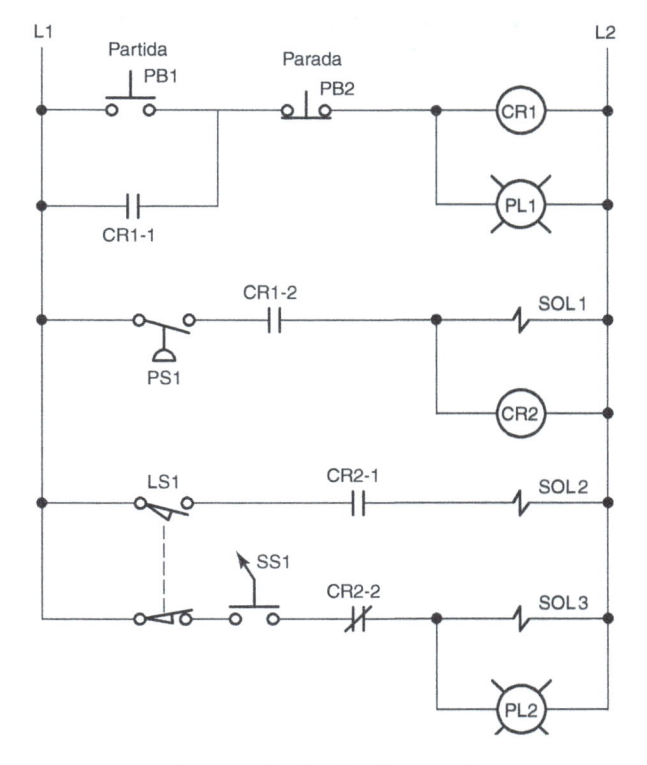

Figura 6.71 Conexão do circuito de controle para o Problema 5.

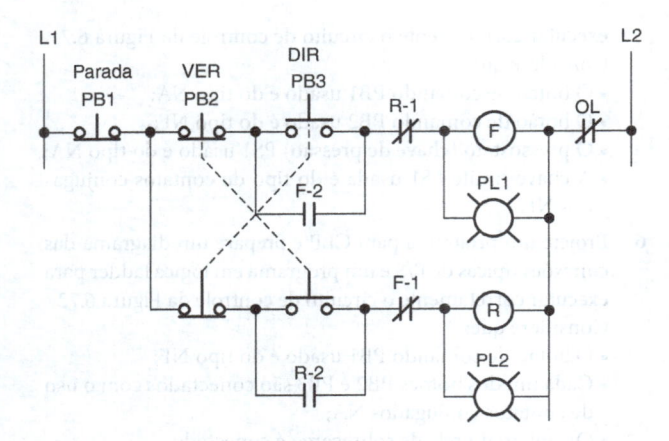

Figura 6.72 Conexão do circuito de controle para o Problema 6.

- Deve ser incluído um botão de comando de emergência de um ponto mestre que desligue todas as chaves quando pressionado;
- Os contatos do relé de sobrecarga devem ser programados de modo que, no caso de sobrecarga, todas as chaves sejam desligadas automaticamente;
- *Todos* os botões de comando devem ser conectados com o uso de um conjunto de contatos NA.

9. Um sistema de controle de temperatura consiste em quatro termostatos que controlam três unidades de aquecimento. Os contatos dos termostatos são pré-ajustados para 50, 60, 70 e 80 °F, respectivamente. O programa para o CLP em lógica ladder deve ser editado de modo que a uma temperatura abaixo de 50 °F, três aquecedores sejam LIGADOS; entre 50 até 60 °F, dois aquecedores devem ser LIGADOS; de 60 a 70 °F, um aquecedor deve ser LIGADO. Acima de 80 °F, existe uma segurança de desligamento para todos os três aquecedores, caso algum permaneça ligado por algum mau funcionamento. Deve ser utilizada uma chave geral para LIGAR e DESLIGAR o sistema. Prepare um programa para o CLP deste controle de processo.

10. Uma bomba deve ser usada para encher duas caixas, e sua partida é feita manualmente pelo operador, por um ponto de comando liga/desliga. Quando a primeira caixa estiver cheia, o controle lógico deve ser capaz de parar a vazão desta e desviar a vazão para a segunda caixa por meio de sensores e válvulas solenoides. Quando a segunda caixa estiver cheia, a bomba deve ser desligada automaticamente. Devem ser incluídos sinaleiros luminosos para sinalizar quando cada caixa estiver cheia.
    a. Faça um esboço do processo;
    b. Prepare um programa típico para CLP deste controle de processo.

11. Edite o degrau otimizado em lógica ladder para cada uma das seguintes situações e as instruções para uma execução otimizada:
    a. Se as chaves-limite LS1, LS2 ou LS3 estiverem fechadas ou se LS5 e LS7 estiverem fechadas, ligar; caso contrário, desligar. (Comumente, se LS5 e LS7 estiverem fechadas, as outras condições raramente ocorrem.)
    b. Ligar uma saída quando todas as chaves SW6, SW7 e SW8 estiverem fechadas, ou quando SW55 estiver fechada. (SW55 é uma indicação de um estado de alarme; logo, isso raramente ocorre; SW7 é fechada na maioria das vezes, depois SW8 e SW6, nesta ordem.)

Programação de temporizadores

7

Objetivos do capítulo

Após o estudo deste capítulo, você será capaz de:

7.1 Descrever o funcionamento de temporizadores pneumáticos com retardo ao ligar e ao desligar.
7.2 Descrever a instrução do temporizador no CLP e mostrar a diferença entre um temporizador não retentivo e retentivo.
7.3 Converter os diagramas esquemáticos fundamentais de relé de tempo em programas para o CLP em lógica ladder.
7.4 Analisar e interpretar programas típicos para CLP dos temporizadores em lógica ladder.
7.5 Programar o controle de saídas com o uso de instrução de temporizadores com controle de bits.

A instrução para o CLP de modo geral mais utilizada, depois dos contatos e bobinas, é o temporizador. Este capítulo trata de intervalos de tempo nos temporizadores e do modo como eles podem controlar as saídas. Serão discutidas a função básica dos temporizadores com retardo ao ligar para o CLP, bem como outras funções de temporização derivadas dele e tarefas típicas de temporização na indústria.

7.1 Relés temporizadores mecânicos

São poucos os sistemas de controle industrial que não necessitam de pelo menos uma ou duas funções cronometradas. Os relés de tempo ou temporizadores mecânicos são utilizados para atrasar a abertura ou o fechamento dos contatos do circuito de controle, e o seu funcionamento é similar ao do relé de controle, exceto que alguns de seus contatos são projetados para funcionar com um intervalo de tempo pré-ajustado, após a bobina ser energizada ou desenergizada. Os relés de tempo mecânicos e eletrônicos (Figura 7.1) permitem uma grande variedade de operações, como ligar e desligar automaticamente circuitos de controle em diferentes intervalos de tempo.

A Figura 7.2 mostra a construção de um relé temporizador pneumático (ar) com retardo ao ligar. A função de retardo no tempo depende da transferência limitada do ar através de um orifício; o período de retardo é ajustado pelo posicionamento de uma agulha na válvula para variar a quantidade da transferência. Quando a bobina é energizada, os contatos temporizados são retardados na abertura ou no fechamento; contudo, quando ela é desenergizada, os contatos temporizados voltam instantaneamente ao seu estado normal. Esse temporizador pneumático possui, além dos contatos temporizados, contatos instantâneos que mudam de estado tão logo a bobina seja energizada, enquanto os contatos retardados mudam de estado no final do período de retardo e são sempre utilizados como contato de selo em um circuito de controle.

Figura 7.1 Relés de tempo.
Fonte: Imagem usada com a permissão da Rockwell Automation, Inc.

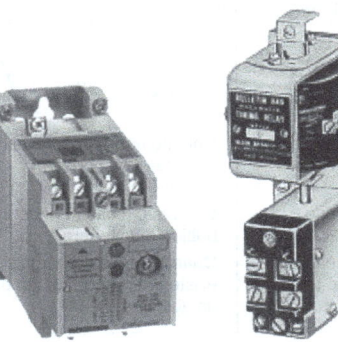

Relé de tempo de estado sólido | Relé de tempo pneumático | Relé de tempo plugado

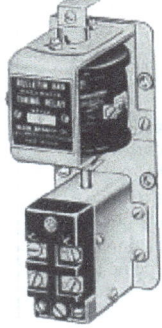

Os relés de tempo mecânicos proporcionam o tempo de retardo por meio de dois arranjos. O primeiro deles, *retardo ao ligar*, fornece o tempo de retardo quando a bobina do relé for *energizada*; o segundo, *retardo ao desligar*, fornece o tempo de retardo quando a bobina do relé for desenergizada. A Figura 7.3 mostra os diferentes símbolos de relés utilizados para os contatos temporizados.

O temporizador de retardo ao ligar é referido algumas vezes como DOE, que significa retardo na energização (*delay on energize*). O tempo de retardo dos contatos começa no momento em que o temporizador é ligado, por isso o termo *temporizador de retardo ao ligar*. A Figura 7.4 mostra um circuito temporizador com retardo ao ligar que utiliza um contato normalmente aberto e um temporizado fechado (NATF). O seu funcionamento pode ser resumido da seguinte maneira:

- Com S1 inicialmente aberta, a bobina TD está desenergizada, logo, os contatos TD1 estão abertos e a lâmpada L1 será apagada.

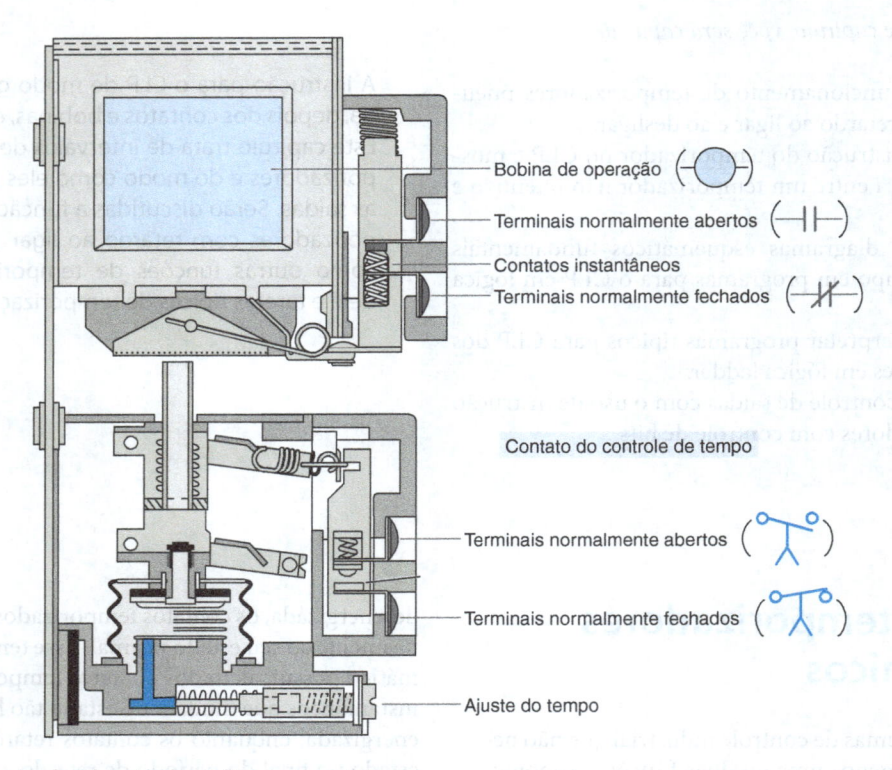

Figura 7.2 Temporizador de retardo ao ligar pneumático.

Símbolos de retardo ao ligar		Símbolos de retardo ao desligar	
Contato normalmente aberto e contato temporizado fechado (NATF). O contato abre quando a bobina é desenergizada. Quando o relé é energizado, existe um retardo no tempo do fechamento.	Contato normalmente fechado e contato temporizado aberto (NFTA). O contato fecha quando a bobina é desenergizada. Quando o relé é energizado, existe um retardo no tempo da abertura.	Contato normalmente aberto e contato temporizado aberto (NATA). O contato normalmente é aberto quando a bobina é desenergizada. Quando a bobina do relé é energizada, o contato fecha instantaneamente. Quando a bobina é desenergizada, existe um retardo no tempo antes de o contato abrir.	Contato normalmente fechado e contato temporizado fechado (NFTF). O contato normalmente é fechado quando a bobina é desenergizada. Quando a bobina do relé é energizada, o contato abre instantaneamente. Quando a bobina é desenergizada, existe um retardo no tempo antes de o contato fechar.

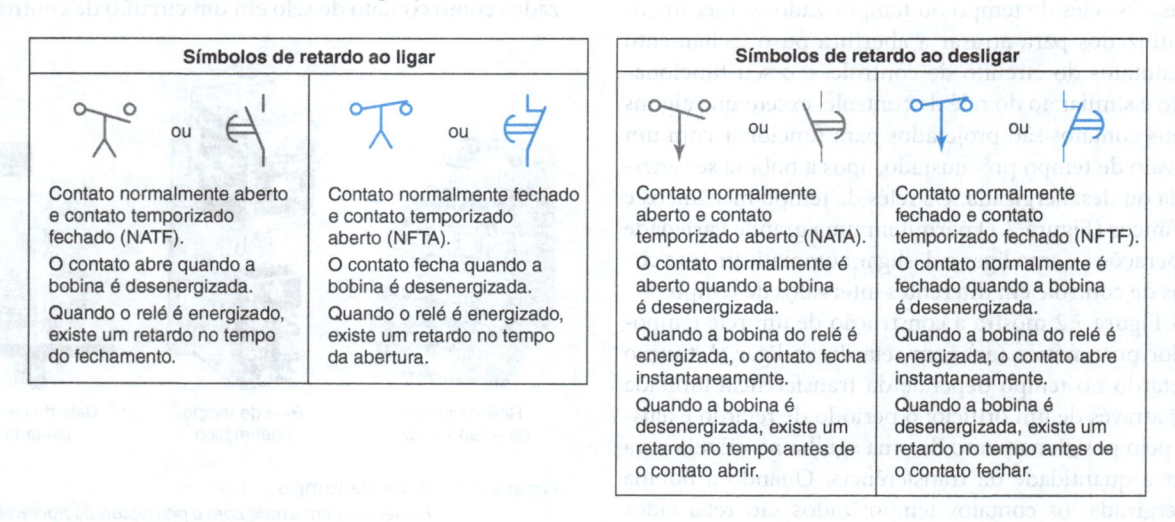

Figura 7.3 Símbolos dos contatos temporizados.

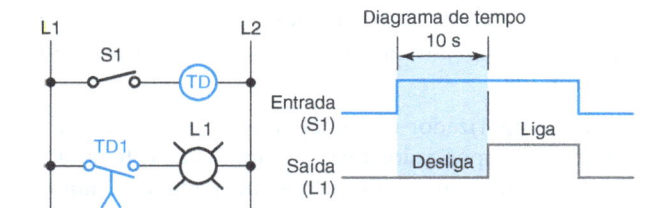

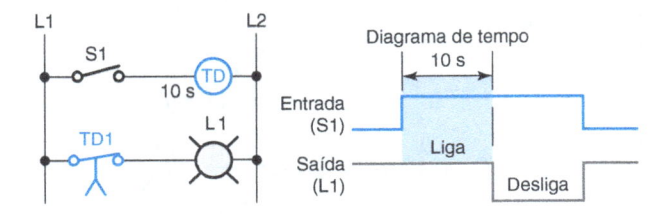

Figura 7.4 Circuito temporizador com retardo ao ligar que utiliza um contato normalmente aberto e um contato temporizado fechado (NATF).

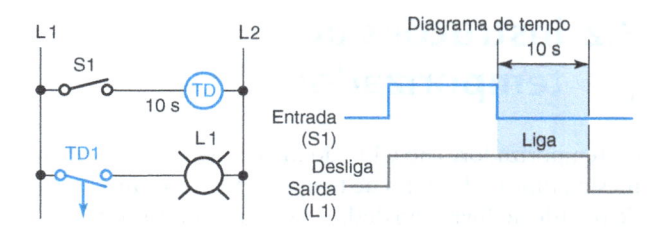

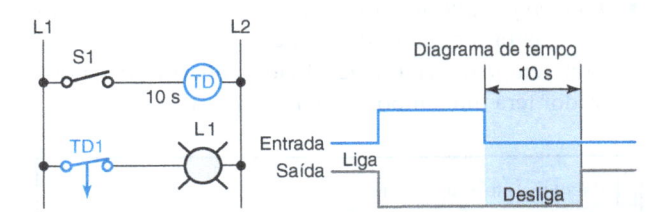

Figura 7.6 Circuito temporizador com retardo ao desligar que utiliza um contato normalmente aberto e um contato temporizado aberto (NATA).

- Quando S1 é fechada, a bobina TD está energizada e inicia o período de temporização; os contatos TD1 são retardados no fechar, logo, L1 permanece desligada.
- Após um período de retardo de 10 s, os contatos de TD1 fecham e L1 é ligada.
- Quando S1 é aberta, a bobina TD é desenergizada e os contatos TD1 abrem instantaneamente para desligar L1.

A Figura 7.5 mostra um circuito temporizador com retardo ao ligar que utiliza um contato normalmente fechado e um temporizado aberto (NFTA). O seu funcionamento pode ser resumido da seguinte maneira:

- Com S1 inicialmente aberta, a bobina TD está desenergizada, logo, os contatos TD1 estão fechados e a lâmpada L1 estará acesa.
- Quando S1 é fechada, a bobina TD está energizada e inicia o período de temporização; os contatos TD1 são retardados no abrir, logo, L1 permanece ligada.
- Após um período de retardo de 10 s, os contatos de TD1 abrem e L1 é desligada.
- Quando S1 é aberta, a bobina TD é desenergizada e os contatos TD1 fecham instantaneamente para ligar L1.

A Figura 7.6 mostra um circuito temporizador com retardo ao desligar que utiliza um contato normalmente aberto e um temporizado aberto (NATA). O seu funcionamento pode ser resumido da seguinte maneira:

- Com S1 inicialmente aberta, a bobina TD está desenergizada, logo, os contatos TD1 estão abertos e a lâmpada L1 estará desligada.
- Quando S1 é fechada, a bobina TD está energizada e os contatos TD1 fecham instantaneamente para ligar a lâmpada L1.
- Quando S1 é aberta, a bobina TD é desenergizada e o período de temporização é iniciado.
- Após um período de retardo de 10 s, os contatos de TD1 abrem para desligar a lâmpada.

A Figura 7.7 mostra um circuito temporizador com retardo ao desligar que utiliza um contato normalmente fechado e um temporizado fechado (NFTF). O seu funcionamento pode ser resumido da seguinte maneira:

- Com S1 inicialmente aberta, a bobina TD está desenergizada, logo, os contatos TD1 estão fechados e a lâmpada L1 estará ligada.
- Quando S1 é fechada, a bobina TD está energizada e os contatos TD1 fecham instantaneamente para desligar a lâmpada L1.
- Quando S1 é aberta, a bobina TD é desenergizada e o período de temporização é iniciado. Os contatos TD1 são retardados no fechamento, logo, L1 permanece desligada.
- Após um período de retardo de 10 s, os contatos de TD1 fecham para ligar a lâmpada.

Figura 7.5 Circuito temporizador com retardo ao ligar que utiliza um contato normalmente fechado e um contato temporizado aberto (NFTA).

Figura 7.7 Circuito temporizador com retardo ao desligar que utiliza um contato normalmente fechado e um contato temporizado fechado (NFTF).

7.2 Instruções do temporizador

Os temporizadores no CLP são instruções que exercem a mesma função dos relés de tempo eletrônico e mecânico de retardo ao ligar e ao desligar, e oferecem várias vantagens sobre seus semelhantes, como:

- Os ajustes do tempo podem ser alterados facilmente.
- A quantidade de temporizadores em um circuito pode ser aumentada ou diminuída por meio da utilização de alterações na programação, em vez de alteração na fiação.
- A precisão na temporização e a repetibilidade são extremamente altas, porque os tempos de retardo são gerados no processador do CLP.

Existem geralmente três tipos diferentes de temporizadores no CLP: o *temporizador de retardo ao ligar* (*TON*), o *temporizador de retardo ao desligar* (*TOF*) e o *temporizador de retenção ao ligar* (*RTO*). O mais comum é o primeiro, que é a função básica. Existem também várias outras configurações de temporização, sendo todas derivadas de uma ou mais das funções básicas de retardo de tempo. A Figura 7.8 mostra a barra de ferramentas para selecionar o temporizador do SLC 500, da Allen-Bradley, e seu software associado RSLogix. Esses comandos de temporizador podem ser resumidos da seguinte maneira:

TON (Temporizador de retardo ao ligar) – Conta o intervalo de tempo quando a instrução é verdadeira.
TOF (Temporizador de retardo ao desligar) – Conta o intervalo de tempo quando a instrução é falsa.
RTO (Temporizador de retenção ao ligar) – Conta o intervalo de tempo quando a instrução é verdadeira e retém o valor acumulado quando a instrução passar a ser falsa, ou quando ocorrer o ciclo de energização.
RES (Reset) – Retorna o valor acumulado da contagem do temporizador retentivo a zero.

Existem várias quantidades associadas à instrução do temporizador.

- O *tempo pré-ajustado* (*preset*) representa a duração do tempo para o circuito de temporização; por exemplo, se um tempo de retardo de 10 s for requerido, o temporizador terá um tempo pré-ajustado de 10 s.
- O *tempo acumulado* representa o tempo decorrido a partir do momento que a bobina do temporizador foi energizada.
- Todo temporizador tem uma *base de tempo*; se o degrau do temporizador tiver continuidade, o temporizador conta os intervalos da base de tempo e os multiplica até que o valor pré-ajustado e o valor acumulado sejam iguais, ou, dependendo do tipo de controlador, até o intervalo máximo de tempo do temporizador. Os intervalos de tempo contados internamente pelos temporizadores geralmente são referidos como bases de tempo destes, que podem ser programados com várias bases de tempo diferentes: 1 s, 0,1 s e 0,01 s. Se um programador entrar com uma base de tempo de 0,1 s e 50 para o número de incrementos de retardo, o temporizador produzirá um retardo de 5 s (50 × 0,1 s = 5 s). Quanto menor o valor da base de tempo selecionada, maior a precisão do temporizador.

Embora cada fabricante possa representar os temporizadores de modos diferentes no programa em lógica ladder, a maioria deles funciona de maneira similar. Um dos primeiros métodos utilizados representa a instrução do temporizador como uma bobina de relé similar à de um relé de tempo mecânico. A Figura 7.9 mostra a instrução formatada de uma bobina de um temporizador cujo funcionamento pode ser resumido da seguinte maneira:

- É atribuído um endereço para o temporizador e este é identificado como temporizador.
- Estão incluídos também, como parte da instrução do temporizador, a sua base de tempo, o seu valor pré-ajustado, ou o período de retardo no tempo, e o valor acumulado, ou o período do tempo de retardo corrente, para o temporizador.
- Quando o degrau do temporizador apresentar uma continuidade, este começará a contagem do tempo em intervalos da base de tempo e os multiplicará até que o valor acumulado fique igual ao valor pré-ajustado.

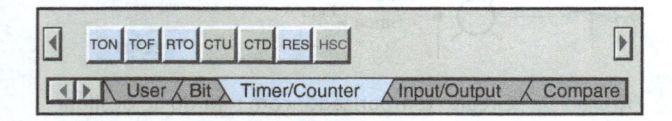

Figura 7.8 Barra de ferramentas de seleção do temporizador.

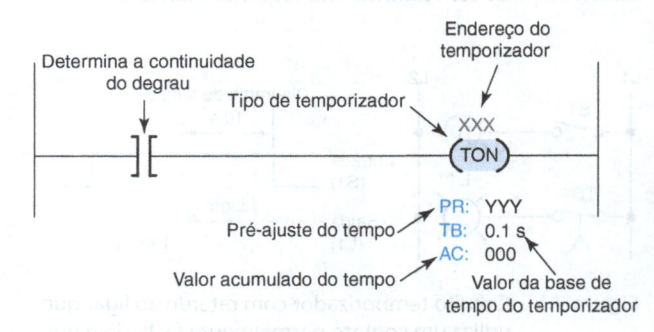

Figura 7.9 Instrução formatada da bobina do temporizador.

- Quando o valor acumulado for igual ao valor do tempo pré-ajustado, a saída será energizada e o contato temporizado da saída associado à saída será fechado. O contato temporizado pode ser utilizado quantas vezes forem necessárias, no decorrer do programa, como um contato NA ou NF.

Os temporizadores quase sempre são representados por uma caixa na lógica ladder. A Figura 7.10 mostra um formato de bloco genérico para um temporizador retentivo que requer duas linhas de entrada cujo funcionamento pode ser resumido da seguinte maneira:

- O bloco temporizador tem duas condições de entrada associadas a ele, denominadas por *controle* e *reiniciar* (*reset*).
- A linha de controle controla a operação de temporização atual do temporizador. Se essa linha for verdadeira ou a energia for alimentada nessa entrada, o temporizador contará o tempo. Retirar a energia da linha de entrada do controle interrompe a temporização adicional do temporizador.
- A linha de reiniciar (reset) faz o valor da contagem do tempo do temporizador voltar a zero.
- Alguns fabricantes exigem que *as duas* linhas de controle e de reiniciar sejam verdadeiras para o temporizador contar; a retirada da energia da entrada de reiniciar faz reiniciar o temporizador reiniciar do zero.
- Outros fabricantes de CLPs exigem um fluxo de energia apenas para a entrada de controle, e não há necessidade de energia para a entrada de reiniciar para o funcionamento do temporizador. Para esse tipo de operação do temporizador, ele será reiniciado (reset) se a entrada de reiniciar for verdadeira.
- A instrução de temporizador com bloco contém informação pertinente ao seu funcionamento, incluídos o tempo pré-ajustado, a base de tempo e o tempo corrente acumulado.
- Todos os temporizadores formatados com bloco fornecem pelo menos um sinal de saída do temporizador, o qual compara continuamente seu tempo corrente com o tempo desejado e sua saída é falsa (lógica 0) enquanto o tempo corrente for menor que o tempo pré-ajustado. Quando o tempo corrente igualar ao tempo pré-ajustado, a saída muda para verdadeira (lógica 1).

7.3 Instrução do temporizador de retardo ao ligar

A maioria dos temporizadores são instruções de saídas condicionadas pelas instruções de entrada. Um temporizador de *retardo ao ligar* (Figura 7.11) é utilizado quando se deseja programar um tempo de retardo antes que uma instrução torne-se verdadeira. O seu funcionamento pode ser resumido da seguinte maneira:

- O temporizador de retardo ao ligar funciona de modo que, quando o degrau contendo o temporizador for verdadeiro, o período de tempo comece a ser contado.
- No final do período de tempo contado pelo temporizador, uma saída torna-se verdadeira.
- A saída temporizada torna-se verdadeira algum tempo depois de o degrau do temporizador tornar-se verdadeiro; por isso, considera-se que há um retardo ao ligar no temporizador.
- O valor do tempo de retardo pode ser ajustado pela mudança do valor pré-ajustado.
- Além disso, alguns CLPs admitem a mudança da base de tempo, ou a resolução, do temporizador. Como a base de tempo selecionada se torna menor, a precisão do temporizador aumenta.

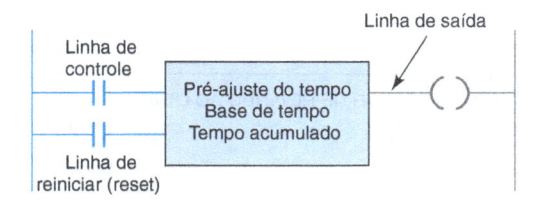

Figura 7.10 Instrução de temporizador formatado com bloco.

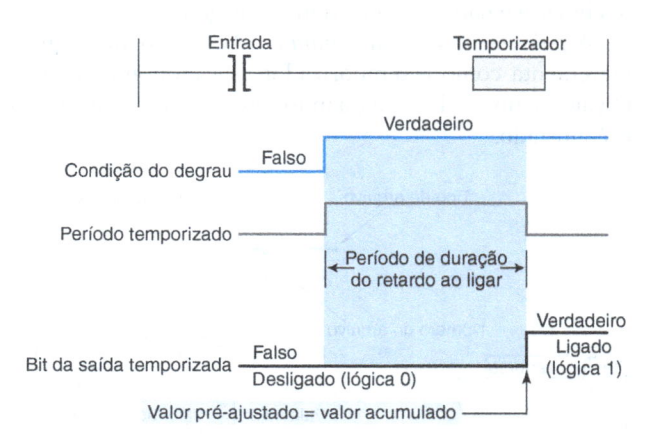

Figura 7.11 Princípio de funcionamento de um temporizador de retardo ao ligar.

O arquivo do temporizador do controlador SLC 500, da Allen-Bradley, é o arquivo 4 (Figura 7.12). Cada temporizador é composto de três palavras de 16 bits, que, em conjunto, são chamadas de elemento de temporizador – podem existir até 256 elementos de temporizador. Os endereços para o temporizador no arquivo 4, elemento do temporizador número 2 (T4:2), estão listados a seguir.

T4 = Temporizador do arquivo 4.
:2 = Número do elemento do temporizador 2 (elementos do temporizador por arquivo, de 0 a 255).
T4:2/DN é o endereço para o bit de finalização (done) do temporizador.
T4:2/TT é o endereço para o bit de cronometragem (timing) do temporizador.
T4:2/EN é o endereço para o bit de habilitação (enable) do temporizador.

A *palavra de controle* utiliza os três bits de controle a seguir:

Bit de habilitação (EN) – É verdadeiro (tem um estado 1) se a instrução do temporizador for verdadeira; se ela for falsa, o bit de habilitação é falso (tem um estado 0).

Bit de cronometragem do temporizador (TT) – É verdadeiro se o valor acumulado do temporizador estiver mudando, o que significa que o temporizador está cronometrando. Quando o temporizador não está cronometrando, o valor acumulado não está mudando, logo, o bit de cronometragem do temporizador é falso.

Bit de finalização (DN) – Muda de estado se o valor do acumulador alcança o valor pré-ajustado. Seu estado depende do tipo de temporizador que está sendo usado.

A *palavra de valor pré-ajustado* (PRE) é o ponto ajustado (set-point) do temporizador, isto é, o valor até onde o temporizador cronometra. A palavra pré-ajustada (preset) tem uma faixa de 0 até 32.767, é armazenada na forma binária e não armazena número negativo.

A *palavra de valor acumulado* (ACC) é o valor que incrementa como o temporizador está cronometrando. O valor acumulado para quando seu valor atinge o valor pré-ajustado.

A instrução do temporizador requer também que se insira a *base de tempo*, que pode ser 1,0 s ou 0,01 s. O intervalo de tempo atual é a base de tempo multiplicada pelo valor armazenado na palavra pré-ajustada do temporizador, enquanto o intervalo de tempo acumulado atual é a base de tempo multiplicada pelo valor armazenado na palavra acumulada do temporizador.

A Figura 7.13 mostra um exemplo de instrução do temporizador de retardo ao ligar utilizado como parte dos conjuntos de instrução de um PLC-5 e do controlador SLC 500, da Allen-Bradley. A informação a ser programada inclui:

Número do temporizador – Deve vir do arquivo do temporizador. No exemplo mostrado, o número do temporizador é T4:0, que representa o arquivo 4 de temporizador, temporizador 0 nesse arquivo. O endereço de temporizador deve ser único para esse temporizador e não deve ser utilizado por nenhum outro temporizador.

Base de tempo – Sempre expressa em segundos, pode ser 1,0 s ou 0,01 s. No exemplo mostrado, a base de tempo é de 1,0 s.

Valor pré-ajustado (preset) – No exemplo mostrado, o valor pré-ajustado no temporizador é de 15; este pode ser de 0 até 32.767.

Valor acumulado – No exemplo mostrado, o valor acumulado é 0; ele é programado normalmente como 0, embora seja possível programar valores de 0 até 32.767. Independentemente do valor que é pré-carregado, o valor do temporizador se tornará 0 se ele for reiniciado (reset).

O temporizador de retardo ao ligar (TON) é o mais utilizado normalmente (Figura 7.14). O funcionamento do programa pode ser resumido da seguinte maneira:

- O temporizador é ativado pela chave de entrada *A*.
- O tempo desejado é de 10 s, cujo tempo final *D* será energizado.
- Quando a chave de entrada *A* for fechada, o temporizador se tornará verdadeiro e iniciará a contagem até que o valor pré-ajustado se iguale ao valor acumulado; então a saída *D* será energizada.

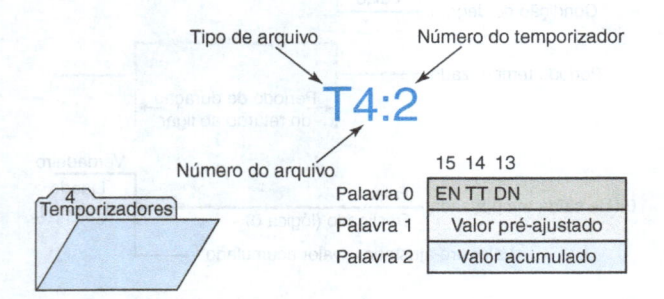

Figura 7.12 Arquivo do temporizador do SLC 500.

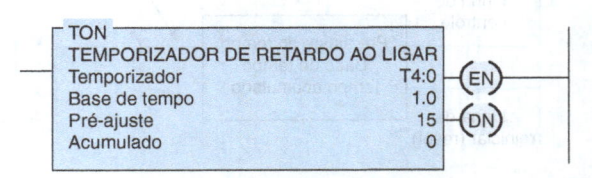

Figura 7.13 Instrução do temporizador de retardo ao ligar.

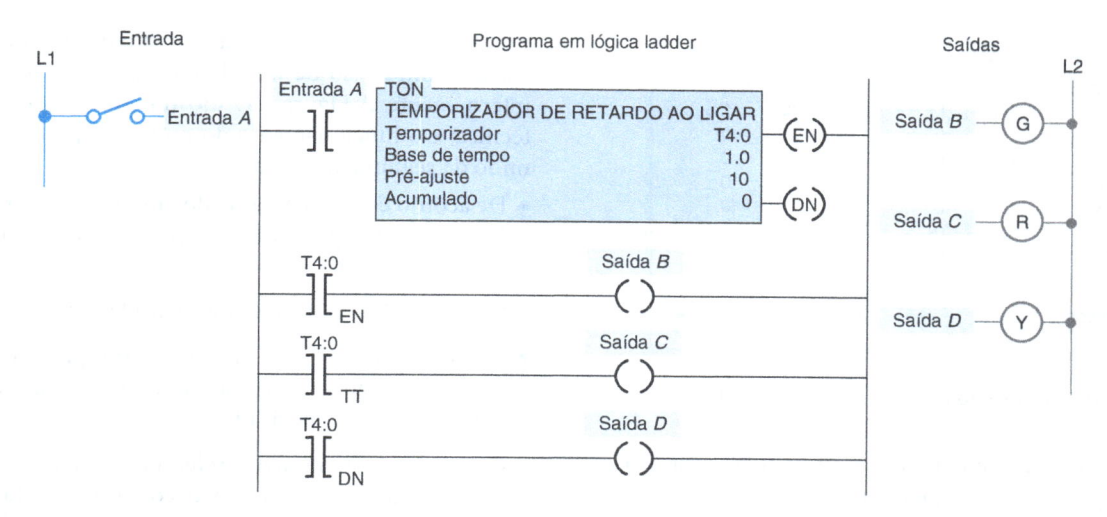

Figura 7.14 Programa do temporizador de retardo ao ligar para CLP.

- Se a chave for aberta antes de o temporizador parar a contagem, o tempo acumulado será reiniciado automaticamente para 0.

- Essa configuração de temporizador é denominada *não retentiva*, porque qualquer perda na continuidade do temporizador faz a instrução deste reiniciar (reset).

- Esse funcionamento de temporizador é o de um temporizador de retardo ao ligar, porque a saída *D* é comutada com 10 s após a chave ter sido acionada da posição de desligada para ligada.

A Figura 7.15 mostra o diagrama de tempo para controle de bit do temporizador de retardo ao ligar. A sequência da operação ocorre da seguinte maneira:

- O primeiro período verdadeiro do degrau com temporizador mostra a sua cronometragem como 4 s e depois se torna falso.

- O temporizador reinicia, e tanto o bit de cronometragem quanto o bit de habilitação tornam-se falsos. O valor acumulado também reinicia para 0.

- Para o segundo período verdadeiro, a entrada *A* permanece verdadeira no excedente dos 10 s.

- Quando o valor acumulado atingir 10 s, o bit de finalização DN irá de falso para verdadeiro.

- Quando a entrada *A* tornar-se falsa, a instrução do temporizador também se tornará falsa e reiniciará no instante em que os bits de controle forem todos reiniciados e o valor acumulado reiniciar para 0.

A Figura 7.16 mostra a tabela do temporizador para um controlador SLC 500. O endereçamento é feito em três níveis diferentes: de elemento, de palavra e de bit.

O temporizador usa três palavras por elemento, e cada um consiste em uma palavra de controle, uma palavra pré-ajustada (preset) e uma palavra acumulada.

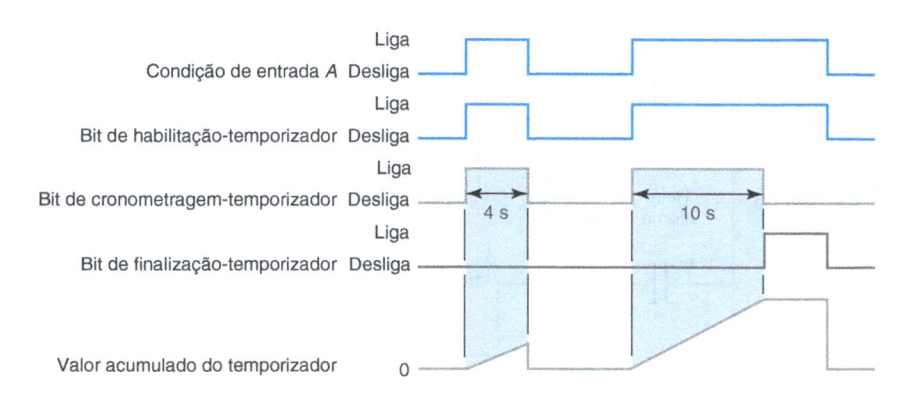

Figura 7.15 Diagrama de cronometragem para um temporizador de retardo ao ligar.

Tabela do temporizador					
	/EN	/TT	/DN	.PRE	.ACC
T4:0	0	0	0	10	0
T4:1	0	0	0	0	0
T4:2	0	0	0	0	0
T4:3	0	0	0	0	0
T4:4	0	0	0	0	0
T4:5	0	0	0	0	0

Address: T4:0   Table: T4: Timer

Figura 7.16 Tabela do temporizador do SLC 500.

Quando o endereçamento for em nível de bit, o endereço será sempre referido ao bit dentro da palavra:

EN = bit 15 habilitação (enable)
TT = bit 14 cronometragem do temporizador (timer timing)
DN = bit 13 finalização (done)

Os temporizadores podem ter ou não um sinal de saída instantânea (conhecida também como bit de habilitação) associado a ele. Se um sinal de saída instantânea for requerido de um temporizador e ele não tiver um disponível como parte da instrução do temporizador, pode ser programada uma instrução de contato instantâneo equivalente com o uso de uma bobina de relé referenciado internamente. A Figura 7.17 mostra uma aplicação dessa técnica, e o funcionamento do programa pode ser resumido da seguinte maneira:

- De acordo com o diagrama do circuito a relé, a bobina M deve ser energizada em 5 s após o botão de comando ser pressionado.

- O contato TD-1 é instantâneo e o TD-2, temporizado.

- O programa em lógica ladder mostra que a instrução do contato referenciado para um relé é utilizada agora para operar o temporizador.

- O contato instantâneo é referenciado para a bobina do relé interno, enquanto o contato de retardo do temporizador é referenciado para a bobina de saída do temporizador.

A Figura 7.18 mostra uma aplicação para um temporizador de retardo ao ligar que utiliza um contato NFTA. Esse circuito é utilizado como um sinal de aviso para quando a movimentação do equipamento, tal como um motor de uma esteira transportadora, estiver pronta para ser iniciada. A operação do circuito pode ser resumida da seguinte maneira:

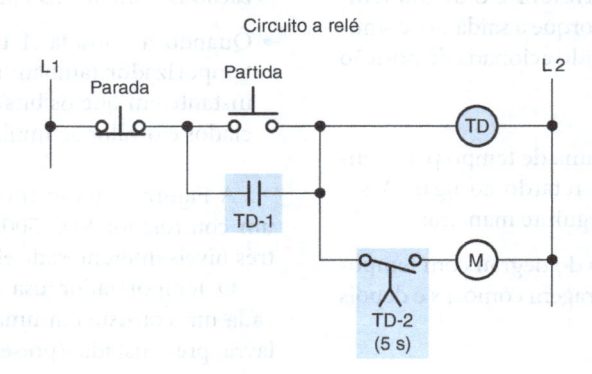

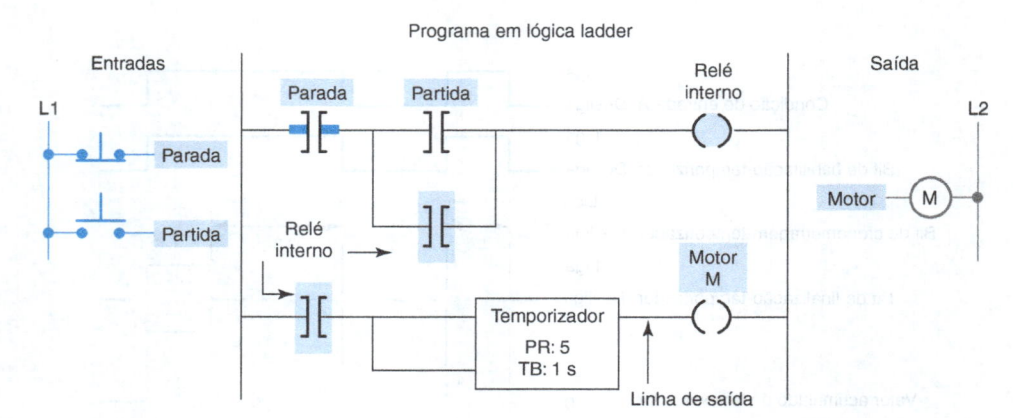

Figura 7.17 A instrução de contato instantâneo pode ser programada com o uso de uma bobina de relé interna referenciada.

- De acordo com o diagrama do circuito a relé, a bobina CR será energizada quando o botão de comando de partida PB1 for momentaneamente pressionado.

- Como resultado, o contato CR-1 fecha, para selar a bobina CR; o contato CR-2 fecha, para energizar a bobina do temporizador TD; e o contato CR-3 fecha, para dar o alarme sonoro.

- Após o período de retardo de 10 s do temporizador, o contato TD-1 do temporizador abre automaticamente para desligar o alarme.

- O programa em lógica ladder mostra como um circuito equivalente pode ser programado com o uso de um CLP.

- A lógica no último degrau é a mesma do bit de cronometragem do temporizador, e, como tal, pode ser utilizada com temporizadores que não têm uma saída cronometrada.

Os temporizadores são sempre utilizados como parte de um sistema de controle sequencial. A Figura 7.19 mostra como uma série de motores pode ser ligada automaticamente com apenas um ponto de comando liga/desliga. O funcionamento do circuito pode ser resumido da seguinte maneira:

- De acordo com o esquema ladder a relé, a bobina do motor da bomba de óleo lubrificante M1 será energizada quando o botão de comando de partida PB2 for momentaneamente pressionado.

- Como resultado, o contato de controle M1-1 fecha para selar M1, e o motor da bomba de óleo lubrificante dá a partida.

- Quando a pressão da bomba de óleo aumentar o suficiente, a chave de pressão PS1 fecha.

- Isso, por sua vez, energiza a bobina M2 para ligar o acionamento do motor principal, e energiza a bobina TD para iniciar o período de retardo.

- Após o período de retardo desejado de 15 s, o contato TD-1 fecha, para energizar a bobina M3 e alimentar o motor.

- O programa em lógica ladder mostra como um circuito equivalente pode ser programado com a utilização de um CLP.

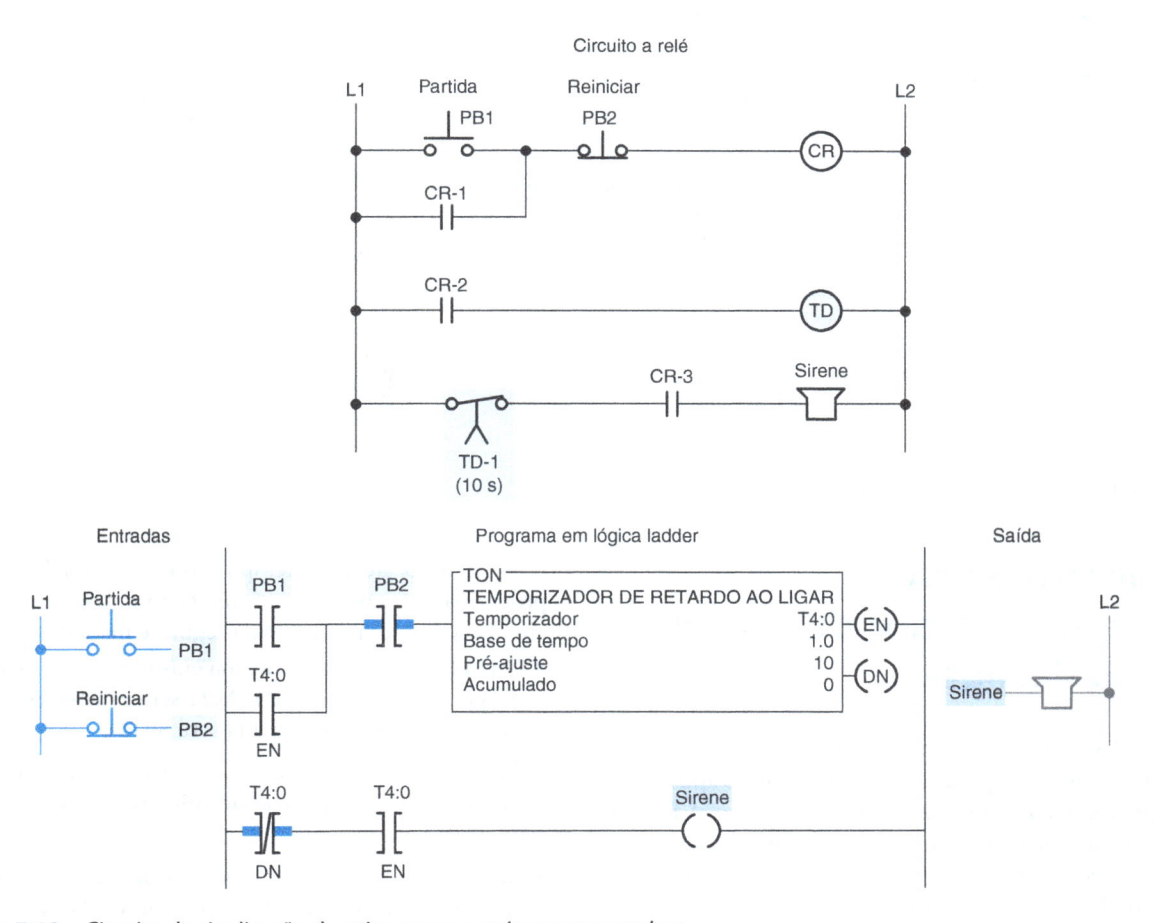

Figura 7.18 Circuito de sinalização de aviso para a esteira transportadora.

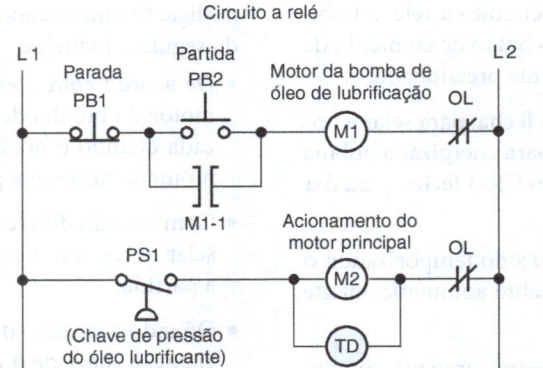

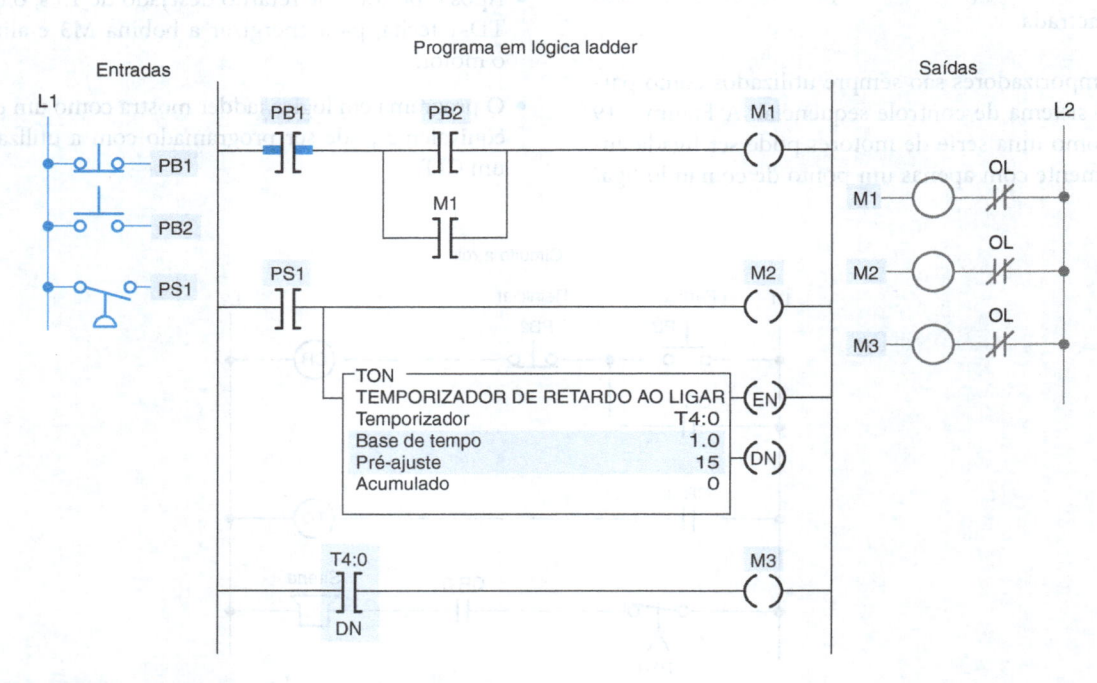

Figura 7.19 Sistema de controle sequencial automático.

7.4 Instrução do temporizador de retardo ao desligar

A operação do *temporizador de retardo ao desligar* manterá a saída energizada por um período de tempo após o degrau que contém o temporizador tornar-se falso. A Figura 7.20 mostra a programação de um temporizador de retardo ao desligar que utiliza a instrução do temporizador TOF, do SLC 500. Se a continuidade lógica for *perdida*, o temporizador inicia a contagem de tempo com base em novo período, até que o tempo acumulado iguale ao valor programado no pré-ajuste (preset). O funcionamento do circuito pode ser resumido da seguinte maneira:

- Quando a chave conectada na entrada I:1/0 for fechada pela primeira vez, a saída O:2/1 será estabelecida em 1 imediatamente, e a lâmpada será ligada.
- Se a chave for aberta agora, a continuidade lógica será perdida, e o temporizador iniciará nova contagem de tempo.
- Após 15 s, quando o tempo acumulado for igual ao valor pré-ajustado, a saída será reiniciada para 0, e a lâmpada será desligada.

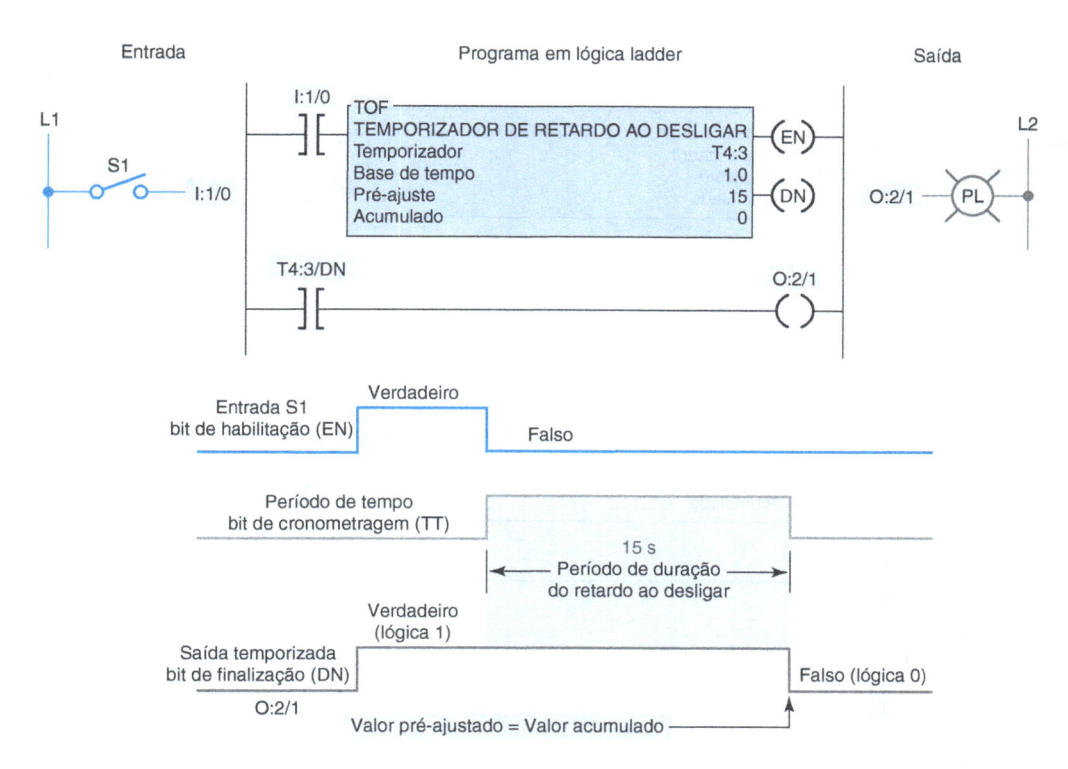

Figura 7.20 Temporizador de retardo ao desligar programado.

- Se a continuidade lógica for restabelecida antes de o temporizador terminar o período, o tempo acumulado retornará para 0. Por essa razão, o temporizador é classificado como não retentivo.

A Figura 7.21 mostra o uso da instrução do temporizador de retardo ao desligar utilizada para desligar as chaves do motor sequencialmente em intervalos de 5 segundos. O funcionamento do circuito pode ser resumido da seguinte maneira:

- Os valores pré-ajustados no temporizador para T4:1, T4:2 e T4:3 são estabelecidos em 5 s, 10 s e 15 s, respectivamente.
- O fechamento da chave de entrada SW estabelece imediatamente o bit de finalização de cada um dos três temporizadores de retardo ao desligar em 1, ligando imediatamente os motores M1, M2 e M3.
- Se SW for aberta, a continuidade lógica para os três temporizadores será perdida e cada um deles iniciará a contagem de tempo.
- O temporizador T4:1 temporiza a saída em 5 s, reiniciando seu bit de finalização para 0, para desenergizar o motor M1.
- O temporizador T4:2 temporiza a saída 5 s depois, reiniciando seu bit de finalização para 0, a fim de desenergizar o motor M2.
- O temporizador T4:3 temporiza a saída 5 s depois, reiniciando seu bit de finalização para 0, a fim de desenergizar o motor M3.

A Figura 7.22 mostra como conectar no circuito um relé temporizador de retardo ao desligar com dois contatos instantâneos e contatos temporizados. O funcionamento do circuito pode ser resumido da seguinte maneira:

- Quando for aplicada a energia pela primeira vez (chave-limite LS aberta), a bobina M1 de partida do motor será energizada e o sinaleiro luminoso verde será ligado.
- Ao mesmo tempo, a bobina M2 de partida do motor é desenergizada e o sinaleiro luminoso vermelho é desligado.
- Quando a chave-limite LS fecha, a bobina do temporizador de retardo ao desligar TD é energizada.
- Como resultado, o contato temporizado TD-1 abre, para desenergizar a bobina M1 de partida do motor; o contato temporizado TD-2 fecha, para energizar a bobina M2 de partida do motor; o contato instantâneo TD-3 abre, para desligar o sinaleiro verde; e o contato instantâneo TD-4 fecha, para ligar o sinaleiro vermelho. O circuito permanece nesse estado até a chave-limite ser fechada.
- Quando a chave-limite LS abre, o temporizador de retardo ao desligar TD é desenergizado, e inicia-se o período de tempo de retardo.

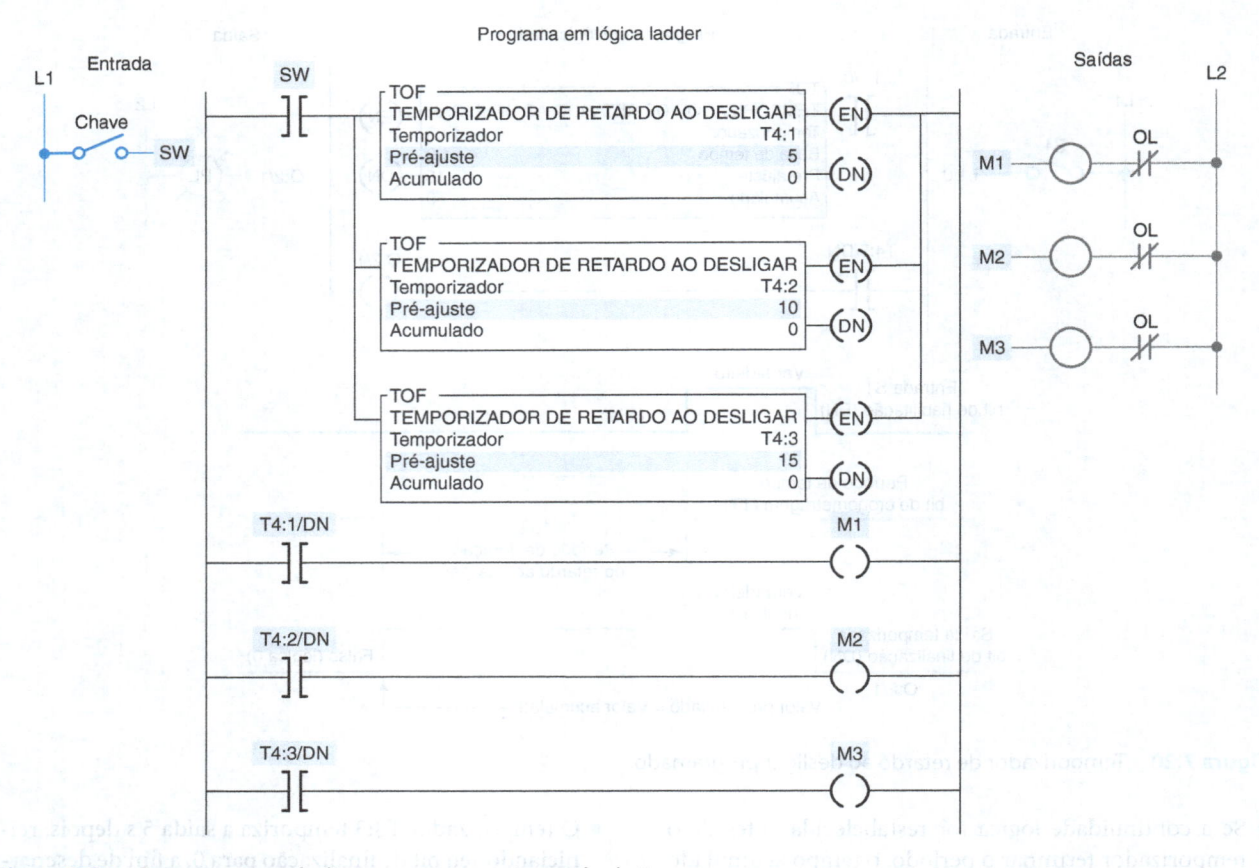

Figura 7.21 Programa para desligar motores com intervalo de 5 s.

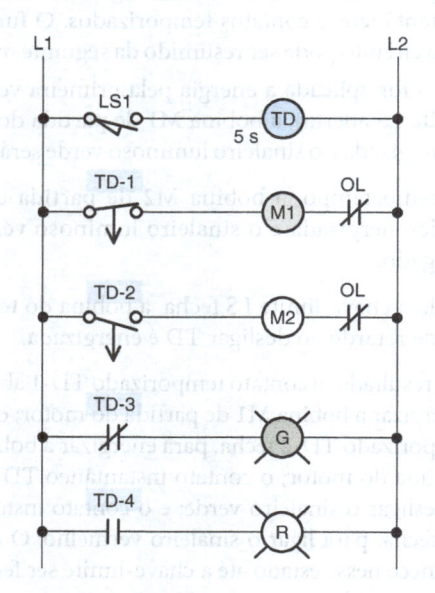

Figura 7.22 Circuito de temporizador de retardo ao desligar com contatos instantâneos e contatos temporizados.

- O contato instantâneo TD-3 fecha, para ligar o sinaleiro verde, e o contato instantâneo TD-4 abre, para desligar o sinaleiro vermelho.

- Após o período de tempo de retardo de 5 s, o contato temporizado TD-1 fecha, para energizar a bobina M1 de partida do motor, e o contato temporizado TD-2 abre, para desenergizar a bobina M2 de partida do motor.

A Figura 7.23 mostra um programa equivalente para CLP do circuito com temporizador de retardo ao desligar que contém os contatos instantâneos e os contatos temporizados. A instrução do temporizador realiza todas as funções do temporizador físico original.

A Figura 7.24 mostra um programa que utiliza a instrução do temporizador de retardo ao ligar e o temporizador de retardo ao desligar. O processo envolve o bombeamento de fluido de um tanque, A, para outro, B. O funcionamento do circuito pode ser resumido da seguinte maneira:

- Antes da partida, a PS1 deve estar fechada.

- Quando o botão de partida for pressionado, a bomba dará a partida. O botão poderá ser liberado e a bomba continuará a funcionar.

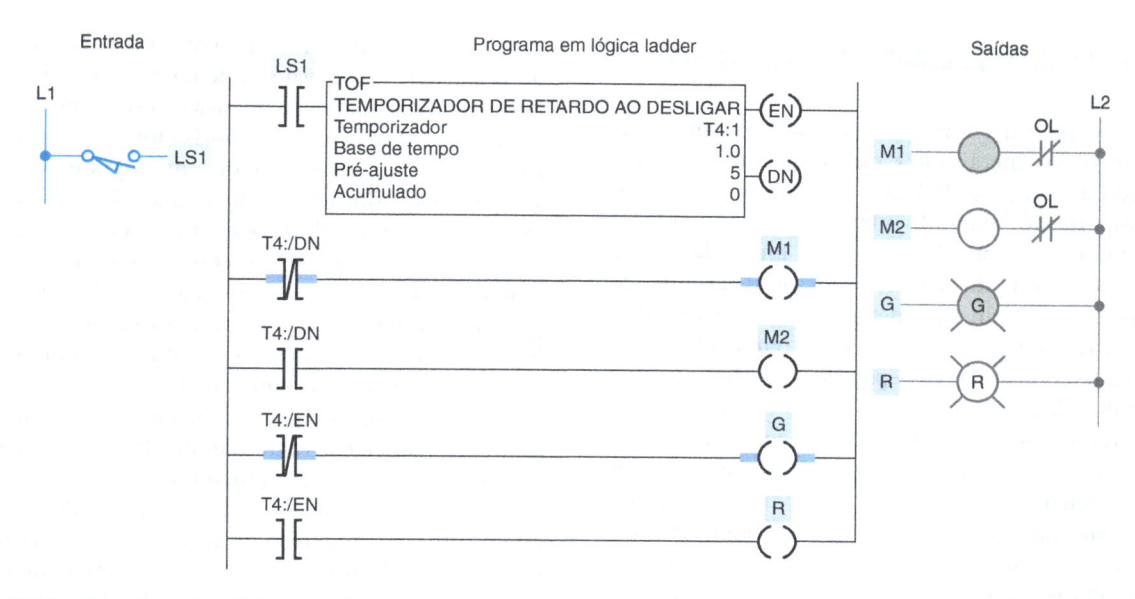

Figura 7.23 Programa para CLP equivalente ao circuito de relé temporizador de retardo ao desligar que contém os contatos instantâneos e os contatos temporizados.

- Quando o botão de parada for pressionado, a bomba parará.
- PS2 e PS3 devem fechar 5 s após a bomba dar a partida. Se PS2 e PS3 abrirem, a bomba desligará e não poderá ser ligada novamente por outro período de 14 s.

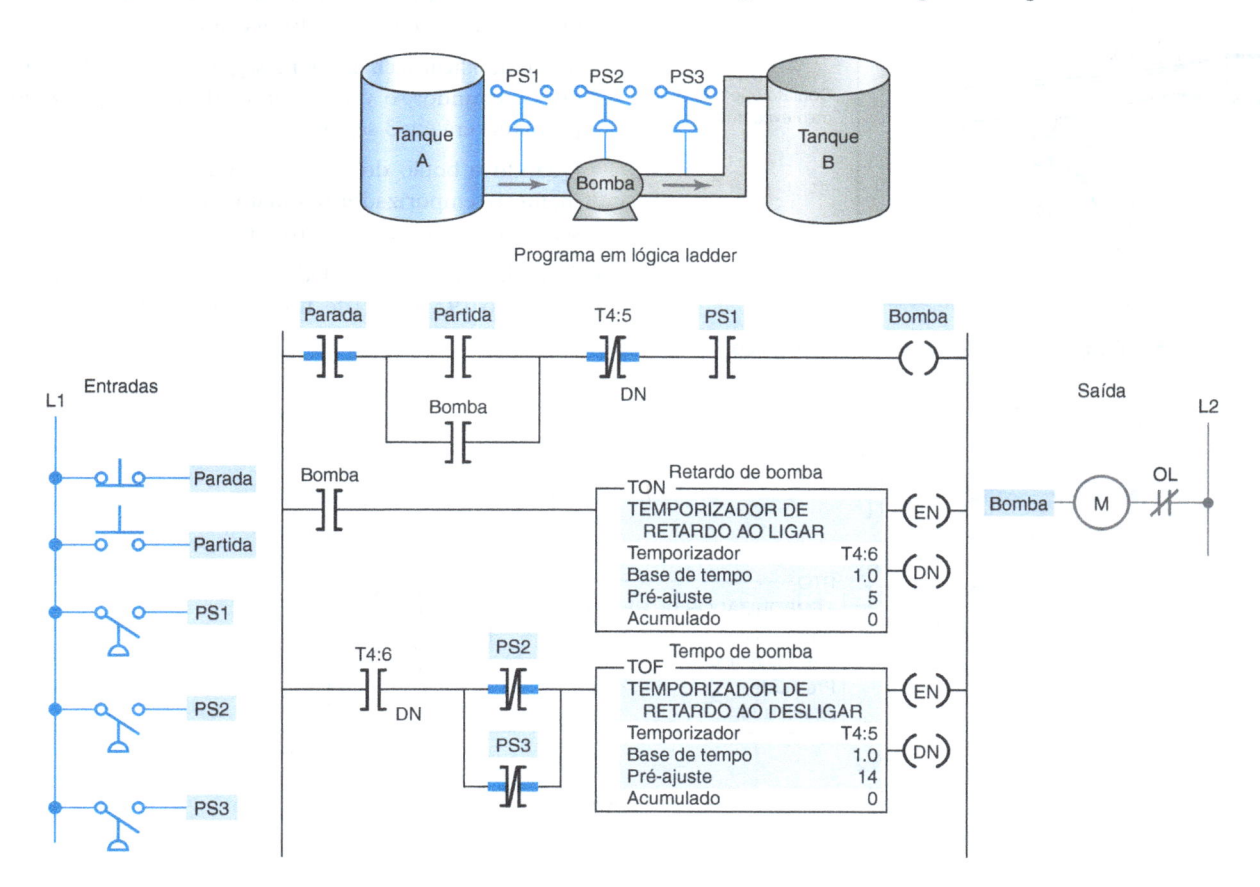

Figura 7.24 Processo de bombeamento de um fluido.

7.5 Temporizador retentivo

Um *temporizador retentivo* acumula o tempo sempre que o dispositivo for energizado e mantém o tempo corrente quando a energia é desligada do dispositivo. Quando o temporizador acumula o tempo igual ao seu valor pré-ajustado, o contato do dispositivo muda de estado. A perda de energia do temporizador, após ter atingido seu valor pré-ajustado, não afeta o estado dos contatos. O temporizador retentivo precisa ser reiniciado intencionalmente com um sinal separado para que o tempo acumulado seja reiniciado e para que os contatos do dispositivo retornem ao seu estado de não energizado.

A Figura 7.25 mostra a ação de um temporizador retentivo eletromecânico acionado por motor utilizado em algumas aplicações. O excêntrico montado no eixo é acionado por um motor, que, ao receber energia, funciona, girando o eixo. O posicionamento dos ressaltos do excêntrico e das engrenagens da redução do motor determina o tempo que o motor leva para girar o excêntrico para acionar os contatos. Se a energia for removida do motor, o eixo para, mas sua posição *não retorna*.

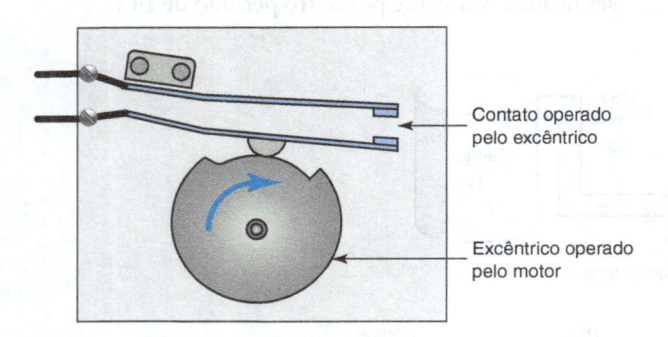

Um temporizador retentivo no CLP é utilizado quando o objetivo é reter valores de tempo acumulados pela falta de energia ou pela mudança de estado no degrau de verdadeiro para falso. O temporizador de retenção ao ligar (RTO) programado no CLP tem programação similar à do temporizador de retardo ao ligar (TON), com uma exceção fundamental: uma instrução de reinicialização do temporizador (RES). Ao contrário do TON, o RTO manterá seu valor acumulado quando o degrau do temporizador tornar-se falso e continuará cronometrando no lugar em que parou quando o degrau do temporizador tornar-se verdadeiro novamente. Esse temporizador precisa ser acompanhado por uma instrução de reinicialização, para reiniciar o valor acumulado do temporizador a 0. A instrução RES é o único meio automático de reiniciar o valor acumulado de um temporizador retentivo e tem o mesmo endereço do temporizador e da instrução de reinicialização. Se ela for verdadeira, tanto o valor acumulado no temporizador como o bit de finalização do temporizador (DN) serão reiniciados para 0. A Figura 7.26 mostra um programa para CLP para um temporizador de retardo ao ligar. A operação do programa pode ser resumida como segue:

- O temporizador começará a cronometrar quando o botão do temporizador PB1 for fechado.

- Se o botão ficar fechado por 3 segundos e depois aberto por 3 segundos, o valor acumulado no temporizador permanecerá em 3 segundos.

- Quando o botão do temporizador for fechado novamente, o temporizador retomará o valor do tempo de 3 segundos e continuará a cronometrar.

- Quando o valor acumulado (9) for igual ao valor pré-ajustado (9), o bit de finalização do temporizador

Figura 7.25 Temporizador retentivo eletromecânico.

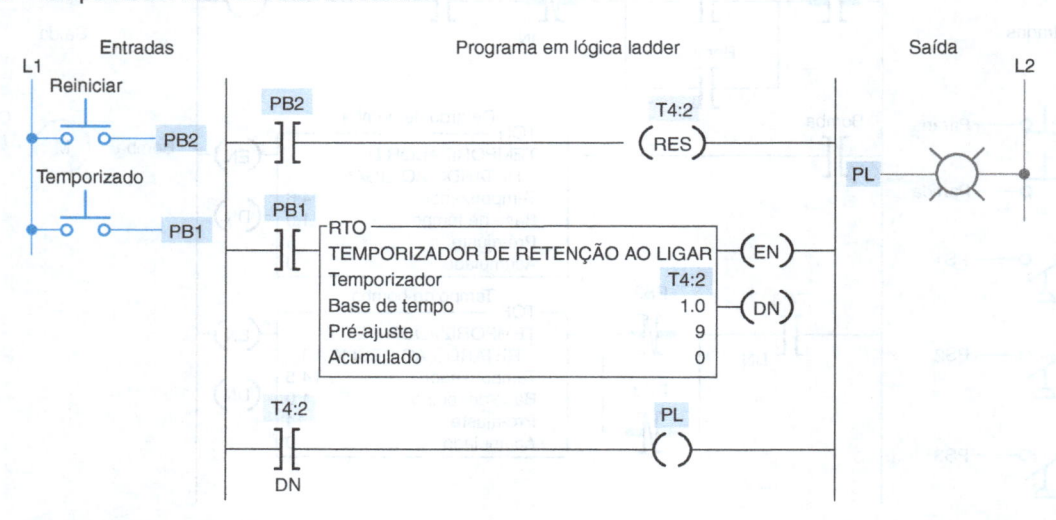

Figura 7.26 Programa para o temporizador de retenção ao ligar.

T4:2/DN será estabelecido em 1, e o sinaleiro de saída PL será ligado.

- Se o botão de comando para reiniciar for fechado momentaneamente, o valor acumulado do temporizador reiniciará em 0.

A Figura 7.27 mostra um gráfico de temporização para o programa do temporizador de retenção ao ligar, cuja operação pode ser resumida da seguinte maneira:

- Quando o degrau de temporização for verdadeiro (PB1 fechado), o temporizador começará a cronometragem.

- Se o degrau de temporização for falso, o temporizador parará a cronometragem, mas reiniciará para o valor acumulado armazenado cada vez que o degrau tornar-se verdadeiro.

- Quando o PB2 de reinício (reset) fechar, o bit T4:2/DN reiniciará em 0 e desligará o sinaleiro luminoso. O valor acumulado também reiniciará e se manterá em 0 até que o botão de comando de reinício seja aberto.

O programa desenhado na Figura 7.28 mostra uma aplicação prática para um RTO, cuja finalidade é detectar se o sistema de tubulação sofreu uma sobrepressão *cumulativa* por 60 s. Nesse ponto, a sirene soa automaticamente para alertar sobre o mau funcionamento. O alarme pode ser desativado com a comutação da chave S1 para reiniciar a posição (contato fechado), e, corrigido o problema, o sistema de alarme poderá ser reativado comutando a posição de contato aberto.

A Figura 7.29 mostra uma aplicação prática que utiliza as instruções com retardo ao ligar, com retardo ao desligar e retenção ao ligar no mesmo programa. Nessa aplicação industrial, existe uma máquina com um eixo grande de aço suportado por rolamentos de roletes, o qual é acoplado a um motor de maior potência elétrica; os rolamentos necessitam de lubrificação, que é fornecida por uma bomba de lubrificação acionada por um motor de baixa potência elétrica. O funcionamento do programa pode ser resumido da seguinte maneira:

- Para dar a partida, é necessário ligar a chave SW. Depois que o motor do eixo começar a girar, os rolamentos serão lubrificados com óleo pela *bomba* por um período de 10 segundos.

- Os rolamentos também recebem lubrificação quando a máquina está funcionando.

- Quando a chave SW é desligada para parar a máquina, a bomba continua lubrificando por 15 segundos.

- Um temporizador retentivo é utilizado para acompanhar o tempo de funcionamento total da bomba. Quando o tempo total atingir 3 horas, o motor será desligado e o sinaleiro luminoso será ligado para indicar que o filtro de óleo precisa ser substituído.

- Existe um botão para reiniciar o processo após a substituição do filtro de óleo.

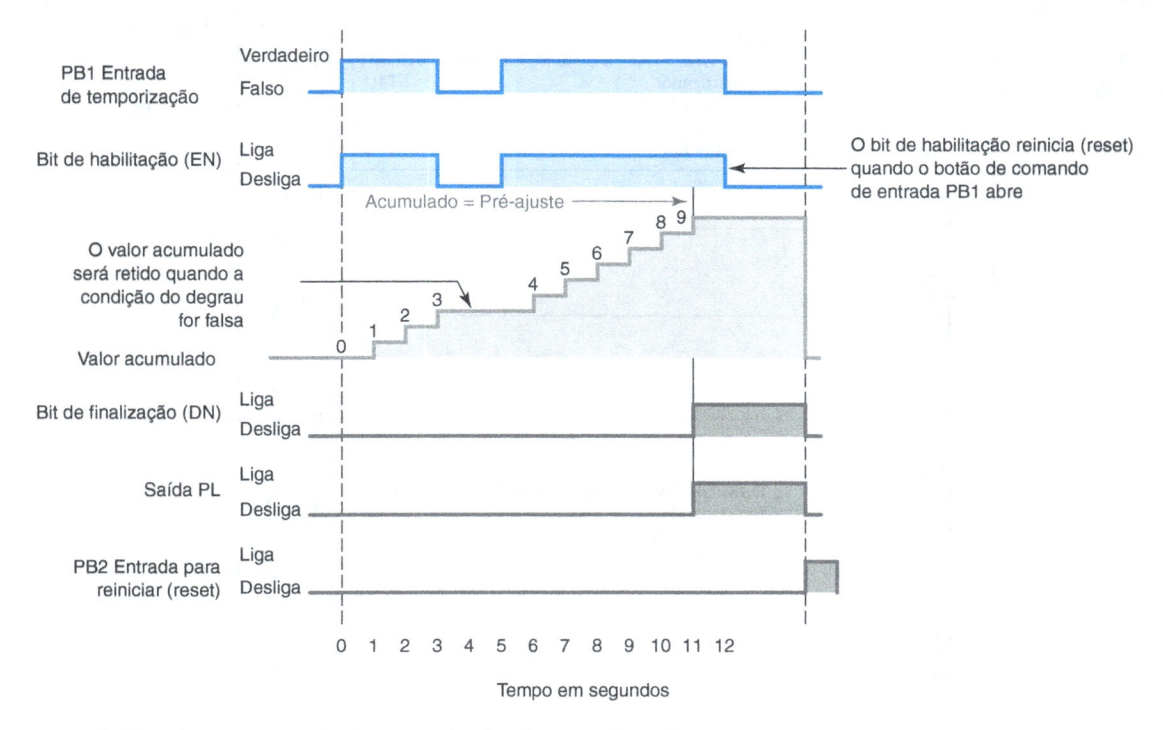

Figura 7.27 Gráfico de temporização do temporizador de retenção ao ligar.

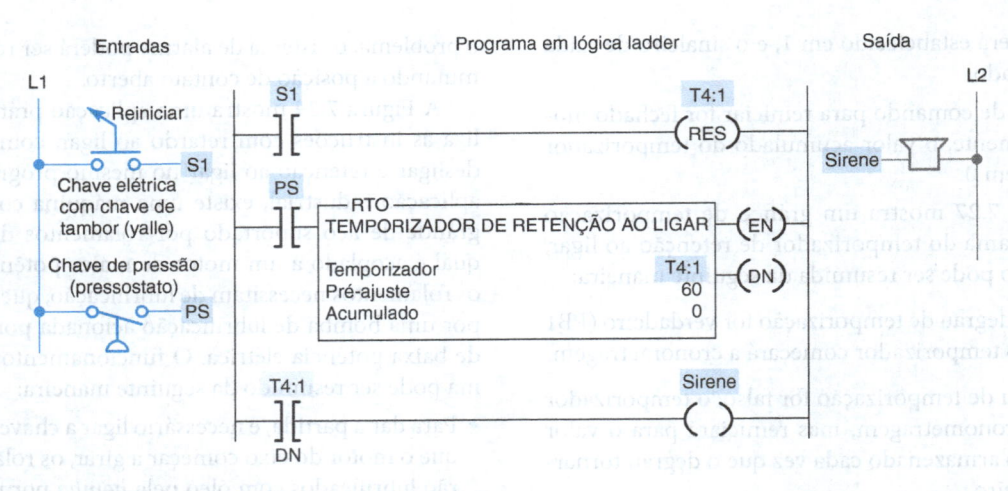

Figura 7.28 Programa de alarme com temporizador de retenção ao ligar.

Os temporizadores retentivos podem ser reiniciados (reset) mesmo antes de terminar o tempo de cronometragem, em qualquer instante durante seu funcionamento.

Observe que a entrada de reiniciar do temporizador vai além da entrada de controle do temporizador, mesmo que essa entrada tenha perdido a continuidade lógica.

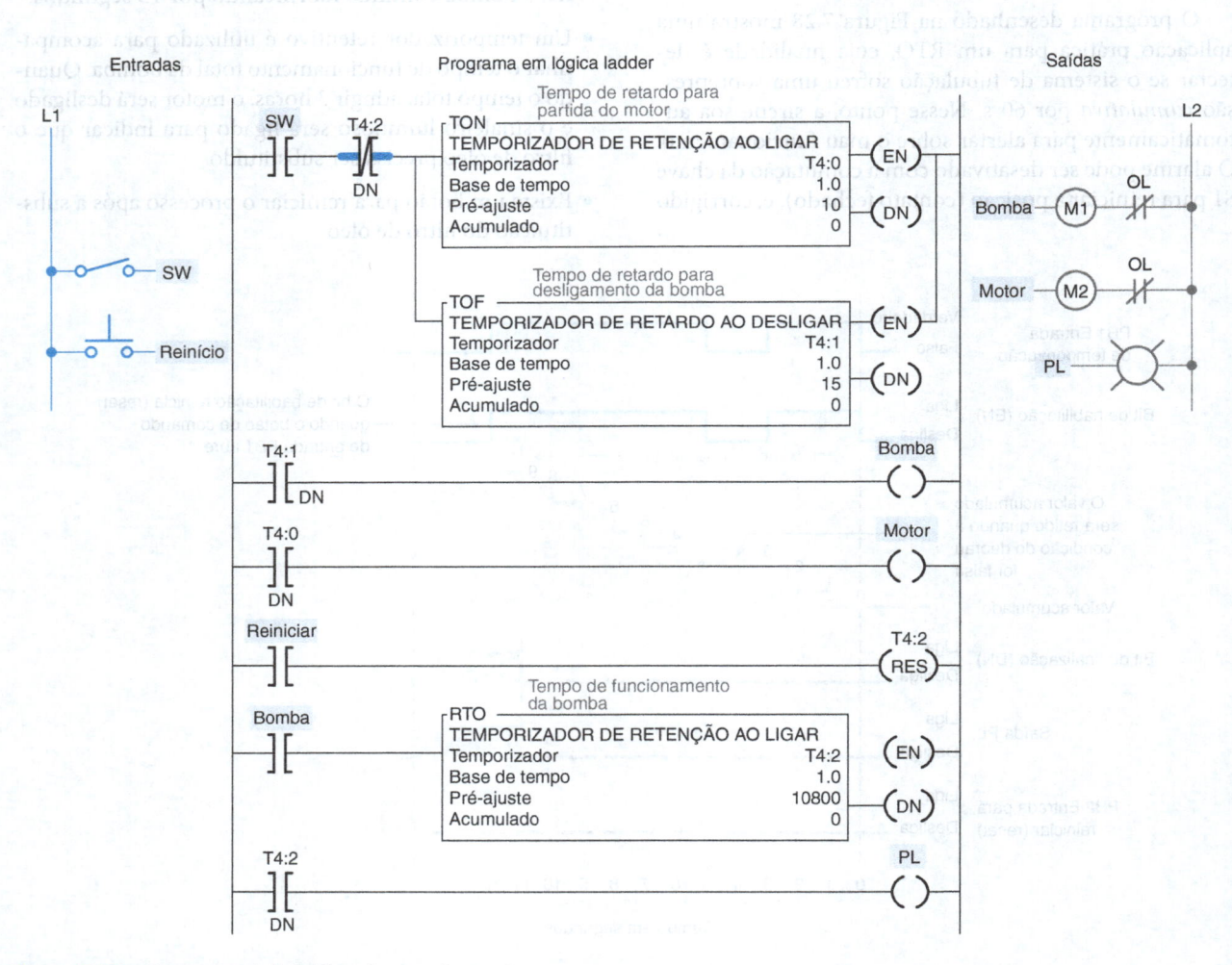

Figura 7.29 Programa de lubrificação do rolamento.

7.6 Temporizadores em cascata

A programação de dois ou mais temporizadores juntos é chamada de *em cascata*. Os temporizadores podem ser interligados, ou ligados em cascata, para satisfazer certo número de funções.

A Figura 7.30 mostra como três motores podem dar a partida automaticamente na sequência, com um tempo de retardo de 20 s entre cada um, com o uso de dois aparelhos temporizadores. O funcionamento do circuito pode ser resumido da seguinte maneira:

- A bobina da chave de partida direta M1 será energizada quando o botão de comando de partida PB2 for acionado momentaneamente.
- Como resultado, o motor 1 dá a partida, o contato M1-1 fecha para selar M1, e a bobina de TD1 é energizada, para começar o primeiro período do tempo de retardo.
- Após um período de 20 s, o contato TD1-1 fecha, para energizar a bobina da chave de partida direta M2.
- Como resultado, o motor 2 dá a partida, e a bobina do temporizador TD2 é energizada para começar o segundo período de tempo de retardo.
- Após um período de 20 s, o contato TD2-1 fecha, para energizar a bobina da chave de partida direta M3 e, então, o motor 3 dá a partida.

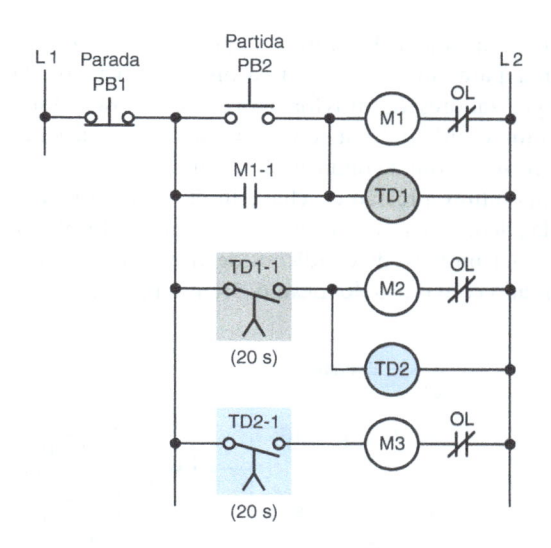

Figura 7.30 Circuito de partida sequencial temporizada de motores.

A Figura 7.31 mostra um programa para CLP equivalente ao circuito de partida sequencial temporizada de motores. Dois temporizadores de retardo ao ligar são programados juntos em cascata para obter a mesma lógica dos aparelhos temporizadores originais do circuito. Note que a saída do temporizador T4:1 é utilizada para controlar a entrada lógica do temporizador T4:2.

A lógica do oscilador é basicamente um circuito temporizador programado para gerar pulsos periódicos na

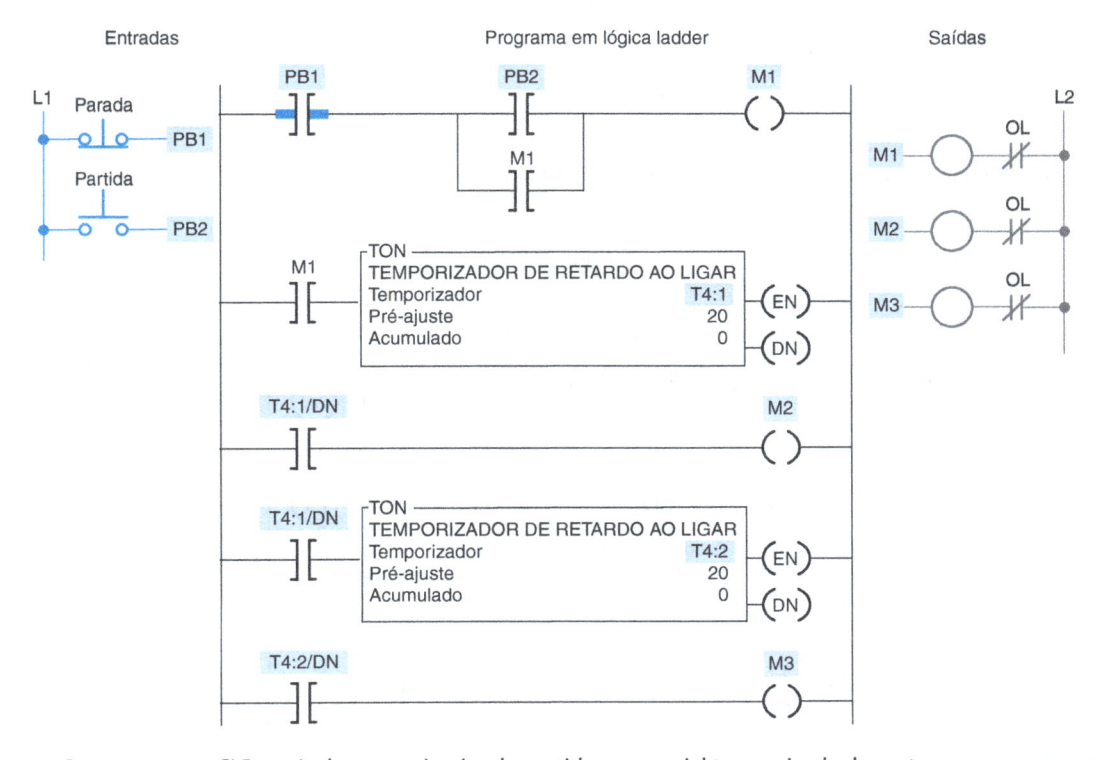

Figura 7.31 Programa para CLP equivalente ao circuito de partida sequencial temporizada de motores.

saída de qualquer duração. A Figura 7.32 mostra o programa para um circuito pisca-pisca anunciador. Dois temporizadores internos formam o circuito oscilador, que gera uma saída pulsante cronometrada que é programada em série com a condição de alarme. Se essa condição (temperatura, pressão ou chave-limite) for verdadeira, a saída adequada indicará com uma luz piscando. Note que qualquer número de condições de alarme pode ser programado com o uso do mesmo circuito pisca-pisca.

A qualquer momento pode ser necessário um temporizador com um período de retardo mais prolongado que o tempo permitido de pré-ajuste para uma instrução de temporizador simples do CLP que está sendo utilizado. Quando isso ocorrer, o problema pode ser resolvido simplesmente com temporizadores em cascata, como mostra a Figura 7.33. O funcionamento do programa pode ser resumido da seguinte maneira:

- O período de tempo de retardo requerido é de 42.000 s.

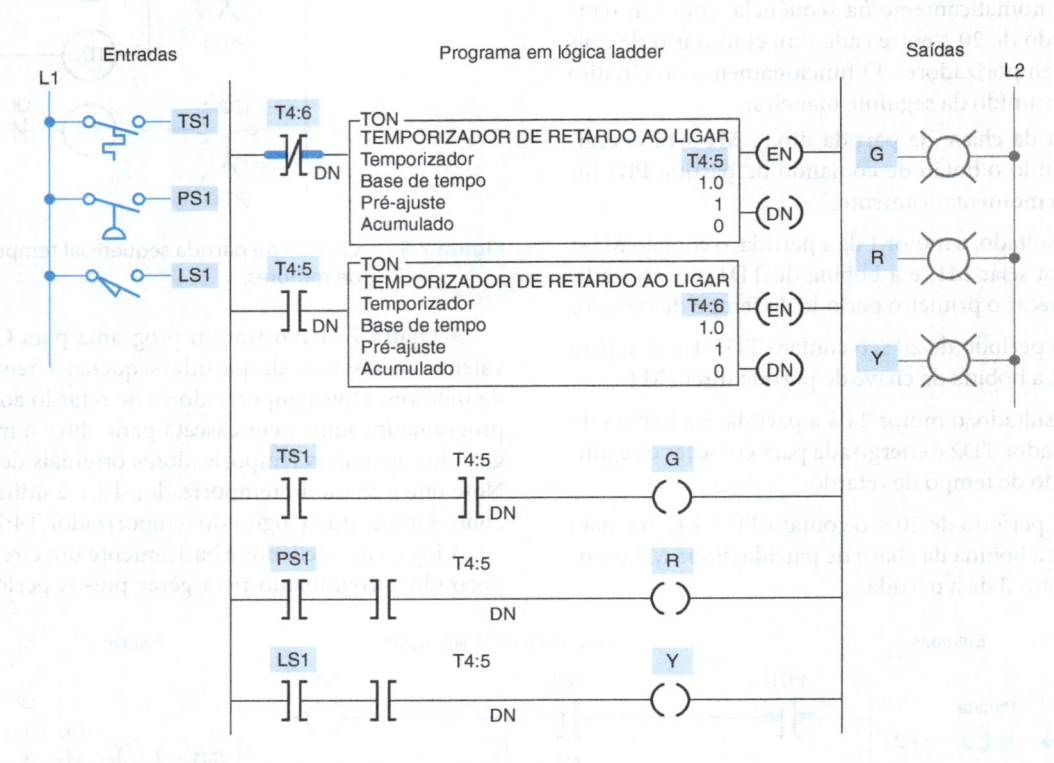

Figura 7.32 Programa para o anunciador de alarme com pisca-pisca.

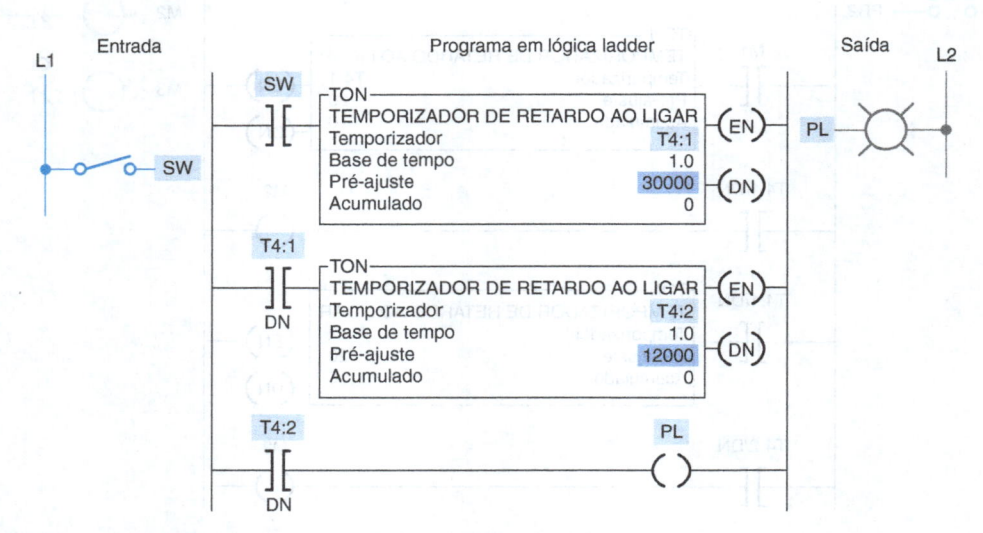

Figura 7.33 Temporizadores em cascata para longos períodos de retardo.

- O primeiro temporizador, T4:1, é programado para um tempo pré-ajustado de 30.000 s, e a temporização começa quando a chave de entrada SW for fechada.

- Quando T4:1 completar seu período de tempo de retardo 30.000 s depois, o bit T4:1/DN será estabelecido em 1.

- Isso, por sua vez, ativa o segundo temporizador, T4:2, que é pré-ajustado para os 12.000 s restantes do total de 42.000 s de retardo.

- Uma vez atingido o tempo pré-ajustado, o bit de T4:2/DN será estabelecido em 1, que liga o sinaleiro PORTA LÓGICA para indicar que o tempo de retardo foi completado.

- A abertura da chave de entrada SW a qualquer momento reiniciará os dois temporizadores e desligará a saída, PL.

Uma aplicação típica para os temporizadores do CLP é o controle de tráfego. O circuito em lógica ladder da Figura 7.34 mostra um controle de um conjunto de lâmpadas de tráfego (semáforo) em um sentido. O funcionamento do programa pode ser resumido da seguinte maneira:

- A transição do sinaleiro vermelho para o verde e deste para o amarelo é realizada pela interligação de três instruções de temporizadores TON.

- A entrada do temporizador T4:0 é controlada pelo bit de finalização de T4:2.

- A entrada do temporizador T4:1 é controlada pelo bit de finalização de T4:0.

- A entrada do temporizador T4:2 é controlada pelo bit de finalização de T4:1.

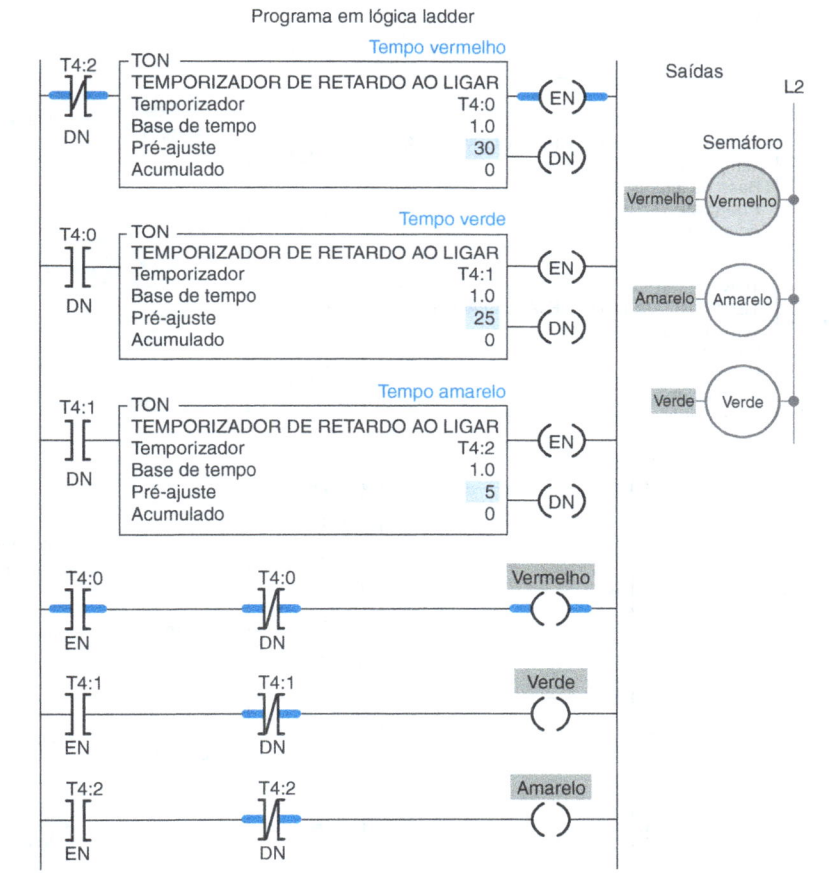

Figura 7.34 Controle de tráfego em um sentido apenas.

Vermelho = Norte/Sul		Verde = Norte/Sul	Amarelo = Norte/Sul
Verde = Leste/Oeste	Amarelo = Leste/Oeste	Vermelho = Leste/Oeste	
25 s	5 s	25 s	5 s

Figura 7.35 Mapa de tempo para controle de tráfego em dois sentidos.

- A sequência dos sinaleiros é:
  - Vermelho – 30 s ligado;
  - Verde – 25 s ligado;
  - Amarelo – 5 s ligado.
- A sequência se repete ciclicamente.

A Figura 7.35 mostra o mapeamento da sequência temporizada dos sinaleiros para um controle de tráfego em dois sentidos, enquanto a Figura 7.36 mostra um programa original de semáforo modificado para incluir mais três lâmpadas que controlam o tráfego em dois sentidos.

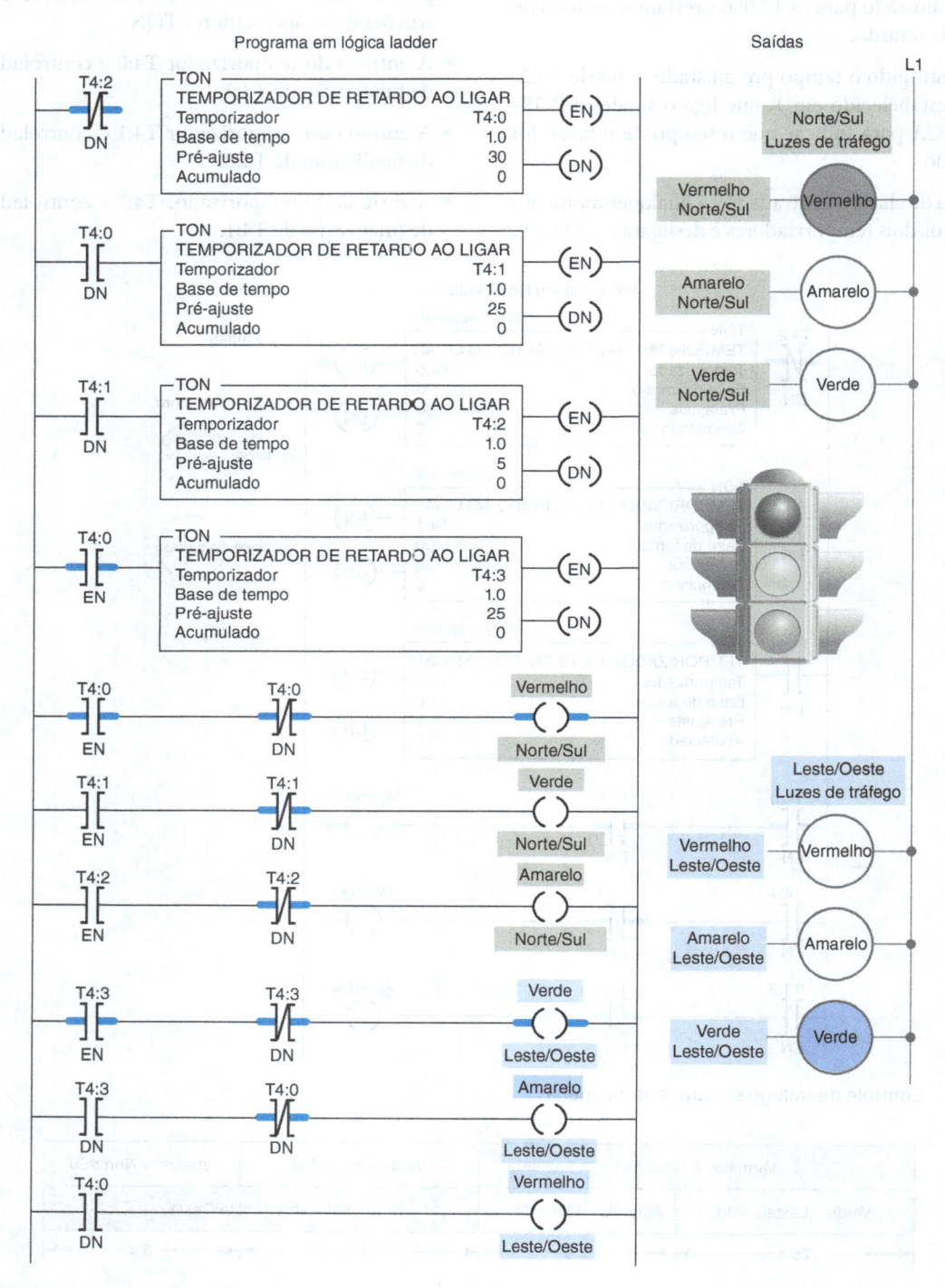

Figura 7.36 Controle de tráfego em dois sentidos.

QUESTÕES DE REVISÃO

1. Explique a diferença entre contatos temporizados e instantâneos de um relé temporizador mecânico.
2. Desenhe o símbolo e explique o funcionamento de cada um dos contatos temporizados de um relé temporizador mecânico.
   a. Temporizador de retardo ao ligar – contato NATF;
   b. Temporizador de retardo ao ligar – contato NFTA;
   c. Temporizador de retardo ao desligar – contato NATA;
   d. Temporizador de retardo ao desligar – contato NFTF.
3. Cite as cinco partes da informação associada geralmente a uma instrução do CLP.
4. Quando a saída de um temporizador programado é energizada?
5. a. Quais são os dois métodos geralmente utilizados para representar uma instrução de temporizador dentro de um programa em lógica ladder?
   b. Que método é preferido? Por quê?
6. a. Explique a diferença entre o funcionamento de um temporizador retentivo e um não retentivo.
   b. Explique como é reiniciada a contagem acumulada dos temporizadores retentivo e não retentivo programados.
7. Cite três vantagens de utilizar relés temporizadores de um CLP em vez de temporizadores mecânicos.
8. Quanto a um temporizador TON:
   a. Quando o bit de habilitação de uma instrução de temporizador é verdadeiro?
   b. Quando o bit de cronometragem de uma instrução de temporizador é verdadeiro?
   c. Quando o bit de finalização de uma instrução de temporizador muda de estado?
9. Quanto a um temporizador TOF:
   a. Quando o bit de habilitação de uma instrução de temporizador é verdadeiro?
   b. Quando o bit de cronometragem de uma instrução de temporizador é verdadeiro?
   c. Quando o bit de finalização de uma instrução de temporizador muda de estado?
10. Explique o que representa cada uma das seguintes quantidades associadas a uma instrução de temporizador de um CLP.
    a. Tempo pré-ajustado.
    b. Tempo acumulado.
    c. Base de tempo.
11. Cite o método usado para reiniciar o tempo acumulado de cada um dos seguintes temporizadores:
    a. TON
    b. TOF
    c. RTO

PROBLEMAS

1. a. Com referência ao diagrama esquemático do relé da Figura 7.37, cite o estado de cada lâmpada (ligada ou desligada) após cada um dos seguintes eventos:
   i. A energia é aplicada pela primeira vez e a chave S1 está aberta.
   ii. A chave S1 acaba de ser fechada.
   iii. A chave S1 foi fechada por 5 s.
   iv. A chave S1 acaba de ser aberta.
   v. A chave S1 foi aberta por 5 s.
   b. Desenvolva um programa para CLP e prepare o diagrama típico das conexões de E/S e o programa em lógica ladder capaz de executar este circuito de controle corretamente.
2. Desenvolva um programa para CLP e prepare o diagrama típico das conexões de E/S e o programa em lógica ladder capaz de executar corretamente o circuito de controle a relé da Figura 7.38.
3. Estude o programa em lógica ladder da Figura 7.39 e responda às questões a seguir:
   a. Que tipo de temporizador deve ser programado?
   b. Qual é o valor de período de tempo de retardo?
   c. Qual é o valor do tempo acumulado quando a energia é aplicada?
   d. Quando o temporizador começa a cronometrar o tempo?
   e. Quando o temporizador para de cronometrar e reinicia por si mesmo?
   f. Quando a entrada LS1 for fechada pela primeira vez, que degraus serão verdadeiros e quais serão falsos?
   g. Quando a entrada LS1 for fechada pela primeira vez, cite o estado (ligado ou desligado) de cada saída.

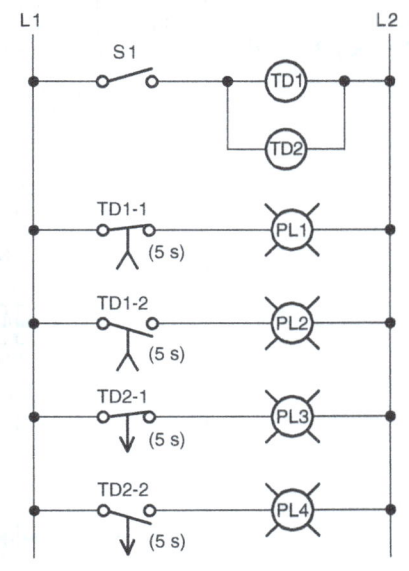

Figura 7.37 Diagrama esquemático a relé para o Problema 1.

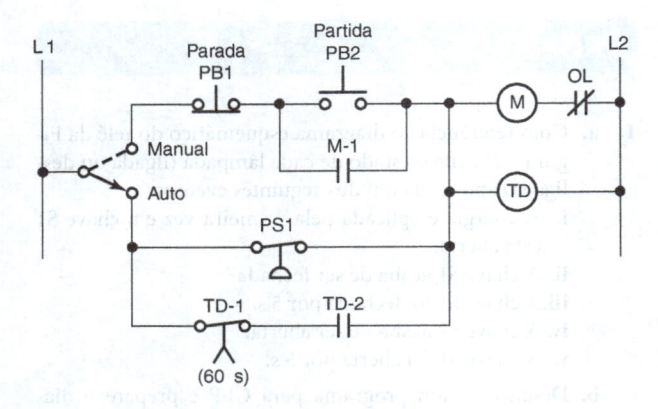

Figura 7.38 Circuito de controle a relé para o Problema 2.

h. Quando o valor acumulado do temporizador for igual ao valor pré-ajustado, que degraus serão verdadeiros e quais serão falsos?
i. Quando o valor acumulado do temporizador for igual ao valor pré-ajustado, cite o estado (ligado ou desligado) de cada saída.
j. Considere que o degrau 1 seja verdadeiro por 5 s e depois a energia é perdida. Qual será o valor acumulado do contador quando a energia for restaurada?

4. Estude o programa em lógica ladder da Figura 7.40 e responda às seguintes questões:
   a. Que tipo de temporizador deve ser programado?
   b. Qual é o valor do período de tempo de retardo?
   c. Qual é o valor do tempo acumulado quando a energia for aplicada pela primeira vez?
   d. Quando o temporizador começa a cronometrar?
   e. Quando o temporizador para a cronometragem e reinicia por si mesmo?
   f. Quando a entrada LS1 for fechada pela primeira vez, que degraus serão verdadeiros e quais serão falsos?
   g. Quando a entrada LS1 for fechada pela primeira vez, cite o estado (ligado ou desligado) de cada saída.
   h. Quando o valor acumulado do temporizador for igual ao valor pré-ajustado, que degraus serão verdadeiros e quais serão falsos?
   i. Quando o valor acumulado do temporizador for igual ao valor pré-ajustado, cite o estado (ligado ou desligado) de cada saída.
   j. Considere que o degrau 1 seja verdadeiro por 5 s e depois a energia é perdida. Qual será o valor acumulado do contador quando a energia for restaurada?

5. Estude o programa em lógica ladder da Figura 7.41 e responda às questões a seguir:
   a. Que tipo de temporizador deve ser programado?
   b. Qual é o valor de período de tempo de retardo?
   c. Quando o temporizador começa a cronometrar o tempo?
   d. Quando o temporizador reinicia?
   e. Quando o degrau 3 é verdadeiro?
   f. Quando o degrau 5 é verdadeiro?
   g. Quando a saída PL4 será energizada?
   h. Considere que seu valor de tempo acumulado seja de 020 e a energia de seu sistema é perdida. Qual será seu valor de tempo acumulado quando a energia for restaurada?
   i. O que acontece se as entradas PB1 e PB2 forem ambas verdadeiras ao mesmo tempo?

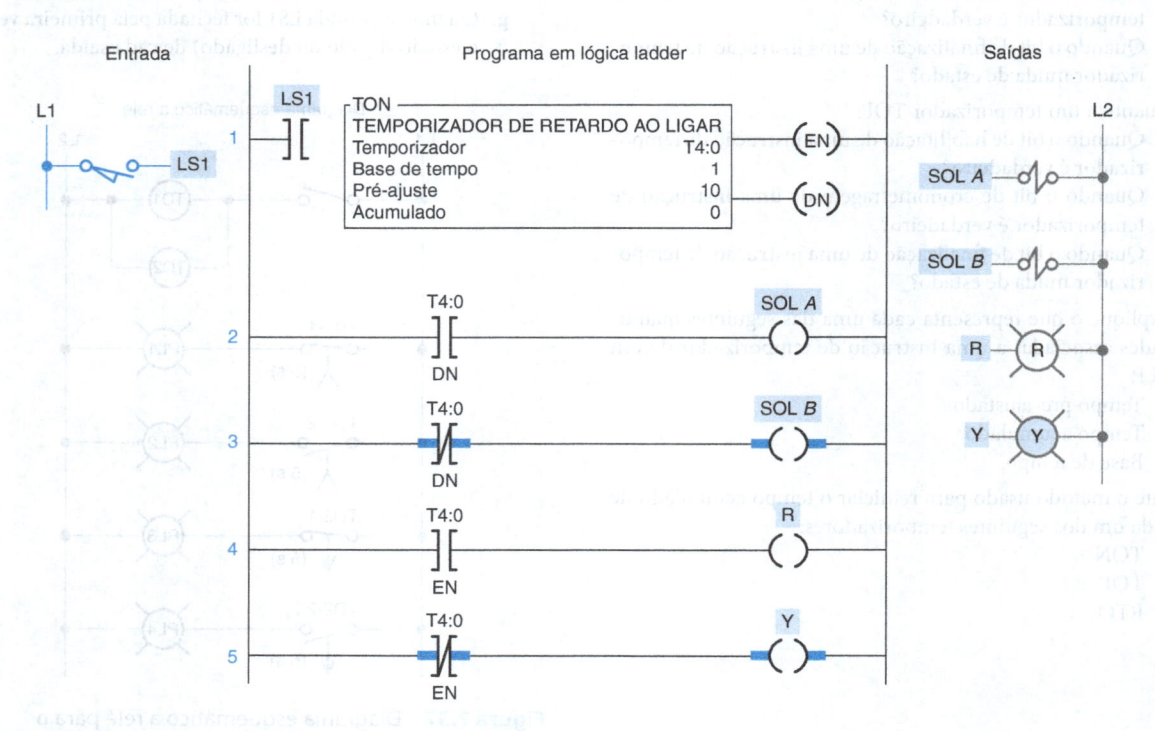

Figura 7.39 Programa em lógica ladder para o Problema 3.

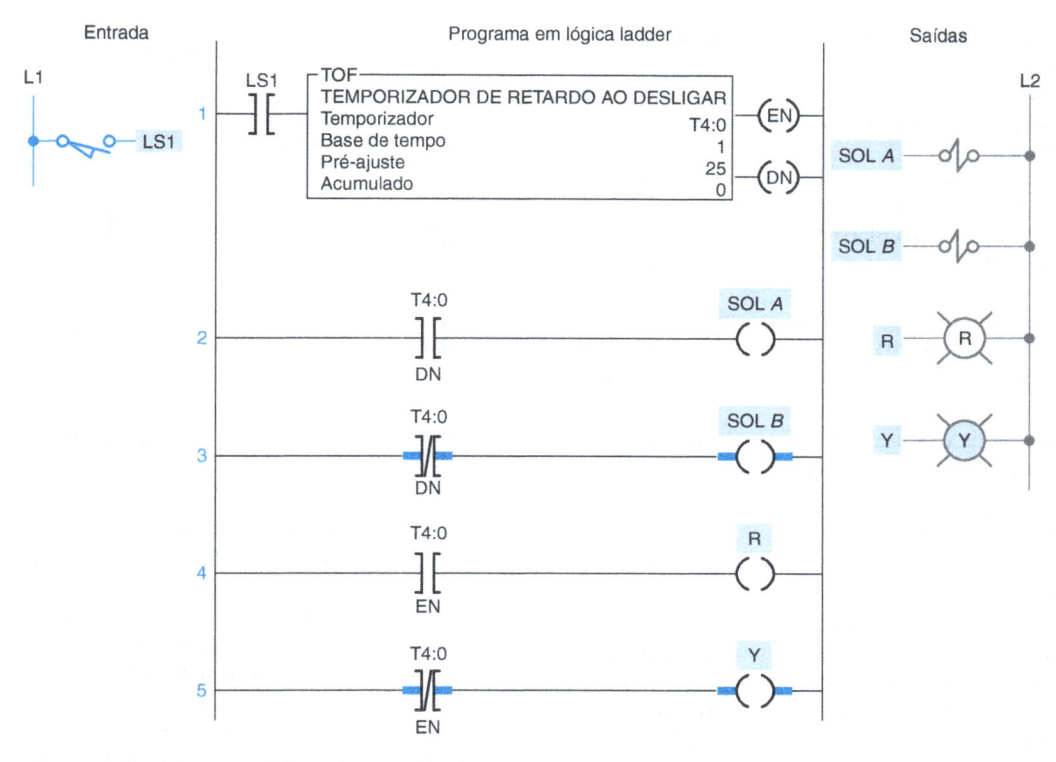

Figura 7.40 Programa em lógica ladder para o Problema 4.

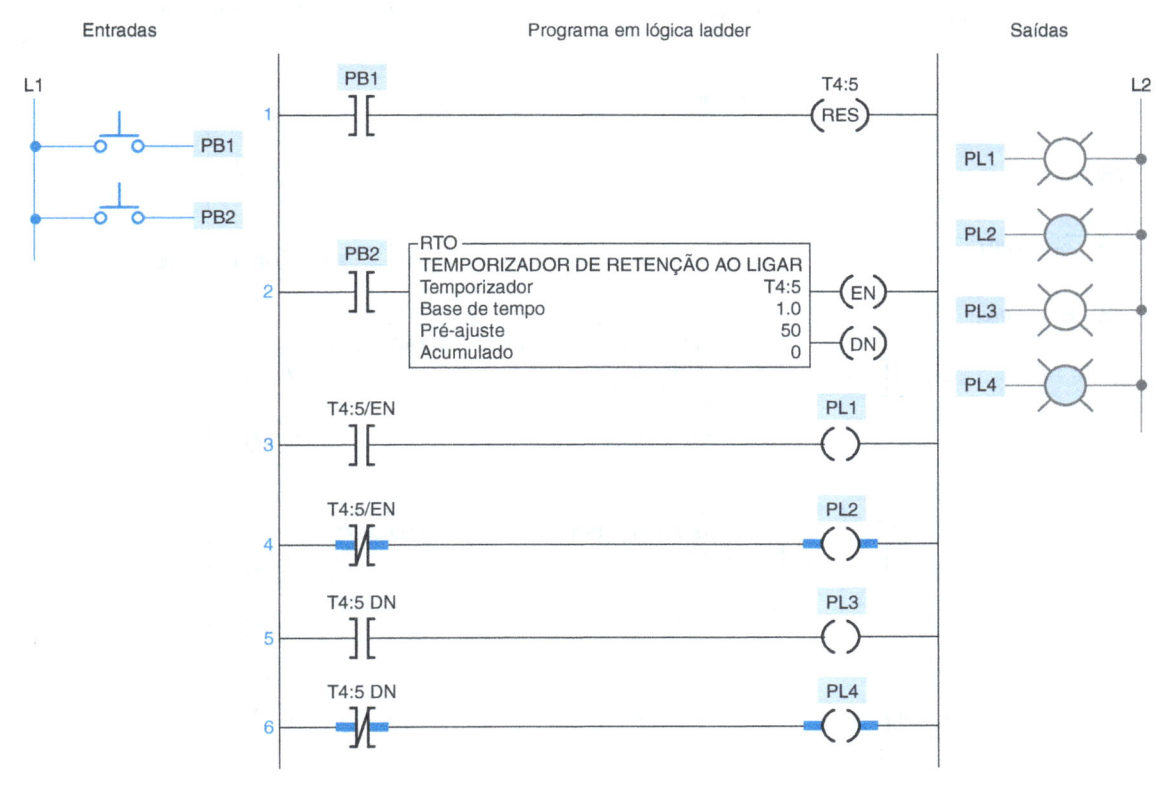

Figura 7.41 Programa em lógica ladder para o Problema 5.

6. Estude o programa em lógica ladder da Figura 7.42 e responda às seguintes questões:
   a. Qual é a finalidade da interligação de dois temporizadores?
   b. Que tempo deve ser decorrido antes que a saída PL seja energizada?
   c. Que condição deve ser satisfeita para que o temporizador T4:2 comece a cronometrar?
   d. Considere que a saída PL esteja ligada e a energia do sistema é perdida. Quando a energia for restaurada, qual será o estado dessa saída?
   e. Quando a entrada PB2 ligar, o que acontecerá?
   f. Quando a entrada PB1 ligar, que valor acumulado de tempo deve ser decorrido antes que o degrau 3 se torne verdadeiro?

7. Há uma máquina que liga e desliga em ciclo durante seu funcionamento, e é necessário manter um registro do tempo de funcionamento total para fins de manutenção. Como um temporizador pode realizar isso?

8. Edite um programa em lógica ladder que liga e desliga uma lâmpada, PL, por 15 s após a chave S1 ser ligada.

9. Estude o programa em lógica ladder da Figura 7.43 e, para cada condição declarada, determine se o temporizador é reiniciado, se está temporizando ou terminou o tempo ou, ainda, se as condições declaradas não são possíveis.
   a. A entrada é verdadeira, e EN é 1, TT é 1 e DN é 0.
   b. A entrada é verdadeira, e EN é 1, TT é 1 e DN é 1.
   c. A entrada é verdadeira, e EN é 0, TT é 0 e DN é 0.
   d. A entrada é verdadeira, e EN é 1, TT é 0 e DN é 1.

10. Estude o programa em lógica ladder da Figura 7.44 e, para cada condição declarada, determine se o temporizador é reiniciado, se está temporizando ou terminou o tempo, ou, ainda, se as condições declaradas não são possíveis.
    a. A entrada é verdadeira, e EN é 0, TT é 0 e DN é 1.
    b. A entrada é verdadeira, e EN é 1, TT é 1 e DN é 1.
    c. A entrada é verdadeira, e EN é 1, TT é 0 e DN é 1.
    d. A entrada é verdadeira, e EN é 0, TT é 1 e DN é 1.
    e. A entrada é falsa, e EN é 0, TT é 0 e DN é 0.

11. Edite um programa para um circuito "antiesmagamento" que impedirá o funcionamento do solenoide de uma prensa de perfuração se as duas mãos não forem usadas para dar a

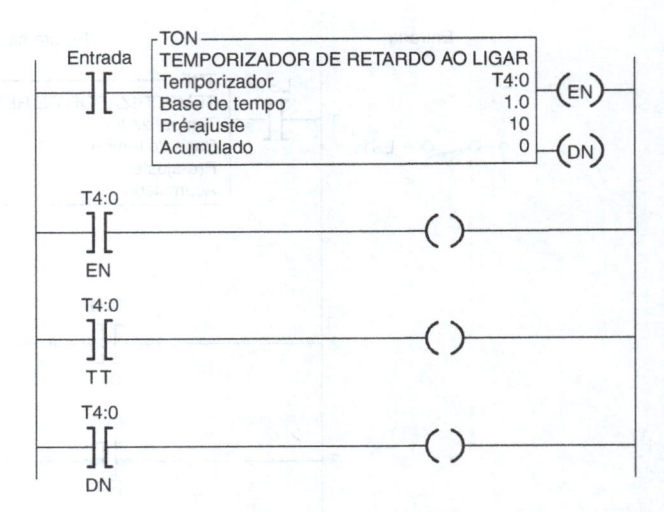

Figura 7.43 Programa em lógica ladder com temporizador de retardo ao ligar para o Problema 9.

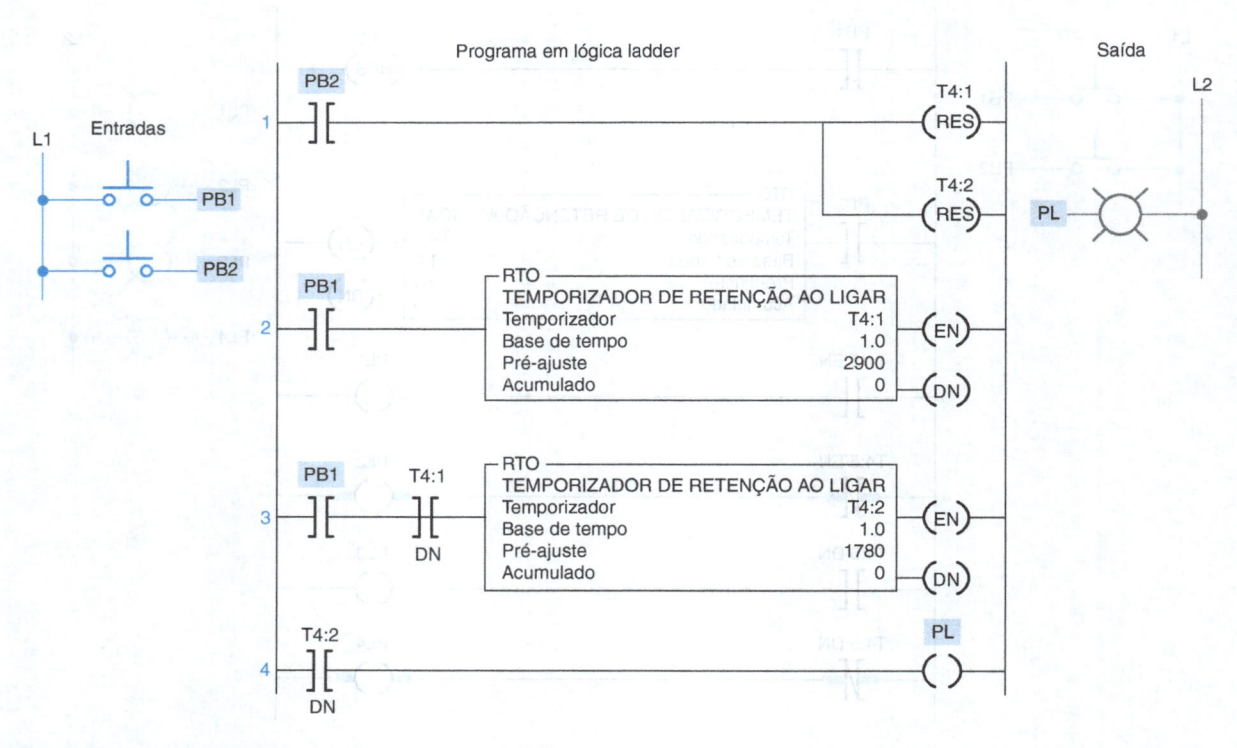

Figura 7.42 Programa em lógica ladder para o Problema 6.

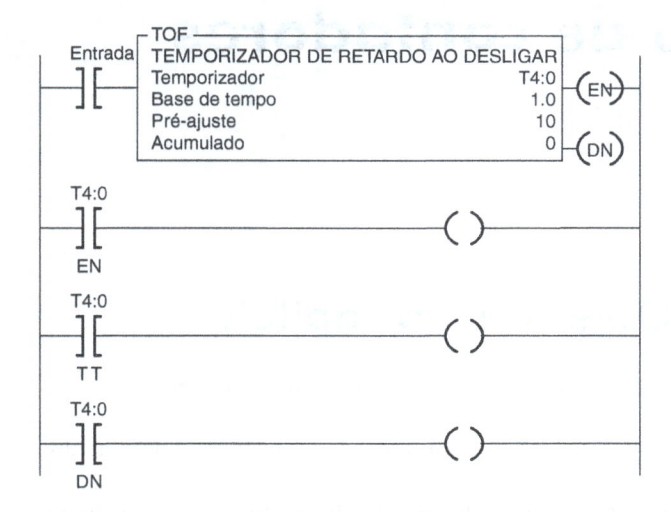

Figura 7.44 Programa em lógica ladder com temporizador de retardo ao desligar para o Problema 10.

partida. Os dois botões devem ser pressionados ao mesmo tempo com tolerância de 0,5 s. O circuito impedirá também que o operador mantenha pressionado um dos botões e opere a prensa apenas com o outro botão. (Sugestão: uma vez pressionado um dos botões, inicie uma temporização de 0,5 s; depois, se os dois botões não forem pressionados, previna o funcionamento do solenoide da prensa.)

12. Modifique o programa de controle de tráfego nos dois sentidos de modo que exista um período de 3 s quando os dois sinaleiros vermelhos estiverem acesos.

13. Edite um programa para implementar o processo mostrado na Figura 7.45. A sequência de operação deve ser do seguinte modo:

- Serão usados botões normalmente aberto para partida e normalmente fechado para parada do processo.
- Quando o botão de partida for pressionado, o solenoide A será energizado, para começar a encher o tanque.
- Como o tanque está se enchendo, o sensor de nível vazio fecha.
- Quando o tanque estiver completamente cheio, o sensor de nível cheio fecha.
- O solenoide A é desenergizado.
- O motor do agitador dá a partida automaticamente e funciona por 3 min, para misturar o líquido.
- Quando o motor do agitador parar, o solenoide B será energizado para esvaziar o tanque.
- Quando o tanque estiver completamente vazio, o sensor de nível vazio abrirá para desenergizar o solenoide B.
- O botão de partida é pressionado para repetir a sequência de operação.

14. Quando as luzes de um prédio forem desligadas, uma luz de saída deve permanecer ligada por um tempo adicional de 2 min, e as luzes do estacionamento devem permanecer ligadas por um tempo adicional de 3 min após a luz da porta de saída ser apagada. Edite um programa para implementar este processo.

15. Edite um programa para simular o funcionamento sequencial de um sistema farolete. O sistema consiste em três lâmpadas separadas de cada lado do carro. Cada conjunto de lâmpadas será ativado separadamente, tanto pela seta da esquerda como pela seta da direita. Devem existir um tempo de retardo de 1 s entre a ativação de cada lâmpada e um período de 1 s quando todas as lâmpadas forem desligadas. Lembre-se de que quando as duas chaves forem ligadas, o sistema não funcionará. Utilize o menor número de temporizadores possível. A sequência de funcionamento deve ser como segue:
- A chave é operada.
- A lâmpada 1 acende.
- A lâmpada 2 acende 1 s depois.
- A lâmpada 3 acende 1 s depois.
- A lâmpada 3 fica acesa por 1 s.
- O sistema é repetido enquanto a chave estiver ligada.

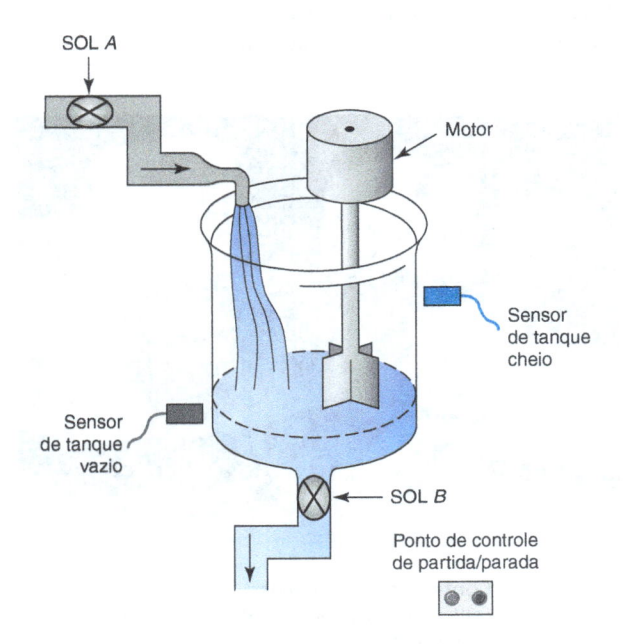

Figura 7.45 Processo para o Problema 13.

8 Programação de contadores

Objetivos do capítulo

Após o estudo deste capítulo, você será capaz de:

8.1 Listar e descrever as funções das instruções de contadores para o CLP.
8.2 Descrever o princípio de funcionamento do contato de transição ou disparo.
8.3 Analisar e interpretar programas típicos em lógica ladder com contador.
8.4 Aplicar a função de contador e circuitos associados nos sistemas de controle.
8.5 Aplicar combinações de contadores e temporizadores nos sistemas de controle.

Todos os CLPs possuem contadores crescentes e decrescentes; suas instruções de contadores e funções na lógica ladder estão explicadas neste capítulo. Exemplos típicos de contadores no CLP incluem: contagem direta em um processo, dois contadores usados para dar a soma de duas contagens e dois contadores usados para dar a diferença entre duas contagens.

8.1 Instruções do contador

Os contadores programados podem ter a mesma função que os contadores mecânicos (Figura 8.1); toda vez que a alavanca de acionamento se movimenta, o contador adiciona um número; depois, ela volta automaticamente para sua posição original. O reinício a zero é feito pelo botão de comando localizado ao lado da unidade.

Os contadores eletrônicos, como mostra a Figura 8.2, podem executar contagens crescentes ou decrescentes, ou, ainda, contagens combinadas, crescentes e decrescentes. Embora a maioria dos contadores usados na indústria seja crescente, existem inúmeras aplicações que requerem a implementação de contadores decrescentes ou uma combinação de contadores crescentes e decrescentes.

Figura 8.1 Contador mecânico.

Figura 8.2 Contadores eletrônicos.
Fonte: Cortesia da Omron Industrial Automation.
www.ia.omron.com

Todos os fabricantes de CLP oferecem algumas formas de instrução de contadores como parte de seu conjunto de instruções. Uma aplicação comum de contador é contar a quantidade de itens que passam por um determinado ponto, como mostra a Figura 8.3.

Os contadores são similares aos temporizadores, com a exceção de que não operam sob pulsos de relógio interno, mas são dependentes de pulsos externos ou de programas-fonte para a contagem. Os dois métodos utilizados para representar um contador dentro de um programa em lógica ladder em um CLP são o formato da bobina e o formato do bloco. O contador crescente (Figura 8.4) incrementa seu valor acumulado de 1 toda vez que o degrau do contador faz uma transição de falso para verdadeiro. Quando a contagem acumulada se igualar à contagem pré-ajustada, a saída será energizada ou estabelecida em 1. As partes de uma instrução são as seguintes:

- Tipo de contador;
- Endereço do contador;
- Valor pré-ajustado do contador;
- Contagem acumulada.

A instrução de reinicialização do contador deve ser utilizada em conjunto com a instrução do contador.

Contadores crescentes são sempre reiniciados para zero, enquanto os contadores decrescentes podem ser reiniciados para zero ou para algum outro valor pré-ajustado. Alguns fabricantes incluem a função de reinício como uma parte da instrução geral do contador, enquanto outros dedicam uma instrução separada para reiniciá-lo. A Figura 8.5 mostra uma instrução formatada da bobina de contador. Quando programada, a bobina de reinicialização do contador (CTR) é dada com a mesma referência de endereço do contador (CTU) que é para reiniciar. Nesse exemplo, a instrução de reinicialização é ativada se a condição do degrau for verdadeira.

A Figura 8.6 mostra um *bloco formatado* do contador. A instrução do bloco indica o tipo de contador (crescente ou decrescente), com os seus valores pré-ajustados, acumulado e de corrente do contador. O contador tem duas condições de entrada associadas a ele, denominadas contar e reiniciar. Todos os contadores de CLP operam, ou contam, na borda de subida do sinal de entrada. Eles incrementarão ou decrementarão na transferência de estado, de desligado para ligado, do sinal da entrada, mas *não* operam na borda de descida, ou na transição de ligado para desligado, da condição do sinal.

Alguns fabricantes requerem que o degrau ou linha de reinício seja verdadeiro para reiniciar o contador, enquanto outros requerem que seja falso. Por essa razão, torna-se necessário consultar o manual de operação do CLP antes de efetuar a programação de circuitos com contadores.

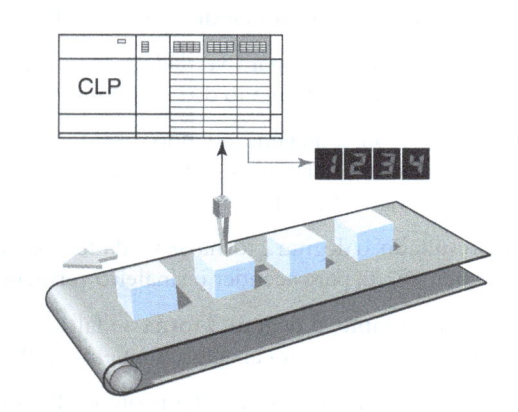

Figura 8.3 Aplicação de contador.

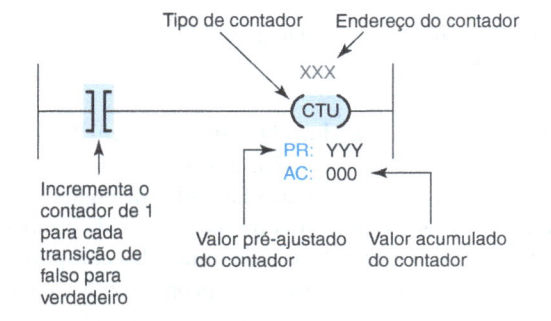

Figura 8.4 Instrução da bobina formatada do contador crescente.

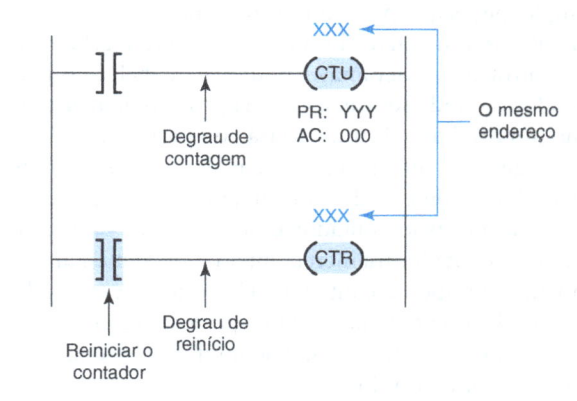

Figura 8.5 Instrução da bobina formatada do contador.

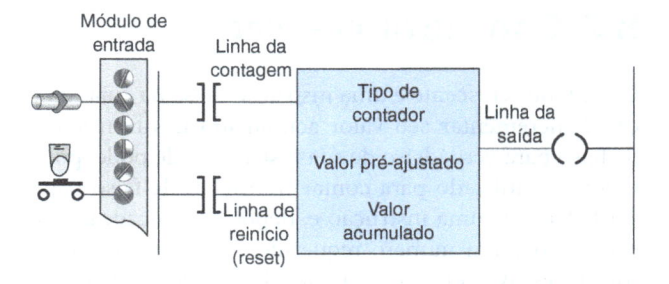

Figura 8.6 Instrução do bloco formatado do contador.

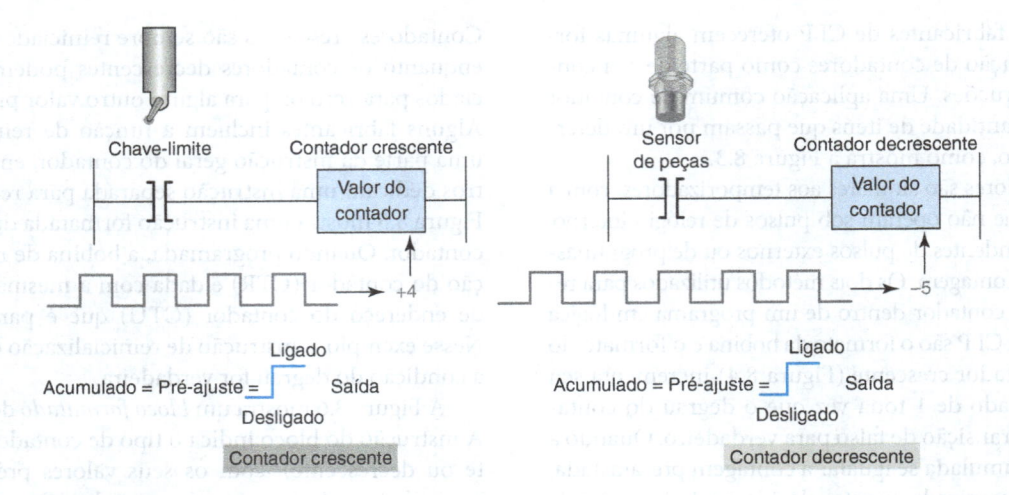

Figura 8.7 Sequência de contagem no contador.

Os contadores do CLP normalmente são retentivos, isto é, qualquer que seja o número contido na contagem no momento que o processo é desligado, ele será restaurado para o contador quanto este for novamente energizado.

Eles podem ser projetados para contar de modo crescente ou decrescente até o valor pré-ajustado. O *contador crescente* é incrementado de 1 cada vez que o degrau que contém o contador é energizado; o *contador decrescente* é decrementado de 1 cada vez que o degrau que contém o contador é energizado. Essas transições no degrau podem resultar de algum evento ocorrido no programa; por exemplo, peças que passam por um sensor ou pelo acionamento de uma chave-limite. O valor pré-ajustado de um controlador programável pode ser estabelecido pelo operador ou pode ser carregado na posição de memória como um resultado de uma decisão do programa.

A Figura 8.7 mostra a sequência de contagem de um contador crescente e de um contador decrescente. O valor indicado pelo contador é denominado *valor acumulado*. O contador irá incrementar ou decrementar, dependendo do tipo de contador, até o valor pré-ajustado, o que produzirá uma saída. Uma reposição (reset) é sempre fornecida para fazer o valor acumulado ser reiniciado para um valor determinado.

8.2 Contador crescente

O contador crescente é uma instrução de saída cuja função é incrementar seu valor acumulado nas transições de falso para verdadeiro de sua instrução. Ele pode, portanto, ser utilizado para contar transições de falso para verdadeiro de uma instrução e, depois, desencadear um evento após um número requerido de contagem ou de transições. A saída da instrução do contador crescente incrementará de 1 cada vez que ocorrer o evento contado.

A Figura 8.8 mostra o programa e o diagrama para um contador crescente do SLC 500. Essa aplicação de controle é projetada para acender os sinaleiros vermelho e verde após uma contagem acumulada igual a 7. O funcionamento do programa pode ser resumido como segue:

- O botão de comando PB1 fornece os pulsos com transições de desligado para ligado que são contados pelo contador.

- O valor pré-ajustado do contador é estabelecido em 7.

- Cada transição de falso para verdadeiro no degrau 1 incrementa o valor acumulado do contador em 1.

- Após 7 pulsos, ou contagens, quando o valor pré-ajustado no contador igualar-se ao valor acumulado neste, a saída DN será energizada.

- Como resultado, o degrau 2 torna-se verdadeiro e energiza a saída O:2/0, para acender o sinaleiro vermelho.

- No mesmo instante, o degrau 3 torna-se falso e desenergiza a saída O:2/1, para apagar o sinaleiro verde.

- O contador é reiniciado pelo fechamento do botão de comando PB2, que faz o degrau 4 tornar-se verdadeiro e reinicia a contagem acumulada para zero.

- A contagem pode retornar quando o degrau 4 voltar a ser falso.

O arquivo do contador SLC 500, da Allen-Bradley, é o 5 (Figura 8.9). Cada contador é composto de três palavras de 16 bits, coletivamente chamadas de elemento do contador. Essas três palavras de dados são: de controle, pré-ajustada e acumulada, e cada uma delas compartilha a mesma base de endereço, que é o próprio endereço. Podem existir até 256 elementos de contagem. Os endereços para o arquivo do contador 5, elemento do contador 3 (C5:3), estão listados a seguir.

C5 = Arquivo do contador 5.
:3 = Elemento do contador 3 (0-255 elementos do contador por arquivo).
C5:3/DN é o endereço para o bit de finalização do contador.
C5:3/CU é o endereço para o bit de habilitação de contagem crescente do contador.

C5:3/CD é o endereço para o bit de habilitação de contagem decrescente do contador.
C5:3/OV é o endereço para o bit de excesso do contador.
C5:3/UN é o endereço para o bit de empresta 1 do contador.
C5:3/UA é o endereço para atualização do bit acumulador do contador.

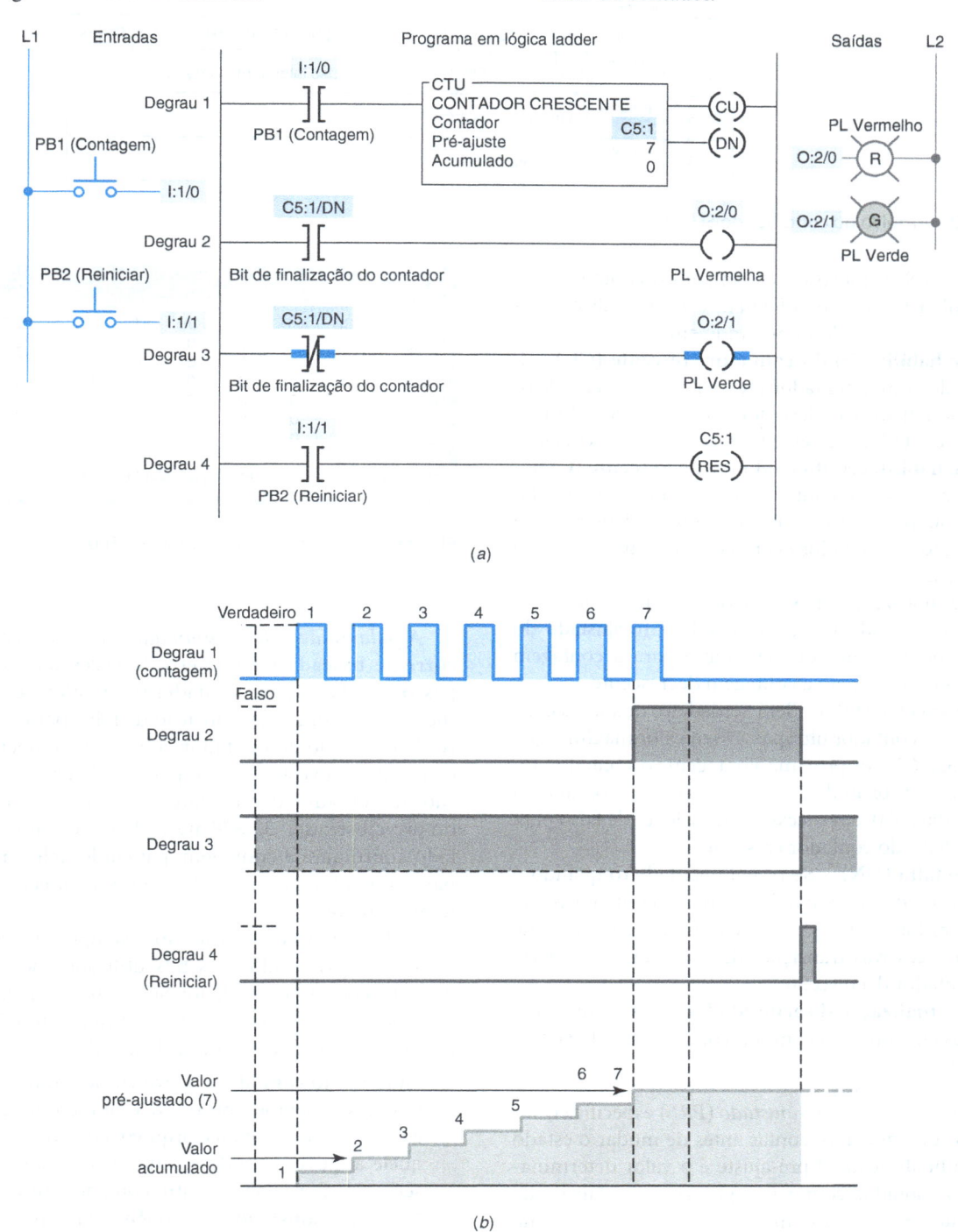

Figura 8.8 Programa simples de um contador crescente: (*a*) programa, (*b*) diagrama de tempo.

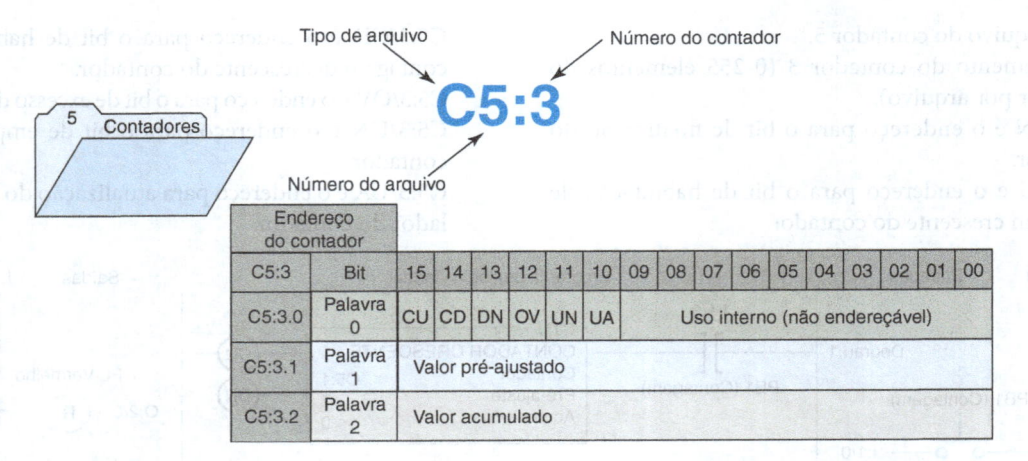

Figura 8.9 Arquivo do contador do SLC 500.

A Figura 8.10 mostra a tabela para o contador SLC 500, da Allen-Bradley. A *palavra de controle* utiliza os estados do bit de controle, consistindo em:

Bit de habilitação do contador crescente (CU) – É utilizado com o contador crescente e será verdadeiro quando a instrução deste for verdadeira. Se a instrução do contador crescente for falsa, o bit CU será falso.

Bit de habilitação do contador decrescente (CD) – É utilizado com o contador decrescente e será verdadeiro quando a instrução deste for verdadeira. Se a instrução do contador decrescente for falsa, o bit CD será falso.

Bit de finalização (DN) – Será verdadeiro quando o valor acumulado for igual ao valor pré-ajustado do contador ou maior que ele, tanto para a contagem crescente como para a contagem decrescente.

Bit de excesso (OV) – Será verdadeiro quando a contagem do contador ultrapassar seu valor máximo, que é de 32.767. Na próxima contagem, o contador retornará em torno de 32.768 e continuará contando a partir daí até 0, em sucessivas transições de falso para verdadeiro do contador crescente.

Bit de falta (UN) – Se tornará verdadeiro quando o contador contar abaixo de 32.768. O contador retornará em torno de +32.767 e continuará contando até 0, em sucessivas transições de falso para verdadeiro do contador decrescente.

Bit de atualização do acumulador (UA) – É utilizado apenas em conjunto com um contador rápido (HSC) externo.

A *palavra de valor pré-ajustado* (PRE) especifica o valor que o contador deve contar antes de mudar o estado do bit de finalização. O pré-ajuste é o valor determinado para o contador contar (set-point), e sua faixa é de –32.768 até +32.767. O número é armazenado na forma binária, com qualquer número negativo sendo armazenado no complemento de 2 binário.

Figura 8.10 Tabela do contador SLC 500.

A *palavra de valor acumulado* (ACC) é a contagem corrente baseada no número de vezes que o degrau passou de falso para verdadeiro. O valor acumulado incrementa com uma transição de falso para verdadeiro da instrução do contador crescente, ou decrementa com uma transição de falso para verdadeiro da instrução do contador decrescente. Ela tem a mesma faixa do pré-ajuste: de –32.678 até +32.767. O valor acumulado continuará a contagem, passando dele em vez de parar no valor pré-ajustado, como acontece com um temporizador.

A Figura 8.11 mostra um exemplo de contador crescente e os estados dos bits utilizados no conjunto de instruções do controlador SLC 500. O endereço dos contadores começa com C5:0 e continua até C5:255. A informação que deve ser inserida inclui:

Número do contador – Deve vir do arquivo do contador. No exemplo mostrado, o número do contador é C5:0, que representa o arquivo 5 do contador, 0 naquele arquivo. O endereço deste contador não deve ser usado por nenhum outro contador crescente.

Valor pré-ajustado – Também tem uma faixa de –32.768 até +32.767. No exemplo mostrado, o valor pré-ajustado é 10.

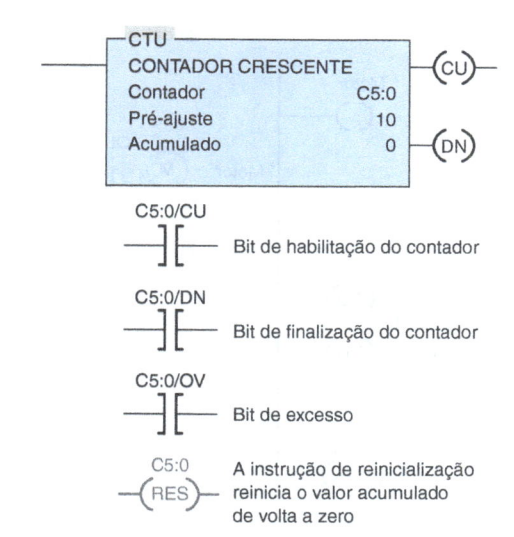

Figura 8.11 Instrução do contador crescente.

Valor acumulado – Também tem uma faixa de –32.768 até +32.767. Geralmente, como neste exemplo, o valor inserido na palavra acumulada é 0, e, independentemente dele, a instrução de reinicialização fará que o valor do acumulador seja 0.

A Figura 8.12 mostra o guia do menu da barra de ferramentas do temporizador e contador da RSLogix. Várias instruções de temporizador e contador aparecem quando esse guia é selecionado; as três primeiras são instruções do temporizador, que foram discutidas no Capítulo 7; as duas próximas instruções da esquerda são do contador crescente (CTU) e do decrescente (CTD); à direita das instruções CTU e CTD, está a instrução de reinicialização (RES), que é utilizada tanto pelos contadores como pelos temporizadores. Os comandos do contador podem ser resumidos da seguinte maneira:

CTU (contador crescente) – Incrementa o valor acumulado a cada transição de falso para verdadeiro e retém o valor acumulado quando ocorre um ciclo de desligar/ligar.

CTD (contador decrescente) – Decrementa o valor acumulado a cada transição de falso para verdadeiro e retém o valor acumulado quando ocorre um ciclo de desligar/ligar a energia.

HSC (contador rápido) – Conta os pulsos rápidos da entrada do contador rápido.

A Figura 8.13 mostra um programa de um contador do CLP que tem a finalidade de parar um motor após 10 operações. O funcionamento do programa pode ser resumido da seguinte maneira:

- O contador crescente C5:0 conta o número de vezes que o motor é desligado e ligado.
- O valor pré-ajustado para o contador é 10.
- Um bit de finalização da instrução verificador de desligado do contador foi programado em série com a instrução de saída do motor.
- A instrução verificador de ligado da saída do motor é utilizada para incrementar o valor acumulado do contador para cada operação de desliga/liga.
- Atingida uma contagem de 10, o bit de finalização da instrução verificador de ligado do contador torna-se falso e impede que o motor seja ligado.
- O fechamento do botão de reiniciar reinicia a contagem acumulada para zero.

A Figura 8.14 mostra um programa do CLP para contagem de latas que utiliza três contadores crescentes. O seu funcionamento pode ser resumido da seguinte maneira:

- O contador C5:2 conta o número total de latas vindas do final de uma linha de montagem.
- Cada embalagem deve conter 10 latas.
- Quando forem detectadas 10 latas, o contador C5:1 estabelece o bit B3/1 para iniciar a sequência de fechamento da embalagem.
- O contador C5:3 conta o número total de embalagens completas em um dia (o número máximo de embalagens por dia é de 300).
- Um botão de comando é usado para reiniciar o total de latas e de embalagens diário.

Figura 8.12 Barra de ferramentas de seleção do contador.

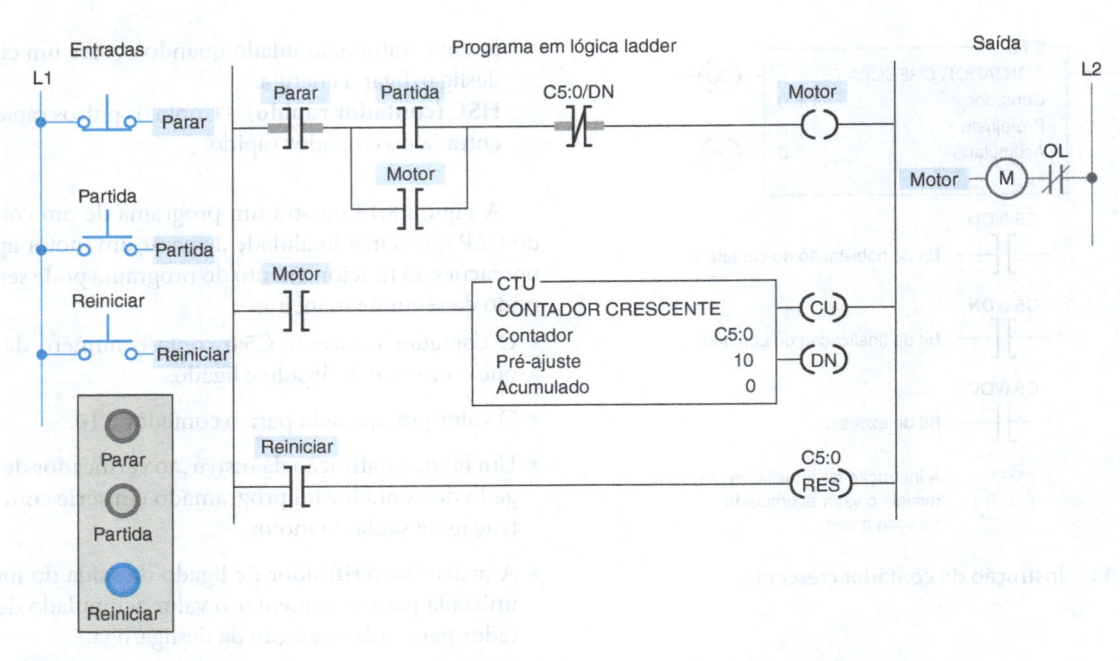

Figura 8.13 Programa do contador do CLP usado para parar um motor após 10 operações.

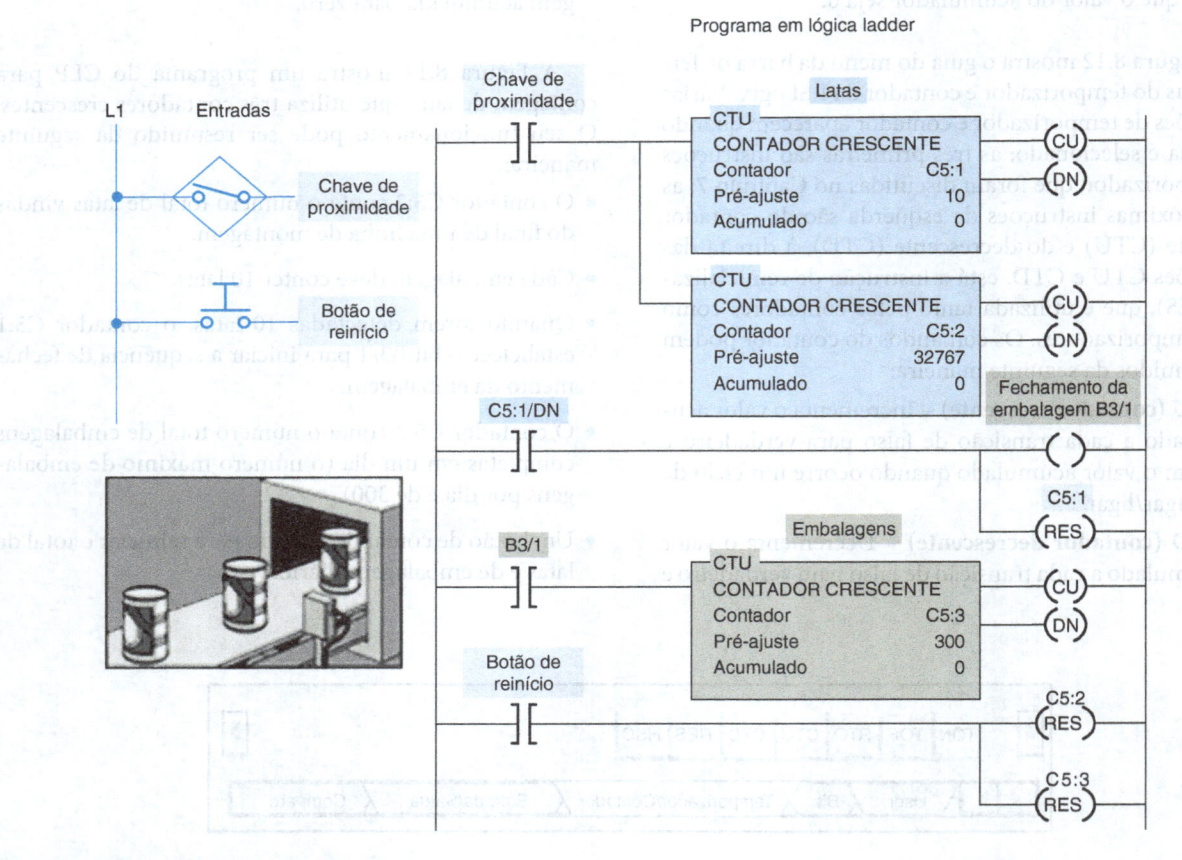

Figura 8.14 Programa para contagem de latas.

Instrução de um disparo (pulso)

A Figura 8.15 mostra o programa para *um disparo*, ou *transitório, circuito de contato*, que é sempre utilizado para limpar ou reiniciar uma contagem automaticamente. O programa é projetado para gerar um pulso de saída que, quando disparado, fica ligado pelo tempo de uma varredura e depois é desligado. O pulso pode ser disparado por um sinal momentâneo que liga e permanece assim por algum tempo. Qualquer que seja o sinal utilizado, o pulso é disparado pela borda de subida, transição de desligado para ligado do sinal de entrada. Ele permanece ligado pelo período de uma varredura e depois é desligado, ficando nesse estado até que o disparo desligue, e depois liga novamente. O pulso é próprio para reiniciar tanto os contadores como os temporizadores, desde que ele permaneça ligado por uma varredura apenas.

Alguns CLPs fornecem contatos transitórios ou instruções de pulso além das instruções de contatos padrão NA e NF. A instrução de contato transitório *desliga-liga*, mostrada na Figura 8.16a, é programada para fornecer um disparo de pulso quando o sinal referenciado de disparo fizer uma transição positiva (desliga-liga). Esse contato permanecerá fechado pelo tempo exato de uma varredura do programa sempre que o sinal de disparo for de desligado para ligado; ele permitirá uma continuidade lógica por uma varredura e então abrirá, mesmo que o sinal de disparo permaneça ligado. O contato de transição *liga-desliga*, mostrado na Figura 8.16b, tem o mesmo funcionamento da instrução do contato desliga-liga, exceto que ele permite a continuidade lógica para uma única varredura se o sinal de disparo for de um estado liga para um desliga.

O programa para CLP para o motor da esteira transportadora da Figura 8.17 mostra a aplicação de um contador crescente juntamente com uma instrução programada de contato de transição de um pulso (OSR). O contador conta o número de latas vindas da esteira, e quando o total de latas for igual a 50, o motor da esteira para imediatamente; então, a caixa será carregada com 50 latas desse produto; contudo, a contagem pode ser alterada para diferentes produtos de linha.

O funcionamento do programa pode ser resumido da seguinte maneira:

- O botão de partida é pressionado momentaneamente para dar a partida no motor da esteira M1.
- A passagem das latas é detectada pelo sensor de proximidade.
- As latas passam pelo sensor de proximidade e incrementam o valor acumulado do contador a cada transição do sensor de falso para verdadeiro.
- Após a contagem de 50 latas, o bit de finalização do contador muda de estado para parar o motor da esteira automaticamente e reiniciar o valor acumulado para zero.
- O motor da esteira pode ser desligado e ligado manualmente a qualquer instante sem perder o valor acumulado da contagem.
- A contagem acumulada do contador pode ser reiniciada a qualquer momento pelo botão de reiniciar contagem.

A instrução de um pulso crescente (OSR) do SLC 500, da Allen-Bradley, é uma instrução que dispara um evento para acontecer apenas uma vez. A instrução OSR é inserida no diagrama ladder antes da instrução de saída, e quando as condições do degrau que precedem as instruções OSR forem de falso para verdadeiro, a instrução OSR também vai para verdadeiro, mas por uma varredura apenas. A Figura 8.18 mostra a operação de um degrau com OSR que pode ser resumido da seguinte maneira:

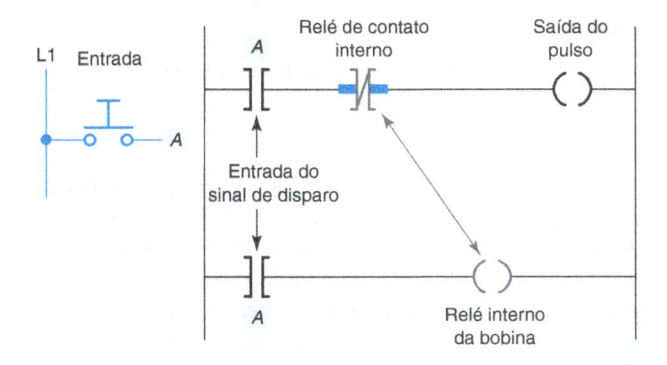

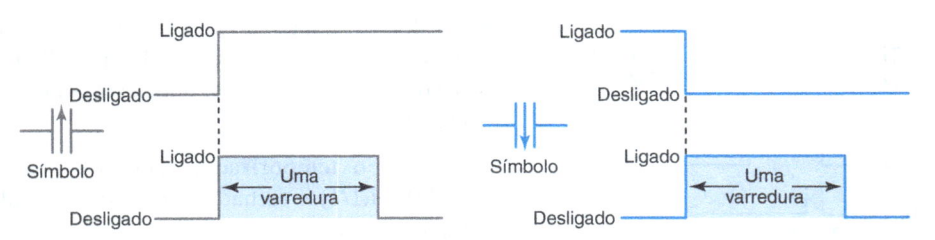

Figura 8.15 Programa de contato de transição ou de pulso.

Figura 8.16 Instruções para transição de contatos.

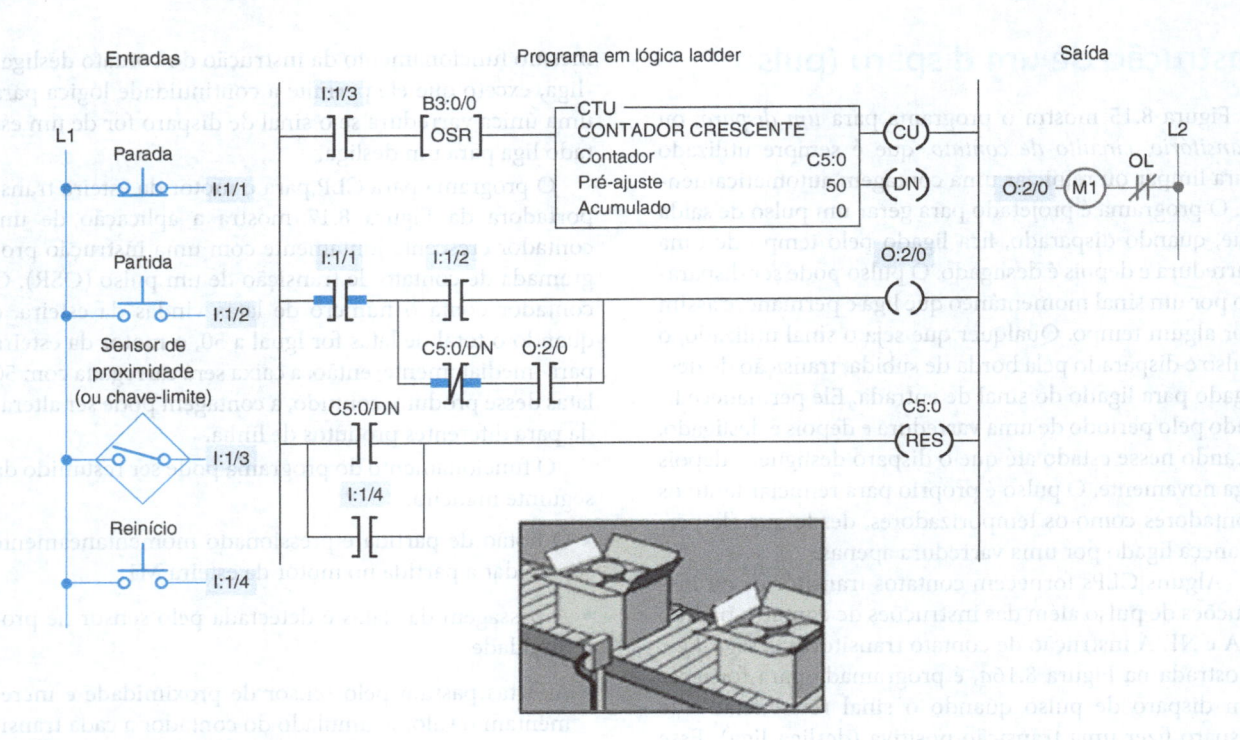

Figura 8.17 Programa para contagem de latas.

- A instrução de um disparo de um pulso OSR é utilizada para tornar a instrução de reinicialização (RES) do contador verdadeira por meio de uma varredura, quando a chave-limite LS1 de entrada for de falso para verdadeiro.

- O OSR é designado como um bit booleano (B3:0/0) que não é utilizado em nenhum outro lugar no programa.

- A instrução OSR deve preceder imediatamente a instrução de saída.

- Quando a chave-limite fecha o LS1 e OSR, a instrução de entrada vai de falso para verdadeiro. A instrução OSR condiciona o degrau de modo que o contador C5:1 reinicia (reset) a instrução de saída para verdadeira por uma varredura do programa.

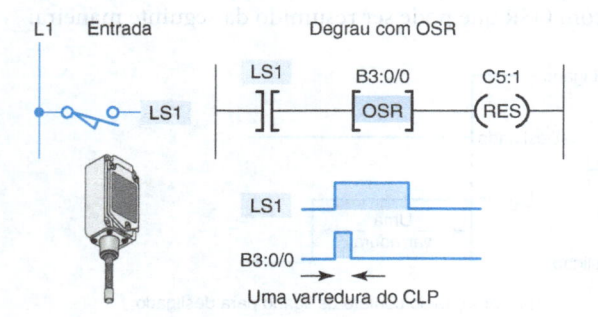

Figura 8.18 Instrução de disparo de um pulso (OSR).

- A instrução de reinicialização da saída vai para falsa e permanece desse modo por sucessivas varreduras, até que a entrada faça outra transição de falso para verdadeiro.

- O bit OSR é estabelecido em 1 enquanto a chave-limite permanecer fechada.

- O bit OSR é restabelecido para 0 quando a chave-limite for aberta.

Entre as aplicações da instrução OSR, é possível citar um congelamento rápido dos valores do display de LED. A Figura 8.19 mostra uma instrução de um pulso utilizada para enviar dados para uma saída de display de LED. O pulso permite uma troca rápida do tempo acumulado no temporizador para seu congelamento e estabilização do display, a fim de possibilitar sua leitura. O funcionamento do programa pode ser resumido da seguinte maneira:

- O valor acumulado do temporizador T4:1 é convertido para o decimal codificado em binário (BCD), e move a palavra O:6 para a saída, onde está conectado um display de LED.

- Quando o temporizador está funcionando, a chave SW (I:1/1) é fechada, e o valor acumulado muda rapidamente.

- O fechamento momentâneo do botão de comando PB (I:1/0) congelará e mostrará o valor naquele instante.

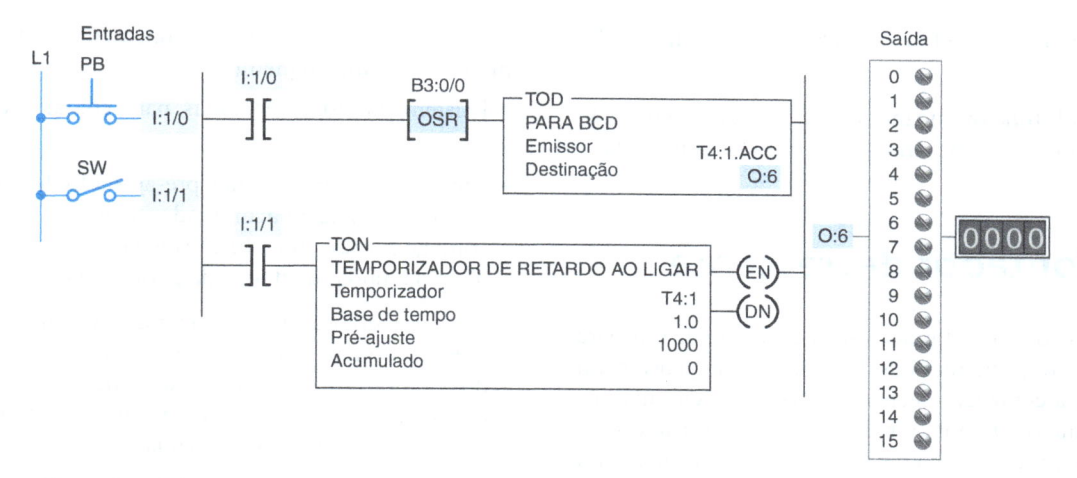

Figura 8.19 Instrução OSR usada para congelar rapidamente os valores do display de LED.

O programa para CLP de monitor de alarme da Figura 8.20 mostra a aplicação de um contador crescente em conjunto com o circuito oscilador temporizado programado estudado no Capítulo 7, cujo funcionamento pode ser resumido da seguinte maneira:

- O alarme é disparado pelo fechamento da chave-boia FS.
- A lâmpada pisca quando a condição de alarme for disparada e não for conhecida, mesmo se a condição de alarme for limpa nesse ínterim.

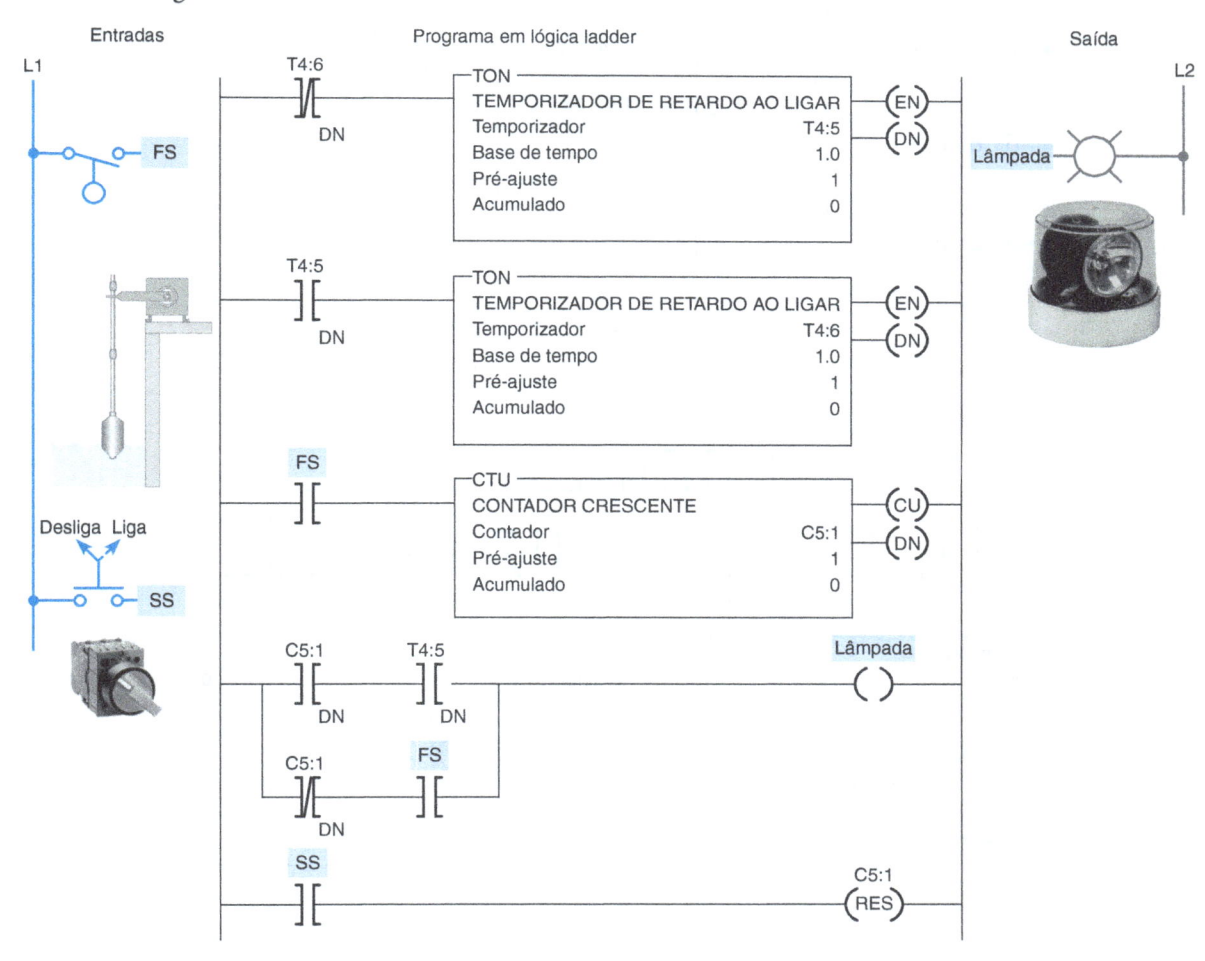

Figura 8.20 Programa monitorar de alarme.

- O alarme é conhecido pelo fechamento da chave seletora SS.
- A lâmpada funciona no modo estável quando a condição de disparo de alarme ainda existe, mas for conhecida.

8.3 Contador decrescente

A instrução de contador decrescente contará de trás para a frente ou decrementará de 1; cada vez que ocorrer um evento para contagem decrescente, o valor acumulado é decrementado. O contador decrescente é utilizado normalmente em conjunto com o contador crescente, a fim de formar um contador crescente/decrescente.

A Figura 8.21 mostra o programa e o diagrama de tempo para bloco formatado do contador crescente/decrescente genérico, cujo funcionamento pode ser resumido da seguinte maneira:

- Existem entradas separadas para contar crescente e decrescente.
- Considerando que o valor pré-ajustado do contador é 3 e que a contagem acumulada é 0, pulsar a entrada de contagem crescente (PB1) três vezes fará a lâmpada de saída mudar de desligada para ligada.
- Este contador de CLP especial mantém controle do número da contagem recebida acima do valor pré-ajustado. Como resultado, três pulsos adicionais da entrada de contagem crescente (PB1) produz um valor acumulado de 6, mas não muda a saída.
- Se a entrada de contagem decrescente (PB2) for agora pulsada por quatro vezes, a contagem acumulada diminuirá para 2 (6 – 4). Como resultado, a contagem

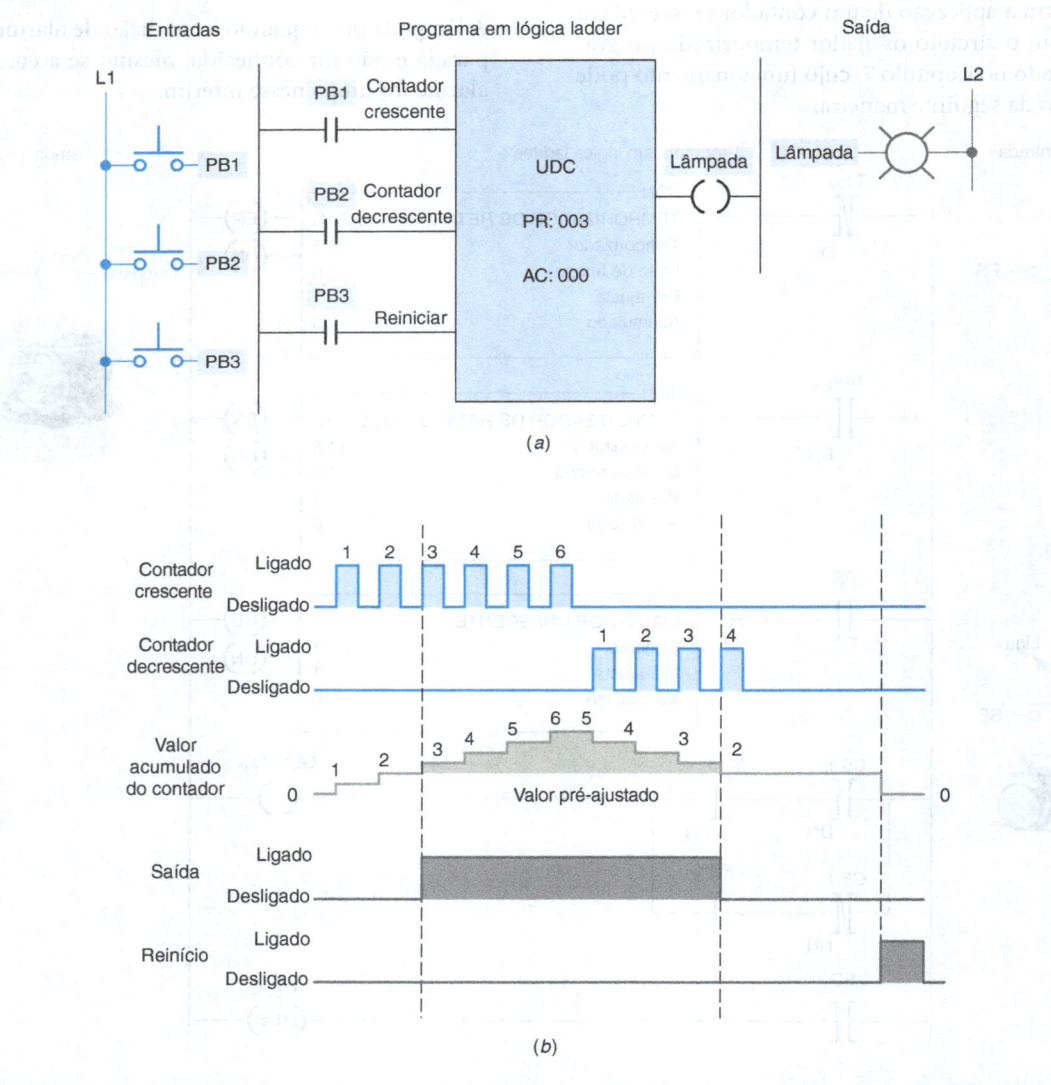

Figura 8.21 Programa para um contador crescente/decrescente genérico: (a) programa, (b) diagrama de contagem.

acumulada cai abaixo do valor pré-ajustado e a lâmpada na saída passa de ligada para desligada.

- Pulsar a entrada de reiniciar (PB3) a qualquer instante reiniciará o valor acumulado em 0 e desligará a saída.

Nem todas as instruções de contador contam da mesma maneira. Alguns contadores crescentes contam apenas até seus valores pré-ajustados e ignoram contagens adicionais, enquanto outros mantêm controle do número de contagem recebida acima do valor pré-ajustado do contador. Reciprocamente, alguns contadores decrescentes contarão simplesmente decrescente até zero e nada mais, enquanto outros podem contar abaixo de zero e começar uma contagem decrescente a partir do maior valor pré-ajustado que possa ser estabelecido para a instrução de contador do CLP; por exemplo, um contador crescente/decrescente que tem um limite máximo desejado de 999 pode contar da seguinte maneira: 997, 998, 999, 000, 001, 002, e assim sucessivamente; o mesmo contador poderia contar de modo decrescente da seguinte maneira: 002, 001, 000, 999, 998, 997, e assim sucessivamente.

Uma aplicação para um contador crescente/decrescente é manter a contagem dos carros que entram e saem de um estacionamento. A Figura 8.22 mostra um programa típico para CLP que pode ser usado para esta implementação. O seu funcionamento pode ser resumido como segue:

- Com a entrada dos carros, a chave da entrada dispara a instrução de saída do contador crescente e incrementa a contagem acumulada de 1.

- Com a saída do carro, a chave da saída dispara a instrução de saída do contador decrescente e decrementa a contagem acumulada de 1.

- Pelo fato de os contadores crescente e decrescente terem o mesmo endereço, C5:1, o valor acumulado será o mesmo nas duas instruções, bem como o pré-ajustado.

- Se o valor acumulado de 150 for igual ao valor pré-ajustado de 150, a saída do contador será energizada pelo bit de finalização para acender a lâmpada de sinal *Lotado*.

- Um botão para reiniciar possibilita a reinicialização da contagem do contador.

A Figura 8.23 mostra um exemplo da instrução da contagem decrescente do contador utilizada como parte do conjunto de instruções do controlador SLC 500, da

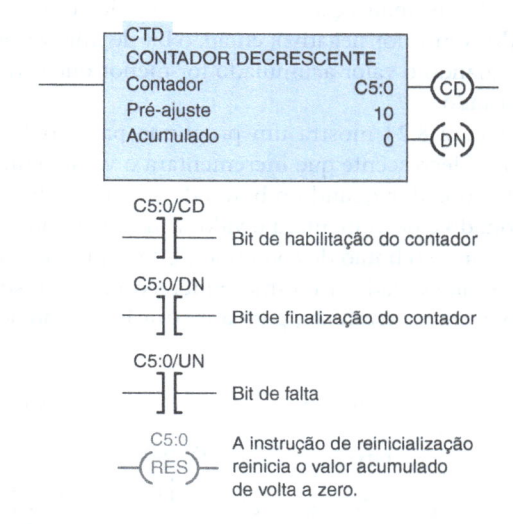

Figura 8.23 Instrução para contador decrescente.

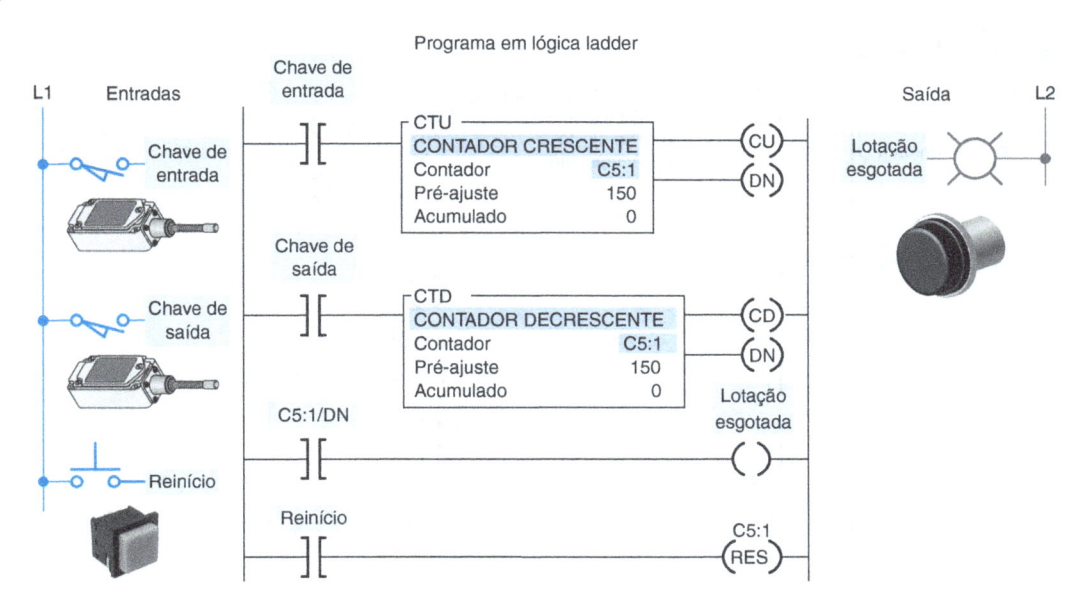

Figura 8.22 Contador para garagem de estacionamento.

Allen-Bradley. A informação que deve ser inserida na instrução é a mesma da instrução para a contagem crescente do contador.

A instrução CTD decrementa seu valor acumulado de 1 cada vez que ela muda e estabelece seu bit de finalização quando o valor acumulado for igual ao valor pré-ajustado ou maior que ele. Essa instrução requer uma instrução RES para reiniciar seu valor acumulado e o estado do bit. Pelo fato de esta reiniciar seu valor acumulado para 0, a instrução de CTD então conta negativo quando ela muda. Se a instrução CTD fosse utilizada por ela mesma com um valor pré-ajustado positivo, seu bit de finalização poderia ser reiniciado quando o valor acumulado chegasse em 0; depois, contando no sentido negativo, o valor acumulado nunca alcança seu valor pré-ajustado e estabelece o bit de finalização. Contudo, o pré-ajuste pode ser inserido com valor negativo; então, o bit de finalização é limpo quando o valor acumulado for menor que o valor pré-ajustado.

A Figura 8.24 mostra um programa para contador crescente/decrescente que incrementará o valor acumulado do contador quando o botão de comando PB1 for pressionado e decrementará o valor acumulado do contador quando o botão de comando PB2 for pressionado. Observe que é dado o mesmo endereço para a instrução do *contador crescente*, para a instrução do contador decrescente e para a instrução de reinicialização; todas as três instruções estarão procurando o *mesmo endereço* no arquivo do contador. Quando a entrada *A* mudar de falso para verdadeiro, é adicionada uma contagem para o valor acumulado; quando a entrada *B* mudar de falso para verdadeiro, é subtraída uma contagem do valor acumulado. O funcionamento do programa pode ser resumido da seguinte maneira:

- Quando a instrução CTU for verdadeira, C5:2/CU será verdadeiro, tornando a saída *A* verdadeira.

- Quando a instrução CTD for verdadeira, C5:2/CD será verdadeiro, tornando a saída *B* verdadeira.

- Quando o valor acumulado for maior que o valor pré-ajustado ou igual a ele, C5:2/DN será verdadeiro, tornando a saída *C* verdadeira.

- Se a entrada *C* for para verdadeiro, as duas instruções do contador serão reiniciadas. Quando *reiniciado* pela instrução RES, o valor acumulado será reiniciado com 0, e o bit de finalização será reiniciado.

A Figura 8.25 mostra o funcionamento do programa do contador crescente/decrescente utilizado para proporcionar um monitoramento contínuo dos itens em

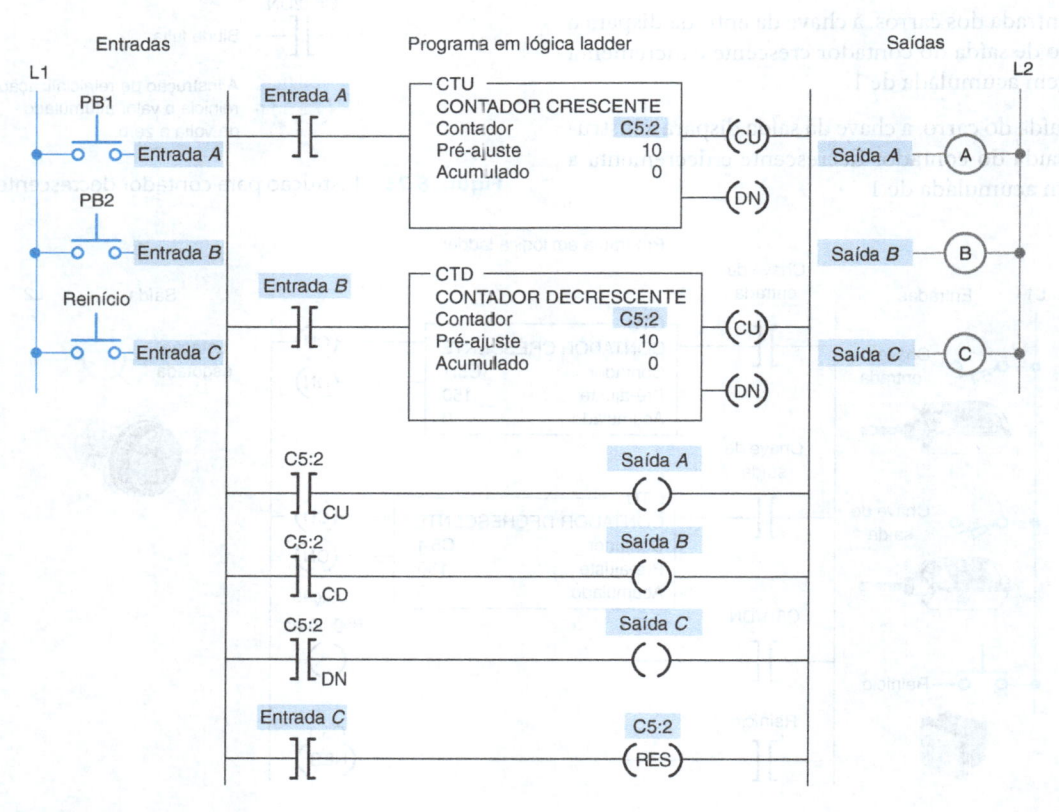

Figura 8.24 Programa para contador crescente/decrescente.

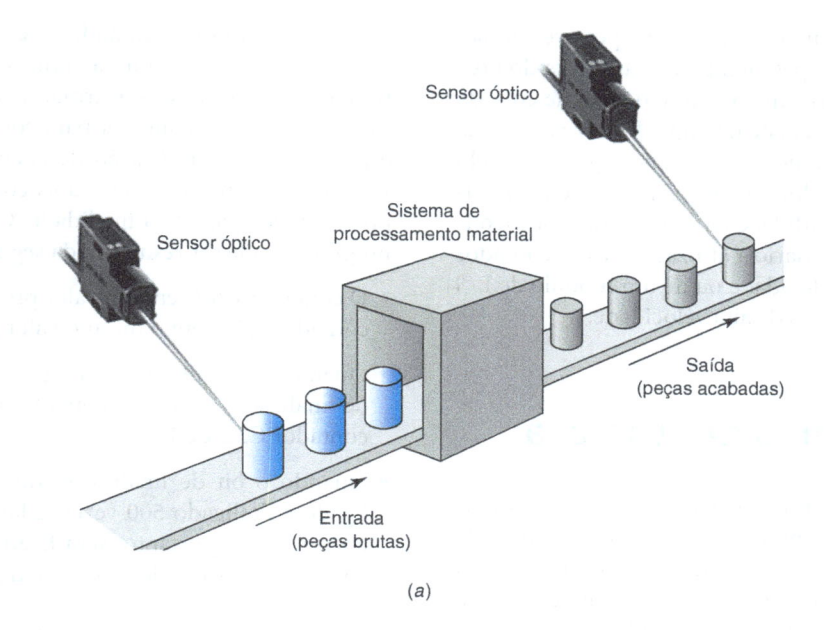

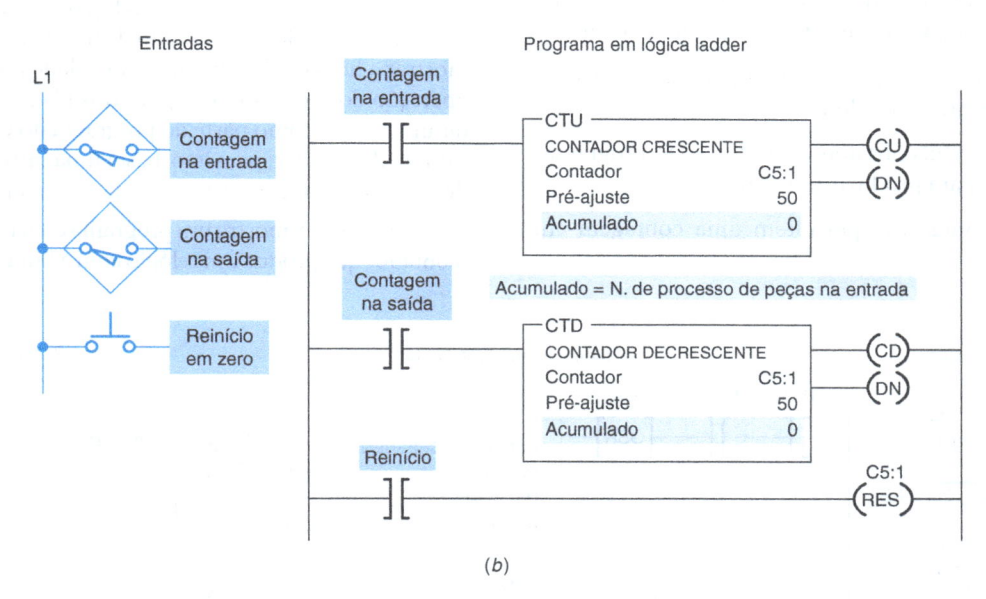

Figura 8.25 Programa de monitoramento do processo: (a) processo, (b) programa.

processo. Um sensor fotoelétrico na alimentação conta as peças brutas que entram no sistema, e outro sensor fotoelétrico na saída conta as peças acabadas que saem da máquina; o número de peças que entram e saem é indicado pela contagem acumulada do contador. As contagens aplicadas na entrada crescente são adicionadas, e as contagens aplicadas na entrada decrescente são subtraídas. O funcionamento do programa pode ser resumido da seguinte maneira:

- Antes do início de funcionamento (start-up), o sistema está completamente vazio de peças, e o contador é reiniciado manualmente com 0.

- Quando o funcionamento é iniciado, as peças brutas passam pelo sensor de alimentação, e cada uma gera uma contagem crescente.

- Após o processamento, as peças acabadas aparecem no sensor de saída, gerando a contagem decrescente, de modo que a contagem acumulada do contador indique continuamente o número de peças em processo.

- O valor pré-ajustado do contador é irrelevante nesta aplicação. Independentemente de a saída do contador estar ligada ou desligada, a saída lógica liga-desliga não é utilizada. Nesse programa foi estabelecido arbitrariamente um pré-ajuste do contador com valor de 50.

A velocidade máxima de transição possível de ser contada é determinada pelo tempo de varredura do programa. Para uma contagem confiável, o sinal de entrada do contador deve ficar fixo pelo tempo de uma varredura. Todavia, se a entrada mudar mais rápido que o período de uma varredura, o valor da contagem não será confiável, porque esta será perdida. Quando ocorrer esse inconveniente, torna-se necessário a utilização de um contador com entrada de alta velocidade ou de um módulo de E/S projetado para aplicações de alta velocidade.

8.4 Contadores em cascata

Dependendo da aplicação, torna-se necessário contar eventos que excedem o número máximo permitido pela instrução do contador, o que pode ser feito pela conexão de dois contadores em cascata – o programa da Figura 8.26 mostra a aplicação dessa técnica. O funcionamento do programa pode ser resumido da seguinte maneira:

- A saída do primeiro contador é programada para a entrada do segundo contador.
- Os estados dos bits dos dois contadores são programados em série para produzir uma saída.
- Esses dois contadores permitem uma contagem em dobro.

Outro método de contadores em cascata é utilizado algumas vezes quando uma contagem com número extremamente alto deve ser armazenada; por exemplo, se for necessário um contador para contar até 250.000, isso é possível com a utilização de apenas dois contadores. A Figura 8.27 mostra como dois contadores podem ser programados para essa finalidade. O funcionamento do programa pode ser resumido da seguinte maneira:

- O contador C5:1 tem um valor pré-ajustado de 500, e o contador C5:2 tem o mesmo valor pré-ajustado.
- Quando o contador C5:1 atingir o valor de 500, seu bit de finalização reinicia o contador C5:1 e incrementa o contador C5:2 de 1.
- Quando o bit de finalização do contador C5:1 tiver ligado e desligado 500 vezes, a lâmpada de saída será energizada e, portanto, será ligada após 500 × 500 = 250.000 transições de contagem da entrada.

Alguns CLPs incluem um relógio (clock) em tempo real como parte de seu conjunto de instrução, que permite mostrar a hora do dia ou registrar os dados pertinentes da operação do processo. A lógica utilizada para implementar um relógio como parte do programa do CLP é simples e direta de se obter; para isso, basta uma instrução simples de temporizador e as instruções de contador.

A Figura 8.28 mostra um programa com temporizador-contador que produz um relógio com a hora do dia, com a

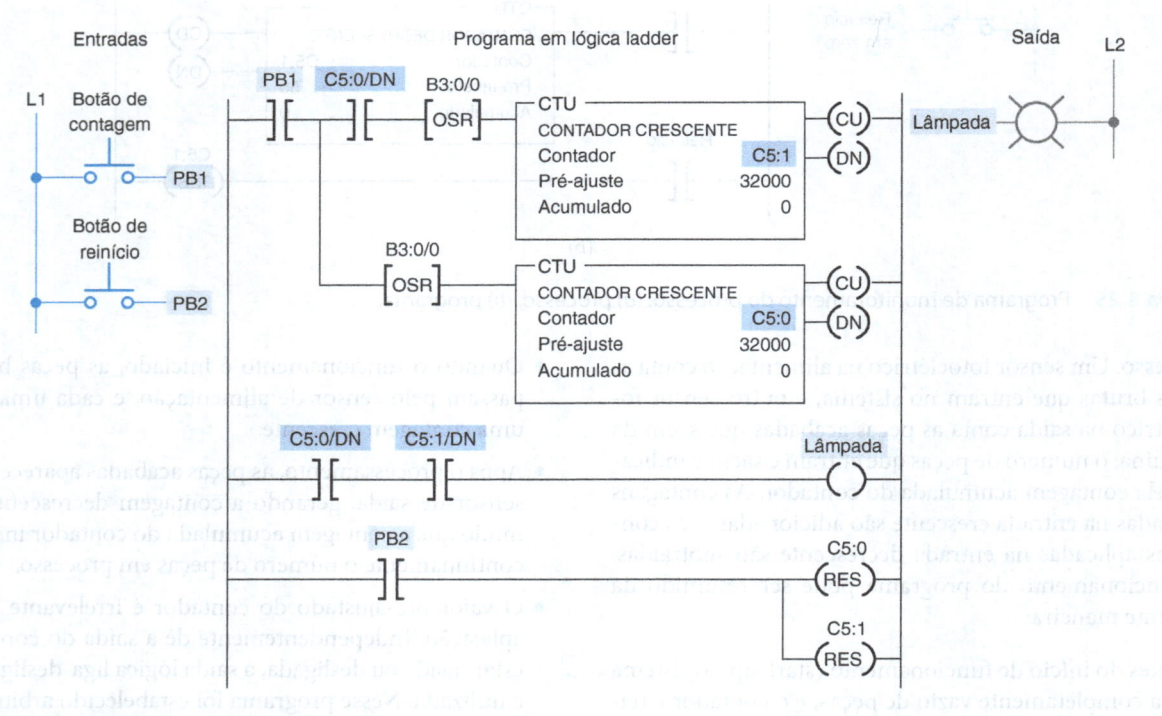

Figura 8.26 Contagem acima do valor máximo do contador.

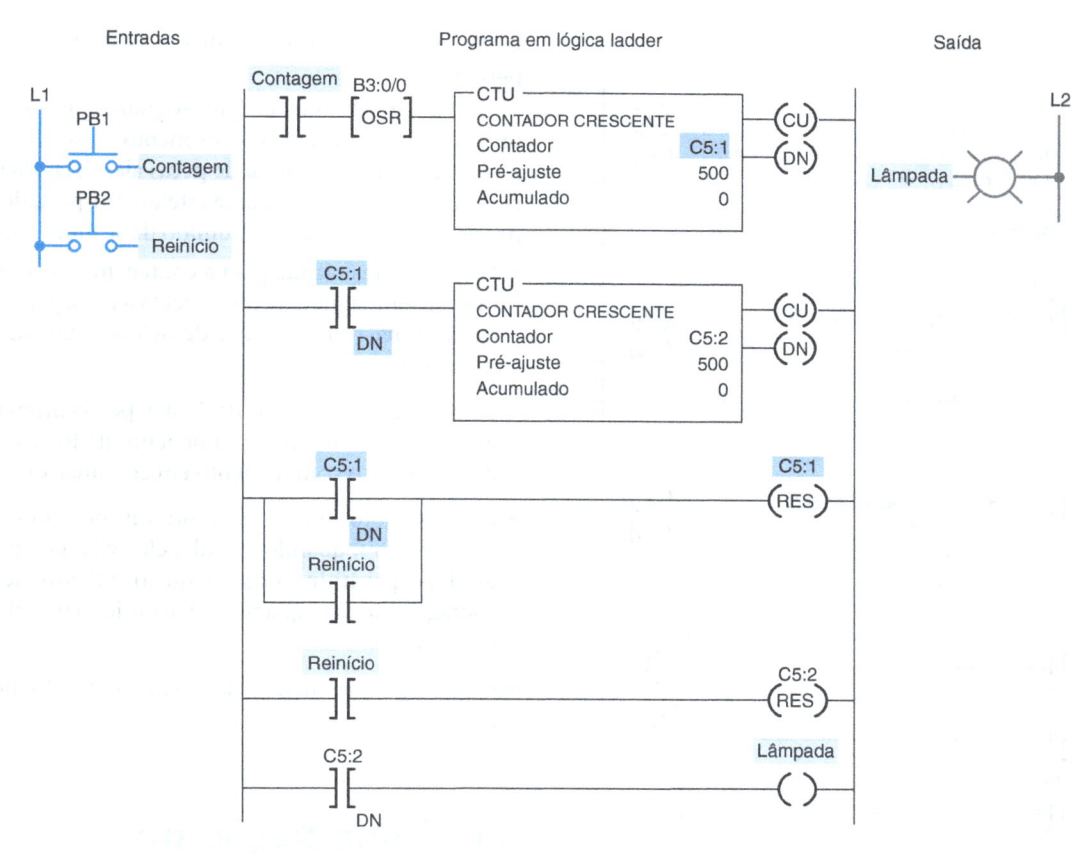

Figura 8.27 Contadores em cascata para contagens extremamente altas.

medição do tempo em horas e minutos. O funcionamento do programa pode ser resumido da seguinte maneira:

- Uma instrução de temporizador RTO (T4:0) é programada com um valor pré-ajustado de 60 segundos.
- O temporizador C4:0 cronometra um período de 60 s; após isso, o seu bit de finalização é estabelecido.
- Isso, por sua vez, faz que o contador crescente (C5:0) do degrau 001 seja incrementado em 1 na saída.
- Na próxima varredura do processador, o temporizador será reiniciado, e a cronometragem novamente será reiniciada.
- O contador C5:0 é pré-ajustado para 60 contagens, e cada vez que o temporizador completar seu tempo de retardo, sua contagem é incrementada.
- Quando o contador C5:0 atingir o valor pré-ajustado de 60, seu bit de finalização será estabelecido.
- Isso, por sua vez, faz que o contador crescente (C5:1) do degrau 002, que é ajustado para uma contagem de 24, incremente a contagem em 1.
- Quando o contador C5:1 atingir o valor pré-ajustado de 24, o seu bit de finalização será estabelecido para se reiniciar.

- A hora do dia é gerada com o exame da contagem corrente ou acumulada ou com a hora de cada contador e temporizador.
- O contador C5:1 indica a hora do dia no formato de 24 horas, enquanto os minutos correntes são representados pelo valor da contagem acumulada do contador C5:0.
- O temporizador mostra os segundos de um minuto como seu valor corrente, ou valor acumulado da hora.

O relógio de 24 horas pode ser utilizado para registrar a hora de um evento (Figura 8.29). Nessa aplicação, a hora da abertura de uma chave de pressão deve ser registrada, e o funcionamento do programa pode ser resumido da seguinte maneira:

- O circuito é posto em funcionamento pressionado o botão de reiniciar e estabelecendo o relógio para a hora do dia.
- Isso dá início às 24 horas do relógio e liga a lâmpada de indicação.
- A chave de pressão pode ser liberada em qualquer instante; o relógio parará automaticamente e indicará o tempo que a lâmpada será ligada.

Programa em lógica ladder

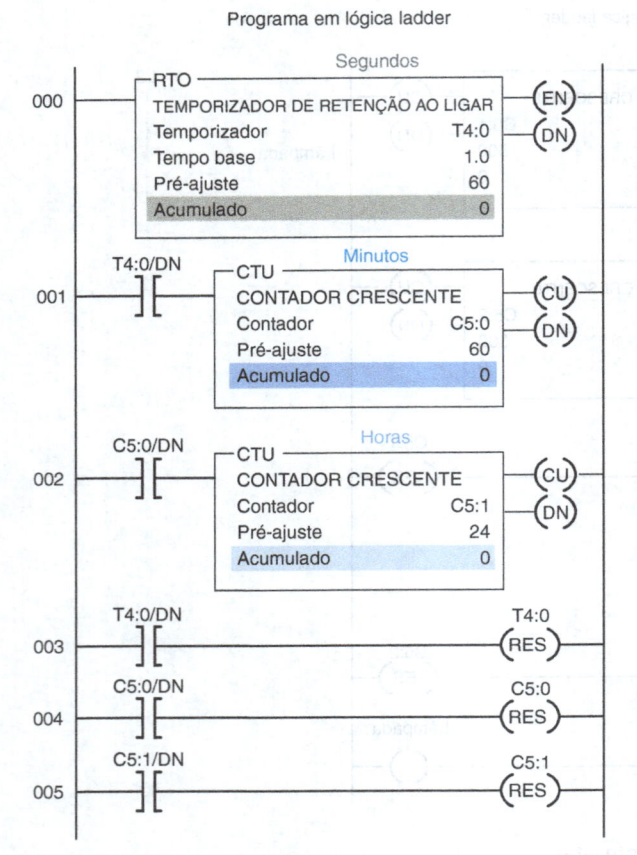

```
                    Segundos
        ┌─RTO───────────────────────────┐
000 ────┤ TEMPORIZADOR DE RETENÇÃO AO LIGAR─(EN)
        │ Temporizador              T4:0 │─(DN)
        │ Tempo base                 1.0 │
        │ Pré-ajuste                  60 │
        │ Acumulado                    0 │
        └────────────────────────────────┘

      T4:0/DN           Minutos
       │ │    ┌─CTU──────────────────────┐
001 ───┤ ├────┤ CONTADOR CRESCENTE       │─(CU)
       │ │    │ Contador              C5:0│─(DN)
              │ Pré-ajuste              60│
              │ Acumulado                0│
              └──────────────────────────┘

      C5:0/DN            Horas
       │ │    ┌─CTU──────────────────────┐
002 ───┤ ├────┤ CONTADOR CRESCENTE       │─(CU)
       │ │    │ Contador              C5:1│─(DN)
              │ Pré-ajuste              24│
              │ Acumulado                0│
              └──────────────────────────┘

      T4:0/DN                          T4:0
003 ───┤ ├──────────────────────────────(RES)

      C5:0/DN                          C5:0
004 ───┤ ├──────────────────────────────(RES)

      C5:1/DN                          C5:1
005 ───┤ ├──────────────────────────────(RES)
```

Figura 8.28 Programa de relógio para 24 horas.

- O relógio pode ser lido, então, para determinar a hora de abertura da chave de pressão.

8.5 Aplicações do codificador-contador

O codificador óptico incremental mostrado na Figura 8.30 gera uma série de ondas quadradas com o giro de seu eixo; o seu disco interrompe a passagem da luz à medida que o seu eixo gira para produzir a forma de onda quadrada da saída.

O número de ondas quadradas obtidas em sua saída pode ser feito para corresponder ao movimento mecânico requerido; por exemplo, para dividir uma volta do eixo em 100 partes, um codificador pode ser escolhido para fornecer cem ondas quadradas em volta do eixo. Com a utilização de um contador para contar estas ondas, é possível saber quantas rotações o eixo girou.

A Figura 8.31 mostra um exemplo de cortes de objetos com um determinado comprimento. O objeto é avançado para uma distância especificada e medido pelos pulsos do codificador para determinar o comprimento correto para o corte.

A Figura 8.32 mostra um programa para o contador, utilizado para medir o comprimento. Esse sistema acumula o comprimento total de peças aleatórias da barra de material que se move por uma esteira transportadora, e seu funcionamento pode ser resumido da seguinte maneira:

- Os pulsos de entrada para a contagem são gerados por um sensor magnético, que detecta a passagem dos dentes de uma roda dentada de acionamento da esteira transportadora.

- Se passam pelo sensor 10 dentes por centímetro pelo movimento da esteira, o valor acumulado da contagem deve indicar o comprimento em centímetros.

- O sensor fotoelétrico monitora um ponto de referência na esteira; quando ativado, ele evita a contagem da unidade, permitindo, assim, que o contador acumule a contagem apenas quando a barra de material está em movimento.

- O contador reinicia pelo fechamento do botão de reiniciar.

8.6 Combinação de contadores e funções do temporizador

Muitas aplicações de CLP utilizam as funções de contador e a de temporizador. A Figura 8.33 mostra um programa automático para empilhamento que requer ambas as aplicações.

Nesse processo, a esteira transportadora M1 é utilizada para empilhar chapas de metal para a esteira transportadora M2. O sensor fotoelétrico fornece um pulso para o contador do CLP cada vez que uma placa de metal cai da esteira transportadora M1 para M2. Quando 15 placas estiverem empilhadas, a esteira transportadora M2 será ativada por 5 s pelo temporizador do CLP. O funcionamento do programa pode ser resumido da seguinte maneira:

- Quando o botão de partida for pressionado, a esteira transportadora M1 começará a funcionar.

- Após o empilhamento de 15 placas, a esteira transportadora M1 para, e a esteira transportadora M2 funciona por 5 s e para, e a sequência se repete automaticamente.

- O bit de finalização do temporizador reinicia o temporizador e o contador, e fornece um pulso para dar outra partida na esteira transportadora M1.

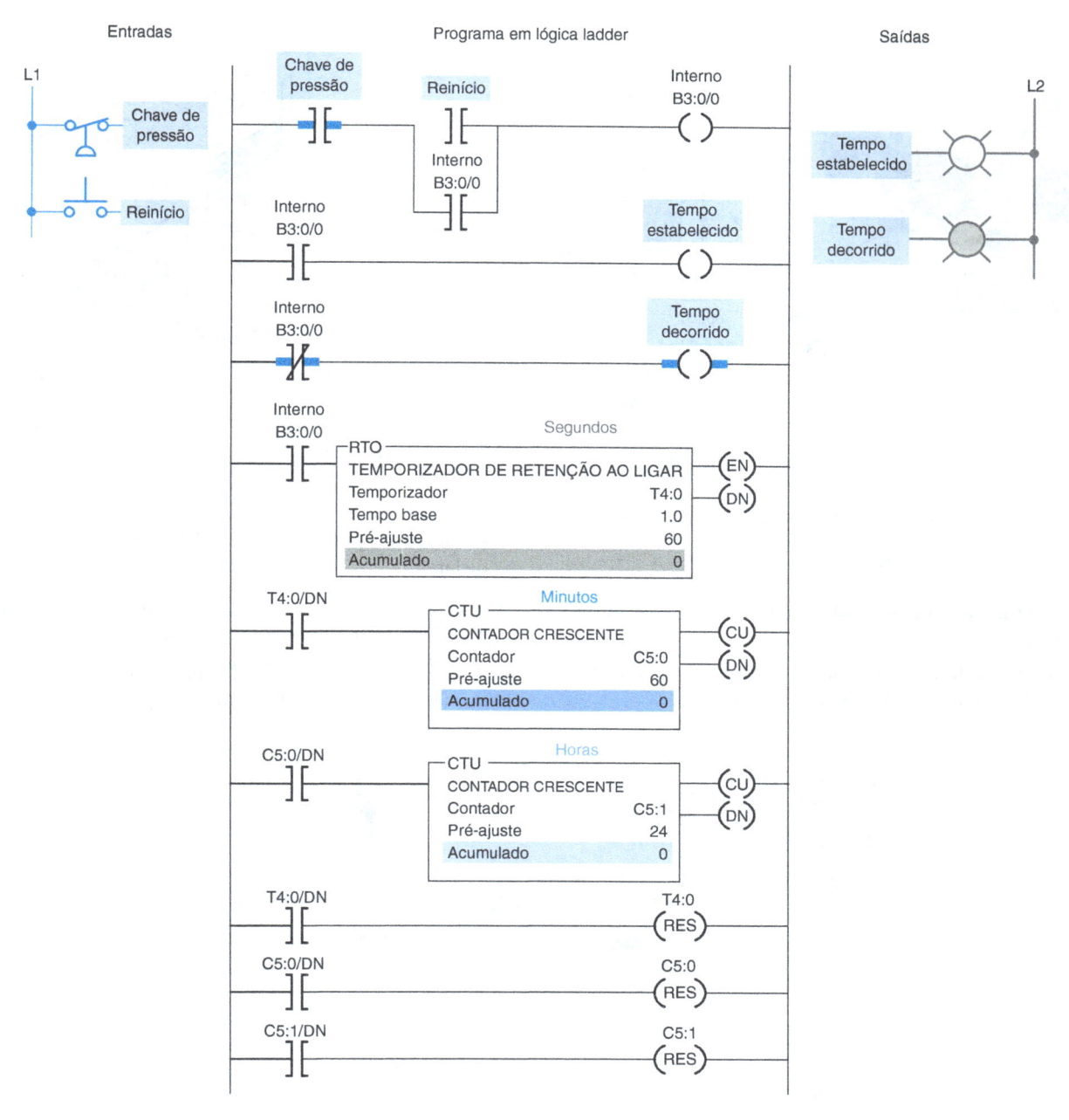

Figura 8.29 Monitorando a hora de um evento.

A Figura 8.34 mostra um programa para bloquear um motor, projetado com o objetivo de evitar que um operador de máquina inicie um motor que tenha sido desligado por mais de 5 vezes em uma hora. O seu funcionamento pode ser resumido da seguinte maneira:

- O contato normalmente aberto de um relé de sobrecarga (OL) fecha momentaneamente cada vez que uma corrente de sobrecarga é detectada.

- Cada vez que o motor para por uma condição de sobrecarga, a partida do motor é bloqueada por 5 min.

- Se o motor é desligado por mais de 5 vezes em uma hora, o seu circuito de partida fica bloqueado permanentemente e não pode voltar a funcionar até que o botão de reiniciar (reset) seja acionado.

- O sinaleiro de bloqueio é ligado sempre que houver uma condição de bloqueio permanente.

A Figura 8.35 mostra uma parte do programa de taxa de fluxo de produtos, que é projetado para indicar quantas latas passam por um ponto do processo por minuto.

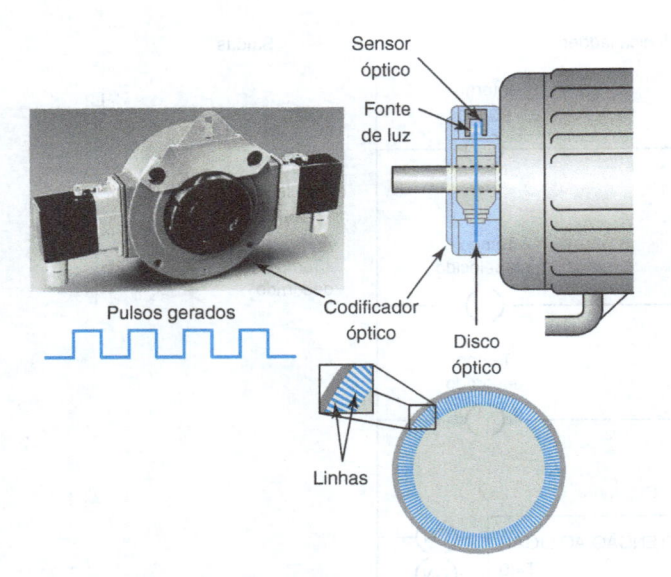

Figura 8.30 Codificador (encoder) incremental óptico.
Fonte: Cortesia da Avtron.
www.avtron.com

O seu funcionamento pode ser resumido da seguinte maneira:

- Quando a chave de partida for fechada, tanto o temporizador como o contador serão habilitados.

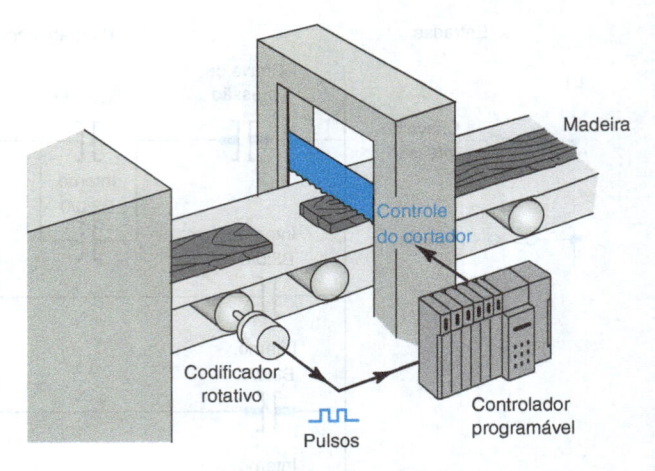

Figura 8.31 Objetos cortados com comprimentos especificados.

- O contador é pulsado por cada lata que passa no sensor de latas.
- A contagem começa e o temporizador inicia a cronometragem com intervalos de 1 minuto.
- Ao final de 1 minuto, o bit de finalização do temporizador faz que o degrau do contador fique falso.

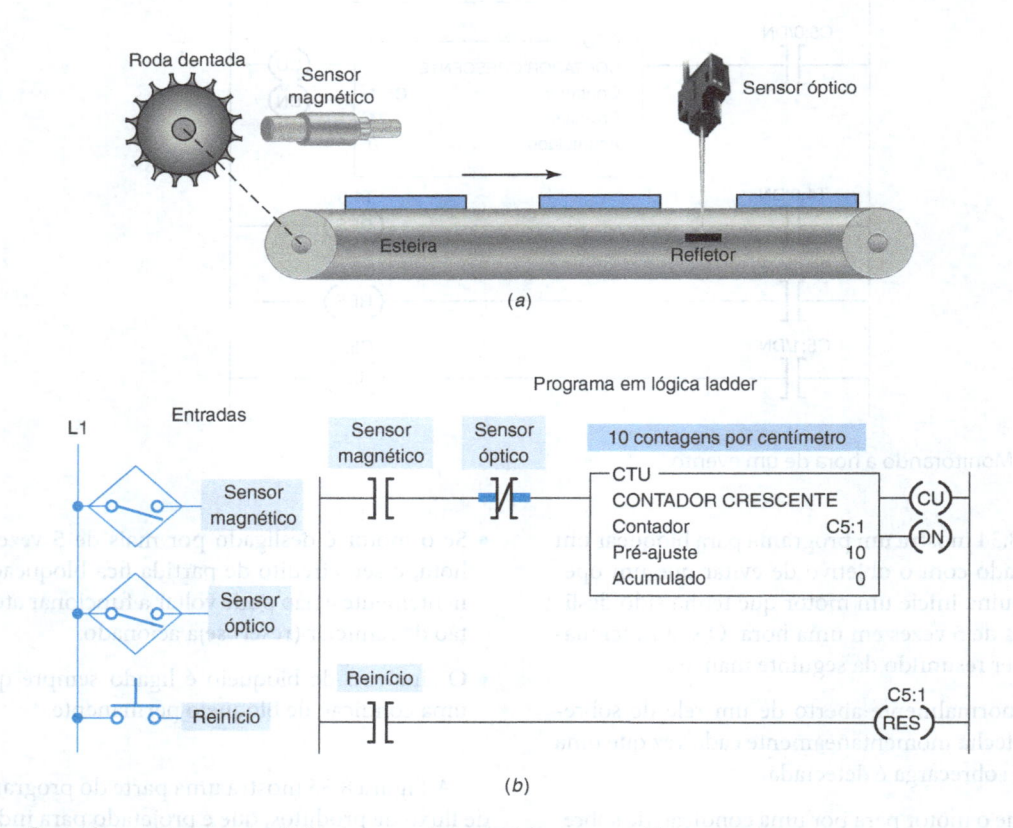

Figura 8.32 Contador usado para medição de comprimento: (*a*) processo, (*b*) programa.

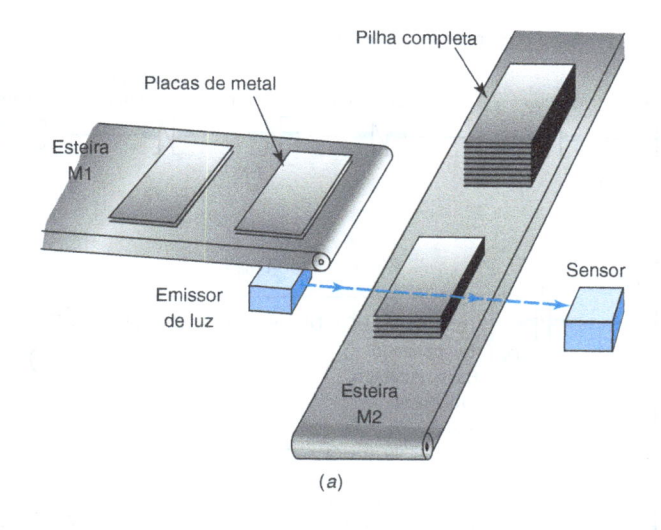

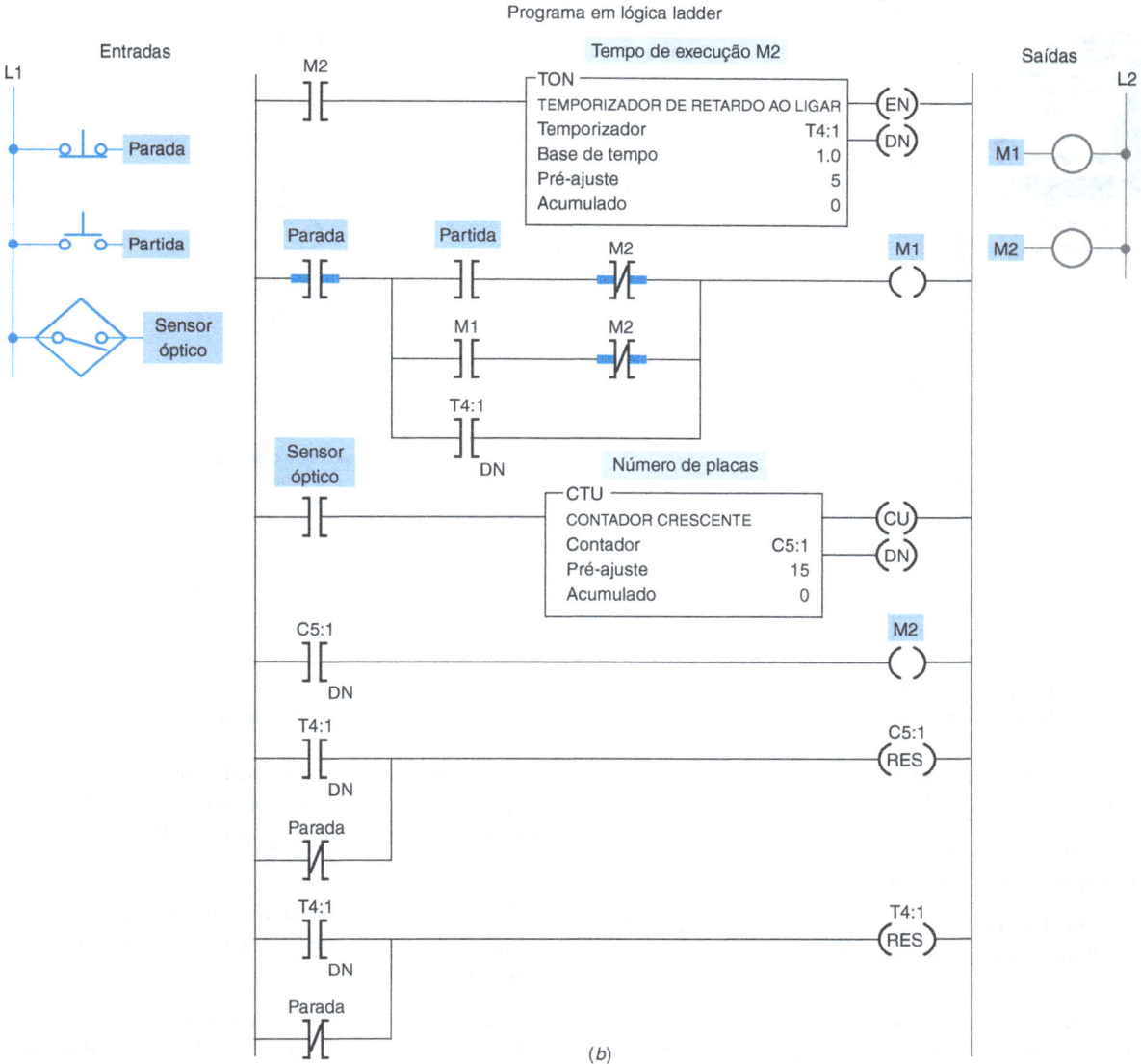

Figura 8.33 Programa de empilhamento automático: (*a*) processo, (*b*) programa.

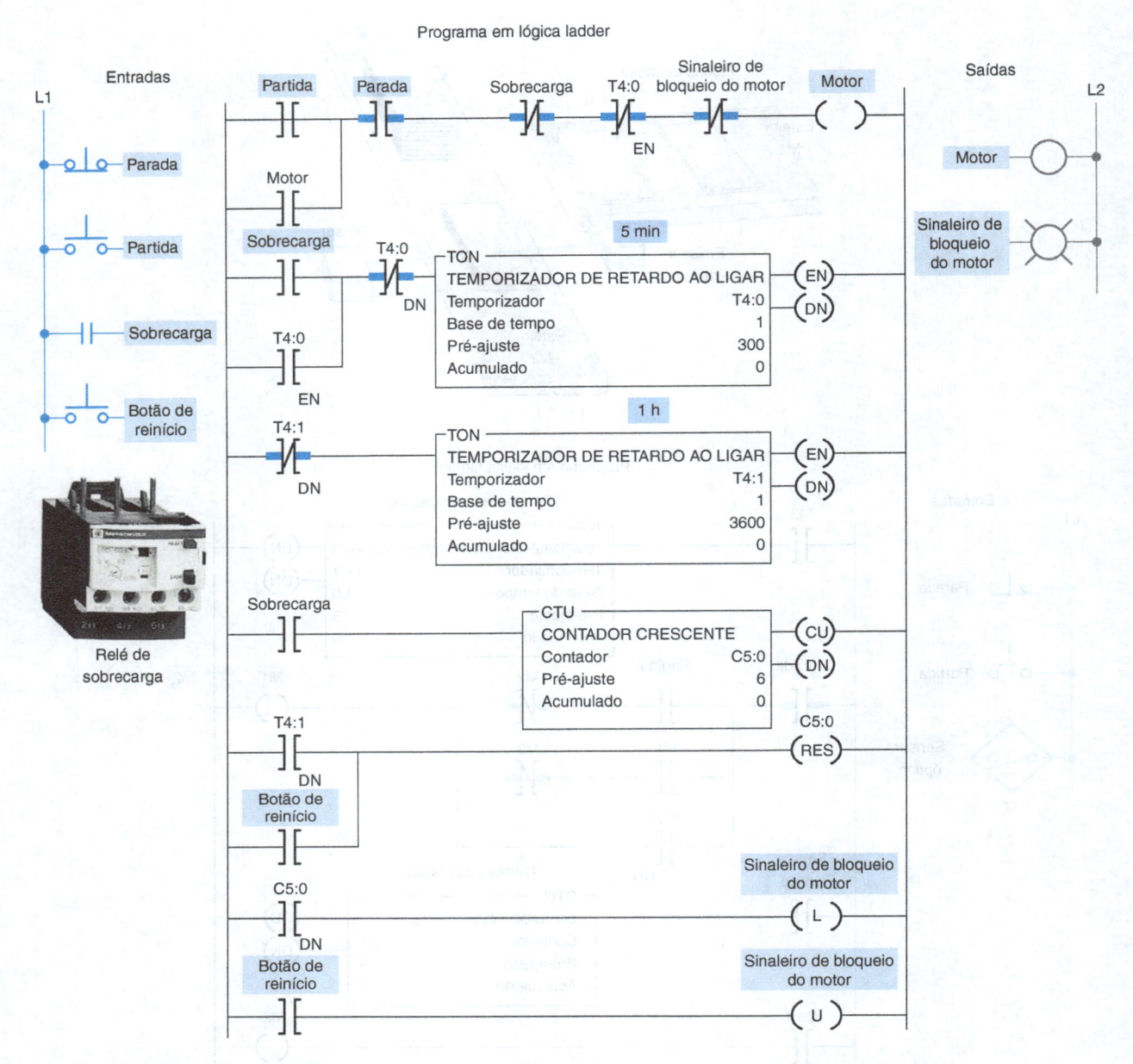

Figura 8.34 Programa para bloquear um motor.
Fonte: Este material e seus direitos autorais são propriedades da Schneider Electric, e são usados com sua permissão.

- Os pulsos do sensor continuam, mas não fazem efeito para o contador do CLP.
- O número de latas que passaram em 1 minuto é representado pelo valor acumulado do contador.
- A sequência é reiniciada pela abertura e fechamento momentâneo da chave de partida.

Algumas vezes é utilizado um temporizador para acionar um contador quando é requerido um período de tempo de retardo extremamente longo; por exemplo, se o processo necessita de um temporizador com 1.000.000 s, isso pode ser obtido com o uso de um temporizador e um contador, como mostra a Figura 8.36. O funcionamento do programa pode ser resumido da seguinte maneira:

- O temporizador T4:0 tem um valor pré-ajustado de 10.000, e o contador C5:0 tem um valor pré-ajustado de 100.
- Cada vez que o contato de entrada do temporizador T4:0 fecha com 10.000 s, seu bit de finalização reinicia o temporizador T4:0 e incrementa o contador C5:0 em 1.

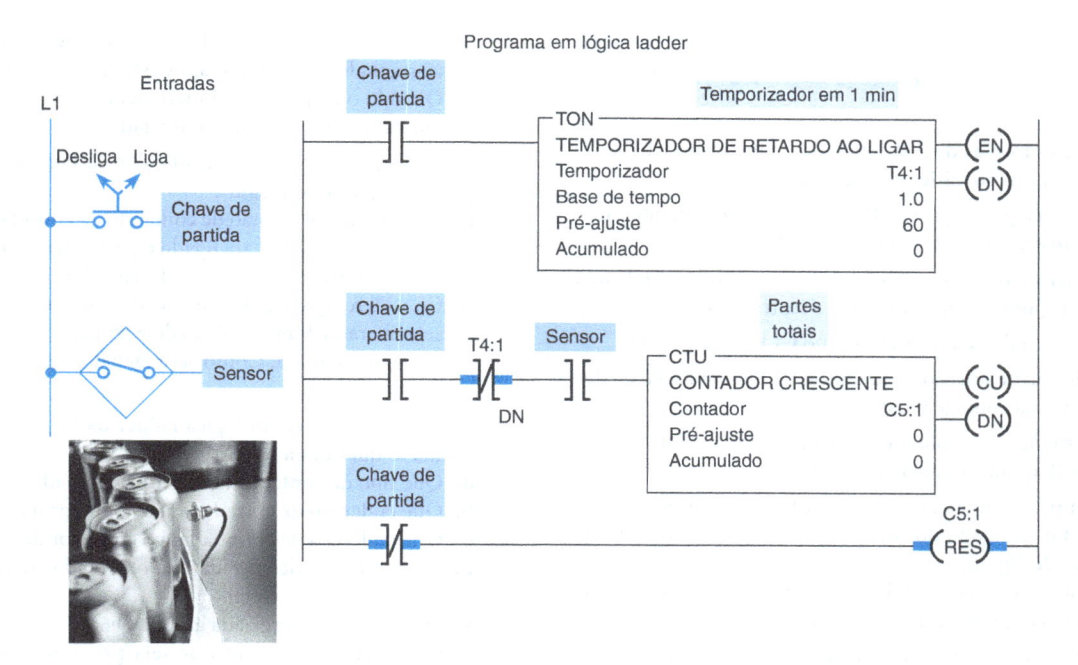

Figura 8.35 Programa para taxa de fluxo de produtos.
Fonte: Cortesia Omron Industrial Automation.
www.ia.omrom.com.

- Quando o bit de finalização do temporizador T4:0 tiver fechado e aberto 100 vezes, o sinaleiro na saída ficará energizado.

- Portanto, o sinaleiro na saída liga após 10.000 × 100 ou 1.000.000 de segundos após o fechamento do contato de entrada do temporizador.

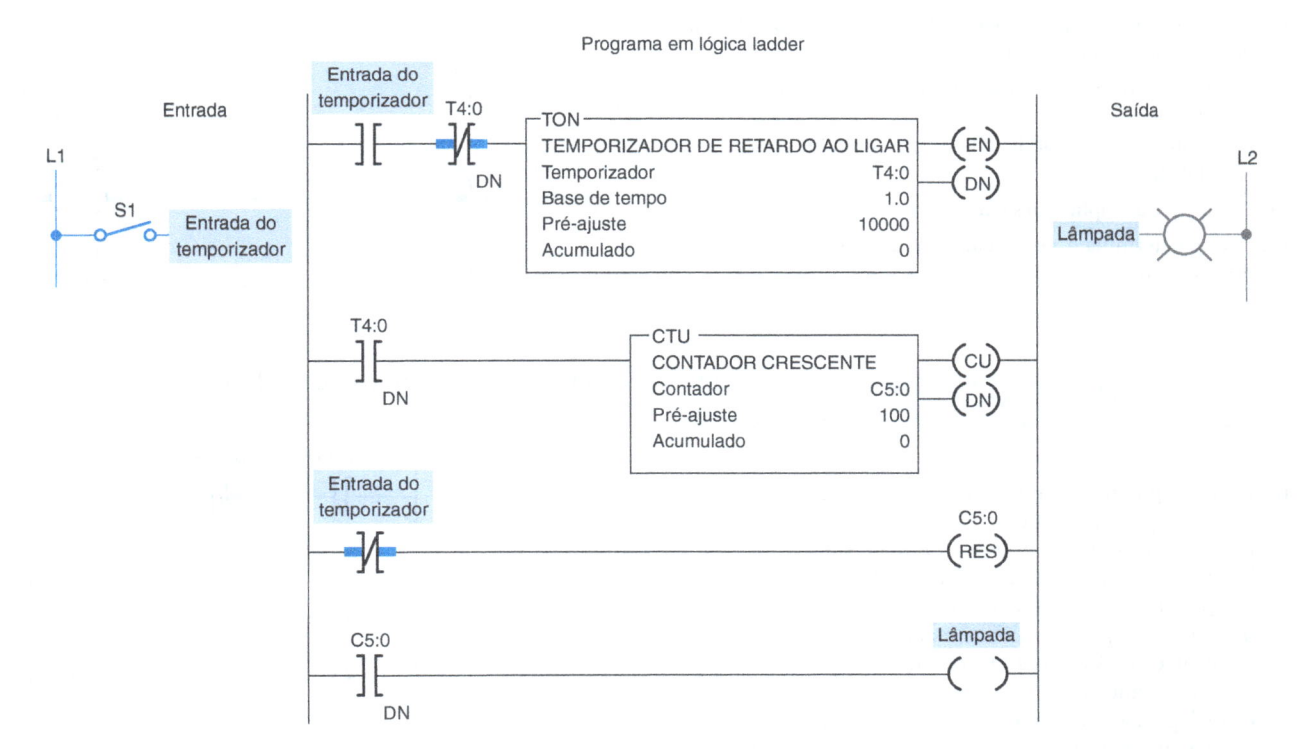

Figura 8.36 Temporizador que aciona um contador para produzir um período de tempo de retardo de longa duração.

QUESTÕES DE REVISÃO

1. Cite as três formas de instruções do contador no CLP e explique a operação básica de cada uma.
2. Descreva as quatro partes da informação geralmente associada à instrução do contador no CLP.
3. Em uma instrução de contador no CLP, que regra é aplicada ao endereçamento do contador e a instruções de reiniciar.
4. Quando a saída de um contador no CLP é energizada?
5. Quando a instrução do contador no CLP incrementa ou decrementa sua contagem corrente?
6. As instruções do contador nos CLPs normalmente são retentivas. Explique o que isso significa.
7. a. Compare a operação de uma instrução-padrão de verificador de ligado do contato com a do contato de transição desliga-liga.
   b. Qual é a função normal de um contato de transição usado em conjunto com um contador?
8. Explique como um OSR (pulso crescente) pode ser utilizado para congelar rapidamente um dado quando em variação.
9. Identifique o tipo de contador que deve ser utilizado para cada uma das seguintes situações:
   a. Contar o número total de latas durante cada deslocamento.
   b. Manter controle do número corrente de peças em um estágio do processo à medida que entram e saem.
   c. Existem 10 peças em um depósito completo. À medida que as peças saem, o número de peças que permanecem no depósito deve ser mantido em controle.
10. Descreva a programação básica do processo envolvido em dois contadores em cascata.
11. a. Quando o bit de excesso de um contador crescente é estabelecido?
    b. Quando é que o bit de falta de um contador crescente é estabelecido?
12. Descreva duas aplicações para os contadores.
13. O que determina a velocidade máxima de transições que um contador do CLP pode contar? Por quê?

PROBLEMAS

1. Estude o programa em lógica ladder da Figura 8.37 e responda às questões a seguir:
   a. Que tipo de contador deve ser programado?
   b. Quando será energizada a saída O:2/0?
   c. Quando será energizada a saída O:2/1?
   d. Considere que seu valor acumulado seja 24 e que a alimentação CA do controlador tenha falhado. Qual será o valor acumulado?
   e. O degrau 4 passa para verdadeiro e, enquanto permanece assim, o degrau 1 passa por cinco transições de falso para verdadeiro das condições do degrau. Qual é o valor acumulado do contador após esta sequência de eventos?
   f. Quando o contador será incrementado?
   g. Quando o contador será reiniciado?
2. Estude o programa em lógica ladder da Figura 8.38 e responda às questões a seguir:
   a. Considere que o botão de comando da entrada seja acionado de desligado para ligado e permaneça pressionado. Como será afetado o estado da saída B3:0/9?
   b. Considere agora que o botão de comando da entrada seja liberado para a posição de normalmente desligado e permaneça assim. Como será afetado o estado da saída B3:0/9?
3. Estude o programa em lógica ladder da Figura 8.39 e responda às questões a seguir:
   a. Que tipo de contador deve ser programado?
   b. Que endereço de entrada fará o contador incrementar?
   c. Que endereço de entrada fará o contador decrementar?
   d. Que endereço de entrada fará o contador reiniciar para zero?
   e. Quando será energizada a saída O:6/2?
   f. Considere que o contador seja primeiro reiniciado, e depois que a entrada I:2/6 seja acionada 15 vezes, e que a entrada I:3/8 seja acionada 5 vezes. Qual será o valor acumulado da contagem?

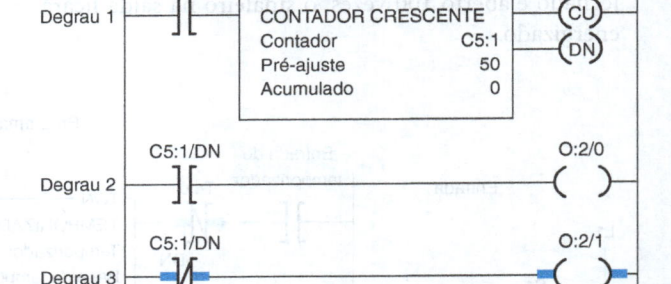

Figura 8.37 Programa para o Problema 1.

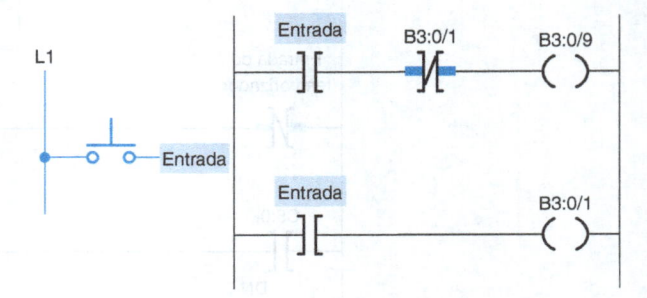

Figura 8.38 Programa para o Problema 2.

Programa em lógica ladder

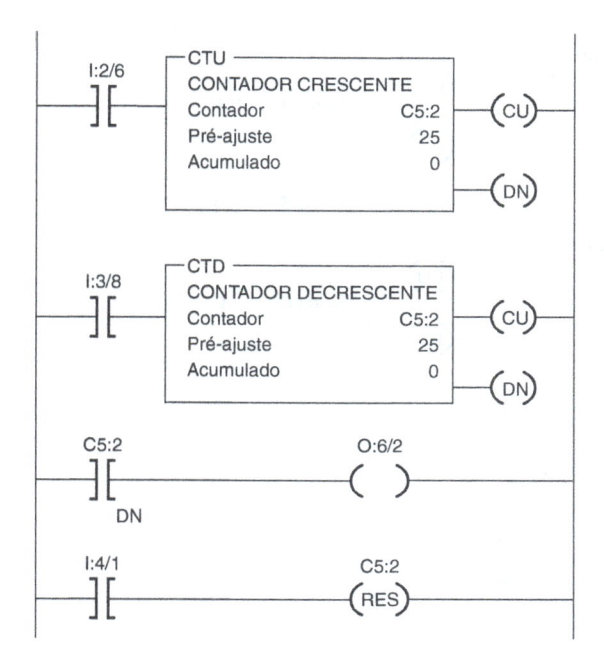

Figura 8.39 Programa para o Problema 3.

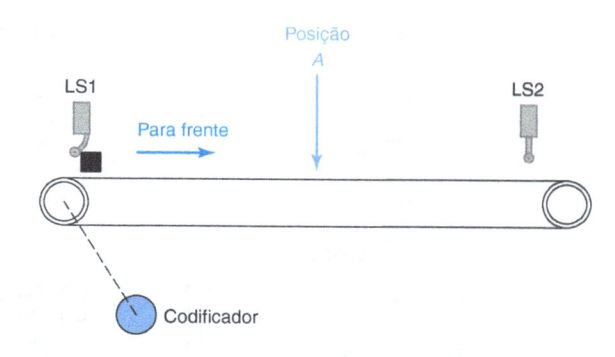

Figura 8.40 Controle de processo para o Problema 6.

4. Projete um programa para CLP e prepare o diagrama típico da conexão de E/S e o programa em lógica ladder para as seguintes aplicações de contador:
   - Contar o número de vezes que o botão de comando foi fechado.
   - Decrementar o valor acumulado do contador cada vez que um segundo botão de comando for fechado.
   - Ligar uma lâmpada a qualquer hora que o valor acumulado do contador for menor que 20.
   - Ligar uma segunda lâmpada quando o valor acumulado do contador for igual ou maior que 20.
   - Reiniciar o contador para 0 quando a chave seletora for fechada.

5. Projete um programa para CLP e prepare o diagrama típico da conexão de E/S e o programa em lógica ladder para executar corretamente o seguinte circuito de controle:
   - Ligar um temporizador não retentivo quando uma chave for fechada (o valor pré-ajustado do temporizador é de 10 s).
   - Reiniciar o temporizador automaticamente por meio de um contato transitório programado quando o tempo no temporizador for de 10 s.
   - Contar o número de vezes que o temporizador vai para 10 s.
   - Reiniciar o temporizador automaticamente por meio de um segundo contato transitório programado para uma contagem de 5 s.
   - Manter ligada uma lâmpada na contagem de 5.
   - Reiniciar para desligar a lâmpada e contador para zero quando a chave seletora for fechada.

6. Projete um programa para CLP e prepare o diagrama típico da conexão de E/S e o programa em lógica ladder para executar corretamente o controle de processo da Figura 8.40.

A sequência de operação é como segue:
- Com o produto na posição (a chave-limite LS1 fecha o contato).
- O botão de partida é pressionado, e o motor da esteira liga para mover o produto na direção da posição A (a chave-limite LS1 abre o contato quando o braço de acionamento retorna para sua posição normal).
- A esteira move o produto na direção da posição A e para (posição detectada pelo oitavo pulso desliga-liga do codificador (encoder), que são contados por contador crescente).
- Ocorre um tempo de retardo de 10 s após a esteira ter iniciado a movimentar o produto para a chave-limite LS2 e parar (o contato de LS2 fecha quando o braço de acionamento for atingido pelo produto).
- Um botão de parada de emergência é usado para parar o processo a qualquer momento.
- Se a sequência for interrompida por uma parada de emergência, o contador e o temporizador serão reiniciados automaticamente.

7. Responda às seguintes questões com relação ao programa do contador crescente/decrescente mostrado na Figura 8.41. Considere que ocorra a seguinte sequência de eventos:
   - A entrada C é fechada momentaneamente.
   - Ocorrem 20 transições de liga/desliga da entrada A.
   - Ocorrem 5 transições de liga/desliga da entrada B.
     Como resultado:
     a. Qual é a contagem acumulada no contador CTU?
     b. Qual é a contagem acumulada no contador CTD?
     c. Qual é o estado da saída A?
     d. Qual é o estado da saída B?
     e. Qual é o estado da saída C?

8. Edite um programa para implementar o processo mostrado na Figura 8.42. Um contador crescente deve ser programado como parte da operação de contagem de um lote para classificação automática, visando ao controle de qualidade. O contador é instalado para desviar uma parte de cada 1.000, para o controle de qualidade ou para fins de inspeção. O circuito funciona como segue:
   - Um ponto de comando com botões de partida/parada é usado para ligar e desligar o motor da esteira.
   - Um sensor de proximidade conta as peças à medida que elas passam na esteira.

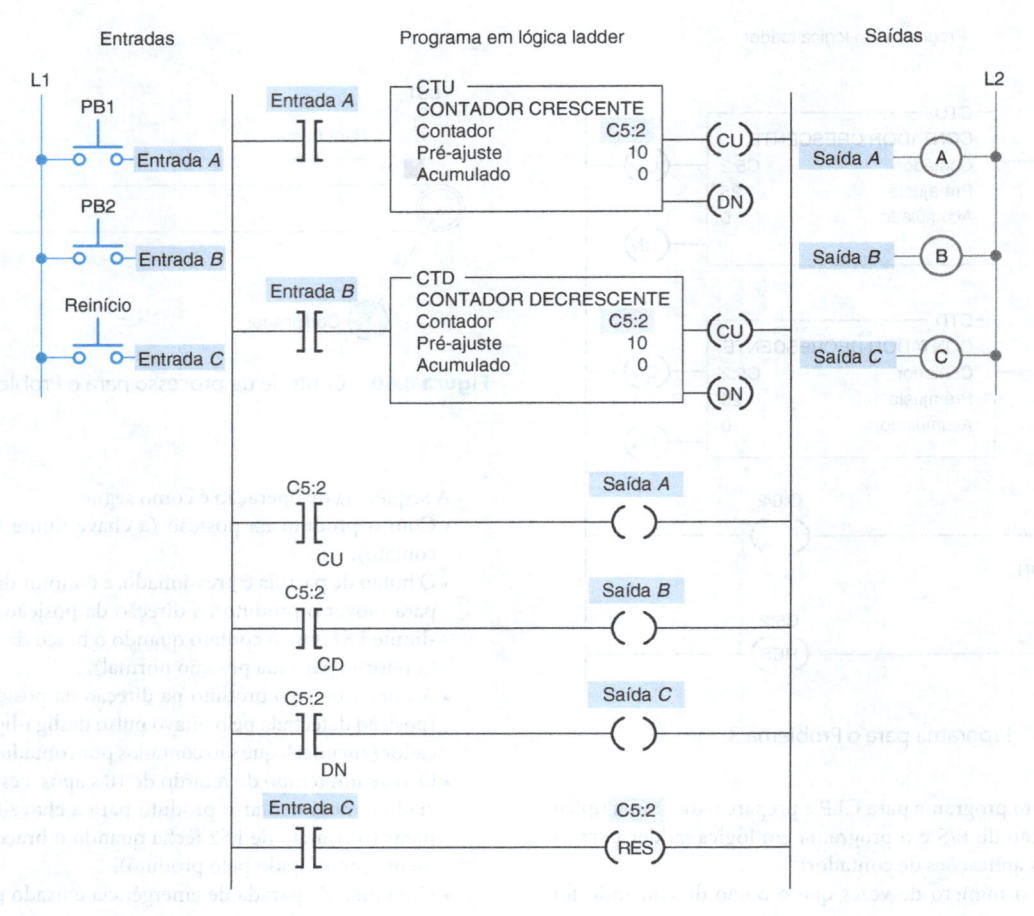

Figura 8.41 Programa para o Problema 7.

- Quando for atingida uma contagem de 1.000, a saída do contador ativará o solenoide da porta para desviar as peças para a linha de inspeção.
- O solenoide da porta é energizado por 2 s, que é o tempo suficiente para que as peças sigam para a linha de controle de qualidade.
- A porta volta para sua posição normal quando termina o período de 2 s.
- O contador é reiniciado para 0 e continua a contagem acumulada.
- Existe um botão para reiniciar o contador manualmente.

9. Edite um programa para incrementar de 1 o valor acumulado de um contador a cada 60 s. Um segundo valor acumulado do contador incrementa de 1 cada vez que o valor acumulado do primeiro contador atinge 60. O primeiro contador reinicia quando seu valor acumulado atinge 60, e o segundo contador é reiniciado quando seu valor acumulado atingir 12.

10. Edite um programa para implementar o processo mostrado na Figura 8.43. A empresa que monta o conjunto (kit) da parte eletrônica precisa de um contador para contar e controlar o número de resistores colocados em cada conjunto.

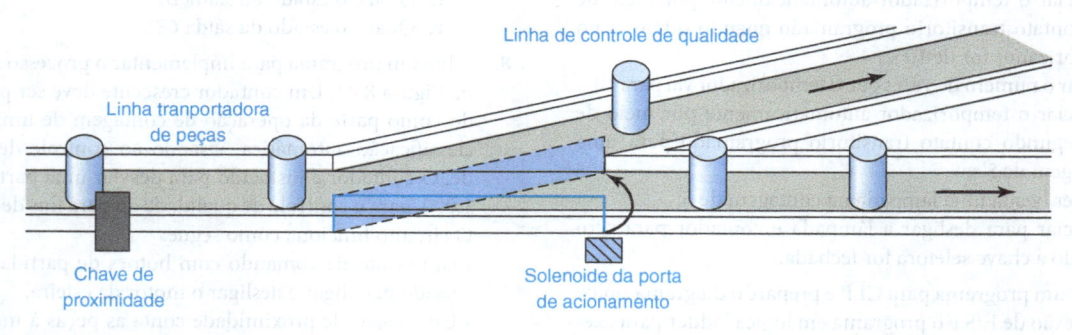

Figura 8.42 Controle de processo para o Problema 8.

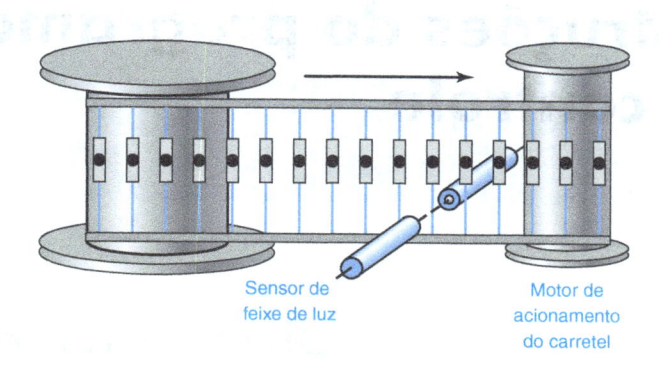

Figura 8.43 Controle de processo para o Problema 10.

O controlador deve parar o carretel com uma quantidade de resistores predeterminada (100). Um funcionário cortará, então, a tira de resistores para colocar no conjunto. O circuito funciona da seguinte maneira:

- Um ponto de comando com botões de partida/parada é usado para ligar e desligar o motor de acionamento do carretel manualmente.
- Um sensor óptico com feixe de luz conta os resistores à medida que eles passam.
- Um contador pré-ajustado para 100 (quantidade de resistores para cada conjunto) parará automaticamente o carretel quando a contagem acumulada atingir o valor de 100.
- Um segundo contador é instalado para uma contagem total.
- São instalados botões para reiniciar manualmente cada contador.

11. Edite um programa para ligar uma lâmpada e mantê-la ligada (trava) por 20 s após uma chave de entrada ter sido ligada. O temporizador continua o ciclo até 20 s e se reinicia até que a chave de entrada seja desligada. Após a terceira vez de temporização de 20 s do contador, a lâmpada será desligada (destravada).

12. Edite um programa para ligar uma lâmpada quando uma contagem atingir o valor de 20. A lâmpada será então desligada quando a contagem atingir o valor de 30.

13. Edite um programa para implementar o processo de empilhamento de caixas mostrado na Figura 8.44. Essa aplicação requer o controle de uma esteira transportadora que alimenta uma empilhadeira mecânica. A empilhadeira pode empilhar várias caixas em cada palete (dependendo do tamanho do palete e do valor pré-ajustado do contador). Quando o número de caixas requerido estiver empilhado, a esteira para até que o palete seja retirado e um palete vazio seja colocado na área de carregamento. Um sensor fotoelétrico é instalado para contar os pulsos para o contador após a passagem de cada caixa. Além do motor do ponto de comando de partida/parada_motor da esteira, há um botão que permite ao operador reiniciar o sistema da empilhadeira após ter sido colocado um palete vazio na área de carregamento.

O funcionamento deste processo pode ser resumido da seguinte maneira:
- A esteira é ligada pressionando o botão de partida.
- Para cada caixa que passa pelo sensor fotoelétrico, é registrada um contagem.
- Quando o valor pré-ajustado for atingido (neste caso, 12), a esteira transportadora será desligada.
- O operador da empilhadeira retira o palete carregado.
- Após a colocação de um palete vazio na posição, o operador da empilhadeira pressiona o botão de reiniciar remoto, que faz iniciar outro ciclo novamente.

14. Edite um programa para operar uma lâmpada de acordo com a seguinte sequência:
- É pressionado um botão de comando momentaneamente para dar início à sequência.
- A lâmpada é ligada e permanece ligada por 2 s.
- Depois a lâmpada é desligada e permanece desligada por 2 s.
- Um contador é incrementado em 1 depois dessa sequência.
- A sequência é repetida por um total de 4 contagens.
- Após a quarta contagem, a sequência para e o contador será reiniciado em zero.

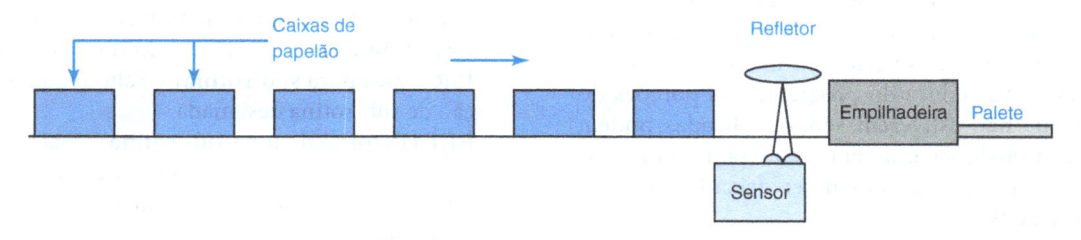

Figura 8.44 Controle de processo para o Problema 13.

9 Instruções do programa de controle

Objetivos do capítulo

Após o estudo deste capítulo, você será capaz de:

9.1 Descrever a finalidade das instruções do programa de controle.
9.2 Descrever a operação da instrução principal de reinicialização do programa de controle e desenvolver um programa elementar ilustrando seu uso.
9.3 Descrever e rotular a operação da instrução de salto (jump).
9.4 Explicar a função de sub-rotinas.
9.5 Descrever a função imediata das instruções de entrada e saída.
9.6 Descrever a capacidade de forçar do CLP.
9.7 Descrever as considerações de segurança nos CLPs e a instalação programada neles.
9.8 Explicar as diferenças entre CLPs padrão e de segurança.
9.9 Descrever a função de interrupção temporizada selecionável e arquivos de rotina de falha.
9.10 Explicar como a instrução de finalização temporária pode ser utilizada para verificação de defeitos em um programa.

As instruções do programa de controle descritas neste capítulo são utilizadas para alterar o programa de varredura (exploração) de sua sequência normal, possibilitando a redução do tempo necessário para completá-la. As partes não utilizadas no programa podem, a qualquer momento, ser puladas, e as saídas nas áreas específicas no programa podem ser deixadas em seus estados desejados. As aplicações típicas de programa de controle industrial também serão abordadas.

9.1 Instrução de relé mestre de controle de reset

Diversas instruções de controle do programa de saída, que são quase sempre referidas como instruções de *salto*, fornecem um meio de execução de seções do controle lógico se determinadas condições forem encontradas, uma vez que elas permitem maior flexibilidade e eficiência na varredura do programa. As porções do programa que não estiverem sendo utilizadas podem ser puladas a qualquer momento, e as saídas em áreas específicas do programa podem ser deixadas em seus estados desejados.

São utilizadas ainda para habilitar ou desabilitar um bloco da lógica do programa ou para mover a execução de um programa de um lugar para outro. A Figura 9.1 mostra o guia do menu do *programa de controle* para o SLC 500, da Allen-Bradley, e seu software associado RSLogix. Os comandos do programa de controle podem ser resumidos da seguinte maneira:

JMP (Etiqueta para saltar) – Salta para trás ou para a frente, para a etiqueta da instrução correspondente.
LBL (Etiqueta) – Especifica a localização da etiqueta.
JSR (Salto para sub-rotina) – Salto para uma instrução de sub-rotina designada.
RET (Retorna de uma sub-rotina) – Sai da sub-rotina atual e retorna para a condição anterior.
SBR (Sub-rotina) – Identifica a sub-rotina do programa.
TND (Finalização temporária) – Faz um final

temporário que interrompe a execução do programa.
MCR (Relé mestre de controle de reset) – Limpa todos os degraus de saídas não retentivos estabelecidos entre as instruções MCR emparelhadas.
SUS (Suspensão) – Identifica as condições para depuração e sistemas de verificação de defeitos.

Os contatores principais de controle são utilizados para fornecer alimentação de entrada/saída para todo o circuito. A Figura 9.2 mostra um circuito típico de controle principal, no qual, se a bobina do contator de controle principal não for energizada, não há alimentação para a carga no lado dos contatos principais do MCR.

Os fabricantes de CLP oferecem uma forma de relé mestre de controle como parte de seu conjunto de instruções, e estas têm função similar às do circuito de controle principal a relé, isto é, quando uma instrução for verdadeira, o circuito funciona normalmente, e, quando for falsa, as saídas não retentivas são desligadas. Pelo fato de essas instruções não existirem no circuito, pois são programadas, por razões de segurança elas *não* devem ser utilizadas como substitutas para um contator principal, a fim de fornecer uma *emergência* para a entrada e para saída da alimentação da carga.

Uma instrução de *relé mestre de controle de reset* (MCR) é uma instrução para uma bobina de saída que funciona como um contator de controle.

As instruções da bobina MCR são utilizadas em pares e podem ser programadas para controlar um circuito por completo (Figura 9.3) ou apenas para controlar os seus degraus. O funcionamento do programa pode ser resumido da seguinte maneira:

- Quando a instrução MCR for falsa, ou desenergizada, todos os degraus não retentivos (sem trava) abaixo da MCR serão desenergizados mesmo que a lógica programada para cada degrau seja verdadeira.

- Todos os degraus *retentivos* permanecerão em seu *último estado*.

- A instrução MCR estabelece uma área no programa do usuário na qual todas as saídas não retentivas podem ser desligadas simultaneamente.

- As instruções *retentivas* não deveriam ser colocadas dentro de uma área da MCR, pois esta as mantém em seus últimos estados ativos quando a instrução passar a ser falsa.

- Um temporizador de retardo ao desligar começará a cronometrar quando estiver dentro de uma área da MCR desenergizada.

Os controladores SLC 500, da Allen-Bradley, usam a

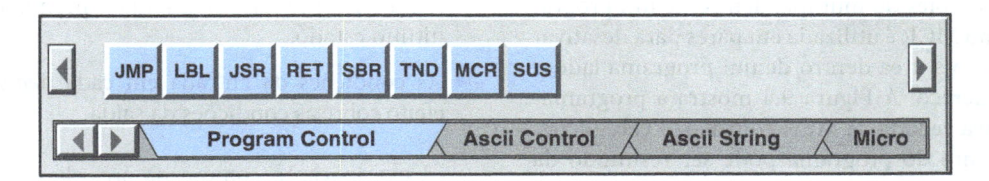

Figura 9.1 Guia do menu de controle do programa.

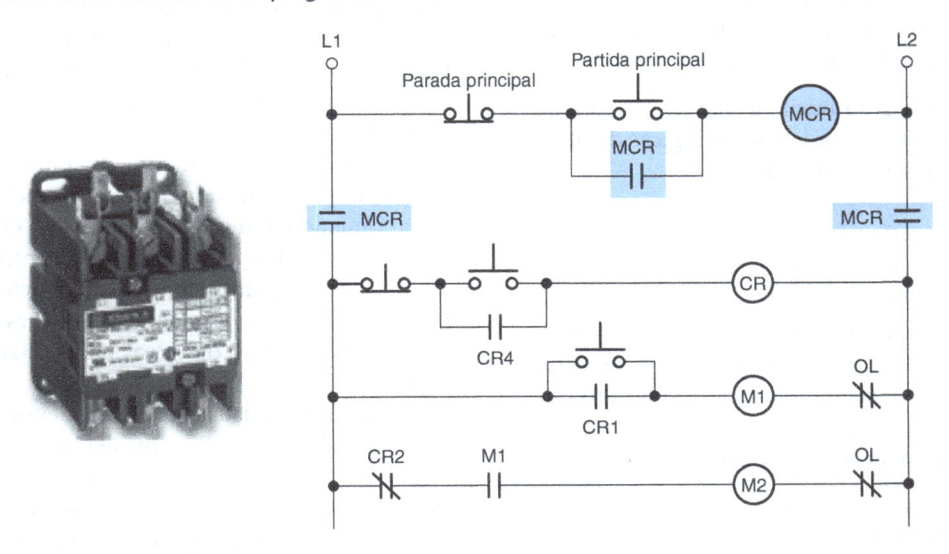

Figura 9.2 Circuito de controle do contator principal.
Fonte: Este material e direitos autorais associados são de propriedade da Schneider Electric e são usados com sua permissão.

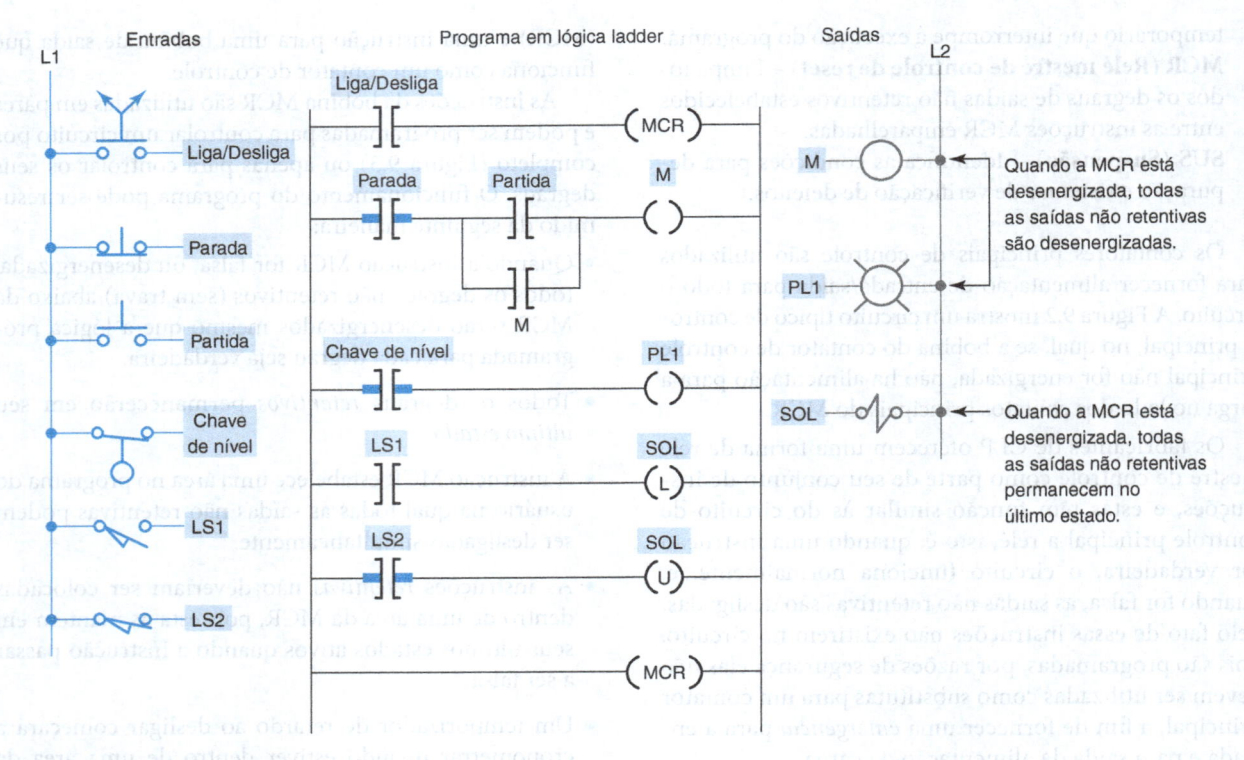

Figura 9.3 Instrução do relé mestre de controle (MCR).

instrução de reinicialização do relé mestre para estabelecer uma área simples ou múltipla dentro de um programa. A instrução MCR é utilizada em pares para desativar ou desabilitar uma área dentro de um programa ladder e não tem endereço. A Figura 9.4 mostra a programação de uma área vedada da MCR com a área verdadeira. O funcionamento do programa pode ser resumido da seguinte maneira:

- A área da MCR é fechada por um *início da cerca*, que é um degrau com uma MCR condicional e uma *final da cerca*, que é um degrau com uma MCR condicional.

- A entrada A do degrau inicial é verdadeira, então todas as saídas agem de acordo com as lógicas do degrau como se não existisse uma área.

A Figura 9.5 mostra a área cercada da MCR com uma área falsa. O funcionamento do programa pode ser resumido da seguinte maneira:

- Quando a MCR no início da cerca for falsa, todos os degraus dentro da área serão tratados como falsos. A varredura ignora as entradas e desenergiza todas as saídas não retentivas (isto é, a instrução de saída e o temporizador de retardo ao desligar).

- Todos os dispositivos retentivos, como as travas, temporizadores retentivos e contadores, permanecem em seus últimos estados.

- A entrada A do degrau inicial é falsa, então a saída A e T4:1 serão falsas e a saída B permanecerá em seu último estado.

- As condições da entrada em cada degrau não terão efeito sobre as condições da saída.

Uma aplicação comum da área de controle de uma MCR envolve a avaliação de um ou mais bits de falha como parte do início da cerca e fechamento da porção do programa que se intenciona desenergizar no caso de uma falha na área da MCR. Se for detectada uma condição de falha, as saídas naquela área serão desenergizadas automaticamente.

Se forem iniciadas instruções como temporizadores ou contadores na área da MCR, a operação da instrução cessará quando a área for desabilitada. O temporizador TOF será ativado quando colocado dentro de uma área da MCR falsa. Quando for detectado defeito no programa que contém uma área da MCR, é necessário saber que degraus estão dentro das áreas para editar corretamente o circuito.

As áreas controladas pela MCR devem conter apenas duas instruções de MCR – uma define o início e a outra, o final. É importante nunca sobrepor ou acumular áreas da MCR; quaisquer instruções adicionais de MCR ou instrução de salto (jump) programada para saltar uma área da MCR poderiam produzir resultados inesperados e prejudiciais no programa e no funcionamento da máquina.

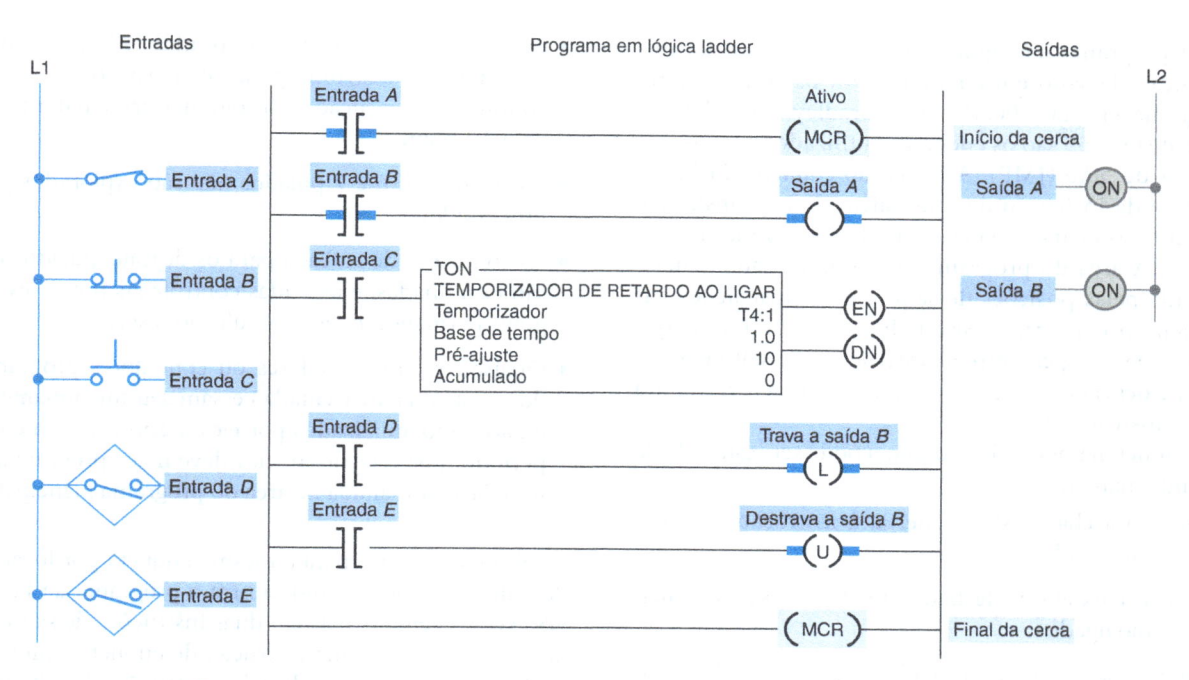

Figura 9.4 Área vedada da MCR com área verdadeira.

9.2 Instrução de salto (jump)

Em uma programação de CLP é preciso, em alguns casos, saltar certas instruções do programa quando existirem determinadas condições. A instrução de *salto* (JMP) é uma instrução de saída utilizada para essa finalidade, e, quando utilizada, o CLP não executa as instruções de um degrau que deve ser saltado. Ela sempre será utilizada para saltar instruções não pertinentes ao funcionamento da máquina naquele instante. Além disso, as seções de um programa devem ser programadas para serem saltadas, a fim de evitar uma falha na produção.

Alguns fabricantes fornecem uma instrução de salto, que é essencialmente a mesma instrução (JMP).

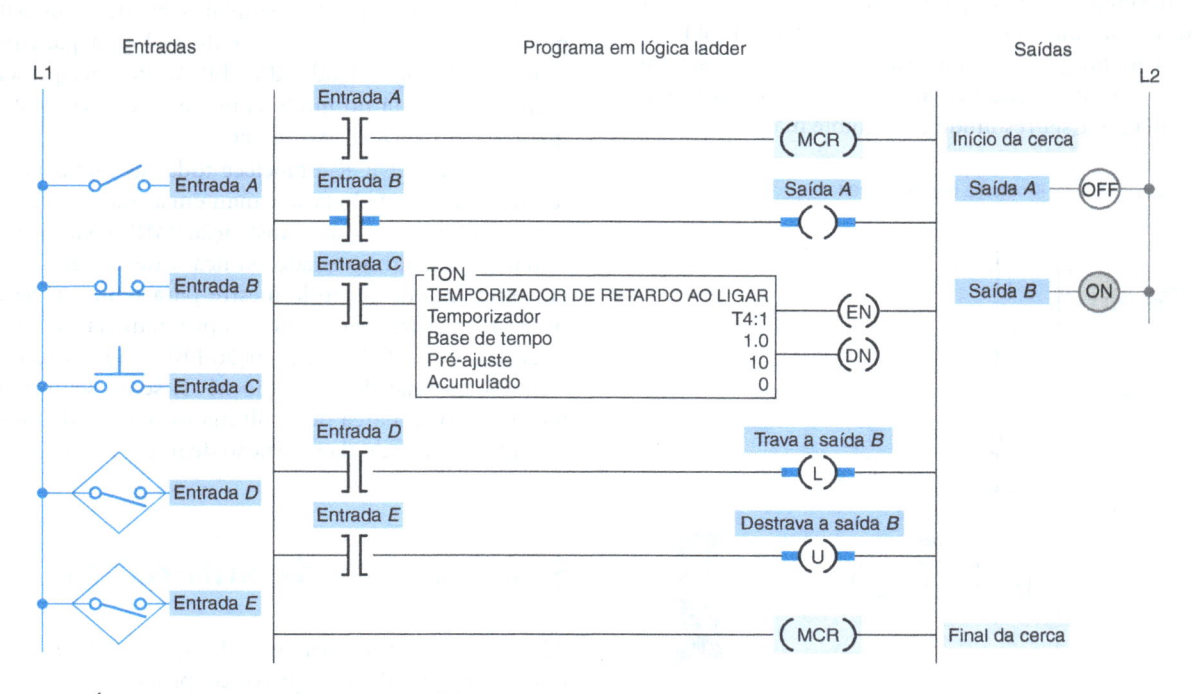

Figura 9.5 Área cercada pela MCR com a área falsa.

O programa da Figura 9.6 mostra o uso de uma instrução de salto em conjunto com os controladores programáveis SLC 500, da Allen-Bradley. Os endereços Q2:0 até Q2:255 são os endereços utilizados para as instruções de *salto* (JMP). A instrução *etiqueta* (LBL) é o objetivo da instrução de salto; além disso, a instrução de salto associada à sua etiqueta deve ter o mesmo endereço. A área do programa que o processador salta é definida pelas posições de salto e pelas instruções das etiquetas no programa. Se a bobina de salto for energizada, toda a lógica entre as instruções de salto e a etiqueta é desviada, e o processador continua a varredura após a instrução LBL.

O funcionamento do programa pode ser resumido da seguinte maneira:

- Quando a chave estiver aberta, a instrução de saltar não será ativada.
- Com a chave aberta, fechando PB, todos os três sinaleiros serão ligados.
- Quando a chave for fechada, a instrução de saltar (JMP) será ativada.
- Com a chave fechada, pressionando PB, apenas os sinaleiros PL1 e PL3 serão ligados.
- O degrau 3 é pulado durante a varredura do programa de modo que PL2 não é ligado.

A Figura 9.7 mostra o efeito sobre as instruções da entrada e da saída dos degraus pulados no programa. A instrução da etiqueta é usada para identificar o degrau da escada que é o destino, mas não contribui para a continuidade lógica. Para fins práticos, a instrução de etiqueta é sempre considerada uma lógica verdadeira. O funcionamento do programa pode ser resumido da seguinte maneira:

- Quando o degrau 4 tiver continuidade lógica, o processador será instruído para saltar para o degrau 8 e continuar a execução do programa principal a partir daquele ponto.
- Os degraus 5, 6 e 7 pulados não são explorados pelo processador.
- As condições de entrada para os degraus pulados não são examinadas, e as saídas controladas por esses degraus permanecem em seus últimos estados.
- Quaisquer temporizadores ou contadores programados dentro da área saltada cessam seu funcionamento e não serão atualizados por eles mesmos durante este período; por esta razão, eles devem ser programados fora da seção saltada na área do programa principal.

É possível saltar para a mesma etiqueta por locações de saltos múltiplos, como mostra o programa da Figura 9.8. Nesse exemplo, existem duas instruções de salto endereçadas Q2:20 e uma instrução de etiqueta simples; a exploração pode então saltar das instruções de salto para Q2:20, se a entrada *A* ou a entrada *D* for verdadeira.

É possível também saltar para trás no programa, mas isso não deve ser feito muitas vezes. É importante ressaltar que a varredura não permanece por muito tempo em uma malha. O processador tem um temporizador cão de guarda (watchdog), que estabelece o tempo máximo permitido para uma varredura completa do programa; se o tempo for excedido, o processador indicará uma falha e desligará.

O salto para a frente é similar à instrução de MCR, pois ambos permitem uma condição lógica para pular um bloco da lógica ladder do CLP. A diferença principal entre os dois está no modo como as saídas são tratadas quando a instrução é executada.

A instrução MCR estabelece todas as saídas não retentivas para o estado falso e mantém as saídas retentivas em seu último estado. A instrução JMP deixa todas as saídas em seu último estado. Nunca se deve usar um salto em uma área de controle-mestre para reiniciar. Se isso ocorrer, as instruções que forem programadas dentro do início da área MCR, na instrução LBL, e a instrução que termina no final da instrução MCR serão sempre avaliadas como se a área desta última fosse verdadeira, sem considerar o estado da instrução de início da MCR.

9.3 Funções de sub-rotina

Além do programa principal da lógica ladder, o CLP pode conter também arquivos de programa adicionais, conhecidos como *sub-rotinas*. Uma sub-rotina é um

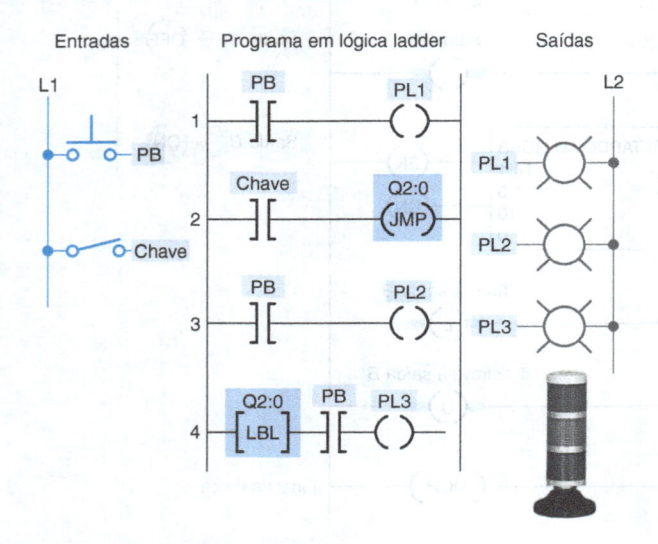

Figura 9.6 Operação [JMP] salto (jump).

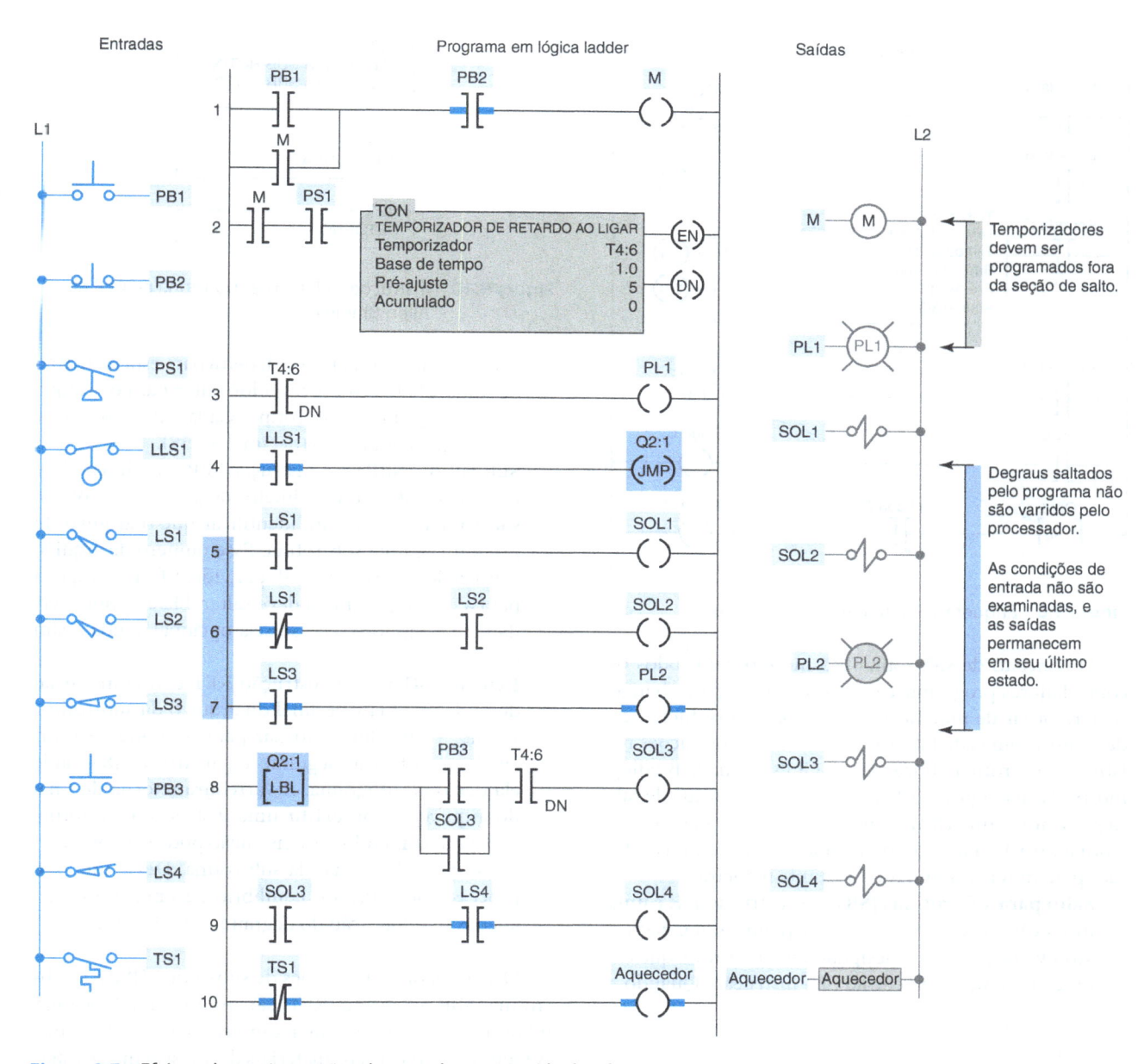

Figura 9.7 Efeito sobre as instruções de entrada e uma saída dos degraus pulados.

programa reduzido que é utilizado pelo programa principal para executar uma função específica. Programas extensos são sempre interrompidos pelos arquivos de programa de sub-rotina, que são solicitados e executados pelo programa principal. Nas séries de CLPs SLC 500, a lógica ladder do programa principal fica em um arquivo de programa dois (mostrado como LAD 2). A lógica ladder dos programas para as sub-rotinas pode ser colocada em um arquivo número três (LAD 3) até o arquivo número 255 (LAD 255).

O uso de sub-rotinas é um recurso valioso no programa do CLP. Às vezes, é preferível editar programas que consistem em várias sub-rotinas a editar um programa simples extenso. Quando os programas são editados com elas, cada uma pode ser testada individualmente para verificar sua funcionalidade, e podem então ser chamadas pelo programa principal, como mostra a Figura 9.9.

Quando isso ocorre, o programa é capaz de sair do programa principal e *ir para* um programa de *sub-rotina* para executar determinadas funções e *depois retornar* para o programa principal. Nas situações em que a máquina tem parte de seu ciclo que deve ser repetido várias vezes durante um ciclo da máquina, a sub-rotina pode economizar uma grande quantidade de programação duplicada. A sequência dos degraus pode ser programada uma vez em uma sub-rotina e simplesmente ser chamada quando necessário.

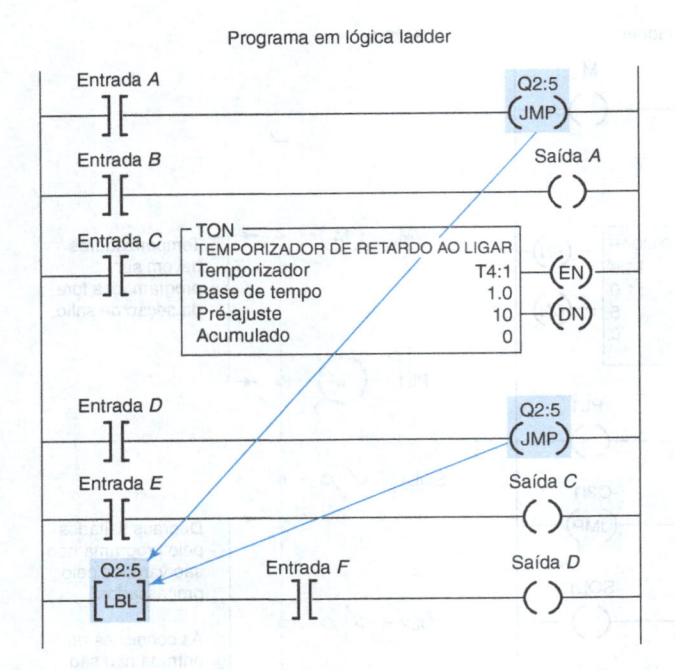

Figura 9.8 Etiqueta do salto para duas locações.

O conceito de sub-rotina é o mesmo para todos os controladores programáveis, mas o método para chamá-la e retornar de uma delas utiliza comandos diferentes, de acordo com cada fabricante de CLP. As instruções relativas à sub-rotina utilizadas nos CLPs da Allen-Bradley, mostradas na Figura 9.10, são a instrução de saída de salto para sub-rotina (JSR), a instrução de entrada da sub-rotina (SBR) e a instrução de saída para retornar (RET). Elas podem ser resumidas da seguinte maneira:

Salto para sub-rotina (JSR) – A instrução JSR é uma instrução de saída que faz a varredura saltar para o arquivo de programa designado na instrução, que é o único parâmetro de entrada na instrução. Quando a

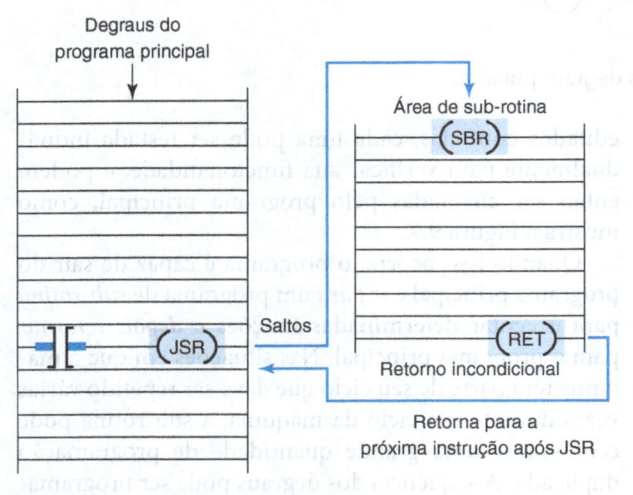

Figura 9.9 Programa principal com uma chamada de sub-rotina.

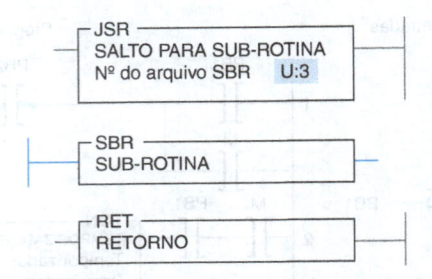

Figura 9.10 Instruções relativas à sub-rotina no CLP da Allen-Bradley.

condição do degrau for verdadeira para esta instrução de saída, ela fará o processador saltar para o arquivo com a etiqueta da sub-rotina. Cada sub-rotina deve ter um único endereço (decimal 3-255).

Sub-rotina (SBR) – A instrução SBR é a primeira instrução de entrada no primeiro degrau no arquivo da sub-rotina e serve para identificar que o arquivo do programa é uma sub-rotina. Esse número de arquivo é utilizado na instrução JSR para identificar a etiqueta para a qual o programa deve saltar. Ela é sempre verdadeira e, embora seu uso seja opcional, ainda assim é recomendada.

Retorno (RET) – A instrução RET é uma instrução de saída que marca o final do arquivo da sub-rotina. Ela faz a varredura retornar para o programa principal na instrução seguinte da instrução JSR onde ela deixou o programa. A varredura retorna do final do arquivo se não existir uma instrução de retorno. O degrau contendo essa instrução pode ser condicional se precede o final da sub-rotina. Desse modo, o processador omitirá o equilíbrio de uma sub-rotina apenas se a condição do degrau for verdadeira.

O salto para as instruções de sub-rotina (JSR), a sub-rotina (SBR) e retorno (RET) são usados para direcionar o controlador para executar um arquivo de sub-rotina. A Figura 9.11 mostra os materiais de um sistema de esteira transportadora com um sinaleiro luminoso piscando como uma sub-rotina. O funcionamento do programa pode ser resumido da seguinte maneira:

- Se o peso na esteira exceder ao valor pré-ajustado, o solenoide será desenergizado, e o sinaleiro PL1 começará a piscar.
- Quando o sensor de peso fechar, a JSR será ativada e direcionará a varredura do processador para saltar para a sub-rotina U:3.
- O programa da sub-rotina é varrido e o sinaleiro PL1 começa a piscar.
- Quando o sensor de peso abrir, o processador não varrerá a área da sub-rotina, e o sinaleiro PL1 voltará para seu estado normal.

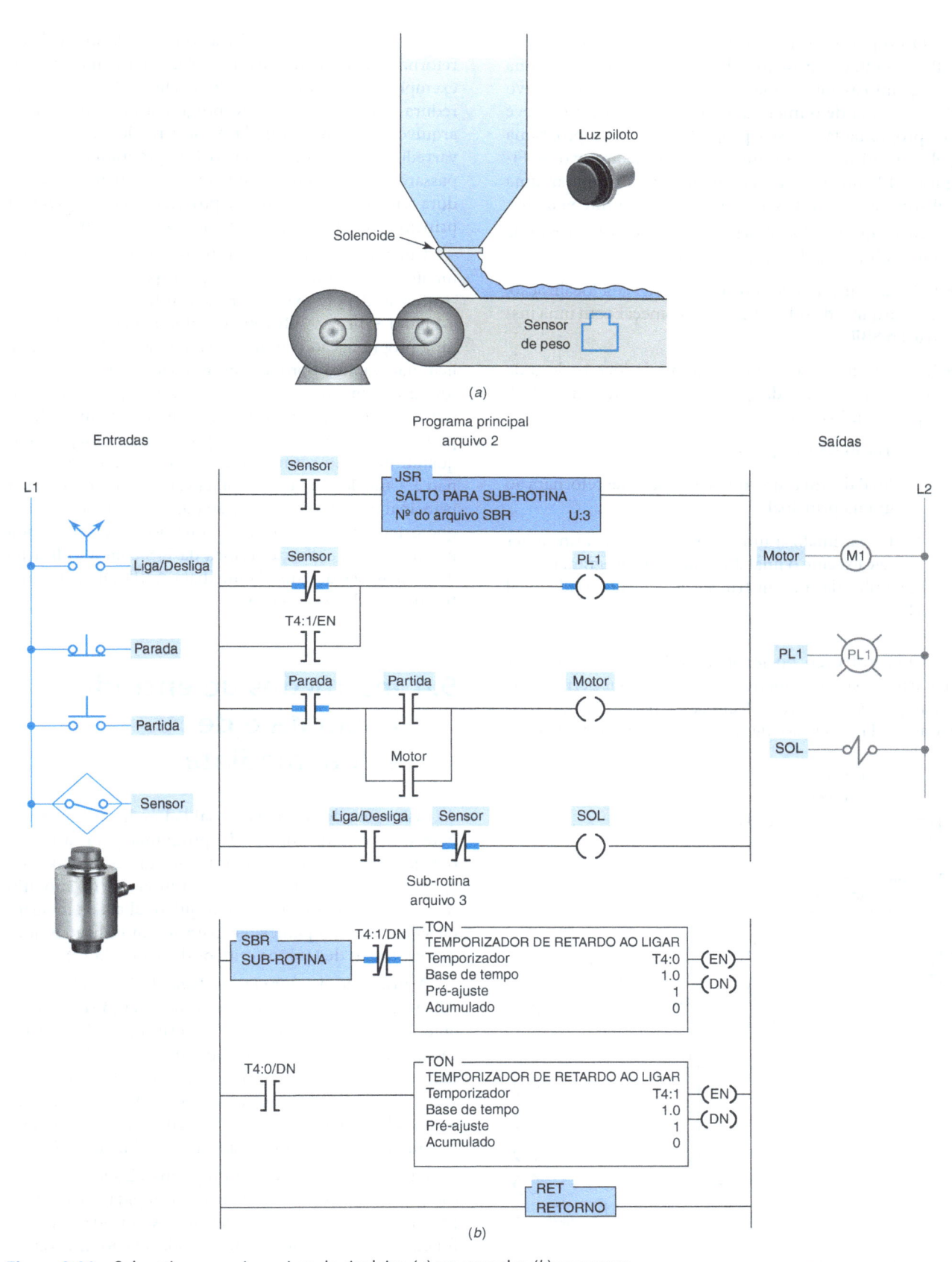

Capítulo 9 Instruções do programa de controle   183

Figura 9.11 Sub-rotina para pisca-pisca do sinaleiro: (*a*) processador, (*b*) programa.

O programa principal do controlador SLC 500, da Allen-Bradley, é posicionado no arquivo de programa 2 enquanto as sub-rotinas são atribuídas para o arquivo de programa de número 3 a 255. Cada sub-rotina deve ser programada em seu próprio arquivo de programa pela atribuição de um único número de arquivo. A Figura 9.12 mostra o procedimento para preparar uma sub-rotina, que pode ser resumido da seguinte maneira:

- Notar em cada localização do diagrama ladder onde uma sub-rotina deve ser chamada.

- Criar um arquivo de sub-rotina para cada localização; cada arquivo de sub-rotina deve começar com uma instrução SBR.

- Em cada localização no diagrama ladder onde uma sub-rotina é chamada, programar uma instrução JSR, especificando o número da sub-rotina.

- A instrução RET é opcional.
  - Ao final de uma sub-rotina, o programa retornará ao programa principal.
  - Se desejar finalizar um programa de sub-rotina antes que ele execute o final do arquivo de programa, pode ser utilizada uma instrução de retorno condicional (RET).

Uma instrução opcional de SBR é a de cabeçalho, que armazena os parâmetros de entrada, o que permite que sejam *passados* valores selecionados para uma sub-rotina antes da execução, de modo que a sub-rotina possa realizar operações matemáticas ou lógicas dos dados e retornar os resultados para o programa principal; por exemplo, o programa mostrado na Figura 9.13 fará a varredura saltar do arquivo do programa principal para o arquivo 4 quando a entrada A for verdadeira. Quando a varredura saltar para o arquivo 4 do programa, os dados passarão também do N7:30 para N7:40; quando a varredura retornar do arquivo 4 do programa para o programa principal, os dados serão passados de N7:50 para N7:60.

Um aglomerado de sub-rotinas permite o direcionamento do fluxo do programa principal para uma sub-rotina e, depois, para outra sub-rotina, como mostra a Figura 9.14. As sub-rotinas aglomeradas simplificam uma programação complexa, e a operação do programa fica mais rápida, porque o programador não precisa retornar continuamente de uma sub-rotina para entrar em outra. A programação de um aglomerado de sub-rotinas pode causar problemas no tempo de varredura, pois, enquanto uma sub-rotina é varrida, o programa principal não é. Uma demora excessiva na varredura do programa principal pode fazer a operação das saídas demorar mais que o tempo requerido. Essa situação pode ser evitada por meio da atualização crítica da E/S com a utilização das instruções de entrada imediata AND/OR e das instruções imediatas da saída.

9.4 Instruções de entrada imediata e de saída imediata

As instruções de entrada e de saída imediatas interrompem a varredura normal do programa para atualizar o arquivo tabela de imagem da entrada com dados de entrada atuais, ou para atualizar um grupo do módulo de saída com dados atuais no arquivo tabela de imagem da saída; elas são planejadas para serem utilizadas apenas nos casos de tempos críticos de dados da E/S.

A instrução de *entrada imediata* (IIN) no PLC-5, da Allen-Bradley, é utilizada para ler uma condição de entrada antes que a atualização da E/S seja executada. Essa operação interrompe a varredura do programa quando é executada. Após a execução da entrada imediata (Figura 9.15), a varredura normal do programa é retomada. Essa instrução é utilizada com dispositivos de entrada críticos que requerem uma atualização antecipada da varredura da E/S.

Quando a varredura do programa alcança a instrução de entrada imediata, ela é interrompida, e os bits da palavra endereçada são atualizados. A entrada imediata funciona melhor se a instrução associada ao dispositivo de entrada crítico estiver no meio ou próximo do final do

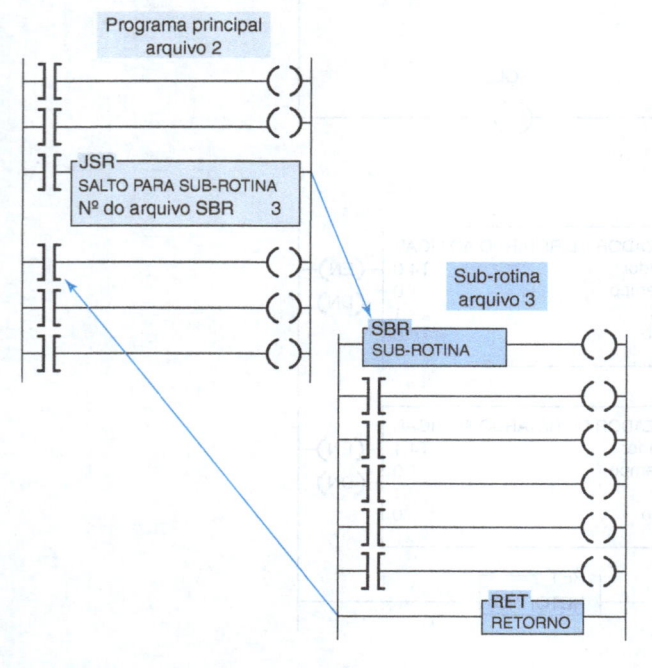

Figura 9.12 Preparação e um arquivo de sub-rotina.

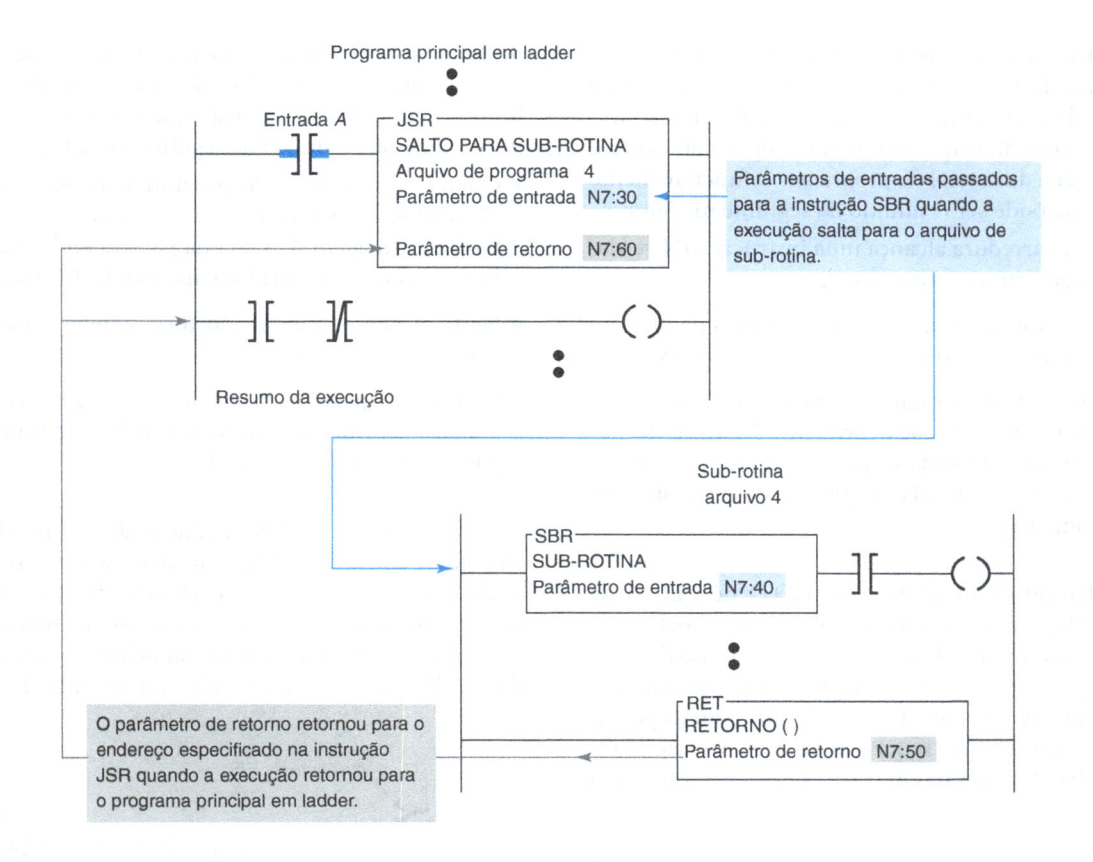

Figura 9.13 Passagem dos parâmetros da sub-rotina.

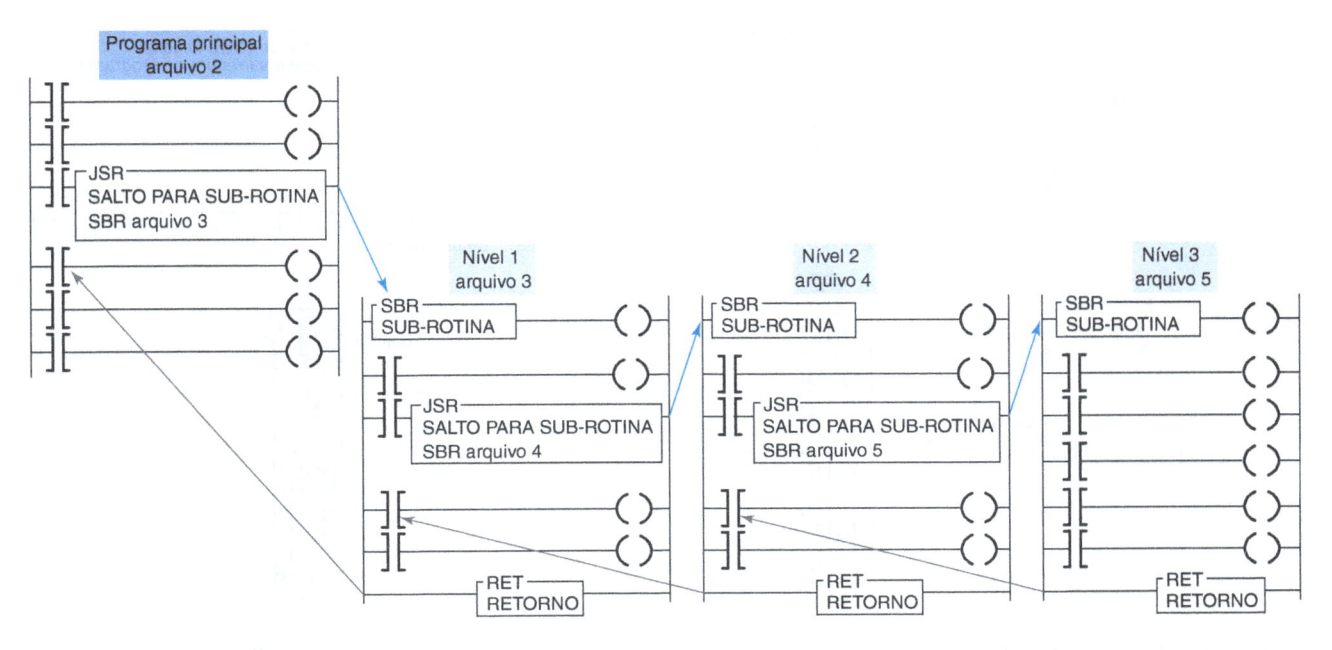

Figura 9.14 Aglomerado de sub-rotinas.

programa; e não precisa estar no início do programa, pois a varredura da E/S ocorreu naquele instante. Embora a instrução da entrada imediata acelere a atualização dos bits, seu tempo de varredura da interrupção aumenta o tempo de varredura total do programa. O funcionamento do programa pode ser resumido da seguinte maneira:

- Quando a varredura alcança uma instrução IIN verdadeira, a varredura é interrompida.

- O processador atualiza os 16 bits na tabela de imagem de entrada na posição indicada na instrução IIN.

- O endereço de dois dígitos da instrução IIN é composto do número do rack (primeiro dígito) e do número do grupo de saída (segundo dígito) que contém a entrada, ou as entradas, e precisam ser atualizados imediatamente.

A instrução de *saída imediata* (IOT) no PLC-5, da Allen-Bradley, é uma versão especial da instrução de energização de saída utilizada para atualizar o estado de saída de um dispositivo antes que a atualização do módulo E/S seja realizada. A saída imediata é utilizada com dispositivos de saída críticos que requerem uma atualização avançada na varredura do módulo E/S. Quando a varredura do programa encontra a instrução de saída imediata, ela é interrompida, e os bits da palavra endereçada são atualizados. A operação dessa instrução é mostrada na Figura 9.16 e pode ser resumida da seguinte maneira:

- Quando a varredura do programa encontra a instrução IOT verdadeira, ela é interrompida, e os dados na tabela de imagem da saída na palavra endereçada pela instrução são transferidos para a saída do circuito real.

- Neste exemplo, a instrução IOT segue a instrução de energização de saída.

- Portanto, a palavra da tabela de imagem da saída é atualizada primeiro, e depois os dados são transferidos para a saída do circuito real.

As instruções de E/S imediatas dos CLPs SLC 500, chamadas de *entrada imediata com máscara* (IIM) e de *saída imediata com máscara* (IOM), da Allen-Bradley, contêm algumas melhorias em relação às instruções do PLC-5, pois permitem ao programador especificar quais dos 16 bits devem ser copiados do módulo de entrada

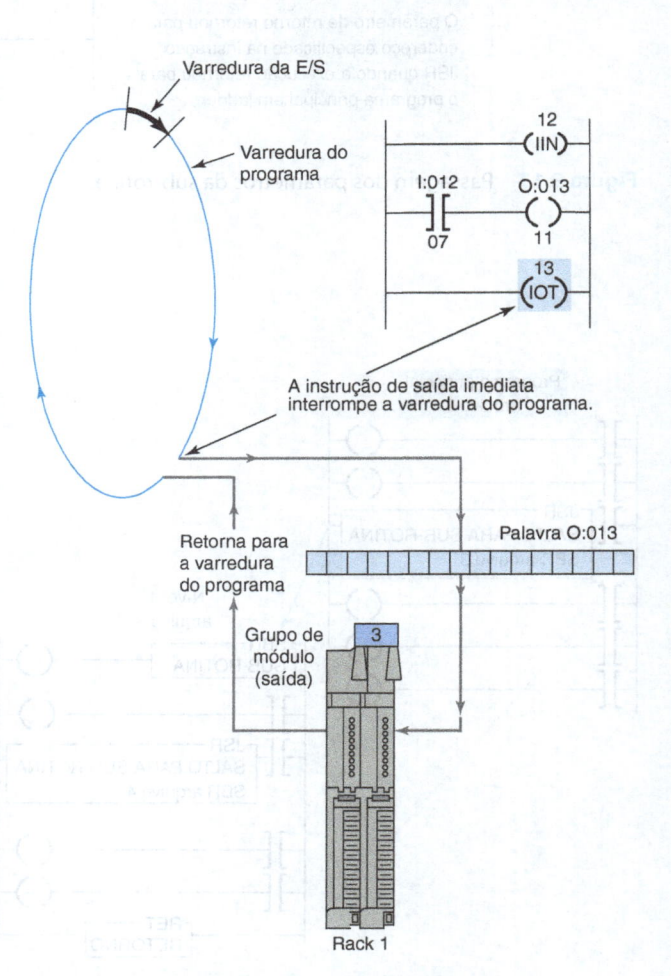

Figura 9.15 Instrução de entrada imediata.

Figura 9.16 Instrução de saída imediata.

para a tabela de imagem da entrada (ou da tabela de imagem do módulo da Saída). Os outros bits de tabela de imagem do módulo da entrada ou da tabela de imagem do módulo da saída não são afetados por essa instrução. Além disso, as instruções do SLC 500 permitem que entre ou saia uma série de palavras de dados de um módulo de entrada único ou que saia uma série de palavras de dados para um módulo de saída.

A instrução de entrada imediata com máscara (IIM), mostrada na Figura 9.17, opera sobre as entradas atribuídas a uma determinada palavra de um slot. Quando o degrau com IIM for verdadeiro, a varredura do programa será interrompida, e os dados de um slot específico de entrada serão transferidos, por meio da máscara, para o arquivo de dados da entrada. Esses dados ficam então disponíveis para os comandos no diagrama ladder seguindo a instrução IIM. Os parâmetros descritos a seguir são introduzidos na instrução:

Slot – Especifica o compartimento e a palavra que contêm os dados a serem atualizados; por exemplo, I:3.0 significa a entrada do compartimento 3, palavra 0.

Máscara – Especifica uma constante em hexa ou um registro do endereço. Para a máscara, um 1 no bit de posição passa os dados da origem para o destino; um 0 inibe ou bloqueia a passagem de bits da origem para o destino.

Extensão – Utilizada para transferir mais de uma palavra por slot.

O funcionamento do programa pode ser resumido como segue:

- A instrução IIM retém os dados da I:1.0 e passa para a máscara.
- A máscara permite apenas que os quatro últimos bits significativos sejam movidos para o registro de entrada da I:1.0.

- Isso permite ao programador atualizar apenas as seções das entradas a serem usadas em todo o restante do programa.

A instrução de saída imediata com máscara (IOM), mostrada na Figura 9.18, opera na saída física atribuída a uma determinada palavra de um slot. Quando o degrau com uma IOM for verdadeiro, a varredura do programa será interrompida para atualizar os dados da saída para o módulo localizado no slot especificado na instrução. Esses dados ficam então disponíveis para os comandos no ladder seguindo a instrução IOM. Os parâmetros inseridos são basicamente os mesmos inseridos para a instrução IIM.

A comunicação do processador com o chassi local é, na maioria das vezes, mais rápida que a comunicação com o chassi remoto, pois a varredura da E/S local é sincronizada com a varredura do programa, e a comunicação é em *paralelo* com o processador, enquanto a varredura da E/S remota é assíncrona com a varredura do programa e a comunicação com a E/S remota é *serial*. Por essa razão, dispositivos de ação rápida devem ser conectados no chassi local.

9.5 Endereços de E/S forçados externamente

O comando de forçamento é essencialmente uma função de controle de substituição manual e permite ao usuário do CLP ligar ou desligar uma entrada ou saída externa a partir do teclado do dispositivo de programação, o que é obtido independentemente do estado atual do dispositivo de campo. A capacidade de forçar permite que a máquina ou o processador continue a funcionar até que a falha no dispositivo externo seja reparada. Ela está disponível também durante a preparação de partida (start-up) e na verificação de defeitos em uma máquina ou em um processo para estimular a ação de partes do programa que ainda não foram implementadas.

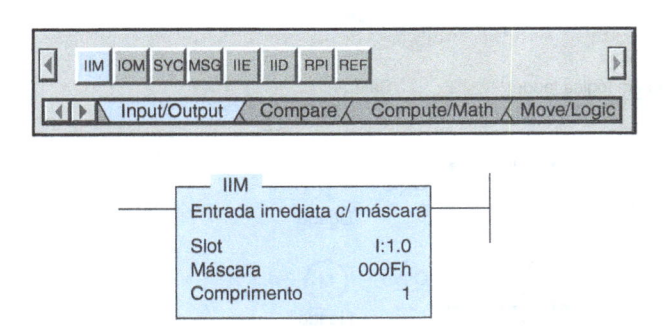

Figura 9.17 Instrução de entrada imediata com máscara (IIM).

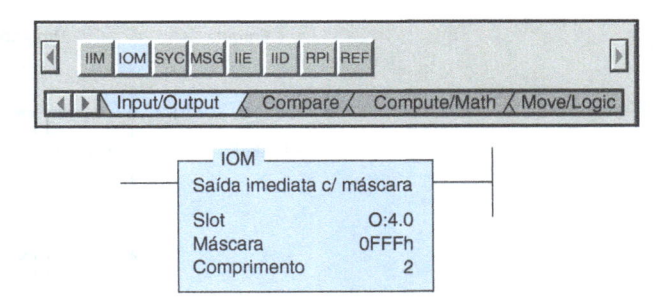

Figura 9.18 Instrução de saída com máscara (IOM).

O forçamento de entradas manipula os bits do arquivo da tabela de imagem da entrada; portanto, afeta *todas* as áreas do programa que usa aqueles bits, e é feito logo após a varredura da entrada. Quando um endereço de entrada é forçado, está-se forçando o bit de estado da instrução no endereço para ligar ou desligar o estado da E/S (Figura 9.19).

O funcionamento do programa pode ser resumido da seguinte maneira:

- O processador ignora o estado atual da chave-limite de entrada I:1/3.
- Embora a chave-limite I:1/3 esteja desligada (0 ou falso), o processador considera que ela está no estado ligado (1 ou verdadeiro).
- A varredura do programa registra isto, e o programa é executado com esse estado forçado, ou seja, o programa é executado como se a chave-limite estivesse realmente fechada.

O forçamento da saída afeta *apenas* a saída terminal endereçada; portanto, visto que os bits do arquivo da tabela de imagem da saída não são afetados, seu programa não será afetado. O forçamento de saídas é feito pouco também antes de o arquivo da tabela de imagem da saída ser atualizado. Quando um endereço de saída é forçado, está-se forçando apenas o terminal de saída para um estado ligado ou desligado; o estado do bit da instrução de saída no endereço geralmente não é afetado. A Figura 9.20 mostra como uma saída é forçada a ligar, e o funcionamento do circuito pode ser resumido da seguinte maneira:

- O processador ignora o estado atual do solenoide na saída O:2/5.
- O dispositivo de programação estabelece o estado para forçar o arquivo de dados na saída e implementar o CLP, a fim de forçar o solenoide na saída O:2/5 para ligar mesmo que o arquivo da tabela de imagem da saída indique que a lógica do usuário esteja estabelecida no ponto de desligar.

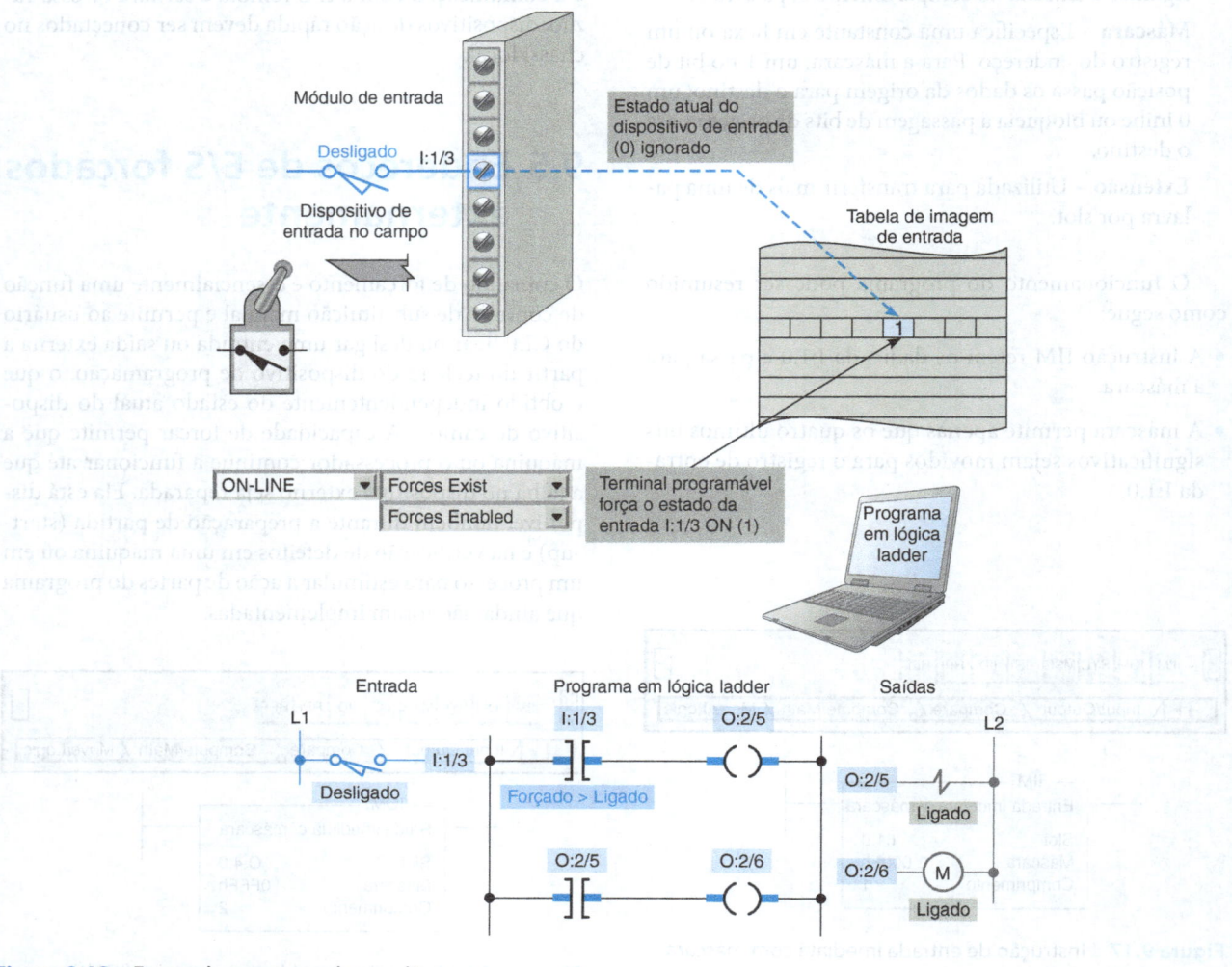

Figura 9.19 Forçando uma entrada para ligar.

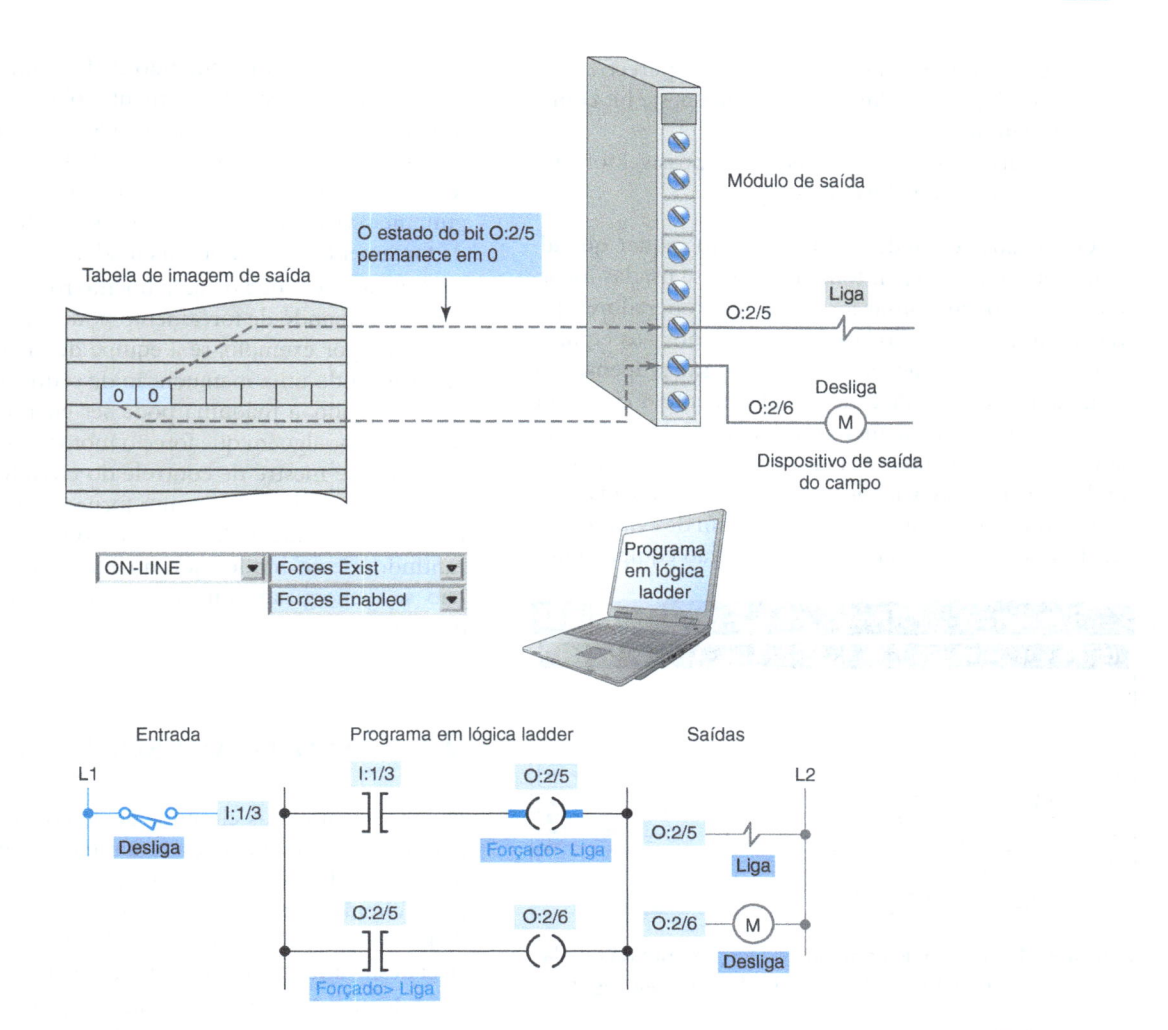

Figura 9.20 Forçando uma saída a ligar.

- A saída M O:2/6 permanece desligada, porque o bit de estado da saída O:2/5 não é afetado pelo comando de forçamento.
- Nem todos os modelos de CLPs operam dessa maneira; por exemplo, forçar uma saída no controlador Fanuc, da GE, mudará os contatos que têm o mesmo endereço que a saída para o estado apropriado.

A substituição física de entradas nos sistemas a relé convencional pode ser obtida pela ligação de pontes (jumper) de fio. Com o controle por CLP, estas não são necessárias, porque os valores da tabela de dados de entrada podem ser forçados para o estado de ligado ou desligado. O comando de forçamento permite a substituição do estado atual de circuitos externos de entrada pelo forçamento externo dos bits de dados liga ou desliga. De modo similar, é possível substituir a lógica do processador e o estado dos bits do arquivo de dados da saída forçando seus bits de saída para ligado ou desligado. Forçando a saída para desligada, evita-se que o controlador a energize independentemente da lógica ladder, que normalmente controla as saídas, mesmo sendo verdadeiras. Em outros casos, saídas podem ser forçadas a ligar mesmo que a lógica dos degraus que as controlam seja falsa.

A Figura 9.21 mostra a versão do comando de forçamento (force) da tabela de dados com o bit I:1/3 forçado para ligar. É possível habilitar ou desabilitar o forçamento enquanto arquivos são monitorados, sem o programa rodar (off-line), ou em qualquer modo do processador, enquanto se monitora um arquivo em funcionamento (on-line). Para o programa RSLogix 500, os passos são os seguintes:

1. Abra o arquivo do programa que se deseja forçar a lógica para ligar ou desligar.
2. Com o botão direito do *mouse*, clique no bit da E/S que se deseja forçar.
3. A partir do menu que aparece, selecionar Go to Data Table ou selecione Force on ou Force off.
4. A partir da tabela de dados associada que aparece, clique no botão Force.

5. A versão Force da tabela de dados aparece com o bit selecionado iluminado. Clique neste bit com o botão direito do *mouse*.
6. A partir do menu que aparece, é possível forçar o bit selecionado liga ou desliga.

O uso dos comandos de forçamento requer que algumas precauções sejam tomadas, pois, se usadas incorretamente, podem causar ferimentos aos operadores que trabalham próximos do sistema e/ou danos aos equipamentos. Por essa razão, elas devem ser usadas apenas por profissionais que conhecem completamente o circuito e o processo de funcionamento do maquinário ou o equipamento de acionamento (Figura 9.22). É necessário entender o efeito potencial que forçar entradas e saídas terá sobre o funcionamento da máquina, a fim de evitar possíveis ferimentos aos operadores e danos ao equipamento.

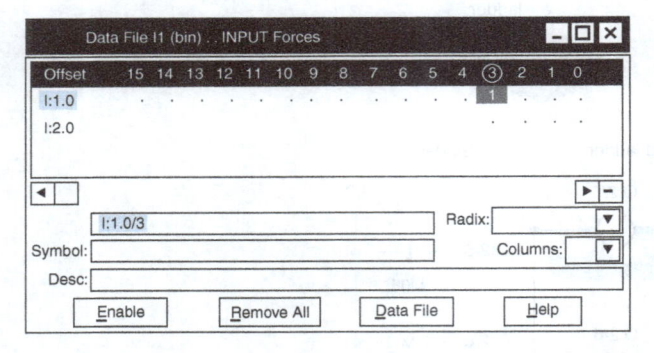

Figura 9.21 Versão do comando de forçamento da tabela de dados com o bit I:1/3 forçado para ligar.

Figura 9.22 Exercício de prevenção quando são usados comandos de forçamento.
Fonte: Cortesia da Givens Engineering Inc.

Antes de utilizar um comando de forçamento, é importante verificar se este atua somente sobre o ponto do módulo de E/S ou se ele atua sobre a lógica do usuário, bem como sobre o ponto do módulo de E/S. A maioria dos terminais de programação e CPUs do CLP fornecem algum meio visível de alertar o usuário de que um comando de forçamento está sendo executado.

Em casos em que o equipamento rotativo estiver presente, o comando de forçamento pode ser extremamente perigoso; por exemplo, se a equipe de manutenção estiver realizando uma manutenção de rotina em um motor desenergizado, a máquina pode ser energizada repentinamente por alguém que force o motor a ligar. É por isso que um relé mestre de controle do circuito é requerido para o rack de E/S. O circuito fornecerá um método de retirar fisicamente a alimentação do sistema de E/S, garantindo, desse modo, que qualquer entrada ou saída não seja energizada quando o controle-mestre estiver desligado.

9.6 Circuito de segurança

Devem ser providos circuitos de emergência suficientes para parar parcialmente ou totalmente o funcionamento do controlador, do controle da máquina ou do processo. Esses circuitos devem ser montados fora do controlador, de modo que, no caso de uma falha total deste, seja possível desligar independente e rapidamente.

A Figura 9.23 mostra circuitos típicos de segurança requeridos para uma instalação de CLP. As exigências de segurança para essa instalação podem ser resumidas da seguinte maneira:

- É instalada uma chave seccionadora geral (ou um disjuntor) na entrada da rede de energia para retirar completamente a alimentação do sistema do controlador programável.

- A chave seccionadora geral deve ser instalada em local de fácil acesso, para que possa ser acessada rapidamente pelos operadores e pela equipe da manutenção. O ideal é que ela seja montada fora do painel do CLP, de modo que possa ser acessada sem que seja necessário abrir o painel.

- Além da chave seccionadora para desligar a alimentação, é necessário desenergizar, travar e etiquetar todas as outras fontes de energia (pneumáticas e hidráulicas), antes de trabalhar com a máquina ou processo controlado pelo controlador.

- Um transformador isolador é utilizado para isolar o controlador do sistema de distribuição principal e baixar a tensão para 120 VCA.

- É incluído um relé de controle-mestre (contator) para fornecer um meio conveniente de desligar o controlador em caso de emergência. Pelo fato de o relé de controle-mestre permitir a instalação de várias chaves de emergência em diferentes posições, sua instalação é fundamental para garantir a segurança do sistema.

- Uma chave-limite de segurança (ou botão de soco de emergência) é ligada em série, de modo que, quando uma delas se abre, o controle-mestre seja desenergizado.

- Isto retira a energia dos dispositivos de saída dos circuitos; a energia continua a ser fornecida para a fonte de alimentação do controlador, de modo que qualquer diagnóstico do indicador no módulo do processador pode ser observado.

- É importante observar que o relé de controle-mestre não é um substituto da chave seccionadora. Quando for necessário substituir qualquer módulo ou fusíveis, ou trabalhar no equipamento, a chave seccionadora deve ser desligada e travada com um cadeado.

O *relé de controle-mestre* deve ser capaz de inibir o movimento da máquina pelo desligamento da energia dos dispositivos da E/S quando o relé for desenergizado. Esses componentes eletromecânicos do circuito não devem ser dependentes dos componentes eletrônicos (hardware e software). Qualquer parte pode falhar, até mesmo o circuito de relé de controle-mestre. A falha de uma dessas chaves resulta, provavelmente, na abertura do circuito, o que seria uma falha de segurança na energia. Contudo,

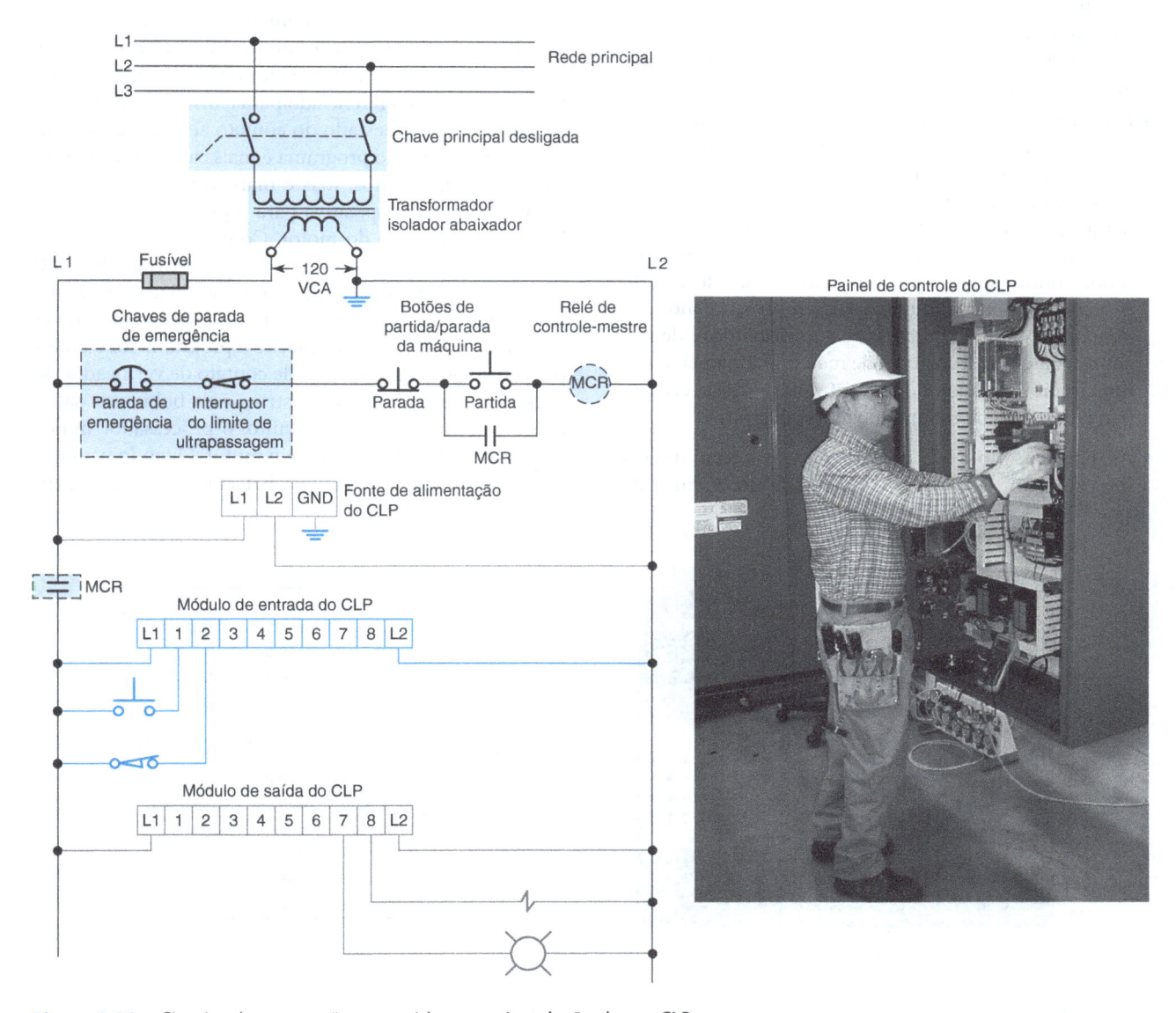

Figura 9.23 Circuito de prevenção requerido para a instalação de um CLP.
Fonte: Cortesia: da Minarik Automation & Control.

se uma delas entrar em curto-circuito, não há nenhuma proteção segura. Elas devem ser testadas periodicamente para garantir que podem parar o movimento da máquina quando necessário, e jamais se deve alterar esses circuitos, para não anular sua função, o que pode causar ferimentos aos seus operadores ou danos à máquina.

Os **CLPs de segurança** (Figura 9.24) agora estão disponíveis para aplicações que requerem funcionalidade com segurança mais avançada. Um CLP de segurança normalmente é certificado por terceiros para atender aos requerimentos de uma segurança rígida e confiável dos padrões internacionais. Os dois CLPs, padrão e de segurança, têm a capacidade de executar funções de controle, mas um CLP padrão não foi projetado inicialmente para ser tolerante e à prova de falhas, e essa é a diferença fundamental.

Algumas diferenças entre os CLPs de segurança e padrão são as seguintes:

- Um CLP padrão tem: um microprocessador que executa o programa; uma área de memória flash, que armazena o programa; uma RAM para fazer cálculos; portas para comunicações; E/S para detecção e controle da máquina. Já um CLP de segurança tem um microprocessador redundante, flash e RAM, que são monitorados continuamente pelo circuito de cão de guarda (watchdog) e um circuito de detenção síncrono. *Redundância* é uma duplicação, e a probabilidade de riscos de acidentes decorrente de mau funcionamento em um circuito elétrico pode ser minimizada pela criação parcial ou total da redundância (duplicação).

- As entradas do CLP padrão não fornecem meios internos para testar a funcionalidade do circuito de entrada; por outro lado, CLPs de segurança possuem um circuito interno na saída associado a cada entrada, com a finalidade de teste do circuito de entrada. As entradas são acionadas com nível alto e baixo por ciclos de curta duração durante o tempo de execução para verificar sua funcionalidade.

- Os CLPs de segurança utilizam fontes de alimentação projetadas especificamente para uso em sistemas seguros de controle e circuitos redundantes da placa-mãe entre o controlador e os módulos de E/S.

As considerações de segurança devem ser desenvolvidas como parte do programa do CLP. Um programa de CLP para qualquer aplicação será tão seguro quanto o tempo dedicado às considerações para a segurança tanto das pessoas como do equipamento. Tais considerações envolvem o uso de um **contato de selo interno auxiliar** para a partida de um motor (Figura 9.25), em vez do contato programado referenciado para a instrução de bobina de saída. O uso do estado do contato auxiliar de partida gerado no campo no programa é mais caro em termos de fiação e equipamentos, mas é mais *seguro*, pois fornece uma realimentação positiva para o processador com relação ao estado real do motor. Considere, por exemplo, que o contato de sobrecarga (OL) de partida abra sob uma condição de sobrecarga. O motor, é claro, deverá interromper seu funcionamento, porque faltou energia na bobina do contator de partida. Se o programa foi editado com o uso de uma instrução de contato de verificador de ligado referenciado com a instrução da bobina de saída como contato de selo do circuito, o processador nunca saberá que faltou energia para o motor. Quando o contato de sobrecarga (OL) for restabelecido, o motor poderá

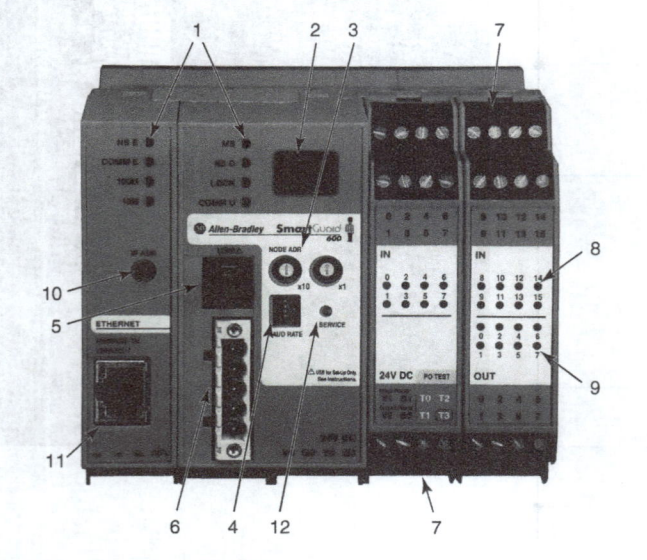

Número	Característica
1	Indicadores dos estados do módulo
2	Display alfanumérico
3	Chaves de endereço dos nós
4	Chaves da taxa de transmissão
5	Porta USB
6	Conector de comunicação Device Net
7	Conectores terminais
8	Indicadores dos estados da entrada
9	Indicadores dos estados da saída
10	Chave do endereço IP
11	Conector EtherNet
12	Chave de funcionamento

Figura 9.24 CLP de segurança.
Fonte: Imagem usada com a permissão da Rockwell Automation, Inc.

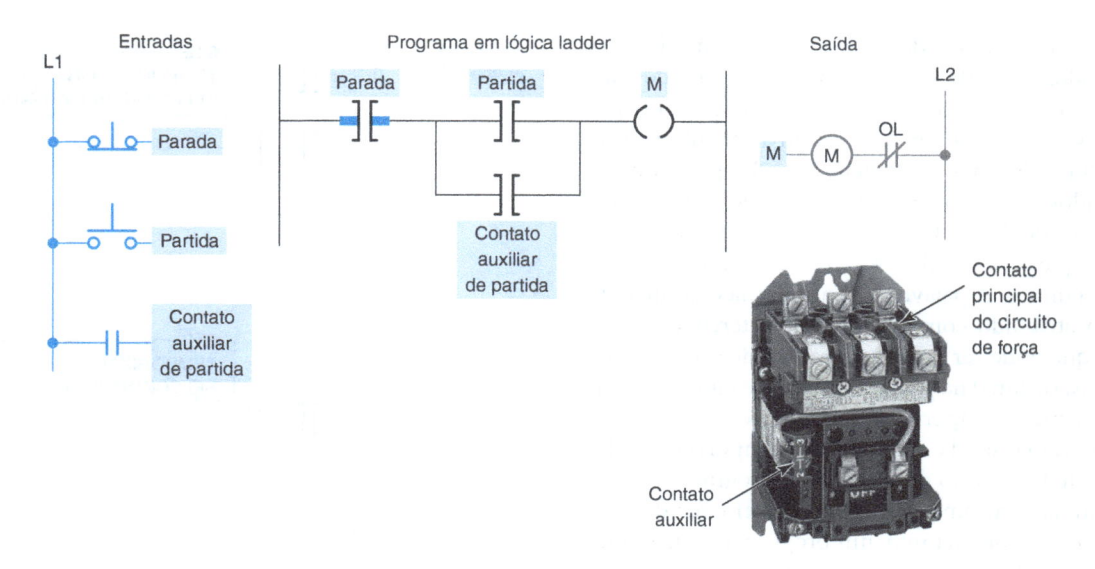

Figura 9.25 Partida programada do motor usando o contato de selo auxiliar de partida.
Fonte: Imagem usada com a permissão da Rockwell Automation, Inc.

funcionar instantaneamente, criando uma condição de operação potencialmente perigosa.

Outra consideração a respeito de segurança é a *conexão dos botões de emergência*. Um botão de emergência geralmente é considerado uma função de segurança tanto quanto uma função de operação; por isso, *todos os botões de emergência devem ser conectados com o uso de um contato normalmente fechado, programado para examinar a condição de ligado* (Figura 9.26). Utilizar um contato normalmente aberto programado para examinar a condição de desligado produz a mesma lógica, mas não é considerada segura. Se, por alguma sequência de eventos, o circuito entre o botão e o ponto de entrada for interrompido, o botão de emergência poderá ficar pressionado para sempre, mas a lógica do CLP poderá não reagir ao comando de parada, porque a entrada nunca será verdadeira. O mesmo vale para o caso de uma falta de energia no botão de comando para o circuito de controle. Se for utilizada uma configuração de conexão normalmente fechada, o ponto de entrada recebe energia continuadamente, a não ser que seja desejada a função de parada. Qualquer falha ocorrida com a fiação no circuito de parada ou a falta de energia será efetivamente equivalente a uma parada intencional.

9.7 Interrupção temporizada selecionável

A instrução de *interrupção temporizada selecionável* (STI) é utilizada para interromper a varredura do arquivo do programa principal automaticamente, com base no

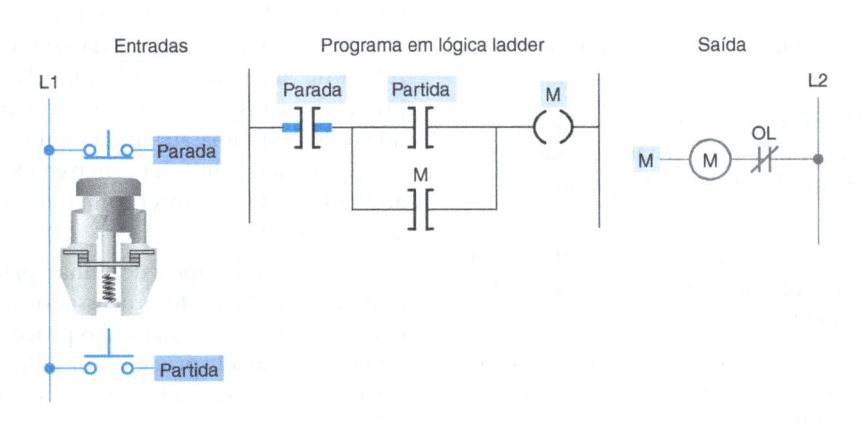

Figura 9.26 Conexões dos botões de emergência.

tempo, para um arquivo de sub-rotina especificada. Para o controlador SLC 500, da Allen-Bradley, a base de tempo em que o arquivo do programa é executado e o arquivo do programa atribuído como arquivo de interrupção temporizada selecionável são determinados pelos valores armazenados na palavra S:30 e S:31 da seção de estados dos arquivos de dados. O valor em S:30 armazena a base de tempo, que pode ser de 1 a 32.767 em incrementos de 10 milissegundos. A palavra S:31 armazena o arquivo do programa atribuído como arquivo de interrupção selecionável, que pode ser qualquer arquivo de programa de 3 a 999. Inserir um 0 na palavra da base de tempo desabilita a interrupção temporizada selecionável.

A programação da interrupção temporizada selecionável é feita quando uma seção do programa precisa ser executada com uma *base de tempo*, em vez de uma *base de evento*; por exemplo, um programa pode requerer certos cálculos a serem executados em um intervalo de tempo repetido para precisão. Esses cálculos podem ser obtidos programando-os em um arquivo de interrupção temporizada selecionável, que pode ser utilizado também para aplicações de processos que requerem uma lubrificação periódica.

As instruções de entrada e de saída imediatas são sempre posicionadas no arquivo de interrupção temporizada selecionável, de modo que uma determinada seção do programa seja atualizada sob uma base temporizada. Esse processo pode ser feito com uma linha de alta velocidade, quando itens com a linha estão sendo examinados e a taxa em que eles passam pelo sensor é mais rápida que o tempo de varredura do programa. Desse modo, o item pode ser varrido em tempos múltiplos durante a varredura do programa, e a ação apropriada pode ser tomada antes do final da varredura.

A instrução *temporizador selecionável desativado* (STD) geralmente é emparelhada com a instrução *temporizador selecionável ativado* (STE), a fim de criar zonas em que a interrupção STI não pode ocorrer. A Figura 9.27 mostra o uso das instruções STD e STE, e pode ser resumida da seguinte forma:

- Neste programa, a instrução de STI é assumida como se fosse real.

- As instruções STD e STE nos degraus 6 e 12 são incluídas no programa ladder para evitar que haja uma execução da sub-rotina STI em qualquer ponto nos degraus 7 até 11.

- A instrução STD (degrau 6) reinicia o bit de habilitação da STI, e a instrução STE (degrau 12) estabelece o bit de habilitação novamente.

- O bit S:1/15 da primeira passagem e a instrução STE no degrau 0 são incluídos para garantir que a função STI seja inicializada após um ciclo de energia.

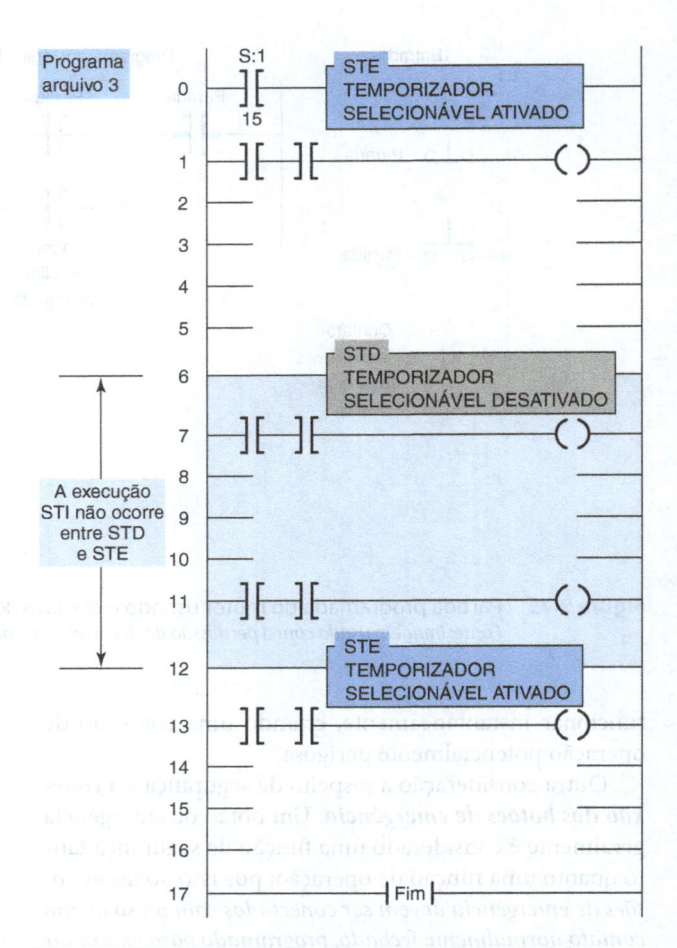

Figura 9.27 Instruções *temporizador selecionável desativado* (STD) e *temporizador selecionável ativado* (STE).

9.8 Rotina de falha

Os controladores SLC 500, da Allen-Bradley, permitem que um arquivo de sub-rotina seja nomeado como uma rotina de falha; se for utilizada, ela determina como o processador responde a um erro de programação. O arquivo de programa atribuído como uma rotina de falha é determinado pelo valor armazenado na palavra S:29 do arquivo de estado, e inserir um 0 na palavra S:29 desativa a rotina de falha.

Existem dois tipos de falhas principais que resultam em uma falha do processador: falhas recuperáveis e não recuperáveis. Quando o processador detecta uma falha principal, ele procura por falha na rotina, e se esta existir, ela é executada; se não existir, o processador é desligado.

9.9 Instrução de finalização temporária

A instrução de *finalização temporária* (TND) é uma instrução de saída utilizada para depurar um programa ou omitir condicionalmente o equilíbrio do arquivo de seu programa atual ou sub-rotina. Quando as condições do degrau forem verdadeiras, essa instrução finaliza a varredura do programa, atualiza o módulo de E/S e retoma a varredura no degrau 0 do arquivo do programa principal.

A Figura 9.28 mostra o uso da instrução TND na verificação de defeitos de um programa, a qual permite que o programa rode apenas até essa instrução. É possível movê-la progressivamente por meio do programa à medida que depura cada nova seção. Essa instrução pode ser programada incondicionalmente, ou o seu degrau pode ser condicionado de acordo com a necessidade de depuração.

9.10 Instrução de suspensão

A instrução de *suspensão* (SUS) é utilizada para capturar e identificar condições específicas durante o sistema de verificação de defeitos e de depuração de programas. A Figura 9.29 mostra uma instrução de suspensão em um degrau da lógica ladder. A execução da instrução pode ser resumida da seguinte maneira:

- Quando uma instrução SUS é programada, deve-se inserir um número ID de suspensão (neste exemplo foi usado o número 100).

- Quando o degrau for verdadeiro, a instrução SUS de saída colocará o controlador no modo de suspensão, e o CLP terminará o ciclo de varredura imediatamente.

- Todas as saídas da lógica ladder serão desenergizadas, mas outros arquivos de estado terão os dados mantidos quando a instrução de suspensão for executada.

- A instrução SUS escreve (grava) o número ID de suspensão (100) em S:7, como é executada.

- É possível incluir várias instruções SUS em um programa, cada uma com número diferente de suspensão ID e leitura S:7, para determinar que instrução causou a parada do CLP.

- O arquivo de estado S:8 contém o número do arquivo do programa que estava sendo executado quando executada a instrução SUS.

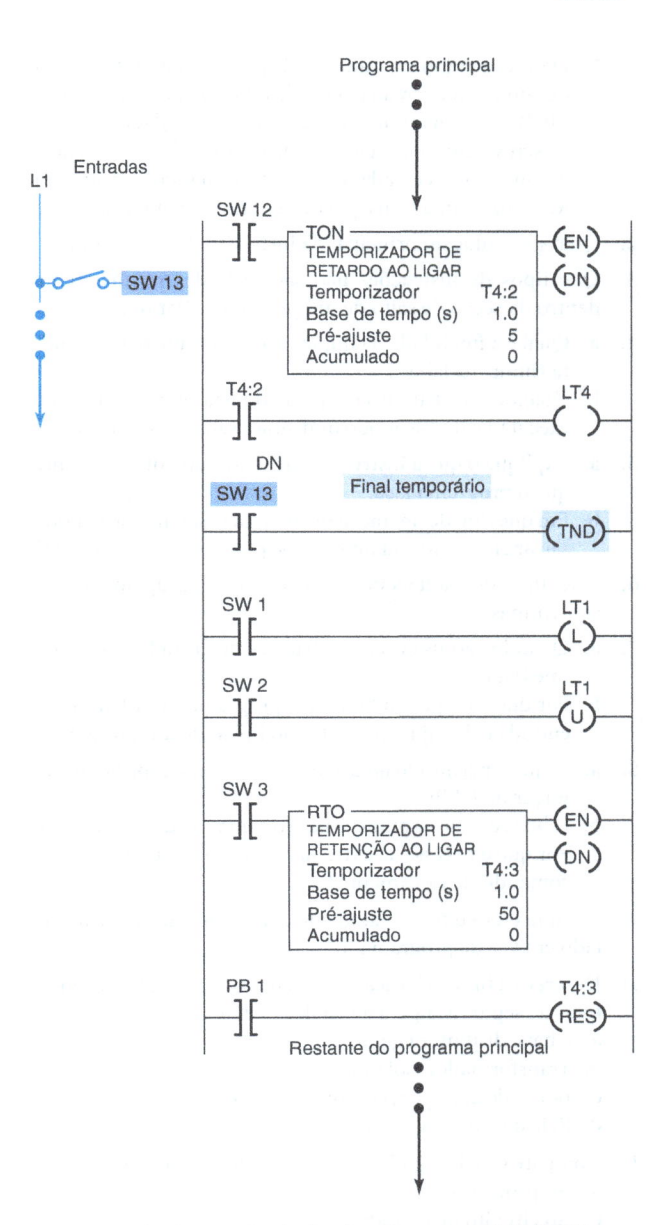

Figura 9.28 Instrução de finalização temporária (TND).

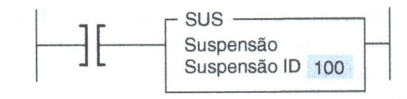

Figura 9.29 Instrução de suspensão (SUS).

QUESTÕES DE REVISÃO

1. a. Duas instruções de saída MCR devem ser programadas para controlar uma seção de um programa. Explique o procedimento da programação a ser seguida.

b. Descreva como o estado do dispositivo de saída dentro de uma zona cercada será afetado quando a instrução MCR fizer uma transição de falso para verdadeiro.
c. Descreva como o estado do dispositivo de saída dentro de uma zona cercada será afetado quando a instrução MCR fizer uma transição de verdadeiro para falso.

2. Qual é a vantagem principal da instrução de salto (jump)?
3. Que tipos de instruções não são incluídas normalmente dentro da seção de salto de um programa? Por quê?
4. a. Qual é a finalidade da dupla instrução salte para etiqueta (jump-to-label)?
   b. Quando a instrução salte para etiqueta (jump-to-label) é executada, de que modo os degraus saltados são afetados?
5. a. Explique o que a instrução salte para sub-rotina permite que o programa faça.
   b. Em que tipo de operação de máquina esta instrução pode salvar em grande quantidade de programação duplicada?
6. Que tipo de vantagem existe em um agrupamento de sub-rotinas?
7. a. Quando são usadas as instruções de entrada e de saída imediatas?
   b. Por que é de pouco benefício programar a instrução de entrada e de saída imediatas no início de um programa?
8. a. O que é permitido ao usuário fazer com a capacidade de forçar do CLP?
   b. Esboce dois usos práticos para o comando de forçamento.
   c. Por que é necessária extrema cautela quando se utiliza o comando de forçamento?
9. Por que o circuito de parada de emergência deve ser instalado em vez de programado?
10. Descreva a função básica de cada um dos seguintes dispositivos de segurança para a instalação do CLP.
    a. Chave disjuntora geral;
    b. Transformador isolador;
    c. Botão de emergência (botão de soco);
    d. Relé de controle-mestre.
11. Compare os CLPs padrão e de segurança com relação:
    a. Ao processador;
    b. Ao circuito de entrada;
    c. Ao circuito de saída;
    d. À fonte de alimentação.
12. Quando programar um circuito de partida de motor, por que é seguro usar um contato de selo auxiliar em vez de um contato de referência programado da instrução da bobina de saída?
13. Quando programar os botões de parada de emergência, por que é seguro usar um botão de comando NF programado para a condição de verificador de ligado em vez de um botão de comando NA programado para a condição de verificador de desligado?
14. Explique a função de interrupção temporizada selecionável.
15. Explique a função do arquivo da rotina de falha.
16. Como é usada a instrução de finalização temporária para a verificação de defeitos no programa?

PROBLEMAS

1. Responda às questões, na sequência, para o programa MCR da Figura 9.30, considerando que o programa tenha sido editado e o CLP esteja no modo de EXECUÇÃO com todas as chaves desligadas.
   a. As chaves S2 e S3 são ligadas; as saídas PL1 e PL2 serão ligadas? Por quê?
   b. Com as chaves S2 e S3 ainda ligadas, a chave S1 é ligada; as saídas PL1, ou PL2, ou ambas serão energizadas? Por quê?
   c. Com as chaves S2 e S3 ainda ligadas, a chave S1 é desligada; as duas saídas PL1 e PL2 serão desenergizadas? Por quê?
   d. Com todas as chaves desligadas, a chave S6 é ligada; o temporizador irá cronometrar? Por quê?
   e. Com a chave S6 ainda ligada, a chave S5 é ligada; o temporizador irá cronometrar? Por quê?
   f. Com a chave S6 ainda ligada, a chave S5 é desligada. O que acontecerá com o temporizador? Se o temporizador for do tipo RTO em vez de TON, o que acontecerá com o valor acumulado?

2. Responda às questões, na sequência, para o programa saltar para etiqueta da Figura 9.31, considerando que todas as chaves estejam *desligadas após cada operação*.
   a. A chave S3 é ligada; a saída PL1 será ligada? Por quê?
   b. A chave S2 é ligada *primeiro*, depois a S5 é ligada; a saída PL4 será energizada? Por quê?
   c. A chave S3 é ligada e a saída PL1 energizada; a seguir, a chave S2 é ligada. A saída PL1 será energizada ou desenergizada depois que a chave S2 for ligada? Por quê?
   d. Todas as chaves ligadas na sequência: S1, S2, S3, S5, S4, resultarão na energização de que sinaleiro?

3. Responda às questões, na sequência, para o programa saltar para sub-rotina e reiniciar da Figura 9.32; considere que todas as chaves são *desligadas após cada operação*.
   a. As chaves S1, S3, S4 e S5 são ligadas; que sinaleiro *não* será energizado? Por quê?
   b. A chave S2 é ligada; a saída PL3 será energizada? Por quê?
   c. Em que degrau a instrução RET reiniciará a varredura do programa?

4. Responda às seguintes questões, na sequência, para a Figura 9.33; considere que todas as chaves são *desligadas após cada operação*.
   a. As chaves S2, S12 e S5 são ligadas na ordem; a saída PL5 será energizada? Por quê?
   b. Todas as chaves são desligadas exceto S7; o RTO iniciará a cronometragem? Por quê?
   c. As chaves S3 e S8 são ligadas na ordem; o sinaleiro PL2 será energizado? Por quê?
   d. Quando entrará em funcionamento o temporizador TON?
   e. Considere que todas as chaves foram ligadas. Em que ordem os degraus serão explorados?
   f. Considere que todas as chaves foram desligadas. Em que ordem os degraus serão explorados?

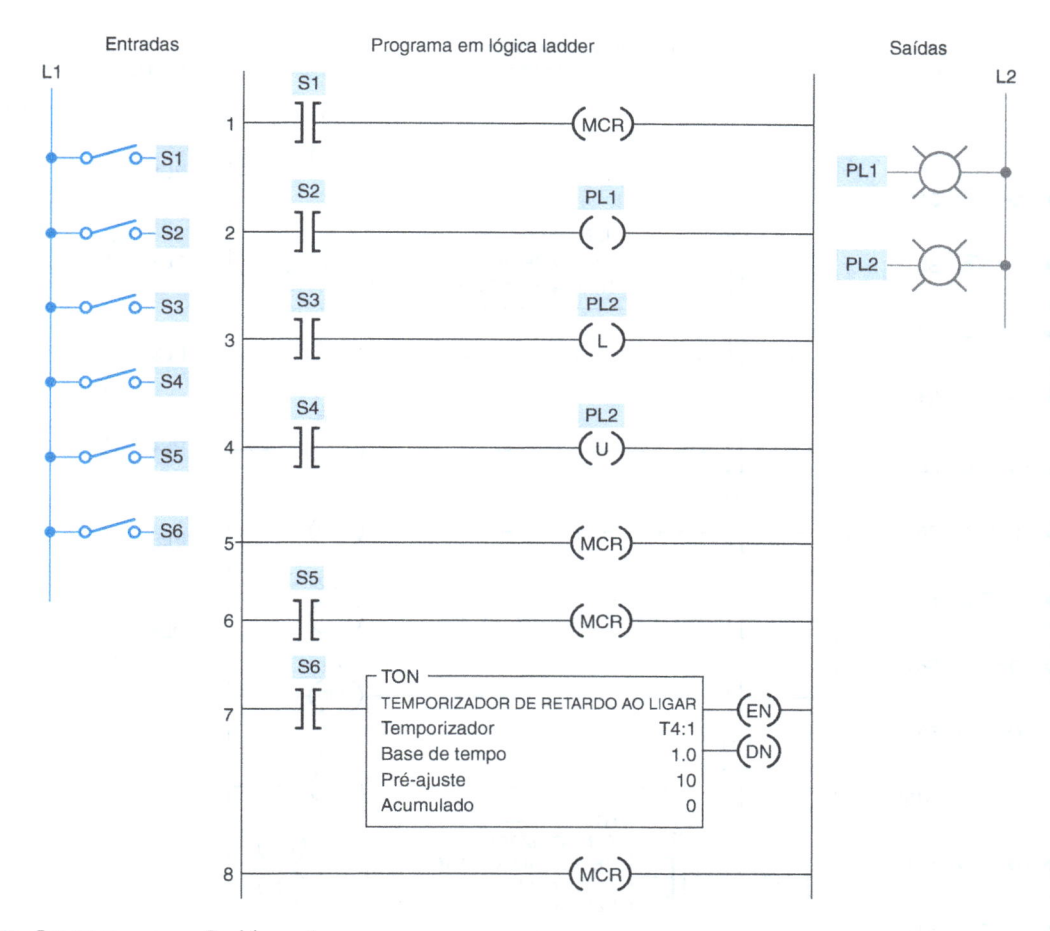

Figura 9.30 Programa para o Problema 1.

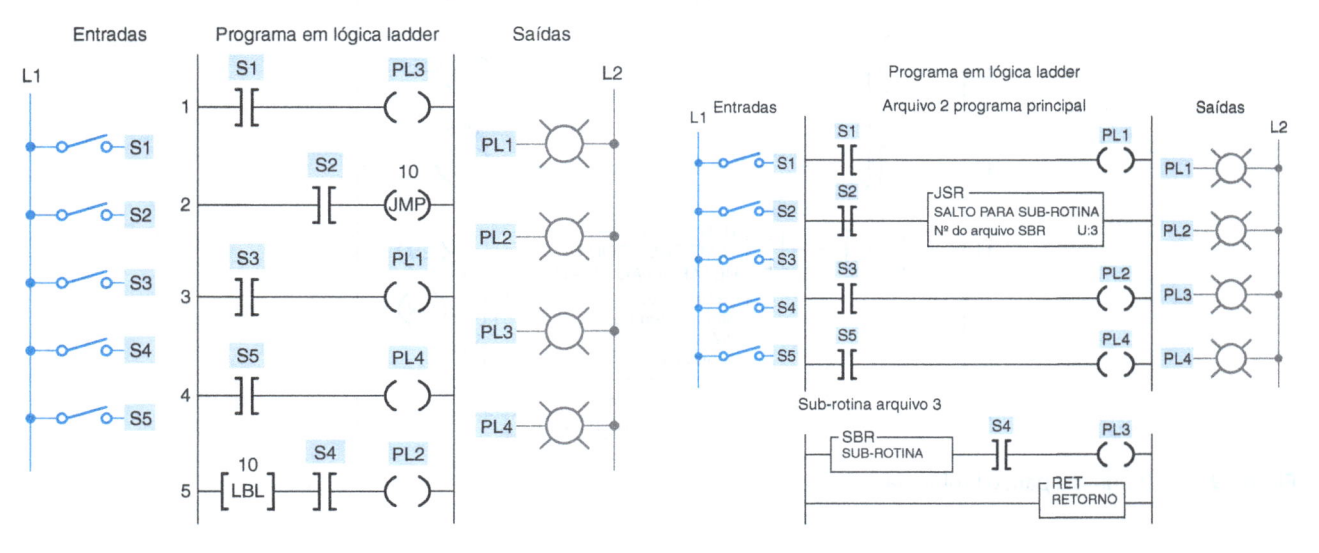

Figura 9.31 Programa para o Problema 2.

Figura 9.32 Programa para o Problema 3.

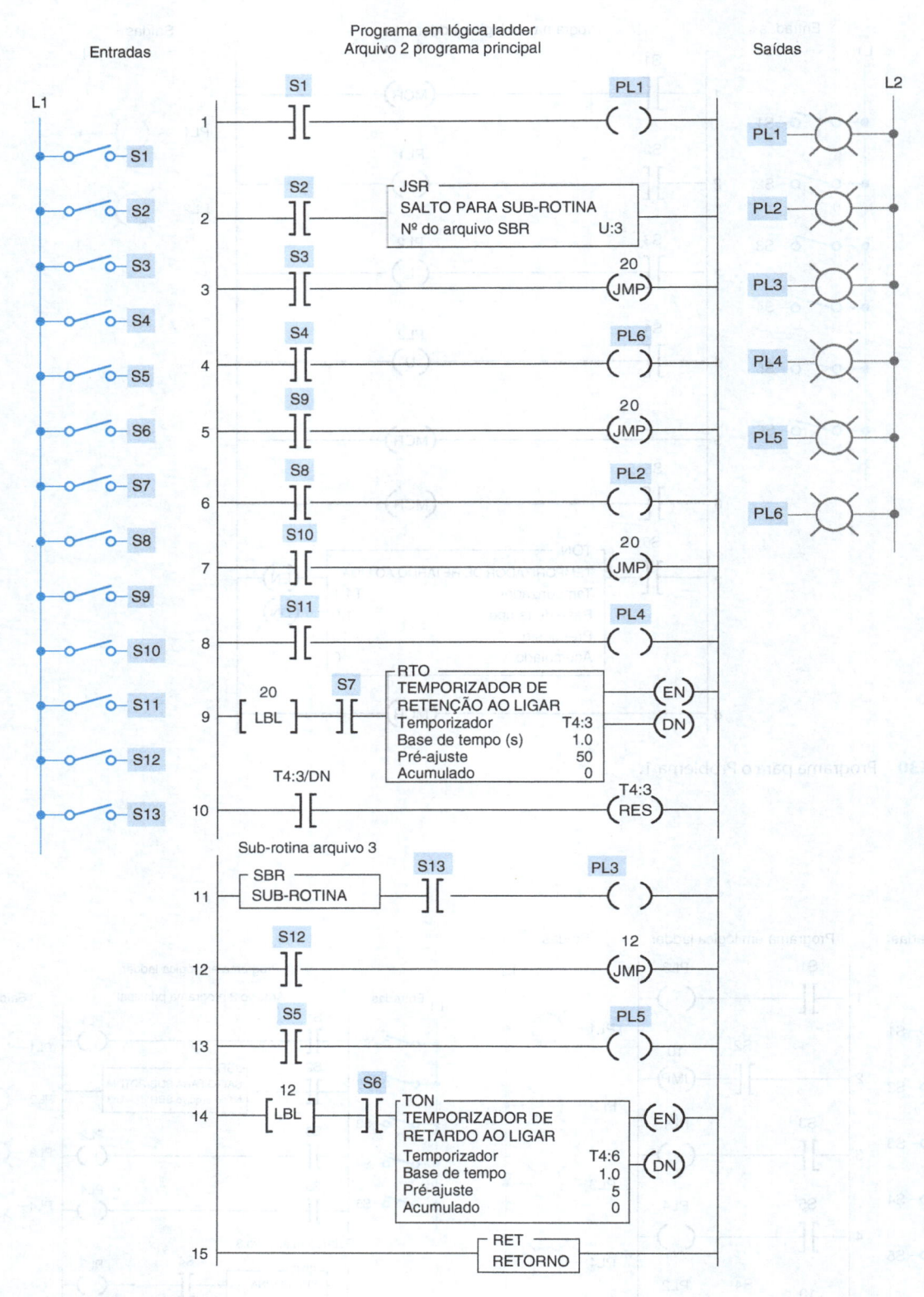

Figura 9.33 Programa para o Problema 4.

Instruções de manipulação de dados   10

Objetivos do capítulo

Após o estudo deste capítulo, você será capaz de:

10.1 Executar transferência de dados em nível de instruções de palavra e de arquivo de uma locação de memória para outra.
10.2 Interpretar a transferência de dados e comparar instruções de dados, compreendendo como elas são aplicadas no programa do CLP.
10.3 Comparar as operações de E/S discretas com as de multibits e com as do tipo analógica.
10.4 Entender a operação básica do sistema de controle em malha fechada no CLP.

A manipulação de dados envolve a transferência e operação de dados com funções matemáticas, conversão de dados e operações lógicas. Este capítulo trata de ambas, instruções de manipulação de dados que operam em uma palavra de dados e as que operam em um arquivo de dados. As manipulações de dados são executadas internamente de modo similar às utilizadas nos microcomputadores. Serão estudados exemplos de processos que necessitam dessas operações em uma base rápida e contínua.

10.1 Manipulação de dados

As instruções de manipulação de dados permitem que dados numéricos armazenados na memória do controlador sejam operados dentro do programa de controle. Essa categoria de instruções de operação com palavra permite a exploração eficaz das capacidades do computador do CLP.

O seu uso amplia a capacidade de um controlador desde um simples controle liga/desliga baseado em lógica binária, até uma tomada de decisão quantitativa envolvendo comparações de dados, aritmética e conversões – que, por sua vez, podem ser aplicados aos controles de posicionamento e analógicos.

Existem dois tipos básicos de classes de instruções para realizar uma manipulação de dados: instruções que operam palavra de dados e as que operam arquivo, bloco ou dados que envolvem palavras múltiplas.

Cada instrução de manipulação de dados requer mais duas palavras da memória de dados para operação, que, na forma singular, podem ser referidas como *registro* ou como *palavra*, de acordo com o fabricante. Os termos *tabela* ou *arquivo* são utilizados geralmente quando um grupo *consecutivo* de memória de palavras de dados relacionados são referenciados. A Figura 10.1 mostra a diferença entre uma palavra e um arquivo. Os dados contidos nos arquivos e palavras têm a forma de bits binários, representados em séries de 1s e 0s. Um grupo de elementos consecutivos ou palavras no SLC, da Allen-Bradley, são referidos como arquivo.

As instruções de manipulação de dados permitem o movimento, manipulação ou armazenagem de dados,

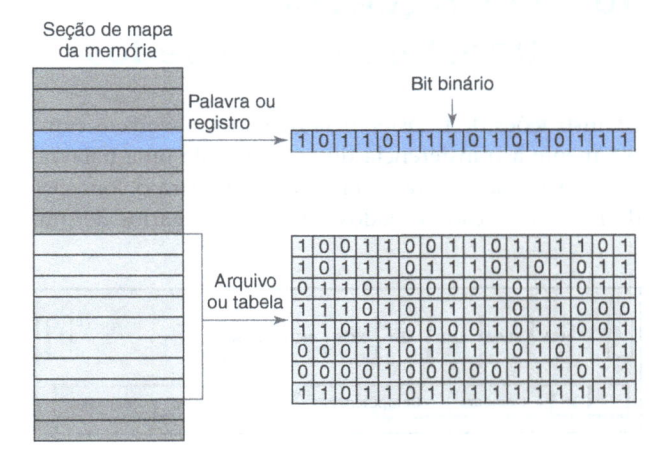

Figura 10.1 Arquivos de dados, palavras e bits.

podendo ser em um grupo único ou em grupos múltiplos de uma área de memória de dados de um CLP para outro. O uso dessas instruções no CLP em aplicações que requerem uma geração ou manipulação de uma grande quantidade de dados reduzem muito a complexidade e a quantidade requerida de programação. A manipulação de dados pode ser feita em duas grandes categorias: *transferência de dados* e *comparação de dados*.

A manipulação de uma palavra completa é uma característica importante de um controlador programável e permite aos CLPs manipular entradas e saídas que contêm configurações múltiplas de bits, como as entradas e saídas analógicas. As funções aritméticas também são dados necessários dentro de uma programação do controlador para sua manipulação no formato de palavra ou registro. A fim de tornar mais claro o funcionamento das várias instruções de manipulação de dados disponíveis, será utilizado o protocolo da instrução para a família de CLPs SLC 500, da Allen-Bradley. Novamente, apesar de o formato e as instruções variarem para cada fabricante, o conceito de manipulação de dados permanece o mesmo.

A Figura 10.2 mostra o guia do menu **move/logical** para o CLP SLC 500 e seu programa associado RSLogix. O comando pode ser resumido da seguinte maneira:

MOV (Move) – Move o valor da origem para o destino.
MVM (Move mascarado) – Move o dado de um local de origem para uma parte selecionada do destino.
AND (And) – Executa uma operação AND bit a bit.
OR (Or) – Executa uma operação OR bit a bit.
XOR (Xor) – Executa uma operação XOR bit a bit.
NOT (Not) – Executa uma operação NOT bit a bit.
CLR (Limpar) – Estabelece todos os bits de uma palavra em zero.

10.2 Operações de transferência de dados

As instruções de transferência de dados envolvem simplesmente a transferência do conteúdo de uma palavra ou registro para outra. A Figura 10.3 mostra o conceito de movimentação de dados numéricos binários de um local de memória para outro; a Figura 10.3*a* mostra os dados originais que estão no registro N7:30 e N7:20; e a Figura 10.3*b* mostra que após a transferência de dados ocorrida no registro N7:20 é mantida agora uma duplicata da informação que está no registro N7:30. O dado existente armazenado anteriormente no registro N7:20 foi substituído pelo dado do registro N7:30. Esse processo é referido como *escrita sobre dado existente*.

As instruções de transferência podem ser endereçadas praticamente em qualquer local na memória; os valores pré-armazenados podem ser recuperados e colocados em qualquer outro local, que pode ser um registro pré-ajustado para um temporizador ou para um contador, ou até mesmo um registro de saída que controla um mostrador de sete segmentos.

Os controladores SLC 500 utilizam um bloco formatado da instrução *mover* (MOV) para realizar uma movimentação de dados. A instrução MOV (Figura 10.4) é utilizada para copiar o valor em um registro ou palavra para outra; ou seja, copia um dado de um registro de *origem* para um registro de *destino*. A operação do programa pode ser resumida da seguinte maneira:

- Quando o degrau for verdadeiro, a chave de entrada A será fechada; o valor armazenado no endereço de origem, N7:30, será copiado no endereço de destino, N7:20.

- Quando o degrau for falso, a entrada A será aberta; o endereço de destino reterá o valor, salvo se mudado em outra parte qualquer do programa.

- O valor na origem permanece inalterado e não ocorre a conversão de dados.

- A instrução pode ser programada com as condições anteriores, ou pode ser programada incondicionalmente.

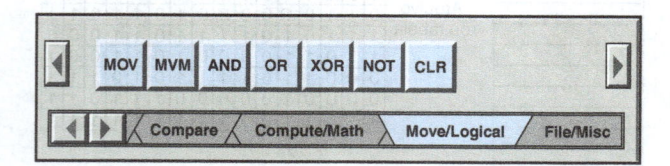

Figura 10.2 Guia de menu para move/logical.

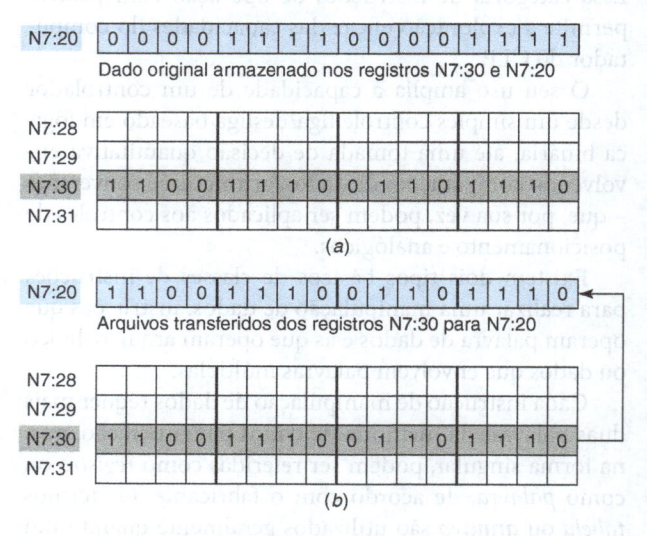

Figura 10.3 Conceito de transferência de dados.

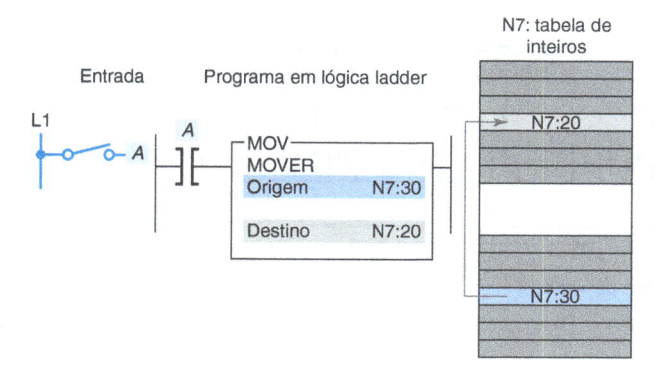

Figura 10.4 Bloco formatado no SLC 500 para a instrução mover.

A instrução *mover com máscara* (MVM) difere ligeiramente da MOV, porque uma palavra com *máscara* é envolvida na movimentação. O dado que está sendo movido deve passar pela máscara para obter seu endereço de destino, e a máscara refere-se à ação de ocultar a parte de uma palavra binária antes da transferência para o endereço de destino. Sua operação pode ser resumida da seguinte maneira:

- O padrão de caracteres na máscara determina quais bits da origem passarão para o endereço de destino.
- Os bits na máscara estabelecidos como zero (0) não passam dados.
- Apenas os bits na máscara estabelecidos como (1) passarão dos dados de origem para o destino.
- Os bits no destino não serão afetados quando os bits correspondentes na máscara forem zero.
- A instrução MVM é usada para copiar uma parte desejada de uma palavra de 16 bits pelo mascaramento do resto dos valores.

A Figura 10.5 mostra um exemplo de uma instrução para mover com máscara que transfere dados pela máscara do endereço de origem, B3:0, para o endereço de destino, B3:4. A operação do programa pode ser resumida da seguinte maneira:

- A máscara pode ser inserida como um endereço ou no formato hexadecimal, e seu valor será mostrado em hexadecimal.
- Onde existe um 1 na máscara, os dados passarão da origem para o destino.
- Onde existe um zero na máscara, os dados de destino permanecerão em seus últimos estados.
- Os estados nos bits de 4 a 7 não mudam em virtude dos zeros na máscara (permanecem nos últimos estados).

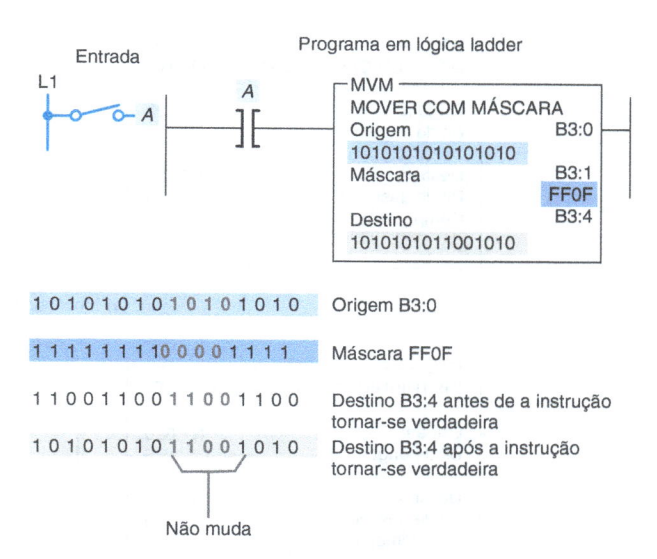

Figura 10.5 Instrução mover com máscara (MVM).

- Os estados nos bits de 0 a 3 e de 8 a 15 foram copiados da origem para o destino quando a instrução MVM se tornou verdadeira.
- A máscara deve ter o mesmo tamanho da palavra da origem e do destino.

A instrução de *distribuição de bit* (BTD) é utilizada para mover bits dentro de uma palavra ou entre palavras, como mostra a Figura 10.6. A cada varredura, quando o degrau que contém a instrução BTD for verdadeiro, o processador moverá o campo de bits da palavra de origem para a palavra de destino. Os bits que se estendem além da palavra de destino são perdidos; eles não são colocados na próxima palavra superior. Para mover dados dentro de uma palavra é necessário inserir o mesmo endereço para a origem e destino. O dado de origem permanecerá sem mudar, mas a instrução escreve sobre o destino com bits especificados.

O programa da Figura 10.7 mostra como a instrução mover (MOV) pode ser utilizada para criar valores pré-ajustados do temporizador; uma chave seletora de duas posições é operada para selecionar um desses dois valores, e o funcionamento do programa pode ser resumido da seguinte maneira:

- Quando a chave seletora está na posição aberta de 10 s, o degrau 2 tem uma lógica de continuidade, mas o degrau 3 não tem.
- Como resultado, o valor 10 armazenado no endereço de origem, N7:1, é copiado no endereço de destino, T4:1.PRE.
- Portanto, o valor pré-ajustado do temporizador T4:1 mudará de 0 para 10.

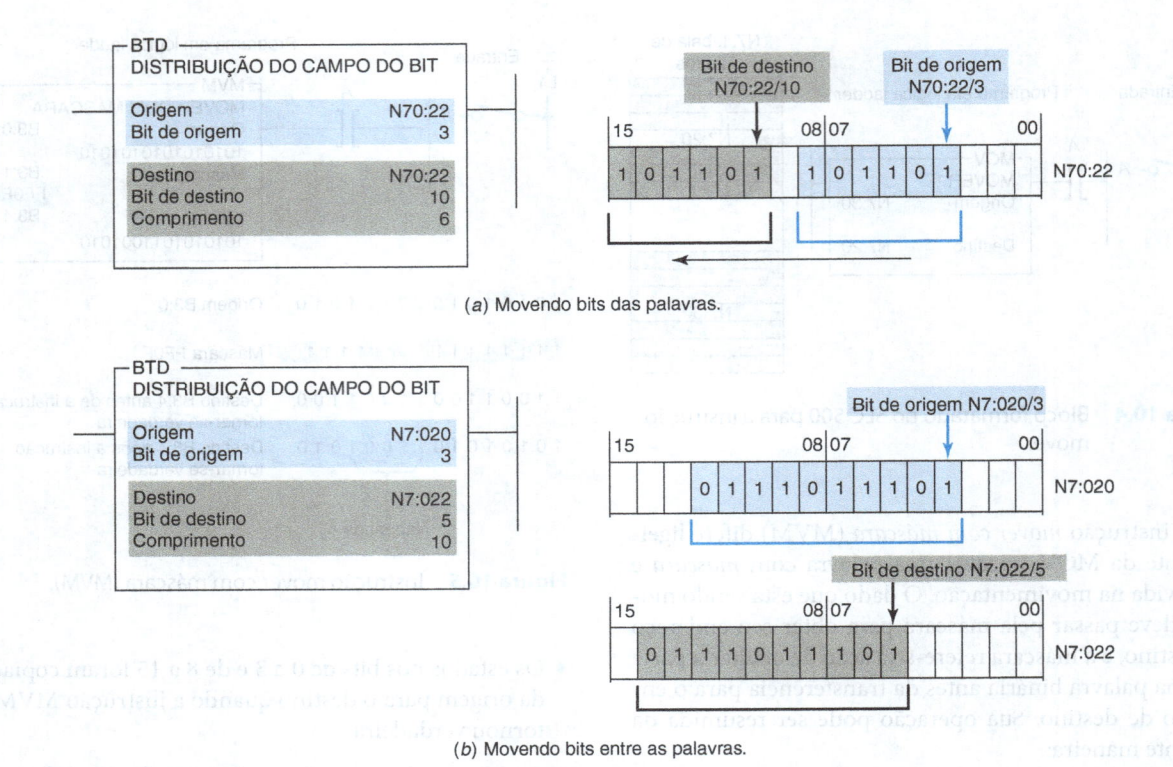

Figura 10.6 Instrução de distribuição de bit (BTD).

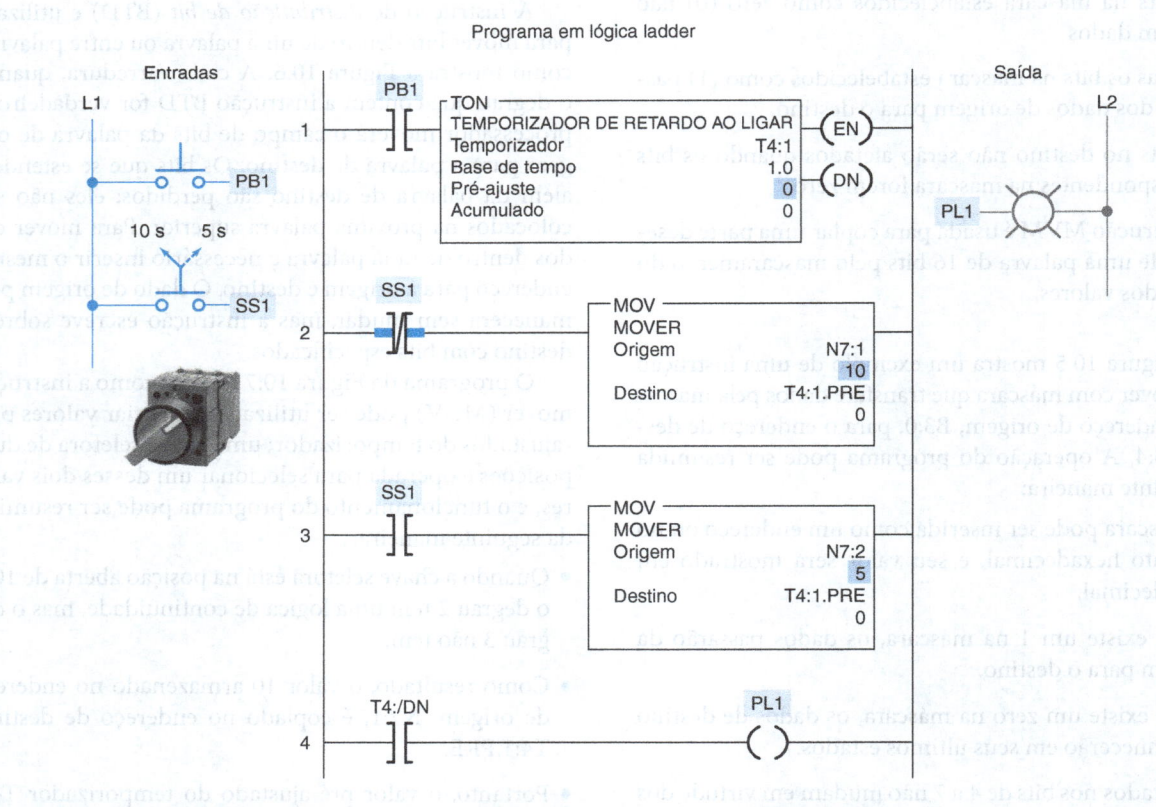

(a) Movendo bits das palavras.

(b) Movendo bits entre as palavras.

Figura 10.7 Instrução mover usada para mudar o tempo pré-ajustado de um temporizador.

- Quando o botão de comando PB1 for fechado, haverá um período de atraso de 10 s antes de o sinaleiro ser energizado.

- Quando a chave seletora estiver na posição de 5 s, o degrau 3 terá uma continuidade, mas o degrau 2 não.

- Como resultado, o valor 5, armazenado no endereço de origem, N7:2, é copiado no endereço de destino, T4:1.PRE.

- O fechamento do botão de comando PB1 não resultará em um tempo de retardo de 5 s antes de o sinaleiro ser energizado.

O programa da Figura 10.8 mostra como a instrução mover (MOV) pode ser usada para criar um valor variável para o contador. A operação do programa pode ser resumida da seguinte maneira:

- A chave-limite LS1 é programada para a entrada do contador crescente C5:1 e conta os números das peças que saem da linha da esteira transportadora para a prateleira de estoque.

- São produzidos três tipos de produtos diferentes nesta linha.

- A prateleira de estoque tem lugar para apenas 300 caixas de produto A, ou 175 caixas de produto B, ou 50 caixas de produto C.

- São utilizadas três chaves para selecionar o valor pré-ajustado do contador, dependendo do produto (A, B ou C) que está sendo fabricado.

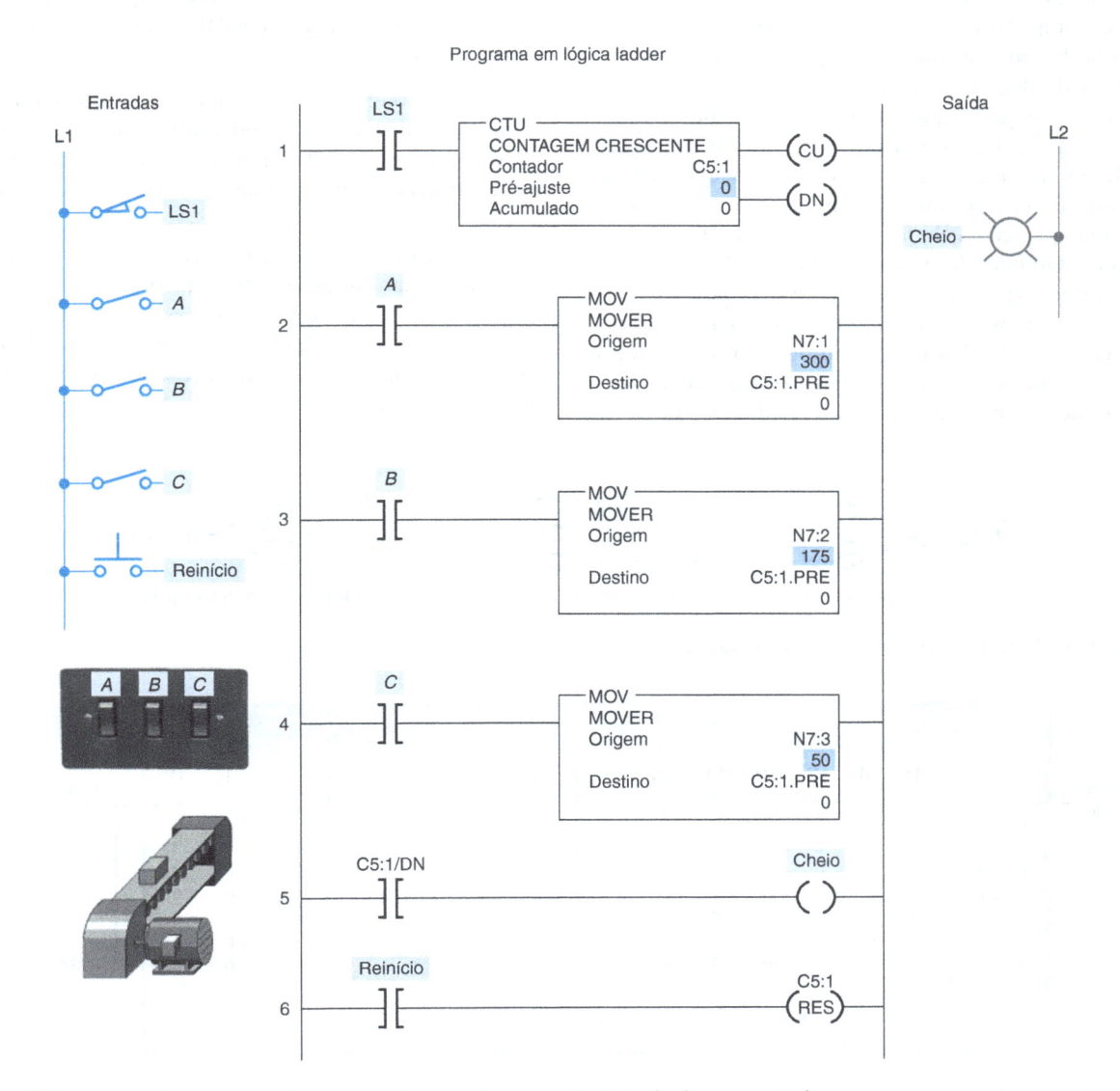

Figura 10.8 Instrução mover usada para mudar a contagem pré-ajustada de um contador.

- Um botão de reiniciar está disponível para reiniciar a contagem em 0.

- Um sinaleiro é ligado para indicar quando a prateleira de estoque estiver cheia.

- O programa foi desenvolvido de modo que, normalmente, apenas uma das três chaves será fechada de cada vez; se mais de uma chave pré-ajustada do contador for fechada, o *último* valor será selecionado.

Um *arquivo* é um grupo consecutivo de palavras relacionadas em uma tabela de dados que têm um início e um final definidos, utilizado para armazenar uma informação; por exemplo, um programa de processo em lote contém várias receitas separadas em diferentes arquivos que podem ser selecionados por um operador.

Em alguns casos pode ser necessário deslocar um arquivo completo de um lugar para outro, dentro da memória de um controlador programável. Esses deslocamentos de dados são denominados *deslocamento de arquivo para arquivo*, que são utilizados quando o dado em um arquivo representa um conjunto de condições que devem interagir várias vezes com o controlador programável, e, portanto, devem permanecer *intactos* após cada operação. Pelo fato de que o dado dentro desse arquivo também deve mudar pela ação do programa, um segundo arquivo é utilizado para manipular as mudanças nos dados e permitir que a informação dentro deste arquivo seja alterada pelo programa. Contudo, o dado no primeiro arquivo permanece constante e, portanto, pode ser utilizado muitas vezes. Outros tipos de manipulação de dados utilizados com instruções dos arquivos incluem mover palavra para arquivo e arquivo para palavra, como mostra a Figura 10.9.

Os arquivos permitem que uma grande quantidade de dados seja lida rapidamente e são úteis nos programas que necessitam de transferir, comparar ou converter dados. A maioria dos fabricantes de CLP mostra as instruções de arquivos no formato de blocos na tela do terminal de programação. A Figura 10.10 compara a palavra no controlador SLC 500 e o endereçamento de arquivo, cujo formato pode ser resumido da seguinte maneira:

- O endereço que define o começo de um arquivo ou grupo de palavras começa com o sinal de #.

- O prefixo # é omitido em uma palavra única ou endereço de elemento.

- O endereço N7:30 é um endereço de palavra que representa uma palavra única: palavra número 30 no arquivo inteiro 7.

- O endereço #N7:30 representa o endereço de início de um grupo ou palavras consecutivas no arquivo inteiro 7. A extensão é de oito palavras, que é determinada pela instrução onde o endereço do arquivo é usado.

A instrução *arquivo aritmético e lógico* (FAL) é usada para copiar dados de um arquivo para outro e fazer arquivo matemático e lógico; ela está disponível apenas no PLC-5, da Allen-Bradley, e nas plataformas do ControlLogix. Um exemplo de instrução FAL está mostrado na Figura 10.11.

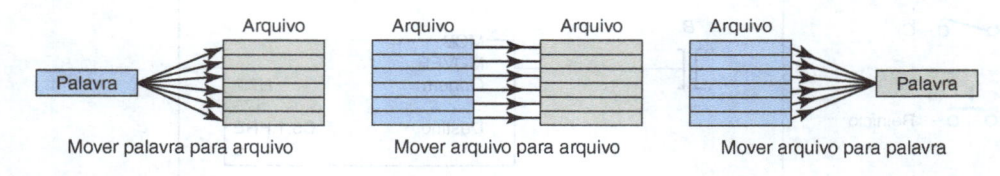

Figura 10.9 Movendo dados usando instruções de arquivos.

Figura 10.10 Palavra no SLC 500 e endereço de arquivo.

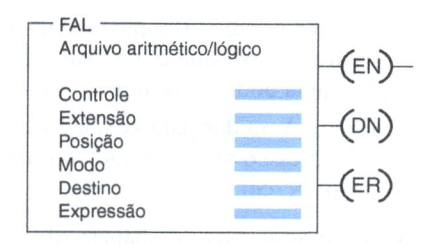

Figura 10.11 Instrução de arquivo aritmético e lógico (FAL).

A operação básica de uma instrução FAL é similar a de todas as outras funções e requer os seguintes parâmetros e endereços do PLC-5 para entrar na instrução:

Controle

- É a primeira entrada e o endereço da estrutura de controle na área de controle (R) da memória do processador.
- O processador utiliza essa informação para rodar a instrução.
- O arquivo-padrão para o arquivo de controle é o arquivo de dados 6.
- O elemento de controle para a instrução FAL deve ser único para aquela instrução e não pode ser utilizado para controlar nenhuma outra instrução.
- O elemento de controle é composto de três palavras.
- A palavra de controle usa quatro bits de controle: o bit 15 (bit de habilitação), bit 13 (bit de finalização), bit 11 (bit de erro) e o bit 10 (bit de descarga).

Extensão

- É a segunda entrada e representa o arquivo de extensão.
- Esta entrada será em palavras, exceto para arquivos de pontos flutuantes, cujo comprimento é em elementos. (Um elemento de ponto flutuante consiste em duas palavras).
- A extensão máxima possível é de 1.000 elementos. É necessário inserir números decimais de 1 a 1.000.

Posição

- É a terceira entrada e representa o local corrente no bloco de dados que o processador está acessando.
- Ele aponta para a palavra que está sendo operada.
- A posição inicia com 0 e índices com 1 a menos que a extensão do arquivo.

- Para começar, geralmente se insere um 0 no início de um arquivo. É possível também inserir outra posição na qual se deseja que a FAL inicie sua operação.
- Contudo, quando a instrução reinicia, ela reinicia em 0.
- É possível manipular a posição do programa.

Modo

- É a quarta entrada e representa o número de elementos do arquivo operados por varredura do programa. Existem três opções: modo total, modo numérico e modo incremental.

Modo total

- Para este modo, insira a letra *A*.
- No modo total, a instrução transferirá o arquivo de dados completo em *uma* varredura.
- O bit de habilitação passa para verdadeiro quando a instrução passar para verdadeira, e seguirá a condição do degrau.
- Quando todos os dados forem transferidos, o bit de finalização (DN) mudará para verdadeiro; mudança que ocorrerá na mesma varredura em que a instrução muda para verdadeira.
- Se a instrução não estiver completa em virtude de algum erro na transferência dos dados (como tentativa de armazenar um número muito pequeno ou muito grande para o tipo de tabela de dados), a instrução para nesse ponto e estabelece o bit de erro (ER). A varredura continua, mas a instrução não, até que o bit de erro seja reiniciado (reset).
- Se a instrução for completada, o bit de habilitação e o de finalização permanecerão estabelecidos até que a instrução mude para falsa; nesse ponto, a posição, o bit de habilitação e o bit de finalização serão todos reiniciados (reset) em 0.

Modo numérico

- Para este modo, insira um número de 1 a 1.000.
- No modo numérico, a operação do arquivo é distribuída para um número de varreduras do programa.
- O valor que for inserido estabelece o número de elementos que serão transferidos por varredura.
- O modo numérico pode diminuir o tempo para completar a varredura do programa. Em vez de esperar

toda a extensão do arquivo a ser transferido em uma varredura, o modo numérico parte a transferência dos dados do arquivo em varreduras múltiplas, reduzindo, assim, o tempo de execução por varredura.

Modo incremental

- Para este modo, insira a letra I.

- No modo incremental, um elemento de dados é operado a cada transição da instrução de falso para verdadeiro.

- Na primeira vez, a instrução detecta uma transição de falso para verdadeiro e a posição está em 0; os dados no primeiro elemento do arquivo são operados; a posição permanecerá em 0, e o bit UL será estabelecido; o bit de habilitação seguirá a condição da instrução.

- Na segunda transição de falso para verdadeiro, a posição será indexada para 1, e os dados na segunda palavra do arquivo serão operados.

- O bit UL controla se a instrução operará apenas nos dados da posição atual ou se indexará a posição e depois transferirá os dados. Se o bit UL for reiniciado (reset), a instrução – em uma transição de falso para verdadeiro – operará nos dados da posição atual e estabelecerá o bit UL. Se o bit UL for estabelecido, a instrução indexará a posição por 1 e operará nos dados em sua nova posição.

Destino

- É a quinta entrada e é o endereço em que o processador armazena o resultado da operação.

- A instrução converte para o tipo de dados especificado pelo endereço de destino.

- Ele pode ser um endereço de arquivo ou um endereço de elemento.

Expressão

- É a última entrada e contém endereços constantes do programa e operadores que especificam a origem dos dados e as operações a serem executadas.

- A expressão inserida determina a função da instrução FAL.

- A expressão pode consistir em endereços de arquivos, endereços de elementos ou em uma constante, e pode conter apenas uma função, porque a instrução FAL só pode executar uma função.

A Figura 10.12 mostra um exemplo de uma instrução copiar arquivo para arquivo que usa a instrução FAL. A operação do programa pode ser resumida como segue:

- Quando a entrada A mudar para verdadeira, os dados do arquivo da expressão #N7:20 serão copiados no arquivo de destino #N7:50.

- A extensão dos dois arquivos é estabelecida pelo valor inserido na palavra do elemento de controle R6:1.LEN.

- Nessa instrução, utiliza-se também o modo total, que significa que todos os dados serão transmitidos na primeira varredura em que a instrução FAL detectar uma transição de falso para verdadeiro.

- O bit DN também virá nessa varredura, salvo se ocorrer um erro na transferência dos dados; nesse caso, o bit ER será estabelecido, a instrução interromperá a operação na posição, e então a varredura continuará a próxima instrução.

A Figura 10.13 mostra um exemplo de uma instrução copiar arquivo para palavra que utiliza a instrução FAL. A operação do programa pode ser resumida da seguinte maneira:

- A cada transição de falso para verdadeiro da entrada A, o processador lê apenas uma palavra do arquivo inteiro N29.

- O processador inicia a leitura na palavra 0 e escreve a imagem na palavra 5 do arquivo inteiro N29.

- A instrução escreve sobre quaisquer dados no destino.

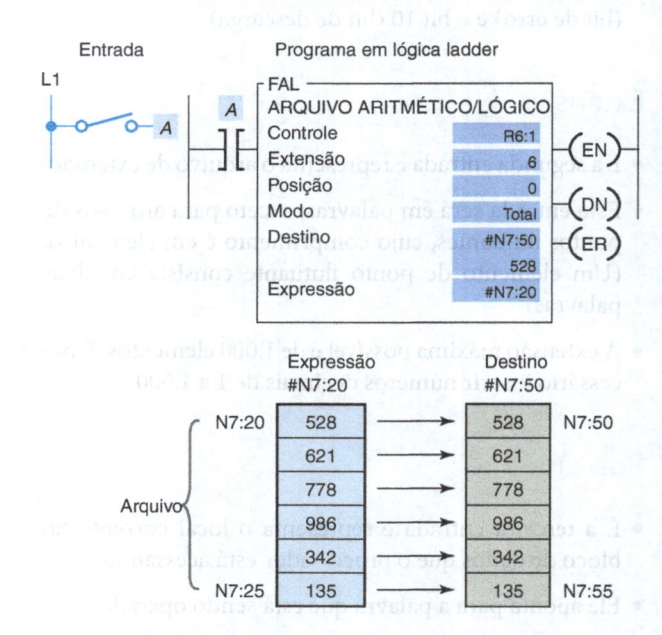

Figura 10.12 Instrução copiar arquivo para arquivo que usa a instrução FAL.

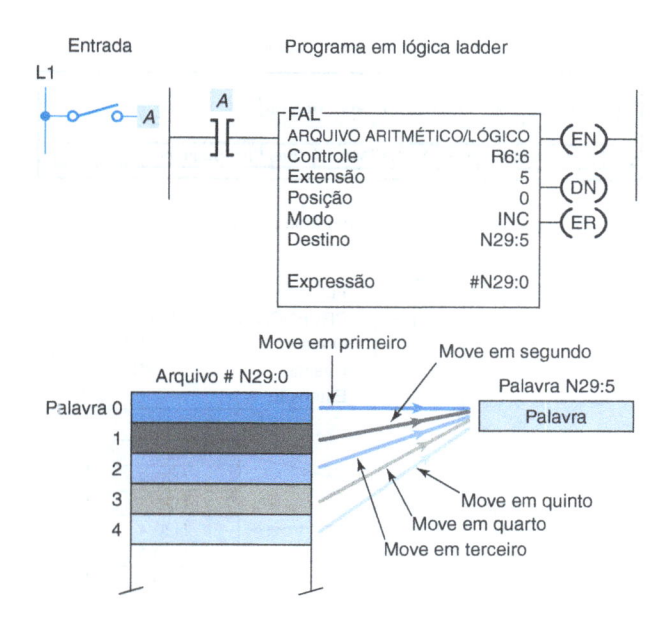

Figura 10.13 Instrução copiar arquivo para palavra que usa a instrução FAL.

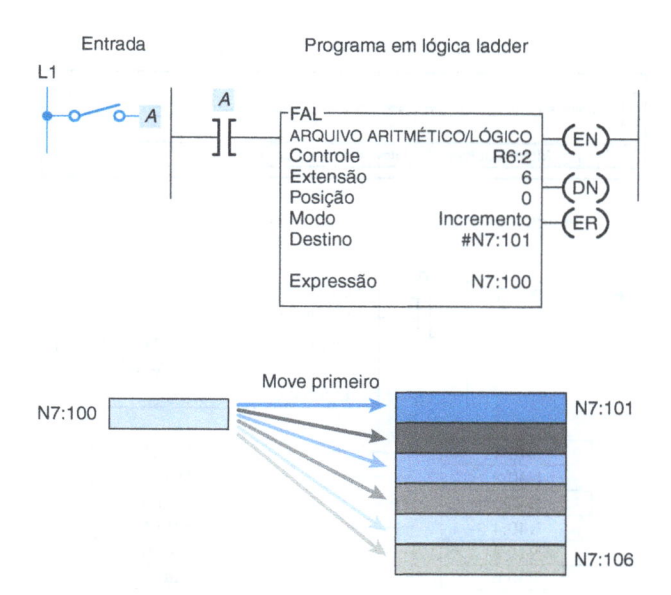

Figura 10.14 Função para cópia de palavra para arquivo que usa a instrução FAL.

A Figura 10.14 mostra um exemplo de uma função de cópia de palavra para arquivo que utiliza a instrução FAL. Ela é similar à instrução copiar arquivo para palavra, exceto que a instrução copia dados do endereço de uma palavra para um arquivo. A operação do programa pode ser resumida da seguinte maneira:

- A expressão é o endereço de uma palavra (N7:100), e o destino é um endereço de arquivo (#N7:101).

- Se começamos com a posição 0, os dados de N7:100 serão copiados para N7:101 na primeira transição de falso para verdadeiro da entrada *A*.

- A segunda transição de falso para verdadeiro da entrada *A* copiará os dados de N7:100 para N7:102.

- A cada transição de falso para verdadeiro sucessiva da instrução, os dados serão copiados para a próxima posição no arquivo até que o fim do arquivo, N7:106, seja alcançado.

As exceções à regra que determina que o endereço do arquivo deve ter palavras consecutivas na tabela de dados estão no *temporizador*, *contador* e arquivos de *controle de dados* para a instrução FAL. Neles, se for designado um endereço de arquivo, a instrução FAL tomará cada terceira palavra nesse arquivo e fará um arquivo pré-ajustado, acumulado, extensão ou dado de posição dentro do tipo de arquivo correspondente. Isso pode ser feito, por exemplo, de modo que as receitas para armazenar valores pré-ajustados para temporizadores possam ser movidas para dentro dos valores pré-ajustados do temporizador, como mostra a Figura 10.15.

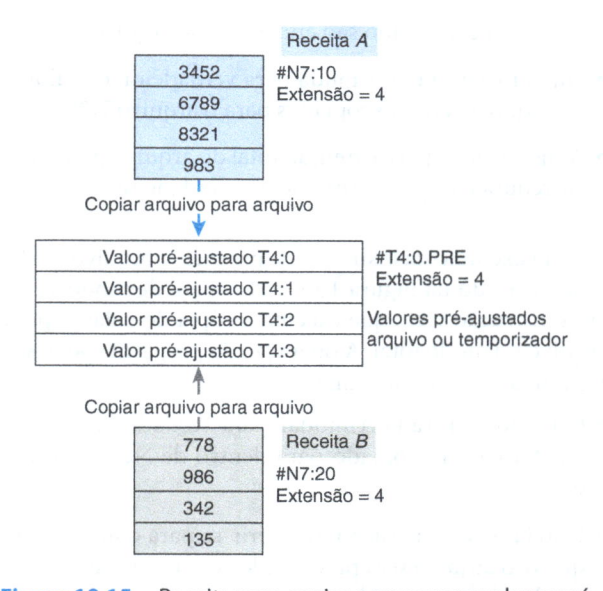

Figura 10.15 Receita para copiar e armazenar valores pré-ajustados do temporizador.

A instrução *copiar arquivo* (COP) e a instrução *preencher arquivo* (FLL) são instruções de alta velocidade que operam mais rapidamente que a mesma operação com a instrução FAL. Ao contrário da instrução FAL, não há elemento de controle para monitorar ou manipular; a conversão de dados não acontece; logo, a origem e o destino devem ter os mesmos tipos de arquivo. Um exemplo de instrução de arquivo COP está mostrado na Figura 10.16, e operação do programa pode ser resumida da seguinte maneira:

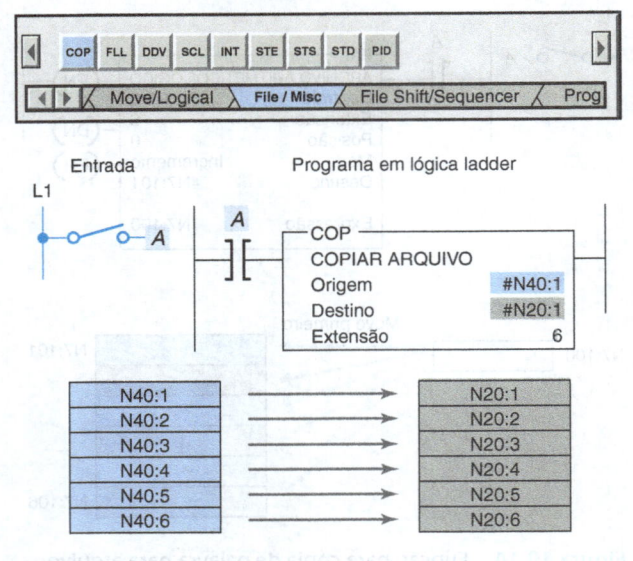

Figura 10.16 Instrução copiar arquivo (COP).

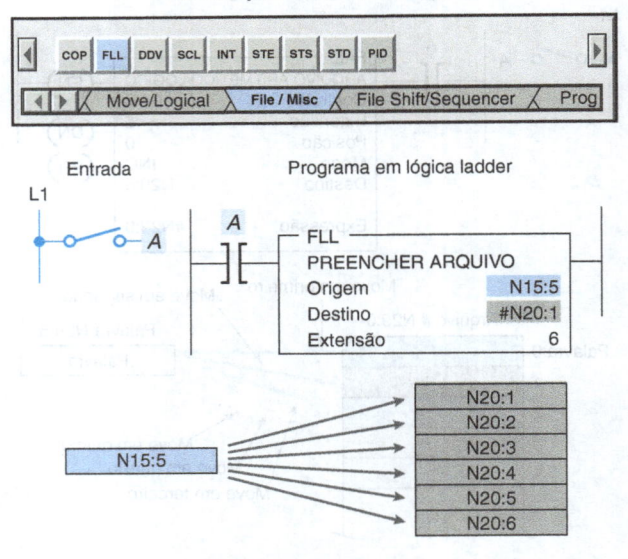

Figura 10.17 Instrução preencher arquivo (FFL).

- A origem e o destino são endereços de arquivo.
- Quando a entrada A muda para verdadeira, os valores no arquivo N40 são copiados para o arquivo N20.
- A instrução copia a extensão total do arquivo para cada varredura em que a instrução for verdadeira.

Um exemplo da instrução de preencher arquivo (FLL) está mostrado na Figura 10.17. Ela opera de modo similar à instrução FAL, que executa a cópia de palavra para arquivo no modo total. A operação do programa pode ser resumida da seguinte maneira:

- Quando a entrada A mudar para verdadeira, o valor em N15:5 será copiado para dentro de N20:1 através de N20:6.
- Pelo fato de a instrução transferir-se para o final do arquivo, o arquivo será preenchido com os mesmos valores dos dados em cada palavra.

A instrução FLL é usada frequentemente para zerar todos os dados em um arquivo, como mostra o programa da Figura 10.18. A operação do programa pode ser resumida da seguinte maneira:

- Pressionando-se momentaneamente o botão de comando PB1, o conteúdo do arquivo #N10:0 é copiado para o arquivo #N12:0.
- Pressionando-se momentaneamente o botão de comando PB2, o arquivo #N12:0 é limpo.
- Observe que 0 é inserido para o valor de origem.

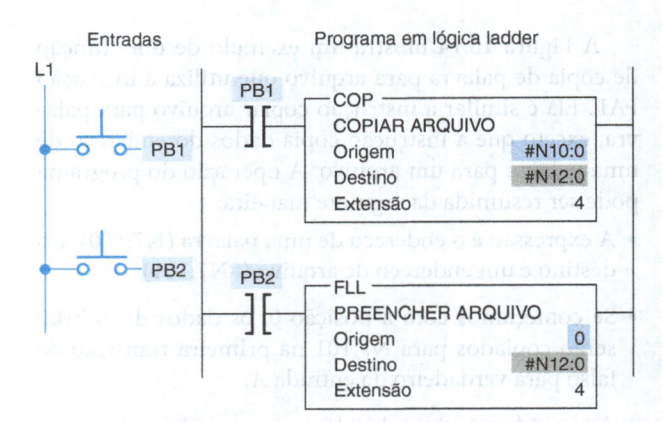

Figura 10.18 Usando a instrução FLL para mudar todos os dados em um arquivo para zero.

10.3 Instruções para comparação de dados

As operações de transferência de dados são todas instruções de saída, enquanto as instruções para *comparação de dados* são instruções de *entrada*, usadas para comparar valores numéricos. Elas comparam os dados armazenados em duas ou mais palavras (ou registros) e tomam decisões com base nas instruções do programa. Valores numéricos em duas palavras de memória podem ser comparados com cada um dos dados básicos na instrução de comparação mostrada na Figura 10.19, dependendo do CLP.

Nome	Símbolo
Igual a	(=)
Diferente de	(≠)
Menor que	(<)
Maior que	(>)
Menor que ou igual a	(≤)
Maior que ou igual a	(≥)

Figura 10.19 Instruções para comparação de dados básicos no CLP.

Os conceitos de comparação de dados já foram utilizados nas instruções com temporizador e contador. Nelas, uma saída foi ligada ou desligada quando o valor acumulado do temporizador ou contador igualou-se ao seu valor pré-ajustado. O que realmente aconteceu foi que o dado numérico acumulado em uma memória foi comparado com o valor pré-ajustado de outra palavra de memória em cada varredura do processador. Quando este detecta que o valor acumulado é igual ao valor pré-ajustado, ele liga ou desliga a saída.

As instruções de comparação são usadas para teste de pares de valores para determinar se um degrau é verdadeiro. A Figura 10.20 mostra o guia de menu *Compare* para o CLP SLC 500, da Allen-Bradley, e seu programa (software) associado RSLogix. Elas podem ser resumidas da seguinte maneira:

LIM (Teste de limite) – Testa se um valor está dentro de uma faixa-limite de outros dois valores.
MEQ (Compara se é igual à máscara) – Testa porções de dois valores para ver se eles são iguais; compara dados de 16 bits de um endereço de origem com os dados em um endereço de referência através de máscara.
EQU (Igual a) – Testa se dois valores são iguais.
NEQ (Diferente de) – Testa se um valor é diferente de um segundo valor.
LES (Menor que) – Testa se um valor é menor que um segundo valor.
GRT (Maior que) – Testa se um valor é maior que um segundo valor.
LEQ (Menor que ou igual a) – Testa se um valor é menor que um segundo valor ou igual a ele.
GEQ (Maior que ou igual a) – Testa se um valor é maior que um segundo valor, ou igual a ele.

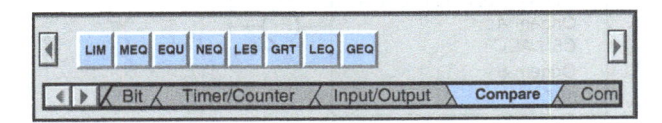

Figura 10.20 Guia do menu *Compare*.

A instrução *igual a* (EQU) é uma instrução de entrada que compara uma fonte *A* com uma fonte *B*: quando a fonte *A* for igual à fonte *B*, a instrução será logicamente verdadeira; se não, será logicamente falsa. A Figura 10.21 mostra um exemplo de uma EQU em um degrau lógico, e a operação do programa pode ser resumida da seguinte maneira:

- Quando o valor acumulado do contador T4:0 armazenado no endereço de origem *A* for igual ao valor no endereço de origem *B*, N7:40, a instrução será verdadeira e a saída será energizada.
- A origem *A* pode ser um endereço de uma palavra ou um endereço de um ponto flutuante.
- A origem *B* pode ser um endereço de uma palavra, um endereço de um ponto flutuante ou o valor de uma constante.
- Com a instrução *igual a*, não é recomendado o dado de ponto flutuante, porque é exigida uma exatidão; são preferidas outras instruções de comparação, como teste de limite.

A instrução *diferente de* (NEQ) é uma instrução de entrada que compara a origem *A* com a origem *B*: quando a origem *A* for diferente da origem *B*, a instrução é logicamente verdadeira; se não, ela é logicamente falsa. A Figura 10.22 mostra um exemplo de um degrau lógico com uma NEQ. A operação do programa pode ser resumida da seguinte maneira:

- Quando o valor armazenado no endereço da origem *A*, N7:5, for diferente de 25, a saída será verdadeira; se não, a saída será falsa.
- O valor armazenado na origem *A* é 30.
- O valor armazenado na origem *B* é 25.

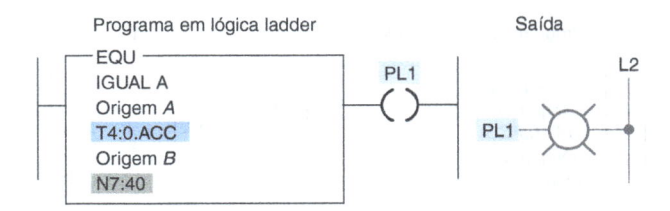

Figura 10.21 Degrau lógico com uma EQU.

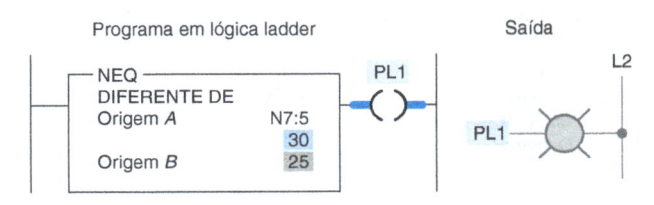

Figura 10.22 Degrau lógico com NEQ.

- Como os dois valores são diferentes, a saída será verdadeira ou ligada.
- Em todas as instruções de comparação de entrada, a origem *A* deve ser um endereço, e a origem *B* pode ser um endereço ou uma constante.

A instrução *maior que* (GRT) é uma instrução de entrada que compara a origem *A* com a origem *B*: quando a origem *A* for maior que a origem *B*, a instrução será logicamente verdadeira; se não, ela será logicamente falsa. A Figura 10.23 mostra um exemplo de um degrau lógico com uma GTR, cuja operação pode ser resumida da seguinte maneira:

- A instrução pode ser verdadeira ou falsa, dependendo dos valores que estão sendo comparados.
- Quando o valor acumulado no temporizador T4:10, armazenado no endereço da origem *A*, for maior que a constante 200 da origem *B*, a saída será ligada; se não, a saída será desligada.

A instrução *menor que* (LES) é uma instrução de entrada que compara a origem *A* com a origem *B*: quando a primeira for menor que a segunda, a instrução será logicamente verdadeira; se não, ela será logicamente falsa. A Figura 10.24 mostra um exemplo de um degrau lógico com uma LES. Esta operação pode ser resumida como segue:

- A instrução pode ser verdadeira ou falsa, dependendo dos valores que estão sendo comparados.
- Quando o valor acumulado no contador C5:10, armazenado no endereço da origem *A*, for menor que a constante 350 da origem *B*, a saída será ligada; se não, a saída será desligada.

A instrução *maior que ou igual a* (GEQ) é uma instrução de entrada que compara a origem *A* com a origem *B*: quando a origem *A* for maior que a origem *B* ou igual, a instrução será logicamente verdadeira; se não, ela será logicamente falsa. A Figura 10.25 mostra um exemplo de um degrau lógico com uma GEQ, operação esta que pode ser resumida da seguinte maneira:

- Quando o valor armazenado no endereço da origem *A*, N7:55, for maior que o valor armazenado no endereço da origem *B*, N7:12, ou igual a ele, a saída será ligada; se não, a saída será desligada.
- O valor armazenado na origem *A* é 100.
- O valor armazenado na origem *B* é 23.
- Portanto, a saída será verdadeira ou ligada.

A instrução *menor que ou igual a* (LEQ) é uma instrução de entrada que compara a origem *A* com a origem *B*: quando a origem *A* for menor que a origem *B* ou igual a ela, a instrução será logicamente verdadeira; se não, será logicamente falsa. A Figura 10.26 mostra um exemplo de um degrau lógico com uma LEQ. Essa operação pode ser resumida da seguinte maneira:

- Quando a contagem acumulada no contador C5:1 for menor que ou igual a 457, o sinaleiro será ligado.
- O valor armazenado no contador é menor que 457.
- Portanto, a saída será falsa ou desligada.

A instrução *teste de limite* (LIM) é usada para testar se os valores estão dentro ou fora de uma faixa especificada. Aplicações em que a instrução de teste de limite é utilizada incluem a permissão de um processador para operar enquanto uma temperatura está dentro ou fora de uma faixa especificada.

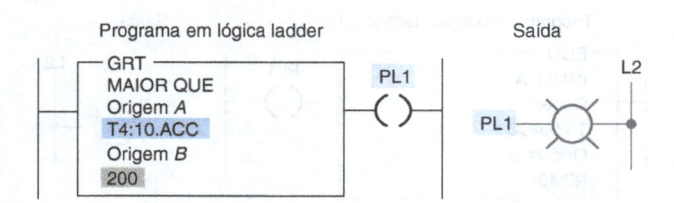

Figura 10.23 Degrau lógico com GRT.

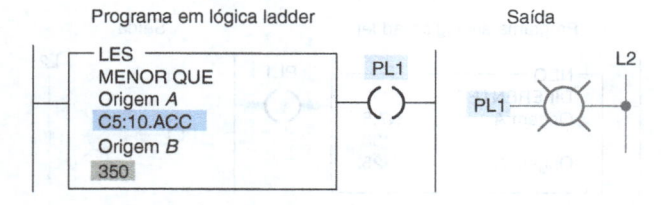

Figura 10.24 Degrau lógico LES.

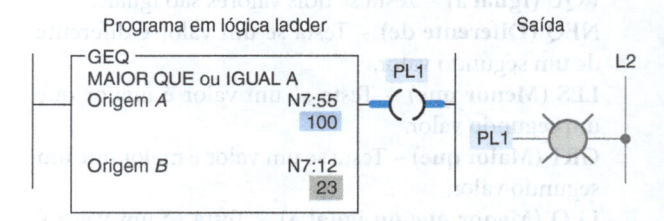

Figura 10.25 Degrau lógico GEQ.

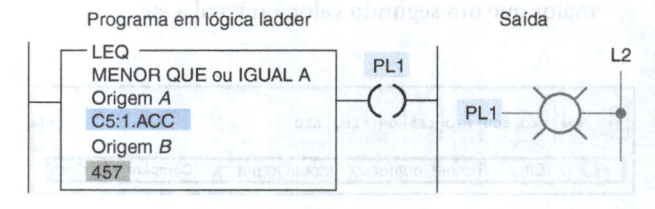

Figura 10.26 Degrau lógico com LEQ.

A programação da instrução LIM consiste em entrar com três parâmetros: limite abaixo, teste e limite acima. A instrução para testar limites funciona nos dois modos seguintes:

- *A instrução será verdadeira se* – o limite inferior for igual ao limite superior ou menor que ele, e o parâmetro de teste for igual aos limites ou estiver dentro deles; se não, a instrução será falsa.

- *A instrução será verdadeira se* – o limite inferior tiver um valor maior que o limite superior e a instrução for igual aos limites ou estiver fora deles; se não, a instrução será falsa.

A instrução de teste de limites é dita ser circular porque funciona nos dois modos. A Figura 10.27 mostra um exemplo de uma instrução LIM em que o valor do limite inferior é menor que o valor do limite superior. A operação do degrau lógico pode ser resumida como segue:

- O valor do limite superior é de 50 e o inferior, 25.
- A instrução é verdadeira para os valores de teste de 25 a 50.
- A instrução é falsa para os valores de teste menor que 25 ou maior que 50.
- A instrução é verdadeira porque o valor é 48.

A Figura 10.28 mostra um exemplo de uma instrução LIM em que o valor do limite inferior é maior que o valor do limite superior. A operação do degrau lógico pode ser resumida da seguinte maneira:

- O valor do limite superior é de 50 e o valor do limite inferior é 100.
- A instrução é verdadeira para os valores de teste de 50 e menores que 50 e para o teste de valores de 100 e maiores que 100.

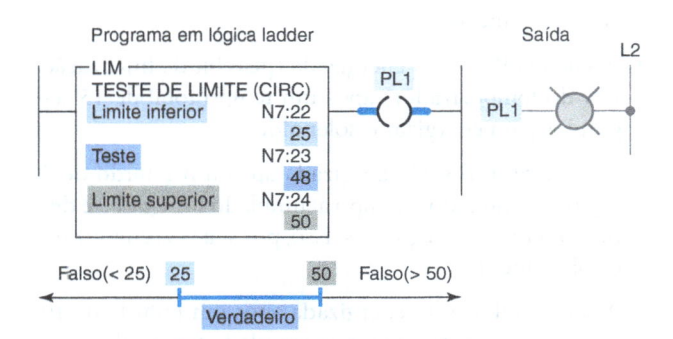

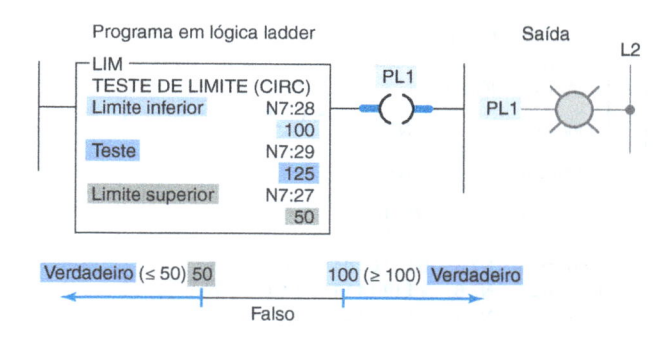

Figura 10.28 Instrução LIM em que o valor do limite inferior é maior que o valor do limite superior.

- A instrução é falsa para os valores de teste maiores que 50 e menores que 100.
- A instrução é verdadeira porque o valor do teste é 125.

A instrução *compara se igual a com máscara* (MEQ) compara o valor de um endereço de origem com os dados em um endereço e permite que parte dos dados seja mascarada (oculta). Uma de suas aplicações compara a posição correta de até 16 chaves-limite, quando a origem contém o endereço das chaves-limite, e a instrução de comparar armazena seus estados desejados. A máscara pode bloquear as chaves que não necessitam de comparação (Figura 10.29).

A Figura 10.30 mostra um exemplo de uma instrução MEQ. A operação do degrau lógico pode ser resumida como segue:

- Quando os dados no endereço de origem se igualarem ao endereço do dado comparado bit a bit (menos os bits mascarados), a instrução será verdadeira.
- A instrução passa a ser falsa logo que ela detectar uma desigualdade.

Figura 10.27 Instrução LIM em que o valor do limite inferior é menor que o valor do limite superior.

Figura 10.29 A instrução MEQ pode ser usada para monitorar o estado das chaves-limite ou fins de curso.
Fonte: Cortesia da Jayashree Electrodevices.

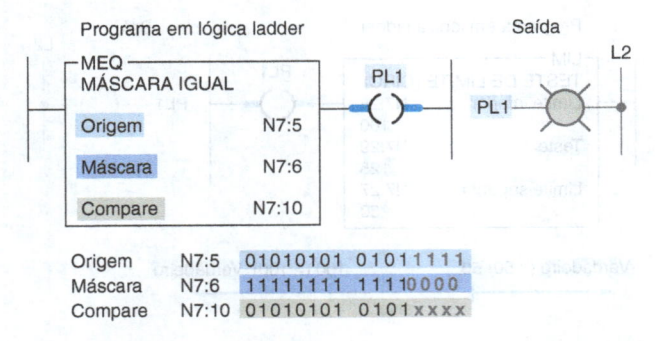

Figura 10.30 Comparação com máscara para degrau lógico igual a MEQ.

- Uma máscara passa os dados quando os bits da máscara são estabelecidos em (1); uma máscara bloqueia os dados quando os bits da máscara são reiniciados (reset) em (0).

- A máscara deve ter o mesmo número de elementos (16 bits) que a origem e endereços a serem comparados.

- Os bits da máscara devem ser estabelecidos em 1 para comparar os dados; todavia, os bits nos endereços para comparar que correspondem a 0s na máscara não serão comparados.

- Para mudar o valor da máscara no programa ladder, é necessário armazenar a máscara nos endereços de um dado; se não, deve-se entrar com um valor hexadecimal para um valor constante da máscara.

- A instrução é verdadeira porque os bits de referência XXXX não são comparados.

10.4 Programa de manipulação de dados

As instruções de manipulação de dados dão uma nova dimensão e flexibilidade à programação de circuitos de controle; por exemplo, considere o circuito com relés temporizadores de retardo na Figura 10.31. Ele utiliza três relés temporizadores de retardo eletromecânicos para controlar quatro válvulas solenoides; e sua operação pode ser resumida da seguinte maneira:

- Quando o botão de comando de partida for pressionado momentaneamente, o solenoide A será energizado imediatamente.

- O solenoide B é energizado 5 s depois do solenoide A.

- O solenoide C é energizado 10 s depois do solenoide A.

- O solenoide D é energizado 15 s depois do solenoide A.

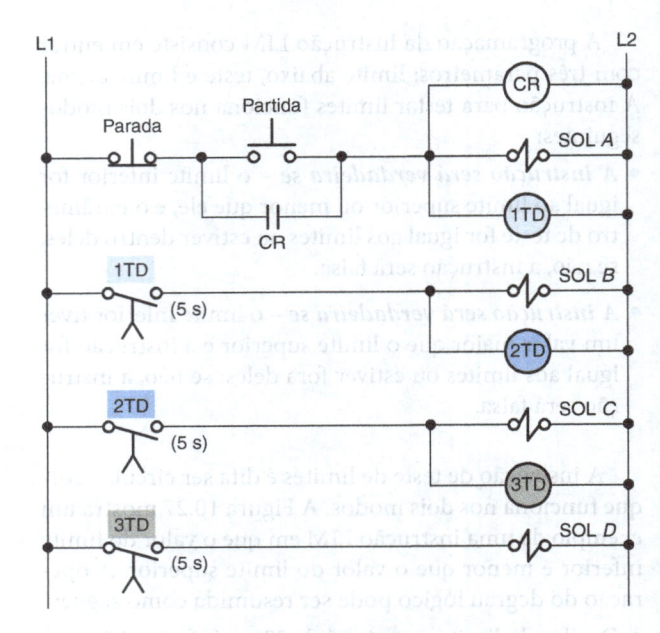

Figura 10.31 Três relés temporizadores de retardo eletromecânicos utilizados para controlar quatro válvulas solenoides.

O circuito temporizador pode ser implementado com o uso de um programa convencional de CLP e três temporizadores; contudo, o mesmo circuito pode ser programado com o uso de apenas *um* temporizador interno com as instruções de comparação de dados. A Figura 10.32 mostra o programa necessário para implementar o circuito com o uso de apenas um temporizador interno. A operação do programa pode ser resumida como segue:

- O botão de parada momentânea está fechado.

- Quando o botão de partida é pressionado momentaneamente, a saída SOL A é energizada imediatamente para ligar o solenoide A.

- O contato de SOL A, verificador de ligado, torna-se verdadeiro para selar a saída SOL A e para ligar o temporizador de retardo T4:1.

- O tempo pré-ajustado do temporizador é estabelecido em 15 segundos.

- A saída SOL D será energizada (pelo bit de finalização DN do temporizador) após um tempo total de 15 segundos para energizar o solenoide D.

- A saída SOL B será energizada após um retardo de 5 segundos, quando o tempo acumulado for *igual a* e depois *maior que* 5 segundos. Isso, por sua vez, energizará o solenoide B.

- A saída SOL C será energizada após um retardo de 10 segundos, quando o tempo acumulado for *igual a* e depois *maior que* 10 segundos, o que, por sua vez, energizará o solenoide C.

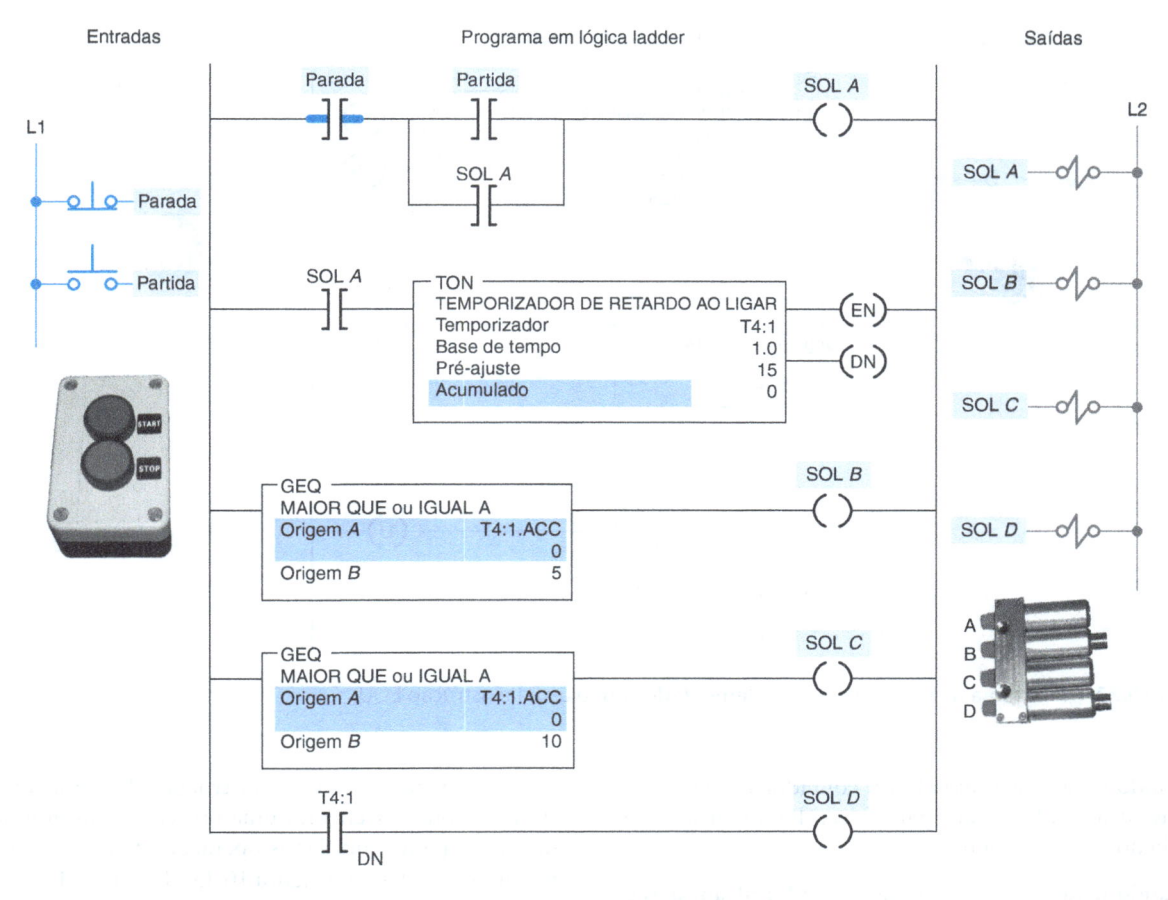

Figura 10.32 Controlando cargas múltiplas com o uso de um temporizador e da instrução GEQ.

A Figura 10.33 mostra uma aplicação de um programa de implementação de temporizador de retardo que utiliza a instrução EQU. A operação do programa pode ser resumida da seguinte maneira:

- Quando a chave (S1) for fechada, o temporizador T4:1 iniciará a temporização.

- As duas origens As das instruções EQU são endereçadas para obtenção do valor acumulado do temporizador enquanto estão rodando.

- A instrução EQU do degrau 2 tem o valor de 5 armazenado na origem B.

- Quando o valor acumulado do temporizador chegar a 5, a instrução EQU do degrau 2 passará a ser verdadeira por 1 segundo.

- Como resultado, a trava na saída será energizada para ligar o sinaleiro PL1.

- Quando o valor acumulado do temporizador chegar a 15, a instrução EQU do degrau 3 passará a ser verdadeira por 1 segundo.

- Como resultado, a destrava na saída será energizada para desligar o sinaleiro PL1.

- Logo, quando a chave for fechada, o sinaleiro será ligado após 5 segundos, permanecerá assim por 10 segundos e depois será desligado.

A Figura 10.34 mostra uma aplicação de um programa de contador crescente implementado com o uso da instrução LES. A operação do programa pode ser resumida da seguinte maneira:

- O contador crescente C5:1 incrementará de 1 a cada transição de falso para verdadeiro do sensor de proximidade.

- A origem A da instrução é endereçada para o valor acumulado do contador, e a origem B tem um valor constante de 20.

- A instrução LES será verdadeira enquanto o valor contido na origem A for *menor que* o da origem B.

- Portanto, a saída do solenoide SOL será energizada quando o valor acumulado do contador estiver entre 0 e 19.

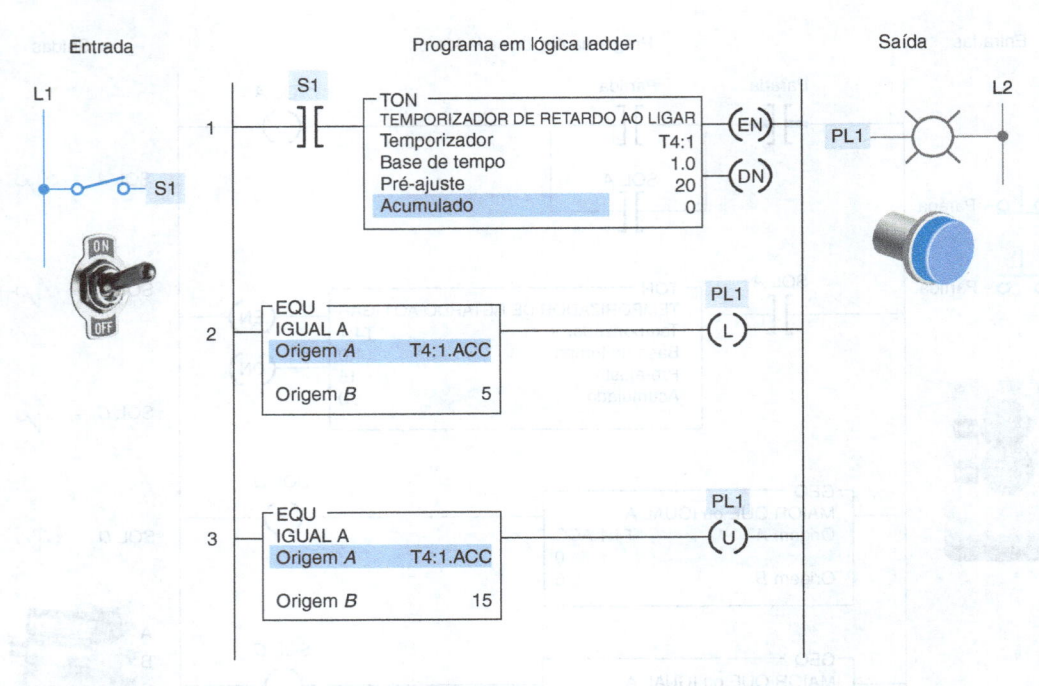

Figura 10.33 Programa de temporizador implementado com o uso da instrução EQU.

- Quando o valor acumulado do contador chegar a 20, a instrução LES passará para falsa, desenergizando a saída do solenoide SOL.
- Quando o valor acumulado do contador alcançar seu valor pré-ajustado de 50, a reinicialização (reset) do contador será energizada pelo bit de finalização (C5:1/DN) para reiniciar a contagem acumulada em 0.

Geralmente, o uso das instruções de comparação é simples; contudo, envolve uma precaução em programas utilizados para controlar as operações de fluxo de enchimento de vasilhames (Figura 10.35). Esse tipo de controle pode ser resumido da seguinte maneira:

- O vasilhame receptor tem seu peso monitorado continuamente pelo programa do CLP enquanto está sendo enchido.

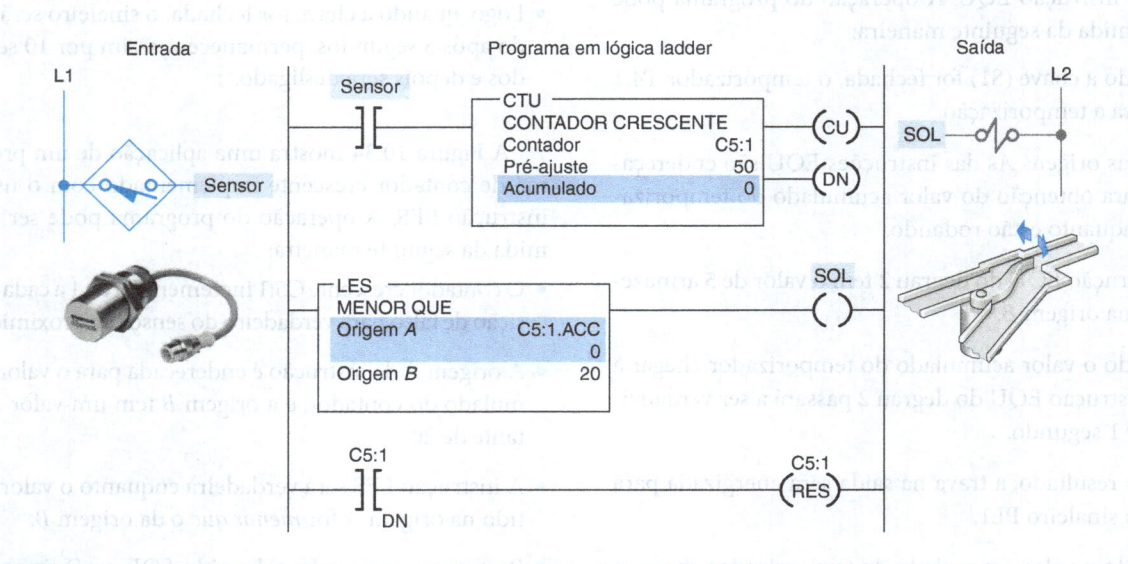

Figura 10.34 Programa de contador implementado com o uso da instrução LES.
Fonte: Cortesia da Turck Inc.
www.turck.com

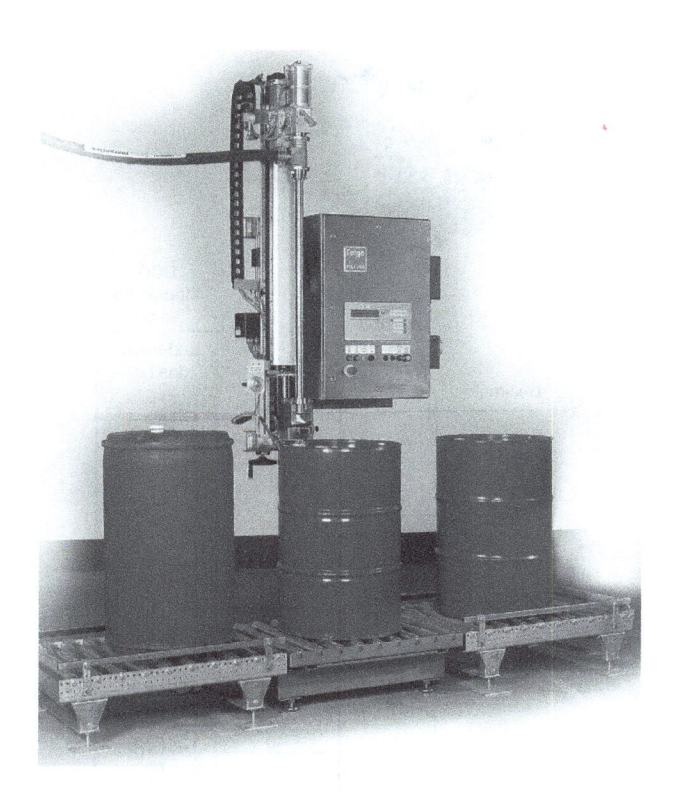

Figura 10.35 Operação de enchimento de vasilhame.
Fonte: Cortesia da Feige Filling.

- Quando o peso atingir um valor pré-ajustado, o fluxo será interrompido.

- Enquanto o vasilhame está sendo enchido, o CLP executa uma comparação entre o peso atual do vasilhame e a constante pré-ajustada programada no processador.

- Se o programador utilizar apenas a instrução de igual a, poderá ocorrer um problema.

- À medida que o vasilhame é enchido, a comparação de igualdade passa a ser falsa. No instante em que o peso do vasilhame atingir o valor pré-ajustado na instrução de igual a, a instrução torna-se verdadeira e o fluxo é interrompido.

- No entanto, é possível que o sistema de alimentação continue a adicionar uma quantidade do produto dentro do vasilhame, deixando o peso total do produto *acima* do valor pré-ajustado, o que torna a instrução falsa e faz o produto entornar do vasilhame.

- A solução mais simples para esse problema é programar a instrução de comparação maior que ou igual a. Desse modo, qualquer excesso de produto que entrar no vasilhame não afetará a operação de enchimento.

- Pode ser necessário, contudo, incluir uma programação adicional para indicar uma condição grave de derramamento do vasilhame.

10.5 Interfaces de E/S de dados numéricos

A expansão no processamento de manipulação de dados dos CLPs levou ao desenvolvimento de interfaces conhecidas como interfaces de E/S de dados numéricos, que, em geral, podem ser divididas em dois grupos: as que possibilitam uma interface para dispositivos *multibits digitais* e as que possibilitam uma interface para dispositivos analógicos.

Os dispositivos de multibits digitais são como as E/S discretas, porque os sinais processados são discretos (liga/desliga). A diferença é que, com as E/S discretas, é necessário apenas um bit *simples* para ler uma entrada ou uma saída de controle. As interfaces de multibits permitem que um grupo de bits de entrada ou de saída seja considerado uma *unidade* e podem ser utilizadas para acomodar dispositivos que requerem entradas ou saídas em BCD.

A chave de tambor (TWS), mostrada na Figura 10.36, é um dispositivo típico de entrada BCD. Cada uma das quatro chaves fornece quatro dígitos binários em suas saídas, correspondentes ao número decimal selecionado na chave. A conversão dos quatro dígitos binários em um único dígito decimal é executada pelo dispositivo TWS. O módulo de entrada BCD permite que o processador aceite o código digital de quatro bits e que insira seus dados em um registro específico ou em locações específicas de palavra na memória que será utilizada pelo programa de controle. As instruções de manipulação de dados podem ser utilizadas para acessar os dados de um módulo de entrada, permitindo a mudança dos valores pré-ajustados (set-point), dos temporizadores ou contadores *externamente*, sem modificação do programa de controle.

O display de LED de *sete segmentos*, mostrado na Figura 10.37, é um dispositivo típico de saída com decimal codificado em binário (BCD). Ele mostra um número decimal que corresponde ao valor BCD que recebe na sua entrada. A conversão dos quatro bits binários em um único dígito decimal no display é executada pelo dispositivo de display de LED. O módulo de saída BCD é usado para a saída de dados de um registro específico ou de uma locação específica na memória. Esse tipo de módulo de saída habilita o CLP para operar dispositivos que requerem sinais codificados em BCD.

A Figura 10.38 mostra um programa de CLP que utiliza um módulo de interface de entrada BCD conectado a uma chave de tambor e um módulo de interface de saída BCD conectado a um display de LED. O programa é editado de modo que o display de LED apresente os valores da chave de tambor. As duas instruções, MOV e EQU, fazem parte do programa, e a operação deste pode ser resumida da seguinte maneira:

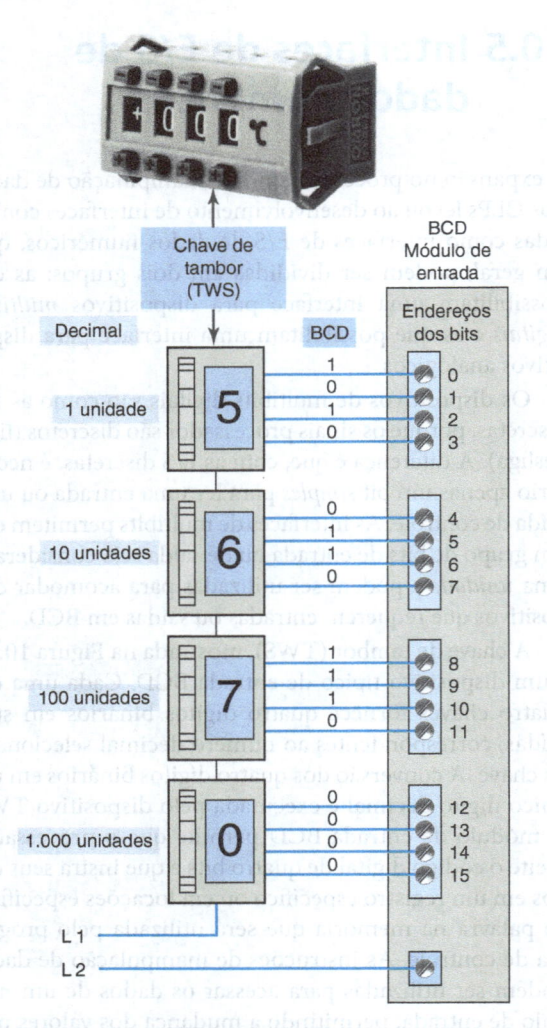

Figura 10.36 Módulo de interface de entrada BCD conectado a uma chave de tambor.
Fonte: Cortesia da Omron Industrial Automation.
www.ia.omron.com

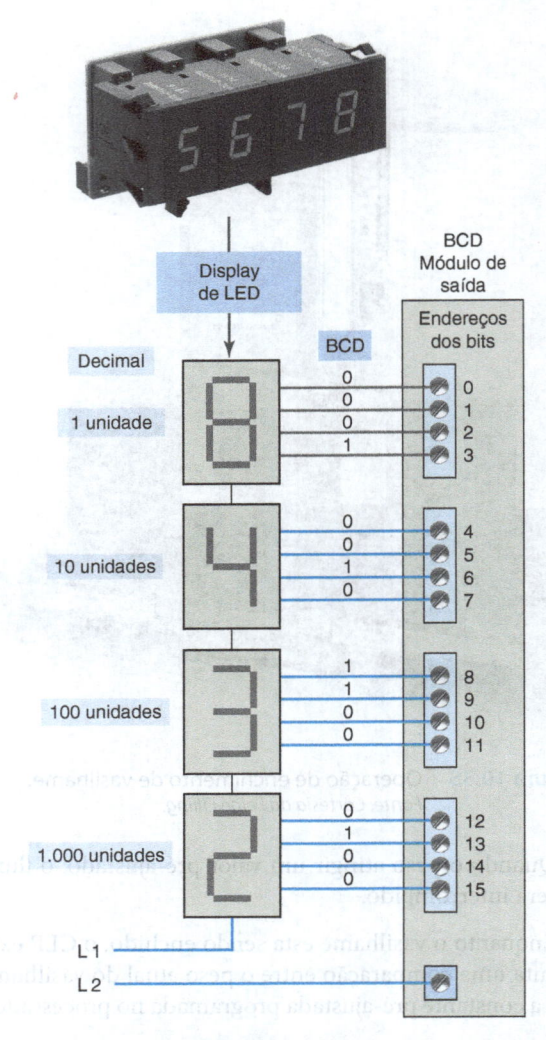

Figura 10.37 Módulo de interface de saída BCD conectado a uma placa de mostrador de sete segmentos com LED.
Fonte: Cortesia da Omron Industrial Automation.
www.ia.omron.com

- O display de LED monitora os ajustes decimais da chave de tambor.
- A instrução MOV é utilizada para mover os dados de entrada da chave de tambor para a saída do display de LED.
- O ajuste na chave de tambor é comparado com o número de referência 1.208 armazenado na origem *B* pela instrução EQU.
- O sinaleiro na saída PL será energizado se a chave de entrada S1 for verdadeira (fechada) e se o valor da chave de tambor for igual a 1.208.

Os módulos de entrada e saída podem ser endereçados tanto em nível de bit como em nível de palavra. Os módulos analógicos convertem sinais analógicos em sinais digitais de 16 bits (entrada) ou em sinais digitais de 16 bits em valores analógicos (saída). Uma E/S analógica permite o monitoramento e o controle de tensões e correntes analógicas. A Figura 10.39 mostra como funciona uma interface de entrada analógico. A operação desse módulo de entrada pode ser resumida da seguinte maneira:

- O módulo de entrada analógico contém o circuito necessário para aceitar sinais de tensão e corrente vindos dos dispositivos no campo.
- O sinal de entrada é convertido de um valor analógico em digital pelo conversor analógico-digital (A/D) do circuito.
- O valor de conversão, que é proporcional ao sinal analógico, passa pelo barramento de dados do controlador

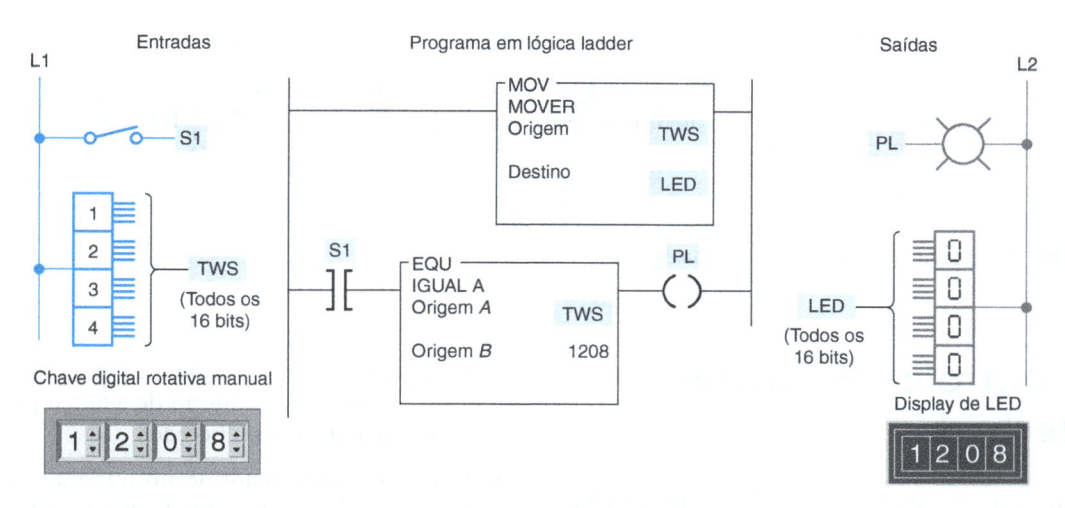

Figura 10.38 Monitorando os ajustes de uma chave de tambor.

e é armazenado em um registro específico ou em uma locação de memória específica, para ser utilizado mais tarde pelo programa de controle.

Um módulo de interface de saída analógico (Figura 10.40) recebe dados numéricos do processador, que são, então, traduzidos em uma tensão ou corrente proporcional para controlar um dispositivo analógico no campo. Sua operação pode ser resumida da seguinte maneira:

- A função do módulo de saída analógico é aceitar uma faixa de valores numéricos da saída vindos do programa do CLP e produzir um sinal de corrente ou tensão requerido para controlar um dispositivo analógico na saída.

- Os dados vindos de um registro específico ou de uma locação de palavra na memória da CPU passam pelo barramento de dados do controlador para o conversor digital-analógico (D/A).

- A saída analógico do conversor D/A é utilizada então para controlar o dispositivo de saída analógico.

- O nível de sinal analógico da saída é baseado no valor digital da palavra do dado fornecida pela CPU e manipulada pelo programa de controle.

- Essas interfaces de saída normalmente requerem uma fonte de alimentação externa que atenda a determinadas exigências de corrente e tensão.

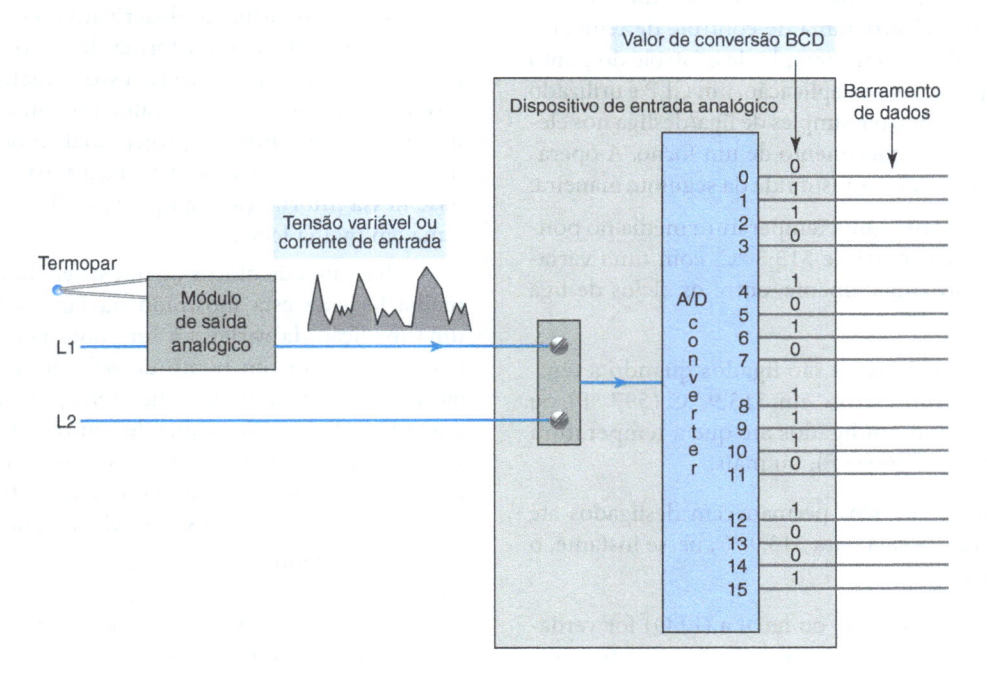

Figura 10.39 Módulo de interface de entrada analógico.

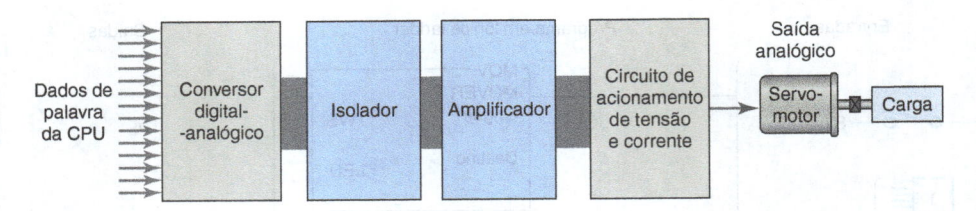

Figura 10.40 Módulo de interface de saída analógico.

10.6 Controle em malha fechada

No controle em malha aberta, não é utilizada uma malha de realimentação, e as variações no sistema que causam desvios no valor pré-ajustado na saída não são detectadas. Um sistema em malha fechada utiliza uma realimentação para medir o parâmetro do sistema de operação atual que está sendo controlado, como temperatura, pressão, fluxo, nível ou velocidade. Esse sinal de realimentação é enviado de volta ao CLP, onde é comparado com o ponto de ajuste (set-point). O controlador desenvolve um sinal de erro que inicia uma ação corretiva e aciona o dispositivo final na saída para o valor pré-ajustado.

O *controle do ponto de ajuste* (set-point) pelo CLP, em sua forma mais simples, compara um valor de entrada, como entradas analógicas ou sinais de uma chave de tambor, com o valor do ponto de ajuste (set-point). É fornecido um sinal discreto na saída se o valor da entrada for *menor que*, *igual* a ou *maior que* o valor do ponto de ajuste (set-point). O programa de controle de temperatura da Figura 10.41 é um exemplo de controle do ponto de ajuste (set-point). Nessa aplicação, um CLP é utilizado para fornecer um controle simples de liga/desliga nos elementos elétricos de aquecimento de um forno. A operação do programa pode ser resumida da seguinte maneira:

- O forno deve manter uma temperatura média no ponto de ajuste (set-point) de 315,5 °C, com uma variação de 1%, aproximadamente, entre os ciclos de liga e desliga.

- Os aquecedores elétricos são ligados quando a temperatura do forno estiver em 313,9 °C (597 °F) ou menos e permanecem ligados até que a temperatura chegue a 317,2 °C (603 °F), ou mais.

- Os aquecedores elétricos permanecem desligados até que a temperatura caia para 313,9 °C; nesse instante, o ciclo se repete.

- Se a instrução menor que ou igual a (LEQ) for verdadeira, existirá uma condição de baixa temperatura, e o programa ligará o aquecedor.

- Se a instrução maior que ou igual a (GEQ) for verdadeira, existirá uma condição de alta temperatura, e o programa desligará o aquecedor.

- Para o programa, conforme mostrado, a temperatura é de 312,8 °C (595 °F), de modo que as instruções LEQ e B3:0/1 serão ambas verdadeiras, e a saída do aquecedor será ligada e selada pela instrução verificador de ligado do aquecedor.

- Quando a temperatura aumentar para 314,4 °C, a instrução LEQ passará a ser falsa, mas o aquecedor permanecerá ligado até que a temperatura aumente para 317,2 °C.

- No ponto de 317,2 °C, as instruções GEQ e B3:02 serão ambas verdadeiras, e o aquecedor será desligado.

Vários esquemas de controle do ponto de ajuste podem ser executados por diferentes modelos de CLP; entre eles há: o controle liga/desliga, o controle proporcional (P), o controle proporcional-integral (PI) e o controle proporcional-integral-derivativo (PID). Cada um envolve o uso de alguma forma de controle em malha fechada para manter um processo característico, pressão, fluxo ou nível em um valor pré-ajustado. Quando um sistema de controle é projetado de modo que receba informação de uma máquina e faça ajustes para ela com base nessa informação da operação, dizemos que o sistema em malha fechada.

O diagrama de blocos de um sistema de controle em malha fechada está mostrado na Figura 10.42. É feita uma medição da variável a ser controlada, que é então comparada com um ponto de referência, ou ponto de ajuste; se existir uma diferença (erro) entre o nível real e o pré-ajustado, o programa de controle do CLP tomará uma ação corretiva necessária. Os ajustes são feitos continuamente pelo CLP até que a diferença entre a saída pré-ajustada e a atual seja desprezível na prática.

Com o controle liga/desliga (conhecido também como *controle de duas posições*), a saída, ou elemento de controle final, é ligada ou desligada – uma posição utilizada quando o valor da variável medida estiver acima do ponto de ajuste e outra para ser utilizada quando o valor

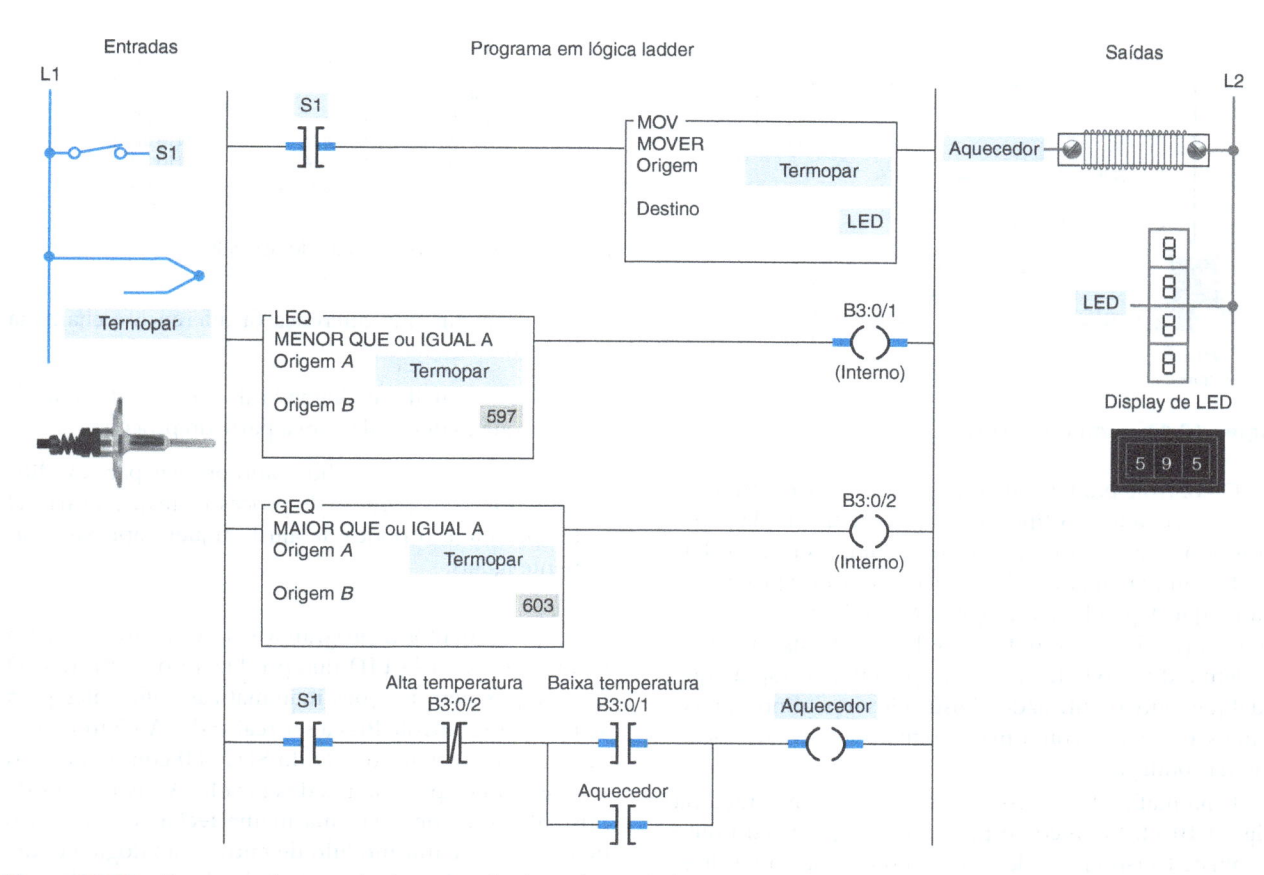

Figura 10.41 Programa de controle do ponto de ajuste (set-point).

estiver abaixo do ponto de ajuste. O controlador nunca mantém o elemento de controle final em uma posição intermediária; a maioria dos termostatos residenciais são controladores do tipo liga/desliga.

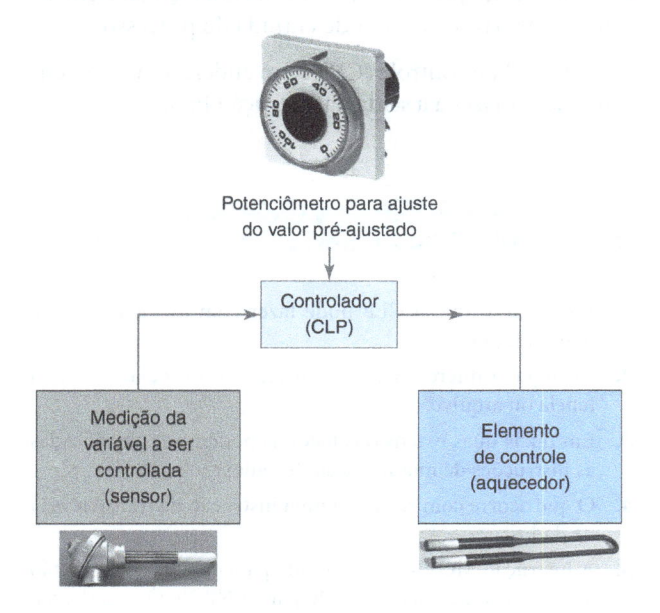

Figura 10.42 Sistema de controle em malha fechada.

O controle liga/desliga é de baixo custo, mas não tem precisão suficiente para a maioria das aplicações dos processos de controles de máquinas. Ele quase sempre implica ultrapassagem e sistema resultante oscilante. Por essa razão, geralmente existe uma *banda morta* ou uma histerese da malha de controle em torno do ponto de ajuste, que é a diferença entre os pontos de operação liga e desliga.

Os *controles proporcionais* são projetados para eliminar a oscilação associada ao controle liga/desliga e permitem que o elemento de controle final tome posições intermediárias entre o *liga* e o *desliga*, o que permite ao *controle analógico* do elemento de controle final variar a quantidade de energia para o processo, dependendo de quanto o valor da variável medida foi deslocado do valor pré-ajustado.

O processo mostrado na Figura 10.43 é um exemplo de um controle de processo proporcional. O módulo de saída analógico do CLP controla a quantidade de fluido colocado no tanque de retenção pelo ajuste da porcentagem de abertura da válvula, que está inicialmente 100% aberta. À medida que o nível do fluido no tanque aproxima-se do ponto pré-ajustado, o processador modifica a saída para rebaixar o fechamento da válvula por diferentes porcentagens, ajustando-a para manter o ponto de ajuste (set-point).

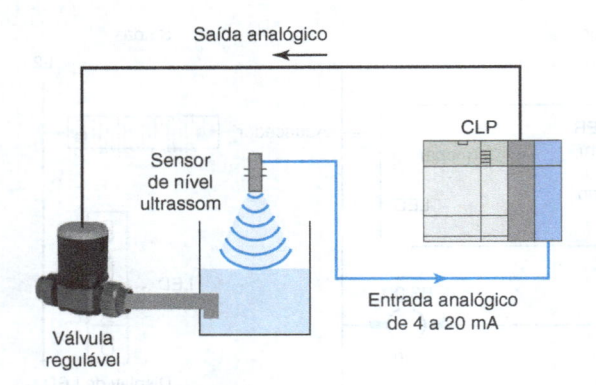

Figura 10.43 Controle de processo proporcional.

O controle *proporcional-integral-derivativo* (PID) é o mais sofisticado e o tipo de controle mais amplamente utilizado; suas operações são mais complexas e são baseadas em matemática. Os controladores PID produzem saídas que dependem da *magnitude*, da *duração* e da *taxa de variação*, bem como do sinal de erro do sistema. Eles podem reduzir o sistema de erro para 0 mais rápido que qualquer outro controlador. Distúrbios repentinos no sistema são tratados com uma tentativa agressiva de correção da condição.

Uma malha de controle PID típica está mostrada na Figura 10.44. Ela mede o processo, compara seu ponto de ajuste (set-point) e depois manipula a saída na direção que o processo deveria mover aproximado do ponto de ajuste. A terminologia usada em conjunção com uma malha PID pode ser resumida como segue:

- A operação da informação que o controlador recebe da máquina é chamada de *variável do processo* (PV) ou *realimentação*.
- O local de onde o operador diz ao controlador o ponto de operação pré-ajustado é chamado de *ponto de ajuste* (SP).
- Quando em funcionamento, o controlador determina se a máquina necessita de ajuste pela comparação (por subtração) do ponto de ajuste e da variável do processo para produzir uma diferença (a diferença é chamada de *erro*).
- Na saída, a malha é chamada de *variável de controle* (CV), que é conectada com a parte do processo.
- A malha PID toma medidas apropriadas para modificar o ponto de operação do processo até que a variável de controle e o ponto de ajuste fiquem aproximadamente iguais.

Os controladores programáveis são equipados com os módulos de E/S PID que produzem o controle PID ou que possuem funções matemáticas suficientes para seu próprio controle PID a ser realizado. A Figura 10.45 mostra uma instrução PID do SLC 500 com endereços típicos para os parâmetros de entrada. A instrução PID normalmente controla uma malha fechada com o uso de entradas de um módulo de entrada analógico e fornece uma saída para um módulo de saída analógico. Uma explanação dos parâmetros da instrução PID pode ser resumida como segue:

- O bloco de controle é o arquivo que armazena os dados requeridos para a instrução operar.
- A variável do processo (PV) é um endereço do elemento que armazena o valor de entrada do processo.
- A variável de controle (CV) é um endereço do elemento que armazena a saída da instrução PID.

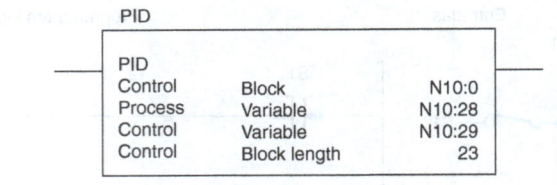

Figura 10.45 Instrução PID do SLC 500.

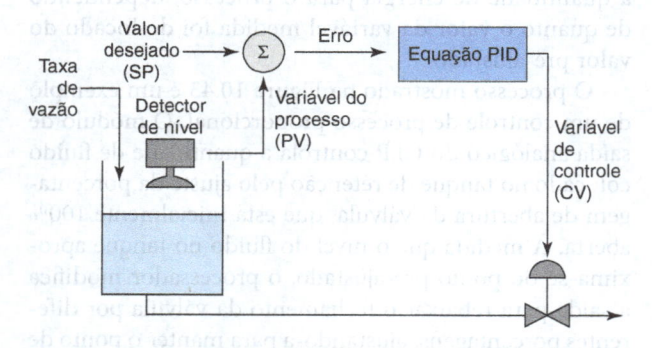

Figura 10.44 Malha de controle PID típica.

QUESTÕES DE REVISÃO

1. Em geral, o que o CLP pode fazer com as instruções de manipulação?
2. Explique a diferença entre um registro ou palavra e uma tabela ou arquivo.
3. Em quais duas extensas categorias podem ser classificadas as instruções de manipulação de dados?
4. O que ocorre com relação a uma instrução de transferência de dados?
5. A instrução MOV deve ser usada para copiar a informação armazenada na palavra N7:20 para a N7:35. Que endereço deve ser dado na origem e no destino?

6. Qual é a finalidade da máscara em uma palavra, na instrução MVM?
7. Qual é a finalidade da instrução de distribuição de bit?
8. Liste três tipos de deslocamento de dados usados com o arquivo das instruções.
9. Liste os seis parâmetros e os endereços que devem ser inseridos na instrução de arquivo aritmético e lógico (FAL).
10. Considere que o modo ALL tenha sido inserido como parte da instrução FAL. Como isso pode afetar a transferência de dados?
11. Na transferência de dados, qual é a vantagem em utilizar a instrução copiar arquivo (COP) ou a instrução preencher arquivo (FLL) em vez da instrução FAL?
12. Para que são usadas as instruções de comparação de dados?
13. Desenhe os símbolos e dê os nomes para os seis tipos diferentes de instruções de comparação de dados.
14. Explique cada um dos degraus lógicos, na Figura 10.46, que estão instruindo o que o processador deve fazer?
15. O que a instrução de teste de limite (LIM) faz com os valores de teste?
16. Em que difere as interfaces de multibits de um módulo de E/S de um tipo discreto?
17. Considere que a chave de tambor seja ajustada com o número decimal 3286.
    a. Qual é o valor equivalente em BCD desse ajuste?
    b. Qual é o valor equivalente em binário desse ajuste?
18. Considere que um termopar seja conectado a módulo de entrada analógico. Explique como a temperatura do termopar é comunicada ao processador.
19. Esboce o processo pelo qual o módulo de saída analógico opera o dispositivo conectado nele.
20. Compare a operação dos sistemas em malha aberta e em malha fechada no CLP.
21. Esboce o controle de processo envolvido com o controle do ponto de ajuste simples no CLP.
22. Compare a operação do elemento de controle final no sistema liga/desliga com o sistema de controle proporcional.
23. Explique o significado dos seguintes termos quando eles se aplicam a um controle de processo:
    a. Variável de processo;
    b. Ponto de ajuste;
    c. Erro;
    d. Variável de controle.

PROBLEMAS

1. Estude o programa de transferência de dados da Figura 10.47 e responda às seguintes questões:
    a. Quando S1 for aberta, que valor decimal será armazenado no endereço de palavra inteira N7:13 da instrução MOV?

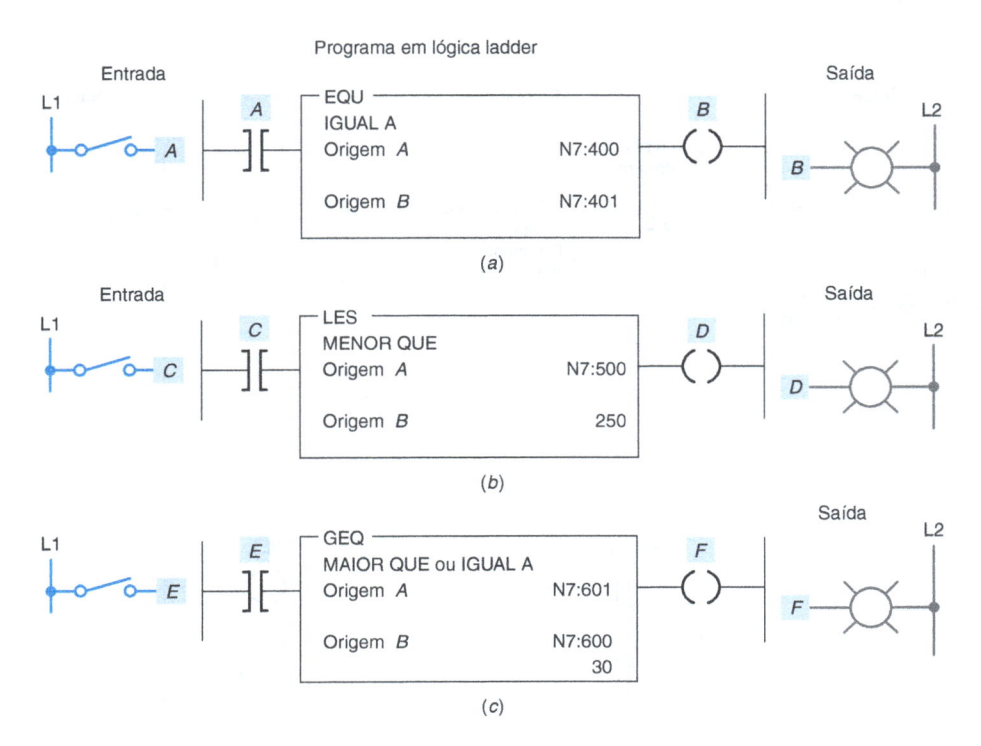

Figura 10.46 Degraus lógicos para a Questão 14.

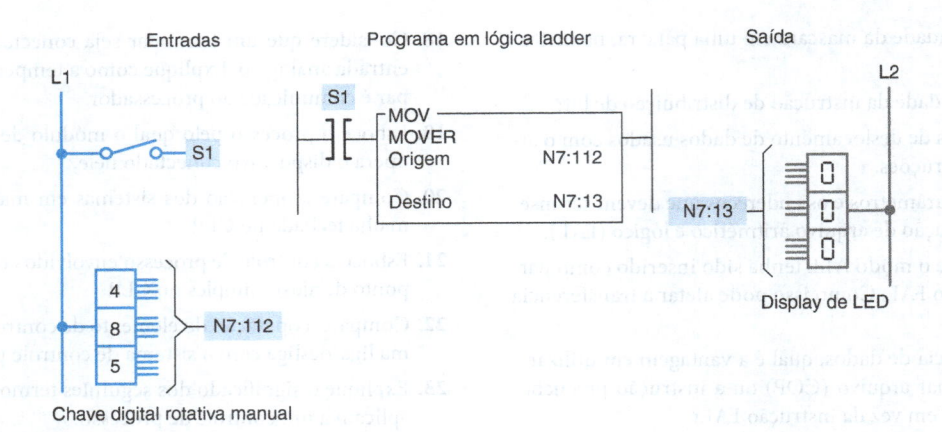

Figura 10.47 Programa para o Problema 1.

   b. Quando S1 for ligada, que valor decimal será armazenado no endereço de palavra inteira N7:112 da instrução MOV?
   c. Quando S1 for fechada, que valor decimal aparecerá no display de LED?
   d. O que é preciso para que o número 216 apareça no display de LED?
2. Estude o programa de transferência de dados da Figura 10.48 e responda às seguintes questões:
   a. O que determina o valor pré-ajustado do contador?
   b. Esboce os passos para seguir a operação do programa de modo que a saída PL1 seja energizada após 25 transições de desliga para liga da contagem do PB de entrada.
3. Edite um programa de temporizador não retentivo para ligar um sinaleiro após um período de retardo. Utilize uma chave de tambor para mudar o valor do tempo pré-ajustado no temporizador.
4. Estude o programa de comparação de dados da Figura 10.49 e responda às seguintes questões:
   a. O sinaleiro PL1 será ligado se a chave S1 for fechada? Por quê?
   b. A chave S1 deve ser fechada para mudar o número armazenado na origem A da instrução EQU?
   c. Que número, ou números, deve ser estabelecido na chave de tambor para que o sinaleiro seja ligado?

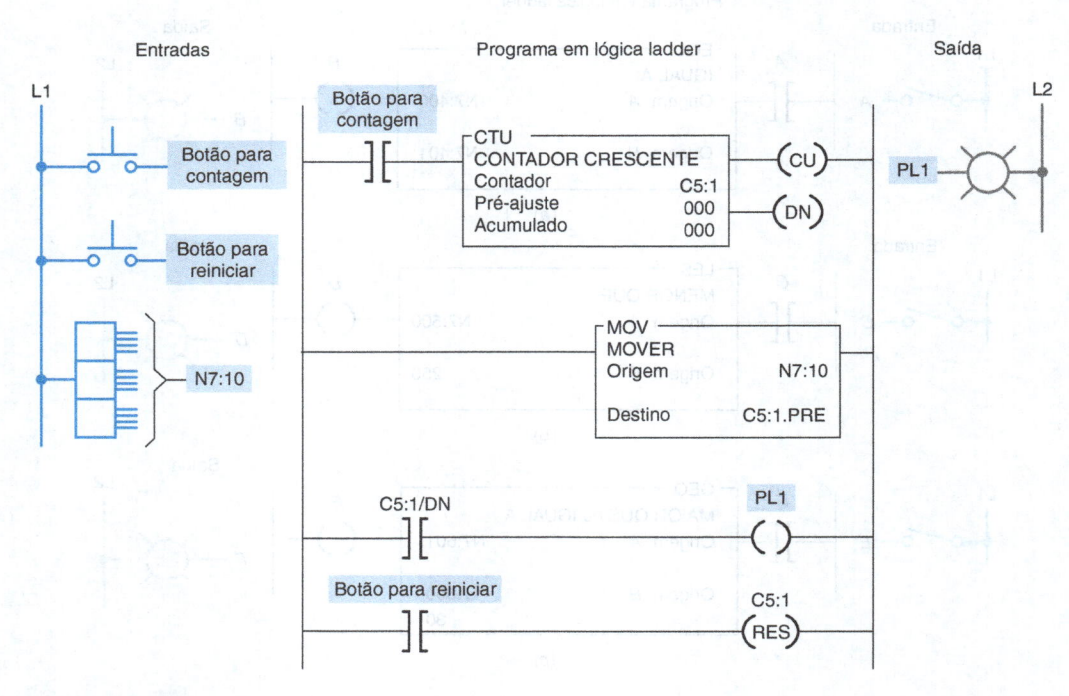

Figura 10.48 Programa para o Problema 2.

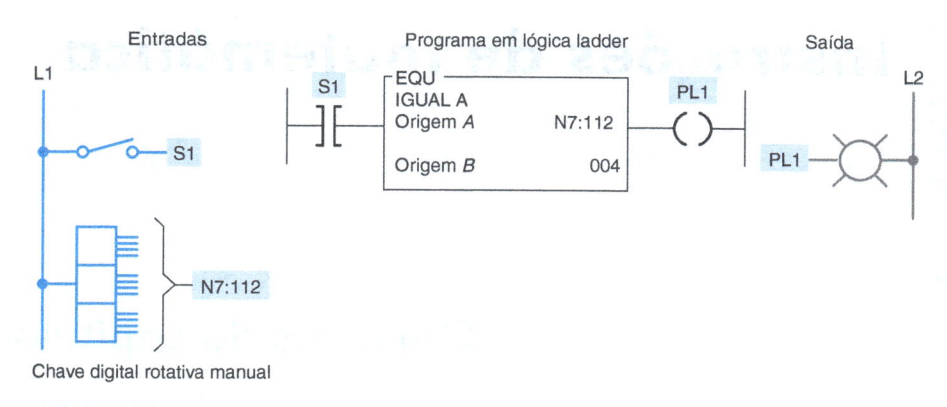

Figura 10.49 Programa para o Problema 4.

5. Estude o programa de transferência de dados da Figura 10.50 e responda às seguintes questões:
   a. Liste os valores da chave de tambor que podem ligar o sinaleiro.
   b. Se o valor na palavra N7:112 for 003 e a chave S1 for aberta, o sinaleiro será ligado? Por quê?
   c. Considere que a origem B seja endereçada para a contagem acumulada de um contador crescente. Com S1 fechada, que valor deve ser estabelecido na chave de tambor para que o sinaleiro seja desligado quando a contagem acumulada atingir 150?
6. Edite um programa para executar o seguinte:
   a. Ligar o sinaleiro 1 (PL1) se o valor na chave de tambor for menor que 4.
   b. Ligar o sinaleiro 2 (PL2) se o valor na chave de tambor for igual a 4.
   c. Ligar o sinaleiro 3 (PL3) se o valor na chave de tambor for maior que 4.
   d. Ligar o sinaleiro 4 (PL4) se o valor na chave de tambor for menor que ou igual a 4.
   e. Ligar o sinaleiro 5 (PL5) se o valor na chave de tambor for maior que ou igual a 4.
7. Edite um programa para copiar o valor armazenado no endereço N7:56 no endereço N7:60.
8. Edite um programa que utiliza uma instrução mover com máscara para mover apenas os 8 bits superiores do valor armazenado no endereço I:2.0 para o endereço O:2.1, para ignorar os 8 bits inferiores.
9. Edite um programa que usa a instrução FAL para copiar 20 palavras de dados de um arquivo de dados inteiros, começando com N7:40, até o arquivo de dados inteiros começando com N7:80.
10. Edite um programa que usa a instrução COP para copiar 128 bits de dados de uma área de memória, começando com B3:0, para a área de memória, começando com B3:8.
11. Edite um programa para ligar uma lâmpada apenas se um contador do CLP atingir o valor de 6 ou 10.
12. Edite um programa para ligar uma lâmpada se o valor do contador do CLP for menor que 10 ou maior que 30.
13. Edite um programa para o seguinte: a temperatura de um termopar deve ser lida e armazenada em uma locação de memória a cada 5 minutos, por 4 horas. A temperatura lida é produzida continuamente e armazenada no endereço N7:150. O arquivo #7:200 é destinado a conter os dados do período das últimas 4 horas.

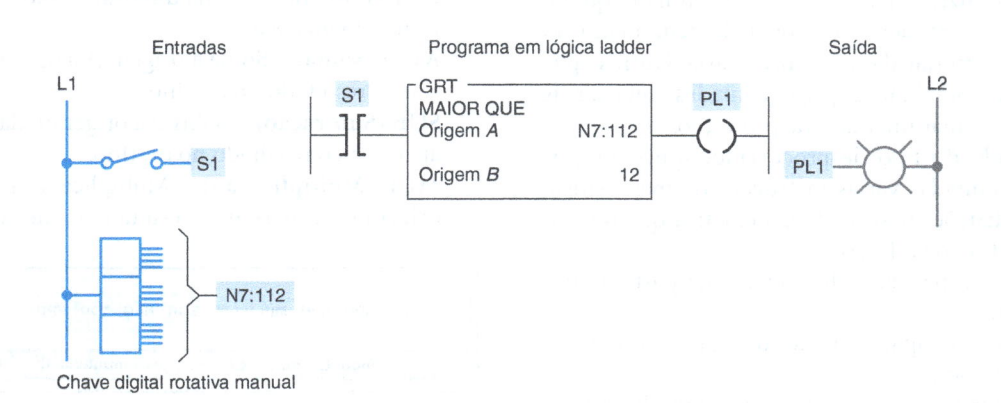

Figura 10.50 Programa para o Problema 5.

11 Instruções de matemática

Objetivos do capítulo

Após o estudo deste capítulo, você será capaz de:

11.1 Analisar e interpretar instruções de matemática e entender como elas são aplicadas em um programa de CLP.
11.2 Editar programas no CLP que envolvem instruções de matemática.
11.3 Aplicar combinações de funções aritméticas do CLP nos processos.

A maioria dos CLPs possui recursos com funções matemáticas. As instruções básicas de matemática do CLP são adição, a subtração, multiplicação e divisão, para calcular a soma, a subtração, a multiplicação e o quociente dos conteúdos dos registros das palavras. O CLP é capaz executar várias funções aritméticas por período de varredura para uma rápida atualização dos dados. Este capítulo trata dessas instruções, executadas por CLPs, e de suas aplicações.

11.1 Instruções de matemática

As instruções de matemática, assim como as instruções de manipulação de dados, permitem que o controlador programável tenha um ou mais recursos de um computador convencional. Os recursos das funções matemáticas dos CLPs permitem que sejam executadas funções aritméticas com os valores armazenados na memória; por exemplo, considere o uso de um contador para monitorar o número de peças fabricadas e que há a necessidade de se mostrar em um display quantas peças a mais devem ser produzidas para atingir determinada quota. O display precisa requerer o valor dado acumulado no contador para subtrair da quota necessária. Outras aplicações podem combinar as peças contadas, subtrair as defeituosas e calcular uma taxa da produção.

Dependendo do tipo de processador utilizado, podem ser programadas várias instruções de matemática. As quatro instruções básicas de matemática que podem ser programadas no CLP são:

Adição – A capacidade de somar uma parte de um dado a outro.
Subtração – A capacidade de subtrair uma parte de um dado do outro.
Multiplicação – A capacidade de multiplicar uma parte de um dado por outro.
Divisão – A capacidade de dividir uma parte de um dado por outra.

As instruções de matemática utilizam os conteúdos de duas palavras de registro e executam a função desejada. As instruções do CLP para a manipulação de dados (transferência e comparação de dados) são utilizadas com os símbolos de matemática para executarem as funções de matemática, e todas essas instruções são de saída. A Figura 11.1 mostra a barra de menu de cálculo de (Compute Math) para o CLP SLC 500 e seu programa (software) associado RSLogix. Os comandos podem ser resumidos como segue:

CPT (Cálculo) – Avalia uma expressão e armazena o resultado no destino.
ADD (Soma) – Soma a origem *A* à origem *B* e armazena o resultado no destino.
SUB (Subtração) – Subtrai a origem *B* da origem *A* e armazena o resultado no destino.
MUL (Multiplicação) – Multiplica a origem *A* pela origem *B* e armazena o resultado no destino.

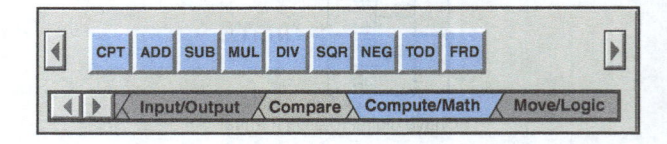

Figura 11.1 Menu da tabela de Compute/Math.

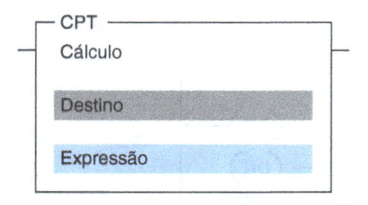

Figura 11.2 Instruções de CPT (cálculo) do SLC 500.

DIV (Divisão) – Divide a origem A pela origem B e armazena o resultado no registro de matemática.
SQR (Raiz Quadrada) – Calcula a raiz quadrada da origem e coloca o resultado inteiro no destino.
NEG (Negativa) – Muda o sinal da origem e a coloca no destino.
TOD (Para BCD) – Converte o valor inteiro de 16 bits da origem em BCD e armazena no registro de matemática ou destino.
FRD (De BCD) – Converte um valor em BCD no registro de matemática ou da origem em um inteiro e armazena no destino.

A Figura 11.2 mostra a instrução CPT (cálculo) utilizada nos controladores SLC 500. Depois de executada a instrução CPT, será executada a operação de cópia, aritmética, lógica ou uma conversão de dados residente na expressão de campo dessa instrução, e o resultado será enviado para o destino. O tempo de execução de uma instrução CPT é maior que o tempo de uma operação simples de aritmética e utiliza mais palavras de instrução.

11.2 Instrução de adição

A maioria das instruções de matemática toma dois valores de entrada e executa a função aritmética especificada, e a saída vai para uma locação de memória atribuída; por exemplo, a instrução ADD executa a soma de dois valores armazenados nas locações de memória referenciadas, mas o acesso a esses valores depende do controlador. A Figura 11.3 mostra a instrução ADD utilizada nos controladores SLC 500. A operação do programa do degrau lógico pode ser resumida da seguinte maneira:

- Quando a chave de entrada SW for fechada, o degrau se tornará verdadeiro.
- O valor armazenado no endereço da origem A, N7:0 (25), é somado ao valor armazenado no endereço da origem B, N7:1 (50).
- A resposta (75) é armazenada no endereço de destino N7:2.
- A origem A e a origem B podem conter valores ou endereços que contenham valores, mas A e B não podem ser constantes.

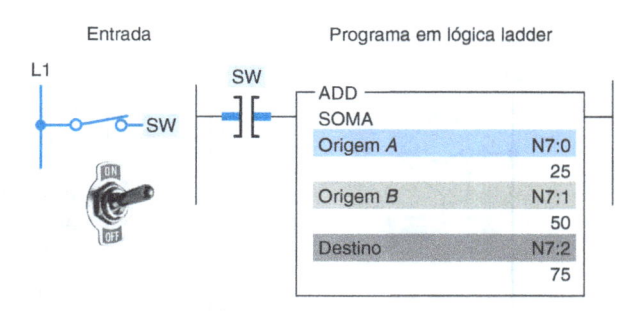

Figura 11.3 Instrução ADD (soma) no SLC 500.

O programa da Figura 11.4 mostra como a instrução ADD pode ser utilizada para somar contagens acumuladas de dois contadores crescentes, aplicação esta que requer um sinaleiro para sinalizar quando a soma das contagens dos dois contadores for *igual a* ou *maior que* 350. A operação do programa pode ser resumida da seguinte maneira:

- A origem A da instrução ADD é endereçada para armazenar o valor acumulado do contador C5:0.
- A origem B da instrução ADD é endereçada para armazenar o valor acumulado do contador C5:1.
- O valor da origem A é somado ao valor da origem B, e o resultado (resposta) é armazenado no endereço de destino N7:1.
- A origem A da instrução GEQ (*maior que* ou *igual a*) é endereçada para armazenar o valor no endereço de destino N7:1.
- A origem B da instrução GEQ contém o valor constante de 350.
- A instrução GEQ e a saída PL1 serão verdadeiras se os valores acumulados nos dois contadores forem *iguais a* ou *maior que* o valor da constante 350.
- Um botão para reiniciar (reset) é fornecido para redefinir contagem acumulada dos dois contadores em zero.

Quando as funções matemáticas forem executadas, é preciso garantir que os valores fiquem na faixa que a tabela de dados ou arquivos podem armazenar; caso contrário, o bit excedente será estabelecido. Os bits de estado aritmético para o controlador SLC 500 são encontrados na palavra 0, bits de 0 a 3 do arquivo de estado S2 do processador (Figura 11.5). Após a execução de uma instrução, os bits de estado aritméticos do arquivo de estados são atualizados. A descrição de cada bit pode ser resumida da seguinte maneira:

Carry (C) (transporte) – Endereço S2:0/0. É estabelecido em 1 quando houver um vai um, em uma instrução de soma, ou um, empréstimo de 1, em uma instrução de subtração.

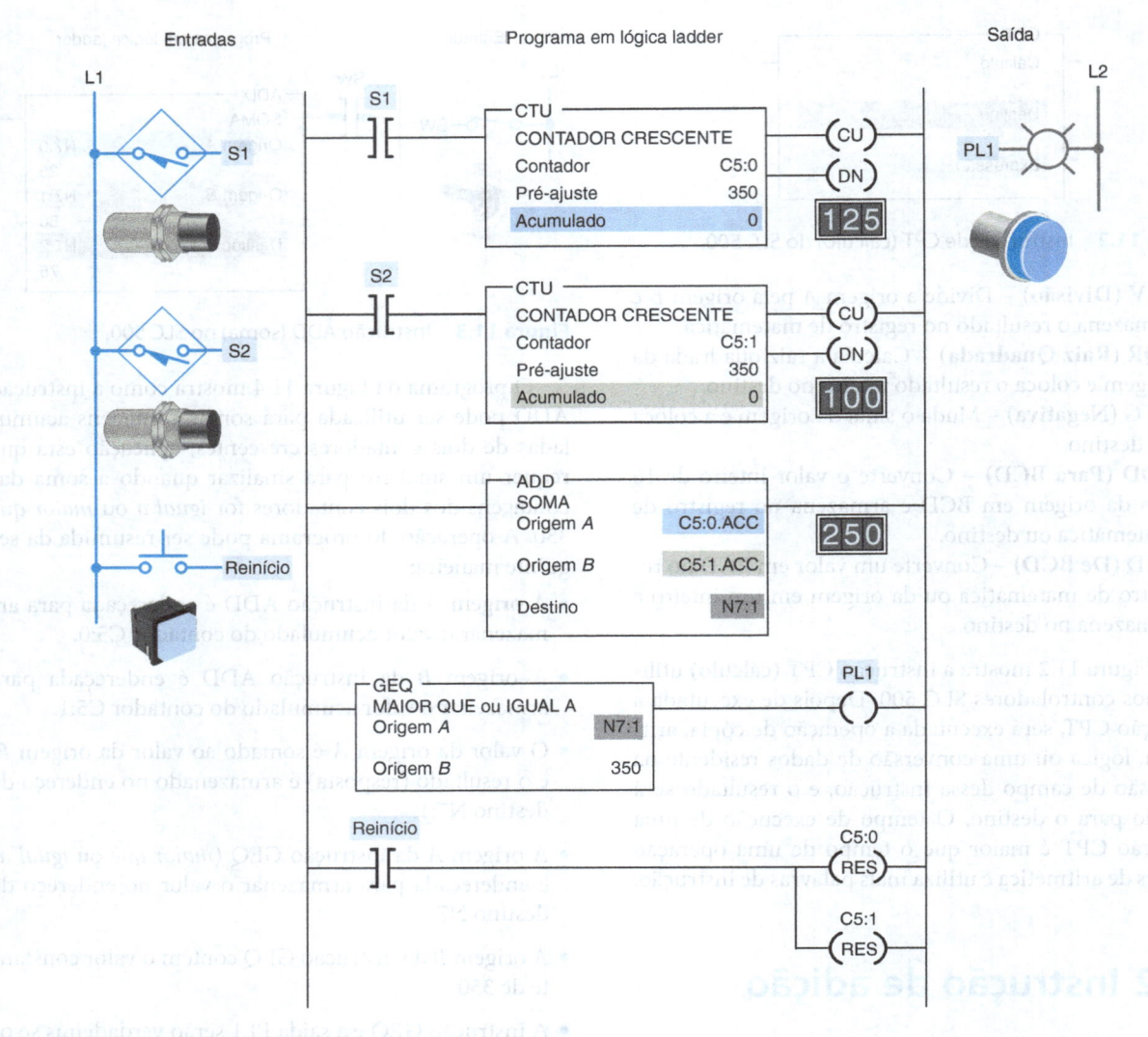

Figura 11.4 Programa de contagem que usa a instrução ADD.

Overflow (O) (excedente) – Endereço S2:0/1. É estabelecido em 1 quando o resultado não couber no registro de destino.

Zero (Z) – Endereço S2:0/2. É estabelecido em 1 quando o resultado da instrução de subtração for zero.

Sign (S) (sinal) – Endereço S2:0/3. É estabelecido em 1 quando o resultado for um número negativo.

11.3 Instrução de subtração

A instrução SUB (*subtração*) é uma instrução de saída que subtrai um valor de outro e armazena o resultado no endereço de destino. Quando as condições do degrau forem verdadeiras, a instrução subtração subtrairá a origem *B* da origem *A* e armazenará o resultado no destino. A Figura 11.6 mostra a instrução SUB utilizada com os controladores SLC 500. A operação lógica do degrau pode ser resumida como segue:

- Quando a chave de entrada SW for fechada, o degrau se tornará verdadeiro.

- O valor armazenado no endereço da origem *B*, N7:05 (322), é subtraído do valor armazenado no endereço da origem *A*, N7:10 (520).

- A resposta (198) é armazenada no endereço de destino, N7:20.

- As origens *A* e *B* podem conter valores ou endereços que contenham valores, mas elas não podem ser constantes.

Status Table

Address	15	14	13	12	11	10	9	8	7	6	5	4	3	2	1	0
S2:0/	0	0	0	0	0	0	0	0	0	0	0	0	0	0	0	0
S2:1/	0	0	0	0	0	0	0	0	0	0	0	0	0	0	0	0
S2:2/	0	0	0	0	0	0	0	0	0	0	0	0	0	0	0	0
S2:3/	0	0	0	0	0	0	0	0	0	0	0	0	0	0	0	0
S2:4/	0	1	0	0	0	0	0	1	1	0	0	0	0	0	0	1
S2:5/	0	0	0	0	0	0	0	0	0	0	0	0	0	0	0	0

Address: S2:0 Table: S2:Status

Figura 11.5 Arquivo do processador de estado S2.

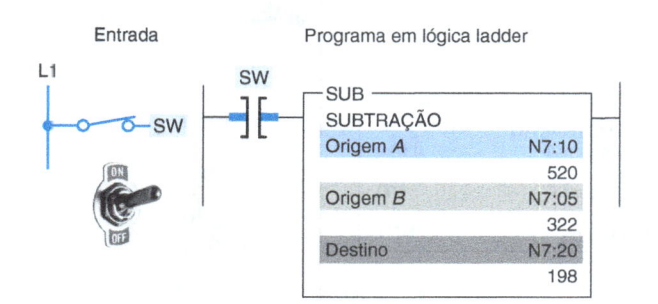

Figura 11.6 Instrução SUB (subtração) do SLC 500.

(Entrada L1 — SW; Programa em lógica ladder — SW — SUB SUBTRAÇÃO, Origem A N7:10 = 520, Origem B N7:05 = 322, Destino N7:20 = 198)

O programa da Figura 11.7 mostra como a função SUB pode ser utilizada para indicar uma condição de enchimento de tanque, aplicação que requer um alarme sonoro para avisar quando for derramado 2,3 kg (5 lb) ou mais de matéria-prima de um sistema de alimentação, após ter atingido um valor preestabelecido de 430 kg (500 lb). A operação do programa pode ser resumida da seguinte maneira:

- Quando o botão de partida for pressionado, o solenoide de envase (degrau 1) e o sinaleiro que indica o enchimento (degrau 2) serão ligados, e o material escoará para o tanque.

- O tanque tem seu peso monitorado continuamente pelo programa do CLP (degrau 3) enquanto se está enchendo.

- Quando o peso chegar a 430 kg (500 lb), o solenoide de envasamento será desenergizado e a vazão será cortada.

- Ao mesmo tempo, o sinaleiro indicador de enchimento de tanque é desligado, e o sinaleiro indicador de tanque cheio (degrau 3) é ligado.

- Se houver um vazamento no solenoide de 2,3 kg (5 lb) ou mais de matéria-prima, o alarme (degrau 5) será energizado e permanecerá assim até que o material seja reduzido abaixo do limite de excesso, 2,3 kg (5 lb).

11.4 Instrução de multiplicação

A instrução MUL (*multiplicação*) é uma instrução de saída que multiplica dois valores e armazena o resultado no endereço de destino. A Figura 11.8 mostra a instrução MUL utilizada com os controladores SLC 500. A operação do programa pode ser resumida da seguinte maneira:

- Quando a chave de entrada SW for fechada, o degrau se tornará verdadeiro.

- O dado na origem A (constante 20) será multiplicado pelo dado na origem B (valor acumulado do contador C5:10).

- A resposta resultante é colocada no destino N7:2.

- Como as instruções de matemática anteriores, as origens A e B nas instruções de multiplicação podem ter valores (constantes) ou endereços que contenham valores, mas A e B juntas não podem ser constantes.

O programa da Figura 11.9 é um exemplo de como uma instrução MUL calcula o produto de duas origens. A operação do programa pode ser resumida da seguinte maneira:

- Quando a chave de entrada SW for fechada, a instrução será executada.

- O valor armazenado na origem A, endereço N7:1 (123), é então multiplicado pelo valor armazenado na origem B, endereço N7:2(61).

- O produto (7.503) é colocado na palavra de destino N7:3.

- Como resultado, a instrução igual torna-se verdadeira, ligando a saída PL1.

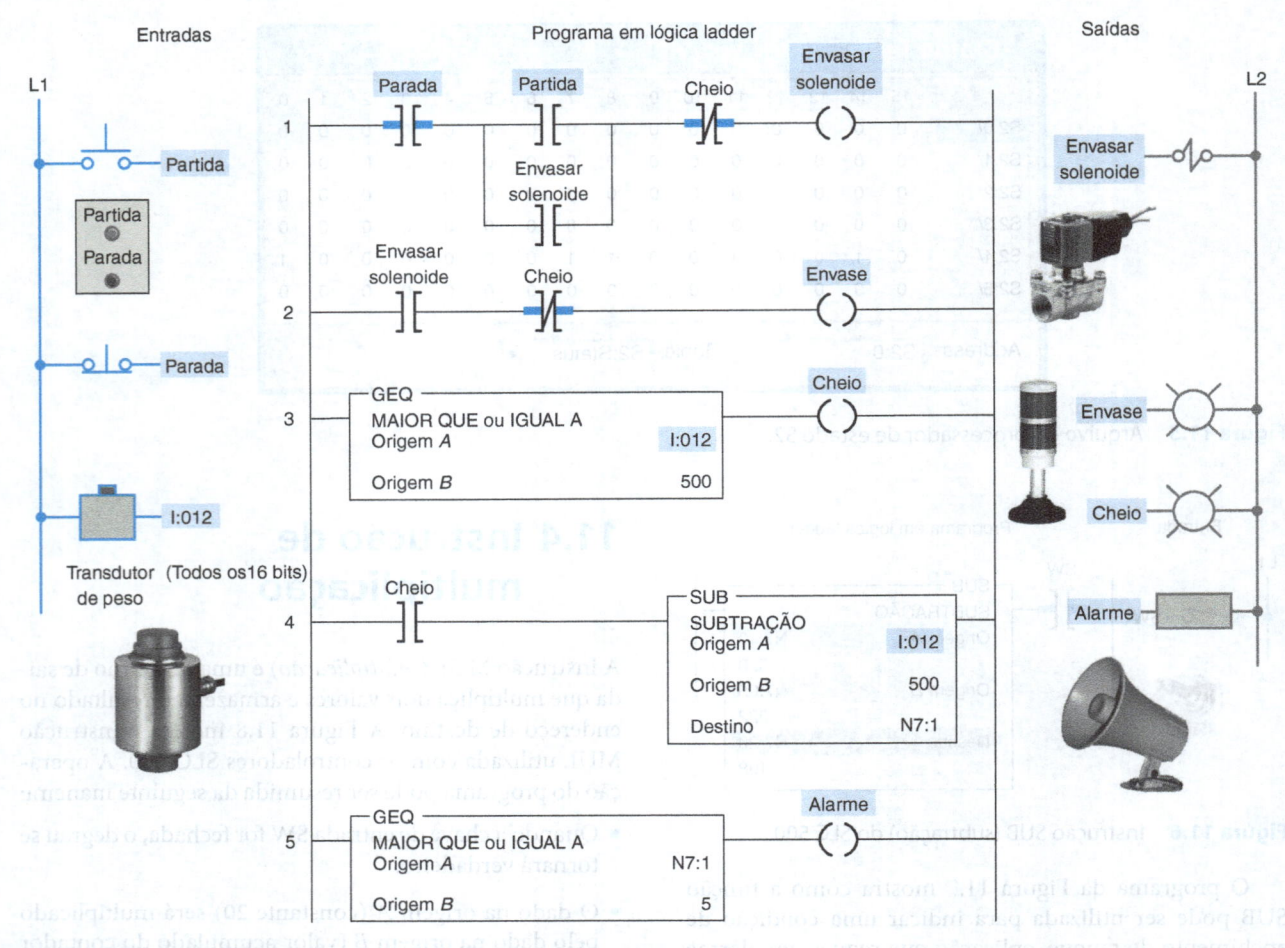

Figura 11.7 Programa de alarme para enchimento de tanque.

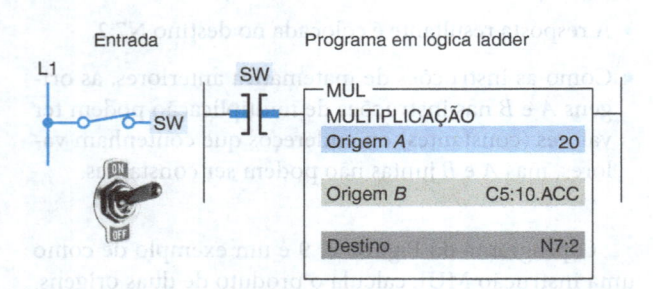

Figura 11.8 Instrução MUL (multiplicação) do SLC 500.

O programa da Figura 11.10 é um exemplo de como a instrução MUL é utilizada como parte de um programa de controle de temperatura de um forno. A operação do programa pode ser resumida da seguinte maneira:

- O CLP calcula a faixa superior e inferior da banda morta ou limites desliga/liga sobre o ponto de ajuste estabelecido (set-point).
- Os limites superior e inferior de temperatura são estabelecidos automaticamente em ±1%, independentemente do valor do ponto de ajuste estabelecido.
- O ponto de ajuste é ajustado por meio de uma chave de tambor manual.
- O módulo de interface analógico do termopar é usado para monitorar a temperatura atual do forno.
- Neste exemplo, a temperatura do ponto de ajuste é de 204,44 °C (400 °F).
- Portanto, os aquecedores elétricos serão ligados quando a temperatura do forno cair para menos de 202,22 °C (396 °F) e permanecerão ligados até que a temperatura aumente acima de 206,67 °C (404 °F).
- Se o ponto de ajuste for mudado para 37,78 °C (100 °F), a banda morta permanece em ±1%, com o limite inferior de 37,22 °C (99 °F) e o limite superior de 38,33 °C (101 °F).
- O número armazenado na palavra N7:1 representa o limite superior de temperatura, e o número armazenado na palavra N7:2 representa o limite inferior.

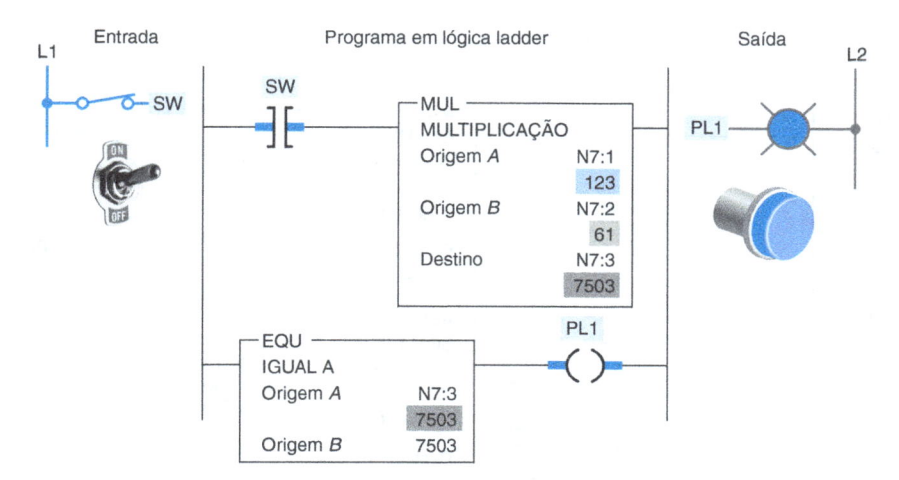

Figura 11.9 Instrução MUL usada para calcular o produto de duas origens.

11.5 Instrução de divisão

A instrução DIV (*divisão*) divide o valor na origem *A* pelo valor na origem *B* e armazena o resultado no destino e no registro de matemática. A Figura 11.11 mostra um exemplo de instrução de divisão. A operação do degrau lógico ser resumida da seguinte maneira:

- Quando a chave de entrada SW for fechada, o degrau será verdadeiro.

- O dado na origem *A* (o valor acumulado do contador C5:10) é então dividido pelo dado na origem *B* (a constante 2).

- O resultado é colocado no destino N7:3.

- Se o restante for de 0,5 ou maior, ocorrerá um arredondamento para cima no inteiro de destino.

- O valor armazenado no registro de matemática consiste em um arredondamento para cima do quociente, colocado na palavra mais significante, e o restante, colocado na palavra menos significante.

- Alguns CLPs suportam o uso de decimal flutuante, assim como valores inteiros (número completo). Como exemplo, 10 dividido por 3 pode ser expresso como 3,333333 (notação com decimal flutuante), ou 3, com um restante de 1.

O programa da Figura 11.12 é um exemplo de como a instrução DIV calcula o valor inteiro que resulta da divisão da origem A pela origem B. A operação do programa pode ser resumida da seguinte maneira:

- Quando a chave de entrada SW for fechada, a instrução DIV será executada.

- O valor armazenado na origem *A*, endereço N7:0(120), é então dividido pelo valor armazenado na origem *B*, endereço N7:1(4).

- A resposta, 30, é colocada no endereço de destino N7:5.

- Como resultado, a instrução *igual a* torna-se verdadeira, ligando a saída PL1.

O programa da Figura 11.13 é um exemplo de como a função DIV é utilizada como parte de um programa de conversão de Celsius em Fahrenheit. A operação do programa pode ser resumida da seguinte maneira:

- A chave de tambor manual conectada ao módulo de entrada indica a temperatura em Celsius.

- O programa é elaborado para converter a temperatura registrada em Celsius, na tabela de dados, para os valores mostrados em Fahrenheit.

- A seguinte fórmula de conversão forma a base para o programa:

$$F = \left(\frac{9}{5} \times C\right) + 32$$

- Neste exemplo, supõe-se uma leitura da temperatura atual de 60 °C.

- A instrução MUL multiplica a temperatura de (60 °C) por 9 e armazena o produto (540) no endereço N7:0.

- Depois, a instrução DIV divide 540 por 5 e armazena a resposta (108) no endereço N7:1.

- Por fim, a instrução ADD soma 32 ao valor 108 e armazena a soma (140) no endereço O:13.

- Logo, 60 °C = 140 °F.

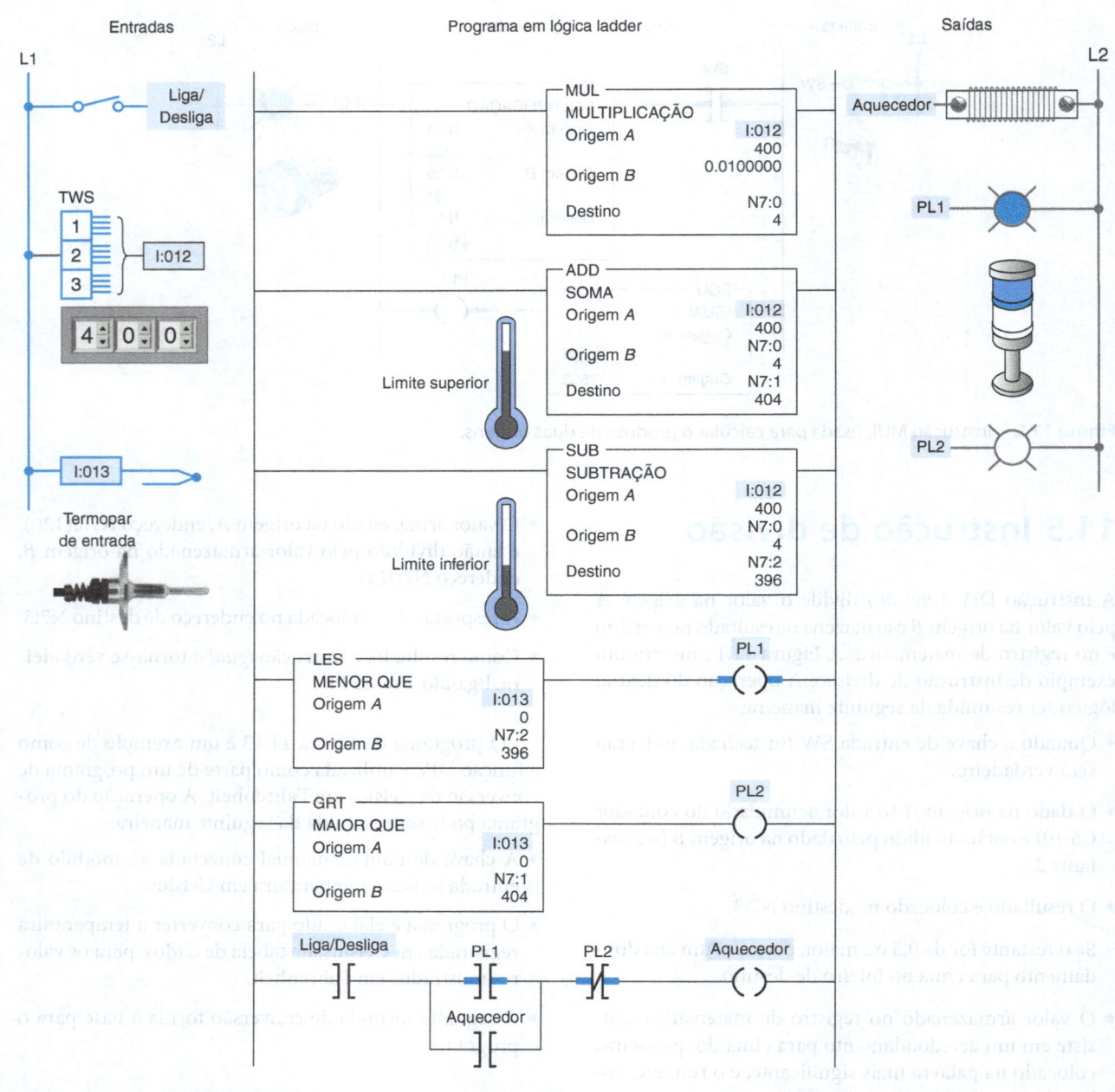

Figura 11.10 A instrução MUL usada como parte de um programa de controle de temperatura.

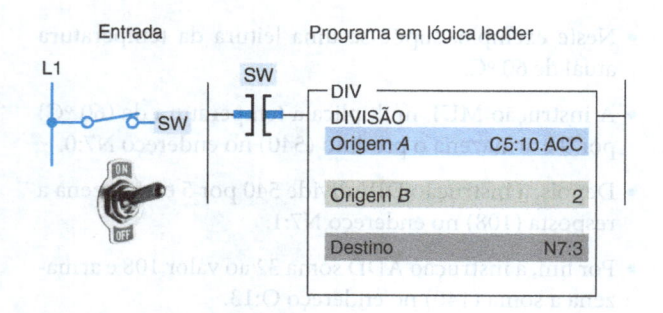

Figura 11.11 Instrução DIV (divisão) do SLC 500.

11.6 Outras instruções de matemática em nível de palavra

O programa da Figura 11.14 é um exemplo de instrução de *raiz quadrada* (SQR). A operação do degrau pode ser resumida da seguinte maneira:

- Quando a chave de entrada SW for fechada, a instrução SQR será executada.

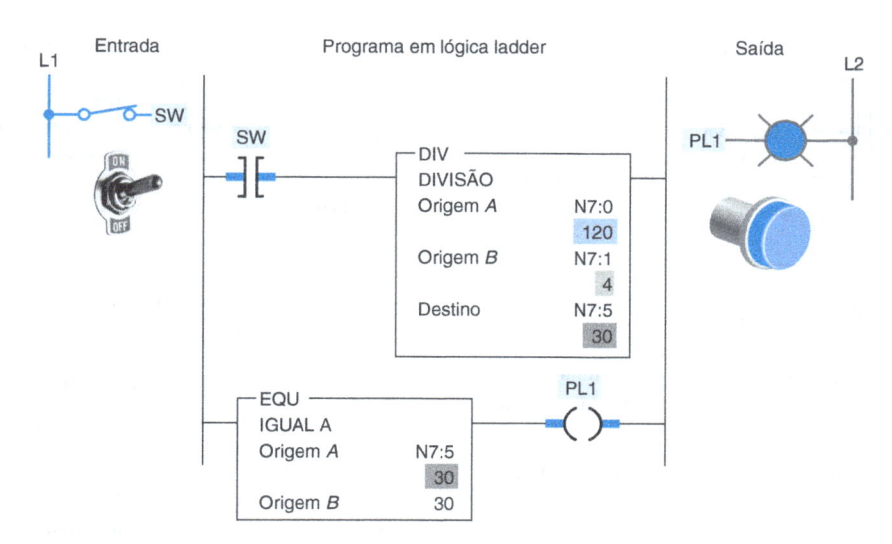

Figura 11.12 Instrução DIV usada para calcular o valor que resulta da divisão da origem A pela origem B.

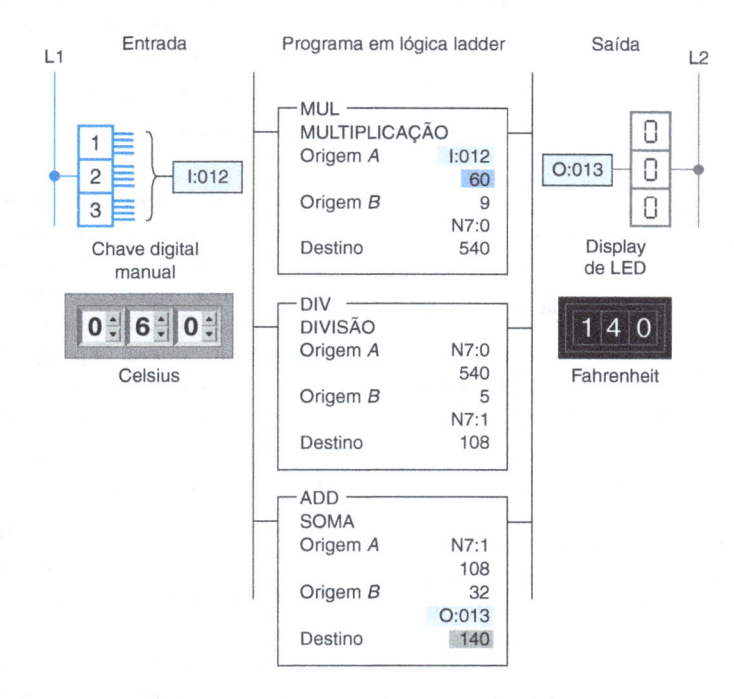

Figura 11.13 Programa para conversão de temperatura em Celsius para Fahrenheit.

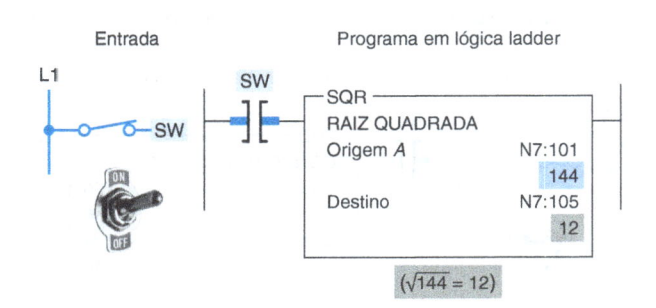

Figura 11.14 Instrução SQR (raiz quadrada) do SLC 500.

- O número cuja raiz quadrada se quer determinar (144) é colocado na origem.

- A função calcula a raiz quadrada (12) e a coloca no destino.

- Se o valor da origem for negativo, a instrução armazenará a raiz quadrada do valor absoluto (positivo) da origem no destino.

O programa da Figura 11.15 é um exemplo da instrução NEG (*negativa*). Essa função matemática muda

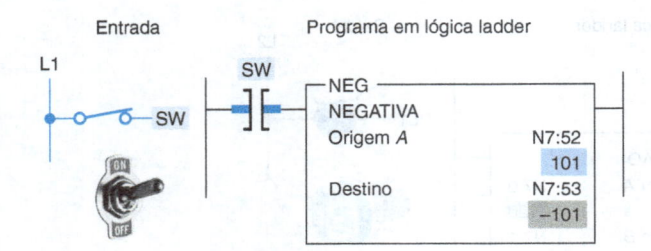

Figura 11.15 Instrução NEG (negativa) do SLC 500.

o sinal do valor da origem de positivo para negativo. A operação do degrau lógico pode ser resumida da seguinte maneira:

- Quando a chave de entrada SW for fechada, a instrução NEG será executada.

- O valor positivo 101, armazenado no endereço da origem N7:52, muda para negativo (–101) e é armazenado no endereço de destino N7:53.

- Os números positivos serão armazenados diretamente no formato binário, e os números negativos serão armazenados como o complemento de 2.

O programa da Figura 11.16 é um exemplo da instrução CLR (*limpar*). A operação do degrau lógico pode ser resumida da seguinte maneira:

- Quando a chave de entrada SW for fechada, a instrução CLR será executada.

- Neste exemplo, ela muda o valor de todos os bits armazenados no endereço do destino N7:22 para 0.

A instrução *converter para BCD* (TOD) é utilizada para converter valores inteiros de 16 bits em *decimal codificado em binário*. Ela pode ser utilizada para transferir dados do processador, os quais estão armazenados no formato binário, para um dispositivo externo, como um display com LED, no formato BCD. O programa da Figura 11.17 é um exemplo da instrução TOD. A operação do degrau lógico pode ser resumida da seguinte maneira:

- Quando a chave de entrada SW for fechada, a instrução TOD será executada.

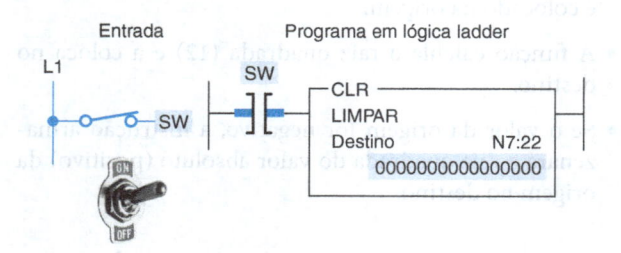

Figura 11.16 Instrução CLR (limpar) do SLC 500.

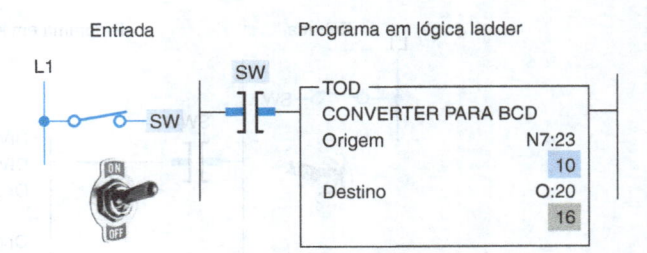

Figura 11.17 Instrução TOD (converter para BCD) do SLC 500.

- O padrão de bit binário no endereço da origem N7:23 é convertido em um padrão de bit BCD com o mesmo valor decimal no endereço de destino O:20.

- A origem mostra o valor 10, que é o valor correto em decimal; contudo, o destino mostra o valor 16.

- O processador interpreta todos os padrões de bits como binário; portanto, o valor 16 é a interpretação do padrão de bits em BCD.

- O padrão de bit para 10 em BCD é o mesmo padrão de bit para 16 em binário.

A instrução *converter de BCD* (FRD) é usada para converter valores em *decimal codificado em binário* para valores inteiros. Ela pode ser usada para converter dados de uma origem externa em BCD, como uma chave de tambor BCD, para o formato binário com o qual o processador opera. O programa da Figura 11.18 é um exemplo da instrução FRD. A operação do degrau lógico pode ser resumida da seguinte maneira:

- Quando a chave de entrada SW for fechada, a instrução FRD será executada.

- O padrão de bit BCD armazenado no endereço de origem I:30 é convertido para o padrão de bit binário com o mesmo valor decimal no endereço de destino N7:24.

A instrução (SCL) *escala de dados* é utilizada para permitir que números de valor muito alto ou muito baixo sejam reduzidos ou ampliados pelo valor de uma taxa. Quando as condições do degrau lógico forem verdadeiras, essa instrução multiplicará a origem por uma taxa

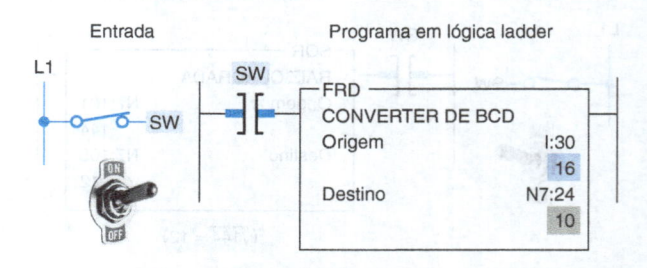

Figura 11.18 Instrução FRD (converter de BCD) do SLC 500.

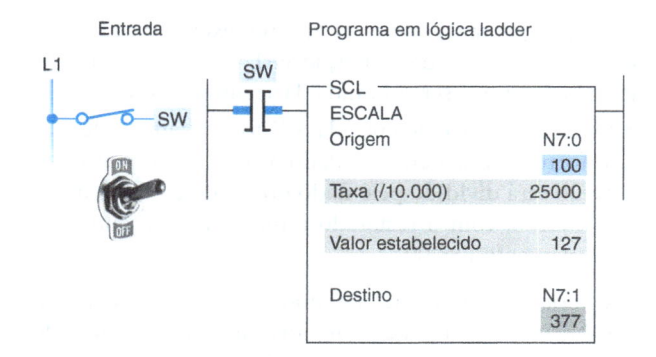

Figura 11.19 Instrução SCL (escala) do SLC 500.

especificada. O resultado arredondado é então somado a um valor estabelecido (offset) e colocado no destino. O programa da Figura 11.19 é um exemplo da instrução SCL. A operação do degrau lógico pode ser resumida da seguinte maneira:

- Quando a chave de entrada SW for fechada, a instrução SCL será executada.

- O número 100, armazenado no endereço de origem, N7:0, é multiplicado por 25.000, dividido por 10.000 e somado a 127.

- O resultado, 377, é colocado no endereço de destino N7:1.

É possível utilizar a instrução SCL em uma escala de dados de um módulo analógico e trazê-los para os limites prescritos pela variável do processo ou para outro módulo analógico; por exemplo, pode-se utilizar a instrução SCL para converter um sinal de entrada de 4 a 20 mA para um processo com variável PID, ou para fazer uma escala de um sinal de entrada para o controle de uma saída analógico.

11.7 Operações com arquivos aritméticos

As funções com arquivos aritméticos incluem os arquivos de soma, de subtração, de multiplicação, de divisão, de raiz quadrada, converter de BCD e converter para BCD. A instrução do *arquivo aritmético e lógico* (FAL) pode combinar uma operação com um arquivo de transferência, e as operações aritméticas que podem ser implementadas com a FAL são: ADD, SUB, MULT, DIV e SQR.

A função *arquivo ADD*, da instrução FAL (Figura 11.20), pode ser usada para executar operações de soma com palavras múltiplas. A operação do degrau lógico pode ser resumida da seguinte maneira:

- Quando a chave de entrada SW for fechada, o degrau se tornará verdadeiro, e a expressão orientará o

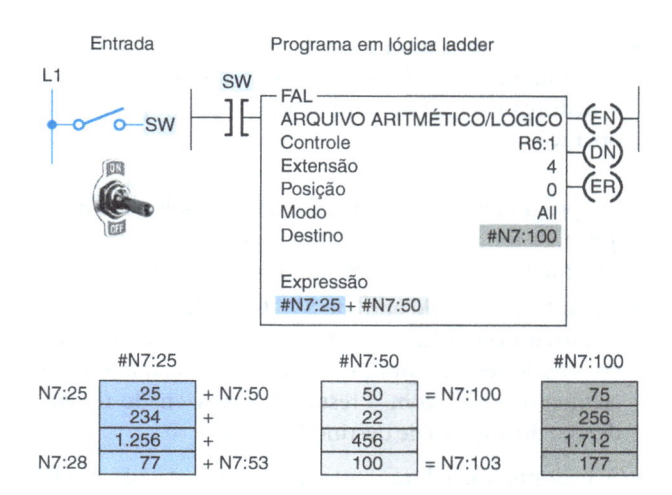

Figura 11.20 Função arquivo de soma da instrução FAL do SLC 500.

processador a somar o dado no endereço do arquivo N7:25 com o dado armazenado no endereço do arquivo N7:50, e também a armazenar o resultado no endereço de arquivo N7:100.

- A taxa por varredura é estabelecida em *All*, de modo que a instrução é concluída em uma varredura.

O programa da Figura 11.21 é um exemplo da função *arquivo de subtração* da instrução FAL. A operação do degrau lógico pode ser resumida da seguinte maneira:

- Quando a chave de entrada SW for fechada, o degrau se tornará verdadeiro, e a expressão orientará o processador a subtrair uma constante do programa (255) de cada palavra do endereço do arquivo N10:0 e a armazenar o resultado no endereço do arquivo de destino N7:255.

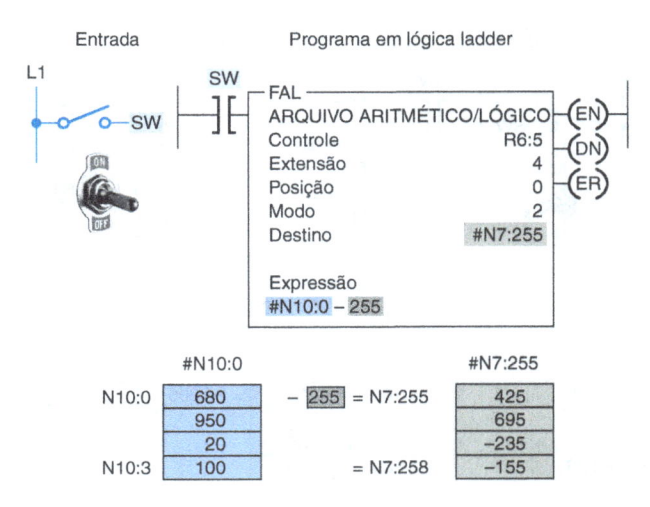

Figura 11.21 Função arquivo de subtração da instrução FAL, do SLC 500.

- A taxa por varredura é estabelecida em 2, de modo que tomará 2 varreduras a partir do momento em que a instrução tornar-se verdadeira para completar sua operação.

O programa da Figura 11.22 é um exemplo de função *arquivo de multiplicação* da instrução FAL. A operação do degrau lógico pode ser resumida da seguinte maneira:

- Quando a chave de entrada SW for fechada, o degrau se tornará verdadeiro, e o dado no endereço do arquivo N7:330 será multiplicado pelo dado no endereço do elemento N7:23, com o resultado armazenado no endereço do arquivo de destino N7:500.

- A taxa por varredura é estabelecida em *All*, de modo que a instrução é completada em uma varredura.

O programa da Figura 11.23 é um exemplo de função *arquivo de divisão* da instrução FAL. A operação do degrau lógico pode ser resumida da seguinte maneira:

- Quando a chave de entrada SW for fechada, o degrau se tornará verdadeiro, e o dado no endereço do arquivo F8:20 será dividido pelo dado no endereço do elemento F8:100, com o resultado armazenado no endereço do elemento F8:200.

- O modo é incremental, de modo que a instrução opera sobre um conjunto de elementos para cada transição de falso para verdadeiro da instrução.

QUESTÕES DE REVISÃO

1. Explique como a função da instrução de matemática é aplicada no CLP.
2. Cite as quatro funções de matemática básicas executadas pelo CLP.
3. Qual é o formato-padrão é usado para as instruções de matemática no CLP?
4. As instruções de matemática poderiam ser classificadas como instruções de entrada ou de saída?
5. Com relação à instrução da Figura 11.24, qual é o valor do número armazenado na origem B, se N7:3 contém um valor de 60 e N7:20 contém um valor de 80?
6. Com relação à instrução da Figura 11.25, qual é o valor do número armazenado no destino, se N7:3 contém um valor de 500?
7. Com relação à instrução da Figura 11.26, qual é o valor do número armazenado no destino, se N7:3 contém um valor de 40 e N7:4 contém um valor de 3?
8. Com relação à instrução da Figura 11.27, qual é o valor do número armazenado no destino, se N7:3 contém um valor de 15 e N7:4 contém um valor de 4?

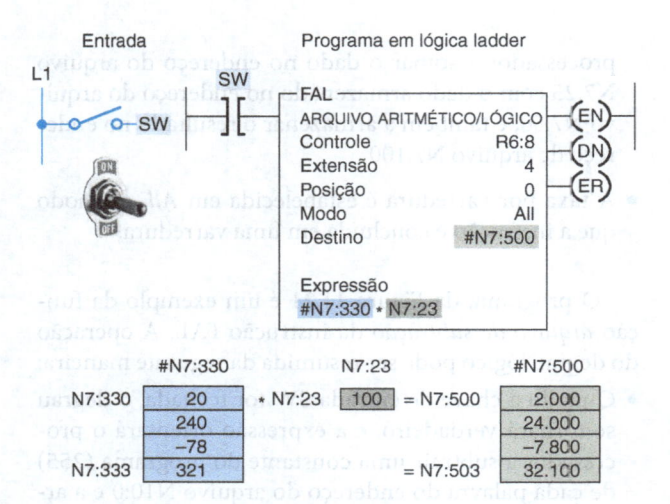

Figura 11.22 Função de multiplicação da instrução FAL do SLC 500.

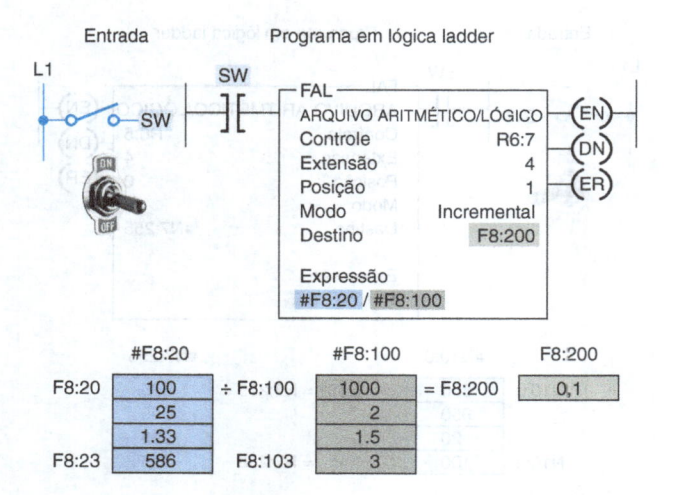

Figura 11.23 Função de divisão da instrução FAL do SLC 500.

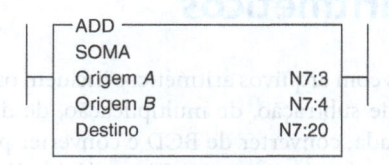

Figura 11.24 Instrução para a Questão 5.

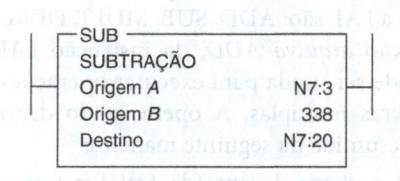

Figura 11.25 Instrução para a Questão 6.

9. Com relação à instrução da Figura 11.28, qual é o valor do número armazenado em N7:20, se N7:3 contém um valor de 2.345?
10. Com relação à instrução da Figura 11.29, qual será o valor de cada um dos bits na palavra B3:3 quando o degrau se tornar verdadeiro?
11. Com relação à instrução da Figura 11.30, qual é o valor do número em N7:101?
12. Com relação à instrução da Figura 11.31, liste os valores que serão armazenados no arquivo #N7:10 quando o degrau se tornar verdadeiro.

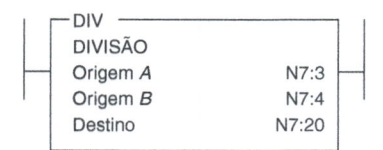

Figura 11.26 Instrução para a Questão 7.

```
DIV
DIVISÃO
Origem A       N7:3
Origem B       N7:4
Destino        N7:20
```

Figura 11.27 Instrução para a Questão 8.

```
MUL
MULTIPLICAÇÃO
Origem A       N7:3
Origem B       N7:4
Destino        N7:20
```

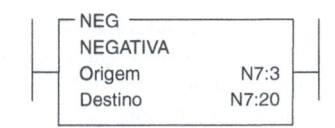

Figura 11.28 Instrução para a Questão 9.

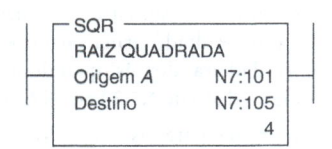

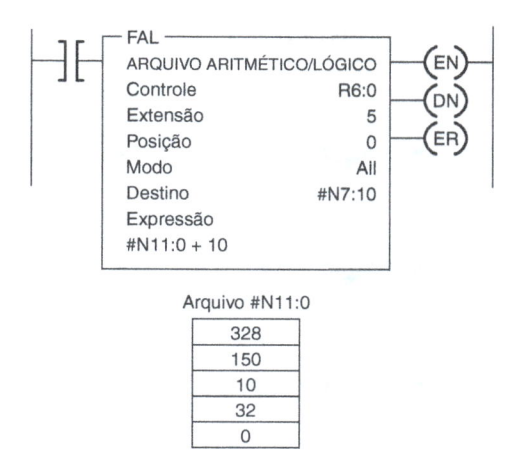

```
NEG
NEGATIVA
Origem         N7:3
Destino        N7:20
```

Figura 11.29 Instrução para a Questão 10.

```
CLR
LIMPAR
Destino            B3:3
           0000111100001111
```

Figura 11.30 Instrução para a Questão 11.

```
SQR
RAIZ QUADRADA
Origem A       N7:101
Destino        N7:105
                    4
```

```
FAL
ARQUIVO ARITMÉTICO/LÓGICO   (EN)
Controle       R6:0          (DN)
Extensão       5             (ER)
Posição        0
Modo           All
Destino        #N7:10
Expressão
#N11:0 + 10
```

Arquivo #N11:0

328
150
10
32
0

Figura 11.31 Instrução para a Questão 12.

PROBLEMAS

1. Responda a cada uma das seguintes questões com relação ao programa de contador mostrado na Figura 11.32.
   a. Considere uma contagem acumulada dos contadores C5:0 e C5:1 como sendo de 148 e 36, respectivamente. Cite o valor do número armazenado em cada uma das seguintes palavras neste ponto:
   (1) C5:0.ACC
   (2) C5:1.ACC
   (3) N7:1
   (4) Origem B da instrução GEQ
   b. A saída PL1 será energizada nesse ponto? Por quê?
   c. Considere uma contagem acumulada dos contadores C5:0 e C5:1 como sendo de 250 e 175, respectivamente. Cite o valor do número armazenado em cada uma das seguintes palavras nesse ponto:
   (1) C5:0.ACC
   (2) C5:1.ACC
   (3) N7:1
   (4) Origem B da instrução GEQ
   d. A saída PL1 será energizada nesse ponto? Por quê?
2. Responda a cada uma das seguintes questões com relação ao programa de alarme de enchimento mostrado na Figura 11.33.
   a. Considere que o tanque está sendo enchido e que atingiu o ponto de 136,28 kg (300 lb). Descreva o estado de cada um dos degraus lógicos (verdadeiro ou falso) nesse ponto.
   b. Considere que o tanque está sendo enchido e que atingiu o ponto de 217,72 kg (480 lb). Descreva o estado dos números armazenados em cada uma das seguintes palavras no ponto.
   (1) I:012
   (2) N:7:1
   c. Considere que o tanque está cheio com um peso de 227,70 kg (502 lb). Descreva o estado de cada um dos degraus lógicos (verdadeiro ou falso) para essa condição.

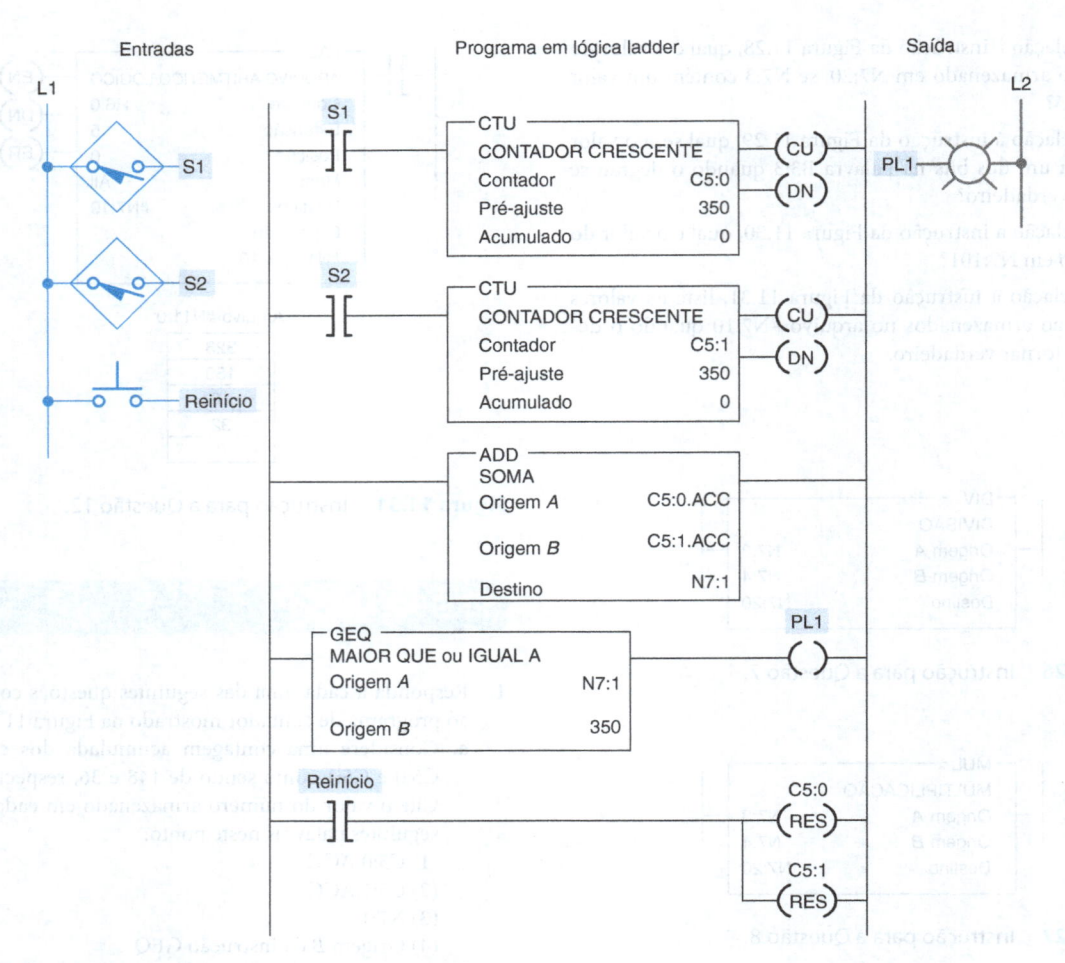

Figura 11.32 Programa para o Problema 1.

    d. Considere que o tanque esteja cheio com um peso de 231,33 kg (510 lb). Cite o valor do número armazenado em cada uma das seguintes condições:
        (1) I:012
        (2) N7:1

    e. Com o tanque cheio com um peso de 231,33 kg (510 lb), descreva o estado de cada degrau lógico (verdadeiro ou falso).

3. Responda às seguintes questões com relação ao programa de controle de temperatura da Figura 11.34.
    a. Considere que a temperatura estabelecida (set-point) seja de 315,55 °C (600 °F); com que temperatura os aquecedores elétricos serão ligados e desligados?
    b. Considere que o valor estabelecido (set-point) seja de 315,55 °C (600 °F) e que o módulo de entrada com termopar indique uma temperatura de 310 °C (590 °F). Qual é o valor do número armazenado em cada uma das seguintes palavras neste ponto?
        (1) I:012
        (2) I:013
        (3) N7:0
        (4) N7:1
        (5) N7:2

    c. Considere que a temperatura estabelecida (set-point) seja de 315,55 °C (600 °F) e que o módulo de entrada com termopar indique uma temperatura de 320 °C (608 °F). Qual é o estado (energizado ou não energizado) de cada uma das seguintes saídas?
        (1) PL1
        (2) PL2
        (3) Aquecedor

4. Com relação ao programa de conversão de Celsius para Fahrenheit mostrado da Figura 11.35, cite o valor do número armazenado em cada uma das seguintes palavras estabelecidas pela chave de tambor:
    a. I:012
    b. N7:0
    c. N7:1
    d. O:013

5. Projete um programa para somar o valor armazenado em N7:23 e N7:24 e o resultado armazenado em N7:30 se a entrada *A* for verdadeira; depois, quando a entrada *B* for verdadeira, copiar o dado de N7:30 em N7:31.

6. Projete um programa para usar o valor acumulado no temporizador TON T4:1 e mostrá-lo em um conjunto de LEDs de 4 bits no formato BCD. Use o endereço O:023 para

LEDs. Inclua o recurso para mudar o valor preestabelecido do temporizador de um conjunto de chaves de tambor manual de 4 dígitos em BCD quando a entrada *A* for verdadeira; use o endereço I:012 para a chave de tambor manual.

7. Projete um programa para implementar a seguinte operação matemática:
   - Utilize a instrução MOV e coloque o valor 45 em N7:0, e 286 em N7:1.
   - Some os valores juntos e armazene o resultado em N7:2.
   - Subtraia o valor em N7:2 de 785 e armazene o resultado em N7:3.
   - Multiplique o valor em N7:3 por 25 e armazene o resultado em N7:4.
   - Divida o valor em N7:4 por 35 e armazene o resultado em F8:0.

8. a. Existem três linhas de esteira transportadora de peças de uma esteira principal; e cada uma delas tem seu próprio contador. Desenvolva um programa para CLP para obter a contagem total das peças da esteira principal.
   b. Adicione um temporizador ao programa para atualizar a contagem total a cada 30 s.

9. Com relação à instrução de matemática do programa mostrado na Figura 11.36, quando a entrada passar a ser verdadeira, que valor será armazenado em cada um dos seguintes endereços?
   a. N7:3
   b. N7:5
   c. F8:1

10. Com relação à instrução de matemática do programa mostrado na Figura 11.37, quando a entrada passar a ser verdadeira, que valor será armazenado em cada um dos seguintes endereços?
    a. N7:3
    b. N7:4
    c. N7:5
    d. N7:6

11. Duas linhas de esteira transportadora, A e B, alimentam uma linha de esteira principal M; uma terceira linha de esteira transportadora, R, retira as peças rejeitadas próximo da esteira principal; as esteiras A, B e R possuem contadores conectados nelas. Desenvolva um programa para CLP para obter o total de peças na saída da esteira principal, M.

12. Uma esteira principal é alimentada por duas esteiras, A e B. A esteira alimentadora A coloca seis pacotes de soda enlatada na esteira principal; a esteira alimentadora B coloca oito pacotes de soda enlatada na esteira principal; as duas esteiras alimentadoras possuem contadores que contam o número de *pacotes* que saem delas. Desenvolva um programa para CLP para dar o *total de latas* contadas na esteira principal.

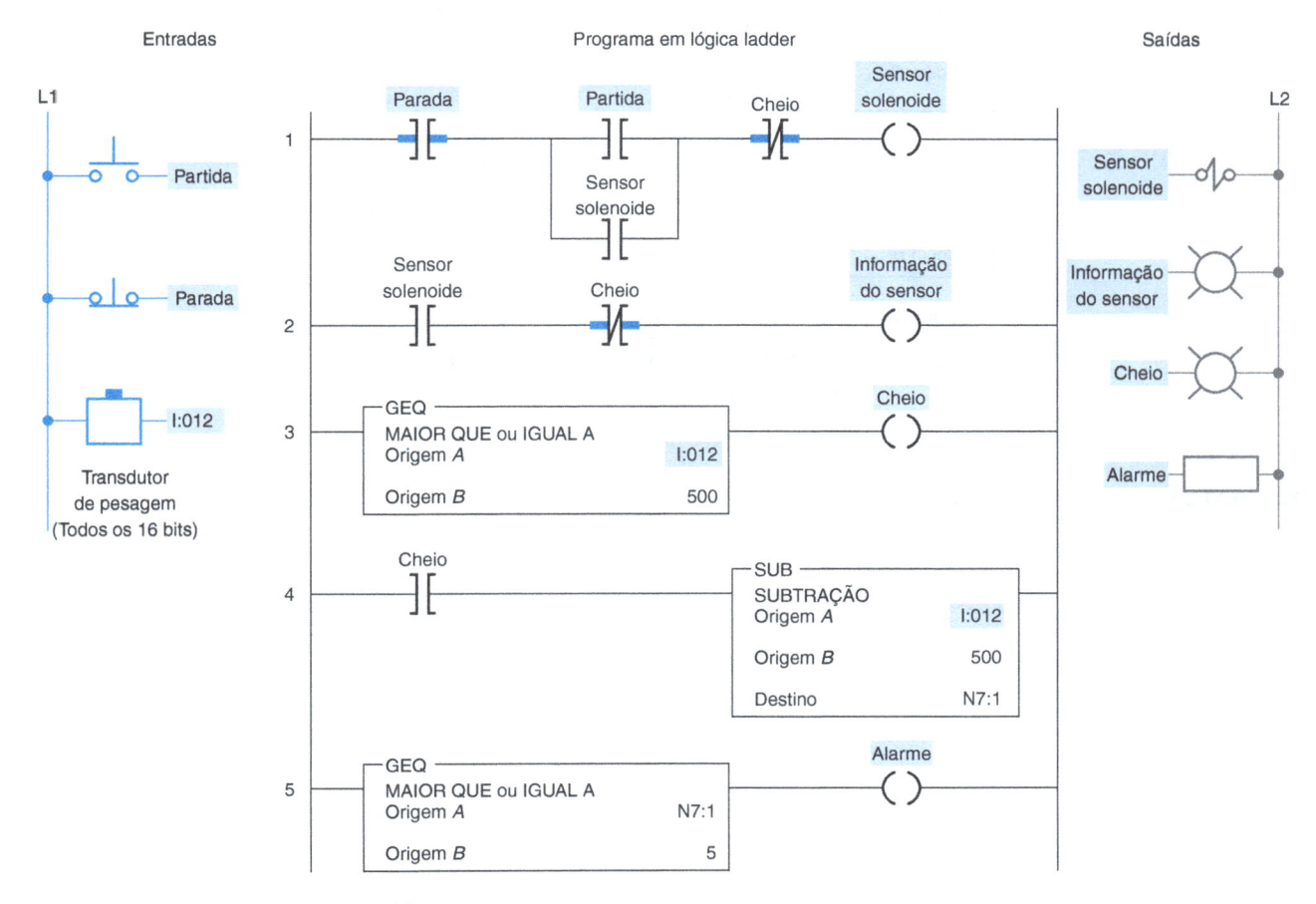

Figura 11.33 Programa para o Problema 2.

Entradas

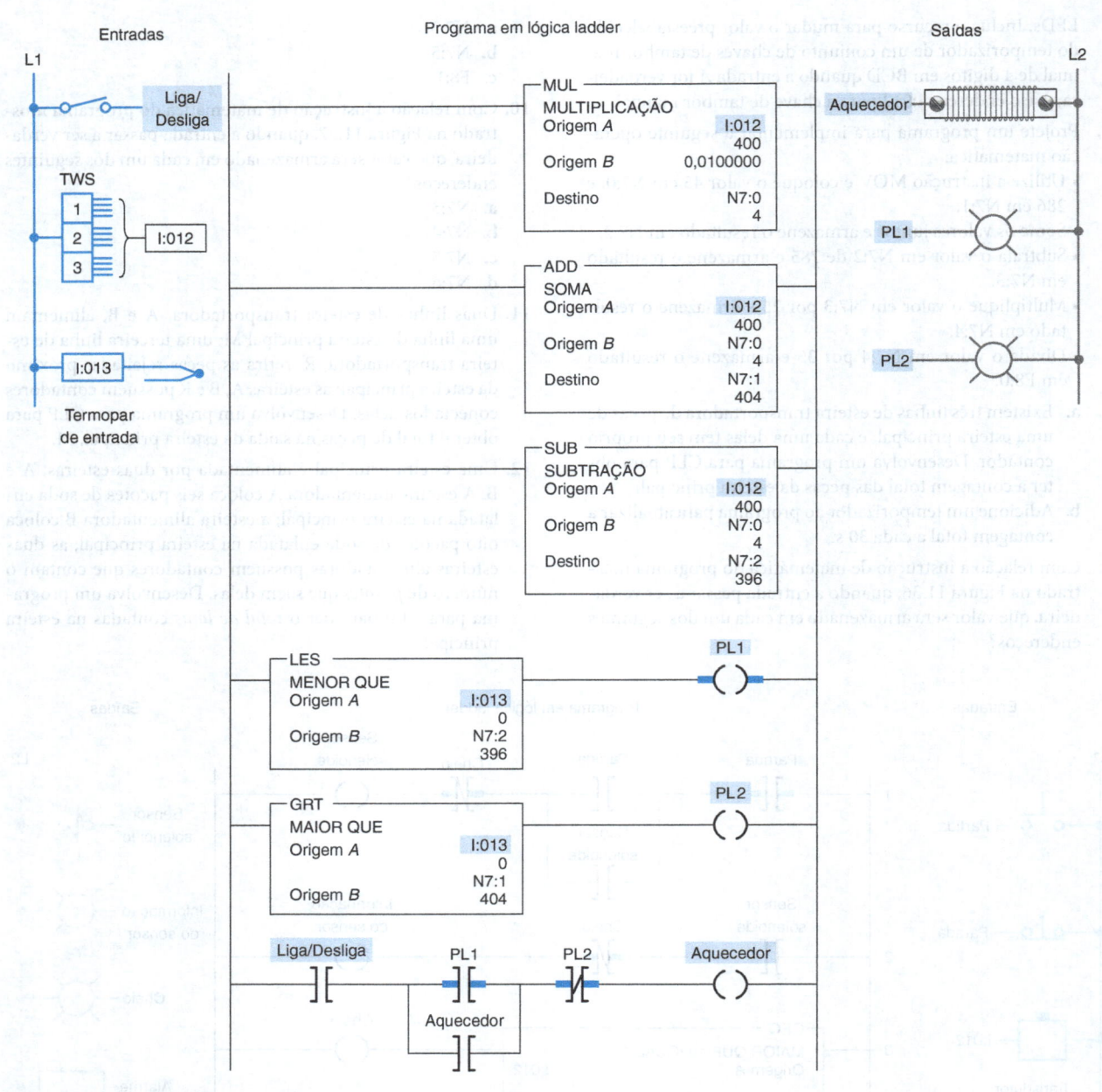

L1

Liga/Desliga

TWS
1
2
3
I:012

I:013

Termopar de entrada

Programa em lógica ladder

```
┌ MUL ─────────────────┐
│ MULTIPLICAÇÃO        │
│ Origem A      I:012  │
│                400   │
│ Origem B   0,0100000 │
│ Destino        N7:0  │
│                  4   │
└──────────────────────┘

┌ ADD ─────────────────┐
│ SOMA                 │
│ Origem A      I:012  │
│                400   │
│ Origem B       N7:0  │
│                  4   │
│ Destino        N7:1  │
│                404   │
└──────────────────────┘

┌ SUB ─────────────────┐
│ SUBTRAÇÃO            │
│ Origem A      I:012  │
│                400   │
│ Origem B       N7:0  │
│                  4   │
│ Destino        N7:2  │
│                396   │
└──────────────────────┘
```

```
┌ LES ─────────┐                          PL1
│ MENOR QUE    │                          ( )
│ Origem A  I:013 │
│             0 │
│ Origem B   N7:2 │
│           396 │
└──────────────┘

┌ GRT ─────────┐                          PL2
│ MAIOR QUE    │                          ( )
│ Origem A  I:013 │
│             0 │
│ Origem B   N7:1 │
│           404 │
└──────────────┘
```

Liga/Desliga   PL1   PL2   Aquecedor
─┤ ├──┬──┤ ├──┤/├─────( )─
      │   Aquecedor
      └──┤ ├──┘

Saídas

L2

Aquecedor

PL1

PL2

Figura 11.34 Programa para o Problema 3.

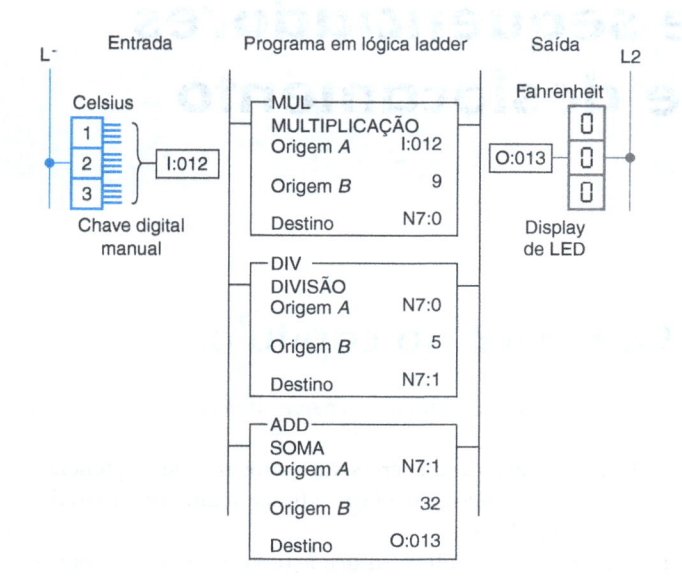

Figura 11.35 Programa para o Problema 4.

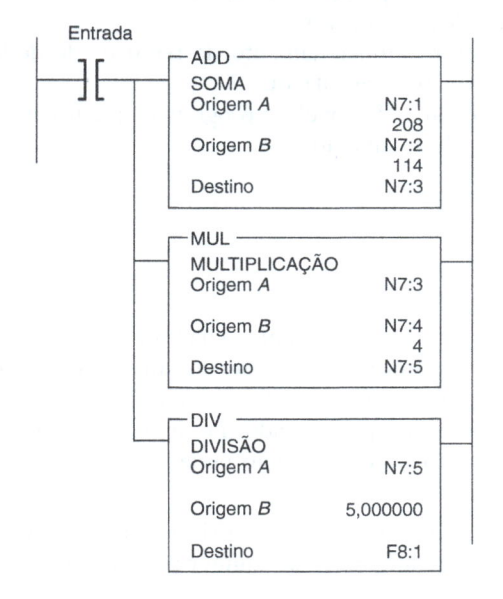

Entrada — Celsius (Chave digital manual) I:012

MUL — MULTIPLICAÇÃO
Origem A   I:012
Origem B   9
Destino   N7:0

DIV — DIVISÃO
Origem A   N7:0
Origem B   5
Destino   N7:1

ADD — SOMA
Origem A   N7:1
Origem B   32
Destino   O:013

Saída — Fahrenheit O:013 (Display de LED)

Figura 11.36 Programa para o Problema 9.

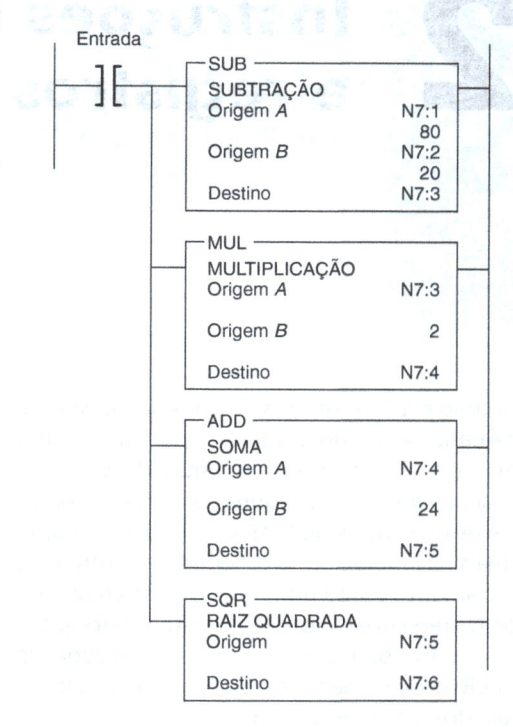

Entrada

ADD — SOMA
Origem A   N7:1
           208
Origem B   N7:2
           114
Destino   N7:3

MUL — MULTIPLICAÇÃO
Origem A   N7:3
Origem B   N7:4
           4
Destino   N7:5

DIV — DIVISÃO
Origem A   N7:5
Origem B   5,000000
Destino   F8:1

Figura 11.37 Programa para o Problema 10.

Entrada

SUB — SUBTRAÇÃO
Origem A   N7:1
           80
Origem B   N7:2
           20
Destino   N7:3

MUL — MULTIPLICAÇÃO
Origem A   N7:3
Origem B   2
Destino   N7:4

ADD — SOMA
Origem A   N7:4
Origem B   24
Destino   N7:5

SQR — RAIZ QUADRADA
Origem   N7:5
Destino   N7:6

12 Instruções de sequenciadores e registros de deslocamento

Este capítulo explica como as funções de registro de deslocamento e sequenciadores operam, e como podem ser aplicadas aos problemas de controle. As instruções de sequenciadores evoluíram a partir das chaves mecânicas de tambor e podem ser aplicadas mais facilmente em problemas de controle de sequenciamento mais complexos que as chaves de tambor. Os registros de deslocamento são frequentemente utilizados na produção automatizada de peças, pelo deslocamento de estados ou de valores, por meio dos arquivos de dados.

Objetivos do capítulo

Após o estudo deste capítulo, você será capaz de:

12.1 Identificar e descrever as várias formas de sequenciadores mecânicos e explicar o funcionamento básico de cada um deles.
12.2 Interpretar e explicar informações associadas com instruções de saída de sequenciador, comparar e carregar instruções.
12.3 Comparar a operação acionador de evento e um acionador de temporização.
12.4 Descrever o funcionamento de registros de deslocamento de bit e de palavra.
12.5 Interpretar e desenvolver programas que usam registros de deslocamento.

12.1 Sequenciadores mecânicos

As instruções de sequenciadores são projetadas para operar como uma chave mecânica rotativa com contatos acionados por excêntricos, mostrada na Figura 12.1. Estes tipos de sequenciadores mecânicos são sempre referidos como chaves de tambor, chaves rotativas, chaves de passos ou chaves de excêntricos, que são sempre utilizadas no controle de máquinas que operam com ciclos repetitivos.

A Figura 12.2 mostra o funcionamento de uma chave sequenciadora operada por excêntrico. Nesse exemplo é utilizado um motor elétrico para acionar os excêntricos; uma série de contatos, montados com molas em forma de lâminas, interage com o excêntrico de modo que, na rotação dos excêntricos com diferentes graus, vários contatos são fechados e abertos para energizar e desenergizar vários dispositivos elétricos. Com a rotação dos excêntricos, os dispositivos na carga conectados nos contatos podem mudar de estado de ligado para desligado e de desligado para ligado, ou podem permanecer no mesmo estado.

A Figura 12.3 mostra uma chave de tambor sequenciadora mecânica, que consiste em uma série de blocos de contato normalmente abertos que podem ser acionados por pinos posicionados no tambor acionado pelo motor. O seu funcionamento pode ser resumido da seguinte maneira:

- Os pinos são colocados em posições específicas em torno da circunferência do tambor para acionar o bloco de contatos.
- Quando o tambor girar, os contatos que se alinham com os pinos serão fechados, e aqueles nos quais não existem pinos permanecerão abertos.

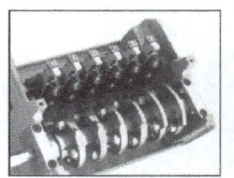

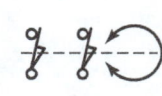

Figura 12.1 Chave-limite rotativa com excêntrico.
Fonte: Imagem utilizada com a permissão da Rockwell Automation, Inc.

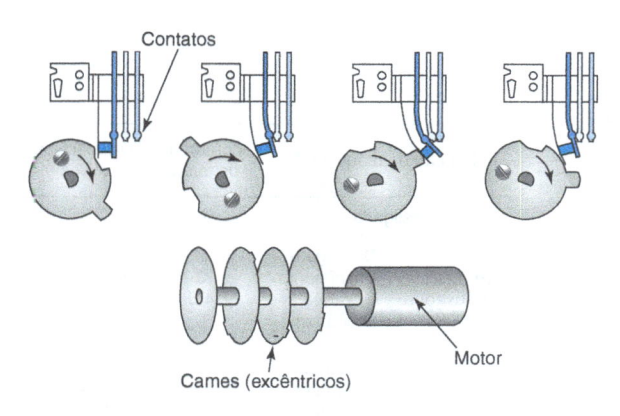

Figura 12.2 Sequenciador mecânico acionado por excêntricos.

- A presença de um pino pode ser interpretada como uma lógica 1 ou ligado, e a ausência dele como lógica 0 ou desligado.

- A tabela de dados do sequenciador mostra o estado lógico dos quatro primeiros passos do tambor cilíndrico.

- Cada posição onde há um pino é representada por um 1 (ligado), e as posições onde não existem pinos são representadas por um 0 (desligado).

As chaves sequenciadoras são úteis quando há a necessidade de um padrão de operação repetitiva. Um exemplo é a chave sequenciadora utilizada em uma lavadora de pratos para controlar a máquina durante o ciclo de lavagem (Figura 12.4). O ciclo é sempre o mesmo, com uma rotina de ações fixadas a cada passo, com um tempo determinado para completar sua tarefa específica. Uma máquina lavadora de louças doméstica é outro

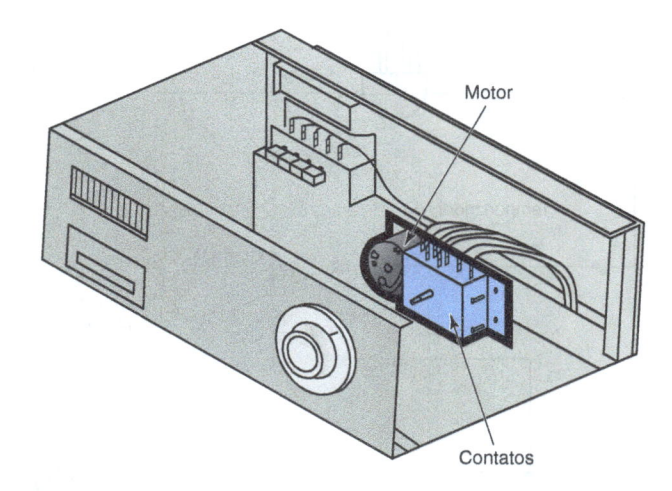

Figura 12.4 Chave sequenciadora temporizada de uma lavadora de louças.

exemplo de uso de um sequenciador, assim como secadores e dispositivos controlados por temporizadores.

Um exemplo de circuito e mapa de tempo para uma lavadora de louças que utiliza um sequenciador acionado por excêntricos, conhecido normalmente como temporizador, é mostrado na Figura 12.5. Um motor síncrono aciona um mecanismo que, por sua vez, aciona uma série de rodas excêntricas. A operação desse sequenciador pode ser resumida da seguinte maneira:

- O motor do temporizador gira continuamente por todo o ciclo de funcionamento.

- Os excêntricos avançam em incrementos de tempo com duração de 45 segundos.

- O mapa de dados do tempo mostra a sequência de operação do temporizador.

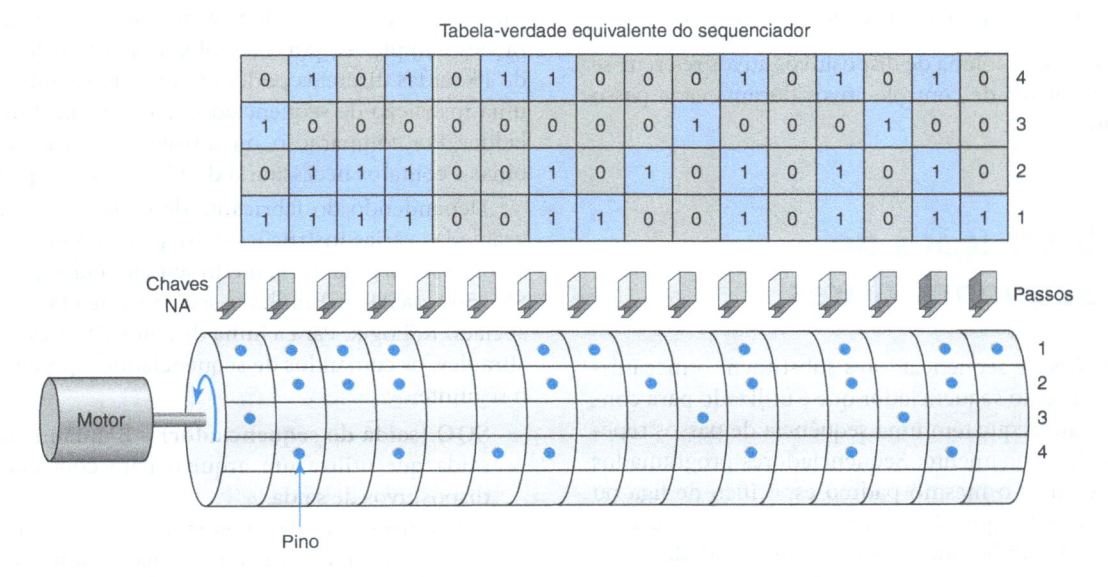

Tabela-verdade equivalente do sequenciador

0	1	0	1	0	1	0	0	0	1	0	1	0	1	0	4
1	0	0	0	0	0	0	0	0	1	0	0	0	1	0	0	3
0	1	1	1	0	0	1	0	1	0	1	0	1	0	1	0	2
1	1	1	1	0	0	1	1	0	0	1	0	1	0	1	1	1

Figura 12.3 Chave sequenciadora mecânica acionada por tambor.

Figura 12.5 Diagrama do circuito e mapa de tempo da lavadora de louças.

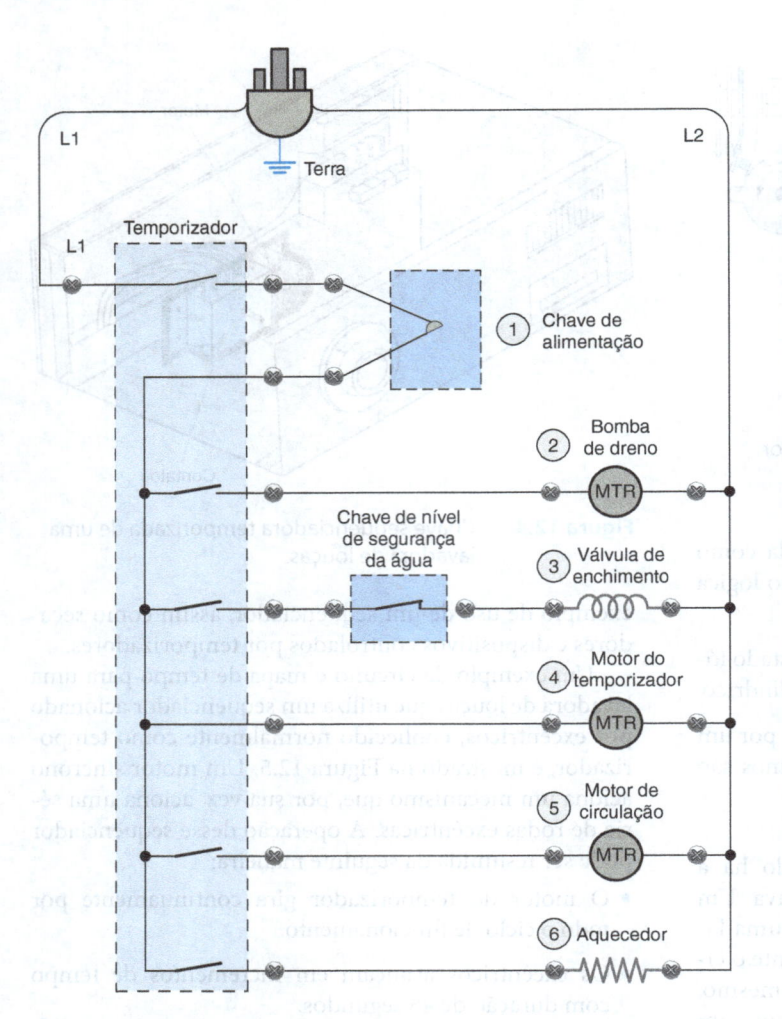

Função da máquina		Incremento de tempo	Dispositivos ativos
Desligada		0-1	
Primeiro pré-enxágue	Drenagem	2	1 2 4
	Enchimento	3	1 3 4 5
	Enxágue	4-5	1 4 5 6
	Drenagem	6	1 2 4 5
Pré-lavagem	Enchimento	7	1 3 4 5
	Lavagem	8-10	1 4 5 6
	Drenagem	11	1 2 4 5
Segundo pré-enxágue	Enchimento	12	1 3 4 5
	Enxágue	13-15	1 4 5 6
	Drenagem	16	1 2 4
Lavagem	Enchimento	17	1 3 4
	Lavagem	18-30	1 4 5 6
	Drenagem	31	1 2 4 5
Primeiro enxágue	Enchimento	32	1 3 4 5
	Enxágue	33-34	1 4 5 6
	Drenagem	35	1 2 4 5
Segundo enxágue	Enchimento	36	1 3 4 5
	Enxágue	37-41	1 4 5 6
	Drenagem	42	1 2 4 5
Secagem	Secagem	43-58	1 4 6
	Drenagem	59	1 2 4 6
	Secagem	60	1 4 6

- Um total de 60 passos de 45 segundos é usado para completar os 45 minutos do ciclo de operação.

- Os números na coluna de dispositivos ativos referem-se aos dispositivos de controle ativos durante cada passo do ciclo.

12.2 Instruções de sequenciadores

As instruções de sequenciadores substituem o mecanismo do tambor do sequenciador que é utilizado para controlar máquinas que têm uma sequência de passos repetitivos no funcionamento. Sequenciadores programados podem executar o mesmo padrão específico de liga ou desliga das saídas que são continuamente repetidas com uma chave de tambor, mas com uma flexibilidade muito maior. As instruções de sequenciadores simplificam seu programa ladder, permitindo o uso de uma instrução simples ou de um par de instruções para executar operações complexas; por exemplo, a operação liga/desliga de 16 saídas discretas pode ser controlada com o uso de uma instrução de sequenciador, com apenas um degrau ladder. Por comparação, o controle equivalente com bobinas e contatos necessitaria de 16 degraus no programa.

Dependendo do fabricante de CLP, podem ser programadas várias instruções de sequenciadores. A Figura 12.6 mostra o guia de menu do **sequenciador** para o CLP SLC 500, da Allen-Bradley, e seu programa (software) associado RSLogix. Para a linha de controladores da Allen-Bradley, os comandos de sequenciadores podem incluir o seguinte:

SQO (saída do sequenciador) – É uma instrução de saída que utiliza um arquivo para controlar vários dispositivos de saída.

SQI (entrada do sequenciador) – É uma instrução de entrada que compara os bits de um arquivo de entrada com os bits correspondentes aos bits de um

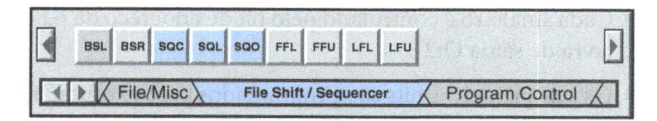

Figura 12.6 Guia de menu do sequenciador.

endereço de origem. A instrução será verdadeira se todos os pares de bits forem os mesmos.

SQC (comparação do sequenciador) – É uma instrução de saída que compara os bits de um arquivo de fonte de entrada com os bits correspondentes de uma palavra de dados em um arquivo de sequência. Se todos os pares de bits forem os mesmos, então um bit no registro de controle será estabelecido como 1.

SQL (carga do sequenciador) – É uma instrução de saída utilizada para capturar condições de referência pelos passos ajustados manualmente da máquina por suas sequências de operação. Transfere dados do módulo da fonte de entrada para o arquivo do sequenciador. A instrução de funções é muito semelhante à instrução de transferência de arquivo para palavra.

A Figura 12.7 mostra um exemplo de uma instrução de SQO (saída do sequenciador), que lê os elementos de um arquivo de dados (palavras), um de cada vez, e aplica uma palavra máscara para habilitar ou desabilitar bits de um elemento do arquivo de dados corrente e para transferir o elemento do arquivo de dados mascarado para uma saída designada.

Os parâmetros que podem ser requeridos para a entrada das instruções de sequenciadores podem ser resumidos da seguinte maneira:

File (arquivo) – É o endereço de partida para os registros no arquivo do sequenciador para o qual deve ser utilizado o indicador do arquivo indexado (#). O arquivo contém os dados que serão transferidos para o endereço de destino quando a instrução passar por uma transição de falso para verdadeiro. Cada palavra no arquivo representa uma posição, iniciando com a posição 0 e continuando no comprimento do arquivo.

Mask (máscara) – É o padrão de bits por meio do qual a instrução de sequenciador move os dados do endereço da origem para o destino. É importante lembrar que, no padrão de bits da máscara, um 1 passa os valores, enquanto um 0 bloqueia o fluxo de dados. É possível utilizar um registro de máscara ou nome de um arquivo quando se deseja mudar o padrão de máscara sob um programa de controle. Um *h* é colocado atrás do parâmetro para indicar que a máscara é um número hexadecimal, ou um *B*, para indicar uma notação em binário. A notação em decimal é inserida sem nenhum indicador.

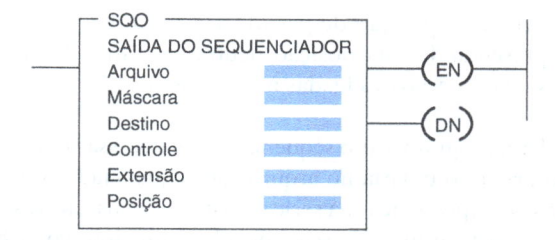

Figura 12.7 Instrução SQO (saída do sequenciador).

Source (origem) – É o endereço da palavra de entrada ou do arquivo cujas instruções SQC e SQL obtêm dados para a comparação ou entrada para seu arquivo de sequenciador.

Destination (destino) – É o endereço para a palavra de saída ou arquivo para o qual a SQC move os dados do seu arquivo de sequenciador.

Control (controle) – É o endereço que contém os parâmetros com a informação de controle para a instrução. O registro de controle armazena o estado do byte da instrução, a extensão do arquivo do sequenciador e a posição instantânea no arquivo, como a seguir:

– O **bit de habilitação (EN)** é estabelecido pela transição de falso para verdadeiro no degrau e indica que a instrução está habilitada. Ela segue a condição do degrau.

– O **bit de finalização (DN; bit 13)** será estabelecido após a transferência da última palavra no arquivo do sequenciador. Na próxima transição de falso para verdadeiro do degrau com o bit de finalização estabelecido, a posição do ponteiro (pointer) será restabelecida (reset) para 1.

– O **bit de erro (ER; bit 11)** será estabelecido quando o processador detectar um valor de posição negativo, ou, então, um valor negativo ou valor de extensão igual a zero.

Length (extensão) – É o número de passos do arquivo do sequenciador, que é iniciado na posição 1; a posição 0 é a posição de partida. A instrução retorna (volta) para a posição 1 a cada finalização de ciclo. A extensão atual do arquivo será 1 mais a extensão do arquivo inserido na instrução.

Position (posição) – Indica o passo que é desejado para iniciar a instrução de sequenciador. A posição é a locação da palavra ou o passo no arquivo do sequenciador pelo qual a instrução mover os dados. Qualquer valor maior que a extensão do arquivo pode ser inserido, mas a instrução será sempre reiniciada para 1 com uma transição de verdadeiro para falso, após a instrução executar a última posição. Antes de iniciar a sequência, é necessário um ponto de partida no qual o sequenciador se encontre em uma posição neutra. A posição de partida são todos os zeros, representando esta posição neutra; portanto, todas as saídas estarão desligadas na posição 0.

Para programar um sequenciador, é necessário inserir a informação binária no arquivo do sequenciador ou registro, composto de uma série de palavras consecutivas da memória. O arquivo do sequenciador é um arquivo de bit que contém uma palavra; no arquivo de bits, representa a ação da saída requerida para cada passo da sequência. Os dados são inseridos para cada passo do sequenciador segundo as necessidades da aplicação do controle. À medida que o sequenciador avança nos passos, a informação binária é transferida do arquivo do sequenciador para a palavra de saída.

A Figura 12.8 mostra a finalidade e a função desse arquivo, com o funcionamento de quatro passos de um processo de sequenciamento. O sequenciador está sendo utilizado para controlar o tráfego em duas direções. A operação do processo pode ser resumida da seguinte maneira:

- Seis saídas são energizadas por um módulo de saída de 16 pontos.

- Cada sinaleiro é controlado pelo bit de endereço da palavra de saída O:2.

- Os seis primeiros bits são programados para executar a seguinte sequência de saídas de sinaleiros:
    - **Passo 1:** as saídas O:2.0 (vermelho) e O:2.5 (verde) dos sinaleiros serão energizadas.
    - **Passo 2:** as saídas O:2.0 (vermelho) e O:2.4 (amarelo) serão energizadas.
    - **Passo 3:** as saídas O:2.2 (verde) e O:2.3 (vermelho) serão energizadas.
    - **Passo 4:** as saídas O:2.1 (amarelo) e O:2.3 (vermelho) serão energizadas.

- As palavras B3:0, B3:1, B3:2, B3:3 e B3:4 formam o arquivo do sequenciador.

- A informação binária (1s e 0s) que reflete os estados desejados de ligado e desligado para cada um dos quatro passos é inserida em cada palavra do arquivo do sequenciador.

- Antes de iniciar a sequência, é necessário um ponto de partida onde o sequenciador fique em uma posição neutra. Isso é obtido pela posição inicial, que é todos os bits em zero.

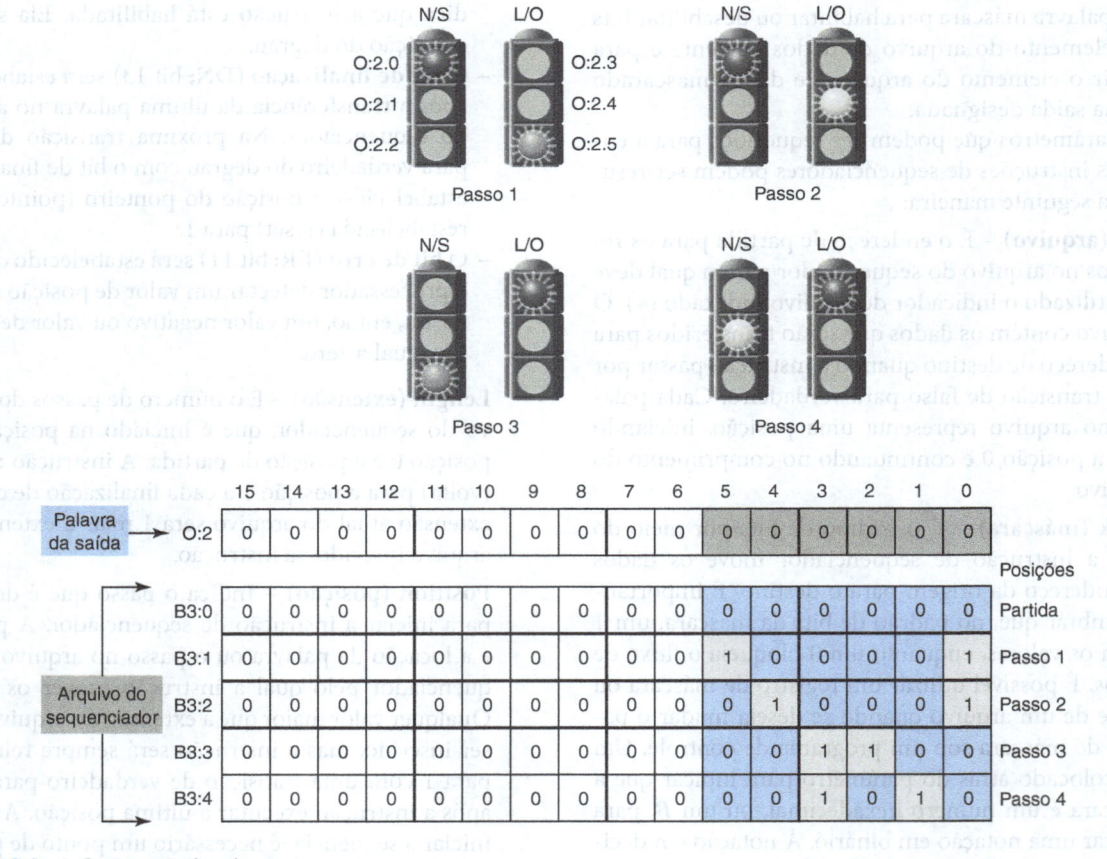

	15	14	13	12	11	10	9	8	7	6	5	4	3	2	1	0	Posições
Palavra da saída O:2	0	0	0	0	0	0	0	0	0	0	0	0	0	0	0	0	
B3:0	0	0	0	0	0	0	0	0	0	0	0	0	0	0	0	0	Partida
B3:1	0	0	0	0	0	0	0	0	0	0	1	0	0	0	0	1	Passo 1
B3:2	0	0	0	0	0	0	0	0	0	0	0	1	0	0	0	1	Passo 2
B3:3	0	0	0	0	0	0	0	0	0	0	0	0	1	1	0	0	Passo 3
B3:4	0	0	0	0	0	0	0	0	0	0	0	0	1	0	1	0	Passo 4

Figura 12.8 Sequenciador de quatro passos.

Em consequência do modo de operação do sequenciador, todos os pontos de saída devem estar em um módulo de saída simples. Quando um sequenciador opera sobre uma palavra de saída completa, podem existir saídas associadas com a palavra que *não* precisam ser controladas por ele. Em nosso exemplo, seis bits dos 15 da palavra de saída O:2 não são utilizados pelo sequenciador, mas podem ser utilizados em qualquer parte no programa. Para evitar que o sequenciador controle esses bits da palavra de saída, é utilizada uma máscara (Figura 12.9), cuja operação pode ser resumida da seguinte maneira:

- A palavra máscara filtra seletivamente os dados do arquivo de palavra do sequenciador para a palavra de saída.
- O número em hexadecimal 003Fh é inserido como parâmetro da máscara.

- Para cada bit da palavra de saída O:2 que o sequenciador for controlar, o bit correspondente da palavra máscara deverá ser estabelecido em 1.
- As setas na figura indicam os bits sem máscara que passam por ela para o endereço de destino.
- Os traços nos bits no endereço de destino indicam que aqueles bits permanecem inalterados na localização do destino durante o sequenciamento.
- Esses bits inalterados podem, portanto, ser utilizados independentemente do sequenciador.

A instrução de saída do sequenciador requer uma lógica anterior no degrau onde está localizada. Quando essa lógica passa de falso para verdadeiro, ativa o sequenciador para executar suas funções. Apenas quando a lógica

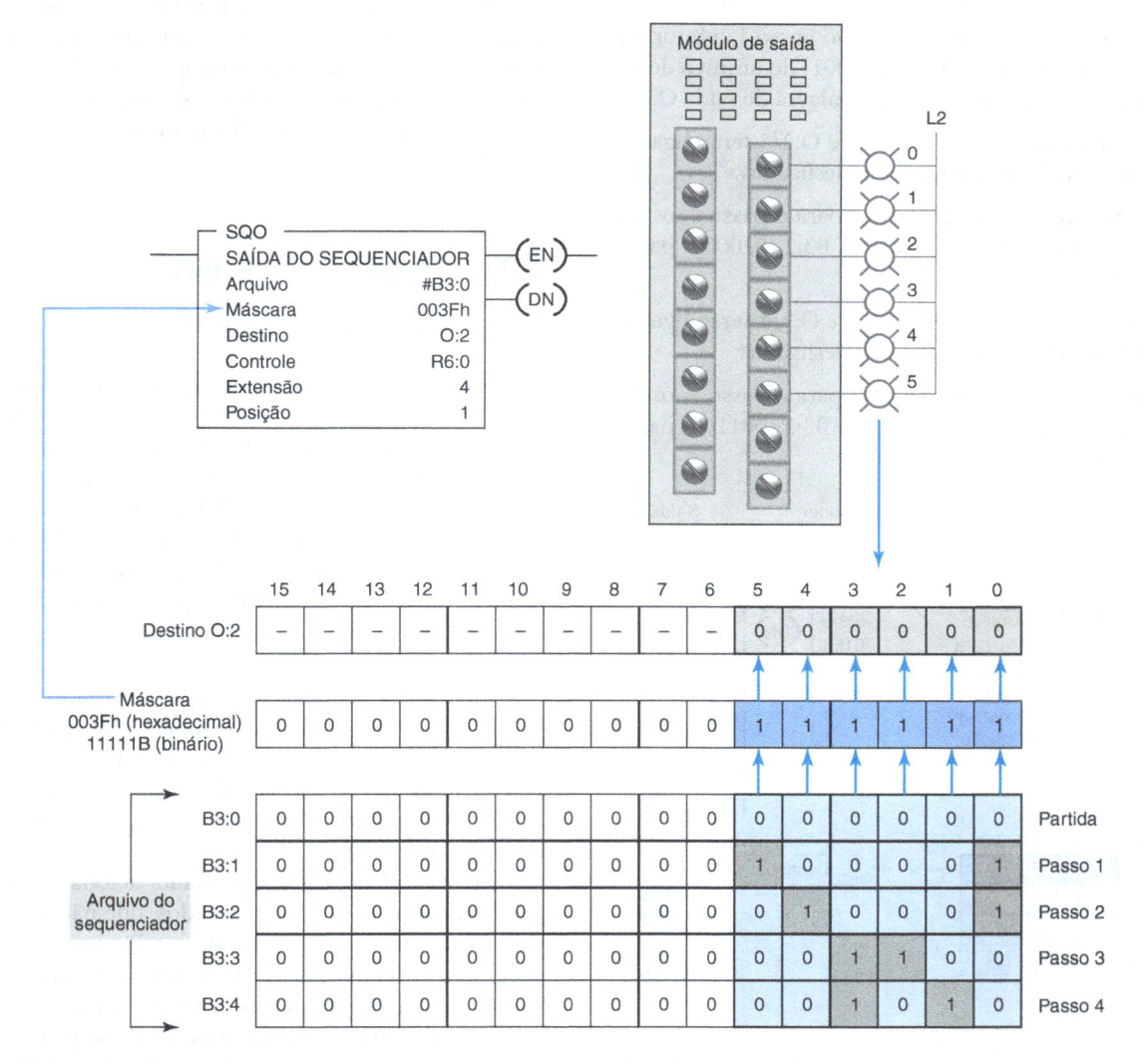

Figura 12.9 Movimentação de dados no sequenciador por meio da máscara na palavra.

anterior da instrução do sequenciador fizer a transição de falso para verdadeiro, ela irá para suas funções de leitura dos dados do arquivo, aplicando a máscara e transferindo os dados mascarados do arquivo para o destino de saída. Após esse ciclo, ela espera por outra ocorrência de falso para verdadeiro da lógica anterior para incrementar o próximo passo.

A Figura 12.10 mostra como o sequenciador move os dados do arquivo para uma saída. A operação do degrau lógico pode ser resumida da seguinte maneira:

- O botão de comando PB é usado para enviar sinais de falso para verdadeiro para ativar a instrução de saída do sequenciador.

- A posição da instrução do sequenciador é incrementada em 1 para cada transição de falso para verdadeiro do degrau do sequenciador.

- Se o PB for fechado momentaneamente, o sequenciador é habilitado e avançado para a próxima posição.

- Quando o sequenciador estiver no passo 1, a informação binária na palavra B3:1 (100001) do arquivo do sequenciador é transferida para a palavra de saída O:2.

- Como resultado, as saídas O:2/0 e O:2/5 serão ligadas, e todas as saídas restantes serão desligadas.

- Com o avanço do sequenciador para o passo 2, os dados serão transferidos da palavra B3:2 (010001) para a palavra O:2.

- Como resultado, as saídas O:2/0 e O:2/4 serão ligadas, e todas as saídas restantes serão desligadas.

- Com o avanço do sequenciador para o passo 3, os dados serão transferidos da palavra B3:3 (001100) para a palavra O:2.

- Como resultado, as saídas O:2/0 e O:2/3 serão ligadas, e todas as saídas restantes serão desligadas.

- Com o avanço do sequenciador para o passo 4, os dados serão transferidos da palavra B3:4 (001010) para a palavra O:2.

- Como resultado, as saídas O:2/1 e O:2/3 serão ligadas, e todas as saídas restantes serão desligadas.

- Quando a posição atinge o parâmetro 4 (o valor do parâmetro de extensão), todas as palavras devem ser movidas, de modo que DN (bit de finalização) na instrução 1 seja estabelecido em 1.

- Na próxima transição de falso para verdadeiro do degrau, como o bit de finalização estabelecido, o ponteiro da posição é reiniciado automaticamente para 1.

As instruções de sequenciadores geralmente são retentivas, e pode haver um limite para o número de saídas externas e passos que podem ser operados por uma instrução simples. Muitas delas reiniciam o sequenciador automaticamente para o passo 1 após completado o último passo da sequência. Outras instruções fornecem uma linha de controle individual ou uma combinação das duas para reiniciar.

12.3 Programas do sequenciador

Um programa de sequenciador pode ser *acionado eventualmente* ou *por temporizador*. O primeiro funciona de modo similar a uma chave de passo mecânica, que incrementa um passo para cada pulso aplicado nela; ele indica suas saídas no eixo horizontal e as entradas ou eventos no eixo vertical. O segundo funciona de modo similar a uma chave de tambor mecânica incrementada automaticamente após um período de tempo pré-ajustado; ele geralmente indica suas saídas no eixo horizontal e o tempo no eixo vertical.

Um mapa de sequenciador, como mostrado na Figura 12.11, é uma tabela que lista a sequência de operação das saídas controladas pela instrução do sequenciador. Essas tabelas utilizam um formato de mapa *tipo matriz*. Uma matriz é um quadro retangular com valores posicionados em linhas e colunas.

Um exemplo de um sequenciador acionado por temporizador com passos temporizados, que não são essencialmente iguais, está mostrado na Figura 12.12. Esse programa de sequenciador é utilizado para controle automático de semáforos em vias de quatro sentidos. As lâmpadas do semáforo funcionam de modo sequencial com passos temporizados variáveis. O sistema requer duas

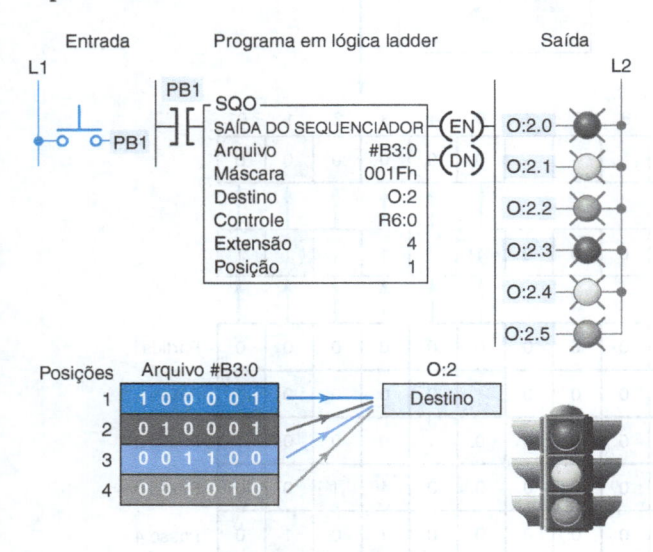

Figura 12.10 Movimentação de dados no sequenciador do arquivo para uma saída.

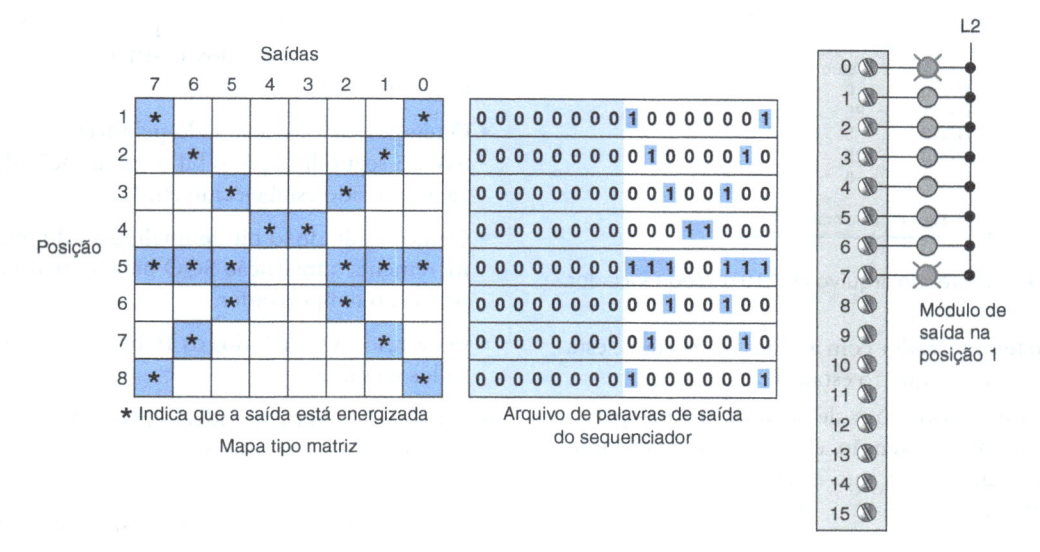

Figura 12.11 Mapa do sequenciador.

instruções SQO, uma para as saídas das lâmpadas e outra para os passos temporizados. As duas SQOs têm R6:0 para o controle e 4 para a extensão. A primeira posição é ligada por 25 segundos; a segunda, por 5 segundos; a terceira, por 25 segundos; e a quarta, por 5 segundos.

A operação do sequenciador acionado por temporizador pode ser resumida da seguinte maneira:

- Os bits de controle das saídas do semáforo são armazenados nos arquivos inteiros #N7:0 da primeira instrução. Os ajustes dos bits de saída para cada posição são inseridos e armazenados em binário no formato de tabela, como mostra a Figura 12.13. Cada palavra do arquivo #N7:0 move do arquivo pelo programa para a palavra de destino de saída O:2, como visto anteriormente.

- A segunda instrução SQO do arquivo do sequenciador, #N7:10, contém os valores pré-ajustados 25, 5, 25, 5 segundos, do temporizador. Esses valores são armazenados na palavra N7:11, N7:12, N7:13 e N7:15, como mostra a Figura 12.14. Cada palavra do arquivo #N7:10 é movida pelo programa para o endereço de destino T4:1.PRE, que é o valor pré-ajustado do temporizador. O programa movimenta a informação desse arquivo para os pré-ajustes do temporizador T4:1. A máscara habilita a passagem dos dados desejados e bloqueia os dados não desejados.

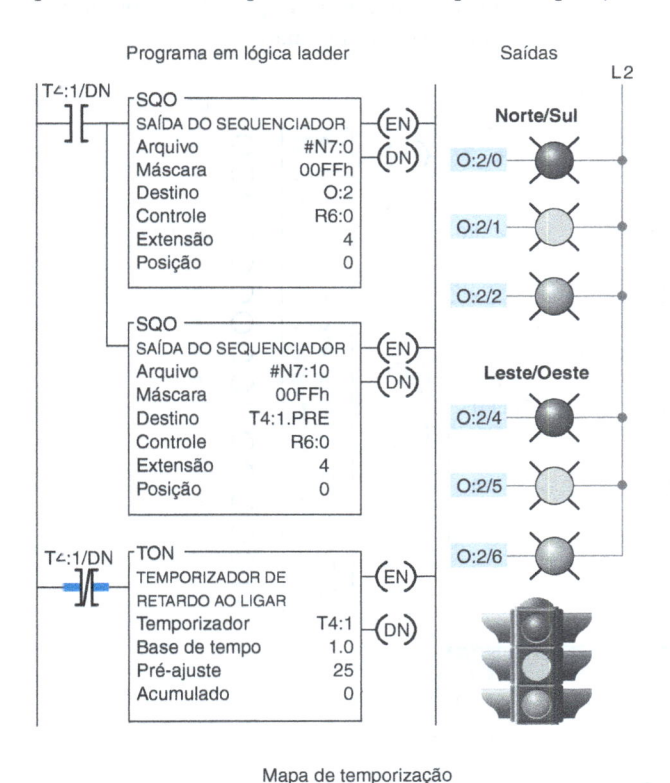

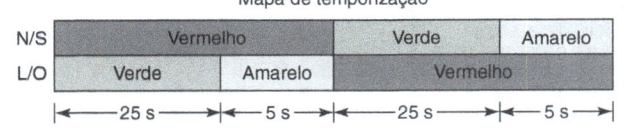

Figura 12.12 Programa de saídas do sequenciador acionado de temporização.

Figura 12.13 Ajustes do ciclo do arquivo #N7:0 do sequenciador do semáforo.

Integer Table	
	Value
N7:10	0
N7:11	25
N7:12	5
N7:13	25
N7:14	5
Radix	Decimal ▼

Figura 12.14 Ajustes do arquivo #N7:10 do sequenciador.

- O ciclo do temporizador com as duas instruções é estabelecido pelos seus quatro estados.
- Como as duas instruções de SQO têm R6:0 para o controle e 4 para a extensão, elas executam os degraus ao mesmo tempo, para que a saída seja temporizada sequencialmente.

Um exemplo de programa de sequenciador acionado por temporizador cujo intervalo de tempo entre os degraus do sequenciador é sempre um valor constante pode ser visto na Figura 12.15. A operação do programa pode ser resumida da seguinte maneira:

- O tempo pré-ajustado do temporizador T4:0 é estabelecido em 3 segundos.

- Os ajustes dos bits de saída para cada posição do sequenciador são inseridos e armazenados nos bits do arquivo #B3:0.
- O temporizador é acionado pelo fechamento da chave SW e 3 segundos após o bit de finalização do temporizador ter sido estabelecido em 1.
- Como resultado, o bit de finalização do temporizador incrementa a instrução SQO para a próxima posição e reinicia o temporizador.
- O destino é O:2, e todos os 16 bits da palavra são utilizados na saída.
- A máscara é FFFF hexadecimal ou 1111111111111111 em binário, o que permite a passagem de todos os 16 bits.
- Enquanto a chave SW estiver fechada, o programa continua a operação com 3 segundos entre os passos do sequenciador.

Com um sequenciador acionado eventualmente (Figura 12.16), a instrução SQO avança para o próximo passo por um pulso externo de entrada eventual, em vez de um tempo preestabelecido. A operação do programa pode ser resumida da seguinte maneira:

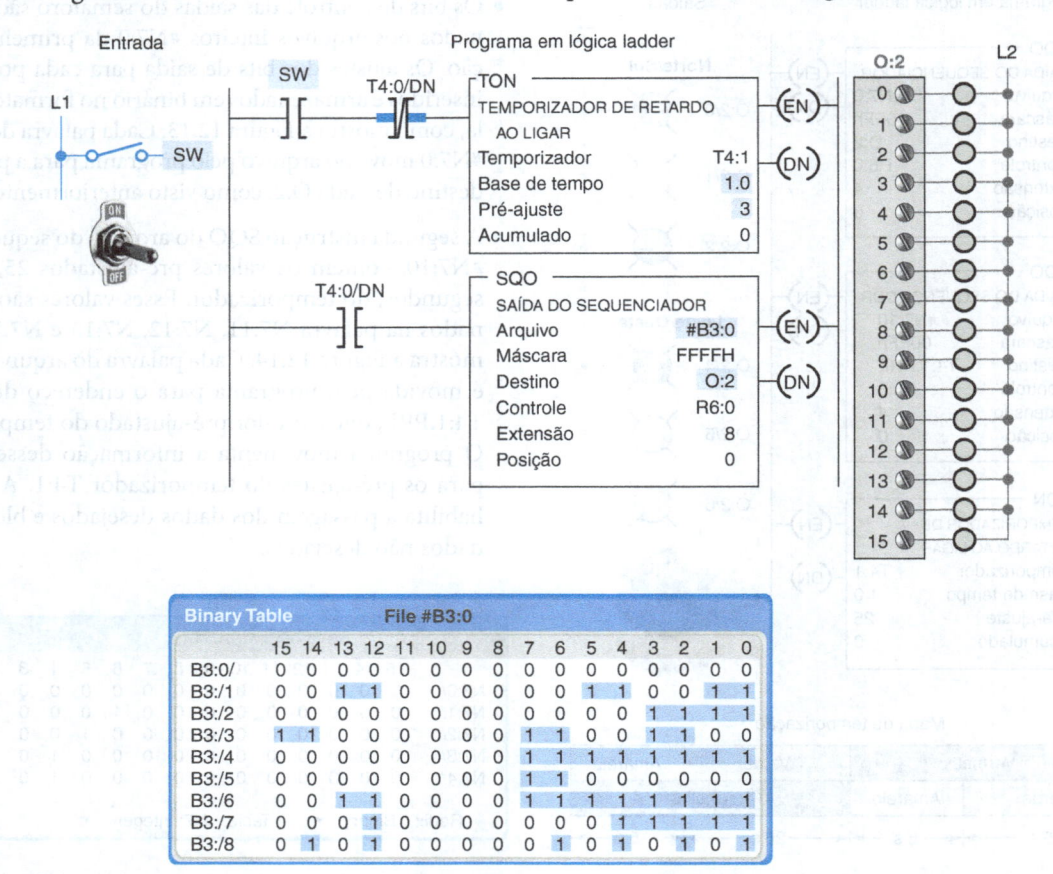

Binary Table																	File #B3:0
	15	14	13	12	11	10	9	8	7	6	5	4	3	2	1	0	
B3:/0	0	0	0	0	0	0	0	0	0	0	0	0	0	0	0	0	
B3:/1	0	0	1	1	0	0	0	0	0	1	1	0	0	1	1		
B3:/2	0	0	0	0	0	0	0	0	0	0	0	0	1	1	1	1	
B3:/3	1	1	0	0	0	0	0	0	1	1	0	0	1	1	0	0	
B3:/4	0	0	0	0	0	0	0	0	1	1	1	1	1	1	1	1	
B3:/5	0	0	0	0	0	0	0	0	1	1	0	0	0	0	0	0	
B3:/6	0	0	1	1	0	0	0	0	1	1	1	1	1	1	0	0	
B3:/7	0	0	0	1	0	0	0	0	0	0	1	1	1	1	1	1	
B3:/8	0	1	0	1	0	0	0	0	0	1	0	1	0	1	0	1	

Figura 12.15 Sequenciador acionado por temporizador com intervalos de tempo entre os passos constantes.

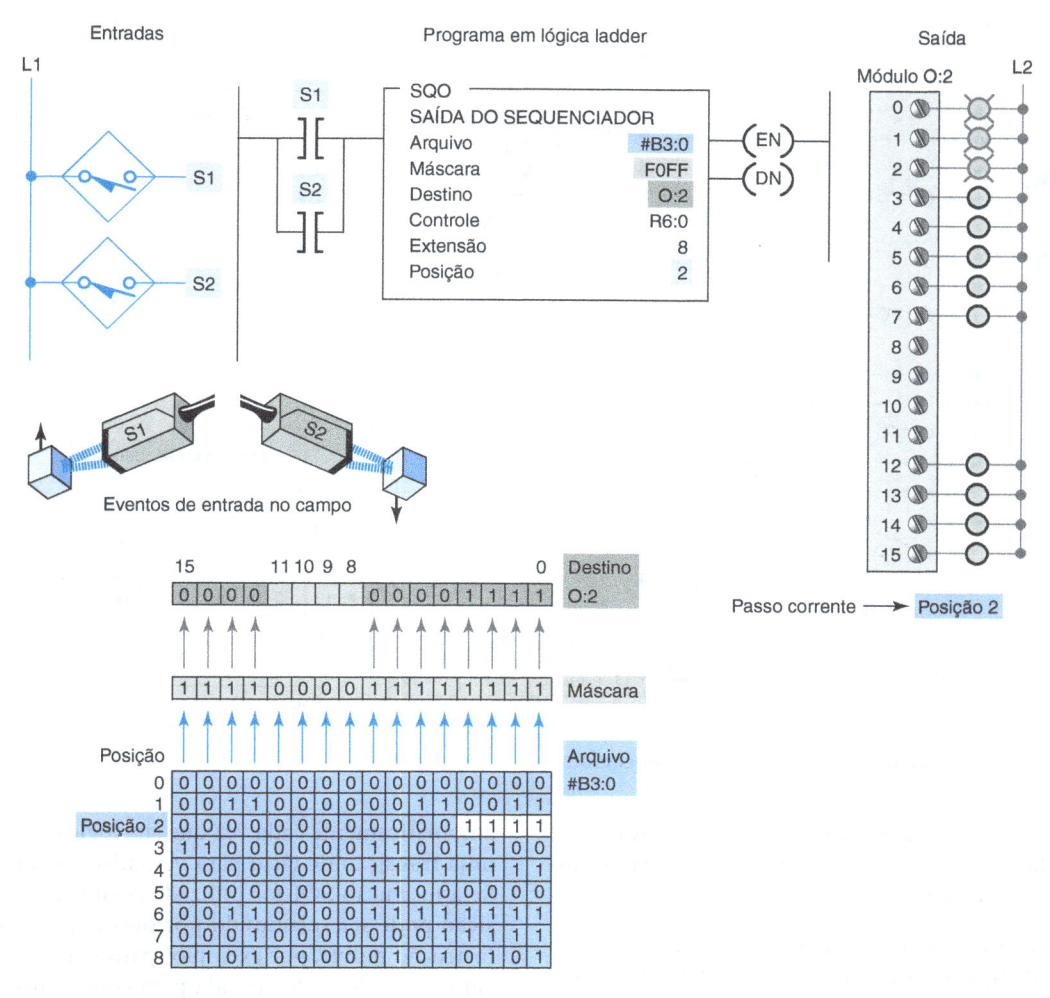

Figura 12.16 Programa de saída para o sequenciador acionado eventualmente.

- A instrução SQO do sequenciador utiliza duas chaves sensoras (S1 e S2), configuradas como OR.

- Qualquer um dos dois caminhos paralelos pode tornar verdadeiro o degrau com a SQO.

- A cada ocorrência de um evento, o braço OR faz a transição de falso para verdadeiro, avançando a posição do sequenciador.

- Os dados são copiados do arquivo #B3:0 nas localizações dos bits pela máscara na palavra, F0FF hex ou 1111000011111111 em binário, para o destino O:2. Os bits da máscara são estabelecidos em 1, para passar os dados, e reiniciar em 0, para mascarar os dados.

- Quando a última posição for atingida na transição de verdadeiro para falso da instrução a posição, será restabelecida em 1.

- Observe que os dados em O:2 combinam com os dados da posição 2 no arquivo, exceto para os dados nos bits 8 até 11.

- Os bits de 8 até 11 podem ser controlados em qualquer parte do programa; eles não são afetados pela instrução do sequenciador por causa do 0 nas posições destes bits na máscara.

A instrução de *entrada* (SQI) do sequenciador permite que os dados de entrada sejam comparados em igualdade com os dados armazenados no arquivo do sequenciador; por exemplo, pode ser feita uma comparação entre os estados dos dispositivos de entrada e seus estados desejados; se as condições coincidirem, a instrução será verdadeira.

A instrução SQI é uma instrução de entrada disponível no PLC-5 e nos controladores ControlLogix, da Allen-Bradley. Um exemplo de instrução de entrada do sequenciador em um CLP é mostrado na Figura 12.17. As entradas na instrução são similares às entradas na instrução de saída do sequenciador, exceto que o destino está trocado com a origem. A operação do programa pode ser resumida da seguinte maneira:

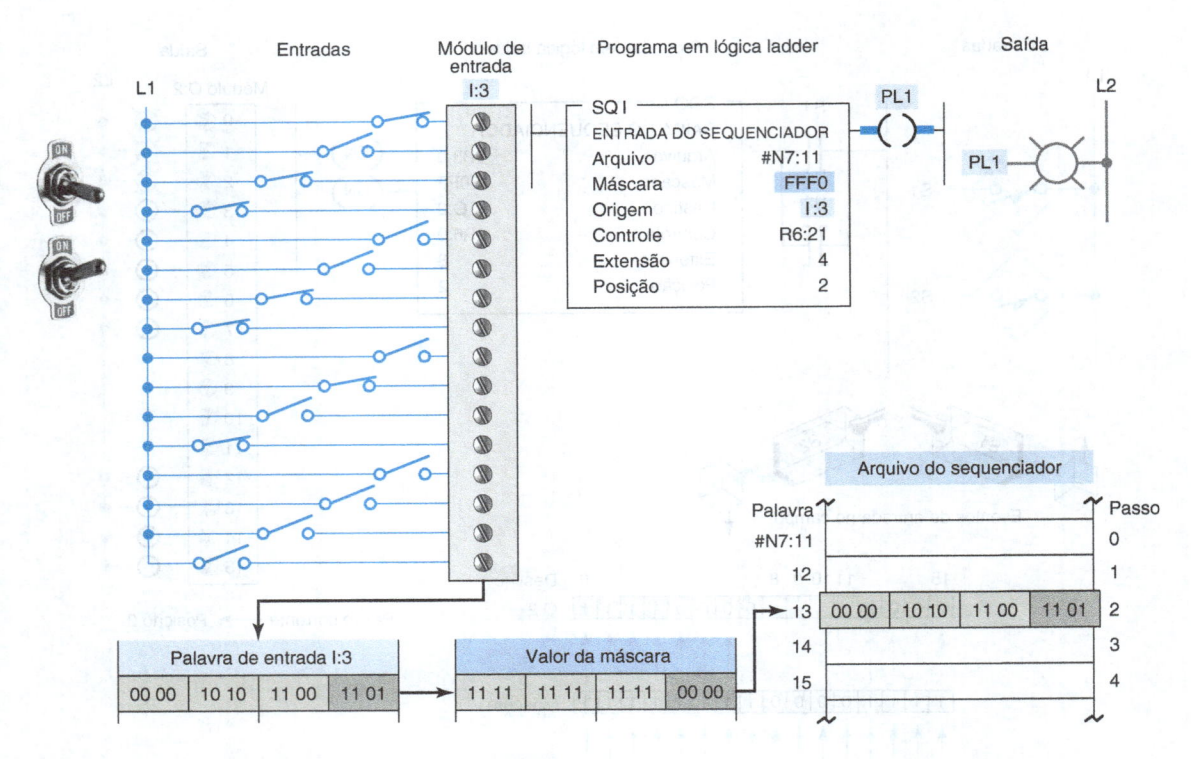

Figura 12.17 Instrução de entrada (SQI) do sequenciador.

- A instrução SQI compara a igualdade entre os dados de entrada em I:3 pela máscara FFF0 com os dados no arquivo do sequenciador N7:11 até N7:15.

- Os dados específicos no arquivo do sequenciador utilizados na comparação são identificados pelos parâmetros da posição.

- Quando os bits da origem não mascarados combinam com os do arquivo da palavra correspondente do sequenciador, a instrução torna-se verdadeira; se não combinam, a instrução será falsa.

- Neste exemplo, os dados na posição 2 combinam com os dados não mascarados na entrada, de modo que a instrução SQI será verdadeira, o que torna o degrau e a saída PL1 verdadeiros.

- Os dados de entrada podem indicar o estado de um dispositivo de saída, como a combinação das chaves de entrada mostradas neste exemplo de programa.

- Qualquer combinação de chaves abertas ou fechadas é igual à combinação de 1s e 0s em um passo no arquivo de referência do sequenciador, faz que a saída PL1 do sequenciador seja energizada.

A instrução SQI utiliza um registro de controle como a instrução SQO, mas não há um bit de finalização. Além disso, a instrução SQI não incrementa sua posição automaticamente cada vez que sua lógica de controle faz uma transição de falso para verdadeiro em sua entrada. Se a instrução SQI for utilizada sozinha, o valor da posição pode ser substituído por outra instrução (como a instrução mover, por exemplo) para selecionar um novo valor de arquivo de entrada para comparar com o valor de endereço da origem.

Quando uma instrução SQI é emparelhada com uma SQO com endereços de controle idênticos, a posição é incrementada pela instrução para ambas. O programa da Figura 12.18 mostra o uso das instruções de entrada e de saída do sequenciador em pares para monitorar e controlar, respectivamente, a operação sequencial. A operação do programa pode ser resumida da seguinte maneira:

- São usados o mesmo endereço de controle, valor de extensão e valor de posição para cada instrução.

- A instrução de entrada do sequenciador é indexada pela instrução de saída do sequenciador, porque os dois elementos de controle têm o mesmo endereço, R6:5.

- Este tipo de técnica de programação permite que a sequência de entrada e saída funcionem em conjunto, o que faz uma saída específica do sequenciador ocorrer quando acontece uma entrada específica do sequenciador.

A instrução de *comparação do sequenciador* (SQC) do SLC 500, da Allen-Bradley, é similar, mas não idêntica, à instrução SQI. As diferenças entre as duas são:

Capítulo 12 Instruções de sequenciadores e registros de deslocamento

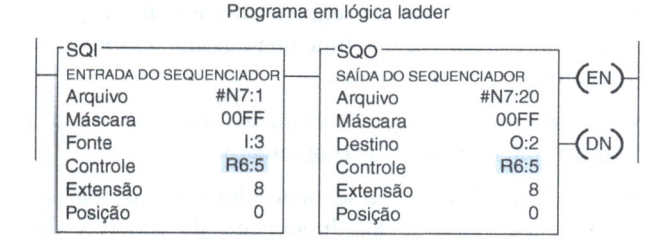

Programa em lógica ladder

```
┌─SQI──────────────────────────┐   ┌─SQO──────────────────────────┐
│ ENTRADA DO SEQUENCIADOR      │   │ SAÍDA DO SEQUENCIADOR        │──(EN)
│ Arquivo          #N7:1       │   │ Arquivo          #N7:20      │
│ Máscara          00FF        │   │ Máscara          00FF        │
│ Fonte            I:3         │   │ Destino          O:2         │──(DN)
│ Controle         R6:5        │   │ Controle         R6:5        │
│ Extensão         8           │   │ Extensão         8           │
│ Posição          0           │   │ Posição          0           │
└──────────────────────────────┘   └──────────────────────────────┘
```

Figura 12.18 Instruções de entrada e de saída do sequenciador usadas em pares.

- A instrução SQC é de saída, não de entrada.
- A instrução SQC incrementa o parâmetro de posição.
- A instrução SQC tem um bit de estado adicional – o *bit encontrado* (FD). Quando o padrão de origem combina com o arquivo da palavra do sequenciador, o FD é estabelecido em 1, e é estabelecido em zero sob todas as outras condições.

Um exemplo de uma instrução de comparação do sequenciador (SQC) de um SLC 500 é mostrado na Figura 12.19. A operação do programa pode ser resumida da seguinte maneira:

- Os dados da origem (I:1) nos 4 bits de maior valor são comparados com os dados no arquivo #B3:22.
- Neste exemplo, os 4 bits de maior valor em I:1 combinam com o estado dos 4 bits de maior valor em B3:25 no passo da posição 3.
- Se a entrada I:1/0 com o botão de comando for verdadeira neste ponto, o bit encontrado (FD) será estabelecido, o que resulta na ligação da saída PL1.
- Se a combinação das chaves abertas e fechadas, conectadas em I:1/12, I:1/13, I:1/14 e I:1/15, forem iguais às da combinação de 1s e 0s em um passo no arquivo de referência do sequenciador e a entrada I:1/0 for verdadeira, a saída PL1 será energizada.
- A máscara (F000h) permite que os bits não usados na instrução de sequenciador sejam utilizados independentemente. Nesse exemplo, o bit não usado I:1/0 é utilizado para a entrada condicional do degrau de comparação do sequenciador.

A instrução de carga do sequenciador (SQL) é usada para ler o módulo de entrada do CLP e para armazenar os dados de entrada no arquivo do sequenciador. As condições de carregamento da entrada para uma quantidade

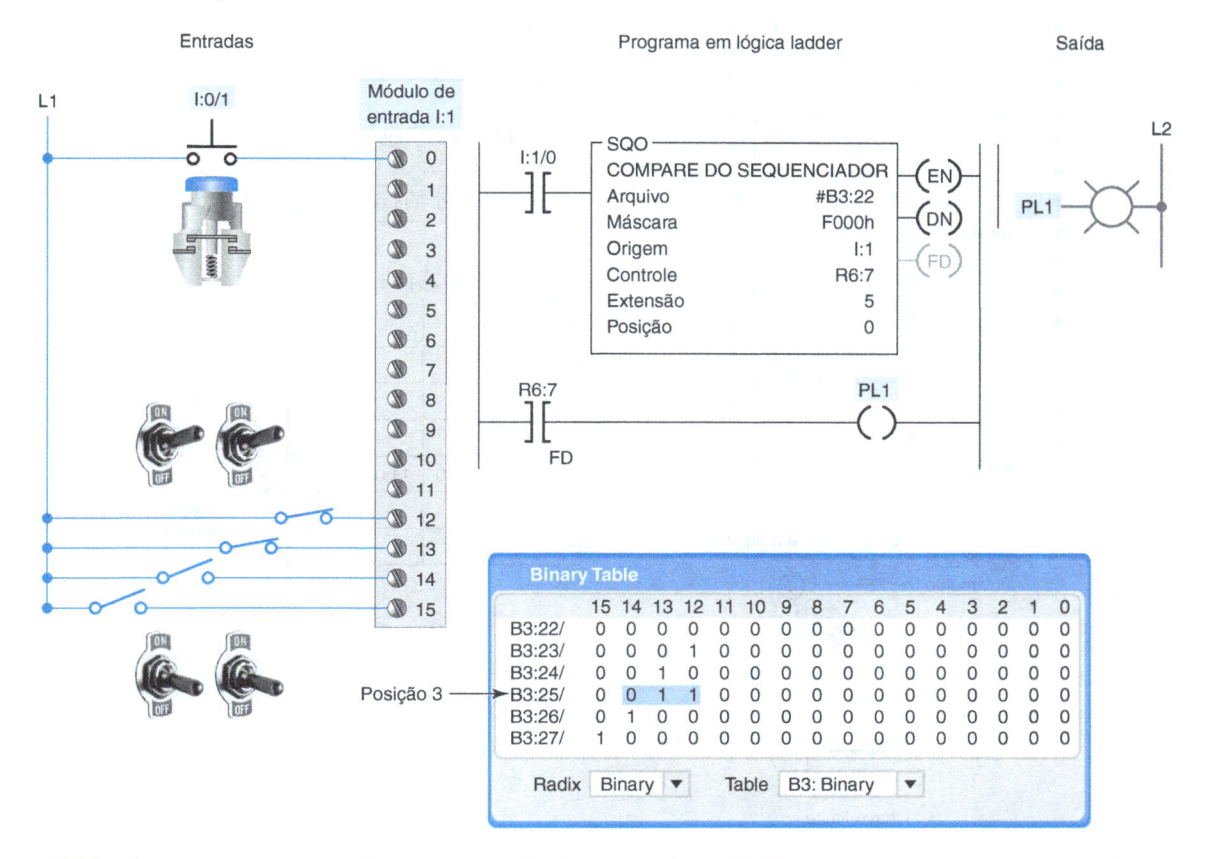

Binary Table	15	14	13	12	11	10	9	8	7	6	5	4	3	2	1	0
B3:22/	0	0	0	0	0	0	0	0	0	0	0	0	0	0	0	0
B3:23/	0	0	0	1	0	0	0	0	0	0	0	0	0	0	0	0
B3:24/	0	0	1	0	0	0	0	0	0	0	0	0	0	0	0	0
B3:25/	0	0	1	1	0	0	0	0	0	0	0	0	0	0	0	0
B3:26/	0	1	0	0	0	0	0	0	0	0	0	0	0	0	0	0
B3:27/	1	0	0	0	0	0	0	0	0	0	0	0	0	0	0	0

Radix: Binary | Table: B3: Binary

Figura 12.19 Programa com a instrução de comparação do sequenciador (SQC).

maior de passos no processo estão sujeitas a erros. Nesses casos, a instrução de carga do sequenciador pode ser utilizada para carregar os dados no arquivo do sequenciador um passo de cada vez; por exemplo, um robô pode ser movimentado manualmente ao longo de sua sequência de operação, com seus dispositivos de entrada lidos a cada passo, e, a cada um, os estados dos dispositivos de entrada são escritos no arquivo de dados na instrução de comparação do sequenciador. Como resultado, o arquivo é carregado com os estados de entrada desejados em cada passo, e esses dados são então utilizados para a comparação com os dispositivos de entrada quando a máquina estiver funcionando no modo automático.

Um exemplo de uma instrução de carga SQL de um sequenciador do SLC está mostrado na Figura 12.20. A operação do programa pode ser resumida como segue:

- A instrução de carga do sequenciador é utilizada para carregar o arquivo e não funciona durante o funcionamento normal da máquina.
- Ela substitui o carregamento manual de dados no arquivo com o terminal de programação.
- A instrução de carga do sequenciador *não* utiliza máscara; ela copia os dados diretamente do endereço de origem para o arquivo do sequenciador.
- Quando a instrução passa de falsa para verdadeira, ela passa para a próxima posição de modo indexado e copia os dados.
- Quando a instrução tiver operado até a última posição e estiver na transição de falsa para verdadeira, ela reinicia para a posição 1.

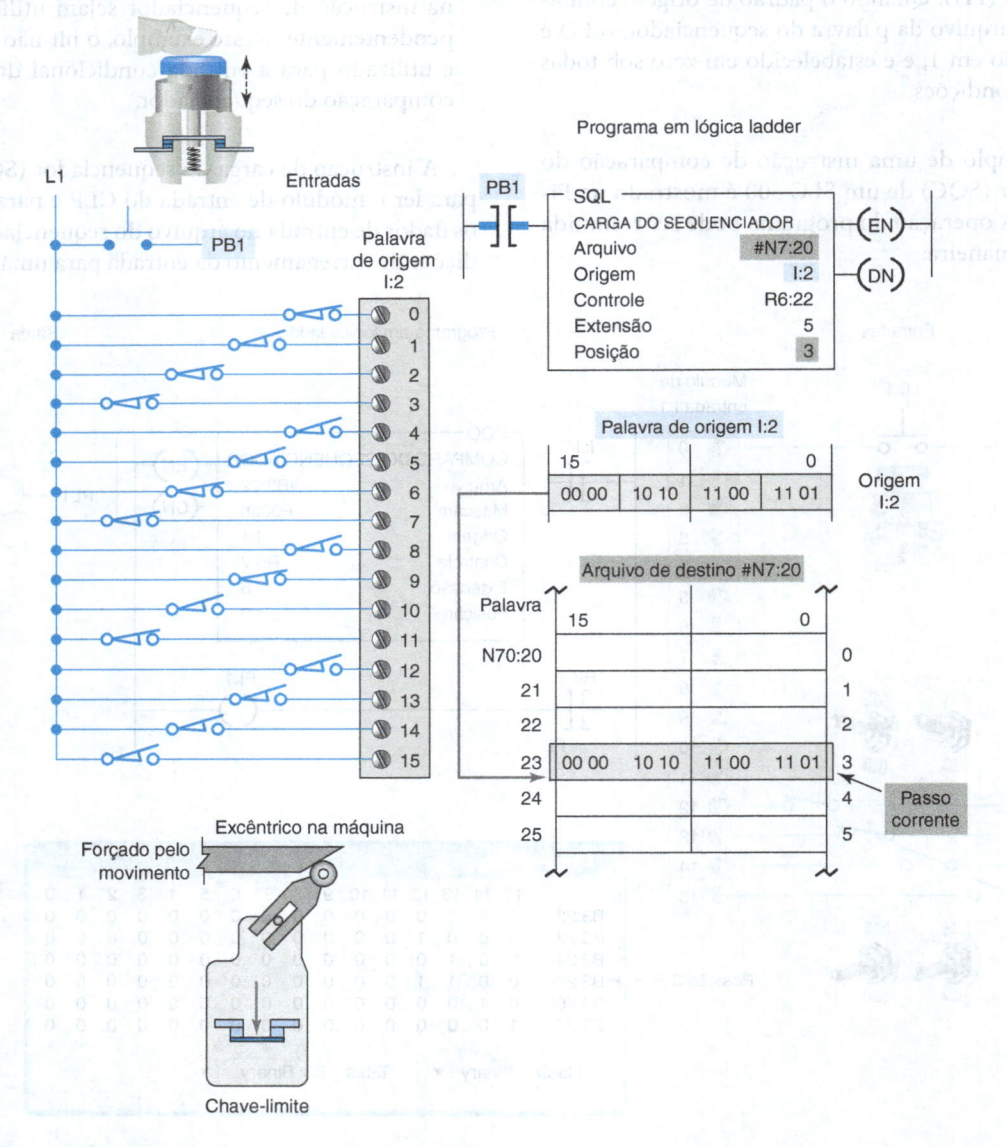

Figura 12.20 Programa com a instrução de carga SQL do sequenciador.

- Ela transfere os dados na posição 0 somente se estiver na posição 0 e se a instrução for verdadeira e o processador estiver rodando o programa.

- Com a pulsação manual da máquina pelo seu ciclo, as chaves conectadas na entrada I:2 da origem podem ser lidas em cada posição e escritas no arquivo pressionando momentaneamente (pulsando) PB1. De outro modo, os dados poderiam ser inseridos no arquivo manualmente.

12.4 Registro de deslocamento de bits

O CLP não usa apenas um padrão fixo de registro (palavra) de bits, mas pode também manipular e mudar com facilidade os bits individualmente. Um *registro de deslocamento* de bits é um registro que permite o deslocamento de bits através de um registro simples ou de um grupo de registros. Ele desloca os bits em série (bit por bit) através de uma matriz de modo ordenado.

Esse registro pode ser utilizado para simular o movimento ou *controlar* o fluxo de peças e informação, e sempre que houver necessidade de armazenar o estado de um evento de modo que se possa agir sobre ele em um momento posterior. Eles podem deslocar estados ou valores pelos arquivos de dados. Entre as aplicações comuns dos registros de deslocamento estão:

- O rastreamento de peças em uma linha de montagem;
- O controle de máquinas ou operações do processo;
- O controle de inventário;
- O sistema de diagnóstico.

A Figura 12.21 ilustra o conceito básico de um registro de deslocamento. Um pulso de deslocamento ou relógio faz um bit no registro de deslocamento ser deslocado uma posição para a direita. Em algum ponto, o número de bits do dado inserido no registro de deslocamento excederá sua capacidade de armazenamento. Quando isso ocorrer, os primeiros bits do dado inserido no registro de deslocamento pelo pulso de deslocamento são perdidos no final desse registro. Normalmente, os dados no registro de deslocamento podem representar o seguinte:

- Tipos, qualidade e tamanho de peças;
- A presença ou a ausência de peças;
- A ordem com que os eventos acontecem;
- Números de identificação ou posições;
- Uma falta de condição que causou um desligamento.

É possível programar um registro de deslocamento para deslocar o estado dos dados tanto para a direita como para a esquerda, como mostra a Figura 12.22, pelo deslocamento dos estados ou dos valores através dos arquivos de dados. Instruções de deslocamento de bits deslocam o bit de estado do endereço de origem por meio de um arquivo de dados e retira um bit descarregado, um de cada vez. Existem duas instruções de deslocamento de bits: *deslocamento de bit para a esquerda* (BSL), que desloca o bit de estado de um número de endereço baixo para outro alto por meio de um arquivo de dados; e *deslocamento de bit para a direita* (BSR), que desloca os dados de um número de endereço alto para outro baixo por meio de um arquivo de dados. Alguns CLPs possuem uma função de *registro de circulação de bits*, que permitem repetir um padrão em sequência.

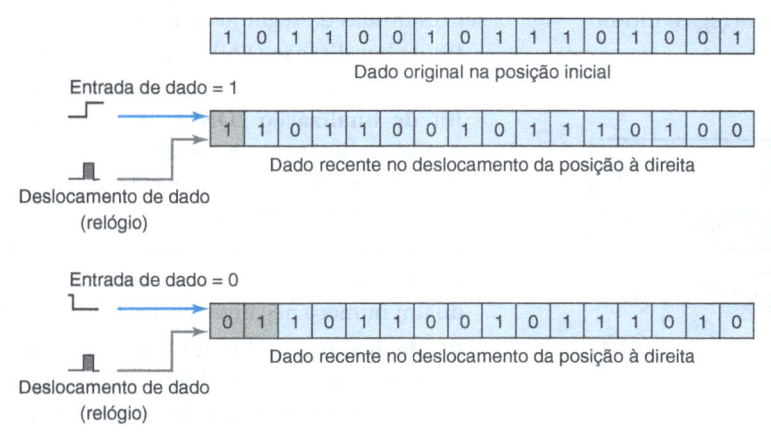

Figura 12.21 Conceito básico de um registro de deslocamento.
Fonte: Cortesia da Omron Industrial Automation.
www.ia.omron.com

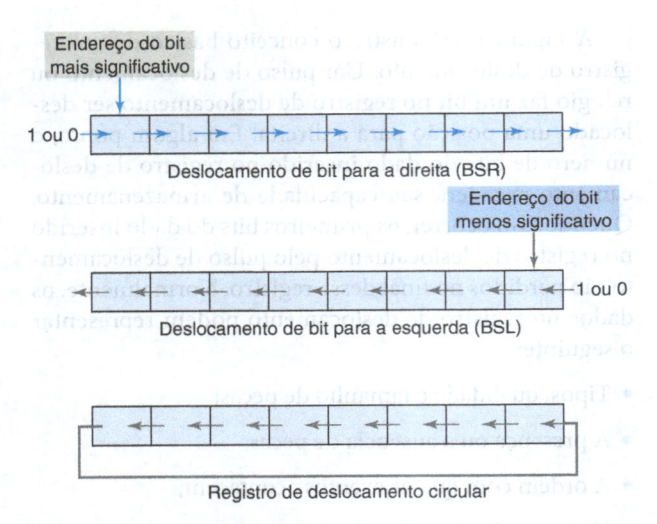

Figura 12.22 Tipos de registros de deslocamento.

No registro de deslocamento de bits, é possível identificar cada bit pela sua posição no registro; portanto, ao se trabalhar com qualquer bit no registro, é importante identificar a posição que ele ocupa, em vez do esquema convencional de endereçamento de palavra número/bit número.

A Figura 12.23 mostra o guia de menu do **File Shift (arquivo de deslocamento)** e os blocos de instrução BSL e BSR, que são partes do conjunto de instrução para os controladores SLC 500, da Allen-Bradley. Os comandos podem ser resumidos da seguinte maneira:

BSL (deslocamento de bit para a esquerda) – Carrega um bit de dados na matriz de bits, desloca o padrão de dados por meio da matriz para a esquerda e descarrega o último bit de dados na matriz.

BSR (deslocamento de bit para a direita) – Carrega um bit de dados na matriz de bits, desloca o padrão de dados pela matriz para a direita e descarrega o último bit de dados na matriz.

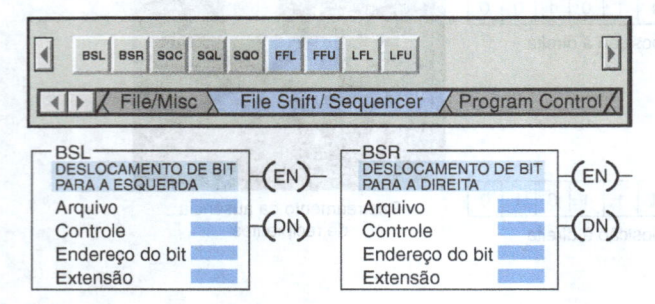

Figura 12.23 Instruções de registro de deslocamento para a esquerda e registro de deslocamento para a direita.

Os registros de deslocamento são utilizados para monitoração de estados ou identificação de uma peça que se movimenta em uma linha de montagem. O arquivo de dados utilizado para eles geralmente é o arquivo de bit, porque seus dados são mostrados no formato binário, o que facilita sua leitura. BSL e BSR são instruções de saída que carregam dados em uma matriz de bits, um de cada vez. Os dados são deslocados pela matriz, depois um bit de cada vez é descarregado.

A instrução BSL tem os mesmos operandos que a instrução BSR; a diferença é o sentido em que os bits são indexados. Uma instrução de deslocamento de bits será executada quando sua entrada de lógica de controle passar de falso para verdadeiro. Para programar uma instrução de registro de deslocamento, é preciso fornecer as seguintes informações ao processador:

Arquivo (File) – O endereço da matriz de bits que se deseja manipular. O endereço deve começar com o sinal # e no bit 0 da primeira palavra ou elemento. Qualquer bit remanescente na última palavra da matriz não pode ser utilizado em parte nenhuma do programa, porque a instrução os invalida.

Controle (Control) – Tabela de dados tipo R. O endereço é único para a instrução e não pode ser utilizado para controlar nenhuma outra instrução. Ele é um elemento de três palavras que consiste em palavra de estado, de extensão e de posição.

Endereço do bit – É o endereço do bit de origem. A instrução insere os estados desses bits na primeira posição do bit (menor ordem), para a instrução BSL, ou última posição do bit (maior ordem), para a instrução BSR, na matriz.

Extensão – Indica o número de bits a serem deslocados, ou a extensão do arquivo, em bits. Os bits de estado da palavra de controle são de habilitação, finalização, erro e os bits de descarga. Suas funções podem ser resumidas da seguinte maneira:

– **Bit de habilitação (EN)** – Segue o estado da instrução e a estabelece como 1 quando ela for verdadeira.

– **Bit de finalização (DN)** – É estabelecido em 1 quando a instrução tiver deslocado uma posição em todos os bits no arquivo. Ele reinicia em 0 quando a instrução fica falsa.

– **Bit de erro (ER)** – É estabelecido em 1 quando a instrução detectar um erro, que pode acontecer quando um número negativo for inserido na extensão.

– **Bit de descarga (UL)** – O seu estado é controlado pelo deslocamento do último bit do arquivo no bit de descarga quando a instrução for executada. Ele é o bit de localização em que o estado do último bit no arquivo desloca quando a instrução passa de falso para verdadeiro. Quando ocorrer o próximo deslocamento, estes dados serão perdidos, a não ser que seja feita uma programação adicional para retê-los.

Um exemplo de uma instrução de deslocamento de um bit para a esquerda está mostrado na Figura 12.24. A operação do programa pode ser resumida da seguinte maneira:

- O acionamento momentâneo da chave-limite LS faz que a instrução BSL seja executada.

- Quando o degrau passar de falso para verdadeiro, o bit de habilitação será estabelecido e o bloco de dados será deslocado para a esquerda (para o bit de maior posição) uma posição de bit.

- O bit especificado, no endereço do sensor I:1/1, é deslocado para o bit da primeira posição, B3:10/0.

- O último bit é deslocado para fora da matriz e armazenado no bit de descarga, R6:0/UL.

- O estado que estava previamente no bit de descarga é perdido.

- Todos os bits na porção não utilizada da última palavra do arquivo são inválidos e não devem ser usados em nenhuma parte do programa.

- Para uma operação circular, é necessário estabelecer o endereço do bit de posição para o último bit da matriz ou para o bit UL conforme o caso.

Um exemplo de uma instrução de deslocamento de bit para a direita pode ser visto na Figura 12.25. A operação do programa pode ser resumida da seguinte maneira:

- Antes de o degrau passar de falso para verdadeiro, o estado dos bits na palavra B3:50 e B3:51 são como mostrados na Figura 12.25.

- O estado do endereço do bit, I:3/5, é 0 e o estado do bit de descarga, R6:1/UL é 1.

- Quando a chave-limite LS for fechada, o estado do endereço do bit, I:3/5, será deslocado para B3:51/7, que é o 24º bit no arquivo.

- O estado de todos os bits no arquivo é deslocado uma posição para a direita, pela extensão dos 24 bits.

- O estado de B3:50/0 é deslocado para o bit de descarga R6:1/UL. O estado que estava previamente no bit de descarga é perdido.

Um exemplo de programa de operação circular com instrução de um bit BSL pode ser visto na Figura 12.26. O pulso de relógio de entrada é regularmente fixado em 3 segundos, gerado por um temporizador de retardo ao ligar T4:0. A operação do programa pode ser resumida da seguinte maneira:

- Na tabela de dados, estabelecer os endereços de bit B3:0/0, B3:0/1 e B3:0/2 para 0 lógico, e o endereço de bit R6:0/UL para 1 lógico.

- Quando o CLP for então posto em funcionamento, o bit B3:0/0 será estabelecido com 1 lógico, ligando a PL1.

- Com o fechamento da chave de entrada SW, o temporizador inicia a cronometragem.

- Após 3 segundos, o bit de finalização do temporizador é estabelecido para reiniciar o tempo acumulado no temporizador em zero e deslocar o bit com 1 lógico para a esquerda para B3:0/1.

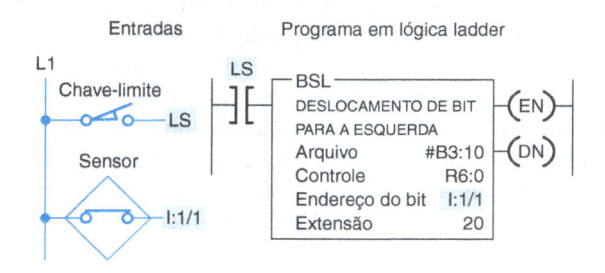

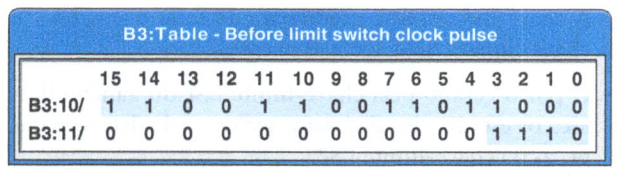

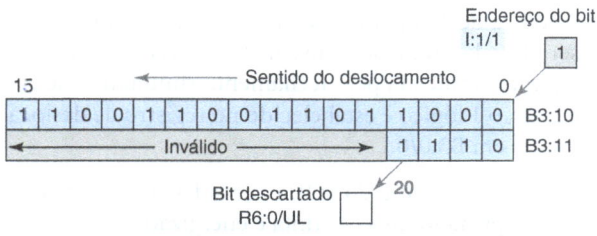

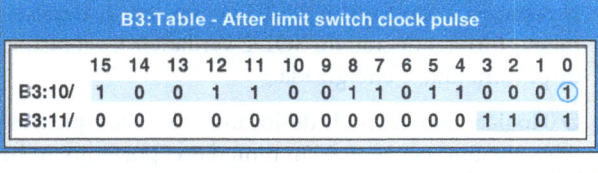

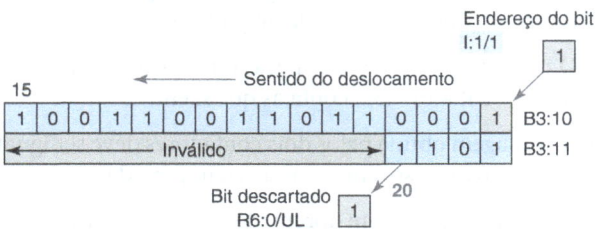

Figura 12.24 Programa com a instrução registro de deslocamento para a esquerda (BSL).

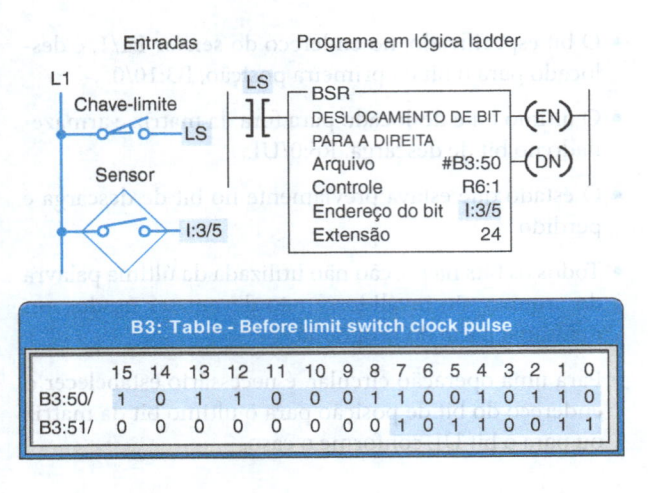

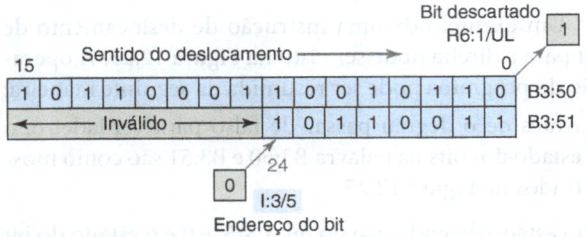

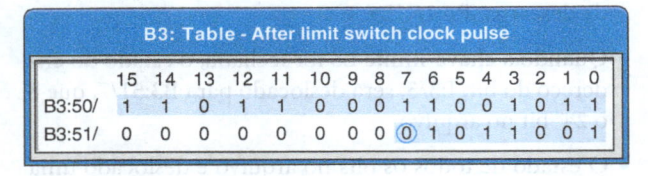

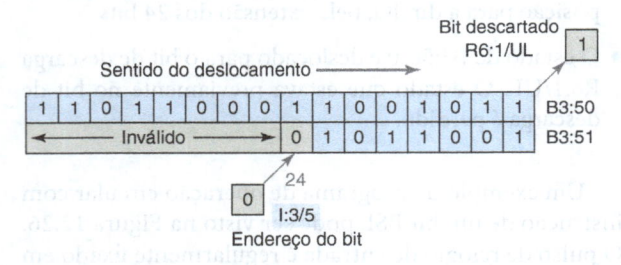

Figura 12.25 Programa com a instrução de registro de deslocamento para a direita (BSR).

- Isso faz que PL1 desligue e PL2 ligue.
- Decorridos mais 3 segundos, o bit de finalização do temporizador é estabelecido novamente.
- A instrução BSL desloca os bits para a esquerda mais uma vez e faz que PL2 desligue e PL3 ligue.
- O processo continua com o acendimento dos sinaleiros, um de cada vez, na sequência, a cada 3 segundos.

O registro de deslocamento é sempre utilizado em processos de manufatura de materiais nos quais alguma forma de informação binária deve ser sincronizada com a parte móvel de uma esteira transportadora. A informação binária refere-se a qualquer uma das duas condições que podem ser atribuídas ao produto em movimento; por exemplo, a presença ou a ausência de uma peça. Como a peça se movimenta ao longo da esteira, algum tipo de dispositivo de detecção deve determinar em qual dessas duas categorias o produto em movimento se encaixa. A Figura 12.27 ilustra as caixas se movendo sobre a esteira detectadas por um sensor fotoelétrico. O sensor que aciona a linha de dados no registro de deslocamento é fixo de modo que o feixe de luz detecta a presença ou a ausência da caixa. O estado da condição com um 1 lógico no sensor indica a presença de uma caixa e um 0 indica a ausência.

O processo da Figura 12.28 mostra uma operação de pintura pulverizada (com spray), controlada por registro de deslocamento para a esquerda. Com a passagem das peças ao longo da linha de produção, o padrão de bits do registro de deslocamento representa os itens a serem pintados nos ganchos da esteira. Cada bit de localização no arquivo representa uma estação na linha, e o estado do bit indica se há ou não peça presente na estação.

O programa para a operação de pintura pulverizada está mostrado na Figura 12.29. A operação pode ser resumida como segue:

- A chave-limite LS1 é usada para detectar o gancho, e a chave-limite LS2 detecta as peças.
- O pulso gerado pela chave-limite LS1 do gancho desloca os estados dos dados fornecidos pela detecção das peças da chave-limite LS2.
- A lógica dessa operação é tal que, quando uma peça a ser pintada e uma peça no gancho estiverem na estação 1 juntas (indicada pelo fechamento simultâneo de LS2 e LS1), o 1 lógico é estabelecido no registro de deslocamento em B3:0/0.
- Isto torna o degrau do SOL 1 verdadeiro, e a pulverização da primeira mão de tinta é energizada.
- Na estação 5, um 1 no bit B3:0/5 do registro de deslocamento torna o degrau do SOL 2 verdadeiro, e a pistola de pintura final é energizada.
- O 0 lógico no registro de deslocamento indica que a esteira não tem peças a serem pintadas e, portanto, inibe o funcionamento da pistola de pintura.
- O contador C5:1 conta as peças que entram no processo, e o contador C5:2 conta as que saem.
- A contagem obtida pelos dois contadores deve ser igual quando não existirem peças a serem pintadas.
- Se as duas contagem forem de valores iguais, a instrução executa a ligação do sinaleiro PL1. Isso é uma indicação de que as peças que iniciaram a pintura são iguais às peças que concluíram a pintura.

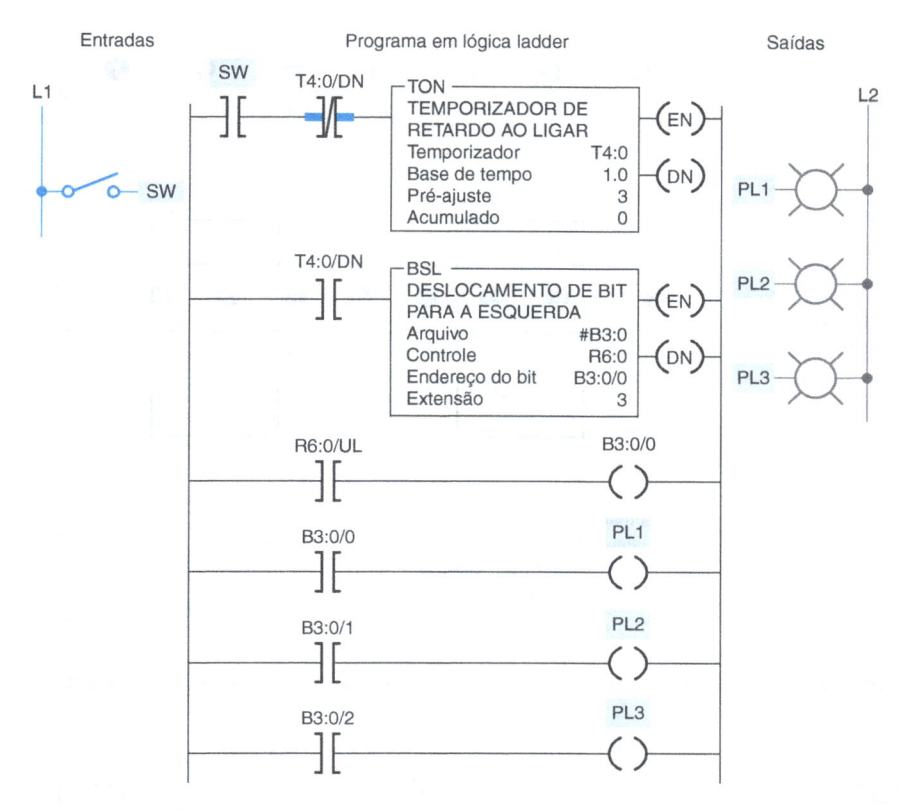

Figura 12.26 Instrução BSL para uma operação circular.

Um exemplo de programa para um deslocamento de um bit utilizado para manter o acompanhamento de transportadores que fluem por uma máquina de 16 estações pode ser visto na Figura 12.30. A operação do programa pode ser resumida da seguinte maneira:

- Uma chave de proximidade 1 detecta um transportador, e uma chave de proximidade 2 detecta uma peça no transportador.

Figura 12.27 Caixas transportadas pela esteira sendo detectadas pelo sensor fotoelétrico.

- Um pulso de relógio gerado pela chave de proximidade do transportador I:1/1 desloca os estados dos dados fornecidos pela chave de proximidade das peças I:1/2.

- Quando uma peça e um container são detectados juntos, indicados pelo fechamento simultâneo de I:1/2 e I:1/1, um 1 lógico é inserido no registro de deslocamento na saída O4:0/0 para energizar o sinaleiro conectado nela.

- Os outros sinaleiros restantes conectados no módulo de saída O:4 ligam em sequência com o movimento dos transportadores através de cada estação.

- Eles desligam ou permanecem desligados com o movimento dos transportadores vazios.

- A estação 5 é de inspeção, local em que as peças são examinadas.

- Se a peça for defeituosa, o examinador aciona o PB1 depois de retirar a peça do sistema, que desliga a saída O:4/4.

- Peças recuperadas podem ser repostas no sistema, na estação 7.

- Quando o operador coloca uma peça no transportador vazio, ele ou ela aciona o PB2, ligando a saída O:4/6 para retomar o acompanhamento.

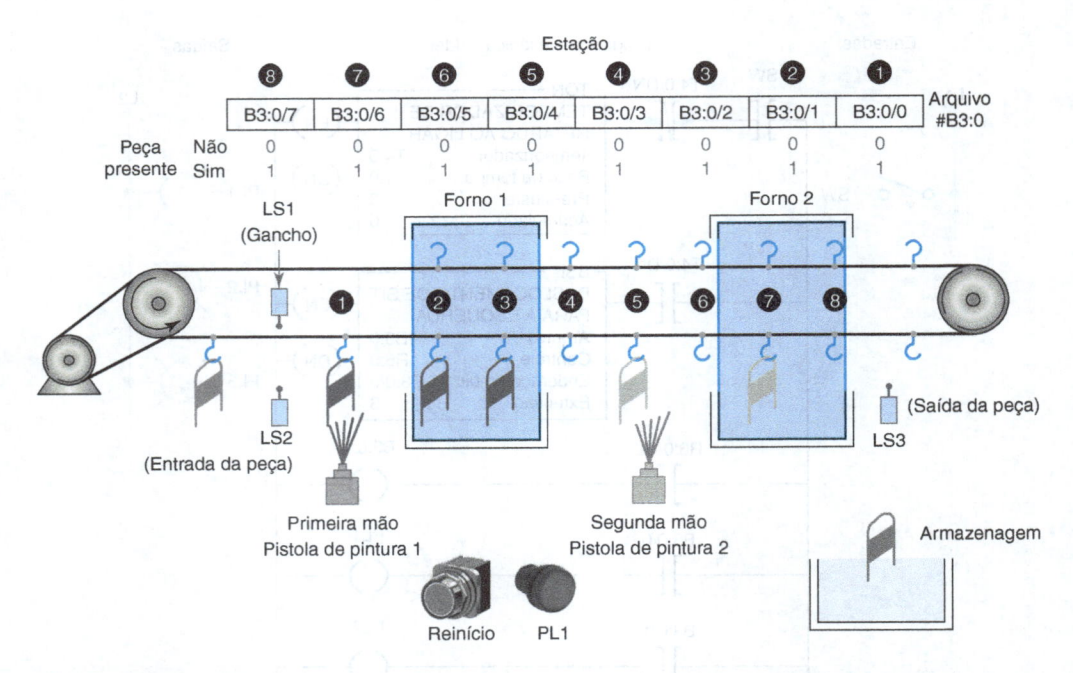

Figura 12.28 Operação de pintura pulverizada controlada por registro de deslocamento para a esquerda.

12.5 Operações com deslocamento de palavra

As instruções *primeiro a entrar, primeiro a sair* (first in, first out – FIFO) são operações de deslocamento de palavras similares às operações de deslocamento de bits. O deslocamento de palavras fornece um método simplificado de carregamento e descarregamento de dados em um arquivo, chamado geralmente de *pilha*. Ele é sempre utilizado para o acompanhamento de peças ao longo da linha de montagem, onde as peças são representadas pelos valores dos números das peças ou código de montagem. A Figura 12.31 mostra um leitor de código de barras utilizado para ler os dados impressos em código de barras nas caixas.

Um registro de deslocamento de bit opera *sincronizadamente* ou de modo serial, porque a informação é deslocada um bit de cada vez dentro de uma palavra ou palavras; para cada bit deslocado dentro, um bit é deslocado para fora. Os dados inseridos em um registro de deslocamento de bit devem ser deslocados para a extensão de registro (uma posição por pulso de deslocamento) antes de serem avaliados para serem deslocados para fora.

A instrução FIFO opera *assincronizadamente*: em vez de os bits da informação se deslocarem dentro de uma palavra, a instrução desloca os dados de uma palavra completa dentro do arquivo ou pilha. Diferentemente do registro de deslocamento de bits, são necessários dois pulsos de deslocamentos separados: um para deslocar os dados no arquivo (carga), e outro para deslocar os dados para fora do arquivo (descarga), que operam seja qual for (assincronizadamente) um do outro. Os dados carregados na FIFO podem ser avaliados imediatamente para descarga, seja qual for a extensão.

As instruções FFL e FFU são usadas aos pares. A FFL *carrega* as palavras lógicas no arquivo criado pelo usuário, chamado de *pilha* de FIFO. A instrução FFU é utilizada para *descarregar* as palavras da pilha de FIFO, na mesma ordem que as palavras foram inseridas; a primeira palavra a entrar é a primeira a sair.

A instrução carrega FIFO (FFL) no SLC 500 pode ser vista na Figura 12.32. Os parâmetros necessários para serem inseridos no bloco de instrução são resumidos da seguinte maneira:

Origem – Endereço da palavra onde são inseridos os dados no arquivo da FIFO.

FIFO – Endereço do arquivo onde são inseridos os dados. O endereço deve começar com um sinal de #.

Controle – Dados do tipo tabela R e é o endereço da estrutura do controle. Os bits de estados, extensão da pilha e posição são armazenados neste elemento.

Extensão – Extensão do arquivo em palavras; especifica o número máximo de palavras na pilha.

Posição – É a próxima localização disponível onde a instrução carrega os dados dentro da pilha. O primeiro endereço na pilha é a posição 0. Como cada palavra é inserida dentro da pilha, o contador de posição, nas duas instruções, FFL e FFU, será incrementado

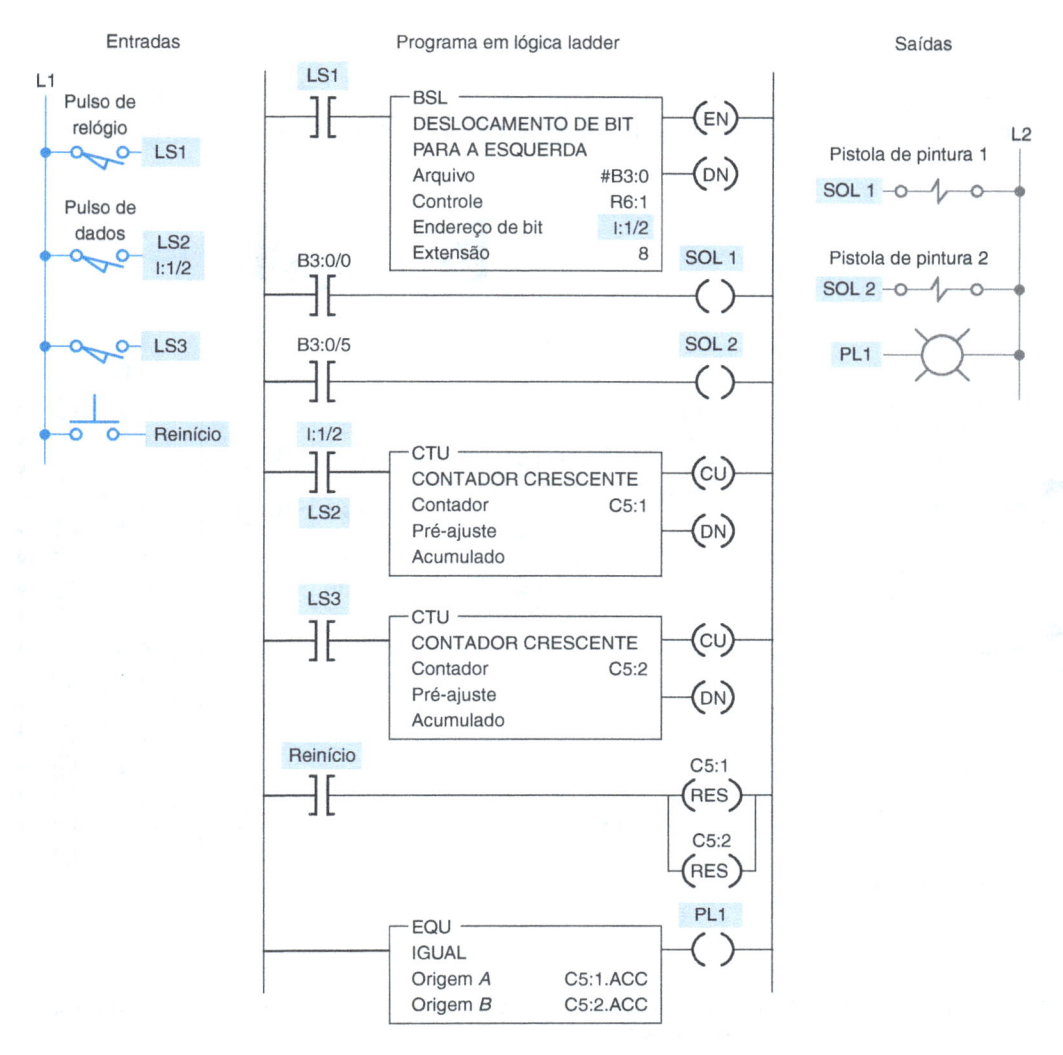

Figura 12.29 Programa para o funcionamento da pintura pulverizada.

de um. A pilha é considerada cheia quando o valor da posição for igual à da extensão. Os estados dos bits da palavra de controle são os bits de habilitação (EN), de finalização (DN) e de vazia (EM). Suas funções podem ser resumidas da seguinte maneira:

- **Bit de habilitação (EN)** – Segue os estados das instruções e estabelece um 1 quando a instrução é verdadeira.

- **Bit de finalização (DN)** – É estabelecido em 1 quando a posição da instrução for igual à extensão. Quando o bit de finalização for estabelecido, a FIFO está cheia e não aceita mais nenhum dado. Além disso, os dados no arquivo FIFO não são ultrapassados quando a instrução passa de falso para verdadeiro.

- **Bit de esvaziamento (EM)** – É estabelecido em 1 quando todos os dados forem descarregados do arquivo FIFO.

A Figura 12.33 mostra a instrução descarrega FIFO (FFU) do SLC 500. É preciso inserir os seguintes parâmetros na instrução FFU do SLC 500:

FIFO – Endereço do arquivo onde são inseridos os dados. O endereço deve começar com um sinal de #. Quando emparelhado com uma instrução FFL, esse endereço fica sendo o mesmo endereço para o FFL.

Destino – Endereço que terá os dados descarregados.

Controle – Tabela de dados tipo R. É um elemento de três palavras que consiste nos estados da palavra, da extensão e da posição. Quando emparelhados com FFL, os endereços do controle são os mesmos.

Extensão – Arquivo da extensão em palavras. Especifica o número máximo de palavras na pilha.

Posição – A próxima posição a partir da qual os dados são descarregados quando a instrução passa de falso para verdadeiro.

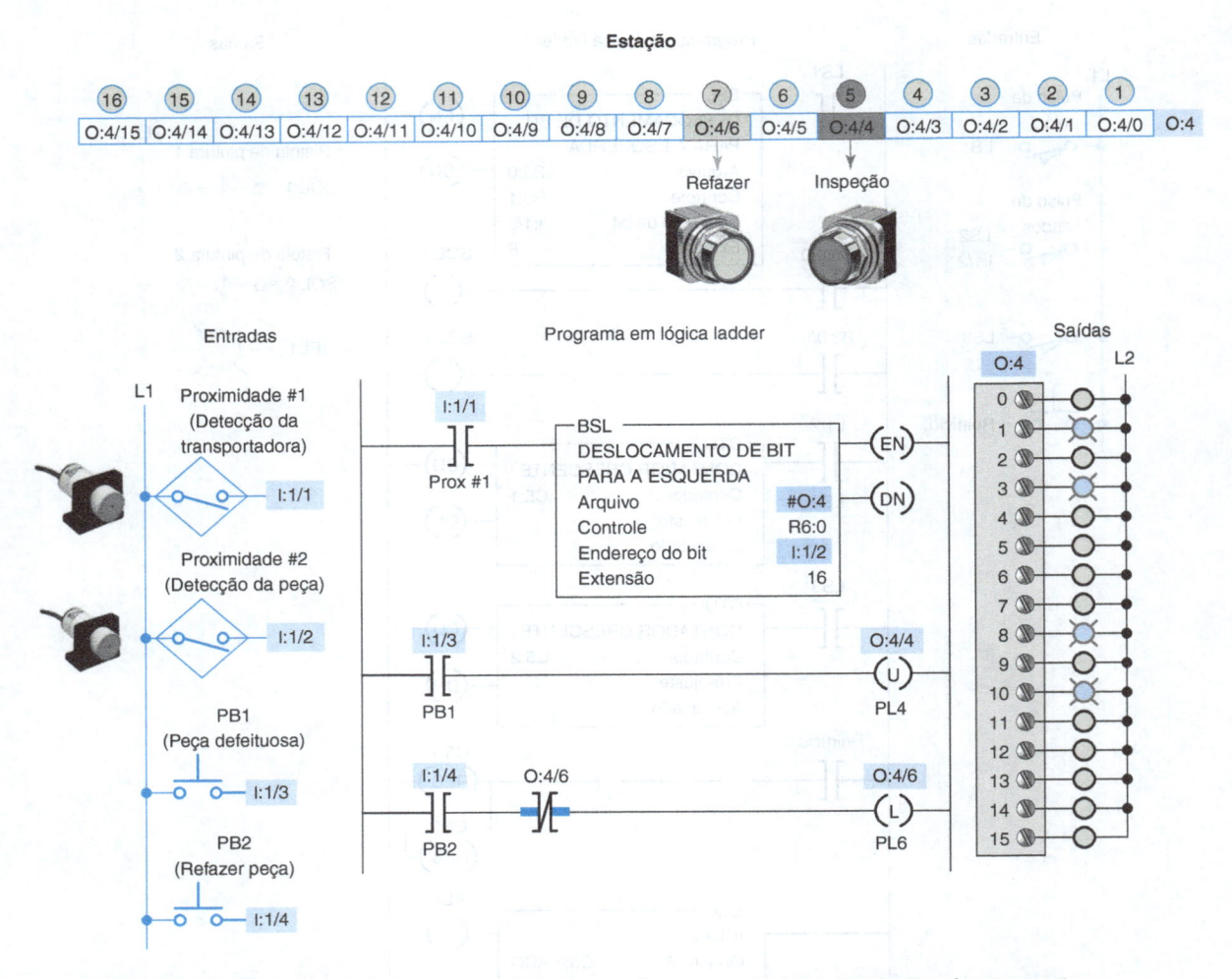

Figura 12.30 Programa para controle dos transportadores que fluem através de uma máquina de 16 estações.
Fonte: Cortesia da Omron Industrial Automation.
www.ia.omron.com

Os bits de estado da palavra de controle são os bits de habilitação (EN), finalização (DN) e de vazia (EM). O bit de habilitação segue os estados da instrução; o bit de finalização é estabelecido quando a posição da instrução for igual à extensão; e o bit de esvaziamento é estabelecido quando todos os dados forem descarregados do arquivo FIFO.

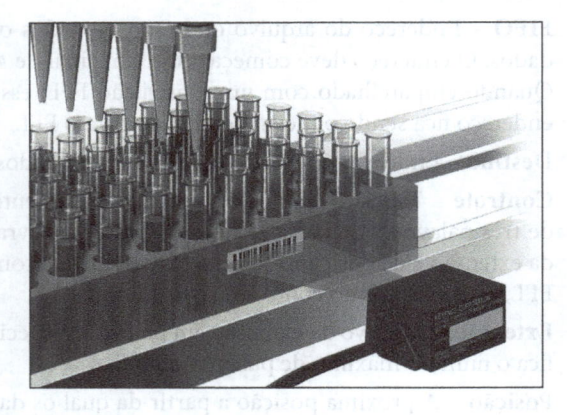

Figura 12.31 Leitor de código de barras.
Fonte: Cortesia da Keyence Canada Inc.

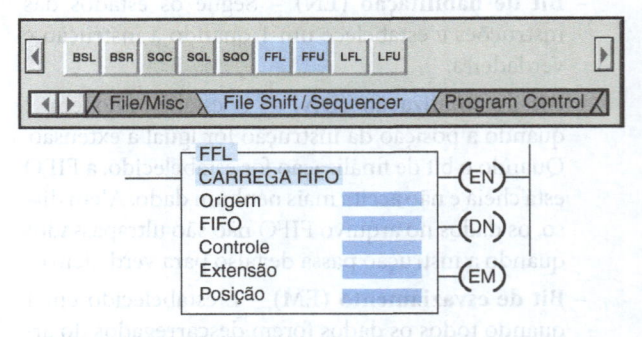

Figura 12.32 Instrução carrega FIFO (FFL) de um SLC 500.

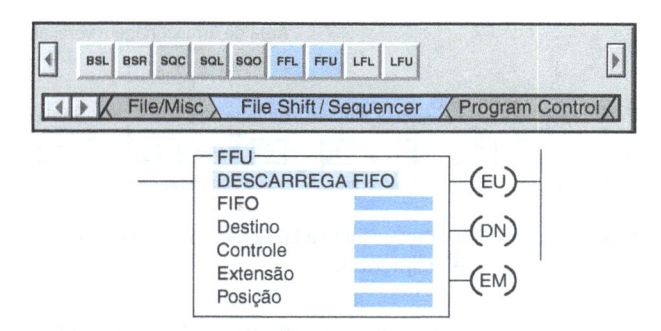

Capítulo 12 Instruções de sequenciadores e registros de deslocamento — 261

Figura 12.33 Instrução descarrega FIFO (FFU) de um SLC 500.

- As instruções carrega FIFO e de descarrega FIFO compartilham o mesmo elemento de controle, R6:0, que não pode ser usado para controlar outras instruções.
- FIFO, #N7:12, é o endereço da pilha. O mesmo endereço é programado para as instruções FFL e FFU.
- Os dados entram no arquivo FIFO pelo endereço de origem, N7:10, em uma transição de falso para verdadeiro da entrada A.
- Os dados são colocados na posição indicada na instrução em uma transição de falso para verdadeiro da instrução FFL; após isso, a posição indica o número atual de entradas de dados no arquivo FIFO.
- O arquivo FIFO enche a partir do endereço de início do arquivo FIFO e é indexado até o endereço de maior ordem para cada transição de falso para verdadeiro da entrada A.

O programa da Figura 12.34 é um exemplo de como os dados são indexados na entrada e na saída de uma FIFO com o uso do par de instruções FFL e FFU. A operação do programa pode ser resumida da seguinte maneira:

Integer Table

Address	Value
N7:10	23
N7:11	16
N7:12	31
N7:13	53
N7:14	146
N7:15	9875
N7:16	125
N7:17	867
N7:18	5
N7:19	11
N7:20	0
N7:21	0

Radix: Decimal

Destino
N7:11 — 16

Os dados de saída a partir da posição 0 na transição de falso para verdadeiro do arquivo FIFO da FFU, e os dados da sobrecorrente no destino.

Origem
N7:10 — 23

Os dados de entrada no arquivo FIFO na transição de falso para verdadeiro da FFL, na posição indicada na instrução.

Arquivo FIFO #N7:12

Posição	Valor
0	31 (N7:12)
1	53
2	146
3	9875
4	125
5	867
6	5
7	11
8	0
9	0 (N7:21)

Indexação de dados a partir do endereço do arquivo, uma palavra a cada transição de falso para verdadeiro da FFU.

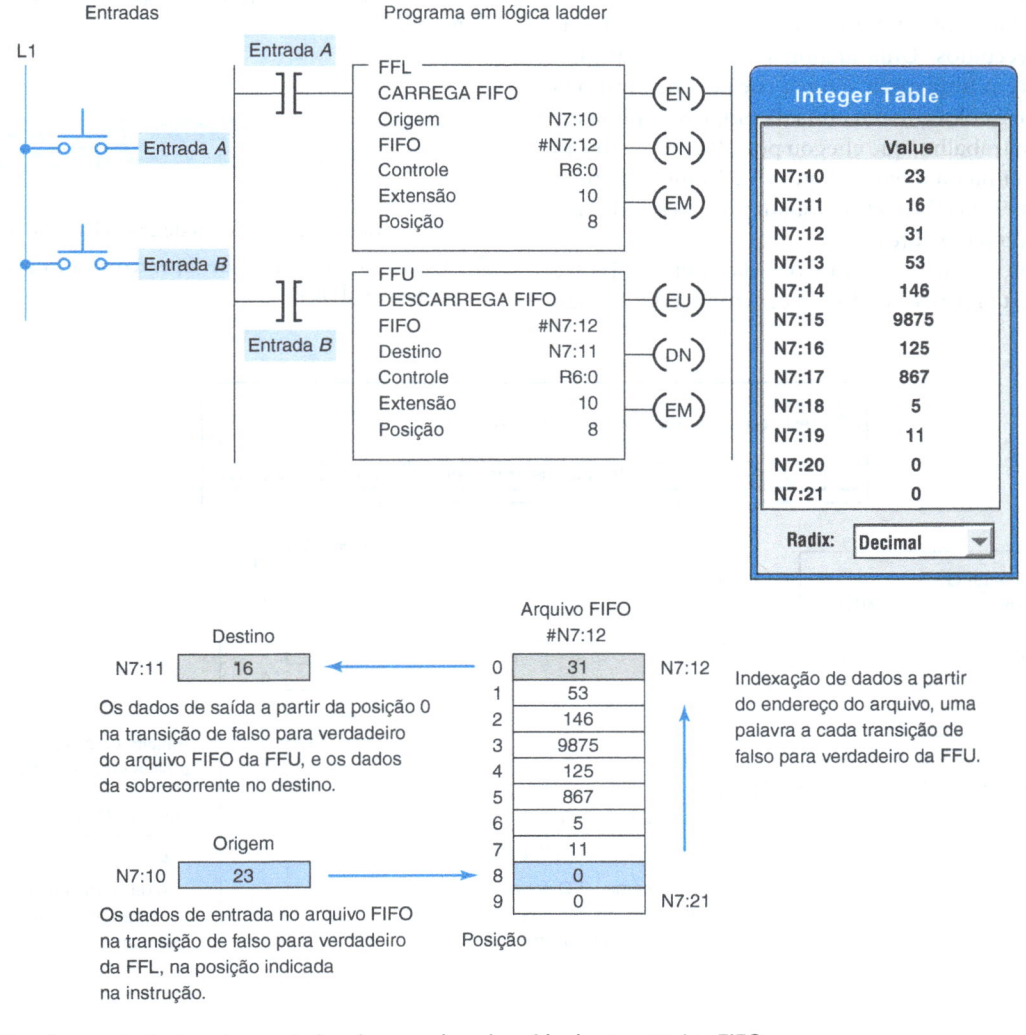

Figura 12.34 Como são indexados os dados de entrada e de saída de um arquivo FIFO.

- A transição de falso para verdadeiro da entrada *B* faz os dados no arquivo FIFO se deslocarem uma posição na direção do endereço do arquivo de partida, com os dados do endereço de partida do arquivo deslocando-se para o endereço de destino, N7:11.

A instrução FIFO é sempre utilizada para o controle de registro; por exemplo, onde há a necessidade de remover peças diferentes do registro para serem utilizadas na produção. A cada peça é atribuído um único código, que é carregado no FIFO da pilha, e as peças são removidas na ordem prescrita pela pilha. Esse tipo de controle garante que peças anteriores no registro sejam utilizadas primeiro, ou seja, peças que entram primeiro serão removidas primeiro.

O princípio oposto – no qual os últimos dados a serem armazenados sejam os primeiros a serem recuperados – é conhecido como LIFO (last in, first out – *último a entrar, primeiro a sair*). A instrução LIFO inverte a ordem dos dados que recebe, primeiramente, pela saída dos últimos dados recebidos e, por último, pelos primeiros dados recebidos. Uma analogia eficaz é uma pilha de trabalhos em uma mesa. Com a chegada de um novo trabalho, este é colocado em cima da pilha. Se a pilha for LIFO, o novo trabalho, que chegou por último, é retirado primeiro de cima da pilha. A Figura 12.35 mostra como as operações FIFO e LIFO funcionam para o caso de empilhamento de recipientes.

A diferença entre as operações das pilhas FIFO e LIFO é que esta retira os dados na ordem inversa que são carregados (último a entrar, primeiro a sair). Um exemplo de um par de instruções LIFO pode ser visto na Figura 12.36, e a operação dessa função pode ser resumida da seguinte maneira:

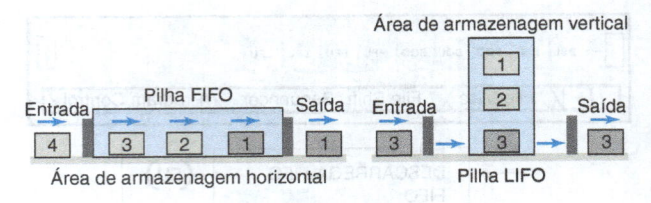

Figura 12.35 Operações FIFO e LIFO para o empilhamento de recipientes.

- As pilhas LIFO de carga e descarga operam de modo similar aos da pilha FIFO, exceto que a última palavra na pilha LIFO é a primeira palavra a ser descarregada da pilha.

- As palavras podem ser adicionadas na pilha LIFO sem atrapalhar as palavras que já foram carregadas na pilha.

QUESTÕES DE REVISÃO

1. Descreva o funcionamento de uma chave de tambor.
2. Quais são os tipos de operações adequados para os sequenciadores?

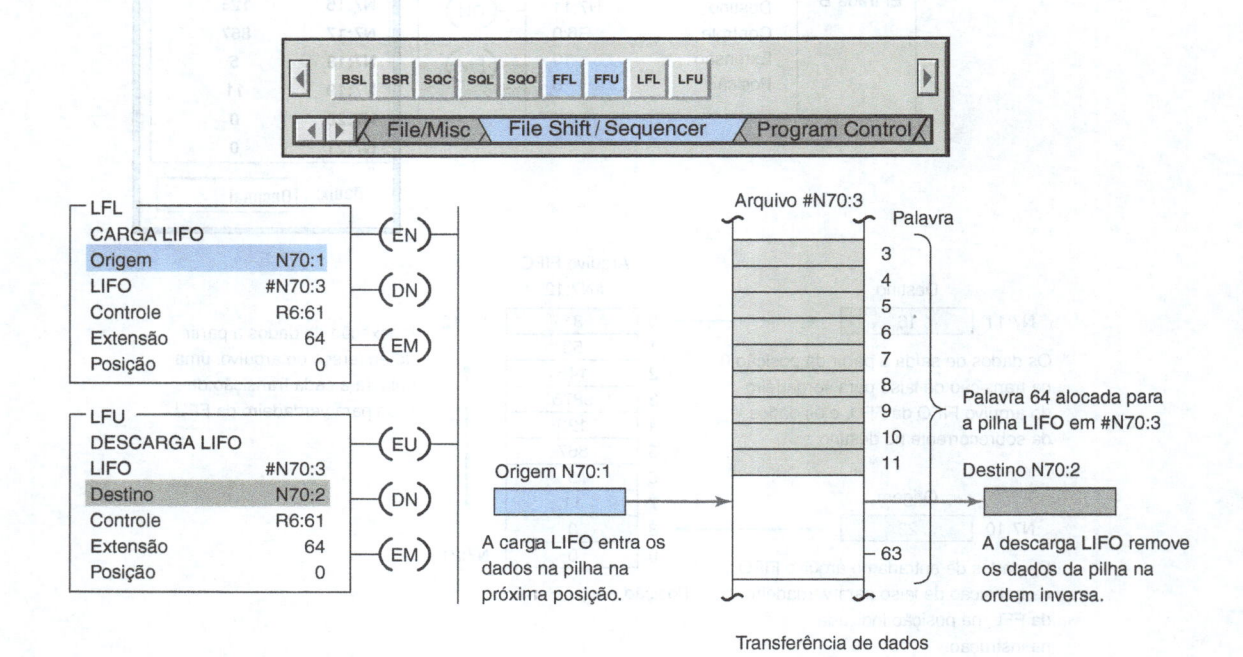

Figura 12.36 Par de instruções LIFO.

3. Por que os sequenciadores do CLP são mais fáceis de serem programados que as saídas discretas dele?
4. Responda às seguintes questões com relação à instrução de saída do sequenciador do CLP SLC 500:
   a. Onde são inseridas as informações para cada passo do sequenciador?
   b. Qual é a função da palavra de saída?
   c. Explique a transferência de dados que ocorre à medida que o sequenciador avança pelos vários passos.
5. Qual é a função do arquivo de um sequenciador?
6. Qual é a função da máscara na instrução do sequenciador?
7. Qual é a relação entre a extensão e a posição em uma instrução do sequenciador?
8. Quais limites podem ser colocados na programação de saídas e de passos nas instruções de sequenciadores?
9. As instruções de sequenciadores são geralmente retentivas. Explique o que isso significa.
10. Compare a operação de um acionador de evento e de um acionador de temporização.
11. Explique a função de uma instrução de entrada e de *comparação* do sequenciador.
12. Qual é a diferença entre as instruções SQI e SQC?
13. Qual é o propósito no uso do par de instruções SQI e SQO?
14. Qual é a principal aplicação no uso da instrução SQI?
15. Explique a função de uma instrução de carga de um sequenciador.
16. Como um registro de deslocamento de bit manipula um bit individual?
17. Liste quatro aplicações para os registros de deslocamento de bits.
18. Qual é a função de um sensor quando é usado como entrada para o endereço de bits de uma instrução BSL?
19. Compare as operações das instruções de deslocamento de bits BSL e BSR.
20. Um registro de deslocamento de bits é dito operar de modo síncrono. Explique o que isso significa.
21. Qual é a função da instrução para descarregar bits BSL?
22. Qual é a função da instrução para descarregar bits BSR?
23. Um registro de deslocamento de palavra primeira a entrar, primeira a sair opera de modo assíncrono. Explique o que isso significa.
24. Por que são necessárias as duas instruções FFL e FFU para executar uma função FIFO?
25. Compare a operação de registro FIFO com a operação de registro LIFO.

PROBLEMAS

1. Construa um sequenciador equivalente à tabela de dados para os quatro passos do sequenciador mecânico operado por tambor da Figura 12.37.
2. Responda às seguintes questões com referência ao arquivo #B3:0 do sequenciador mostrado na Figura 12.38:
   a. Considere que os endereços dos bits de saída de O:2/0 até O:2/15 sejam controlados em associação com os sinaleiros de saída PL1 até PL16. Declare os estados de cada sinaleiro para os passos 1 até 4.
   b. Que endereços do bit de saída podem ser mascarados? Por quê?
   c. Declare os estados da cada bit da palavra de saída O:2 para o passo 3 do ciclo do sequenciador.
3. Responda a cada uma das perguntas com referência ao programa do acionador de temporização mostrado na Figura 12.39:
   a. Quantos bits de saída são controlados pelo sequenciador?
   b. Qual é o endereço da palavra que controla as saídas?
   c. Qual é o endereço do arquivo do sequenciador que estabelece os estados para as saídas?
   d. Qual é o endereço do arquivo do sequenciador que contém os valores pré-ajustados do temporizador?
   e. Para que valor de extensão de tempo o sinaleiro vermelho é programado para ligar?
   f. Para que valor de extensão de tempo o sinaleiro verde é programado para ligar?
   g. Para que valor de extensão de tempo o sinaleiro amarelo é programado para ligar?

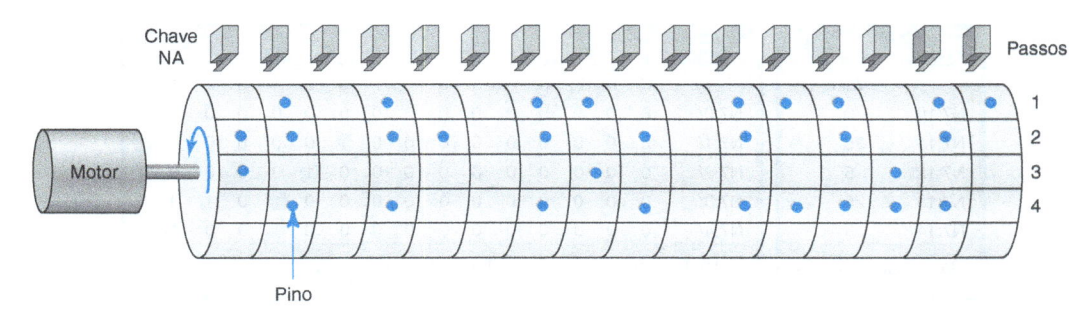

Figura 12.37 Sequenciador operado por tambor para o Problema 1.

	15	14	13	12	11	10	9	8	7	6	5	4	3	2	1	0	Posições
Saída O:2	0	0	0	0	0	0	0	0	0	0	0	0	0	0	0	0	
B3:0	0	0	0	0	0	0	0	0	0	0	0	0	0	0	0	0	Início
B3:1	1	1	0	1	1	0	1	1	0	1	1	0	0	0	1	1	Passo 1
B3:2	0	0	1	0	0	1	0	0	1	0	0	1	1	1	0	0	Passo 2
B3:3	1	0	1	0	1	0	1	0	1	0	1	0	1	0	1	0	Passo 3
B3:4	1	1	1	1	0	0	0	0	1	1	1	1	0	0	0	0	Passo 4

Figura 12.38 Arquivos do sequenciador para o Problema 2.

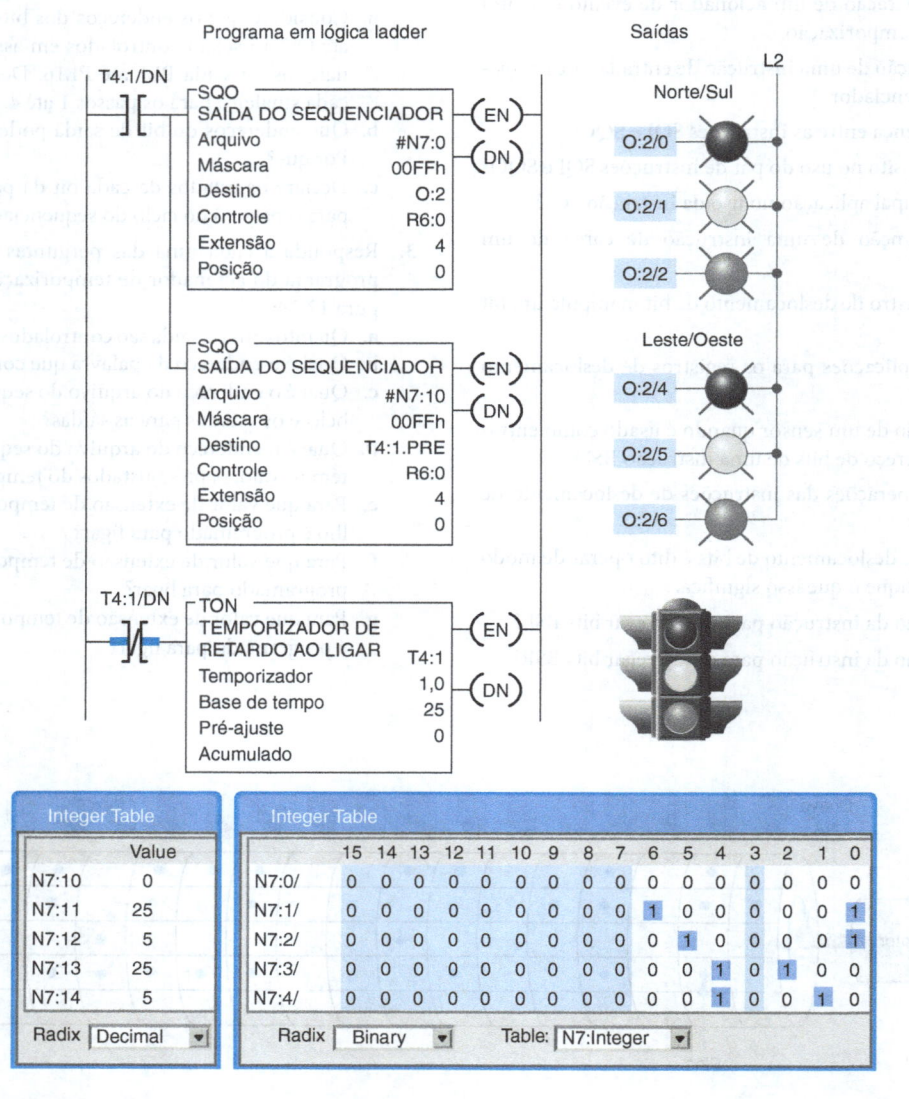

Programa em lógica ladder

T4:1/DN
SQO — SAÍDA DO SEQUENCIADOR (EN)(DN)
Arquivo #N7:0
Máscara 00FFh
Destino O:2
Controle R6:0
Extensão 4
Posição 0

SQO — SAÍDA DO SEQUENCIADOR (EN)(DN)
Arquivo #N7:10
Máscara 00FFh
Destino T4:1.PRE
Controle R6:0
Extensão 4
Posição 0

T4:1/DN
TON — TEMPORIZADOR DE RETARDO AO LIGAR (EN)(DN)
Temporizador T4:1
Base de tempo 1,0
Pré-ajuste 25
Acumulado 0

Saídas — Norte/Sul: O:2/0, O:2/1, O:2/2 — Leste/Oeste: O:2/4, O:2/5, O:2/6

Integer Table

	Value
N7:10	0
N7:11	25
N7:12	5
N7:13	25
N7:14	5

Radix: Decimal

Integer Table

	15	14	13	12	11	10	9	8	7	6	5	4	3	2	1	0
N7:0/	0	0	0	0	0	0	0	0	0	0	0	0	0	0	0	0
N7:1/	0	0	0	0	0	0	0	0	0	1	0	0	0	0	0	1
N7:2/	0	0	0	0	0	0	0	0	0	0	1	0	0	0	0	1
N7:3/	0	0	0	0	0	0	0	0	0	0	0	1	0	1	0	0
N7:4/	0	0	0	0	0	0	0	0	0	0	0	1	0	0	1	0

Radix: Binary   Table: N7:Integer

Figura 12.39 Programa do acionador de temporização para o Problema 3.

h. Qual é o tempo necessário para completar um ciclo do sequenciador?
i. Considere que o valor decimal armazenado em N7:13 mude para 35. Esboce as mudanças que este novo valor terá sobre a temporização do semáforo.

4. Responda a cada uma das seguintes questões com referência ao programa do sequenciador acionado por temporizador mostrado na Figura 12.40.
    a. Quando o sequenciador avança para o próximo passo?
    b. Considere que o sequenciador esteja na posição 2, como mostrado. Quais são os bits na saída que serão ligados?
    c. Considere que o sequenciador esteja no passo 8. Quais são os bits na saída que serão logados?
    d. Considere que o sequenciador esteja na posição 8 e que ocorra uma transição de verdadeiro para falso em uma das entradas. O que acontece com o resultado?

5. Usando uma instrução qualquer de saída do sequenciador do CLP que você está mais familiarizado, elabore um programa para operar os cilindros em uma sequência desejada. O tempo entre cada passo deve ser de 3 segundos. A sequência desejada da operação será como segue:
   • Todos os cilindros estão recuados.
   • O cilindro 1 avança.
   • O cilindro 1 recua, e o cilindro 3 avança.
   • O cilindro 2 avança, e o cilindro 5 avança.
   • O cilindro 4 avança, e o cilindro 2 e recua.
   • O cilindro 3 recua, e o cilindro 5 recua.
   • O cilindro 6 avança, e o cilindro 4 recua.
   • O cilindro 6 recua.
   • Repete a sequência.

6. Usando uma instrução qualquer de saída do sequenciador do CLP que você está mais familiarizado, elabore um programa para implementar um processo de lava a jato automático. O processo deve ser acionado eventualmente pelo veículo, que ativa várias chaves fins de curso (LS1 até LS6), à medida que elas vão sendo acionadas pela corrente transportadora nos slots. Elabore o programa para operar o lava a jato do seguinte modo:
   • O veículo conectado a uma corrente transportadora é tracionado para dentro do compartimento do lava a jato.
   • LS1 liga a válvula de entrada de água.
   • LS2 liga a válvula que libera o detergente, que, misturado com água da válvula de entrada, fornece o esguicho para lavar.
   • LS3 fecha a válvula de detergente, e a válvula de entrada de água permanece ligada para enxaguar o veículo.
   • LS4 desliga a válvula de entrada de água e ativa a válvula de cera quente, se for selecionada.
   • LS5 desliga a válvula de cera quente e dá a partida no motor do soprador de ar.
   • LS6 desliga o soprador de ar; o veículo sai do lava a jato.

7. Um produto é transportado continuamente por uma linha de montagem que tem quatro estações, como mostra a Figura 12.41.

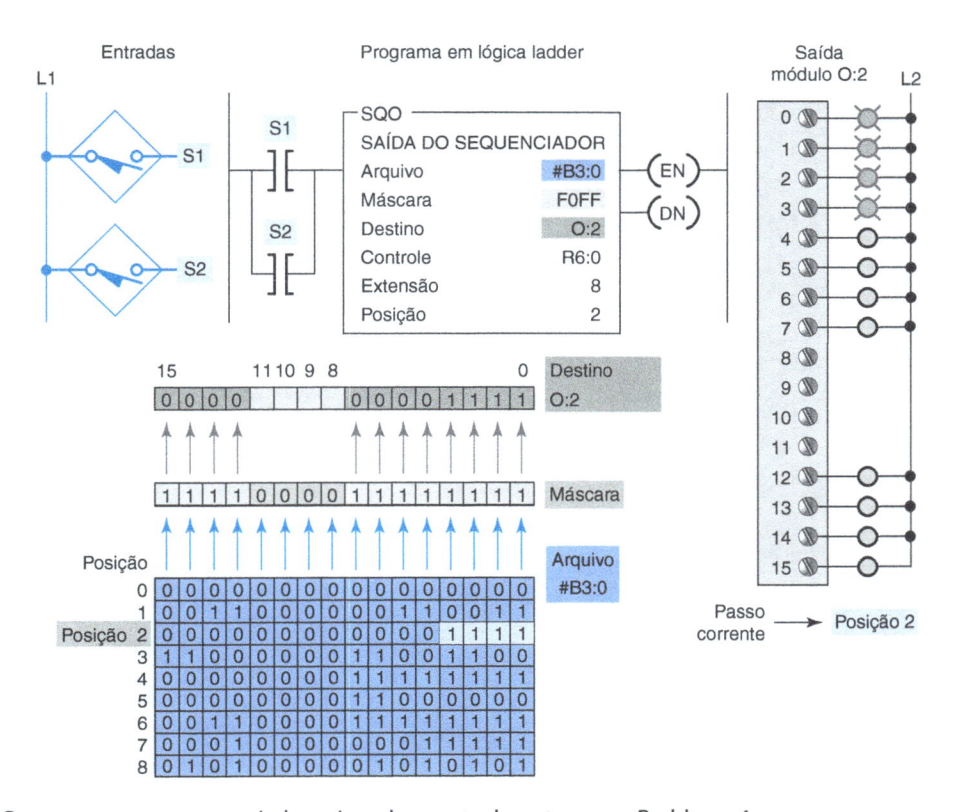

Figura 12.40 Programa para o sequenciador acionado eventualmente para o Problema 4.

- O produto entra na zona de inspeção, onde sua presença ativa um botão para rejeição caso o produto apresente alguma falha na inspeção.
- Se o produto apresentar algum defeito, o sinaleiro de estado de rejeição acenderá nas estações 1, 2 e 3, para que o montador ignore a peça.
- Quando uma peça defeituosa atinge a estação 4, é ativada uma porta de desvio para direcionar a peça para uma bandeja de rejeição.
- Usando um registro de deslocamento de bit de um CLP qualquer que você está mais familiarizado, elabore um programa para implementar este processo.

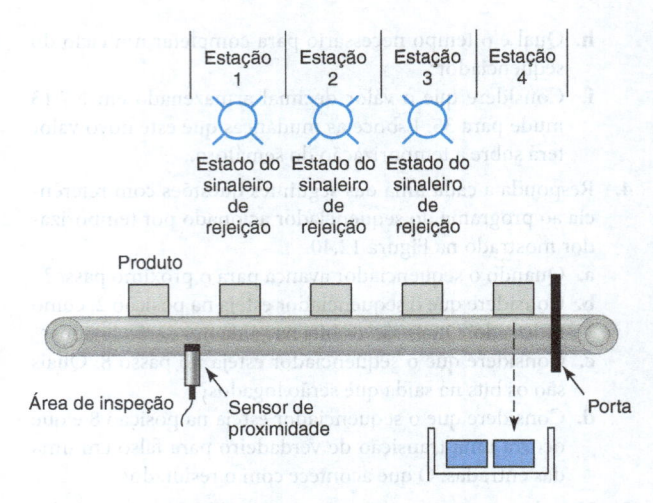

Figura 12.41 Programa da linha de montagem para o Problema 7.

Prática de instalação, edição e verificação de defeito 13

Objetivos do capítulo

Após o estudo deste capítulo você será capaz de:

13.1 Esboçar e descrever os requerimentos de painel para o CLP.
13.2 Identificar e descrever as técnicas de redução de ruídos.
13.3 Descrever as práticas adequadas de aterramento e serviços de manutenção preventiva associados aos sistemas de CLP.
13.4 Listar e descrever os procedimentos específicos de verificação de defeitos.

Este capítulo trata das regras básicas para a instalação, manutenção e verificação de defeitos de um sistema controlado por CLP, e informa sobre o aterramento adequado para garantir a segurança pessoal, bem como o funcionamento correto do equipamento. Procedimentos únicos de verificação de defeitos que se aplicam especificamente aos CLPs são listados e explicados.

13.1 Painéis para o CLP

Um sistema de CLP, se instalado adequadamente, pode funcionar anos sem defeitos, e o seu projeto prevê vários recursos reforçados que permitem sua instalação em quase todos os ambientes industriais.

Controladores lógicos programáveis precisam de proteção contra temperaturas extremas, umidade, poeira, choques mecânicos e vibrações ou ambientes corrosivos. Por essas razões, os CLPs são montados geralmente dentro da máquina ou em um *painel* ou *armário* separado, como mostra a Figura 13.1.

Um painel é a proteção principal das condições atmosféricas. A Associação dos Fabricantes Elétricos Nacionais (NEMA) definiu os tipos de painéis com base no grau de proteção que eles podem oferecer. Para a maioria dos dispositivos de estado sólido, é recomendado o painel NEMA 12, indicado para aplicação geral e projetado à prova de poeira. Geralmente, utilizam-se os painéis de metal, uma vez que estes servem de blindagem, que ajuda a minimizar os efeitos de radiação eletromagnética que pode ser gerada por equipamentos nas proximidades.

Toda instalação de CLP dissipa calor de sua fonte de alimentação, de racks de E/S local e do processador que é acumulado no painel e deve ser dissipado para o meio ambiente. O calor excessivo pode causar uma operação errada ou uma falha no CLP. Para muitas aplicações, um resfriamento por convecção normal pode manter os componentes do controlador dentro da faixa de temperatura especificada. Um espaçamento conveniente entre os componentes fornece o ambiente adequado dentro do painel e é geralmente suficiente para a dissipação do calor. A temperatura dentro do painel não deve exceder a temperatura máxima de operação do controlador (normalmente 60 °C). Pode ser necessário proporcionar um resfriamento adicional, com um ventilador ou ventoinha, quando houver uma temperatura ambiente interna alta. Os CLPs são sempre montados horizontalmente com o nome do fabricante virado para fora e do lado certo, como mostra a Figura 13.2. A montagem vertical não é recomendada por razões térmicas.

Normalmente é incluído um equipamento eletromecânico *controle-mestre a relé* (MCR – master control relay) como parte do sistema de instalação do CLP. Este controle fornece um meio de desenergizar o circuito por completo que *não* depende da programação (software). O MCR programado internamente, e não em um CLP, não é suficiente para garantir os requerimentos de segurança. O equipamento com MCR é conectado para interromper a alimentação do rack com o módulo de E/S, no evento de uma emergência, mas permite ainda que a

Figura 13.1 Painel para instalação de CLP.
Fonte: Cortesia da Aaron Associates.

1. Fonte de alimentação
2. CLP (controlador lógico programável)
3. Placas ou cartões de entrada digital
4. Placas ou cartões de saída digital
5. Placas ou cartões de entrada analógico
6. Placas ou cartões de saída analógico
7. Circuito de disjuntores
8. Relés
9. Terminal de interface do operador
10. Painel blindado NEMA 12

alimentação seja mantida para o processador. A Figura 13.3 mostra um circuito de uma distribuição de alimentação CA com o controle-mestre a relé. A operação do circuito pode ser resumida da seguinte maneira:

- É instalada uma chave seccionadora para desligar o CLP quando for necessária alguma manutenção.
- O transformador abaixador fornece um meio de isolar o sistema de alimentação de energia e diminui a tensão para 127 V, necessária para o funcionamento da fonte de alimentação do controlador e da fonte de alimentação CC.
- O botão de partida é pressionado momentaneamente para energizar o controle-mestre a relé.
- Pressionando qualquer um dos botões de parada de emergência, o controle-mestre a relé é desenergizado, e, em consequência, os dispositivos de E/S também são desenergizados.
- A alimentação do CLP permanece ligada, de modo que os LEDs continuam a atualizar a informação.
- Os botões de parada de emergência utilizam, em geral, contatos normalmente fechados ligados em série para operação de segurança contra falhas. Caso algum condutor seja interrompido ou desligado de um terminal, o MCR é desenergizado e a alimentação é retirada.

13.2 Ruídos elétricos

Ruído elétrico, chamado também de interferência eletromagnética, ou EMI, é um sinal elétrico que produz efeitos indesejáveis e prejudicam os circuitos do sistema de controle; ele pode ocorrer por radiação ou condução. O ruído por *radiação* é originado em uma fonte e viaja pelo ar; já o ruído por *condução* viaja no condutor real, como uma linha de alimentação.

Quando o CLP é operado em um ambiente poluído por ruídos industriais, deve ser dada uma consideração especial para as possíveis interferências elétricas. Para aumentar a margem de operação do ruído, o controlador deve ser colocado longe dos dispositivos que geram ruídos, como os motores CA de maior potência e máquinas de solda de alta frequência. Falhas resultantes de

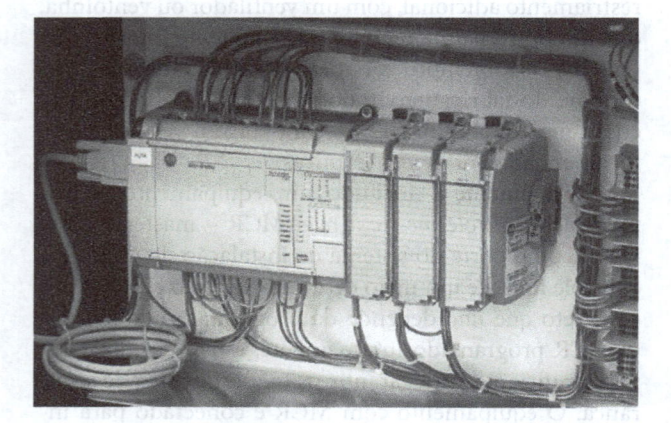

Figura 13.2 CLP montado sempre horizontalmente.
Fonte: Cortesia da Rogers Machinery Company Inc.

ruídos são ocorrências temporárias de erros de operação que podem resultar em um funcionamento perigoso da máquina em certas aplicações. Os ruídos geralmente entram pelos circuitos de entrada, saída e linhas de alimentação, e podem ser acoplados nestas por um campo eletromagnético ou por uma indução eletromagnética. Os procedimentos a seguir reduzem o efeito de interferências elétricas:

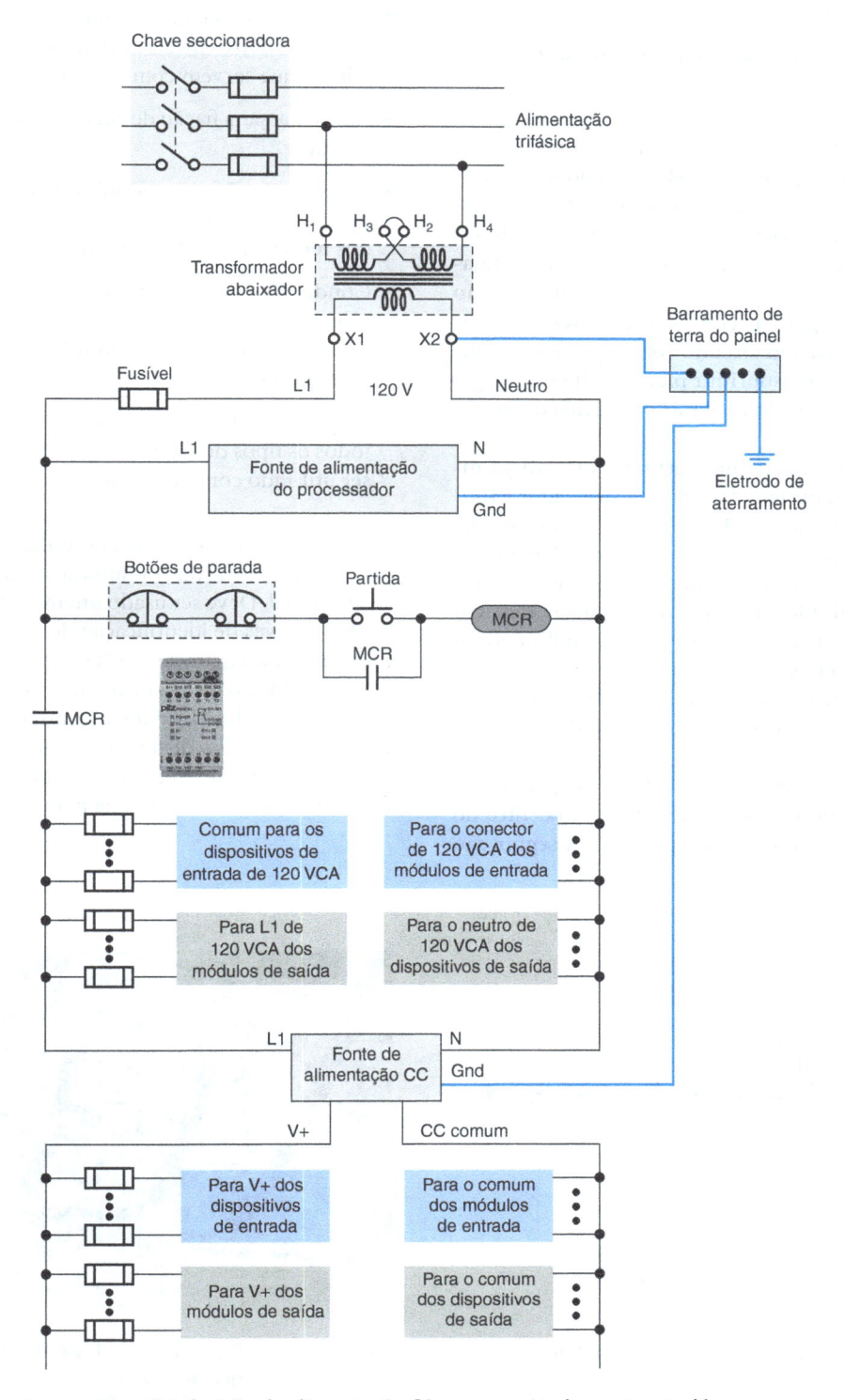

Figura 13.3 Circuito para uma distribuição de alimentação CA com o controle-mestre a relé.
Fonte: Cortesia da Pilz GmbH & Co. KG.

- Característica de projeto do fabricante;
- Montagem correta do controlador no painel;
- Aterramento adequado do equipamento;
- Roteamento adequado da fiação;
- Supressores adequados adicionados nos dispositivos geradores de ruídos.

A supressão de ruídos é necessária normalmente para cargas indutivas, como os relés, solenoides e contatores de partida de motor quando operados por dispositivos de contatos, como os botões de comando ou chaves seletoras. Quando cargas indutivas são desligadas, são geradas altas tensões transitórias que, se não forem suprimidas, podem chegar a milhares de volts. A Figura 13.4 mostra um circuito com supressão de ruído que é utilizado para suprimir picos de alta tensão gerados quando a bobina do contator de partida de motor é energizada.

A falta de supressão de um surto em uma carga indutiva pode contribuir para falhas no processador e funcionamentos esporádicos; a RAM pode ser corrompida (perda) e os módulos de E/S podem parecer defeituosos ou podem reiniciar sozinhos. Quando os dispositivos indutivos são energizados, podem causar pulsos elétricos realimentados no sistema do CLP que, quando entram neste sistema, podem ser confundidos com um pulso do computador. Ele pega apenas um pulso falso para gerar um mau funcionamento no fluxo ordenado da sequência de operação.

O roteamento adequado do circuito de potência e da fiação do sinal no rack do CLP, bem como dentro do painel, ajuda a eliminar os ruídos elétricos. A seguir, são descritas algumas regras gerais para o roteamento da fiação no CLP.

- Cada um dos fios que mandam sinais para os módulos de E/S deve ser o mais curto possível.
- Quando possível, os condutores que vão do painel do CLP para outros locais devem passar em conduítes metálicos, que servem como blindagem de EMI.
- *Nunca* passar a fiação de sinais e de potência no mesmo conduíte.
- Separar a fiação dos módulos de E/S de acordo com o tipo de sinal; passar os condutores de sinal CA e CC dos módulos de E/S em caminhos diferentes.
- Condutores de sinal de baixos valores, como os termopares, e de comunicação serial devem ser do tipo par-trançado com blindagem, e devem passar separadamente.
- Um sistema de fibra óptica, que é totalmente imune a todos os tipos de interferências elétricas, também pode ser utilizado como condutor de sinal.

Uma parte importante da instalação de CLP é identificar claramente cada condutor a ser conectado junto de seu terminal. Deve ser usado um método confiável de etiquetar as luvas de identificação dos condutores, como os mostrados na Figura 13.5. Os conectores dos condutores para os módulos de E/S incluem geralmente espaços para as etiquetas utilizadas para a identificação de cada endereço das E/S e dos dispositivos conectados. Uma fiação adequada com identificação facilita a instalação e ajuda na verificação de defeitos e na manutenção.

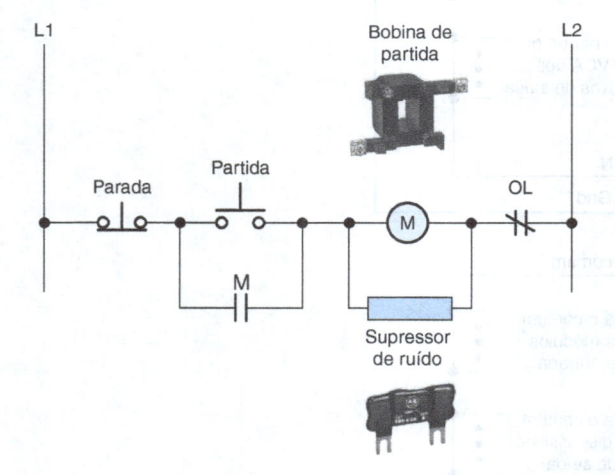

Figura 13.4 Supressor de ruído em um contator de partida de motor.
Fonte: Imagem usada com permissão da Rockwell Automation, Inc.

Figura 13.5 Espaguetes ou luvas de identificação gravadas a quente.
Fonte: Cortesia da Tyco Electronics. www.tycoelectronics.com

13.3 Entradas e saídas que apresentam fuga

Vários dispositivos eletrônicos com saídas a transistor ou triacs apresentam uma pequena fuga de corrente, mesmo estando no estado desligado, quando conectados aos módulos de entrada do CLP. Essa corrente de fuga, como é chamada, é tipicamente exibida pela proximidade de dois condutores, fotoelétrico e outros sensores. Muitas vezes, a fuga na entrada só causará uma piscada no LED indicador da entrada do módulo; porém, uma corrente de fuga maior pode ativar o circuito de entrada, gerando nessa um sinal falso.

Uma solução comum esse problema é conectar um resistor de dreno em paralelo com a entrada, como mostra a Figura 13.6. O resistor de dreno age como uma carga adicional, permitindo que a corrente de fuga circule pela resistência. O valor típico do resistor é de 10 até 20 kΩ, usado para resolver o problema.

A corrente de fuga ocorre também com chaves de estado sólido em muitos módulos de saída, problema similar ao encontrado nos módulos de entrada, que pode ser gerado pelo uso de um dispositivo com carga de alta impedância; por exemplo, uma saída do CLP pode alimentar um alto-falante de alarme, como mostra a Figura 13.7. Nesse caso, a corrente de fuga pode causar um funcionamento contínuo ou intermitente, mas um resistor pode ser conectado para drená-la, como mostrado; um relé isolador também pode ser utilizado para resolver este problema.

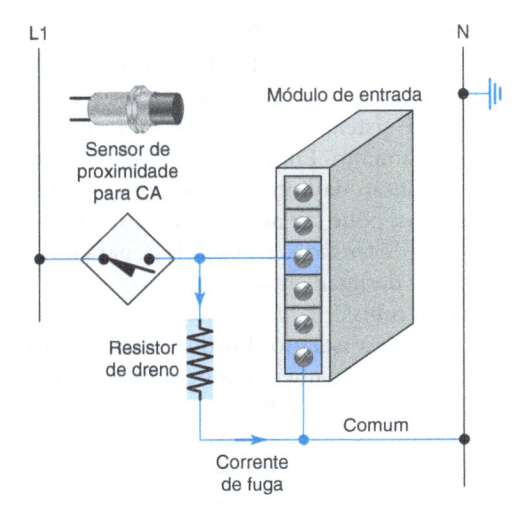

Figura 13.6 Conexão do resistor de dreno para sensores de entrada.

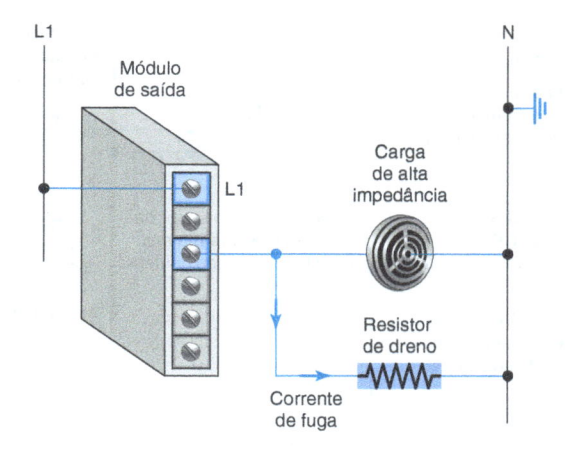

Figura 13.7 Conexão do resistor de dreno para uma alta impedância de saída.

13.4 Aterramento

Um aterramento adequado é uma medida de segurança importante em todas as instalações elétricas. A fonte oficial sobre os requerimentos de aterramento para uma instalação de CLP é National Electric Code (NEC), que especifica os tipos de condutores, cores e conexões necessárias para um aterramento adequado dos componentes elétricos; no Brasil, temos a ABNT. Além disso, a maioria dos fabricantes fornece informações detalhadas sobre o método adequado de aterramento para ser utilizado nos painéis.

Um sistema de aterramento instalado adequadamente fornecerá um caminho de baixa impedância para o condutor de terra. A instalação completa do CLP (Figura 13.8) inclui painel, CPU e chassi do módulo de E/S, e as fontes de alimentação são todas conectadas a um terra simples de baixa impedância, o que faz as conexões apresentarem baixa resistência CC e baixa impedância às altas frequências. Deve ser previsto um barramento central de aterramento como um ponto de referência dentro do painel, onde todos os chassis e fontes de alimentação e condutores de aterramento dos equipamentos são conectados. O barramento de terra é então conectado ao terra da edificação.

Caso exista uma corrente de alto valor no condutor terra, a temperatura pode derreter a solda, resultando na interrupção da conexão do terra. Portanto, o caminho do aterramento deve ser permanente (sem solda), contínuo e capaz de conduzir com segurança a corrente de falta de aterramento no sistema com uma impedância mínima; a tinta e outros materiais não condutivos devem ser raspados na área onde um chassi faz contato com o painel; a bitola mínima do condutor de aterramento deve ser de 2,5 mm² (12 AWG) de cabo de cobre trançado, para

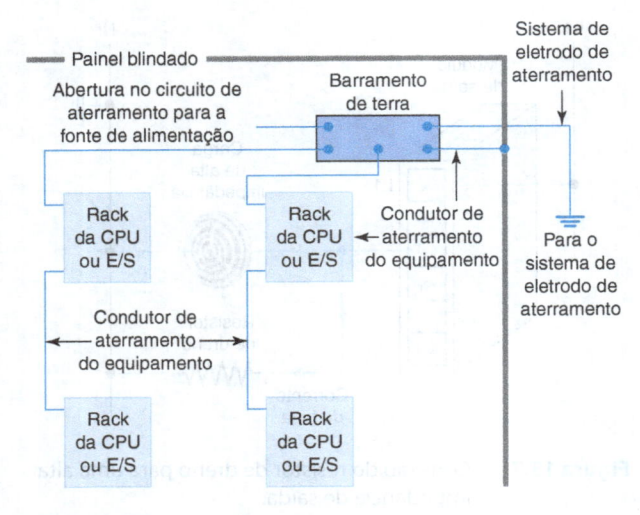

Figura 13.8 Sistema de aterramento do CLP.

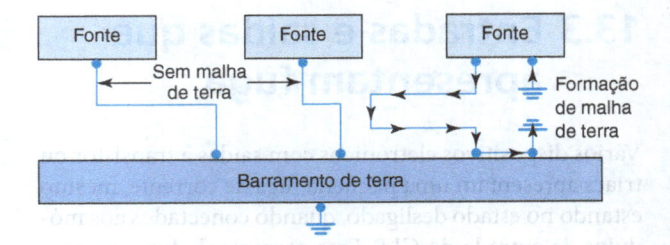

Figura 13.10 Formação de uma malha de terra.

equipamentos aterrados no CLP, e de 6 mm² (8 AWG) de cabo de cobre trançado, para o aterramento do painel. As conexões do terra devem ser feitas com uma arruela dentada ou estriada entre o condutor de terra e a orelha da superfície metálica do painel, como mostra a Figura 13.9.

A *malha de terra* pode causar problemas pela adição ou subtração de corrente ou tensão do sinal dos dispositivos de entrada. Um circuito de malha de aterramento pode ser desenvolvido quando cada terra do dispositivo é conectado a um potencial de terra diferente, permitindo, desse modo, que circule uma corrente entre esses pontos de terra, como mostra a Figura 13.10. Se um campo magnético variável passar por essa malha de terra, será produzida uma tensão, e uma corrente circulará na malha. O dispositivo de recepção é incapaz de diferenciar entre os sinais desejados e os não desejados e, portanto, não pode refletir com precisão as condições reais do processo. Certas conexões precisam ser soldadas no cabo para ajudar a reduzir os efeitos dos ruídos elétricos no acoplamento; cada blindagem do cabo deve ser aterrada de um dos lados apenas, visto que uma blindagem aterrada dos dois lados forma uma malha de terra.

13.5 Variações de tensão e surtos

A seção de fonte de alimentação do sistema de CLP é projetada para suportar as flutuações na rede e, ainda, permitir o funcionamento do sistema dentro de uma faixa de operação. Se as flutuações na tensão excederem essa faixa, um sistema de desligamento então entrará em funcionamento. Em áreas onde há uma variação excessiva de tensão na linha ou são previstas interrupções demoradas, pode ser necessária a instalação de um transformador de *tensão constante* (TC), para minimizar a incidência de desligamento do CLP.

São usados *transformadores isoladores* em alguns sistemas de CLP para isolá-lo dos distúrbios elétricos gerados por outro equipamento conectado no sistema de distribuição. Embora o CLP seja projetado para operar em ambientes hostis, outro equipamento pode gerar uma quantidade considerável de interferência, que pode resultar em distúrbios intermitentes em uma operação normal. Uma prática comum é ligar a fonte de alimentação do CLP e os dispositivos de E/S em um transformador

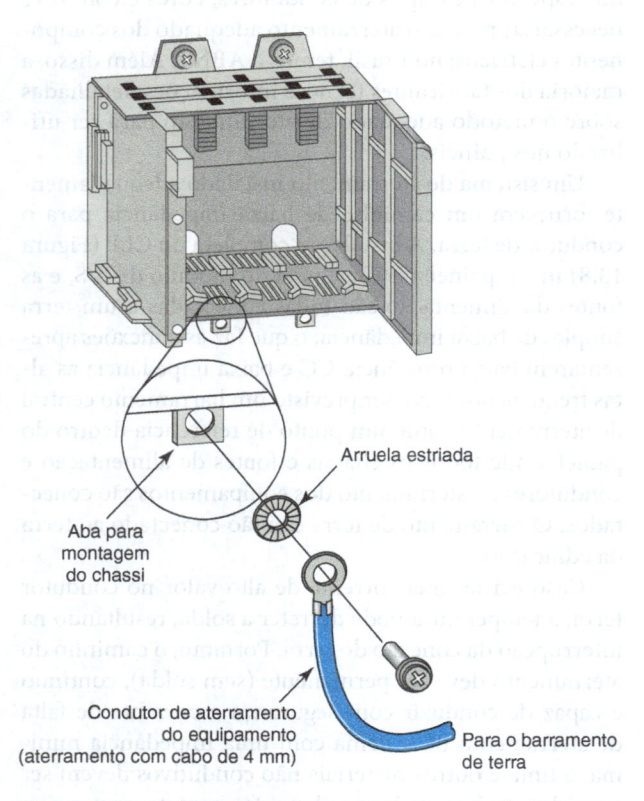

Figura 13.9 A conexão do condutor de terra deve ser feita com o uso de uma arruela dentada ou estriada.

separado, que pode servir de transformador abaixador, para reduzir a tensão de entrada a níveis desejáveis.

Quando a corrente em uma carga indutiva é interrompida ou desligada, é gerada uma tensão de pico elevada, que pode ser reduzida ou eliminada por meio de técnicas de supressão, com absorção da tensão indutiva induzida. Geralmente, os módulos de saída para acionar cargas indutivas incluem redes de supressão embutidas como parte do circuito do módulo.

É recomendado um dispositivo de supressão externa se um módulo de saída for usado para controlar dispositivos como relés, solenoides, contatores de partida de motores ou motores. O dispositivo de supressão é ligado em paralelo e o mais próximo possível do dispositivo de carga. Os componentes de supressão devem ter valores nominais apropriados para suprimir as características de transiente no chaveamento dos dispositivos indutivos em questão. A Figura 13.11 mostra como um diodo é conectado para suprimir cargas indutivas. A operação do circuito pode ser resumida da seguinte maneira:

- O diodo é conectado em polarização reversa em paralelo com o solenoide de carga.
- Em funcionamento normal, a corrente elétrica não pode circular pela bobina do solenoide.
- Quando a tensão no solenoide é desligada, uma tensão com polaridade oposta à tensão original aplicada é gerada pelo desligamento abrupto do campo magnético.
- A tensão induzida dá origem a uma corrente que circula pelo diodo, anulando o pico de alta-tensão.

A Figura 13.12 mostra como um circuito supressor RC (snubber) (resistor/capacitor) é conectado aos dispositivos da carga CA. O funcionamento do circuito pode ser resumido da seguinte maneira:

- A tensão de pico, que ocorre no momento que a corrente da bobina é interrompida, é curto-circuitada com segurança pela malha RC.

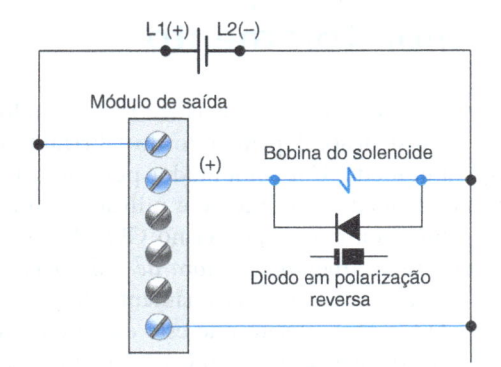

Figura 13.11 Diodo conectado para suprimir cargas indutivas CC.

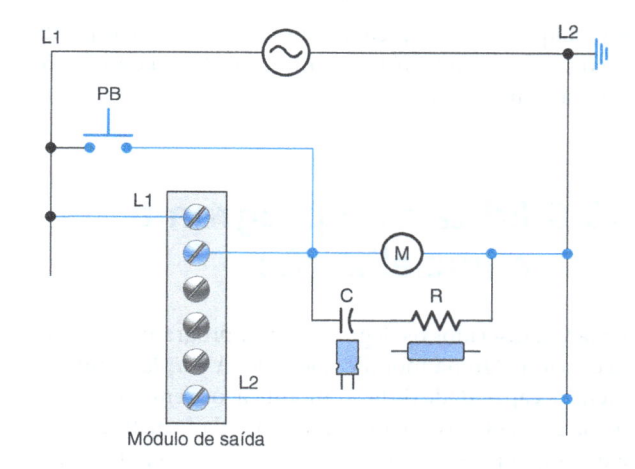

Figura 13.12 Circuito supressor RC (snubber) para cargas CA.

- O resistor e o capacitor, conectados em série, amortecem a taxa de crescimento do transiente de tensão.
- A tensão no capacitor não pode mudar instantaneamente; logo, um transiente de corrente decrescente circulará por ele por uma pequena fração de segundo, permitindo que a tensão aumente lentamente quando o circuito for aberto.

O supressor de surto, *varistor de óxido de metal* (MOV), mostrado na Figura 13.13, é o dispositivo supressor de surto mais conhecido; ele funciona de modo similar a dois diodos Zener conectados em antiparalelo (um diodo conectado em paralelo com polarizações opostas). A operação de um MOV pode ser resumida da seguinte maneira:

- O dispositivo age como um circuito aberto até que a tensão aplicada nele exceda seu valor nominal.

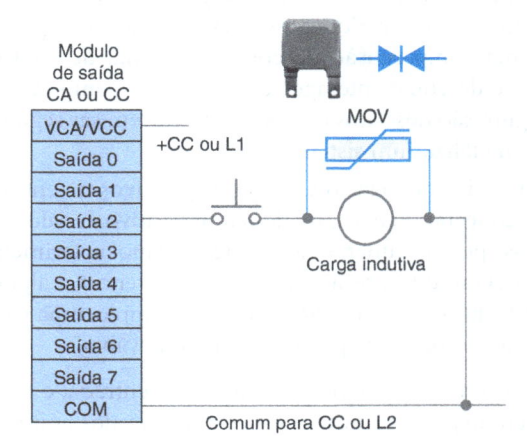

Figura 13.13 O supressor de surto com um varistor de óxido de metal (MOV).

- Qualquer valor de pico de tensão maior faz o dispositivo agir como um curto-circuito, que desvia essa tensão para o circuito restante.

13.6 Edição de programa e inicialização

Uma vez inseridos os degraus de um programa, pode ser necessária alguma modificação nele. A *edição* é simplesmente a capacidade de fazer modificações em um programa já existente por meio de uma variedade de funções de edição que possibilitam que instruções e degraus sejam adicionados ou apagados e que haja a mudança de endereços, dados e bits. O formato de edição varia com os diferentes fabricantes e modelos de CLP.

Atualmente, a maioria dos programas de CLP é baseada em Windows, da Microsoft; logo os familiarizados com essa ferramenta não terão dificuldades com a edição de programa. Em geral, as duas instruções e os degraus são selecionados simplesmente com o clique do botão esquerdo do *mouse*; um clique duplo com o botão esquerdo do *mouse* permite a edição de um endereço de instrução, enquanto um clique com o botão direito mostra um menu de edição de comandos relacionados. Para incluir uma explicação adicional de um símbolo ou endereço, é possível colocar uma descrição do endereço sobre seu degrau diretamente acima do endereço; para adicionar uma página ou comentário no degrau, deve-se clicar com o botão direito sobre o número do degrau ao qual se deseja adicionar a página ou o comentário do degrau.

A preparação de um controle de processo para iniciar (start-up), chamado também de *inicialização*, envolve uma série de testes para garantir que o CLP, o programa em lógica ladder, os dispositivos de E/S e toda a instalação operem de acordo com as especificações. Antes da inicialização de qualquer sistema de controle, é preciso ter uma compreensão de como o sistema de controle opera e de como interage com os vários componentes. A seguir, são descritos os passos que devem ser seguidos para inicializar um sistema de CLP:

- Antes de energizar o CLP ou dispositivos de entrada, desconectar ou isolar qualquer dispositivo de saída que possa potencialmente causar algum dano ou ferimento. Em geral, esta precaução poderia pertencer a alguma saída que causa o movimento, por exemplo, uma partida de motor, ou a operação de alguma válvula.

- Energizar o CLP e os dispositivos de entrada; e medir a tensão para verificar se ela está como valor nominal.

- Examinar os sinaleiros indicadores de estado do CLP; se a energia aplicada estiver correta, o LED indicador de energia deve estar aceso, e não deve haver indicação de falhas; se o CLP não ligar corretamente, pode estar com defeito. Os CLPs raramente falham, mas, se isso acontece, geralmente é na hora da ligação.

- Verificar se há alguma comunicação com o CLP, via dispositivo de programação, que está rodando o programa do CLP.

- Colocar o CLP em um modo que evite a energização dos circuitos de saída. Dependendo da marca do CLP, este modo pode ser chamado de *desabilitado, teste contínuo* ou modo de *varredura simples*. Ele permite o monitoramento dos dispositivos de entrada, a execução do programa e a atualização dos arquivos de imagens da saída, enquanto mantém os circuitos de saída desenergizados.

- Ativar manualmente cada dispositivo de entrada, um de cada vez, para verificar se os LEDs de estado das entradas do CLP acendem e apagam como previsto; monitorar a condição da instrução associada para verificar se os dispositivos de entrada correspondem aos endereços corretos do programa e se a instrução fica verdadeira ou falsa, como esperado.

- Testar manualmente cada saída. Uma maneira de fazer isso é energizando os terminais onde o dispositivo de saída está ligado. Este teste verificará se o dispositivo de saída no campo está de acordo com a fiação.

- Após a verificação de todas as entradas, saídas e endereços do programa, verificar todos os valores preestabelecidos para os contadores, temporizadores e outros.

- Reconectar qualquer dispositivo de saída que possa ter sido desligado e colocar o CLP no modo de funcionamento normal. Testar o funcionamento de todos os botões de parada de emergência e do global do sistema.

13.7 Programação e monitoramento

Para a programação um CLP, existem vários modos de entrada de instrução, dependendo do fabricante e do modelo da unidade. Um computador pessoal, com um programa adequado, geralmente é utilizado para programar e monitorar o programa no CLP. Além disso, ele permite uma *programação fora de linha* (off-line), que envolve a escrita e o armazenamento do programa no computador pessoal sem que este esteja conectado ao CLP, e depois baixado (download) no CLP. A Figura 13.14 mostra como se baixa (download) e se carrega (upload) um programa para outro.

Com uma *programação em tempo real* (on-line), o programa pode ser modificado, as modificações podem ser testadas e, por fim, elas podem ser aceitas ou rejeitadas enquanto o CLP está rodando. Contudo, uma programação fora de linha é a maneira mais segura de edição de um programa, porque adições, modificações e apagamentos não afetam o funcionamento do sistema até que seja carregado no CLP.

Muitos fabricantes fornecem um *modo de teste contínuo*, que faz o processador funcionar no programa do usuário sem energizar qualquer saída. Ele permite que o programa de controle seja executado e depurado (debugged) enquanto as saídas são desabilitadas. Uma verificação de cada degrau pode ser feita pelo monitoramento dos degraus correspondentes às saídas com o dispositivo de programação. Um modo de teste de *varredura única* também pode estar disponível para a verificação da lógica de controle. Ele faz o processador completar uma única varredura do programa do usuário cada vez que a chave de varredura única é pressionada, sem que as saídas sejam energizadas.

Um modo de programação em tempo real (on-line) permite ao usuário modificar o programa durante o funcionamento da máquina. Como o CLP controla esses equipamentos ou processo, o usuário pode adicionar, mudar ou apagar as instruções e os valores dos dados de acordo com a sua necessidade. Qualquer modificação feita é executada imediatamente com a entrada da instrução; portanto, o usuário deve avaliar primeiro todos os possíveis passos da sequência de funcionamento da máquina que resultará da modificação feita. A programação em tempo real (on-line) deve ser feita apenas por profissionais experientes, que entendem todas as operações do CLP e da máquina que está sendo controlada. Se possível, as modificações devem ser feitas fora de linha (off-line) para fornecer uma transição segura da programação existente para a nova programação.

Duas ferramentas úteis fornecidas com o pacote de recursos de programação do CLP são monitoração dos dados e referência cruzada. As funções de *data monitoring* (*monitoração de dados*) permitem que as variáveis do programa sejam monitoradas e/ou modificadas. As funções de *cross reference* (*referência cruzada*) permitem a pesquisa de cada ocorrência de um determinado endereço.

A característica de monitorar dados permite que sejam mostrados os dados de um local qualquer na tabela de dados. Dependendo do CLP, a função de monitoração de dados pode ser usada para:

- Visualizar os dados dentro de uma instrução;
- Armazenar dados ou valores para uma instrução usada previamente;
- Estabelecer ou reiniciar valores e/ou bits durante uma operação de depuração para finalidades de controle;
- Modificar a raiz ou o formato dos dados.

A Figura 13.15 mostra uma janela e uma pasta de arquivo de dados para o CLP SLC 500, da Allen-Bradley, e seu associado programa (software) RSLogix. A pasta de arquivo de dados permite ao usuário determinar o estado dos arquivos de E/S, bem como o estado dos arquivos

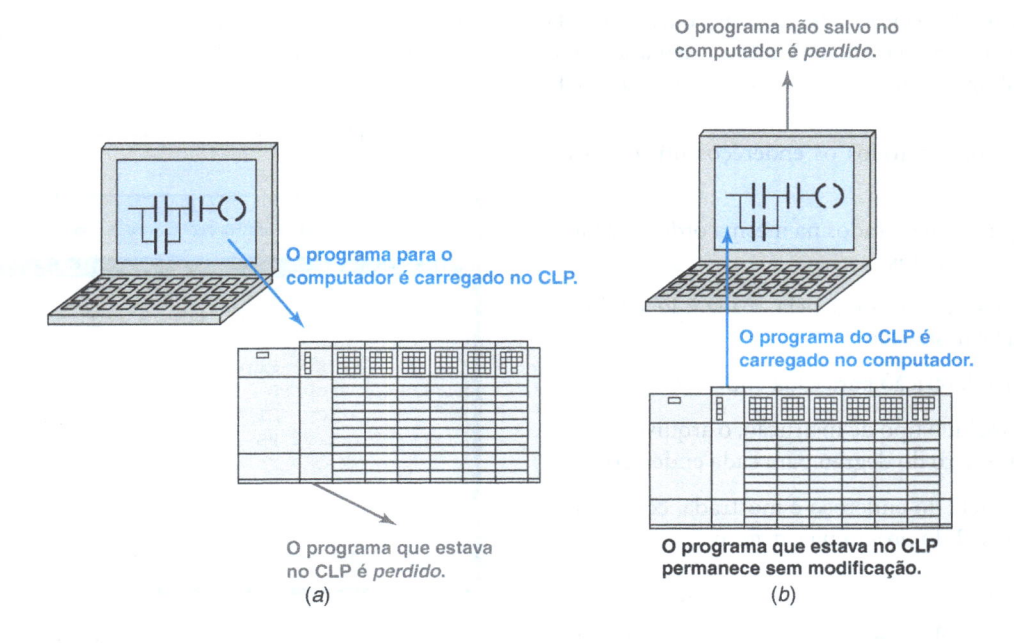

Figura 13.14 (*a*) Baixando (download) e (*b*) carregando (upload) programas no CLP.

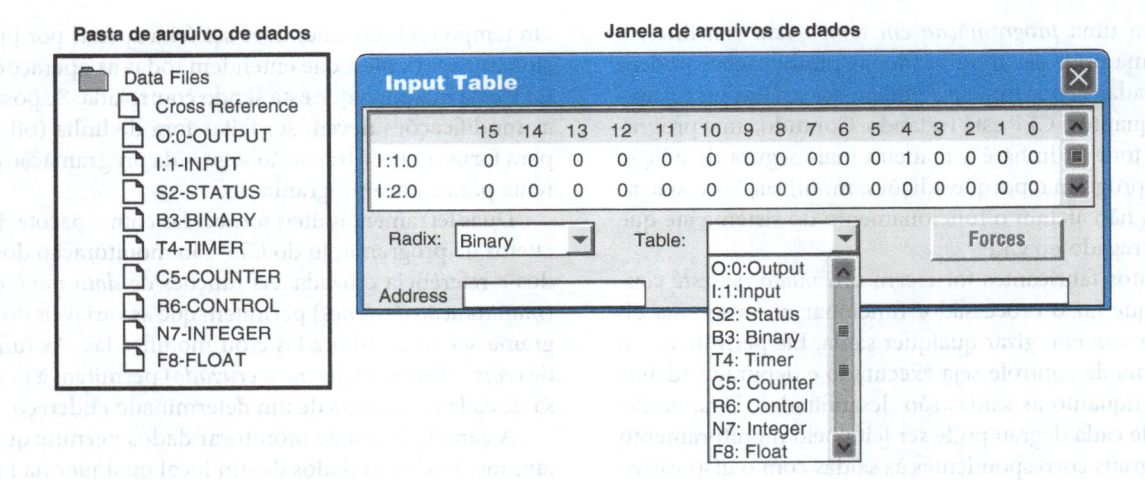

Figura 13.15 Pasta e janela de arquivo de dados.

(S2), binário (B3), do temporizador (T4), do contador (C5), de controle R(6), inteiro (N7) e o de ponto de flutuação (F8). É necessário cautela na manipulação de dados com o uso da função de monitoração, pois as modificações de dados podem afetar o programa e ligar ou desligar dispositivos de saída.

Quando for efetuada verificação de defeitos em um CLP, pode ser necessário localizar cada ocorrência de um endereço em particular no programa ladder. A função de referência cruzada procura todos os arquivos do programa para localizar cada ocorrência de endereço selecionado. Um usuário pode então delinear a operação sabendo todas as localizações onde uma determinada bobina de saída ou um contato com o mesmo endereço é utilizado no programa. A Figura 13.16 mostra um exemplo de um relatório de uma referência cruzada para o CLP SLC 500, da Allen-Bradley, e seu associado programa RSLogix. Seu conteúdo pode ser resumido da seguinte maneira:

- O relatório contém todos os endereços utilizados no programa.

- Os endereços são mostrados na mesma ordem da tabela de arquivo de dados.

- Os endereços encontrados pela realização da busca para (O:2/1) é destacado.

- É mostrada a descrição para cada endereço.

- A listagem inclui o tipo de instrução, o arquivo do programa e o número do degrau para cada endereço.

- Cada ocorrência do endereço é mostrada, começando com o arquivo 2 do programa e degrau 0.

A função *histogram contact* (*histograma de contato*) permite a visualização do histórico das transições (os estados ligado/desligado) de um valor na tabela de dados. Os estados do(s) bit(s) (ligado ou desligado) e a extensão dos tempos do(s) bit(s) restante(s) ligados ou desligados (em horas, minutos, segundos e centésimos de segundos) também são mostrados. Em um arquivo de histograma de contato, o tempo acumulado indica o tempo total que a função de histograma ficou em funcionamento. A variação de tempo (delta) do histograma de contato indica o tempo decorrido entre as mudanças

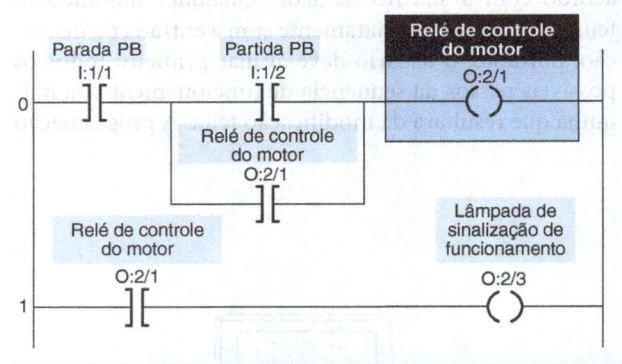

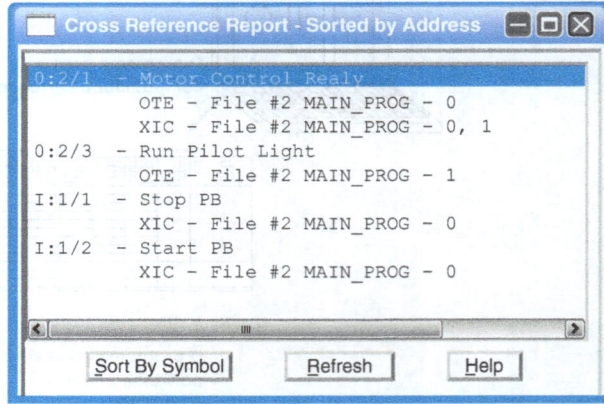

Figura 13.16 Amostra de relatório de uma referência cruzada.

de estado. Os histogramas de contato são extremamente úteis na detecção de problemas intermitentes, seja no equipamento (hardware) ou na lógica relacionada. Pelo acompanhamento do estado e do tempo entre as transições, é possível detectar diferentes tipos de problemas.

13.8 Manutenção preventiva

O melhor modo de impedir falhas no CLP é um programa adequado de manutenção preventiva. Embora os CLPs sejam projetados para minimizar a manutenção e operar sem problemas, existem várias medidas preventivas que podem ser tomadas regularmente.

Muitos sistemas de controle operam processos que devem ser desligados por curtos períodos de tempo para a troca de produtos, e nesse intervalo de interrupção devem ser realizadas as seguintes tarefas de manutenção preventiva:

- Se houver algum filtro instalado no painel, ele deve ser limpo ou substituído, para garantir a circulação de ar limpo dentro do painel.
- As placas de circuito impresso devem ser limpas da poeira ou sujeira acumulada. Se houver poeira acumulada no dissipador de calor e nos circuitos, poderá ocorrer uma obstrução na dissipação de calor, que causará um mau funcionamento no circuito. Além disso, se uma sujeira condutora atingir as placas eletrônicas, poderá provocar um curto-circuito e causar danos permanentes nas placas. O acúmulo rápido dessas sujeiras pode ser evitado quando as portas do painel são mantidas fechadas.
- Deve ser verificado se todas as conexões dos módulos de E/S estão apertadas, para garantir que todos os plugues, soquetes, régua de terminais e módulos de conexões estejam em contato e que o módulo esteja instalado com segurança. Conexões com mau contato podem resultar não apenas em funcionamento incorreto do controlador, mas também em danos nos componentes do sistema.
- Todos os dispositivos de E/S no campo devem ser inspecionados para garantir que estão ajustados corretamente. As placas de circuito que tratam do controle analógico do processo devem ser calibradas a cada seis meses. Outros dispositivos, como sensores, devem ser verificados mensalmente. Os dispositivos de campo no ambiente, que devem converter sinais mecânicos em elétricos, podem grudar, sujar, rachar ou quebrar – com isso, eles não podem mais apresentar os valores corretos.

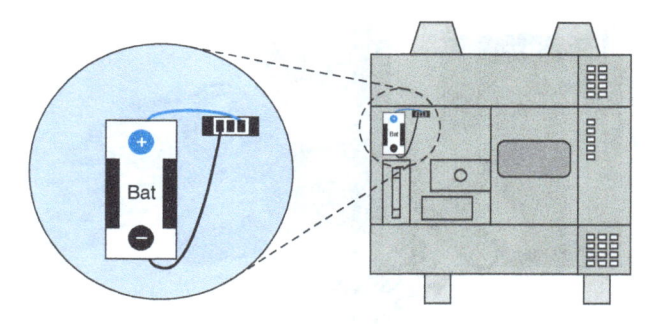

Figura 13.17 Bateria para manter a memória na CPU (backup).

- Deve ser tomado cuidado para garantir que equipamentos que produzem muito barulho ou que geram muito calor não fiquem muito próximos do CLP.
- Verifique a condição da bateria de atualização (backup) da memória RAM na CPU (Figura 13.17). A maioria das CPUs possui um LED indicador de estado que mostra se a tensão da bateria é suficiente para atualizar a memória armazenada no CLP. Se um módulo de bateria for substituído, deve se garantir que seja por outro de mesmo tipo.
- As peças de reposição precisam ser estocadas normalmente. Os módulos de entrada e de saída são componentes do CLP frequentemente sujeitos a falhas.
- Mantenha uma cópia mestre do programa de operação usado no sistema.

Para evitar ferimentos nos profissionais que manipulam a máquina e prevenir danos no equipamento, as conexões devem ser sempre verificadas com o desligamento do sistema. Além do desligamento da energia elétrica, todas as fontes de energia (pneumática e hidráulica) devem ser desenergizadas antes que alguém trabalhe na máquina ou que o processo seja controlado pelo CLP. A maioria das empresas utiliza o procedimento de colocar cadeados ou placas de aviso, como mostra a Figura 13.18, para assegurar que o equipamento não seja operado enquanto a manutenção e os reparos estão sendo executados. Uma etiqueta de proteção que alerta é colocada sobre a fonte de alimentação do equipamento e do CLP, e ela só pode ser retirada pelo profissional que lá a colocou. Além da etiqueta, é colocado também um cadeado, de modo que o equipamento não possa ser energizado.

13.9 Verificação de defeitos

Na ocorrência de um defeito no CLP, uma abordagem cuidadosa e sistemática para a verificação e a resolução

Figura 13.18 Dispositivos de cadeados/etiquetas.
Fonte: Cortesia da Panduit Corporation.
www.panduit.com

do defeito do sistema deve ser utilizada. A verificação de defeitos nos CLPs é relativamente fácil, porque o programa de controle pode ser visto em um monitor e observado em tempo real enquanto é executado. Se um sistema de controle estiver operando, a precisão da lógica do programa é confiável. Para um sistema que nunca funcionou ou que acaba de ser encomendado, devem ser considerados alguns erros de programação.

A fonte de um problema pode estar no módulo do processador, no equipamento de E/S, na fiação, nas entradas ou saídas da máquina ou na lógica ladder do programa. As seções seguintes tratam da verificação de defeito destas possíveis áreas de problema.

Módulo do processador

O processador é responsável pela *autodetecção* de possíveis problemas. Ele executa uma verificação de erro durante seu funcionamento e envia uma informação dos estados para os LEDs indicadores, que normalmente estão localizados na frente do módulo do processador. É possível diagnosticar as falhas no processador para obter mais detalhes a respeito do processador acessando seus estados pelo ambiente de programação. A Figura 13.19 apresenta uma amostra dos LEDs de diagnósticos encontrados em um módulo de processador. O que eles indicam pode ser resumido da seguinte maneira:

Funcionamento (RUN) (Verde)

- Quando ligado, sem piscar, indica que o processo está em funcionamento (RUN).
- Piscar durante o funcionamento indica que o processo está transferindo um programa da RAM para a memória do módulo.
- Desligado indica que o processador está em um modo diferente de funcionamento (RUN).

FLT (Laranja)

- Piscar ao ligar indica que o processador não foi configurado.
- Piscar durante o funcionamento indica um erro principal, que pode estar no processador, no chassi ou na memória.
- Ligado, sem piscar, indica um erro fatal (não há comunicação).
- Desligado indica que não há erros.

BATT (Vermelho)

- Ligado sem piscar indica que a tensão na bateria está abaixo do nível mínimo, descarregada ou desconectada.
- Desligado indica que a bateria está funcionando normalmente.

O processador então monitora seu próprio funcionamento continuamente, para verificar qualquer problema que possa fazer que o controlador execute o programa do usuário incorretamente. Dependendo do controlador, pode existir um relé de falha com um conjunto de contatos. O relé de falha é controlado pelo processador e é ativado quando ocorrer uma ou mais condições de falhas específicas. Os contatos do relé de falha são utilizados para desabilitar as saídas e sinalizar a falha.

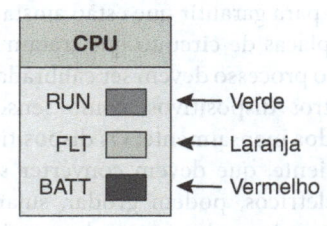

Figura 13.19 LEDs de diagnósticos do processador.

A maioria dos CLPs incorpora um temporizador cão de guarda, conhecido como (*watchdog timer*), para monitorar o processo de varredura do sistema. Ele é geralmente um circuito temporizador separado que pode ser ativado ou reiniciado pelo processador dentro de um período de tempo predeterminado. O circuito temporizador cão de guarda monitora o tempo que a CPU leva para fazer uma varredura completa. Se a varredura da CPU demorar, um cão de guarda de erro principal será estabelecido. Os manuais do CLP mostram como aplicar essa função.

É provável que o componente do processador do CLP não falhe, porque os componentes de microprocessador e de microcomputador atuais são muito confiáveis quando operados dentro dos limites estabelecidos de temperatura, umidade e outros. O chassi do processador do CLP é projetado para resistir a ambientes agressivos.

Mau funcionamento na entrada

Se o controlador está operando no modo de funcionamento RUN, mas os dispositivos de saída não funcionam como programado, as falhas podem estar associadas a um dos seguintes componentes:

- Fiação de entrada e saída entre os dispositivos de campo e os módulos;
- Fonte da alimentação dos dispositivos de campo ou do módulo;
- Dispositivos dos sensores de entrada;
- Atuadores na saída;
- Módulos de E/S do CLP;
- Processador do CLP.

A detecção da fonte do problema pode ser realizada pela comparação dos estados reais das entradas e das saídas suspeitas com o indicador de estado do controlador. Geralmente, cada dispositivo de entrada ou de saída tem pelo menos dois indicadores de estado; um desses está ligado no módulo de E/S; o outro é fornecido pelo dispositivo de monitoração da programação.

O circuito da Figura 13.20 mostra como verificar um mau funcionamento de entradas discretas, e os passos tomados podem ser resumidos da seguinte maneira:

- Quando um dispositivo de entrada for suspeito de ser a fonte de um problema, a primeira providência será verificar se o indicador de estado no módulo de entrada está aceso quando recebe energia do seu correspondente dispositivo de entrada (por exemplo, botão de comando, chave-limite).

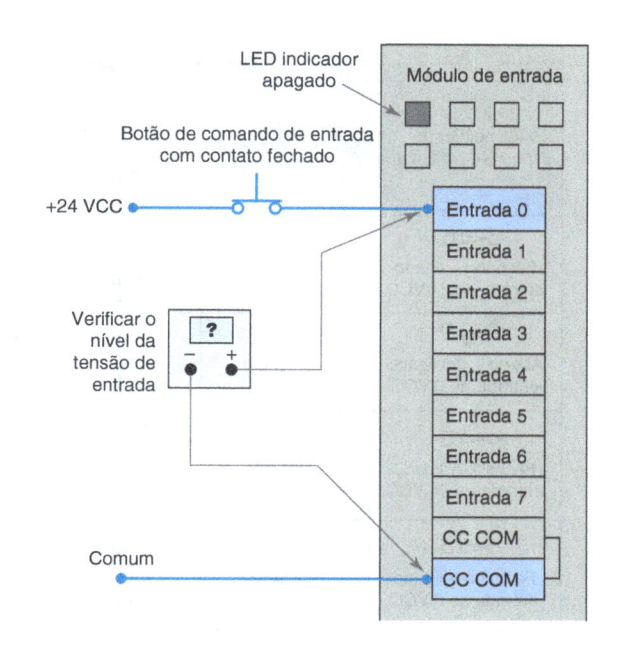

Figura 13.20 Verificação de mau funcionamento das entradas.

- Se o estado do indicador no módulo de entrada *não* estiver aceso quando o dispositivo de entrada estiver ligado, deve-se utilizar um multímetro para medir a tensão nos terminais da entrada para verificar se o nível da tensão está correto.

- Se o nível de tensão estiver correto, então o módulo deve ser substituído.

- Se o nível de tensão não estiver correto, a fonte de alimentação, a fiação ou o dispositivo de entrada podem estar com defeito.

Se o monitor do dispositivo de programação não mostrar o estado da indicação correto para uma condição de instrução, o módulo de entrada pode estar convertendo o sinal de entrada de maneira errada para a tensão de nível lógico requerida pelo módulo do processador. Nesse caso, o módulo de entrada deve ser substituído; mas, se essa substituição não eliminar o problema e a fiação for suposta como correta, então o rack de E/S, o cabo de comunicação ou o processador deve ser substituído. A Figura 13.21 mostra um guia de verificação de defeito de um dispositivo de entrada. Este guia revê a condição das instruções e como seus estados verdadeiro/falso se relacionam com os dispositivos externos.

Mau funcionamento na saída

Além do indicador lógico, alguns módulos de saída incorporam um indicador de fusível queimado ou indicador

| Guia de verificação de defeitos nos dispositivos de entrada ||||
| Condição do dispositivo de entrada | Indicador de estado do módulo de entrada | Indicador de estado do mostrador do monitor || Falhas possíveis |
		─] [─	─]/[─	
Fechado – ligado entrada de 24 VCC	Ligado	Verdadeiro	Falso	Nenhuma – Indicações corretas
Aberto – desligado entrada de 0 VCC	Desligado	Falso	Verdadeiro	Nenhuma – Indicações corretas
Fechado – ligado entrada de 24 VCC	Ligado	Falso	Verdadeiro	Condição do sensor, tensão na entrada e indicadores de estado estão corretos. Instruções ladder têm indicações incorretas. Módulo de entrada ou falha no processador.
Fechado – ligado entrada de 0 VCC	Desligado	Falso	Verdadeiro	Indicador de estado e instruções concordam, exceto com a condição do sensor. Dispositivo de campo ou fiação aberta.
Aberto – desligado entrada de 0 VCC	Desligado	Verdadeiro	Falso	Condição do sensor, tensão de entrada e indicadores de estado estão corretos. Instruções ladder com indicações incorretas. Módulo de entrada ou falha no processador.
Aberto – desligado entrada de 24 VCC	Ligado	Verdadeiro	Falso	Tensão de entrada, indicadores de estado e instruções ladder concordam, exceto com a condição do sensor. Curto-circuito no dispositivo de campo ou na fiação.

Figura 13.21 Guia de verificação de defeito nas entradas.

de alimentação ligada, ou ambos. Um indicador de fusível queimado indica o estado do fusível de proteção do circuito de saída, enquanto o indicador de alimentação mostra que a energia está sendo aplicada na carga.

Uma proteção eletrônica, como mostra a Figura 13.22, também é utilizada para proteger os módulos contra condições de curto-circuito e sobrecarga de corrente. A proteção é baseada no princípio térmico de desligamento. No evento de uma condição de curto-circuito ou uma sobrecarga de corrente em um canal de saída, este canal limitará a corrente dentro de milissegundos tão logo seja atingida sua temperatura de desligamento. Todos os outros canais continuam a operar de acordo com o processador.

Quando uma saída não energiza conforme o esperado, é necessário verificar primeiro o indicador de fusível queimado do módulo de saída. Muitos módulos possuem um fusível para cada saída. Esse indicador acenderá normalmente apenas quando o circuito correspondente ao fusível queimado for energizado. Se esse indicador acender, a causa do mau funcionamento deve ser corrigida, e o fusível queimado no módulo deve ser substituído.

A Figura 13.23 mostra um guia de verificação de defeito de um módulo de saída. Em geral, devem ser

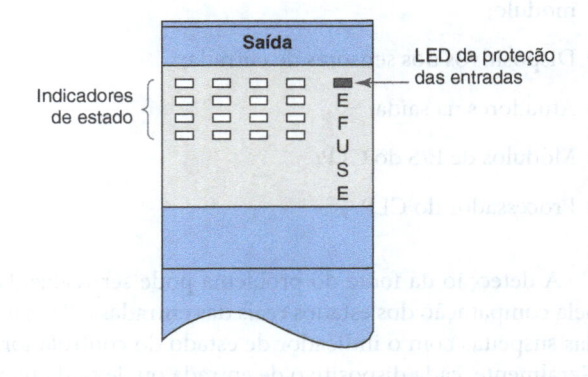

Figura 13.22 Proteção eletrônica do módulo de saída.

observados os itens seguintes no momento da verificação de defeito nos módulos de saída discretos:

- Se o indicador de fusível queimado não estiver aceso (fusível OK), verificar se o dispositivo de saída está respondendo ao LED indicador de estado.
- Um indicador de estado lógico de um módulo de saída funciona de modo similar ao indicador de estado lógico de um módulo de entrada. Quando ele está ligado, o LED indica que o circuito da lógica do módulo reconheceu um comando do processador para ligar.

Capítulo 13   Prática de instalação, edição e verificação de defeito   281

| Guia de verificação de defeitos nos dispositivos de saída ||||
Condição do dispositivo de saída	Indicador de estado do módulo de saída	Indicador de estado do display do monitor	Falha(s)
Energizada – ligada	Ligada	Verdadeiro	Nenhuma – indicação correta
Desenergizada – desligada	Desligada	Falso	Nenhuma – indicação correta
Desenergizada – desligada	Ligada	Verdadeiro	Instrução de saída e indicador de estado concordam, mas o dispositivo de campo não. Circuito do módulo de saída ou fusível.
Desenergizada – desligada	Desligada	Verdadeiro	Estado do dispositivo de campo e indicador de estado concordam, mas a condição de saída não. Circuito do módulo ou fusível.

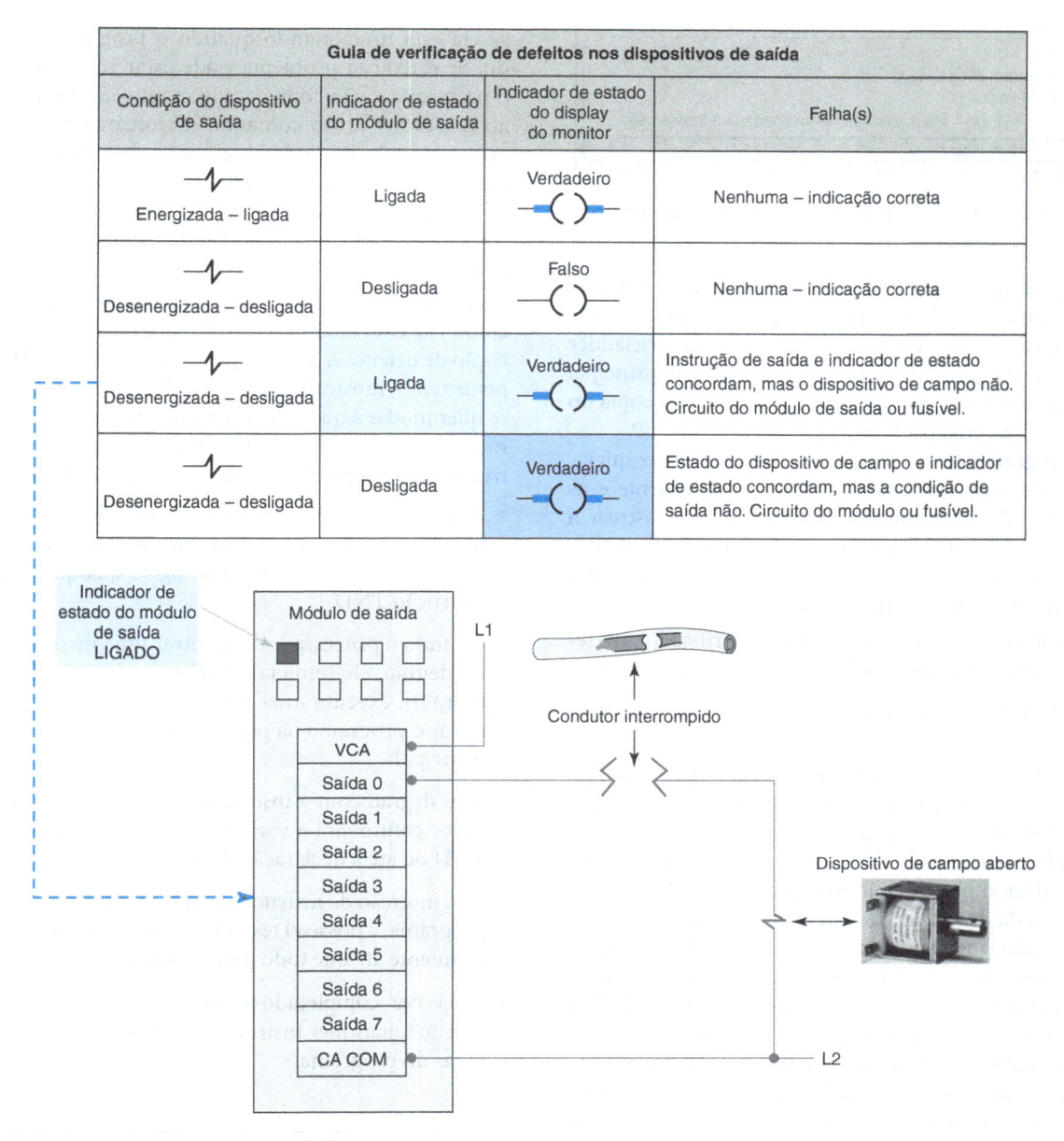

Figura 13.23   Guia de verificação de defeito na saída.
Fonte: Cortesia da Guardian Electric.
www.guardian-electric.com

- Se um degrau de saída for energizado, o indicador de estado do módulo está ligado e o dispositivo de saída não responde, então a fiação do dispositivo de saída ou o próprio dispositivo de saída são suspeitos de defeitos.

- Se, segundo o monitor do dispositivo de programação, um dispositivo de saída for comandado para ligar mas o estado do indicador for desligado, então o módulo de saída ou o processador podem estar com defeito.

- Verificar a tensão na saída; se estiver incorreta, a fonte de alimentação, a fiação ou o dispositivo de saída podem estar com defeito.

Programa em lógica ladder

Muitos ambientes de programas de CLP oferecem vários programas de verificação para a lógica do programa. A Figura 13.24 mostra um programa simples para verificar erro utilizando o programa RSLogix 500. Com a seleção de **editar** e **verificar projeto**, o programa será verificado para identificar se há algum erro. A amostra indica como uma mensagem de erro aparece.

O programa em lógica ladder por si não é suscetível de falha, considerando que ele já funcionava corretamente. Uma falha no CI de memória que detém o programa

Figura 13.24 Amostra de erros na verificação de defeito.

lógico pode alterar o programa, mas isso é uma falha no equipamento do CLP. Se todas as outras possíveis fontes de problema forem eliminadas, o programa em lógica ladder deve ser recarregado no CLP a partir da cópia principal do programa. É necessário certificar-se de que a cópia do programa está atualizada antes de baixá-la no CLP.

O programa de verificação de defeito deve ser iniciado identificando que saídas operam normalmente e as que não estão funcionando. Depois, deve-se rastrear a partir da saída no degrau que não funciona e examinar a lógica para determinar o que pode estar evitando a energização da saída. Erros comuns de lógica são:

- Programação de uma instrução de verificador de fechado, em vez de verificador de aberto, e vice-versa;

- Uso de um endereço incorreto no programa.

Embora o programa em lógica ladder não seja suscetível a falhas, o processo pode estar em um estado que não foi previsto no programa original, portanto, não está operando corretamente. Nesse caso, o programa precisa ser modificado para incluir esse novo estado. Um exame cuidadoso da descrição do sistema de controle e do programa ladder pode ajudar a identificar este tipo de falha.

Os comandos de forçamento para ligar e desligar permitem atuação nos bits específicos de liga e desliga para fins de teste. A Figura 13.25 mostra como o comando de forçamento é identificado como sendo habilitado ou desabilitado no programa RSLogix 500. O forçamento permite a simulação de uma operação ou o controle de um dispositivo de saída; por exemplo, forçando uma válvula solenoide a ligar é possível saber imediatamente se ela está funcionando quando o programa é desviado. Se estiver, o problema pode estar relacionado com o programa e não com o equipamento. Se a saída falhar ao responder a um comando de forçamento, pode ser que o módulo de saída atual esteja causando o problema ou que o solenoide não esteja funcionando. *Todas as precauções necessárias devem ser tomadas para proteger as pessoas e os equipamentos durante um comando de forçamento.*

Certas instruções de diagnósticos podem ser incluídas como parte do conjunto de instruções para fins de verificação de defeito. A instrução *fim temporário* (TND) (*temporary end*), mostrada na Figura 13.26, é utilizada quando se quer mudar a quantidade de varredura para uma depuração progressiva de seu programa. A operação dessa instrução de saída pode ser resumida da seguinte maneira:

- A instrução opera somente quando as condições de seu degrau são verdadeiras e o processador está com a varredura parada em uma lógica qualquer além da instrução TND.

- Quando o processador encontrar uma instrução TND no degrau, ele reinicia o temporizador cão de guarda (para 0), executa uma atualização do E/S e começa a rodar o programa na primeira instrução do programa principal.

- Se o degrau com a instrução TND for falsa, o processador continuará a varredura até a próxima instrução TND ou até a declaração de fim (endereço).

- Pela inserção da instrução TND em diferentes locais do programa, é possível testar partes do programa sequencialmente até que todo o programa tenha sido testado.

- Uma vez completado o processo de verificação de defeito, quaisquer instruções TND restantes são removidas do programa.

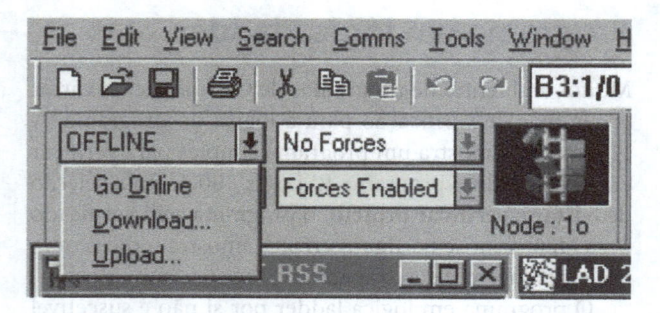

Figura 13.25 Indicação de um comando de forçamento habilitado.

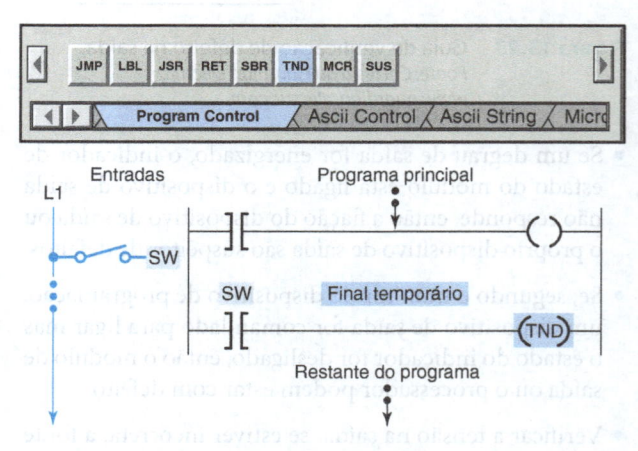

Figura 13.26 Instrução de diagnóstico TND (fim temporário).

A instrução de *suspensão* (SUS), mostrada na Figura 13.27, é utilizada para interceptar e identificar condições específicas para a depuração do programa e sistemas de verificação de defeito. A operação dessa instrução de saída pode ser resumida da seguinte maneira:

- Quando o degrau for verdadeiro, esta instrução colocará o controlador no modo de *suspensão* ou no modo *inativo*.
- A suspensão ID 100, neste caso, deve ser selecionada pelo programador e inserida na instrução.
- Quando a instrução SUS for executada, o número ID 100 será escrito na palavra 7 (S:7) do arquivo de estado.
- Se existirem instruções múltiplas de suspensão, então isso indicará qual instrução SUS foi ativada.
- O arquivo de suspensão (identificando o programa ou o número de uma sub-rotina onde a instrução SUS executada reside) é colocado na palavra 8 (S:8) do arquivo de estado.
- Todas as saídas lógicas são desenergizadas, mas outros arquivos de estado contêm os dados presentes quando a instrução de suspensão é executada.

A maioria das falhas no sistema do CLP ocorre na fiação e nos dispositivos de campo. A fiação entre os dispositivos de campo e os terminais dos módulos de E/S é um local provável de ocorrência de problemas. Fiações defeituosas e problemas de conexões mecânicas podem interromper ou cortar sinais enviados para os módulos de E/S ou recebidos deles.

Os sensores e atuadores conectados ao módulo de E/S do processo também podem falhar; as chaves mecânicas podem sofrer desgastes ou podem ser danificadas durante seu funcionamento normal; motores, aquecedores ou sinaleiros e sensores podem falhar. Dispositivos de entrada e saída no campo devem ser compatíveis com o módulo de E/S para garantir um funcionamento correto.

Quando uma instrução parece não funcionar corretamente, o problema pode ser um conflito de endereçamento causado por ter o *mesmo endereço* que está sendo utilizado por duas ou mais instruções de bobinas no mesmo programa. Como resultado, condições de instruções múltiplas no degrau podem controlar a mesma bobina de saída, tornando a verificação de defeito mais difícil. No caso de saídas duplicadas, o degrau monitorado pode ser verdadeiro; mas se um degrau mais abaixo no diagrama ladder for falso, o CLP manterá a saída desligada. O programa da Figura 13.28 mostra o que acontece quando o mesmo endereço é utilizado para duas bobinas. O cenário resultante do problema pode ser resumido da seguinte maneira:

- Ligar a chave I:1/1 *não resulta* em ligar a saída O:2/1 do CLP como parece estar programado.
- A raiz do problema reside no fato de que o CLP escaneia o programa da esquerda para a direita e de cima para baixo.
- Se a chave de entrada I:1/1 for verdadeira (fechada) e a chave de entrada I:1/2 for falsa (aberta), a saída O:2/1 será desligada.
- Isso ocorre porque, quando o CLP atualiza as saídas, baseia-se no estado da entrada I:1/2.
- Independentemente de a entrada I:1/1 estar aberta ou fechada, a saída reage apenas para o estado da chave de entrada I:1/2.

Quando ocorre um problema, a melhor maneira de proceder é tentar identificar logicamente os dispositivos ou conexões que podem estar causando o problema, em vez de verificar aleatoriamente cada conexão, chave, motor, sensor, módulo de E/S e outros. É necessário observar o sistema em funcionamento e descrever o problema. Utilizando essas observações e a descrição do sistema de controle, será possível identificar as fontes do problema.

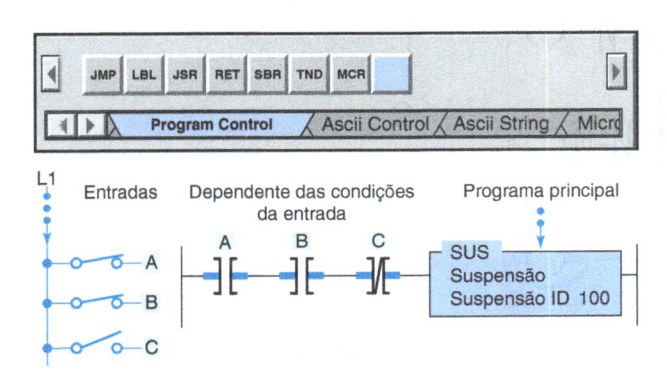

Figura 13.27 Instrução de diagnóstico SUS (suspensão).

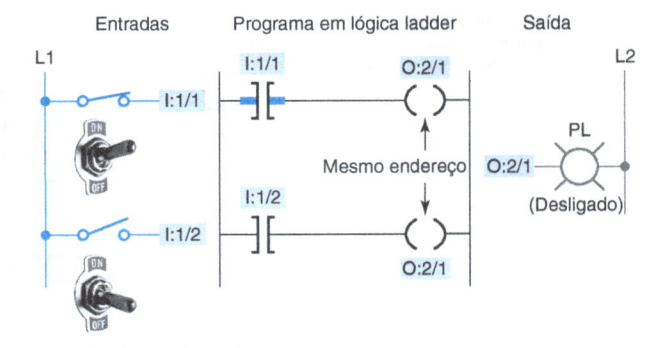

Figura 13.28 Programa com o mesmo endereço usado para duas bobinas.

Compare o estado lógico dos dispositivos de entrada e de saída com os estados atuais, como mostra a Figura 13.29. Qualquer irregularidade indica um mau funcionamento, bem como sua próxima localização. Algumas de suas verificações de defeitos podem ser realizadas pela interpretação dos indicadores de estado nos módulos de E/S. A chave é saber se os indicadores de estado estão informando se existe uma falha ou se o sistema está normal. Os fabricantes de CLP quase sempre fornecem um guia de verificação de defeito, mapa ou diagrama em árvore que apresenta uma lista dos problemas observados e suas possíveis causas. A Figura 13.30 apresenta uma amostra de diagrama em árvore para um módulo de saída discreto. As Figuras 13.31 e 13.32 são amostras de guias de verificação de defeito de entrada e de saída.

13.10 Software de programação do CLP

É necessário estabelecer um modo para o software de um computador pessoal (CP) comunicar-se com o controlador lógico programado (CLP); conexão conhecida como *configuração* de comunicações. O método usado para configurar as comunicações varia para cada modelo de controlador. Nos controladores da Allen-Bradley, é necessário o software RSLogix para desenvolver e editar programas. Um segundo pacote de software, *RSLinx*, é necessário para monitorar a atividade do CLP, descarregar (download) um programa do CP para o CLP e enviar (upload) um programa do CLP para o CP. Não é possível descarregar (download) múltiplos projetos para o CLP e depois rodá-los quando necessário.

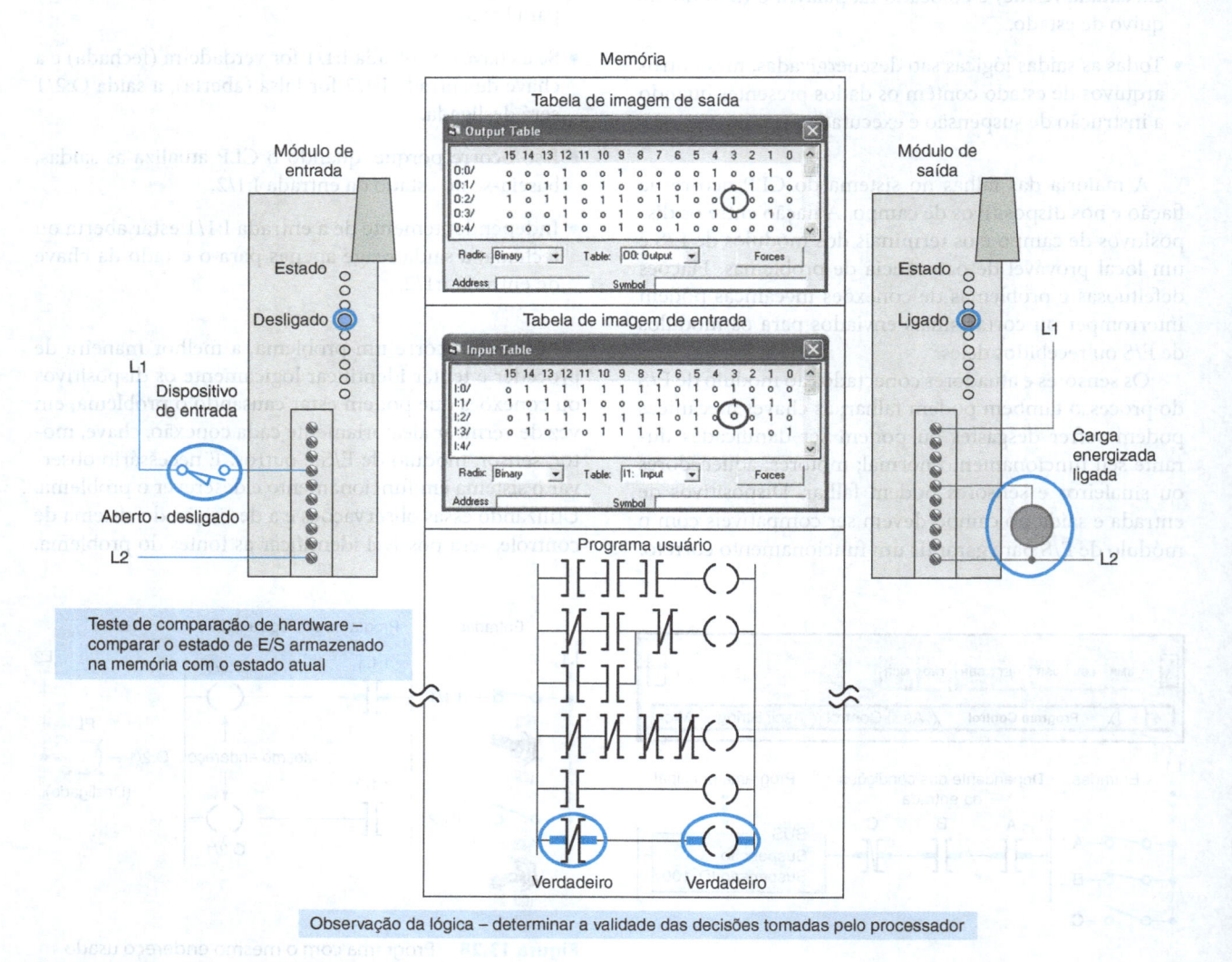

Figura 13.29 Método geral de verificação de defeito.

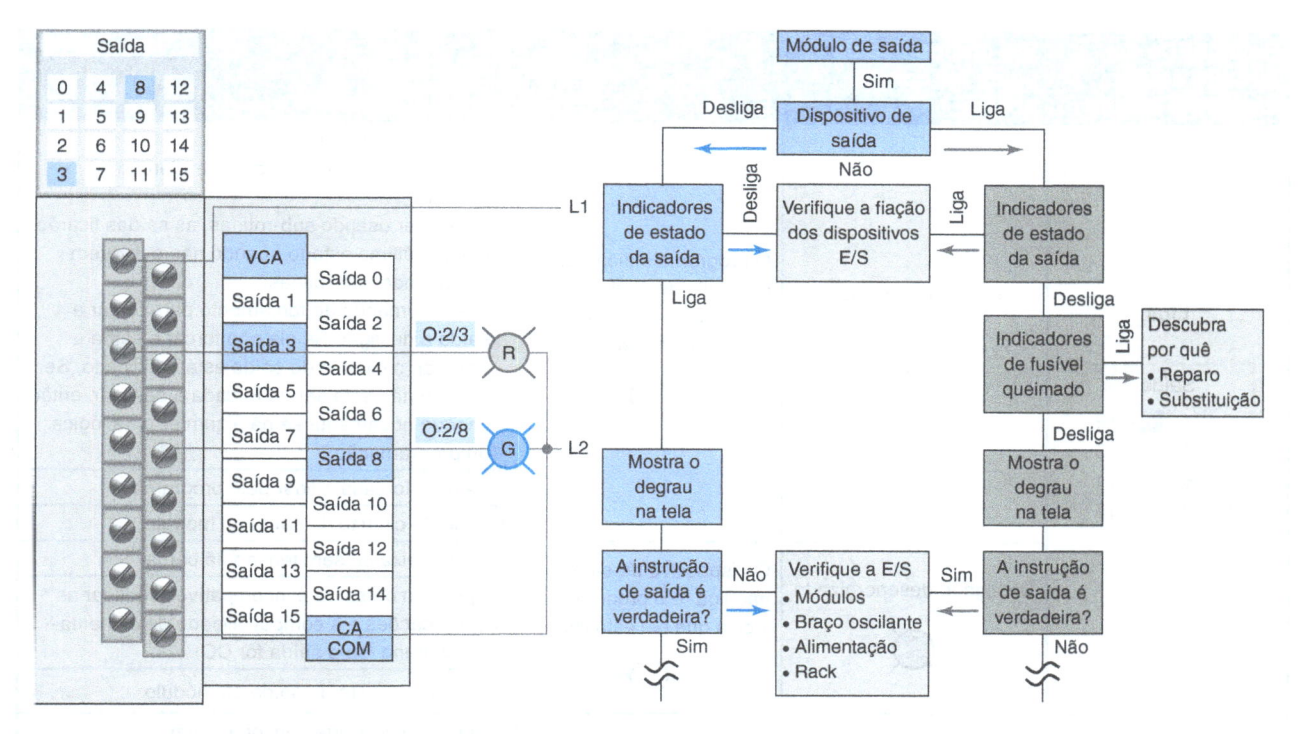

Figura 13.30 Diagrama em árvore para verificação de defeito para um módulo de saída discreto.

Se os LEDs do circuito estão conforme abaixo	E o dispositivo de entrada for como abaixo	E	Causa provável
Liga	Ligado/fechado/ativado	O dispositivo de entrada não desliga.	Dispositivo está em curto ou danificado.
		O programa opera como se estivesse desligado.	Fiação do circuito de entrada ou módulo.
			A entrada é forçada a desligar pelo programa.
	Desligado/aberto/desativado	O programa opera como estivesse ligado e/ou a entrada do circuito não desliga.	Corrente de fuga no estado desligado do dispositivo de entrada excede a especificação do circuito de entrada.
			Dispositivo de entrada em curto ou danificado.
			Fiação do circuito de entrada ou módulo.
Desliga	Ligado/fechado/ativado	O programa opera como estivesse desligado e/ou o circuito de entrada não liga.	Circuito de entrada é incompatível.
			Tensão baixa na entrada.
			Fiação do circuito de entrada ou módulo.
			Sinal de entrada muito rápido para o circuito de entrada.
	Desligado/aberto/desativado	O dispositivo de entrada não desliga.	Dispositivo de entrada em curto ou danificado.
		O programa opera como se estivesse ligado.	A entrada é forçada a desligar pelo programa.
			Fiação do circuito de entrada ou módulo.

Figura 13.31 Guia de verificação de defeitos na entrada.

Se os LEDs do circuito estão conforme abaixo	E o dispositivo de saída for como abaixo	E	Causa provável
Liga Saída 0 4 **8** 12 1 5 9 13 2 6 10 14 3 7 11 15	Ligado/energizado	O programa indica que o circuito de saída está desligado ou o circuito de saída não desliga.	Problema de programação: - Verificar se há duplicidade de endereço de saídas. - Se estiver usando sub-rotinas, as saídas ficarão em seu último estado quando não estiverem executando sub-rotinas. - Use o comando de forçamento para forçar a saída a desligar. Se ele não forçar a saída a desligar, o circuito de saída está danificado. Se a saída não está sendo forçada a desligar, então cheque novamente se há algum erro na lógica ou programação.
			A saída é forçada a ligar pelo programa.
			Fiação do circuito de saída ou módulo.
	Desligado/desenergizado	O dispositivo de saída não liga, e o programa indica que ele está ligado.	Tensão baixa ou sem tensão na carga.
			Dispositivo de saída é incompatível: verificar as especificações e a compatibilidade de alimentação ou dreno (se a saída for CC).
			Fiação do circuito de saída ou módulo.
Desliga Saída 0 4 **8** 12 1 5 9 13 2 6 10 14 3 7 11 15	Ligado/energizado	O dispositivo de saída não desliga e o programa indica que ele está desligado.	Dispositivo de saída é incompatível.
			Corrente de fuga no estado desligado do dispositivo de saída pode exceder a especificação do dispositivo.
			Fiação do circuito de saída ou módulo.
			Dispositivo de saída em curto ou danificado.
	Desligado/desenergizado	O programa indica que o circuito de saída está ligado ou o circuito de saída não liga.	Problema de programação: - Verificar se há duplicidade de endereço de saídas. - Se estiver usando sub-rotinas, as saídas ficarão em seu último estado quando não estiverem executando sub-rotinas. - Use o comando de forçamento para forçar a saída a ligar. Se ele não forçar a saída a ligar, o circuito de saída está danificado. Se a saída não está sendo forçada a ligar, então cheque novamente se há algum erro na lógica ou programação.
			A saída é forçada a desligar pelo programa.
			Fiação do circuito de saída ou módulo.

Figura 13.32 Guia de verificação de defeito das saídas.

O CLP aceitará apenas um programa de cada vez, mas o programa pode consistir em arquivos de múltiplas sub-rotinas que podem ser condicionalmente chamadas do programa principal.

O software RSLinx está disponível em pacotes múltiplos para atender à demanda dos vários custos e funcionalidade. Este pacote de software é utilizado como um acionador (driver) entre o CP e o processador do CLP. Um *acionador* é um programa de computador que controla um dispositivo; por exemplo, é necessário um acionador, próprio da impressora, instalado no CP para que a impressora possa imprimir um documento processado no Word, criado no CP. O RSLinx trabalha de modo bem parecido com o driver da impressora para o software RSLogix. O programa RSLogix deve ser aberto e os acionadores, configurados antes que as comunicações possam ser estabelecidas entre um CP e um CLP que está utilizando um software RSLogix.

O RSLinx permite que o RSLogix se comunique por meio de um cabo de interface com o processador do CLP.

A conexão mais simples entre um CP e um CLP é uma conexão direta ponto a ponto pela porta serial do computador, como mostra a Figura 13.33. Um cabo serial é utilizado para conectar a porta COM1 ou a porta COM2 do CP e o processador da porta serial de comunicação. Com o software RSLinx, é possível autoconfigurar a conexão serial e, portanto, encontrar a porta serial adequada automaticamente para a configuração.

Dois aspectos importantes do elo (link) de comunicação devem ser considerados, denominados de padrão RS-232 e protocolo de comunicação. O *padrão RS-232* especifica uma função para cada um dos condutores dentro do cabo de comunicação padrão e seus pinos associados. O *protocolo de comunicação* é um método padronizado para a transmissão de dados e/ou estabelecimento de comunicações entre dispositivos diferentes.

A configuração mínima para comunicações entre dois dispositivos requer o uso de apenas três condutores conectados, como mostra a Figura 13.34. Para facilidade de conexão, o padrão RS-232 especifica que os dispositivos do computador devem ter conectores machos, e os equipamentos periféricos, conectores fêmeas. A comunicação direta entre dois computadores, como um CP e um CLP, não envolve equipamento periférico intermediário; portanto, deve ser utilizado um cabo tipo serial modem nulo para a conexão, porque o processador do CP e do CLP utiliza o pino 2 para a saída de dados e o pino 3 para a entrada de dados.

QUESTÕES DE REVISÃO

1. Por que os CLPs são instalados dentro de painéis?
2. Que métodos são usados para manter a temperatura no painel dentro de limites admissíveis?
3. Cite dois modos pelos quais o ruído elétrico pode ser acoplado a um sistema de controle do CLP.
4. Liste três dispositivos indutivos geradores de ruído em potencial.
5. Descreva quatro modos nos quais passar cuidadosamente os condutores pode ajudar a prevenir os ruídos elétricos.
6. a. Que tipos de dispositivos de campo de entrada e módulos de saída são mais sujeitos a fluxos de corrente de fuga quando estão no estado de desligado? Por quê?
   b. Explique como um resistor de dreno reduz a corrente de fuga.
7. Faça um resumo sobre as necessidades do aterramento básico para um sistema de CLP.
8. Sob que condição pode ser desenvolvido um circuito de malha de terra?
9. Quando as variações da tensão de linha da fonte de alimentação do CLP são excessivas, o que pode ser feito para resolver o problema?
10. Em que estado de operação uma carga indutiva causará uma tensão gerada de pico muito alta?
11. Explique como um diodo é conectado para funcionar como supressor para uma carga indutiva CC.
12. Explique como um MOV funciona como supressor para uma carga indutiva CA.
13. Qual é a finalidade da função de edição para o CLP?
14. O que está envolvido com a inicialização de um sistema de CLP?
15. a. Compare a programação fora de tempo real (off-line) com a programação em tempo real (on-line).
    b. Que método é mais seguro? Por quê?
16. Liste quatro usos para a função de monitoração de dados.
17. Que informação é fornecida pela função de referência cruzada?
18. Que informação é fornecida pela função de histograma de contatos?
19. Liste cinco tarefas que devem ser executadas regularmente pela manutenção preventiva na instalação de um CLP.

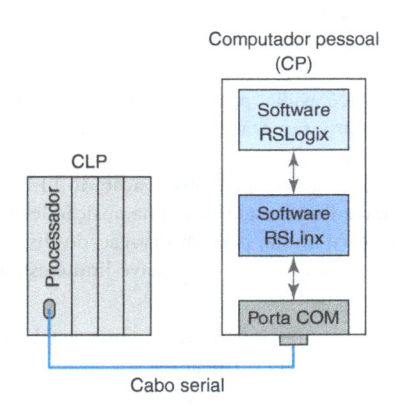

Figura 13.33 Conexão de software de CP para CLP direta.

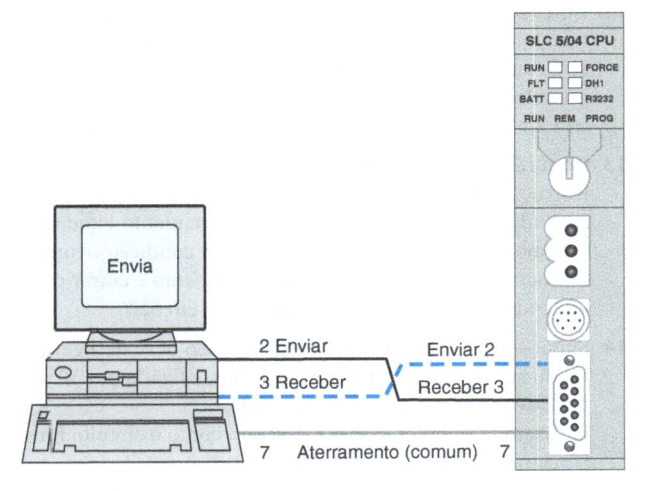

Figura 13.34 Conexão com fiação serial.

20. Faça um resumo do procedimento seguido para travar e etiquetar uma instrução de CLP.
21. Em geral, o que indica cada um dos seguintes LEDs de estado do processador de diagnóstico?
    a. LED de RUN desligado.
    b. LED de falha desligado.
    c. LED da BATERIA ligado.
22. Quando um processador vem equipado com um relé de falha, para que são usados os contatos do relé?
23. Explique a função de um circuito temporizador cão de guarda (watchdog timer).
24. Um CLP opera no modo de funcionamento RUN, mas os dispositivos de saída não operam como programado. Liste cinco falhas que podem ser responsabilizadas para esta condição.
25. Para que é usada a função de verificar resultados?
26. Um solenoide de ação rápida operado pelo gatilho é suspeito de não estar funcionando corretamente quando energizado e desenergizado pelo programa do CLP. Explique como você usaria o comando de forçamento para confirmar seu funcionamento.
27. O que ocorre quando o processador encontra uma instrução de fim temporário?
28. Explique a função da instrução de suspensão.
29. De que forma negativa uma fiação e uma conexão com defeito pode afetar os sinais enviados para os módulos de E/S e recebidos deles?
30. O mesmo endereço é usado para duas instruções de bobinas dentro do mesmo programa de CLP. O que acontecerá como consequência disto?
31. Compare os usos para a programação dos softwares RSLogix e RSLinx.

PROBLEMAS

1. A porta do painel de instalação de um CLP não é mantida fechada. Que possíveis problemas podem ocorrer?
2. Um fusível está queimado em um módulo de saída. Sugira duas possíveis razões para explicar sua queima.
3. Sempre que um guindaste, funcionando sob a instalação de um CLP, é iniciado a partir do repouso, ocorre um defeito temporário no sistema do CLP. Qual é uma das causas prováveis do problema?
4. Durante a verificação estática de um sistema de CLP, uma saída específica é forçada a ligar pelo dispositivo de programação. Se um indicador que não é o especificado é ligado, qual é o provável problema?
5. O dispositivo de entrada para um módulo é ativado, mas o LED indicador de estado não liga. Uma medida da tensão do módulo de entrada indica que não há tensão presente. Sugira duas causas possíveis do problema.
6. Uma saída é forçada para ligar. O LED do módulo lógico acende, mas o dispositivo de campo não funciona. Uma medida da tensão no módulo de saída indica que o nível de tensão está correto. Sugira duas causas possíveis do problema.
7. Uma saída específica é forçada para ligar, mas o LED indicador do módulo de saída não liga. Uma medida da tensão no módulo de saída indica que a tensão está muito abaixo do nível normal. Qual é a primeira hipótese a ser verificada?
8. Um sensor eletrônico de entrada é ligado a uma entrada de alta impedância na entrada de um CLP e está ativando falsamente a entrada. Como esse problema pode ser corrigido?
9. Um LED indicador lógico está ligado e, de acordo com o dispositivo monitor de programação, o processador não está reconhecendo a entrada. Se a substituição do módulo não eliminar o problema, quais são os outros dois itens que devem ser considerados como suspeitos?
10. a. Uma chave-limite normalmente aberta no campo, examinada para um estado em ciclos de normalmente ligado para desligado cinco vezes durante um ciclo de máquina. Como você avalia, pela observação do LED de estado, que a chave-limite está funcionando corretamente?
    b. Como você avalia, pela observação do dispositivo monitor de programação, que a chave-limite está funcionando corretamente?
    c. Como avalia, dizer pela observação dos LEDs de estado, se a chave-limite está travada na posição aberta?
    d. Como você avalia, pela observação do dispositivo monitor de programação, se a chave-limite está travada na posição aberta?
    e. Como você avalia, pela observação do LED de estados, se a chave-limite está travada na posição fechada?
    f. Como você avalia, pela observação do dispositivo monitor de programação, se a chave-limite está travada na posição fechada?
11. Considere que, antes de pôr um sistema de CLP em funcionamento, você queira verificar se cada *dispositivo de entrada* está conectado corretamente nos terminais de entrada e que o módulo de entrada, ou pontos, está funcionando corretamente. Faça um esboço do método para realizar este teste.
12. Considere que, antes de pôr um sistema de CLP em funcionamento, você queira verificar se cada *dispositivo de saída* está conectado corretamente nos terminais de saída e que o módulo de saída, ou pontos, está funcionando corretamente. Faça um esboço do método para realizar este teste.
13. Com relação ao programa ladder da Figura 13.35, adicione instruções para modificar o programa para garantir que a segunda bomba 2 não entre em funcionamento enquanto a bomba 1 estiver funcionando. Se esta condição ocorrer, o programa deve suspender o funcionamento e entrar com um código de identificação número 100, em S2:7.
14. Supõe-se que o programa da Figura 13.36 deve desligar de modo sequencial a PL1 por 5 segundos, e ligá-la por 10 segundos se a entrada *A* estiver fechada.
    a. Examine a lógica ladder e descreva como o circuito funcionaria como programado.
    b. Verifique o defeito no programa e identifique o que precisa ser modificado para que ele funcione corretamente.

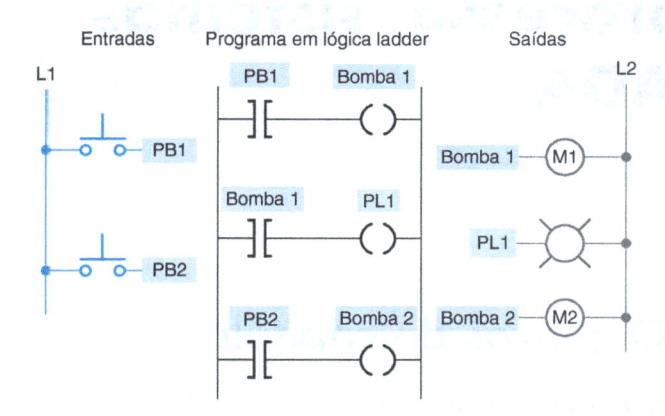

Figura 13.35 Programa para o Problema 13.

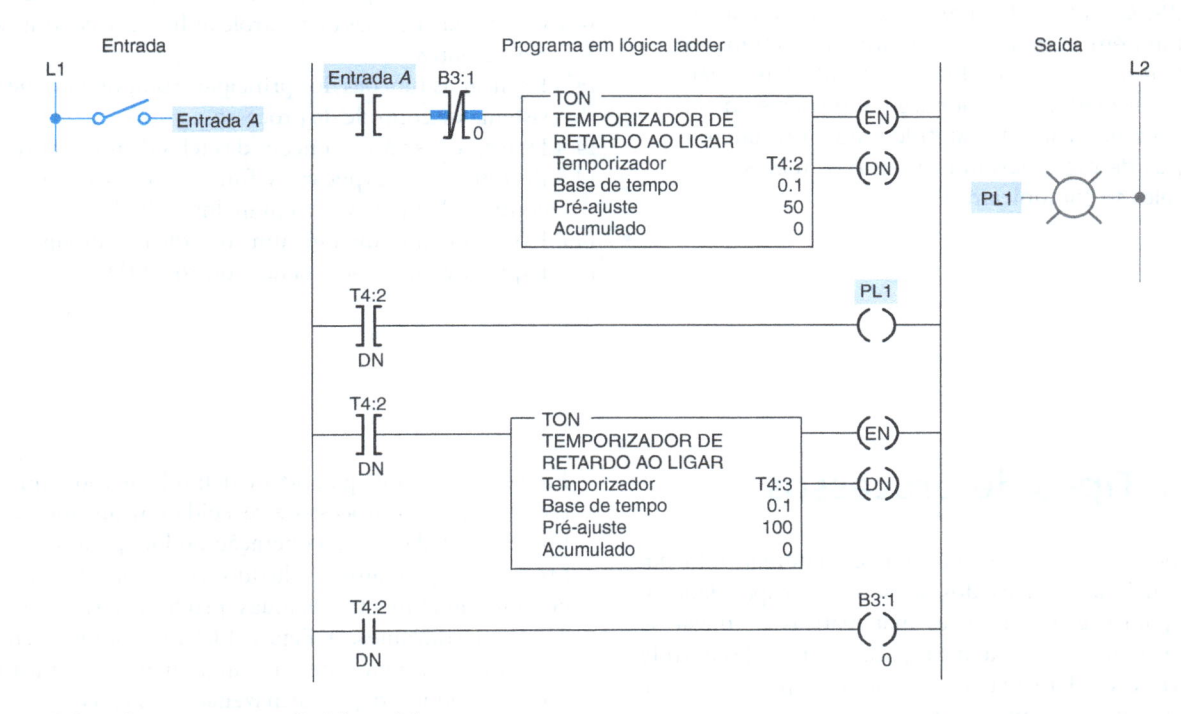

Figura 13.36 Programa para o Problema 14.

14 Controle de processo, sistemas de rede e SCADA

Este capítulo introduz os tipos de processos industriais que podem ser controlados por um CLP; o sistema SCADA é um desses tipos de processo. Diferentes tipos de sistemas de controle, por exemplo, os CLPs, são utilizados para processos complexos; mas também outros controladores que abrangem robôs, terminais de dados e computadores. Para estes controladores funcionarem juntos, eles precisam se comunicar. Este capítulo tratará dos diferentes tipos de processos industriais e os meios pelos quais eles se comunicam.

Objetivos do capítulo

Após o estudo deste capítulo, você será capaz de:

14.1 Discorrer sobre a operação de processo contínuo, produção de lotes e processos de fabricação discretos.
14.2 Comparar sistemas de controle individual, centralizado e distributivo.
14.3 Explicar as funções dos principais componentes de um sistema de controle de processo.
14.4 Descrever as várias funções das telas de uma IHM.
14.5 Reconhecer e explicar as funções dos elementos de controle de um sistema em malha fechada.
14.6 Explicar como funciona um controle liga/desliga.
14.7 Explicar como funciona um controle PID.

14.1 Tipos de processos

Controle de processo é um controle automatizado que trata sinais analógicos dos sensores. A capacidade de CLPs para executar funções matemáticas e utilizar sinais analógicos os torna ideais para esse tipo de controle. A fabricação é baseada em uma série de processos aplicados nas matérias-primas. Entre as aplicações típicas de sistemas de controle de processo podemos citar: linha de montagem de automóveis, produtos petroquímicos, refinaria de petróleo, geração de energia e processamento de alimentos.

Um *processo contínuo* é aquele em que as matérias-primas entram por um lado do sistema e saem como produtos acabados do outro lado; o processo em si é executado continuamente. A Figura 14.1 mostra um processo contínuo usado em uma linha de montagem de motores automotivos. As peças são montadas sequencialmente, em linha de montagem, por meio uma série de estações. As montagens e ajustes são executados por máquinas automatizadas e operações manuais.

No *processamento em lote*, não há movimento de material do produto de uma seção do processo para outra. Em vez disso, uma quantidade definida de cada uma das entradas para o processo é recebida em um lote, e depois é realizada alguma operação no lote para se obter o produto. Os produtos produzidos com o uso do processo em lote são alimentos, bebidas, produtos farmacêuticos, tintas e fertilizantes. A Figura 14.2 mostra um exemplo de um processo em lote. Três ingredientes são misturados, aquecidos e depois armazenados. As receitas são os pontos-chaves para uma produção em lote, e cada lote pode ter características diferentes pelo projeto.

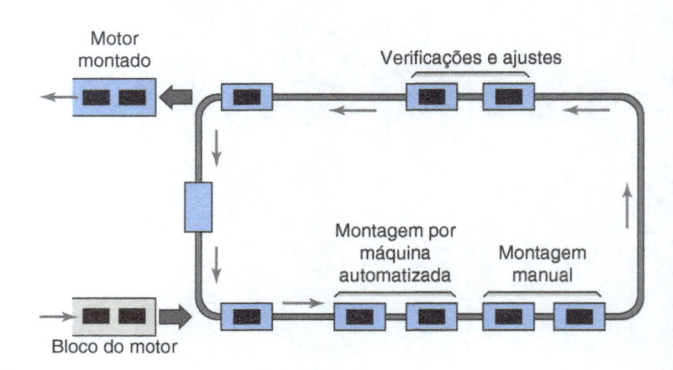

Figura 14.1 Processo contínuo.

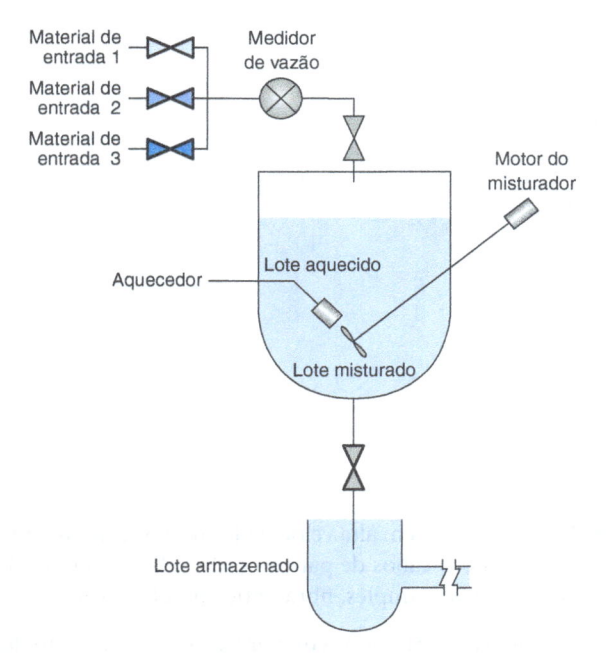

Figura 14.2 Processo em lote.

Figura 14.3 Fabricação discreta.
Fonte: Cortesia da Automation IG.

A *fabricação discreta* é caracterizada pela produção individual ou de unidade separada; e, com ela, uma série de operações resulta em um produto útil na saída. Os sistemas de fabricação discreta lidam com entradas digitais para o CLP que ativam os motores e dispositivos robóticos. Uma peça de trabalho normalmente é uma peça discreta que deve ser manuseada de modo individual – as execuções feitas no interior do carro, como mostra a Figura 14.3, são um exemplo de fabricação discreta.

Entre as configurações possíveis de controle temos: individual, centralizada e distribuída. O *controle individual* é usado para controlar uma máquina simples e não requer normalmente uma comunicação com outros controladores. A Figura 14.4 mostra uma aplicação de controle individual para uma operação de corte no sentido de comprimento. O operador insere uma medida de comprimento e uma contagem de lote pela interface do painel de controle e depois pressiona o botão de partida para iniciar o processo. As medidas de comprimento variam, de modo que o operador precisa selecionar o comprimento e a quantidade de peças a serem cortadas.

O *controle centralizado* é utilizado quando várias máquinas ou processos são controlados por controlador centralizado. O projeto desse controle utiliza um único sistema de controle de maior porte para controlar diversos processos de fabricação e operações, como mostra a Figura 14.5. As principais características do controle centralizado podem ser resumidas da seguinte maneira:

- Cada passo individual no processo de fabricação é realizado pelo controlador do sistema de controle centralizado.
- Nenhuma troca de estado ou dados são enviados para outros controladores.
- Se o controlador principal falhar, o processo para por completo.

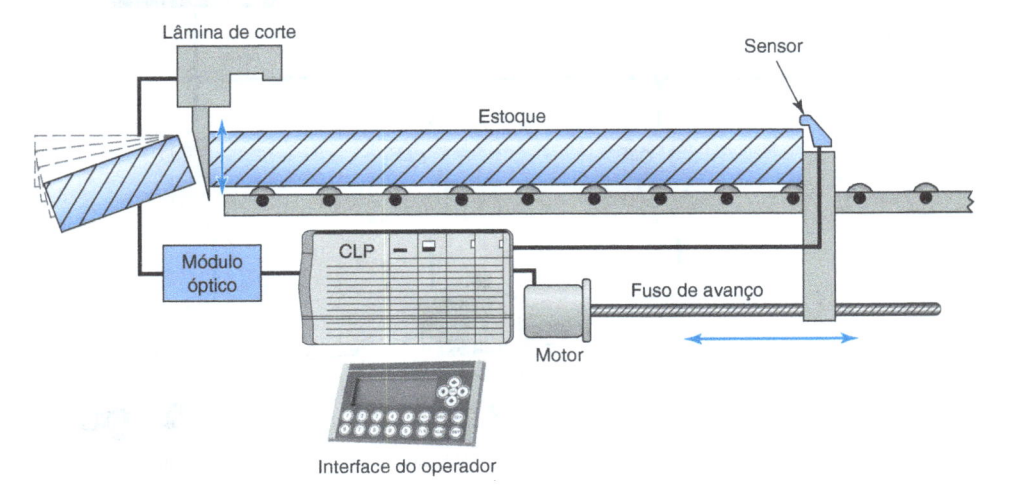

Figura 14.4 Controle individual.

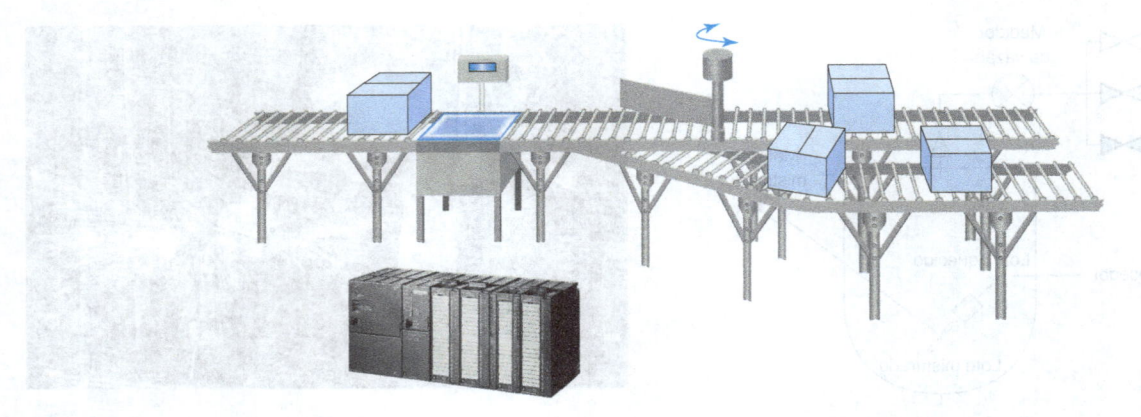

Figura 14.5 Controle centralizado.
Fonte: Cortesia da Siemens.

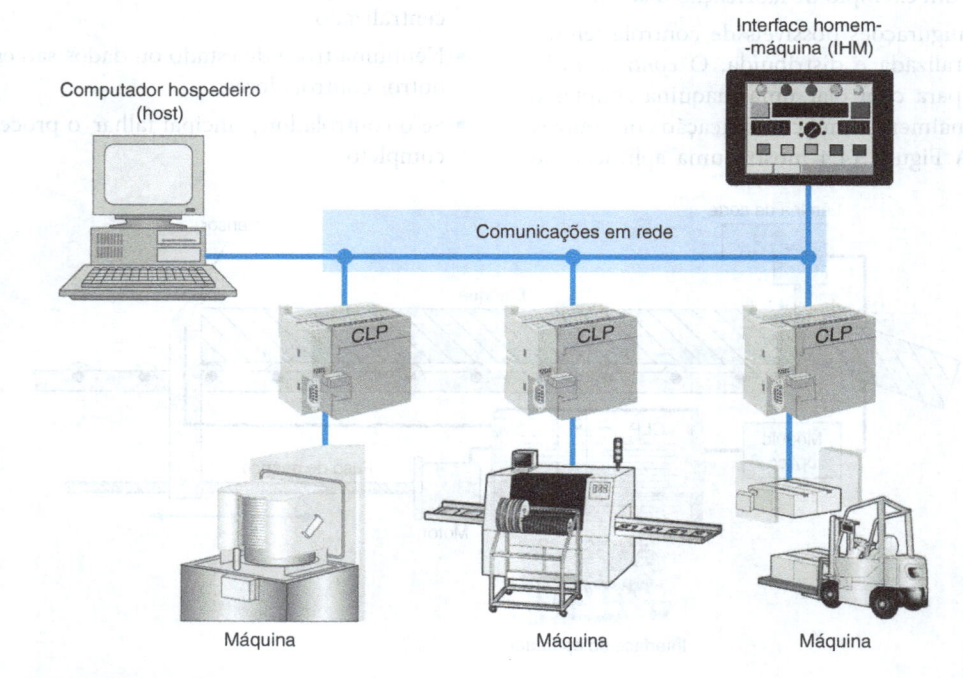

Um *sistema de controle distribuído* (DCS) é um sistema baseado em rede; ele envolve dois CLPs ou mais, que se comunicam uns com os outros para realizar a tarefa de controle por completo, como mostra a Figura 14.6. Cada um dos CLPs controla diferentes controles de processo no local; eles trocam informações constantemente por meio de um elo (link) de comunicação e relatam os estados do processo. As principais características de um sistema de controle distribuído podem ser resumidas da seguinte maneira:

- O controle distribuído permite a distribuição das tarefas de processamento entre vários controladores.
- Cada CLP controla sua máquina associada ou processo.
- A comunicação em alta velocidade entre os computadores é feita por cabos de par trançado CAT-5 ou CAT-6, cabos coaxiais simples, fibra óptica ou EtherNet.
- O controle distribuído reduz drasticamente a fiação de campo e melhora o desempenho, porque coloca o controlador e o módulo de E/S próximos do processo que está sendo controlado.
- Dependendo do processo, uma falha no CLP não para necessariamente o processo por completo.
- O DCS é supervisionado por um computador hospedeiro (host) que pode executar as funções de monitoramento e armazenagem, como geração de relatório e armazenagem de dados.

Figura 14.6 Sistema de controle distribuído (DCS).

14.2 Estrutura dos sistemas de controle

O controle de processo é aplicado normalmente na fabricação ou no processamento de produtos na indústria. No caso de um controlador programável, o processo ou máquina é operado e supervisionado sob controle do programa do usuário. Os componentes principais de um sistema de controle de processo são:

Sensores

- Fornece entrada de um processo e de um ambiente externo.
- Converte informações físicas, como pressão, temperatura, taxa de fluxo e posição em sinais elétricos.

Interface homem-máquina (IHM)

- Permite que o operador insira dados por meio dos vários tipos de chaves programadas, controles e teclados para estabelecer as condições de partida ou alterar o controle de um processo.

Condicionamento de sinal

- Envolve a conversão de sinais de entrada e de saída para serem utilizados de forma útil.
- É possível incluir técnicas de condicionamento de sinais, como amplificação, atenuação, filtragem, escala, conversores A/D e D/A.

Acionadores

- Converte os sinais elétricos do sistema de saída em ação física.
- Acionadores do processo que incluem válvulas de controle de fluxo, bombas, acionadores de posição, acionadores de velocidade variável e relés de potência.

Controlador

- Toma decisões do sistema baseado nos sinais de entrada.
- Gera sinais de saída que operam os acionadores para executar as decisões.

O equipamento *interface homem-máquina* (IHM) fornece um controle e uma interface de visualização entre um operador e um processo (Figura 14.7). As IHMs permitem ao operador controlar, monitorar, diagnosticar e gerenciar as aplicações. Dependendo das necessidades e da complexidade do processo, o operador pode ser requisitado para:

- Parar e iniciar processos.
- Operar os controles e fazer os ajustes necessários para o processo e monitorar seu progresso.
- Detectar situações anormais e executar as ações de correção.

Terminais com IHM gráfica oferecem uma interface eletrônica com uma ampla variedade de tamanho e configurações. Eles substituem os painéis com fiações com um monitor sensível ao toque (touch-screen) com representações gráficas de chaves e indicadores. Os tipos de monitores gráficos são os seguintes:

Resumo operacional – utilizado para monitorar o processo.

Configuração/ajustes (set-up) – de natureza de texto usada para detalhar os parâmetros do processo.

Resumo de alarme – fornece uma lista das horas marcadas para o alarme.

Histórico dos eventos – apresenta uma lista das horas marcadas de todos os eventos significantes ocorridos no processo.

Tendência de valores – mostra informações sobre as variáveis do processo, como vazão, temperatura e taxa de produção em um determinado período de tempo.

Controle manual – geralmente disponível apenas para os técnicos de manutenção, esse controle permite desviar as partes do sistema de controle automático.

Diagnóstico – usado pelos técnicos de manutenção para diagnosticar falhas no equipamento.

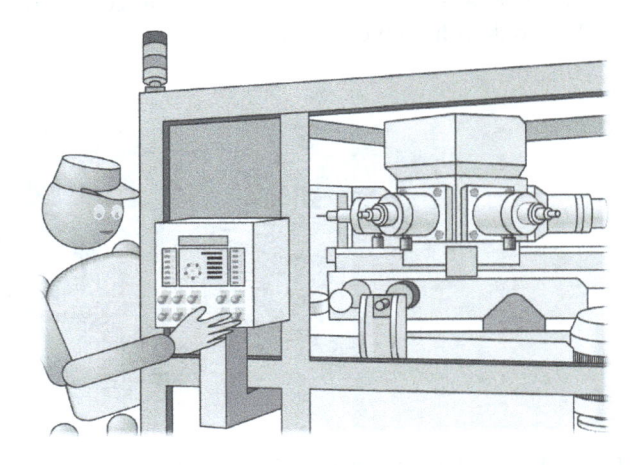

Figura 14.7 Interface homem-máquina (IHM).

Os terminais gráficos vêm com um pacote completo que inclui equipamento, programa (software) e comunicações. A Figura 14.8 mostra a família de terminais gráficos PanelView, da Allen-Bradley. A configuração varia de acordo com o fornecedor. Em geral, a tarefa necessária para projetar uma aplicação com IHM inclui:

- Estabelecer um elo ou vínculo (link) de comunicação com os CLPs.
- Criar o banco de dados de endereços de etiquetas.
- Editar e criar objetos gráficos na tela.
- Animar os objetos.

Grande parte dos sistemas de controle é em malha fechada, que utiliza uma realimentação (*feedback*) em que a saída de um processo afeta o sinal de controle da entrada. Um sistema de controle em malha fechada mede a saída atual do processo e a compara com a saída desejada. Os ajustes são feitos continuamente pelo sistema de controle até que a diferença entre a saída desejada e a atual fique dentro de uma tolerância predeterminada.

A Figura 14.9 mostra um exemplo desse sistema. A saída atual é detectada e realimentada para ser subtraída do valor pré-ajustado (set-point) da entrada que indica qual saída é a desejada. Se ocorrer uma diferença, um sinal para o controlador faz que ele atue para mudar a saída atual até que a diferença seja 0. O funcionamento das partes do componente é o seguinte:

Valor pré-ajustado (set-point) – A entrada que determina o ponto de operação do processo desejado.

Variáveis de processo – Referem-se ao sinal de realimentação que contém a informação sobre o estado corrente do processo.

Amplificador de erro – Determina se o funcionamento do processo está de acordo com o valor pré-ajustado (set-point). A magnitude e a polaridade do sinal de erro determinarão como o processo será levado de volta sob controle.

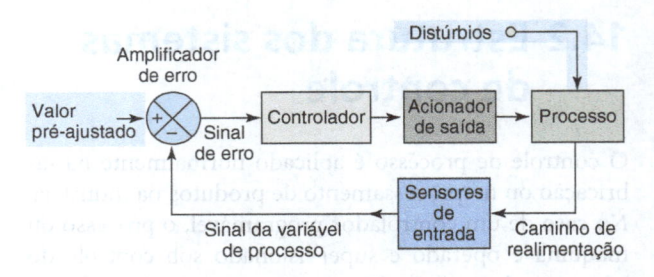

Figura 14.9 Sistema de controle em malha fechada.

Controlador – Produz o sinal de saída corretivo apropriado com base no sinal de erro de entrada.

Acionador de saída – O componente que afeta diretamente uma mudança no processo. Exemplos são: motores, aquecedores, ventiladores e solenoides.

O processo mostrado na Figura 14.10 é um exemplo de um controle de processo em malha fechada contínuo usado para encher caixas de recipientes com um peso específico de detergente. Uma caixa vazia é movimentada para a posição e o enchimento é iniciado; o peso da caixa e do conteúdo é monitorado; quando o peso atual se igualar ao peso desejado, o enchimento para.

O funcionamento e os diagramas de blocos para o processo de enchimento dos recipientes são mostrados na Figura 14.11, e o funcionamento do processo pode ser resumido da seguinte maneira:

- Um sensor ligado a uma escala para a pesagem do recipiente gera um sinal de tensão ou código digital que representa o peso do recipiente e o conteúdo.
- O sinal do sensor é subtraído de um sinal de tensão ou código digital que foi estabelecido para representar o peso desejado.
- Enquanto a diferença entre os sinais de entrada e de realimentação for maior que 0, o controlador manterá a porta do solenoide aberta.

Figura 14.8 Terminais gráficos PanelView.
Fonte: Imagem usada com a permissão da Rockwell Automation, Inc.

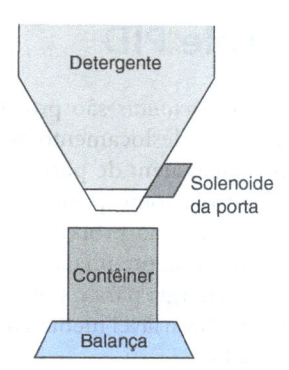

Figura 14.10 Processo de enchimento de contêiner.

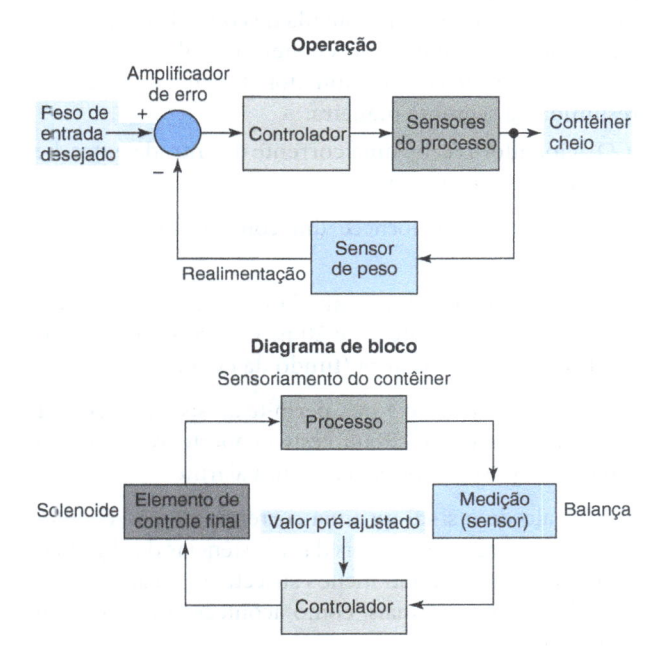

Figura 14.11 Funcionamento e diagramas de blocos para o processo de enchimento dos recipientes.

- Quando a diferença chegar a 0, o controlador dá um sinal de saída que fecha a porta.

Virtualmente, todas as realimentações dos controladores determinam suas saídas pela observação do erro entre o valor pré-ajustado (set-point) e a medição da variável de processo. Podem ocorrer erros quando um operador modifica o valor pré-ajustado ou quando uma alteração ou uma carga no processo troca a variável de processo. A função do controlador é eliminar o erro automaticamente.

14.3 Controle liga/desliga

Com *controladores liga/desliga*, o elemento final de controle é ligado ou desligado – um para quando o valor da variável medida for acima do valor pré-ajustado, e o outro para quando for abaixo do valor pré-ajustado. O controlador nunca manterá o elemento final de controle na posição intermediária. O controle da atividade é obtido pela ação cíclica do período de liga/desliga.

A Figura 14.12 mostra um sistema de controle liga/desliga em que um líquido é aquecido por vapor. O funcionamento do processo pode ser resumido da seguinte maneira:

- Se a temperatura do líquido cair abaixo do valor pré-ajustado, a válvula do vapor abrirá e o vapor será ligado.

- Quando a temperatura do líquido subir acima do valor pré-ajustado, a válvula do vapor fechará e o vapor será desligado.

- O ciclo de liga/desliga continua enquanto o sistema estiver funcionando.

A Figura 14.13 mostra a resposta do controle para um controlador de temperatura liga/desliga. A ação da resposta do controle pode ser resumida da seguinte maneira:

- A saída liga quando a temperatura cair abaixo do valor pré-ajustado e desliga quando a temperatura atingir o valor pré-ajustado.

- O controle é simples, mas ultrapassagem e deslocamentos cíclicos podem ser desvantajosos em alguns processos.

- A variável medida oscilará em torno do valor pré-ajustado em uma amplitude e frequência que dependem da capacidade e do tempo de resposta do processo.

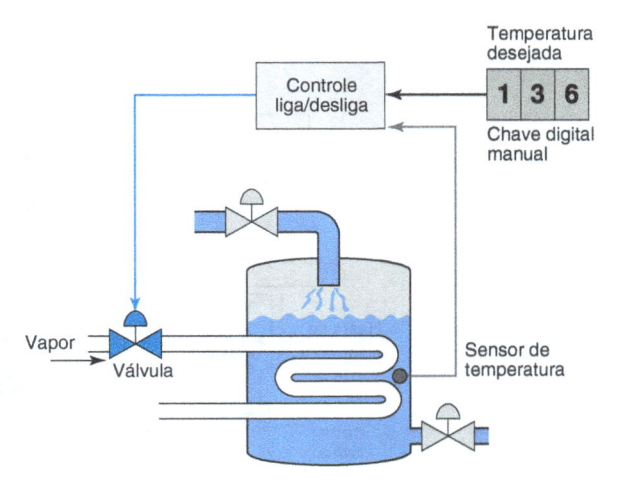

Figura 14.12 Sistema de aquecimento de líquido com controle liga/desliga.

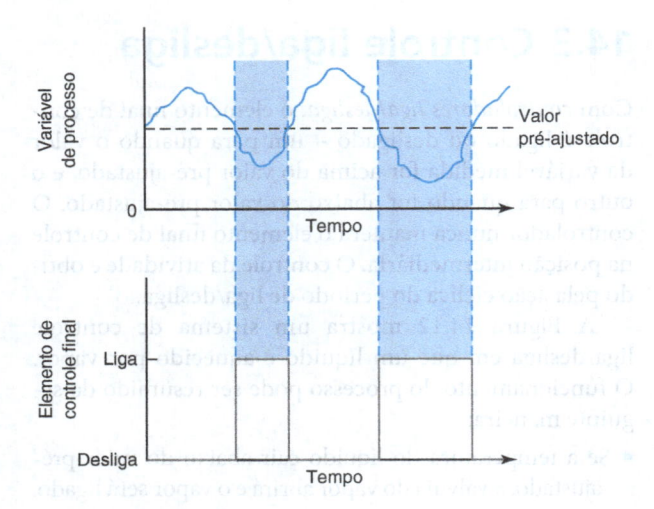

Figura 14.13 Resposta do controle liga/desliga.

- As oscilações podem ser reduzidas em amplitude com o aumento da sensibilidade do controlador. Esse aumento fará o controlador ligar e desligar com mais frequência, o que possivelmente é um resultado indesejado.

- O controle liga/desliga é usado quando não há necessidade de um controle preciso.

Uma *banda morta* do controlador é geralmente estabelecida em torno do valor pré-ajustado; ela é geralmente um valor ajustável que determina a faixa de erro acima ou abaixo do valor pré-ajustado que não produzirá uma saída enquanto a variável de processo estiver dentro do limite ajustado. A inclusão de uma banda morta elimina qualquer oscilação pelo dispositivo de controle em torno do valor pré-ajustado. Oscilações ocorrem quando ajustes menores da posição controlada são feitos continuamente devido a flutuações menores.

14.4 Controle PID

Os *controladores proporcionais* são projetados para eliminar a oscilação ou o deslocamento cíclico associado ao controle liga/desliga, além de permitirem que o elemento final de controle tome posições intermediárias entre liga/desliga. Uma ação proporcional permite um *controle analógico* do elemento final de controle para variar a quantidade de energia para o processo, dependendo de quanto o valor da variável medida foi deslocado do seu valor pré-ajustado.

Um controlador proporcional permite um controle mais próximo da variável de processo, porque sua saída pode ter qualquer valor entre totalmente ligado ou totalmente desligado, dependendo da magnitude do sinal de erro. A Figura 14.14 mostra um exemplo de um motor acionado por uma válvula de controle proporcional analógico usada como elemento final de controle. A ação do controle do acionador da válvula pode ser resumida da seguinte maneira:

- O acionador recebe uma corrente de entrada entre 4 e 20 mA do controlador.

- Em resposta, ele fornece um controle linear para a válvula.

- Um valor de 4 mA na válvula corresponde ao valor mínimo (geralmente 0), e 20 mA corresponde ao valor máximo de abertura (fundo da escala).

- O limite inferior de 4 mA permite ao sistema detectar uma abertura. Se o circuito estiver aberto, resultará em 0 mA, e o sistema poderá soar um alarme.

- Pelo fato de o sinal ser uma corrente, ele não é afetado por variações razoáveis das resistências das ligações dos condutores, e são menos suscetíveis à captação de ruídos de outros sinais, como acontece com um sinal em tensão.

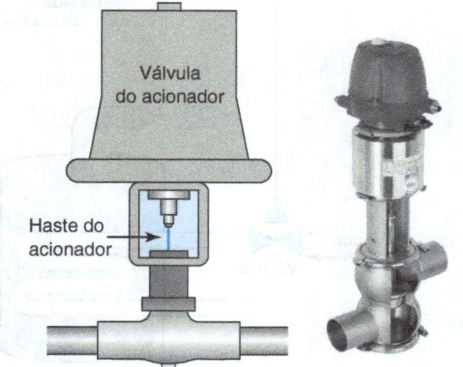

Corrente do acionador (mA)	Resposta da válvula (% de abertura)
4	0
6	12,5
8	25
10	37,5
12	50
14	62,5
16	75
18	87,5
20	100

Figura 14.14 Motor acionado por uma válvula com controle proporcional analógico.
Fonte: Cortesia da GEA Tuchenhagen.

Uma ação proporcional pode ser obtida também pelo chaveamento (liga/desliga) de um elemento final de controle com intervalos curtos de tempo. Essa *proporcionalidade no tempo*, conhecida como *modulação por largura de pulso*, varia a taxa de tempo do chaveamento (liga/desliga). A Figura 14.15 mostra um exemplo de uma ação de proporcionalidade usada para produzir uma potência variável no elemento aquecedor de 200 watts, como:

- Para produzir 100 watts, o aquecedor deverá ficar ligado 50% do tempo.
- Para produzir 50 watts, o aquecedor deverá ficar ligado 25% do tempo.
- Para produzir 100 watts, o aquecedor deverá ficar ligado 12,5% do tempo.

A ação de proporcionalidade ocorre dentro de uma banda proporcional em torno do valor pré-ajustado. A tabela da Figura 14.16 é um exemplo de banda proporcional para uma aplicação de aquecimento com um valor pré-ajustado de 260 °C (500 °F), e uma banda proporcional de 26,67 °C (80 °F) (±40 °F). A ação de proporcionalidade pode ser resumida da seguinte maneira:

- A banda proporcional de saída, as funções do controlador como uma unidade liga/desliga, com a saída totalmente ligada (banda inferior) ou totalmente desligada (banda superior).
- Dentro da banda proporcional, a saída é ligada e desligada na proporção da diferença da medição do valor pré-ajustado.
- No valor pré-ajustado (no ponto médio da banda proporcional), a proporção liga:desliga na saída é 1:1; isto é, os tempos de liga e desliga são iguais.
- Se a temperatura for maior que o valor pré-ajustado, o tempo liga/desliga variará na proporção da diferença da temperatura.

Tempo proporcional				4 a 20 mA proporcional	
% Ligado	Tempo ligado (segundos)	Tempo desligado (segundos)	Temp. (°F)	Nível de saída	% Saída
0,0	0,0	20,0	acima de 540	4 mA	0,0
0,0	0,0	20,0	540,0	4 mA	0,0
12,5	2,5	17,5	530,0	6 mA	12,5
25,0	5,0	15,0	520,0	8 mA	25,0
37,5	7,5	12,5	510,0	10 mA	37,5
50,0	10,0	10,0	500,0	12 mA	50,0
62,5	12,5	7,5	490,0	14 mA	62,5
75,0	15,0	5,0	480,0	16 mA	75,0
87,5	17,5	2,5	470,0	18 mA	87,5
100,0	20,0	0,0	460,0	20 mA	100,0
100,0	20,0	0,0	abaixo de 460	20 mA	100,0

Figura 14.16 Banda proporcional para uma aplicação de aquecimento.

- Se a temperatura for menor que o valor pré-ajustado, a saída não será ligada; se a temperatura for muito alta, a saída será desligada por um tempo maior.

Teoricamente, um controlador proporcional seria tudo que se precisa para o controle do processo. Se houver qualquer variação no sistema, a saída é corrigida por uma variação apropriada na saída do controlador. Infelizmente, a operação de um controlador proporcional leva a um erro de estado estável conhecido como sinal de *desvio* (offset), ou *estabilidade* (droop). Esse erro de estado estável ou em regime permanente é a diferença entre o valor obtido do controlador e o valor pré-ajustado que resulta em um sinal de desvio (offset), como mostra a Figura 14.17. Dependendo da aplicação do CLP, este desvio (offset) pode ser aceitável ou não.

O processo da Figura 14.18 mostra que efeito pode ter um erro de desvio (offset) em um controle proporcional no funcionamento de enchimento de tanque. Ele pode precisar de um operador para fazer um pequeno ajuste (reinício manual), a fim de trazer a variável do controlador para o valor pré-ajustado, ou se as condições do processo mudarem significativamente. O seu funcionamento pode ser resumido como segue:

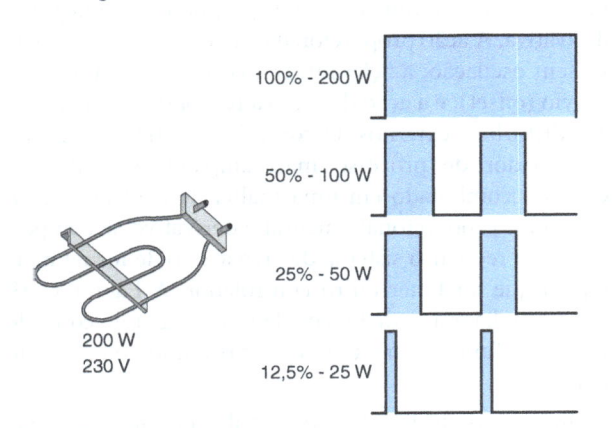

Figura 14.15 Tempo proporcional de aplicação de energia para um elemento de aquecimento.

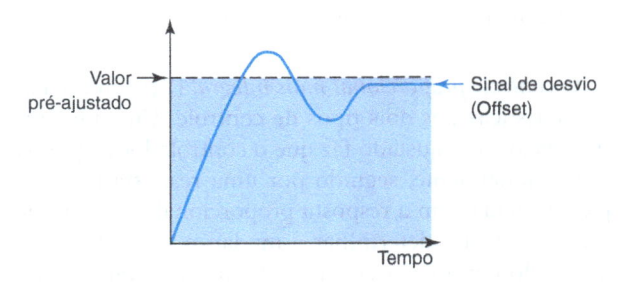

Figura 14.17 Erro no estado estável do controle proporcional.

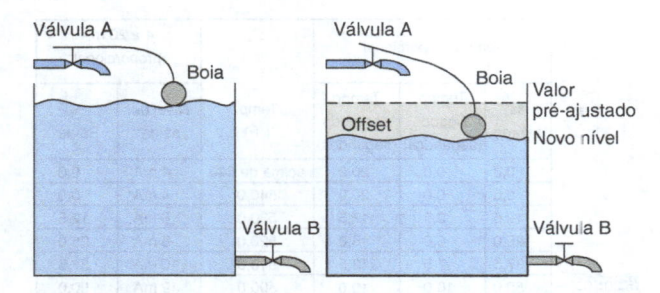

Figura 14.18 Operação de um controle proporcional para enchimento de tanque.

- Quando a válvula B for aberta, o líquido sairá, e o nível no tanque diminuirá.
- Isto faz que a boia abaixe, abrindo a válvula A, permitindo que entre mais líquido.
- Este processo continua até que o nível caia para um ponto em que a boia desça o suficiente para abrir a válvula A, permitindo assim que o fluxo de entrada seja o mesmo da saída.
- Em virtude do erro de desvio, o nível será estabilizado em um novo nível abaixo, que não é o valor pré-ajustado.

O controle proporcional é sempre utilizado em conjunto com um controle integral e/ou controle derivativo.

- A *ação integral*, algumas vezes chamada de ação de taxa integral (reset), responde ao tamanho e ao tempo do sinal de erro. Existe um sinal de erro quando há uma diferença entre a variável de processo e o valor pré-ajustado, de modo que a ação integral faz que a saída mude, e continue a mudar, até que não exista mais erro. A ação integral elimina o erro de desvio, e a quantidade de ação integral é medida como minutos por repetição ou repetição por minuto, que é a relação entre variações e tempo.
- A *ação derivativa* responde com a velocidade do sinal de erro – isto é, quanto maior o sinal de erro, maior será o rendimento da correção na saída. A ação derivativa é medida em termos do tempo.

O *controle proporcional mais integral* (PI) combina as características dos dois tipos de controle. Uma mudança no valor pré-ajustado faz que o controlador responda proporcionalmente, seguido por uma resposta integral, que é somada com a resposta proporcional. Pelo fato de o modo integral determinar a mudança na saída como função do tempo, a ação integral é mais encontrada no controle; é o que muda a saída mais rapidamente. Esta ação pode ser resumida da seguinte maneira:

- Para eliminar o erro de desvio (offset), o controlador precisa mudar sua saída até que o erro da variável de processo seja zero.
- Redefinir a ação do controle integral faz a saída mudar por uma quantidade necessária para acionar a variável de processo de volta ao valor pré-ajustado.
- O novo ponto de equilíbrio, após a ação de redefinir, é no ponto "C".
- Visto que o controlador proporcional deve operar sempre na sua banda proporcional, esta deve ser deslocada para incluir o novo ponto "C".
- Um controlador com redefinição do controle integral faz isso automaticamente.

A taxa de ação (controle derivativo) age sobre o sinal de erro do mesmo modo que a redefinição faz, mas aquela é uma função da taxa de variação, em vez da magnitude do erro. A taxa de ação é aplicada como uma mudança na saída para um intervalo de tempo selecionável, geralmente indicado em minutos. A taxa de mudança induzida na saída do controlador é calculada pela derivada do erro. As mudanças na entrada, em vez de um controle proporcional à mudança do erro, são utilizadas para melhorar a resposta. A taxa da ação posiciona rapidamente a saída, enquanto a ação proporcional sozinha eventualmente posicionaria a saída. De fato, a taxa de ação coloca freios em qualquer desvio ou erro pelo deslocamento rápido da banda proporcional.

O *controle proporcional mais derivativo* (PD) é utilizado nos sistemas de controle de processo onde os erros mudam muito rápido. Pela adição de controle derivativo ao controle proporcional, obtém-se um controlador de saída que responde às taxas de erro assim como sua magnitude.

O *controle PID* é um método de controle com realimentação que combina as ações proporcional, integral e derivativa. A ação proporcional fornece um controle suave sem oscilação; a ação integral corrige rapidamente o desvio (offset); e a ação derivativa responde rapidamente aos distúrbios externos. O controlador PID é o tipo de controlador de processo mais amplamente utilizado. Quando combinado em uma malha de controle única, os modos proporcional, integral e derivativo se completam para reduzir o sistema de erro a zero de forma mais rápida que qualquer outro controlador. A Figura 14.19 mostra o diagrama de blocos de uma malha de controle PID, cujo funcionamento pode ser resumido da seguinte maneira:

- Durante os ajustes (set-up), o valor pré-ajustado (set-point), a banda proporcional, a taxa de integração, a taxa derivativa e os limites da saída são especificados.

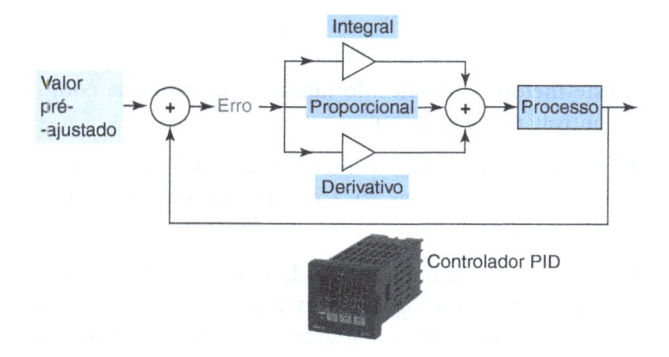

Figura 14.19 Malha de controle PID.

- Todos eles podem ser mudados durante o funcionamento para ajustar o processo.
- O termo integral melhora a precisão, e o derivativo reduz as ultrapassagens dos transtornos do transiente.
- A saída pode ser utilizada para controlar as posições de válvulas, temperatura, medição de fluxo e outros.
- O controle PID permite variar o nível de potência na saída.
- Como um exemplo, considere que um forno é ajustado para 50 ºC.
- A potência do aquecedor aumentará se a temperatura cair abaixo do valor pré-ajustado de 50 ºC.
- Quanto mais baixa a temperatura, maior será o valor da potência.
- O controle PID tem o efeito de ligar a alimentação suavemente quando o sinal se aproxima do valor pré-ajustado.

A operação em longo prazo de qualquer sistema, de grande ou pequeno porte, requer um balanço de energia e massa entre a entrada e a saída. Se um processo fosse operado no equilíbrio o tempo todo, o controle seria simples. Pelo fato de ocorrerem mudanças, o parâmetro crucial no controle de processo é o tempo; ou seja, quanto tempo ele leva para uma mudança em qualquer entrada aparecer na saída. As constantes de tempo do sistema podem variar de frações de segundo a várias horas. Porém, o controlador PID tem a capacidade de ajustar suas ações de controle para constantes de tempo de processos específicos e, portanto, lidar com as mudanças do processo ao longo do tempo. O controle PID muda o valor na saída de modo *matematicamente* especificado, que leva em consideração o valor do erro e a taxa do sinal da mudança.

Os controladores programáveis podem ser equipados com módulos de entrada/saída que produzem um controle PID, ou eles já possuem funções matemáticas suficientes para permitir que esse controle seja executado. PID é essencialmente uma equação que o controlador usa para avaliar a variável controlada. A Figura 14.20 mostra como um controlador lógico programável pode ser usado no controle de uma malha PID. A operação da malha PID pode ser resumida da seguinte maneira:

- A variável de processo (pressão) é medida, e a realimentação é gerada.
- O programa do CLP compara a realimentação com o valor pré-ajustado e gera um sinal de erro.
- O erro é examinado pelo cálculo da malha PID de três modos: com a metodologia proporcional, integral e derivativa.
- O controlador envia uma saída para corrigir qualquer medida de erro pelo ajuste da posição da válvula variável da vazão saída.

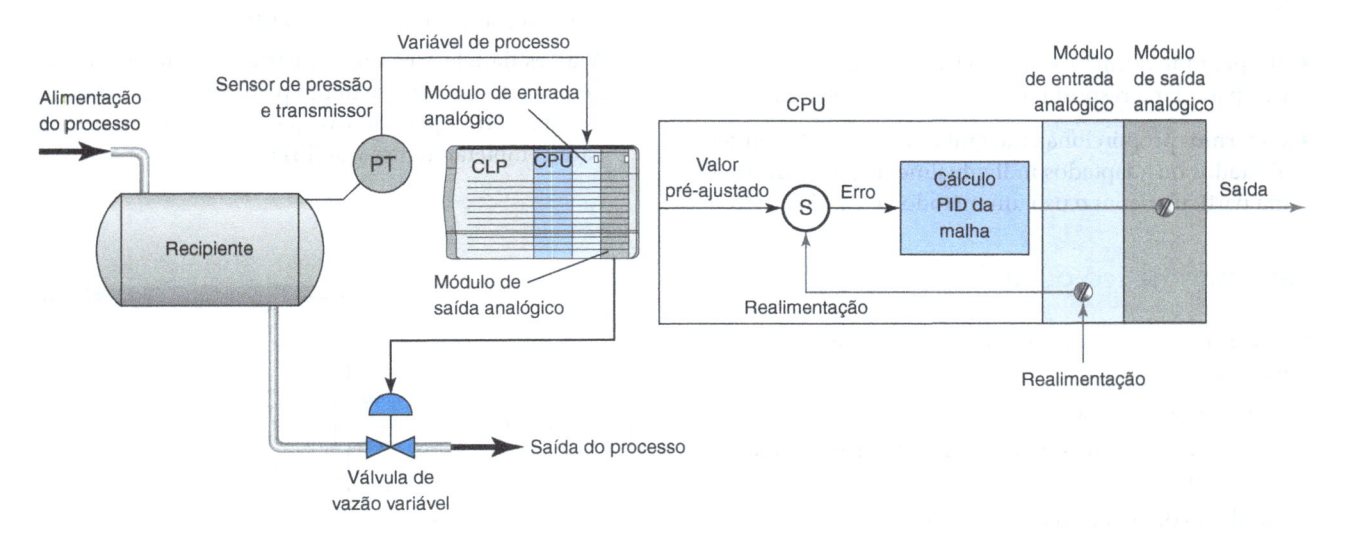

Figura 14.20 Controle do CLP de uma malha PID.

A *resposta* de uma malha PID é uma taxa que compensa os erros pelos ajustes na saída, e essa malha é ajustada pela mudança do ganho proporcional, ganho integral e/ou ganho derivativo. Ela é normalmente testada com uma mudança abrupta no valor pré-ajustado e com a observação da taxa de resposta do controlador. Os ajustes podem ser feitos como segue:

- Com o aumento do ganho proporcional, o controlador responde mais rapidamente.
- Se o ganho proporcional for muito alto, o controlador poderá ficar instável e oscilar.
- O ganho integral age como um estabilizador e fornece também uma energia, mesmo se o erro for zero; por exemplo, mesmo quando um forno alcançou seu valor pré-ajustado, ele ainda necessita de energia para continuar quente.
- Sem esta base de energia, o controlador diminui e oscila no valor pré-ajustado.
- O ganho derivativo age como um antecipador e é utilizado para desacelerar o controlador quando a mudança for muito rápida.

Basicamente, o ajuste do controlador PID consiste na determinação dos valores apropriados para o ganho (da banda proporcional), para a taxa (derivativa) e para o tempo da taxa de integração dos parâmetros de ajustes (constantes do controle), que resultarão no controle desejado. Dependendo das características do desvio da variável de processo do valor pré-ajustado, os parâmetros de ajuste interagem para alterar a saída do controlador e produzir mudanças no valor da variável de processo. Em geral, são utilizados três métodos:

Manual

- O operador estima os parâmetros de ajustes necessários para dar a resposta desejada do controlador.
- Os termos proporcional, integral e derivativo devem ser ajustados ou adaptados individualmente para um sistema particular com o uso um método de ensaio e erro.

Semiautomático ou autoajustado

- O controlador cuida dos cálculos e ajustes dos parâmetros PID.
  - Sensor de medida da saída;
  - Cálculo do erro, soma do erro, taxa de mudança do erro;
  - Cálculo da potência desejada com equações PID;
  - Atualização da saída do controle.

Totalmente automático ou inteligente

- Este método é conhecido também na indústria como controle com lógica Fuzzy.
- O controlador utiliza a inteligência artificial para reajustar os parâmetros PID continuamente de acordo com a necessidade.
- Em vez de calcular uma saída com uma fórmula, o controlador com lógica Fuzzy avalia as regras. O primeiro passo é aplicar a lógica Fuzzy no erro e alterar no erro de variáveis contínuas em variáveis linguísticas, como "negativo grande" ou "positivo pequeno". Simples, se em seguida as regras forem avaliadas para desenvolver uma saída. A saída resultante deve ser desfeita da lógica Fuzzy em uma variável contínua tal como a posição da válvula.

A instrução de saída PID do controlador programável usa um controle em malha fechada para controlar automaticamente as propriedades físicas como temperatura, pressão, nível de líquidos ou taxa de vazão das malhas do processo. A Figura 14.21 mostra a instrução de saída PID e os ajustes da tela associados ao conjunto de instrução do SLC 500, da Allen-Bradley. A instrução PID é direta: ela toma uma entrada e controla uma saída; e, normalmente, é colocada em um degrau sem lógica condicional. A saída permanece em seu último valor quando o degrau for falso. Um resumo da informação básica que entra na instrução é o seguinte:

Bloco de controle – Os arquivos que armazenam os dados são necessários para operar a instrução.

Variável de processo – O endereço do elemento que armazena o valor da entrada do processo.

Variável de controle – O endereço do elemento que armazena a saída da instrução PID.

Ajustes da tela (set-up) – Instruções com as quais é possível dar um clique duplo para abrir uma tela que solicita outros parâmetros que devem ser inseridos para completar a instrução PID.

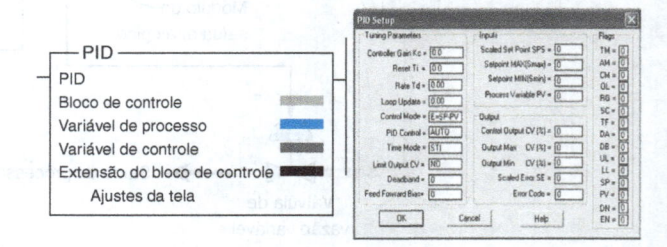

Figura 14.21 Instrução de saída PID e tela de ajuste.

14.5 Controle de movimento

Um sistema de controle de movimento fornece um posicionamento preciso, velocidade e controle de torque para uma extensa faixa de aplicações de movimento. Os CLPs são idealmente adequados para aplicações de controle de movimentos linear e rotativo. As máquinas para *pegar e colocar* (*pick and place*), que levam os produtos de um ponto ao outro, são utilizadas na indústria de produtos de consumo para uma grande variedade de aplicações de transferência de produto. A Figura 14.22 mostra um exemplo de transferência de um produto para movimentar uma esteira transportadora.

Um CLP básico para sistema de controle de movimento consiste em um controlador, um módulo de movimento, um servoacionador (servodrive), um motor ou mais, com codificadores (encoders) e o maquinário a ser controlado. Cada motor controlado pelo sistema é referido como um eixo de movimento. A Figura 14.23 mostra um controle de processo para enchimento de garrafas em movimento, aplicação esta que requer o movimento de dois eixos: um motor que acione o mecanismo de enchimento das garrafas e outro que controle a velocidade da esteira. A função de cada componente do controle pode ser resumida da seguinte maneira:

Controlador lógico programável

- O controlador armazena e executa o programa do usuário que controla o processo.
- Este programa inclui as instruções de movimento que controlam o movimento dos eixos.

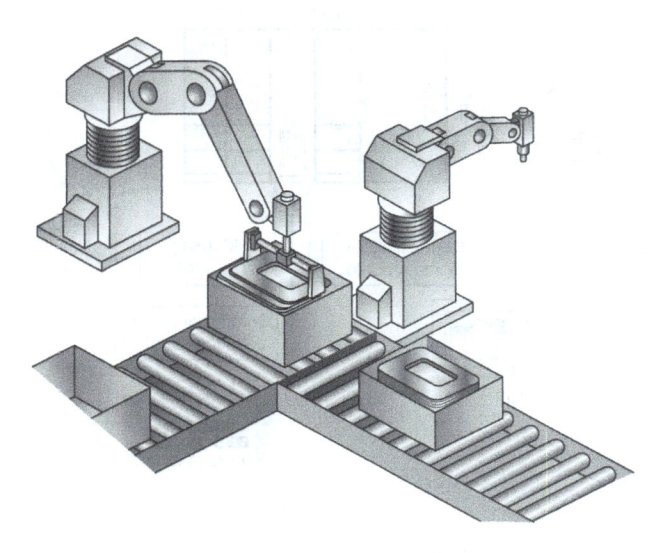

Figura 14.22 Máquina para pegar e colocar (pick and place).

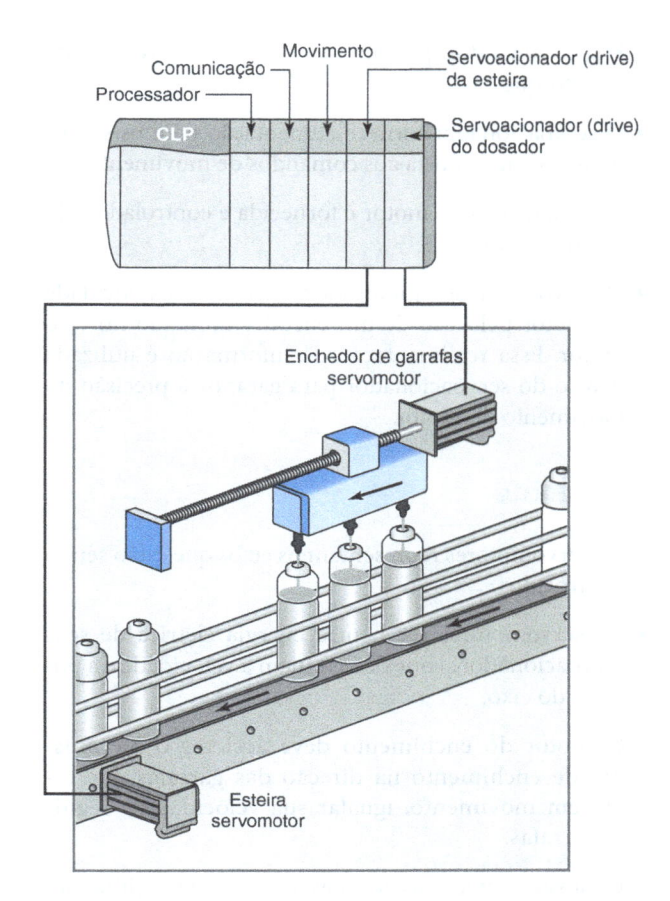

Figura 14.23 Controle de processo para enchimento de garrafas em movimento.

- Quando o controlador encontra uma instrução de movimento, ele calcula os comandos de movimentos para o eixo.
- Um comando de movimento representa a posição, velocidade ou torque desejados do servomotor em um tempo determinado de realização dos cálculos.

Módulo de movimento

- O módulo de movimento recebe os comandos de movimento para o controlador e os transforma em forma compatível para que o servoacionador possa entender.
- Além disso, ele atualiza a informação do controlador com motor e acionador utilizado para monitorar a execução do acionador e do motor.

Servoacionador

- O servoacionador recebe o sinal fornecido pelo módulo de movimento e o traduz em comandos para o servomotor.

- Esses comandos podem incluir posição, velocidade e/ou torque.
- O servoacionador fornece alimentação para os servomotores em resposta aos comandos de movimento.
- A alimentação do motor é fornecida e controlada pelo servoacionador.
- O servoacionador monitora a posição e a velocidade do motor pelo uso de um encoder montado no eixo motor. Essa realimentação da informação é utilizada dentro do servoacionador para garantir a precisão do movimento do motor.

Servomotor

- Os servomotores representam os eixos que estão sendo controlados.
- Os servomotores recebem a energia elétrica de seus servoacionadores que determinam a velocidade e a posição do eixo.
- O motor do enchimento deve acelerar o mecanismo de enchimento na direção das garrafas que estão em movimento, igualar sua velocidade e seguir as garrafas.
- Uma vez enchidas as garrafas, o motor de enchimento deve parar e inverter o sentido para retornar o mecanismo de enchimento para a posição de repouso, para que o processo seja reiniciado.

Um robô é simplesmente uma série de articulações mecânicas acionadas por servomotores. Um robô industrial básico muito utilizado atualmente é o *braço de robô* ou *robô manipulador* que move para executar operações industriais. A Figura 14.24 mostra o movimento de um braço de robô com seis eixos, sendo que cada um deles é fundamentalmente um sistema de controle de servos em malha fechada. O pulso é o nome dado às três últimas junções do braço do robô; ao longo do braço, as três junções dos pulsos são conhecidas como *junta pitch*, *junta yaw* e *junta roll*. Existem dois tipos de ajustes do controlador que podem ser utilizados para controlar um robô industrial: CLP e sistema baseado em CP. Dependendo da dificuldade das tarefas que o sistema robótico executará, pode ser preciso um CLP ou apenas um controlador de robô.

14.6 Comunicações de dados

As *comunicações de dados* referem-se aos diferentes modos que os CLPs baseados em sistemas de microprocessadores se comunicam entre si e com outros dispositivos. Os dois tipos gerais de elos (link) de comunicações que podem ser estabelecidos entre o CLP e outros dispositivos são links ponto a ponto e links de rede. A Figura 14.25 mostra um elo (link) de comunicação serial *ponto a ponto*. Esse tipo de comunicação é utilizado com dispositivos como impressoras, estações de trabalho (workstation), acionadores de motor, leitores de códigos de barra, computadores ou outro CLP. Suas interfaces são montadas no módulo processador ou podem vir em módulos separados. Um módulo serial instalado em cada controlador normalmente é suficiente para que dois CLPs do mesmo fabricante estabeleçam um link ponto a ponto.

À medida que os sistemas tornam-se mais complexos, requerem esquemas de comunicações mais efetivos

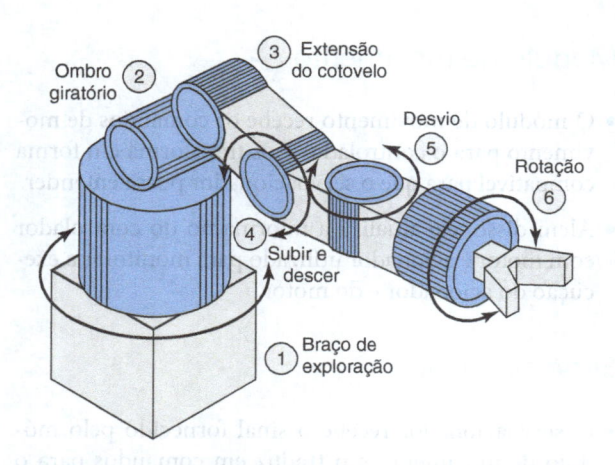

Figura 14.24 Braço de robô com seis eixos.

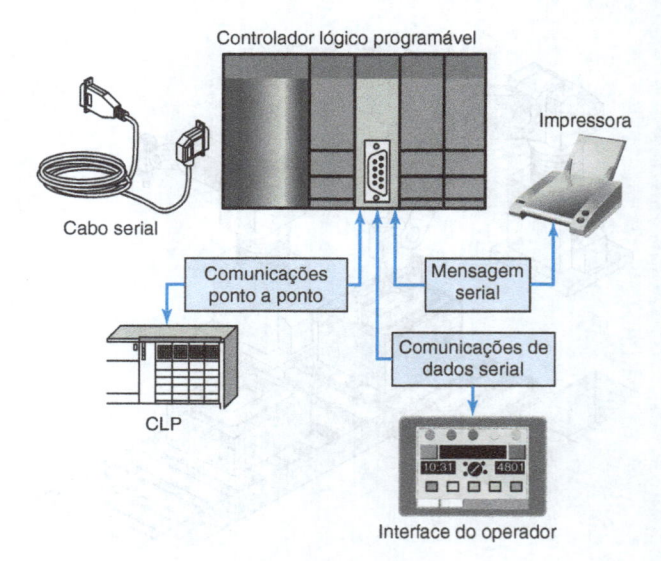

Figura 14.25 Elo (link) de comunicação serial ponto a ponto.

entre componentes do sistema. Uma *rede de área local* (*local area network*) ou *LAN* (Figura 14.26) é um sistema que interconecta os componentes das comunicações dentro de uma área geográfica limitada, geralmente abaixo de dois ou três quilômetros (uma ou duas milhas). As redes de comunicação suportam múltiplos CLPs e outros dispositivos. A rede de CLP permite:

- Partilha da informação, como o estado atual dos bits de estados entre os CLPs que podem determinar a ação de outro;
- Monitoração da informação de uma localização central;
- Programas a serem enviados ou baixados de uma localização central;
- Vários CLPs para funcionarem em unissonância, a fim de realizar um objetivo comum.

As *mídias de transmissão* são os cabos através dos quais os dados e os sinais de controle circulam em uma rede. A mídia de transmissão utilizada nos sistemas de comunicações de dados inclui os cabos coaxiais, par trançado ou fibra óptica (Figura 14.27). Cada cabo tem capacidades elétricas diferentes e pode ser mais ou menos adequado para um ambiente ou rede. Nem todas as redes transmitem informação através de cabos – a comunicação das redes sem fio (Wi-Fi) EtherNet, assim como DF1 com modem de rádio, por exemplo, se dá por meio de ondas de rádio transmitidas pelo ar.

Nas aplicações industriais, as LANs tem sido as mais usadas como sistema de comunicação para os sistemas de controle distribuído (DCS). É importante lembrar que o sistema DCS utiliza controladores individuais para controlar os subsistemas de uma máquina ou processo, uma abordagem que contrasta com o controle centralizado em que um único controlador comanda o funcionamento por completo. Um segundo uso importante de rede aérea local é no controle de supervisório e aquisição de dados (SCADA). A LAN permite a coleta de dados e processamento para um grupo de controladores, e, para isso, utiliza um computador hospedeiro (host) como ponto central para a coleta de dados.

Existem três níveis gerais de funcionamento de redes industriais (Figura 14.28), que podem ser resumidos da seguinte maneira:

Nível de dispositivo – Envolve vários dispositivos sensores e acionadores de máquinas e processos; entre eles estão: sensores, chaves, acionadores, motores e válvulas.

Nível de controle – Pode ser uma rede de controladores industriais e pode incluir controladores como CLPs e controladores de robô. As comunicações no nível de controle incluem um compartilhamento de E/S e entre dados do programa e controladores.

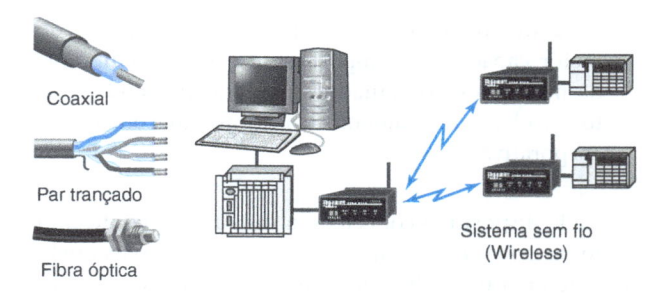

Figura 14.27 Elo (link) de comunicações serial ponto a ponto.

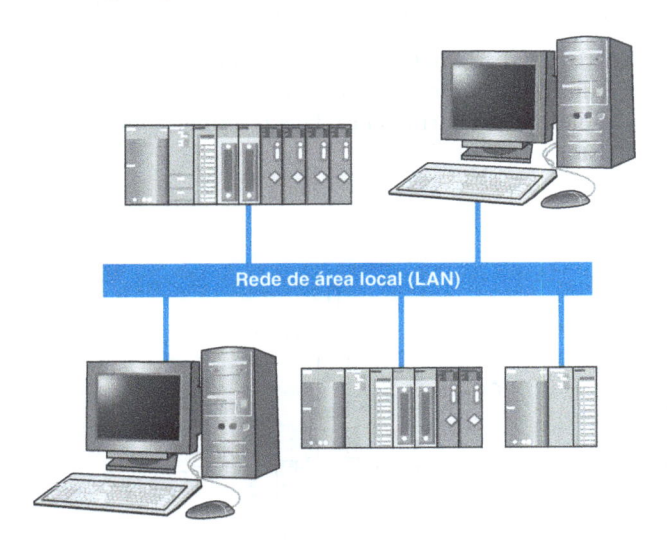

Figura 14.26 Elo (link) de comunicação com rede local (LAN).

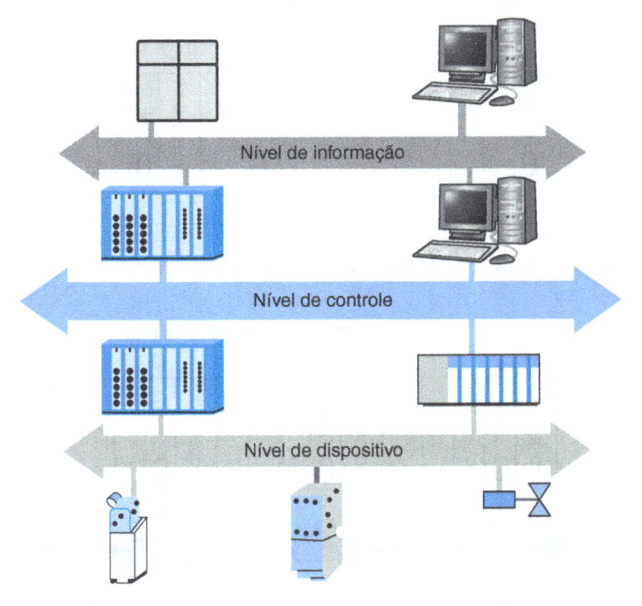

Figura 14.28 Níveis de funcionalidade das redes industriais.

Nível de informação – É uma rede de uma planta de maior capacidade composta, em geral, de empresas de negócios e computadores; ele inclui agendamento, venda, gerenciamento e informação com escala corporativa.

Cada dispositivo conectado a uma rede é conhecido como *nó* ou *estação*. À medida que um sinal passa pelo cabo de uma rede, ele é diminuído e distorcido, em um processo que é chamado de atenuação. Se um cabo for longo o suficiente, a atenuação poderá, no final, tornar o sinal irreconhecível. Um *repetidor* é um dispositivo que amplifica um sinal e o faz voltar ao seu valor original, a fim de torná-lo capaz de passar pelo cabo mais extenso. Diferentes tipos de redes têm diferentes especificações de comprimento e tipos de cabos sem repetidor.

A topologia de uma rede é um esquema físico dos dispositivos de uma rede formada pelos cabos desta quando os nós são interligados. O funcionamento da *topologia em estrela* (Figura 14.29) pode ser resumido da seguinte maneira:

- Uma chave controladora de rede ou central (hub) é conectada aos vários nós da rede de CLP.

- Atualmente, a maioria das redes EtherNet usa chaves em vez de centrais (hub). Uma chave executa a mesma função básica de uma central (hub), mas aumenta efetivamente a velocidade, o tamanho e a capacidade de manuseio de dados da rede.

- A configuração permite a comunicação bidirecional entre chave/central (hub) e cada CLP.

- Toda transmissão deve ser entre a chave central (hub) e os CLPs, porque a central (hub) controladora de rede controla todas as comunicações.

- Todas as transmissões devem ser enviadas para a chave central (hub), que depois as envia para o CLP correto.

- Um problema com a topologia em estrela é que, se a chave central cair, a LAN total também cai.

- Este tipo de sistema de rede funciona melhor quando a informação é transmitida primeiramente entre o controlador principal e os CLPs remotos. Contudo, se a maioria da comunicação ocorrer entre os CLPs, a velocidade do funcionamento é afetada.

- Além disso, o sistema em estrela pode usar uma quantidade substancial de condutores de comunicação para conectar todos os CLPs remotos no local da central.

A *topologia de barramento*, mostrada na Figura 14.30, é uma configuração de rede em que as estações são conectadas em paralelo com o meio de comunicação, e todas as estações recebem informação de cada uma das outras estações em rede. A operação de uma topologia de rede pode ser resumida da seguinte maneira:

- Usa um cabo-tronco único no qual os nós individuais com CLP são ligados por cabos que saem do tronco principal.

- Cada CLP tem uma interface com o barramento usando um módulo de interface de rede que é ligado com o uso de um cabo com tomada ou conector.

- Em virtude da natureza da topologia de barramento e do modo como os dados são transmitidos na rede, cada final do barramento deve terminar com um resistor terminal.

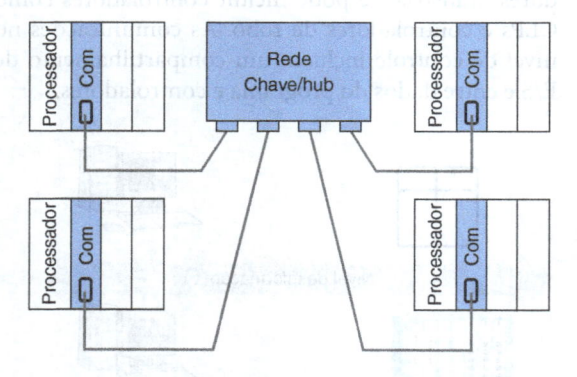

Figura 14.29 Rede com topologia em estrela.

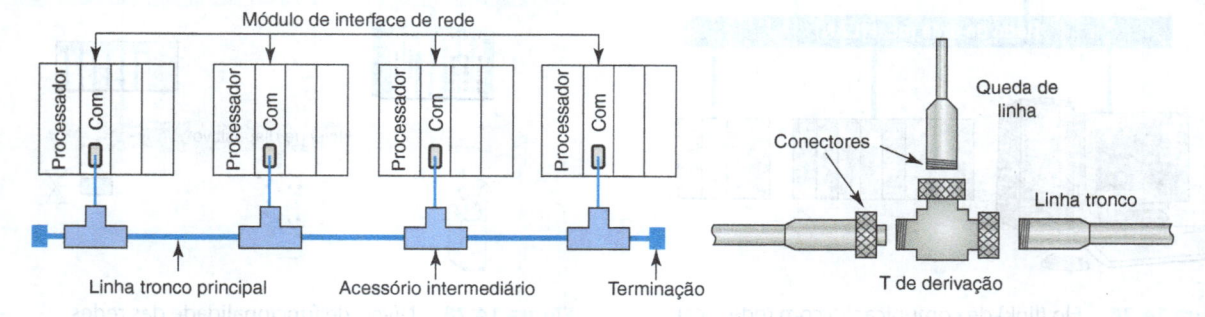

Figura 14.30 Topologia de barramento de rede.

- À medida que os dados se movem ao longo do barramento total, cada nó com CLP é listado para o próprio endereço de identificação do nó e para aceitar apenas a informação enviada para aquele endereço.
- Por causa do esquema linear simples, o barramento da rede requer menos cabos do que as outras topologias.
- A rede não é controlada por uma única estação, e as estações podem se comunicar livremente com as outras.
- As redes de barramento são muito mais úteis no sistema de controle distribuído, porque cada estação ou nó tem igual capacidade de controle independente e pode trocar informação a qualquer instante.
- Outra vantagem da rede de barramento é a possibilidade de se adicionar ou remover estações da rede com uma quantidade mínima de reconfiguração do sistema.
- A principal desvantagem da rede é que todos os nós dependem de uma linha de barramento comum, e uma parada na linha comum pode afetar vários nós.

A rede de barramento de E/S pode ser dividida em duas categorias: rede de barramento de dispositivos e rede de barramento do processo. A *rede de barramento de dispositivos* tem uma interface com dispositivos de informação de baixo nível, como os botões de comando e as chaves-limite, que primariamente transmitem dados relacionados com o estado liga/desliga dos dispositivos e seus estados operacionais. O dispositivo na rede de barramento pode ser classificado com uma extensão de bit ou barramentos com extensão de bytes. O dispositivo da rede de barramento que inclui dispositivos discretos assim como os pequenos dispositivos analógicos são chamados de *rede de barramento com extensão de byte*. Estas redes podem transferir 50 bytes ou mais de dados, um cada vez. Os dispositivos das redes de barramento que têm interface apenas com dispositivos discretos são chamados de *redes de barramento com extensão de bit*, que transferem informações enviando ou recebendo, com menos de 8 bits, para os dispositivos discretos simples.

As *redes de barramento do processo* têm capacidade de comunicação com várias centenas de bytes de dados por transmissão. A maioria dos dispositivos utilizados nessas redes é analógica, enquanto a maioria dos dispositivos utilizados nas rede de barramento de dispositivos é discreta. A rede de barramento do processo conecta-se aos dispositivos de informação de alto nível, como válvulas de processos inteligentes e medidores de vazão, que são usados em aplicações de controle de processo. Os barramentos do processo são lentos por causa da grande quantidade de dados nos pacotes. A maioria dos dispositivos analógicos de controle é usada no controle dessas variáveis do processo, como vazão e temperatura, que são geralmente lentas na resposta.

Um *protocolo* é um conjunto de regras que dois dispositivos ou mais devem seguir se precisam comunicar-se um com o outro. Os protocolos estão para o computador assim como a linguagem está para os humanos. Este livro está escrito em português, e, para entendê-lo, é necessário compreender essa língua. De modo similar, para que dois dispositivos em uma rede tenham sucesso na comunicação, eles devem entender o mesmo protocolo.

Um protocolo de rede define como os dados são arranjados e codificados para transmissão em uma rede. No passado, as redes de comunicação eram sempre sistemas de propriedade de quem desenvolveu e projetou para os padrões específicos de um vendedor; os usuários eram forçados a comprar todos os seus componentes de controle de um único fornecedor, por causa dos diferentes protocolos de comunicação, sequência de comandos, esquema de verificação de erro e mídia de comunicações utilizados por cada fabricante. Atualmente, a tendência vai na direção dos sistemas de redes abertas baseados em padrões internacionais desenvolvidos pelas associações da indústria.

A *porta de entrada* (gateway) da Figura 14.31 permite uma comunicação entre diferentes arquiteturas e protocolos. Elas reembalam e convertem os dados vindos de uma rede para outra de modo que uma possa entender as aplicações dos dados da outra; também podem mudar o formato de uma mensagem de modo que ela se conforme às aplicações do programa e receba o final da transferência. Se a tradução de acesso à rede for sua única função, as interfaces são conhecidas como *pontes*. Se a interface também se ajustar aos formatos dos dados ou executar a transmissão de dados do controle, então ela é chamada de *gateway*.

A topologia de rede de barramento requer algum método de controle de um determinado acesso do

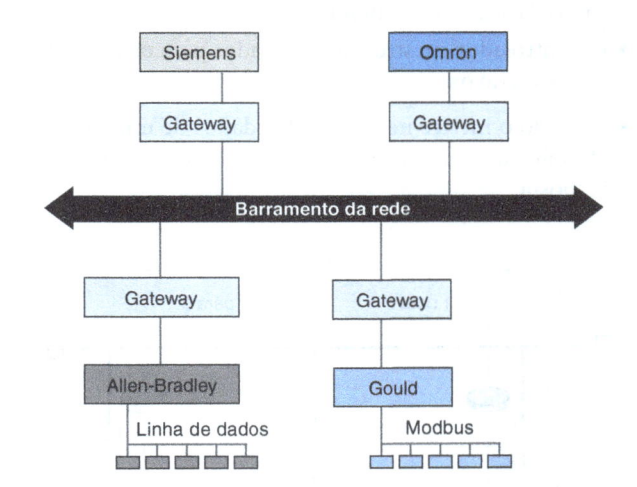

Figura 14.31 Tradução de um esquema de acesso de uma rede para outra.

dispositivo para o barramento. Um *método de acesso* é um modo pelo qual um CLP acessa a rede para transmitir uma informação. O controle de acesso à rede garante que os dados sejam transmitidos de modo organizado, evitando a ocorrência de mais mensagem na rede ao mesmo tempo. Embora existam muitos métodos de acesso, os mais comuns são os de passagem de ficha (token), detecção de colisão e sondagens.

Em uma rede com *passagem de ficha* (token), um nó só pode transmitir dados na rede se ele possuir uma ficha, que é simplesmente um pequeno pacote que é passado de um nó para outro, como mostra a Figura 14.32. Quando um nó terminar a transmissão das mensagens, ele envia uma mensagem especial para o próximo nó, concedendo-lhe a ficha. A ficha passa sequencialmente de um nó para outro, permitindo que cada um tenha a oportunidade de transmitir sem interferência. As fichas geralmente têm um limite de tempo para evitar que um único nó fique com a ficha por um período de tempo mais longo.

As redes EtherNet utilizam um esquema de controle de acesso para *detecção de colisão*. Com esse método de acesso, os nós escutam pela atividade na rede e transmitem somente se não houver outra mensagem na rede. Nas redes EtherNet existe uma possibilidade de os nós transmitirem ao mesmo tempo. Quando isso ocorre, é detectada uma colisão. Cada nó que envia uma mensagem espera um tempo aleatório e reenvia seus dados se ele não detectar nenhuma atividade na rede.

O método de acesso frequentemente mais utilizado no protocolo mestre/escravo é o de *solicitação* (poll). A rede mestre/escravo é aquela em que um controlador-mestre controla todas as comunicações vindas de outros controladores. Essa configuração está mostrada na Figura 14.33 e consiste em vários controladores-escravos e de um controlador-mestre. Seu funcionamento pode ser resumido da seguinte maneira:

- O controlador-mestre envia os dados para os controladores-escravos.

- Quando o mestre necessitar dos dados de um escravo, ele solicitará (endereço) ao escravo e esperará por uma resposta.

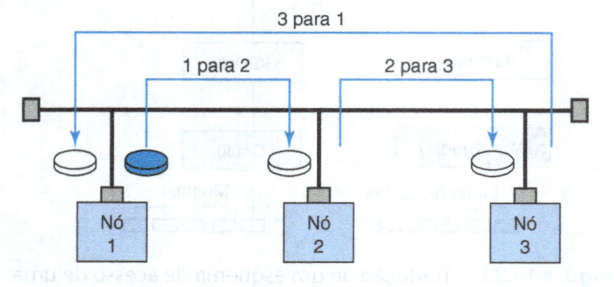

Figura 14.32 Exemplo de passagem de ficha.

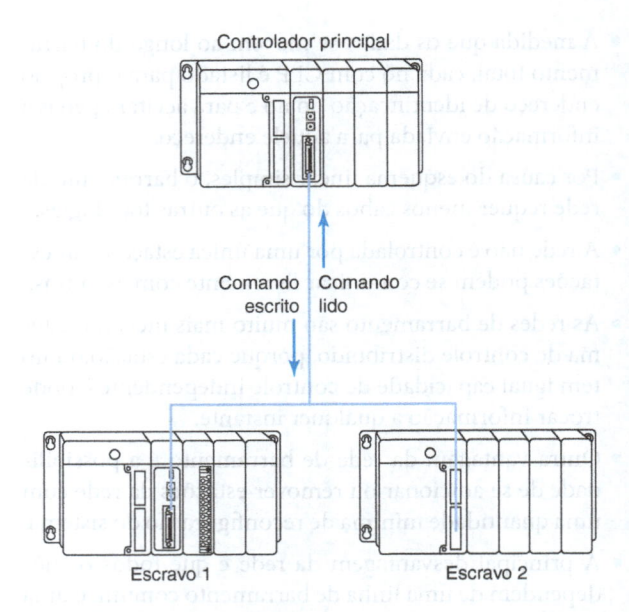

Figura 14.33 Rede mestre/escravo.

- Nenhuma comunicação ocorre sem o mestre iniciá-la.

- Não é possível uma comunicação direta entre os dispositivos escravos.

- A informação a ser transferida entre os escravos deve ser enviada primeiro para a unidade mestre da rede, que, por sua vez, retransmite a mensagem para o dispositivo escravo designado.

- As redes mestre/escravo utilizam dois pares de condutores. Um par de fios é utilizado para o mestre transmitir dados e para o escravo receber; no outro par, os escravos transmitem e o mestre recebe.

Uma rede ponto a ponto tem um meio de controle distribuído, que é o oposto de uma rede mestre/escravo, em que um nó controla todas as comunicações originadas de outros nós. A autopista (highway) de dados da Allen-Bradley, mostrada na Figura 14.34, é um exemplo de uma rede ponto a ponto dos controladores programáveis e computadores ligados juntos para formar um sistema de comunicação de dados. O funcionamento da rede pode ser resumido da seguinte maneira:

- As redes ponto a ponto utilizam o meio de comunicação pelo método de acesso de passagem de ficha (token).

- Cada dispositivo está apto a solicitar o uso da rede e, em seguida, assumir o seu controle para finalidades de transmissão de informação ou para requisição de informação de outros dispositivos da rede.

- Cada dispositivo é identificado por um endereço.

- Quando a rede está operando, a ficha (token) passa de um dispositivo para o próximo sequencialmente.

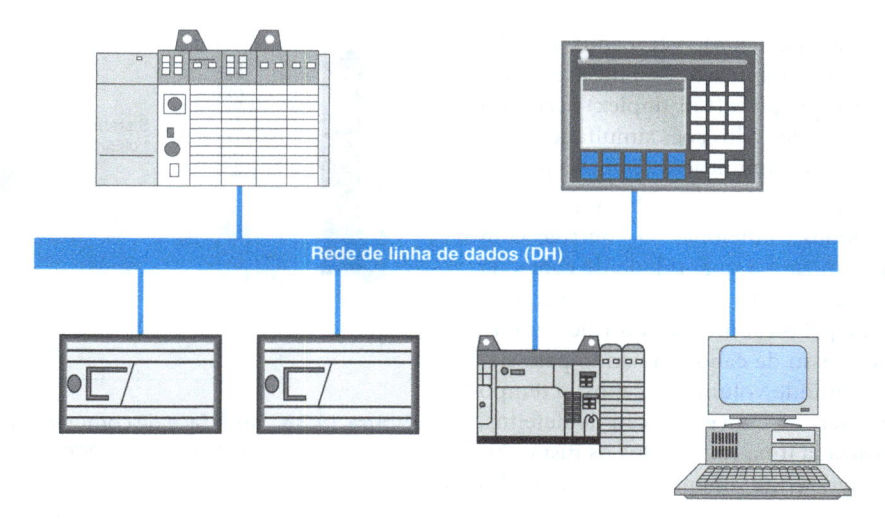

Figura 14.34 Rede ponto a ponto.

- O dispositivo que está transmitindo a ficha também sabe o endereço da próxima estação que receberá a ficha (token).
- Cada dispositivo recebe a informação do pacote e a usa, se necessário.
- Qualquer informação adicional que o nó possua será enviada no próximo pacote.

Existem dois métodos de transmissão de dados digitais no CLP: paralela e serial. Na transmissão de dados em *paralelo*, todos os bits de dados são transmitidos simultaneamente, como mostra a Figura 14.35. Ela pode ser resumida da seguinte maneira:

- São necessárias oito linhas para transmitir o número binário de 8 dígitos.
- Cada bit requer seu próprio caminho separado, e todos os bits de uma palavra são transmitidos ao mesmo tempo.
- A transmissão de dados em paralelo é menos comum, mas é mais rápida que a transmissão serial.
- Um exemplo comum de transmissão de dados em paralelo é a conexão entre um computador e uma impressora.

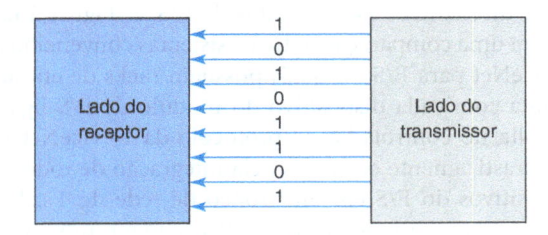

Na transmissão serial, é transferido um bit do dado binário de cada vez, como mostra a Figura 14.36. Ela pode ser resumida da seguinte maneira:

- Os bits são enviados sequencialmente no mesmo canal (cabo), o que reduz custos no cabeamento, mas diminui a velocidade de transmissão.
- Os dados seriais podem ser transmitidos efetivamente por uma distância maior que a dos dados transmitidos em paralelo.
- Cada palavra de dados na transmissão serial deve ser indicada com um bit conhecido como bit de início (start bit) da sequência, seguida pelos bits com o conteúdo do dado e um bit de parada (stop bit).
- Um bit extra, denominado *bit de paridade* (parity bit), deve ser utilizado para possibilitar a detecção de algum erro.

Um sistema de comunicação *dupla* (duplex) é um sistema composto de dois dispositivos conectados que podem se comunicar um com o outro nas duas direções ao mesmo tempo. Um sistema de comunicação *semidupla* (half-duplex) é um sistema que possibilita uma comunicação nas duas direções, mas apenas em uma direção

Figura 14.35 Transmissão de dados em paralelo.

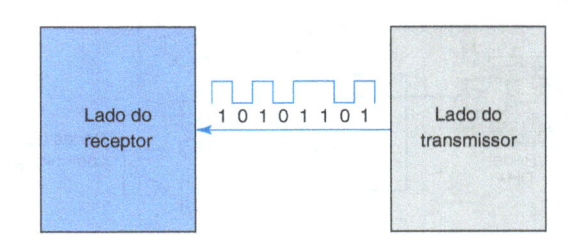

Figura 14.36 Transmissão serial de dados.

de cada vez (não simultaneamente). A transmissão half-duplex é utilizada para comunicações no mestre/escravo. A transmissão *dupla completa* (full-duplex) permite a transmissão de dados nas duas direções simultaneamente e pode ser utilizada nas comunicações ponto a ponto.

Os esquemas de redes diferentes substituem o cabeamento ponto a ponto tradicional. O controle com sistemas de rede minimizam a quantidade de cabos da instalação. Com o cabeamento tradicional dos vários dispositivos, passando pelas cabines de controle, sempre resulta em um feixe grosso de cabos passando pelo sistema. Em virtude do grande volume de cabos, o tempo de instalação é considerável e a verificação de defeitos, complexa. Se for utilizada uma rede, todos os dispositivos podem ser conectados diretamente a um único cabo de transmissão.

A tecnologia de rede industrial de alta velocidade oferece uma variedade de métodos para as conexões dos dispositivos. As configurações de rede para CLP podem ser abertas ou fechadas (com direito de propriedade do fornecedor). A seguir, são descritas tecnologias de comunicação industrial que desempenham uma função crítica nos sistemas de controle atuais.

Autopista para dados (data highway)

As redes highway datas da Allen-Bradley, Data highway Plus (DH+) e DH-485, são redes de comunicação fechadas. Elas utilizam a comunicação ponto a ponto com a implementação da passagem por fichas (token); o meio é por cabo de par trançado blindado. A Figura 14.37 mostra uma rede de comunicação DH+ para um controlador SLC 5/04. O conector Phoenix de três pinos é utilizado para formar o meio de comunicação da rede.

Comunicação serial

A comunicação serial de dados é implementada com o uso dos padrões RS-232, RS-422 e RS-485. RS significa

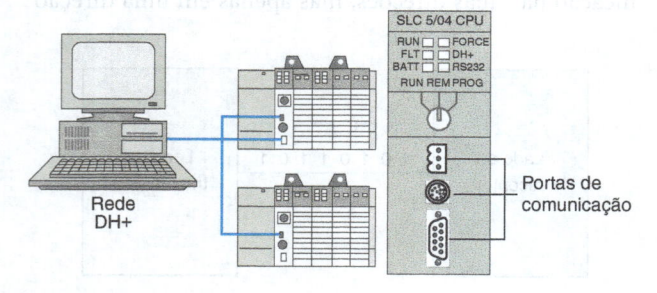

Figura 14.37 Conexão da rede data highway.

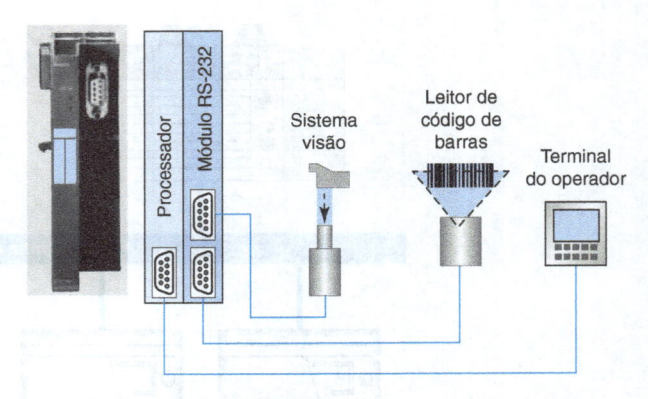

Figura 14.38 Interface de comunicação serial.
Fonte: Cortesia da Siemens.

recommended standard (padrão sugerido), que especifica as características funcionais elétricas e mecânicas para as comunicações seriais. As interfaces de comunicação serial podem ser implementadas no módulo do processador ou podem ter módulos separados de interface de comunicações, como mostra a Figura 14.38. As interfaces RS são utilizadas para conectar dispositivos como os sistemas de vídeo, leitores de códigos de barra e terminais de operação que devem transferir uma quantidade de dados com uma taxa razoavelmente alta entre o dispositivo remoto e o CLP. O tipo mais simples de conexão para a porta serial é o RS-232, que é projetado para comunicação entre um computador e um controlador, e geralmente tem uma distância limitada em cerca de 15 m (50 pés). Os tipos de transmissão serial RS-422 e RS-485 são projetados para comunicação entre um computador e vários controladores; seus níveis de imunidade a ruídos são altos e geralmente limitados, de distâncias 550 e de 620 m, respectivamente.

Rede de dispositivos (DeviceNet)

A DeviceNet é uma rede aberta em nível de dispositivos, que é relativamente lenta, mas eficiente no tratamento de mensagens curtas para os módulos de E/S. Com o aumento da potência dos CLPs, eles têm sido requisitados para controlar um número maior de módulos de E/S dos dispositivos de campo; por isso, às vezes pode não ser prático conectar separadamente cada sensor e acionador diretamente nos módulos de E/S. A Figura 14.39 mostra uma comparação entre os sistemas convencionais DeviceNet para E/S, os quais possuem racks de entrada e saída com cada dispositivo do módulo de E/S ligado de volta no controlador. O protocolo da DeviceNet reduz drasticamente os custos pela integração de todos os dispositivos do E/S em um tronco de rede de 4 cabos, com os condutores de força e de dados no mesmo cabo, e também diminui o tempo no cabeamento da instalação.

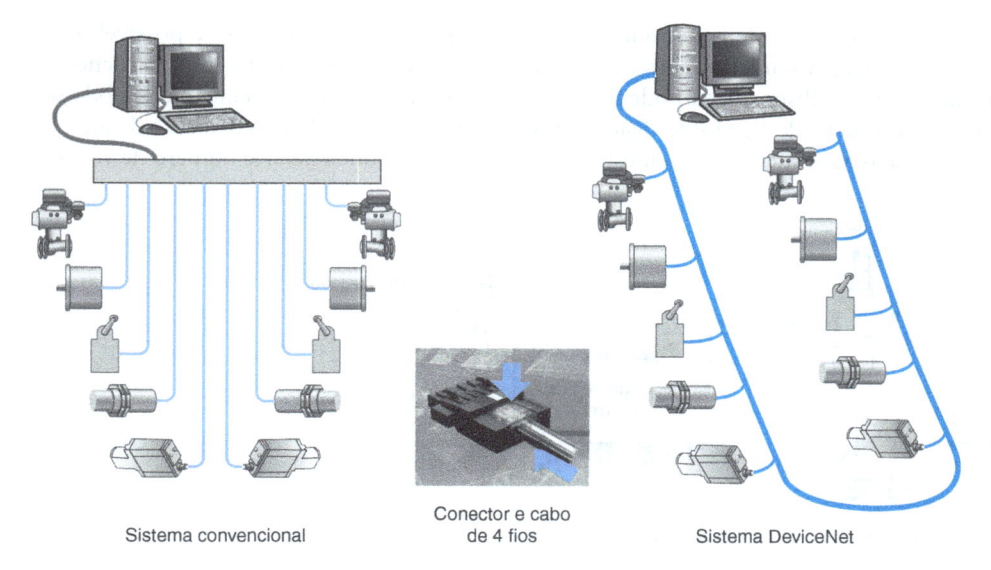

Figura 14.39 Sistemas convencional e com a rede DeviceNet.
Fonte: Cortesia da Omron Industrial Automation.
www.ia.omron.com

A função básica de um barramento em uma rede DeviceNet de E/S é a de comunicar a informação com, bem como alimentar os dispositivos de campo que são conectados no barramento. O CLP aciona os dispositivos diretamente com o uso de um *explorador de rede* (network scanner) dos módulos de E/S, como mostra a Figura 14.40. O módulo do explorador (scanner) se comunica com os dispositivos da DeviceNet por meio da rede para:

- Ler as entradas para um dispositivo;
- Escrever as saídas para um dispositivo;
- Baixar os dados da configuração;
- Monitorar o estado operacional dos dispositivos.

O módulo de exploração comunica-se com o controlador para trocar informações que incluem:

- Dados dos dispositivos de E/S;
- Informação de estados;
- Dados de configuração.

A rede DeviceNet também tem uma característica única de ter uma parte de potência, o que permite que dispositivos com uma potência até certo ponto limitada possam ser ligados diretamente na rede, reduzindo ainda mais os pontos de conexão e o tamanho físico.

Essa rede usa protocolo comum industrial (Common Industrial Protocol) conhecido como *CIP*, que é estritamente orientado a objetos. Cada objeto tem atributos (dados), serviços (comandos) e procedimento (reação ao evento). São definidos dois tipos diferentes de objetos na especificação CIP: objetos específicos de comunicação e objetos específicos de aplicação. Uma rede DeviceNet pode suportar até 64 nós, e a distância de ponto a ponto da rede é variável, de acordo com a velocidade da rede. A Figura 14.41 mostra um exemplo de uma rede DeviceNet. A comunicação dos dados é feita sobre dois condutores, com um segundo par de fios para a parte de potência.

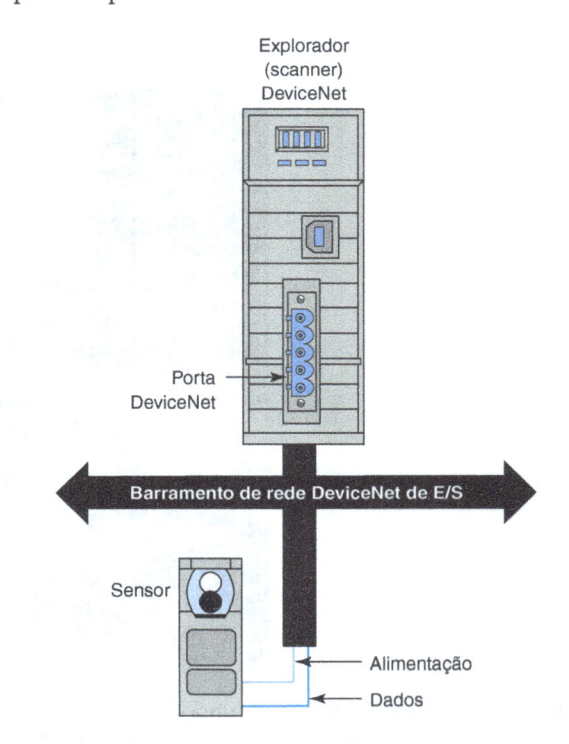

Figura 14.40 Explorador (scanner) da rede DeviceNet.

Os dispositivos de campo que são conectados à rede contêm inteligência na forma dos microprocessadores ou de outros dispositivos. Esses dispositivos podem se comunicar não apenas o estado de ligado/desligado, mas também informação de diagnóstico sobre seu estado de operação; por exemplo, é possível detectar, via rede, se um sensor fotoelétrico está perdendo sensibilidade por causa da sujeira na lente, o que pode ser corrigido antes de o sensor falhar na detecção de um objeto. Uma chave-limite pode relatar o número de vezes que ela já operou,

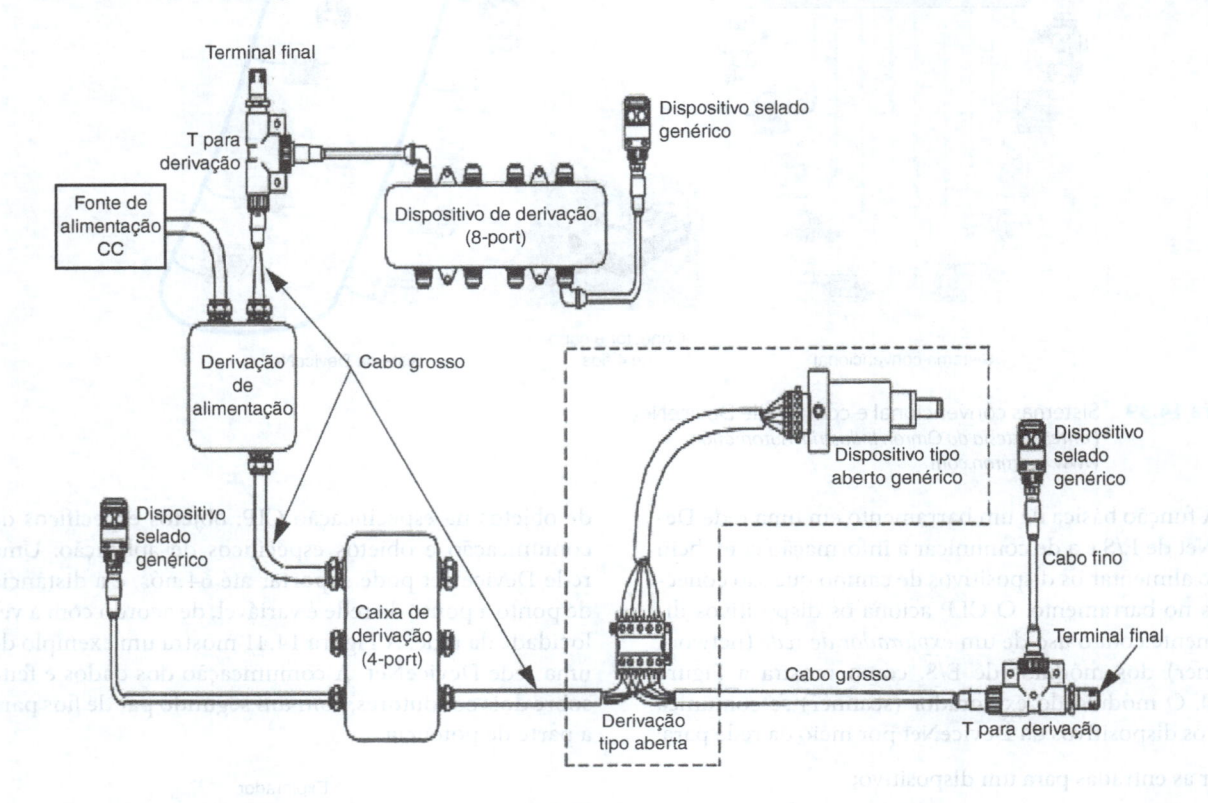

Figura 14.41 Esquema (layout) de uma rede DeviceNet.
Fonte: Cortesia da Omron Industrial Automation.
www.ia.omron.com

o que pode ser uma indicação de que já atingiu sua vida útil em termos de manobras e que, portanto, pode ser substituída.

ControlNet (rede de controle)

A ControlNet é posicionada um nível acima da DeviceNet. Ela utiliza o Protocolo Comum Industrial (CIP – Common Industrial Protocol) para combinar a funcionalidade de uma rede de E/S e a rede ponto a ponto com um desempenho de alta velocidade nas duas funções. Essa rede aberta de alta velocidade é altamente determinística e repetitiva. *Determinismo* é a capacidade de prever com segurança quando os dados serão enviados, e *repetibilidade* é a garantia de que os tempos de transmissão são constantes e não sofrem interferência dos dispositivos conectados a ele, ou que deixam a rede. São necessárias as folhas de dados dos dispositivos eletrônicos (EDS-Files) para cada dispositivo na rede ControlNet. Durante a fase de ajustes (set-up), o explorador (scanner) da ControlNet deve configurar cada dispositivo de acordo com as folhas de dados (EDS-Files). O esquema (layout) da ControlNet mostrado na Figura 14.42 tem uma opção de *meios redundantes* (*redundant media*), que é a instalação de dois cabos separados para prevenir falhas como uma interrupção de cabo, falha no conector ou ruído.

EtherNet/IP

O Ethernet/IP é um Protocolo Industrial EtherNet (EtherNet Industrial Protocol); trata-se de um protocolo de comunicação aberto baseado no esquema (layout) do Common Industrial Protocol (CIP) utilizado na DeviceNet e na ControlNet. Ele permite ao usuário vincular as informações de modo funcional entre os dispositivos que executam o protocolo EtherNet/IP sem equipamentos específicos, como mostra a Figura 14.43. A seguir, estão algumas características importantes do EtherNet:

- Combinando uma aplicação comum entre a ControlNet, DeviceNet e o EtherNet/IP, tem-se um plug-and-play: uma possibilidade de intercâmbio de operação entre dispositivos complexos de vários fornecedores. O *plug-and-play* refere-se à capacidade de um sistema de computador configurar automaticamente os dispositivos, o que permite plugar um dispositivo e operar (play) sem a preocupação com os ajustes das microchaves (DIP), pontes (jumpers) e outros elementos de configuração.

- O EtherNet/IP fornece uma operação padronizada em full-duplex, a qual dá a um único nó, em uma conexão ponto a ponto, uma atenção total e, portanto, uma largura de banda máxima possível. *Largura de banda* se refere à taxa de dados suportada pela rede, expressa

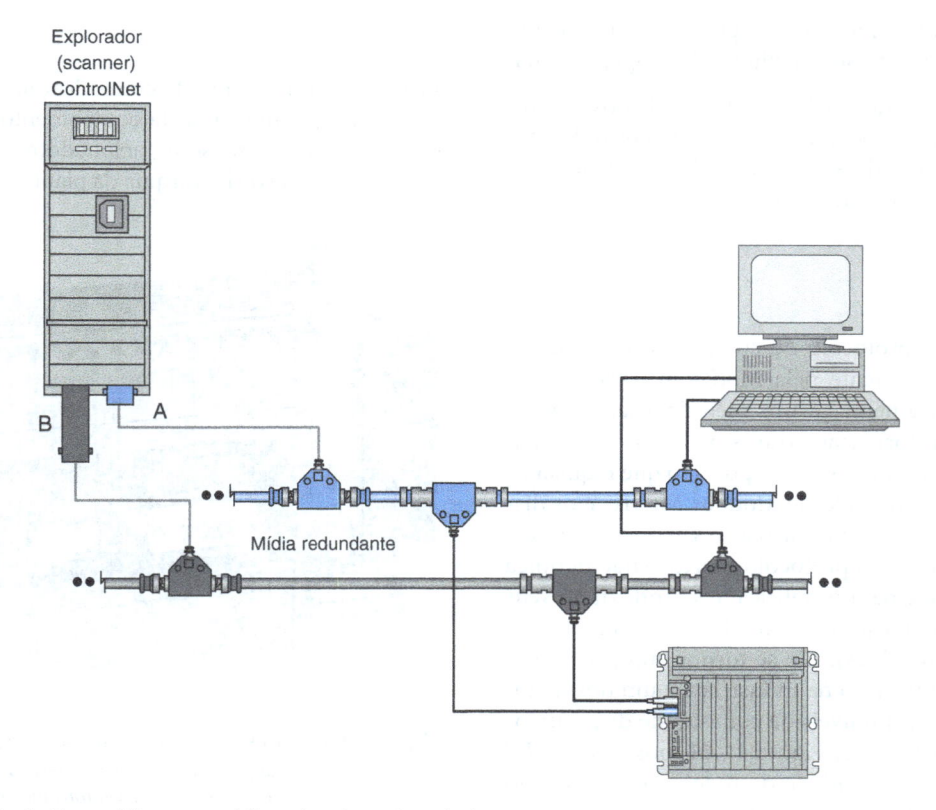

Figura 14.42 Rede ControlNet com mídia redundante instalada.

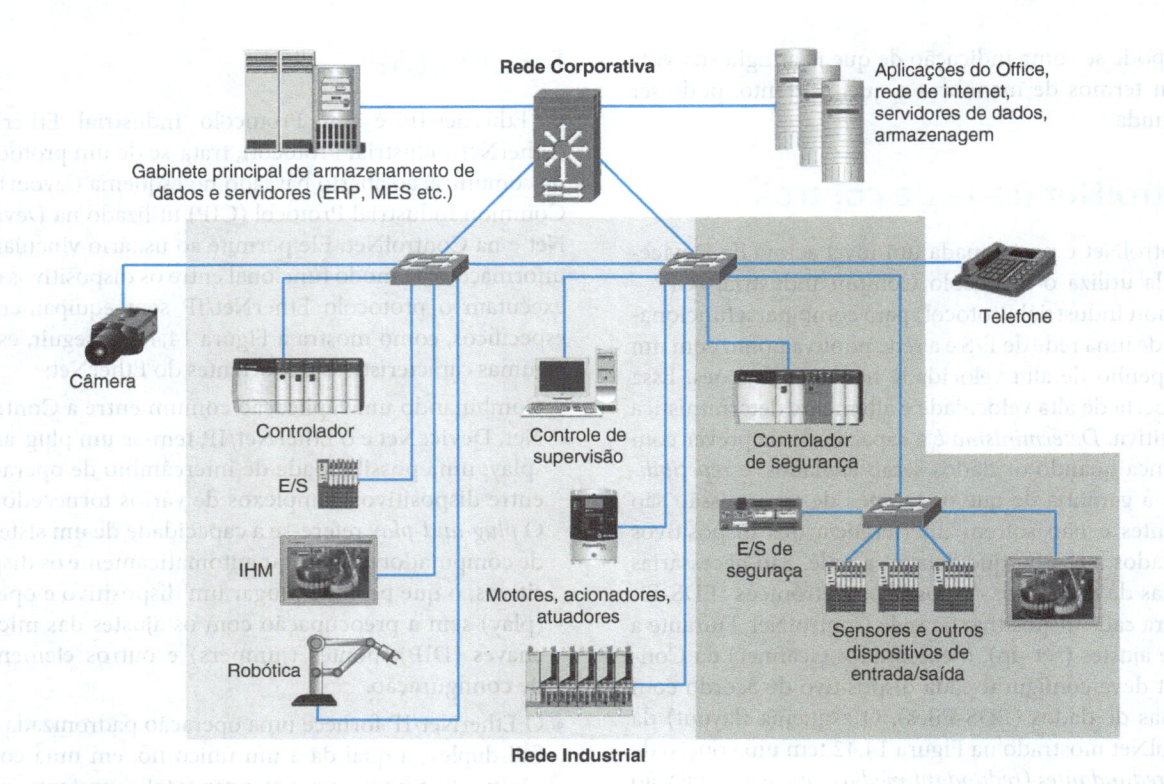

Figura 14.43 Vínculos (link) de informação no EtherNet/IP.
Fonte: Imagem usada com permissão da Rockwell Automation, Inc.

comumente em termos de bits por segundo. Quanto maior a largura de banda, melhor o desempenho total.

- Ele permite a operacionalidade de um dispositivo industrial de automação e que os equipamentos de controle na mesma rede sejam utilizados em aplicações comerciais e de navegação na internet.

Modbus

O Modbus é um protocolo de comunicação serial desenvolvido originalmente pela Modicom para uso em seus CLPs. Basicamente, é um método usado para a transmissão de informação através de linhas seriais entre dispositivos eletrônicos. O dispositivo que requisita a informação é denominado de Modbus Mestre, e os dispositivos que fornecem a informação são os Modbus escravos. O Modbus é um protocolo aberto, o que significa que seu uso é livre para os fabricantes produzirem seus equipamentos sem a necessidade de pagar por direitos autorais legais (royalties). Ele se tornou um protocolo-padrão de comunicação na indústria e é um dos meios mais geralmente disponíveis de conexão de dispositivos eletrônicos industriais. A Figura 14.44 mostra um CLP da Omron com a capacidade de rede de comunicação Modbus-RTU via portas seriais RS-232 e RS-422/485.

Fieldbus

Fieldbus é um sistema de comunicação serial aberto de duas vias, que interconecta equipamentos de medição e controle como os sensores, acionadores e controladores. Na base do nível de hierarquia da planta da rede, ele serve

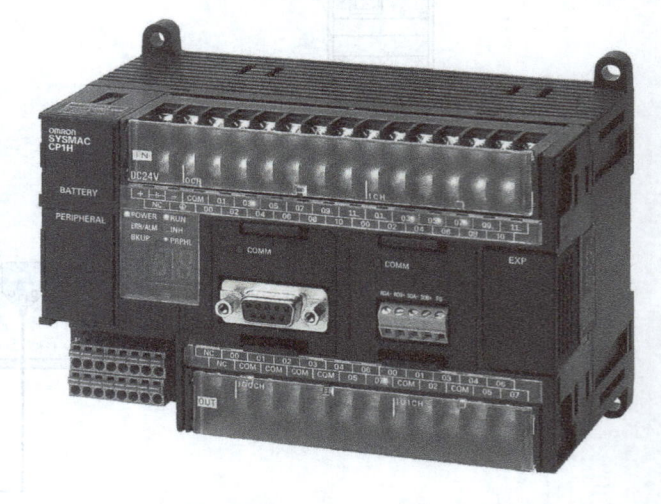

Figura 14.44 CLP da Omron com capacidade de comunicação da rede Modbus-RTU.
Fonte: Cortesia da Omron Industrial Automation.
www.ia.omron.com

como uma rede para os dispositivos utilizados nas aplicações de controle de processo.

Existem várias possibilidades de topologia para as redes fieldbus. A Figura 14.45 ilustra a topologia *daisy-chain*. Com essa topologia, o cabo fieldbus passa de dispositivo a dispositivo. As instalações que a utilizam precisam de conectores ou prática de cabeamento, de tal forma que a conexão de único dispositivo seja possível sem interrupção da continuidade do segmento todo.

Profibus-DP

Profibus-DP – DP significa decentralized periphery (periférico descentralizado) – é um padrão de comunicação internacional aberto que suporta os sinais discretos e analógicos. Ele é funcionalmente comparável ao DeviceNet. Os meios físicos de transmissão são definidos via RS-485 ou tecnologia de transmissão com fibra óptica. Esse padrão comunica em uma velocidade de até 12 Mbps, com uma distância de até 1.200 m. A Figura 14.46 mostra um microssistema de CLP S7-200, da Siemens, com conexão para uma rede Profibus-DP.

14.7 Controle de supervisório e aquisição de dados (SCADA)

Em algumas aplicações, além das funções de controle normal, o CLP é responsável pela coleta de dados, executando o processamento necessário e estruturando os dados para a geração de relatórios. Como exemplo, é possível usar um CLP para contagem de peças e enviar automaticamente os dados para uma planilha na área de trabalho de um computador.

A coleção de dados é simplificada pelo uso de um sistema SCADA (supervisory control and data aquisition – supervisório para aquisição de dados), mostrado na Figura 14.47. A troca de dados em um chão de fábrica (planta) com um computador de supervisão permite o registro de dados, uma mostra dos dados, tendências, baixas (download) de receitas, ajustes de parâmetros selecionados e avaliação de produção de dados em geral. O supervisório adicional controla as capacidades e permite o ajuste de processos com precisão, para a eficiência máxima. Em geral, ao contrário do sistema de controle distribuído, o sistema SCADA normalmente se

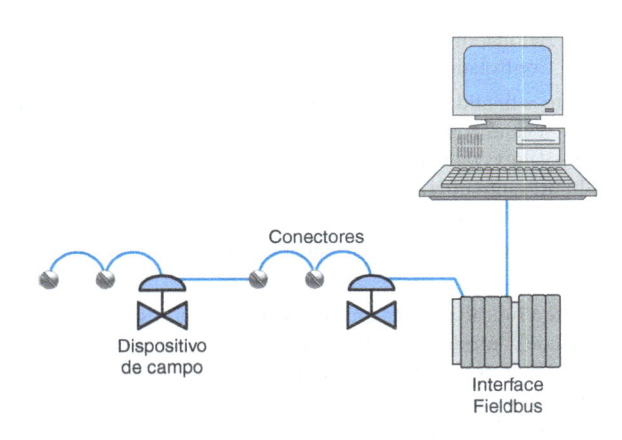

Figura 14.45 Fieldbus implementada usando uma topologia *daisy-chain*.

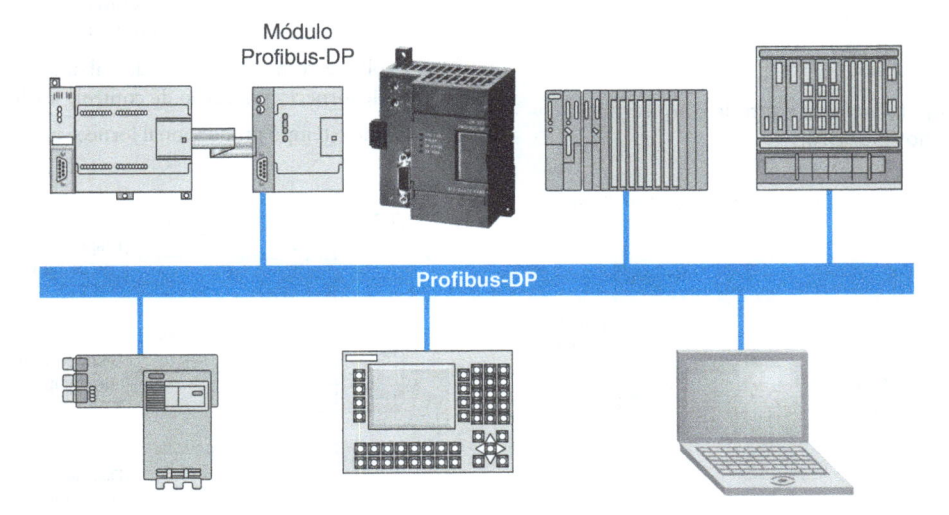

Figura 14.46 Microssistema de CLP com conexão para uma rede Profibus-DP.
Fonte: Cortesia Siemens.

refere a um sistema que coordena mas não controla o processo em tempo real.

Em um sistema SCADA, independentemente do desempenho das funções de controle do módulo de E/S dos CLPs sobre os dispositivos de campo enquanto são supervisionados por um pacote de programa (software) SCADA/HMI rodando em um computador hospedeiro (host), como mostra a Figura 14.48. Operadores de controle de processo monitoram a operação do CLP no host e enviam os comandos de controle para os CLPs, se necessário. A grande vantagem de um sistema SCADA é que os dados são armazenados automaticamente em uma forma que pode ser retornada para análise mais tarde, sem erro ou para um trabalho adicional. As medições são feitas sob o controle de processo e depois mostradas na tela e armazenadas para uma cópia. As medições de precisão são facilmente obtidas e não há limitações mecânicas para a velocidade de medição.

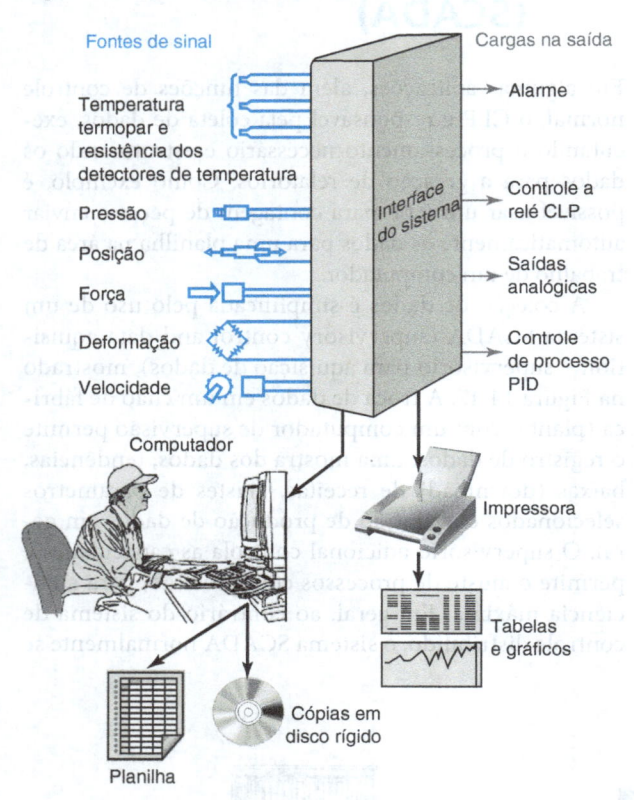

Figura 14.47 Supervisório de controle e aquisição de dados (SCADA).

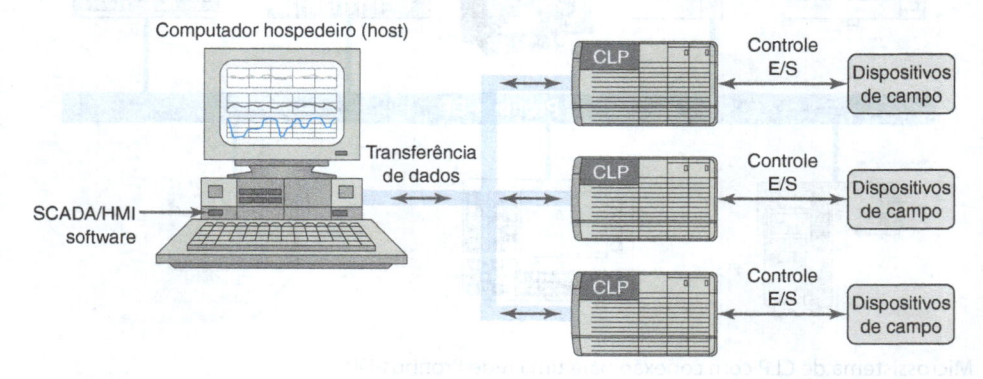

Figura 14.48 Sistema SCADA.

QUESTÕES DE REVISÃO

1. Compare os processos contínuos e os de lote.
2. Compare os sistemas de controle centralizado e distribuído.
3. Cite a função básica de cada uma das seguintes partes de um sistema de controle:
   a. Sensores
   b. Interface homem-máquina
   c. Condicionamento de sinal
   d. Acionadores
   e. Controlador
4. Cite a finalidade de cada um dos seguintes tipos de telas associadas com as IHMs.
   a. Valores de tendência
   b. Resumo operacional
   c. Resumo de alarme
5. Qual é a característica principal de sistema de controle em malha fechada?
6. Cite a função de cada uma das seguintes partes de um sistema de controle em malha fechada:
   a. Valor pré-ajustado (set-point)
   b. Variável de processo
   c. Amplificador de erro
   d. Controlador
   e. Acionador de saída
7. Explique como funciona o controle liga/desliga.
8. Como o controlador proporcional elimina a oscilação ou a instabilidade associada ao controle liga/desliga?
9. Explique como o controle de válvula acionado por motor pode fornecer uma ação de controle analógico.
10. Como o tempo proporcional fornece um controle analógico?

11. Que erro ou desvio no processo é produzido pelo controlador proporcional?
12. Que termo de um controle PID é designado para eliminar o desvio (offset)?
13. Qual é a resposta de uma ação derivativa?
14. Liste os três ajustes de ganhos usados na sintonia da resposta de uma malha de controle PID.
15. Compare a sintonia manual, autossintonia e sintonia inteligente de um controlador PID.
16. Quantos valores de entrada e de saída são referenciados normalmente em uma instrução de PID do CLP?
17. Que informação está contida em uma variável de processo e nos elementos da variável de controle de uma instrução PID?
18. Cite a função de cada um dos seguintes elementos de um sistema de controle de movimento de um CLP:
    a. Controlador programável
    b. Módulo de movimento
    c. Servoacionador
    d. Servomotor
19. Como funciona cada um dos eixos de um braço de robô?
20. Liste quatro tipos de tarefa de comunicação fornecida pelas redes de área local.
21. Escreva os nomes de três tipos comuns de meios de transmissão.
22. Quais são os três níveis gerais de funcionalidade das redes industriais?
23. Defina o termo *nó* quando aplicado em uma rede.
24. Explique o layout físico dos dispositivos em uma rede para cada uma das seguintes topologias de rede.
    a. Estrela
    b. Barramento (Bus)
25. Compare os barramentos de rede de dispositivo e de processo.
26. Defina o termo *protocolo* quando aplicado a uma rede.
27. Qual é a função de uma rede gateway?
28. Defina o termo *método de acesso* quando aplicado a uma rede.
29. Faça um resumo do método de acesso da passagem de token em uma rede.
30. Faça um resumo do método de acesso da detecção de colisão em uma rede.
31. Faça um resumo do método de acesso do pooling em uma rede.
32. Compare a transmissão de dados paralela e serial.
33. Compare a transmissão de dados half-duplex e full-duplex.
34. Explique como o esquema de rede minimiza a quantidade de cabeamento na instalação.
35. Que tipo de acesso de controle é usado com o DH+?
36. Compare as distâncias para a transmissão serial dos RS-232 e RS-422/485.
37. Para que é usada a DeviceNet?
38. Liste as três partes da informação obtidas pelo scanner de rede dos dispositivos da DeviceNet.
39. Para que é usada a ControlNet?
40. Explique como funciona um meio redundante.
41. Defina o termo *largura de banda* quando aplicado a uma rede.
42. Para que é usada a EtherNet?
43. Que tipo de protocolo é usado na Modbus?
44. Para que é usada a Fielbus?
45. Faça um resumo das duas funções principais de um sistema SCADA.
46. Em que difere o controle distribuído de um controle de supervisório de um sistema SCADA.

PROBLEMAS

1. O sistema de controle distribuído deve ser utilizado em rede. Por quê?
2. Considere que um alarme foi disparado em um sistema de controle com uma interface eletrônica IHM. Como você deve proceder para identificar e solucionar o problema?
3. Como responderia um controlador liga/desliga se a banda morta fosse muito estreita?
4. Em um sistema de aquecimento doméstico com controle liga/desliga, qual será o efeito de uma ampliação da banda morta?
5. a. Calcule a banda proporcional de um controlador de temperatura com uma largura de banda de 5% e o valor pré-ajustado (set-point) de 260 ºC (500 ºF).
   b. Calcule os limites superior e inferior acima dos quais o controlador funciona como uma unidade liga/desliga.
6. Explique a vantagem do uso de uma malha de corrente de 4 a 20 mA com um sinal de entrada comparado com um sinal de entrada de 0 a 5 V.
7. O que significa o termo de meio *determinístico* e por que ele é importante nas comunicações industriais?
8. Como pode ser aplicado o sistema SCADA para determinar a taxa de produção de um produto engarrafado em um período de duas semanas?

15 Controladores ControlLogix

Os controladores lógicos programáveis continuam a evoluir à medida que novas tecnologias são incorporadas a suas características. O CLP começou como um substituto dos relés, utilizados para ligar e desligar saídas e funções de temporização e contagem. Gradualmente foram incorporadas várias funções de manipulação lógica e matemática. Com a finalidade de atender às necessidades da expansão atual do sistema de controle industrial, as principais companhias de automação criaram uma nova classe de controladores industriais, chamada de *controladores programáveis de automação* ou *PACs* (Figura 15.1) Eles se parecem fisicamente com os CLPs, mas incorporaram um controle avançado de comunicação, registro de dados e processamento de sinal, movimentação, controle de processo e supervisão de máquinas em um ambiente simples de programação.

A família de controladores programáveis de automação da Allen-Bradley inclui os sistemas ControlLogix, FlexLogix e DriveLogix. O software é a diferença principal entre os PACs e os CLPs. Basicamente, a configuração lógica ladder não muda, mas o endereçamento das instruções, sim. A aplicação do software que pertence à plataforma de controle Logix dos controladores será tratada em várias seções neste capítulo. As instruções lógicas ladder básicas e as funções bit, temporizador, contador etc., tratadas nos capítulos anteriores, são certamente conhecidas e, portanto, não terão seus conceitos repetidos neste capítulo.

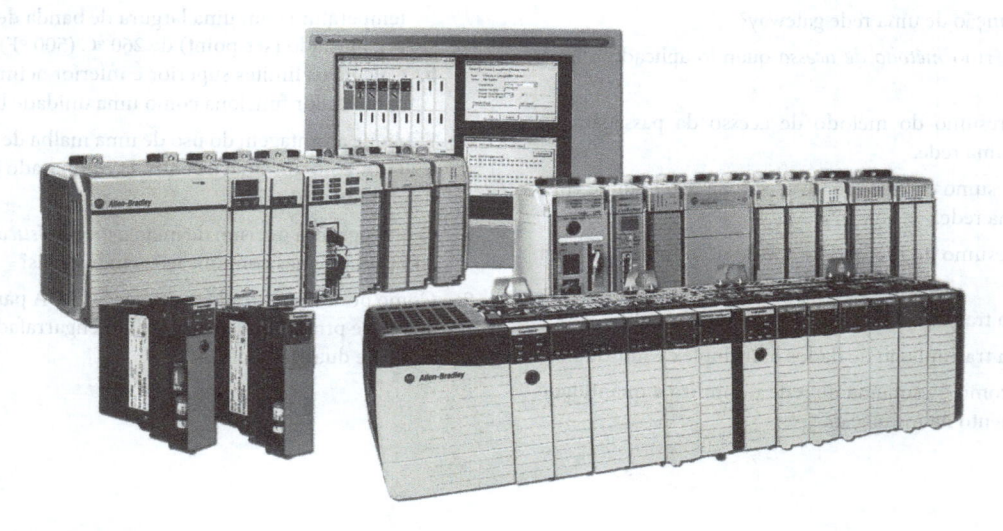

Figura 15.1 Controladores programáveis de automação (PACs).
Fonte: Imagem usada com a permissão da Rockwell Automation, Inc.

Memória e organização do projeto

PARTE 1

Objetivos

Após o estudo desta parte, você será capaz de:

- Esboçar uma organização de projeto;
- Definir tarefas (tasks), programas e rotinas;
- Identificar os tipos de arquivos de dados;
- Organizar e aplicar os vários tipos de arquivos de dados.

Layout da memória

Os processadores ControlLogix fornecem uma estrutura de memória flexível; sendo assim, não há memória fixa alocada para tipos específicos de dados ou para as E/S. A organização da memória interna de um controlador ControlLogix é configurada pelo usuário no momento da criação de um projeto com o software RSLogix 5000 (Figura 15.2), o que permite que os dados do programa sejam elaborados de modo a atender as necessidades de sua aplicação em vez de exigir que sua aplicação fixe uma estrutura específica de memória. Um sistema ControlLogix (CLX) pode consistir em qualquer um dos controladores sozinhos e módulos de E/S em um único chassi e da rede trabalhando juntos.

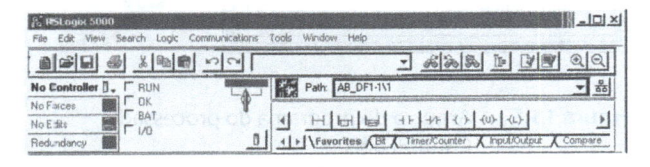

Figura 15.2 Tela do RSLogix 5000.

Configuração

A configuração de um sistema CLX modular envolve um estabelecimento de um vínculo (link) de comunicação entre o controlador e o processo. O software de programação precisa identificar qual equipamento (hardware) está sendo utilizado para poder enviar ou receber dados. A configuração da informação consiste no tipo de processador e do módulo de E/S que são utilizados.

O software de programação *RSLogix 5000* é utilizado para estabelecer ou *configurar* a organização da memória de um controlador ControlLogix, da Allen-Bradley. Já o sofware de comunicação é utilizado para estabelecer um vínculo (link) de comunicações entre o RSLogix 5000 e o equipamento (hardware) ControlLogix, como mostra a Figura 15.3. Para estabelecer comunicações com um controlador, deve ser criado um acionador (driver) no software RSLinx, que funciona como uma interface do software para um dispositivo de um equipamento (hardware). O *RSWho* é uma rede de navegação que fornece uma única janela para ver todos os drivers configurados.

A Figura 15.4 mostra um exemplo das caixas de diálogos das *propriedades dos controladores e das propriedades dos módulos* utilizadas como parte do processo de configuração, e os parâmetros mostrados são típicos das informações que, em geral, são requeridas. Após ter configurado o

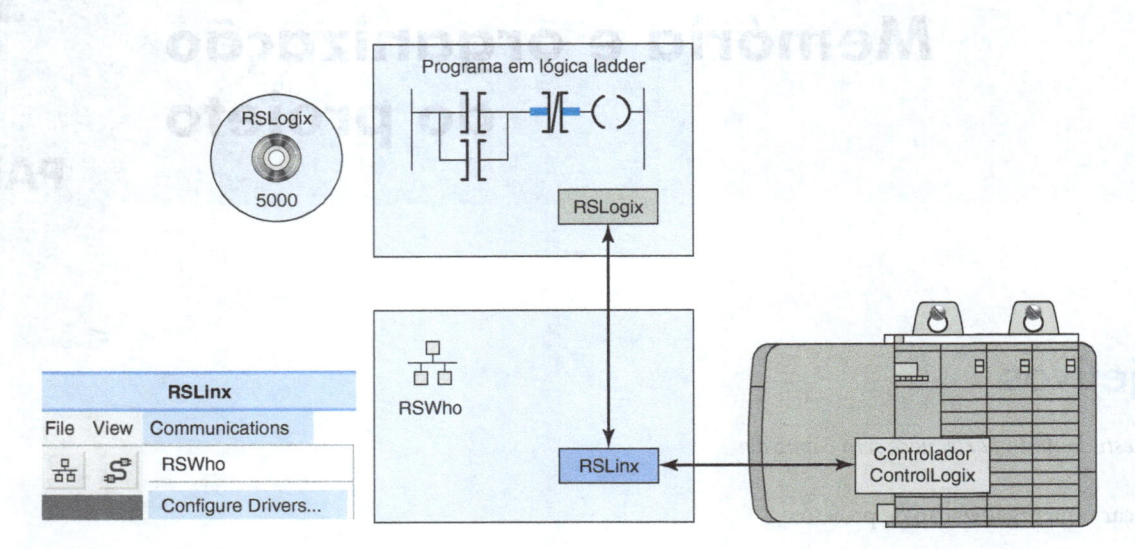

Figura 15.3 Software RSLinx e RSLogix.

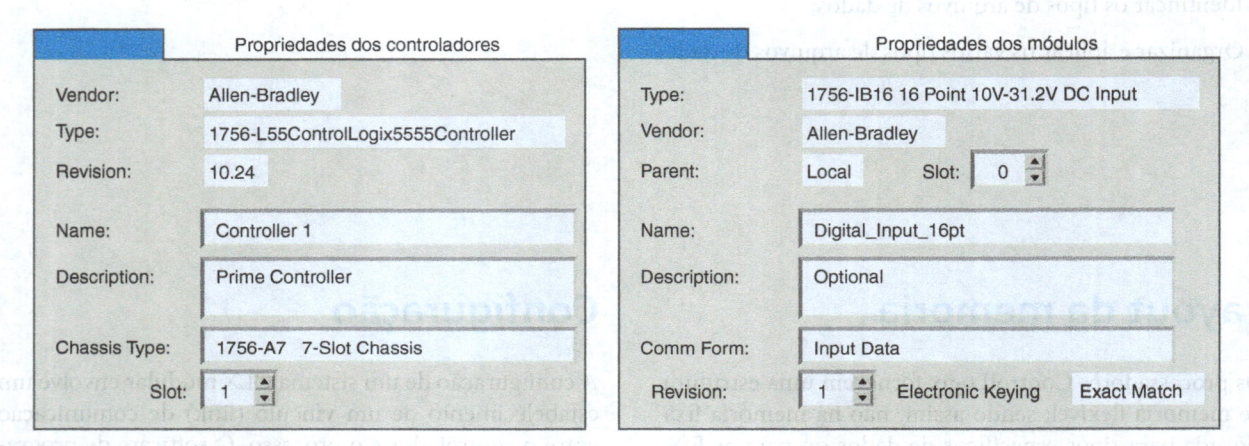

Figura 15.4 Caixas de diálogos das propriedades do controlador e das propriedades dos módulos.

controlador, configuram-se os módulos de E/S com o uso do software RSLogix 5000. Os módulos não funcionarão até serem configurados corretamente. O software contém todas as informações do equipamento necessárias para configurar qualquer módulo do ControlLogix.

Projeto

O software RSLogix armazena uma programação do controlador e a informação da configuração em um arquivo chamado de *projeto* – o diagrama de bloco do arquivo do processador de projeto é mostrado na Figura 15.5. Um arquivo de projeto contém todas as informações relacionadas ao projeto, e os seus principais componentes são tarefas, programas e rotinas. Vale lembrar que um controlador pode conter e executar apenas um projeto de cada vez.

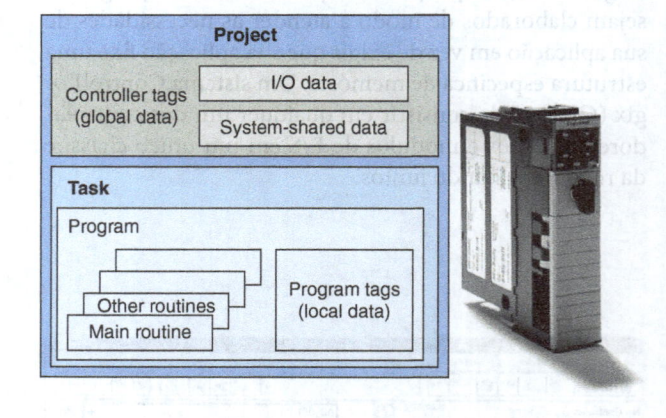

Figura 15.5 Arquivo do programa do processador ControlLogix.
Fonte: Imagem usada com a permissão da Rockwell Automation, Inc.

O organizador do controlador RSLogix 5000 (Figura 15.6) mostra uma organização do projeto no formato de árvore, com tarefas, programas e rotinas, tipos de dados, tendências, configuração de E/S e marcas (etiquetas). Essa estrutura simplifica a navegação e a visão global de todo o projeto.

Em frente a cada pasta existe um ícone contendo um sinal +, que indica que a pasta está fechada (deve-se clicar nela para expandir a exposição em árvore e mostrar os arquivos da pasta); ou o sinal –, que indica que a pasta já está aberta e seus conteúdos estão à mostra (com um clique no botão direito do *mouse*, são mostrados diferentes contextos sensitivos no menu). Muitas vezes, você perceberá que isso é um atalho para acessar a janela de propriedade ou as opções de menu da barra de menu.

Tarefas

As *tarefas* são o primeiro nível de esquema dentro de um projeto. Uma tarefa é uma coleção de programas esquematizados; e, quando é executada, os programas associados são executados na ordem listada. Essa lista de programas é conhecida como esquema (Schedule). As tarefas fornecem um esquema baseado em condições específicas e não contêm nenhum código executável, e apenas uma tarefa pode ser executada de cada vez. O número de tarefas que um controlador pode suportar depende do controlador especificado. Os principais tipos de tarefas (Figura 15.7) incluem:

- Uma tarefa *contínua* é executada sem parar, mas é sempre interrompida por uma tarefa periódica. As tarefas contínuas possuem a prioridade mais baixa. Uma tarefa contínua ControlLogix é similar ao arquivo 2 na plataforma do SLC 500, e aqui é denominada principal.

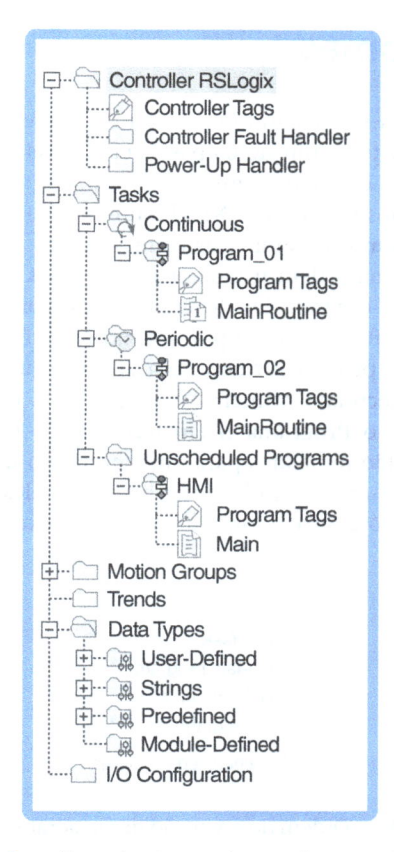

Figura 15.6 Organizador em árvore do controlador.

- Uma tarefa *periódica* funciona como interrupção temporizada. Elas interrompem a tarefa contínua e são executadas por um tempo fixado, em intervalos de tempo específicos.

- Uma tarefa de *evento* também funciona como interrupção com uma base de tempo e é disparada por um evento que aconteceu ou que não aconteceu.

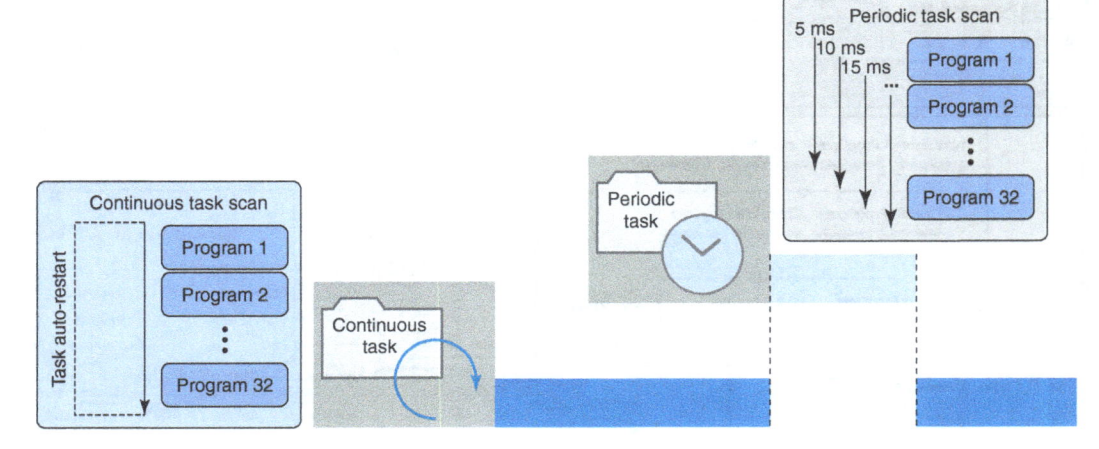

Figura 15.7 Tarefas contínuas e periódicas.

Programas

O *programa* é o segundo em nível de esquema dentro de um projeto. A função da pasta sob a Tarefa Principal (Main Task) é a de determinar e especificar a ordem de execução dos programas. Não há um código executável dentro de um programa, e as rotinas dentro deles serão executadas na ordem listada abaixo de suas tarefas associadas no organizador do controlador, como mostra a Figura 15.8. Nesse exemplo, segundo a ordem listada, o programa principal (Main Program) é esquematizado para ser executado primeiro, o Programa A em segundo lugar, e o Programa B em terceiro. Os programas que não estão indicados para uma tarefa são mostrados como *não esquematizados* (unscheduled); eles são baixados para o controlador, mas não serão executados, e permanecem não esquematizados enquanto for preciso. Dependendo da versão do software do RSLogix 5000, até 100 programas podem ser esquematizados dentro de cada tarefa (task).

Rotinas

As *rotinas* estão no terceiro nível do esquema dentro de um projeto e fornecem o código executável para o projeto. Cada rotina contém um conjunto de elementos lógicos para uma linguagem específica. Quando a rotina é editada, ela é especificada como uma lógica ladder, mapa de função sequencial, bloco de função ou texto estruturado (Figura 15.9). Qualquer rotina deve ter exatamente a mesma linguagem, e o número de rotinas por projeto é limitado apenas pela capacidade da memória do controlador. Pode ser criada uma biblioteca de rotinas-padrão que pode ser reutilizada em máquinas ou aplicações múltiplas. A rotina pode ser indicada como um dos seguintes tipos:

- Uma *rotina principal* é configurada para ser executada em primeiro lugar quando o programa rodar. Cada programa terá uma rotina principal tipicamente seguida por várias sub-rotinas.

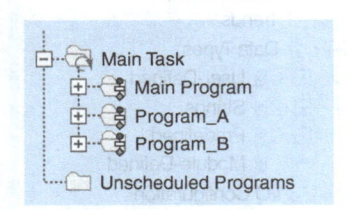

Figura 15.8   Ordem de execução dos programas.

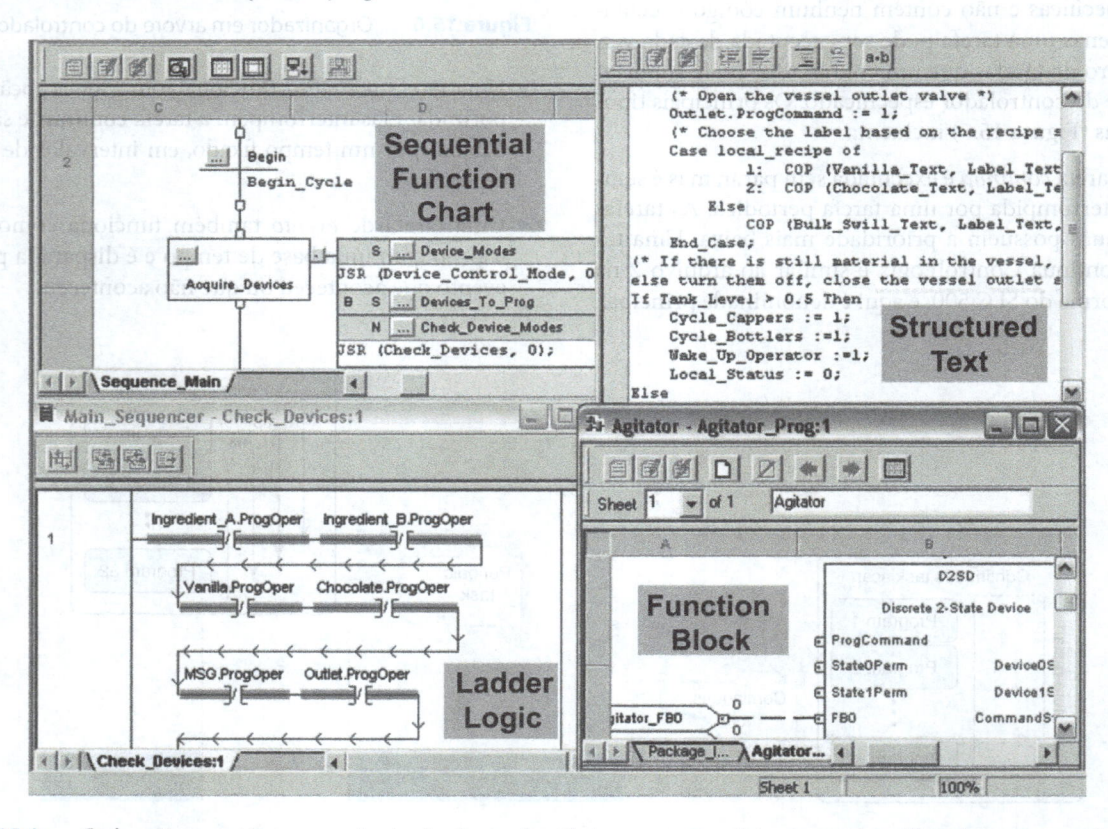

Figura 15.9   Cada rotina contém um conjunto de elementos lógicos para uma linguagem específica de programação.

- Uma *sub-rotina* é aquela que é chamada por outra rotina e é utilizada por programas extensos ou complexos com tarefas, ou tarefas que exijam mais de uma linguagem de programação.

- Uma *rotina de erro* é aquela que é executada se o controlador encontrar algum erro no programa. Cada programa pode ter uma rotina de erro, se desejado.

Etiquetas (tags)

Diferente dos controladores convencionais, o ControlLogix usa uma estrutura de endereçamento baseada em etiquetas (tags), que são nomes significativos, descritivos de sua aplicação, e não meramente um endereço genérico. Elas são criadas para representar o dado e identificar áreas na memória do controlador onde esses dados são armazenados. Em aplicações editadas utilizando o software Logix 5000, não há tabelas de dados predefinidas, como no caso do SLC 500. Quando se deseja utilizar ou monitorar os dados em um programa, empregam-se nomes de etiqueta (tag) para se referir às alocações da memória, como mostra a Figura 15.10. Isso permite funcionalmente que se deem nomes para os dados especificamente para suas funções dentro do programa de controle enquanto se fornece a lógica autodocumentada. Sempre que se desejar agrupar dados, cria-se uma matriz, que é um grupamento de etiquetas de tipos similares.

A *extensão* (*scope*) se refere a que programas terão acesso a uma etiqueta e deve ser especificada quando se criar a etiqueta. Existem dois tipos de extensão para as etiquetas: extensão de programa e extensão de controlador. Uma *etiqueta de programa* (*program scope*) consiste em dados que podem ser acessados apenas pelas rotinas dentro de um programa específico (dados locais). As rotinas em outros programas não podem acessar a extensão de programa da etiqueta (program scoped tags) de outro programa. Uma *etiqueta de controlador* (*controller scope*) consiste em dados que são acessíveis por todas as rotinas dentro de um controlador (dados globais). A Figura 15.11 mostra dois programas, A e B, dentro de um

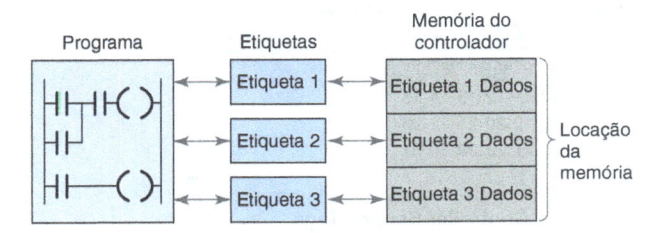

Figura 15.10 Etiquetas (tag) para indicar uma locação de memória.

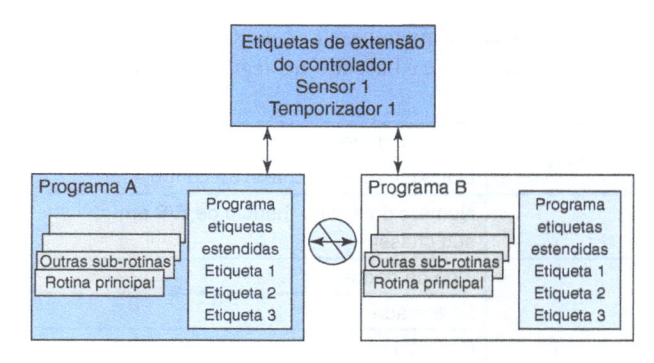

Figura 15.11 Etiquetas com extensão de programa (program scope) e extensão de controlador (controller scope).

projeto. É importante notar que cada programa tem uma etiqueta de extensão de programa com nomes idênticos (Etiqueta 1, Etiqueta 2 e Etiqueta 3). Pelo fato de ser extensão de programa, não há relação entre eles, mesmo tendo eles os mesmos nomes. Os dados da extensão do programa são acessíveis apenas para as rotinas dentro de um único programa. O mesmo nome para as etiquetas pode aparecer em diferentes programas como variáveis locais, porque pode ser selecionada a extensão em que se cria a etiqueta.

A extensão de uma etiqueta deve ser declarada ao criar a etiqueta. A Figura 15.12 mostra as etiquetas de extensão de programa e extensão de controlador como listadas no organizador (organizer) sob o programa para as quais foram indicadas. As etiquetas de E/S são criadas automaticamente como etiquetas de extensão de controlador.

Existem quatro tipos diferentes de etiquetas: base, alias (pseudônimo), produzida e consumida. O tipo de etiqueta define como ela opera dentro de um projeto. Uma *etiqueta base* armazena vários tipos de dados para serem utilizados pela lógica no projeto e define uma locação de memória onde os dados são armazenados. O seu uso depende do tipo de dados que a etiqueta representa.

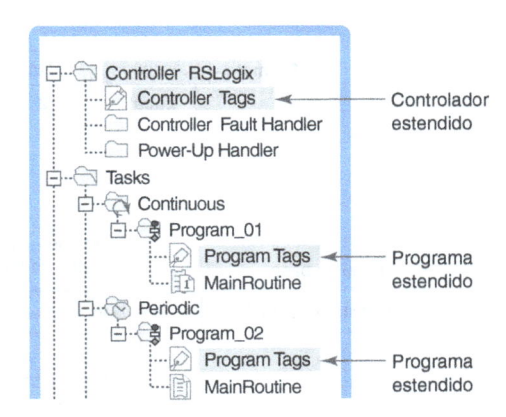

Figura 15.12 Listagem de etiquetas de extensão de programa e extensão de controlador.

Um exemplo de etiqueta base Local:2:O.Data.4 é mostrado na Figura 15.13 e é baseado no seguinte formato:

Locação	Locação de rede
	LOCAL = mesmo chassi do controlador
Slot	Número do slot do módulo de E/S em seu chassi.
Tipo	Tipo de dados
	I = entrada
	O = saída
	C = configuração
	S = estado
Membro	Dados específicos do módulo E/S; dependede que tipo de dados o módulo pode armazenar.
Submembro	Dados específicos relacionados com um membro.
Bit	Ponto específico em um módulo digital; depende da quantidade de módulo de E/S (0-31 para um módulo de 32 pontos por módulo).

Uma *etiqueta alias* (*pseudônimo*) é utilizada para criar um nome substituto para uma etiqueta e é simplesmente outro nome para uma locação de memória já denominada. Ela pode referir-se a uma etiqueta base, alias, consumida ou produzida. Essa etiqueta é utilizada sempre para criar um nome de etiqueta para representar uma palavra real de entrada ou de saída. A Figura 15.14 mostra um exemplo do uso de uma etiqueta alias. A etiqueta alias (FAN_Motor) é vinculada à etiqueta base (<local:2:O.Data.5>), de modo que qualquer ação para a base acontece também para a alias e vice-versa. O nome alias é fácil de ser entendido e de ser relacionado à aplicação, enquanto a etiqueta base contém a locação física do ponto de saída no chassi do ControlLogix.

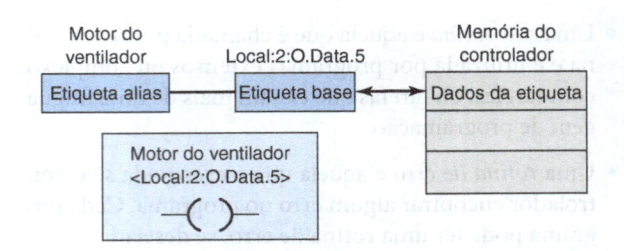

Figura 15.14 Etiqueta alias vinculada (link) com a etiqueta base.

As etiquetas *produzida* e *consumida* são utilizadas para compartilhar a informação da etiqueta ao longo de uma rede entre dois dispositivos ou mais. Uma etiqueta produzida envia dados, e é sempre na extensão do controlador, enquanto a etiqueta consumida recebe dados. A Figura 15.15 mostra um exemplo de como um controlador pode produzir dados e enviá-los pela rede para dois controladores que utilizam ou consomem os dados. Um controlador que produz terá uma etiqueta do tipo produzido, enquanto os controladores que consomem terão uma etiqueta com o mesmo nome exato que está no tipo consumido.

Quando se projeta um aplicativo, este é configurado totalmente para outros controladores no sistema por meio da placa-mãe (backplane) e para etiquetas de consumo dos outros controladores, o que permite a seleção dos dados enviados e recebidos por qualquer outro controlador. Do mesmo modo, os vários controladores podem conectar os dados que estão sendo produzidos, evitando assim a necessidade de enviar várias mensagens contendo o mesmo dado.

Os controladores Logix são baseados em 32 bits de operação. Os tipos de dados que podem ter uma etiqueta base são: BOOL, SINT, INT, DINT e REAL, como mostra a Figura 15.16 e que estão listados a seguir. Os controladores armazenam todos os dados com um mínimo de 4 bytes ou 32 bits da palavra.

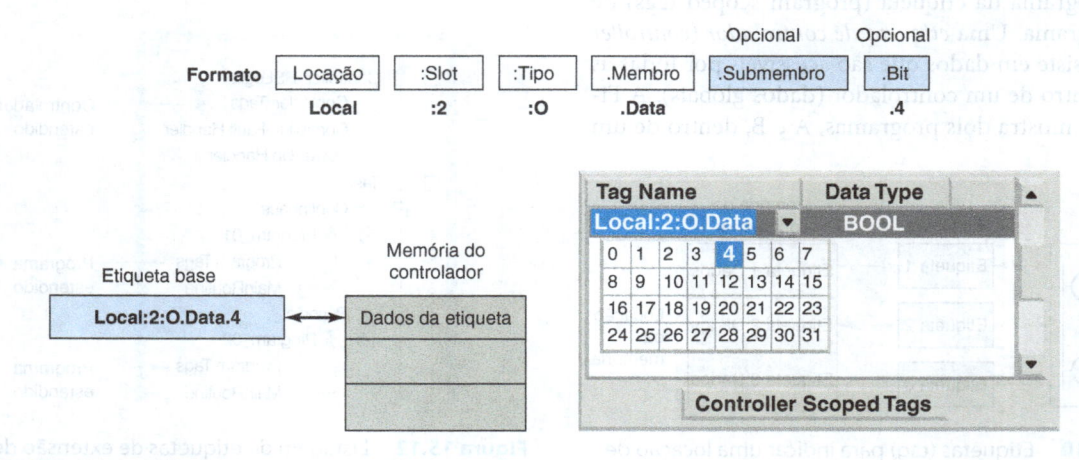

Formato	Locação	:Slot	:Tipo	.Membro	.Submembro	.Bit
	Local	:2	:O	.Data		.4

Figura 15.13 Etiqueta base.

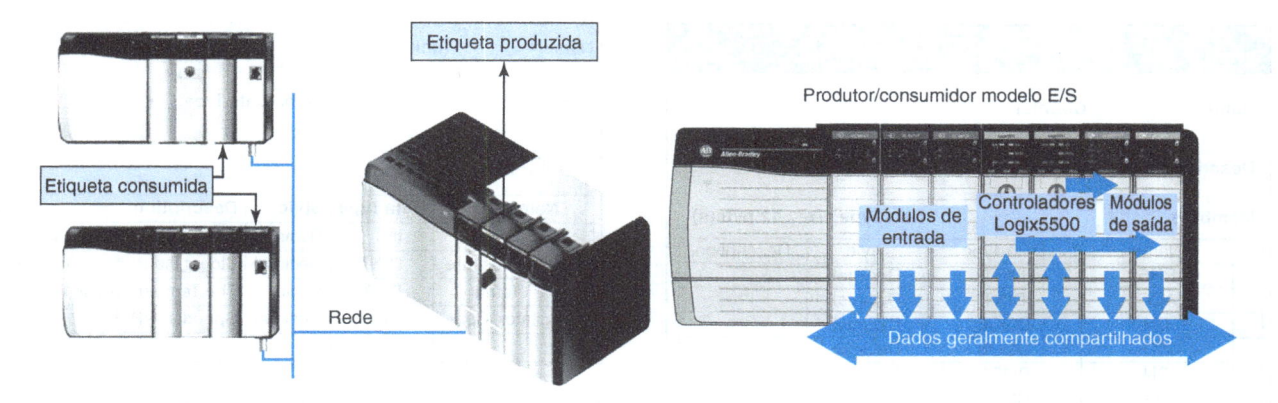

Figura 15.15 Etiquetas produzida e consumida usadas para compartilhar informações.
Fonte: Imagem usada com a permissão da Rockwell Automation, Inc.

- Uma **BOOL** ou etiqueta base Booleana é 1 bit de dado armazenado no bit 0 de uma locação de memória de 4 bytes. Os outros bits, de 1 a 31, não são utilizados. As BOOLs têm uma faixa de 0 a 1, liga ou desliga, respectivamente.

- Uma **SINT** (Single Integer Base Tag), ou etiqueta com base em inteiro única, utiliza 8 bits de memória e armazena dados nos bits de 0 a 7, que são chamados algumas vezes de byte baixo. Os outros três bytes, bits de 8 a 31, não são usados. As SINTs têm uma faixa de –128 (valores negativos) até 127 (valores positivos).

- Uma **INT** (Integer Base Tag), ou etiqueta com base em inteiro, utiliza 16 bits, bits de 0 a 15, chamados algumas vezes de byte inferior. Os bits 16 a 31 não são usados. As INTs têm uma faixa de –31.768 até 32.767.

- Uma **DINT** (Double Integer Base Tag), ou etiqueta com base em inteiro duplo, utiliza 32 bits, ou 4 bytes, e tem a seguinte faixa: -2^{31} até $2^{31}-1$ ($-2.147.483.648$ até $2.147.483.647$).

- Uma etiqueta com base em **REAL** também utiliza 32 bits de uma locação de memória e tem uma faixa de valores baseada no IEEE (Standard for Floating-Point Arithmetic), ponto flutuante padrão.

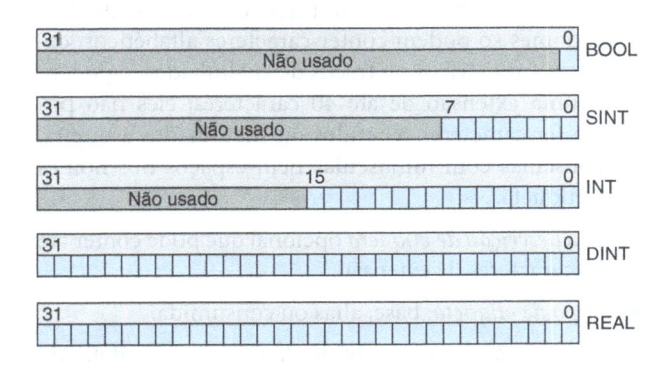

Figura 15.16 Tipos de dados na etiqueta base.

Estruturas

Existe outra classe de tipos de dados chamada de estrutura (structures). Uma etiqueta tipo estrutura é um agrupamento de tipos diferentes de dados que funciona como uma unidade única e serve a uma finalidade específica. Um exemplo de estrutura no RSLogix é mostrado na Figura 15.17. Cada elemento de uma estrutura é referenciado como membro, e cada membro de uma estrutura pode ter um tipo de dado diferente.

Existem três tipos diferentes de estrutura em um controlador ControlLogix: *predefinida*, *módulo definida* e *usuário definida*. O controlador cria a estrutura *predefinida* para que sejam incluídos os tipos de temporizadores, contadores, mensagens e PID. Um exemplo de uma estrutura da instrução de contador predefinido é mostrado na Figura 15.18. Ela constitui-se do valor pré-ajustado, valor acumulado e bits de estado da instrução.

As estruturas *módulo-definidas* são criadas automaticamente quando os módulos de E/S são configurados para o sistema. Quando são adicionados módulos de entrada ou de saída, automaticamente é adicionado um número de etiquetas definidas para o controlador. A Figura 15.19 mostra as duas etiquetas (Local:1:C e Local:1:I) criadas após a adição de um módulo de entrada

Figura 15.17 Etiqueta tipo estrutura.

Data type : COUNTER

Name: Counter
Description:
Members — Data type size : 12 byte(s)

Name	Data Type	Style	Description
PRE	DINT	Decimal	
ACC	DINT	Decimal	
CU	BOOL	Decimal	
CD	BOOL	Decimal	
DN	BOOL	Decimal	
OV	BOOL	Decimal	
UN	BOOL	Decimal	

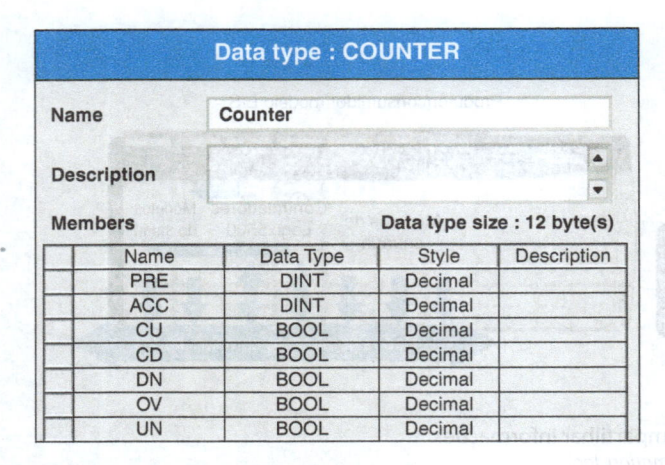

Figura 15.18 Estrutura predefinida.

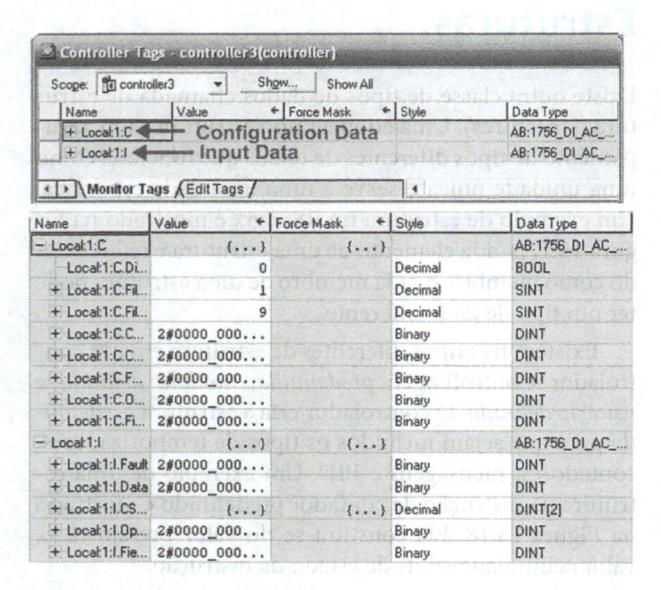

Figura 15.19 Estrutura módulo-definida para um módulo de entrada.

Name: Tank **Size:** 16 byte(s)
Description: Generic Storage Tank Data Type

Name	Data Type	Style	Description
Level	INT	Decimal	Stores the Level in Inches
Pressure	DINT	Decimal	Stores the Pressure in PSIG
Temp	REAL	Float	The Temperature in F
Agitator_Speed	DINT	Decimal	Speed in RPM

Figura 15.20 Estrutura usuário-definida para armazenagem em tanque.

digital. As etiquetas desse tipo são criadas para armazenar entradas, saídas e configuração de dados para o módulo; as etiquetas de entrada rotulada com Data contêm os bits atuais de entrada para o módulo; a configuração das etiquetas determina as características e a operação do módulo; o nome Local indica que essas etiquetas estão no mesmo rack do processador; o 1 indica que o módulo ocupa slot 1 no chassi; as letras I e C indicam se os dados são de entrada ou de configuração.

Uma estrutura *usuário-definida* completa as estruturas predefinidas dando a capacidade de criar as estruturas definidas personalizadas para armazenar e manipular dados como um grupo. A Figura 15.20 mostra a estrutura usuário-definida que contém dados para uma armazenagem em tanque. Todos os dados relativos ao tanque são armazenados juntos. No estágio do projeto, o programador cria uma estrutura de memória usuário-definida genérica que contém todos os aspectos diferentes da armazenagem em tanque. Cada membro tem um nome significativo e é criado nos tipos de dados apropriados e no estilo como REAL (ponto flutuante), para temperatura, e DINT (decimal), para velocidade do agitador em rpm. Os técnicos em instalação e manutenção podem localizar facilmente todos os dados associados à operação do tanque, visto que todas as informações estão armazenadas juntas.

Criando etiquetas

Existe mais de um meio de criar etiquetas, e é possível criá-las no editor de etiqueta antes da edição de um programa; deve-se inserir os nomes das etiquetas de acordo com o programa, ou utilizar o sinal de interrogação [?] no lugar dos nomes da etiqueta, e atribuir as etiquetas depois. A Figura 15.21 mostra um exemplo de um controlador com etiqueta com extensão criada na nova caixa de diálogos. Para definir etiquetas, as seguintes informações devem ser especificadas:

- Um *nome de etiqueta*, que deve começar com um caractere alfabético ou um traço de sublinhado (_). Os nomes só podem conter caracteres alfabéticos, caracteres numéricos ou traços de sublinhados, e podem ter uma extensão de até 40 caracteres; eles não podem ter caracteres repetidos ou sublinhados à direita, maiúsculas com minúsculas nem espaços nos nomes da etiqueta.

- Uma *descrição de etiqueta* opcional que pode conter até 120 caracteres de extensão.

- O *tipo de etiqueta*: base, alias ou consumida.

- O *tipo de dados* que é obtido de uma lista predefinida ou tipos de dados usuário-definida.

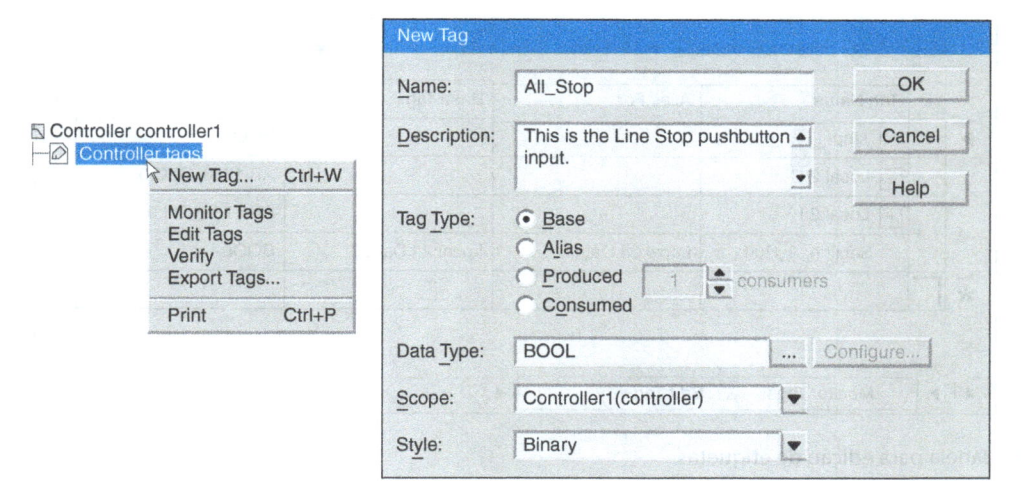

Figura 15.21 Controlador com etiqueta com extensão.

- A extensão (scope) para criar a etiqueta. Suas opções são as extensões do controlador ou qualquer uma das extensões (scope) existentes no programa.
- O *estilo de display* (*display style*), para ser utilizado quando a etiqueta no software de programação for monitorada. O software mostrará as escolhas disponíveis dos estilos.
- Definir se essa etiqueta deve ficar disponível para outros controladores e o número de outros controladores que podem consumir a etiqueta.

Monitorando e editando etiquetas

Uma vez criadas, as etiquetas podem ser monitoradas com o uso da janela de monitor de etiquetas mostrada na Figura 15.22. Quando o *monitor de etiquetas* é selecionado o valor atual (ou valores atuais) para as etiquetas é mostrado. A coluna de máscara de forçamento é usada para forçar entradas e saídas quando se fizer uma verificação de defeitos. É possível criar também novas etiquetas ou editar as já existentes com o uso da janela de edição de etiquetas (Edit Tags) mostrada na Figura 15.23. Quando *Edit Tags* é selecionado, novas etiquetas podem ser criadas, e as propriedades da etiqueta existente podem ser modificadas.

Matriz

Muitos programas de controle devem ter a capacidade de armazenar blocos de informação na memória em forma de tabela que possam ser acessados quando em funcionamento. Uma *matriz* é um tipo de etiqueta que contém um bloco de várias partes dos dados, e cada um de seus elementos deve ser do *mesmo tipo de dados*; por exemplo, BOOL, SINT ou INT. Ela ocupa um bloco contíguo

Figura 15.22 Janela do monitor de etiquetas.

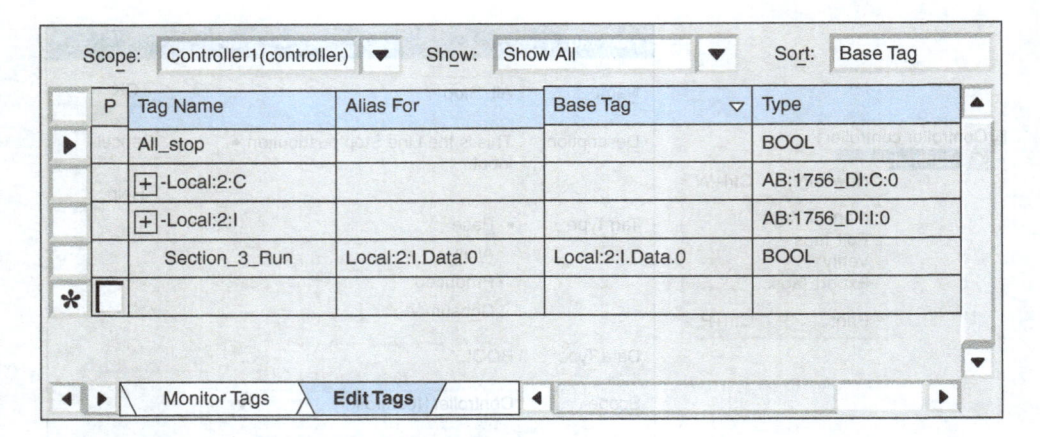

Figura 15.23 Janela para edição de etiquetas.

da memória do controlador. As matrizes são similares às tabelas de valores. A utilização de tipos de dados dispostos em forma de matriz permite que os dados (de saída) do processador ControlLogix sejam os mais rápidos. Pelo fato de matrizes serem etiquetas numericamente sequenciadas dos mesmos tipos de dados que ocupam uma locação de memória contígua, uma grande quantidade de dados pode ser lida de maneira eficiente. As matrizes podem ser obtidas utilizando 1, 2 ou 3 dimensões, como mostra a Figura 15.24, para representar os dados que se pretende reter.

Uma única etiqueta dentro de uma matriz é um elemento. O elemento pode ser um tipo básico de dado ou uma estrutura. Ele começa com 0 e se estende até o número de elementos menos 1. A Figura 15.25 é um exemplo de layout de memória para uma matriz de 1 dimensão

(uma coluna de valores) criada para reter cinco temperaturas. O nome da etiqueta é Temp, e a matriz consiste em 5 elementos numerados de 0 a 4.

Matriz	
Tipo de dados – INT[5]	
Temp [0]	297
Temp [1]	200
Temp [2]	180
Temp [3]	120
Temp [4]	100

Figura 15.25 Layout da memória para uma matriz de 1 dimensão.

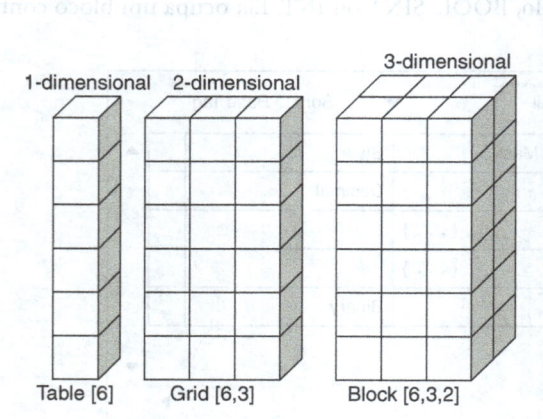

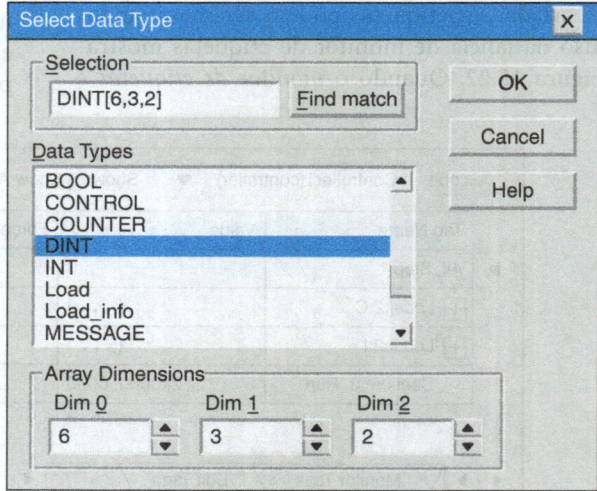

Figura 15.24 Tipos de matriz.

QUESTÕES DE REVISÃO

1. Compare a configuração de memória de um controlador Logix 5000 com a do controlador SLC 500.
2. O que um projeto contém?
3. Liste quatro funções de programação que podem ser realizadas com o uso do organizador de programa.
4. Explique a função das tarefas dentro de um projeto.
5. Cite os três tipos principais de tarefas.
6. Que tipos de tarefas funcionam como interrupção temporizada?
7. Explique a função dos programas dentro do projeto.
8. Explique a função das rotinas dentro do projeto.
9. Que rotina é configurada para ser executada primeiro?
10. Cite os nomes de quatro tipos de linguagens de programa.
11. Para que são usadas as etiquetas?
12. Compare a acessibilidade das etiquetas de extensão (scope) de programa com a extensão (scope) de controlador.
13. Cite os nomes dos tipos de etiquetas usadas para os seguintes casos:
    a. Criar um nome substituto para uma etiqueta.
    b. Compartilhar informação através de uma rede.
    c. Armazenar vários tipos de dados.
14. Qual é a diferença entre etiqueta produzida e etiqueta consumida?
15. Liste cinco tipos de dados de etiqueta base.
16. Descreva os tipos de dados usados para cada um dos seguintes casos:
    a. Armazenar 32 bits na memória;
    b. Interruptor liga/desliga;
    c. Armazenar 16 bits na memória;
    d. Armazenar 8 bits na memória.
17. Descreva a composição de uma estrutura predefinida.
18. Descreva a composição de uma estrutura módulo-definida.
19. Descreva a composição de uma estrutura usuário-definida.
20. Explique duas formas de criar uma etiqueta.
21. Na definição de etiquetas, que limitações são colocadas ao inserir-se um nome de etiqueta?
22. O que se entende por etiqueta de exibição de estilo?
23. Escreva um exemplo de uma etiqueta de matriz usada para reter 4 velocidades.

PARTE 2
Programação em nível de bits

Objetivos

Após o estudo desta parte, você será capaz de:

- Compreender o que acontece durante a varredura ou exploração do programa.
- Entender o formato de endereçamento de entrada, saída e relé interno para uma etiqueta baseado no controlador Logix.
- Desenvolver programas lógicos em ladder com combinações de instruções de entrada e bobinas de saída.
- Desenvolver programas lógicos em ladder com saídas fechadas.

Varredura do programa

Quando um controlador CLX executa um programa, ele precisa saber, em tempo real, quando os dispositivos externos que controlam um processo mudam. Durante cada ciclo de operação, o processador lê todas as entradas, toma esses valores e energiza ou desenergiza as saídas de acordo com o programa do usuário. Esse processo é conhecido como *varredura do programa*.

A Figura 15.26 mostra o fluxo do sinal que entra e que sai do controlador Logix durante um ciclo de operação do controlador quando executa a lógica ladder. Durante a varredura, o controlador lê os degraus e ramos da esquerda para a direita, e de cima para baixo, da seguinte maneira:

- Apenas um degrau é varrido de cada vez.
- À medida que o programa é varrido, os estados das entradas são verificados quanto às condições verdadeiro (1 ou ligado) ou falso (0 ou desligado).
- Os sinais dos estados das entradas são enviados para as etiquetas de entrada, onde são armazenadas.

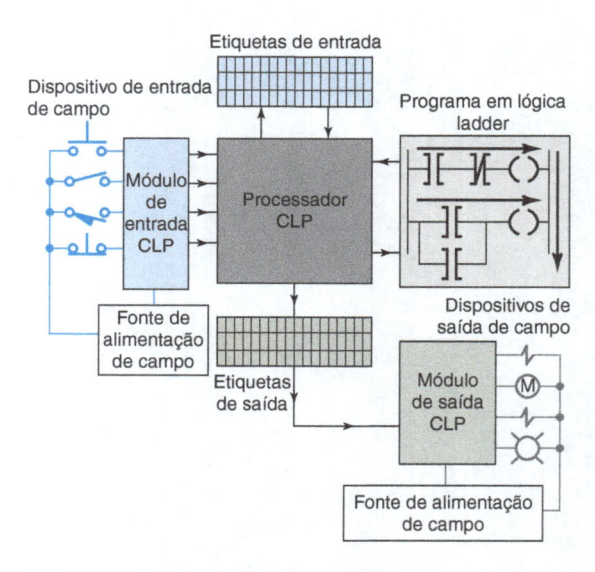

Figura 15.26 Ciclo de operação do controlador Logix.

- À medida que o programa é varrido pelo processador, as entradas são verificadas para as condições de verdadeiro ou falso, e a lógica ladder é avaliada com base nesses valores.
- A ação resultante LIGA/DESLIGA, como resultado da avaliação de cada degrau, é enviada então para as etiquetas de saída para ser armazenada.
- Durante a parte de atualização da saída, os valores correspondentes às saídas são enviados para o processador ou máquina pelo módulo de saída.
- A atualização das E/S ocorre sincronamente para a varredura da lógica. Com um processador ControlLogix, dois processadores não sincronizados separados de 32 bits são processados simultaneamente – isto é, sincronamente. Isso significa que o módulo pode atualizar a etiqueta de entrada do campo e escrever a etiqueta de saída para o campo em qualquer ponto (ou em vários pontos) durante a execução dos degraus ladder. O resultado e o controle são mais eficientes quando os dados do dispositivo de entrada do campo são atualizados na etiqueta de entrada e quando os dados de saída resultando da lógica resolvida são enviados para os módulos de saída e seus respectivos dispositivos de campo.

Criando uma lógica ladder

Embora existam outras linguagens de programação, a lógica ladder é a linguagem de programação mais utilizada para CLPs. As instruções na programação em lógica ladder podem ser divididas em duas amplas categorias: instruções de entrada e de saída. A instrução de entrada mais comum é equivalente a um contato de relé, e a instrução de saída mais comum é equivalente a uma bobina de relé (Figura 15.27). Para a criação de instruções de bit de E/S em ladder, aplique as seguintes regras:

- Todas as instruções de entrada devem ficar à esquerda da instrução de saída.
- Um degrau não pode começar com uma instrução de saída se ela tiver também uma instrução de entrada, porque o controlador testa todas as entradas para verdadeira ou falsa antes de decidir que valor a instrução de saída deve ter.
- Um degrau não necessita conter uma instrução de entrada, mas precisa conter pelo menos uma instrução de saída.
- Quando um degrau tiver apenas uma instrução de saída, ela será sempre verdadeira.
- A última instrução em um degrau deve ser sempre uma instrução de saída.

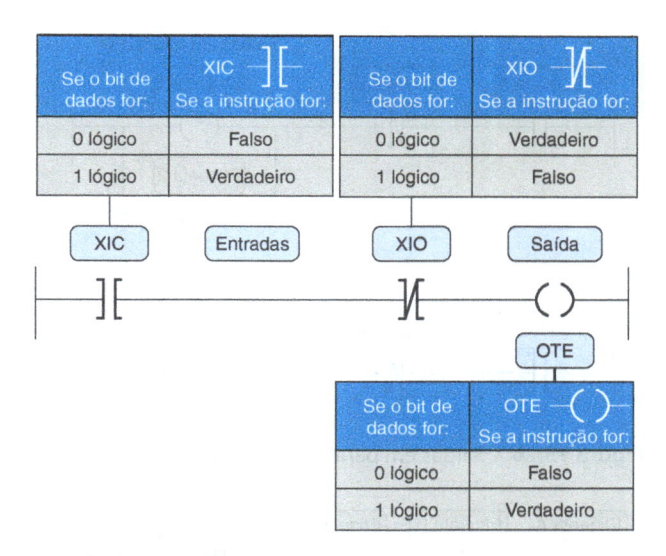

Figura 15.27 Instruções de contatos e bobinas.

- A XIC (Examine If Close), ou instrução verifique se fechado, verifica para saber se o valor da entrada é um. Se a entrada for um, a instrução XIC retorna um valor verdadeiro.
- A XIO (Examine If Open), ou instrução verifique se aberto, verifica para saber se o valor da entrada é zero. Se a entrada for zero, a instrução XIO retorna um valor verdadeiro.
- A OTE (Output Energize), ou energização da saída, estabelece que a etiqueta associada a ela seja verdadeira ou um quando o degrau tiver uma continuidade lógica. Quando verdadeira, ela pode ser usada para energizar um dispositivo de saída ou simplesmente estabelecer um valor na memória como um.

Os CLPs ControlLogix admitem várias saídas em um degrau. Os controladores CLX permitem o uso de lógica serial que não estão de acordo com os circuitos elétricos com dispositivos tradicionais ou com lógica ladder; por exemplo, os dois degraus mostrados na Figura 15.28 são válidos no RSLogix 5000; contudo, conexão de saídas em série poderia não funcionar se fosse ligada desse modo em um circuito elétrico equivalente ou programado dessa maneira no RSLogix 500. Nos dois casos para o RSLogix 5000, as instruções etiqueta A (tagA) e etiqueta B (tagB) devem ser verdadeiras para energizar as saídas etiqueta 1 (tag1) e etiqueta 2 (tag2). No ControlLogix, as instruções de saída podem ser colocadas entre as instruções de entradas, como mostra a Figura 15.29. Nesse exemplo as instruções etiqueta A (tagA) e etiqueta B (tagB) devem ser verdadeiras para energizar a saída etiqueta 1 (tag1). As instruções tagA e tagB e tagC devem ser todas verdadeiras antes da saída tag2 seja estabelecida para energizar.

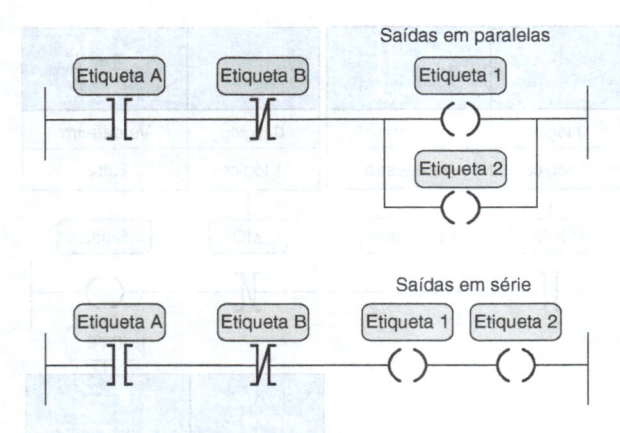

Figura 15.28 Saídas em paralelo e em série.

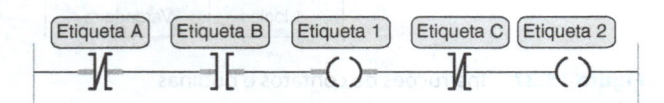

Figura 15.29 Instrução de saída colocada entre instruções de entrada.

Endereçamento baseado em etiquetas (tags)

Os controladores Logix 5000 usam estrutura de endereçamento baseada em etiquetas (tags). Uma etiqueta (tag) tem seu nome baseado em texto para uma área do controlador onde os dados são armazenados. Um exemplo de como um endereço baseado em tag é implementado usando um controlador ControlLogix está mostrado na Figura 15.30. Os nomes das etiquetas (tag) utilizam descrições que lembram uma variável. Nesta aplicação, quando a chave de limite alto normalmente fechada for ativada, o programa ligará a lâmpada de saída de limite alto. O formato de endereçamento pode ser resumido como segue:

- O endereço físico para a etiqueta Chave_limite é Local:1:I.Data.2(C). Local indica que o módulo está no mesmo rack do processador, 1 indica que o módulo está no slot 1 do rack, I indica que o módulo é do tipo de entrada, Data indica que ele é uma entrada digital, 2 indica que a chave-limite está conectada no terminal 2 do módulo, e C indica que ela é uma etiqueta de controlador com acesso global.

- O endereço físico para a etiqueta Alto_limite_lâmpada é Local:2:O.Data.4(C). Local indica que o módulo está no mesmo rack do processador, 2 indica que o módulo está no slot 2 do rack, O indica que o módulo é do tipo de saída, Data indica que ele é uma saída digital, 4 indica que a lâmpada de limite alto está conectada no terminal 4 do módulo, e C indica que ela é uma etiqueta de controlador com acesso global.

Uma vantagem do uso de endereçamento baseado em etiqueta é que a atribuição dos nomes de variáveis para valores do programa não está vinculada a alguns locais específicos da memória na estrutura de memória, como é o caso dos tipos de rack/slot. Inicialmente, todo o desenvolvimento do programa pode ser feito apenas com os nomes atribuídos para as etiquetas e os tipos de dados. Com o uso de etiquetas (tag alias), o programador pode escrever um código independentemente das atribuições das conexões elétricas. Posteriormente, dispositivos de entrada e de saída no campo são facilmente combinados para os números dos pinos dos respectivos módulos que eles estão conectados.

Adicionando lógica ladder em uma rotina principal

A Figura 15.31 mostra o diagrama de um circuito para ligar/desligar um motor operado por contator. O botão de partida normalmente aberto é fechado momentaneamente para energizar a bobina do contator e fechar seus contatos para dar a partida no motor. O contato auxiliar de selo do contator é conectado em paralelo com o botão de partida para manter a bobina do contator energizada quando o botão de partida for liberado. O botão normalmente fechado de parada é aberto momentaneamente para desenergizar a bobina do contator, parando o motor.

A Figura 15.32 mostra o programa em lógica ladder para o circuito de controle de partida/parada do motor e a barra de ferramentas do RSLogix 5000, utilizado para editá-lo. A forma livre de edição encontrada no RSLogix 5000 ajuda a acelerar o desenvolvimento na medida em que não é preciso colocar uma instrução e vincular um endereço a ela antes de acrescentar a nova instrução. Neste exemplo, escolhemos usar o sinal de interrogação [?] em vez dos nomes e atribuir as etiquetas depois; e está mostrado o cabeamento dos dispositivos de campo para os dois botões de comando de entrada e a bobina do contator; o botão de parada está conectado no terminal 3 e o botão de partida, no terminal 4 do módulo de entrada CC, locado no slot 1 do rack; a bobina do contator está com conectada no terminal 4 do módulo de saída CC, locado no slot 2 do rack; os dois botões de partida e de parada são examinados para uma condição fechada (XIC), pois eles devem ser fechados para operar a partida motor.

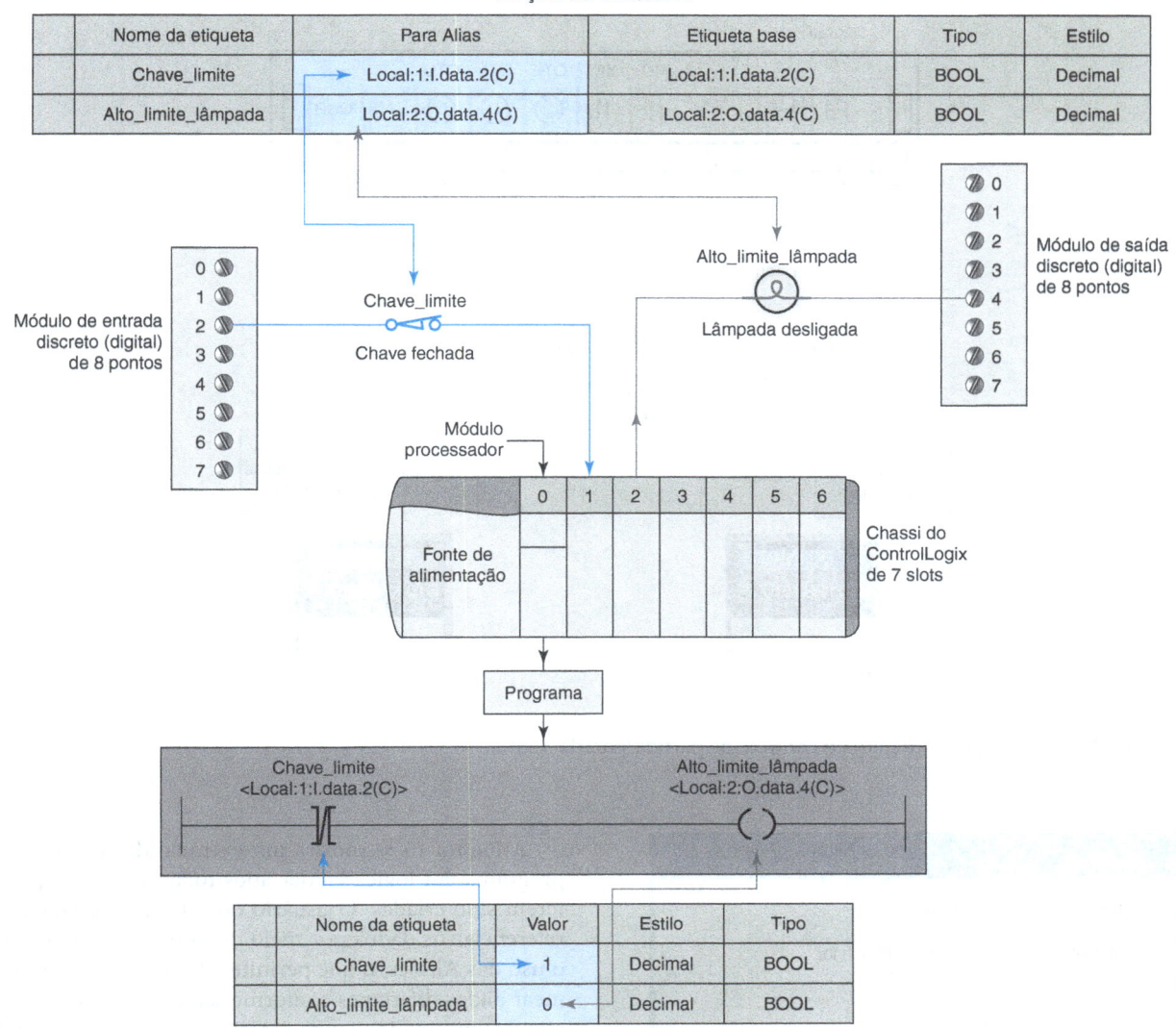

EDIÇÃO DE ETIQUETA

Nome da etiqueta	Para Alias	Etiqueta base	Tipo	Estilo
Chave_limite	Local:1:I.data.2(C)	Local:1:I.data.2(C)	BOOL	Decimal
Alto_limite_lâmpada	Local:2:O.data.4(C)	Local:2:O.data.4(C)	BOOL	Decimal

Monitor de etiquetas

Nome da etiqueta	Valor	Estilo	Tipo
Chave_limite	1	Decimal	BOOL
Alto_limite_lâmpada	0	Decimal	BOOL

Figura 15.30 Implementação de endereçamento baseado em etiquetas (tag).

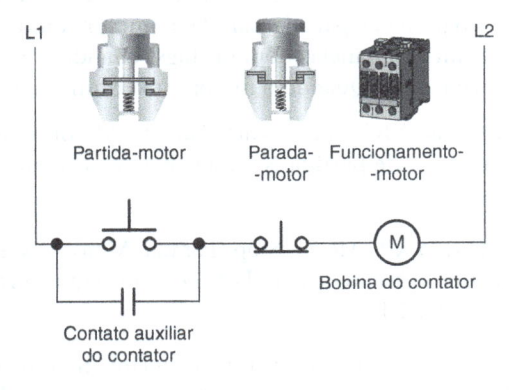

Figura 15.31 Circuito de controle de partida/parada do motor.

Com os sistemas Logix baseados em texto, é possível nomear a etiqueta para documentar um código ladder e organizar dados para refletir sua aplicação. Para o circuito de controle de partida/parada do motor programado são criadas três etiquetas (tag) Motor_Start, Motor_Stop e Motor_Run. A Figura 15.33 mostra como a etiqueta Motor_Start é criada com New Tag window. Essa janela pode ser acessada com um clique com o botão direito no sinal ? acima da instrução XIC no programa em lógica ladder. Como essa etiqueta representa um valor do dispositivo de entrada no campo, deve ser criado um vínculo (link) por meio do módulo para o dispositivo de campo. Quando Local:1:I.Data for selecionado, aparecerá uma caixa de diálogos para os todos os números de terminais

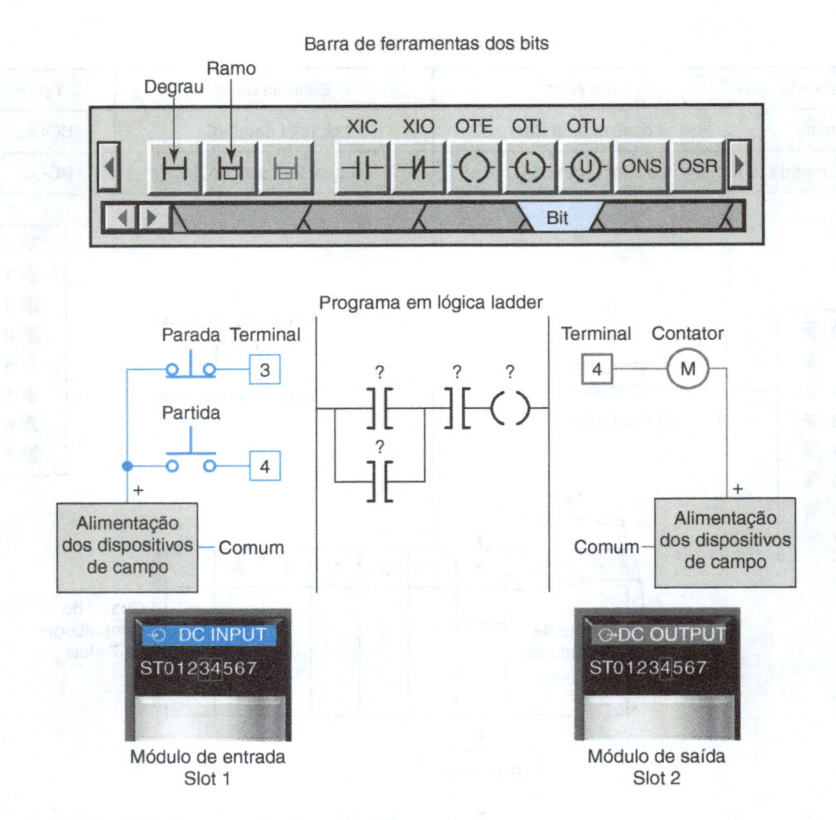

Figura 15.32 Programa do circuito de controle de partida/parada_motor.

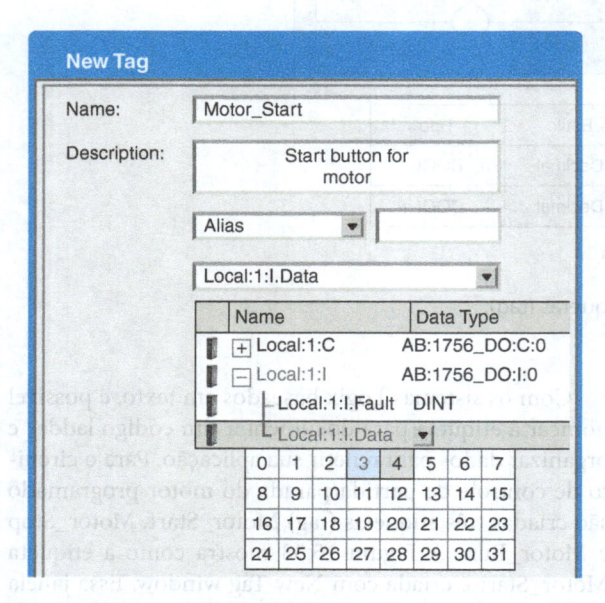

Figura 15.33 Criando uma etiqueta Motor_Start.

que aparecem no módulo de entrada. O nome da etiqueta (Motor_Start) utilizado no programa é depois vinculado ao terminal 3, onde o dispositivo de campo representado pelo nome da etiqueta está conectado.

A Figura 15.34 mostra um exemplo da aparência do programa em lógica ladder após todas as três etiquetas terem sido criadas. O usuário deve ter a capacidade de referenciar os dados por meio de nomes múltiplos com o uso das Aliases, o que permite a flexibilidade para nomear dados diferentes conforme seu uso. A descrição de etiqueta proporciona uma descrição mais significativa do seu nome. Os nomes das etiquetas são baixados e armazenados no controlador, mas a descrição não, visto que ela é parte da documentação do projeto.

A Figura 15.35 mostra o estado das etiquetas criadas para o programa de partida/parada do motor como visto no programa e a janela Monitor Tags, quando o motor está funcionando. Quando o motor estiver funcionando:

- A instrução XIC Motor_Start (Partida_Motor) é falsa, pois o botão de partida NA está aberto; portanto, seu valor é 0.

- A instrução XIC Motor_Stop (Parada_Motor) é verdadeira, pois o botão de parada NF está fechado; portanto, seu valor é 1.

- A instrução OTE Motor_Run (Funcionamento_Motor) é verdadeira, pois o degrau tem uma continuidade lógica; portanto, seu valor é 1.

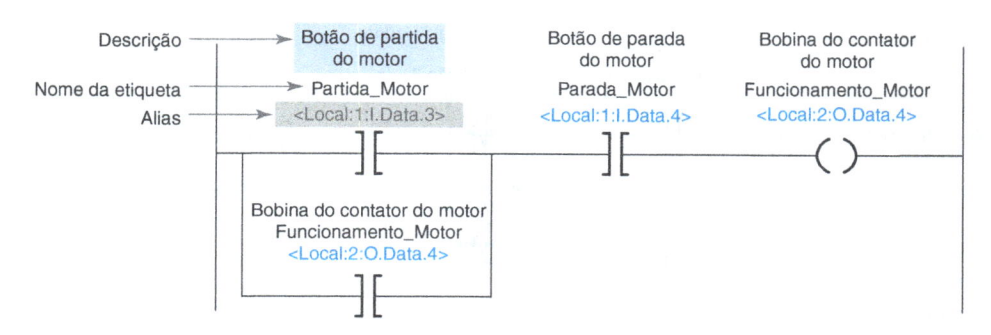

Figura 15.34 Programa em lógica ladder após a criação de todas as etiquetas.

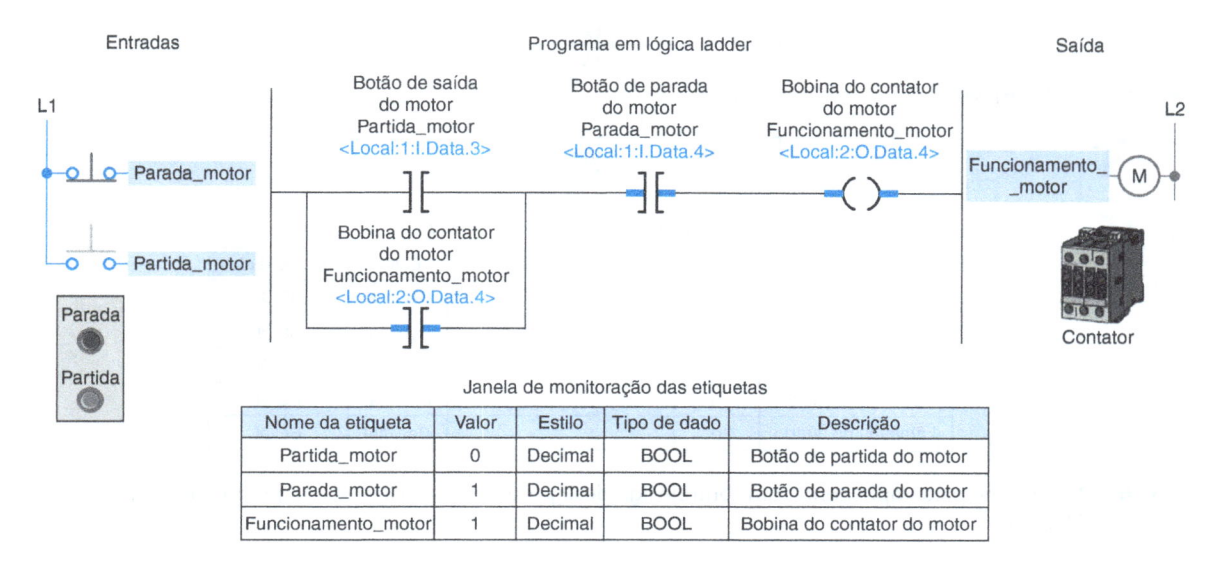

Figura 15.35 Programa em lógica ladder e a janela Monitor Tags com o motor funcionando.

Nome da etiqueta	Valor	Estilo	Tipo de dado	Descrição
Partida_motor	0	Decimal	BOOL	Botão de partida do motor
Parada_motor	1	Decimal	BOOL	Botão de parada do motor
Funcionamento_motor	1	Decimal	BOOL	Bobina do contator do motor

Instruções de relés internos

As instruções de *relés internos* são utilizadas quando são necessários outros dispositivos reais de campo, como instruções de referência de entrada ou de saída; por exemplo, um bit de relé interno é utilizado como uma saída quando a lógica resultante de um degrau é utilizada para controlar outra lógica interna. Um relé de controle interno é programado no sistema RSLogix pela criação de uma etiqueta (do tipo programa ou controlador) e atribuindo um tipo booleana para a etiqueta.

A Figura 15.36 mostra um programa ControlLogix que usa um relé interno para implementar um controle liga/desliga de uma lâmpada em um quarto por três posições diferentes. São utilizadas três chaves de um polo para as entradas no lugar de dois interruptores paralelos (3 way), e um interruptor intermediário (4 way) utilizados normalmente para esse tipo de circuito. O funcionamento do programa pode ser resumido da seguinte maneira:

- É utilizado um relé interno para executar a lógica do circuito sem usar uma saída real no campo.

- Os valores dos estados armazenados na memória para todas as etiquetas, quando todas as chaves de entrada estiverem abertas, é 0, de modo que a lâmpada do quarto estará desligada.

- Fechando a chave Posição 1, o estado de sua instrução XIC muda de falso para verdadeiro estabelecendo, portanto, a continuidade lógica para o degrau 1.

- Isto muda o estado da bobina do relé interno de sua XIC de falso para verdadeiro.

- O que estabelece a continuidade lógica para o degrau 2 e liga a lâmpada do quarto.

- Uma mudança de estado em qualquer entrada mudará o estado corrente da lâmpada.

Instruções de trava e destrava

A instrução de *travamento da saída* (OTL) é uma instrução de saída retentiva que é utilizada para manter ou travar

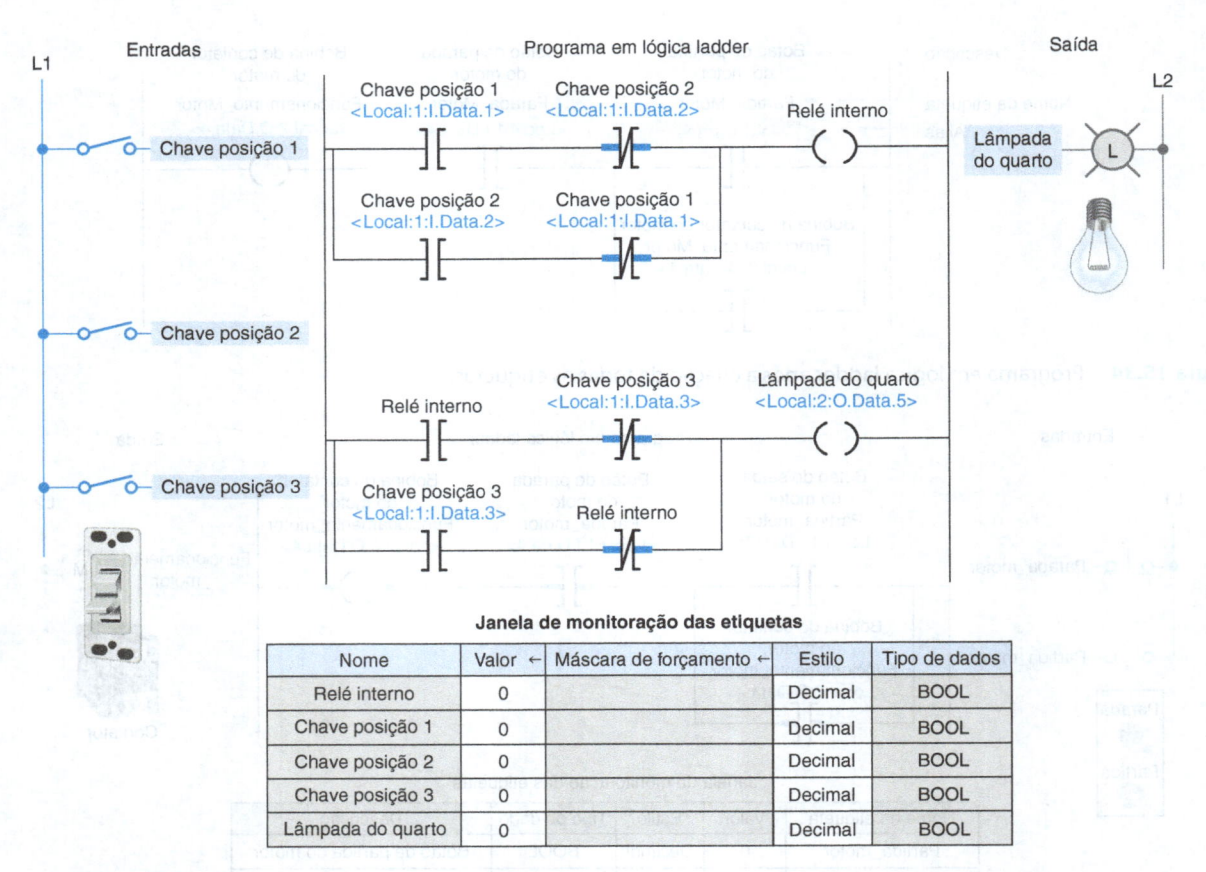

Figura 15.36 Relé interno para implementar um controle liga/desliga de uma lâmpada de um quarto por três posições diferentes.

uma saída. Se essa saída estiver ligada, ela permanecerá ligada mesmo que o estado da lógica de entrada que causou a energização da saída se torne falso. A instrução OTL permanecerá travada na condição de ligada até que a instrução de destravamento (OTU) com a mesma referência de etiqueta seja energizada. Ela é sempre utilizada nos programas nos quais o valor da variável deve ser mantido em casos em que exista a possibilidade de um desligamento por falta de energia ou falha no sistema. A memória retentiva permite que o sistema seja reiniciado com a situação da memória mantendo os valores que estavam presentes quando a execução do programa foi interrompida.

A Figura 15.37 mostra um programa do ControlLogix que usa o par de instruções de trava (latch) e destrava (unlatch) para implementar o controle de um motor de ventilador. A operação do programa pode ser resumida da seguinte maneira:

- A instrução OTL escreverá um 1 em seu endereço quando verdadeira.
- Quando a OTL mudar para falsa, o endereço de saída permanecerá 1.
- Isto é verdadeiro mesmo que a alimentação do processador caia e depois retorne.
- O endereço de saída permanecerá em 1 até que reinicie (reset) com 0 pela instrução de destrava (unlatch).
- Se o endereço de saída for desligado, as duas instruções de trava e destrava não serão intensificadas; mas, uma vez que o bit foi ligado, as duas serão vistas, trava e destrava, intensificadas, embora as duas entradas tenham saído.

Instrução de um disparo

A instrução CLX *de disparo* (ONS) é uma instrução de entrada utilizada para ligar uma saída em um programa de uma varredura apenas. O programa da Figura 15.38 utiliza a instrução ONS com uma instrução de matemática para executar um cálculo uma vez por varredura. Esse programa é utilizado para executar a função matemática ADD (soma) apenas uma vez, por atuação da chave-limite, não importando o tempo que ela fique fechada. A operação do programa pode ser resumida da seguinte maneira:

- Em qualquer varredura em que a *chave_limite_1* for limpa ou *armazenagem_1* for estabelecida, esse degrau não terá efeito.

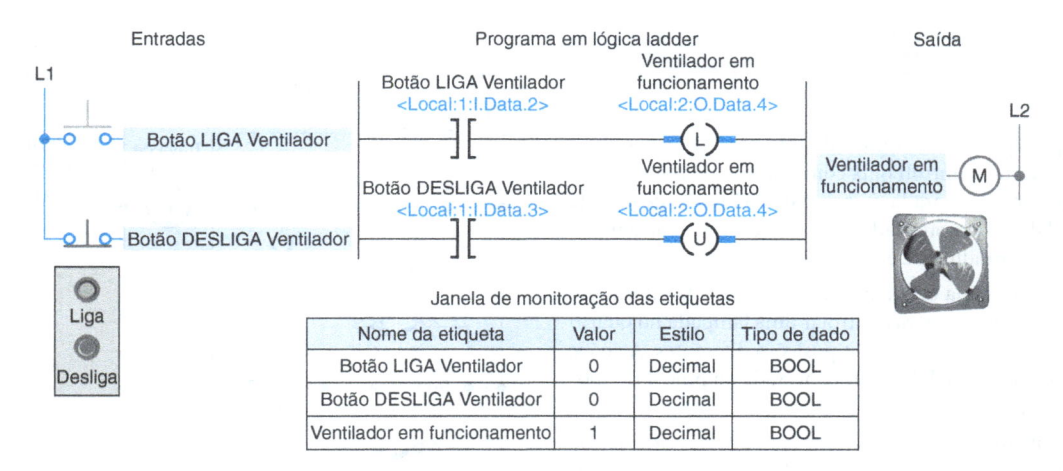

Figura 15.37 Instruções de saída trava (latch) e destrava (unlatch) usadas para o controle de um ventilador.

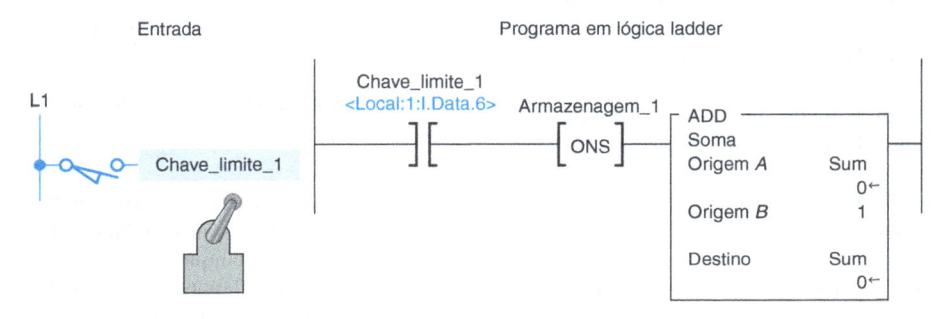

Figura 15.38 Instrução ONS usada para executar um cálculo uma vez por varredura.

- Em qualquer varredura em que a *chave_limite_1* for estabelecida e *armazenagem_1* for limpa, a instrução ONS estabelece a *armazenagem_1*, e a instrução ADD incrementa a *sum* de 1.

- Enquanto a *chave_limite_1* permanece estabelecida, a *sum* permanece com o mesmo valor. A *chave_limite_1* precisa ir de *limpa* para *estabelece* para que a *sum* seja incrementada novamente.

QUESTÕES DE REVISÃO

1. Que operações são executadas pelo processador durante a varredura do programa?
2. Com um processador ControlLogix, as atualizações ocorrem assincronamente. Explique o que isto significa.
3. Em uma programação em lógica ladder, quais as duas amplas categorias que os tipos de instruções podem ser classificados?
4. Uma chave de entrada no campo é avaliada usando uma instrução XIC.
   a. Que valor (0 ou 1) é armazenado em seu bit de memória quando a chave é aberta e fechada.
   b. Qual é o estado da instrução (verdadeiro ou falso) quando a chave é aberta e fechada?
5. Uma chave de entrada no campo é avaliada usando uma instrução XIO.
   a. Que valor (0 ou 1) é armazenado em seu bit de memória quando a chave é aberta e fechada?
   b. Qual é o estado da instrução (verdadeiro ou falso) quando a chave é aberta e fechada?
6. O valor de uma instrução OTE do modo como aparece na janela Monitor Tags window é 1. Explique o que isto significa à medida que os estados da saída real no campo e as instruções programadas XIC e XIO associadas a esta etiqueta são afetados.
7. Defina uma etiqueta (tag) em um sistema ControlLogix.
8. Que vantagem têm os sistemas de endereçamento baseado em etiquetas (tag) sobre o tipos de rack/slot e rack/grupos?
9. Como é programado um relé interno no sistema ControlLogix?
10. A instrução de saída trava (latch) é retentiva. Explique o que significa retentiva.
11. A instrução ONS do ControlLogix é uma instrução de um disparo. Explique o que isto significa.

PROBLEMAS

1. Modifique o programa original de controle de partida/parada do motor no ControlLogix com a adição de um segundo botão de partida e parada no programa. O botão de partida adicional deve ser conectado ao pino 1 e o botão de parada, no pino 2 do módulo de entrada digital.

2. Amplie o programa original de controle do relé interno no ControlLogix usado para controlar uma lâmpada no quarto de 3 posições diferentes para 4 posições diferentes. A chave de um polo adicional deve ser conectada ao pino 4 do módulo de entrada digital.

3. Implemente um circuito de alarme com um relé de trava da Figura 15.39 no formato Logix. O alarme será travado nos seguintes casos:
   - Com o fechamento da chave de temperatura, normalmente aberta.
   - Com o fechamento das duas chaves-boias, normalmente abertas.
   - As duas chaves normalmente abertas dos sensores 1 e 2 fecham, enquanto a chave de pressão, normalmente fechada, fecha.

4. Implemente um circuito para a operação de enchimento de tanque e esvaziamento, mostrado na Figura 15.40, no formato Logix.

   O funcionamento do circuito pode ser resumido da seguinte maneira:
   - Considerando que o nível do líquido do tanque esteja abaixo da marca de nível vazio, pressionando momentaneamente o botão de comando ENCHER, o relé de controle 1CR será energizado. Os contatos $1CR_1$ e $1CR_2$ fecharão para energizar e selar a bobina 1CR e energizar a válvula solenoide normalmente fechada A, para iniciar o enchimento do tanque.
   - À medida que o tanque enche, a chave normalmente aberta do sensor de nível fecha.
   - Quando o líquido atinge o nível cheio, a chave normalmente fechada do sensor de nível cheio abre para abrir o circuito e desenergizar a bobina 1CR e a chave da válvula solenoide A para seu estado desenergizado fechado.

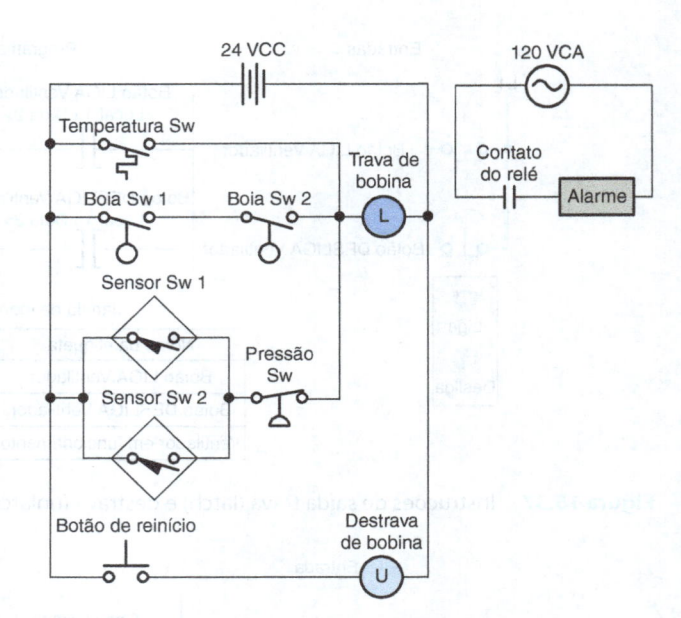

Figura 15.39 Circuito de alarme com relé de trava para o Problema 3.

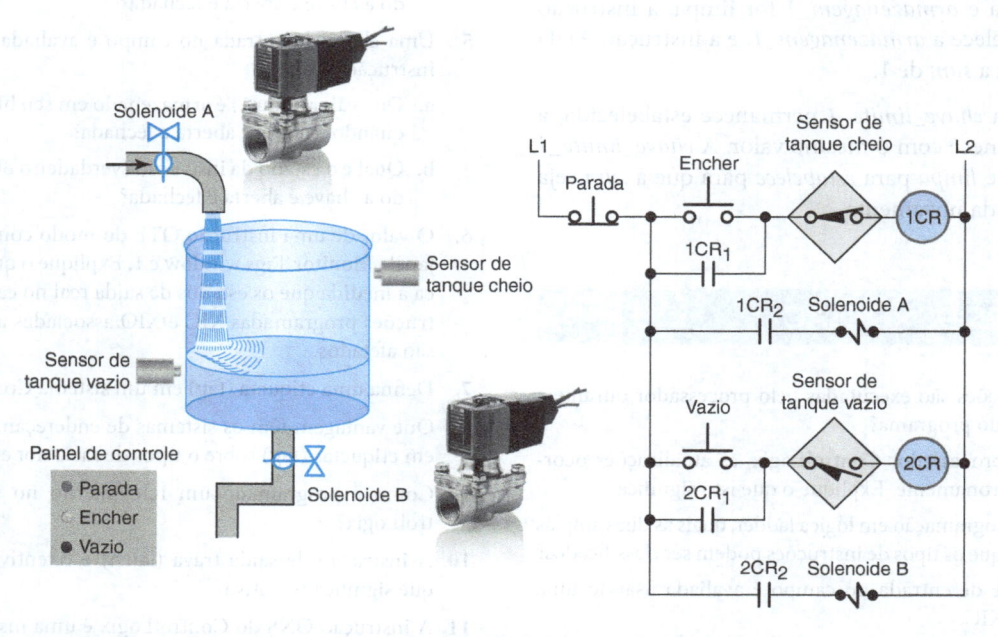

Figura 15.40 Operação de enchimento de tanque e esvaziamento para o Problema 4.
Fonte: Photo courtesy ASCO Valve Inc., www.ascovalve.com

- A qualquer instante, o nível do líquido do tanque acima da marca nível vazio, pressionando momentaneamente o botão de comando VAZIO, energizará o relé de controle 2CR.
- Os contatos $2CR_1$ e $2CR_2$ fecharam para selar a bobina 2CR e energizar a válvula solenoide normalmente fechada B para iniciar o esvaziamento do tanque.
- Quando o líquido atinge o nível vazio, a chave normalmente aberta do sensor de nível vazio abre para abrir o circuito do relé 2CR a chave da válvula solenoide B para seu estado desenergizado fechado.
- O botão de parada pode ser pressionado a qualquer instante para interromper o processo.

PARTE 3
Programação de temporizadores

Objetivos

Após o estudo desta parte, você será capaz de:

- Entender as etiquetas (tag) do temporizador e suas partes.
- Utilizar os estados dos bits do temporizador na lógica.
- Editar programas em lógica ladder usando os temporizadores no ControlLogix.

Estrutura predefinida do temporizador

Os temporizadores são utilizados para ligar e desligar saídas após um tempo de retardo, ligar ou desligar saídas por um certo tempo e manter uma saída ligada ou desligada por um tempo determinado. O endereço do temporizador no controlador SLC 500 é um endereço de uma tabela de dados ou símbolos, enquanto o endereço do temporizador no controlador ControlLogix é uma estrutura predefinida do tipo de dados do TIMER (Figura 15.41). Os parâmetros e os estados dos bits são:

- **Tag Name (nome da etiqueta)** – O usuário utiliza um nome familiar da etiqueta para o temporizador; por exemplo, Timer_Bomba. Para usar um temporizador, deve-se criar uma etiqueta do tipo temporizador.

- **Pré-ajuste (PRE)** – É a quantidade de incrementos de tempo que o temporizador precisa acumular para atingir o tempo de retardo necessário e especifica o valor (em milissegundos) que o temporizador deve atingir antes de mudar o estado do bit de finalização (DN). O valor pré-ajustado é armazenado como um número binário (DINT). A base de tempo é sempre em 1 milissegundo; por exemplo, para um temporizador de 3 segundos, insira 3000 como valor PRE.

- **Acumulador (ACC)** – O seu valor é uma quantidade de milissegundos admitida pela instrução. O valor do acumulador para de mudar quando for igual ao valor PRE.

- **Bit de habilitação (EN)** – Indica que a instrução TON está habilitada. O bit EN será verdadeiro quando o degrau lógico da entrada for verdadeiro e falso quando o degrau lógico da entrada for falso.

- **Bit de cronometragem do temporizador (TT)** – Indica que a operação de temporização está em andamento. O bit TT é verdadeiro somente quando o acumulador

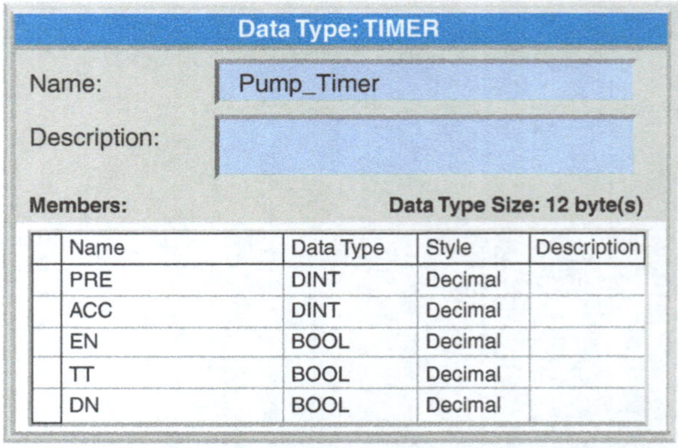

Data Type: TIMER			
Name:	Pump_Timer		
Description:			
Members:			Data Type Size: 12 byte(s)
Name	Data Type	Style	Description
PRE	DINT	Decimal	
ACC	DINT	Decimal	
EN	BOOL	Decimal	
TT	BOOL	Decimal	
DN	BOOL	Decimal	

Figura 15.41 Estrutura predefinida do temporizador.

está incrementando e permanece verdadeiro até que o acumulador alcance o valor pré-ajustado.

- **Bit de finalização (DN)** – Indica que o valor do acumulador (ACC) é igual ao valor pré-ajustado (PRE). O bit DN sinaliza o final do processo de temporização pela mudança de estado de falso para verdadeiro ou de verdadeiro para falso, dependendo do contato de tempo da instrução usada. Ele é o bit de estado geralmente mais utilizado do temporizador.

Temporizador de retardo ao ligar (TON)

O temporizador de *retardo ao ligar* (TON) é uma instrução de saída não retentiva utilizada quando a aplicação requer uma ação para ocorrer certo tempo depois das condições do degrau para que o temporizador torne-se verdadeiro. A instrução TON no ControlLogix e a barra de ferramentas de seleção do temporizador estão mostradas na Figura 15.42. O uso de um temporizador exige a criação de uma etiqueta do tipo TIMER (ela é um tipo de dado predefinido) e a inserção do valor pré-ajustado e acumulado. A etiqueta deve ser definida antes de os valores pré-ajustado e acumulado serem inseridos. Um valor pode ser inserido para o acumulador enquanto estiver programando. Quando o programa for baixado, esse valor estará no temporizador para a primeira varredura. Se o temporizador TON não estiver habilitado, o valor será estabelecido de volta para zero. Normalmente será inserido zero para o valor do acumulador.

O nome da etiqueta temporizador é declarado com o uso da caixa de diálogos de propriedades new tag da Figura 15.43. O nome da etiqueta (tag name), descrição (description) (opcional), tipo de etiqueta (tag type), tipo de dados (type data) e extensão (scope) são selecionados ou digitados para completar a validação. O nome descritivo para a etiqueta, como Solenoide_Retardo, facilita conhecer a função que o temporizador representa.

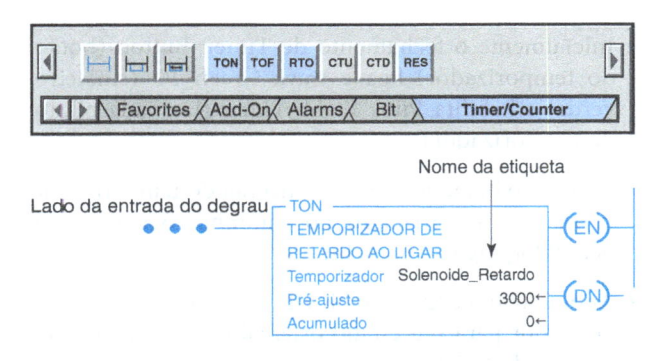

Figura 15.42 Instrução TON de retardo ao ligar.

Figura 15.43 Validação da etiqueta do temporizador.

O programa da Figura 15.44 é um exemplo de um temporizador TON de 10000 milissegundos (10 segundos). Os temporizadores geram dados e estados tanto em nível de palavra (DINT) como em nível de bit (BOOL). A operação do programa pode ser resumida com relação à janela Monitor Tags window.

- O estado de toda a instrução é mostrado após a chave de entrada do temporizador ter sido comutada de desligada para ligada (1) e ter acumulado 5000 milissegundos (5 s) do tempo.

- Neste ponto intermediário, o bit de habilitação EN é 1, visto que o degrau é verdadeiro; o bit TT é 1, visto que o valor acumulado está mudando; e o bit DN é zero, pois o valor acumulado ainda não é igual ao valor pré-ajustado.

- Quando ACC iguala à PRE, o valor acumulado para de incrementar; EN fica ligado enquanto o degrau permanecer verdadeiro; TT é igual a zero, pois o valor acumulado não está mudando; e DN é igual a 1, pois ACC = PRE.

- Isso faz a lâmpada piloto (sinaleiro) DN ser ligada ao mesmo tempo que a lâmpada piloto TT é desligada.

- A lâmpada piloto EN permanece ligada enquanto a chave de entrada estiver fechada.

- A abertura da chave de entrada, a qualquer instante, faz que a instrução TON passe para falsa, reiniciando o valor do contador ACC para 0 e os bits EN, TT e DN para 0, o que desliga todas as lâmpadas pilotos na saída.

- A instrução TON do temporizador reinicia automaticamente. Quando o degrau passa para falso, o temporizador é reiniciado automaticamente. Uma instrução de

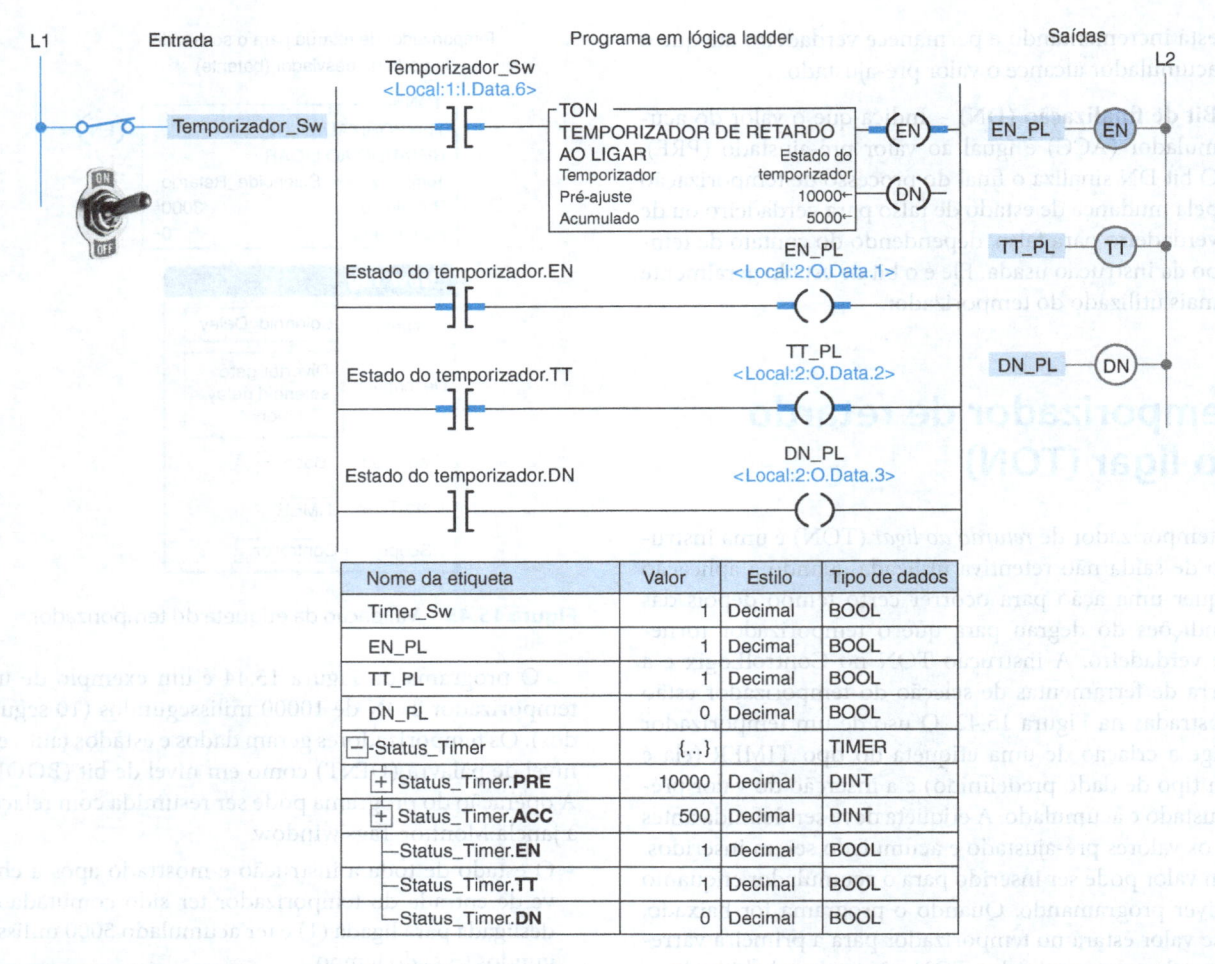

Figura 15.44 Programa do temporizador TON de 10 segundos.

reinicialização (reset) pode ser utilizada, mas normalmente não o é.

A Figura 15.45 mostra um temporizador TON usado para retardar a operação de uma porta de desvio com solenoide por 3 segundos após o objeto ser detectado pelo sensor que energiza o solenoide. A operação do programa pode ser resumida da seguinte maneira:

- A detecção do objeto fecha os contatos do Sol_Energize_Sensor (sensor que energiza o solenoide), tornando o degrau do temporizador verdadeiro e iniciando a cronometragem.
- Com a passagem do objeto, os contatos do Sol_Energize_Sensor abrem, mas o degrau permanece verdadeiro através do bit EN do temporizador TON.
- Após 3000 ms (3 s), o tempo de retardo termina; e o bit DN do temporizador de retardo é estabelecido em 1 para energizar SOL_Gate (porta de desvio com solenoide).
- A detecção instantânea do objeto pelo Sol_Deenergize_Sensor abre seus contatos e reinicia o programa ao seu estado original.

A Figura 15.46 mostra um programa que utiliza um temporizador TON para iluminar um sinaleiro verde por 20 segundos cada vez que o botão for pressionado momentaneamente. Além do temporizador TON, esse programa usa várias saídas em um degrau, as instruções de saídas de trava (latch) e destrava (unlatch), assim como uma instrução de reinicialização do temporizador. A operação do programa pode ser resumida como segue:

- Inicialmente o fechamento de Timer_Button (botão do temporizador) liga e trava Green_PL (sinaleiro verde) e habilita Pilot_Light_Timer (lâmpada piloto do temporizador).
- Quando o botão for aberto, o degrau do temporizador permanecerá verdadeiro no caminho lógico criado pelo Pilot_Light_Timer. Bit EN.
- Após 20000 ms (20 s), o bit DN reinicia (reset) o temporizador para seu estado original e destrava Green_PL para desligá-lo.

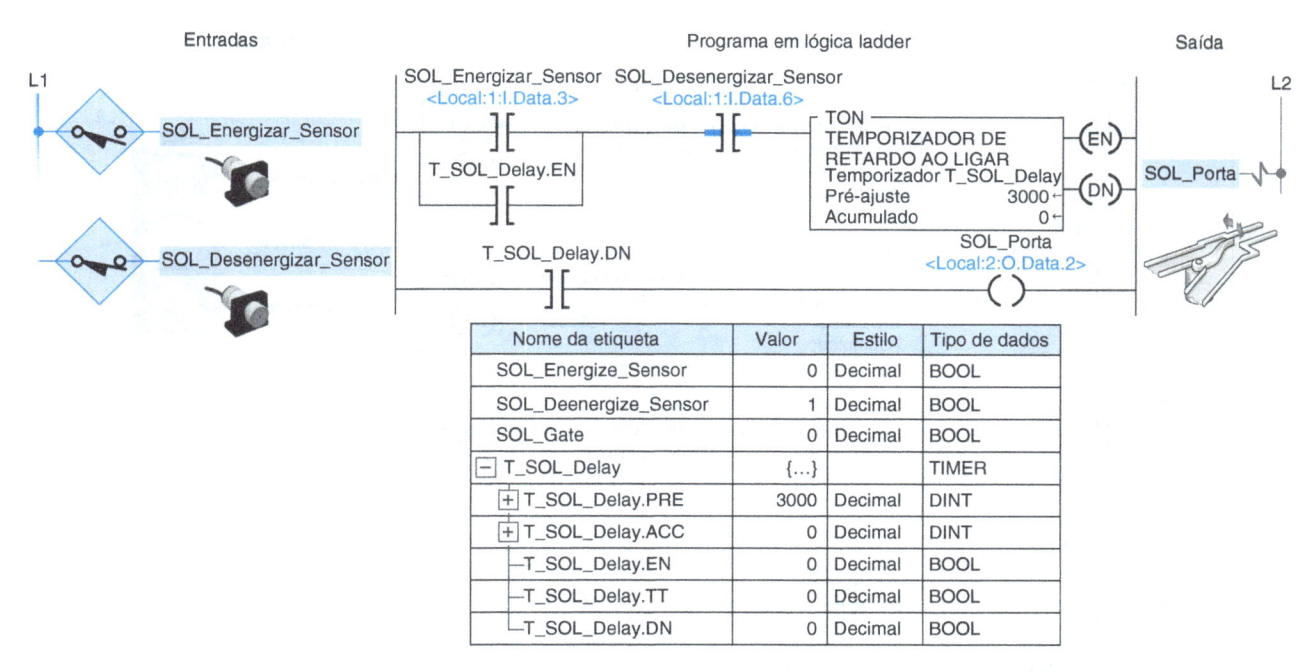

Figura 15.45 Temporizador TON usado para retardar a operação de uma porta de desvio com solenoide.
Fonte: Cortesia da Omron Industrial Automation.
www.ia.omron.com

Nome da etiqueta	Valor	Estilo	Tipo de dados
SOL_Energize_Sensor	0	Decimal	BOOL
SOL_Deenergize_Sensor	1	Decimal	BOOL
SOL_Gate	0	Decimal	BOOL
– T_SOL_Delay	{...}		TIMER
+ T_SOL_Delay.PRE	3000	Decimal	DINT
+ T_SOL_Delay.ACC	0	Decimal	DINT
T_SOL_Delay.EN	0	Decimal	BOOL
T_SOL_Delay.TT	0	Decimal	BOOL
T_SOL_Delay.DN	0	Decimal	BOOL

O programa ControlLogix da Figura 15.47 mostra três temporizadores TON em cascata (conectados juntos) para controle de sinaleiro de tráfego. A lógica ladder utilizada é a mesma que foi empregada no programa de tráfego do controlador SLC 500. As diversas etiquetas criadas para atender ao programa podem ser vistas na Figura 15.48, e a operação deste pode ser resumida da seguinte maneira:

- A transição do sinaleiro vermelho para o verde e para o amarelo é realizada pela interconexão dos bits EN e DN das três instruções dos temporizadores TON.

- A entrada para o temporizador do sinaleiro vermelho (Red_Light_Timer) é controlada pelo sinaleiro amarelo (Amber_Light _Timer), bit DN.

- A entrada para o temporizador do sinaleiro verde (Green_Light_Timer) é controlada pelo sinaleiro vermelho (Red_Light _Timer), bit DN.

- A entrada para o temporizador do sinaleiro amarelo (Amber_Light_Timer) é controlada pelo sinaleiro verde (Green_Light _Timer), bit DN.

- A sequência de temporização dos sinaleiros é:
  — vermelho: 30 s ligado;
  — verde: 25 s ligado;
  — amarelo: 5 s ligado.

- A sequência repete-se.

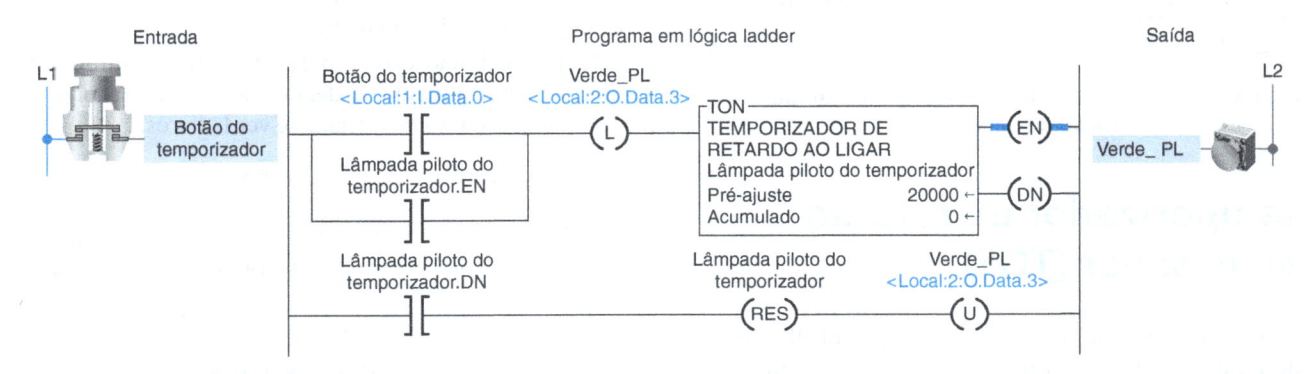

Figura 15.46 Temporizador TON para uma lâmpada piloto (sinaleiro).

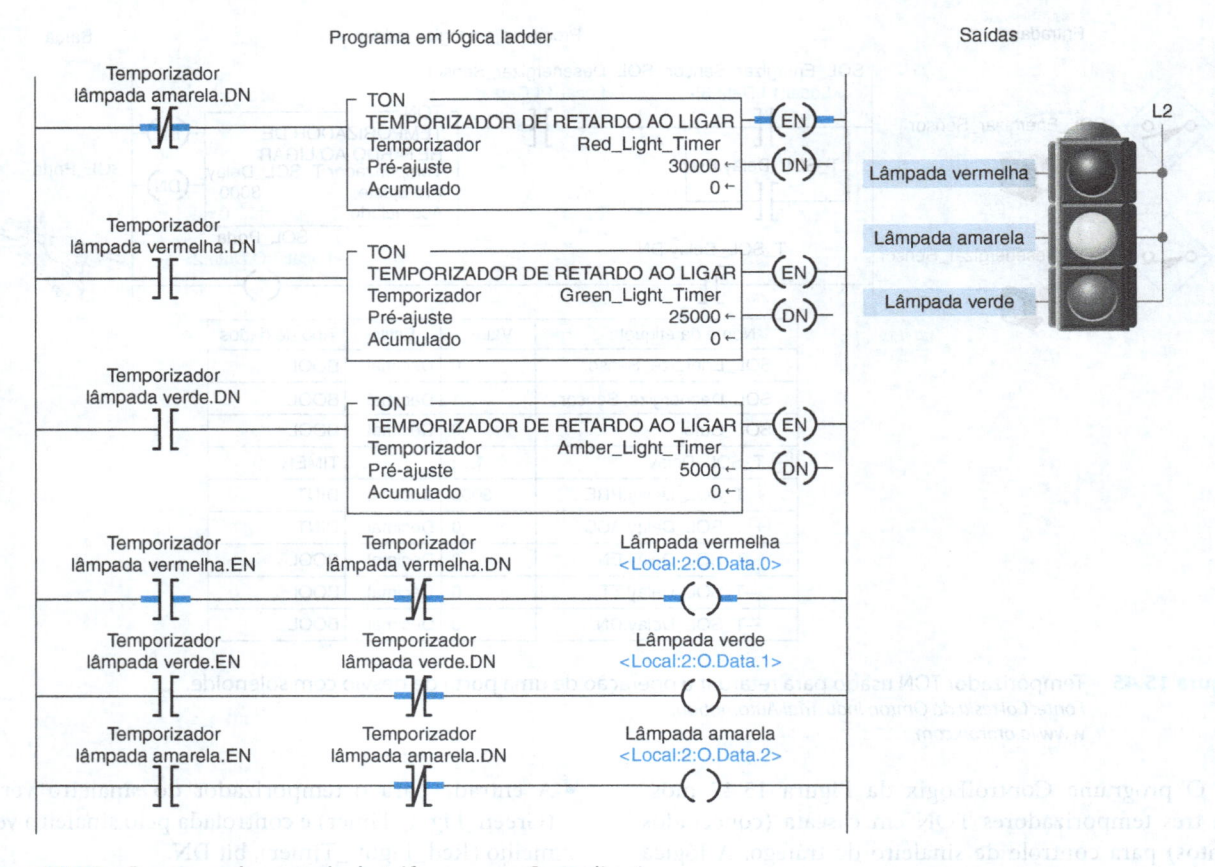

Figura 15.47 Programa de controle de tráfego com o ControlLogix.

Nome da etiqueta	Valor	Estilo	Tipo de dados
+-Lâmpada amarela_Timer	{...}		TIMER
+-Lâmpada verde_Timer	{...}		TIMER
−-Lâmpada vermelha_Timer	{...}		TIMER
+-Lâmpada vermelha_Timer.PRE	30000	Decimal	DINT
+-Lâmpada vermelha_Timer.ACC	0	Decimal	DINT
−-Lâmpada vermelha_Timer.EN	1	Decimal	BOOL
−-Lâmpada vermelha_Timer.TT	1	Decimal	BOOL
−-Lâmpada vermelha_Timer.DN	0	Decimal	BOOL
Lâmpada vermelha	1	Decimal	BOOL
Lâmpada verde	0	Decimal	BOOL
Lâmpada amarela	0	Decimal	BOOL

Figura 15.48 Etiquetas (tags) criadas para o programa de sinaleiro de tráfego.

Temporizador de retardo ao desligar (TOF)

O *temporizador de retardo ao desligar* (TOF) opera de modo oposto ao do temporizador de retardo ao ligar TON. Ele ligará imediatamente quando o degrau da lógica ladder for verdadeira, mas antes ele retardará para desligar após o degrau tornar-se falso. A instrução do temporizador de retardo ao desligar (TOF) no ControlLogix está mostrada na Figura 15.49. A descrição da função dos blocos de campo e a etiqueta de referência são as mesmas para o temporizador TON.

A Figura 15.50 mostra um programa que utiliza um temporizador TOF para iluminar um sinaleiro verde por 20 segundos cada vez que o botão for pressionado momentaneamente. O código do programa é mais simples que o usado para realizar a mesma tarefa com o uso do temporizador TON. A operação do programa pode ser resumida da seguinte maneira:

- Quando o botão do temporizador Timer-Button for fechado inicialmente, o degrau do temporizador e a instrução e o bit DN tornam-se verdadeiros.

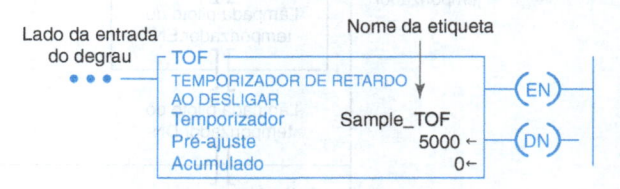

Figura 15.49 Instrução do temporizador de retardo ao desligar para o ControlLogix.

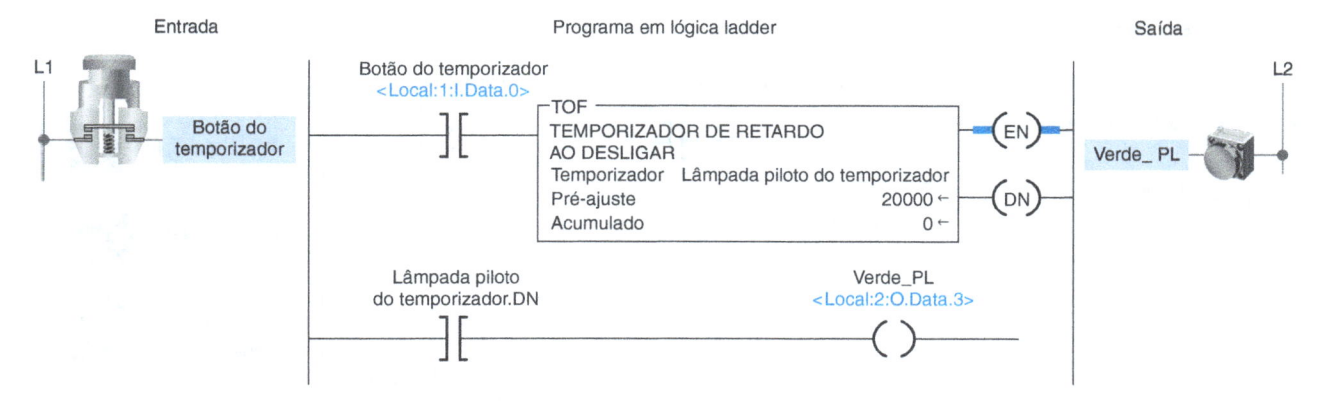

Figura 15.50 Temporizador TOF para o sinaleiro.

- O bit DN liga o sinaleiro verde Green_PL, e o programa permanece em seu estado enquanto o botão estiver fechado.

- Quando o botão for liberado, a instrução Timer_Button torna-se falsa e inicia o ciclo de temporização.

- O sinaleiro permanece ligado, e o temporizador começa a acumular o tempo.

- Quando o acumulador alcança os 20000 ms (20 s), o bit DN do temporizador torna-se falso e o sinaleiro é desligado.

O programa da Figura 15.51 utiliza os dois temporizadores de retardo ao ligar e de retardo ao desligar para o controle de um forno de aquecimento. As diversas etiquetas criadas para atender ao programa estão mostradas na Figura 15.52. A operação do programa pode ser resumida como segue:

- Pressionado o botão para ligar o forno Oven_On_Button, a saída Oven_On_PL, que sela e habilita as instruções dos temporizadores TON e TOF, é energizada.

- O bit TT Timer_Heat do temporizador TON torna-se verdadeiro e dispara o alarme Warning_Horn para avisar que o forno está próximo de ser ligado.

- O bit DN do temporizador TOF de resfriamento Timer_Cooling torna-se verdadeiro e energiza a saída do motor de ventilação Fan_Motor.

- Terminado o tempo do Timer_Heat de 10 s (10000 ms), o bit TT torna-se falso para desligar o alarme de aviso Warning_Horn, e o bit DN do temporizador de aquecimento Timer_Heat torna-se verdadeiro para energizar o contator do aquecedor Heater_Contactor e ligar as bobinas de aquecimento.

- Quando o botão de desliga forno Oven_Off_Button é pressionado momentaneamente e a saída Oven_On_PL vai para falsa para desligar o sinaleiro e abrir a continuidade do selo no caminho lógico.

- A instrução de temporizador Timer_Heat (temporizador de aquecimento) e o bit DN da instrução tornam-se falsos para desenergizar o contator de aquecimento Heater_Contactor e desligar as bobinas de aquecimento.

- O temporizador Timer_Cooling (temporizador de resfriamento) começa a acumular o tempo, e o ventilador continua funcionando pelo período de 5 minutos (300.000 ms); após esse tempo, o bit DN do Timer_Cooling torna-se falso para desligar o ventilador.

Temporizador de retenção ao ligar (RTO)

Um *temporizador de retenção ao ligar* (RTO) funciona do mesmo modo que temporizador TON, exceto que o temporizador retentivo retém (memoriza) seu valor acumulado mesmo que:

- O degrau mude para falso.
- O processador seja colocado no modo de programa.
- O processador falhe.
- A energia do processador seja interrompida temporariamente e a bateria do processador esteja funcionando corretamente.

A instrução do temporizador de retenção ao ligar (RTO) do ControlLogix é mostrada na Figura 15.53. A descrição da função dos blocos no campo e as referências das etiquetas são as mesmas do temporizador TON; contudo, uma instrução de reinicialização (reset) RES deve ser utilizada para reiniciar o valor acumulado de um temporizador retentivo. A instrução RES deve ter o mesmo nome do temporizador que quer reiniciar.

Um exemplo de aplicação de um programa com temporizador RTO de 2 minutos (120000 ms) com uma

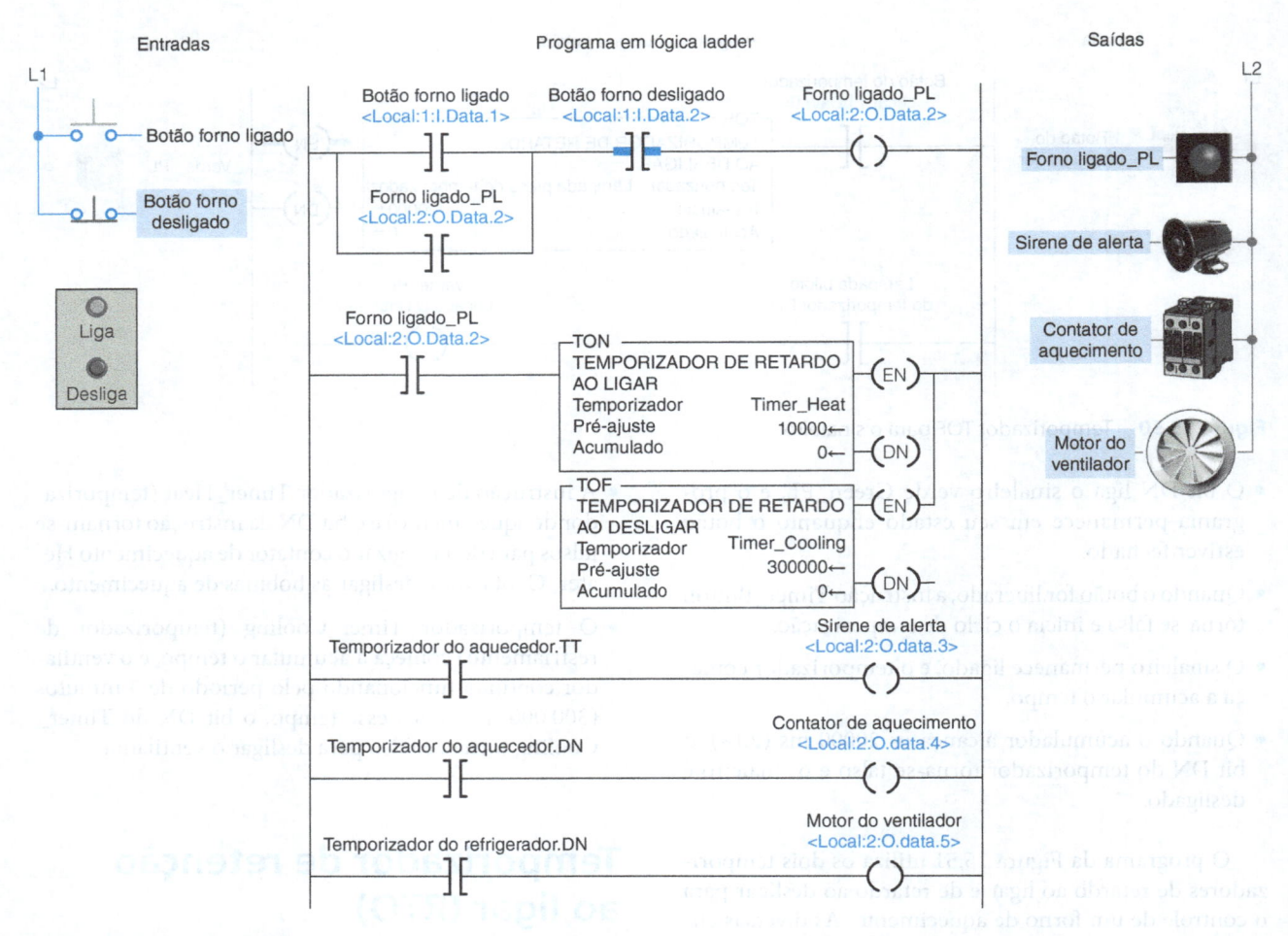

Figura 15.51 Controle de processo de um forno de aquecimento com temporizador.

Nome da etiqueta	Para alias	Etiqueta base	Tipo de dados	Estilo
Warning_Horn	Local:2:O.Data.3	Local:2:O.Data.3	BOOL	Decimal
Heater_Contactor	Local:2:O.Data.4	Local:2:O.Data.4	BOOL	Decimal
Fan_Motor	Local:2:O.Data.5	Local:2:O.Data.5	BOOL	Decimal
Oven_On_PL	Local:2:O.Data.2	Local:2:O.Data.2	BOOL	Decimal
Oven_On_Button	Local:1:I.Data.1	Local:1:I.Data.1	BOOL	Decimal
Oven_Off_Button	Local:1:I.Data.2	Local:1:I.Data.2	BOOL	Decimal
+-Timer_Heat			TIMER	
+-Timer_Cooling			TIMER	

Figura 15.52 Etiquetas criadas para o processo de um forno de aquecimento

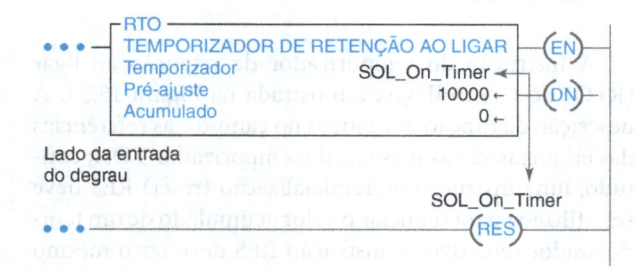

Figura 15.53 Instrução do temporizador de retenção ao ligar (RTO).

chave-limite é mostrado na Figura 15.54. As etiquetas criadas para atender o programa são mostradas na Figura 15.55. A operação do programa pode ser resumida como segue:

- Os estados e os valores das instruções, com o temporizador reiniciado inicialmente, estão mostrados na janela que monitora as etiquetas (monitor tags window).

- Quando a chave-limite Limit_Switch for fechada por 1 minuto, os estados e os valores das instruções devem ser:

  – PRE – 120000

  – ACC – 60000

  – LS_Timer.EN – 1

  – LS_Timer.TT – 1

  – LS_Timer.DN – 0

  – LS_EN_PL – 1

  – LS_TT_PL – 1

  – LS_Alarm – 0

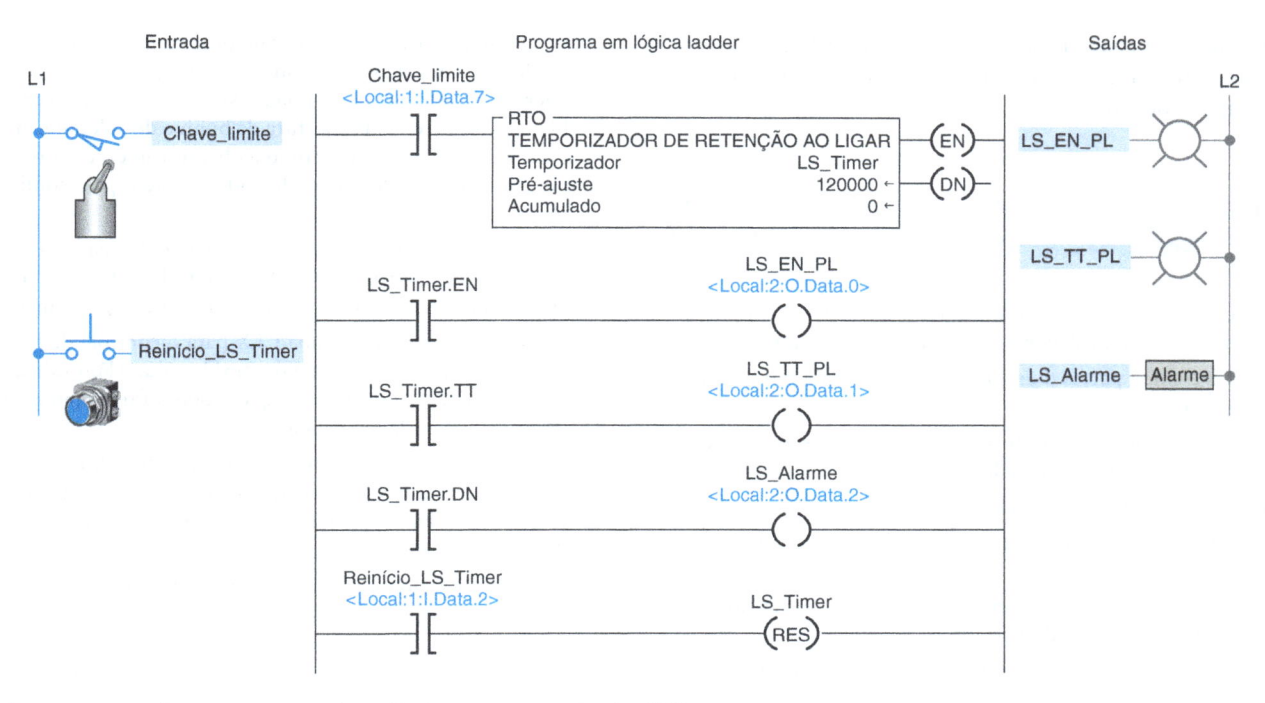

Capítulo 15 Parte 3: Programação de temporizadores

Entrada | **Programa em lógica ladder** | **Saídas**

```
L1                    Chave_limite                                                              L2
                      <Local:1:I.Data.7>
   Chave_limite            ┤ ├────┬──RTO─────────────────────────────────┬──(EN)──── LS_EN_PL ──○──
                                  │  TEMPORIZADOR DE RETENÇÃO AO LIGAR   │
                                  │  Temporizador              LS_Timer  │
                                  │  Pré-ajuste                  120000 ←│──(DN)
                                  │  Acumulado                        0 ←│
                                  └──────────────────────────────────────┘
                                                                                    LS_TT_PL ──○──
                       LS_Timer.EN              LS_EN_PL
                          ┤ ├                 <Local:2:O.Data.0>
                                                    ( )
                                                                                    LS_Alarme ─Alarme─
                       LS_Timer.TT              LS_TT_PL
 Reinício_LS_Timer        ┤ ├                 <Local:2:O.Data.1>
                                                    ( )

                       LS_Timer.DN              LS_Alarme
                          ┤ ├                 <Local:2:O.Data.2>
                                                    ( )

                    Reinício_LS_Timer
                    <Local:1:I.Data.2>            LS_Timer
                          ┤ ├                      (RES)
```

Figura 15.54 Programa para a chave-limite com temporizador RTO.

- Quando a chave-limite Limit_Switch for aberta por 1,5 minuto, os estados e os valores das instruções devem ser:
  - PRE – 120000
  - ACC – 90000
  - LS_Timer.EN – 0
  - LS_Timer.TT – 0
  - LS_Timer.DN – 0
  - LS_EN_PL – 0
  - LS_TT_PL – 0
  - LS_Alarm – 0

- Quando a chave-limite Limit_Switch for fechada, e permanecer assim até o tempo final do temporizador, os estados e os valores das instruções devem ser:
  - PRE – 120000
  - ACC –120000
  - LS_Timer.EN – 1
  - LS_Timer.TT – 0
  - LS_Timer.DN – 1
  - LS_EN_PL – 1
  - LS_TT_PL – 0
  - LS_Alarm – 1

- Quando a chave-limite Limit_Switch for aberta após terminado o tempo final do temporizador, os estados e os valores das instruções devem ser:
  - PRE – 120000
  - ACC –120000
  - LS_Timer.EN – 0
  - LS_Timer.TT – 0
  - LS_Timer.DN – 1
  - LS_EN_PL – 0
  - LS_TT_PL – 0
  - LS_Alarm – 1

Nome da etiqueta	Valor	Estilo	Tipo de dados
−-LS_Timer	{...}		TIMER
+-LS_Timer.PRE	120000	Decimal	DINT
+-LS_Timer.ACC	0	Decimal	DINT
LS_Timer.EN	0	Decimal	BOOL
LS_Timer.TT	0	Decimal	BOOL
LS_Timer.DN	0	Decimal	BOOL
Limit_Switch	0	Decimal	BOOL
LS_EN_PL	0	Decimal	BOOL
LS_TT_PL	0	Decimal	BOOL
LS_Alarm	0	Decimal	BOOL

Figura 15.55 Etiquetas criadas para o programa do temporizador de retenção ao ligar (RTO).

- Quando a chave Reset_LS_Timer for fechada, os estados e os valores das instruções são reiniciados aos seus valores originais.

QUESTÕES DE REVISÃO

1. Compare os métodos utilizados para endereçar temporizadores nos controladores SLC 500 e ControlLogix.
2. Liste cinco partes diferentes da estrutura de um temporizador.
3. Que tipo de aplicação de temporização pode ser requisitado para usar um temporizador de retardo ao ligar TON?
4. Que valor de PRE é usado para um temporizador?
5. A que valor é estabelecido o valor acumulado de um temporizador?
6. Que bit do temporizador tem o estado estabelecido em 1 quando tempo for decorrido?
7. A instrução TON é autorreiniciada. Explique o que isso significa.
8. Que número deve ser inserido como valor PRE de um temporizador do ControlLogix para um período de tempo de 4,5 minutos?
9. Compare a operação TOF com a TON de um temporizador.
10. Quando o degrau de um temporizador TOF começa a acumular tempo?
11. O temporizador RTO é retentivo. Explique o que isso significa.
12. Como a instrução de reinicialização (reset) e temporizador retentivo são relacionados?

PROBLEMAS

1. Modifique o programa CLX original do temporizador TON de dez segundos com um degrau adicional inserido no programa que energizará um solenoide sempre que o temporizador for habilitado ou estiver temporizando. O solenoide deve ser conectado no pino 6 do módulo de saída digital.

2. Com referência à lógica ladder do programa CLX da porta de desvio, considere que o solenoide da porta falhe para energizar conforme programado. Você suspeita que o problema é decorrente da abertura da bobina do solenoide ou do cabo que o alimenta. Como a observação do estado da lâmpada de saída do solenoide poderia ajudar para confirmar isto?
3. Você é requisitado para aumentar o tempo de ligado do sinaleiro verde do programa CLX de controle de tráfego para 40 segundos. Que mudança deve ser feita neste programa?
4. Com referência ao programa CLX para o controle de processo do forno de aquecimento, considere que a lâmpada do sinaleiro tenha queimado. De que modo o funcionamento do programa pode ser afetado?
5. Com referência ao programa CLX para a chave-limite com RTO, além da adição do alarme, você é requisitado para instalar um sinaleiro para indicar que o tempo do temporizador terminou. Como você procederia?
6. Implemente o circuito de alarme com TON da Figura 15.56 no formato Logix.

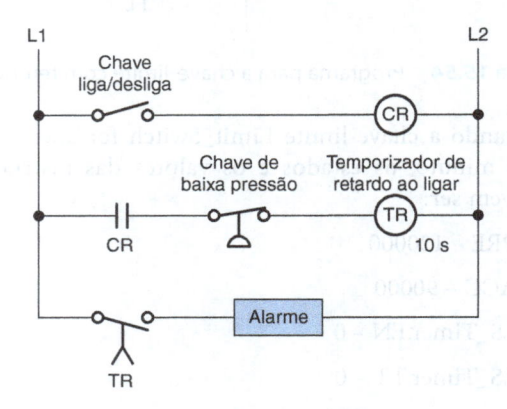

Figura 15.56 Circuito de alarme com TON para o Problema 6.

Programação de contadores

PARTE 4

Objetivos

Após o estudo desta parte, você será capaz de:

- Entender as etiquetas do contador no ControlLogix e suas partes.
- Utilizar os estados dos bits do contador na lógica.
- Editar programa em lógica ladder com o uso dos contadores do ControlLogix.

Contadores

Os contadores são similares aos temporizadores, exceto que o contador acumula (contagem) as mudanças no estado de um sinal de disparo externo enquanto o temporizador incrementa utilizando um relógio interno. Eles são disparados geralmente por uma mudança no dispositivo de entrada no campo, que causa uma transição de falso para verdadeiro no degrau ladder do contador. Não importa quanto tempo o degrau fica em verdadeiro ou falso – o que conta é apenas a transição.

Existem dois tipos básicos de contador: contador crescente (up) CTU e decrescente (down) CTD. A instrução CTU no ControlLogix e a barra de ferramentas do contador são mostradas na Figura 15.57. Para utilizar um contador, deve-se criar uma etiqueta (tag) do tipo COUNTER (ela é um dado do tipo predefinido) e inserir um valor pré-ajustado (preset) e um valor acumulado. Quando a instrução for inserida, essa etiqueta deve ser definida antes da inserção dos valores pré-ajustados e acumulados. Uma instrução de reinicialização (RES), que tem o mesmo nome do contador, deve ser utilizada para reiniciar (reset) o valor acumulado do contador em zero.

Todos os contadores são retentivos, sendo que o valor acumulado de qualquer contador é retido, mesmo que haja uma falha na energia, até ser reiniciado (reset). Os estados de liga/desliga dos bits de finalização, de exceder e de faltar,

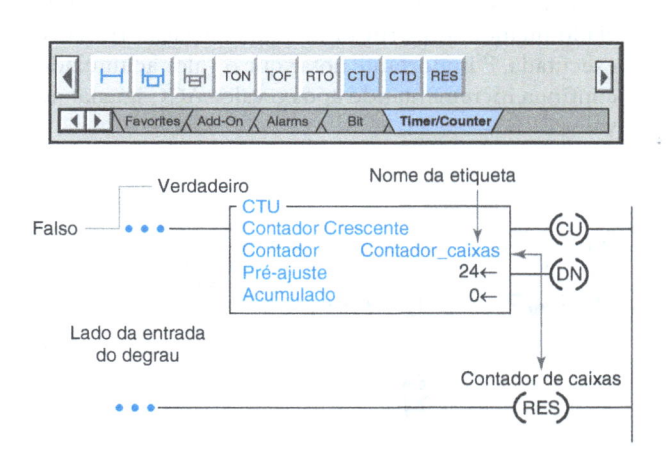

Figura 15.57 Instrução do contador crescente (up) CTU.

do contador são bits retentivos também. Os parâmetros do contador ControlLogix e os bits são mostrados na Figura 15.58 e podem ser resumidos como segue:

- **Valor pré-ajustado (PRE) PRESET** – Especifica o valor que o contador deve atingir antes de o bit (DN) passar para (1).

- **Valor acumulado (ACC)** – É o número de transições de falso para verdadeiro com o contador em funcionamento. O acumulador é reiniciado (reset) em zero quando for executada uma instrução de reinicialização (RES) (com o mesmo endereço do contador).

Nome da etiqueta	Tipo de dados	Estilo
−-Contador de peças	COUNTER	Decimal
+-Contador de peças.PRE	DINT	Decimal
+-Contador de peças.ACC	DINT	Decimal
−-Contador de peças.CU	BOOL	Decimal
−-Contador de peças.CD	BOOL	Decimal
−-Contador de peças.DN	BOOL	Decimal
−-Contador de peças.OV	BOOL	Decimal
−-Contador de peças.UN	BOOL	Decimal

Figura 15.58 Parâmetros e bits de estado do contador do ControlLogix.

- **CU (bit de habilitação do contador crescente)** – Indica que a instrução CTU está habilitada.

- **CD (bit de habilitação do contador decrescente)** – Indica que a instrução está habilitada.

- **DN (bit de finalização do contador crescente)** – É estabelecido em (1) quando o valor ACC for igual ou maior que o valor PRE. É reiniciado pela instrução RES.

- **OV (bit de excesso)** – Indica que o contador excedeu o limite superior da contagem. É estabelecido quando o valor ACC for maior que +2.147.483.647 e é reiniciado quando a instrução de reinicialização (reset) é executada. É importante notar que o valor acumulado continua incrementando após o valor ACC igualar ao valor PRE.

- **UN (bit de falta)** – Indica que o contador excedeu o limite inferior da contagem de −2.147.483.648.

O nome da etiqueta do contador é declarado com o uso da caixa de diálogos das propriedades da nova etiqueta na Figura 15.59. O nome da etiqueta, descrição (opcional), tipo de etiqueta, tipo de dado (tipo de base é quase sempre usada) e a extensão (scope) são selecionados ou digitados para completar a validação.

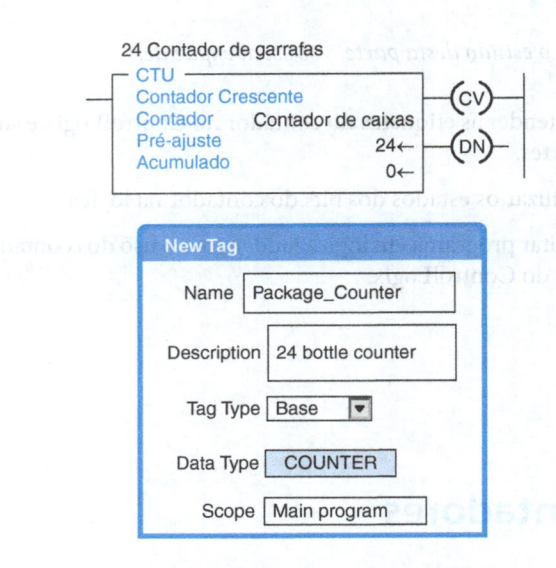

Figura 15.59 Validação da etiqueta do contador.

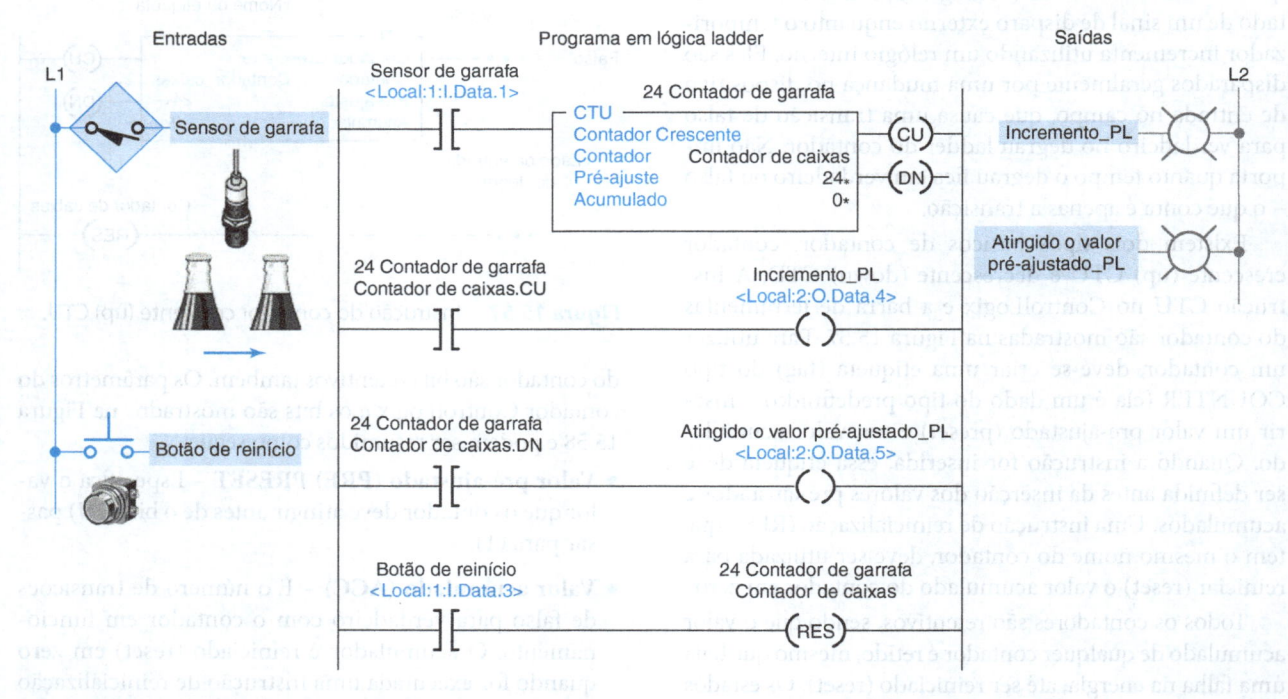

Figura 15.60 Programa do contador crescente usado para contar os pacotes de garrafas.

Contador crescente (CTU)

Um *contador crescente* (CTU) faz a contagem acumulada aumentar de 1 cada vez que existir uma transição de falso para verdadeiro no degrau ladder do contador. Um exemplo de aplicação de um programa do contador crescente utilizado para contar pacotes de garrafas é mostrado na Figura 15.60. A operação do programa pode ser resumida da seguinte maneira:

- Cada vez que a chave de proximidade Bottle_Sensor abre e fecha, faz que o contador incremente de 1.

- O Incremento_PL controlado pelo bit de estado do contador de pacotes package_Counter.CU liga e desliga a cada garrafa que passa para mostrar que o contador é incrementado.

- Quando o valor acumulado do contador for 24, o bit DN do contador é estabelecido e liga a saída Preset_Reached_PL.

- O contador é reiniciado pelo fechamento momentâneo do botão Reset_Button.

O programa mostrado na Figura 15.61 usa duas instruções CTU como parte de um programa para retirar 5 dos 10 recipientes da linha da esteira transportadora usando um solenoide. As diversas etiquetas criadas para atender ao programa estão mostradas na Figura 15.62. A operação do programa pode ser resumida como segue:

- O valor pré-ajustado para Container_Counter_Counts é estabelecido como 6, e para Container_Counter_Max é estabelecido como 11.

- Quando o recipiente for detectado, os dois contadores incrementarão seus valores acumulados por 1.

- Quando chegar o sexto recipiente, o contador Container_Counter_Count fará a contagem, permitindo assim que o solenoide atue para qualquer recipiente após o quinto.

- O contador Container_Counter_Max continuará até que o décimo primeiro recipiente seja detectado, e então os dois contadores serão reiniciados.

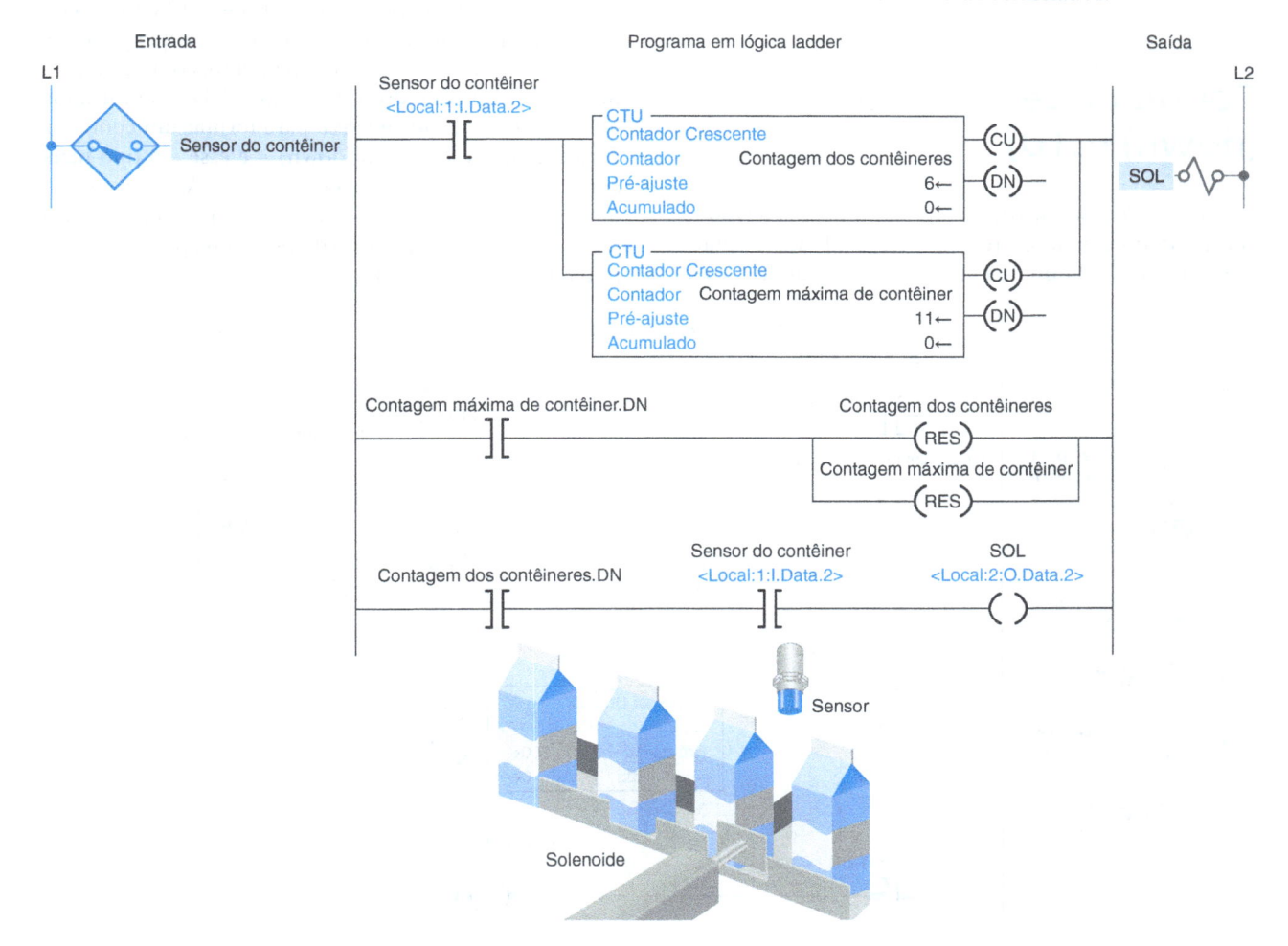

Figura 15.61 Programa do CTU usado para retirar recipientes de uma linha de esteira transportadora.

Nome da etiqueta	Valor	Estilo	Tipo de dados
⊟ Contagem dos contêineres	{...}		COUNTER
⊞ Contagem dos contêineres.PRE	6	Decimal	DINT
⊞ Contagem dos contêineres.ACC	0	Decimal	DINT
— Contagem dos contêineres.CU	0	Decimal	BOOL
— Contagem dos contêineres.CD	0	Decimal	BOOL
— Contagem dos contêineres.DN	0	Decimal	BOOL
— Contagem dos contêineres.OV	0	Decimal	BOOL
— Contagem dos contêineres.UN	0	Decimal	BOOL
⊟ Contagem máxima de contêiner	{...}		COUNTER
⊞ Contagem máxima de contêiner.PRE	11	Decimal	DINT
⊞ Contagem máxima de contêiner.ACC	0	Decimal	DINT
— Contagem máxima de contêiner.CU	0	Decimal	BOOL
— Contagem máxima de contêiner.CD	0	Decimal	BOOL
— Contagem máxima de contêiner.DN	0	Decimal	BOOL
— Contagem máxima de contêiner.OV	0	Decimal	BOOL
— Contagem máxima de contêiner.UN	0	Decimal	BOOL
Sensor do contêiner	0	Decimal	BOOL
SOL	0	Decimal	BOOL

Figura 15.62 Etiquetas criadas para o programa do CTU, usadas para retirar os recipientes da linha da esteira transportadora.

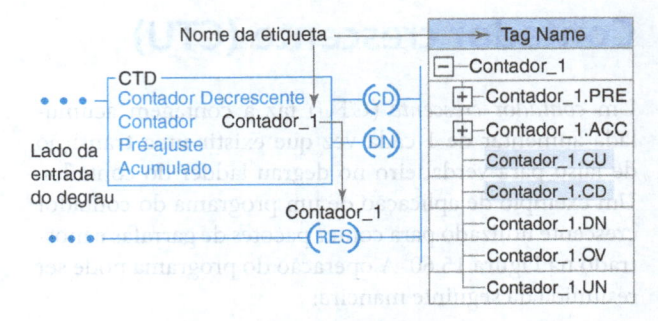

Figura 15.63 Instrução do contador decrescente (down) CTD.

Contador decrescente (down) (CTD)

O *contador decrescente* (down) (CTD) funciona de modo oposto ao do contador crescente CTU. Ele faz a contagem acumulada diminuir, em vez de aumentar de 1, cada vez que existir uma transição de falso para verdadeiro no degrau ladder do contador. A instrução de contador decrescente CTD do ControlLogix é mostrada na Figura 15.63. A descrição dos campos de cada bloco de função e as etiquetas de referência são as mesmas das associadas ao bloco de função CTU. A instrução CTD é utilizada geralmente com uma instrução CTU que referencia a mesma estrutura do contador.

O programa da aplicação mostrado na Figura 15.64 é utilizado para limitar o número de peças que pode ser armazenado na área de armazenamento, com um máximo de 50. Um contador CTU e um CTD são utilizados juntos *com o mesmo endereço* para formar um contador crescente/decrescente (up/down) – e esse é o tipo mais comum de aplicação do contador CTD. As diversas etiquetas criadas para atender ao programa são mostradas na Figura 15.65. A operação do programa pode ser resumida da seguinte maneira:

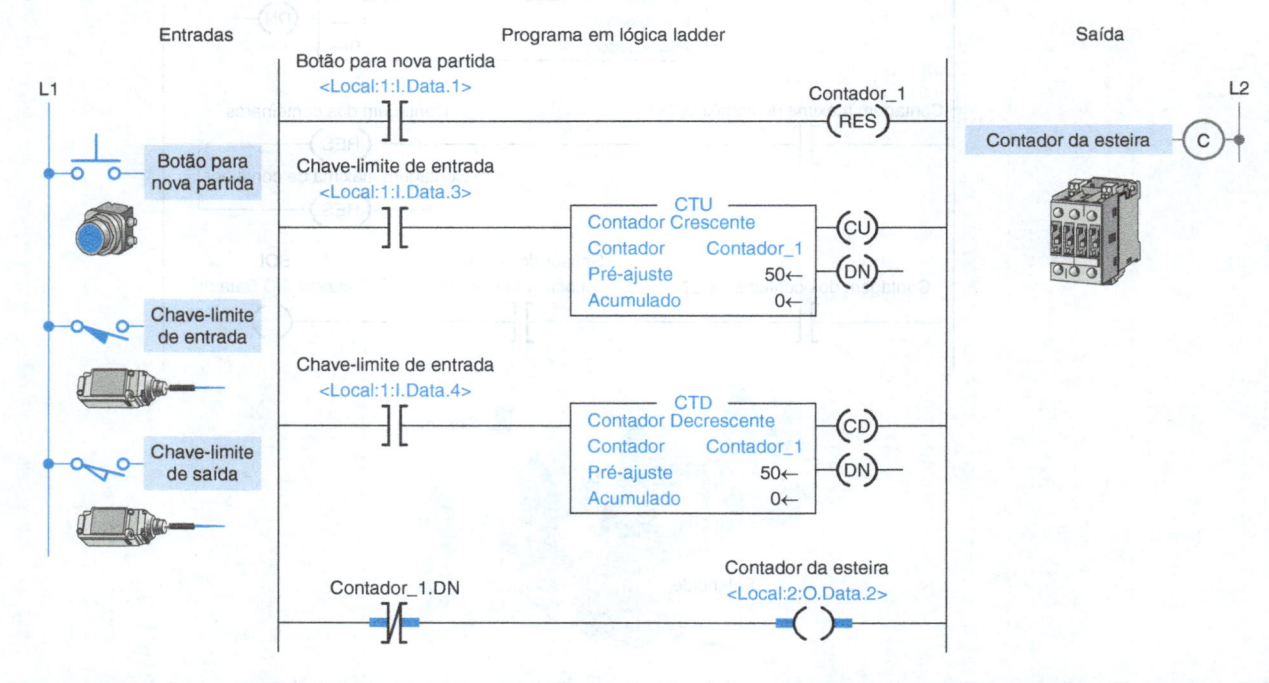

Figura 15.64 Contador CTU e contador CTD usados juntos para formar um contador crescente/decrescente (up/down).

Nome da etiqueta	Valor	Estilo	Tipo de dados
⊟ Counter_1	{ ... }		COUNTER
⊞ Counter_1.PRE	50	Decimal	DINT
⊞ Counter_1.ACC	0	Decimal	DINT
Counter_1.CU	0	Decimal	BOOL
Counter_1.CD	0	Decimal	BOOL
Counter_1.DN	0	Decimal	BOOL
Counter_1.OV	0	Decimal	BOOL
Counter_1.UN	0	Decimal	BOOL
Restart_Button	0	Decimal	BOOL
Enter_Limit_Sw	0	Decimal	BOOL
Exit_Limit_Sw	0	Decimal	BOOL
Conveyor_Contactor	1	Decimal	BOOL

Figura 15.65 Etiquetas criadas para o contador crescente/decrescente (up/down).

- O botão Restart_Button é pressionado momentaneamente, em qualquer instante, para reiniciar o valor acumulado do contador em zero.
- A esteira transporta as peças para a área de armazenamento.
- Cada vez que uma peça entra na área de armazenamento, a chave-limite Enter_Limit_Sw é atuada, e o contador Counter_1 é incrementado de 1.
- Cada vez que uma peça deixa a área de armazenamento, a chave Exit_Limit_Sw é atuada, e o contador Counter_1 diminui de 1.
- Quando o número de peças na área de armazenamento atingir 50, o bit do Counter_1.DN será estabelecido.
- Como resultado, o degrau do Conveyor_Contactor passa para falso para desenergizar o contador da esteira, parando-a automaticamente para não transportar outras 50 peças até que o valor acumulado caia abaixo de 50.

QUESTÕES DE REVISÃO

1. De que modo os temporizadores e contadores são similares?
2. Esboce o procedimento a ser seguido para a criação de uma etiqueta quando usar um contador.
3. Todos os contadores são retentivos. De que modo isto pode afetar seu programa?
4. O que é especificado pelo valor pré-ajustado (preset) de um contador?
5. Quando cada um dos seguintes bits são estabelecidos?
   a. CU
   b. DN
   c. CD
6. Compare as operações dos contadores CTU e CTD.
7. O que é um contador crescente/decrescente (up/down)?
8. Explique o que deve ser feito para criar etiquetas para o contador crescente/decrescente (up/down) que utiliza a instrução CTU e CTD.

PROBLEMAS

1. Com relação ao programa dos pacotes de garrafas, o que muda no programa se a contagem requerida for de 6 garrafas por pacote?
2. Com relação ao programa do CTU usado para retirar os recipientes de uma linha de esteira transportadora, considere que a bobina de saída do solenoide esteja aberta. De que modo isto afetaria o funcionamento do programa?
3. Modifique o programa original do contador crescente/decrescente (up/down) para incluir:
   a. Um sinaleiro vermelho para indicar a entrada de uma peça na área de armazenamento. A lâmpada deve ser conectada no pino 4 do módulo de saída digital.
   b. Um sinaleiro verde para indicar a saída de uma peça na área de armazenamento. A lâmpada deve ser conectada no pino 3 do módulo de saída digital.
4. Edite um programa no ControlLogix completo com as etiquetas para um contador crescente/decrescente (up/down) usado para manter o controle dos carros que entram e saem de um estacionamento. As exigências para o programa desta aplicação podem ser resumidas como segue:
   - O estacionamento comporta 30 veículos.
   - Existe um sensor na entrada dos veículos e um sensor na saída dos veículos.
   - Quando o estacionamento estiver lotado, um aviso de lotado será iluminado.
   - Se um carro vai sair, será ativada uma buzina e um sinaleiro para avisar os pedestres.

PARTE 5

Instruções de matemática, comparação e movimento

Objetivos

Após o estudo desta parte, você será capaz de:

- Utilizar as instruções de matemática do ControlLogix nos programas.
- Utilizar as instruções de comparação do ControlLogix nos programas.
- Utilizar as instruções de movimento do ControlLogix nos programas.
- Desenvolver e seguir as operações dos programas que usam as instruções de matemática, comparação e movimento.

Instruções de matemática

As instruções básicas de matemática do ControlLogix são adição, subtração, multiplicação, divisão, raiz quadrada e limpar. A Figura 15.66 mostra a barra de ferramentas de calcular/matemática (Compute/Math) para o controlador ControlLogix.

A instrução de adição ADD é utilizada para somar dois números, cujos valores são das origens A e B. A origem pode ser um valor constante ou uma etiqueta, e o resultado da instrução de adição ADD é colocado na etiqueta de destino (Dest).

A Figura 15.67 mostra um exemplo de um degrau com a instrução ADD juntamente com a janela para monitorar as etiquetas, Monitor Tags Window. A operação do degrau pode ser resumida como segue:

- Quando a chave ADD_Sw for fechada, o degrau será verdadeiro.
- A instrução ADD executará a soma do número da Origem A (valor_A) e o valor da Origem B (valor_B).
- O resultado será armazenado na etiqueta Dest (Total_Value).

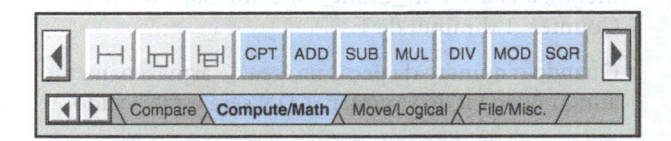

Figura 15.66 Barra de ferramentas de cálculo/matemática (Compute/Math do ControlLogix).

- Neste exemplo, 25 é somado a 50, e o resultado (75) é armazenado no Total_Value.

A instrução *SUB* é usada para subtrair dois números. A Figura 15.68 mostra um exemplo de um degrau com uma instrução SUB juntamente com a janela para monitorar as etiquetas, Monitor Tags Window. A operação do degrau pode ser resumida da seguinte maneira:

- Quando a chave SUB_Sw ou a etiqueta Calculate for verdadeira, a instrução SUB será executada.
- A Origem B (Shipped_Parts) (peças enviadas) é subtraída da Origem A (Parts_Stock) (peças estocadas) e o resultado é armazenado na etiqueta Dest, denominada como estoque atual (Current_Inventory).

Capítulo 15 Parte 5: Instruções de matemática, comparação e movimento 353

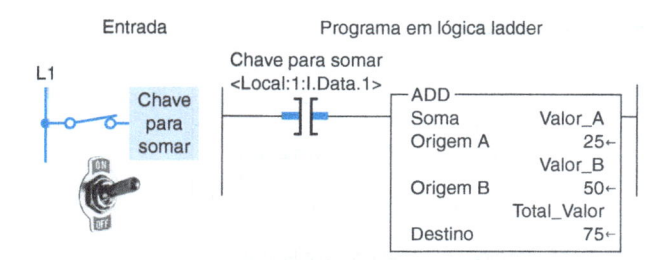

Nome da etiqueta	Valor	Estilo	Tipo de dados
⊞—Total_Valor	75	Decimal	DINT
⊞—Valor_A	25	Decimal	DINT
⊞—Valor_B	50	Decimal	DINT
Chave para somar	1	Decimal	BOOL

Figura 15.67 Degrau com instrução ADD e sua janela para monitorar as etiquetas.

- Neste exemplo, 200 foi subtraído de 900, e o resultado 700 foi armazenado no estoque atual.
- A Origem A e a Origem B podem ser constantes (números) ou etiquetas.

A instrução *MUL* é utilizada para multiplicar dois números. A Figura 15.69 mostra um exemplo de um degrau com uma instrução MUL juntamente com a janela para monitorar as etiquetas. Quando várias garrafas são empacotadas nas caixas, o número de garrafas por caixa, o número de caixas e a instrução para multiplicar darão o número total de garrafas. A operação do degrau pode ser resumida da seguinte maneira:

- Quando as chaves Sw_1 e Sw_2 forem ambas verdadeiras, a instrução MUL será executada.

- A Origem A (o valor na etiqueta caixas produzidas Cases_Produced) é multiplicada pela Origem B (o valor na etiqueta garrafas por caixa Bottles_per_Case), e o resultado é armazenado na etiqueta Dest garrafas produzidas Bottles_Produced.
- A Origem A e a Origem B podem ser constantes (números) ou etiquetas.

A instrução *DIV* é utilizada para dividir dois números. A Figura 15.70 mostra um exemplo de um degrau com uma instrução DIV juntamente com a janela para monitorar as etiquetas. Quando várias garrafas são empacotadas nas caixas, o número de garrafas por caixa, o número de caixas e a instrução para multiplicar darão o número total de garrafas. A operação do degrau pode ser resumida da seguinte maneira:

- A constante 5 é utilizada como Origem A, e a constante 3 como Origem B. É importante notar que as etiquetas poderiam ser utilizadas como origem A ou origem B.
- Quando a etiqueta Calculate for verdadeira, a instrução DIV será executada.
- A origem A (5) é dividida pela origem B (3) e o resultado (1,6666666) é armazenado na etiqueta Dest resposta real (Answer_Result). Note que, neste exemplo, foi utilizada uma etiqueta Real-type para seu destino.

O programa da Figura 15.71 é utilizado como parte de um sistema de acompanhamento de peças com três esteiras. O número de peças na esteira 1 e na esteira 2 são somados para se obter o número de peças na esteira 3.

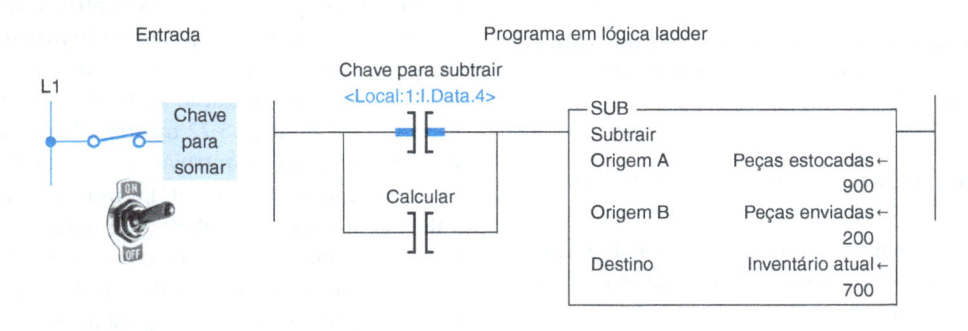

Nome da etiqueta	Valor	Estilo	Tipo de dados
⊞—Estoque de peças	900	Decimal	DINT
⊞—Peças enviadas	200	Decimal	DINT
⊞—Inventário atual	700	Decimal	DINT
Chave para subtrair	1	Decimal	BOOL
Calcular	0	Decimal	BOOL

Figura 15.68 Degrau com uma instrução SUB junto com a janela para monitorar as etiquetas, Monitor Tags Window.

Entrada

L1 — Chave_1 — Chave_2

Programa em lógica ladder

Chave_1 `<Local:1:I.Data.1>` — Chave_2 `<Local:1:I.Data.2>` — MUL
Multiplicar
Origem A   Caixas produzidas
                              60 ←
Origem B   Garrafas por caixa
                              12 ←
Destino   Garrafas produzidas
                              720 ←

Nome da etiqueta	Valor	Estilo	Tipo de dados
Chave_1	1	Decimal	BOOL
Chave_2	1	Decimal	BOOL
+–Caixas produzidas	60	Decimal	DINT
+–Garrafas por caixa	12	Decimal	DINT
+–Garrafas produzidas	720	Decimal	DINT

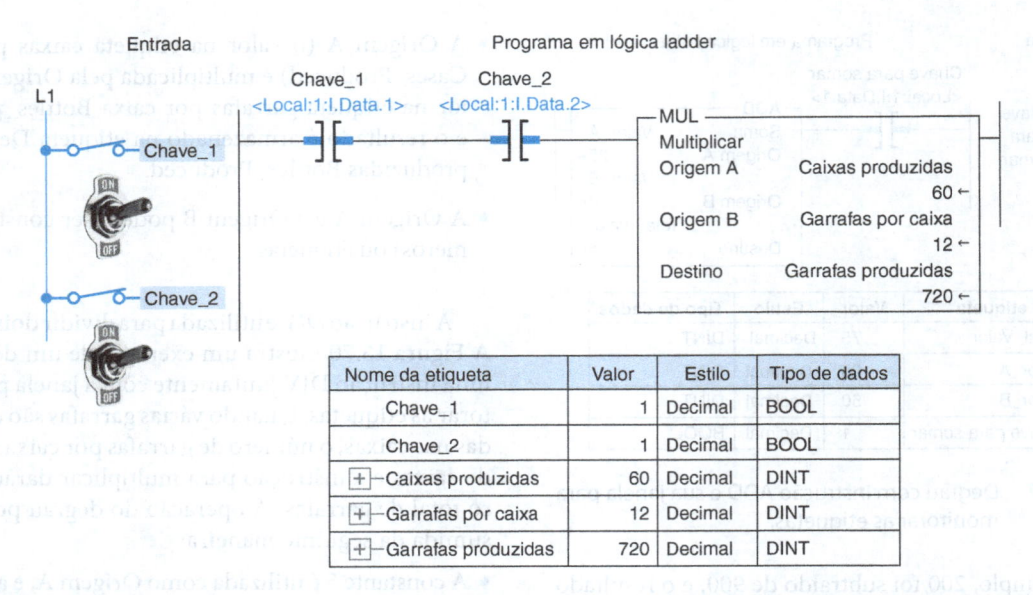

Figura 15.69 Degrau com uma instrução MUL junto com a janela para monitorar as etiquetas, Monitor Tags Window.

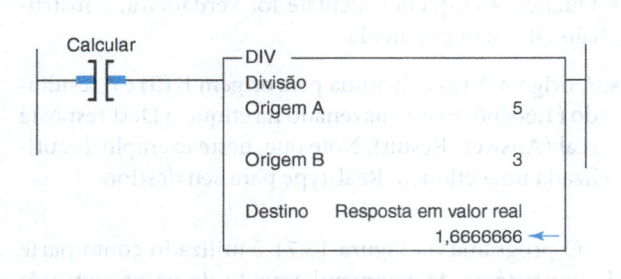

Programa em lógica ladder

Calcular — DIV
Divisão
Origem A   5
Origem B   3
Destino   Resposta em valor real
                      1,6666666 ←

Nome da etiqueta	Valor	Estilo	Tipo de dados
Calcular	1	Decimal	BOOL
Resposta em valor real	1,6666666	Float	REAL

Figura 15.70 Degrau com uma instrução DIV junto com a janela para monitorar as etiquetas, Monitor Tags Window.

A operação do programa pode ser resumida da seguinte maneira:

- Cada vez que o sensor da esteira 1 Conveyor_1_Sensor é atuado, o valor do acumulador do contador 1 Counter_1_parts é incrementado de 1.

- Cada vez que o sensor da esteira 2 Conveyor_2_Sensor é atuado, o valor do acumulador do contador 2 Counter_2_parts é incrementado de 1.

- A adição na instrução ADD coloca a soma dos valores acumulados dos dois contadores na etiqueta Conveyor_3_Parts.

- Quando o valor acumulado dos dois contadores for igual a 150, as instruções (RES) dos dois contadores serão habilitadas para reiniciar (reset) automaticamente os dois valores ACC para zero.

- Os dois contadores também podem ser reiniciados manualmente a qualquer instante pela atuação do botão de reinício (reset) Manual_Conveyor_Reset.

Instruções de comparação

As instruções de comparação são utilizadas para comparar dois valores. Elas podem ser utilizadas para ver se dois valores são iguais, se um valor é maior ou menor que o outro, e assim por diante. Nos controladores ControlLogix, as instruções de comparação são instruções de entrada que fazem a comparação com o uso de uma expressão, ou fazendo a comparação indicada por uma instrução específica. A Figura 15.72 mostra a barra de ferramentas de Compare para o controlador ControlLogix.

A instrução *equal* (EQU) é usada para testar se dois valores são iguais. Os valores comparados podem ser valores atuais ou etiquetas que contêm os valores. A Figura 15.73 mostra um exemplo de um degrau com a instrução EQU junto com a janela para monitorar as etiquetas, Monitor Tags Window. A operação do degrau pode ser resumida da seguinte maneira:

- O valor armazenado na Origem A é comparado com o valor armazenado na Origem B.

- Se os valores forem iguais, a instrução será logicamente verdadeira.

- Se os valores forem diferentes, a instrução será logicamente falsa.

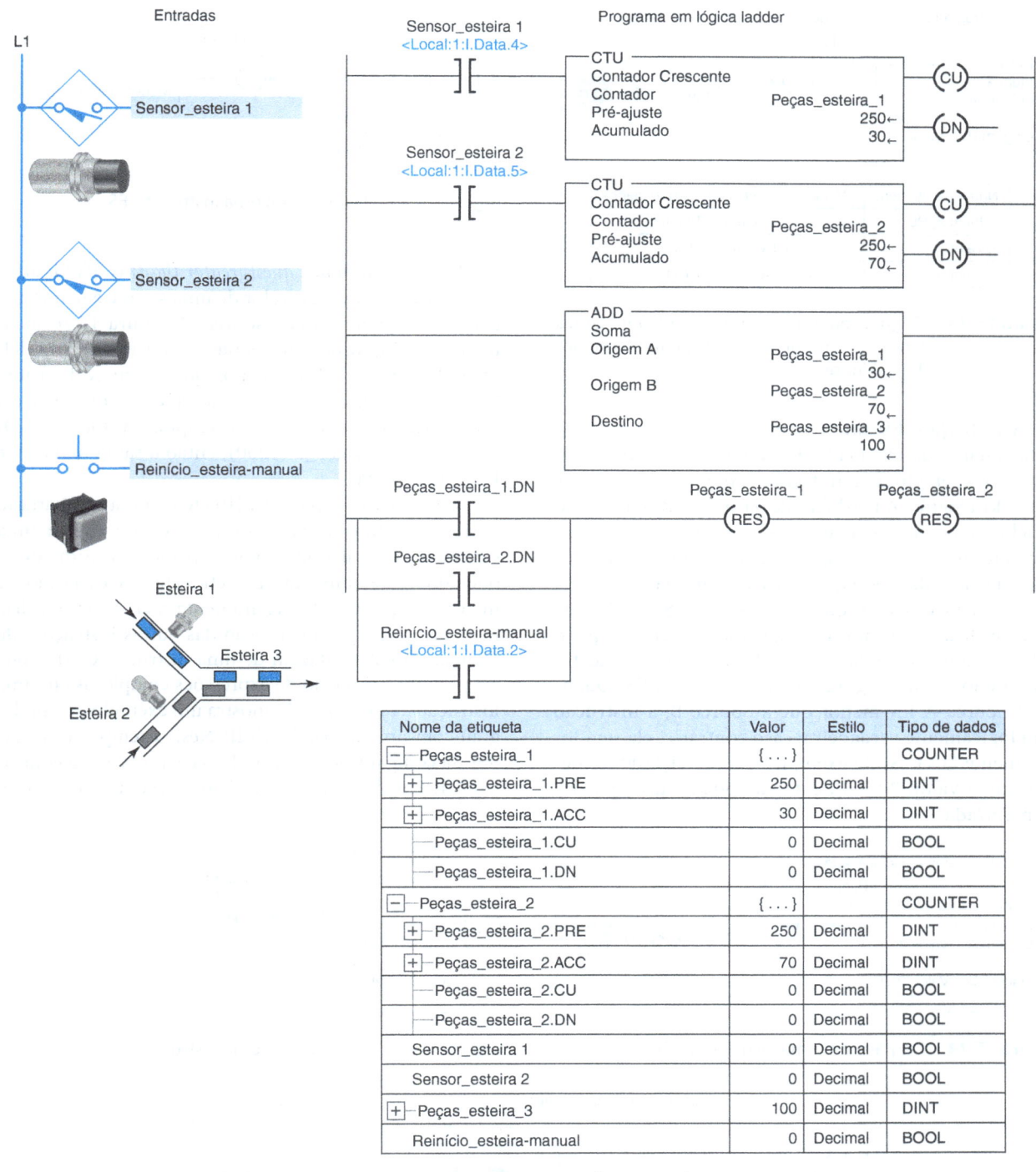

Capítulo 15 Parte 5: Instruções de matemática, comparação e movimento 355

Entradas

L1

Sensor_esteira 1

Sensor_esteira 2

Reinício_esteira-manual

Esteira 1
Esteira 3
Esteira 2

Programa em lógica ladder

Sensor_esteira 1
<Local:1:I.Data.4>
─] [──────── CTU ────────(CU)─
         Contador Crescente
         Contador   Peças_esteira_1
         Pré-ajuste   250←
         Acumulado   30← ──(DN)─

Sensor_esteira 2
<Local:1:I.Data.5>
─] [──────── CTU ────────(CU)─
         Contador Crescente
         Contador   Peças_esteira_2
         Pré-ajuste   250←
         Acumulado   70← ──(DN)─

──────── ADD ────────
         Soma
         Origem A   Peças_esteira_1
                                   30←
         Origem B   Peças_esteira_2
                                   70←
         Destino   Peças_esteira_3
                                  100←

Peças_esteira_1.DN   Peças_esteira_1   Peças_esteira_2
─] [──────────────────────(RES)──────────(RES)─
Peças_esteira_2.DN
─] [─
Reinício_esteira-manual
<Local:1:I.Data.2>
─] [─

Nome da etiqueta	Valor	Estilo	Tipo de dados
─ Peças_esteira_1	{...}		COUNTER
+ Peças_esteira_1.PRE	250	Decimal	DINT
+ Peças_esteira_1.ACC	30	Decimal	DINT
Peças_esteira_1.CU	0	Decimal	BOOL
Peças_esteira_1.DN	0	Decimal	BOOL
─ Peças_esteira_2	{...}		COUNTER
+ Peças_esteira_2.PRE	250	Decimal	DINT
+ Peças_esteira_2.ACC	70	Decimal	DINT
Peças_esteira_2.CU	0	Decimal	BOOL
Peças_esteira_2.DN	0	Decimal	BOOL
Sensor_esteira 1	0	Decimal	BOOL
Sensor_esteira 2	0	Decimal	BOOL
+ Peças_esteira_3	100	Decimal	DINT
Reinício_esteira-manual	0	Decimal	BOOL

Figura 15.71 Programa usado como parte de um sistema de acompanhamento de peças.

- Neste exemplo, a Origem A (25) é igual à Origem B (25), então, a instrução é verdadeira e a saída Equal_PL é ligada.
- A Origem A e a Origem B podem ser SINT, INT, DINT ou dados do tipo real.

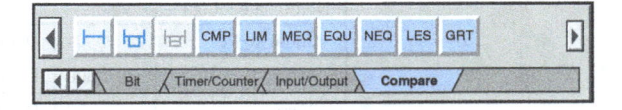

Figura 15.72 Barra de ferramentas do compare para o ControlLogix.

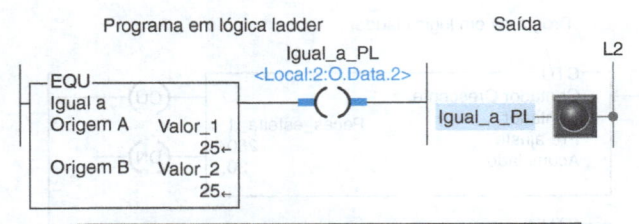

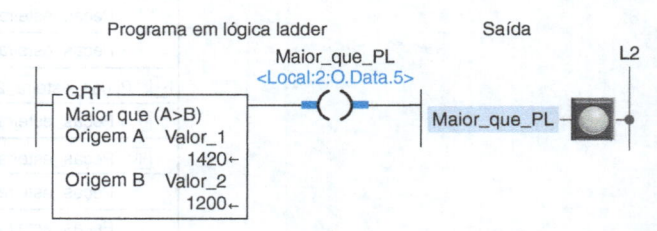

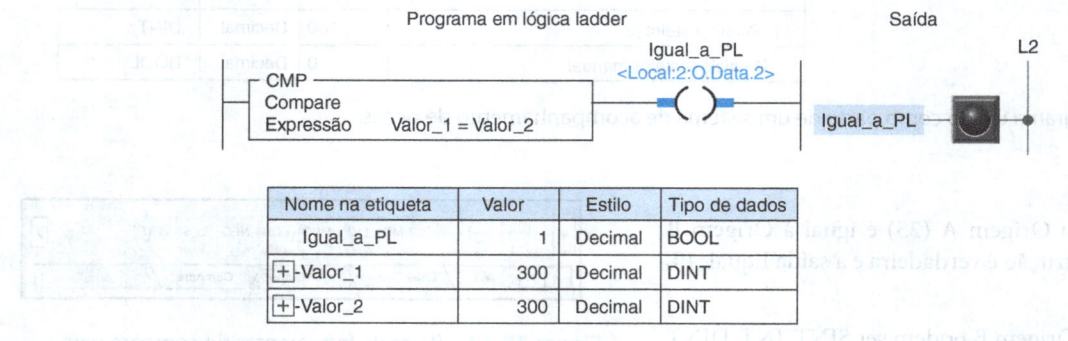

Figura 15.73 Degrau com uma instrução EQU junto com a janela para monitorar as etiquetas, Monitor Tags Window.

A instrução *diferente* (*not equal*) (NEQ) é utilizada para testar a desigualdade dos valores. A Figura 15.74 mostra o exemplo de um degrau com a instrução NEQ. Quando a Source A for diferente da Source B, a instrução será logicamente verdadeira; caso contrário, ela será logicamente falsa. Neste exemplo, os dois valores são diferentes, então a saída Not_Equal_PL é energizada.

A instrução *menor que* (*less than*) (LES) é utilizada para verificar se o valor de uma source é menor que o valor de uma segunda source. A Figura 15.75 mostra o exemplo de um degrau com a instrução LES. Quando a Source A for menor que a Source B, a instrução será logicamente verdadeira; caso contrário, ela será logicamente falsa. Neste exemplo, o Valor_1 (100) é menor que o Valor_2 (300), então a saída Menor_que_PL é energizada.

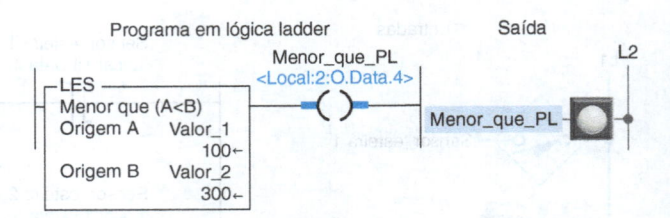

Figura 15.75 Degrau com uma instrução LES.

A instrução *maior que* (*greater than*) (GRT) é utilizada para verificar se o valor de uma source é maior que o valor de uma segunda source. A Figura 15.76 mostra um exemplo de um degrau com a instrução GRT. Quando a Source A for maior que a Source B, a instrução será logicamente verdadeira; caso contrário, ela será logicamente falsa. Neste exemplo, o Valor_1 (1420) é maior que o Valor_2 (1200), então a saída maior que PL é energizada.

A instrução *compare* (CMP) efetua uma comparação sobre as operações matemáticas especificadas por uma expressão, a qual pode conter operadores aritméticos, operadores de comparação e etiquetas. A execução de uma instrução CMP é ligeiramente mais lenta e utiliza mais memória que a execução das outras instruções de comparação. A vantagem de uma instrução CMP é que ela permite a inserção de expressões complexas em uma instrução. A Figura 15.77 mostra um exemplo de um degrau com uma instrução CMP. Neste exemplo, o operador da comparação encontrado na expressão é o equivalente de uma instrução EQU. A instrução de comparação

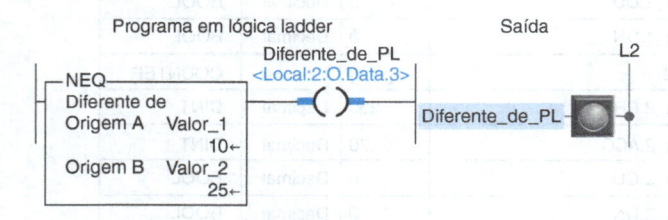

Figura 15.74 Degrau com uma instrução NEQ.

Figura 15.76 Degrau com uma instrução GRT.

Figura 15.77 Degrau com uma instrução CMP.

é verdadeira, porque o valor Value_1 (300) é igual ao valor Value_2 (300).

O programa da Figura 15.78 é um exemplo do uso de instruções de comparação usadas para testar o valor acumulado de um contador. A operação do programa pode ser resumida da seguinte maneira:

- Quando a contagem acumulada for entre 5 e 10, as instruções GRT e LES serão ambas logicamente verdadeiras, então o sinaleiro PL_1 será ligado.
- Quando a contagem acumulada for igual à 15, as instrução EQU serão logicamente verdadeiras, então o sinaleiro PL_2 será ligado.
- O sinaleiro PL_3 será ligado o tempo todo, exceto quando a contagem acumulada for 20, caso em que a instrução NEQ será logicamente falsa.
- O contador é reiniciado automaticamente quando a contagem acumulada atingir 25, ou manualmente, a qualquer instante que o botão Reset_PB for acionado.

Instruções mover

A instrução *mover* (MOV) é uma instrução de saída que pode mover uma constante ou o conteúdo de uma locação de memória para outra. A Figura 15.79 mostra a barra de ferramentas e a instrução para o controlador ControlLogix.

Ela é utilizada para copiar dados de uma origem para um destino, e os tipos de dados tanto da origem como do destino de uma instrução MOV podem ser INT, DINT, SINT ou REAL.

O programa na Figura 15.80 é um exemplo de como a instrução MOV pode ser utilizada para criar uma variável para o valor pré-ajustado de um temporizador. A operação do programa pode ser resumida como segue:

- A atuação do botão PB_10s executa sua instrução MOV para transferir 10000 para o valor pré-ajustado do temporizador, estabelecendo um período de retardo de 10 segundos.

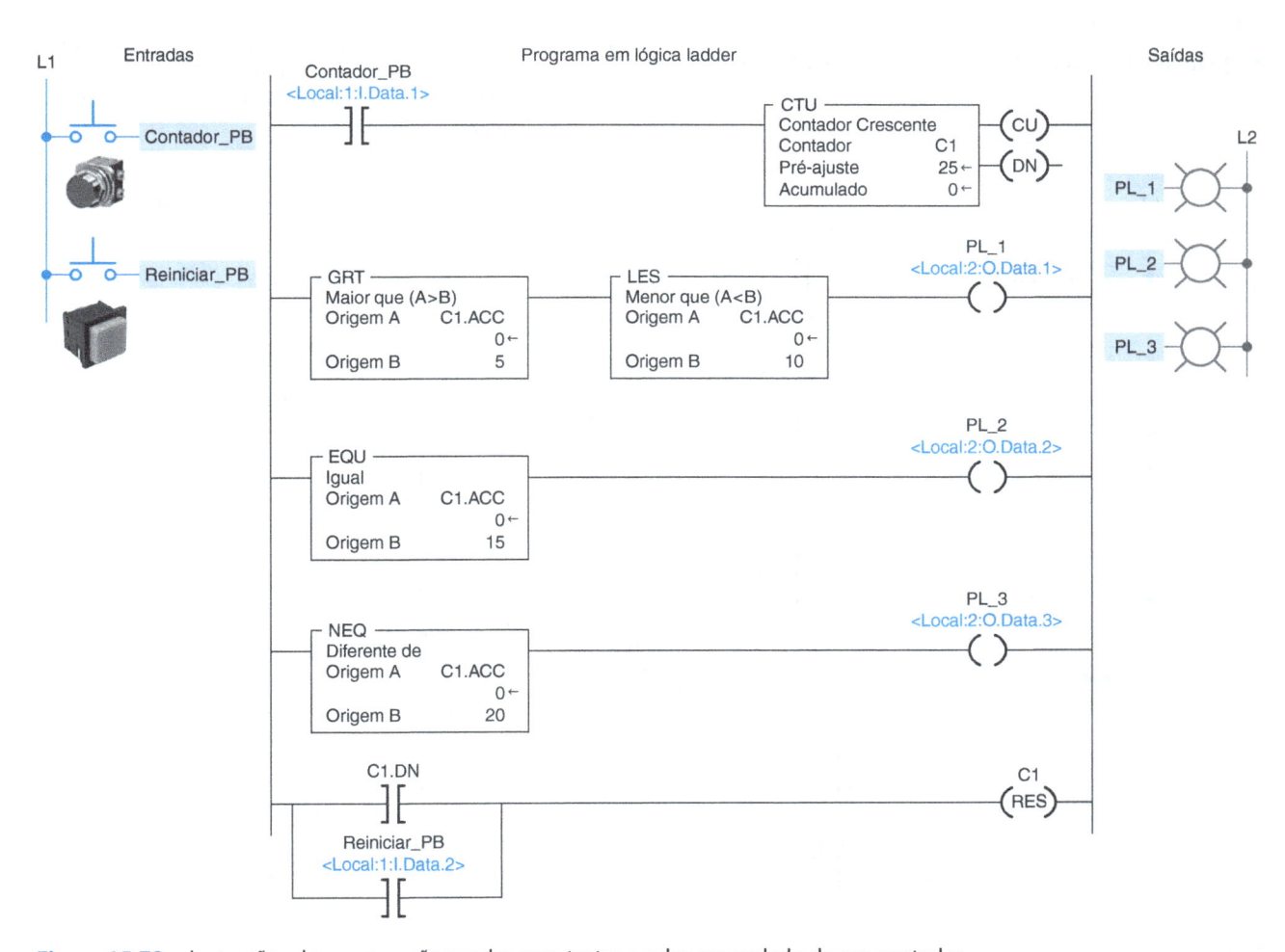

Figura 15.78 Instruções de comparação usadas para testar o valor acumulado de um contador.

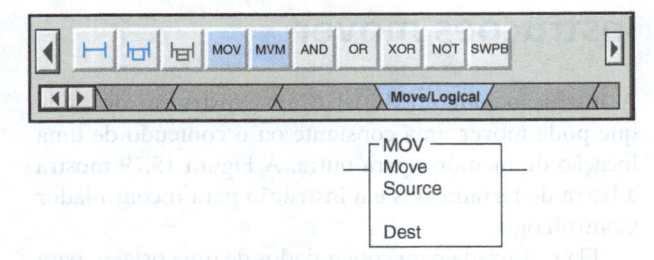

Figura 15.79 Barra de ferramentas do move para o controlador ControlLogix.

- A atuação do botão PB_15s executa sua instrução MOV para transferir 15000 para o valor pré-ajustado do temporizador, estabelecendo um período de retardo de 15 segundos.
- Com o fechamento da chave Timer_Start, a cronometragem do temporizador é iniciada.
- Enquanto o temporizador está cronometrando, o sinaleiro PL_1 estará ligado durante o período do valor pré-ajustado do temporizador.
- Quando o tempo finalizar, PL_1 desliga e PL_2 liga.

QUESTÕES DE REVISÃO

1. Edite um degrau ladder no ControlLogix com uma instrução de matemática que seja executada quando uma chave de alavanca for fechada para somar a etiqueta com nome de Pressure_A (valor de 680) com a uma constante de 50, e armazenar a resposta na etiqueta denominada por Result.
2. Edite um degrau ladder no ControlLogix com uma instrução de matemática que execute quando duas chaves-limite normalmente abertas forem fechadas, para subtrair a etiqueta com nome Count_1 (valor de 60) com a uma etiqueta denominada por Count_2 (valor de 460), e armazenar a resposta na etiqueta denominada por Count_Total.
3. Edite um degrau ladder no ControlLogix com uma instrução de matemática que execute quando um ou outro botão de comando normalmente aberto for fechado, para multiplicar a etiqueta com nome de Case (valor de 10) por uma constante de 24, e armazenar a resposta na etiqueta denominada por Cans (latas).
4. Edite um degrau ladder no ControlLogix com uma instrução de matemática que energize um sinaleiro na saída quando o valor armazenado na etiqueta Data_3 for 60.
5. Edite um degrau ladder no ControlLogix com uma instrução de compare que energize um sinaleiro na saída quando o valor armazenado na etiqueta Data_2 não for o mesmo que o armazenado em Data_6.

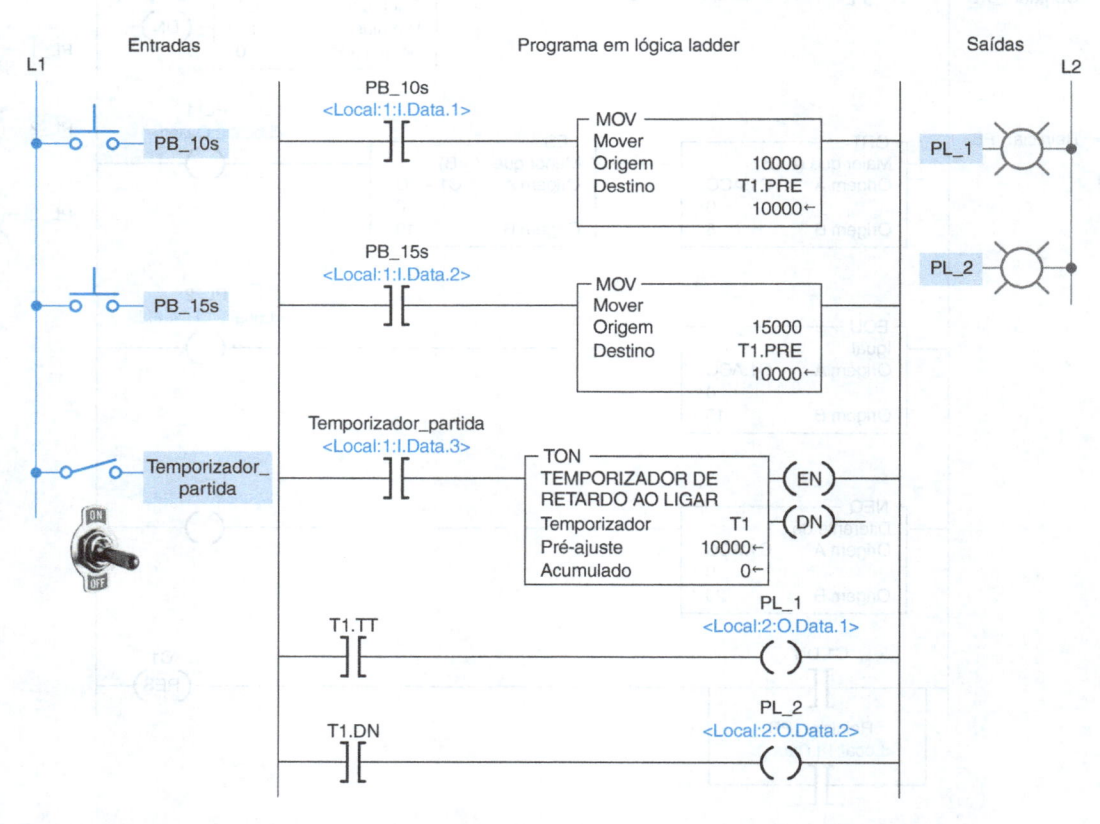

Figura 15.80 Instrução MOV usada para criar uma variável de um valor pré-ajustado para um temporizador.

6. Edite um degrau ladder no ControlLogix com uma instrução de compare que energize um sinaleiro na saída quando a pressão de um sistema for maior que 300 psi ou menor que 100 psi.

PROBLEMAS

1. Ao verificar a operação de um sistema de rastreamento de peças com a janela de Monitor Tags window, você nota que o valor do sensor da esteira Conveyor_Sensor_1 permanece em 1, com as peças passando. O que você pode supor disso? Por quê?

2. Três esteiras estão entregando as mesmas peças em diferentes pacotes. Um pacote pode conter 12, 24 ou 18 peças. As chaves de proximidade instaladas em cada uma das linhas da esteira são usadas para avançar o valor acumulado dos três contadores. Edite um programa no ControlLogix que usa várias instruções de adição para calcular a soma das peças.

3. Uma chave monopolar é usada no lugar de dois botões de comando para a variável de valor **pré-ajustado** do temporizador do programa. Quando essa chave for fechada, o temporizador será estabelecido para 10 segundos e, quando aberta, para 15 segundos. Faça as mudanças necessárias para o programa.

PARTE 6
Programação de blocos de função

Objetivos

Após o estudo desta parte, você será capaz de:

- Descrever a diferença entre lógica ladder e programação por diagrama de blocos de função.
- Reconhecer os elementos básicos de um diagrama de blocos de função.
- Escrever e ler um diagrama de blocos de função.

Diagrama de blocos de função (FBD)

Um *diagrama de blocos de função* (FBD) é uma representação gráfica do fluxo do processo com o uso da conexão de blocos simples e complexos. Ele é similar ao diagrama em lógica ladder, exceto que os blocos de função substituem as conexões dos contatos e bobinas. Além disso, não há os barramentos de alimentação.

Um circuito de blocos de função é análogo ao circuito elétrico, em que as ligações e os cabos representam caminhos de sinais entre os componentes. A área de trabalho é conhecida como folha e consiste em blocos de função ligados juntos com as linhas chamadas de fios. A estrutura de um programa de blocos de função, ou rotinas, pode ser vista na Figura 15.81. Um diagrama de blocos de função consiste em quatro elementos básicos: bloco de função, referência, conectores dos fios e fios. O fluxo de dados sobre um fio de um conector de

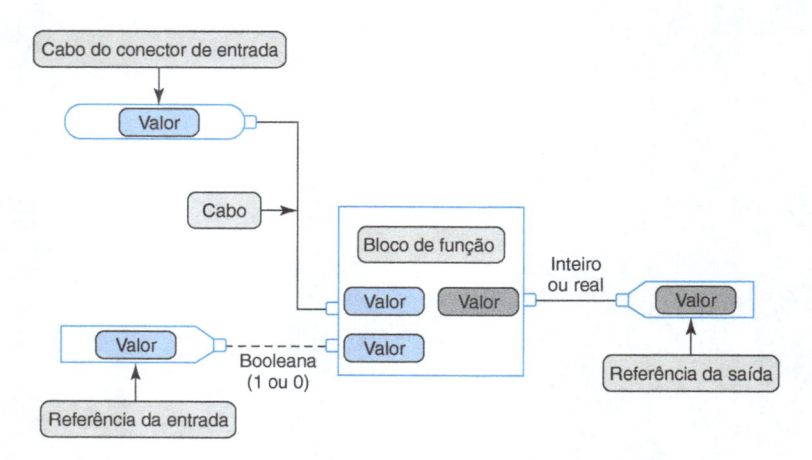

Figura 15.81 Estrutura dos blocos de função ou rotina.

fios ou referências de entrada move-se pelos blocos de função e depois passa para a referência de uma saída. O tipo de linha da ligação entre os blocos de função indica que tipos de dados estão presentes. Uma linha tracejada indica um caminho de sinal booleano (por exemplo, 0 ou 1), e uma linha cheia indica um valor inteiro ou real.

Os **blocos de função** são representações gráficas de códigos executáveis e podem ter uma ou mais entradas e tomar decisões ou cálculos, para depois gerar uma ou mais saídas. Existem muitos tipos de blocos de função incluídos no software de programação para executar várias tarefas comuns. Além disso, as instruções de *adicionar* personalizadas podem ser criadas pelo programador para estabelecer a lógica usada normalmente. Uma vez que a instrução de adicionar é definida em um projeto, ela aparece na barra de instrução e se comporta como as instruções padronizadas.

A Figura 15.82 mostra um exemplo de um bloco de função BAND (AND Booleana). A informação associada com um bloco de função pode ser resumida da seguinte maneira:

- As entradas são mostradas entrando pela esquerda, e as saídas, saindo pela direita.
- O tipo de bloco de função é mostrado dentro do bloco.
- Um nome de etiqueta para o bloco é colocado acima dela.
- Os nomes de entradas e de saídas são mostrados dentro do bloco.

- Uma visão-padrão do bloco tem alguns, mas não todos, os parâmetros de entrada e de saída visíveis quando as caixas são colocadas no programa.
- As propriedades da caixa, utilizadas para estabelecer a opção de parâmetros de entrada ou de saída, podem ser vistas clicando o botão de seleção localizado no canto superior direito do bloco.
- Os 1 e 0 próximos das entradas e saídas identificam o estado lógico dos pinos para a instrução.
- Os pontos sobre os pinos de entrada e saída indicam o tipo de dado BOOL exigido.

As *referências* representam as etiquetas que estão ligadas aos valores armazenados na memória do controlador e têm dois tipos, entrada e saída, mostrados na Figura 15.83. Uma referência de entrada ou IREF é utilizada para receber um valor de um dispositivo de entrada ou uma etiqueta (tag); uma referência de saída ou OREF é usada para enviar um valor para um dispositivo de saída ou uma etiqueta (tag). Quando se utiliza uma IREF ou OREF, deve-se criar uma etiqueta ou atribuir uma etiqueta existente para o elemento. Qualquer tipo de dado pode ser usado para uma IREF ou OREF.

Os blocos de função podem ser conectados a outros blocos de função pela conexão de suas saídas à entrada de outro bloco de função usando *fios e pinos* (Figura 15.84). Os fios indicam o trajeto do sinal e mostram o fluxo de execução do controlador. Cada elemento em um diagrama de blocos contém pinos, e os elementos são conectados movendo os fios dos pinos de entrada para os pinos

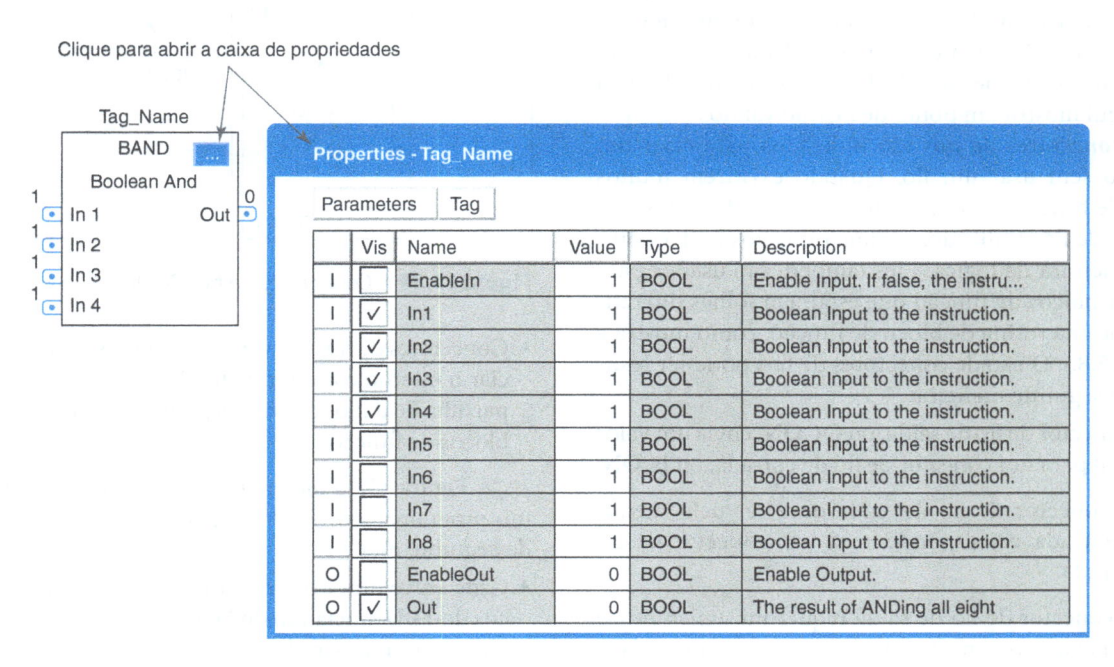

Figura 15.82 Exemplo de um bloco de função BAND (AND Booleana).

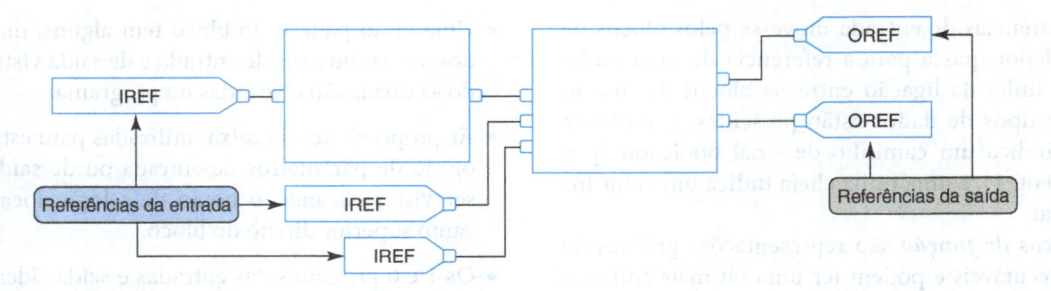

Figura 15.83 Referências de entrada e de saída.

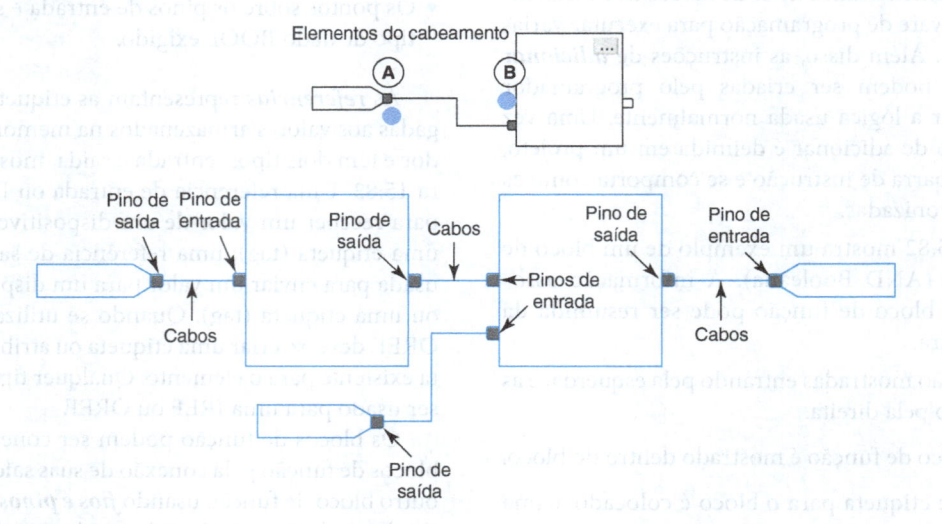

Figura 15.84 Diagrama de blocos de função com fios e pinos.

de saída, ou vice-versa. Os pinos à esquerda de um bloco de função são pinos de entrada, e aqueles à direita são pinos de saída. Para ligar dois elementos juntos, deve-se clicar no pino de saída do primeiro elemento (A) e depois clicar no pino de entrada do outro elemento (B). Um ponto azul mostra um ponto de ligação válido.

Os **conectores de fios** são utilizados para criar um caminho sem usar um fio. Quando existirem muitos blocos de função em uma folha ou muito distantes, conectores de fios utilizados no lugar dos fios podem dificultar a leitura da lógica. Eles também são usados para conectar blocos de função que estão em folhas diferentes da mesma rotina de bloco de função, como mostra a Figura 15.85. O uso de conectores de fios pode ser resumido da seguinte maneira:

- Um conector de fio de saída, ou **OCON**, envia um valor ou sinal para um conector de fio de entrada, ou **ICON**.

- Cada conector de fio de saída deve ter pelo menos uma entrada correspondente a um conector de fio de entrada.

- Cada conector de fio de saída requer um único nome de etiqueta, e o conector de fio de entrada deve ter o mesmo nome.

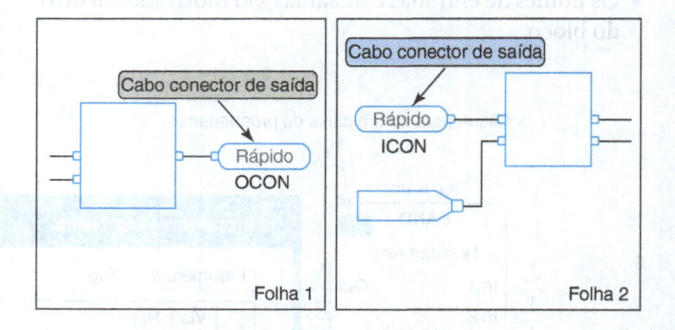

Figura 15.85 Conectores de fios OCON e ICON.

- Conectores de fios de entrada múltiplos podem referenciar o mesmo conector de fio de saída, o que permite a partilha de dados em vários pontos no seu diagrama de blocos de função.

A Figura 15.86 mostra o fluxo de sinal e execução de um programa com FBD. A operação pode ser resumida da seguinte maneira:

- Cada varredura do programa estabelece todos os blocos do FBD, iniciando do lado esquerdo do fluxo de sinal, e continua a avaliar todos os blocos de acordo com o fluxo de sinal até que a saída final seja determinada.

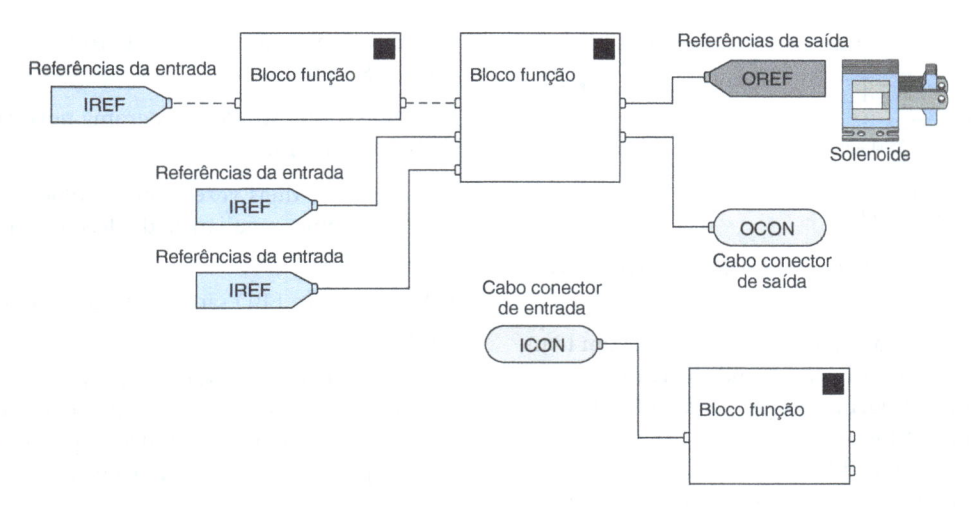

Figura 15.86 Fluxo de sinal e execução de um programa FBD.

- A localização de um bloco não afeta a ordem de execução dos blocos.
- As entradas de um bloco exigem dados para serem avaliados antes que o controlador possa executar cada bloco.
- Se os blocos de função não forem ligados juntos, não importa que bloco é executado primeiro, pois não há fluxo de dados entre os blocos.
- As linhas conectadas entre os blocos indicam o tipo de sinal que está presente.

Dados de travamento referem-se ao modo como o controlador verifica se os dados presentes na entrada de um bloco de função são válidos. Se uma IREF for utilizada para especificar um dado de entrada para uma instrução de bloco de função, como mostra a Figura 15.87, os dados naquela IREF serão travados (não mudarão) para a varredura da rotina do bloco de função. A IREF trava os dados das etiquetas programa estendido e controlador estendido. O controlador atualiza todos os dados IREF no início de cada varredura. Uma rotina de blocos de função é executada na seguinte ordem:

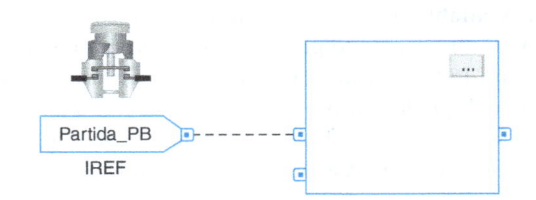

Figura 15.87 Uma IREF é travada para a varredura de uma rotina de bloco de função.

- O controlador trava todos os dados nas IREFs.
- O controlador executa os outros blocos de função na ordem.
- O controlador grava nas saídas OREFs.

Para criar uma ***malha de realimentação*** em um bloco, deve-se ligar um pino da saída do bloco de volta no pino de entrada do mesmo bloco. O pino de entrada receberá o valor da saída que foi produzida na última varredura do bloco de função. A malha contém apenas um único bloco, de modo que não importa a ordem de execução. A Figura 15.88 mostra um exemplo de uma malha

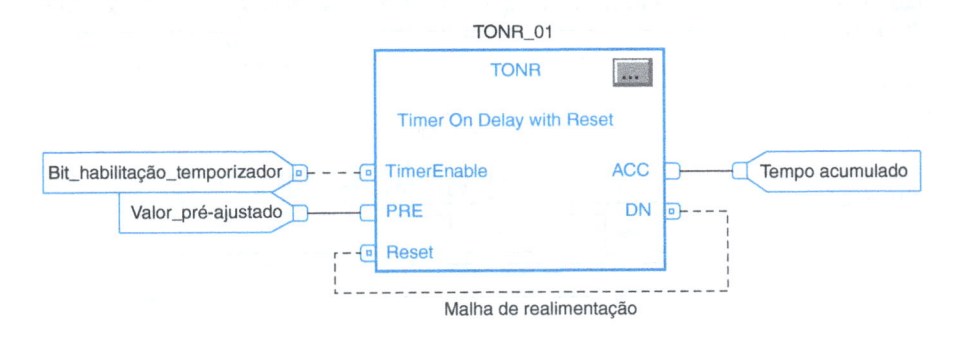

Figura 15.88 Malha de realimentação usada para reiniciar um temporizador de retardo ao ligar.

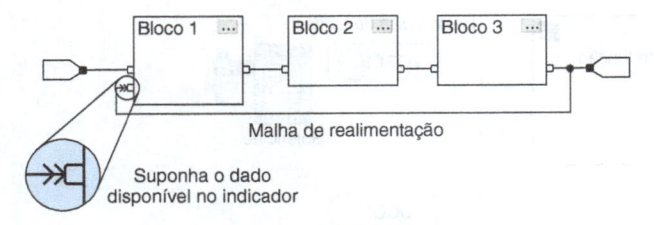

Figura 15.89 Marca do indicador Assume Data Available.

de realimentação utilizada para reiniciar (reset) um temporizador de retardo ao ligar. Quando o temporizador terminar a cronometragem, seu bit DN será usado para reiniciar o temporizador.

Quando um grupo de blocos de função está em uma malha de realimentação, o controlador não pode determinar que bloco executa primeiro. Esse problema é resolvido com a colocação de uma marca indicadora **Assume Data Available** no pino de entrada do bloco de função que deve ser executado primeiro. No exemplo mostrado na Figura 15.89, a entrada para o bloco 1 utiliza os dados do bloco 3 que foram produzidos na varredura anterior. Para colocar o indicador, deve-se clicar na conexão de fio e selecionar a opção **Assume Data Available**.

Programação FBD

A Figura 15.90 mostra o procedimento de preparação (set-up) da programação FBD. Os passos a serem seguidos podem ser resumidos como segue:

- Clicar com o botão da direita no arquivo MainProgram e selecionar New Routine do menu.
- Selecionar Function Block Diagram na entrada do type window.

- Inserir um nome para a rotina (por exemplo, FDB_Sample).
- Agora será mostrado o programa novo (FDB_Sample) no MainProgram.
- Ao clicar-se duas vezes com o botão da esquerda em FDB_Sample, uma janela de desenvolvimento gráfico será aberta.
- As instruções FBD são usadas no desenvolvimento do programa.
- Quando a folha corrente estiver cheia, folhas extras podem ser adicionadas clicando-se no ícone add sheet. O movimento entre as folhas é proporcionado pelas setas, para a esquerda e para a direita.

A MainRoutine é sempre um programa em lógica ladder no software RSLogix, e todas as outras rotinas são chamadas pela MainRoutine; portanto, ela terá um degrau incondicional, com um salto (jump) para a sub-rotina (JSR), chamando FBD_Sample. O programa FBD executará a partir da instrução JSR. Não é necessária uma instrução de sub-rotina ou retorno da sub-rotina no FBD.

Os programas de blocos de função são similares aos programas em lógica ladder, exceto que o processo é visualizado na forma de blocos de função, em vez de degraus em escada (ladder). A Figura 15.91 mostra uma comparação entre uma lógica ladder e um FBD equivalente para um degrau em lógica ladder de uma porta AND de três entradas. A operação do programa pode ser resumida como segue:

- Quando as entradas representadas pelos Sensor_1, Sensor_2 e Sensor_3 forem verdadeiras (valor 1), o bloco de Função BAND (AND Booleana) será verdadeiro.

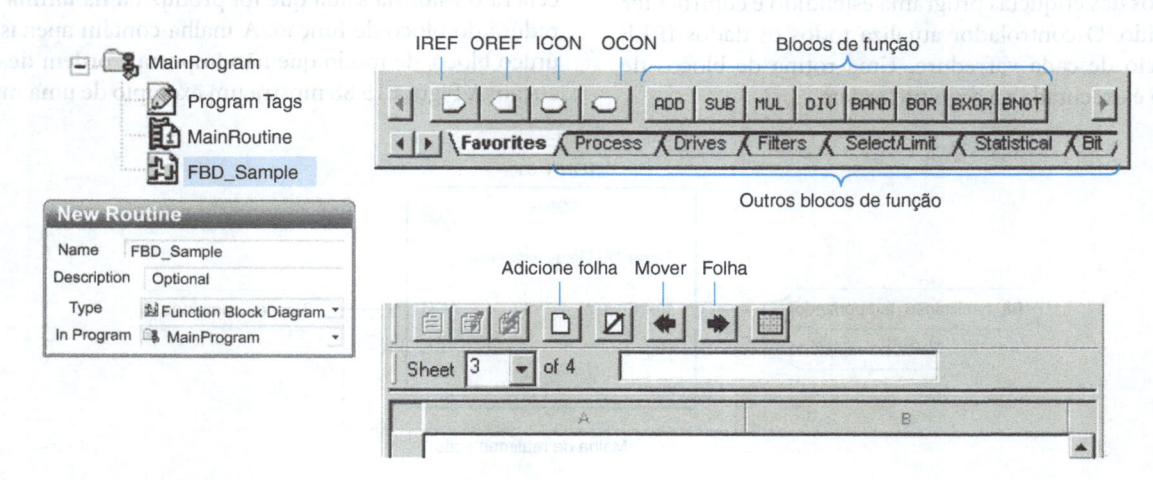

Figura 15.90 Procedimento de preparação (set-up) para uma programação FBD.

Figura 15.91 Comparação entre uma lógica ladder e um FBD equivalente para um degrau em lógica ladder com uma porta AND de três entradas.

- O bloco executa BAND para estabelecer a saída Caution_PL como verdadeira e ligar sinaleiro.

- O 0 à direita da referência de entrada e o pino de saída indicam seu estado lógico; um 0 indica que o estado da etiqueta é falso; enquanto um 1 significa que ele é verdadeiro.

- Os mesmos dispositivos sensores de entrada e sinaleiros de saída e etiquetas podem ser utilizados nos dois programas.

- As instruções de contatos XIC, OTE e bobinas foram substituídas pelo bloco de função BAND.

A Figura 15.92 mostra uma comparação entre a lógica ladder e o equivalente FBD para um degrau lógico com OR de duas entradas. Assim como a OR em lógica ladder, se uma das entradas for verdadeira, a função BOR do bloco de função também será verdadeira. Neste exemplo, com o bloco de função BOR verdadeiro, a saída com tag de referência SOLENOIDE_1 será verdadeira, energizando o solenoide.

A Figura 15.93 mostra uma comparação entre a lógica ladder e o equivalente FBD para uma combinação de entradas múltiplas. A operação do programa pode ser resumida da seguinte maneira:

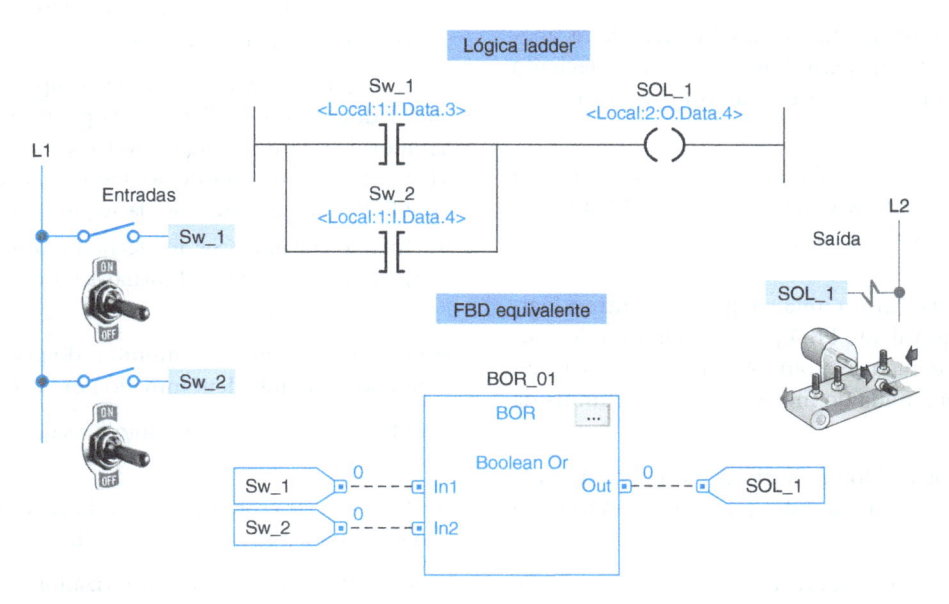

Figura 15.92 Comparação entre uma lógica ladder e um FBD equivalente para um degrau em lógica ladder com uma porta OR de duas entradas.

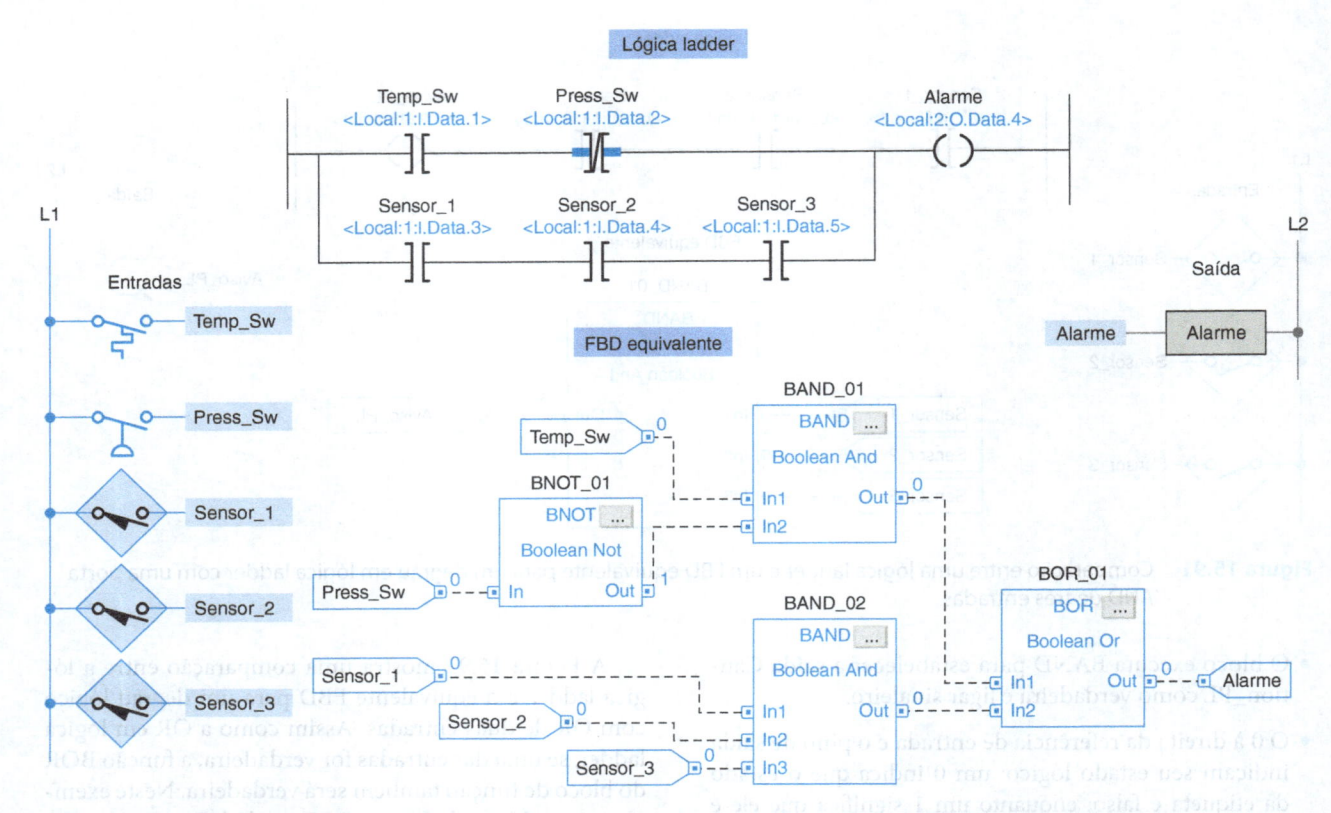

Figura 15.93 Comparação entre uma lógica ladder e um FBD equivalente para uma combinação de entradas múltiplas.

- O alarme será energizado se as duas entradas In1 ou In2, para o bloco BOR, forem verdadeiras.

- A entrada In2 do bloco BOR será verdadeira apenas quando todos os três sensores estiverem fechados.

- A entrada In1 do bloco BOR será verdadeira apenas quando o termostato Temp_Sw estiver fechado ao mesmo tempo que o pressostato Press_Sw estiver aberto.

- O bloco de função BNOT funciona de modo similar à instrução do contato XIO na lógica ladder. Quando In for 0, Out é 1, e vice-versa.

A Figura 15.94 mostra uma comparação entre a lógica ladder e o equivalente FBD para um circuito de controle de partida/parada de motor. A sequência lógica para dar a partida e a parada do motor pode ser resumida da seguinte maneira:

- Quando o botão Motor_Start for fechado, a saída BOR será verdadeira, fazendo que a saída BAND seja verdadeira.

- A saída Motor_Run energiza a bobina do contator, e os contatos fecham para dar início ao funcionamento do motor.

- Quando o botão Motor_Start for aberto, a saída do bloco BOR permanece verdadeira em virtude do estado 1 do sinal de realimentação da etiqueta Motor_Run.

- Quando o botão Motor_Stop for aberto, a saída do bloco BAND tornar-se-á falsa para desenergizar a bobina do contator e parar o motor.

A Figura 15.95 mostra uma comparação entre a lógica ladder e o equivalente FBD para um TON (temporizador de retardo ao ligar) de 10 segundos e um TONR (temporizador de retardo ao desligar). O funcionamento do FBD pode ser resumido da seguinte maneira:

- Quando o Timer_Sw for fechado, o temporizador do bloco de função TONR tornar-se-á verdadeiro e começará a contar o tempo.

- O tempo acumulado é monitorado pela etiqueta de referência da saída denominado por ACC.

- O EN (bit de habilitação) muda a saída para 1 para ligar o EN_PL.

- O TT (bit de cronometragem do temporizador) muda a saída para 1 para ligar o TT_PL.

- Após 10 segundos, o temporizador estabelece o DN (bit de finalização) para 1, liga o DN_PL, reinicia (reset) o bit TT para 0 e desliga o TT_PL.

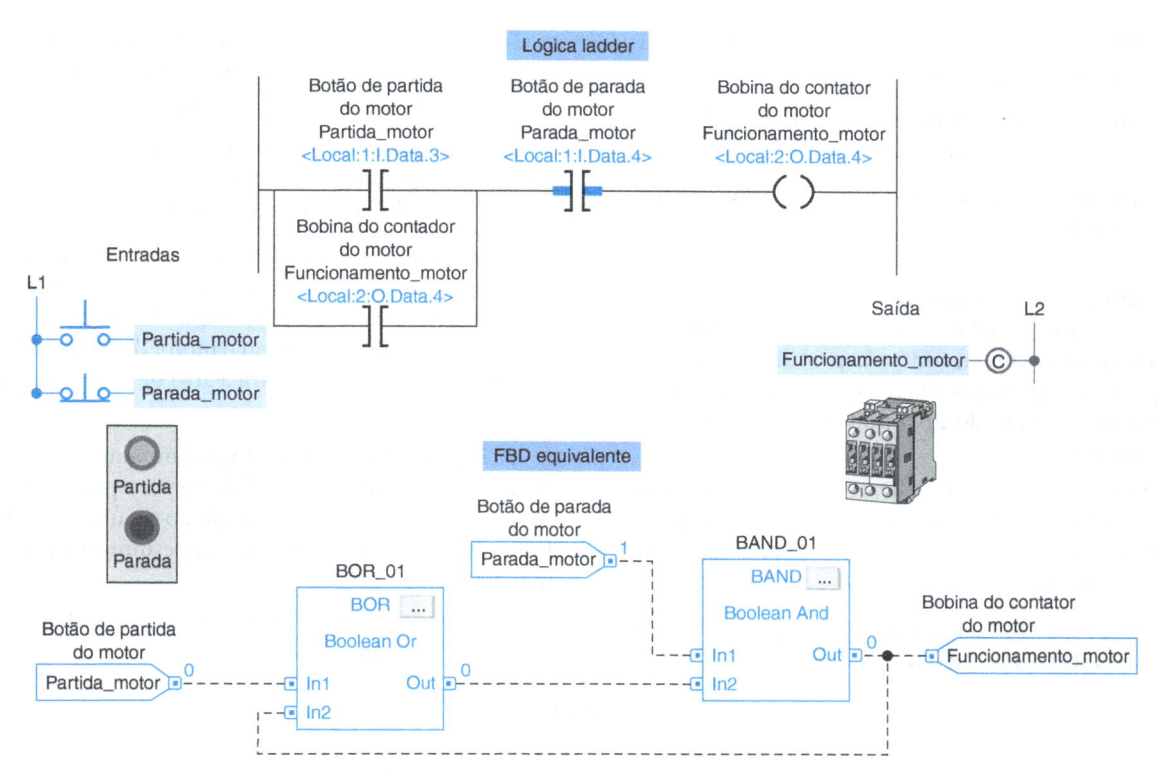

Capítulo 15 Parte 6: Programação de blocos de função 367

Figura 15.94 Comparação entre uma lógica ladder e um FBD equivalente para um circuito de controle de partida/parada_ _motor.

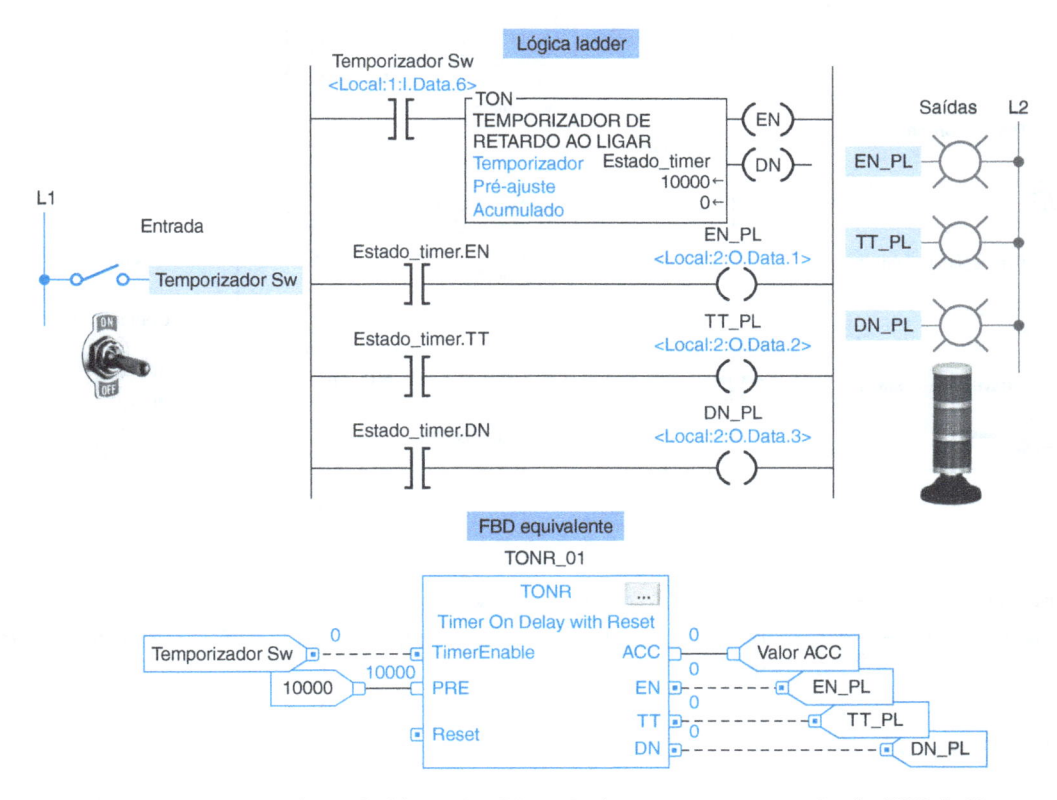

Figura 15.95 Comparação entre uma lógica ladder e um FBD equivalente para um temporizador TON de 10 segundos e um temporizador TONR.

- O bit EN e EN_PL permanecem ligados enquanto o Timer_Sw permanecer fechado.

- A abertura do Timer_Sw reinicia todas as saídas assim como o valor acumulado para zero.

- O temporizador também pode ser reiniciado por meio da entrada Reset.

A Figura 15.96 mostra uma comparação entre a lógica ladder e o equivalente FBD para o contador ascendente/descendente (Up/Down) utilizado para limitar o número de peças armazenadas na área de armazenamento em 50. O funcionamento do FBD pode ser resumido da seguinte maneira:

- O bloco de função CTUD, contador ascendente/descendente (Up/Down), tem seu valor acumulado reiniciado pela atuação momentânea do botão Restart_Button.

- A contagem acumulada é monitorada pela etiqueta de referência da saída com o nome ACC.

- Cada peça que entra na área de armazenamento, aciona o Enter_Limit_Sw e a entrada CUEnable torna-se verdadeira para incrementar a contagem em 1.

- Cada vez que uma peça sai da área de armazenamento, o Exit_Limit_Sw é acionado e a entrada CDEnable torna-se verdadeira para decrementar a contagem em 1.

- Se o número de peças na área de armazenamento atingir 50, o bit DN será estabelecido em 1, e a saída do bloco BNOT é reiniciada, o que desenergiza o Conveyor_Contactor para parar o motor da esteira de fornecimento de mais peças para a área de armazenamento.

A Figura 15.97 mostra uma comparação entre a lógica ladder e o equivalente FBD para o programa utilizado para testar o valor acumulado de um contador. O funcionamento do FBD pode ser resumido da seguinte maneira:

- A ordem das páginas não afeta a ordem de execução dos blocos de função.

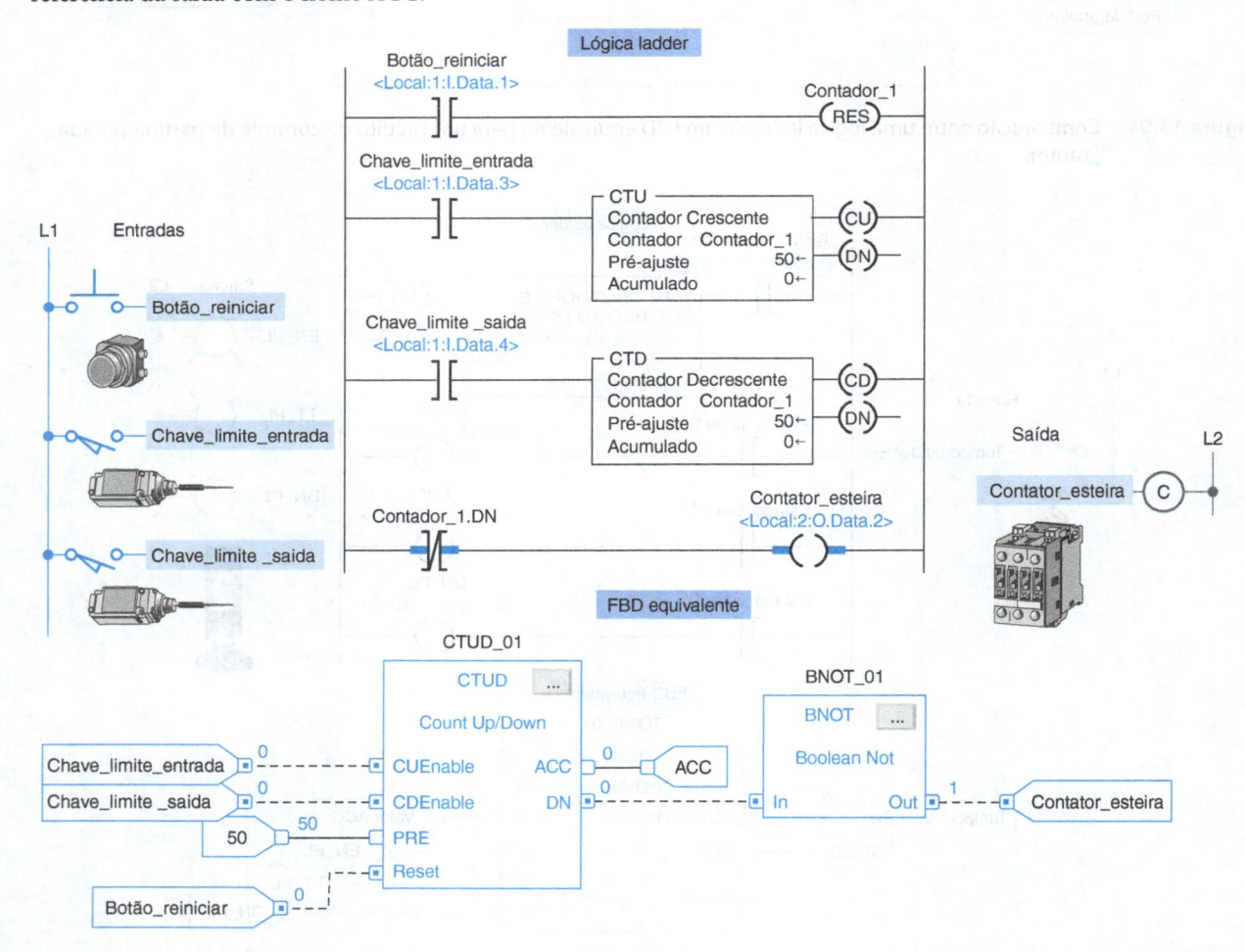

Figura 15.96 Comparação entre uma lógica ladder e um FBD equivalente para uma aplicação com contador ascendente/descendente (Up/Down).

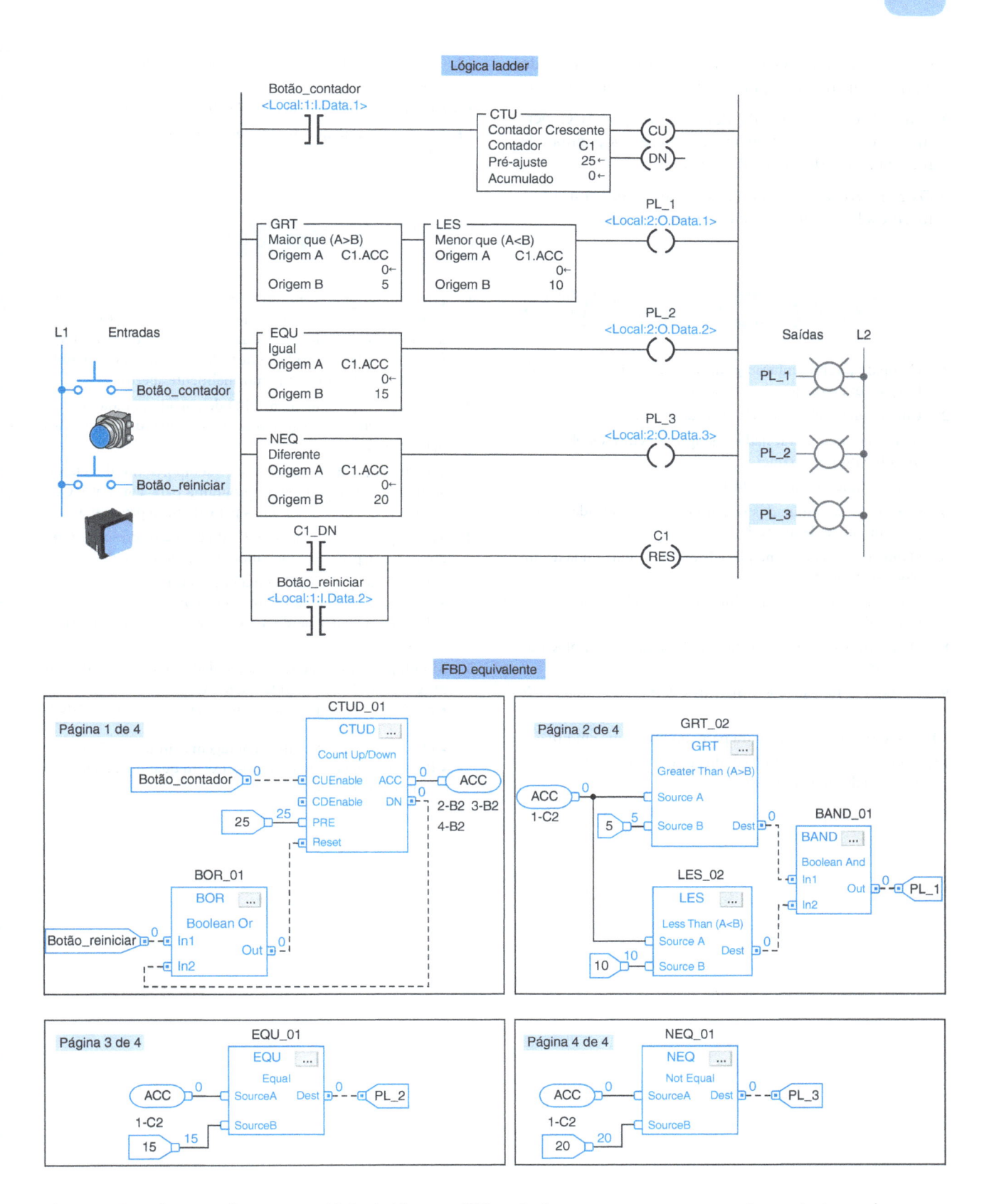

Figura 15.97 Comparação entre uma lógica ladder e um FBD equivalente para um programa usado para testar o valor acumulado de uma contagem.

- O uso de uma folha para cada dispositivo programado ajuda na sua organização e facilita o seu entendimento.
- O uso de OCON e ICON, denominado por ACC, permite que os blocos fiquem em diferentes páginas da mesma rotina de blocos de função.
- Os números e as letras na saída ACC indicam o número e a localização da página onde a saída é usada.

QUESTÕES DE REVISÃO

1. Compare a representação gráfica do diagrama de bloco de função com o diagrama em lógica ladder.
2. Cite os quatro elementos básicos de um FBD.
3. As linhas cheia e tracejada nas ligações entre os blocos de um FBD indicam o quê?
4. O que é uma instrução Add-On?
5. Como são determinados os parâmetros de entrada e saída para um bloco de função?
6. O que indica o ponto no pino de entrada ou de saída de um bloco de função?
7. Compare as funções das etiquetas de referência de entrada e de saída.
8. Quais são os pinos de entrada e de saída de um bloco de função?
9. Explique a função dos conectores de fio de entrada e de saída.
10. Como funciona a varredura para um programa em FBD?
11. Explique o travamento de dados e como ele é aplicado nas entradas dos blocos de função.
12. Como é criada um malha de realimentação no bloco de função?
13. Para que é usado o indicador Assume Data Available?
14. Faça um resumo que mostre como iniciar um programa em FBD.

PROBLEMAS

1. Edite um programa em FBD para ligar uma saída com o solenoide SOL_1 quando o botão de comando PB_1 for aberto e PB_2 for fechado, e as duas chaves-limite LS_1 e LS_2 forem fechadas. Considere que todos os botões de comando e chaves-limite são do tipo normalmente abertos.
2. Modifique o programa em FBD de partida/parada do motor para incluir um segundo posto de comando com botões parada/partida.
3. Você foi requisitado para mudar o temporizador de retardo ao ligar de 10 segundos do programa para 1 minuto. Que modificações devem ser feitas para alterar o programa?
4. Modifique o programa em FBD do contador crescente/decrescente (Up/Down) incluindo os seguintes sinaleiros:
   - PL_1 para ligar quando uma peça entrar;
   - PL_2 para ligar quando uma peça sair;
   - PL_3 para ligar quando a área de armazenamento estiver cheia.
5. Modifique o valor de teste acumulado de um contador no programa FBD da seguinte maneira:
   - PL_1 deve ligar para uma contagem acumulada entre 0 e 5;
   - PL_2 deve ligar para uma contagem acumulada de 12;
   - PL_3 deve ligar o tempo todo, exceto quando a contagem acumulada for 15.

Glossário

A

Acesso – Usado para localizar dados em um sistema de controlador lógico programável ou em equipamentos computadorizados.

Acoplador óptico – Dispositivo que acopla sinais de um circuito a outro por meio de radiação eletromagnética, geralmente por infravermelho ou visível. Um acoplador óptico típico usa um diodo emissor de luz para converter um sinal elétrico no circuito primário em luz e usa um fototransistor no circuito secundário para converter a luz de volta em um sinal elétrico; algumas vezes é referido como *isolação óptica*.

Alfanumérico – Termo que descreve um cordão de caracteres e que consiste em uma combinação de letras, numerais e/ou caracteres especiais (por exemplo, A15$) utilizada para representação de texto, comandos, números e/ou grupos de códigos.

Álgebra booleana – Notação matemática que expressa funções lógicas como AND, OR, EXCLUSIVE OR, NAND, NOR e NOT.

Algoritmo – Procedimento matemático usado para resolver problemas.

Alias tag – Referência a uma localização de memória que foi definida por outra etiqueta.

Amortecedor (buffer) – Em termos de software, é um registro ou grupo de registros utilizados para armazenar dados temporariamente. Ele é usado para compensar as diferenças de taxa de transmissão entre os dispositivos transmissor e receptor. Em termos de hardware, um buffer é um circuito isolante, utilizado para evitar a reação de um circuito com outro.

Amplificador operacional (amp-op) – Amplificador CC de alto ganho usado para aumentar um sinal fraco para dispositivos como as entradas dos módulos analógicos.

AND (lógica) – Operação booleana que produz um 1 lógico se todas as entradas forem 1, e um 0 lógico se qualquer entrada for 0.

Área – Parte de um programa ladder do CLP que pode ser habilitada ou desabilitada por uma função de controle.

Área de relé mestre de controle (MCR) – Área do programa do usuário em que todas as saídas retentivas podem ser desligadas simultaneamente. Cada área de relé mestre de controle deve ser delimitada e controlada pelo código da cerca do relé de controle-mestre.

Armazenagem em massa – Meio de armazenar uma grande quantidade de dados em uma fita magnética, disco flexível e outros.

Armazenamento de bit – Área de tabela de dados definida pelo usuário em que os bits podem ser estabelecidos ou reiniciados (reset) sem afetar diretamente ou controlar os dispositivos de saída. Contudo, qualquer bit armazenado pode ser monitorado, de acordo com a necessidade do programa do usuário.

Arquivo – Bloco formatado para tratamento de dados como uma unidade.

Arquivo de dados – Grupo de palavras de dados na memória que age em grupo em vez de individualmente.

Arquivo de dados de pontos flutuantes – Usado para armazenar inteiros e outros valores numéricos que não podem ser armazenados em um arquivo inteiro.

Arquivo de projeto – Contém todos os dados associados ao projeto do CLP. Um projeto compreende as cinco partes principais: pasta de ajuda (help), pasta do controlador, pasta do ladder, pasta de dados e pasta da base de dados.

Arquivo de rotina de falha – Sub-rotina que, se atribuída, é executada quando o processador tem uma falha maior.

Arquivo de tabela de imagem de saída – Porção de memória de dados do processador reservada para armazenar os estados dos dispositivos de saída. Um estado 1, ligado ou verdadeiro, em uma locação de armazenagem do arquivo de imagem de saída, é usado para ligar o ponto de saída correspondente.

Arquivos de programa – Área de memória do processador em que a programação em lógica ladder é armazenada.

Assíncrono – Operação repetida ou recorrente que ocorre em padrões não relacionados com o tempo.

Atuador – Dispositivo de saída conectado normalmente para um módulo de saída. Exemplos: válvula de ar e cilindro.

Atualização das entradas/saídas E/S – Processo contínuo de rever todos os bits das tabelas de entradas e saídas, baseado nos últimos resultados da leitura das entradas e processamento das saídas de acordo como programa de controle.

Autodiagnóstico – O equipamento e o ambiente de programa (firmware) dentro de um controlador que monitora seu próprio funcionamento e indica qualquer falha que possa ser detectada.

B

Barramento (bus) – Grupo de linhas usado para transmissão de dados ou controle; condutores de distribuição de energia.

Base de tempo – Unidade de tempo gerada pelo circuito de relógio do microprocessador e usada pelas instruções de temporizador do CLP. A base de tempo típica é de 0,01, 0,1 e 1,0 segundo.

BASIC – Linguagem de computador que usa breves declarações em inglês para instruir um computador ou microprocessador.

Baud – Unidade de velocidade de sinalização igual ao número de condições discretas ou sinais por segundo, frequentemente definida como o número de dígitos binários transmitidos por segundo.

Binário – Sistema de números que usa 2 como base. Este sistema precisa apenas de dois dígitos, zero (0) e um (1), para expressar qualquer quantidade alfanumérica desejada pelo usuário.

Bit – Abreviatura das palavras *binary digit*. É a menor unidade de informação no sistema de numeração binária e representa uma decisão entre dois valores ou estados possíveis e igualmente prováveis. Ele é sempre utilizado para representar um estado desligado ou um estado ligado, bem como uma condição verdadeira ou falsa.

Bit de finalização (DN) – Bit que é estabelecido em 1 quando a instrução completa sua tarefa, como atingir o valor pré-ajustado.

Bit de armazenamento – Bit em uma tabela de dados que pode ser estabelecido ou reiniciado, mas não associado a um ponto de terminal de entrada ou saída física.

Bit mais significativo (MSB) – Bit que representa o maior valor em um byte ou palavra.

Bit menos significativo (LSB) – Bit que representa o menor valor em um byte ou palavra.

Blindado – Painel ou rack com uma tampa ou porta articulada usado para abrigar os equipamentos elétricos.

Blindagem coaxial – Barreira, geralmente condutora, que reduz substancialmente o efeito dos campos elétricos e/ou magnéticos.

Blindagem NEMA tipo 12 – Categoria de blindagens industriais destinada ao uso interno e projetada para fornecer um grau de proteção contra poeira, sujeira e o gotejamento de líquidos não corrosivos. Ela não fornece proteção contra condições de condensação interna. (No Brasil, seguimos as normas da ABNT.)

Bloco de função – Bloco retangular com entradas pela esquerda e saídas pela direita.

Bobina – Representa a saída de um controlador lógico programável. Nos dispositivos de saída, ela é uma bobina elétrica que, quando energizada, muda o estado de seus contatos correspondentes.

BOOL – Tipo de dado que armazena o estado de um único bit, no qual 0 é igual a desligado, e 1 é igual a ligado.

Bug – Defeito ou erro no sistema que causa um mau funcionamento; pode ser causado tanto por software como por hardware.

Byte – Grupo de bits ou bits adjacentes geralmente operados como uma unidade, como na movimentação de dados para ou da memória. Existem 8 bits por byte.

C

Cabeamento – Componentes elétricos e eletrônicos físicos conectados pelos condutores.

Cabo coaxial – Linha de transmissão feita de modo que um condutor externo forme um cilindro em torno de um condutor central. Um isolamento dielétrico separa os condutores internos e externos, e a montagem completa é fechada por uma bainha protetora externa. Os cabos coaxiais não são suscetíveis a campos elétricos e magnéticos e não geram campo elétrico ou magnético no seu interior.

Cabo com par trançado – Par de cabos que pode transmitir dados; os cabos são trançados para dar proteção contra crosstalk.

Cabo de fibra óptica – Transmite informação via pulsos de luz pela fibra óptica.

Canal – Caminho designado para um sinal.

Capacidade aritmética – Capacidade de adição, subtração, multiplicação, divisão e outras funções avançadas de matemática com o processador.

Capacidade de condução de corrente – Quantidade máxima de corrente que um condutor pode transportar sem se aquecer além de um limite seguro.

Caractere – Símbolo que faz parte de um grupo maior de símbolos similares e que é usado para representar informação em um display. As letras do alfabeto e os números decimais são exemplos de caracteres usados para transmitir uma informação.

Carga – Energia usada por uma máquina ou aparelho; colocar dados em um registrador interno em um programa de controle; colocar um programa de um dispositivo de armazenagem externa na memória central em um operador de controle.

Cascata – Técnica usada na programação de temporizadores e contadores, para estender a faixa de temporização ou a da contagem além de suas características normais disponíveis. Esta técnica envolve o acionamento de uma instrução de um temporizador ou contador a partir da saída de um outro, de instrução semelhante.

Célula de trabalho – Grupo de máquinas que trabalham juntas para produzir um produto; geralmente, inclui um ou mais robôs. As máquinas são programadas para trabalhar juntas em uma sequência apropriada. Células de trabalho são sempre controladas por um ou mais CLPs.

Chassi – Rack que serve de placa-mãe aos componentes elétricos para os módulos de entrada/saída do processador do CLP.

Chave de alavanca – Chave montada no painel com uma alavanca estendida; normalmente usada para uma comutação de liga/desliga.

Chave de estado sólido – Qualquer dispositivo eletrônico que incorpora uma chave de semicondutor, como transistor, retificador controlado de silício ou triac, para controlar o estado de liga/desliga da energia elétrica.

Chave de partida direta – Contator com relé de sobrecarga projetado para fornecer energia para motores. Ele possui um contator conectado em série com um relé de sobrecarga com as ligações, de modo que, se o relé de sobrecarga operar, o contator será desenergizado.

Chave de pressão (pressostato) – Chave ativada por uma pressão especificada.

Chave de proximidade (sensor de proximidade) – Dispositivo de entrada que detecta a presença ou ausência de um objeto sem contato físico.

Chave de tambor – Chave rotativa usada para entrada de informações em um controlador.

Chave-limite (fim de curso) – Chave elétrica atuada por uma parte móvel e/ou movimento de uma máquina ou equipamento.

Ciclo – Sequência de operações repetidas regularmente; o tempo que leva para ocorrer uma sequência.

Circuito integrado (CI) – Circuito cujos componentes são integrados em uma única pastilha fina de silício.

Circuito paralelo – Circuito em que dois ou mais componentes são conectados ou símbolos de contatos em um programa ladder são conectados no mesmo par de terminais de modo que a corrente pode circular por todos os ramos; como contraste existe uma conexão em série, em que os componentes são conectados com o fim de um no início do outro. De modo que a corrente que circula só tem um caminho.

Circuito série – Circuito no qual os componentes ou símbolos de contatos, que precisam estar fechados, são conectados ponta a ponta para permitir a circulação de corrente.

Circuitos isolados de entrada/saída (E/S) – Circuitos de entrada e saída que são isolados eletricamente de qualquer outro circuito de um módulo. Os circuitos de entrada/saída isolados são projetados para permitir que dispositivos de campo que são alimentados por fontes diferentes sejam conectados a outro módulo.

Codificador (encoder) – Dispositivo rotativo que transmite informações de posição. É um dispositivo que transmite um número fixo de pulsos a cada volta do eixo.

Código – Sistema de comunicação que utiliza grupos arbitrários de símbolos para representar informações ou instruções. É um conjunto de instruções programadas.

Código Gray – Esquema de codificação binária que permite a mudança de apenas 1 bit na palavra de dados a cada incremento da sequência do código.

Código mnemônico – Código em que a informação é representada por símbolos ou caracteres.

Código padrão nacional americano para intercâmbio de informação (ASCII) – Código de 8 bits (7 bits mais paridade) que representa todos os caracteres-padrão do teclado de uma máquina de escrever, tanto maiúscula como minúscula, bem como um grupo especial de caracteres utilizados para finalidades de controle.

Comando de forçamento – Modo de operação ou instrução que permite ao operador ultrapassar o processador para controlar o estado de um dispositivo.

Comentário – Texto incluído em cada degrau ladder do CLP que ajuda a compreender como o programa funciona ou como os degraus interagem com o resto do programa.

Comparar – Instrução que compara os conteúdos de duas localizações de dados de memória designados de um controlador lógico programável para uma igualdade ou desigualdade.

Compatibilidade – Capacidade de várias unidades especificadas para substituir outra com pouca ou sem redução na capacidade. É a capacidade das unidades de serem conectadas e utilizadas sem modificação.

Complemento – Lógica operacional que inverte um sinal ou bit.

Computador – Dispositivo eletrônico que pode aceitar informações, manipulá-las de acordo com um conjunto de instruções programadas e fornecer os resultados da manipulação.

Computador hospedeiro (host) – Computador principal que controla outros computadores, CLPs ou periféricos do computador.

Comunicação serial – Tipo de transferência de informação em que os bits são manejados sequencialmente, em contraste com comunicação paralela.

Conjunto de instruções – Conjunto de instruções gerais disponíveis para o uso em um determinado controlador. Em geral, máquinas diferentes têm conjuntos de instruções diferentes.

Contador – Dispositivo eletromecânico para sistemas de controle a relé que conta a quantidade de eventos para fins de controle de outros dispositivos baseados na contagem corrente armazenada. É uma instrução do controlador lógico programável que executa as funções do contador eletromecânico.

Contador ascendente (up) – Evento que inicia em 0 e incrementa o valor predefinido.

Contador decrescente (down) – Contador que começa de um determinado número e decrementa até zero.

Contato – Peça que conduz corrente de um relé ou chave. Ele é fechado para permitir o fluxo de energia e aberto para interromper o fluxo para um dispositivo de carga.

Contato de transição – Contato que, dependendo do modo como é programado, será ligado por uma varredura do programa sempre que a transição for de 0 para 1, ou sempre que a transição for de 1 para 0, da bobina referida.

Contato normalmente aberto (NA) – Contato que não conduz quando sua bobina de operação não está energizada.

Contato normalmente fechado (NF) – Contato que conduz quando sua bobina de operação não está energizada.

Contato temporizado – Contato normalmente aberto ou normalmente fechado que é atuado no final do período de tempo do temporizador de retardo.

Contator – Relé com finalidade específica projetado para estabelecer e interromper o fluxo de energia de circuitos de corrente elétrica elevada.

Contatos de relé – Contatos de um relé que fecham ou abrem de acordo com a condição da bobina do relé. Eles são projetados como normalmente aberto ou normalmente fechado.

Contatos rígidos – Qualquer tipo de contato físico de chave.

Controlador de célula – Computador especializado para controlar uma célula de trabalho por meio de caminhos múltiplos para vários dispositivos da célula.

Controlador ou partida de motor – Dispositivo ou grupo de dispositivos que serve para comandar, de modo predeterminado, a energia elétrica entregue a um motor.

Controlador programável – Computador feito para trabalhar em ambientes industriais e equipado com E/S especiais e uma linguagem de programação de controle.

Controle automático – Processo em que a saída é mantida em um nível desejado pelo uso de uma realimentação da saída para a entrada do controle.

Controle de acesso à rede – Método de acesso à mídia (cabos) de uma rede para garantir que os dados sejam transmitidos de modo organizado para reduzir as possibilidades de corrupção dos dados.

Controle distribuído – Método de divisão do processo de controle em vários subsistemas. Um CLP supervisiona toda a operação.

Controle sequencial – Processador que indica a ordem correta dos eventos e permite que um evento ocorra apenas depois do término de outro.

Controle-mestre a relé (MCR) – Contator que pode ser energizado por qualquer chave de parada de emergência. Se o controle-mestre a relé for desenergizado, seus contatos abrem para desenergizar todos os dispositivos de entrada e saída da aplicação.

ControlNet – Rede determinística aberta de alta velocidade que transfere para a mesma rede as atualizações do E/S, em tempo crítico, dados de intertravamento de controlador a controlador e dados fora de tempo crítico, como os dados de monitoração e envio e baixa de programas.

Conversor analógico-digital (A/D) – Circuito para conversão de sinal, com variação analógica, para um número binário representativo correspondente.

Conversor digital-analógico – Circuito elétrico que converte bits binários para um sinal analógico, contínuo e representativo.

Cópia impressa – Qualquer forma de documento impresso, como uma listagem de um programa de um diagrama ladder, fita de papel ou cartão perfurado.

Corrente – Movimento de elétrons, medidos em ampères.

Corrente contínua por módulo – Corrente máxima para cada módulo. A soma das correntes de saída para cada ponto não deve exceder este valor.

Corrente contínua por ponto – A corrente máxima em cada saída é projetada para alimentar uma carga continuamente.

Cruzamento de linha (crosstalk) – Energia indesejável que aparece em um caminho do sinal como resultado de um acoplamento de outro caminho de sinal ou o uso de uma linha comum de retorno.

Curto-circuito – Caminho indesejável de resistência muito baixa entre dois pontos de um circuito.

D

Dado – Informação codificada de forma digital que é armazenada em um endereço atribuído na memória de dados que depois será utilizada pelo processador.

Dado variável – Informação numérica que pode ser mudada durante o funcionamento da aplicação (por exemplo, o valor acumulado do temporizador, contador, ajustes da chave de tambor e resultados aritméticos).

Data highway (transmissão de dados em larga escala) – Rede de comunicações que permite que dispositivos como CLPs se comuniquem. Elas são normalmente fechadas (propriedade), o que significa que apenas os dispositivos da mesma marca podem se comunicar nesta rede.

Debouncing – Ato de remoção de ruído elétrico nos estados intermediários (repiques) de uma chave mecânica.

Decimal codificado em binário – Sistema de numeração que expressa cada dígito individual em decimal (0 a 9) de um número como uma série de notações binárias de 4 bits. O sistema decimal codificado em binário sempre é referido como *código 8421*.

Decremento – Ato de redução de conteúdo de uma locação de armazenagem ou variação nos valores dos incrementos.

Degrau – Grupo de instruções do controlador lógico programável que controla uma saída ou bit de armazenamento, ou executa outras funções de controle, como movimento de arquivo, aritmética e/ou instruções do sequenciador. Ele é representado como uma seção de um diagrama em lógica ladder.

Depuração (debug) – Processo de localização e remoção de erros no programa ou nas conexões.

Derivação (tap) – Dispositivo que fornece uma conexão mecânica e elétrica a um tronco de cabo. Uma derivação permite que os sinais do tronco passem para uma estação e os sinais transmitidos pelas estações passem para o tronco.

Deslocamento – Movimento de um dado binário em um registro de deslocamento ou outro dispositivo.

Determinismo – Capacidade de prever com segurança quando os dados serão distribuídos.

DeviceNet – Rede de comunicação aberta projetada para conectar dispositivos no chão de fábrica, sem interfaces, por meio do sistema de E/S. Podem ser conectados até 64 nós inteligentes em uma rede DeviceNet.

Diagnósticos – Detecção e isolamento de um erro ou mau funcionamento.

Diagrama de bloco – Método de representação funcional das principais subdivisões, condições ou operações de um sistema, função ou operação global.

Diagrama de bloco de função (FBD) – Linguagem gráfica na qual os elementos básicos de programação aparecem como blocos.

Diagrama ladder – Padrão industrial para representação de sistemas de controle lógico a relé. O diagrama lembra uma escada (ladder), porque os suportes verticais da escada aparecem como linhas de alimentação e circuitos, e os degraus horizontais da escada aparecem como circuitos em série e/ou paralelos conectados no barramento de alimentação.

Diagrama lógico – Diagrama que representa os elementos lógicos e suas conexões.

Dígito Mais Significativo (MSD) – Dígito que representa o maior valor em um byte ou palavra.

Dígito menos significativo (LSD) – Dígito que representa o menor valor em um byte ou palavra.

Dígito significativo – Dígito que contribui para a precisão de um número. O número de dígitos significativos é contado começando com o dígito que contribui com maior valor, chamado de *dígito mais significativo* (o primeiro da esquerda), e terminando com o dígito que contribui com o menor valor, chamado de *dígito menos significativo* (o primeiro da direita).

DINT – Tipo de dado que armazena um valor inteiro com 32 bits (4 bytes).

Diodo emissor de luz (LED) – Junção do semicondutor que emite luz quando polarizado diretamente.

DIP switch – Grupo de minichaves liga-desliga em linha. De *Dual in-line package*.

Disco de acionamento (disk drive) – Dispositivo que escreve ou lê dados de um disco magnético.

Disco rígido – Disco inflexível para gravação usado como um disco de acionamento do computador.

Disparo – Técnica programada que estabelece um bit ou saída armazenada para apenas uma varredura do programa.

Display – Imagem que aparece na tela do tubo de raios catódicos ou outro sistema de projeção de imagem.

Display de cristal líquido (LCD) – Display que usa uma luz refletida de um cristal líquido para formar os segmentos dos caracteres e números.

Display de Diodo Emissor de Luz (LED) – Dispositivo que incorpora um display de diodo emissor de luz para formar os segmentos dos caracteres e números.

Dispositivo analógico – Aparelhos que medem informações contínuas (por exemplo, tensão, corrente). O sinal analógico medido tem infinitos números de valores possíveis. A única limitação na resolução é a precisão do dispositivo de medição.

Dispositivo de saída – Qualquer equipamento que receberá uma informação ou instruções de uma unidade central de processamento, como dispositivos de controle (por exemplo, motores, solenoides, alarmes) ou dispositivos periféricos (por exemplo, impressoras, acionadores de disco, displays). Cada tipo de dispositivo de saída tem uma única interface para o processador.

Dispositivo digital – Dispositivo que processa sinais elétricos discretos.

Dispositivos de campo inteligentes – Dispositivos baseados em microprocessadores usados para proporcionar a variável do processo, execução e informação de diagnóstico para o processador do CLP. Estes dispositivos são capazes de executar suas atribuições da função de controle com certa interação, exceto comunicações, com seu processador host.

Dispositivos de entrada – Dispositivos como chaves-limite, chaves de pressão, botões de comando e dispositivos digitais e/ou analógicos que fornecem dados para um controlador lógico programável.

Dispositivos de supressão – Unidade que atenua a magnitude de um ruído elétrico.

Disquete – Disco flexível e plano onde o disco de acionamento escreve e lê.

Divisão – Instrução do controlador lógico programável que executa divisões de um número por outro.

Documentação – Coleção ordenada de equipamentos gravados e dados de programa como tabelas, listagens e diagramas, para fornecer informação de referência para a aplicação operação e manutenção do controlador lógico programável.

Download – Carregamento de dados de uma listagem principal até uma leitura, ou outra posição, em um sistema de computador.

Drenagem de corrente – Dispositivo de saída (tipicamente um transistor NPN) que permite um fluxo de corrente da carga através do condutor terra.

E

E/S discreto – Grupo de módulos de entrada e/ou saída que opera com sinais liga/desliga; em contraste com os módulos analógicos, que operam com sinais variáveis contínuos.

E/S fixo – Terminais de entrada/saída em um controlador lógico programável que são montados em uma unidade e não são cambiáveis. Um E/S fixo do CLP não tem módulos removíveis.

Editar – Ato de modificar um programa do controlador lógico programável para eliminar erros e/ou simplificar ou mudar o sistema operacional.

Elemento – Instrução simples de um relé no programa do diagrama ladder.

Endereçamento de módulo – Método de identificação dos módulos de entrada/saída instalados em um chassi.

Endereçamento direto – Modo de endereçamento em que o endereço da memória de dados é fornecido com a instrução.

Endereçamento indireto – Modo de endereçamento em que o endereço da instrução serve como ponto de referência do endereço atual.

Endereço – Código que indica a localização dos dados a serem usados pelo programa, ou a localização de instruções adicionais de programa.

Endereço de dados – Locação na memória onde os dados são armazenados.

Endereço de entrada/saída (E/S) – Número único atribuído para cada entrada e saída. O número de endereço é utilizado na programação, monitoramento ou modificação de uma entrada ou saída específica.

Endereço de terminal – Endereço alfanumérico atribuído a um determinado ponto de entrada ou de saída. Ele está relacionado diretamente com um endereço de bit de uma tabela de imagem específica.

Endereço IP – Endereço de protocolo de Internet especificado para cada dispositivo EtherNet que é único e é atribuído pelo fabricante.

Energizar – Aplicação física de energia elétrica para ativar um circuito ou dispositivo. É o ato de estabelecer uma ligação, uma verdade ou o estado 1 de um dispositivo ou instrução de saída do diagrama ladder de um controlador lógico programável.

Entrada – Informação transmitida de um dispositivo periférico para um módulo de entrada e depois para uma tabela de dados.

Entrada/saída local (E/S) – Controlador lógico programável cuja distância das entradas/saídas é limitada fisicamente. O CLP deve ser localizado próximo do processador; embora, o CLP possa ainda estar montado em um painel separado.

Equipamento (hardware) – Dispositivos mecânico, elétrico e eletrônico que compõem um controlador lógico programável e sua aplicação.

Equipamento periférico – Unidades que se comunicam com controlador lógico programável, mas não são partes dele (por exemplo, um dispositivo de programação ou um computador).

Escrita – Processo de carregamento de instrução na memória; também pode referir-se a um bloco de transferência, isto é, a uma transferência de dados de uma tabela de dados do processador para um módulo de entrada/saída inteligente.

Esquemático – Diagrama de símbolos gráficos que representam o esquema elétrico de um circuito.

Estação – Qualquer controlador lógico programável, computador ou terminal de dados conectado e que se comunica por meio de uma pista de dados.

Estado – A condição lógica 1 ou 0 na memória do controlador lógico programável ou na entrada ou saída do circuito.

Estrutura de texto (ST) – Linguagem de alto nível com base em texto com comandos que suportam um desenvolvimento altamente estruturado de programa e a capacidade de avaliar expressões de matemática complexas.

EtherNet – Tipo de rede ou protocolo que usa um método de acesso de rede com uma detecção de colisão do sentido transporte em acessos múltiplos.

EtherNet/IP – Rede aberta padrão industrial que tem a vantagem de estabelecer comunicação e meio físico para dispositivos industriais; IP significa protocolo industrial.

Etiqueta (tag) – Nome baseado em texto para uma área da memória do controlador em que os dados são armazenados.

Etiqueta consumida – Dados de referência que vêm de outro controlador.

Etiqueta-base – Definição da localização da memória em que um elemento do dado é armazenado.

Excedente (overflow) – Excedente na capacidade numérica de um dispositivo, como um temporizador ou contador. O valor excedente pode ser positivo ou negativo.

Execução – Atuação de uma operação específica realizada pelo processamento de uma instrução, uma série de instruções ou um programa completo.

Extensão da palavra – Número total de bits que formam uma palavra. A maioria dos controladores lógicos programáveis usa 8, 16 ou 32 bits para formar uma palavra.

F

Falha – Qualquer mau funcionamento que interfere em uma operação normal.

Falha grave – Condição de falha que pode desligar o controlador, caso a condição não seja apurada.

Falso – Conforme relatado nas instruções do controlador lógico programável, é uma desativação lógica.

Ficha (token) – Lógica apropriada para iniciar comunicações em uma rede de comunicação.

Fieldbus – Sistema de comunicação serial aberto de duas vias que conecta medições e equipamentos de controle, como sensores, atuadores e controladores.

Filtro ou **supressor de ruídos** – Rede de filtros eletrônicos usada para reduzir e eliminar qualquer ruído que possa estar presente nos terminais de dispositivos elétricos ou eletrônicos.

Fonte de alimentação – Unidade que fornece a tensão e a corrente necessárias para os circuitos do sistema.

Fonte de alimentação auxiliar – Fonte de alimentação não associada ao processador. Fontes de tensão auxiliares geralmente são necessárias para que os racks alimentem a lógica de entrada/saída e para suportar os equipamentos de outros processadores; são sempre referidas como *fonte de alimentação remota*.

Fonte de alimentação local – Fonte de alimentação usada para fornecer energia para o processador e a um número limitado de módulos de entrada/saída.

Formato de bloco – Formato que utiliza uma forma de retângulo (caixa) para mostrar suas instruções.

Formato de bobina – Formato que usa bobinas para exibir instruções.

Fornecimento de corrente – Dispositivo de saída (tipicamente um transistor PNP) que permite um fluxo de corrente de saída através da carga e depois para o condutor terra.

Fuga – Corrente de baixo valor que circula em um dispositivo semicondutor quando ele está no estado de não condução.

Full-duplex – Modo de comunicação de dados em que os dados podem ser transmitidos e recebidos simultaneamente.

Função de busca – Permite que o usuário mostre rapidamente qualquer instrução no programa do controlador lógico programável.

Função de varredura simples – Instrução de supervisão que faz o programa de controle ser executado com uma varredura apenas uma vez, incluindo a atualização das entradas/saídas. Esta função de verificação de defeitos permite a inspeção passo a passo do que ocorre enquanto a máquina está parada.

Função desligar/forçar – Característica que permite ao usuário reiniciar (reset) um bit de entrada no arquivo tabela de imagem ou desenergizar uma saída independentemente do programa do controlador lógico programável.

Função ligar/forçar – Característica que permite ao usuário reiniciar (reset) um bit de entrada no arquivo tabela de imagem ou energizar uma saída independentemente do programa do controlador lógico programável.

G

Grupo de ramos – Ramo que começa e termina dentro de outro ramo.

H

Habilitar (enable) – Habilitar uma função ou operação para que ocorra sob condições naturais ou programada.

Half-duplex – Modo de transmissão de dados que comunica em duas direções, mas somente em uma direção de cada vez.

Handshaking – Método pelo qual duas máquinas digitais estabelecem comunicação.

Hexadecimal – Sistema de números que tem 16 como base. Ele requer 16 elementos para representação e, portanto, usa os dígitos decimais de (0) até nível (9) e as seis primeiras letras do alfabeto, de A até F.

Histograma – Representação gráfica na frequência em que o evento ocorre.

Histograma de contato – Sequência de instrução que monitora um bit de memória designado, ou uma entrada designada, ou um ponto para uma mudança de estado. Uma listagem pela sequência de instrução é gerada e mostra como o ponto monitorado muda de estado.

I

Impedância – Oposição total resistiva e indutiva que um circuito ou dispositivo oferece a uma variação de corrente em uma frequência especificada. Ela é medida em ohms (Ω) e é representada pela letra Z.

Imunidade a ruídos – Medida para tornar um sistema eletrônico menos sensível a ruídos.

Incremento – Ato de aumentar o conteúdo de uma locação armazenada ou valor de quantidades variáveis.

Indicador de bateria – Um auxiliar de diagnóstico que fornece uma indicação visual para o usuário e/ou indicação do software do processador interno de que a bateria suporte da memória precisa ser substituída.

Indicador de estado – LEDs que indicam os estados ligado/desligado de um ponto de entrada ou saída e são visíveis do lado de fora do CLP.

Indicador de falha – Ajuda de diagnóstico que fornece uma indicação visual e/ou indicação do programa interno do processador que indica que uma falha está presente no sistema.

Índice – Referência usada para especificar um elemento dentro de uma matriz.

Indutância – Propriedade do circuito que se opõe a mudanças na corrente. Ela é medida em henrys e é representada pela letra H.

Instituto de Padrão Nacional Americano (ANSI) – Escritório e agência de coordenação para normas voluntárias nos Estados Unidos.

Instrução – Comando que faz o controlador lógico programável executar uma operação específica. O usuário insere uma combinação de instruções na memória do controlador lógico programável para formar uma única aplicação.

Instrução de bobina interna – Instrução de bobina de relé usada para um armazenamento interno ou amortecimento de um estado lógico liga/desliga. Ela difere de uma instrução de bobina de saída porque o estado liga/desliga de uma bobina interna não passa do equipamento de entrada/saída para o controle de dispositivo de campo.

Instrução de entrada imediata – Instrução do controlador lógico programável que interrompe temporariamente a varredura do programa do usuário de modo que o processador possa atualizar o arquivo da tabela de imagem de entrada com os estados de um ou mais pontos de entrada especificados pelo usuário.

Instrução de multiplicar – Instrução do controlador lógico programável que executa uma multiplicação matemática de dois números.

Instrução de reinicialização (reset) do temporizador retentivo – Instrução do controlador lógico programável que emula o funcionamento de reiniciar (reset) do temporizador eletromecânico retentivo.

Instrução de saída – Termo aplicado para qualquer instrução do controlador lógico programável capaz de controlar o estado discreto ou analógico de um dispositivo de saída conectado ao controlador lógico programável.

Instrução de saída imediata – Instrução do controlador lógico programável que interrompe temporariamente a varredura do programa do usuário de modo que os estados atuais de um ou mais pontos de saída especificados pelo usuário possam ser atualizados com o arquivo da tabela de imagem de saída do processador.

Instrução de salto (jump) – Instrução que permite desviar ou saltar uma parte selecionada do programa do usuário. Instruções de jump serão condicionais sempre que sua operação for determinada por um conjunto de pré-condições incondicionais e sempre que elas forem executadas para ocorrer cada vez que forem programadas.

Instrução de temporizador retentivo – Instrução do controlador lógico programável que emula o funcionamento de temporização do temporizador eletromecânico retentivo.

Instrução de travamento – Metade de um par de instruções (a segunda instrução do par é a instrução de destrave) que viabiliza a ação de um relé de travamento. A instrução de travamento para um controlador lógico programável energiza um ponto de saída específico ou uma bobina interna até que seja desenergizada por uma instrução correspondente de trava.

Instrução mover – Instrução do controlador lógico programável que move dados de um local para outro. Embora a instrução mover geralmente coloque o dado em uma nova posição, o dado original continua existindo em sua posição original.

Instrução para destravar – Parte do par de instrução de um controlador lógico programável que imita a ação de destravamento de um relé de travamento. A instrução de destravamento desenergiza um ponto de saída específico ou uma bobina interna que seja reenergizada pela instrução de trava. O ponto de saída, ou bobina interna, permanece desenergizado independentemente de a instrução destrava ser energizada ou não.

Instrução paralela – Instrução do controlador lógico programável usada para começar e/ou terminar um ramo paralelo de instruções programadas em um terminal de programação.

Instrução retentiva – Instrução do controlador lógico programável que não precisa ser controlada continuamente para funcionar.

Instrução rótulo – Instrução do controlador lógico programável que atribui uma designação alfanumérica para uma determinada localização no programa. Esta localização é usada como uma etiqueta de um jump, desvio ou uma instrução de sub-rotina para salto.

Instruções de manipulação de bit – Família de instruções de um controlador lógico programável que troca, altera, move ou modifica os bits individuais ou grupos de palavras dos dados de memória do processador.

Instruções de manipulação de dados – Classificação de instruções do processador que altera, muda ou move, ou de outra forma modifica as palavras de dados da memória.

INT – Dois bytes inteiros.

Inteiro – Número positivo ou negativo inteiro.

Interface – Circuito que permite comunicação entre a unidade central de processamento e um dispositivo de entrada ou de saída de campo. Dispositivos diferentes exigem interfaces diferentes.

Interface de computador – Dispositivo projetado para comunicação de dados entre um controlador lógico programável e um computador.

Interface homem-máquina (IHM) – Equipamento gráfico com mostrador em que os estados de alarme, mensagens, diagnósticos e dados de entrada da máquina estão disponíveis para o operador no formato gráfico do display.

Interferência eletromagnética (EMI) – Fenômeno responsável pelo ruído nos circuitos elétricos.

Interromper – Ato de redirecionar uma execução do programa para realizar uma tarefa prioritária.

Intertravamento (interlock) – Sistema que evita que um elemento ou dispositivo entre em funcionamento quando outro dispositivo estiver funcionando.

Inversão – Conversão de alto nível para baixo, ou vice-versa.

Inversor – Circuito digital que executa uma inversão.

Isolação óptica – Separação óptica de dois circuitos com o uso de um acoplador óptico.

Isolador óptico elétrico – Dispositivo que acopla uma entrada a uma saída usando um semicondutor como fonte de luz e um detector no mesmo encapsulamento.

K

K – 210 = 1.024. Usado para denotar medidas de memória e pode ser expresso em bits, bytes ou palavras (por exemplo, 2 K = 2.048).

k – Quilo. Prefixo usado com unidades de medidas para designar quantidades 1.000 vezes maior.

L

Ler (read) – Acesso à informação em um sistema de memória ou dispositivo de armazenagem; a coleta de informação de um dispositivo de entrada ou de um dispositivo periférico.

Limpar (clear) – Instrução de uma sequência de instruções que remove todas as informações correntes de uma memória do controlador lógico programável.

Linguagem – Conjunto de símbolos e regras para representação e comunicação de informação entre pessoas, ou entre pessoas e máquinas. É o método utilizado para instruir um dispositivo programável para executar várias operações.

Linguagem de máquina – Linguagem programável que utiliza a forma binária.

Linha – Parte que compõe um sistema usado para ligar vários subsistemas localizados remotamente pelo processador; a fonte de alimentação para operação (por exemplo, linha de corrente alternada de 127 V).

Linha de transmissão – Sistema de um ou mais condutores elétricos usados para transmitir sinais elétricos ou potência de um lugar para outro.

Linha de transmissão de dados – Meio para transferência de sinais a distância.

Localização ou locação – Em relação à memória, é uma posição armazenada ou registro identificado por um único endereço.

Lógica – Processo de solução de problemas complexos por meio do uso repetido de funções simples que podem ser verdadeira ou falsa. As três funções lógicas básicas são AND, OR e NOT.

Lógica a relé – Representação do programa ou outra lógica na forma usada normalmente para relés.

Lógica de controle – Plano de controle para um determinado sistema; programa.

Lógica transistor-transistor (TTL) – Família lógica de semicondutor na qual o elemento lógico básico é um transistor com emissor múltiplo. Esta família de dispositivos é caracterizada pela alta velocidade e pela dissipação média de potência.

M

Malha aberta – Sistema sem realimentação ou autocorreção.

Malha de controle – Controle de um processo ou máquina que usa realimentação. Um indicador de estado da saída modifica o efeito do sinal de entrada do controle de processo.

Malha de controle – Método de ajuste da variável de controle em um sistema de controle de processo pela análise dos dados da variável do processo e, em seguida, comparando-os ao valor desejado para determinar a quantidade de erro no sistema.

Malha de terra – Condição em que existem dois ou mais caminhos elétricos em uma linha de aterramento.

Malha fechada – Sistema de controle que usa uma realimentação do processo para manter as saídas em níveis desejados.

Manipulação de dados – Processo de troca, alteração ou movimentação de dados dentro de um controlador lógico programável ou entre controladores lógicos programáveis.

Manufatura integrada por computador – Sistema de controle de manufatura por computador facilmente reprogramável para flexibilidade e velocidade de modificações.

Mapa de fluxo – Representação gráfica para definição, análise ou solução de um problema. Os símbolos são utilizados para representar um processo ou uma sequência de decisões e eventos.

Mapa de função sequencial (SFC) – Linguagem gráfica cujos elementos básicos de linguagem são passos ou estados com ações associadas e transições com condições associadas usadas para mover de um estado para o próximo.

Mapa de memória – Diagrama que mostra o sistema de endereços da memória e que programas e dados são atribuídos para cada seção da memória.

Máscara – Meio de filtrar dados seletivamente. Ela permite que bits não utilizados em uma instrução específica possam ser usados de modo independente.

Matriz – Combinação de painéis, como LEDs, coordenados na estrutura e na função.

Matriz – Rede lógica que é uma interseção dos pontos de conexão da entrada e da saída.

Matriz ladder – Matriz retangular de contatos programados que definem o número de contatos que podem ser programados em uma linha e o número de ramos paralelos permitidos em um único degrau do diagrama ladder.

Memória – Parte do controlador lógico programável em que os dados e instruções são armazenados temporariamente ou semipermanentemente. O programa de controle é armazenado na memória.

Memória de acesso aleatório (RAM) – Sistema de memória que permite um acesso aleatório de qualquer locação de memória para fins de armazenar (escrever) ou recuperar (ler) a informação. Os sistemas de memória de acesso aleatório permitem que os dados sejam recuperados e armazenados em velocidades independentes das locações de armazenagem que são acessadas.

Memória de leitura apenas (ROM) – Estrutura de memória permanente em que os dados são colocados no momento da fabricação ou pelo usuário a uma velocidade muito mais lenta do que a que seria na leitura. A informação inserida na memória de leitura geralmente não pode ser mudada.

Memória de leitura apenas programável (PROM) – Memória retentiva usada para armazenar dados. Este tipo de dispositivo de memória pode ser programado apenas uma vez e não pode mais ser alterado.

Memória de leitura apenas programável e apagável (EPROM) – Memória de leitura apenas programável que pode ser apagada com um luz ultravioleta, depois programada com pulsos elétricos.

Memória de leitura apenas programável e apagável eletricamente (EEPROM) – Tipo de memória de leitura apenas que é programada e apagada por pulsos elétricos.

Memória de leitura e escrita – Memória em que os dados podem ser armazenados (modo de escrita) ou acessados (modo de leitura). O modo de escrita substitui previamente os dados armazenados com os dados atuais; O modo de leitura não altera os dados armazenados.

Memória não volátil – Memória projetada para reter seus dados enquanto sua alimentação estiver desligada.

Memória volátil – Estrutura de memória que perde sua informação sempre que a energia é desligada. Ela requer uma bateria de reposição (backup) para garantir a retenção da memória durante as interrupções da energia.

Menu – Lista de seleções de programação mostrada no terminal de programação.

Menu do display – Lista que mostra como as informações específicas podem ser vistas.

Microprocessador – Unidade central de processamento fabricada em uma pastilha única (ou várias pastilhas) pelo uso de tecnologia integrada em larga escala.

Microssegundo – Um milionésimo de segundo = 1×10^{-6} = 0,000001 segundo.

Milissegundo – Um milésimo de segundo = 1×10^{-3} = 0,0001 segundo.

Mnemônico – Termo, geralmente uma abreviação, que é fácil de ser lembrado e pronunciado.

Modbus – Rede que usa a técnica de mestre/escravo.

Modo – Termo usado para referir o método de operação selecionado, como automático, manual, TEST, PROGRAMA, ou diagnóstico.

Módulo – Placa que contém componentes eletrônicos plugáveis e intercambiáveis.

Módulo contador de alta velocidade para encoder – Módulo que permite a contagem e a codificação mais rapidamente do que com um programa de controle comum escrito em um CLP, cuja execução do programa de controle é muito lenta.

Módulo de comunicação – Permite que o usuário conecte o CLP a uma rede local de alta velocidade que pode diferir de uma rede de comunicação fornecida com o CLP.

Módulo de E/S inteligente – Módulo baseado em microprocessador que executa o processamento ou funções sofisticadas em aplicações de malha fechada.

Módulo de encoder Gray – Converte o sinal em código Gray de um dispositivo de entrada em uma linha de binários.

Módulo de entrada analógico – Circuito de entrada que emprega um conversor analógico-digital para converter um valor analógico, medido por um dispositivo de medição, para um valor digital que pode ser utilizado pelo processador.

Módulo de entrada ASCII – Converte uma informação de entrada no código ASCII de um periférico externo em informação alfanumérica que um CLP possa entender.

Módulo de entrada BCD – Permite ao processador aceitar códigos digitais em BCD de 4 bits.

Módulo de entrada de corrente alternada (CA) – Módulo de entrada que converte vários sinais de corrente alternada originado no dispositivo do usuário para um nível de sinal lógico apropriado para o uso dentro do processador.

Módulo de entrada isolada – Módulo que recebe os contatos secos como entrada, que o processador pode reconhecer e mudar para sinais digitais de dois estados.

Módulo de entrada TTL – Habilita dispositivos que produzem sinais com nível TTL para se comunicar com o processador dos CLPs.

Módulo de Entrada/Saída (E/S) – Conjunto de plugues que contém mais de um circuito de entrada ou saída. Um módulo geralmente contém dois ou mais circuitos idênticos. Normalmente, ele contém 2, 4, 8, 16, 32 ou 64 circuitos.

Módulo de linguagem – Permite ao usuário escrever programas em uma linguagem de nível alto. BASIC é o módulo de linguagem mais popular. Outros módulos de linguagem disponíveis são C, Forth e PASCAL.

Módulo de saída analógico – Circuito de saída que emprega um conversor digital-analógico para converter um valor digital, enviado do processador, para um valor analógico que controlará um dispositivo analógico conectado.

Módulo de saída ASCII – Converte uma informação alfanumérica de um CLP em um código ASCII para ser enviado a um periférico externo.

Módulo de saída BCD – Permite que um CLP opere dispositivos que requerem sinais no código BCD para operar.

Módulo de saída com contato seco – Permite que o processador do CLP controle os dispositivos de saída, fornecendo um contato isolado eletricamente de qualquer fonte de alimentação.

Módulo de saída de corrente alternada (CA) – Módulo de saída que converte o nível de sinal lógico do processador para um sinal de saída para controlar um dispositivo de corrente alternada do usuário.

Módulo de saída TTL – Habilita um CLP a operar dispositivos que requerem sinais com nível TTL.

Módulo de servo – Dispositivo no qual a realimentação é usada para realizar um controle em malha fechada. Embora programado por um CLP, ele pode controlar um dispositivo de modo independente, sem interferir no funcionamento normal dos CLPs.

Módulo E/S – Montagem plugada, com dois circuitos ou mais de entrada ou de saída, contendo as conexões entre o processador e os dispositivos conectados.

Módulo para motor de passo – Fornece um trem de pulsos para um tradutor de motor de passo que habilita o controle deste.

Mudança de dados no modo ligado (on-line) – Permite que o usuário mude vários valores na tabela de dados com o uso de um dispositivo periférico enquanto a aplicação está funcionando normalmente.

Multiplexação – Tempo partilhado na digitalização de um determinado número de linhas de dados para um canal único, e apenas uma linha de dados é ativada a qualquer instante. É a incorporação de dois ou mais sinais em uma única onda a partir da qual sinais individuais podem se recuperados.

Multiprocessamento – Método de aplicação de mais de um microprocessador para uma função específica, a fim de acelerar o tempo de operação e diminuir a possibilidade de falha no sistema.

N

National Electric Code (NEC) – Conjunto de normas desenvolvidas pela Associação de Proteção Contra Incêndio que controla a instalação elétrica e construção e de dispositivos elétricos. A National Electric Code é reconhecida por vários corpos governamentais e seu cumprimento é obrigatório em grande parte dos Estados Unidos. (No Brasil, seguimos as normas da ABNT.)

National Electric Manufaturer Association (NEMA) – Organização para os dispositivos e produtos elétricos manufaturados. Ela normaliza questões relacionadas com o projeto e fabricação de produtos e dispositivos elétricos. (No Brasil, seguimos as normas da ABNT.)

Nível lógico – Valor de tensão associado com os pulsos do sinal representando 1s e 0s no cálculo binário.

Nó – Em equipamentos, é um ponto de conexão de uma rede; em programação, é o menor incremento possível em um diagrama ladder.

NOR – Porta lógica que resulta em zero se suas entradas não forem zero.

NOT – Operação lógica que mantém um 1 lógico na saída se for fornecido um 0 lógico em sua entrada, e um 0 lógico na saída se for fornecido um 1 lógico em sua entrada. Uma NOT, chamada também de *inversor ou inversora*, é utilizada normalmente em conjunto com as funções AND e OR.

Números reais – Números que possuem a parte inteira e a parte fracionária.

O

Operação paralela – Tipo de transferência de informação em que todos os bits, bytes ou palavras são manuseados simultaneamente.

Operando – Número usado como uma entrada em uma operação aritmética.

OR – Operação lógica que mantém um 1 lógico na saída se qualquer uma das entradas for 1, e um 0 lógico se todas as entradas forem 0.

P

Padrão Americano de Fio (AWG) – Sistema-padrão usado para designar as dimensões dos condutores elétricos. Uma bitola com números na ordem inversa das relações de medidas; números maiores representam diâmetros menores.

Palavra – Agrupamento ou um número de bits em uma sequência tratada como uma unidade.

Palavra binária – Grupo relacionado de 1s e 0s que tem um significado atribuído pela posição ou pelo valor numérico no sistema binário de números.

Paridade – Uso de um código de autoverificação que emprega dígitos binários em que o número total de 1s seja sempre par ou ímpar.

Paridade ímpar – Condição quando a soma de números de 1s em uma palavra binária for sempre ímpar.

Paridade par – Quando uma soma de números 1 em uma palavra binária é sempre par.

Passagem de ficha – Técnica em que fichas (token) são circuladas entre os nós em uma rede de comunicação.

Pastilha (chip) – Fatia fina de material semicondutor na qual são formados os componentes eletrônicos. As pastilhas (chip) são feitas normalmente de silício tipicamente menor que 6 mm^2 e 1/100 mm de espessura.

PC ou CP – Computador pessoal.

Pico (glitch) – Pico de tensão ou corrente de curta duração que afeta prejudicialmente o funcionamento de um CLP.

PID – Controle em malha fechada proporcional-integral-derivativa que permite manter uma variável do processo em um valor pré-ajustado.

Placa-mãe (backplane) – Placa de circuito impresso, localizada atrás de um chassi, que contém um barramento de dados, barramento de alimentação e conectores de encaixe para o acoplamento dos módulos no chassi.

Polaridade – Indicação direcional de circulação de corrente em um circuito; a indicação de cargas como positiva ou negativa, ou a indicação dos polos magnéticos como norte ou sul.

Polarizado – Faixa ou estria colocada nos conectores da placa-mãe para garantir que apenas um tipo de módulo possa ser inserido no conector marcado ou estriado.

Polling – Método de acesso a rede no qual um controlador-mestre gerencia o processo de comunicação pela interrogação de cada controlador-escravo sob ele para determinar se o escravo tem alguma informação a ser enviada.

Ponte (jumper) – Condutor de comprimento curto usado para fazer uma conexão entre terminais de um circuito interrompido.

Porta (gate) – Circuito que tem dois ou mais terminais de entrada e um terminal de saída, no qual uma saída está presente se, e somente se, as entradas previstas estiverem presentes.

Porta (port) – Conector ou um bloco de terminais usado para acessar um sistema ou circuito. Geralmente, as portas são usadas para a conexão de equipamentos periféricos.

Porta de entrada (gateway) – Dispositivo ou par de dispositivos que conectam duas ou mais redes de comunicação. Ela pode agir como um hospedeiro (host) para cada rede e transferir mensagens entre as redes pela tradução de seus protocolos.

Porta digital – Dispositivo que analisa os estados digitais de suas entradas e saídas e um estado adequado na saída.

Porta Exclusive-OR – Dispositivo lógico que exige que uma entrada ou outra, mas não ambas, deve ser satisfeita antes de ativar sua saída.

Potencial de terra – Ponto com tensão zero em relação ao terra.

Precisão dupla – Sistema de uso de dois endereços ou registros que mostra um número muito alto para um endereço ou registro e permite a exibição de números mais significativos, pois o dobro de bits é usado.

Primeiro complemento – Sistema utilizado para representar números negativos em um computador pessoal e em controlador lógico programável.

Processador do CLP – Computador projetado especificamente para controladores programáveis. Ele supervisiona a ação dos módulos ligados a ele.

Processo – Operação contínua de manufatura.

Programa – Sequência de instruções a ser executada pelo processador para controlar uma máquina ou processo.

Programa de diagnóstico – Programa do usuário projetado para ajudar a isolar mau funcionamento dos equipamentos no controlador lógico programável e equipamentos da aplicação.

Programação em diagrama ladder – Método de editar o programa do usuário de forma similar ao diagrama a relé em ladder.

Programação no modo desligado (off-line) e/ou edição no modo desligado (off-line) – Método de programação do controlador lógico programável e/ou edição em que a operação do processador é interrompida e todos os dispositivos de saída são desligados. A programação desligada é um modo seguro de desenvolver ou editar um programa no controlador lógico programável, pois as instruções não afetam a operação dos dispositivos do programa até que seja verificada a precisão das entradas.

Programação no modo ligado (on-line) ou edição no modo ligado (on-line) – Capacidade de um processador e terminal de programação, junto ao usuário, de acrescentar, apagar ou mudar um programa enquanto o processador está funcionando ativamente e executando os comandos existentes no programa do usuário. Na realização desta programação, muita cautela é necessária para evitar erros no sistema de operação.

Programação padrão IEC 1131 – Padrão internacional para linguagens do controlador lógico programável.

Proporcional-integral-derivativa (PID) – Fórmula matemática que fornece um controle em malha fechada de um processo. Entradas e saídas são continuamente variadas e serão tipicamente sinais analógicos.

Proteção contra curto-circuito – Fusível, disjuntor ou componente eletrônico usado para proteger um circuito ou dispositivo de uma condição de sobrecorrente ou curtos-circuitos.

Protocolo – Definição formal de um critério para recepção e transmissão de dados através de canais de comunicação.

Protocolo de manufatura automática (MAP) – Envelope-padrão que facilita a comunicação de dispositivos industriais.

Pulso – Mudança brusca em um valor do nível de tensão ou corrente. Um pulso tem um aumento definitivo, um tempo de queda e uma duração finita.

Q

Queima (burn) – Processo pelo qual a informação é armazenada em uma memória de leitura apenas programável.

R

Rack (gabinete) – Armário ou painel usado para acomodar os equipamentos; uma montagem de metal e/ou plástico que suporta os módulos de entrada/saída e fornece um meio de alimentar os sinais e os módulos de entrada/saída ou placas.

Ramo – Caminho lógico paralelo dentro de um degrau.

Realimentação – Nos sistemas analógicos, é um sinal de correção recebido de uma saída ou de um monitor de saída. O sinal de correção é alimentado no controlador para a correção do processo.

Rede – Série de estações ou dispositivos conectados por algum tipo de comunicação.

Rede aérea local (LAN) – Sistema de programa e equipamentos projetados para permitir que um grupo de dispositivos inteligentes se comuniquem em uma certa proximidade.

Rede ponto a ponto – Rede em que são dadas chances iguais aos nós de inicialização e controle das comunicações.

Referência cruzada – Nos diagramas ladder, são letras ou números à direita das bobinas ou funções que indicam onde estão os contatos das bobinas ou as funções nas outras linhas do diagrama ladder.

Registrador de deslocamento síncrono – Registrador de deslocamento no qual ocorre apenas uma mudança no estado por um pulso de controle.

Registro – Palavra de memória ou área de armazenamento temporário de dados usada nas funções de matemáticas, lógica ou de transferência.

Registro de deslocamento – Função do CLP capaz de armazenar e deslocar dados binários.

Registro de saída ou **palavra de saída** – Determinada palavra no arquivo de tabela de imagem de saída do processador em que dados numéricos são colocados para transmissão de um dispositivo de saída de campo.

Relé – Dispositivo operado eletricamente que liga circuitos elétricos mecanicamente.

Relé de controle – Relé usado para controlar a operação de um evento ou uma sequência de eventos.

Relé de interrupção de energia – Relé usado para inibir a alimentação elétrica, em um sistema de controle em uma emergência ou outro evento, exigindo que o equipamento controlado seja interrompido imediatamente.

Relé de sobrecarga – Relé de finalidade especial projetado de modo que seus contatos sejam transferidos se sua corrente exceder um determinado valor. Relés de sobrecarga são usados com motores elétricos para evitar sua queima em decorrência de sobrecargas mecânicas.

Relé de travamento – Relé que mantém uma certa posição por meio mecânico ou elétrico até que seja liberado mecanicamente ou eletricamente.

Relógio (clock) – Circuito que gera pulsos sincronizados, marcando o tempo das operações do computador.

Relógio em tempo real (RTC) – Dispositivo que mede continuamente o tempo em um sistema, sem respeitar que tarefa o sistema está executando.

Repique do contato (bounce) – Mau contato que estabelece um fechamento e uma abertura durante a fase inicial do contato.

Resolução – Menor incremento distinguível no qual uma quantidade pode ser dividida.

Retificador – Dispositivo de estado sólido que converte corrente alternada em corrente contínua pulsante.

Retificador controlado de silício (SCR) – Dispositivo semicondutor que funciona como uma chave elétrica.

Rotina – Série de instruções que realiza uma função específica ou uma tarefa.

RS-232 – Associação eletrônica industrial (EIA) padrão para a transferência e comunicação de dados para circuito binário de comunicação serial.

Ruído de pico – Ruído elétrico de curta duração, mas de valor mais elevado que o nível de ruídos comuns.

Ruídos – Sinais elétricos indesejados que acontecem casualmente, em geral causados por ondas de rádio ou campos elétricos ou magnéticos gerados por um condutor e recebido por outro.

Run (funcionamento) – Execução contínua única de um programa pelo controlador lógico programável.

S

Saída – Informação enviada pelo processador para um dispositivo via alguma interface. A informação pode estar na forma de dados de controle, que sinalizarão alguns dispositivos, como um motor para ligar ou desligar, ou para variar a velocidade de um acionamento.

Saída não retentiva – Saída controlada continuamente por um degrau do programa. Sempre que o degrau mudar de estado (verdadeiro ou falso), a saída liga ou desliga; ao contrário de uma saída retentiva, que permanece em seu último estado (ligado ou desligado), dependendo de qual dos dois degraus, trava ou destrava, era verdadeiro por último.

Saída no modo de alimentação – Modo de funcionamento de dispositivo de estado sólido de saída cujo dispositivo controla a corrente da carga (por exemplo, quando a saída é energizada, ela conecta a carga com a polaridade positiva de sua fonte de alimentação).

Saída no modo de dreno – Modo de funcionamento de um dispositivo de estado sólido em que o dispositivo controla a corrente da carga (por exemplo, quando a saída é energizada, ela conecta a carga ao polo negativo da fonte de alimentação).

SCADA – Acrônimo para um controle supervisório e aquisição de dados.

Segundo complemento – Sistema de numeração usado para expressar números binário positivo e negativo.

Semicondutor de Óxido de Metal (MOS) – Dispositivo de semicondutor em que um campo elétrico controla um canal de condução por um eletrodo de metal chamado *porta*.

Semicondutor de óxido de metal complementar (CMOS) – Base lógica que oferece baixo consumo de energia e opera em alta velocidade.

Sensor – Dispositivo usado para coletar informação pela conversão de uma ocorrência física em sinal elétrico.

Sensor eletrônico – Normalmente, são sensores com três fios; embora existam também sensores de quatro fios. O sensor é alimentado pela fonte de alimentação. Um fio separado (o terceiro) é usado para a linha de saída.

Sensor para carga – Sensor com dois fios. Uma pequena corrente de fuga circula pelo sensor mesmo não estando em condução. A corrente é necessária para operar o circuito eletrônico do sensor.

Sequenciador – Dispositivo mecânico, elétrico ou eletrônico que pode ser programado de modo que um conjunto predeterminado de eventos ocorra repetidamente.

Simbologia dos contatos – Conjunto de símbolos utilizados para expressar o programa de controle com símbolos de relés convencionais.

Sinal – Evento ou grandeza elétrica que transmite informação de um ponto para outro.

Sinal analógico – Sinal que tem a característica de ser contínuo e que muda suavemente sobre uma faixa, em vez de mudar bruscamente, comutando entre determinados níveis, como os sinais discretos.

Sinal de erro – Sinal proporcional à diferença entre a saída atual e a saída desejada.

Sinal digital – Sistema de estados discretos: alto ou baixo, liga ou desliga, 1 ou 0.

SINT – Tipo de dado que armazena 8 bits (1 byte) valor inteiro sinalizado.

Sistema de entrada/saída (E/S) remoto – Qualquer sistema de entrada/saída que permite uma comunicação entre o processador e o equipamento de entrada/saída com cabo coaxial ou par trançado. Ele permite a ligação de equipamento de entrada/saída a qualquer distância do processador.

Sistema de número octal – Sistema de numeração com base oito que usa números de 0-7,10-17-20-27, e assim por diante. Não há números 8 ou 9 no sistema de números octal.

Sistema de números decimais – Sistema de números que utiliza dez dígitos numéricos (dígitos decimais): 0, 1, 2, 3, 4, 5, 6, 7, 8, 9. Cada dígito tem um valor de posição de 1, 10, 100, 1.000, e assim por diante, começando com o dígito menos significativo (o mais à direita); base 10.

Sobrecarga – Uma carga maior que aquela para a qual um componente ou sistema foi projetado para funcionar.

Software – Programas que controlam o processamento de dados em um sistema, em contraste com seus equipamentos físicos (hardware).

STI – Acrônimo para um interruptor de temporizador selecionável; é uma sub-rotina que executa em uma base de tempo em vez de em um evento.

Sub-rotinas – Arquivos de programa que são varridos somente quando chamados pela lógica e podem ser usada para interromper o programa em segmentos menores.

Subtração – Instrução do controlador lógico programável que executa uma subtração matemática de um número por outro.

Supressor indutivo (snubber) – Circuito usado geralmente como supressor de cargas indutivas. Ele consiste em um resistor em série, com um capacitor (RC) e/ou MOV colocado em paralelo com a carga de corrente alternada.

Surto – Onda transitória de corrente ou potência.

T

Tabela de dados – Parte de memória do processador que contém valores de entrada e de saída, bem como arquivos onde os dados são monitorados, manipulados e mudados para fins de controle.

Tabela de imagem – Área na memória do controlador lógico programável dedicada aos dados de entrada/saída. Uns e zeros (1s e 0s) representam as condições de ligados e desligados, respectivamente. Durante cada varredura (exploração) da entrada/saída, cada entrada controla um bit no arquivo da tabela de imagem; cada saída é controlada por um bit no arquivo da tabela de imagem de saída.

Tabela de sequência – Tabela ou mapa que indica a sequência de operação dos dispositivos de saída.

Tabela-verdade – Listagem e forma de tabela que mostra o estado de uma determinada saída como função de todas as combinações possíveis de entrada.

Tarefa (task) – Mantém a informação necessária para esquematizar a execução do programa e estabelece a execução prioritária para um programa ou mais.

Taxa de relógio (clock rate) – Velocidade pela qual o sistema microprocessador opera.

Teclado (keyboard) – Teclado alfanumérico por meio do qual o usuário escreve instruções para o CLP.

Teclas de função – Teclas em um computador pessoal, dispositivo eletrônico de operação ou programador portátil rotulado como F1, F2, e assim por diante. A função de cada uma destas teclas é definida em muitos dispositivos de interface eletrônica do operador.

Temperatura ambiente – Temperatura do ar que envolve um módulo ou um sistema.

Tempo de execução – Tempo total para a execução de uma determinada operação.

Tempo de resposta – Tempo necessário para o dispositivo reagir a uma mudança ou a uma solicitação no seu sinal de entrada.

Tempo de varredura – Tempo necessário para a leitura de todas as entradas, execução do programa de controle e atualização dos estados de entrada e saída local e remoto. Ele é, em efeito, o tempo necessário para ativar uma saída controlada pela lógica do programa.

Tempo de varredura do entrada/saída E/S – Tempo necessário para o processador monitorar as entradas e as saídas de controle.

Temporizador – Em painéis, o relé é um dispositivo eletromecânico que pode ser ligado e ajustado no valor desejado para controlar o intervalo de funcionamento de outro dispositivo. No controlador lógico programável, um temporizador é interno no *processador*, isto é, ele é controlado por uma instrução programada pelo usuário.

Temporizador cão de guarda – Monitores de circuitos lógicos que controlam o processador. Se o temporizador cão de guarda, que é reiniciado (reset) a cada varredura, não funcionar, supõe-se que o processador está com defeito e este é desconectado do processo.

Temporizador de retardo ao desligar – Relé eletromagnético com contatos que mudam de estado em um período de tempo predeterminado após a remoção da energia de sua bobina; ao religar a bobina, o contato retorna para o estado de repouso imediatamente; pode ser, também, uma instrução do controlador lógico programável que acumula a operação do relé eletromecânico de retardo ao desligar.

Temporizador de retardo ao ligar – Relé eletromagnético com contatos que mudam de estado em um período de tempo predeterminado após a remoção da energia de sua bobina; ao religar a bobina, o contato retorna para o estado de repouso imediatamente; pode ser, também, uma instrução do controlador lógico programável que acumula a operação do relé eletromecânico de retardo ao ligar.

Temporizador retentivo – Relé eletromecânico que acumula tempo, se o dispositivo for alimentado, e deve manter o tempo corrente, se a energia do dispositivo for desligada. A perda de energia no dispositivo após terminado o tempo de contagem do valor pré-ajustado não afeta o estado dos contatos.

Terminal de programação – Combinação de teclado e monitor usado para inserir, modificar e observar os programas armazenados em um CLP.

Terminal industrial – Dispositivo utilizado para inserir um monitor de programa no CLP.

Termopar – Dispositivo para medição de temperatura que utiliza dois metais diferentes para isso. Com o aquecimento da junção dos dois metais diferentes, é gerada uma diferença de tensão proporcional, que pode ser medida.

Terra (ground) – Conexão de condução entre um circuito elétrico ou chassi do equipamento e o terra.

Teste de limite – Teste que determina se um valor está dentro ou fora de uma determinada faixa.

Tipo de dispositivo piloto – Usado em um circuito como um aparelho de controle que transporta sinais elétricos para atuar diretamente. Este dispositivo não transporta a corrente primária.

Topologia – Estrutura de uma rede de comunicações (por exemplo, barramento, anéis e estrela).

Topologia de barramento – Configuração de rede em que todas as estações são conectadas em paralelo com o meio de comunicação, e todas as estações podem receber informações de outra estação qualquer na rede.

Topologia em anel – Topologia de rede que forma um caminho em anel.

Topologia em estrela – Arquitetura de rede em que todos os nós da rede são conectados a um dispositivo central que roteia as mensagens dos nós.

Transdutor – Dispositivo usado para converter parâmetros físicos, como temperatura, pressão e peso, em sinais elétricos.

Transferência de bloco – Instrução que copia o conteúdo de uma ou mais palavras de dados de memória adjacente a uma segunda localização de palavra de dados de memória. É uma instrução que transfere dados entre um módulo de entrada/saída inteligente ou cartão e localizações especificadas de dados de memória do processador.

Transferência de dados – Processo de movimentação de informação de um local para outro, ou seja, de registro para registro, de dispositivo para dispositivo, e assim por diante.

Transformador – Dispositivo elétrico que converte a energia elétrica em um circuito ou em circuitos com valores diferentes de tensões e correntes nominais.

Transistor – Dispositivo semicondutor com três terminais ativos composto de silício ou germânio que é capaz de comutar ou amplificar uma corrente elétrica.

Transmissão paralela – Operação do computador em que dois ou mais bits de informação são transmitidos simultaneamente.

Transmissão síncrona – Registro de deslocamento em que só ocorre uma mudança de estado por pulso.

Travamento de dados – Técnica utilizada para ler valores de dados de entrada que serão operados pelas instruções com um bloco de função.

Triac – Componente de estado sólido capaz de comutar corrente alternada.

U

Unidade central de processamento (CPU) – Circuito eletrônico que controla todos os dados de atividade do CLP, excuta cálculos e toma decisões com suas operações controladas por uma sequência de instruções. A unidade central de processamento é referida também como *processador* ou *CPU*.

V

Valor acumulado – Número de intervalos de tempo decorrido ou eventos contados.

Valor pré-ajustado (PRE) – Número de intervalos de tempo ou eventos a serem contados.

Valor pré-ajustado (set-point) – Valor que o valor de processo deve manter pela função do controle automático.

Variável – Fator que pode ser alterado, medido ou controlado.

Variável controlada – Variável de saída ajustada pelo controle automático para manter o processo em um valor desejado.

Varistor de Óxido de Metal (MOV) – Utilizado para suprimir surtos de energia elétrica.

Varredura das entradas – Uma das três partes da varredura do CLP. Durante a varredura de entrada, os terminais de entrada são lidos, e a tabela de entrada é atualizada adequadamente.

Varredura de saída – Uma das três partes da varredura de um CLP. Durante a varredura de saída, os dados associados ao estado da tabela de saída são transferidos para os terminais de saída.

Varredura do programa – Uma das três partes da varredura do CLP. Durante a varredura do programa, a CPU varre cada degrau do programa do usuário.

Verdadeiro – Como relacionado para as instruções dos controladores lógicos programáveis, ligado, habilitado ou um estado 1.

Verificador de aberto (XIO) – Instrução de contato normalmente fechado em um programa em lógica ladder. Um Examine Se Aberto será verdadeiro se seu bit de endereço for ligado (1), e será falso se o bit for desligado (0).

Verificador de fechado (XIC) – Instrução de contato normalmente aberto em um programa em lógica ladder. Um Examine Se Fechado será verdadeiro se seu bit de endereço for ligado (1), e será falso se o bit for desligado (0).

Vínculo de dados (link) – Equipamento que estabelece as comunicações de dados na rede.

Índice

A

Aberta, esquema de controle em malha, 109-110
ACC (acumulador, temporizadores dos controladores CLX), 338-339
ACC; ver valor acumulado
Acionadores, 107-109
    (drives), 284, 286-287
    nos sistemas de controle de processo, 292-293
    nos sistemas de malha fechada, 294-295
Acumulado (ACC), palavra de valor
    contadores, 151-155
    contadores do SLC 500, 154-155
    temporizadores, 130-131
    temporizador do SLC 500, 130-131
    temporizadores dos controladores CLX, 338-339
Acumulado, tempo, 127-128
Acumulador (ACC, temporizadores dos controladores CLX), 338-339
ADD (soma) instrução, 224-226
    controladores do SLC 500, 352-354
    controladores do SLC 500, 224-226
ADD-On, instruções de, 360-361
Adição (soma)
    binária, 49-51
    instruções de matemática, 224-225
Ajustes (set-up),
    displays, 293-294
    procedimento de ajuste dos (controladores CLX), 364-365
Alcance (de etiquetas), 321-325
Álgebra booleana, 57-62
Alias, etiquetas, 321-323
Alimentação, circuitos com (PNP), 24-25
Allen-Bradley controladores MicroLogix 1000, 73-74
Allen-Bradley controladores Pico, 10-11, 110-111
Allen-Bradley controladores Pico GFX-70, 39
Allen-Bradley controladores PLC-5
    endereçamento, 17-18
    instruções de temporizador de retardo no ligar, 130-131
    instruções do programa de controle, 182, 184, 186
    manipulação de dados, 204-207
    memória, 68-74
Allen-Bradley controladores SLC 500
    contadores, 152-155, 157-158, 161-162
    controle PID, 300-301
    endereçamento, 17-21
    endereços de temporizador, 338-339
    instruções de matemática, 224-234
    instruções de programa de controle, 176-180, 182, 184, 186-188, 193-195
    instruções de relé interno, 84-87
    instruções de sequenciadores, 242-243, 250-255
    manipulação de dados, 199-205, 209-210
    memória, 68-70
    monitoração de dados, 275-276
    programa em lógica ladder, 86-89, 120
    relés de travamento, 111-115
    sistema binário, 43-45
    temporizadores, 127-128, 130-132
Allen-Bradley Data Highway, 306-308
Allen-Bradley Data HighwayDH-485, 307-308
Allen-Bradley Data Highway plus (DH+), 307-308
Allen-Bradley formato do ControlLogix, 18-20, 43-44, 204-205
Allen-Bradley Logix 5000, 18-21
Allen-Bradley módulos de E/S
    código de cores para, 24-25
    MicroLogix, 25-27
Allen-Bradley sistemas DriveLogix, 316
Allen-Bradley sistemas FlexLogix, 316
Allen-Bradley softLogix 5800, controlador, 316
Allen-Bradley software RSLinx, 284, 286-287, 317-318
Allen-Bradley software RSLogix 500
    comando de forçamento, 189-191
    comandos de manipulação de dados, 199-205, 209-210
    comandos do programa de controle, 176-177
    habilitação e desabilitação do comando de forçamento, 279-282
    instruções de matemática, 224-225
    instruções do sequenciador, 242-243
    lógica serial, 329-330
    monitoração de dados, 275-276
    Windows utilizado com, 86-89
Allen-Bradley software RSLogix 5000
    adição de lógica ladder, 330-332
    configuração da memória, 317-318
    endereçamento baseado em etiquetas (tags), 330-331
    etiquetas (tags), 321-324
    lógica serial, 329-330
    programas, 320-321
    projetos, 318-320
Allen-Bradley software RSLogix
    baseado em windows, 86-89
    configuração de comunicações, 284, 286-287
Allen-Bradley terminais gráficos PanelWiew, 293-294
Allen-Bradley, controladores ControlLogix (CLX), 316
    configuração, 317-318
    etiquetas, 320-324
        criando, 324-325
        estruturas das, 323-325
        matriz de, 325-326
        monitorando e editando, 325-326
    instruções de comparação, 353-358
    instruções de matemática, 352-356
    instruções de movimentação de dados (move), 356-358

layout de memórias, 317
programação com blocos de função, 360-369
    diagrama de blocos de função, 360-364
    procedimento de ajustes para, 364-365
    programa em lógica ladder vs., 364-369
programação de contadores, 347-351
    contadores crescentes, 348-351
    contadores decrescentes, 350-351
programação de temporizadores, 338-346
    estrutura predefinida do temporizador, 338-340
    temporizador de retardo ao desligar, 341-344
    temporizador de retardo ao ligar, 339-343
    temporizador de retenção ao ligar, 343-346
programação em nível de bit, 328-335
    adição de lógica ladder para a rotina principal, 330-334
    criando uma lógica ladder, 329-330
    endereçamento baseado em etiquetas, 330-332
    instrução de disparo, 334-335
    instruções de relé interno, 332-334
    instruções de travamento e destravamento, 332-335
    varredura do programa, 328-330
projetos, 318-321
    de programas, 319-321
    de rotinas, 320-321
    de tarefas, 319-320
Allen-Bradley, controladores, 16-17; ver também controladores específicos
    configuração das comunicações dos, 284, 286-287
    controlador programável para automação das, 316
    estruturas de memória nos, 68-69
    instruções de rotina para, 181-182
    software do RSLinx para, 284, 286-287
    software do RSLogix para, 284, 286-287
    varredura na horizontal nos, 76-77
Allen-Bradley, sistemas do ControlLogix, 316
Alta densidade, módulos de E/S de, 18-21, 32-33
Alta velocidade, contador de (HSC), 27-29, 154-155
AND (And), 57-59, 199-200
And Not (AND NOT), 57-59
And Store (AND STR) - And Load (AND LD), 57-59
Apagável, memória de leitura apenas programável e (EPROM), 36-37
Aplicações com combinação de CLPs, 12-14
Aritmética binária, 49-53
Armazenagem,
    bits de armazenagem interna, 84-87
    (STR) - Load (LD), 57-59
Armazenar NOT (STR NOT) - Load Not (LD NOT), 57-59
Arquitetura, 3-6
    aberta, 3-5
    fechada, 3-5
Arquivo
    aritmético e lógico, 204-207, 232-233
    cópias de, 206-209
    de divisão, 234
    de multiplicação, 234
    de soma (ADD), 232-233
    de subtração, 232-233
    na memória de dados, 199-200
    na tabela de dados, 202-204
    para arquivo, deslocamento de, 202-204
Aterramento, 270-272
Autossintonia, 300-301

B

Banda morta, 295-296
Barramento de rede com largura de
    bits, 304-305
    bytes, 304-305
Batente de processamento, 290-291
Bateria da cópia de segurança (backup), 277-278
BCD; ver decimal codificado binário
Bit
    de atualização do contador (UA), 154-155
    de habilitação do contador decrescente (CD)
        controladores CLX, 348-349
        contadores do SLC 500, 152-154
    de orientado das E/S, 20-21
Bits
    (dígitos binários), 17-21, 34-36, 42-44
    do arquivo (arquivo), 68-69
    do arquivo de dados, 70-71
Bloqueio/corte (lockout/tagout), dispositivos de, 277-278
BOOL (etiqueta baseada em Boole), 322-323
Botões de
    comando, 96-97
    interrupções antes de ligar, 96-97
Braço de robô, 301-303
BSL (deslocamento de bits à esquerda), 250-257
BSR (deslocamento de bits à direita), 253-255
BTD (instrução de distribuição de bits), 201-203

C

CA módulo de E/S de sinais analógicos e discretos, 21-25
Cabeamento ou fiação, 7-10, 268-271
Cabos (blocos de função), 361-363
Calcular (CPT), comando de, 224-225
Calor, dissipador de, 267-268
Campo,
    entradas/saídas de, 5-6
    fonte de tensão de alimentação de, 20-22
Canais por módulos, 32-33
Cão de guarda (watchdog), temporizadores, 277-279
CC módulos de E/S de sinais discretos, 21-27
CD (bit de habilitação do contador crescente)
    dos controladores CLX, 348-349
    dos contadores SLC 500, 152-154
Chave-limite, chaves de fim de curso ou, 98-99
Chaves duplas, linha de encapsulamento (DIP), 98-99
Circuito de selo, 109-110
Classificação de temperatura ambiente, 30-32
CLP,
    blindagem, 267-270
    linguagem de programação de, 6-8, 61-62, 76-79
    software de programação, 284, 286-287
CLPs; ver controladores lógicos programáveis
CLR (limpar), 199-200, 231-232

CMP comparar, 356-357
Códigos, 48-53
    ASCII, 49-51
    bit de paridade, 49-51
    de barras, 104-105
    de cores dos módulos E/S, 24-25
    Gray, 48-51
Comando NOT, 199-200
Combinação de controles, 114, 116
Comissionamento (programas), 273-274
CompactLogix, sistema, 316
Comparação, instruções de (controladores CLX), 353-358
Comparadores, 52-53
Comparar, 356-357
Completo, controlador de sintonia automática, 300-301
Computadores pessoais; ver PCs
Comum,
    modo de rejeição, 32-33
    protocolo industrial, 308-312
Comunicações
    capacidade de, 1-5
    configuração, 284, 286-287
    de dados; ver comunicações de dados
    módulos de, 17-18, 30-31
    protocolos de, 286-287
Comutativa, lei, 60-61
Condução de ruído, 268-270
Conectores de cabos (blocos de função), 362-363
Configuração
    de comunicações, 284, 286-287
    de sistemas de controle, 290-293
    de telas do monitor, 293-294
    dos controladores CLX, 317-318
Constante, tensão transformadores de (TC), 272-273
Consumidas, etiquetas, 322-323
Consumo de corrente da placa-mãe, 32-33
Contador crescente (CTU), 14
    dos controladores CLX, 347-351
    dos contadores SLC 500, 154-155
Contador crescente, bit de finalização do (DN), 348-349
Contador crescente, bit de habilitação do (CU)
    dos controladores CLX, 347-348
    dos contadores SLC 500, 152-154
Contador decrescente (CTD), 14
    controladores CLX, 347-348, 350-351
    contadores SLC 500, 154-155
Contadores crescentes, 150-161; *ver também* CTU (contador crescente)
    controladores CLX, 348-351
    controladores SLC 500, 152-155
    instruções de disparo, 155-161
    programa e diagrama de tempo, 152-154
    usando instrução LES, 213-215
    valores desejados, 151-152
Contadores de números (contadores SLC500), 154-155
Contadores decrescentes, 159-164; *ver também* CTD (contador decrescente)
    controladores CLX, 350-351
    valores desejados, 151-152

Contadores, 150-171
    aplicações de codificadores (encoder) incrementais, 166-166, 168
    arquivo (arquivo 5), 69-71
    arquivo de dados dos, 206-207
    combinando com temporizador e função AND, 166, 168-171
    dos Controladores CLX, 347-351
    em cascata, 163-167
    esquemas a relé, 94-97
    formatados em blocos, 151-152
    formatados em bobina, 150-151
    instruções de, 150-152
    regressivos, 159-164
    usando instruções LES, 213-215
Contato
    auxiliar de selo, 192-193
    de disparo, circuito de, 155-157
    histograma, 275-276
    simbologia, 78-79; *ver* Ladder, diagrama (LD) linguagem
Contínua, modo de teste de varredura, 89-90
Contínuas, tarefas, 319-320
Contínuo, modo de teste, 274-275
Contínuos, processos, 290-291
Controladores,
    CLX; ver controladores ControlLogix, da Allen-Bradley
    ControlLogix; ver controladores ControlLogix (CLX) da Allen-Bradley
    de automação programáveis (PACs) 12-13, 316; *ver também* controladores ControlLogix (CLX), da Allen-Bradley
    de propriedades e caixa de diálogos das propriedades dos módulos (Controladores CLX), 317-318
    etiquetas dos, 321-322
    Logix 5000, 18-21
    nos sistemas de controle de processo, 292-293
    nos sistemas de malha fechada, 293-294
    Pico, 10-11, 110-111
Controle
    analógico, 219-220
    aplicações de gerenciamento de, 13-14
    arquivos de (arquivo 6), 69-73
    arquivos de dados de, 206-207
    automático, 114, 116
    centralizado, 291-292
    de acesso, 305-307
    do nível de funcionalidade, 303-304
    em malha fechada, 109-110, 217-220, 293-295
    liga/desliga, 219-220
    palavra de (contadores), 152-154
    proporcional analógico, 295-298
    variável de (CV), 220
Controle, sistemas de
    centralizado, 291-292
    configurações do, 290-293
    de movimento, 300-303
    de processo, 290-295
    distributivo, 291-293
    em malha fechada, 293-295
    estrutura dos, 292-295

individual, 290-292
liga/desliga, 294-296
PID, 295-301
supervisório, controle e aquisição de dados, 34-35, 303-304, 313-314
ControlLogix, formato de, 18-20, 43-44, 204-205
ControlNet, 310-312
Conversor
de BCD (FRD), 224-225, 231-232
para BCD (TOD), 224-225, 231-232
COP (cópia de arquivo), 206-209
Corrente,
de aterramento, 270-272
de fuga, 30-32, 270-271
módulos de E/S de sinais analógicos com sensor de, 25-27
CPT (cálculo), comando de, 224-225
CPU (unidade central de processamento), 3-6, 32-35
Cruzada, função de referência, 274-275
CTD (contador decrescente), 14
dos controladores CLX, 347-348, 350-351
dos contadores SLC 500, 154-155
CTU (contador crescente), 14
dos controladores CLX, 347-351
dos contadores SLC 500, 154-155
CU (bit de habilitação do contador crescente)
dos controladores CLX, 347-348
dos contadores SLC 500, 152-154
Curto-circuito, proteção, 30-32
Custo, 1-3
CV
(tensão constante) transformadores de, 272-273
(variável de controle), 220

D

Dados de comunicações
controle de acesso dos, 305-307
ControlNet, 310-312
da rede highway de dados, 307-308
DeviceNet, 307-311
Ethernet/IP, 311-312
Fieldbus, 312-314
Modbus, 311-313
PROFIBUS-DP, 313-314
protocolos de, 304-306
redes, 302-304
serial, 307-308
topologia das redes de, 303-305
transmissão de dados do CLP, 306-308
Dados highway, 306-308
de redes, 306-308
plus (DH+), 307-308
-DH-485, 307-308
Dados
arquivo de dados do Windows (RSLogix 500), 88-89
arquivos de, 68-74
gravação e recuperação, 37-38
instruções de comparação, 207-213
leitura e escrita, 34-35

monitoração de, 274-275
programa de manipulação de, 213-216
sobre escrita, 199-200
tipos de, 324-325
travamento de, 362-364
Dados, instruções de manipulação de, 199-220
classes, 199-200
comparar dados, 209-213
dados numéricos das interfaces E/S, 215-218
em malha fechada, 217-220
programa de manipulação de dados, 213-216
transferência de dados, 199-209
Dayse-chain topologia, 312-314
DCS (sistema de controle distributivo), 291-293
Decimal codificado em binário (BCD), 46-49
conversor de/para, 224-225, 231-232
interface de saída, 215-217
módulos de saída, 29-31
Decimal, sistema, 42-43, 47-48
Deformação
células de cargas de, 105-106
padrão de, 104-106
/peso, sensores de, 104-106
Derivativa, ação, 298-299
Desligado para ligado, contato em transição, 155-157
Desligamento, período de, 277-278
Deslocamento de bit
à direita (BSR), 253-255
à esquerda (BSL), 250-257
Deslocamento, registros de, 252-262
bit de, 252-258, 260
operação de deslocamento de palavra, 256-262
Destino, registro de, 200-201
Destravamento,
instruções de (controladores CLX), 332-335
relés de, 110-112
Desvio (offset), 297-298
Detecção de colisão, 305-306
Determinismo, 311-312
DeviceNet, 307-311
DH+ (Allen-Bradley Data Highway Plus), 307-308
DH-485, 307-308
Diagnóstico,
instruções de, 281-283
tela do display, 293-294
Dial numerado,
chaves de, 215-217
módulo de, 27-29
Diferente de (NEQ)
controladores CLX, 353-357
controladores SLC 500, 209-210
DINT (etiqueta baseada em inteiro duplo), 323-324
DIP, chaves (encapsulamento em linha dupla), 98-99
Discreta, manufatura, 290-291
Discretos, módulos de E/S de sinais, 20-27
CA, 21-25
CA/CC, 21-23
CC, 21-27
especificações dos, 30-33

verificação de defeitos, 279-282
Disparo
    instrução de (ONS), 334-335
        controladores CLX, 334-335
        SLC 500, 155-161
    na subida, instrução de (OSR), 157-161
Display, tipos de (etiquetas), 324-325
Dispositivo,
    barramento de redes, 304-305
    nível de funcionalidade, 303-304
Distributiva, lei, 60-61
Distributivo, sistema de controle, 291-293
DIV, comando de (dividir), 224-225
    controladores CLX, 353-356
    contadores SLC 500, 228-231
Divisão, 224-225
    binária, 52-53
    instruções de matemática, 228-231
DN (bit de finalização), 348-349
    do temporizador do controlador, 338-340
    dos contadores SLC 500, 152-154
    dos temporizadores SLC 500, 130-131
DOEs; *ver* Temporizadores de retardo ao ligar
Drenagem, circuito com (NPN), 24-25
DriveLogix sistema, 316
Duas posições, controle de, 219-220
Duplex, sistemas de comunicação, 307-308
Duplo, etiqueta com base em inteiro, 323-324

E

E/S
    configuração em Windows (RSLogix 500), 88-89
    sistema de; *ver* sistemas de entrada/saída
    contador, 12
    grupo de, 16-17
    módulos; ver módulos de entrada/saída
Edição
    de etiquetas do controlador CLX, 325-326
    de programas, 273-274
    de etiquetas, janela, 325-326
EEPROM, 36-37
Elétrica,
    continuidade, 73-75
    isolação, 32-33
Eletricamente, memória de leitura apenas programável e apagável (EEPROM), 36-37
Elétrico, ruído, 268-271
Eletromagnética, interferência, 268-270
Eletromagnético, relé de controle, 93-95
Eletrostáticas, tensões, 34-35
EMI (interferência eletromagnética), 268-270
EN (bit de habilitação)
    temporizador do controlador CLX, 338-339
    temporizadores SLC 500, 130-131
End fence (área MCR), 177-178
Endereçamento, 17-18
    baseado em etiqueta (tag), 17-20, 320-322
    baseado em rack/slot, 17-21
    das instruções, 81-82
    dos controladores CLX, 320-322, 330-332
Endereços
    conflito de, 282-284
    dos elementos do arquivo de dados, 69-70
Entrada,
    arquivo da tabela de imagem, 71-73
    arquivo de (arquivo 1), 68-69
    capacitância de, 32-33
    conector de cabo da (ICON), 362-363
    de liga/desliga na, 30-32
    impedância de, 32-33
    proteção de, 32-33
    ramo de, 82-83
    tensão de limiar da, 30-32
    varredura da, 73-74
    verificação de defeitos na, 277-280
Entrada, corrente de,
    faixa de, 32-33
    fuga de, 270-271
Entrada, módulos de E/S, 30-33
    analógico, 25-29, 32-33
    discreto, 20-27, 30-33, 279-282
Entrada/saída, sistema de (E/S), 5-7
    combinação de módulos E/S, 18-21
    equipamento de (hardware), 16-22
    especificações para, 30-33
    leaky, 270-271
    módulos analógicos de, 25-29
    módulos de alta densidade dos, 18-21
    módulos discretos do, 20-27
    módulos especiais de, 27-31
    verificação de defeitos do, 277-2286
    fixo, 3-6
    modular, 3-6
    de campo, 5-6
    no mundo real, 5-6
EPROM, 36-37
EQU (igual a)
    controladores CLX, 353-357
    temporizadores SLC 500, 209-210
Equipamentos de computador e controlador, 16-39
    CPU, 32-35
    dispositivo terminais de programação, 36-38
    elementos de memória, 34-36
    especificações de E/S, 30-33
    gravação e recuperação de dados, 37-38
    interface homem-máquina, 38
    módulos especiais de E/S, 27-31
    módulos de E/S de sinais analógicos, 25-29
    módulos de E/S de sinais discretos, 20-27
    seção de E/S, 16-23
    tipos de memória, 35-37
Equipamentos de controladores e computadores (hardware)
    lógicos, 61-62
Erro, 220
    amplificador, 293-294
Escala de dados (SCL), 232-233
Escrita

para memória, 34-35
sobre dados existentes, 199-200
Especiais, módulos de E/S, 27-31
Espera,
  modo de, 281-283
  tempo de, 33-34
Estações, 303-304
Estados,
  (arquivo 2), 68-69
  arquivo de dados de, 69-70
  informação de, 16-17
Estático, controle, 34-35
Estrela,
  cerca (área MCR), 177-178
  topologia de rede, 303-304
Estruturado, linguagem de texto (ST), 76-79
Estruturas, (etiquetas do controlador CLX), 323-325
Ethernet, redes, 305-306
EtherNet/IP, 311-312
Etiqueta (LBL), 176-180
Etiquetas,
  baseadas em sistemas de memória, 68-69
  de base, 321-324
  descrições de, 324-325
  endereçamento baseado em, 17-20, 330-332
  nome de, 324-325
  nomes (temporizador do controlador CLX), 338-339
  tipos de, 324-325
Etiquetas, (controladores CLX), 320-324
  criando, 324-325
  estruturas de, 323-325
  matriz de, 325-326
Evento, display de história de, 293-294
Exclusive OR (XOR),
  comando, 199-200
  função, 57-59
Externo, endereço de E/S de force, 186-191

F

FAL (arquivo aritmético e lógico), 204-207, 232-233
Falha, rotina de
  controladores CLX, 320-321
  controladores SLC 500, 194-195
FBD (diagrama de blocos de função), 76-78, 360-364
FFL (carga de FIFO), 258-260
FFU (descarga de FIFO), 258-261
Fibra ótica, sensor de, 102-104
Fieldbus, 312-314
FIFO (primeiro a entrar, primeiro a sair), 256-262
  carga de (FFL), 258-260
  descarga de (FFU), 258-261
  pilha de, 258-260
Fixa, entrada/saída (E/S), 3-6
Flash, EEPROM, 36-37
Flexibilidade, 1-3
FlexLogix, sistema, 316
FLL (preencher arquivo), 206-209
Flutuante, arquivo de ponto, 71-73

Fluxo, sensor de, 105-106
Fonte de alimentação, 3-6, 33-34
  aterramento da, 270-272
  corrente de fuga na, 30-32, 270-271
  variações de tensão e surtos na, 272-274
Fonte, registrador de, 200-201
Forçar
  e verificação de defeitos, 279-282
  endereço de E/S externo, 186-191
Fotoelétricos, sensores, 102-104
Fotorresistivas, células, 102-103
Fotovoltaicas, células, 102-103
FRD (conversor de BCD), 224-225, 231-232
Fuga, corrente de, 30-32, 270-271
Full-duplex, sistema de comunicação, 307-308
Função AND, 55-59
Função,
  blocos de, 77-78, 360-364
  diagrama de blocos de, 76-78, 360-364
Função, programação com blocos (controladores CLX), 360-369
  diagrama de blocos de função, 360-364
  procedimento de ajustes para, 364-365
  programação em lógica ladder vs., 364-369
Funções com arquivos aritméticos, 232-234

G

gateway, 305-306
GEQ (maior que ou igual a), 209-210
Gráfico, terminais de IHM, 293-294
Gravação de dados, 37-38
Gray, código, 48-51
GRT (maior que)
  controladores CLX, 355-357
  controladores SLC 500, 209-211

H

Half-duplex, sistema de comunicação, 307-308
Hexadecimal (hex), sistema de numeração, 42-43, 46-48
HMIs; ver interface homem-máquina
Homem-máquina, interface (IHMs), 12, 38
  nos sistemas de controle de processo, 292-294
  terminal gráfico IHM, 293-294
HSC (contadores de alta velocidade), 27-29, 154-155

I

ICON (conector de cabo de entrada), 362-363
IIM (entrada imediata com máscara), 186-188
IIN (entrada imediata), 182, 184, 186
IL linguagem (lista de instrução), 76-77
Imediata,
  entrada (IIN), 182, 184, 186
  entrada com máscara (IIM), 186-188
  saída (IOT), 184, 186-188
  saída com máscara (IOM), 186-188
Inativo, modo, 281-283

Inclinação (droop), 297-298
Incremental, aplicações de contadores com decodificador incremental, 166-166, 168
Individual, controle, 290-292
Industriais, processos, 290-314
    comunicações de dados nos, 302-314
    configurações de controle de, 290-293
    contínuo, 290-291
    controle de, 290-291
    de controle de movimento, 300-303
    de controle liga/desliga, 294-296
    de controle PID, 295-301
    de manufatura discreta, 290-291
    estrutura dos sistemas de controle de, 292-295
    processamento de lote, 290-291
Indutivo, sensores de proximidade tipo, 100-102
Informação de nível de funcionalidade, 303-304
Instalação,
    aterramento da, 270-272
    de CLP em painéis, 267-270
    e ruído elétrico na, 268-271
    surto de entradas e saídas na, 270-271
    variação de tensão e surtos na, 272-274
Instrução(ões), 13; *ver também* comandos específicos e instruções
    booleanas, 57-59
    de ajustes, 14, 300-301
    de contadores, 150-152
    de controle de programa, 176-195
    de diagnóstico, 281-283
    de distribuição de bits (BTD), 201-203
    de endereçamento, 81-82
    de lista de linguagem (IL), 76-77
    de manipulação de dados, 199-220
    de matemática, 224-234
    de ramos, 82-87
    de relé interno, 84-87
    de sequenciadores, 242-247
    de temporizadores, 127-129
    de tipos de relé, 78-82
    de transferência de dados, 199-209
    em nível de palavra, 64-66
    para controladores CLX, 352-358
    simbólicas, 78-79
    verificador de aberto, 85-89
    verificador de fechado, 85-89
INT (etiqueta com base em inteiro), 323-324
Integral, ação, 298-299
Inteiro, arquivo (arquivo 7), 69-73
Inteligente, controlador de sintonia, 300-301
Interface de saída BCD, 215-217
Internas, bobinas, 84-87
Internas, instruções de relés, 84-87
    controladores CLX, 332-334
    controladores SLC 500, 84-87
Internos,
    bits, 84-87
    bits de armazenamento, 84-87
    relés de controle, 84-87

Interposição de relés, 24-25
Inversor, como função NOT, 57-58
IOM (saída imediata com máscara), 186-188
IOT (saída imediata), 184, 186-188
Isolação, transformadores de, 272-273

L

Ladder, diagrama (LD) linguagem, 76-79
    entrando com diagrama ladder, 86-90
    instruções de ramos, 82-86
    instruções de relés internos, 84-87
    instruções XIC e XIO, 85-89
    Intruções de tipos de relés, 78-82
Ladder, inserindo diagrama, 86-90
Ladder, lógica, 61-62, 329-330, 330-334
Ladder, programas em lógica, 6-10, 61-65
    a partir da narrativa da descrição, 118-121
    conversão de esquemas a relé em, 114, 116-119
    para sub-rotinas, 180-181
    programação de blocos, função *vs.*, 364-369
    verificação de defeitos, 279-284, 286
LANs (redes de área local), 302-304
Largura de faixa, 311-312
LBL (etiqueta), 176-180
LD, linguagem; *ver* linguagem em diagrama ladder
LED, display de,
    do módulo de processador, 277-279
    placa de mostrador de sete segmentos, 215-217
Lei associativa, 60-61
Leitura de memória, 34-36
LEQ (menor que ou igual a), 209-211
LES (menor que),
    controladores CLX, 353-357
    controladores SLC 500, 209-211
LIFO (último a entrar, primeiro a sair), 262
LIFO, pilha (stack), 262
Liga/desliga, controle, 218-220, 294-296
LIM (teste de limites), 209-212
Limite, teste de (LIM), 209-212
Limpar (CLR), 199-200, 231-232
Linguagens, 6-8, 61-62, 76-79
Locação, ou localização de memória, 34-36
Local, redes de área (LANs), 302-304
Lógica, 55-66
    álgebra booleana, 57-62
    componentes, 61-62
    continuidade, 75-76
    esquema ladder a relé, 61-65
    função AND, 55-58
    função exclusive OR, 57-59
    função NOT, 55-58
    função OR, 55-58
    portas lógicas, 55-56, 61-65
    princípio de lógica binária, 55-56
    programas em lógica ladder, 61-65
    programável, 61-66
Lógicas, portas, 55-56, 61-65
    e esquemas ladder a relé e programa em lógica ladder,

61-65
  equação booleana para, 60-62
  expressões booleanas para, 60-61
  função AND, 55-58
  função NOT, 55-58
  função OR, 55-58
  funções XOR, 57-58
  tabela-verdade das, 55-56
LSB (bit menos significativo), 43-44
Luz, sensores de, 102-105

M

Magnéticos, relé reed ou chaves reed, 102-103
Maior que (GRT)
  controladores CLX, 355-357
  controladores SLC 500, 209-211
Maior que ou igual a (GEQ), 209-211
Mais significativo, bit (MSB), 43-44
Malhas de aterramento, 271-272
Manipulador, robô, 301-303
Manual,
  controlador de sintonia, 300-301
  controle de tela de display, 293-294
Manualmente, chaves operadas, 97-99
Manutenção, 277-278
Máscara,
  comando mover com (MVM), 199-200
  comparação para igual a (MEQ), 209-213
Matemática, instruções de, 224-234
  adição, 224-226
  arquivo de funções aritméticas, 232-234
  controlador CLX, 352-356
  divisão, 228-231
  em nível de palavra, 229-232
  multiplicação, 227-230
  subtração, 225-228
Matriz, 245-247
  (etiquetas do controlador CLX, 325-326
Máxima,
  corrente contínua, 30-32
  corrente de carga, 30-32
MCR (relé-mestre de controle), 176-180, 191-192, 267-270
Mecanicamente, relés operados, 98-100
Mecânico,
  relé de tempo, 125-128
  sequenciador, 240-242
Medidas, de CLPs, 12-14
Memória, 13
  arquivo de dados, 68-74
  arquivos de programa, 68-69
  dos controladores CLX, 317
  endereçamento de, 17-20
  organização das, 68-74
  projeto de, 34-36
  tipos de, 35-37
Menor que ou igual a (LEQ), 209-211
Menos significativo, bit (LSB), 43-44
MEQ (comparação com máscara igual a), 209-213

Mestre,
  controle de reinício (reset), 176-180
  relé de controle, 191-192, 267-270
  /escravo, redes, 305-307
Metal, varistor de óxido de (MOV) supressor de surto, 272-274
Micro CLPs,
  número de entradas e saídas para os, 73-74
  Siemens S7-200 micro CLP, 313-314
MicroLogix 1000,
  controlador, 73-74
  módulos de E/S, 26-27
Microsoft Windows, 273-274
Modbus, 311-313
Modicon, CLPs, 76-77
Modo
  de teste contínuo, 274-275
  de varredura de teste contínuo, 89-90
  funcionar (run), 33-34, 89-90
  idle, 281-283
  programa, 33-34, 89-90
  razão de rejeição comum, 32-33
  remoto, 33-34, 89-90
  suspender (espera), 281-283
  teste, 89-90
  varredura para passo único, 89-90
  varredura para teste único, 89-90
Modular entrada/saída (E/S), 3-6
Módulo(s)
  ASCII, 29-30
  básicos, 29-30
  de E/S analógicos, 25-29, 32-33
  de E/S analógico bipolar, 26-27
  de interface de saída analógico, 26-29
  de saída BCD, 29-31
  estruturas definidas de, 323-325
Monitor de janela de etiquetas, 325-326
Monitoração,
  de etiquetas do controlador CLX, 325-326
  de programas, 274-278
  monitorando e editando, 325-326
Motor, partida de, 96-98
MOV (move)
  controladores CLX, 356-358
  controladores SLC 500, 199-204
MOV (varistor de óxido de metal) supressor de surto, 272-274
Move (MOV)
  controladores CLX, 356-358
  controladores SLC 500, 199-204
Move com máscara (MVM), 200-201
Movimento,
  controle de sistemas de, 300-303
  módulos de controle de, 30-31, 301-302
MSB (bit mais significativo), 43-44
MUL (multiplicar) comando de, 224-225
  controladores CLX, 352-355
  controladores SLC 500, 227-230
Multibit, dispositivos digitais, 215-216
Multiplicação, 224-225
  binária, 52-53

instruções de matemática, 227-230
Multiprocessamento, 33-34
Multitarefa, aplicações de, 13
MVM (mover com máscara), 199-201

N

Não intercambiáveis, programas, 3-5
Não recuperáveis, falhas, 194-195
Não volátil, memória, 35-36
National Electric Code (NEC), 270-272
NC,
    (normalmente fechados) botões de comando, 96-97
    contados normalmente fechados, 93-95
NCTC, contatos (normalmente fechado, temporizado fechado), 127-128
NCTO, contatos (normalmente fechado, temporizado aberto), 126-127
NEG (negar), 224-225, 231-232
Negativo, número, 44-45, 51-52
NEMA 12, blindagem, 267-268
NEQ (diferente de),
    controladores CLX, 353-357
    controladores SLC 500, 209-210
Nested
    ramos, 82-83
    sub-rotinas, 182, 184-185
Nível, chaves de, 99-100
NO,
    botões de comando (normalmente abertos), 96-97
    contatos (normalmente abertos), 93-95
Nominal,
    corrente nominal por entrada, 30-32
    tensão de entrada, 30-32
Normalmente aberto(s),
    botões de comando (NO), 96-97
    contatos (NO), 93-95
    contatos temporizados no abrir (NOTO), 126-127
    contatos temporizados no fechar (NOTC), 125-127
Normalmente fechado(s),
    contato NC, 93-95
    botões de comando (NC), 96-97
    contatos temporizados no abrir (NCTO), 126-127
    contatos temporizados no fechar (NCTC), 127-128
Nós, 303-304
NOT, função, 55-58
NOTC, Normalmente fechados, contatos temporizados no fechar, 125-127
NOTO, Normalmente fechados, contatos temporizados no abrir, 126-127
NPN circuitos (dreno), 24-25
Números, sistema de, 42-49
    BCD, 46-49
    binário, 42-45, 47-53
    bit de paridade, 49-51
    códigos, 48-53
    dados numéricos da interface de E/S, 215-218
    decimal, 42-43, 47-48
    hexadecimal, 42-43, 46-48

    negativos, 44-45
    octal, 42-43, 45-47
    radix, 42-43

O

OCON (conector de cabos da saída), 362-363
Octal, sistema de numeração, 42-43, 45-47
Omron CLP, 312-313
ONS, instrução de (disparo), 334-335
    controladores CLX, 334-335
    SLC 500, 155-161
Operação
    armazenagem, nível de água no tanque, 112-113
    modos de, 33-34, 89-90
    assíncrona, 258-260
    sinais de, 16-17
    princípios de, 7-11
    modificação de, 10-11
Operacional resumo, tela do display, 293-294
Operações de deslocamento de palavra, 256-262
OR (Or), 57-59, 199-200
Or Not (OR NOT), 57-59
Or Out (OR OUT) - Or Load (OR LOAD), 57-59
Or Store (OR STR) - Or Load (OR LOAD), 57-59
OR, função, 55-59
OSR (disparo na subida) instrução, 157-161
OTE (energização de saída), 14, 79-81
OTL (travamento de saída), 14
    controladores CLX, 332-335
    SLC 500, 111-113
OTU (destravamento de saída), 14, 111-113
OUT (Out), 57-59
OUT NOT (saída Not), 57-59
OV (bit de transbordar)
    controladores CLX, 348-349
    SLC 500, 152-155

P

P, controle; *ver* controle proporcional
PACs; *ver* controladores de automação programáveis
Painéis para o CLP, 267-270
    codificadores (encoders), 105-106
    Módulo contador decodificador, 29-30
Palavra(s),
    formato de endereçamento, 18-21
    na manipulação de dados, 199-200
    no endereçamento baseado rack/slot, 17-18
    nos arquivos de dados, 69-70
    operações de deslocamento de, 256-262
    sistema binário de, 43-44
Palavra, instruções em nível de
    matemática, 229-232
    programação, 64-66
PanelView, terminais gráficos, 293-294
Parada, botões de, 192-194
Paralela, transmissão de dados, 306-307
Paralelas, conexões, 56-58

Paridade, bit de, 49-51, 307-308
Passos,
    módulos de motor de, 29-30
    motor de, 107-110
PCs
    CLPs vs., 10-13
    como dispositivos de programação, 37
    configuração de comunicações com, 284, 286
    placa de interface, 20-21
    soft para CLPs, 18-21
PD (proporcional mais derivativo), 298-299
Pegar e colocar (pick and place), máquinas de, 300-301
PI, controle (proporcional mais integral), 218-219, 298-299
Pico GFX-70, controladores, 39
PID,
    controle (proporcional-integral-derivativo), 218-220, 298-301
    módulos (proporcional-integral-derivativo), 30-31
Pins (blocos de função), 361-363
PLC-5, controladores; ver controladores PLC-5, da Allen-Bradley
Plug and play, 311-312
PNP, circuitos de (alimentação), 24-25
Polling, 305-306
Pontes, 305-306
Ponto a ponto,
    comunicação serial, 302-303
    redes, 306-307
Pontos por módulo, 32-33
Portáteis, terminais de programação, 36-37
Posição,
    módulos de controle de, 30-31
    sensores de, 106-108
PRE (valor pré-ajustado)
    contadores dos controladores CLX, 347-348
    temporizadores dos controladores SLC 500, 338-339
PRE, palavra (valor pré-ajustado)
    contadores, 154-155
    temporizadores, 130-131
Predefinida,
    estrutura (controladores CLX), 323-324
    estrutura do temporizador (controladores CLX), 338-340
Preencher arquivo (FFL), 206-209
Pressão, chave de, 99-100
Preventiva, manutenção, 277-278
Primeiro a entrar, primeiro a sair, 256-262
Principal,
    arquivo de programa ladder (arquivo 2), 68-69
    rotina, 320-321
    Window (RSLogix 500), 86-89
Princípio binário, 55-56
Processador, 33-35, 68-74; ver também CPU
    módulo, verificação de defeitos,
Processo,
    redes de barramento, 304-305
    variável de (PV), 219-220, 293-294
Processo, sistema de controle de, 290-291
    configurações, 290-293
    estrutura, 292-295

Produzidas, etiquetas, 322-323
PROFIBUS-DP, 313-314
PROG (modo de programa), 33-34
Programa,
    arquivos de, 68-69
    ciclo de varredura de, 73-77
    etiquetas de, 321-322
    modo de, 33-34, 89-90
    varredura de, 73-74, 328-330
Programa de instruções de controle, 176-195
    circuitos de segurança, 189-194
    endereço de force externo de E/S, 186-191
    entrada imediata, 182, 184, 186
    fim temporário, 194-195
    instruções de salto, 176-177
    interruptor temporizado selecionável, 193-195
    pausar, 195
    reinício (reset) de controle-mestre, 176-180
    rotina de falhas, 194-195
    saída imediata, 184, 186-188
    salto (jump), 178-181
    sub-rotinas, 180-185
Programação, 68-90
    bloco de função, 360-369
    contadores CLX, 347-351
    desligada (off-line), 274-275
    dispositivos de, 6-7, 36-38
    dispositivos terminais de, 37
    e monitoração, 274-278
    editando com diagramas ladder, 86-90
    endereçamento de instrução, 81-82
    instrução verificador de aberto, 85-89
    instrução verificador de fechado, 85-89
    instruções de ramos, 82-87
    instruções de relés internos, 84-87
    instruções em nível de palavra, 64-66
    instruções, tipos de relé, 78-82
    ligada (on-line), 274-275
    linguagens de, 6-8, 61-62, 76-79
    linguagem de programação de CLP, 76-79
    modos de operação, 89-90
    organização da memória do processador, 68-74
    temporizador de retardo ao desligar, 341-344
    temporizador de retardo ao ligar, 339-343
    temporizador de retenção, 343-346
    temporizadores CLX, 338-346
    varredura do programa, 73-77
Programação em nível de bits (controladores CLX), 328-335
    adicionando lógica ladder na rotina principal, 330-334
    criando lógica ladder, 329-330
    endereçamento baseado em etiquetas (tags), 330-332
    instruções de disparo, 334-335
    instruções de relé interno, 332-334
    instruções de trava e destrava, 332-335
    varredura do programa, 328-330
Programas, 6-7
    de sequenciador acionados eventualmente, 245-247
    dos controladores CLX, 319-321
    edição e comissionamento, 273-274

sequenciador, 245-253
Programáveis, controladores lógicos (CLPs); *ver também* controladores específicos, 1-14
    aplicações correspondentes e, 12-14
    arquitetura, 3-6
    baixo custo com, 1-3
    benefícios, 1-5
    capacidade de comunicação com. 2-5
    conjunto de instrução, 14
    controladores de automação programáveis, 12
    dispositivos de programação, 6-7
    entradas/saídas moduladas *versus* fixas, 3-6
    flexibilidade com, 1-3
    fonte de alimentação, 3-6
    linguagens de programação, 6-8
    memória, 13
    operações de modificação de, 10-11
    PCs *vs.*, 10-13
    princípios de operação, 7-11
    processador, 4-6
    programas, 6-7
    segurança, 1-3
    sistema de entrada/saída, 5-7
    sistemas de controle de movimento, 301-302
    tamanho, 12-14
    tempo de resposta, 6-8
    verificação de defeitos, 3-5
Programável, lógica, 61-66
Projetos (controladores CLX), 318-321
    programas, 319-321
    rotinas, 320-321
    tarefas, 319-320
Proporcional,
    ação, 295-299
    (P), controle, 218-220, 295-299
    mais derivativo (PD), controle, 298-299
Proporcional-integral-derivativo (PID), controle, 218-219, 298-299
Proteção
    blindagem, 267-270
    contra curto-circuito, 30-32
    da entrada, 32-33
Protocolo(s), 304-306
    comum industrial (CIP), 308-312
    de comunicações, 286-287
    Protocolo Comum Industrial, 308-312
Proximidade, sensores de, 99-103
Pulso
    (braço de robô), 302-303
    modulação por largura de, 297-298
PV (variável de processo), 219-220, 293-294

R

Rack,
    seções de E/S baseadas em, 16-18
    sistemas de memória baseadas em, 68-69
    endereços baseados em, 17-21
Rack lógico, 16-17

Raiz, 42-43
RAM (memória de acesso aleatório), 35-37
Real,
    etiquetas de base, 323-324
    palavras de entrada/saída, 5-6
Realimentação, 219-220
    malha de, 363-364
Recomendados, padrões (RSs), 307-308
    Padrão RS-232, 286-287
    Para comunicação serial, 307-308
Recuperação de dados, 37-38
Recuperáveis, falhas, 194-195
Redes, 302-304; *ver também* comunicações de dados
    arquivos de redes de comunicação (arquivo 9), 69-70
    exploradores de (scanners), 308-309
    topologia de, 303-305
Redundante,
    meio, 311-312
    processadores, 33-34
Referências, 361-362
Registros, (memória de dados), 199-200
Reinício (reset), ação, 298-299
Relé,
    lógica ladder (RRL), 6-11
    saída, 24-25
    instruções de tipos de, 78-82
Relé, esquemas
    com contatores, 94-97
    conversão em programas ladder, 114, 116-119
    de circuitos de selo, 109-111
    de dispositivos de controle de saída, 106-110
    de partida de motor, 96-98
    de sensores, 99-108
    e chaves operadas manualmente, 97-99
    e chaves operadas mecanicamente, 98-100
    e controle de relé eletromagnéticos, 93-95
    ladder, 61-65
    relés de travamento, 110-115
Remoto,
    modo (REM), 33-34, 89-90
    racks, 17-18
Repetibilidade, 311-312
Repetidores, 303-304
RES, comando (reinício do temporizador de retenção), 127-128, 138-140
Reservado,
    arquivo (arquivo 1), 68-69
    arquivo (arquivo 8), 69-70
Resfriamento (cooling), 267-268
Resistor de dreno, 270-271
Resolução
    de canais de entradas analógicas, 26-27
    de módulos de E/S de sinais analógicos, 32-33
    motores de passos, 109-110
Resposta,
    de malha PID, 299-300
    tempo de, 6-8, 30-32
RET
    (retorno de sub-rotina), 176-177

(retorno), 181-182
Retardo ao desligar, (temporizadores (TOFs), 126-128, 134-136, 139
    controladores CLX, 341-344
    controladores SLC 500, 130-134
    símbolos, 126-127
Retardo ao ligar, temporizadores (TONs, DOEs), 125-126, 128-135
    controladores CLX, 339-343
    controladores SLC 500, 130-132
    de retenção, 343-346
    Símbolos, 127-128
    usando instrução QUE, 212-214
Retenção,
    comando de reinício de temporizador de (RES), 128, 138-140
    temporizadores de, 127-128, 134, 136-142
Retenção ao ligar, temporizador de (RTO), 127-128
    controladores CLX, 343-346
    controladores SLC 500, 127-128
Retentivas, instruções, 177-178
Retorno
    (RET), 181-182
    de sub-rotina, 176-177
Retrorreflexivas, varreduras, 102-104
RLL (lógica ladder a relé), 6--11
Robôs, 301-303
ROM (memória de leitura apenas), 35-36
Rotinas, 320-321
RS-232 padrão, 286-287
RSLinx, software, 284, 286-287, 317-318
RSLogix, software; ver RSLogix, software da Allen-Bradley
RSs (padrões recomendados), 286-287, 307-308
RSWho, 317
RTO (temporizador de retenção ao ligar), 127-128
    controladores CLX, 343-346
    controladores SLC 500, 127-128
Ruído
    irradiado, 268-270
    supressão de, 268-271
RUN,
    funcionamento, 8-10
    modo de funcionamento (RUN), 33-34, 89-90

S

Saída
    arquivo de (arquivo 0), 68-69
    arquivo de tabela de imagem, 71-74
    conector dos cabos de, 362-363
    destravamento (OTU), 14, 111-113
    dispositivos de controle de, 106-110
    dos acionadores, 294-295
    energização de (OTE), 14, 79-81
    internas, 84-87
    Not (OUT NOT), 57-59
    ramos, 82-83
    tensão na, 30-32
    varredura na, 73-74

    verificação de defeitos na, 279-282
Saída, corrente de, 30-32
    faixas, 32-33
    fuga, 270-271
Saída, travamento de (OTL), 14
    controladores CLX, 332-335
    SLC 500, 111-113
Salto
    instrução de, 176-177
    (JMP), 178-181
    para etiqueta (JMP), 176-177
    para sub-rotina (JSR), 176-177, 181-182
SBR (sub-rotina), comando de, 176-177, 181-182
SCADA; ver supervisório, controle e aquisição de dados,
SCL (escala de dados), 232-233
Seção
    de força (circuito de entrada), 22-23
    lógica (circuito de entrada), 22-23
Segurança, 1-3
    circuito de, 189-194
    CLPs de, 192-193
Selecionar tipo de processador, janela (RSLogix 500), 88-89
Selecionável,
    ativar cronometragem, 194-195
    desativar cronometragem, 194-195
    interromper cronometragem, 193-195
Seletoras, chaves, 98-99
Selo, circuitos de, 109-111
Sem fio (wireless) Wi-Fi, redes Ethernet, 302-304
Semiautomático, controlador de sintonia, 300-301
Sensores, 99-108
    de luz, 102-105
    de posição, 106-108
    de pressão (deformação/peso), 104-106
    de proximidade capacitivos, 101-103
    de proximidade, 99-103
    de temperatura, 105-106
    de vazão, 105-106
    esquemas a relé, 99-108
    nos sistemas de controle de processo, 292-293
    relés reed magnéticos, 102-103
    ultrassom, 104-105
    velocidade, 106-108
Sequenciador(es), 240-253
    carga do (SQL), 242-243, 251-253
    comparação do (SQC), 242-243, 250-252
    entrada do (SQI), 242-243, 249-251
    instruções de, 242-247
    mecânicos, 240-242
    programas de, 245-253
    saída do (SQO), 242-250
Sequencial,
    controle de processo, 114, 116
    mapa de função (SFC), linguagem, 76-78
Serial,
    comunicações de dados, 302-303, 307-308
    conexões, 56-58
    transmissão, 306-308
Servoacionador, 301-302

Servomotor, 109-110, 301-303
Sete segmentos, display de LED de, 215-217
SFC (mapa de função sequencial), linguagem, 76-78
Siemens, micro CLP S7-200, 313-314
Simbólica, instruções, 78-79
Símbolos
    de temporizadores, 126-127
    lógicos, 55-56
Simples, etiqueta a base de inteiro (SINT), 323-324
Sinal,
    bit de, 44-45
    condicionamento de, 292-293
Síncronas, operações, 258-260
SINT (etiqueta a base de inteiro simples), 323-324
Sistema
    de números binários, 42-45, 47-48
    funções de arquivos de (arquivo 0), 68-69
SLC 500, controladores; *ver* controladores SLC 500, da Allen-Bradley
Slot (endereçamento baseado em rack/slot), 17-18
Sobrecarga, relé de, 96-97
Soft, de CLPs, 18-21
SoftLogix 5800, do controlador, 316
    programação de CLP, 284, 286-287
    RSLinx, 284, 286-287
    Software, 12-13; *ver também* software RSLogix, da Allen-Bradley, 316
Solar, célula, 102-103
Solenoides, válvulas, 107-109
SP (valor pré-ajustado) (set-point), 219-220, 293-294
SQC (comparação do sequenciador), 242-243, 250-252
SQI (entrada do sequenciador), 242-243, 249-251
SQL (carga do sequenciador, 242-243, 251-253
SQO (saída do sequenciador), 242-243-250
SQR (raiz quadrada), 224-225, 229-230
ST (texto estruturado) linguagem, 76-79
STD (temporizador selecionável desativado), 194-195
STE (temporizador selecionável ativado), 194-195
STI (temporizador selecionável interrompido), 193-195
SUB, comando (de subtração), 224-225
    controladores CLX, 352-354
    controladores SLC 500, 225-228
Sub-rotina, 180-185, 320-321
    (SBR), comando, 176-177, 181-182
    arquivo do diagrama ladder (arquivos 3-255), 68-69
Subtração, 224-225
    binária, 50-53
    instruções de matemática, 225-228
Subtrair (SUB), comando, 224-225
    controladores CLX, 352-354
    controladores SLC 500, 225-228
    supervisão e aquisição de dados nos controles de, 313-314
Supervisório, controle e aquisição de dados, 313-314
    redes de área local para, 303-304
    redes de CLPs para, 34-35
Suposição de dados disponíveis, 363-364
Surto
    de corrente, 30-32
    supressor de, 272-274

Suspensão (esperar) (SUS), 176-177, 195, 281-283
T
Tabelas (memória de dados), 199-200
Tabelas-verdade, 55-56
Tacômetro, gerador, 105-106
Tarefas, (controladores CLX), 319-320
Taxa de ação, 298-299
Telas de resumo do alarme, 293-294
Temperatura,
    chaves de, 98-100
    no interior do painel de CLP, 267-268
    sensores de, 105-106
Tempo
    base de, 127-128, 130-131
    circuito de retardo de, 212-213
    de finalização (TND), 176-177, 194-195, 281-283
    pré-ajustado, 127-128
    programas de sequenciador acionado por, 245-247
    proporcional, 297-298
Temporizador
    arquivo de (arquivo 4), 68-71
    arquivo de dados do, 206-207
    de retardo ao desligar (TOF), comando, 14, 127-128
    de retardo ao desligar, 218-220, 298-301
    de retardo ao ligar (TOF), comando, 14, 127-128
    número de, 130-131
    bit de cronometragem dos
        controladores CLX, 338-339
        controladores SLC 500, 130-131
Temporizadores, 125-144
    cão de guarda (watchdog), 277-279
    circuito de retardo de tempo, 212-213
    combinação de funções de contadores e, 166, 168-171
    de retardo ao desligar, 126-128, 134-136, 139, 341-344
    de retardo ao ligar, 125-135, 212-214, 339-346
    de retenção, 127, 134, 136-142
    dos controladores CLX, 338-346
    em cascata, 141-142
    estrutura predefinida dos, 338-340
    formatados em blocos, 128-129
    formatados em bobina, 127-129
    instruções de, 127-129
    pneumáticos, 125-126
    relés de tempo mecânicos, 125-128
Tendência, dos valores mostrados no display, 293-294
Tensão(ões)
    de limiar de entrada, 30-32
    de saída, 30-32
    eletrostática, 34-35
    entrada/saída faixa de, 32-33
    fontes de, alimentação de campo, 20-22
    módulos de E/S analógicos por, 25-27
    nominal de entrada, 30-32
    variações/surtos de, 272-274
Termopares, 105-106
Termostatos, 98-100
Teste, modo de, 89-90
Tipo (endereçamento baseado em rack/slot), 17-18
TND (fibalização temporária), 176-177, 194-195, 281-283

TOD (conversor de BCD), 224-225, 231-232
TOF (comando do temporizador de retardo ao desligar), 14, 127-128
TOFs; *ver* temporizador de retardo ao desligar
Token, redes de passagem de, 305-306
TON (comando do temporizador de retardo ao ligar), 14, 127-128
TONs; *ver* temporizador de retardo ao ligar
Topologia de barramento da rede, 304-306
Transistor, saída, 24-25
Transitório, circuito de contato, 156-157
Transmissão
  de dados no CLP, 306-308
  meio de, 302-304
  métodos de, 306-308
Travamento,
  esquemas de relés de, 110-115
  instruções de, 332-335
Triac, saída, 24-25
TT (bit de cronometragem do temporizador)
  controladores CLX, 338-339
  controladores SLC 500, 130-131
TTL (Transistor-Transistor-Logic), módulos de, 29-30
Turbina, fluxímetro tipo, 105-106
TWS (chaves de dial numerado), 215-217

U

UA, bit (atualização do contador), 154-155
Último a entrar, primeiro a sair (LIFO), 262
Ultrassom, sensores, 104-105
UN (bit de transbordar)
  controladores CLX, 348-349
  contadores SLC 500, 154-155
Único,
  modo de teste de passo, 89-90
  modo de teste de varredura, 89-90
  aplicações de terminais, 13
Unidade central de processamento (CPU), 3-6, 32-35
Unipolar, módulos analógicos E/S, 26-27
Usuário,
  arquivo definido (arquivos 10-255), 69-70
  arquivo definido de estruturas (controladores CLX), 324-325
Utilização, memória de, 34-36

V

Valor pré-ajustado (PRE)
  contadores dos controladores CLX, 347-348
  temporizadores dos controladores SLC 500, 338-339
Valor pré-ajustado (PRE), palavra de
  contadores, 154-155
  temporizadores, 130-131
Valor pré-ajustado (preset)
  contadores SLC 500, 154-155
  temporizadores SLC 500, 130-131
Valor pré-ajustado (set-point), 217-220, 293-294
Varreduras, 9-10
  do código de barras, 104-105
  horizontal, 76-77
  ou exploração, tempo do ciclo de, 73-75
Velocidade, sensores de, 106-108
Verificação de defeitos, 3-5, 10-11, 277-284, 286
  defeitos na entrada, 277-280
  defeitos na saída, 279-282
  endereços de localização no programa ladder, 275-276
  nos módulos do processador, 277-279
  nos programas lógicos ladder, 279-284, 286
Verificador
  de aberto (XIO), 79, 85-89
  de desligado (XIO), 14
  de fechado (XIC), 78-80
  de ligado (XIC), 14
Vertical, varredura, 76-77
Volátil, memória, 35-36

X

XIC
  (Verificador de fechado), 78-80, 85-89
  (Verificador de ligado), 14
XIO
  (Verificador de aberto), 79, 85-89
  (Verificador de desligado), 14
XOR
  (Exclusive OR) comando, 199-200
  (Exclusive OR) função, 57-59

Abreviaturas de termos relacionados a controladores lógicos programáveis

Uma abreviatura é uma forma reduzida de representar uma palavra ou frase. Letras maiúsculas são usadas para a maioria das abreviaturas. A lista a seguir resume algumas das abreviaturas normalmente utilizadas em controladores lógicos programáveis.

ADD	soma
AUTO	automático
BCD	decimal codificado em binário (*binary coded decimal*)
BSL	deslocamento de bit para a esquerda (*bit shift left*)
BSR	deslocamento de bit para a direita (*bit shift right*)
BTD	distribuição de bit (*bit distribute*)
CR	relé de controle (*control relay*)
CA	corrente alternada
CC	corrente contínua
CD	bit de habilitação do contador decrescente (*count-down-enable bit*)
CLP	controlador lógico programável
CLR	limpar (*clear*)
COP	copiar arquivo (*file copy*)
CPU	unidade central de processamento (*central processing unit*)
CTD	contador decrescente (*count down counter*)
CPT	cálculo (*compute*)
CTR	bobina de reinicialização do contador (*counter reset coil*)
CTU	contador crescente (*count up counter*)
CU	bit de habilitação do contador crescente (*count-up-enable bit*)
CV	variável de controle (*control variable*)
DIV	divisão
DN	bit de finalização (*done bit*)
DOE	retardo na energização (*delay on energize*)
EM	bit de esvaziamento (*empty bit*)
EN	bit de habilitação (*enable bit*)
ER	bit de erro (*error bit*)
EQU	igual (*equal*)
FAL	arquivo aritmético e lógico (*file arithmetic and logic*)
FD	bit encontrado
FFL	carrega FIFO
FFL	preencher arquivo (*fill file*)
FFU	descarrega FIFO
FIFO	primeiro a entrar, primeiro a sair (*first in, first out*)
LIFO	último a entrar, primeiro a sair (*last in, first out*)
FRD	converter de BCD (*convert from BCD*)
GEQ	maior que ou igual a (*greater than or equal*)
GRT	maior que (*greater than*)
HSC	contador rápido (*high-speed counter*)
I	entrada (*input*)
IIN	entrada imediata (*immediate input*)
IIM	entrada imediata com máscara (*immediate input with mask*)
IOM	saída imediata com máscara (*immediate output with mask*)
IOT	saída imediata (*immediate output*)
IHM	interface homem-máquina (*human machine interface*)
JMP	instrução de salto (*jump*)
JSR	salto para sub-rotina (*jump to subroutine*)
L1, L2, L3	linha de conexões de alimentação
LBL	instrução etiqueta (*label*)
LEQ	menor que ou igual a (*less than or equal*)
LES	menor que (*less than*)
LIM	teste de limite (*limit test*)
LS	chave-limite (*limit switch*)
MAN	manual
MTR	motor
M	bobina de partida de motor
MCR	controle mestre a relé (*master control relay*)
MCR	relé mestre de controle de reset (*master control reset*)
MEQ	compara se é igual à máscara (*masked comparison for equal*)
MOV	mover
MOV	varistor de óxido de metal (*metal oxide varistor*)
MUL	multiplicação
MVM	instrução mover com máscara (*move with mask*)
NA	normalmente aberto
NATA	contato normalmente aberto e contato temporizado aberto
NATF	contato normalmente aberto e contato temporizado fechado
NEG	negativo
NEQ	diferente de (*not equal*)
NF	normalmente fechado
NFTA	contato normalmente fechado e contato temporizado aberto
NFTF	contato normalmente fechado e contato temporizado fechado
O	saída (*output*)
OL	relé de sobrecarga (*overload*)
OSR	pulso crescente (*one-shot rising*)
OTE	energização de saída (*output energize*)
OTL	travamento da saída (*output latch*)
OTU	destravamento da saída (*output unlatch*)
OV	bit de excesso (*overflow bit*)
PAC	controlador programável de automação (*programmable automation controllers*)
PB	botão de comando (*pushbutton*)
PID	proporcional-integral-derivativo (*proportional-integral-derivative*)
PL	lâmpada piloto
PV	variável do processo (*process variable*)
PRE	valor pré-ajustado (preset value)
RES	reinício (*reset*)
RET	retorno
RTO	temporizador de retenção ao ligar (*retentive timer on*)
DCS	sistema de controle distribuído (*distributive control system*)
SCL	escala de dados (*scale data*)
S ou SW	chave (*switch*)
SBR	sub-rotina
SQC	comparação do sequenciador (*sequencer compare*)
SOL	solenoide
SP	ponto de operação (*set-point*)
SQI	entrada do sequenciador (*sequencer input*)
SQL	carga do sequenciador (*sequencer load*)
SQO	saída do sequenciador (*sequencer output*)
SQR	raiz quadrada (*square root*)
STD	temporizador selecionável desativado (*selectable timer disabled*)
STE	temporizador selecionável ativado (*selectable timer enabled*)
STI	interrupção temporizada selecionável (*selectable timer interrupt*)
SUB	subtração
SUS	suspensão (*suspend*)
T1, T2, T3	conexões nos terminais do motor
TD	tempo de retardo (*delay time*)
TN	finalização temporária (*temporary end*)
TND	finalização temporária (*temporary end*)
TOD	converter para BCD (*convert to BCD*)
TOF	temporizador de retardo ao desligar (*Off-delay timer*)
TON	temporizador de retardo ao ligar (*On-delay timer*)
TT	bit de cronometragem do temporizador (*timer-timing bit*)
TWS	chave de tambor (*thumbwheel switch*)
UA	bit de atualização do acumulador (*up date accumulator bit*)
UL	bit de descarga (*unload bit*)
UN	bit de falta (*underflow bit*)
XIC	Verificador de ligado ou fechado (*Examine-On*)
XIO	Verificador de desligado ou aberto (*Examine-Off*)